国家科学技术学术著作出版基金资助出版

"十四五"时期国家重点出版物出版专项规划·重大出版工程规划项目

变革性光科学与技术丛书

Theory of Optical Waveguides

光波导理论

吴重庆 著

清華大学出版社
北京

内容简介

随着光纤通信、光纤传感以及光无源器件和有源器件的飞速发展，作为它们共同的理论基础——光波导理论出现了一系列新的突破，将这些新理论、新原理加以系统化，充实到原有理论体系之中，是当前的一个紧迫问题。本书改变了以往光纤理论的单模光纤、多模光纤的程式，以光波导的结构演变为主线，强调理论自身的逻辑性，系统地研究了不同结构光波导的不同概念、特性及相互联系，特别加强了光波导的模式理论、传输特性、双折射现象和模式耦合知识。全书思路清晰，知识结构完整，注重讲述不同类波导的独特分析方法，密切结合光纤通信的最新发展。

本书可供研究生及从事光纤通信、光纤传感以及波导设计的人员参考。

图书在版编目(CIP)数据

光波导理论/吴重庆著. —北京：清华大学出版社，2023.4
(变革性光科学与技术丛书)
ISBN 978-7-302-63244-3

Ⅰ. ①光…　Ⅱ. ①吴…　Ⅲ. ①光波导—波导理论　Ⅳ. ①TN252

中国国家版本馆 CIP 数据核字(2023)第 057271 号

责任编辑：鲁永芳
封面设计：意匠文化 · 丁奔亮
责任校对：欧　洋
责任印制：宋　林

出版发行：清华大学出版社
网　　址：http://www.tup.com.cn，http://www.wqbook.com
地　　址：北京清华大学学研大厦 A 座　**邮　　编**：100084
社 总 机：010-83470000　**邮　　购**：010-62786544
投稿与读者服务：010-62776969，c-service@tup.tsinghua.edu.cn
质量反馈：010-62772015，zhiliang@tup.tsinghua.edu.cn
印 装 者：三河市铭诚印务有限公司
经　　销：全国新华书店
开　　本：170mm×240mm　**印　　张**：42.25　**字　　数**：849 千字
版　　次：2023 年 6 月第 1 版　**印　　次**：2023 年 6 月第 1 次印刷
定　　价：289.00 元

产品编号：083538-01

前　言

距第 2 版的发行，匆匆已过十余年。在这十年中，光纤通信、光纤传感以及激光技术都在飞速发展，光波导的一些新概念、新结构、新原理、新方法纷纷涌现，如自由空间的异形波传播、四元数偏振光学、周期结构光波导(俗称光子晶体和光子晶体光纤)、保椭圆光纤、光纤应力下的双折射、电光效应、磁光效应等双折射效应、少模光纤、各向异性光波导、表面等离子波、亚波长光纤以及硅基波导，等等。在光的使用波段上，也大为拓展，如太赫兹波、紫外光波等。光波导不仅作为一种传输介质，比如光纤通信用的光纤，而且作为一种感知环境变化的传感元件，如光纤传感器，更多的是作为光信号处理器件，如光调制器等。作为它们共同的理论基础——光波导理论必须顺应这种发展潮流，将这些新理论、新原理加以系统化，充实到原有理论体系之中。同时，对于理论发展过程中的模糊概念也有必要清理和规范化。

另一方面，在吸纳这些新成果的同时，更新后的光波导理论仍然需要坚守理论自身的逻辑性，强调以光波导的结构演变为主线，坚持对于不同结构光波导理论的系统性，坚持研究突出不同概念、特性及相互联系。作为一种基础理论，光波导理论不应该被应用场合、制造工艺所左右。比如，光波导理论并没有限定使用波长，只要满足麦克斯韦方程规定的约束条件，都是正确的，所以，从理论上说，并不区分可见光波导、红外波导、紫外波导以及太赫兹波导等；再如，所谓少模光纤，亚波长光纤等，都仅仅是模式理论的一种特殊应用而已，尽管在实际的具体运用中，它们之间的区别还是很大的，然而在理论上却没有本质的不同。因此，它们都没有必要单独列出，只是在涉及这种应用状态时，增加了相关的内容。

第 3 版仍然特别加强了光波导的模式理论、传输特性、双折射现象和模式耦合等基本概念的讲述。与第 2 版相比，增加了复矢量光波、四元数偏振光学、多层平面光波导、矩形波导、周期结构圆光波导(光子晶体光纤)、渐变折射率平面光波导、波导光栅、高双折射光纤、各向异性光波导、各种感应双折射效应(弹光、电光、磁光等)、光纤的出射光场以及与自聚焦透镜的耦合等前沿问题的章节，而且从频域与时域两个方面进行阐述。

全书思路清晰，知识体系更加完备，注重讲述不同类波导的独特分析方法。鉴于光波导理论的公式繁多，给读者阅读带来不便，本书特别加强了文字与附图的表述，使公式“活”起来。同时采用更高等的数学工具（第 12 章），使概念一目了然。希望读者能够借助这些数学工具，更深刻地理解相关的物理概念与解决问题的思路。最后，本书还密切结合光纤通信、光纤传感以及激光技术的最新发展，供研究生及从事光纤通信、光纤传感以及激光技术中波导设计的人员参考。

本书彩图请扫二维码观看。

作　者

2021 年 2 月

目　录

写在前面

一提到理论,首先想到的便是一堆眼花缭乱的公式;理论书籍给人的印象,就是公式推过来推过去。老师上课也是推一黑板的公式,不厌其烦。

然而,当今计算机模拟仿真与计算技术已经相当发达,各种光学问题都可以用计算机求解、设计及模拟实验,公式推导与演算也完全可以交由计算机解决,如果能省去公式推演的理论课,岂不美哉?那我们要问,在计算机高度发达的环境中,以公式推演为主的理论还有什么用?换言之,我们为什么还要学习像"光波导理论"这样的理论课?

以公式和数学符号为特征的理论课,大概有如下三个作用:

(1) 用于计算。就是在做一个实验之前,先计算一下,预测一下结果。或者在实验之后,看看是否与理论计算相一致,用来检验实验的正确性。这个作用已经被计算机所代替。

(2) 用来精确而全面地描述现象,将现象抽象为物理量并最终用一个数学符号描述。比如电现象,也就是电荷相互作用的现象,首先将这个现象解释为电场,并由此提炼出描述电场的量是电场强度,进一步再把电场强度归纳为一个矢量,最后这个矢量用 $\boldsymbol{E}$ 表示。长期以来,由于应试教育,只重视解题而把概念的提炼过程忽视了,造成对数学符号的反感。数学符号具有文字描述所不具有的精确性和全面性。当我们看到符号 $\boldsymbol{E}$ 时,我们立即会反映出它是一个具有大小和方向的量,这就是它的精确性。同时,如果 $\boldsymbol{E}=\boldsymbol{0}$,说明是一个零矢量,它的大小为零而方向为任意方向。这就是它的全面性。

(3) 对物理量的运算,可以产生新的概念。以力矩 $\boldsymbol{M}=\boldsymbol{r}\times\boldsymbol{F}$ 为例,该等式告诉我们,力矩可以通过测量力 $\boldsymbol{F}$ 和力的作用点到原点的距离矢量 $\boldsymbol{r}$ 经过叉乘运算得到。或者说,对这两个量(力和距离)进行运算,产生了第三个量(力矩)。这种利用数学运算产生新概念的方法，在理论课中尤为重要。比如，光波导中的模式，其实就是描述光波导传输特性的微分方程的一个个特解。到目前为止，人们相信，如果概念所定义的物理量正确反映了它的特征，而且推导过程是正确的，那么它的结论就必然是正确的。因此，理论可以用来精确地预言。在这个过程中，正确的理论推导是关键，甚至一点点小的疏忽都将导致错误的结论。

因此，无论计算机技术多么发达，甚至包括人工智能，仅仅可以取代理论分析的第一个作用，也就是代替仿真和计算。而第二、第三个功能是取代不了的。至少目前还是这样。数值计算只能是有限的特例，也可能漏掉一些特殊现象。为了获得新概念、预示新现象、找出不同概念的联系、区分同种效应不同现象之间的分界，必要的理论课学习仍然是不可或缺的。

正因为理论课的作用已经从计算转移到概念的全面描述和物理量关联的描述，因此特别需要注意：

(1) 尽量使用先进的数学工具描述物理概念。麦克斯韦方程组是一个典型的例子。麦克斯韦方程组使用矢量、矢量微分算符(∇)以及矢量的叉乘、点乘等运算。它不仅将大量的分量运算描述的电磁场关系(十多个公式)大大简化，而且概念非常清晰。所以使用先进的数学工具容易导致理论上的成功。

(2) 看到一个数学符号，立刻应该联想到它的物理意义。例如，看到一个矢量符号 $\boldsymbol{E}$，立刻就应该想到它的大小和方向，同时也会想到它具有 3 个分量，而且它也是时间与空间的函数，因此，它相对于时间的变化率和对空间的变化率是互相关联的，等等。再如看到一个复矢量符号 $\boldsymbol{E}=a_x\hat{\boldsymbol{x}}+a_y\hat{\boldsymbol{y}}$($a_x$、$a_y$ 均为复数)，我们应该立刻联想到它是一个偏振态。如此等等。

(3) 经常将用符号和公式描述的理论，转换成它所描述的物理现象或者物理规律。也就是“用语言把公式说出来”。比如，看到公式 $\nabla\times\boldsymbol{E}=-\dfrac{\partial\boldsymbol{B}}{\partial t}$，我们应该立刻能用语言说出来，即电场强度随空间变化率的旋度分量正比于磁场强度随时间的变化率，二者方向相反。或者说，磁场的时间变化引起电场的空间变化。

(4) 最后一点，要注意那些公式的用途，在实际技术应用中有什么指导意义。

如果在学习中的关注点从数值计算、解题等转移到以上 4 点，就不会再觉得理论枯燥，也就有心思坚持读下去了。希望读者牢记这一点，本书作者也力争做到这一点。

另外，本书为了保持其严谨性，有大量的理论证明。如果读者不怀疑理论的正确性，这部分内容可以忽略不看，只注重结论的应用就可以了。

绪　论

光纤通信、光纤传感以及激光技术的发展，推动人类社会向信息社会的变革。1970 年第一根低损耗光导纤维的出现，翻开了人类通向信息社会新的一页。研究光如何在光纤和各种光波导中传输的理论，即光波导理论，则是光在不同波导结构的介质中传输的基本理论，它指导着光纤技术与激光技术的前进。

虽然在古代人们对光的传播就有了一定的认识，但深入研究光在光纤和各种光波导中的传播理论，却是近五十年的事。光波导理论源于微波波导理论。20 世纪 50 年代后期，电子学的发展，使人类对电磁波的利用，推进到了微波波段，全世界都在致力于微波波导的研究。然而历史却没有遵从"循序渐进"的原则，当微波技术远没有获得所预料的广泛的大规模应用的时候，光波的时代就到来了。

从微波到光，是人类对电磁波利用的必然趋势。所以光波导理论和微波波导理论有密切的联系，然而二者却有截然不同的特点。光波导不只是介质微波波导尺寸的缩小，光在光纤中的损耗机理、光波导的弱导性及其他传输特性都与微波波导不相同，所以光波导理论是一门独立的理论。

人类对光本质的认识经历了曲折的历程。如今，因光在传输过程中表现出波动性而将光看作一种电磁波已成为人们的共识。虽然在某些场合，利用几何光学或光线理论可以得到直观的感性认识，但却是肤浅的；而光的量子性在光传输过程中表现甚微，常被忽略。本书正是将光看作一种电磁波来研究光波导的。

光波既然是电磁波，那么它首先是一种电磁振荡。电磁振荡包括电场与磁场两方面的振荡，因此，光场按工程惯例以电场强度 $\boldsymbol{E}$ 和磁场强度 $\boldsymbol{H}$ 来表征，可写成

$$\begin{pmatrix}\boldsymbol{E}\\ \boldsymbol{H}\end{pmatrix}=\begin{pmatrix}\boldsymbol{E}\\ \boldsymbol{H}\end{pmatrix}(x,y,z,t)$$

光场既是位置 $\boldsymbol{r}(x,y,z)$ 的函数，又是时间 t 的函数。

一个单一频率的简谐电磁振荡,通常可表示为

$$\begin{pmatrix} \boldsymbol{E} \\ \boldsymbol{H} \end{pmatrix} = \begin{pmatrix} \boldsymbol{E} \\ \boldsymbol{H} \end{pmatrix}(x,y,z)\,\mathrm{e}^{-\mathrm{i}\omega_0 t}$$

式中,$\boldsymbol{E}$ 和 $\boldsymbol{H}$ 是复矢量,包括方向、幅度和相位关系。一个理想的相干单色光,也可以写成上述形式,即光场中每点的场分量均有固定的方向、稳定不变的频率和稳定的相位关系。但它的频率极高,达到 10^{14} Hz 量级。即使延伸到太赫兹光,它的振荡频率也在 10^{12} Hz 以上。然而到目前为止,我们仍然没有可以直接观测到光频振荡的技术,也就是说光是一种电磁波的基本假说仍然停留在间接证明的阶段,还没有直接观察到电磁振荡。实际的光场是由许多这样理想的相干光场叠加而成,包括连续的或离散的叠加。它们不仅可能频率不同,而且亦无稳定的相位关系,方向也不固定。所谓自然光就是一种这样的光。

以上是对光的一个简单而基本的认识。下面再分析光波导。

光波导是一种具有明确界面和确定折射率分布的传输介质,它对光的传播具有确定的限定条件。大部分光波导都是人造的,虽然大气、海洋也是一种传输介质,但人们并不称它们为光波导,因为它们的界面不明确。具有纵向与横向的取向区分是光波导最重要的限定条件,并以此作为一个波导的特征。纵向往往定义为传输方向,横向定义为垂直于纵向的横截面。然而,这种取向区分完全是人为的,具有任意性,我们以光在无限大平面的界面的三种媒质中的传播为例说明这个问题。

如果以图 0-1(a)中 x 方向为纵向,我们看到光是从介质 n_1 经过介质 n_2 传播的。在界面上服从折射定律和反射定律。但如果我们以图 0-1(b)的 z 方向为纵向,则它是一个三层平面光波导。若 $n_2>(n_1,n_3)$,光可束缚在 n_2 介质内传播,它在 x 方向上呈现一个稳定的场分布(模式)。显然,这种场分布和前面的折射定律和反射定律所得的结果是一致的。由此可见,对纵向的不同定义,决定了对光波导特性的不同描述。不过,既然已经把它看作一种波导而不看作光场(电磁场)存在的一般介质空间,总是要规定纵向的。

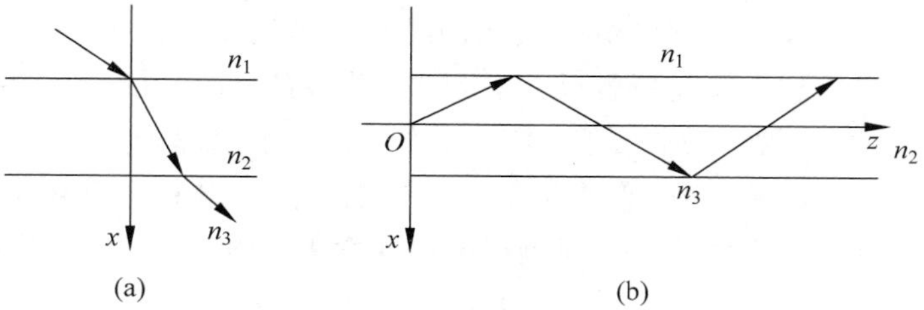

图 0-1 光波导取向区分

光导纤维是一种最重要、最常见的圆光波导。通常，光导纤维的纵向长度比横向尺度大得多，材料折射率的分布沿纵向基本是均匀的，或在局部可看成均匀的。光波导是比光导纤维更为广阔的概念。

根据光波导折射率空间分布的均匀性，我们进行如下的分类：

- 线性光波导
  - 纵向均匀的(正规光波导)
    - 横向分层均匀的(均匀光波导)
    - 横向非均匀的(非均匀光波导)
  - 纵向非均匀的(非正规光波导)
    - 缓变光波导
    - 迅变光波导
    - 突变光波导

这种分类完全是从便于理论分析的角度出发的，根据需要，实际的光波导或者光纤可看作其中的某一类。比如当只考虑某根光纤的基本模式时，可把它看作纵向均匀的正规波导。而当考虑这些模式耦合的时候，可以把它看作纵向非均匀的非正规波导。

进一步，还可以对上述分类加以细化。从光波导的制造技术来看，基本上可以分为两类，一类是基于拉制技术的圆光波导——光纤；另一类是基于刻蚀技术的光波导，有些文献中的光波导就特指刻蚀的光波导。刻蚀的光波导具有平面的界面，所以又称为平面光波导、矩形波导、脊波导等。为了使光波导理论不受制造技术发展水平的限制，在本书的同一章中，这两类波导都会研究，请读者自己加以区分。当然，在光纤上也可以刻蚀，那就另当别论了。

影响光波导传输特性的，主要是折射率沿着波导的空间分布。大量光波导的折射率分布是线性和时不变的，而且是无源的，即

$$n=n(x,y,z)$$

它与时间 t、光场 $\begin{pmatrix}\boldsymbol{E}\\\boldsymbol{H}\end{pmatrix}$ 均无关。在本书中，如果不加特殊说明，则默认服从三个假设：①线性的；②时不变的；③无源的。

需要说明的是，近年来各向异性材料被广泛应用于制作光波导，而各向异性介质的折射率是用折射率张量描述的。折射率张量来自介电张量，它是一个 3×3 的矩阵，可表示为

$$\boldsymbol{\varepsilon}=\varepsilon_0\begin{bmatrix}\varepsilon_{xx} & \varepsilon_{xy} & \varepsilon_{xz}\\ \varepsilon_{yx} & \varepsilon_{yy} & \varepsilon_{yz}\\ \varepsilon_{zx} & \varepsilon_{zy} & \varepsilon_{zz}\end{bmatrix}$$

一提起张量，对于没有学过张量的读者，就会觉得很抽象、很晕。其实，我们不必过多地深究它，只要把它看作一个矩阵就可以了。它导致的后果是，电位移矢量 $\boldsymbol{D}$ 与电场强度 $\boldsymbol{E}$ 不再同方向。各向异性材料仍然属于线性介质，也可以看作时不

变的。

有三种情形突破上述限制：①非线性；②时变性；③有源。非线性是指光波导的性质与输入光的光强大小有关的现象。在强激光注入或者当一根光纤中注入很多波长的光信号时，这种现象会显现出来。注意，并不是说在弱光时就没有非线性，而是说它表现不明显，所谓非线性阈值是一个不准确的概念。时变性常常在光纤作为传感元件时表现出来，比如光纤水听器就是利用光纤的折射率在声场作用下折射率改变的原理制成的；再如对于铌酸锂晶体在电压作用下折射率会发生变化，这种变化常常被称为“光折变”，即光的折射率变化的意思，然而这个术语与中文的构词规律不协调，容易误解为光被折弯而变化，很别扭。不如称为时变性更为确切。有源光波导是光有源器件的基础，比如激光器、探测器以及光放大器。有源光波导涉及光子与介质粒子的相互作用。在分析有源光波导的半经典理论中，光仍然作为一种电磁波，因此本书的理论也部分适用于有源光波导。

以上是对光波导的一个总体的概括。

光波导的传输特性是指不同类型光波导用于信息或者能量传递时的最基本的特性，它包括光本身在光波导中的传播特性和载有信息的光信号的传输特性两方面。光本身在光波导中的传播特性包括：①光场的分布形式；②传播常数或相移常数；③偏振特性；④模式耦合特性，等等。载有信息的光信号的传输特性包括：①群时延和群速度；②色散特性、高斯脉冲展宽以及群相延；③偏振模色散，等等。针对不同类别的光波导，分别研究它们的这些特性，就是贯穿于本书的主线。

以上概括地说明了光波导理论就是以光的电磁波理论为基础，研究光在各类不同介质和不同结构的波导中的传输特性的理论。

第 1 章

光波的一般理论

人一睁开眼，便接触到光彩的世界。然而人类对于光本质的认识，却经历了漫长而曲折的过程。目前，光是一种电磁波，已经成为人类的共识。但在物理光学中所学的关于光波的知识较为初步，需要进一步深入。物理光学并不强调光场与光波的差别，而且仅仅学习了平面波的相关知识。本章首先对光场的概念进一步深化，导出了光场的频域描述、光频的频域麦克斯韦方程和亥姆霍兹方程；然后建立了时域光场的复振幅与复矢量光场的概念，导出了相关的麦克斯韦方程。

就光波导的理论分析方法而言，总体上可分为频域法和时域法两种。我们首先介绍基于将光信号看成一系列频率分量叠加的频域法，然后介绍时域法。本章的概念比较抽象，公式也比较抽象，但是它们是整个光波导理论的基础，还要请读者耐心读完。

1.1 光场

光场就是一种以光频振动的电磁场，即频率范围为 $10^{13}\sim10^{15}$ Hz 频段的电磁场，如图 1.1.0-1 所示。目前，人们的视野已经把光波的范围拓展到从太赫兹波段（10^{9} Hz）到紫外光的很宽泛的波段，这样，频率范围就拓展为 $10^{12}\sim10^{16}$ Hz。尽管光频电磁场具有明显的波动性，但是，弥漫于空间的光可能来自四面八方，有相干光、散射光以及各种自发辐射和受激辐射光，它们或者相干叠加（按照振幅相加），或者非相干叠加（按照功率叠加），因此，我们不能笼统地将弥漫于空间的光场都说成是光波。尤其是在等离子体表面激发出的近场，它不具有波动性，尽管它仅仅分布于激发源周边很小的范围内，但毕竟是一种场而不是波。因此，光场与光波不是一个概念，它们之间存在细微的差别，光场考虑的是光在空间一点的电磁振动，而光波考虑的是空间不同点电磁振动的关联性。

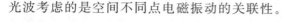

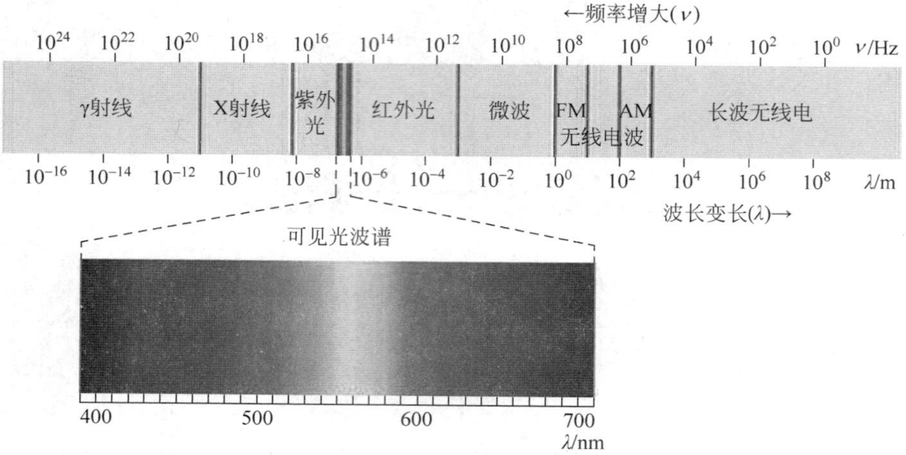

图 1.1.0-1　电磁波谱

（请扫Ⅱ页二维码看彩图）

1.1.1　光场的频域描述

1864 年，麦克斯韦(J. C. Maxwell)回顾和总结了前人关于电磁现象的实验研究成果，提出了一套完整的宏观电磁场方程，预言了电磁波的存在并提出“光就是电磁波”的重要论断，开创了光的经典电磁理论的新纪元。迄今为止，在光通信、光集成(集成光学)、光信息处理以至于整个光学领域，有关光的问题，仍然以麦克斯韦方程作为理论基础，它推动着光波技术的发展。

描述在真空或介质中某一时刻、某一位置上电磁场的基本物理量是电场强度 $\boldsymbol{E}$ 和磁场强度 $\boldsymbol{H}$，可写成 $\boldsymbol{E}(x,y,z,t)$ 和 $\boldsymbol{H}(x,y,z,t)$，或者写成 $\boldsymbol{E}(\boldsymbol{r},t)$ 和 $\boldsymbol{H}(\boldsymbol{r},t)$。注意，此时 $\boldsymbol{E}$ 和 $\boldsymbol{H}$ 的大小都是实数。

作为以光频振动的电磁场，它们共同的基本特征是含有频率为 ω 的高频项。本节首先考虑以单一频率振动的光场，并按照直角坐标系分解为 3 个分量之和，用 $\boldsymbol{r}=x\hat{\boldsymbol{x}}+y\hat{\boldsymbol{y}}+z\hat{\boldsymbol{z}}$ 表示空间位置，其中 $\hat{\boldsymbol{x}},\hat{\boldsymbol{y}},\hat{\boldsymbol{z}}$ 为坐标系 3 个方向的单位矢量，也就是

$$\begin{cases}\boldsymbol{E}(\boldsymbol{r},t)=E_x(\boldsymbol{r})\cos[\omega t+\varphi_{Ex}(\boldsymbol{r})]\hat{\boldsymbol{x}}+E_y(\boldsymbol{r})\cos[\omega t+\varphi_{Ey}(\boldsymbol{r})]\hat{\boldsymbol{y}}+\\ \qquad E_z(\boldsymbol{r})\cos[\omega t+\varphi_{Ez}(\boldsymbol{r})]\hat{\boldsymbol{z}}\\ \boldsymbol{H}(\boldsymbol{r},t)=H_x(\boldsymbol{r})\cos[\omega t+\varphi_{Hx}(\boldsymbol{r})]\hat{\boldsymbol{x}}+H_y(\boldsymbol{r})\cos[\omega t+\varphi_{Hy}(\boldsymbol{r})]\hat{\boldsymbol{y}}+\\ \qquad H_z(\boldsymbol{r})\cos[\omega t+\varphi_{Hz}(\boldsymbol{r})]\hat{\boldsymbol{z}}\end{cases}$$

(1.1.1-1)

对于初次学习光波导理论的人来说，上来就是这么长的公式肯定不习惯。其实，这个公式表示的只不过是一个矢量可以分解为三个分量之和；而每个分量都以同一个频率振动，每个分量的大小与相位不一定相同。也可以将上面的大长式子按照各个分量($i=x,y,z$)写成

$$\begin{cases}E_i(\boldsymbol{r},t)=E_i(\boldsymbol{r})\cos[\omega t+\varphi_{Ei}(\boldsymbol{r})]\\ H_i(\boldsymbol{r},t)=H_i(\boldsymbol{r})\cos[\omega t+\varphi_{Hi}(\boldsymbol{r})]\end{cases}\tag{1.1.1-2}$$

在这个表达式中除频率 ω 作为一个基本量不变，其余部分如它的幅度 $E_i(\boldsymbol{r})$ 和 $H_i(\boldsymbol{r})$，以及相位 $\varphi_{Ei}(\boldsymbol{r})$ 和 $\varphi_{Hi}(\boldsymbol{r})$ 都是频率 ω 的函数。在式(1.1.1-2)两个表达式中，既含有频率 ω，也含有时间 t，因此不能说它是时域的表达式还是频域的表达式。

需要说明的是，$\varphi_{Ei}(\boldsymbol{r},t)$ 和 $\varphi_{Hi}(\boldsymbol{r},t)$ ($i=x,y,z$)可能并不相等，为了以后书写方便，统一用 $\varphi_{Ei}(\boldsymbol{r})$ 表示初始相位，即选择 $\varphi_i(\boldsymbol{r})=\varphi_{Ei}(\boldsymbol{r})$，而将 $\varphi_{Hi}(\boldsymbol{r})$ 写成 $\varphi_{Hi}(\boldsymbol{r})=\varphi_i(\boldsymbol{r})+\Delta_{EH}\varphi$。今后会看到这个 $\Delta_{EH}\varphi$ 当光波在线性介质中传播时保持不变。

将 $\cos[\omega t+\varphi(\boldsymbol{r})]=\{\mathrm{e}^{\mathrm{i}[\omega t+\varphi(\boldsymbol{r})]}+c.c.\}/2$ 代入式(1.1.1-2)后，式中 $c.c.$ 表示这一项是求和号前面一项的共轭，$E_i(\boldsymbol{r},t)$ 分为两支，一支是 $E_i(\boldsymbol{r})\mathrm{e}^{\mathrm{i}[\omega t+\varphi_i(\boldsymbol{r})]}/2$，另一支是 $E_i(\boldsymbol{r})\mathrm{e}^{-\mathrm{i}[\omega t+\varphi_i(\boldsymbol{r})]}/2$。在线性系统中，只需要研究其中的一支就可以了，于是取其中一支(负频率部分)为

$$E_i(\boldsymbol{r})\mathrm{e}^{-\mathrm{i}[\omega t+\varphi_i(\boldsymbol{r})]}/2=E_i(\boldsymbol{r})\mathrm{e}^{-\mathrm{i}\varphi_i(\boldsymbol{r})}\mathrm{e}^{-\mathrm{i}\omega t}/2\tag{1.1.1-3}$$

由于在线性系统中，频率是不变的，于是可以把它的频率项 $\mathrm{e}^{-\mathrm{i}\omega t}$ 不考虑，而且系数 1/2 在线性系统中也不会变化，于是定义频域复振幅为

$$\dot{E}_i(\boldsymbol{r},\omega)=E_i(\boldsymbol{r})\mathrm{e}^{-\mathrm{i}\varphi_i(\boldsymbol{r})}\tag{1.1.1-4}$$

到了式(1.1.1-4)，首先注意到式中不再出现时间变量 t 了，其次它也不再是一个实数了，它有大小和相位，所以称式(1.1.1-4)为光场的频域表达式的复振幅。复振幅这个术语有点别扭，因为我们知道描述正弦振动的三个要素(频率、振幅和相位)都是实数，这里出现一个“复振幅”就违背了原先的知识。请读者习惯这种打破过去已有概念的做法。其实，复振幅就是将振幅和相位组合在一起的一个物理量。这里还要特别说明，频域表达式是一定不含时间参数 t 的。

这时，将三个分量的频域表达式合写在一起，整体的公式变为

$$\dot{\boldsymbol{E}}(\boldsymbol{r},\omega)=\sum_{i=1}^{3}\dot{E}_i(\boldsymbol{r},\omega)\hat{\boldsymbol{e}}_i=\sum_{i=1}^{3}E_i(\boldsymbol{r})\mathrm{e}^{-\mathrm{i}\varphi_i(\boldsymbol{r})}\hat{\boldsymbol{e}}_i\tag{1.1.1-5}$$

式中，$i=1,2,3$ 分别对应 $i=x,y,z$，$\hat{\boldsymbol{e}}_i$ 表示 3 个方向的单位矢量，并称 $\dot{\boldsymbol{E}}(\boldsymbol{r},\omega)$ 为频域复矢量。这样，就得到了光场的频域表达式。

但是，在使用式(1.1.1-4)或者式(1.1.1-5)时，我们觉得很不方便，尤其是求和号是一个令人不舒服的符号，因为在做乘法时会出现很多项；而且，虽然这些公式已经完全描述了光场的全部特性，但是，概念还不够清楚。为此，将对它们做进一步的变形，从而引出整体的幅度、平均相位以及偏振态的概念。

经过严格的证明(附录1-1)，可以得出

$$\dot{\boldsymbol{E}}(\boldsymbol{r},\omega)=E(\boldsymbol{r},\omega)\mathrm{e}^{\mathrm{i}\varphi(\boldsymbol{r},\omega)}\hat{\boldsymbol{e}}(\boldsymbol{r},\omega) \tag{1.1.1-6}$$

式中：$E(\boldsymbol{r},\omega)=\sqrt{\sum_{i=1}^{3}|\dot{E}_i(\boldsymbol{r},\omega)|^2}$，称为频域复矢量的幅度，请注意它是一个非负的实数；$\varphi(\boldsymbol{r},\omega)$称为频域复矢量的相位，$\varphi=(\varphi_{Ex}+\varphi_{Ey}+\varphi_{Ez})/3$，是三个分量相位的平均值，也是一个实数，可以为正或者为负；最后一项$\hat{\boldsymbol{e}}(\boldsymbol{r},\omega)$是一个单位复矢量(模值为1)，它与各个分量的关系为

$$\hat{\boldsymbol{e}}(\boldsymbol{r},\omega)=\mathrm{e}^{\mathrm{i}\Delta\varphi_x(\boldsymbol{r},\omega)}\cos\alpha\,\hat{\boldsymbol{x}}+\mathrm{e}^{\mathrm{i}\Delta\varphi_y(\boldsymbol{r},\omega)}\cos\beta\,\hat{\boldsymbol{y}}+\mathrm{e}^{\mathrm{i}\Delta\varphi_z(\boldsymbol{r},\omega)}\cos\gamma\,\hat{\boldsymbol{z}} \tag{1.1.1-7}$$

式中，$\cos\alpha$、$\cos\beta$、$\cos\gamma$为这个矢量的方向余弦，分别为

$$\begin{cases}\cos\alpha=|\dot{E}_x(\boldsymbol{r},\omega)|/E(\boldsymbol{r},\omega)\\ \cos\beta=|\dot{E}_y(\boldsymbol{r},\omega)|/E(\boldsymbol{r},\omega)\\ \cos\gamma=|\dot{E}_z(\boldsymbol{r},\omega)|/E(\boldsymbol{r},\omega)\end{cases} \tag{1.1.1-8}$$

而3个相位分别为

$$\begin{cases}\Delta\varphi_x=(2\varphi_x-\varphi_y-\varphi_z)/3\\ \Delta\varphi_y=(2\varphi_y-\varphi_x-\varphi_z)/3\\ \Delta\varphi_z=(2\varphi_z-\varphi_x-\varphi_y)/3\end{cases} \tag{1.1.1-9}$$

我们进一步将看到，这个单位复矢量是光场对应的$\hat{\boldsymbol{e}}(\boldsymbol{r},\omega)$偏振态。

除电场强度可以用一个复矢量描述它的频域量，磁场强度也可以表达为这种形式。此时，为了和电场强度相区别，我们对于相应的量加了一个下标H，而且对应公式的编号与电场的相同，只是在末尾加了一个H。

对应于式(1.1.1-6)，对于磁场强度有

$$\dot{\boldsymbol{H}}(\boldsymbol{r},\omega)=H(\boldsymbol{r},\omega)\mathrm{e}^{\mathrm{i}\varphi_H(\boldsymbol{r},\omega)}\hat{\boldsymbol{h}}(\boldsymbol{r},\omega) \tag{1.1.1-6H}$$

式中，$H(\boldsymbol{r},\omega)=\sqrt{\sum_{i=1}^{3}|H_i(\boldsymbol{r},\omega)|^2}$，称为频域复矢量的幅度，请注意它是一个非负的实数；$\varphi_H(\boldsymbol{r},\omega)$称为频域复矢量的相位，$\varphi_H=(\varphi_{Hx}+\varphi_{Hy}+\varphi_{Hz})/3$，它是三个分量相位的平均值，也是一个实数，可以为正或者为负；最后一项$\hat{\boldsymbol{h}}(\boldsymbol{r},\omega)$是一个单位复矢量(模值为1)，它与各个分量的关系为

$$\hat{\boldsymbol{h}}(\boldsymbol{r},t)=\mathrm{e}^{\mathrm{i}\Delta\varphi_{Hx}(\boldsymbol{r},t)}\cos\alpha_H\hat{\boldsymbol{x}}+\mathrm{e}^{\mathrm{i}\Delta\varphi_{Hy}(\boldsymbol{r},t)}\cos\beta_H\hat{\boldsymbol{y}}+\mathrm{e}^{\mathrm{i}\Delta\varphi_{Hz}(\boldsymbol{r},t)}\cos\gamma_H\hat{\boldsymbol{z}}$$

(1.1.1-7H)

式中，$\cos\alpha_H$、$\cos\beta_H$、$\cos\gamma_H$ 为这个矢量的方向余弦，分别为

$$\begin{cases}\cos\alpha_H=|\dot{H}_x(\boldsymbol{r},\omega)|/H(\boldsymbol{r},\omega)\\ \cos\beta_H=|\dot{H}_y(\boldsymbol{r},\omega)|/H(\boldsymbol{r},\omega)\\ \cos\gamma_H=|\dot{H}_z(\boldsymbol{r},\omega)|/H(\boldsymbol{r},\omega)\end{cases}\tag{1.1.1-8H}$$

而三个相位分别为

$$\begin{cases}\Delta\varphi_{Hx}=(2\varphi_{Hx}-\varphi_{Hy}-\varphi_{Hz})/3\\ \Delta\varphi_{Hy}=(2\varphi_{Hy}-\varphi_{Hx}-\varphi_{Hz})/3\\ \Delta\varphi_{Hz}=(2\varphi_{Hz}-\varphi_{Hx}-\varphi_{Hy})/3\end{cases}\tag{1.1.1-9H}$$

同理，这个单位复矢量是光场对应的 $\hat{\boldsymbol{h}}(\boldsymbol{r},\omega)$ 偏振态。

对于光场的频域量，可以使用光谱仪进行观察，因为光功率正比于 $E^2(\boldsymbol{r},\omega)$，因此可以通过测量光功率的功率谱密度 $P(\omega)$ 获得大体上的结果，它对应于 $|\dot{\boldsymbol{E}}(\omega)|^2$；但是到目前为止，仍然无法测量直接 $\dot{\boldsymbol{E}}(\omega)$ 的相位。后面还会讲到光场的时域描述，即 $\dot{\boldsymbol{E}}(t)$。同样对于时域量，也只能通过光示波器观察它的时域波形 $P(t)$，相当于测定了 $|\dot{\boldsymbol{E}}(t)|^2$，同样也测不出时域量 $\dot{\boldsymbol{E}}(t)$ 的相位。即使是利用频域量与时域量对应的傅里叶变换关系，仍然解不出这两个相位。还有一点需要提醒读者，光谱仪由于受到分辨率的限制，不能测定很窄的光谱。目前的分辨率水平大约为皮米量级，实际的光源已经达到千赫兹的水平，需要用相干的方法才能测定。

有一种观点认为，宽频光对应于窄脉冲，这其实是不对的。尽管窄脉冲光的频带必然很宽，但是反过来是不成立的。只有当宽频光的各个频率分量满足一定相位关系后，才有可能在时域中表现为窄脉冲。不能笼统地说，宽频光一定对应时域的窄脉冲。

图 1.1.1-1 是利用光谱仪记录下的某个光谱。当用示波器观察一个质量较好光源的输出波形时，会看到一个几乎是直线的波形，所以，用光强随时间的变化来解释图 1.1.1-1 的光谱，理论上是说不通的，那么，这个谱宽的成因是什么呢？其实它是连续光的相位抖动引起的，光源的线宽越窄，说明其相位噪声越小。

最后，应该看一下电场的频域复矢量与磁场的频域复矢量的关系，这个关系是由麦克斯韦方程决定的，将在 1.1.2 节讨论。

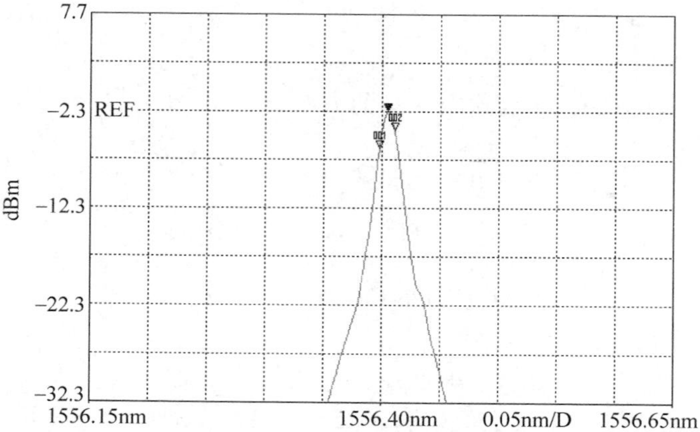

图 1.1.1-1　利用光谱仪记录的某个激光器的光谱

【附录】 1-1 复矢量的推导。

由式(1.1.1-5)可以得出

$$\dot{\boldsymbol{E}}(\boldsymbol{r},\omega)=E_x(\boldsymbol{r})\mathrm{e}^{-\mathrm{i}\varphi_x(\boldsymbol{r})}\hat{\boldsymbol{e}}_x+E_y(\boldsymbol{r})\mathrm{e}^{-\mathrm{i}\varphi_y(\boldsymbol{r})}\hat{\boldsymbol{e}}_y+E_z(\boldsymbol{r})\mathrm{e}^{-\mathrm{i}\varphi_z(\boldsymbol{r})}\hat{\boldsymbol{e}}_z$$

$$=\sqrt{\sum_{i=1}^{3}|\dot{E}_i(\boldsymbol{r},\omega)|^2}\left\{\frac{E_x(\boldsymbol{r})}{\sqrt{\sum_{i=1}^{3}|\dot{E}_i(\boldsymbol{r},\omega)|^2}}\mathrm{e}^{-\mathrm{i}\varphi_x(\boldsymbol{r})}\hat{\boldsymbol{e}}_x+\right.$$

$$\left.\frac{E_y(\boldsymbol{r})}{\sqrt{\sum_{i=1}^{3}|\dot{E}_i(\boldsymbol{r},\omega)|^2}}\mathrm{e}^{-\mathrm{i}\varphi_y(\boldsymbol{r})}\hat{\boldsymbol{e}}_y+\frac{E_z(\boldsymbol{r})}{\sqrt{\sum_{i=1}^{3}|\dot{E}_i(\boldsymbol{r},\omega)|^2}}\mathrm{e}^{-\mathrm{i}\varphi_z(\boldsymbol{r})}\hat{\boldsymbol{e}}_z\right\}\tag{1.1.1-10}$$

定义 $E(\boldsymbol{r},\omega)=\sqrt{\sum_{i=1}^{3}|\dot{E}_i(\boldsymbol{r},\omega)|^2}$，且

$$\begin{cases}\cos\alpha=|\dot{E}_x(\boldsymbol{r},\omega)|/E(\boldsymbol{r},\omega)\\\cos\beta=|\dot{E}_y(\boldsymbol{r},\omega)|/E(\boldsymbol{r},\omega)\\\cos\gamma=|\dot{E}_z(\boldsymbol{r},\omega)|/E(\boldsymbol{r},\omega)\end{cases}\tag{1.1.1-11}$$

得到

$$\dot{\boldsymbol{E}}(\boldsymbol{r},\omega)=E_x(\boldsymbol{r})\mathrm{e}^{-\mathrm{i}\varphi_x(\boldsymbol{r})}\hat{\boldsymbol{e}}_x+E_y(\boldsymbol{r})\mathrm{e}^{-\mathrm{i}\varphi_y(\boldsymbol{r})}\hat{\boldsymbol{e}}_y+E_z(\boldsymbol{r})\mathrm{e}^{-\mathrm{i}\varphi_z(\boldsymbol{r})}\hat{\boldsymbol{e}}_z$$

$$
\begin{aligned}
&= E(\boldsymbol{r},\omega)[\cos\alpha \mathrm{e}^{-\mathrm{i}\varphi_x(\boldsymbol{r})}\hat{\boldsymbol{e}}_x + \cos\beta \mathrm{e}^{-\mathrm{i}\varphi_y(\boldsymbol{r})}\hat{\boldsymbol{e}}_y + \cos\gamma \mathrm{e}^{-\mathrm{i}\varphi_z(\boldsymbol{r})}\hat{\boldsymbol{e}}_z] \\
&= E(\boldsymbol{r},\omega)\mathrm{e}^{-\mathrm{i}\frac{\varphi_x+\varphi_y+\varphi_z}{3}}\left\{\cos\alpha \mathrm{e}^{-\mathrm{i}\left[\varphi_x(\boldsymbol{r})-\frac{\varphi_x+\varphi_y+\varphi_z}{3}\right]}\hat{\boldsymbol{e}}_x + \right. \\
&\left. \cos\beta \mathrm{e}^{-\mathrm{i}\left[\varphi_y(\boldsymbol{r})-\frac{\varphi_x+\varphi_y+\varphi_z}{3}\right]}\hat{\boldsymbol{e}}_y + \cos\gamma \mathrm{e}^{-\mathrm{i}\left[\varphi_z(\boldsymbol{r})-\frac{\varphi_x+\varphi_y+\varphi_z}{3}\right]}\hat{\boldsymbol{e}}_z\right\}
\end{aligned}
\tag{1.1.1-12}
$$

定义 $\varphi=(\varphi_x+\varphi_y+\varphi_z)/3$ 和

$$
\begin{cases}
\Delta\varphi_x = (2\varphi_x - \varphi_y - \varphi_z)/3 \\
\Delta\varphi_y = (2\varphi_y - \varphi_x - \varphi_z)/3 \\
\Delta\varphi_z = (2\varphi_z - \varphi_x - \varphi_y)/3
\end{cases}
\tag{1.1.1-9}
$$

代入式(1.1.1-12)，得到

$$
\dot{\boldsymbol{E}}(\boldsymbol{r},\omega) = E(\boldsymbol{r},\omega)\mathrm{e}^{-\mathrm{i}\varphi}[\cos\alpha \mathrm{e}^{-\mathrm{i}\Delta\varphi_x(\boldsymbol{r})}\hat{\boldsymbol{e}}_x + \cos\beta \mathrm{e}^{-\mathrm{i}\Delta\varphi_y(\boldsymbol{r})}\hat{\boldsymbol{e}}_y + \cos\gamma \mathrm{e}^{-\mathrm{i}\Delta\varphi_z(\boldsymbol{r})}\hat{\boldsymbol{e}}_z]
\tag{1.1.1-13}
$$

再定义单位复矢量

$$
\hat{\boldsymbol{e}}(\boldsymbol{r},\omega) = [\cos\alpha \mathrm{e}^{-\mathrm{i}\Delta\varphi_x(\boldsymbol{r})}\hat{\boldsymbol{e}}_x + \cos\beta \mathrm{e}^{-\mathrm{i}\Delta\varphi_y(\boldsymbol{r})}\hat{\boldsymbol{e}}_y + \cos\gamma \mathrm{e}^{-\mathrm{i}\Delta\varphi_z(\boldsymbol{r})}\hat{\boldsymbol{e}}_z]
\tag{1.1.1-14}
$$

最终得到式(1.1.1-6)。

1.1.2　频域麦克斯韦方程与亥姆霍兹方程

1.1.1 节已经得到了光场在频域中的表达式，它可以归结为幅度、相位和偏振态三个量。本节将导出在这个前提下的麦克斯韦方程和亥姆霍兹方程。

如前所述，麦克斯韦方程是描述一切电磁现象的基本方程，然而，在不同的场合，其具体形式是不同的。因此，我们首先导出光频下的麦克斯韦方程，即频域麦克斯韦方程，然后进一步导出频域亥姆霍兹方程。这两组方程的差别在于，麦克斯韦方程是联系同一位置、某一时刻的电场强度与磁场强度之间关系的方程，而亥姆霍兹方程是关于电场强度或者磁场强度单一的方程。亥姆霍兹方程虽然是由麦克斯韦方程导出的，但二者并不完全等价。因为，由亥姆霍兹方程导不出麦克斯韦方程。所以，在某些情况下，还是需要从麦克斯韦方程出发。

1. 频域麦克斯韦方程

在介质中基本的麦克斯韦方程在时域是瞬态的、在空间域是局部的，即某一时刻、某一位置上电场强度 $\boldsymbol{E}$ 和磁场强度 $\boldsymbol{H}$ 所应满足的普适方程（无论是否是光频）为

$$\begin{cases}\nabla\times \boldsymbol{E} = -\dfrac{\partial \boldsymbol{B}}{\partial t} \\ \nabla\times \boldsymbol{H} = \dfrac{\partial \boldsymbol{D}}{\partial t} + \boldsymbol{J} \\ \nabla\cdot \boldsymbol{D} = \rho \\ \nabla\cdot \boldsymbol{B} = 0\end{cases} \tag{1.1.2-1}$$

第一个方程是说，在电磁场中，电场强度 $\boldsymbol{E}$ 的场是一个有旋场，产生这个旋度的源是同一点上磁感应强度 $\boldsymbol{B}$ 在这点随时间的变化率，通俗地说是“磁场的变化引起电场”。第二个方程是说，在电磁场中，磁场强度 $\boldsymbol{H}$ 的场是一个有旋场，产生这个旋度的源是同一点上电位移矢量 $\boldsymbol{D}$ 在这点随时间的变化率和电荷的运动（电流密度矢量 $\boldsymbol{J}$），通俗地说是“电场的变化和电荷的运动引起磁场”。第三个方程是说，电位移矢量 $\boldsymbol{D}$ 的场是一个有源场，产生这个散度的源是电荷密度 ρ。第四个方程是说，磁感应强度 $\boldsymbol{B}$ 的场是一个无源场，自然界中没有“磁荷”存在。在这四个方程中，前两个是基本的，后两个可利用旋度场的散度恒为零以及电荷不灭定律

$$\nabla\cdot \boldsymbol{J} = -\frac{\partial \rho}{\partial t} \tag{1.1.2-2}$$

导出。

在大多数实际光场中，既不存在传导电流，也不存在空间电荷，因此式(1.1.2-1)可改写为

$$\begin{cases}\nabla\times \boldsymbol{E} = -\dfrac{\partial \boldsymbol{B}}{\partial t} \\ \nabla\times \boldsymbol{H} = \dfrac{\partial \boldsymbol{D}}{\partial t} \\ \nabla\cdot \boldsymbol{D} = 0 \\ \nabla\cdot \boldsymbol{B} = 0\end{cases} \tag{1.1.2-3}$$

关于麦克斯韦方程中 $\boldsymbol{D}$ 与 $\boldsymbol{E}$、$\boldsymbol{B}$ 与 $\boldsymbol{H}$ 的关系（又称物性方程），是由波导材料的性质决定的，为

$$\boldsymbol{D} = \varepsilon_0 \boldsymbol{E} + \boldsymbol{P} \tag{1.1.2-4a}$$

$$\boldsymbol{B} = \mu_0 \boldsymbol{H} + \boldsymbol{M} \tag{1.1.2-4b}$$

式中，ε_0 为真空中的介电常数，μ_0 为真空中的导磁率，$\boldsymbol{P}$ 和 $\boldsymbol{M}$ 分别为电极化强度和磁化强度。

在光频下，介质都是无磁性介质，即 $\boldsymbol{M}=\boldsymbol{0}$，于是

$$\boldsymbol{B} = \mu_0 \boldsymbol{H} \tag{1.1.2-5}$$

但 $\boldsymbol{P}$ 与 $\boldsymbol{E}$ 之间的关系却可能是很复杂的，$\boldsymbol{P}$ 与 $\boldsymbol{E}$ 关系的每一个微小变化，都将导致光波导新的物理现象。这里，我们首先把注意力集中于线性、各向同性的时不变

光波导，这时

$$\boldsymbol{D}=\varepsilon_0\boldsymbol{E}+\boldsymbol{P}=\varepsilon_0\left\{\boldsymbol{E}+\int_{-\infty}^{+\infty}x^{(1)}(t-t_1)\cdot\boldsymbol{E}(\boldsymbol{r},t_1)\mathrm{d}t_1\right\} \qquad (1.1.2\text{-}6)$$

这个公式的物理解释为，电位移矢量 $\boldsymbol{D}$ 是由真空中的电场强度 $\varepsilon_0\boldsymbol{E}$ 和介质在电场作用下产生的电极化矢量 $\boldsymbol{P}$ 两部分组成。也就是说，介质在电场的作用下被极化，这个极化场叠加在原有的场上，二者共同构成了新的场。当电场强度 $\boldsymbol{E}$ 不随时间变化时，$\boldsymbol{P}$ 与 $\boldsymbol{E}$ 呈矢量比例关系（也就是大小呈比例关系，方向呈固定的旋转关系）；但当电场强度 $\boldsymbol{E}$ 随时间变化时，$\boldsymbol{P}$ 与 $\boldsymbol{E}$ 呈卷积关系。这个关系可以用简单的因果律得到。因果律可以大致地概括为，一件事物的果应该是这个事物所有事前的因共同作用的结果。所以

$$\boldsymbol{P}(t)\mathrm{d}t=\varepsilon_0 f[\boldsymbol{E}(\boldsymbol{r},t-t_1)\mathrm{d}t_1] \qquad (1.1.2\text{-}7)$$

式中，$f[\cdot]$是一个因果函数，t_1 是事前的某个时间，它的作用效果一直延续到 $t-t_1$ 时间。对于线性的因果关系，$f[\cdot]$表现为一个线性变换，对于矢量而言，它是一个 3×3 的矩阵，于是

$$\boldsymbol{P}(t)\mathrm{d}t=\varepsilon_0 x^{(1)}(t-t_1)\cdot\boldsymbol{E}(\boldsymbol{r},t_1)\mathrm{d}t_1 \qquad (1.1.2\text{-}8)$$

总的累计效果为

$$\boldsymbol{P}(t)=\varepsilon_0\int_{-\infty}^{t}x^{(1)}(t-t_1)\cdot\boldsymbol{E}(\boldsymbol{r},t_1)\mathrm{d}t_1 \qquad (1.1.2\text{-}9)$$

考虑到事后的时间$(t,+\infty)$区间内，作用的效果为 0，于是得到

$$\boldsymbol{P}=\varepsilon_0\int_{-\infty}^{+\infty}x^{(1)}(t-t_1)\cdot\boldsymbol{E}(\boldsymbol{r},t_1)\mathrm{d}t_1 \qquad (1.1.1\text{-}10)$$

将它代入式(1.1.2-4a)，再作一个变量替换，就得到式(1.1.2-6)。

式(1.1.2-6)表明，$\boldsymbol{P}$ 的变化要比 $\boldsymbol{E}$ 的变化滞后一定时间。只有当 $\boldsymbol{E}$ 变化很慢时，这种滞后效应才不显现出来，但光是频率极高的电磁波，这种滞后关系是很明显的。对式(1.1.2-6)进行傅里叶变换，可得

$$\boldsymbol{D}(\omega)=\dot{\varepsilon}(\omega)\boldsymbol{E}(\omega) \qquad (1.1.2\text{-}11)$$

因此，我们应注意，以往常用的表达式 $\boldsymbol{D}=\varepsilon\boldsymbol{E}$，实际上是一个频域表达式，而不是时域表达式。一般来说，公式 $\boldsymbol{D}(t)=\varepsilon\boldsymbol{E}(t)$是不正确的，只有在它们随时间的变化很慢时才成立。在式(1.1.2-11)中，$\boldsymbol{D}$、$\boldsymbol{E}$、ε 三个量均是频率（光频）的函数，都有大小、相位等。在实际应用中，常把 $\boldsymbol{D}(\omega)$、$\boldsymbol{E}(\omega)$和 $\varepsilon(\omega)$中的频率 ω 隐去，写成 $\boldsymbol{D}$、$\boldsymbol{E}$、ε，我们只要记住它们实际上都是频域量就可以了。如同 1.1.1 节中对于电场强度和磁场强度分解为频域复矢量一样，对于电位移矢量，同样可以求得它的频域表达式为

$$\dot{\boldsymbol{D}}=D(\boldsymbol{r},\omega)\mathrm{e}^{-\mathrm{i}\varphi_D(\boldsymbol{r},\omega)}\hat{\boldsymbol{d}}(\boldsymbol{r},\omega) \qquad (1.1.2\text{-}12)$$

于是，式(1.1.2-11)可改写为

$$\dot{\boldsymbol{D}}(\omega)=\dot{\varepsilon}(\omega)\dot{\boldsymbol{E}}(\omega) \qquad (1.1.2\text{-}13)$$

式中，$\dot{\varepsilon}(\omega)$是式(1.1.2-6)在卷积所对应的频域量，通常是一个复数，实部表示相移部分，虚部表示损耗，参见 11.1.1 节。

现在，将 1.1.1 节中光场的频域表达式(1.1.1-6)再乘以 $e^{-i\omega t}$ 代入麦克斯韦方程(1.1.2-1)，进行微分运算后，然后再消去 $e^{-i\omega t}$，得到

$$\nabla\times\dot{\boldsymbol{E}}=i\omega\mu_0\dot{\boldsymbol{H}} \tag{1.1.2-14a}$$

$$\nabla\times\dot{\boldsymbol{H}}=-i\omega\dot{\boldsymbol{D}} \tag{1.1.2-14b}$$

$$\nabla\cdot\dot{\boldsymbol{D}}=0 \tag{1.1.2-14c}$$

$$\nabla\cdot\dot{\boldsymbol{H}}=0 \tag{1.1.2-14d}$$

式(1.1.2-14)就是用频域量表示的麦克斯韦方程。

2. 介质的性质

在式(1.1.2-14)中，除了电场强度和磁场强度两个频域量外，还有一个变量——电位移矢量。因此，使用起来不方便。本小节的工作，是试图把电位移矢量从方程组中消去，这就涉及介质的性质。

最简单的介质是线性、各向同性且时不变的介质，也就是用式(1.1.2-13)所描述的那种介质。将式(1.1.2-13)代入式(1.1.2-14c)，利用$\nabla\cdot(\varepsilon\boldsymbol{E})=\nabla\varepsilon\cdot\boldsymbol{E}+\varepsilon\nabla\cdot\boldsymbol{E}=0$，得到

$$\nabla\cdot\boldsymbol{E}=\frac{-\nabla\varepsilon}{\varepsilon}\cdot\boldsymbol{E} \tag{1.1.2-15}$$

此式有明确的物理意义，即波导中介质分布的任何不均匀性，在电场 $\boldsymbol{E}$ 的作用下，将使 $\boldsymbol{E}$ 成为有源场，尽管此处并无空间电荷 ρ。它的物理解释为：介质分布的不均匀性，导致极化电荷分布得不均匀，出现微观剩余电荷，表现为有源场。将它代入式(1.1.2-14)，就得到了线性时不变介质的频域麦克斯韦方程。

$$\nabla\times\dot{\boldsymbol{E}}=i\omega\mu_0\dot{\boldsymbol{H}} \tag{1.1.2-16a}$$

$$\nabla\times\dot{\boldsymbol{H}}=-i\omega\dot{\varepsilon}\dot{\boldsymbol{E}} \tag{1.1.2-16b}$$

$$\nabla\cdot\dot{\boldsymbol{E}}=-\frac{\nabla\dot{\varepsilon}}{\dot{\varepsilon}}\cdot\dot{\boldsymbol{E}} \tag{1.1.2-16c}$$

$$\nabla\cdot\dot{\boldsymbol{H}}=0 \tag{1.1.2-16d}$$

简单介绍一下各向异性介质的问题。描述介质性质的式(1.1.2-13)仅适用于各向同性的线性介质，也就是说，$\dot{\varepsilon}(\omega)$的值与注入电场的方向无关。但是很多材料的折射率(或者介电常数)与注入电场的方向有关，不同方向的电场分量有不同的介电常数，这种介电常数与电场强度的方向有关的现象，称为各向异性。这时就一般情况而言，介电常数是一个 3×3 的矩阵，这个矩阵可以称为介电常数矩阵，或

者介电常数张量，简称为介电张量。注意这个矩阵的每个分量均是频率（光频）的函数，都有大小、相位等，即

$$\dot{\boldsymbol{\varepsilon}}(\omega)=\begin{bmatrix}\varepsilon_{xx} & \varepsilon_{xy} & \varepsilon_{xz}\\ \varepsilon_{yx} & \varepsilon_{yy} & \varepsilon_{yz}\\ \varepsilon_{zx} & \varepsilon_{zy} & \varepsilon_{zz}\end{bmatrix}(\omega) \tag{1.1.2-17}$$

于是

$$\boldsymbol{D}(\omega)=\begin{bmatrix}\varepsilon_{xx} & \varepsilon_{xy} & \varepsilon_{xz}\\ \varepsilon_{yx} & \varepsilon_{yy} & \varepsilon_{yz}\\ \varepsilon_{zx} & \varepsilon_{zy} & \varepsilon_{zz}\end{bmatrix}\boldsymbol{E}(\omega) \tag{1.1.2-18}$$

各向异性通常在晶体内发生，而晶体的内部结构有一定的对称性，这种对称性导致矩阵$\dot{\boldsymbol{\varepsilon}}(\omega)$也具有一定的对称性。根据矩阵理论，具有一定对称性的矩阵都可以对角化。数学上的对角化对应物理上的坐标变换。也就是说，式(1.1.2-17)和式(1.1.2-18)经过一定的坐标变换，可以得到

$$\dot{\boldsymbol{\varepsilon}}=\begin{bmatrix}\varepsilon_{x} & & \\ & \varepsilon_{y} & \\ & & \varepsilon_{z}\end{bmatrix}=\varepsilon_0\dot{\boldsymbol{\varepsilon}}_{\mathrm{r}} \tag{1.1.2-19}$$

$$\boldsymbol{D}(\omega)=\begin{bmatrix}\varepsilon_{x} & & \\ & \varepsilon_{y} & \\ & & \varepsilon_{z}\end{bmatrix}\boldsymbol{E}(\omega)=\varepsilon_0\dot{\boldsymbol{\varepsilon}}_{\mathrm{r}}\boldsymbol{E}(\omega) \tag{1.1.2-20}$$

满足矩阵对角化条件的坐标系，称为主轴坐标系。

光在各向异性材料中的传播，表现出奇特的光学现象，其中一种重要的光学现象就是所谓双折射现象。当我们透过双折射材料（如方解石）看一张纸上的一个字时，将看到两个字的像，好像有两条折射线一般，这就是双折射现象，如图 1.1.2-1 所示。关于各向异性材料中的光学现象，将在第 9 章讨论。

图 1.1.2-1　透过方解石的双折射现象

（请扫Ⅱ页二维码看彩图）

关于光频下各向异性材料的麦克斯韦方程，不能简单地将 $\dot{\boldsymbol{D}}=\dot{\boldsymbol{\varepsilon}}\dot{\boldsymbol{E}}$ 代入式(1.1.2-14c)中，这是因为数学上不能得到$\nabla\cdot(\dot{\boldsymbol{\varepsilon}}\dot{\boldsymbol{E}})=\nabla\dot{\boldsymbol{\varepsilon}}\cdot\dot{\boldsymbol{E}}+\dot{\boldsymbol{\varepsilon}}\ \nabla\cdot\dot{\boldsymbol{E}}$。很明显，这个式子的左边是一个数量，右边有如下困难：一个矩阵$\boldsymbol{\varepsilon}$ 的梯度没有定义；而$\dot{\boldsymbol{\varepsilon}}\nabla\cdot\boldsymbol{E}$ 是一个矩阵，因此，左右两边是不可能相等的。关于光频下各向异性材料的麦克斯韦方程的问题，我们将留在第 9 章解决。

3. 频域亥姆霍兹方程

麦克斯韦方程组中的每一个方程，都包含电场与磁场两个量，它们互相关联，使用起来很不方便。为了获得电场与磁场各自单独满足的方程，对方程组(1.1.2-16)进行简单的数学演算，即可将 $\boldsymbol{E}$ 和 $\boldsymbol{H}$ 互相关联的方程转化为各自独立的方程，例如对式(1.1.2-16a)，利用

$$\nabla\times(\nabla\times\boldsymbol{E})=\nabla(\nabla\cdot\boldsymbol{E})-\nabla^2\boldsymbol{E} \tag{1.1.2-21}$$

立即可得亥姆霍兹方程

$$\nabla^2\dot{\boldsymbol{E}}+k_0^2n^2\dot{\boldsymbol{E}}+\nabla\left(\dot{\boldsymbol{E}}\cdot\frac{\nabla\varepsilon}{\varepsilon}\right)=0 \tag{1.1.2-22a}$$

$$\nabla^2\dot{\boldsymbol{H}}+k_0^2n^2\dot{\boldsymbol{H}}+\frac{\nabla\varepsilon}{\varepsilon}\times(\nabla\times\dot{\boldsymbol{H}})=0 \tag{1.1.2-22b}$$

式中，$k_0=2\pi/\lambda$ 为真空中的波数，λ 为波长；$n^2=\varepsilon/\varepsilon_0$。顺便说明，今后介电常数 $\dot{\varepsilon}$ 的虚部常常被忽略掉，$\dot{\varepsilon}\approx\varepsilon$，才有上述结果。绝大多数文献并不明确说式(1.1.2-22)是一个频域表达式，而笼统地写成

$$\begin{cases}\nabla^2\boldsymbol{E}+k_0^2n^2\boldsymbol{E}+\nabla\left(\boldsymbol{E}\cdot\dfrac{\nabla\varepsilon}{\varepsilon}\right)=0\\ \nabla^2\boldsymbol{H}+k_0^2n^2\boldsymbol{H}+\dfrac{\nabla\varepsilon}{\varepsilon}\times(\nabla\times\boldsymbol{H})=0\end{cases} \tag{1.1.2-23}$$

这其实是不准确的。如果不强调一下是频域表达式，以为对于时域的 $\boldsymbol{E}(t)$也可以使用，那就可能引起错误。

由亥姆霍兹方程(1.1.2-22)可以看出，方程的左边包括齐次部分$(\nabla^2+k_0^2n^2)\cdot\begin{pmatrix}\dot{\boldsymbol{E}}\\ \dot{\boldsymbol{H}}\end{pmatrix}$和非齐次部分。而$\nabla\varepsilon$ 是否为零是该方程是否为齐次的关键。如果在所考虑的那一部分光波导中，介质为均匀分布，$\nabla\varepsilon=0$，或近似均匀分布，$\nabla\varepsilon/\varepsilon\to0$，那么该方程就转化为齐次方程

$$(\nabla^2+k_0^2n^2)\begin{pmatrix}\dot{\boldsymbol{E}}\\ \dot{\boldsymbol{H}}\end{pmatrix}=0 \tag{1.1.2-24}$$

齐次方程的特点是可以使用分离变量法，把各分量区分开，而非齐次方程则不然。所以，我们依据折射率分布的均匀性对光波导进行分类，实质上是看它的光场满足

什么样的齐次方程,从而引出许多不同的特点。

对于一个光波导而言,必定具有一定的波导结构,这意味着折射率分布不可能在无限大空间内是均匀的,它只可能在一定区域内是均匀的,从而 $\varepsilon=\varepsilon(x,y,z)$ 不是常数,将式(1.1.2-22a)改写为

$$\nabla^2\dot{\boldsymbol{E}}+k_0^2n^2\dot{\boldsymbol{E}}=\nabla\left(\dot{\boldsymbol{E}}\cdot\frac{\nabla\varepsilon}{\varepsilon}\right) \tag{1.1.2-25}$$

式(1.1.2-25)可以看作一个有源方程,$\nabla\left(\dot{\boldsymbol{E}}\cdot\frac{\nabla\varepsilon}{\varepsilon}\right)$是这个方程的源。由于在均匀部分$\nabla\left(\dot{\boldsymbol{E}}\cdot\frac{\nabla\varepsilon}{\varepsilon}\right)=0$,只有在边界上$\nabla\left(\dot{\boldsymbol{E}}\cdot\frac{\nabla\varepsilon}{\varepsilon}\right)$才不为0,所以这种情况下,边界的形状(或者边界条件)就决定了区域内光场的分布和整个传输特性。

除了折射率分布的均匀性以外,折射率分布的周期性也是影响光波导性能的重要方面。近年来,人们把具有折射率周期性分布结构的光波导称为所谓的“光子晶体”,它有许多独特的现象,受到普遍关注。

总之,本大段主要是导出了光频下各向同性线性介质的麦克斯韦方程,并对各向异性介质做了初步的介绍,然后导出了频域的亥姆霍兹方程。最重要的一点,就是光频下的麦克斯韦方程和亥姆霍兹方程中的所有变量都是频率的函数,而不是时间的函数。

4. 光场纵向分量与横向分量的关系

如绪论中所述,纵向(传输方向)与横向的取向区分,是光波导的基本特征。我们同时要记住,规定哪个方向为纵向或横向,具有很大的任意性,然而一旦规定好了纵向与横向,则场的分布、方程的形式等均随之确定,不再有任意性。于是光波导中的光场可分解为纵向分量与横向分量之和,即有

$$\begin{cases}\boldsymbol{E}=\boldsymbol{E}_{\mathrm{t}}+\boldsymbol{E}_z\\ \boldsymbol{H}=\boldsymbol{H}_{\mathrm{t}}+\boldsymbol{H}_z\end{cases} \tag{1.1.2-26}$$

式中,下标 z 方向规定为纵向;下标 t 表示垂直于 z 方向的横向。

矢量微分算子∇也可表示为纵向与横向两个分量,即$\nabla=\nabla_{\mathrm{t}}+\hat{z}\frac{\partial}{\partial z}$,式中$\hat{z}$ 表示 z 方向的单位矢量。代入式(1.1.2-16),使左右两边纵向与横向分量各自相等,可得

$$\begin{cases}\nabla_{\mathrm{t}}\times\dot{\boldsymbol{E}}_{\mathrm{t}}=\mathrm{i}\omega\mu_0\dot{\boldsymbol{H}}_z\\ \nabla_{\mathrm{t}}\times\dot{\boldsymbol{H}}_{\mathrm{t}}=-\mathrm{i}\omega\varepsilon\dot{\boldsymbol{E}}_z\\ \nabla_{\mathrm{t}}\times\dot{\boldsymbol{E}}_z+\hat{z}\times\dfrac{\partial\dot{\boldsymbol{E}}_{\mathrm{t}}}{\partial z}=\mathrm{i}\omega\mu_0\dot{\boldsymbol{H}}_{\mathrm{t}}\\ \nabla_{\mathrm{t}}\times\dot{\boldsymbol{H}}_z+\hat{z}\times\dfrac{\partial\dot{\boldsymbol{H}}_{\mathrm{t}}}{\partial z}=-\mathrm{i}\omega\varepsilon\dot{\boldsymbol{E}}_{\mathrm{t}}\end{cases} \tag{1.1.2-27}$$

方程组(1.1.2-27)中的前两个方程,表明横向分量随横截面的分布永远是有旋的,并取决于对应的纵向分量。后两个方程表明纵向分量随横截面的分布,其旋度不仅取决于对应的横向分量,而且还取决于各自的横向分量。由于光波导中不能存在理想的横电磁波(TEM 波),所以两个横向分量作用的结果,仍不能使其旋度为零。所以通常纵向分量随横截面的分布也是有旋场。

1.1.3 时域复振幅与复矢量的概念

前两节介绍了频域法。之所以先介绍频域法,是因为 $\boldsymbol{D}(\omega)=\varepsilon(\omega)\boldsymbol{E}(\omega)$ 只有在频域里才能满足;而在时域中,由于 $\boldsymbol{D}(t)\neq\varepsilon(t)\boldsymbol{E}(t)$,所以得不到形如式(1.1.2-15)的公式,也就是对于麦克斯韦方程中的电位移的散度 $\nabla\cdot\boldsymbol{D}$ 无法处理。但是,时域法的概念更清晰,它是关于光场信号随时间变化的描述,所以有必要学习时域法。1.1.3~1.1.4 节将介绍时域法。但是时域法中,首先必须设法绕开 $\boldsymbol{D}(t)\neq\varepsilon(t)\boldsymbol{E}(t)$ 这个困难。基本思路是:①假定在真空条件下(或者空气中近似),介电系数为常数;②缓变近似:假定 $\boldsymbol{E}(t)$ 的变化导致除了光载波 $\omega_0 t$ 以外,其他的变化都比较慢,以至于可近似认为介质的滞后效应可以忽略。目前尚未有基于 $\varepsilon(\omega)$ 对应的冲激响应的方法,所以相对而言,时域法是不完备的。

时域法对光场的处理,在开始部分与频域法是类似的。无论光场多么复杂,总可以按照直角坐标系分解为三个分量之和,我们用 $\boldsymbol{r}=x\hat{\boldsymbol{x}}+y\hat{\boldsymbol{y}}+z\hat{\boldsymbol{z}}$ 表示空间位置,其中 $\hat{\boldsymbol{x}}$、$\hat{\boldsymbol{y}}$、$\hat{\boldsymbol{z}}$ 为坐标系三个方向的单位矢量。于是

$$\begin{cases}\boldsymbol{E}=E_x(\boldsymbol{r},t)\hat{\boldsymbol{x}}+E_y(\boldsymbol{r},t)\hat{\boldsymbol{y}}+E_z(\boldsymbol{r},t)\hat{\boldsymbol{z}}\\ \boldsymbol{H}=\boldsymbol{H}_x(\boldsymbol{r},t)\hat{\boldsymbol{x}}+H_y(\boldsymbol{r},t)\hat{\boldsymbol{y}}+H_z(\boldsymbol{r},t)\hat{\boldsymbol{z}}\end{cases}\tag{1.1.3-1}$$

当考虑光频电磁场的时候,式(1.1.3-1)右边的每一项都可以分解为

$$\begin{cases}E_i(\boldsymbol{r},t)=E_i(\boldsymbol{r},t)\cos[\omega_0 t+\varphi_{Ei}(\boldsymbol{r},t)], & i=x,y,z\\ H_i(\boldsymbol{r},t)=H_i(\boldsymbol{r},t)\cos[\omega_0 t+\varphi_{Hi}(\boldsymbol{r},t)], & i=x,y,z\end{cases}\tag{1.1.3-2}$$

式中,ω_0 是光载波的中心频率,$\varphi_{Ei}(x,y,z,t)$ 和 $\varphi_{Hi}(x,y,z,t)$ 包括载波的频率抖动、相位抖动以及其他调制因素所导致的相位不稳定因素。尽管式(1.1.3-2)似乎是对于某个单一频率给出的,但它同样适用于多谱线或者宽谱光源。将式(1.1.3-2)分解为

$$\begin{cases}E_i(\boldsymbol{r},t)=E_i(\boldsymbol{r},t)\{\exp i[-\omega_0 t+\varphi_{Ei}(\boldsymbol{r},t)]+c.c.\}, & i=x,y,z\\ H_i(\boldsymbol{r},t)=H_i(\boldsymbol{r},t)\{\exp i[-\omega_0 t+\varphi_{Hi}(\boldsymbol{r},t)]+c.c.\}, & i=x,y,z\end{cases}\tag{1.1.3-3}$$

式中,$c.c.$ 表示共轭。由于麦克斯韦方程的线性,可知只研究共轭项的一部分就可以了,这里,我们取负频部分。

在式(1.1.3-3)中除去 $c.c.$ 和光频项,只把它们的振幅部分与相位部分抽取出来,构造一个新的定义物理量——复振幅,为

$$
\begin{cases}
\dot{E}_i(\boldsymbol{r},t)=E_i(\boldsymbol{r},t)\exp[\mathrm{i}\varphi_{Ei}(\boldsymbol{r},t)], & i=x,y,z \\
\dot{H}_i(\boldsymbol{r},t)=H_i(\boldsymbol{r},t)\exp[\mathrm{i}\varphi_{Hi}(\boldsymbol{r},t)], & i=x,y,z
\end{cases}
\tag{1.1.3-4}
$$

光场的时域复振幅是一个考虑相位的振幅，所以是复数。复振幅是光场的一个重要概念，应用这个概念，会使光场的描述更加简洁。

将式(1.1.3-4)的三个分量组成一个新的矢量，称为复矢量，为

$$
\begin{cases}
\dot{\boldsymbol{E}}(\boldsymbol{r},t)=\dot{E}_x(\boldsymbol{r},t)\hat{\boldsymbol{x}}+\dot{E}_y(\boldsymbol{r},t)\hat{\boldsymbol{y}}+\dot{E}_z(\boldsymbol{r},t)\hat{\boldsymbol{z}} \\
\dot{\boldsymbol{H}}(\boldsymbol{r},t)=\dot{H}_x(\boldsymbol{r},t)\hat{\boldsymbol{x}}+\dot{H}_y(\boldsymbol{r},t)\hat{\boldsymbol{y}}+\dot{H}_z(\boldsymbol{r},t)\hat{\boldsymbol{z}}
\end{cases}
\tag{1.1.3-5}
$$

这个矢量的每一个分量都是复数，因此无法把它们化简为$|\boldsymbol{A}|\angle\hat{\boldsymbol{e}}_A$ 的形式，也就是说，无法将它们写成振幅与单一方向的形式，或者说这个矢量并不存在于实空间。

复矢量是光场的另一个重要概念。由于在线性介质所组成的光学系统中，频率项一直是不变的，在描述各种光波导的方程中，其频率的指数项 $\mathrm{e}^{\mathrm{i}\omega_0 t}$ 往往可以消去，所以采用复矢量的概念以后，公式会看上去比较简洁。同时，也反映出线性光学系统对于光波的影响，主要体现在复矢量的变化上。

对于式(1.1.3-5)所描述的复矢量，我们作进一步的推演变形，以便得到实振幅、相位项和偏振态(单位复矢量)等概念。将每一个复振幅的表达式(1.1.3-4)代入式(1.1.3-5)，得到

$$
\begin{cases}
\dot{\boldsymbol{E}}(\boldsymbol{r},t)=E_x(\boldsymbol{r},t)\mathrm{e}^{\mathrm{i}\varphi_{Ex}(\boldsymbol{r},t)}\hat{\boldsymbol{x}}+E_y(\boldsymbol{r},t)\mathrm{e}^{\mathrm{i}\varphi_{Ey}(\boldsymbol{r},t)}\hat{\boldsymbol{y}}+E_z(\boldsymbol{r},t)\mathrm{e}^{\mathrm{i}\varphi_{Ez}(\boldsymbol{r},t)}\hat{\boldsymbol{z}} \\
\dot{\boldsymbol{H}}(\boldsymbol{r},t)=H_x(\boldsymbol{r},t)\mathrm{e}^{\mathrm{i}\varphi_{Hx}(\boldsymbol{r},t)}\hat{\boldsymbol{x}}+H_y(\boldsymbol{r},t)\mathrm{e}^{\mathrm{i}\varphi_{Hy}(\boldsymbol{r},t)}\hat{\boldsymbol{y}}+H_z(\boldsymbol{r},t)\mathrm{e}^{\mathrm{i}\varphi_{Hz}(\boldsymbol{r},t)}\hat{\boldsymbol{z}}
\end{cases}
\tag{1.1.3-6}
$$

定义实振幅为三个分量复振幅的平方和的开方，即

$$
E^2(\boldsymbol{r},t)=E_x^2(\boldsymbol{r},t)+E_y^2(\boldsymbol{r},t)+E_z^2(\boldsymbol{r},t)
\tag{1.1.3-7}
$$

并定义三个方向余弦为

$$
\begin{cases}
\cos\alpha_E=E_x(\boldsymbol{r},t)/E(\boldsymbol{r},t) \\
\cos\beta_E=E_y(\boldsymbol{r},t)/E(\boldsymbol{r},t) \\
\cos\gamma_E=E_z(\boldsymbol{r},t)/E(\boldsymbol{r},t)
\end{cases}
\tag{1.1.3-8}
$$

再定义三个相位项的平均值和相应的差值分别为

$$
\begin{cases}
\varphi_E=(\varphi_{Ex}+\varphi_{Ey}+\varphi_{Ez})/3 \\
\Delta\varphi_{Ex}=(2\varphi_{Ex}-\varphi_{Ey}-\varphi_{Ez})/3 \\
\Delta\varphi_{Ey}=(2\varphi_{Ey}-\varphi_{Ex}-\varphi_{Ez})/3 \\
\Delta\varphi_{Ez}=(2\varphi_{Ez}-\varphi_{Ex}-\varphi_{Ey})/3
\end{cases}
\tag{1.1.3-9}
$$

将式(1.1.3-7)、式(1.1.3-8)、式(1.1.3-9)代入式(1.1.3-6)，再定义单位复矢量

$$\hat{\boldsymbol{e}}_E(\boldsymbol{r},t)=\mathrm{e}^{\mathrm{i}\Delta\varphi_{Ex}(\boldsymbol{r},t)}\cos\alpha_E\hat{\boldsymbol{x}}+\mathrm{e}^{\mathrm{i}\Delta\varphi_{Ey}(\boldsymbol{r},t)}\cos\beta_E\hat{\boldsymbol{y}}+\mathrm{e}^{\mathrm{i}\Delta\varphi_{Ez}(\boldsymbol{r},t)}\cos\gamma_E\hat{\boldsymbol{z}} \tag{1.1.3-10}$$

并称其为光场的偏振态，显然有 $|\hat{\boldsymbol{e}}_E(x,y,z)|=1$，注意：单位复矢量 $\hat{\boldsymbol{e}}_E(\boldsymbol{r},t)$ 也是不可能在实空间中存在的(因此也就无法画出它的几何图形)。最终得到

$$\dot{\boldsymbol{E}}(\boldsymbol{r},t)=E(\boldsymbol{r},t)\mathrm{e}^{\mathrm{i}\varphi_E(\boldsymbol{r},t)}\hat{\boldsymbol{e}}(\boldsymbol{r},t) \tag{1.1.3-11}$$

同理可得

$$\dot{\boldsymbol{H}}(\boldsymbol{r},t)=H(\boldsymbol{r},t)\mathrm{e}^{\mathrm{i}\varphi_H(\boldsymbol{r},t)}\hat{\boldsymbol{h}}(\boldsymbol{r},t) \tag{1.1.3-11H}$$

表达式(1.1.3-11)和式(1.1.3-11H)告诉我们，光场的电场分量和磁场分量的复矢量，都可以写成三个部分之积：①振幅部分，是一个实数；②相位部分，是一个纯虚数，是一个以 e 为底数的指数函数的指数部分；③偏振态部分，是一个单位复矢量。

为了帮助读者形象地理解复矢量的概念，请看下面的例子。

我们知道，一个矢量可以按照坐标分解，比如将矢量 $\boldsymbol{r}$ 写成 $\boldsymbol{r}=x\hat{\boldsymbol{x}}+y\hat{\boldsymbol{y}}+z\hat{\boldsymbol{z}}$，一组投影参数 (x,y,z) 就描述了这个矢量。在以往的学习过程中，这组作为投影的参数都是实数，根据这组参数很容易把矢量的几何图形画出来。但如果这组参数是复数时会怎么样呢？比如 $\boldsymbol{r}=3\hat{\boldsymbol{x}}+2\mathrm{i}\hat{\boldsymbol{y}}+(4-6\mathrm{i})\hat{\boldsymbol{z}}$，这时合成矢量会是什么样呢？如果单纯地看这样一个表达式，我们想象不出它代表什么，但是与时间的振动项 $\exp(-\mathrm{i}\omega_0 t)$ 联系到一起时，就发现它实际上代表了一种合成的振动——李萨如图。例如

$$(3\hat{\boldsymbol{x}}+2\mathrm{i}\hat{\boldsymbol{y}})\exp(-\mathrm{i}\omega_0 t)=3\exp(-\mathrm{i}\omega_0 t)\hat{\boldsymbol{x}}+2\exp[-\mathrm{i}(\omega_0 t-\pi/2)]\hat{\boldsymbol{y}} \tag{1.1.3-12}$$

它表示两个相位差 90°的互相垂直的振动的合成，合成的结果为一个椭圆(图 1.1.3-1)。换成光场的说法，它就代表了一种偏振态。单位复矢量就是振幅为 1 的复矢量。

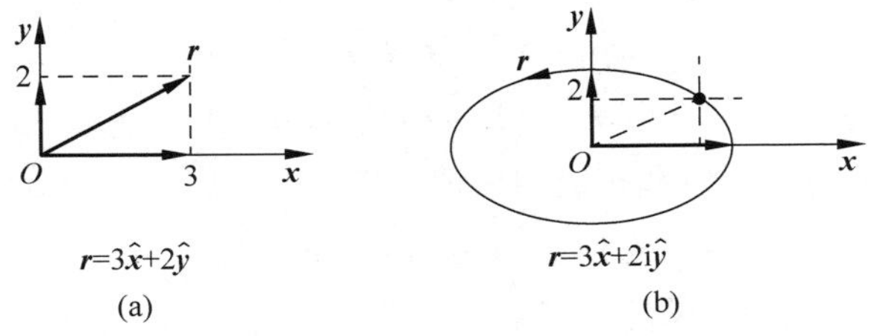

图 1.1.3-1　实矢量和复矢量

(a) 实矢量；(b) 复矢量

式(1.1.3-12)中，不再包含参数 ω，却包含时间参数 t，因此称为时域表达式。根据式(1.1.3-12)我们将光场分为两类：定态场和非定态场。

(1) 定态场：以下三种情况都可归结于定态场。

① 组成光场复矢量的三个量(以电场为例)中，振幅 $E(\boldsymbol{r},t)$、相位 $\varphi_E(\boldsymbol{r},t)$ 和偏振态 $\hat{\boldsymbol{e}}(\boldsymbol{r},t)$ 都与时间 t 无关，即 $E(\boldsymbol{r},t)=E(\boldsymbol{r})$，$\varphi_E(\boldsymbol{r},t)=\varphi_E(\boldsymbol{r})$，$\hat{\boldsymbol{e}}(\boldsymbol{r},t)=\hat{\boldsymbol{e}}(\boldsymbol{r})$，这种场可称为定态场。

② 组成光场复矢量的三个量(以电场分量为例)中，振幅 $E(\boldsymbol{r},t)$ 和偏振态 $\hat{\boldsymbol{e}}(\boldsymbol{r},t)$ 都与时间 t 无关，即 $E(\boldsymbol{r},t)=E(\boldsymbol{r})$，$\hat{\boldsymbol{e}}_E(\boldsymbol{r},t)=\hat{\boldsymbol{e}}_E(\boldsymbol{r})$。而相位部分 $\varphi_E(\boldsymbol{r},t)$ 虽然与时间有关，但对空间的依赖关系和对时间的依赖关系是独立叠加的，即 $\varphi_E(\boldsymbol{r},t)=\varphi_E(\boldsymbol{r})+\varphi_E(t)$。由此表明，相位对时间的依赖关系来自光源，这种场同样称为定态场。

③ 组成光场复矢量的三个量(以电场为例)中，偏振态 $\hat{\boldsymbol{e}}_E(\boldsymbol{r},t)$ 与时间 t 无关，即 $\hat{\boldsymbol{e}}_E(\boldsymbol{r},t)=\hat{\boldsymbol{e}}_E(\boldsymbol{r})$。振幅部分 $E(\boldsymbol{r},t)$ 对空间的依赖关系和对时间的依赖关系是一种可分离变量形式，即 $E(\boldsymbol{r},t)=E_r(\boldsymbol{r})\cdot E_t(t)$，由此表明对光场振幅的时间调制，是由光源完成的。而相位部分 $\varphi_E(\boldsymbol{r},t)$ 虽然与时间有关，但对空间的依赖关系和对时间的依赖关系是独立叠加的，即 $\varphi_E(\boldsymbol{r},t)=\varphi_E(\boldsymbol{r})+\varphi_E(t)$。由此表明，相位对时间的依赖关系来自光源，这种场同样称为定态场。

归纳以上三种情况，可以知道定态场复矢量的表达式为

$$
\begin{cases}
\dot{\boldsymbol{E}}(\boldsymbol{r},t)=E(\boldsymbol{r})E(t)\mathrm{e}^{\mathrm{i}[\varphi_E(\boldsymbol{r})+\varphi_E(t)]}\hat{\boldsymbol{e}}_E(\boldsymbol{r})\overset{\mathrm{def}}{=}\dot{\boldsymbol{E}}(\boldsymbol{r})\dot{E}(t)\\
\dot{\boldsymbol{H}}(\boldsymbol{r},t)=H(\boldsymbol{r})H(t)\mathrm{e}^{\mathrm{i}[\varphi_H(\boldsymbol{r})+\varphi_H(t)]}\hat{\boldsymbol{e}}_H(\boldsymbol{r})\overset{\mathrm{def}}{=}\dot{\boldsymbol{H}}(\boldsymbol{r})\dot{H}(t)
\end{cases}
\tag{1.1.3-13}
$$

(2) 非定态场：以上三种情况之外的场。

最后，将式(1.1.3-13)代入式(1.1.3-5)，可得电场强度与磁场强度用复矢量时域表达式描述的光场

$$
\begin{cases}
\boldsymbol{E}(x,y,z,t)=\dot{\boldsymbol{E}}(\boldsymbol{r},t)\mathrm{e}^{-\mathrm{i}\omega_0 t}+c.c.\\
\boldsymbol{H}(x,y,z,t)=\dot{\boldsymbol{H}}(\boldsymbol{r},t)\mathrm{e}^{-\mathrm{i}\omega_0 t}+c.c.
\end{cases}
\tag{1.1.3-14}
$$

再强调一遍，式(1.1.3-14)是光时域表达式的基本形式，包括振幅、相位和偏振态三项。

时域复矢量的一个重要应用是它直接描述了光脉冲的时域波形。光脉冲的波形可用示波器观察，但是只能观察到光功率 $P(t)$ 的波形，它对应于 $E^2(t)$ 或者 $|\dot{\boldsymbol{E}}(\boldsymbol{r},t)|^2$，这意味着只能测量出它的幅度变化，而无法直接观察到相位和偏振态。相位和偏振态要借助于干涉仪和偏振分析仪测量。图1.1.3-2是一个用示波器测得的光信号的波形。将多周期的光信号的波形折叠以后放在一个周期中显示，即得到所谓的眼图，参见图1.1.3-3。

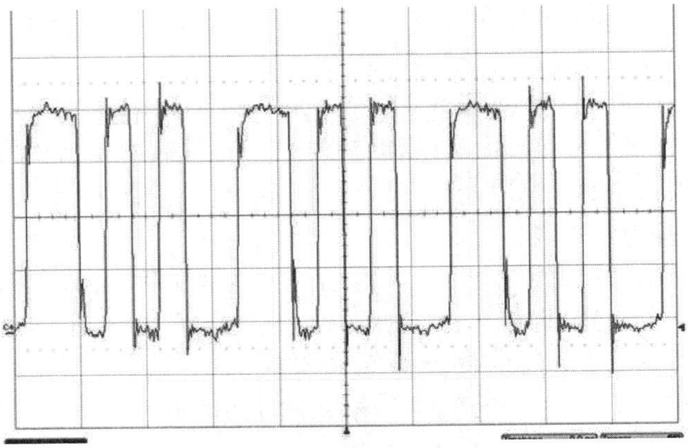

图 1.1.3-2　用示波器测得的光信号的波形

（请扫Ⅱ页二维码看彩图）

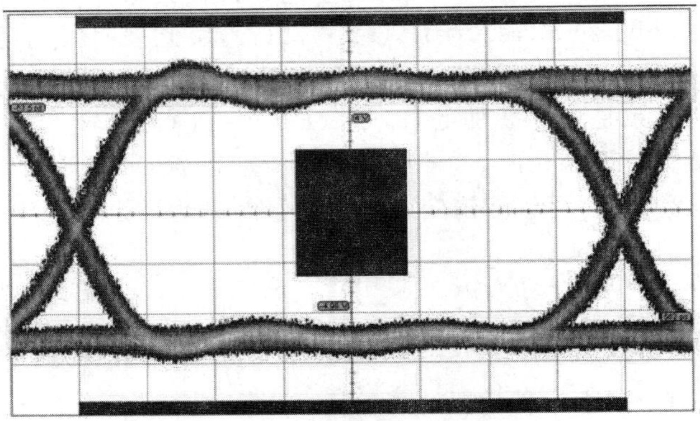

图 1.1.3-3　图 1.1.3-2 光信号的眼图

（请扫Ⅱ页二维码看彩图）

1.1.4　时域麦克斯韦方程与亥姆霍兹方程

1. 时域复矢量的麦克斯韦方程

在 1.1.3 节，我们一开始就声明，时域法总是设法绕开 $\boldsymbol{D}(t)\neq\varepsilon(t)\boldsymbol{E}(t)$ 这个困难，也就是假定在光频 ω_0 附近，$\varepsilon\approx\varepsilon(\omega_0)$ 为常数，称这种介质为非色散介质，从而有 $\boldsymbol{D}(t)=\varepsilon(\omega_0)\boldsymbol{E}(t)$。进一步，假定介质的分布是均匀的，$\nabla\varepsilon\approx\nabla\varepsilon(\omega_0)=0$。这时，将式(1.1.3-11)代入原始的麦克斯韦方程(1.1.2-3)，得到

$$\begin{cases}\nabla\times[\dot{\boldsymbol{E}}(\boldsymbol{r},t)\mathrm{e}^{\mathrm{i}\omega_0 t}]=-\mu_0\dfrac{\partial}{\partial t}[\dot{\boldsymbol{H}}(\boldsymbol{r},t)\mathrm{e}^{\mathrm{i}\omega_0 t}]\\ \nabla\times[\dot{\boldsymbol{H}}(\boldsymbol{r},t)\mathrm{e}^{\mathrm{i}\omega_0 t}]=\varepsilon_0\dfrac{\partial}{\partial t}[\dot{\boldsymbol{E}}(\boldsymbol{r},t)\mathrm{e}^{\mathrm{i}\omega_0 t}]\end{cases}\tag{1.1.4-1}$$

利用数学公式$\nabla\times[\varphi\dot{\boldsymbol{E}}]=(\nabla\times\dot{\boldsymbol{E}})\varphi+\nabla\varphi\times\dot{\boldsymbol{E}}$,经过简单推导,并消去指数项,得到复矢量满足的麦克斯韦方程

$$\begin{cases}\nabla\times\dot{\boldsymbol{E}}(\boldsymbol{r},t)=-\mu_0\left[\dfrac{\partial}{\partial t}\dot{\boldsymbol{H}}(\boldsymbol{r},t)+\mathrm{i}\omega_0\dot{\boldsymbol{H}}(\boldsymbol{r},t)\right]\\ \nabla\times\dot{\boldsymbol{H}}(\boldsymbol{r},t)=\varepsilon_0\left[\dfrac{\partial}{\partial t}\dot{\boldsymbol{E}}(\boldsymbol{r},t)+\mathrm{i}\omega_0\dot{\boldsymbol{E}}(\boldsymbol{r},t)\right]\end{cases}\tag{1.1.4-2}$$

式(1.1.4-2)描述的是光频电磁场中的时域复矢量要满足的麦克斯韦方程。这个方程比原始的麦克斯韦方程要略微复杂一些。原始麦克斯韦方程只是说电场的空间变化正比于磁场的时间变化,反之亦然。而关于复振幅(复矢量)的麦克斯韦方程,电场的空间变化不仅与磁场的时间变化有关,而且还多了一项与变化速度相关的项$\dfrac{\partial}{\partial t}\dot{\boldsymbol{H}}(\boldsymbol{r},t)$和$\dfrac{\partial}{\partial t}\dot{\boldsymbol{E}}(\boldsymbol{r},t)$。

如果光频的电磁场是一个简谐振动,也就是它的复矢量是与时间无关的一类定态场,或者当复矢量随时间变化较慢时也就是光场为缓变光场的时候,

$$\begin{cases}\dfrac{\partial}{\partial t}\left|\dot{\boldsymbol{E}}(\boldsymbol{r},t)\right|\ll\omega_0\left|\dot{\boldsymbol{E}}(\boldsymbol{r},t)\right|\\ \dfrac{\partial}{\partial t}\left|\dot{\boldsymbol{H}}(\boldsymbol{r},t)\right|\ll\omega_0\left|\dot{\boldsymbol{H}}(\boldsymbol{r},t)\right|\end{cases}\tag{1.1.4-3}$$

式(1.1.4-2)中的变化率项可以忽略,因此式(1.1.4-3)也称为慢变条件。于是式(1.1.4-2)可化简为

$$\begin{cases}\nabla\times\dot{\boldsymbol{E}}(\boldsymbol{r},t)=-\mathrm{i}\mu_0\omega_0\dot{\boldsymbol{H}}(\boldsymbol{r},t)\\ \nabla\times\dot{\boldsymbol{H}}(\boldsymbol{r},t)=\mathrm{i}\varepsilon_0\omega_0\dot{\boldsymbol{E}}(\boldsymbol{r},t)\end{cases}\tag{1.1.4-4}$$

大多数情况下,因为光载频的中心频率很大,约为10^{14} Hz,假定光脉冲的宽度为1ps,它对应的基频约为10^{12} Hz,近似条件式(1.1.4-3)仍然是满足的,所以绝大多数情况下,式(1.1.4-4)都是正确的。

我们具体举例说明慢变条件式(1.1.4-3)的应用。假定有一个光场,其时域复矢量$\dot{\boldsymbol{E}}(\boldsymbol{r},t)=E(\boldsymbol{r},t)\mathrm{e}^{\mathrm{i}\varphi_E(\boldsymbol{r},t)}\hat{\boldsymbol{e}}(\boldsymbol{r},t)$中,相位部分和偏振态部分都不随时间变化,而只有幅度部分是一个高斯函数,即

$$\dot{\boldsymbol{E}}(\boldsymbol{r},t)=\mathrm{e}^{-t^2/2\tau^2}E(\boldsymbol{r})\mathrm{e}^{\mathrm{i}\varphi_E(\boldsymbol{r})}\hat{\boldsymbol{e}}(\boldsymbol{r})=\mathrm{e}^{-t^2/2\tau^2}\dot{\boldsymbol{E}}(\boldsymbol{r})\tag{1.1.4-5}$$

对应的脉冲形状如图1.1.4-1所示。式中,参数τ是脉冲功率下降到一半时的时间,也称为半高半宽,2τ称为半高全宽。于是

$$\frac{\partial}{\partial t}\dot{\boldsymbol{E}}(\boldsymbol{r},t)=-\frac{t}{\tau^2}\mathrm{e}^{-t^2/2\tau^2}\dot{\boldsymbol{E}}(\boldsymbol{r})\tag{1.1.4-6}$$

变化速率的最大值出现在 $t=\tau$ 时刻，此时，$\dot{\boldsymbol{E}}(\boldsymbol{r},t)=\mathrm{e}^{-1/2}\dot{\boldsymbol{E}}(\boldsymbol{r})$，而$\frac{\partial}{\partial t}\dot{\boldsymbol{E}}(\boldsymbol{r},t)=-\frac{1}{\tau}\mathrm{e}^{-1/2}\dot{\boldsymbol{E}}(\boldsymbol{r})$，根据式(1.1.4-3)，应有 $\tau\gg 1/\omega_0$。对应光频 $\nu\approx 10^{14}\,\mathrm{Hz}$，所以光脉冲半高全宽时间应远大于 0.1ps。此外，还应考虑由于频带过宽引起的色散问题。

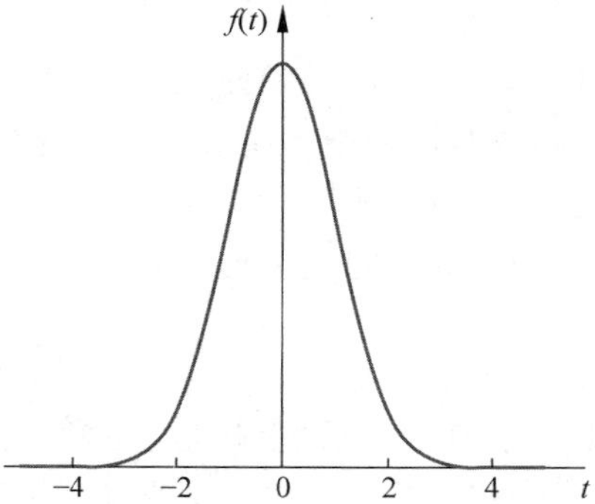

图 1.1.4-1 脉冲形状

2. 时域复矢量的亥姆霍兹方程

正如本小节一开始就假定的那样，介质是非色散介质，$\varepsilon\approx\varepsilon(\omega_0)$，而且介质是均匀的，从而$\nabla\varepsilon\approx\nabla\varepsilon(\omega_0)=\mathbf{0}$，于是根据$\nabla\cdot\boldsymbol{D}=0$，可以导出$\nabla\cdot\boldsymbol{E}=0$。

进一步利用数学公式$\nabla\times(\nabla\times\boldsymbol{E})=\nabla(\nabla\cdot\boldsymbol{E})-\nabla^2\boldsymbol{E}$，可以得到

$$\nabla\times(\nabla\times\boldsymbol{E})=-\nabla^2\boldsymbol{E} \tag{1.1.4-7}$$

将式(1.1.4-2)所描述的时域复矢量的麦克斯韦方程，代入式(1.1.4-7)，于是得到光频下时域复矢量的亥姆霍兹方程为

$$\nabla^2\dot{\boldsymbol{E}}(\boldsymbol{r},t)-\mu_0\varepsilon_0\frac{\partial^2}{\partial t^2}\dot{\boldsymbol{E}}(\boldsymbol{r},t)-2\mathrm{i}\mu_0\varepsilon_0\omega_0\frac{\partial}{\partial t}\dot{\boldsymbol{E}}(\boldsymbol{r},t)+\mu_0\varepsilon_0\omega_0^2\dot{\boldsymbol{E}}(\boldsymbol{r},t)=0 \tag{1.1.4-8}$$

注意，方程(1.1.4-8)还不能说成是波动方程，因为它不仅适用于光波，还适用于任意的光场。

考虑与时间完全无关的定态光场，或者缓变光场，$2\frac{\partial}{\partial t}|\dot{\boldsymbol{E}}(\boldsymbol{r},t)|\ll\omega_0|\dot{\boldsymbol{E}}(\boldsymbol{r},t)|$，有

$$\nabla^2\dot{\boldsymbol{E}}(\boldsymbol{r},t)+\mu_0\varepsilon_0\omega_0^2\dot{\boldsymbol{E}}(\boldsymbol{r},t)=\mathbf{0} \tag{1.1.4-9}$$

将 $\mu_0\varepsilon_0\omega_0^2=k_0^2n^2$ 代入式(1.1.4-8)，得到

$$\nabla^2\dot{\boldsymbol{E}}(\boldsymbol{r},t)+k_0^2n^2\dot{\boldsymbol{E}}(\boldsymbol{r},t)=0 \tag{1.1.4-10}$$

这就是描述缓变光场或者定态光场的时域亥姆霍兹方程。在 1.1.2 节曾经导出了

描写任意光场频域的亥姆霍兹方程(1.1.2-17),在$\nabla\cdot\boldsymbol{E}=0$的条件下,得到

$$\nabla^2\dot{\boldsymbol{E}}(\boldsymbol{r},\omega)+\mu_0\varepsilon_0\omega_0^2\dot{\boldsymbol{E}}(\boldsymbol{r},\omega)=0 \tag{1.1.4-11}$$

比较式(1.1.4-10)与式(1.1.4-11),我们发现二者形式上是一样的。但是,需要注意式(1.1.4-10)有一系列的假定和限制,使用时要满足这些前提和假定。

3. 光场纵向分量与横向分量的关系

如绪论中所述,纵向(传输方向)与横向的取向区分,是光波导的基本特征。我们同时要记住,规定哪个方向为纵向或横向,具有很大的任意性,然而一旦规定好了纵向与横向,则场的分布、方程的形式等均随之确定,不再有任意性。于是光波导中的光场可分解为纵向分量与横向分量之和,即有

$$\begin{cases}\boldsymbol{E}=\boldsymbol{E}_{\mathrm{t}}+\boldsymbol{E}_z\\ \boldsymbol{H}=\boldsymbol{H}_{\mathrm{t}}+\boldsymbol{H}_z\end{cases} \tag{1.1.4-12}$$

式中,下标z方向规定为纵向,下标t表示垂直于z方向的横向。

矢量微分算子∇也可表示为纵向与横向两个分量,即$\nabla=\nabla_{\mathrm{t}}+\hat{z}\dfrac{\partial}{\partial z}$,式中$\hat{z}$表示$z$方向的单位矢量。代入式(1.1.4-2),使左右两边纵向与横向分量各自相等,可得

$$\begin{cases}\nabla_{\mathrm{t}}\times\dot{\boldsymbol{E}}_{\mathrm{t}}=-\mu_0\left(\dfrac{\partial}{\partial t}\dot{\boldsymbol{H}}_z+\mathrm{i}\omega_0\dot{\boldsymbol{H}}_z\right)\\ \nabla_{\mathrm{t}}\times\dot{\boldsymbol{H}}_{\mathrm{t}}=\varepsilon_0\left(\dfrac{\partial}{\partial t}\dot{\boldsymbol{E}}_z+\mathrm{i}\omega_0\dot{\boldsymbol{E}}_z\right)\\ \nabla_{\mathrm{t}}\times\dot{\boldsymbol{E}}_z+\left(\hat{z}\dfrac{\partial}{\partial z}\right)\times\dot{\boldsymbol{E}}_{\mathrm{t}}=-\mu_0\left(\dfrac{\partial}{\partial t}\dot{\boldsymbol{H}}_{\mathrm{t}}+\mathrm{i}\omega_0\dot{\boldsymbol{H}}_{\mathrm{t}}\right)\\ \nabla_{\mathrm{t}}\times\dot{\boldsymbol{H}}_z+\left(\hat{z}\dfrac{\partial}{\partial z}\right)\times\dot{\boldsymbol{H}}_{\mathrm{t}}=\varepsilon_0\left(\dfrac{\partial}{\partial t}\dot{\boldsymbol{E}}_{\mathrm{t}}+\mathrm{i}\omega_0\dot{\boldsymbol{E}}_{\mathrm{t}}\right)\end{cases} \tag{1.1.4-13}$$

方程组(1.1.4-13)中的前两个方程,表明横向分量随横截面的分布永远是有旋的,并取决于对应的纵向分量。后两个方程表明纵向分量随横截面的分布,其旋度不仅取决于对应的横向分量,而且取决于各自的横向分量。由于光波导中不能存在理想的TEM波,所以两个横向分量作用的结果,仍不能使其旋度为零。所以通常纵向分量随横截面的分布也是有旋场。

考虑到慢变近似,有

$$\begin{cases}\nabla_{\mathrm{t}}\times\dot{\boldsymbol{E}}_{\mathrm{t}}=-\mu_0\mathrm{i}\omega_0\dot{\boldsymbol{H}}_z\\ \nabla_{\mathrm{t}}\times\dot{\boldsymbol{H}}_{\mathrm{t}}=\varepsilon_0\mathrm{i}\omega_0\dot{\boldsymbol{E}}_z\\ \nabla_{\mathrm{t}}\times\dot{\boldsymbol{E}}_z+\left(\hat{z}\dfrac{\partial}{\partial z}\right)\times\dot{\boldsymbol{E}}_{\mathrm{t}}=-\mu_0\mathrm{i}\omega_0\dot{\boldsymbol{H}}_{\mathrm{t}}\\ \nabla_{\mathrm{t}}\times\dot{\boldsymbol{H}}_z+\left(\hat{z}\dfrac{\partial}{\partial z}\right)\times\dot{\boldsymbol{H}}_{\mathrm{t}}=\varepsilon_0\mathrm{i}\omega_0\dot{\boldsymbol{E}}_{\mathrm{t}}\end{cases} \tag{1.1.4-14}$$

4. 频域复矢量和时域复矢量的关系

我们知道，频域量和时域量由一对傅里叶变换确定，一般的表达式为

$$\begin{cases} f(t)=\dfrac{1}{2\pi}\displaystyle\int_{-\infty}^{\infty}F(\omega)\mathrm{e}^{-\mathrm{i}\omega t}\mathrm{d}\omega \\ F(\omega)=\displaystyle\int_{-\infty}^{\infty}f(t)\mathrm{e}^{\mathrm{i}\omega t}\mathrm{d}\omega \end{cases} \tag{1.1.4-15}$$

当把它应用到频域复矢量和时域复矢量时，需要把这两个量复原，也就是把原先舍去的 $\mathrm{e}^{-\mathrm{i}\omega_0 t}$(对于时域复矢量)和 $\mathrm{e}^{\mathrm{i}\omega t}$ 补上，于是得到

$$\dot{\boldsymbol{E}}(\boldsymbol{r},t)\mathrm{e}^{-\mathrm{i}\omega_0 t}=\frac{1}{2\pi}\int_{-\infty}^{\infty}\dot{\boldsymbol{E}}(\boldsymbol{r},\omega)\mathrm{e}^{-\mathrm{i}\omega t}\mathrm{d}\omega \tag{1.1.4-16}$$

由于在式(1.1.4-16)中，ω_0 是一个特定的载波频率，所以可以移到公式右边的积分号之内，于是

$$\dot{\boldsymbol{E}}(\boldsymbol{r},t)=\frac{1}{2\pi}\int_{-\infty}^{\infty}\dot{\boldsymbol{E}}(\boldsymbol{r},\omega)\mathrm{e}^{-\mathrm{i}(\omega-\omega_0)t}\mathrm{d}\omega \tag{1.1.4-17}$$

式(1.1.4-17)表明，时域复矢量和频域复矢量可以看作以 $\mathrm{e}^{-\mathrm{i}(\omega-\omega_0)t}$ 为核的积分变换对，于是

$$\dot{\boldsymbol{E}}(\boldsymbol{r},\omega)=\int_{-\infty}^{\infty}\dot{\boldsymbol{E}}(\boldsymbol{r},t)\mathrm{e}^{\mathrm{i}(\omega_0-\omega)t}\mathrm{d}t \tag{1.1.4-18}$$

式(1.1.4-17)和式(1.1.4-18)就是频域复矢量和时域复矢量之间的关系。表面上看，它和式(1.1.4-15)几乎是相同的，但是式(1.1.4-17)和式(1.1.4-18)的使用是有条件的。最关键的一条是，时域信号一定是调制在某个载波上的信号。

1.2 光波

1.1 节全面描述了空间中某一点的光场的性质，提出了频域复矢量和时域复矢量的概念。同时指出，光场与光波不是同一个概念，它们之间存在细微的差别。在一般的光场中，相邻两点可以没有任何关联。光波，这里指的是行波光波，它是一种具有相位传播特性的特殊光场。在这种光场中相邻两点之间，必须有一定关联。最基本的关联是相位的延迟。

1.2.1 光波的概念——频域描述

1. 光波条件

1.1 节我们研究了光频电磁场的频域和时域两种描述方法，以及所遵循的规律——麦克斯韦方程和亥姆霍兹方程，但还没有反映出光波的性质。也就是说，

1.1 节所表述的光频电磁场也好，麦克斯韦方程也好，都只含有频率、时间、位置以及场强等，都只是空间某一点光场的特性。作为一个波，在它所处的空间中，两点（或者各点）之间，必须存在某种关联性。这种关联性可表现为幅度关联性、相位关联性和偏振关联性。在这三种关联性中，幅度关联性比较复杂，比如平面波、柱面波以及球面波的关联性各不相同，还有其他异型波等，很难用一个参数描述；而偏振关联性，则通常在各向异性材料中表现更明显；因此，最重要和最基本的关联性是相位关联性。

正如我们对于波的定义所描述的那样，波是运动状态的传播。而描述运动状态的各个量中，因为光场是一种高频的振动，所以相位的传播是最重要的。而在 1.1 节中的光场描述中，都没有涉及相位的传播，也就是在所有的公式中都不含有反映波动的关键参量——波矢 $\boldsymbol{k}$。本节首先建立一般的光波概念，给出描述方法，然后找到光波所必须遵循的规律，虽然这个规律也同样称为麦克斯韦方程和亥姆霍兹方程，但与 1.1 节中同名方程的物理意义是不一样的。

光波，作为一种特殊的存在于一个连通域的整体光场，还需满足如下条件。

（1）相位条件

① 有相位的传播。这里的相位，是指频域复矢量或者时域复矢量的相位。在光波存在的空间域中，各点光场的相位之间存在明确的关联性，换言之，光波是一种具有相位传播特性的特殊光场。因此，光波必须存在同相面（波阵面）的概念。

并不是所有光场都具有相位传播的性质，比如两列垂直的光波叠加后的光场，就找不到一个同相面（波阵面），从而不是一列光波。在某些教材中，用光波的合成这个术语，来描述两束不同的光波在相遇时的物理现象，即所谓相干合成或者非相干合成。这种说法是不准确的，如果两束光的波矢不相同，即使它们相遇，也只是光场的叠加，而不是光波的合成，只有当两束光的波矢相同时，才能实现光波的合成，其他情况只是光场的叠加而已。

② 该同相面对于电场分量与磁场分量是一致的，也就是该面既是电场分量的同相面，也是磁场分量的同相面，二者不会发生电磁分离，从而要求二者的相位差始终不变。

需要指出的是，同相面（波阵面）并不一定是等幅面（频域或时域复矢量的幅度相等的面），也不一定是平面，而且电场强度矢量与磁场强度矢量也不一定处于同相面之内。

（2）偏振条件

① 偏振态稳定条件。

尽管不同点的偏振态可以不同，但同一点的偏振态必须是稳定的（不随时间变化）。这里，并没有限定光波一定是横波，也就是并没有限定偏振态所处的面一定垂直于光波的传播方向。

② 电场分量的偏振态与磁场分量的偏振态应该是协调一致的，也就是说，由高频电场分量画出来的矢端曲线与由高频磁场分量画出来的矢端曲线，尽管它们可以处于不同的面，但变化的形式应该是一样的，也就是把其中一个面旋转，使两个面重合，那么两个矢端曲线也可以做到重合(但同一时刻电场分量和磁场分量的矢端处于矢端曲线的位置可能不一致)。但偏振态随着位置的变化可以不同。

只有这两条同时被满足且频率达到光频的电磁场，才是光波。

2. 由相位条件引出波矢的概念、光波的频域表达式

在 1.1.1 节，频域的光场可以用 $\dot{\boldsymbol{E}}(\boldsymbol{r},\omega)$ 和 $\dot{\boldsymbol{H}}(\boldsymbol{r},\omega)$ 描述，

$$\dot{\boldsymbol{E}}(\boldsymbol{r},\omega)=E(\boldsymbol{r},\omega)\mathrm{e}^{-\mathrm{i}\varphi(\boldsymbol{r},\omega)}\hat{\boldsymbol{e}}(\boldsymbol{r},\omega) \tag{1.1.1-6}$$

$$\dot{\boldsymbol{H}}(\boldsymbol{r},\omega)=H(\boldsymbol{r},\omega)\mathrm{e}^{\mathrm{i}\varphi_H(\boldsymbol{r},\omega)}\hat{\boldsymbol{h}}(\boldsymbol{r},\omega) \tag{1.1.1-6H}$$

为了保证在同一点的偏振态是稳定的，对于给定的频率，电场或者磁场的三个分量的相位差不能随意设定，必须满足一定关系，否则矢端曲线就不是一条确定的曲线。因此，它们之间的相位差将不随时间变化，因为，如果三个分量的相位差不断变化，必将导致矢端曲线随意变化，也就是说，它不可能形成一个稳定的偏振态。

如前所述，电场分量与磁场分量在传播过程中相位差要保持不变，同相面既是电场分量的同相面，又是磁场分量的同相面，于是我们选定电场的同相面作为整个波的同相面是合理的。于是，同相面就是由方程 $\varphi(\boldsymbol{r},\omega)=$常数所决定的面(不限于平面)。标量函数 $\varphi(\boldsymbol{r},t)$ 定义了一个数量场，它的梯度对应于它的波矢 $\boldsymbol{k}$，于是，按照习惯有

$$\boldsymbol{k}(\boldsymbol{r},\omega)=-\nabla\varphi(\boldsymbol{r},\omega) \tag{1.2.1-1}$$

也就是波矢总是指向相位延迟的方向。这样，

$$\varphi(\boldsymbol{r},\omega)=\int_0^r \boldsymbol{k}(\boldsymbol{r})\cdot\mathrm{d}\boldsymbol{r}+\varphi(0) \tag{1.2.1-2}$$

由于波矢是标量场的梯度，所以积分是与路径无关的。根据梯度与标量场的关系，直接可以得出波矢是垂直于同相面(波阵面)的，或者说波矢的方向就是波阵面的法线方向。

但是，从式(1.1.1-6)，我们得不出任何有关幅度和偏振态与波矢关系的有关信息。等幅面不一定垂直于波矢，偏振态也与波矢没有直接关联。

引入波矢概念后，频域的光波可以表示为

$$\dot{\boldsymbol{E}}(\boldsymbol{r},\omega)=E(\boldsymbol{r},\omega)\mathrm{e}^{\mathrm{i}\left(\int_0^r \boldsymbol{k}\cdot\mathrm{d}\boldsymbol{r}-\varphi_0\right)}\hat{\boldsymbol{e}}(\boldsymbol{r},\omega) \tag{1.2.1-3}$$

式中，$\mathrm{e}^{\mathrm{i}\left(\int_0^r \boldsymbol{k}\cdot\mathrm{d}\boldsymbol{r}-\varphi_0\right)}$ 表示波动，因此也称其为波动项。

同理，频域光波的磁场分量可表示为

$$\dot{\boldsymbol{H}}(\boldsymbol{r},\omega)=H(\boldsymbol{r},\omega)\mathrm{e}^{\mathrm{i}\left(\int_0^r \boldsymbol{k}\cdot\mathrm{d}\boldsymbol{r}-\varphi_0\right)}\hat{\boldsymbol{h}}(\boldsymbol{r},\omega) \tag{1.2.1-3H}$$

最常见的光波是波矢为常数矢量的光波，即 $\boldsymbol{k}(\boldsymbol{r})=\boldsymbol{k}_0$，此时，$\varphi(\boldsymbol{r},\omega)=\boldsymbol{k}_0\cdot\boldsymbol{r}$。这时的光波为

$$\dot{\boldsymbol{E}}(\boldsymbol{r},\omega)=E(\boldsymbol{r},\omega)\mathrm{e}^{\mathrm{i}(\boldsymbol{k}_0\cdot\boldsymbol{r}-\varphi_0)}\hat{\boldsymbol{e}}(\boldsymbol{r},\omega) \tag{1.2.1-4}$$

3. 波长

众所周知，相位具有周期性的属性，也就是光波场中相位差为 $2n\pi$（n 为整数）的两个同相面上的各点振动状态是完全相同的。其中振动状态相同、相邻最近的两点的距离，是相位差为 2π 且沿着波矢方向上两点的距离，这个距离定义为波长 λ。当然，我们并不一定要两个同相面的相位差为 2π，也可以是任意的相位差 $\Delta\varphi$。事实上，在一个沿着波矢方向的很小的距离 $\mathrm{d}s$ 上，两个同相面的相位差为 $-\mathrm{d}\varphi$（负号表示相位延迟），要将这个 $-\mathrm{d}\varphi$ 换算成 2π，就是这一点的波长，因此，无论是均匀的还是非均匀的介质，介质中的波长 λ_{med} 都可写为

$$\lambda_{\mathrm{med}}(\boldsymbol{r})=-\frac{2\pi}{\mathrm{d}\varphi}\mathrm{d}s \tag{1.2.1-5}$$

注意到，$\frac{\mathrm{d}s}{\mathrm{d}\varphi}=-\frac{1}{k}$，于是 $\lambda_{\mathrm{med}}(\boldsymbol{r})=\frac{2\pi}{k(\boldsymbol{r})}$，即可得到

$$k(\boldsymbol{r})=\frac{2\pi}{\lambda_{\mathrm{med}}(\boldsymbol{r})} \tag{1.2.1-6}$$

这个公式表明，介质中的波长（本地波长）与波数的关系为倒数关系。

定义真空中的波数为 $k_0=2\pi/\lambda$，式中 λ 为光在真空中的波长，于是可以定义出介质中的有效折射率为

$$n_{\mathrm{eff}}(\boldsymbol{r})=k(\boldsymbol{r})/k_0 \tag{1.2.1-7}$$

或者，

$$k(\boldsymbol{r})=k_0 n_{\mathrm{eff}}(\boldsymbol{r}) \tag{1.2.1-8}$$

同理，可得

$$\lambda_{\mathrm{med}}(\boldsymbol{r})=\lambda/n(\boldsymbol{r}) \tag{1.2.1-9}$$

也就是光在介质中，波长变短，波数变大。

值得注意的是，波长是光波的固有参数，而不是光场的固有参数。在交变的电磁场中，振动频率是基本的，无论这个振动状态是否传播。而当这个振动状态传播的时候，才出现波长的概念。但是，长期以来，人们都习惯了用波长作为光波的基本量，而不习惯用频率作为基本量。波长与光波所处的传输介质有关，而频率在线性介质中是不变的。所以，通常所说的某个波长的光，是指在真空中某波长的光，不是它的实际波长。在制定波分复用系统标准的时候，就是以频率作为定义的，而

波长是换算出来的派生量。

由于两个沿波矢方向、距离为波长 λ 的同相面，经历的时间正好是光频振动的一个周期 T，所以光波在这段距离上的波速（相速度——相位传播速度）为

$$v_\varphi(\boldsymbol{r})=\lambda_{\text{med}}(\boldsymbol{r})/T \tag{1.2.1-10}$$

或者

$$v_\varphi(\boldsymbol{r})=\lambda_{\text{med}}(\boldsymbol{r})f \tag{1.2.1-11}$$

式中，f 为光频的频率。严格地说，$v_\varphi(\boldsymbol{r})$只是相速度的大小，它的方向是波矢的方向。于是，可以得到

$$v_\varphi(\boldsymbol{r})=c/n(\boldsymbol{r}) \tag{1.2.1-12}$$

这样，我们从另一个角度理解了折射率。

最后，将式(1.2.1-8)代入式(1.2.1-3)，得到

$$\dot{\boldsymbol{E}}(\boldsymbol{r},\omega)=E(\boldsymbol{r},\omega)\exp\left\{\left[\mathrm{i}k_0\int_0^r\hat{\boldsymbol{k}}(\boldsymbol{r})n(\boldsymbol{r})\cdot\mathrm{d}\boldsymbol{r}-\varphi_0\right]\right\}\hat{\boldsymbol{e}}(\boldsymbol{r},\omega) \tag{1.2.1-13}$$

式中，$\hat{\boldsymbol{k}}(\boldsymbol{r})$是在光波某一点波矢的单位矢量，它的方向是波矢的方向（也就是光线的切线方向）。在这个定义下，式(1.2.1-13)可简写为

$$\dot{\boldsymbol{E}}(\boldsymbol{r},\omega)=E(\boldsymbol{r},\omega)\exp\left\{\left[\mathrm{i}k_0\int_0^r\boldsymbol{n}(\boldsymbol{r})\cdot\mathrm{d}\boldsymbol{r}-\varphi_0\right]\right\}\hat{\boldsymbol{e}}(\boldsymbol{r},\omega) \tag{1.2.1-14}$$

应注意，折射率矢量 $\boldsymbol{n}(\boldsymbol{r})$由介质的折射率分布唯一地确定，入射光的方向只决定选择哪一条光线。

4. 频域光波的麦克斯韦方程

将光波的频域表达式(1.2.1-3)代入光场满足的频域麦克斯韦方程(1.1.2-14)，立刻得到

$$\begin{cases}\{[\nabla E(\boldsymbol{r},\omega)+E(\boldsymbol{r},\omega)\mathrm{i}\boldsymbol{k}]\times\hat{\boldsymbol{e}}(\boldsymbol{r},\omega)+E(\boldsymbol{r},\omega)\ \nabla\times\hat{\boldsymbol{e}}(\boldsymbol{r},\omega)\}=\mathrm{i}\omega\mu_0H(\boldsymbol{r},\omega)\hat{\boldsymbol{h}}(\boldsymbol{r},\omega)\\ \{[\nabla H(\boldsymbol{r},\omega)+H(\boldsymbol{r},\omega)\mathrm{i}\boldsymbol{k}]\times\hat{\boldsymbol{h}}(\boldsymbol{r},\omega)+H(\boldsymbol{r},\omega)\ \nabla\times\hat{\boldsymbol{h}}(\boldsymbol{r},\omega)\}=-\mathrm{i}\omega D(\boldsymbol{r},\omega)\hat{\boldsymbol{d}}(\boldsymbol{r},\omega)\\ \{[\nabla D(\boldsymbol{r},\omega)+D(\boldsymbol{r},\omega)\mathrm{i}\boldsymbol{k}]\cdot\hat{\boldsymbol{d}}(\boldsymbol{r},\omega)+D(\boldsymbol{r},\omega)\ \nabla\cdot\hat{\boldsymbol{d}}(\boldsymbol{r},\omega)\}=0\\ \{\nabla[H(\boldsymbol{r},\omega)+H(\boldsymbol{r},\omega)\mathrm{i}\boldsymbol{k}]\cdot\hat{\boldsymbol{h}}(\boldsymbol{r},\omega)+H(\boldsymbol{r},\omega)\ \nabla\cdot\hat{\boldsymbol{h}}(\boldsymbol{r},\omega)\}=0\end{cases} \tag{1.2.1-15}$$

5. 频域光波的亥姆霍兹方程

1.1.2 节已经导出了频域光场满足的亥姆霍兹方程，现在把它应用到光波上去。频域光场所满足的亥姆霍兹方程为

$$\nabla^2\dot{\boldsymbol{E}}+k_0^2n^2\dot{\boldsymbol{E}}=\nabla\left(\dot{\boldsymbol{E}}\cdot\frac{\nabla\varepsilon}{\varepsilon}\right) \tag{1.1.2-25}$$

将式(1.2.1-3)代入，得到

$$\nabla^2\left[E(\boldsymbol{r},\omega)\mathrm{e}^{\mathrm{i}\left(\int_0^r \boldsymbol{k}\cdot\mathrm{d}\boldsymbol{r}-\varphi_0\right)}\hat{\boldsymbol{e}}(\boldsymbol{r},\omega)\right]+k_0^2n^2\left[E(\boldsymbol{r},\omega)\mathrm{e}^{\mathrm{i}\left(\int_0^r \boldsymbol{k}\cdot\mathrm{d}\boldsymbol{r}-\varphi_0\right)}\hat{\boldsymbol{e}}(\boldsymbol{r},\omega)\right]$$
$$=\nabla\left[E(\boldsymbol{r},\omega)\mathrm{e}^{\mathrm{i}\left(\int_0^r \boldsymbol{k}\cdot\mathrm{d}\boldsymbol{r}-\varphi_0\right)}\hat{\boldsymbol{e}}(\boldsymbol{r},\omega)\cdot\frac{\nabla\varepsilon}{\varepsilon}\right] \tag{1.2.1-16}$$

同理,根据

$$\nabla^2\dot{\boldsymbol{H}}+k_0^2n^2\dot{\boldsymbol{H}}+\frac{\nabla\varepsilon}{\varepsilon}\times(\nabla\times\dot{\boldsymbol{H}})=0 \tag{1.1.2-25H}$$

可得

$$\nabla^2\left[H(\boldsymbol{r},\omega)\mathrm{e}^{\mathrm{i}\left(\int_0^r \boldsymbol{k}\cdot\mathrm{d}\boldsymbol{r}-\varphi_0+\Delta\varphi_{EH}\right)}\hat{\boldsymbol{h}}(\boldsymbol{r},\omega)\right]+k_0^2n^2\left[H(\boldsymbol{r},\omega)\mathrm{e}^{\mathrm{i}\left(\int_0^r \boldsymbol{k}\cdot\mathrm{d}\boldsymbol{r}-\varphi_0+\Delta\varphi_{EH}\right)}\hat{\boldsymbol{h}}(\boldsymbol{r},\omega)\right]$$
$$=\frac{\nabla\varepsilon}{\varepsilon}\times\nabla\left[H(\boldsymbol{r},\omega)\mathrm{e}^{\mathrm{i}\left(\int_0^r \boldsymbol{k}\cdot\mathrm{d}\boldsymbol{r}-\varphi_0+\Delta\varphi_{EH}\right)}\hat{\boldsymbol{h}}(\boldsymbol{r},\omega)\right] \tag{1.2.1-16H}$$

在这个方程中,涉及两个场乘积的微分运算,即$\nabla^2(u\boldsymbol{A})$和$\nabla(uv)$两种运算。可以证明,对于$\nabla(uv)$有

$$\nabla(uv)=(\nabla u)v+u\nabla v \tag{1.2.1-17}$$

对于$\nabla^2(u\boldsymbol{A})$有

$$\nabla^2(u\boldsymbol{A})=(\nabla^2u)\boldsymbol{A}+2\nabla u\cdot\nabla\boldsymbol{A}+u\nabla^2\boldsymbol{A} \tag{1.2.1-18}$$

按照这些公式,一步步地仔细推导,得到(为了节省篇幅,此处省去了式中的自变量$(\boldsymbol{r},\omega)$)

$$[\nabla^2E+2\mathrm{i}\,\nabla E\cdot\boldsymbol{k}+(k_0^2n^2-k^2+\mathrm{i}\,\nabla\cdot\boldsymbol{k})E]\hat{\boldsymbol{e}}+2(\nabla E+E\mathrm{i}\boldsymbol{k})\cdot\nabla\hat{\boldsymbol{e}}+E\,\nabla^2\hat{\boldsymbol{e}}$$
$$=(\nabla E+E\mathrm{i}\boldsymbol{k})\left(\hat{\boldsymbol{e}}\cdot\frac{\nabla\varepsilon}{\varepsilon}\right)+E\,\nabla\left(\hat{\boldsymbol{e}}\cdot\frac{\nabla\varepsilon}{\varepsilon}\right) \tag{1.2.1-19}$$

式(1.2.1-19)就是用频域复矢量描述的光波应该遵循的基本关系,或者称其为光波的频域亥姆霍兹方程。这个公式的左边由3项组成,分别按照$\hat{\boldsymbol{e}}(\boldsymbol{r},\omega)$、$\nabla\hat{\boldsymbol{e}}(\boldsymbol{r},\omega)$、$\nabla^2\hat{\boldsymbol{e}}(\boldsymbol{r},\omega)$排列。式(1.2.1-19)的右边由2项组成,分别按照$\left[\hat{\boldsymbol{e}}(\boldsymbol{r},\omega)\cdot\frac{\nabla\varepsilon}{\varepsilon}\right]$和$\nabla\left(\hat{\boldsymbol{e}}(\boldsymbol{r},\omega)\cdot\frac{\nabla\varepsilon}{\varepsilon}\right]$排列。

式(1.2.1-19)看上去相当复杂,没有表现出明显的规律性。在实际光波导中,常常是分区均匀的,所以在介质的折射率均匀分布的区域,$\nabla\varepsilon=\boldsymbol{0}$,式(1.2.1-19)化为

$$[\nabla^2E(\boldsymbol{r},\omega)+2\mathrm{i}\,\nabla E(\boldsymbol{r},\omega)\cdot\boldsymbol{k}+(k_0^2n^2-k^2+\mathrm{i}\,\nabla\cdot\boldsymbol{k})E(\boldsymbol{r},\omega)]\hat{\boldsymbol{e}}(\boldsymbol{r},\omega)+$$
$$2[\nabla E(\boldsymbol{r},\omega)+E(\boldsymbol{r},\omega)\mathrm{i}\boldsymbol{k}]\cdot\nabla\hat{\boldsymbol{e}}(\boldsymbol{r},\omega)+E(\boldsymbol{r},\omega)\,\nabla^2\hat{\boldsymbol{e}}(\boldsymbol{r},\omega)=\boldsymbol{0} \tag{1.2.1-20}$$

式(1.2.1-20)可以用来处理大多数光波导的问题,也包括折射率有变化的情形。基本的思路是,将光波导的每个局部都看成均匀的,然后两个部分的边界用电磁场的边界条件加以解决。

6. 定偏振态的光波(偏振光)

当光波在传输的过程中其偏振态不随位置的变化而变化,即$\nabla \cdot \hat{\boldsymbol{e}}(\boldsymbol{r},\omega)=0$,且$\nabla \times \hat{\boldsymbol{e}}(\boldsymbol{r},\omega)=0$,于是$\nabla \hat{\boldsymbol{e}}(\boldsymbol{r},\omega)=0$,$\nabla^2 \hat{\boldsymbol{e}}(\boldsymbol{r},\omega)=0$。于是,方程(1.2.1-20)可简化为

$$[\nabla^2 E(\boldsymbol{r},\omega)+2\mathrm{i}\,\nabla E(\boldsymbol{r},\omega)\cdot \boldsymbol{k}+(k_0^2 n^2-k^2+\mathrm{i}\nabla\cdot \boldsymbol{k})E(\boldsymbol{r},\omega)]\hat{\boldsymbol{e}}(\boldsymbol{r},\omega)=0 \tag{1.2.1-21}$$

偏振态复矢量不可能为0,即$\hat{\boldsymbol{e}}(\boldsymbol{r},\omega)\neq 0$,只有

$$\nabla^2 E(\boldsymbol{r},\omega)+(k_0^2 n^2-k^2)E(\boldsymbol{r},\omega)+\mathrm{i}[2\nabla E(\boldsymbol{r},\omega)\cdot \boldsymbol{k}+E(\boldsymbol{r},\omega)\,\nabla\cdot \boldsymbol{k}]=0 \tag{1.2.1-22}$$

由于式(1.2.1-21)中所有的变量均为实数,于是有

$$\nabla^2 E(\boldsymbol{r},\omega)+(k_0^2 n^2-k^2)E(\boldsymbol{r},\omega)=0 \tag{1.2.1-23}$$

和

$$2\nabla E(\boldsymbol{r},\omega)\cdot \boldsymbol{k}+E(\boldsymbol{r},\omega)\,\nabla\cdot \boldsymbol{k}=0 \tag{1.2.1-24}$$

式(1.2.1-23)和式(1.2.1-24)就是在均匀介质中偏振态保持不变的光波,其频域复矢量的幅度与波矢之间应该满足的两个方程。

一种特殊情况是所谓等幅波,即幅度不随空间的位置变化而变化,从而$\nabla E(\boldsymbol{r},\omega)=\boldsymbol{0}$,于是可以导出

$$k=k_0 n \quad 且 \quad \nabla\cdot \boldsymbol{k}=0 \tag{1.2.1-25}$$

这表明,均匀介质中如果偏振态和幅度都不变,那么其波矢的大小是永远不变的。这也从另一个角度说明了,在真空中,如果传输的是偏振不变、幅度不变的波,它的传播速度的大小是与方向无关的。其他情况则不能保证这一点。

1.2.2 光波的概念——时域描述

1.2.1节对基于频域复矢量的光波进行了描述,引入了波矢这个最重要的描述光波的量,并最后给出了光波频域复矢量中振幅、偏振态以及波矢之间的关系,为今后理解波导中的光波打下了理论基础。除了频域描述以外,本节给出了基于时域复矢量的描述。时域描述有很多地方与频域描述相类似,最大区别是它有定态波的概念。

1. 光波条件

1.1.3节和1.1.4节研究了光频电磁场的时域描述方法,以及必须遵循的规律——麦克斯韦方程和亥姆霍兹方程,但还没有反映出行波光波的性质。也就是说,在这两节中所表述的光频电磁场也好,麦克斯韦方程也好,都只含有频率、时间、位置以及场强等,都不含有反映波动的关键参量——波矢$\boldsymbol{k}$。本节首先建立一

般的光波时域描述的概念，然后找到光波所必须遵循的规律，虽然这个规律也同样称为麦克斯韦方程和亥姆霍兹方程，但与 1.1.4 节中同名方程的物理意义是不一样的。

由式(1.1.3-11)所描述的时域光场，同样存在振幅、相位和偏振态的概念，即

$$\begin{cases}\dot{\boldsymbol{E}}(\boldsymbol{r},t)=\mathrm{e}^{\mathrm{i}\varphi(\boldsymbol{r},t)}E(\boldsymbol{r},t)\hat{\boldsymbol{e}}(\boldsymbol{r})\\ \dot{\boldsymbol{H}}(\boldsymbol{r},t)=\mathrm{e}^{\mathrm{i}[\varphi(\boldsymbol{r},t)+\Delta\varphi_{EH}]}H(\boldsymbol{r},t)\hat{\boldsymbol{h}}(\boldsymbol{r})\end{cases}\tag{1.1.3-11}$$

式(1.1.3-11)表示：任何一个光场(电场分量和磁场分量)时域复矢量，都可以写成三个部分之积：①振幅部分，是一个实数；②相位部分，是一个纯虚数，并且是以 e 为底的指数函数；③偏振态部分，是一个单位复矢量。

因此，基于时域复矢量描述的光波，同样需要满足如下条件。

(1) 相位条件

① 有相位的传播。在光波存在的空间域中，各点光场的相位之间存在明确的关联性，光波是一种具有相位传播特性的特殊光场。因此，光波必须存在同相面(波阵面)的概念。

② 该同相面对于电场分量与磁场分量是一致的，也就是该面既是电场分量的同相面，也是磁场分量的同相面，二者不会发生电磁分离，从而要求二者的相位差始终不变。

(2) 偏振条件

① 偏振态稳定条件。

尽管不同点的偏振态可以不同，但同一点的偏振态必须是稳定的(不随时间变化)。这里，并没有限定光波一定是横波，也就是并未限定偏振态所处的面一定垂直于光波的传播方向。

② 电场分量的偏振态与磁场分量的偏振态应该一致。具体含义可参见 1.2.1 节的描述。

2. 由相位条件引出波矢的概念

如前所述，电场分量与磁场分量在传播过程中相位差要保持不变，同相面既是电场分量的同相面，又是磁场分量的同相面，同相面就是由方程 $\varphi(\boldsymbol{r},t)=$常数所决定的面(不限于平面)。标量函数 $\varphi(\boldsymbol{r},t)$定义了一个数量场，它的梯度对应于它的波矢 $\boldsymbol{k}$，于是，按照习惯有

$$\boldsymbol{k}(\boldsymbol{r},t)=-\nabla\varphi(\boldsymbol{r},t)\tag{1.2.2-1}$$

式(1.2.2-1)表明，如果光波的相位场是稳定的(与时间无关)，波矢才可能是稳定的，因此光波的传输路径也就与时间无关。波矢形成的线就是光线，这条线每一点

的切线方向就是波矢的方向，这条线也就代表了光波的传输路径。历史上，曾经将光线归结于微粒说，这其实是一种误解。我们根据这个定义将光线分为两类：静止光线与摆动光线。称传输路径与时间无关的光线（波矢与时间无关）为静止光线；而与时间有关的光线为摆动光线。尽管我们主要研究静止光线，然而非静止的摆动光线却经常可以看到。我们常常看见倒在水中的树枝好像在摆动一样，其实树枝并没有摆动，而是由于水面被风吹起了涟漪，折射角变化，光线出现摆动而引起的，参见图 1.2.2-1。

图 1.2.2-1　摆动光线

（请扫Ⅱ页二维码看彩图）

值得注意的是，相位场与时间无关仅仅是静止光线的一个充分条件，不是必要条件。如果相位场可以分解为两个独立部分的叠加（空间项与时间项分离），

$$\varphi(\boldsymbol{r},t)=\varphi_r(\boldsymbol{r})+\varphi_{\mathrm{mod}}(t) \tag{1.2.2-2}$$

那么同样可以得到波矢 $\boldsymbol{k}$ 与时间无关的结论。这是因为这种形式能够保证

$$\nabla\varphi(\boldsymbol{r},t)=\nabla\varphi_r(\boldsymbol{r})+\nabla\varphi_{\mathrm{mod}}(t)=\nabla\varphi_r(\boldsymbol{r}) \tag{1.2.2-3}$$

式(1.2.2-2)同时表明，光波的相位部分由两部分组成，一部分由于光源的相位调制引起，并在传输过程中保持不变，另一部分由于波动引起。

以下我们重点讨论波矢与时间无关的静止光线。由于波矢是相位场的梯度，表明波矢场是一个保守场，积分与路径无关，只与起点和终点的位置有关。于是，当光波从位置 $\boldsymbol{r}_1$ 传播到位置 $\boldsymbol{r}_2$，引起的相移为

$$\Delta\varphi_{\boldsymbol{r}_1\to\boldsymbol{r}_2}=\int_{\boldsymbol{r}_1}^{\boldsymbol{r}_2}\boldsymbol{k}(\boldsymbol{r})\cdot\mathrm{d}\boldsymbol{r} \tag{1.2.2-4}$$

式(1.2.2-4)的使用是有条件的，即假定波矢 $\boldsymbol{k}$ 在所处空间是连续且处处可微分的。对于某些特殊的光波，有可能在某些点上不满足这个条件。这些不满足该条

件的点称为奇异点。假定光波在 $\boldsymbol{r}_0$ 处的相位为 0，于是，任意位置 $\boldsymbol{r}$ 处的复矢量光场可写为

$$\begin{cases}\dot{\boldsymbol{E}}(\boldsymbol{r},t)=E(\boldsymbol{r},t)\mathrm{e}^{\mathrm{i}\left[\int_{r_0}^{r}\boldsymbol{k}(\boldsymbol{r})\cdot\mathrm{d}\boldsymbol{r}+\varphi_{\mathrm{mod}}(t)\right]}\hat{\boldsymbol{e}}(\boldsymbol{r})\\ \dot{\boldsymbol{H}}(\boldsymbol{r},t)=H(\boldsymbol{r},t)\mathrm{e}^{\mathrm{i}\left[\int_{r_0}^{r}\boldsymbol{k}(\boldsymbol{r})\cdot\mathrm{d}\boldsymbol{r}+\varphi_{\mathrm{mod}}(t)+\Delta\varphi_{EH}\right]}\hat{\boldsymbol{h}}(\boldsymbol{r})\end{cases}\tag{1.2.2-5}$$

式(1.2.2-5)可认为是稳态光波在介质中传播的一般形式。如果最初光源是没有进行相位调制的，这时的复矢量表达式为

$$\begin{cases}\dot{\boldsymbol{E}}(\boldsymbol{r},t)=E(\boldsymbol{r},t)\mathrm{e}^{\mathrm{i}\int_{r_0}^{r}\boldsymbol{k}(\boldsymbol{r})\mathrm{d}\boldsymbol{r}}\hat{\boldsymbol{e}}(\boldsymbol{r})\\ \dot{\boldsymbol{H}}(\boldsymbol{r},t)=H(\boldsymbol{r},t)\mathrm{e}^{\mathrm{i}\left[\int_{r_0}^{r}\boldsymbol{k}(\boldsymbol{r})\mathrm{d}\boldsymbol{r}+\Delta\varphi_{EH}\right]}\hat{\boldsymbol{h}}(\boldsymbol{r})\end{cases}\tag{1.2.2-6}$$

在这个表达式中，只有幅度是与时间有关的。

3. 定态波

定态波首先必须满足 1.1.3 节的定态场条件式(1.1.3-13)，

$$\begin{cases}\dot{\boldsymbol{E}}(\boldsymbol{r},t)=\dot{\boldsymbol{E}}(\boldsymbol{r})\dot{E}(t)\\ \dot{\boldsymbol{H}}(\boldsymbol{r},t)=\dot{\boldsymbol{H}}(\boldsymbol{r})\dot{H}(t)\end{cases}\tag{1.1.3-13}$$

此外，定态波还要附加其波矢与时间无关的条件。于是，对于定态波，式(1.1.3-13)所表述的与空间相关的复矢量和与时间相关的函数(称之为调制函数)可以分别写为

$$\begin{cases}\dot{\boldsymbol{E}}(\boldsymbol{r})=E(\boldsymbol{r})\mathrm{e}^{\mathrm{i}\int_{r_0}^{r}\boldsymbol{k}(\boldsymbol{r})\mathrm{d}\boldsymbol{r}}\hat{\boldsymbol{e}}(\boldsymbol{r})\\ \dot{\boldsymbol{H}}(\boldsymbol{r})=H(\boldsymbol{r})\mathrm{e}^{\mathrm{i}\int_{r_0}^{r}\boldsymbol{k}(\boldsymbol{r})\mathrm{d}\boldsymbol{r}}\hat{\boldsymbol{h}}(\boldsymbol{r})\end{cases}\tag{1.2.2-7}$$

式中，

$$\begin{cases}\dot{E}(t)=Rf(t)\mathrm{e}^{\mathrm{i}\varphi_{\mathrm{mod}}(t)}\\ \dot{H}(t)=f(t)\mathrm{e}^{\mathrm{i}[\varphi_{\mathrm{mod}}(t)+\Delta\varphi_{EH}]}\end{cases}\tag{1.2.2-8}$$

在式(1.2.2-8)中，$f(t)$为幅度调制函数，$\varphi_{\mathrm{mod}}(t)$为相位调制函数，$R$ 是常数。

本书主要研究定态波。在定态波复矢量表达式(1.2.2-7)中，自变量只有位置 $\boldsymbol{r}$，而不含时间 t，但含有参数 $\boldsymbol{k}$——波矢。

4. 定态波的麦克斯韦方程

1.1.4 节已经得到了静止光线(定态波)的复矢量表达式(1.1.4-3)，而且我们

所考虑的定态波满足缓变条件，$\frac{\partial}{\partial t}|\dot{\boldsymbol{E}}(\boldsymbol{r},t)| \ll \omega_0 |\dot{\boldsymbol{E}}(\boldsymbol{r},t)|$，把它们代入定态场复矢量满足的麦克斯韦方程组(1.1.4-4)，得到

$$\begin{cases}\nabla\times\left[E(\boldsymbol{r})\dot{E}(t)\mathrm{e}^{\mathrm{i}\left[\int_{r_0}^{r}\boldsymbol{k}(\boldsymbol{r})\mathrm{d}\boldsymbol{r}+\varphi_{\mathrm{mod}}(t)\right]}\hat{\boldsymbol{e}}(\boldsymbol{r})\right] \\ \quad =-\mathrm{i}\mu_0\omega_0\left[H(\boldsymbol{r})\dot{H}(t)\mathrm{e}^{\mathrm{i}\left[\int_{r_0}^{r}\boldsymbol{k}(\boldsymbol{r})\mathrm{d}\boldsymbol{r}+\varphi_{\mathrm{mod}}(t)+\Delta\varphi_{EH}\right]}\hat{\boldsymbol{h}}(\boldsymbol{r})\right] \\ \nabla\times\left[H(\boldsymbol{r})\dot{H}(t)\mathrm{e}^{\mathrm{i}\left[\int_{r_0}^{r}\boldsymbol{k}(\boldsymbol{r})\mathrm{d}\boldsymbol{r}+\varphi_{\mathrm{mod}}(t)+\Delta\varphi_{EH}\right]}\hat{\boldsymbol{h}}(\boldsymbol{r})\right] \\ \quad =\mathrm{i}\varepsilon_0\omega_0\left[E(\boldsymbol{r})\dot{E}(t)\mathrm{e}^{\mathrm{i}\left[\int_{r_0}^{r}\boldsymbol{k}(\boldsymbol{r})\mathrm{d}\boldsymbol{r}+\varphi_{\mathrm{mod}}(t)\right]}\hat{\boldsymbol{e}}(\boldsymbol{r})\right]\end{cases} \tag{1.2.2-9}$$

在式(1.2.2-9)中，空间微分算符对于时间项不起作用，并代入式(1.2.2-8)，可得

$$\begin{cases}R\nabla\times\left[E(\boldsymbol{r})\mathrm{e}^{\mathrm{i}\int_{r_0}^{r}\boldsymbol{k}(\boldsymbol{r})\mathrm{d}\boldsymbol{r}}\hat{\boldsymbol{e}}(\boldsymbol{r})\right]=-\mathrm{i}\mu_0\omega_0\left[H(\boldsymbol{r})\mathrm{e}^{\mathrm{i}\left[\int_{r_0}^{r}\boldsymbol{k}(\boldsymbol{r})\mathrm{d}\boldsymbol{r}+\Delta\varphi_{EH}\right]}\hat{\boldsymbol{h}}(\boldsymbol{r})\right] \\ \nabla\times\left[H(\boldsymbol{r})\mathrm{e}^{\mathrm{i}\left[\int_{r_0}^{r}\boldsymbol{k}(\boldsymbol{r})\mathrm{d}\boldsymbol{r}+\Delta\varphi_{EH}\right]}\hat{\boldsymbol{h}}(\boldsymbol{r})\right]=\mathrm{i}\varepsilon_0\omega_0 R\left[E(\boldsymbol{r})\mathrm{e}^{\mathrm{i}\int_{r_0}^{r}\boldsymbol{k}(\boldsymbol{r})\mathrm{d}\boldsymbol{r}}\hat{\boldsymbol{e}}(\boldsymbol{r})\right]\end{cases} \tag{1.2.2-10}$$

利用公式$\nabla\times[\psi(\boldsymbol{r})\boldsymbol{A}(\boldsymbol{r})]=[\nabla\psi(\boldsymbol{r})]\times\boldsymbol{A}(\boldsymbol{r})+\psi(\boldsymbol{r})\nabla\times\boldsymbol{A}(\boldsymbol{r})$，并令 $\psi(\boldsymbol{r})=\exp\left[\mathrm{i}\int_{r_0}^{r}\boldsymbol{k}(\boldsymbol{r})\mathrm{d}\boldsymbol{r}\right]$，$\boldsymbol{A}=H(\boldsymbol{r})\hat{\boldsymbol{h}}(\boldsymbol{r})$，或者 $\boldsymbol{A}=E(\boldsymbol{r})\hat{\boldsymbol{e}}(\boldsymbol{r})$，并消去波动项，得到

$$\begin{cases}\mathrm{i}\boldsymbol{k}(\boldsymbol{r})\times[E(\boldsymbol{r})\hat{\boldsymbol{e}}(\boldsymbol{r})]+\nabla\times[E(\boldsymbol{r})\hat{\boldsymbol{e}}(\boldsymbol{r})]=-\mathrm{i}\mu_0\omega_0\mathrm{e}^{\mathrm{i}(\Delta\varphi_{EH})}[H(\boldsymbol{r})\hat{\boldsymbol{h}}(\boldsymbol{r})]/R \\ \mathrm{i}\boldsymbol{k}(\boldsymbol{r})\times[H(\boldsymbol{r})\hat{\boldsymbol{h}}(\boldsymbol{r})]+\nabla\times[H(\boldsymbol{r})\hat{\boldsymbol{h}}(\boldsymbol{r})]=\mathrm{i}R\mathrm{e}^{-\mathrm{i}(\Delta\varphi_{EH})}\varepsilon_0\omega_0[E(\boldsymbol{r})\hat{\boldsymbol{e}}(\boldsymbol{r})]\end{cases} \tag{1.2.2-11}$$

记缺省相位项的复矢量

$$\begin{cases}\widetilde{\boldsymbol{E}}(\boldsymbol{r})=E(\boldsymbol{r})\hat{\boldsymbol{e}}(\boldsymbol{r}) \\ \widetilde{\boldsymbol{H}}(\boldsymbol{r})=H(\boldsymbol{r})\hat{\boldsymbol{h}}(\boldsymbol{r})\end{cases} \tag{1.2.2-12}$$

注意，由于得到 $\hat{\boldsymbol{e}}(\boldsymbol{r})$和 $\hat{\boldsymbol{h}}(\boldsymbol{r})$都是复矢量，所以 $\widetilde{\boldsymbol{E}}(\boldsymbol{r})$和 $\widetilde{\boldsymbol{H}}(\boldsymbol{r})$也都是复矢量。于是最终得到

$$\begin{cases}\mathrm{i}\boldsymbol{k}(\boldsymbol{r})\times\widetilde{\boldsymbol{E}}(\boldsymbol{r})+\nabla\times\widetilde{\boldsymbol{E}}(\boldsymbol{r})=-\mathrm{i}\mu_0\omega_0\mathrm{e}^{\mathrm{i}(\Delta\varphi_{EH})}\widetilde{\boldsymbol{H}}(\boldsymbol{r})/R \\ \mathrm{i}\boldsymbol{k}(\boldsymbol{r})\times\widetilde{\boldsymbol{H}}(\boldsymbol{r})+\nabla\times\widetilde{\boldsymbol{H}}(\boldsymbol{r})=\mathrm{i}R\mathrm{e}^{-\mathrm{i}(\Delta\varphi_{EH})}\varepsilon_0\omega_0\widetilde{\boldsymbol{E}}(\boldsymbol{r})\end{cases} \tag{1.2.2-13}$$

在式(1.2.2-13)中，目前人们还无法确定电场和磁场两个分量的初始相位差，通常认为 $\Delta\varphi_{EH}=0$；而关于常数 R，是由于调制差异引起的。事实上，对于光的调制，

电场分量与磁场分量总是同时进行的，所以 $R=1$，将这两个结果代入式(1.2.2-13)，最后得到

$$\begin{cases} \mathrm{i}\boldsymbol{k}(\boldsymbol{r})\times\widetilde{\boldsymbol{E}}(\boldsymbol{r})+\nabla\times\widetilde{\boldsymbol{E}}(\boldsymbol{r})=-\mathrm{i}\mu_0\omega_0\widetilde{\boldsymbol{H}}(\boldsymbol{r}) \\ \mathrm{i}\boldsymbol{k}(\boldsymbol{r})\times\widetilde{\boldsymbol{H}}(\boldsymbol{r})+\nabla\times\widetilde{\boldsymbol{H}}(\boldsymbol{r})=\mathrm{i}\varepsilon_0\omega_0\widetilde{\boldsymbol{E}}(\boldsymbol{r}) \end{cases} \tag{1.2.2-14}$$

式(1.2.2-14)就是定态波复矢量所满足的麦克斯韦方程。

关于非定态波的麦克斯韦方程，由于比较复杂，物理意义不明确，略去。

5. 定态波的亥姆霍兹方程

这里，首先考虑未加调制的定态波，即光源的幅度调制函数 $f(t)=1$，相位调制函数 $\varphi_{\mathrm{mod}}(t)=0$。我们考虑非色散介质，这里以真空为例。将式(1.1.3-13)代入式(1.1.4-10)中，

$$\nabla^2\dot{\boldsymbol{E}}(\boldsymbol{r},t)+k_0^2n^2\dot{\boldsymbol{E}}(\boldsymbol{r},t)=0 \tag{1.1.4-10}$$

在运算过程中，考虑空间微分算符对于时间量不起作用，于是得到

$$\nabla^2\dot{\boldsymbol{E}}(\boldsymbol{r})+k_0^2n^2\dot{\boldsymbol{E}}(\boldsymbol{r})=0 \tag{1.2.2-15}$$

代入定态波的表达式(1.2.2-7)，得到

$$\nabla^2\left\{\mathrm{e}^{\mathrm{i}\left[\int_{r_0}^{r}\boldsymbol{k}(\boldsymbol{r})\mathrm{d}\boldsymbol{r}\right]}E(\boldsymbol{r})\hat{\boldsymbol{e}}_E(\boldsymbol{r})\right\}+\mu_0\varepsilon_0\omega_0^2\mathrm{e}^{\mathrm{i}\left[\int_{r_0}^{r}\boldsymbol{k}(\boldsymbol{r})\mathrm{d}\boldsymbol{r}\right]}E(\boldsymbol{r})\hat{\boldsymbol{e}}_E(\boldsymbol{r})=0 \tag{1.2.2-16}$$

由于

$$\nabla^2(u\boldsymbol{A})=(\nabla^2u)\boldsymbol{A}+2\nabla u\cdot\nabla\boldsymbol{A}+u\nabla^2\boldsymbol{A} \tag{1.2.2-17}$$

最后得到定态波的亥姆霍兹方程

$$\begin{aligned} &\{[k_0^2n^2-k^2(\boldsymbol{r})]E(\boldsymbol{r})+2\mathrm{i}\boldsymbol{k}(\boldsymbol{r})\cdot\nabla E(\boldsymbol{r})+\nabla^2E(\boldsymbol{r})\}\hat{\boldsymbol{e}}_E(\boldsymbol{r})+ \\ &2[\mathrm{i}\boldsymbol{k}(\boldsymbol{r})E(\boldsymbol{r})+\nabla E(\boldsymbol{r})]\cdot\nabla\hat{\boldsymbol{e}}_E(\boldsymbol{r})+E(\boldsymbol{r})\nabla^2\hat{\boldsymbol{e}}_E(\boldsymbol{r})=0 \end{aligned} \tag{1.2.2-18}$$

注意这个方程与频域的亥姆霍兹方程(1.2.1-9)中令 $\omega=$常数是完全一样的，所以用频域方法得出的结论，完全可以适用于定态波。

在式(1.2.2-12)中，如果是线偏振光，则 $\hat{\boldsymbol{e}}_E(\boldsymbol{r})$ 为实矢量，令它的实部与虚部各自相等，得到

$$\begin{aligned} &\{[k_0^2n^2-k^2(\boldsymbol{r})]E(\boldsymbol{r})+\nabla^2E(\boldsymbol{r})\}\hat{\boldsymbol{e}}_E(\boldsymbol{r})+ \\ &2\nabla E(\boldsymbol{r})\cdot\nabla\hat{\boldsymbol{e}}_E(\boldsymbol{r})+E(\boldsymbol{r})\nabla^2\hat{\boldsymbol{e}}_E(\boldsymbol{r})=0 \end{aligned} \tag{1.2.2-19}$$

$$[\boldsymbol{k}(\boldsymbol{r})\cdot\nabla E(\boldsymbol{r})]\hat{\boldsymbol{e}}_E(\boldsymbol{r})+\boldsymbol{k}(\boldsymbol{r})E(\boldsymbol{r})\cdot\nabla\hat{\boldsymbol{e}}_E(\boldsymbol{r})=0 \tag{1.2.2-20}$$

该式可以用来分析波矢不断旋转的线偏振光。

1.2.3 光波纵向分量与横向分量的关系

如绪论中所述，纵向（传输方向）与横向（垂直于传输方向）的取向区分是光波导的基本特征。光波导的形状不一定都是直的，比如微环、弯曲的光纤等，所以纵向（传输方向）并不是不可以拐弯。但无论光波导形状如何，其中的光场总可以分解为纵向分量与横向分量之和，即有

$$\begin{cases}\boldsymbol{E}=\boldsymbol{E}_{\mathrm{t}}+\boldsymbol{E}_{z}\\ \boldsymbol{H}=\boldsymbol{H}_{\mathrm{t}}+\boldsymbol{H}_{z}\end{cases}\tag{1.2.3-1}$$

式中：下标 z 方向规定为纵向（传输方向，波矢 $\boldsymbol{k}$ 的方向）；下标 t 表示垂直于 z 方向的横向。在直角坐标系和柱坐标系下，矢量微分算子∇也可表示为纵向与横向两个分量，即$\nabla=\nabla_{\mathrm{t}}+\hat{z}\dfrac{\partial}{\partial z}$，式中 $\hat{z}$ 表示 z 方向的单位矢量。这时，纵向只能是坐标系的 z 方向。

在 1.1.2 节的第 4 个大段，曾经对这个问题进行了仔细的研究，参见式（1.1.2-27），而且时域描述与频域描述是相同的，参见式（1.1.4-14）。然而，无论是式（1.1.2-27）还是式（1.1.4-14），其中并不包含波矢 $\boldsymbol{k}$，所以不能完全反映光波的特性。

这里，我们仅限于研究定态波的纵向分量与横向分量的关系。

不考虑光源的调制带来的影响，定态波的表达式如式（1.2.1-12）所示。为了描述方便和揭示定态波的特性，我们将式（1.2.1-12）进一步分解为两部分，并做如下定义：

$$\begin{cases}\dot{\boldsymbol{E}}(\boldsymbol{r})=\mathrm{e}^{\mathrm{i}\int_{r_0}^{r}\boldsymbol{k}(\boldsymbol{r})\mathrm{d}\boldsymbol{r}}\widetilde{\boldsymbol{E}}(\boldsymbol{r})\\ \dot{\boldsymbol{H}}(\boldsymbol{r})=\mathrm{e}^{\mathrm{i}\int_{r_0}^{r}\boldsymbol{k}(\boldsymbol{r})\mathrm{d}\boldsymbol{r}}\widetilde{\boldsymbol{H}}(\boldsymbol{r})\end{cases}\tag{1.2.3-2}$$

称其中的 $\exp\left[\mathrm{i}\int_{r_0}^{r}\boldsymbol{k}(\boldsymbol{r})\mathrm{d}\boldsymbol{r}\right]$ 为波动项，它反映定态波的波动特性。在光波导中，波动项决定了光信号的传输特性，也就是说，如果两个波导的波动项相同，则无论 $\widetilde{\boldsymbol{E}}(\boldsymbol{r})$ 与 $\widetilde{\boldsymbol{H}}(\boldsymbol{r})$如何不同，但对于光信号的传输，效果是相同的。同时定义

$$\begin{cases}\widetilde{\boldsymbol{E}}(\boldsymbol{r})=E(\boldsymbol{r})\hat{\boldsymbol{e}}_{E}(\boldsymbol{r})\\ \widetilde{\boldsymbol{H}}(\boldsymbol{r})=H(\boldsymbol{r})\hat{\boldsymbol{e}}_{H}(\boldsymbol{r})\end{cases}\tag{1.2.3-3}$$

这个部分往往由波导结构自身决定，在光波导中称为模式场。在真空或者空气中，以及在非色散介质中，一般不称其为模式场，但它同样决定了真空等非色散介质中光束的形状。这时，光场矢量的纵向与横向的区分由它们的偏振态 $\hat{\boldsymbol{e}}_{E}(\boldsymbol{r})$和 $\hat{\boldsymbol{e}}_{H}(\boldsymbol{r})$

决定。令

$$
\begin{cases}
\hat{\boldsymbol{e}}_E(\boldsymbol{r})=\hat{\boldsymbol{e}}_{E\mathrm{t}}(\boldsymbol{r})+\hat{\boldsymbol{e}}_{Ez}(\boldsymbol{r})\\
\hat{\boldsymbol{e}}_H(\boldsymbol{r})=\hat{\boldsymbol{e}}_{H\mathrm{t}}(\boldsymbol{r})+\hat{\boldsymbol{e}}_{Hz}(\boldsymbol{r})
\end{cases}
\tag{1.2.3-4}
$$

根据式(1.2.3-4),可以将光波分成几种不同的类型：①如果定态波偏振态的电场和磁场的纵向分量同时为零,即 $\hat{\boldsymbol{e}}_{Ez}(\boldsymbol{r})=0$,且 $\hat{\boldsymbol{e}}_{Hz}(\boldsymbol{r})=0$,那么它就是横电磁波(TEM 波)；②如果仅电场的纵向分量为零,但磁场的纵向分量不为零,即 $\hat{\boldsymbol{e}}_{Ez}(\boldsymbol{r})=0$,且 $\hat{\boldsymbol{e}}_{Hz}(\boldsymbol{r})\neq 0$,那么它就是横电波(TE 波),也称为磁波(M 波)；③如果仅磁场的纵向分量为零,但电场的纵向分量不为零,即 $\hat{\boldsymbol{e}}_{Hz}(\boldsymbol{r})=0$,且 $\hat{\boldsymbol{e}}_{Ez}(\boldsymbol{r})\neq 0$,那么它就是横磁波(TM 波),也称为电波(E 波)；④如果二者都不是 0,即 $\hat{\boldsymbol{e}}_{Hz}(\boldsymbol{r})\neq 0$,且 $\hat{\boldsymbol{e}}_{Ez}(\boldsymbol{r})\neq 0$,则称其为混合波。混合波又可以分为 HE 波和 EH 波,但二者如何区分,是一个比较深入的问题,将在 3.5 节再深入讨论。借用式(1.2.3-4),类似地还可定义

$$
\begin{cases}
[E(\boldsymbol{r})\hat{\boldsymbol{e}}_{E\mathrm{t}}(\boldsymbol{r})]\equiv\widetilde{\boldsymbol{E}}_{\mathrm{t}}(\boldsymbol{r}),\quad [H(\boldsymbol{r})\hat{\boldsymbol{e}}_{H\mathrm{t}}(\boldsymbol{r})]\equiv\widetilde{\boldsymbol{H}}_{\mathrm{t}}(\boldsymbol{r})\\
[E(\boldsymbol{r})\hat{\boldsymbol{e}}_{Ez}(\boldsymbol{r})]\equiv\widetilde{\boldsymbol{E}}_{z}(\boldsymbol{r}),\quad [H(\boldsymbol{r})\hat{\boldsymbol{e}}_{Hz}(\boldsymbol{r})]\equiv\widetilde{\boldsymbol{H}}_{z}(\boldsymbol{r})
\end{cases}
\tag{1.2.3-5}
$$

将表达式(1.2.3-5)代入定态波满足的麦克斯韦方程(1.1.4-4),采用与前面同样的方法,令纵向分量与横向分量各自相等,得到

$$
\begin{cases}
\nabla_{\mathrm{t}}\times\widetilde{\boldsymbol{E}}_{\mathrm{t}}(\boldsymbol{r})=-\mathrm{i}\mu_0\omega_0\widetilde{\boldsymbol{H}}_{z}(\boldsymbol{r})\\
\nabla_{\mathrm{t}}\times\widetilde{\boldsymbol{H}}_{\mathrm{t}}(\boldsymbol{r})=\mathrm{i}\varepsilon_0\omega_0\widetilde{\boldsymbol{E}}_{z}(\boldsymbol{r})\\
\nabla_{\mathrm{t}}\times\widetilde{\boldsymbol{E}}_{z}(\boldsymbol{r})+\hat{\boldsymbol{z}}\times\dfrac{\partial}{\partial z}\widetilde{\boldsymbol{E}}_{\mathrm{t}}(\boldsymbol{r})+\mathrm{i}\boldsymbol{k}(\boldsymbol{r})\times\widetilde{\boldsymbol{E}}_{\mathrm{t}}(\boldsymbol{r})=-\mathrm{i}\mu_0\omega_0\widetilde{\boldsymbol{H}}_{\mathrm{t}}(\boldsymbol{r})\\
\nabla_{\mathrm{t}}\times\widetilde{\boldsymbol{H}}_{z}(\boldsymbol{r})+\hat{\boldsymbol{z}}\times\dfrac{\partial}{\partial z}\widetilde{\boldsymbol{H}}_{\mathrm{t}}(\boldsymbol{r})+\mathrm{i}\boldsymbol{k}(\boldsymbol{r})\times\widetilde{\boldsymbol{H}}_{\mathrm{t}}(\boldsymbol{r})=\mathrm{i}\varepsilon_0\omega_0\widetilde{\boldsymbol{E}}_{\mathrm{t}}(\boldsymbol{r})
\end{cases}
\tag{1.2.3-6}
$$

从方程组(1.2.3-6)中的前两个方程可以看出,定态光波光场的横向分量随横截面的分布永远是有旋的,并取决于对应的纵向分量,但是波矢没有起作用。从方程组(1.2.3-6)中的后两个方程可以看出,定态波纵向分量随横截面的分布,其旋度不仅取决于对应的横向分量,还取决于各自的横向分量,以及波矢对于横向分量的作用。波矢仅仅出现在式(1.2.3-6)的后两个方程中,说明定态波的传播对于横场没有作用。

下面对几种特殊波形的纵横关系进行深入的研究。

(1) 横电磁波(TEM 波)

在电场和磁场的纵向分量都等于零的情况下,式(1.2.3-6)简化为

$$\begin{cases}\nabla_{\mathrm{t}}\times\widetilde{\boldsymbol{E}}_{\mathrm{t}}(\boldsymbol{r})=0\\\nabla_{\mathrm{t}}\times\widetilde{\boldsymbol{H}}_{\mathrm{t}}(\boldsymbol{r})=0\end{cases}\tag{1.2.3-7}$$

这时,电场和磁场都蜕化为无旋场,这就是平面波。

(2) 横电波(TE 波)

在式(1.2.3-6)中,$\hat{\boldsymbol{e}}_{Ez}(\boldsymbol{r})=0$,且 $\hat{\boldsymbol{e}}_{Hz}(\boldsymbol{r})\neq 0$,该方程简化为

$$\nabla_{\mathrm{t}}\times\widetilde{\boldsymbol{E}}_{\mathrm{t}}(\boldsymbol{r})=-\mathrm{i}\mu_0\omega_0\widetilde{\boldsymbol{H}}_z(\boldsymbol{r})\tag{1.2.3-8a}$$

$$\nabla_{\mathrm{t}}\times\widetilde{\boldsymbol{H}}_{\mathrm{t}}(\boldsymbol{r})=0\tag{1.2.3-8b}$$

$$\hat{\boldsymbol{z}}\times\frac{\partial}{\partial z}\widetilde{\boldsymbol{E}}_{\mathrm{t}}(\boldsymbol{r})+\mathrm{i}\boldsymbol{k}(\boldsymbol{r})\times\widetilde{\boldsymbol{E}}_{\mathrm{t}}(\boldsymbol{r})=-\mathrm{i}\mu_0\omega_0\widetilde{\boldsymbol{H}}_{\mathrm{t}}(\boldsymbol{r})\tag{1.2.3-8c}$$

$$\nabla_{\mathrm{t}}\times\widetilde{\boldsymbol{H}}_z(\boldsymbol{r})+\hat{\boldsymbol{z}}\times\frac{\partial}{\partial z}\widetilde{\boldsymbol{H}}_{\mathrm{t}}(\boldsymbol{r})+\mathrm{i}\boldsymbol{k}(\boldsymbol{r})\times\widetilde{\boldsymbol{H}}_{\mathrm{t}}(\boldsymbol{r})=\mathrm{i}\varepsilon_0\omega_0\widetilde{\boldsymbol{E}}_{\mathrm{t}}(\boldsymbol{r})\tag{1.2.3-8d}$$

式(1.2.3-8c)中不含算符∇_{t},因此可以进一步化简,得

$$\widetilde{\boldsymbol{H}}_{\mathrm{t}}(\boldsymbol{r})=\frac{\mathrm{i}}{\mu_0\omega_0}\left[\hat{\boldsymbol{z}}\times\frac{\partial}{\partial z}\widetilde{\boldsymbol{E}}_{\mathrm{t}}(\boldsymbol{r})+\mathrm{i}\boldsymbol{k}(\boldsymbol{r})\times\widetilde{\boldsymbol{E}}_{\mathrm{t}}(\boldsymbol{r})\right]\tag{1.2.3-9}$$

将式(1.2.3-9)代入式(1.2.3-8d)中,得到

$$\begin{aligned}&\nabla_{\mathrm{t}}\times\widetilde{\boldsymbol{H}}_z(\boldsymbol{r})-\frac{\mathrm{i}}{\mu_0\omega_0}\frac{\partial^2}{\partial z^2}\widetilde{\boldsymbol{E}}_{\mathrm{t}}(\boldsymbol{r})+\frac{1}{\mu_0\omega_0}\frac{\partial}{\partial z}\{\widetilde{\boldsymbol{E}}_{\mathrm{t}}(\boldsymbol{r})\boldsymbol{k}_z(\boldsymbol{r})\}-\\&\frac{1}{\mu_0\omega_0}\left\{\hat{\boldsymbol{z}}\left[\boldsymbol{k}(\boldsymbol{r})\cdot\frac{\partial}{\partial z}\widetilde{\boldsymbol{E}}_{\mathrm{t}}(\boldsymbol{r})\right]-\frac{\partial}{\partial z}[\widetilde{\boldsymbol{E}}_{\mathrm{t}}(\boldsymbol{r})\boldsymbol{k}_z(\boldsymbol{r})]\right\}-\\&\frac{\mathrm{i}}{\mu_0\omega_0}\{\boldsymbol{k}(\boldsymbol{r})[\boldsymbol{k}(\boldsymbol{r})\cdot\widetilde{\boldsymbol{E}}_{\mathrm{t}}(\boldsymbol{r})]-\widetilde{\boldsymbol{E}}_{\mathrm{t}}(\boldsymbol{r})k^2(\boldsymbol{r})\}=\mathrm{i}\varepsilon_0\omega_0\widetilde{\boldsymbol{E}}_{\mathrm{t}}(\boldsymbol{r})\end{aligned}\tag{1.2.3-10}$$

在式(1.2.3-10)中,右边只有横向分量,所以左边的纵向分量为零。于是,得到第一个约束条件

$$\boldsymbol{k}(\boldsymbol{r})\cdot\frac{\partial}{\partial z}\widetilde{\boldsymbol{E}}_{\mathrm{t}}(\boldsymbol{r})=0\tag{1.2.3-11}$$

式(1.2.3-10)的其余部分,化简后得

$$\begin{aligned}\nabla_{\mathrm{t}}\times\widetilde{\boldsymbol{H}}_z(\boldsymbol{r})=&\ \mathrm{i}\left\{\varepsilon_0\omega_0-\frac{1}{\mu_0\omega_0}[\boldsymbol{k}^2(\boldsymbol{r})\boldsymbol{I}-\boldsymbol{kk}(\boldsymbol{r})]\right\}\widetilde{\boldsymbol{E}}_{\mathrm{t}}(\boldsymbol{r})-\\&\frac{2}{\mu_0\omega_0}\frac{\partial}{\partial z}\{\widetilde{\boldsymbol{E}}_{\mathrm{t}}(\boldsymbol{r})k_z(\boldsymbol{r})\}+\frac{\mathrm{i}}{\mu_0\omega_0}\frac{\partial^2}{\partial z^2}\{\widetilde{\boldsymbol{E}}_{\mathrm{t}}(\boldsymbol{r})\}\end{aligned}\tag{1.2.3-12}$$

式中,$\boldsymbol{kk}(\boldsymbol{r})$称为并矢,参见 12.1 节。$\boldsymbol{k}^2(\boldsymbol{r})=|\boldsymbol{k}(\boldsymbol{r})|^2$,即波矢大小的平方。$k_z(\boldsymbol{r})$表示波矢的纵向分量。数量与并矢的运算为

$$\boldsymbol{k}^2(\boldsymbol{r})-\boldsymbol{kk}(\boldsymbol{r})=\boldsymbol{k}^2(\boldsymbol{r})\boldsymbol{I}-\boldsymbol{kk}(\boldsymbol{r})\tag{1.2.3-13}$$

在直角坐标系下

$$
\boldsymbol{k}^2(\boldsymbol{r})\boldsymbol{I}-\boldsymbol{k}\boldsymbol{k}(\boldsymbol{r})=\begin{bmatrix}k^2 & & \\ & k^2 & \\ & & k^2\end{bmatrix}-\begin{bmatrix}k_x^2 & k_xk_y & k_xk_z\\ k_xk_y & k_y^2 & k_yk_z\\ k_xk_z & k_yk_z & k_z^2\end{bmatrix}
$$

$$
=\begin{bmatrix}k^2-k_x^2 & -k_xk_y & -k_xk_z\\ -k_xk_y & k^2-k_y^2 & -k_yk_z\\ -k_xk_z & -k_yk_z & k^2-k_z^2\end{bmatrix} \tag{1.2.3-14}
$$

将式(1.2.3-14)代入式(1.2.3-8a),最后得到

$$
\begin{cases}\nabla_{\mathrm{t}}\times\widetilde{\boldsymbol{E}}_{\mathrm{t}}(\boldsymbol{r})=-\mathrm{i}\mu_0\omega_0\widetilde{\boldsymbol{H}}_z(\boldsymbol{r})\\ \nabla_{\mathrm{t}}\times\widetilde{\boldsymbol{H}}_{\mathrm{t}}(\boldsymbol{r})=0\\ \nabla_{\mathrm{t}}\times\widetilde{\boldsymbol{H}}_z(\boldsymbol{r})=\mathrm{i}\left\{\varepsilon_0\omega_0-\dfrac{1}{\mu_0\omega_0}[\boldsymbol{k}^2(\boldsymbol{r})-\boldsymbol{k}\boldsymbol{k}(\boldsymbol{r})]\right\}\widetilde{\boldsymbol{E}}_{\mathrm{t}}(\boldsymbol{r})-\\ \qquad\dfrac{2}{\mu_0\omega_0}\dfrac{\partial}{\partial z}[\widetilde{\boldsymbol{E}}_{\mathrm{t}}(\boldsymbol{r})k_z(\boldsymbol{r})]+\dfrac{\mathrm{i}}{\mu_0\omega_0}\dfrac{\partial^2}{\partial z^2}\widetilde{\boldsymbol{E}}_{\mathrm{t}}(\boldsymbol{r})\end{cases} \tag{1.2.3-15}
$$

由此可知,在横电波中,磁场的横向分量是无旋场,电场的横向分量是有旋场,其旋度取决于磁场的纵向分量。而磁场的纵向分量也是有旋场,它取决于电场分量的横向分量。

(3) 横磁波(TM 波)

横磁波的结论与横电波的结论类似,推导过程不再重复,结论如式(1.2.3-16)所示。

$$
\begin{cases}\nabla_{\mathrm{t}}\times\widetilde{\boldsymbol{E}}_{\mathrm{t}}(\boldsymbol{r})=0\\ \nabla_{\mathrm{t}}\times\widetilde{\boldsymbol{E}}_z(\boldsymbol{r})=-\mathrm{i}\left\{\mu_0\omega_0-\dfrac{1}{\varepsilon_0\omega_0}[\boldsymbol{k}^2(\boldsymbol{r})-\boldsymbol{k}\boldsymbol{k}(\boldsymbol{r})]\right\}\widetilde{\boldsymbol{H}}_{\mathrm{t}}(\boldsymbol{r})-\\ \qquad\dfrac{2}{\varepsilon_0\omega_0}\dfrac{\partial}{\partial z}[\widetilde{\boldsymbol{H}}_{\mathrm{t}}(\boldsymbol{r})k_z(\boldsymbol{r})]-\dfrac{\mathrm{i}}{\varepsilon_0\omega_0}\dfrac{\partial^2}{\partial z^2}\widetilde{\boldsymbol{H}}_{\mathrm{t}}(\boldsymbol{r})\\ \nabla_{\mathrm{t}}\times\widetilde{\boldsymbol{H}}_{\mathrm{t}}(\boldsymbol{r})=\mathrm{i}\varepsilon_0\omega_0\widetilde{\boldsymbol{E}}_z(\boldsymbol{r})\end{cases} \tag{1.2.3-16}
$$

在自由空间,不仅可以存在横电磁波,也可以存在横电波或者横磁波,甚至可能存在混合波。但在光波导中不能存在理想的 TEM 波,可以存在其余 4 种波型。此时,电场或者磁场横向分量作用的结果,仍不能使纵向分量的旋度为零。所以通常纵向分量随横截面的分布也是有旋场。

最后，需要补充说明的是，在“大学物理”中，曾经学习到“光波是横波”这一结论，这其实是非常不确切的一个论断。这一论断的前提是，在无限大均匀介质中的平面光波（同相面为平面的光波）才是横波。如果一个光波不是平面波，那么它就含有纵向分量。1.2.4 节会谈到光线问题，其中一个重要结论是在均匀介质中，光线是一条直线。如果说传输轨迹是一条直线的光线，却可能不是横波，这个概念往往难以被人们接受。其实光线是否是直线，是由介质决定的，它对应的参数是波矢 $\boldsymbol{k}$；而这个光波是否是横波是由它是否含有纵向分量决定，二者没有必然联系。近年来已经发现了大量非平面波的光线，比如涡旋光就是其中的一种。它的同相面是一个类似蜗杆的表面，但它的波矢是一条螺旋线。涡旋光的同相面可用下式确定

$$l\varphi + \boldsymbol{k} \cdot \boldsymbol{z} = \text{常数} \tag{1.2.3-17}$$

式中，φ 是柱坐标系的旋转角，$\boldsymbol{k}$ 是它的波矢，$\boldsymbol{z}$ 是柱坐标系的 z 分量，l 在这里称为轨道角动量载荷。

1.2.4 光线的概念

射线光学，亦称几何光学，是把光看作一条条射线的光学。过去认为射线光学和波动光学是对立的，或者认为射线是一种近似。这些看法其实是不准确的。我们知道，波动其实是一种电磁场相位的传播，相位场是一个标量场，所以描述相位场最重要的量就是它的梯度。如果每一点的电磁振动的相位为 $\varphi(\boldsymbol{r})$，那么它的梯度 $\nabla\varphi(\boldsymbol{r})$ 就描述这个场的传播特性。习惯上，我们认为光总是向相位延迟的方向传播，所以定义波矢 $\boldsymbol{k} = -\nabla\varphi(\boldsymbol{r})$，于是就产生了一个矢量场 $\boldsymbol{k}(\boldsymbol{r})$。将这个矢量场每一点的矢量连起来构成的场线（类似于电场的电力线），就是光线。或者说，光线就是波矢场的场线，光线的密度是波矢的大小，光线的切线方向是该点波矢的方向。在这个意义上定义的光线，是没有任何近似的。

根据这个定义，可以非常简单地确定光在介质中传播的可能路径，这就是射线方程。严格地说，就是在已知 $n(\boldsymbol{r})$ 和初始条件（起点位置和起点的波矢）的前提下，用于描述波矢 $\boldsymbol{k}(\boldsymbol{r})$ 线的方程。

1. 射线方程

1.2.1 节已经得出

$$n_{\text{eff}}(\boldsymbol{r}) = k(\boldsymbol{r})/k_0 \tag{1.2.1-7}$$

或者

$$\boldsymbol{k}(\boldsymbol{r}) = k_0 n_{\text{eff}}(\boldsymbol{r})\hat{\boldsymbol{k}}(\boldsymbol{r}) \tag{1.2.4-1}$$

而 $n_{\mathrm{eff}}(\boldsymbol{r})$ 是已知的，那么只剩下确定 $\hat{\boldsymbol{k}}(\boldsymbol{r})$。

描述一条空间曲线的方法有两种：

① 两个曲面方程的交线。

假定两个曲面方程分别为

$$\Phi(\boldsymbol{r})=0,\quad \Psi(\boldsymbol{r})=0 \tag{1.2.4-2}$$

我们的任务就是根据 $n(\boldsymbol{r})$ 的分布求出这两个函数 $\Phi(\boldsymbol{r})$ 和 $\Psi(\boldsymbol{r})$。

② 求出曲线每一点的切线方向描述。

假定这条光线的方程为 $\boldsymbol{r}(s)$，式中 s 是光线从某一点 $(\boldsymbol{r}_0,s_0)$ 到该点的弧长。对这个描述曲线的方式，可以这样理解：在 $\boldsymbol{r}(s)$ 前进过程中，假定当前已经处在 $\boldsymbol{r}(s)$ 点，下一步的步长 $\mathrm{d}s$ 已知的情况下，$\boldsymbol{r}+\mathrm{d}\boldsymbol{r}$ 到达哪一点？

这里采用第二种方法。

第二种方法可以认为是用参数描述的曲线方程。假如以一个参数（比如时间 t）描述一条曲线的方程时，有

$$\boldsymbol{r}=\boldsymbol{r}(t)=x(t)\hat{\boldsymbol{x}}+y(t)\hat{\boldsymbol{y}}+z(t)\hat{\boldsymbol{z}} \tag{1.2.4-3}$$

这里，如果我们用曲线的路程 s 作为参数，那么曲线方程就可以写成

$$\boldsymbol{r}=\boldsymbol{r}(s)=x(s)\hat{\boldsymbol{x}}+y(s)\hat{\boldsymbol{y}}+z(s)\hat{\boldsymbol{z}} \tag{1.2.4-4}$$

如图 1.2.4-1 所示，设光在各向同性的非均匀介质中所走的路径为 $\boldsymbol{r}(s)$。路径上任意一点的射线的方向为此点处路径曲线的切向方向，令 $\hat{\boldsymbol{k}}$ 为射线方向上的单位矢量，$\boldsymbol{r}$ 为此点的位置矢量，$\mathrm{d}\boldsymbol{r}$ 为微小位移，$\mathrm{d}s$ 为曲线的微分段。当 $\mathrm{d}s$ 趋于 0 时，$\mathrm{d}\boldsymbol{r}$ 以相同的量级趋于 0，于是

$$\hat{\boldsymbol{k}}=\frac{\mathrm{d}\boldsymbol{r}}{\mathrm{d}s} \tag{1.2.4-5}$$

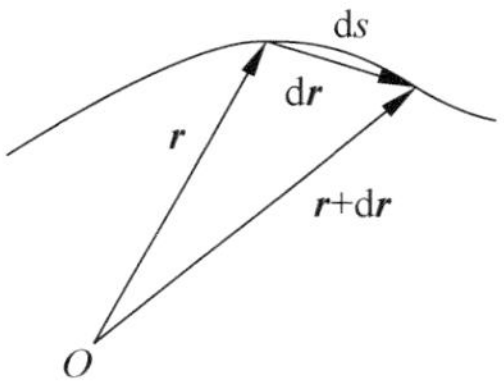

图 1.2.4-1　光线

利用波矢的定义式(1.2.1-1) $\boldsymbol{k}(\boldsymbol{r},\omega)=-\nabla\varphi(\boldsymbol{r},\omega)$，可得

$$\nabla\varphi(\boldsymbol{r})=-k_0\hat{\boldsymbol{k}}n_{\mathrm{eff}}(\boldsymbol{r}) \tag{1.2.4-6}$$

这里，$n_{\mathrm{eff}}(\boldsymbol{r})$ 是考虑光波导限制效应的等效折射率。于是

$$\nabla\varphi(\boldsymbol{r})=-k_0\frac{\mathrm{d}\boldsymbol{r}}{\mathrm{d}s}n_{\mathrm{eff}}(\boldsymbol{r}) \tag{1.2.4-7}$$

在式(1.2.4-6)两边对 s 求导，并与梯度算符交换次序得到

$$\nabla\frac{\mathrm{d}\varphi(\boldsymbol{r})}{\mathrm{d}s}=-k_0\frac{\mathrm{d}}{\mathrm{d}s}\left[\frac{\mathrm{d}\boldsymbol{r}}{\mathrm{d}s}n_{\mathrm{eff}}(\boldsymbol{r})\right] \tag{1.2.4-8}$$

由于在梯度方向上的 $\frac{\mathrm{d}\varphi(\boldsymbol{r})}{\mathrm{d}s}=-k=-k_0n_{\mathrm{eff}}(\boldsymbol{r})$，代入得到

$$\nabla n_{\mathrm{eff}}(\boldsymbol{r})=\frac{\mathrm{d}}{\mathrm{d}s}\left[\frac{\mathrm{d}\boldsymbol{r}}{\mathrm{d}s}n_{\mathrm{eff}}(\boldsymbol{r})\right] \tag{1.2.4-9}$$

或者为

$$n_{\text{eff}}(\boldsymbol{r})\frac{\mathrm{d}^2\boldsymbol{r}}{\mathrm{d}s^2}+\frac{\mathrm{d}n_{\text{eff}}(\boldsymbol{r})}{\mathrm{d}s}\frac{\mathrm{d}\boldsymbol{r}}{\mathrm{d}s}-\nabla n_{\text{eff}}(\boldsymbol{r})=0 \tag{1.2.4-10}$$

在很多情况下，比如不存在任何反射界面的情况下

$$n_{\text{eff}}(\boldsymbol{r})=n(\boldsymbol{r}) \tag{1.2.4-11}$$

那么此时有

$$n(\boldsymbol{r})\frac{\mathrm{d}^2\boldsymbol{r}}{\mathrm{d}s^2}+\frac{\mathrm{d}n(\boldsymbol{r})}{\mathrm{d}s}\frac{\mathrm{d}\boldsymbol{r}}{\mathrm{d}s}-\nabla n(\boldsymbol{r})=0 \tag{1.2.4-12}$$

方程(1.2.4-12)描述了光线 $\boldsymbol{r}(s)$ 所遵循的方程，故称为射线方程，或者称为光线方程也没有什么不妥。该方程是一个二阶微分方程，所以解的初始条件应该有两个：①起点的位置；②起点的入射光方向。在这两个初始条件已知的情况下，曲线被 $n(\boldsymbol{r})$ 的分布唯一地确定，无论是否满足麦克斯韦方程。

但是，在另一些情况下，由于 $n_{\text{eff}}(\boldsymbol{r})\neq n(\boldsymbol{r})$，这时就得不到形如式(1.2.4-12)的射线方程。在光波导中，会经常出现 $n_{\text{eff}}(\boldsymbol{r})\neq n(\boldsymbol{r})$ 的现象。所以光波导中的光线，并不一定满足光线方程。

注意，射线方程的导出，并不依赖于麦克斯韦方程，所以它对于所有的波动场都是正确的。有很多文献习惯于用麦克斯韦方程来证明，其实完全没有必要。

2. 各向同性均匀介质的射线方程

下面求解某种特定情况的射线方程。所谓求解射线方程，就是把方程(1.2.4-12)定义的 $\boldsymbol{r}(s)$ 用一个显式函数表达出来。在均匀分布的各向同性介质中，$n(\boldsymbol{r})=$常数，从而 $\nabla n(\boldsymbol{r})=0$，于是射线方程转化为

$$\frac{\mathrm{d}}{\mathrm{d}s}\left[\frac{\mathrm{d}\boldsymbol{r}}{\mathrm{d}s}n\right]=0 \tag{1.2.4-13}$$

由于 $\frac{\mathrm{d}\boldsymbol{r}}{\mathrm{d}s}=\hat{\boldsymbol{k}}$，可知 $\frac{\mathrm{d}}{\mathrm{d}s}(\hat{\boldsymbol{k}}n)=0$，$n\neq 0$，只能 $\hat{\boldsymbol{k}}$ 为方向不变的常矢量。在式(1.2.4-5)中对常矢量的波矢进行积分，得

$$\boldsymbol{r}=\hat{\boldsymbol{k}}s+\boldsymbol{r}_0 \tag{1.2.4-14}$$

说明它是一条直线，它的起点是 $\boldsymbol{r}_0$，波矢的方向是 $\hat{\boldsymbol{k}}$。

3. 一维非均匀分布

当 $n(\boldsymbol{r})$ 的分布只在一维方向上变化，比如只沿着 z 方向变化，也就是 $n(\boldsymbol{r})=n(z)$ 时，

$$\nabla n(\boldsymbol{r})=\frac{\partial n(z)}{\partial z}\hat{z} \tag{1.2.4-15}$$

将它代入射线方程(1.2.4-12)，得到

$$n(z)\frac{\mathrm{d}^2\boldsymbol{r}}{\mathrm{d}s^2}+\frac{\mathrm{d}n(z)}{\mathrm{d}s}\frac{\mathrm{d}\boldsymbol{r}}{\mathrm{d}s}-\frac{\partial n(z)}{\partial z}\hat{\boldsymbol{z}}=0 \tag{1.2.4-16}$$

再令 $\boldsymbol{r}=x\hat{\boldsymbol{x}}+y\hat{\boldsymbol{y}}+z\hat{\boldsymbol{z}}$，得到3个方程

$$n(z)\frac{\mathrm{d}^2x}{\mathrm{d}s^2}+\frac{\mathrm{d}n(z)}{\mathrm{d}s}\frac{\mathrm{d}x}{\mathrm{d}s}=0 \tag{1.2.4-17}$$

$$n(z)\frac{\mathrm{d}^2y}{\mathrm{d}s^2}+\frac{\mathrm{d}n(z)}{\mathrm{d}s}\frac{\mathrm{d}y}{\mathrm{d}s}=0 \tag{1.2.4-18}$$

$$n(z)\frac{\mathrm{d}^2z}{\mathrm{d}s^2}+\frac{\mathrm{d}n(z)}{\mathrm{d}s}\frac{\mathrm{d}z}{\mathrm{d}s}-\frac{\partial n(z)}{\partial z}=0 \tag{1.2.4-19}$$

首先解方程(1.2.4-17)，令 $\frac{\mathrm{d}x}{\mathrm{d}s}=\psi(s)$，得到一阶方程

$$n(z)\frac{\mathrm{d}\psi}{\mathrm{d}s}+\frac{\mathrm{d}n(z)}{\mathrm{d}s}\psi(s)=0 \tag{1.2.4-20}$$

该方程可以直接由分离变量法求出解，为

$$\psi=C_1n^{-1}(z) \tag{1.2.4-21}$$

于是得到，

$$x=\int_0^s\frac{C_1}{n(z)}\mathrm{d}s+C_2 \tag{1.2.4-22}$$

同理由方程(1.2.4-18)可得

$$y=C_3\left[\frac{s}{n(z)}+\int_0^s\frac{s}{n^2(z)}\frac{\mathrm{d}n(z)}{\mathrm{d}z}\mathrm{d}z\right]+C_4 \tag{1.2.4-23}$$

最后求解方程(1.2.4-19)，令 $\xi=\frac{\mathrm{d}z}{\mathrm{d}s}$，

$$n(z)\frac{\mathrm{d}\xi}{\mathrm{d}s}+\frac{\mathrm{d}n(z)}{\mathrm{d}s}\xi-\frac{\partial n(z)}{\partial z}=0 \tag{1.2.4-24}$$

它是一个非齐次一阶变系数微分方程，利用常数变易法，可以得到解的一般形式，为

$$\xi=C_6\left\{\exp\left[-\int\frac{\mathrm{d}n(z)}{n(z)\mathrm{d}s}\mathrm{d}s\right]\right\}\left\{\int\left[\frac{\partial n(z)}{n(z)\partial z}\exp\left[-\int\left(-\frac{\mathrm{d}n(z)}{n(z)\mathrm{d}s}\right)\mathrm{d}s\right]\right]\mathrm{d}s+C_5\right\} \tag{1.2.4-25}$$

化简后得到

$$\xi=C_6\left[n^{-1}(z)\right]\left[\int\frac{\partial n(z)}{\partial z}\mathrm{d}s+C_5\right] \tag{1.2.4-26}$$

于是，

$$z=\int\frac{1}{n(z)}\left[\int\frac{\partial n(z)}{\partial z}\mathrm{d}s+C_5\right]\mathrm{d}s+C_6 \tag{1.2.4-27}$$

式(1.2.4-22)、式(1.2.4-23)和式(1.2.4-27)是在介质折射率已知的前提下,光线的参数方程,它是以 s 为参变量、通过隐函数定义的方程。

下面对待定系数进行确定。假若坐标系选取 $s=0$ 处,$\boldsymbol{r}(0)=0$,于是可得

$$x=\int_0^s \frac{C_1}{n(z)}\mathrm{d}s \tag{1.2.4-28}$$

$$y=\int_0^s \frac{C_3}{n(z)}\mathrm{d}s \tag{1.2.4-29}$$

$$z=\int_0^s \frac{1}{n(z)}\left[\int_0^s \frac{\partial n(z)}{\partial z}\mathrm{d}s+C_5\right]\mathrm{d}s \tag{1.2.4-30}$$

这就是由原点出发的曲线 $\boldsymbol{r}(s)$的参数方程。曲线的切线为

$$\frac{\mathrm{d}\boldsymbol{r}}{\mathrm{d}s}=\frac{\mathrm{d}x}{\mathrm{d}s}\hat{\boldsymbol{x}}+\frac{\mathrm{d}y}{\mathrm{d}s}\hat{\boldsymbol{y}}+\frac{\mathrm{d}z}{\mathrm{d}s}\hat{\boldsymbol{z}}=\cos\alpha\hat{\boldsymbol{x}}+\cos\beta\hat{\boldsymbol{y}}+\cos\gamma\hat{\boldsymbol{z}} \tag{1.2.4-31}$$

式中,$\cos\alpha$、$\cos\beta$、$\cos\gamma$ 分别为光线起点入射方向的三个方向余弦,它们是已知常数。对式(1.2.4-28)、式(1.2.4-29)和式(1.2.4-30)微分,得到

$$\frac{\mathrm{d}x}{\mathrm{d}s}=\frac{C_1}{n(z)} \tag{1.2.4-32}$$

$$\frac{\mathrm{d}y}{\mathrm{d}s}=\frac{C_3}{n(z)} \tag{1.2.4-33}$$

$$\frac{\mathrm{d}z}{\mathrm{d}s}=\frac{1}{n(z)}\left[\int_0^s \frac{\partial n(z)}{\partial z}\mathrm{d}s+C_5\right] \tag{1.2.4-34}$$

并记 $n(0)=n_0$,于是可以得到

$$C_1=n_0\cos\alpha,\quad C_3=n_0\cos\beta,\quad C_5=n_0\cos\gamma \tag{1.2.4-35}$$

于是得到

$$x=n_0\cos\alpha\int_0^s \frac{1}{n(z)}\mathrm{d}s \tag{1.2.4-36}$$

$$y=n_0\cos\beta\int_0^s \frac{1}{n(z)}\mathrm{d}s \tag{1.2.4-37}$$

$$z=\int_0^s \frac{1}{n(z)}\left[\int_0^s \frac{\partial n(z)}{\partial z}\mathrm{d}s+n_0\cos\gamma\right]\mathrm{d}s \tag{1.2.4-38}$$

这样,在各向同性的一维非均匀材料中,光线可以完全求出。

光线在非均匀材料中会发生弯曲,可以用来解释海市蜃楼现象(图 1.2.4-2),并在激光卫星通信、激光遥感技术方面有重要应用。图 1.2.4-3 示出了光线在经过大气层时弯曲的过程,这里的大气层高为 z 方向,水平的两个方向为 x 方向和 y 方向,当光线不是垂直向上时,比如飞机在飞行途中或者卫星没有运行到观察者的正上方时,光线不是一条直线,会发生大气折射的现象。

图 1.2.4-2　海市蜃楼
（请扫Ⅱ页二维码看彩图）

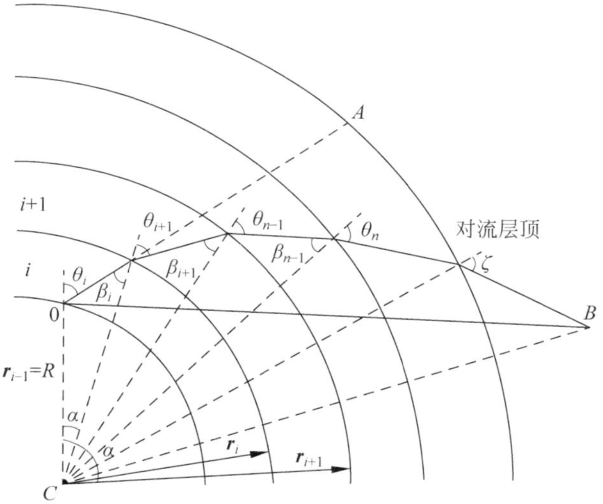

图 1.2.4-3　大气折射

第 1 章小结

本章从场和波两个方面研究了光波的一般特性，包括它们的描述方法、麦克斯韦方程的具体形式与亥姆霍兹方程的具体形式，并从时域和频域两个方面进行了研究。本书的思想方法和其他文献有所不同，它以现存的场和波作为出发点，并不关注它们是如何产生的，也就是说，如果有一个光场，它就应该满足相应的描述形式。

场和波虽然都是光的两种具体形式，但是场着眼于光频电磁场在某一点的表现；而波着眼于各点电磁场之间的关联；所以关于波的描述中多了一个波动项 $\mathrm{e}^{\mathrm{i}\left(\int_0^r \boldsymbol{k}\cdot \mathrm{d}\boldsymbol{r}-\varphi_0\right)}$。

无论场还是波，都有两种描述方式，即频域描述与时域描述。

无论频域描述还是时域描述，场和波的表达式都是一个复矢量，这个复矢量可以分为振幅、相位以及偏振态三部分的乘积，即 $\dot{\boldsymbol{E}}(\boldsymbol{r},\omega)=E(\boldsymbol{r},\omega)\mathrm{e}^{\mathrm{i}\varphi(\boldsymbol{r},\omega)}\hat{\boldsymbol{e}}(\boldsymbol{r},\omega)$，或者 $\dot{\boldsymbol{E}}(\boldsymbol{r},t)=E(\boldsymbol{r},t)\mathrm{e}^{\mathrm{i}\varphi(\boldsymbol{r},t)}\hat{\boldsymbol{e}}(\boldsymbol{r},t)$。波的表达式中还多了一项波动项。

频域描述对于一切场和波都是正确的，没有限制条件。时域描述是有条件的，只有在对一个光载波进行调制且调制速率比较低(慢变近似)，而且介质色散的影响可忽略的时候，才是正确的，它有很多限制条件。

慢变近似的具体判据是 $\dfrac{\partial}{\partial t}|\dot{\boldsymbol{E}}(\boldsymbol{r},t)|\ll\omega_0|\dot{\boldsymbol{E}}(\boldsymbol{r},t)|$。

频域法的亥姆霍兹方程可以写为

$$[\nabla^2 E+2\mathrm{i}\nabla E\cdot\boldsymbol{k}+(k_0^2n^2-k^2+\mathrm{i}\nabla\cdot\boldsymbol{k})E]\hat{\boldsymbol{e}}+2(\nabla E+E\mathrm{i}\boldsymbol{k})\cdot\nabla\hat{\boldsymbol{e}}+E\nabla^2\hat{\boldsymbol{e}}$$

$$=(\nabla E+E\mathrm{i}\boldsymbol{k})\left(\hat{\boldsymbol{e}}\cdot\frac{\nabla\varepsilon}{\varepsilon}\right)+E\,\nabla\left(\hat{\boldsymbol{e}}\cdot\frac{\nabla\varepsilon}{\varepsilon}\right)$$

定态场或者定态波，是时域描述的光场或者光波的一种常见形式(注意频域法不存在定态波的概念)，它的基本要求是 $\dot{\boldsymbol{E}}(\boldsymbol{r},t)=\dot{\boldsymbol{E}}(\boldsymbol{r})\dot{\boldsymbol{E}}(t)$，即复矢量可以分解为空间自变量和时间自变量两部分的乘积。在均匀非色散介质条件下，由时域法得到的结果与频域法得到的亥姆霍兹方程是一样的，即

$$[\nabla^2 E(\boldsymbol{r})+2\mathrm{i}\nabla E(\boldsymbol{r})\cdot\boldsymbol{k}+(k_0^2n^2-k^2+\mathrm{i}\nabla\cdot\boldsymbol{k})E(\boldsymbol{r})]\hat{\boldsymbol{e}}(\boldsymbol{r})+$$

$$2[\nabla E(\boldsymbol{r})+E(\boldsymbol{r})\mathrm{i}\boldsymbol{k}]\cdot\nabla\hat{\boldsymbol{e}}(\boldsymbol{r})+E(\boldsymbol{r})\,\nabla^2\hat{\boldsymbol{e}}(\boldsymbol{r})=0$$

因此，绝大多数条件下，频域法得到的结论可以直接应用于时域法。

最后，导出了光线的概念，说明从电磁场的角度看，光线实际上是波矢的场线。

本章的公式较多，易于混淆，列于表 1.3.0-1，以便分辨。

对于大多数读者而言，想通过一次阅读就理解相关的内容，往往是困难的。本章的术语大多有重复，公式也很繁琐，所以，建议读者先建立一个相关概念，深入理解要放在本书学习完之后，再来“反刍”，这样就能建立起清晰的概念了。

表 1.3.0-1 光场与光波的比较

			光场		光波
一般表达式	频域	频域	$\dot{\boldsymbol{E}}(\boldsymbol{r},\omega)=E(\boldsymbol{r},\omega)\mathrm{e}^{\mathrm{i}\varphi(\boldsymbol{r},\omega)}\hat{\boldsymbol{e}}(\boldsymbol{r},\omega)$	频域	$\dot{E}(\boldsymbol{r},\omega)=E(\boldsymbol{r},\omega)\mathrm{e}^{\mathrm{i}\left[\int_0^r \boldsymbol{k}\cdot\mathrm{d}\boldsymbol{r}-\varphi_0\right]}\hat{\boldsymbol{e}}(\boldsymbol{r},\omega)$
	时域	一般	$\dot{\boldsymbol{E}}(\boldsymbol{r},t)=E(\boldsymbol{r},t)\mathrm{e}^{\mathrm{i}\varphi_E(\boldsymbol{r},t)}\hat{\boldsymbol{e}}(\boldsymbol{r},t)$	一般	$\dot{E}(\boldsymbol{r},t)=E(\boldsymbol{r},t)\mathrm{e}^{\mathrm{i}\left[\int_{r_0}^{r} \boldsymbol{k}(\boldsymbol{r})\cdot\mathrm{d}\boldsymbol{r}+\varphi_{\mathrm{mod}}(t)\right]}\hat{\boldsymbol{e}}(\boldsymbol{r})$
		定态场*	$\dot{\boldsymbol{E}}(\boldsymbol{r},t)=E(\boldsymbol{r})E(t)\mathrm{e}^{\mathrm{i}[\varphi_E(\boldsymbol{r})+\varphi_E(t)]}\hat{\boldsymbol{e}}_E(\boldsymbol{r})\overset{\mathrm{def}}{=}\dot{\boldsymbol{E}}(\boldsymbol{r})\dot{E}(t)$	定态波**	$\dot{\boldsymbol{E}}(\boldsymbol{r})=E(\boldsymbol{r})\mathrm{e}^{\mathrm{i}\int_{r_0}^{r} k(\boldsymbol{r})\mathrm{d}r}\hat{\boldsymbol{e}}(\boldsymbol{r})$
麦克斯韦方程	频域	频域	$\begin{cases}\nabla\times\dot{\boldsymbol{E}}=\mathrm{i}\omega\mu_0\dot{\boldsymbol{H}}\\ \nabla\times\dot{\boldsymbol{H}}=-\mathrm{i}\omega\dot{\boldsymbol{D}}\\ \nabla\cdot\dot{\boldsymbol{D}}=0\\ \nabla\cdot\dot{\boldsymbol{H}}=0\end{cases}$	频域	$\begin{cases}\{[\nabla E(\boldsymbol{r},\omega)+E(\boldsymbol{r},\omega)\mathrm{i}\boldsymbol{k}]\times\hat{\boldsymbol{e}}(\boldsymbol{r},\omega)+E(\boldsymbol{r},\omega)\nabla\times\hat{\boldsymbol{e}}(\boldsymbol{r},\omega)\}=\mathrm{i}\omega\mu_0 H(\boldsymbol{r},\omega)\hat{\boldsymbol{h}}(\boldsymbol{r},\omega)\\ \{[\nabla H(\boldsymbol{r},\omega)+H(\boldsymbol{r},\omega)\mathrm{i}\boldsymbol{k}]\times\hat{\boldsymbol{h}}(\boldsymbol{r},\omega)+H(\boldsymbol{r},\omega)\nabla\times\hat{\boldsymbol{h}}(\boldsymbol{r},\omega)\}=-\mathrm{i}\omega D(\boldsymbol{r},\omega)\hat{\boldsymbol{d}}(\boldsymbol{r},\omega)\\ \{[\nabla D(\boldsymbol{r},\omega)+D(\boldsymbol{r},\omega)\mathrm{i}\boldsymbol{k}]\cdot\hat{\boldsymbol{d}}(\boldsymbol{r},\omega)+D(\boldsymbol{r},\omega)\nabla\cdot\hat{\boldsymbol{d}}(\boldsymbol{r},\omega)\}=0\\ \{\nabla[H(\boldsymbol{r},\omega)+H(\boldsymbol{r},\omega)\mathrm{i}\boldsymbol{k}]\cdot\hat{\boldsymbol{h}}(\boldsymbol{r},\omega)+H(\boldsymbol{r},\omega)\nabla\cdot\hat{\boldsymbol{h}}(\boldsymbol{r},\omega)\}=0\end{cases}$
				偏振光***	$\begin{cases}[\nabla E(\boldsymbol{r},\omega)+E(\boldsymbol{r},\omega)\mathrm{i}\boldsymbol{k}]\times\hat{\boldsymbol{e}}(\boldsymbol{r},\omega)=\mathrm{i}\omega\mu_0 H(\boldsymbol{r},\omega)\hat{\boldsymbol{h}}(\boldsymbol{r},\omega)\\ [\nabla H(\boldsymbol{r},\omega)+H(\boldsymbol{r},\omega)\mathrm{i}\boldsymbol{k}]\times\hat{\boldsymbol{h}}(\boldsymbol{r},\omega)=-\mathrm{i}\omega D(\boldsymbol{r},\omega)\hat{\boldsymbol{d}}(\boldsymbol{r},\omega)\\ [\nabla D(\boldsymbol{r},\omega)+D(\boldsymbol{r},\omega)\mathrm{i}\boldsymbol{k}]\cdot\hat{\boldsymbol{d}}(\boldsymbol{r},\omega)=0\\ [\nabla H(\boldsymbol{r},\omega)+H(\boldsymbol{r},\omega)\mathrm{i}\boldsymbol{k}]\cdot\hat{\boldsymbol{h}}(\boldsymbol{r},\omega)=0\end{cases}$
	时域	时域	$\begin{cases}\nabla\times\dot{\boldsymbol{E}}(\boldsymbol{r},t)=-\mu_0\left[\frac{\partial}{\partial t}\dot{\boldsymbol{H}}(\boldsymbol{r},t)+\mathrm{i}\omega_0\dot{\boldsymbol{H}}(\boldsymbol{r},t)\right]\\ \nabla\times\dot{\boldsymbol{H}}(\boldsymbol{r},t)=\varepsilon_0\left[\frac{\partial}{\partial t}\dot{\boldsymbol{E}}(\boldsymbol{r},t)+\mathrm{i}\omega_0\dot{\boldsymbol{E}}(\boldsymbol{r},t)\right]\end{cases}$	偏振光	$\begin{cases}\mathrm{i}\boldsymbol{k}(\boldsymbol{r})\times\widetilde{\boldsymbol{E}}(\boldsymbol{r})+\nabla\times\widetilde{\boldsymbol{E}}(\boldsymbol{r})=-\mathrm{i}\mu_0\omega_0\widetilde{\boldsymbol{H}}(\boldsymbol{r})\\ \mathrm{i}\boldsymbol{k}(\boldsymbol{r})\times\widetilde{\boldsymbol{H}}(\boldsymbol{r})+\nabla\times\widetilde{\boldsymbol{H}}(\boldsymbol{r})=\mathrm{i}\varepsilon_0\omega_0\widetilde{\boldsymbol{E}}(\boldsymbol{r})\end{cases}$
		慢变	$\begin{cases}\nabla\times\dot{\boldsymbol{E}}(\boldsymbol{r},t)=-\mathrm{i}\mu_0\omega_0\dot{\boldsymbol{H}}(\boldsymbol{r},t)\\ \nabla\times\dot{\boldsymbol{H}}(\boldsymbol{r},t)=\mathrm{i}\varepsilon_0\omega_0\dot{\boldsymbol{E}}(\boldsymbol{r},t)\end{cases}$		

续表

			光场		光波
介质的性质	频域	频域	$\dot{\boldsymbol{D}}(\omega)=\dot{\varepsilon}(\omega)\dot{\boldsymbol{E}}(\omega)$	频域	$\begin{cases} D(\boldsymbol{r},\omega)=\dot{\varepsilon}(\omega)E(\boldsymbol{r},\omega) \\ \hat{\boldsymbol{d}}(\boldsymbol{r},\omega)=\hat{\boldsymbol{e}}(\boldsymbol{r},\omega) \end{cases}$
	时域	时域	$\boldsymbol{P}=\varepsilon_0\int_{-\infty}^{\infty}x^{(1)}(t-t_1)\cdot\boldsymbol{E}(\boldsymbol{r},t_1)\mathrm{d}t_1$		
亥姆霍兹方程	频域	频域	$\nabla^2\dot{\boldsymbol{E}}+k_0^2n^2\dot{\boldsymbol{E}}=\nabla\left(\dot{\boldsymbol{E}}\cdot\frac{\nabla\varepsilon}{\varepsilon}\right)$	一般	$[\nabla^2E(\boldsymbol{r},\omega)+2\mathrm{i}\,\nabla E(\boldsymbol{r},\omega)\cdot\boldsymbol{k}+(k_0^2n^2-k^2+\mathrm{i}\,\nabla\cdot\boldsymbol{k})E(\boldsymbol{r},\omega)]\hat{\boldsymbol{e}}(\boldsymbol{r},\omega)+$ $2[\nabla E(\boldsymbol{r},\omega)+E(\boldsymbol{r},\omega)\mathrm{i}\boldsymbol{k}]\cdot\nabla\hat{\boldsymbol{e}}(\boldsymbol{r},\omega)+E(\boldsymbol{r},\omega)\nabla^2\hat{\boldsymbol{e}}(\boldsymbol{r},\omega)=0$
				偏振光	$\begin{cases} \nabla^2E(\boldsymbol{r},\omega)+(k_0^2n^2-k^2)E(\boldsymbol{r},\omega)=0 \\ 2\,\nabla E(\boldsymbol{r},\omega)\cdot\boldsymbol{k}+E(\boldsymbol{r},\omega)\nabla\cdot\boldsymbol{k}=0 \end{cases}$
	时域	时域	$\nabla^2\dot{\boldsymbol{E}}(\boldsymbol{r},t)-\mu_0\varepsilon_0\frac{\partial^2}{\partial t^2}\dot{\boldsymbol{E}}(\boldsymbol{r},t)-$ $2\mathrm{i}\mu_0\varepsilon_0\omega_0\frac{\partial}{\partial t}\dot{\boldsymbol{E}}(\boldsymbol{r},t)+\mu_0\varepsilon_0\omega_0^2\dot{\boldsymbol{E}}(\boldsymbol{r},t)=0$	一般	太复杂(略去)
		定态场	$\nabla^2\dot{\boldsymbol{E}}(\boldsymbol{r},t)+k_0^2n^2\dot{\boldsymbol{E}}(\boldsymbol{r},t)=0$	定态波	$\{[k_0^2n^2-k^2(\boldsymbol{r})]E(\boldsymbol{r})+2\mathrm{i}\boldsymbol{k}(\boldsymbol{r})\cdot\nabla E(\boldsymbol{r})+\nabla^2E(\boldsymbol{r})\}\hat{\boldsymbol{e}}_E(\boldsymbol{r})+$ $2[\mathrm{i}\boldsymbol{k}(\boldsymbol{r})E(\boldsymbol{r})+\nabla E(\boldsymbol{r})]\cdot\nabla\hat{\boldsymbol{e}}_E(\boldsymbol{r})+E(\boldsymbol{r})\nabla^2\hat{\boldsymbol{e}}_E(\boldsymbol{r})=0$
				偏振光	$\{[k_0^2n^2-k^2(\boldsymbol{r})]E(\boldsymbol{r})+2\mathrm{i}\boldsymbol{k}(\boldsymbol{r})\cdot\nabla E(\boldsymbol{r})+\nabla^2E(\boldsymbol{r})\}\hat{\boldsymbol{e}}_E(\boldsymbol{r})=0$

续表

			光　场	光　波
纵横关系	频域	频域	$\begin{cases} \nabla_t \times \boldsymbol{E}_t = \mathrm{i}\omega\mu_0 \boldsymbol{H}_z \\ \nabla_t \times \boldsymbol{H}_t = -\mathrm{i}\omega\varepsilon \boldsymbol{E}_z \\ \nabla_t \times \boldsymbol{E}_z + \hat{\boldsymbol{z}} \times \dfrac{\partial \boldsymbol{E}_t}{\partial z} = \mathrm{i}\omega\mu_0 \boldsymbol{H}_t \\ \nabla_t \times \boldsymbol{H}_z + \hat{\boldsymbol{z}} \times \dfrac{\partial \boldsymbol{H}_t}{\partial z} = -\mathrm{i}\omega\varepsilon \boldsymbol{E}_t \end{cases}$	**** $\begin{cases} \nabla_t \times \widetilde{\boldsymbol{E}}_t(\boldsymbol{r}) = -\mathrm{i}\mu_0\omega_0 \widetilde{\boldsymbol{H}}_z(\boldsymbol{r}) \\ \nabla_t \times \widetilde{\boldsymbol{H}}_t(\boldsymbol{r}) = \mathrm{i}\varepsilon_0\omega_0 \widetilde{\boldsymbol{E}}_z(\boldsymbol{r}) \\ \nabla_t \times \widetilde{\boldsymbol{E}}_z(\boldsymbol{r}) + \hat{\boldsymbol{z}} \times \dfrac{\partial}{\partial z}\widetilde{\boldsymbol{E}}_t(\boldsymbol{r}) + \mathrm{i}k(\boldsymbol{r}) \times \widetilde{\boldsymbol{E}}_t(\boldsymbol{r}) = -\mathrm{i}\mu_0\omega_0 \widetilde{\boldsymbol{H}}_t(\boldsymbol{r}) \\ \nabla_t \times \widetilde{\boldsymbol{H}}_z(\boldsymbol{r}) + \hat{\boldsymbol{z}} \times \dfrac{\partial}{\partial z}\widetilde{\boldsymbol{H}}_t(\boldsymbol{r}) + \mathrm{i}k(\boldsymbol{r}) \times \widetilde{\boldsymbol{H}}_t(\boldsymbol{r}) = \mathrm{i}\varepsilon_0\omega_0 \widetilde{\boldsymbol{E}}_t(\boldsymbol{r}) \end{cases}$
	时域	时域	$\begin{cases} \nabla_t \times \dot{\boldsymbol{E}}_t = -\mu_0\left(\dfrac{\partial}{\partial t}\dot{\boldsymbol{H}}_z + \mathrm{i}\omega_0 \dot{\boldsymbol{H}}_z\right) \\ \nabla_t \times \dot{\boldsymbol{H}}_t = \varepsilon_0\left(\dfrac{\partial}{\partial t}\dot{\boldsymbol{E}}_z + \mathrm{i}\omega_0 \dot{\boldsymbol{E}}_z\right) \\ \nabla_t \times \dot{\boldsymbol{E}}_z + \left(\hat{\boldsymbol{z}}\dfrac{\partial}{\partial z}\right) \times \dot{\boldsymbol{E}}_t \\ \quad = -\mu_0\left(\dfrac{\partial}{\partial t}\dot{\boldsymbol{H}}_t + \mathrm{i}\omega_0 \dot{\boldsymbol{H}}_t\right) \\ \nabla_t \times \dot{\boldsymbol{H}}_z + \left(\hat{\boldsymbol{z}}\dfrac{\partial}{\partial z}\right) \times \dot{\boldsymbol{H}}_t \\ \quad = \varepsilon_0\left(\dfrac{\partial}{\partial t}\dot{\boldsymbol{E}}_t + \mathrm{i}\omega_0 \dot{\boldsymbol{E}}_t\right) \end{cases}$	太复杂(略去)
		时域缓变	$\begin{cases} \nabla_t \times \dot{\boldsymbol{E}}_t = -\mu_0 \mathrm{i}\omega_0 \dot{\boldsymbol{H}}_z \\ \nabla_t \times \dot{\boldsymbol{H}}_t = \varepsilon_0 \mathrm{i}\omega_0 \dot{\boldsymbol{E}}_z \\ \nabla_t \times \dot{\boldsymbol{E}}_z + \left(\hat{\boldsymbol{z}}\dfrac{\partial}{\partial z}\right) \times \dot{\boldsymbol{E}}_t = -\mu_0 \mathrm{i}\omega_0 \dot{\boldsymbol{H}}_t \\ \nabla_t \times \dot{\boldsymbol{H}}_z + \left(\hat{\boldsymbol{z}}\dfrac{\partial}{\partial z}\right) \times \dot{\boldsymbol{H}}_t = \varepsilon_0 \mathrm{i}\omega_0 \dot{\boldsymbol{E}}_t \end{cases}$	太复杂(略去)

续表

		光场		光波
纵横关系	时域	定态场	$\begin{cases}\nabla_t\times\dot{\boldsymbol{E}}_t=-\mu_0\mathrm{i}\omega_0\dot{\boldsymbol{H}}_z\\ \nabla_t\times\dot{\boldsymbol{H}}_t=\varepsilon_0\mathrm{i}\omega_0\dot{\boldsymbol{E}}_z\\ \nabla_t\times\dot{\boldsymbol{E}}_z+\left(\hat{z}\frac{\partial}{\partial z}\right)\times\dot{\boldsymbol{E}}_t=-\mu_0\mathrm{i}\omega_0\dot{\boldsymbol{H}}_t\\ \nabla_t\times\dot{\boldsymbol{H}}_z+\left(\hat{z}\frac{\partial}{\partial z}\right)\times\dot{\boldsymbol{H}}_t=\varepsilon_0\mathrm{i}\omega_0\dot{\boldsymbol{E}}_t\end{cases}$	定态波	$\begin{cases}\nabla_t\times\widetilde{\boldsymbol{E}}_t(\boldsymbol{r})=-\mathrm{i}\mu_0\omega_0\widetilde{\boldsymbol{H}}_z(\boldsymbol{r})\\ \nabla_t\times\widetilde{\boldsymbol{H}}_t(\boldsymbol{r})=\mathrm{i}\varepsilon_0\omega_0\widetilde{\boldsymbol{E}}_z(\boldsymbol{r})\\ \nabla_t\times\widetilde{\boldsymbol{E}}_z(\boldsymbol{r})+\hat{z}\times\frac{\partial}{\partial z}\widetilde{\boldsymbol{E}}_t(\boldsymbol{r})+\mathrm{i}\boldsymbol{k}(\boldsymbol{r})\times\widetilde{\boldsymbol{E}}_t(\boldsymbol{r})=-\mathrm{i}\mu_0\omega_0\widetilde{\boldsymbol{H}}_t(\boldsymbol{r})\\ \nabla_t\times\widetilde{\boldsymbol{H}}_z(\boldsymbol{r})+\hat{z}\times\frac{\partial}{\partial z}\widetilde{\boldsymbol{H}}_t(\boldsymbol{r})+\mathrm{i}\boldsymbol{k}(\boldsymbol{r})\times\widetilde{\boldsymbol{H}}_t(\boldsymbol{r})=\mathrm{i}\varepsilon_0\omega_0\widetilde{\boldsymbol{E}}_t(\boldsymbol{r})\end{cases}$

注：* 定态场：当光场用时域方法描述时，偏振态不随时间变化，幅度随时间和空间的变化可分离变量，相位变化可分解为位置引起的相位变化与时间引起的变化的叠加。

** 定态波：①光波每一点都满足定态场的条件：当光波用时域法描述时，光波各处的偏振态不随时间变化，幅度随时间和空间的变化可分离变量，相位变化可分解为位置引起的相位变化与时间引起的变化的叠加；②波矢不随时间变化。

*** 偏振光：偏振态既不随时间变化也不随空间位置变化的光波。

**** $$\begin{cases}[E(\boldsymbol{r})\hat{\boldsymbol{e}}_{Et}(\boldsymbol{r})]\equiv\widetilde{\boldsymbol{E}}_t(\boldsymbol{r})\\ [E(\boldsymbol{r})\hat{\boldsymbol{e}}_{Ez}(\boldsymbol{r})]\equiv\widetilde{\boldsymbol{E}}_z(\boldsymbol{r})\\ [H(\boldsymbol{r})\hat{\boldsymbol{e}}_{Ht}(\boldsymbol{r})]\equiv\widetilde{\boldsymbol{H}}_t(\boldsymbol{r})\\ [H(\boldsymbol{r})\hat{\boldsymbol{e}}_{Hz}(\boldsymbol{r})]\equiv\widetilde{\boldsymbol{H}}_z(\boldsymbol{r})\end{cases}$$

第 1 章思考题

1.1　光一定是波吗？自然界中有没有光频的电磁场存在？

1.2　当我们看到一个表达式 $\dot{\boldsymbol{E}}(\boldsymbol{r},t,\omega)=E(\boldsymbol{r},t,\omega)\mathrm{e}^{\mathrm{i}\varphi(\boldsymbol{r},\omega)}\hat{\boldsymbol{e}}(\boldsymbol{r},\omega)$ 时，意味着这种描述是频域的还是时域的？

1.3　从傅里叶变换的角度看，一个单一频率的正弦波变换到频域，理论上应该是一条无限窄的频率谱线。为什么单一光频的谱线却不是无限窄的谱线，而是有一定宽度的？如果不用波列说，该如何解释？如果要用波列说解释，那又应该如何解释？请用公式说明。

1.4　请说明公式 $\boldsymbol{D}(t)=\varepsilon\boldsymbol{E}(t)$ 是否合理？为什么？

1.5　在 $\dot{\boldsymbol{D}}(\omega)=\dot{\varepsilon}(\omega)\dot{\boldsymbol{E}}(\omega)$ 中，既然电位移矢量和电场强度矢量都是复矢量，那么 $\dot{\varepsilon}(\omega)$ 是否也应该是复数，这个复数应该取什么形式？它的实部和虚部都代表什么意思？

1.6　如果将光频的麦克斯韦方程组用 $\dot{\boldsymbol{E}}(\boldsymbol{r},\omega)=E(\boldsymbol{r},\omega)\mathrm{e}^{\mathrm{i}\varphi(\boldsymbol{r},\omega)}\hat{\boldsymbol{e}}(\boldsymbol{r},\omega)$ 展开，会得到什么结果，请进行推导，并对推导的结果进行物理解释。

1.7　对于一个分区域均匀的介质，只有在边界上材料的介电常数才发生变化，根据式(1.1.2-20)，好像只有边界上才是有源场，边界上的源会影响到介质内部吗？为什么？

1.8　“定态的时域光场，就是对频域光场进行时域调制后得到的光场”，这种说法对吗？请发表您自己的观点。

1.9　时域光场是变化速度较慢的光场，请问慢到什么程度才可以看成时域光场？

1.10　有一种“准连续光”，描述这种光的光场是否可以看作一种时域描述？

1.11　请问：式(1.1.4-5)所描述的高斯光信号，如果转换为频域表达式，应该是什么样子？请推导。

1.12　在表征光波的有关参量中，波矢、波长、波速、波数等，哪一个量是最基本的？也就是没了这个量就不成其为波，而其他的量都可由它派生导出。

1.13　在无限大均匀介质中，光速度的大小是否总是与光的传播方向无关？

1.14　什么情况下，两列光波可以合成为一列光波？它们相遇时，是“光波叠加”还是“光场叠加”？

1.15　在研究光在大气中传播的“大气光学”中，有一个术语“波前畸变”，也就是波前(波阵面)不是一个平面，或者说同相面不是一个平面，这是否意味着这种波的同相面的各点，其波矢不是一个方向？请解释。

1.16　在无限大均匀介质中，是否仅仅存在平面波一种光波？请举例说明其他可能存在的光波形态。

1.17　请求出球面波和柱面波的波矢，以及高斯光束同相面不同点的波矢。用公式推导。

1.18　请导出非定态波的麦克斯韦方程，并对结果做一定的解释。

1.19　利用定态波的亥姆霍兹方程(1.2.2-20)，证明不存在等振幅但偏振态随空间变化的定态波。

1.20　描述光线在非均匀介质中传播的射线方程，它的前提条件是什么？在“物理光学”中，这个方程是由费马原理或者由麦克斯韦方程导出，并没有谈到这个前提条件，那么问题出在哪里？

1.21　高斯光束的光线是什么样？请推导。它是否满足射线方程？请解释。

第2章

正规光波导

在第1章完成了对光与光波问题的研究之后，以后各章将转入它们在光波导中的传输问题。首先从最简单也是最常用的光波导——正规光波导开始，并选择平面光波导与圆光波导作为重点研究对象，然后逐步地展开对各种不同类型波导的传输特性研究。

2.1 正规光波导的模式

本节研究最主要的一类光波导——正规光波导，它表现出明显的导光性质(将光波约束在光波导的一定范围内传输)，而由正规光波导引出的模式概念，则是光波导理论中最基本、最重要的概念。

若光波导的折射率分布沿纵向(z 方向)不变，就称为正规光波导，其数学描述为

$$\varepsilon(x,y,z)=\varepsilon(x,y) \tag{2.1.0-1}$$

也就是它的自变量只剩两个。这导致描述光波的复矢量(无论频域还是时域)自变量函数分离，也就是在公式

$$\dot{\boldsymbol{E}}(\boldsymbol{r},\omega)=E(\boldsymbol{r},\omega)\mathrm{e}^{\mathrm{i}\left(\int_0^r \boldsymbol{k}\cdot\mathrm{d}\boldsymbol{r}-\varphi_0\right)}\hat{\boldsymbol{e}}(\boldsymbol{r},\omega) \tag{1.2.1-4}$$

的三个要素(幅度、相位与偏振态)中，幅度与偏振态只与横向坐标有关，相位只与纵向坐标 z 有关，也就是

$$\dot{\boldsymbol{E}}(\boldsymbol{r})=E(x,y)\hat{\boldsymbol{e}}(x,y)\mathrm{e}^{\mathrm{i}\beta z} \tag{2.1.0-2}$$

这就是本章要建立的模式的概念。

2.1.1 模式的概念

1.2.1 节已经导出了频域光波的亥姆霍兹方程,(此处不写出变量 ω)为

$$\begin{cases}\nabla^2\left[E(\boldsymbol{r})\mathrm{e}^{\mathrm{i}\left(\int_0^r \boldsymbol{k}\cdot\mathrm{d}\boldsymbol{r}-\varphi_0\right)}\hat{\boldsymbol{e}}(\boldsymbol{r})\right]+k_0^2n^2\left[E(\boldsymbol{r})\mathrm{e}^{\mathrm{i}\left(\int_0^r \boldsymbol{k}\cdot\mathrm{d}\boldsymbol{r}-\varphi_0\right)}\hat{\boldsymbol{e}}(\boldsymbol{r})\right] \\ \quad =\nabla\left[E(\boldsymbol{r})\mathrm{e}^{\mathrm{i}\left(\int_0^r \boldsymbol{k}\cdot\mathrm{d}\boldsymbol{r}-\varphi_0\right)}\hat{\boldsymbol{e}}(\boldsymbol{r})\cdot\dfrac{\nabla\varepsilon}{\varepsilon}\right] \\ \nabla^2\left[H(\boldsymbol{r})\mathrm{e}^{\mathrm{i}\left(\int_0^r \boldsymbol{k}\cdot\mathrm{d}\boldsymbol{r}-\varphi_0+\Delta\varphi_{EH}\right)}\hat{\boldsymbol{h}}(\boldsymbol{r})\right]+k_0^2n^2\left[H(\boldsymbol{r})\mathrm{e}^{\mathrm{i}\left(\int_0^r \boldsymbol{k}\cdot\mathrm{d}\boldsymbol{r}-\varphi_0+\Delta\varphi_{EH}\right)}\hat{\boldsymbol{h}}(\boldsymbol{r})\right] \\ \quad =-\dfrac{\nabla\varepsilon}{\varepsilon}\times\nabla\left[H(\boldsymbol{r})\mathrm{e}^{\mathrm{i}\left(\int_0^r \boldsymbol{k}\cdot\mathrm{d}\boldsymbol{r}-\varphi_0+\Delta\varphi_{EH}\right)}\hat{\boldsymbol{h}}(\boldsymbol{r})\right]\end{cases} \tag{1.2.1-16}$$

这时可以证明,在没有偏振相关损耗的正规光波导中,选择合适的坐标系,这个光波的波矢 $\boldsymbol{k}$ 是一个平行于 z 轴的常矢量,$\boldsymbol{k}=\beta\hat{z}$,于是

$$\mathrm{e}^{\mathrm{i}\left(\int_0^r \boldsymbol{k}\cdot\mathrm{d}\boldsymbol{r}-\varphi_0\right)}=\mathrm{e}^{\mathrm{i}\beta z} \tag{2.1.1-1}$$

于是,方程(1.2.1-16)可改写为

$$\begin{cases}\nabla^2\left[E(\boldsymbol{r})\mathrm{e}^{\mathrm{i}\beta z}\hat{\boldsymbol{e}}(\boldsymbol{r})\right]+k_0^2n^2\left[E(\boldsymbol{r})\mathrm{e}^{\mathrm{i}\beta z}\hat{\boldsymbol{e}}(\boldsymbol{r})\right]=\nabla\left[E(\boldsymbol{r})\mathrm{e}^{\mathrm{i}\beta z}\hat{\boldsymbol{e}}(\boldsymbol{r})\cdot\dfrac{\nabla\varepsilon}{\varepsilon}\right] \\ \nabla^2\left[H(\boldsymbol{r})\mathrm{e}^{\mathrm{i}\beta z}\hat{\boldsymbol{h}}(\boldsymbol{r})\right]+k_0^2n^2\left[H(\boldsymbol{r})\mathrm{e}^{\mathrm{i}\beta z}\hat{\boldsymbol{h}}(\boldsymbol{r})\right]=-\dfrac{\nabla\varepsilon}{\varepsilon}\times\nabla\left[H(\boldsymbol{r})\mathrm{e}^{\mathrm{i}\beta z}\hat{\boldsymbol{h}}(\boldsymbol{r})\right]\end{cases} \tag{2.1.1-2}$$

这样,光场沿空间的三维分布可简化为二维分布

$$\begin{pmatrix}\dot{\boldsymbol{E}}\\ \dot{\boldsymbol{H}}\end{pmatrix}(x,y,z)=\begin{pmatrix}\dot{\boldsymbol{e}}\\ \dot{\boldsymbol{h}}\end{pmatrix}(x,y)\cdot\mathrm{e}^{\mathrm{i}\beta z} \tag{2.1.1-3}$$

式中:β 为相移常数,表示这种光场具有波动性;$\dot{\boldsymbol{e}}(x,y)$ 与 $\dot{\boldsymbol{h}}(x,y)$ 为模式场,表示光场($\boldsymbol{E},\boldsymbol{H}$)沿横截面的分布,模式场是复矢量,具有幅度、相位以及偏振态。对比式(2.1.1-2)和式(2.1.1-3),可知

$$\begin{pmatrix}\dot{\boldsymbol{e}}\\ \dot{\boldsymbol{h}}\end{pmatrix}(x,y)=\begin{pmatrix}E(x,y)\hat{\boldsymbol{e}}(x,y)\\ H(x,y)\hat{\boldsymbol{h}}(x,y)\end{pmatrix} \tag{2.1.1-4}$$

关于“模式场”这一术语,有些文献上称为“横场”。但“横场”这个名称不够确切,因为 $\dot{\boldsymbol{e}}$,$\dot{\boldsymbol{h}}$ 本身并不只存在于横截面之中,它也有一个较小的纵向分量,只不过它是由横向坐标决定的,可理解为“横坐标变元的场”。之所以称“模式场”在于只

有模式才可表达成式(2.1.1-3)的形式,这是模式所固有的特征。

关于模式场存在的证明,方法有二:一是将$\begin{pmatrix}\boldsymbol{E}\\\boldsymbol{H}\end{pmatrix}$分离成$\begin{pmatrix}\boldsymbol{e}\\\boldsymbol{h}\end{pmatrix}f(z)$,然后求出$f(z)$;另一种方法是将式(2.1.1-3)直接代入亥姆霍兹方程,验证其正确性。本书使用第二种方法。由亥姆霍兹方程(2.1.1-2),并考虑每一个空间微分项分别为

$$\nabla^2=\nabla_t^2+\frac{\partial^2}{\partial z^2}$$

$$\nabla^2\boldsymbol{E}=(\nabla_t^2\boldsymbol{e})\mathrm{e}^{\mathrm{i}\beta z}+(-\beta^2)\boldsymbol{e}\mathrm{e}^{\mathrm{i}\beta z}$$

$$\nabla\left(\boldsymbol{E}\cdot\frac{\nabla\varepsilon}{\varepsilon}\right)=\nabla\left(\boldsymbol{e}\mathrm{e}^{\mathrm{i}\beta z}\cdot\frac{\nabla\varepsilon}{\varepsilon}\right)=\left[\nabla\left(\boldsymbol{e}\cdot\frac{\nabla\varepsilon}{\varepsilon}\right)\right]\mathrm{e}^{\mathrm{i}\beta z}+\left(\boldsymbol{e}\cdot\frac{\nabla\varepsilon}{\varepsilon}\right)\nabla\mathrm{e}^{\mathrm{i}\beta z}$$

$$\nabla\mathrm{e}^{\mathrm{i}\beta z}=\hat{\boldsymbol{z}}\mathrm{i}\beta\mathrm{e}^{\mathrm{i}\beta z}$$

$$\frac{\nabla\varepsilon}{\varepsilon}\times(\hat{\boldsymbol{z}}\times\boldsymbol{h})=\hat{\boldsymbol{z}}\left(\frac{\nabla\varepsilon}{\varepsilon}\cdot\boldsymbol{h}\right)-\boldsymbol{h}\left(\hat{\boldsymbol{z}}\cdot\frac{\nabla\varepsilon}{\varepsilon}\right)$$

于是可得

$$\begin{cases}[\nabla_t^2+(k^2n^2-\beta^2)]\boldsymbol{e}-\nabla_t\left(\boldsymbol{e}\cdot\dfrac{\nabla_t\varepsilon}{\varepsilon}\right)-\mathrm{i}\beta\hat{\boldsymbol{z}}\left(\boldsymbol{e}\cdot\dfrac{\nabla_t\varepsilon}{\varepsilon}\right)=0\\[2ex][\nabla_t^2+(k^2n^2-\beta^2)]\boldsymbol{h}-\dfrac{\nabla_t\varepsilon}{\varepsilon}\times(\nabla_t\times\boldsymbol{h})+\mathrm{i}\beta\hat{\boldsymbol{z}}\left(\boldsymbol{h}\cdot\dfrac{\nabla_t\varepsilon}{\varepsilon}\right)=0\end{cases}\tag{2.1.1-5}$$

方程组(2.1.1-5)是一个只有二变元(x,y)的三维偏微分方程。我们将模式场进行横向与纵向分解,即令$\boldsymbol{e}=\boldsymbol{e}_t+\boldsymbol{e}_z$和$\boldsymbol{h}=\boldsymbol{h}_t+\boldsymbol{h}_z$,代入得到 4 个方程,我们只写出其中两个:

$$[\nabla_t^2+(k^2n^2-\beta^2)]\boldsymbol{e}_t-\nabla_t\left(\boldsymbol{e}_t\cdot\frac{\nabla_t\varepsilon}{\varepsilon}\right)=0\tag{2.1.1-6}$$

$$[\nabla_t^2+(k^2n^2-\beta^2)]e_z-\mathrm{i}\beta\left(\boldsymbol{e}_t\cdot\frac{\nabla_t\varepsilon}{\varepsilon}\right)=0\tag{2.1.1-7}$$

后一个方程因为方向确定,是一个标量方程。根据偏微分方程理论,对于给定的边界条件,它具有无穷个离散的特征解,并可进行排序。每个特征解为

$$\begin{pmatrix}\boldsymbol{E}\\\boldsymbol{H}\end{pmatrix}=\begin{pmatrix}\boldsymbol{e}_i\\\boldsymbol{h}_i\end{pmatrix}(x,y)\mathrm{e}^{\mathrm{i}\beta_i z},\quad i=1,2,3,\cdots\tag{2.1.1-8}$$

于是称这个方程的一个特征解为一个模式,注意区分公式中的虚数单位 i(正体)和模式的序号 i(斜体)。模式是光波导中的一个基本概念,其含义可以从以下几方面去理解。

① 模式是满足亥姆霍兹方程的一个特解,并满足在波导中心有界、在边界趋于无穷时为零等边界条件。这是它的数学含义。

② 一个模式,实际上是正规光波导的光场沿横截面分布的一种场图。比如图 2.1.1-1 绘出的某种光纤的一个模式。较低阶模的场图比较简单,高阶模的场图往往非常复杂。要注意由方程(2.1.1-6)求出的模式,只是光波导中光场的一个可能的分布形式,是否真正存在,要看激励条件。但它却是沿 z 方向的一个稳定的分布形式,就是说,一个模式沿纵向传输时,其场分布形式不变。模式场沿纵向传输的稳定性,是模式的一个重要性质。但并不是只有模式场才具有这种性质,比如后面谈到的简并现象。

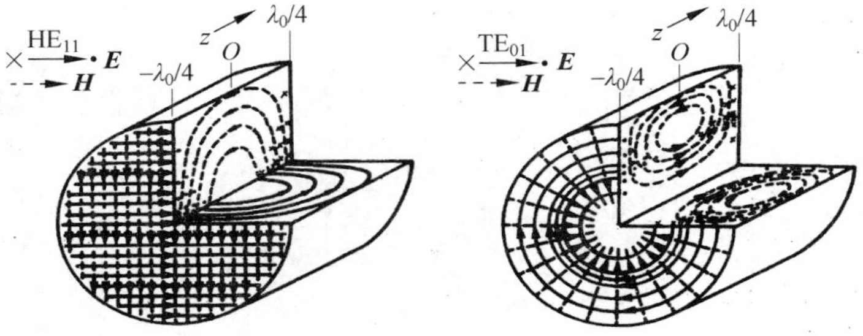

图 2.1.1-1　正规光波导的模式

③ 模式是有序的。因为模式是微分方程的一系列特征解,所以是离散的、可以排序的。排序方法有两种,一种是以特征方程中分离变量的根的序号排列。由于模式场$\begin{pmatrix}\boldsymbol{e}\\\boldsymbol{h}\end{pmatrix}$有两个自变量,所以有两列序号。另一种方法以 β 的大小排序,β 越大序号越小。这两种排序方法是否完全等价?也就是说,对于两个不同序号的模式,是否 β 的大小关系始终不随频率(或波长)变化?近年来,随着对光子晶体研究的深入,发现了大量两个模式的 $\beta(\omega)$ 曲线相交的现象,因此,二者不是等价的。这时,应该以两列序号排序方法为准,而把 $\beta(\omega)$ 曲线相交的现象称为模式简并。模式简并意味着两个模式共同传输时,其场分布不随纵向变化。但是,由于两个模式的功率分布在不同的激励条件下可能不一样,所以共同传输形成的场图并不确定。

④ 许多个模式的线性组合构成了光波导中总的场分布

$$\begin{pmatrix}\boldsymbol{E}\\\boldsymbol{H}\end{pmatrix}=\sum_i\begin{pmatrix}a_i\boldsymbol{e}_i\\b_i\boldsymbol{h}_i\end{pmatrix}(x,y)\mathrm{e}^{\mathrm{i}\beta_i z}\tag{2.1.1-9}$$

式中,a_i 和 b_i 是分解系数(有的文献中称为"激励系数",但不够准确),表示该模式的相对大小。这与信号分析中将一个任意信号分解成基本系列信号(如一系列正弦信号)之和一样。因此,一系列模式可以看成一个光波导的场分布的空间谱。注意在多个模式叠加的时候,总的场分布并不是各个模式场的简单叠加,而是要考虑各个模式的相对大小,以及传输常数 β 的影响。所以,即使是在正规光波导的情况下，合成的总光场沿各个横截面的分布也是不相同的。另外，值得注意的是，由于光波导边界条件的限制，使得不是所有的模式都可能存在。除了基模以外，高阶模都会在低频时截止。这样，光波导中的模式不能遍历（式（2.1.1-9）只能取有限项），这意味着不是任何场图都可以在光波导中传输。

⑤ 一个模式在波导中传输最基本的物理量是它的传输常数 β。应注意，β 不仅是光频的函数 $\beta=\beta(\omega)$，同时也是折射率分布 $\varepsilon(x,y)$ 的函数（泛函）。而且，β 可能为实数，也可能为复数。当 β 为实数时，表明光在传输过程中只有相移，而无衰减，光波导相当于一个相移器；当 β 为复数时，表明既有相移又有衰减，β 的虚部表示沿光波导的衰减（关于复传输常数将在 11.1.1 节讨论）。

在导出式（2.1.1-1）的时候，我们曾指出，上述关于模式的概念要能够成立，除了对圆光波导的坐标系不需要特殊指定外，一般来说，只对某个特定的坐标系是正确的。这个坐标系称为主轴坐标系。对于非圆光波导，当采用的实际坐标系与主轴坐标系不重合时，对式（2.1.1-3）要做某种修正。

假定实际坐标系与主轴坐标系 x 轴的夹角为 θ，并且光波导满足弱导的条件（光波导折射率的变化范围比较小），则式（2.1.1-3）应该改写为

$$\begin{pmatrix}\boldsymbol{E}\\ \boldsymbol{H}\end{pmatrix}(x,y,z,t)=\mathrm{e}^{\mathrm{i}[(\bar{\boldsymbol{\beta}}+\Delta\beta\boldsymbol{V})z-\omega(t)]}\begin{pmatrix}\boldsymbol{e}\\ \boldsymbol{h}\end{pmatrix}(x,y) \tag{2.1.1-10}$$

式中，$\boldsymbol{V}=\begin{pmatrix}\cos2\theta & \sin2\theta\\ \sin2\theta & -\cos2\theta\end{pmatrix}$，称为主轴矩阵。在式（2.1.1-10）中，矩阵的指数函数 $\mathrm{e}^{\mathrm{i}[(\bar{\beta}+\Delta\beta V)z-\omega(t)]}$ 本身也是一个矩阵，它与矢量组 $\begin{pmatrix}\boldsymbol{e}\\ \boldsymbol{h}\end{pmatrix}(x,y)$ 相乘应该按照矩阵的乘法规则进行，因此是不能交换次序的（指数函数不能写在矢量组的后面）。矩阵的指数函数与矢量组相乘的结果，使得各个不同 z 处的横截面上的场分布不再相同，这主要是由于非圆光波导的双折射 $\Delta\beta$ 引起的，因此这时的矢量组 $\begin{pmatrix}\boldsymbol{e}\\ \boldsymbol{h}\end{pmatrix}(x,y)$ 不再代表模式场，仅仅代表光场 $\begin{pmatrix}\boldsymbol{E}\\ \boldsymbol{H}\end{pmatrix}(x,y,z,\omega)$ 在 $z=0$ 处的一种分布，所以写成如下形式更为合理：

$$\begin{pmatrix}\boldsymbol{E}\\ \boldsymbol{H}\end{pmatrix}(x,y,z,\omega)=\mathrm{e}^{\mathrm{i}(\bar{\boldsymbol{\beta}}+\Delta\beta\boldsymbol{V})z}\begin{pmatrix}E_0\\ H_0\end{pmatrix}(x,y) \tag{2.1.1-11}$$

从式（2.1.1-11）可以看出，当 $\theta=0$ 时，$\boldsymbol{V}=\begin{pmatrix}1 & 0\\ 0 & -1\end{pmatrix}$，且

$$(\bar{\boldsymbol{\beta}}+\Delta\beta\boldsymbol{V})=\begin{bmatrix}\beta+\Delta\beta & 0\\ 0 & \beta-\Delta\beta\end{bmatrix}\overset{\text{def}}{=}\begin{bmatrix}\beta_x & 0\\ 0 & \beta_y\end{bmatrix} \tag{2.1.1-12}$$

这时式(2.1.1-11)就转化为两个模式场的形式

$$\begin{pmatrix} \boldsymbol{E} \\ \boldsymbol{H} \end{pmatrix}_x (x, y, z, \omega) = \mathrm{e}^{\mathrm{i}\beta_x z} \begin{pmatrix} \boldsymbol{e} \\ \boldsymbol{h} \end{pmatrix}_x (x, y) \tag{2.1.1-13}$$

和

$$\begin{pmatrix} \boldsymbol{E} \\ \boldsymbol{H} \end{pmatrix}_y (x, y, z, \omega) = \mathrm{e}^{\mathrm{i}\beta_y z} \begin{pmatrix} \boldsymbol{e} \\ \boldsymbol{h} \end{pmatrix}_y (x, y) \tag{2.1.1-14}$$

式(2.1.1-11)全面地描述了正规光波导中光的传播。它表明,对于正规光波导而言,只用 β 和模式场$\begin{pmatrix} \boldsymbol{e} \\ \boldsymbol{h} \end{pmatrix}(x, y)$是不够的,还需要双折射 $\Delta\beta$ 与主轴矩阵 $\mathbf{V}$ 等四个量才能全面地描述光在光纤中传播的特性。

关于式(2.1.1-10)或者式(2.1.1-11)的证明,将在7.4节中进行。

2.1.2 模式场的纵向分量与横向分量的关系

1.1.2节和1.1.4节分别讨论了频域光场与时域光场的纵向分量与横向分量的关系,在1.2.3节又研究了光波纵向分量与横向分量的关系。对于光波模式,三维的模式场同样可以分解为纵向分量与横向分量之和,它本质上属于光波模式的频域描述,即有

$$\begin{cases} \boldsymbol{e} = \boldsymbol{e}_{\mathrm{t}} + \boldsymbol{e}_z \\ \boldsymbol{h} = \boldsymbol{h}_{\mathrm{t}} + \boldsymbol{h}_z \end{cases} \tag{2.1.2-1}$$

于是

$$\begin{pmatrix} \boldsymbol{E}_{\mathrm{t}} \\ \boldsymbol{E}_z \\ \boldsymbol{H}_{\mathrm{t}} \\ \boldsymbol{H}_z \end{pmatrix} = \begin{pmatrix} \boldsymbol{e}_{\mathrm{t}} \\ \boldsymbol{e}_z \\ \boldsymbol{h}_{\mathrm{t}} \\ \boldsymbol{h}_z \end{pmatrix} \mathrm{e}^{\mathrm{i}\beta z} \tag{2.1.2-2}$$

代入任意光波导的光场的纵向分量与横向分量的关系式(1.2.3-2),可得

$$\nabla_{\mathrm{t}} \times \boldsymbol{e}_{\mathrm{t}} = \mathrm{i}\omega\mu_0 \boldsymbol{h}_z \tag{2.1.2-3a}$$

$$\nabla_{\mathrm{t}} \times \boldsymbol{h}_{\mathrm{t}} = -\mathrm{i}\omega\varepsilon \boldsymbol{e}_z \tag{2.1.2-3b}$$

$$\nabla_{\mathrm{t}} \times \boldsymbol{e}_z + \mathrm{i}\beta\hat{\boldsymbol{z}} \times \boldsymbol{e}_{\mathrm{t}} = \mathrm{i}\omega\mu_0 \boldsymbol{h}_{\mathrm{t}} \tag{2.1.2-3c}$$

$$\nabla_{\mathrm{t}} \times \boldsymbol{h}_z + \mathrm{i}\beta\hat{\boldsymbol{z}} \times \boldsymbol{h}_{\mathrm{t}} = -\mathrm{i}\omega\varepsilon \boldsymbol{e}_{\mathrm{t}} \tag{2.1.2-3d}$$

利用$\nabla_{\mathrm{t}} \times \boldsymbol{e}_z = -\hat{\boldsymbol{z}} \times \nabla_{\mathrm{t}} \boldsymbol{e}_z$,$\nabla_{\mathrm{t}} \times \boldsymbol{h}_z = -\hat{\boldsymbol{z}} \times \nabla_{\mathrm{t}} \boldsymbol{h}_z$,式(2.1.2-3c)和式(2.1.2-3d)可改写为

$$\begin{cases} \mathrm{i}\beta\hat{\boldsymbol{z}} \times \boldsymbol{e}_{\mathrm{t}} - \mathrm{i}\omega\mu_0 \boldsymbol{h}_{\mathrm{t}} = \hat{\boldsymbol{z}} \times \nabla_{\mathrm{t}} \boldsymbol{e}_z \\ \mathrm{i}\beta\hat{\boldsymbol{z}} \times \boldsymbol{h}_{\mathrm{t}} + \mathrm{i}\omega\varepsilon \boldsymbol{e}_{\mathrm{t}} = \hat{\boldsymbol{z}} \times \nabla_{\mathrm{t}} \boldsymbol{h}_z \end{cases} \tag{2.1.2-4}$$

进一步，利用 $\hat{z}\times(\hat{z}\times\boldsymbol{e}_{\mathrm{t}})=-\boldsymbol{e}_{\mathrm{t}}$，$\hat{z}\times(\hat{z}\times\boldsymbol{h}_{\mathrm{t}})=-\boldsymbol{h}_{\mathrm{t}}$，可以导出

$$\boldsymbol{e}_{\mathrm{t}}=\frac{\mathrm{i}}{\omega^{2}\mu_{0}\varepsilon-\beta^{2}}(-\omega\mu_{0}\hat{\boldsymbol{z}}\times\nabla_{\mathrm{t}}h_{z}+\beta\nabla_{\mathrm{t}}e_{z}) \tag{2.1.2-5a}$$

$$\boldsymbol{h}_{\mathrm{t}}=\frac{\mathrm{i}}{\omega^{2}\mu_{0}\varepsilon-\beta^{2}}(\omega\varepsilon\hat{z}\times\nabla_{\mathrm{t}}e_{z}+\beta\nabla_{\mathrm{t}}h_{z}) \tag{2.1.2-5b}$$

由式(2.1.2-5)可以看出，模式场的横向分量可以由纵向分量随横截面的分布唯一地确定。

除此之外，将 $\begin{cases}\boldsymbol{E}=(\boldsymbol{e}_{\mathrm{t}}+\boldsymbol{e}_{z})\mathrm{e}^{\mathrm{i}\beta z}\\ \boldsymbol{H}=(\boldsymbol{h}_{\mathrm{t}}+\boldsymbol{h}_{z})\mathrm{e}^{\mathrm{i}\beta z}\end{cases}$ 直接代入光频的麦克斯韦方程(1.1.2-14c)与方程(1.1.2-14d)可以得到

$$\begin{cases}\nabla_{\mathrm{t}}\cdot\boldsymbol{h}_{\mathrm{t}}+\mathrm{i}\beta h_{z}=0\\ \nabla_{\mathrm{t}}(\varepsilon\boldsymbol{e}_{\mathrm{t}})+\mathrm{i}\beta\varepsilon\boldsymbol{e}_{z}=0\end{cases} \tag{2.1.2-6}$$

于是，有

$$\begin{cases}\boldsymbol{h}_{z}=-\dfrac{\mathrm{i}}{\beta}\nabla_{\mathrm{t}}\cdot\boldsymbol{h}_{\mathrm{t}}\\ \boldsymbol{e}_{z}=-\dfrac{\mathrm{i}}{\beta}\left(\dfrac{\nabla_{\mathrm{t}}\varepsilon}{\varepsilon}\cdot\boldsymbol{e}_{\mathrm{t}}+\nabla_{\mathrm{t}}\cdot\boldsymbol{e}_{\mathrm{t}}\right)\end{cases} \tag{2.1.2-7}$$

这两个方程表明，纵向分量也可以由横向分量的分布函数唯一确定。

现在进一步讨论模式场各分量在时间上的相位关系。相位关系表现在复矢量($\boldsymbol{e}_{\mathrm{t}}$，$\boldsymbol{h}_{\mathrm{t}}$，$\boldsymbol{e}_{z}$，$\boldsymbol{h}_{z}$)不考虑方向以外的 e_{t}、h_{t}、e_{z}、h_{z} 的虚实性之中。注意复矢量($\boldsymbol{e}_{z}$，$\boldsymbol{h}_{z}$)的方向是确定的，而复矢量($\boldsymbol{e}_{\mathrm{t}}$，$\boldsymbol{h}_{\mathrm{t}}$)的方向一般来说是不确定的。因此一般来说，模式场各分量在时间上的相位关系是不确定的。但是，考虑到在正规光波导中，导模的坡印亭矢量 $\boldsymbol{p}=\boldsymbol{E}\times\boldsymbol{H}^{*}$，当它进行柱坐标分解时，可得

$$\boldsymbol{p}=\boldsymbol{p}_{z}+\boldsymbol{p}_{\varphi}+\boldsymbol{p}_{r} \tag{2.1.2-8}$$

式中，$\boldsymbol{p}_{z}$、$\boldsymbol{p}_{\varphi}$ 和 $\boldsymbol{p}_{r}$ 分别表示沿纵向、圆周方向和沿径向的功率流，分别为

$$\boldsymbol{p}_{z}=\boldsymbol{e}_{\varphi}\times\boldsymbol{h}_{r}^{*}+\boldsymbol{e}_{r}\times\boldsymbol{h}_{\varphi}^{*} \tag{2.1.2-9}$$

$$\boldsymbol{p}_{\varphi}=\boldsymbol{e}_{z}\times\boldsymbol{h}_{r}^{*}+\boldsymbol{e}_{r}\times\boldsymbol{h}_{z}^{*} \tag{2.1.2-10}$$

$$\boldsymbol{p}_{r}=\boldsymbol{e}_{z}\times\boldsymbol{h}_{\varphi}^{*}+\boldsymbol{e}_{\varphi}\times\boldsymbol{h}_{z}^{*} \tag{2.1.2-11}$$

而对于导模，功率必然沿纵向传输，所以 $\boldsymbol{p}_{z}$ 必须是实数，从而 $\boldsymbol{e}_{\varphi}$ 与 $\boldsymbol{h}_{r}^{*}$ 和 $\boldsymbol{e}_{r}$ 与 $\boldsymbol{h}_{\varphi}^{*}$ 必须是同相位。而功率不可能沿径向传输，所以 $\boldsymbol{p}_{r}$ 必须是纯虚数，从而 $\boldsymbol{e}_{z}$ 与 $\boldsymbol{h}_{\varphi}^{*}$、$\boldsymbol{e}_{\varphi}$ 与 $\boldsymbol{h}_{z}^{*}$ 必须有 $\pi/2$ 的相位差。纵向分量与横向分量的相位关系，反映出只有横向分量携带功率，纵向分量只起导引作用。由此也说明了正规光波导具有明显的导引光能传输的性质，这和射线法得出的光在波导中按全反射原理前进的结

论是一致的。

2.1.3 模式的分类

正如 1.2.3 节所述，根据模式场在空间的方向特征，或者说包含纵向分量的情况，可将定态波分为 4 类：TEM 波、TE 波、TM 波以及混合波。从这个概念出发，对应地把模式也分为三类。

① TEM 模：模式只有横向分量，而无纵向分量，即 $\boldsymbol{e}_z=0$ 且 $\boldsymbol{h}_z=0$。

② TE 模或 TM 模：模式只有一个纵向分量。对于 TE 模有 $\boldsymbol{e}_z=0$ 但 $\boldsymbol{h}_z\neq 0$；对于 TM 模有 $h_z=0$ 但 $e_z\neq 0$。

③ HE 模或 EH 模：模式的两个纵向分量均不为零，即 $\boldsymbol{h}_z\neq 0$ 且 $\boldsymbol{e}_z\neq 0$。

1. 光波导中不可能存在 TEM 模

现在证明，在光波导中不可能存在 TEM 模。这可以从式(2.1.2-5)看出，当纵向分量 $e_z=h_z=0$ 时，要使 $\boldsymbol{e}_t$ 和 $\boldsymbol{h}_t$ 不为零，必须 $\omega^2\mu_0\varepsilon-\beta^2=0$。对于一个给定的模式，$\beta$ 是一个不依赖于空间坐标的常数，但在光波导中介电常数 ε 随空间位置而变，可知 $\omega^2\mu_0\varepsilon-\beta^2\equiv 0$ 是不可能的，故不存在 TEM 模(或者说，TEM 模只存在于无限大均匀介质中)。尽管如此，有时为了分析方便，在 $|e_z|\ll|e_t|$，$|h_z|\ll|h_t|$ 的情况下(在很多情况下是满足的)，仍把某些模式近似地当成 TEM 模处理。

2. TE 模

由于纵向分量 $\boldsymbol{e}_z=0$，从式(2.1.2-3c)可得出(图 2.1.3-1)

$$\boldsymbol{e}_t=-\frac{\omega\mu_0}{\beta}\hat{\boldsymbol{z}}\times\boldsymbol{h}_t \qquad (2.1.3\text{-}1)$$

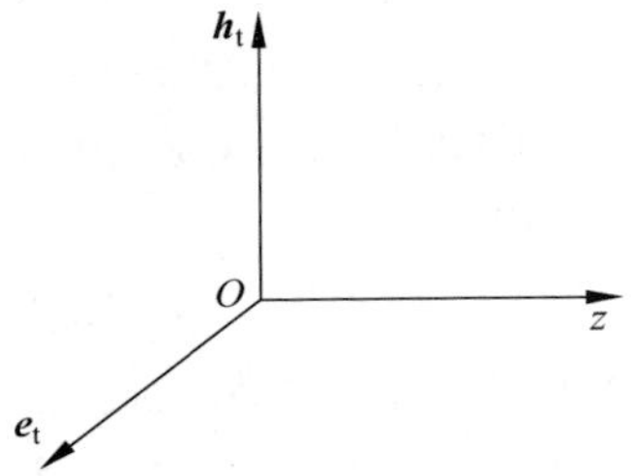

图 2.1.3-1　TE 模电场与磁场的横向分量

上式表明：①电场与磁场的横向分量相互垂直。②在 $\boldsymbol{e}_t$、$\boldsymbol{h}_t$、$\hat{\boldsymbol{z}}$ 三者符合右手螺旋法则的规定下，$\boldsymbol{e}_t$ 与 $\boldsymbol{h}_t$ 同相位(或在 $\boldsymbol{h}_t$、$\boldsymbol{e}_t$、$\hat{\boldsymbol{z}}$ 三者符合右手螺旋法则的规定下反相位)。幅度大小成比例。③参数 $\omega\mu_0/\beta$ 具有阻抗的量纲，定义为 TE 模的波阻抗。值得注意的是，对于不同的模式，其 β 值是不一样的，所以波阻抗随模式的变化而变化。但是，当光波导中的折射率变化很小时，可以视为各个模式的 β 值是一个常量。

3. TM 模

由于磁场的纵向分量 $h_z=0$，从式(2.1.2-3d)可看出

$$\boldsymbol{e}_t=-\frac{\beta}{\omega\varepsilon}\hat{\boldsymbol{z}}\times\boldsymbol{h}_t \qquad (2.1.3\text{-}2)$$

上式表明：①电场与磁场的横向分量相互垂直。②在 $\boldsymbol{e}_{\mathrm{t}}$、$\boldsymbol{h}_{\mathrm{t}}$、$\hat{z}$ 三者符合右手螺旋法则的规定下，$\boldsymbol{e}_{\mathrm{t}}$ 与 $\boldsymbol{h}_{\mathrm{t}}$ 同相位，幅度大小成比例。③比例系数 $\frac{\beta}{\omega\varepsilon}$ 具有阻抗的量纲，称为波阻抗。但由于 $\varepsilon=\varepsilon(x,y)$，且因其 β 值不一样，所以波导中各处 TM 模的波阻抗的差异更大一些，这是与 TE 模的不同之处。

4. 混合模式 HE 模与 EH 模

由式(2.1.2-5)可得

$$\boldsymbol{e}_{\mathrm{t}} \cdot \boldsymbol{h}_{\mathrm{t}}=\frac{1}{\omega^{2} \mu_{0} \varepsilon-\beta^{2}}\left(\nabla_{\mathrm{t}} e_{z}\right) \cdot\left(\nabla_{\mathrm{t}} h_{z}\right) \tag{2.1.3-3}$$

由于这两种模式的 e_z、h_z 均不为零且不为常数，故 $\nabla_{\mathrm{t}} e_z$ 与 $\nabla_{\mathrm{t}} h_z$ 也不为零，所以 $\boldsymbol{e}_{\mathrm{t}} \cdot \boldsymbol{h}_{\mathrm{t}} \neq 0$。由此可知，$\boldsymbol{e}_{\mathrm{t}}$ 与 $\boldsymbol{h}_{\mathrm{t}}$ 互不垂直，亦无法定义波阻抗的概念。关于 HE 模与 EH 模的区分，往往是一个比较混乱的问题。有一种说法认为应以两种模式的 e_z、h_z 的相对大小来区分，对于同样序号的 EH 模和 HE 模比较它们 e_z、h_z 的相对大小，e_z 大(则 h_z 必小)的为 EH 模，而 h_z 大(则 e_z 必小)的为 HE 模。但 HE 模与 EH 模的本质区别是什么呢？应该说 EH 模的性质更接近于 E 模(TM 模)，HE 模的性质更接近于 H 模(TE 模)。比如 TM 模的电力线是从中心向外辐射的，则 EH 模的电力线也应类似。这个问题将在研究具体模式时，详细研究，参见 3.6.2 节。

2.1.4　正向模与反向模的关系

将模式场所满足的亥姆霍兹方程(2.1.1-5)取共轭，并假定光波导无损(ε 为实数)，得到

$$\begin{cases}\left[\nabla_{\mathrm{t}}^{2}+\left(k^{2} n^{2}-\beta^{2}\right)\right] \boldsymbol{e}^{*}+\nabla_{\mathrm{t}}\left(\boldsymbol{e}^{*} \cdot \frac{\nabla \varepsilon}{\varepsilon}\right)-\mathrm{i} \beta \hat{z}\left(\boldsymbol{e}^{*} \cdot \frac{\nabla_{\mathrm{t}} \varepsilon}{\varepsilon}\right)=0 \\ \left[\nabla_{\mathrm{t}}^{2}+\left(k^{2} n^{2}-\beta^{2}\right)\right] \boldsymbol{h}^{*}+\frac{\nabla_{\mathrm{t}} \varepsilon}{\varepsilon} \times\left(\nabla_{\mathrm{t}} \times \boldsymbol{h}^{*}\right)-\mathrm{i} \beta \hat{z}\left(\boldsymbol{h}^{*} \cdot \frac{\nabla_{\mathrm{t}} \varepsilon}{\varepsilon}\right)=0\end{cases} \tag{2.1.4-1}$$

可知存在一个与该模式传输方向相反的模式，用($\boldsymbol{E}_{-}$，$\boldsymbol{H}_{-}$)表示(相应地，原先的正向传输模式用($\boldsymbol{E}_{+}$，$\boldsymbol{H}_{+}$)表示)，有

$$\beta_{-}=-\beta \tag{2.1.4-2}$$

而且反向模的模式场分布形式与正向模相同，但相位不同(或在同一个时刻方向不同)。从式(2.1.4-1)可进一步看出

$$\boldsymbol{e}_{-}=a \boldsymbol{e}_{+}^{*} \quad \text{和} \quad \boldsymbol{h}_{-}=b \boldsymbol{h}_{+}^{*} \tag{2.1.4-3}$$

式中，a 与 b 为待定系数。下面探讨系数 a 与 b 的取值。首先，可以看出它们的绝

对值对于方程的解没有影响，将这一问题放在3.6.2节"电磁混合比"再详细讨论，所以这里不妨设$|a|=|b|=1$。剩下就是相位关系问题，不妨设$a=e^{i\theta}$，式中θ是一个与空间坐标和时间都无关的数，从而$\boldsymbol{e}_-=e^{i\theta}\boldsymbol{e}_+^*$。另一方面由频域的麦克斯韦方程(1.1.2-14a)$\nabla\times\boldsymbol{E}=i\omega\mu_0\boldsymbol{H}$，可以得到正向模满足

$$\nabla\times[\boldsymbol{e}_+\exp(i\beta z)]=i\omega\mu_0[\boldsymbol{h}_+\exp(i\beta z)] \tag{2.1.4-4}$$

将式(2.1.4-4)先取共轭，然后乘以$\exp(i\theta)$得到

$$\nabla\times[\exp(i\theta)\boldsymbol{e}_+^*\exp(-i\beta z)]=-i\omega\mu_0[\exp(i\theta)\boldsymbol{h}_+^*\exp(-i\beta z)] \tag{2.1.4-5}$$

由此，可以看出反向模的模式场为$\boldsymbol{h}_-=-e^{i\theta}\boldsymbol{h}_+^*$。这样，就可以得出，当$\theta=0$时有

$$\begin{cases}\boldsymbol{e}_-=\boldsymbol{e}_+^*\\ \boldsymbol{h}_-=-\boldsymbol{h}_+^*\end{cases} \tag{2.1.4-6}$$

或者，当$\theta=\pi$时有

$$\begin{cases}\boldsymbol{e}_-=-\boldsymbol{e}_+^*\\ \boldsymbol{h}_-=\boldsymbol{h}_+^*\end{cases} \tag{2.1.4-7}$$

显然，式(2.1.4-6)和式(2.1.4-7)二者是等阶的。

注意，这里并不涉及$\boldsymbol{e}=\boldsymbol{e}_z+\boldsymbol{e}_t$和$\boldsymbol{h}=\boldsymbol{h}_z+\boldsymbol{h}_t$各个分量的虚实性，而且，一般来说，我们也无法得到$\boldsymbol{e}_{t-}=\boldsymbol{e}_{t+}$和$\boldsymbol{e}_{z-}=-\boldsymbol{e}_{z+}$，以及$\boldsymbol{h}_{t-}=-\boldsymbol{h}_{t+}$和$\boldsymbol{h}_{z-}=\boldsymbol{h}_{z+}$。所谓$\boldsymbol{e}_-=\boldsymbol{e}_{t+}-\boldsymbol{e}_{z+}$和$\boldsymbol{h}_-=-\boldsymbol{h}_{t+}+\boldsymbol{h}_{z+}$是没有根据的。因为，如果这个关系成立，从式(2.1.4-6)必然导致$\boldsymbol{e}_{t+}$是实数，而$\boldsymbol{e}_{z+}$是纯虚数的结论。但是，在后面的分析中(3.6.2节)，可以明显看出这是不具有一般性的。

2.1.5 模式的正交性

本节将证明一个正规光波导的不同模式之间满足正交关系。模式的正交性对于分析光波导内的场分布具有重要的意义，它意味着，光波导内实际的场可以利用模式的正交性分解成一系列模式的叠加。模式的正交性可以表述为：两个不同序号的模式，它们的交叉积分为零，而同一模式的交叉积分为这个模式通过横截面的功率。同一模式的交叉积分也就是在复数域中的坡印亭矢量通过截面的积分，具有功率的量纲，故也称为功率流。

$$\iint_{\infty}(\boldsymbol{e}_i\times\boldsymbol{h}_k^*)\cdot d\boldsymbol{A}=\iint_{\infty}(\boldsymbol{e}_k^*\times\boldsymbol{h}_i)\cdot d\boldsymbol{A}=\begin{cases}0, & i\neq k\\ P, & i=k\end{cases} \tag{2.1.5-1}$$

以下给出正交性的证明。

对于一个光波导，设$(\boldsymbol{E},\boldsymbol{H})$是一个模式，满足

$$\begin{cases}\nabla\times\boldsymbol{E}=i\omega\mu_0\boldsymbol{H}\\ \nabla\times\boldsymbol{H}=-i\omega\varepsilon\boldsymbol{E}\end{cases} \tag{2.1.5-2}$$

设($\boldsymbol{E}'$,$\boldsymbol{H}'$)是另一个模式，满足

$$\begin{cases}\nabla\times\boldsymbol{E}'=\mathrm{i}\omega\mu_0\boldsymbol{H}'\\ \nabla\times\boldsymbol{H}'=-\mathrm{i}\omega\varepsilon\boldsymbol{E}'\end{cases}\tag{2.1.5-3}$$

对方程组(2.1.5-3)取共轭(对所有的项均取共轭)，得

$$\begin{cases}\nabla\times\boldsymbol{E}'^*=-\mathrm{i}\omega\mu_0\boldsymbol{H}'^*\\ \nabla\times\boldsymbol{H}'^*=\mathrm{i}\omega\varepsilon^*\boldsymbol{E}'^*\end{cases}\tag{2.1.5-4}$$

通常 $\varepsilon=\varepsilon_r+\mathrm{i}\varepsilon_i$，式中 ε_r 代表实部，是波导的介电常数；ε_i 代表虚部，是波导的吸收损耗。

假定波导是无吸收损耗的，从而 $\varepsilon_i=0$，$\varepsilon^*=\varepsilon$，于是

$$\begin{cases}\nabla\times\boldsymbol{E}'^*=-\mathrm{i}\omega\mu_0\boldsymbol{H}'^*\\ \nabla\times\boldsymbol{H}'^*=\mathrm{i}\omega\varepsilon\boldsymbol{E}'^*\end{cases}\tag{2.1.5-5}$$

定义一个新矢量

$$\boldsymbol{F}=\boldsymbol{E}\times\boldsymbol{H}'^*+\boldsymbol{E}'^*\times\boldsymbol{H}\tag{2.1.5-6}$$

在二维情况下(图 2.1.5-1)，利用 $\boldsymbol{F}$ 的散度定理可得

$$\iint_A(\nabla\cdot\boldsymbol{F})\,\mathrm{d}A=\frac{\partial}{\partial z}\iint_A\boldsymbol{F}\cdot\mathrm{d}\boldsymbol{A}+\oint_l\boldsymbol{F}\cdot\mathrm{d}\boldsymbol{l}\tag{2.1.5-7}$$

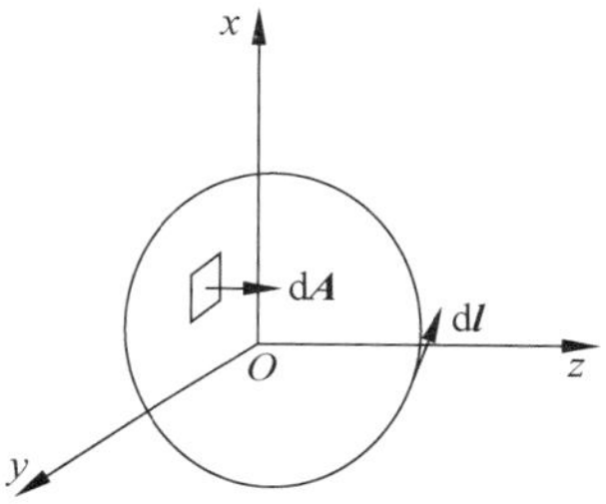

图 2.1.5-1　散度定理

式中，A 为所考虑的横截面，例如 xOy 面；$\mathrm{d}\boldsymbol{A}$ 为面积元，$\mathrm{d}\boldsymbol{A}=\hat{z}\mathrm{d}A$；$\boldsymbol{l}$ 为所考虑横截面的周边曲线。

在式(2.1.5-7)的左边，有

$$\begin{aligned}\nabla\cdot\boldsymbol{F}&=\nabla\cdot(\boldsymbol{E}\times\boldsymbol{H}'^*)+\nabla\cdot(\boldsymbol{E}'^*\times\boldsymbol{H})\\&=(\nabla\times\boldsymbol{E})\cdot\boldsymbol{H}'^*-\boldsymbol{E}\cdot(\nabla\times\boldsymbol{H}'^*)+(\nabla\times\boldsymbol{E}'^*)\cdot\boldsymbol{H}-\boldsymbol{E}'^*\cdot(\nabla\times\boldsymbol{H})\\&=\mathrm{i}\omega\mu_0\boldsymbol{H}\cdot\boldsymbol{H}'^*-\boldsymbol{E}\cdot\mathrm{i}\omega\varepsilon\boldsymbol{E}'^*+(-\mathrm{i}\omega\mu_0\boldsymbol{H}'^*)\cdot\boldsymbol{H}-\boldsymbol{E}'^*\cdot(-\mathrm{i}\omega\varepsilon\boldsymbol{E})\\&=0\end{aligned}\tag{2.1.5-8}$$

在上式的右边，由于当 $A\to\infty$ 时，光波导的场($\boldsymbol{E}$,$\boldsymbol{H}$)$\to 0$，于是

$$\iint_\infty\left(\frac{\partial}{\partial z}\boldsymbol{F}\right)\cdot\mathrm{d}\boldsymbol{A}=0\tag{2.1.5-9}$$

令($\boldsymbol{E}$,$\boldsymbol{H}$)为第 i 次模，即

$$\begin{pmatrix}\boldsymbol{E}\\ \boldsymbol{H}\end{pmatrix}=\begin{pmatrix}\boldsymbol{e}_i\\ \boldsymbol{h}_i\end{pmatrix}(x,y)\mathrm{e}^{\mathrm{i}\beta_i z}\tag{2.1.5-10}$$

令($\boldsymbol{E}'$,$\boldsymbol{H}'$)为第 k 次模，即

$$\begin{pmatrix}\boldsymbol{E}'\\ \boldsymbol{H}'\end{pmatrix}=\begin{pmatrix}\boldsymbol{e}_k\\ \boldsymbol{h}_k\end{pmatrix}(x,y)\mathrm{e}^{\mathrm{i}\beta_k z}\tag{2.1.5-11}$$

从而

$$\boldsymbol{F}=(\boldsymbol{e}_i\times\boldsymbol{h}_k^*+\boldsymbol{e}_k^*\times\boldsymbol{h}_i)\mathrm{e}^{\mathrm{i}(\beta_i-\beta_k)z} \tag{2.1.5-12}$$

于是

$$\frac{\partial\boldsymbol{F}}{\partial z}=\mathrm{i}(\beta_i-\beta_k)(\boldsymbol{e}_i\times\boldsymbol{h}_k^*+\boldsymbol{e}_k^*\times\boldsymbol{h}_i)\mathrm{e}^{\mathrm{i}(\beta_i-\beta_k)z} \tag{2.1.5-13}$$

若 $\beta_i\neq\beta_k$，则

$$\iint_\infty(\boldsymbol{e}_i\times\boldsymbol{h}_k^*+\boldsymbol{e}_k^*\times\boldsymbol{h}_i)\cdot\mathrm{d}\boldsymbol{A}=0 \tag{2.1.5-14}$$

同理，考虑另一对模式，式中$(\boldsymbol{E},\boldsymbol{H})$为第 i 次模，$(\boldsymbol{E}',\boldsymbol{H}')$为第 $-k$ 次模，即

$$\begin{cases}\begin{pmatrix}\boldsymbol{E}\\\boldsymbol{H}\end{pmatrix}=\begin{pmatrix}\boldsymbol{e}_i\\\boldsymbol{h}_i\end{pmatrix}(x,y)\mathrm{e}^{\mathrm{i}\beta_i z}\\\begin{pmatrix}\boldsymbol{E}'\\\boldsymbol{H}'\end{pmatrix}=\begin{pmatrix}\boldsymbol{e}_{-k}\\\boldsymbol{h}_{-k}\end{pmatrix}(x,y)\mathrm{e}^{\mathrm{i}\beta_{-k}z}\end{cases} \tag{2.1.5-15}$$

重复前面的过程，并考虑到正向模与反向模的关系式(2.1.4-6)，有

$$\iint_\infty\{\boldsymbol{e}_i\times\boldsymbol{h}_k-\boldsymbol{e}_k\times\boldsymbol{h}_i\}\cdot\mathrm{d}\boldsymbol{A}=0 \tag{2.1.5-16}$$

由于 $\mathrm{d}\boldsymbol{A}=\hat{\boldsymbol{z}}\mathrm{d}A$，所以式(2.1.5-14)和式(2.1.5-16)的积分都只涉及横向分量，即

$$(\boldsymbol{e}_i\times\boldsymbol{h}_k^*+\boldsymbol{e}_k^*\times\boldsymbol{h}_i)\cdot\mathrm{d}\boldsymbol{A}=(\boldsymbol{e}_{it}\times\boldsymbol{h}_{kt}^*+\boldsymbol{e}_{kt}^*\times\boldsymbol{h}_{it}^*)\cdot\hat{\boldsymbol{z}}\mathrm{d}A \tag{2.1.5-17}$$

和

$$(\boldsymbol{e}_i\times\boldsymbol{h}_k-\boldsymbol{e}_k\times\boldsymbol{h}_i)\cdot\mathrm{d}\boldsymbol{A}=(\boldsymbol{e}_{it}\times\boldsymbol{h}_{kt}^*-\boldsymbol{e}_{kt}^*\times\boldsymbol{h}_{it}^*)\cdot\hat{\boldsymbol{z}}\mathrm{d}A \tag{2.1.5-18}$$

从 2.1.2 节关于横向分量相位的分析，式(2.1.5-14)可变为

$$\iint_\infty\{\boldsymbol{e}_i\times\boldsymbol{h}_k^*-\boldsymbol{e}_k^*\times\boldsymbol{h}_i\}\cdot\mathrm{d}\boldsymbol{A}=0 \tag{2.1.5-19}$$

式(2.1.5-14)和式(2.1.5-19)相加后，可得

$$\iint_\infty(\boldsymbol{e}_i\times\boldsymbol{h}_k^*)\cdot\mathrm{d}\boldsymbol{A}=\iint_\infty(\boldsymbol{e}_k^*\times\boldsymbol{h}_i)\cdot\mathrm{d}\boldsymbol{A}=0,\quad i\neq k \tag{2.1.5-20}$$

这就是模式的正交性。

2.2 传输常数的积分表达式

本节分析一个模式的分离变量的两部分即传输常数 β 与模式场$(\boldsymbol{e},\boldsymbol{h})$之间的关系，其结论是，一个模式的传输常数 β，由模式场的分布形式$(\boldsymbol{e},\boldsymbol{h})$唯一地确定。反之，对一个确定的模式，若 β 因某种原因变化，其模式场的分布形式也必然变化。注意，如果分布形式不变，而仅仅模式场的幅值变化，那么并不会改变 β 的大小，因

为 β 只取决于模式场的相对值，即

$$\beta_i=\frac{\omega}{2}\frac{\iint\limits_{\infty}(\mu_0\boldsymbol{h}_i^2+\varepsilon\boldsymbol{e}_i^2)\cdot\mathrm{d}\boldsymbol{A}}{\iint\limits_{\infty}(\boldsymbol{e}_i\times\boldsymbol{h}_i)\cdot\mathrm{d}\boldsymbol{A}} \tag{2.2.0-1}$$

式中，$\boldsymbol{h}^2=\boldsymbol{h}\cdot\boldsymbol{h}$，$\boldsymbol{e}^2=\boldsymbol{e}\cdot\boldsymbol{e}$。证明如下：

设$(\boldsymbol{E},\boldsymbol{H})$是某波导的一个模式，满足

$$\begin{cases}\nabla\times\boldsymbol{E}=\mathrm{i}\omega\mu_0\boldsymbol{H}\\ \nabla\times\boldsymbol{H}=-\mathrm{i}\omega\varepsilon\boldsymbol{E}\end{cases} \tag{2.2.0-2}$$

设$(\boldsymbol{E}',\boldsymbol{H}')$是该波导的另一个模式，满足

$$\begin{cases}\nabla\times\boldsymbol{E}'=\mathrm{i}\omega\mu_0\boldsymbol{H}'\\ \nabla\times\boldsymbol{H}'=-\mathrm{i}\omega\varepsilon\boldsymbol{E}'\end{cases} \tag{2.2.0-3}$$

将方程组(2.2.0-3)取共轭，考虑无吸收损耗的光波导 $\varepsilon^*=\varepsilon$，从而得

$$\begin{cases}\nabla\times\boldsymbol{E}'^*=-\mathrm{i}\omega\mu_0\boldsymbol{H}'^*\\ \nabla\times\boldsymbol{H}'^*=\mathrm{i}\omega\varepsilon\boldsymbol{E}'^*\end{cases} \tag{2.2.0-4}$$

定义一个新矢量 $\boldsymbol{F}=\boldsymbol{E}\times\boldsymbol{H}'^*$，有

$$\begin{aligned}\nabla\cdot\boldsymbol{F}&=\nabla\cdot(\boldsymbol{E}\times\boldsymbol{H}'^*)=(\nabla\times\boldsymbol{E})\cdot\boldsymbol{H}'^*-\boldsymbol{E}\cdot(\nabla\times\boldsymbol{H}'^*)\\ &=\mathrm{i}\omega\mu_0\boldsymbol{H}\cdot\boldsymbol{H}'^*-\boldsymbol{E}(\mathrm{i}\omega\varepsilon\boldsymbol{E}'^*)\\ &=\mathrm{i}\omega\mu_0\boldsymbol{H}\cdot\boldsymbol{H}'^*-\mathrm{i}\omega\varepsilon\boldsymbol{E}\cdot\boldsymbol{E}'^*\end{aligned} \tag{2.2.0-5}$$

利用 $\boldsymbol{F}$ 的散度定理，对于一个横截面 A 有

$$\iint\limits_{A}(\nabla\cdot\boldsymbol{F})\,\mathrm{d}\boldsymbol{A}=\frac{\partial}{\partial z}\iint\limits_{A}\boldsymbol{F}\cdot\mathrm{d}\boldsymbol{A}+\oint_l F\cdot\mathrm{d}\boldsymbol{l} \tag{2.2.0-6}$$

当 $A\to\infty$ 时，有$(\boldsymbol{E},\boldsymbol{H})\to 0$，于是可得

$$\iint\limits_{\infty}(\nabla\cdot\boldsymbol{F})\,\mathrm{d}\boldsymbol{A}=\frac{\partial}{\partial z}\iint\limits_{\infty}\boldsymbol{F}\cdot\mathrm{d}\boldsymbol{A} \tag{2.2.0-7}$$

令$(\boldsymbol{E},\boldsymbol{H})$和$(\boldsymbol{E}',\boldsymbol{H}')$是一对传输方向相反的模式，即

$$\begin{pmatrix}\boldsymbol{E}\\ \boldsymbol{H}\end{pmatrix}=\begin{pmatrix}\boldsymbol{e}_i\\ \boldsymbol{h}_i\end{pmatrix}\mathrm{e}^{\mathrm{i}\beta_i z} \tag{2.2.0-8}$$

$$\begin{pmatrix}\boldsymbol{E}'\\ \boldsymbol{H}'\end{pmatrix}=\begin{pmatrix}\boldsymbol{e}_{-i}\\ \boldsymbol{h}_{-i}\end{pmatrix}\mathrm{e}^{-\mathrm{i}\beta_i z}=\begin{pmatrix}\boldsymbol{e}_i^*\\ -\boldsymbol{h}_i^*\end{pmatrix}\mathrm{e}^{-\mathrm{i}\beta_i z} \tag{2.2.0-9}$$

对式(2.2.0-9)取共轭，得

$$\begin{pmatrix}\boldsymbol{E}'^*\\ \boldsymbol{H}'^*\end{pmatrix}=\begin{pmatrix}\boldsymbol{e}_i\\ -\boldsymbol{h}_i\end{pmatrix}\mathrm{e}^{\mathrm{i}\beta_i z} \tag{2.2.0-10}$$

于是

$$\boldsymbol{F}=\boldsymbol{E}\times\boldsymbol{H}'^{*}=\boldsymbol{e}_i\times(-\boldsymbol{h}_i)\mathrm{e}^{\mathrm{i}2\beta_i z} \tag{2.2.0-11}$$

进而

$$\frac{\partial \boldsymbol{F}}{\partial z}=2\mathrm{i}\beta_i\boldsymbol{e}_i\times(-\boldsymbol{h}_i)\mathrm{e}^{\mathrm{i}2\beta_i z} \tag{2.2.0-12}$$

和

$$\nabla\cdot\boldsymbol{F}=[(\mathrm{i}\omega\mu_0\boldsymbol{h}_i\cdot(-\boldsymbol{h}_i)-\mathrm{i}\omega\varepsilon\boldsymbol{e}_i\cdot\boldsymbol{e}_i]\mathrm{e}^{\mathrm{i}2\beta_i z} \tag{2.2.0-13}$$

从而

$$\mathrm{e}^{\mathrm{i}2\beta_i z}(-\mathrm{i}\omega)\iint_{\infty}(\mu_0\boldsymbol{h}_i^2+\varepsilon\boldsymbol{e}_i^2)\mathrm{d}\boldsymbol{A}=\mathrm{e}^{\mathrm{i}2\beta_i z}(-2\mathrm{i}\beta_i)\iint_{\infty}(\boldsymbol{e}_i\times\boldsymbol{h}_i)\mathrm{d}\boldsymbol{A} \tag{2.2.0-14}$$

删去下标 i，可得

$$\beta=\frac{\omega}{2}\frac{\iint_{\infty}(\mu_0\boldsymbol{h}^2+\varepsilon\boldsymbol{e}^2)\mathrm{d}\boldsymbol{A}}{\iint_{\infty}(\boldsymbol{e}\times\boldsymbol{h})\cdot\mathrm{d}\boldsymbol{A}} \tag{2.2.0-15}$$

由于$(\boldsymbol{e}\times\boldsymbol{h})\cdot\mathrm{d}\boldsymbol{A}=e_\mathrm{t}h_\mathrm{t}\mathrm{d}A$，于是

$$\boldsymbol{h}^2=(\boldsymbol{h}_\mathrm{t}+\boldsymbol{h}_z)\cdot(\boldsymbol{h}_\mathrm{t}+\boldsymbol{h}_z)=\boldsymbol{h}_\mathrm{t}^2+\boldsymbol{h}_z^2 \tag{2.2.0-16}$$

如果 h_z 为实数，h_t 为虚数，故有

$$\boldsymbol{h}^2=h_z^2-|h_\mathrm{t}|^2 \tag{2.2.0-17}$$

同理可得，$\boldsymbol{e}^2=e_z^2-|e_\mathrm{t}|^2$。将式(2.2.0-16)和式(2.2.0-17)代入式(2.2.0-15)，得

$$\begin{aligned}\beta&=\frac{\omega}{2}\frac{\iint_{\infty}[(\mu_0h_z^2+\varepsilon e_z^2)-(\mu_0|h_\mathrm{t}|^2+\varepsilon|e_\mathrm{t}|^2)]\mathrm{d}A}{\iint_{\infty}e_\mathrm{t}h_\mathrm{t}\mathrm{d}A}\\&=\frac{\omega}{2}\frac{\iint_{\infty}[(\mu_0|h_\mathrm{t}|^2+\varepsilon|e_\mathrm{t}|^2)-(\mu_0|h_z|^2+\varepsilon|e_z|^2)]\mathrm{d}A}{\iint_{\infty}|e_\mathrm{t}||h_\mathrm{t}|\mathrm{d}A}\end{aligned} \tag{2.2.0-18}$$

2.3 偏振问题——四元数方法

2.3.1 引言

在1.2.1节曾经指出，一个定态波必须满足等相面和偏振态稳定两个基本条件。这时，定态波可表示为

$$
\begin{cases}
\dot{\boldsymbol{E}}(\boldsymbol{r}) = E(\boldsymbol{r})\mathrm{e}^{\mathrm{i}\int_{r_0}^{r}\boldsymbol{k}(\boldsymbol{r})\mathrm{d}\boldsymbol{r}}\hat{\boldsymbol{e}}(\boldsymbol{r}) \\
\dot{\boldsymbol{H}}(\boldsymbol{r}) = H(\boldsymbol{r})\mathrm{e}^{\mathrm{i}\left[\int_0^{r}\boldsymbol{k}\cdot\mathrm{d}\boldsymbol{r}-\varphi_0\right]}\hat{\boldsymbol{h}}(\boldsymbol{r})
\end{cases}
\tag{1.2.1-6}
$$

式中，$\hat{\boldsymbol{e}}(\boldsymbol{r})$和$\hat{\boldsymbol{h}}(\boldsymbol{r})$分别表示电场分量与磁场分量的偏振态，它们都是单位复矢量，其模值为1。

另外，在1.2.4节曾经指出，光场可以分解为沿着传播方向(波矢$\boldsymbol{k}$的方向)的纵向分量和垂直于传播方向的横向分量，即

$$
\begin{cases}
\boldsymbol{E} = \boldsymbol{E}_{\mathrm{t}} + \boldsymbol{E}_z \\
\boldsymbol{H} = \boldsymbol{H}_{\mathrm{t}} + \boldsymbol{H}_z
\end{cases}
\tag{1.2.3-1}
$$

于是

$$
\begin{cases}
\hat{\boldsymbol{e}} = a_{\mathrm{t}}\hat{\boldsymbol{e}}_{\mathrm{t}} + a_z\hat{\boldsymbol{e}}_z \\
\hat{\boldsymbol{h}} = b_{\mathrm{t}}\hat{\boldsymbol{h}}_{\mathrm{t}} + b_z\hat{\boldsymbol{h}}_z
\end{cases}
\tag{2.3.1-1}
$$

式中，a_i，b_j($i,j=\mathrm{t},z$)是对应的分解系数。这说明，光场的单位复矢量也可以分解为纵向分量和横向分量的矢量和。由于纵向分量的方向是确定的，不存在方向问题；而横向分量是存在于一个平面内的，加上它本身也是一个复矢量，所以仍然不确定它的方向和形态。进一步，由光波横向分量与纵向分量的关系式(1.2.3-9)可以看出，波的性质主要取决于横向分量的分布。只要求出了横向分布，纵向分布可由横向分量的旋度得到。因此，最终的结论是：**光场的横向分布决定了光场的形态，这个形态称为光场的偏振态**。这里，之所以称为"光场"的偏振态而不是"光波"的偏振态，是因为对一个光波而言，它的偏振态不是唯一的，是可以变化的，所以偏振态不是光波的特征，而是光场的特征。

2.1节研究了正规光波导的模式问题，提出了正规光波导中的光场可以分解为模式场和波动项两部分，但这仅仅涉及式(1.2.1-12)中的幅度和相位，没有涉及偏振态的变化。因此，前面的分析是不完备的。本节将研究正规光波导中的偏振问题。

在某些有很好对称性的光波导中，比如在圆光波导中，光波的模式场和波动项都与横截面坐标系无关，因此不存在偏振问题。然而在很多介质中，光波的传播对偏振态是敏感的(有关的)，这种介质称为各向异性介质，绝大多数光学晶体都是各向异性介质，此外，有机分子、生物蛋白质等都具有独特的偏振特性。即使是各向同性介质，由于波导横截面折射率分布不是圆对称的，比如椭圆形的，也存在偏振态的演化问题。因此，对于光波传输过程中偏振态以及各向异性介质的偏振特性研究，形成了光学的一门分支——偏振光学。本书不可能对于所有的偏振现象进行详细的论述，本节只能对光波偏振态的描述做一些基本的介绍，而对于各向异性器件的性能分析，则在第9章专门研究。

2.3.2节介绍偏振态描述的一般方法；2.3.3节介绍四元数方法。由于四元

数方法在其他文献中基本见不到，所以本书做了专门的介绍。

2.3.2 偏振态描述的一般方法

偏振态与偏振光的概念有一定的差距，偏振光是指在整个光波的传播过程中都维持同样的偏振态，比如线偏振光，其传播过程中都维持同方向的线偏振；而圆偏振光则是光在整个传播过程中都是圆偏振态。偏振态则是光在某个特定位置的偏振形态。

描述偏振态的方法有三：①琼斯矩阵法；②复矢量法；③庞加莱球法(斯托克斯矢量法)。正如一个矢量可以用分量描述、矢径描述以及几何描述一样，琼斯矩阵法相当于利用分量描述偏振态，复矢量是一个整体描述，而庞加莱球则是利用几何方法形象地描述。

如前所述，光的横向分量决定了偏振形态，所以偏振态可用两个分量组成的矢量描述，称为琼斯矢量

$$\boldsymbol{E}(x,y,z)=\begin{bmatrix}\dot{E}_x(z)\\ \dot{E}_y(z)\end{bmatrix} \tag{2.3.2-1}$$

注意，$\dot{E}_x(z)$与$\dot{E}_y(z)$均为复数，有大小和相位。琼斯矢量和偏振态的对应关系，可归结如下：若令

$$\frac{\dot{E}_x(z)}{\dot{E}_y(z)}=A\mathrm{e}^{\mathrm{i}\varphi} \tag{2.3.2-2}$$

则

$$A\begin{cases}=1\begin{cases}\varphi=0,\pi, & \text{线偏振态}\\ \varphi=\pm\pi/2, & \text{圆偏振态}\\ \varphi=\text{其他} & \text{椭圆偏振态}\end{cases}\\ \neq 1\begin{cases}\varphi=0,\pi & \text{线偏振态}\\ \varphi=\text{其他} & \text{椭圆偏振态}\end{cases}\end{cases} \tag{2.3.2-3}$$

若令 $\dot{E}_x=E_x\exp(\mathrm{i}\varphi_x)$，$\dot{E}_y=E_y\exp(\mathrm{i}\varphi_y)$，则

$$\boldsymbol{E}(x,y,z)=\begin{bmatrix}E_x\mathrm{e}^{\mathrm{i}\varphi_x}\\ E_y\mathrm{e}^{\mathrm{i}\varphi_y}\end{bmatrix}=\sqrt{E_x^2+E_y^2}\,\mathrm{e}^{\mathrm{i}\frac{\varphi_x+\varphi_y}{2}}\begin{bmatrix}\dfrac{E_x}{\sqrt{E_x^2+E_y^2}}\mathrm{e}^{\mathrm{i}\frac{\varphi_x-\varphi_y}{2}}\\ \dfrac{E_y}{\sqrt{E_x^2+E_y^2}}\mathrm{e}^{\mathrm{i}\frac{\varphi_y-\varphi_x}{2}}\end{bmatrix} \tag{2.3.2-4}$$

记 $E=\sqrt{E_x^2+E_y^2}$，$\varphi=\dfrac{\varphi_x+\varphi_y}{2}$，$\cos\theta=\dfrac{E_x}{\sqrt{E_x^2+E_y^2}}$，$\sin\theta=\dfrac{E_y}{\sqrt{E_x^2+E_y^2}}$，$\delta=\dfrac{\varphi_x-\varphi_y}{2}$，则

$$\boldsymbol{E}=E\mathrm{e}^{\mathrm{i}\varphi}\begin{bmatrix}\cos\theta\mathrm{e}^{\mathrm{i}\delta}\\ \sin\theta\mathrm{e}^{-\mathrm{i}\delta}\end{bmatrix}=E\mathrm{e}^{\mathrm{i}\varphi}\hat{\boldsymbol{e}} \tag{2.3.2-5}$$

这样，我们看到光场 $\boldsymbol{E}$ 可用它的大小(实振幅)$E=|\boldsymbol{E}|$、相位 φ 以及单位复矢量 $\hat{\boldsymbol{e}}$ 来表示，单位复矢量就描述了这个偏振态，因此称为复矢量描述法，式中

$$\hat{\boldsymbol{e}}=\begin{bmatrix}\cos\theta\exp(\mathrm{i}\delta)\\ \sin\theta\exp(-\mathrm{i}\delta)\end{bmatrix} \tag{2.3.2-6}$$

由于 E 与 φ 只改变偏振态的光场 $\boldsymbol{E}$ 的大小和相位，而不改变其偏振的类型，所以偏振态唯一地由单位复矢量 $\hat{\boldsymbol{e}}$ 决定。另外，偏振态也用偏振椭圆表示，这个椭圆有方向角 φ 和椭圆率 χ 两个参数，方向角 φ 可理解为椭圆的长轴与 x 轴的夹角，椭圆率 χ 满足 $\tan\chi=b/a$，它的正切是短轴与长轴之比，如图 2.3.2-1 所示。单位复矢量 $\hat{\boldsymbol{e}}$ 的两个参数 θ 与 δ(分别称为空间角和相位角)共同决定了偏振态的方向角 φ 和椭圆角 χ，为

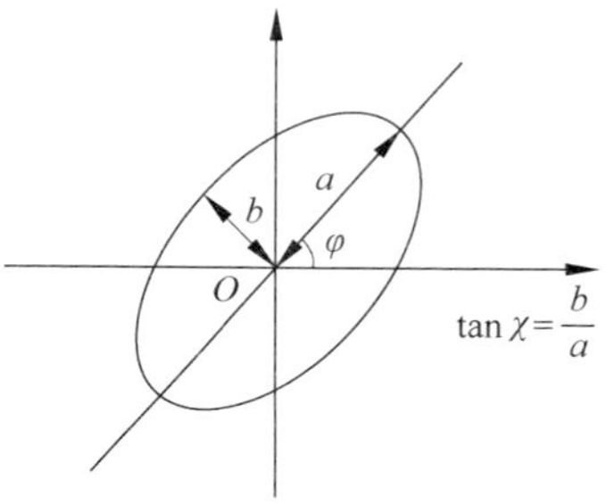

图 2.3.2-1　偏振椭圆的方向角 φ 和椭圆角 χ

$$\begin{cases}\tan2\varphi=\cos2\delta\tan2\theta\\ \sin2\chi=\sin2\delta\sin2\theta\end{cases} \tag{2.3.2-7}$$

当 θ 与 δ 在$[0,\pi/4]$变动时，有

$$\begin{cases}\delta=0\ 或\ \theta=0, & 线偏振光\\ \delta=\dfrac{\pi}{4}\ 且\ \theta=\dfrac{\pi}{4}, & 圆偏振光\\ \delta\ 和\ \theta\ 为其他, & 椭圆偏振光\end{cases}$$

单位复矢量有性质 $\hat{\boldsymbol{e}}\cdot\hat{\boldsymbol{e}}^*=1$，式中 $\hat{\boldsymbol{e}}^*$ 表示 $\hat{\boldsymbol{e}}$ 的共轭矢量，且$|\hat{\boldsymbol{e}}|=1$。

庞加莱球法是首先定义斯托克斯(Stocks)矢量 $\boldsymbol{S}$，它的各个分量定义为

$$\begin{cases}s_1=E_x^2-E_y^2\\ s_2=2E_xE_y\cos2\delta\\ s_3=2E_xE_y\sin2\delta\\ s_0=E_x^2+E_y^2\end{cases} \tag{2.3.2-8}$$

经过运算，可知斯托克斯参数与椭圆的方向角 φ 与椭圆角 χ 的关系为

$$\begin{cases}s_1=s_0\cos2\chi\cos2\varphi\\ s_2=s_0\cos2\chi\sin2\varphi\\ s_3=s_0\sin2\chi\end{cases} \tag{2.3.2-9}$$

可知 s_1、s_2、s_3 就是以 s_0 为半径的球面上的一个点的笛卡儿坐标(图 2.3.2-2(a))，

该球称为庞加莱球,球上的一点对应于一个偏振态。图 2.3.2-2(b)为庞加莱球的展开图,庞加莱球的赤道对应于线偏振态,两极表示圆偏振态,其余代表椭圆偏振态。庞加莱球的好处在于,将描述一个光波各点偏振态的演化转化为一个球面上点的运动,这样可以形象地描述偏振态的演化过程。

庞加莱球上的点 S 与单位复矢量 $\hat{e}$ 的关系也十分简单,显然,此时

$$\begin{cases} s_0 = 1 \\ s_1 = \cos 2\theta \\ s_2 = \sin 2\theta \cos 2\delta \\ s_3 = \sin 2\theta \sin 2\delta \end{cases} \tag{2.3.2-10}$$

它对应的角如图 2.3.2-2 所示。斯托克斯参数具有功率的量纲,因此是可以测量的。

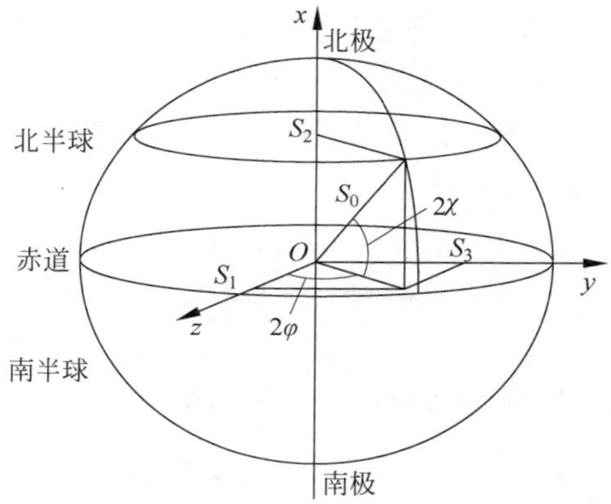

(a)

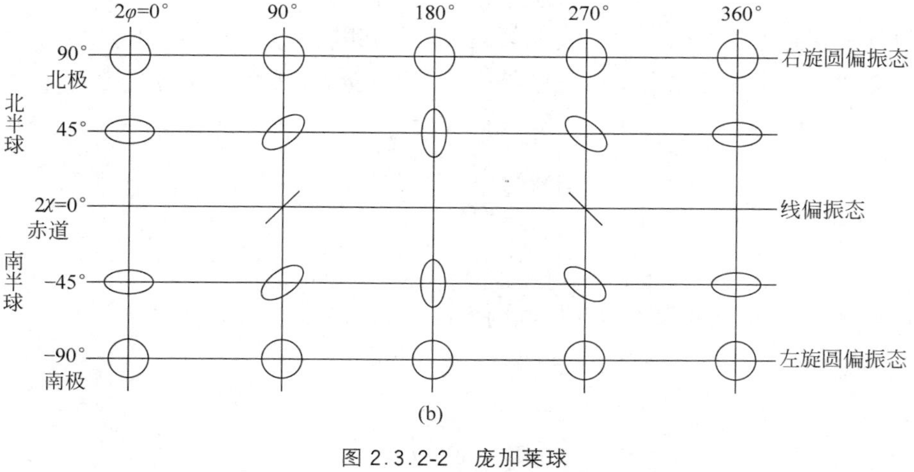

(b)

图 2.3.2-2 庞加莱球

(a) 庞加莱球中的坐标;(b) 庞加莱球展开图

值得注意的是，斯托克斯矢量 $\boldsymbol{S}$ 是一个虚构的非现实空间的矢量，它仅仅是偏振态的一种形象描述，它的运算规则和常规矢量的运算规则并不相同。比如偏振态的分解与叠加，并不对应于斯托克斯矢量按照平行四边形法则的分解与合成；同样，两个偏振态的正交并不对应于斯托克斯矢量的垂直，它们将处于同一条直径上；当运用斯托克斯矢量进行偏振模色散补偿时，补偿的斯托克斯矢量并不是被补偿的斯托克斯矢量的相反矢量，等等。

2.3.3 偏振态描述的四元数方法

1. 四元数的概念和偏振态四元数的引入

四元数(quaternions)是爱尔兰著名数学家威廉・卢云・哈密顿(William Rowan Hamilton)于 1843 提出的数学概念，四元数的发现是 19 世纪代数学最重大的事件之一。目的是解决矢量乘法运算不封闭的问题。

我们知道，两个矢量相乘，会得到一个非矢量的数(标量积)和一个矢量(矢量积)，这说明矢量的集合是不完备的。而且矢量也不能进行除法运算，说明矢量运算存在很大缺陷。同样，矢量也不能进行幂运算，因此也不能构造超越函数，比如指数函数等。哈密顿天才地提出了四元数的概念，成功地解决了这个问题。

两个四元数的乘积仍然是一个四元数，既可以保持其封闭性，又能保持其完备性。四元数的乘法概括了数与数的乘法、数与矢量的乘法、矢量间的点乘和叉乘所有的乘法。四元数还可以定义逆、幂运算等其他代数运算，并由此引出四元数超越函数，构成了四元数代数的完整体系。

四元数现象如同数量与矢量一样，广泛存在于自然界之中。闵科夫斯基提出将时间与空间统一用一个四元数 $ict+\boldsymbol{r}$ 表述，因此一切与时空有关的物理现象都可以用时空四元数的函数来描述。比如一个机械运动体系，描述它的状态有能量 E 和动量 $\boldsymbol{M}$，一个是数量，一个是矢量。历史上曾经为到底是用能量还是用动量描述机械运动体系有过激烈的争论，现在看来，只有用二者联合构成的四元数(当然量纲要统一)才可以完整描述，而它们又都是时空四元数的函数。又如电磁学中的标量位与矢量位，它们组成了一个四元数空间，也是时空四元数的函数。目前，人们利用四元数来处理物理学当中的很多问题，如在狭义相对论时空观、力学问题、电磁学、相对论、量子力学等基础科学中都获得了广泛应用。关于四元数的代数运算，请参见本书的 12.2 节。

值得注意的是，四元数在描述矢量的旋转时具有独特的优势。我们知道，矢量的基本运动有两个，一个是平移，一个是旋转。一个矢量 $\boldsymbol{A}$ 的平移，可以用它与另一个矢量 $\boldsymbol{B}$ 的加法运算来表示，也就是若 $\boldsymbol{C}=\boldsymbol{A}+\boldsymbol{B}$，则意味着矢量 $\boldsymbol{A}$ 的始端平移

到了 **B** 的末端。但是，一个矢量绕轴的旋转，无论用哪种现有的矢量运算都无法描述，这是因为矢量的旋转必须包括一个轴(矢量)和一个旋转角度(标量)，因此，只有用四元数才能完善地描述这一过程。

正是由于四元数有这些优点，所以它在许多学科中获得了广泛的应用。除了基础物理学以外，在计算机图形学、控制理论、信号处理、生物信息科学和轨道力学等领域也得到了应用，并且已经有了专门的四元数计算的软件。

在偏振光学中，由于描述偏振态的斯托克斯参数本身就包含一个三维矢量($[s_1,s_2,s_3]^{\mathrm{T}}$)和一个标量 s_0，自然引起人们联想到用四元数描述。

利用式(2.3.2-6)，大家很容易从琼斯矢量计算出斯托克斯参数的 4 个参数，然而，琼斯矢量是与坐标系有关的，当坐标系改变时，琼斯矢量的形式将有所变化。但可能没有人思考过，是否存在一种更为简单的 $\boldsymbol{S}=f(\boldsymbol{J})$ 的整体描述？也就是说，当我们不能确定琼斯矢量的各个分量时，我们无法直接写出它对应的斯托克斯矢量。而矢量最本质的优点在于它不会随坐标系的改变而改变，有些文献称其为坐标系不变性。因此，寻找一种斯托克斯矢量与琼斯矢量的整体关系而不依赖坐标系的选取是非常有意义的工作。

本书所指的四元数方法，相当于一对变换。如果将一个 2×2 矩阵分解成如下形式：

$$[A]_{2\times 2}=a\boldsymbol{\sigma}_0+\boldsymbol{A}\cdot\vec{\boldsymbol{\sigma}} \tag{2.3.3-1}$$

式中，$\boldsymbol{\sigma}_0=\begin{bmatrix}1 & \\ & 1\end{bmatrix}$，是一个矩阵；$\vec{\boldsymbol{\sigma}}=\left(\begin{bmatrix}1 & \\ & -1\end{bmatrix},\begin{bmatrix} & 1\\ 1 & \end{bmatrix},\begin{bmatrix} & -\mathrm{i}\\ \mathrm{i} & \end{bmatrix}\right)^{\mathrm{T}}$ 是以矩阵作为元素的矢量。注意这个矢量与普通矢量不同，它的每一个元素都是一个矩阵。

取出表达式(2.3.3-1)中的两个量 a、$\boldsymbol{A}$，构建一个四元数(用 Edward Script ITC-花体字表示)

$$\mathscr{A}=a+\mathrm{i}\boldsymbol{A} \tag{2.3.3-2}$$

式中，$\mathrm{i}=\sqrt{-1}$，这样就将一个矩阵与四元数对应起来。

$$[A]\leftrightarrow\mathscr{A} \tag{2.3.3-3}$$

由于式(2.3.3-1)分解的结果是唯一的，所以这样构成的四元数也是唯一的。注意二者并不是相等关系。可以证明，这样构建的四元数，不仅满足四元数的运算法则，而且对一切解析矩阵和其对应的四元数，其运算结果是等价的，即存在一个等价性原理：

如果有运算，使得 $[B]=f\{[A]\}$，则必有 $\mathscr{B}=f\{\mathscr{A}\}$，反之亦然。

于是，我们可以将矢量与矩阵集合中的量，先改写成四元数进行四元数运算，得到的四元数再变换回到矢量与矩阵集合中。这样可把复杂的矩阵运算变为简单的四元数代数运算。四元数偏振光学的基本思路可用图 2.3.3-1 说明。

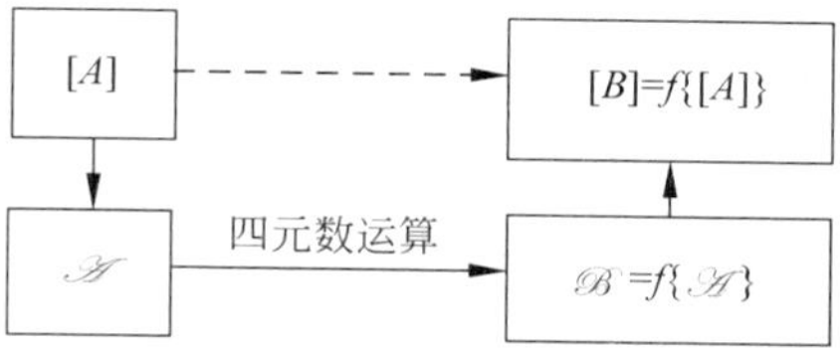

图 2.3.3-1　四元数偏振光学的基本思路

2. 偏振态对应的四元数

关于四元数的概念和相关的代数运算法则，可以在相关的文献中找到(12.2 节)。这里，仅就偏振光学的一些基本概念，列出它们的对应关系。

(1) 琼斯矢量对应的四元数

根据光的波动理论，偏振光的光场由琼斯矢量描述

$$\boldsymbol{E}_{\text{in}}=\begin{bmatrix}\dot{E}_x\\ \dot{E}_y\end{bmatrix} \tag{2.3.3-4}$$

为了使用泡利基来获得它的四元数，将其补充 0，得到

$$\begin{bmatrix}\dot{E}_x & 0\\ \dot{E}_y & 0\end{bmatrix} \tag{2.3.3-5}$$

显然，这两个表达式是等价的。我们把这个 2×2 矩阵改写成四元数

$$\begin{bmatrix}\dot{E}_x & 0\\ \dot{E}_y & 0\end{bmatrix}=b\begin{bmatrix}1 & \\ & 1\end{bmatrix}+b_x\begin{bmatrix}1 & \\ & -1\end{bmatrix}+b_y\begin{bmatrix}0 & 1\\ 1 & 0\end{bmatrix}+b_z\begin{bmatrix} & -\mathrm{i}\\ \mathrm{i} & \end{bmatrix} \tag{2.3.3-6}$$

于是得到

$$\begin{bmatrix}\dot{E}_x & 0\\ \dot{E}_y & 0\end{bmatrix}=\frac{\dot{E}_x}{2}\begin{bmatrix}1 & \\ & 1\end{bmatrix}+\frac{\dot{E}_x}{2}\begin{bmatrix}1 & \\ & -1\end{bmatrix}+\frac{\dot{E}_y}{2}\begin{bmatrix}0 & 1\\ 1 & 0\end{bmatrix}-\mathrm{i}\,\frac{\dot{E}_y}{2}\begin{bmatrix} & -\mathrm{i}\\ \mathrm{i} & \end{bmatrix} \tag{2.3.3-7}$$

这表明，琼斯矢量 $\begin{bmatrix}\dot{E}_x & 0\\ \dot{E}_y & 0\end{bmatrix}$ 对应的四元数为 $\left[\frac{\dot{E}_x}{2},\mathrm{i}\,\frac{\dot{E}_x}{2}\boldsymbol{i}+\mathrm{i}\,\frac{\dot{E}_y}{2}\boldsymbol{j}+\frac{\dot{E}_y}{2}\boldsymbol{k}\right]$，或者写为

$$\mathscr{J}=\frac{\dot{E}_x}{2}+\mathrm{i}\,\frac{\dot{E}_x}{2}\hat{\boldsymbol{i}}+\mathrm{i}\,\frac{\dot{E}_y}{2}\hat{\boldsymbol{j}}+\frac{\dot{E}_y}{2}\hat{\boldsymbol{k}} \tag{2.3.3-8}$$

特例：x 方向的线偏振态的琼斯四元数为

$$\mathscr{J}=\frac{\dot{E}_x}{2}+\mathrm{i}\,\frac{\dot{E}_x}{2}\hat{\boldsymbol{i}} \tag{2.3.3-9}$$

y 方向线偏振态的琼斯四元数为

$$\mathscr{J}=\mathrm{i}\,\frac{\dot{E}_y}{2}\hat{\boldsymbol{j}}+\frac{\dot{E}_y}{2}\hat{\boldsymbol{k}} \tag{2.3.3-10}$$

对于其他方向线偏振态，因为它的两个偏振方向相位相同，可忽略，于是琼斯四元数为

$$\mathscr{J}=\frac{E_x}{2}+\mathrm{i}\,\frac{E_x}{2}\hat{\boldsymbol{i}}\pm\mathrm{i}\,\frac{E_y}{2}\hat{\boldsymbol{j}}\pm\frac{E_y}{2}\hat{\boldsymbol{k}} \tag{2.3.3-11}$$

对于圆偏振态，此时，因为它的两个偏振方向分量大小相等，不妨设为 E_0，相位相差 $\pm\pi/2$，于是琼斯四元数为

$$\mathscr{J}=\frac{E_0}{2}[1+\mathrm{i}\hat{\boldsymbol{i}}\pm\hat{\boldsymbol{j}}\pm\mathrm{i}\hat{\boldsymbol{k}}] \tag{2.3.3-12}$$

值得注意的是，圆偏振态对应的四元数是一个不变的数乘以一个幅度，也就是，如果定义

$$\mathscr{O}_+=[1+\mathrm{i}\hat{\boldsymbol{i}}+\hat{\boldsymbol{j}}+\mathrm{i}\hat{\boldsymbol{k}}] \tag{2.3.3-13}$$

和

$$\mathscr{O}_-=[1+\mathrm{i}\hat{\boldsymbol{i}}-\hat{\boldsymbol{j}}-\mathrm{i}\hat{\boldsymbol{k}}] \tag{2.3.3-14}$$

它们分别对应于右手坐标系和左手坐标系。

(2) 琼斯矢量厄米转置的四元数

设琼斯矢量 $\boldsymbol{J}=\begin{bmatrix}\dot{E}_x & 0\\ \dot{E}_y & 0\end{bmatrix}$，则 $\boldsymbol{J}^{\dagger}=\begin{bmatrix}\dot{E}_x^* & \dot{E}_y^*\\ 0 & 0\end{bmatrix}$，将它改写成四元数

$$\boldsymbol{J}^{\dagger}=\begin{bmatrix}\dot{E}_x^* & \dot{E}_y^*\\ 0 & 0\end{bmatrix}=b\begin{bmatrix}1 & \\ & 1\end{bmatrix}+b_x\begin{bmatrix}1 & \\ & -1\end{bmatrix}+b_y\begin{bmatrix}0 & 1\\ 1 & 0\end{bmatrix}+b_z\begin{bmatrix} & -\mathrm{i}\\ \mathrm{i} & \end{bmatrix} \tag{2.3.3-15}$$

得到琼斯矢量厄米转置 $\begin{bmatrix}\dot{E}_x^* & \dot{E}_y^*\\ 0 & 0\end{bmatrix}$ 对应的四元数为

$$\mathscr{J}^{\dagger}=\left[\frac{\dot{E}_x^*}{2},\mathrm{i}\,\frac{\dot{E}_x^*}{2}\boldsymbol{i}+\mathrm{i}\,\frac{\dot{E}_y^*}{2}\boldsymbol{j}-\frac{\dot{E}_y^*}{2}\boldsymbol{k}\right] \tag{2.3.3-16}$$

与原琼斯矢量对应的四元数 $\mathscr{J}=\left[\frac{\dot{E}_x}{2},\mathrm{i}\,\frac{\dot{E}_x}{2}\boldsymbol{i}+\mathrm{i}\,\frac{\dot{E}_y}{2}\boldsymbol{j}+\frac{\dot{E}_y}{2}\boldsymbol{k}\right]$ 相比，只是 $\boldsymbol{k}$ 矢量的

符号改变了。所以从空间角度看，琼斯矢量的转置，相当于四元数从右手坐标系变换为左手坐标系。

(3) 斯托克斯矢量对应的四元数

本书将证明：斯托克斯矢量对应的四元数与琼斯矢量对应的四元数关系为

$$\mathscr{S}=2\mathscr{J}\circ\mathscr{J}^{\dagger} \tag{2.3.3-17}$$

证明如下：由于

$$2\boldsymbol{J}\otimes\boldsymbol{J}^{\dagger}=2\begin{bmatrix}\dot{E}_x & 0\\ \dot{E}_y & 0\end{bmatrix}\begin{bmatrix}\dot{E}_x^* & \dot{E}_y^*\\ 0 & 0\end{bmatrix}=\begin{bmatrix}2\dot{E}_x\dot{E}_x^* & 2\dot{E}_x\dot{E}_y^*\\ 2\dot{E}_x^*\dot{E}_y & 2\dot{E}_y\dot{E}_y^*\end{bmatrix} \tag{2.3.3-18}$$

代入 $s_0=\dot{E}_x\dot{E}_x^*+\dot{E}_y\dot{E}_y^*$，$s_1=\dot{E}_x\dot{E}_x^*-\dot{E}_y\dot{E}_y^*$，$s_2=\dot{E}_x\dot{E}_y^*+\dot{E}_x^*\dot{E}_y$，$s_3=\mathrm{i}(\dot{E}_x\dot{E}_y^*-\dot{E}_x^*\dot{E}_y)$，可得

$$2\boldsymbol{J}\otimes\boldsymbol{J}^{\dagger}=\begin{bmatrix}s_0+s_1 & s_2-\mathrm{i}s_3\\ s_2+\mathrm{i}s_3 & s_0-s_1\end{bmatrix} \tag{2.3.3-19}$$

式中，⊗表示外乘，于是

$$2\boldsymbol{J}\otimes\boldsymbol{J}^{\dagger}=s_0\begin{bmatrix}1 & \\ & 1\end{bmatrix}+s_1\begin{bmatrix}1 & \\ & -1\end{bmatrix}+s_2\begin{bmatrix} & 1\\ 1 & \end{bmatrix}+s_3\begin{bmatrix} & -\mathrm{i}\\ \mathrm{i} & \end{bmatrix} \tag{2.3.3-20}$$

它就是四元数

$$\mathscr{S}=s_0+\mathrm{i}\boldsymbol{s} \tag{2.3.3-21}$$

式中，$\boldsymbol{s}=[s_1,s_2,s_3]^{\mathrm{T}}$，于是

$$\mathscr{S}=2\boldsymbol{J}\otimes\boldsymbol{J}^{\dagger} \tag{2.3.3-22}$$

或者

$$\mathscr{S}=2\mathscr{J}\circ\mathscr{J}^{\dagger} \tag{2.3.3-23}$$

利用四元数的乘法，也可直接验算表明该结果是正确的。

式(2.3.3-23)的意义在于，联系琼斯矢量与斯托克斯参数的方程看似一个很复杂的由四方程联立的方程组(2.3.2-8)，当改写为四元数时，其表达式是如此简洁。所以，在四元数空间中，才真正反映了琼斯矢量和斯托克斯参数的内在关系。

第2章小结

本章对最重要的一类光波导——正规光波导进行了一般性的研究，提出了模式的概念，这是光波导理论中最重要的概念。

实际的光波导总是有一定长度的，在不考虑波导端面的反射与透射，且在不考虑模式匹配的问题时，普通的光波导才可以看作正规光波导，才有模式的概念。因

此,正规光波导和模式的概念都是对实际问题理想化的一种处理方法。尽管如此,大多数文献都采用了这种理想化的方法。

与模式相关联的主要概念有:

(1) 模式的光场可分为沿横截面分布的部分——模式场,和沿纵向传输的部分——波动项。

(2) 模式场是光场沿横截面的分布,在光传输的过程中保持不变(稳定性);但不意味着模式场只存在于横截面中,在纵向仍然有一个小的分量。理论证明,在光波导中不可能存在 TEM 模。但在处理实际问题的时候,由于纵向分量很小,可以近似地认为是横波。

(3) 波动项只受纵坐标 z 的影响,本质上是波矢的反映,波矢的方向是纵向;在某些对称结构的波导中波矢的大小为常数,称为传输常数。

(4) 按照模式场包含的纵向分量,将模式分为 TE 模、TM 模和混合模。TE 模的电场纵向分量为零;TM 模的磁场纵向分量为零;混合模的电场和磁场纵向分量都不为零。

(5) 在同一个光波导中,模式可以沿着正方向或者反方向传输,二者的模式场存在简单关系,即电场互为共轭且磁场互为反共轭;或者磁场互为共轭且电场互为反共轭。

(6) 同一波导的不同模式都是正交的(包括反向模)。

此外,本章还介绍了波导中模式场沿着横截面的分布与传输常数之间的关系,也就是模式中两部分之间的关系,结论是传输常数可以看作模式场分布的一个泛函。

最后,本章还就偏振态的概念做了初步的讨论,因为按照第 1 章关于光场的描述,只研究模式而不研究偏振态是不够完备的。重点是对偏振态的描述方法进行了研究。常用的方法一共有三种:琼斯矩阵法、偏振椭圆法以及庞加莱球法。除此以外,还介绍了偏振态描述的四元数方法,四元数方法的优点在于它们可以直接进行代数运算以及其他超越函数的运算,而且得到了琼斯四元数与斯托克斯四元数的简单关系。为以后分析偏振问题打下了基础。

第 2 章思考题

2.1 举出一些正规光波导和非正规光波导的例子。

2.2 正规光波导对于它的折射率沿着横截面的分布有要求吗?如果一个光波导用一些倾斜的平行截面来切割,而且它仍然保持为一个正规光波导,那么对于这些斜截面的折射率分布有什么要求?

2.3　把一根正圆的光纤打一个弯，在弯曲处还是正规光波导吗？为什么？

2.4　试说明正规光波导模式的含义及其特点，并将这种模式场与自由空间的波动场相比较。

2.5　正规光波导在理论上是否真的存在模式场，无论它的横截面的折射率分布如何都如此？本书在理论上的证明是否合情合理？

2.6　半无限长的光纤（各横截面的折射率分布都相同）是否可视为正规光波导？

2.7　模式场的场型与光源的激励有关吗？也就是说，如果注入光波导的场型与模式场的场型不一致的时候，光波导中的场型沿横截面的分布是否与光源注入的场型有关？

2.8　模式的序号表示模式的什么概念？它与 β 的大小是否有直接联系？

2.9　模式场是一种光场沿横截面的分布，在正规光波导的纵向各处是否都相同？如果都相同，又如何理解波动？

2.10　模式场的场图是否会随时间变化？为什么？

2.11　在同一个光波导中不同的模式是否可以有相同的传输常数？

2.12　模式传输常数的单位是什么？一般在什么数量级？

2.13　一般的教科书都说“光波是横波”，那你如何理解模式场的纵向分量和横向分量的关系？光波导中的光波还是横波吗？

2.14　请把式(2.1.2-4)的详细推导过程写出来。

2.15　请画一幅图，来解释式 $\hat{\boldsymbol{z}}\times(\hat{\boldsymbol{z}}\times\boldsymbol{e}_{\mathrm{t}})=-\boldsymbol{e}_{\mathrm{t}}$。

2.16　请画图说明 $\nabla_{\mathrm{t}}e_z$ 的含义，并证明 $\nabla_{\mathrm{t}}\times\boldsymbol{e}_z=-\hat{\boldsymbol{z}}\times\nabla_{\mathrm{t}}e_z$。

2.17　请证明在正规光波导中，不可能存在 TEM 波。

2.18　请画图说明正向模和反向模之间，分别满足式(2.1.4-5)和式(2.1.4-6)两种情况。

2.19　一个光波沿着同一条光线上各点的偏振态是否都是一样的？请举例说明你的答案。

2.20　在正规光波导中，沿着纵向传输的模式，各点的偏振态是否都相同？请解释。

2.21　如何理解 2.3.2 节中“偏振态唯一地由单位复矢量 $\hat{\boldsymbol{e}}$ 所决定”这句话？请发表你的见解。

2.22　请比较描述偏振态的几种方法——琼斯矩阵法，斯托克斯参数和庞加莱球法，以及四元数方法的优缺点。

2.23　在庞加莱球上，通过球心的直线与球面的两个交点，其所对应的两个偏振态是什么关系？

2.24 当庞加莱球绕着南北极所决定的轴旋转时，在庞加莱球的赤道上对应的线偏振态会发生变化，这说明什么问题？

2.25 绕庞加莱球的经线旋转，说明是什么现象？如果是绕着纬线旋转，又当如何？

2.26 在闵科夫斯基空间，四元数为 $\mathrm{i}ct+\boldsymbol{r}$，而对于斯托克斯四元数为 $\mathscr{S}=s_0+\mathrm{i}\boldsymbol{s}$，注意到闵科夫斯基四元数的矢量部分为实数，而标量部分为虚数；而斯托克斯四元数的标量部分为实数，矢量部分为虚数。它们分别代表了什么意思，是否有可能统一？

2.27 接 2.26 题，有没有可能四个维度都统一到一个实部或者虚部中？为什么？

2.28 式(2.3.3-23)与式(2.3.3-24)理解上有何不同？请解释。

2.29 由式(2.3.3-13)和式(2.3.3-14)可以看出，圆偏振态在四元数空间中只是一个数，而不是一个变量，这说明了什么问题？反映出的物理本质是什么？是否可以认为任何偏振态对应的斯托克斯四元数都可以分解为 $\mathscr{S}=a_+\mathscr{O}_++a_-\mathscr{O}_-$？

第 3 章

均匀光波导

在第 2 章研究了光波导折射率沿纵向分布的问题，由此引出正规光波导的概念，但是其沿横截面的分布没有研究。理论上，不存在沿横截面完全均匀分布的正规光波导，因为这将导致整个光波导成为均匀介质，所以光波导沿整个横截面分布一定是变化的。然而，光波导可以在横截面上的一定区域内是均匀分布的，这就是本章要研究的内容。当然光波导也可能在整个横截面上都是非均匀分布的，这种光波导称为非均匀光波导，有关内容在第 5 章讨论。最后，我们看到均匀光波导和非均匀光波导没有本质的不同，都是为了束缚光在波导中传输，在一定条件下，可以用统一的理论近似描述。

3.1 概述

均匀光波导，是正规光波导（折射率纵向均匀分布的光波导）中最简单的一种。它的折射率分布不仅沿纵向是均匀的，而且沿横截面的分布也是分区域均匀的。或者说，它只在某些平行于纵向的柱状域的边界上有折射率的突变。

均匀光波导折射率分布的数学描述为

$$\varepsilon(x,y,z)=\varepsilon_i,\quad (x,y,z)\in\Omega_i \tag{3.1.0-1}$$

式中，Ω_i 是一个柱状域。这种域的形式可以是封闭的（图 3.1.0-1(a)），也可以是不封闭的（图 3.1.0-1(b)～(d)）。在这些柱状域中，有

$$\nabla\varepsilon=0,\quad (x,y,z)\in\Omega_i \tag{3.1.0-2}$$

这些柱状域与横截面相交所形成的交线，也可以类似地分为单连通域和多连通域，图 3.1.0-1(a)所形成的是单连通域，而近年来出现的微结构光纤（图 3.1.0-1(e)、(f)）所形成的是多连通域。微结构光纤，很多文献称为所谓的“光子晶体光纤”，这个名

称完全是一种炒作。因为这种光纤中，既没有出现光的量子效应，也没有任何晶格结构。目前这一说法已经得到纠正，但在商业界仍常常使用这个术语。通常把图 3.1.0-1(e)所描述的光纤称为带隙光纤，而把图 3.1.0-1(e)的光纤称为微结构光纤。

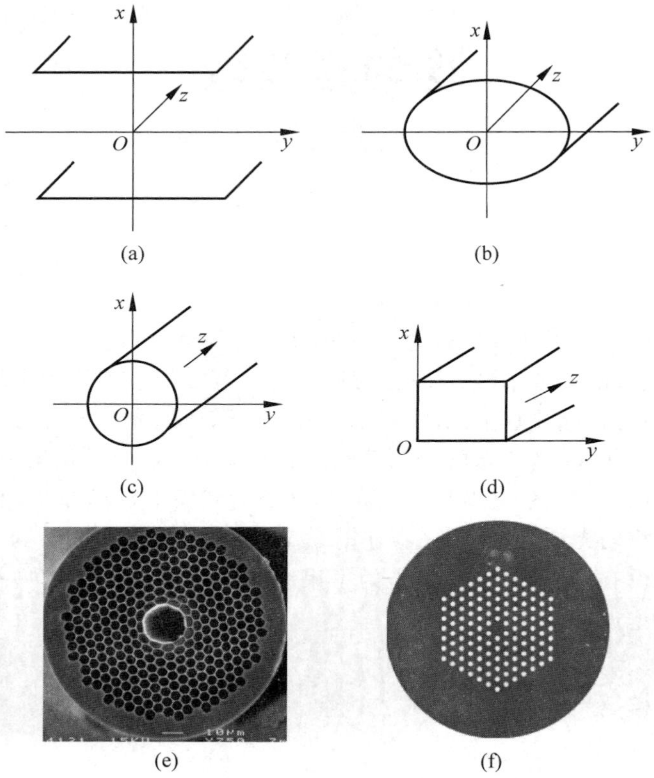

图 3.1.0-1　均匀光波导

显然，均匀光波导具有正规光波导的三个重要性质。

(1) 存在传导模，即光场可分离成随横截面二维分布的模式场和波动项 $\exp(\mathrm{i}\beta z)$之积，亦即

$$\begin{pmatrix}\boldsymbol{E}\\ \boldsymbol{H}\end{pmatrix}=\begin{pmatrix}\boldsymbol{e}\\ \boldsymbol{h}\end{pmatrix}(x,y)\mathrm{e}^{\mathrm{i}\beta z} \tag{3.1.0-3}$$

(2) 模式场满足二维亥姆霍兹方程(2.1.1-3)。因为在所考虑的域中$\nabla\varepsilon=0$，所以式(2.1.1-3)可化简为齐次波动方程

$$\left[\nabla_t^2+(k_0^2n^2-\beta^2)\right]\begin{pmatrix}\boldsymbol{e}\\ \boldsymbol{h}\end{pmatrix}=0 \tag{3.1.0-4}$$

(3) 模式场的纵向分量与横向分量满足关系式(2.1.2-4)和式(2.1.2-5)。

对上述三个性质的理解,还应注意以下几点。

(1) $\boldsymbol{e}$、$\boldsymbol{h}$ 仍为三维复矢量,但它只有两个自变量(二维的坐标变元)。二维坐标变元的形式可以采取直角坐标系的(x,y),或极坐标系的(r,φ),以及椭圆-双曲线坐标系的(ξ,η)等。三维矢量 $\boldsymbol{e}$、$\boldsymbol{h}$ 可以按照直角坐标系分解为

$$\begin{cases}\boldsymbol{e}=\boldsymbol{e}_x+\boldsymbol{e}_y+\boldsymbol{e}_z\\ \boldsymbol{h}=\boldsymbol{h}_x+\boldsymbol{h}_y+\boldsymbol{h}_z\end{cases}\tag{3.1.0-5}$$

也可以按照柱坐标系分解为

$$\begin{cases}\boldsymbol{e}=\boldsymbol{e}_r+\boldsymbol{e}_\varphi+\boldsymbol{e}_z\\ \boldsymbol{h}=\boldsymbol{h}_r+\boldsymbol{h}_\varphi+\boldsymbol{e}_z\end{cases}\tag{3.1.0-6}$$

当然还可以按照其他任意正交坐标系分解。这样,$\boldsymbol{e}$、$\boldsymbol{h}$ 就包括六个正交的分量,而每个分量都是二维的坐标变元的函数。因此,从数学上看,$\boldsymbol{e}$、$\boldsymbol{h}$ 是一组两个自变量、六个因变量的函数组。

(2) 矢量微分算符∇_t是一个二维矢量,在不同的坐标系有不同的形式。在直角坐标系下$\nabla_t=\left\{\frac{\partial}{\partial x},\frac{\partial}{\partial y}\right\}$,但它对模式场横向分量 $\boldsymbol{e}_t$、$\boldsymbol{h}_t$ 的旋度运算(叉乘),其结果将落在 xOy 平面之外的 $\hat{\boldsymbol{z}}$ 向。例如

$$\nabla_t\times\boldsymbol{e}_t=\left(\frac{\partial e_y}{\partial x}-\frac{\partial e_x}{\partial y}\right)\hat{\boldsymbol{z}}\tag{3.1.0-7}$$

标量微分算符∇_t^2,在直角坐标系下为

$$\nabla_t^2=\frac{\partial^2}{\partial x^2}+\frac{\partial^2}{\partial y^2}\tag{3.1.0-8}$$

在其他坐标系下,表现为复杂形式,不能直接写出。

(3) 在齐次波动方程(3.1.0-4)中,∇_t^2、∇_t、$\boldsymbol{e}$、$\boldsymbol{h}$ 与二维的坐标变元,可以分别独立地取不同的坐标系。

比如∇_t、∇_t^2、$\boldsymbol{e}$、$\boldsymbol{h}$ 取直角坐标系,而自变量取柱坐标系 r、φ 等。这时,方程(3.1.0-4)写为

$$\left[\left(\frac{\partial^2}{\partial x^2}+\frac{\partial^2}{\partial y^2}\right)+(k_0^2n^2-\beta^2)\right]\begin{pmatrix}\boldsymbol{e}_x(r,\varphi)+\boldsymbol{e}_y(r,\varphi)+\boldsymbol{e}_z(r,\varphi)\\ \boldsymbol{h}_x(r,\varphi)+\boldsymbol{h}_y(r,\varphi)+\boldsymbol{h}_z(r,\varphi)\end{pmatrix}=0\tag{3.1.0-9}$$

附带说明一下,尽管某些光波导的折射率在横截面上的分布可能是非均匀的,但是这种变化率极小,也常常用均匀光波导的方法处理。在这种光波导中,第一个性质都是严格遵守的,即它的光场可以分解为模式场与波动项之积。第二个性质,

因为在所考虑的域中 $|\nabla\varepsilon|\approx 0$，所以式(2.1.1-5)仍然可近似地简化为齐次波动方程

$$[\nabla_t^2+(k_0^2n^2-\beta^2)]\begin{pmatrix}\boldsymbol{e}\\ \boldsymbol{h}\end{pmatrix}\approx 0 \qquad (3.1.0\text{-}10)$$

式(3.1.0-10)与式(3.1.0-4)的差别在于，式(3.1.0-10)中的 n^2 在所指定的区域不是常数，而是一个变数，所以严格地说，式(3.1.0-10)应改写为

$$\{\nabla_t^2+[k_0^2n^2(\boldsymbol{r})-\beta^2]\}\begin{pmatrix}\boldsymbol{e}\\ \boldsymbol{h}\end{pmatrix}\approx 0 \qquad (3.1.0\text{-}11)$$

至于第三个性质——纵向分量与横向分量的关系，也是相同的。

3.2 阶跃平面光波导

本节研究均匀光波导的一个最简单的例子——阶跃平面光波导，并由此引出一些新概念。平面光波导是指光波导的折射率分布的横向分界面是一些平面，这个名称虽很形象，但与本书后面的“圆光波导”“椭圆光波导”这些以横截面折射率分布的命名法不一致。如果称为“条形光波导”或“带状光波导”似乎更确切些，因为该光波导的折射率沿横截面上的分布是一系列平行的条带形。

平面光波导在激光器中用作谐振腔，因此对它的研究具有实际意义。平面光波导的横截面的形状有很多，可以是封闭的，或者不封闭的。封闭部分可以是连通的，也可以是不连通的。因此，要全面研究各种平面光波导是相当困难的。本节将先从最简单的平面光波导开始研究，主要是想通过对这种波导的研究，引出正规光波导研究的几个问题，它们是：

① 包含一些什么样的模式？模式场的分布如何？

② 每个模式的截止条件是什么？

③ 每个模式的传输常数与频率(波长)的关系如何？

两个无限大平面将光波导空间分为三部分，这样就构成了最简单的平面光波导。尽管这种光波导实际上是分为三层的，但是如果假定其折射率具有对称分布，只取两个值 n_1 和 n_2(图 3.2.0-1)，且 $n_1>n_2$，并可表示为

$$n(x)=\begin{cases}n_1, & |x|<a\\ n_2, & |x|>a\end{cases} \qquad (3.2.0\text{-}1)$$

那么通常称 $|x|<a$ 的部分为芯层，$|x|>a$ 的两边部分为包层。在只有一个芯层与一个包层的意义上，称其为二层光波导。为了不纠缠在几层波导这个术语上，这

种光波导统称为阶跃平面光波导。本节将只限于讨论这种光波导，并由此引出一些新的概念。至于更复杂的平面光波导问题，请参见 3.3 节。

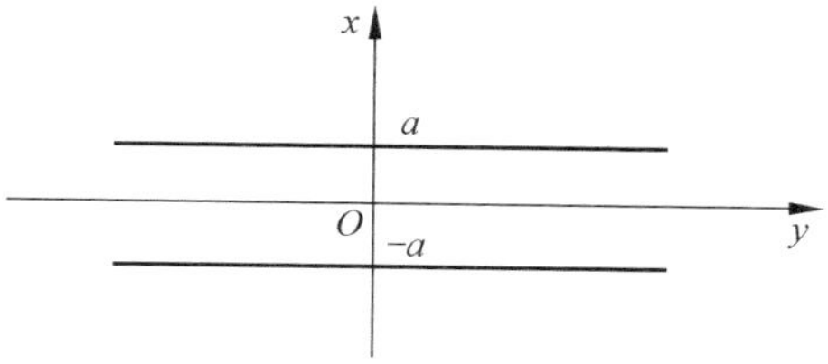

图 3.2.0-1　平面光波导

3.2.1　模式场

阶跃平面光波导显然具有一般均匀正规光波导的三个性质：

① 光场以模式的形式存在，可分离为模式场和传输因子（波动项），即可表示为形如$\begin{pmatrix}\boldsymbol{e}\\\boldsymbol{h}\end{pmatrix}\exp(\mathrm{i}\beta z)$的形式；

② 模式场($\boldsymbol{e},\boldsymbol{h}$)满足齐次波动方程(3.1.0-4)；

③ 模式场的横向分量与纵向分量满足式(2.1.2-4)和式(2.1.2-5)。

正如绪论中所述，定义哪个方向为横向与纵向，具有人为的任意性。而在此种光波导中，y 方向与 z 方向并无区别，故可将 y 方向也看作纵向，于是

$$\begin{pmatrix}\boldsymbol{E}\\\boldsymbol{H}\end{pmatrix}=\begin{pmatrix}\boldsymbol{e}\\\boldsymbol{h}\end{pmatrix}(x)\mathrm{e}^{\mathrm{i}(\beta_z z+\beta_y y)} \tag{3.2.1-1}$$

这表明，沿光波导传输的光波，可以分解为沿 y 方向和沿 z 方向两列，我们可只取其中一列研究，不妨设

$$\begin{pmatrix}\boldsymbol{E}\\\boldsymbol{H}\end{pmatrix}=\begin{pmatrix}\boldsymbol{e}\\\boldsymbol{h}\end{pmatrix}(x)\,\mathrm{e}^{\mathrm{i}\beta_z z} \tag{3.2.1-2}$$

这样，所有关于模式场的微分方程，都只有一个变量 x，偏微分方程(3.1.0-4)转化为常微分方程

$$\begin{cases}\dfrac{\mathrm{d}^2\boldsymbol{e}}{\mathrm{d}x^2}+(k_0^2n^2-\beta^2)\boldsymbol{e}=0\\[2ex]\dfrac{\mathrm{d}^2\boldsymbol{h}}{\mathrm{d}x^2}+(k_0^2n^2-\beta^2)\boldsymbol{h}=0\end{cases} \tag{3.2.1-3}$$

而式(2.1.2-3)可改写为

$$
\begin{cases}
\hat{\boldsymbol{x}} \times \dfrac{\mathrm{d}\boldsymbol{e}_{\mathrm{t}}}{\mathrm{d}x} = \mathrm{i}\omega\mu_0 \boldsymbol{h}_z & (3.2.1\text{-}4\mathrm{a}) \\
\hat{\boldsymbol{x}} \times \dfrac{\mathrm{d}\boldsymbol{h}_{\mathrm{t}}}{\mathrm{d}x} = -\mathrm{i}\omega\varepsilon \boldsymbol{e}_z & (3.2.1\text{-}4\mathrm{b}) \\
\hat{\boldsymbol{x}} \times \dfrac{\mathrm{d}\boldsymbol{e}_z}{\mathrm{d}x} + \mathrm{i}\beta\hat{\boldsymbol{z}} \times \boldsymbol{e}_{\mathrm{t}} = \mathrm{i}\omega\mu_0 \boldsymbol{h}_{\mathrm{t}} & (3.2.1\text{-}4\mathrm{c}) \\
\hat{\boldsymbol{x}} \times \dfrac{\mathrm{d}\boldsymbol{h}_z}{\mathrm{d}x} + \mathrm{i}\beta\hat{\boldsymbol{z}} \times \boldsymbol{h}_{\mathrm{t}} = -\mathrm{i}\omega\varepsilon \boldsymbol{e}_{\mathrm{t}} & (3.2.1\text{-}4\mathrm{d})
\end{cases}
$$

我们的任务是：①分析这种光波导可能存在哪些模式，具体的模式场分布形式如何；②求出该模式的传输常数的表达式。

按惯例，应将波动方程(3.2.1-4)中的纵向分量与横向分量分解，化为标量常微分方程，代入边界条件，才可求出模式场。但此处可从概念出发进行分析，直接得出一些结果。

(1) TE 模与 TM 模

由于 TE 模中 $\boldsymbol{e}_z=0$，所以由式(3.2.1-4b)可得

$$\hat{\boldsymbol{x}} \times \frac{\mathrm{d}\boldsymbol{h}_{\mathrm{t}}}{\mathrm{d}x} = 0 \tag{3.2.1-5}$$

可知 $\boldsymbol{h}_{\mathrm{t}}$ 只有 $\hat{\boldsymbol{x}}$ 分量，即 $\boldsymbol{h}_{\mathrm{t}}=\boldsymbol{h}_x$。又由式(3.2.1-4c)可得 $\boldsymbol{e}_{\mathrm{t}}=\boldsymbol{e}_y$，$\boldsymbol{h}_{\mathrm{t}}=\boldsymbol{h}_x$，可知 $\boldsymbol{e}_{\mathrm{t}}$ 与 $\boldsymbol{h}_{\mathrm{t}}$ 互相垂直，且

$$e_y = \frac{-\omega\mu_0}{\beta} h_x \tag{3.2.1-6}$$

和

$$h_z = \frac{1}{\mathrm{i}\omega\mu_0} \frac{\mathrm{d}e_y}{\mathrm{d}x} \tag{3.2.1-7}$$

由此可知，这种模式只有 3 个非零分量 $\boldsymbol{e}_y$、$\boldsymbol{h}_x$、$\boldsymbol{h}_z$，其他均为零。而且只需求出 e_y 就可求出其他分量。e_y 满足标量方程

$$\frac{\mathrm{d}^2 e_y}{\mathrm{d}x^2} + (k^2 n_0^2 - \beta^2) e_y = 0 \tag{3.2.1-8}$$

其解取正弦、余弦或指数函数形式。在芯层内，e_y 只能取有限值，在包层 $x\to\infty$ 时 $e_y\to 0$。在这两个条件下，可得出 e_y 在芯层取正弦或余弦形式的两个特解，分别称为 TE 奇模和 TE 偶模，如图 3.2.1-1(a)和(b)所示。虽然芯层的解还可以表示为正弦与余弦函数的线性组合，但是由于受到 3.2.3 节中截止条件的限制，并不是在任何时候奇模和偶模都是共生的，所以一般不写为 $\sin(kx+\varphi)$ 的形式。e_y 在包层内只能取 e^{-x} 形式。

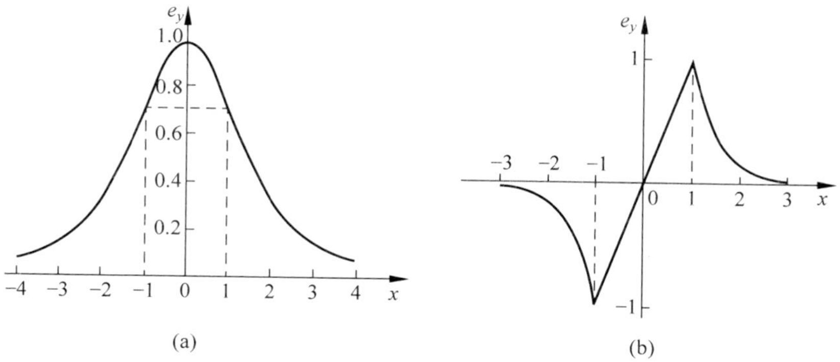

图 3.2.1-1 TE 模的模式场

TE 偶模的表达式为

$$e_y=\begin{cases}b_1\cos(\sqrt{k_0^2n_1^2-\beta^2}\,x), & |x|<a\\ b_2\exp\{-\sqrt{\beta^2-k_0^2n_2^2}\,x\}, & |x|>a\end{cases} \tag{3.2.1-9}$$

$$h_z=\begin{cases}\dfrac{b_1\sqrt{k_0^2n_1^2-\beta^2}}{\omega\mu_0}\sin(2\sqrt{k_0^2n_1^2-\beta^2}\,x), & |x|<a\\ \dfrac{b_2\sqrt{\beta^2-k_0^2n_2^2}}{\omega\mu_0}\exp(-\sqrt{\beta^2-k_0^2n_2^2}\,|x|), & |x|>a\end{cases} \tag{3.2.1-10}$$

式中，b_1、b_2 是积分常数，TE 模的模式场参见表 3.2.1-1。同样可以求出，TM 模的模式场只有 $\boldsymbol{e}_x$、$\boldsymbol{e}_z$、$\boldsymbol{h}_y$ 三个分量，也可分为奇次模和偶次模，参见表 3.2.1-2。

表 3.2.1-1 TE 模的模式场

($e_x=e_z=h_y=0$)

	TE 偶模		TE 奇模	
	芯层	包层	芯层	包层
e_y	$\dfrac{\cos(U\rho)}{\cos U}$	$\dfrac{\exp(-W\rho)}{\exp(-W)}$	$\dfrac{\sin(U\rho)}{\sin U}$	$\dfrac{\rho}{\lvert\rho\rvert}\dfrac{\exp(-W\lvert\rho\rvert)}{\exp(-W)}$
h_x	$-\dfrac{\beta}{k}\sqrt{\dfrac{\varepsilon_0}{\mu_0}}\dfrac{\cos(U\rho)}{\cos U}$	$-\dfrac{\beta}{k}\sqrt{\dfrac{\varepsilon_0}{\mu_0}}\dfrac{\exp(-W\lvert\rho\rvert)}{\exp(-W)}$	$-\dfrac{\beta}{k}\sqrt{\dfrac{\varepsilon_0}{\mu_0}}\dfrac{\sin(U\rho)}{\sin U}$	$\dfrac{-\beta}{k}\sqrt{\dfrac{\varepsilon_0}{\mu_0}}\dfrac{\rho}{\lvert\rho\rvert}\dfrac{\exp(-W\lvert\rho\rvert)}{\exp(-W)}$
h_z	$\dfrac{\mathrm{i}W}{ka}\sqrt{\dfrac{\varepsilon_0}{\mu_0}}\dfrac{\sin(U\rho)}{\sin U}$	$\dfrac{\mathrm{i}W}{ka}\sqrt{\dfrac{\varepsilon_0}{\mu_0}}\dfrac{\rho}{\lvert\rho\rvert}\dfrac{\exp(-W\lvert\rho\rvert)}{\exp(-W)}$	$\dfrac{\mathrm{i}W}{ka}\sqrt{\dfrac{\varepsilon_0}{\mu_0}}\dfrac{\cos(U\rho)}{\cos U}$	$\dfrac{\mathrm{i}W}{ka}\sqrt{\dfrac{\varepsilon_0}{\mu_0}}\dfrac{\exp(-W\lvert\rho\rvert)}{\exp(-W)}$

表 3.2.1-2　TM 模的模式场

$(h_x = h_z = e_y = 0)$

	TM 偶模		TM 奇模	
	芯层	包层	芯层	包层
e_x	$\dfrac{\cos(U\rho)}{\cos U}$	$\dfrac{n_1^2}{n_2^2}\dfrac{\exp(-W\lvert\rho\rvert)}{\exp(-w)}$	$\dfrac{\sin(U\rho)}{\sin U}$	$\dfrac{n_1^2}{n_2^2}\dfrac{\rho}{\lvert\rho\rvert}\dfrac{\exp(-W\lvert\rho\rvert)}{\exp(-W)}$
h_y	$\dfrac{kn_1^2}{\beta}\sqrt{\dfrac{\varepsilon_0}{\mu_0}}\dfrac{\cos(U\rho)}{\cos U}$	$\dfrac{kn_1^2}{\beta}\sqrt{\dfrac{\varepsilon_0}{\mu_0}}\dfrac{\exp(-W\lvert\rho\rvert)}{\exp(-W)}$	$\dfrac{kn_1^2}{\beta}\sqrt{\dfrac{\varepsilon_0}{\mu_0}}\dfrac{\sin(U\rho)}{\sin U}$	$\dfrac{kn_1^2}{\beta}\sqrt{\dfrac{\varepsilon_0}{\mu_0}}\dfrac{\rho}{\lvert\rho\rvert}\dfrac{\exp(-W\lvert\rho\rvert)}{\exp(-W)}$
e_z	$-\dfrac{\mathrm{i}W}{a\beta}\dfrac{n_1^2}{n_2^2}\dfrac{\sin(U\rho)}{\sin U}$	$-\dfrac{\mathrm{i}W}{a\beta}\dfrac{n_1^2}{n_2^2}\dfrac{\rho}{\lvert\rho\rvert}\dfrac{\exp(-W\lvert\rho\rvert)}{\exp(-W)}$	$-\dfrac{\mathrm{i}W}{a\beta}\dfrac{n_1^2}{n_2^2}\dfrac{\cos(U\rho)}{\cos U}$	$-\dfrac{\mathrm{i}W}{a\beta}\dfrac{n_1^2}{n_2^2}\dfrac{\exp(-W\lvert\rho\rvert)}{\exp(-W)}$

(2) 不存在混合模式

我们将证明，除 TE 模和 TM 模之外不存在 HE 模和 EH 模。事实上，把方程(3.2.1-4)中的 $\boldsymbol{e}_{\mathrm{t}}$、$\boldsymbol{h}_{\mathrm{t}}$ 分解成 $\boldsymbol{e}_x$、$\boldsymbol{e}_y$、$\boldsymbol{h}_x$、$\boldsymbol{h}_y$ 后，可以得到 6 个标量方程

$$\begin{cases} \dfrac{\mathrm{d}e_y}{\mathrm{d}x} = \mathrm{i}\omega\mu_0 h_z & (3.2.1\text{-}11\mathrm{a}) \\ \dfrac{\mathrm{d}h_y}{\mathrm{d}x} = -\mathrm{i}\omega\varepsilon e_z & (3.2.1\text{-}11\mathrm{b}) \\ -\dfrac{\mathrm{d}e_z}{\mathrm{d}x} + \mathrm{i}\beta e_x = \mathrm{i}\omega\mu_0 h_y & (3.2.1\text{-}11\mathrm{c}) \\ \mathrm{i}\beta e_y = -\mathrm{i}\omega\mu_0 h_x & (3.2.1\text{-}11\mathrm{d}) \\ -\dfrac{\mathrm{d}h_z}{\mathrm{d}x} + \mathrm{i}\beta h_x = -\mathrm{i}\omega\varepsilon e_y & (3.2.1\text{-}11\mathrm{e}) \\ \mathrm{i}\beta h_y = \mathrm{i}\omega\varepsilon e_x & (3.2.1\text{-}11\mathrm{f}) \end{cases}$$

可看到，式(3.2.1-11a)、式(3.2.1-11d)和式(3.2.1-11e)中，只含 h_z、e_y、h_x，而式(3.2.1-11b)、式(3.2.1-11c)和式(3.2.1-11f)中只含 e_z、h_y、e_x。故原方程化为两组独立的方程。e_z 和 h_z 分别出现在两组方程中，互不关联，可知不存在 HE 模或 EH 模。

3.2.2 特征方程

3.2.1 节已对阶跃平面光波导的模式场进行了研究，但表达式却含有传输常数 β，因此求解 β 是关键。β 的大小，由边界条件所确定的代数方程来决定，这个方程称为特征方程。

下面以 TE 偶模为例，分析如何导出特征方程。

由模式场的两个表达式(3.2.1-9)和式(3.2.1-10),可以求出芯层和包层边界上的场。当 x 由芯层趋向边界时

$$e_y = b_1 \cos(\sqrt{k_0^2 n_1^2 - \beta^2}\, a) \tag{3.2.2-1a}$$

当 x 由包层趋向边界时

$$e_y = b_2 \exp(-\sqrt{\beta^2 - k_0^2 n_2^2}\, a) \tag{3.2.2-1b}$$

因为 e_y 在边界上连续,可得

$$b_1 \cos(\sqrt{k_0^2 n_1^2 - \beta^2}\, a) = b_2 \exp(-\sqrt{\beta^2 - k_0^2 n_2^2}\, a) \tag{3.2.2-2a}$$

同理,由 h_z 在边界上连续,得

$$b_1 \sqrt{k_0^2 n_1^2 - \beta^2} \sin\left(\sqrt{k_0^2 n_1^2 - \beta^2}\, a\right) = b_2 \sqrt{\beta^2 - k_0^2 n_2^2} \exp(-\sqrt{\beta^2 - k_0^2 n_2^2}\, a) \tag{3.2.2-2b}$$

记

$$\begin{cases} U^2 = (k_0^2 n_1^2 - \beta^2) a^2 \\ W^2 = (\beta^2 - k_0^2 n_2^2) a^2 \end{cases} \tag{3.2.2-3}$$

则有

$$U^2 + W^2 = k_0^2 (n_1^2 - n_2^2) a^2 \overset{\text{def}}{=} V^2 \tag{3.2.2-4}$$

将式(3.2.2-2b)与式(3.2.2-2a)相除,可得

$$U \tan U = W \tag{3.2.2-5a}$$

及

$$U^2 + W^2 = V^2 \tag{3.2.2-5b}$$

方程(3.2.2-5a)和方程(3.2.2-5b)联立就是TE模的特征方程。特征方程的作用是在已知 k_0、n_1、n_2、a 的条件下,即在光波导结构和使用的波长已知的情况下,求出 β。显然该方程有无穷多个解,从而得到一个 β 解的序列,并由此确定模式的序号。导出特征方程和解特征方程,是分析光波导的重要工作之一。特征方程(3.2.2-5)属于超越方程,一般必须依靠计算机求解。

关于量 U、V、W,它们的物理意义如下:

① 由 $V^2 = k_0^2 (n_1^2 - n_2^2) a^2$ 可知,当光波导结构参数(n_1,n_2,a)已知时,V 正比于真空中的波数 k_0,故 V 是一个与频率关联的量,称为归一化频率,或称为该光波导的波导参量。

② 若令 $\rho = x/a$,将几何尺寸归一化以后,波动方程(3.2.1-8)化为

$$\begin{cases} \dfrac{d^2 e_y}{d\rho^2} + U^2 e_y = 0, & |\rho| < 1 \\ \dfrac{d^2 e_y}{d\rho^2} - W^2 e_y = 0, & |\rho| > 1 \end{cases} \tag{3.2.2-6}$$

由此可解出 e_y 为

$$e_y=\begin{cases}b_1\cos U\rho, & |\rho|<1\\ b_2\exp(-W|\rho|), & |\rho|>1\end{cases} \tag{3.2.2-7}$$

可知,U 和 W 是在光波导结构(n_1,n_2,a)确定的情况下,在芯层和包层归一化的横向参数,故分别称为这个模式在芯层和包层的模式参量。模式参量隐含 β,故通常以 $U=f(V)$ 来代替 $\beta=f(\omega)$。关于 $U=f(V)$ 的变化趋势,将在 3.2.3 节讨论。

除 TE 偶模外,还有 TE 奇模,其特征方程为

$$-U\cot U=W \tag{3.2.2-8}$$

TM 模也有类似公式,解的结果见表 3.2.2-1。

表 3.2.2-1　平面光波特征方程的解

模式	TE 模		TM 模	
	偶模	奇模	偶模	奇模
特征方程	$W=U\tan U$	$W=-U\cot U$	$n_1^2W=n_2^2U\tan U$	$n_1^2W=-n_2^2U\cot U$
截止条件	$U=V=j\pi/2$			
接近截止 $U\approx V$ $W\approx 0$	$U\approx V-V^3/2,\quad j=0$		$U\approx V-(n_2^4/n_1^4)V^3/2,\quad j=0$	
	$U\approx V-j\dfrac{\pi}{4}\left(V-j\dfrac{\pi}{2}\right)^2,\quad j>0$		$U\approx V-j\dfrac{\pi}{4}\left(V-j\dfrac{\pi}{2}\right)^2\left(\dfrac{n_2^4}{n_1^4}\right),\quad j>0$	
$V=U=\infty$	$U=(j+1)\pi/2$			
远离截止 $V\approx W$	$U\approx(j+1)\dfrac{\pi}{2}\left(1-\dfrac{1}{V+1}\right)$		$U\approx(j+1)\dfrac{\pi}{2}\left(1-\dfrac{n_2^2}{n_1^2V+n_2^2}\right)$	
单模范围	$0<V<\pi/2$			

注:表中 j 为模式序号。

3.2.3　截止条件,单模传输及远离截止频率的情形

要求解特征方程(3.2.2-3)、方程(3.2.2-4)以及方程(3.2.2-5),必须依靠计算机。但我们关心的几种特殊情形的解,可以通过理论分析得到。

1. 截止条件

随着 V 的减小,U 和 W 都随之减小。当 $W\to 0$ 时,意味着模式的场不断地向包层扩展,最后能量分散于广大的空间,不再能传输,这时称为该模式截止。使该模截止时 V 所满足的条件,称为这个模的截止条件。对于阶跃平面光波导的 TE 模,截止时有 $W\to 0$,$U=V$,因而特征方程可简化,对于 TE 偶模,有

$$V\tan V=0 \tag{3.2.3-1}$$

对于TE奇模有

$$V\cot V=0 \tag{3.2.3-2}$$

方程(3.2.3-1)和方程(3.2.3-2)的解为$V=k\pi/2(k=0,1,2,\cdots)$,以式中的k作为模式的序号。$k=0$的模式是最低的模式,称为基模,它的截止频率$V=0$,这意味着这个模不会截止。其他k较大的模式称为高阶模,它们在$V\to 0$的过程中均会截止,并称截止时的频率为截止频率V_{cut}。

2. 单模传输

由于基模的截止频率$V_{\text{cut}}=0$,不会截止,故在$0<V<\pi/2$时,只有基模在光波导中传输,这时称为光波导处于单模传输状态(实际上,在这个条件下,除TE模外尚有TM模在传输,所以通常所说的单模传输实际为双模传输)。这一概念可以扩展到任意光波导,例如圆光波导——光纤。人们在使用光纤过程中,常把用于单模传输的光纤称为单模光纤,而把用于多模传输的光纤称为多模光纤。其实,二者只是运用状态不同而已,光纤结构类型并没有本质的区别。例如在长波长(低V)时为单模的光纤,在短波长(高V)时,可能就是多模光纤。目前常用的由国际电信联盟以标准形式规定的G.652单模光纤,它的截止频率为1270nm,所以当它用于850nm波长的时候,将在其内部激发出多个高阶模,但比多模光纤中的模式还是要少得多,所以称为少模运用。另外,高阶模在截止频率附近尽管能够存在,但由于高阶模的模式场有很大一部分分布在损耗大的包层,实际上传不远。如果包层的损耗不是很大,那么这些高阶模也可能传得很远,习惯上称为包层模式。

3. 远离截止频率的情形

随着V的增加,U和W也都增加。但U不可能无限增大,例如对于TE偶模,由特征方程(3.2.2-5)和方程(3.2.2-8)可得出

$$\frac{U}{\cos U}=V \tag{3.2.3-3}$$

要使$V\to\infty$,只需$\cos U\to 0$,从而$U\to(k+1/2)\pi$。这表明当远离截止频率时,U趋于一个定值。同样,对于TE奇模,在$V\to\infty$时,$U\to k\pi$。

根据以上分析的结果,我们可以粗略地绘出$U=f(V)$,如图3.2.3-1所示。

通过以上对阶跃平面光波导的分析,可以看出,对某些形状规则的光波导,模式场有解析表达式(特征函数),并由此可导出传输常数β的代数方程——特征方程,进而引出有关截止频率、单模传输、远离截止频率时U的趋势等新的概念。这些重要的概念,将贯穿于分析各种光波导的始终。

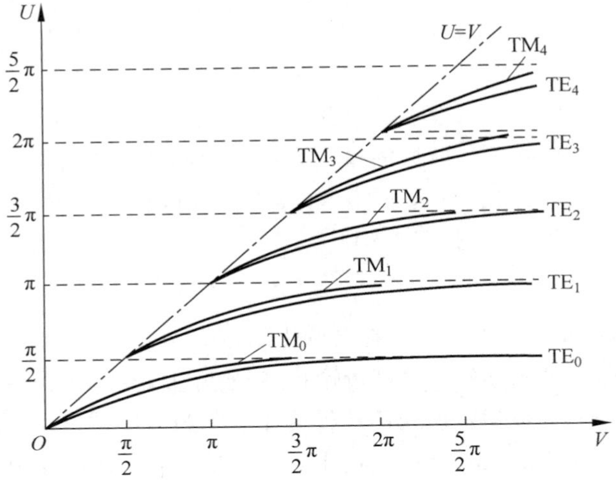

图 3.2.3-1　平面光波导 $U=f(V)$

3.3　多层平面光波导

3.2 节研究了最简单的平面光波导——二层平面光波导，但是，很多情况下仅仅二层是不够的，大多数波导都是多层结构。比如半导体激光器、光波导耦合器以及光波导偏振器中，都是多层结构。为什么需要这么多层的结构？其重要原因之一，是尽可能地把光功率集中在图 3.3.0-1 的有源层（也就是发光层）中，这样，可以获得较大的增益，从而获得更优良的激光。图 3.3.0-1 是一个典型的半导体激光器结构。

所以，研究多层波导是很有必要的，有广泛的应用价值。

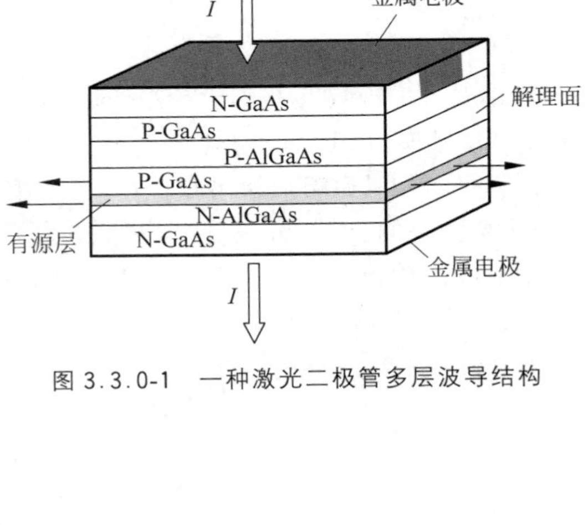

图 3.3.0-1　一种激光二极管多层波导结构

3.3.1 一般概念

多层光波导，顾名思义，至少应该包含三层以上。如果它们的折射率互不相等，就不像阶跃光波导那样可以简单地分为芯层和包层。这个看似简单的问题，却带来了一系列的麻烦。图 3.3.1-1 是一个多层光波导的例子。

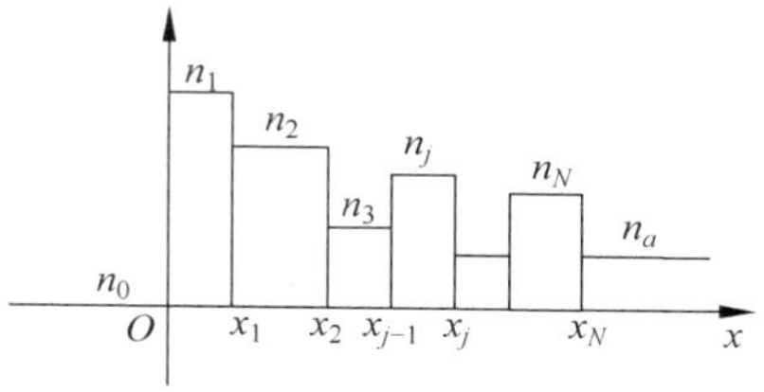

图 3.3.1-1 多层光波导

图中 n_0 为空气的折射率，$n_j(j=1,2,\cdots,N)$为第 j 层的折射率，n_a 为包层折射率

首先是关于模式的概念。在 3.2 节，模式是指以芯层中的光场分布为基础的模式，也就是说，无论是基模(光场主要集中于芯层)还是高阶模(光场有很大一部分在包层)，它们的传输常数都满足

$$n_2 < \beta/k_0 < n_1 \tag{3.3.1-1}$$

对于多层光波导，模式以哪一层为基础呢？是以最大折射率或者最小折射率的那一层为基础吗？比如图 3.3.1-1 中，假定最大折射率在 n_1 层，最小折射率在 n_0 层(空气)，也就是要满足

$$n_0 < \beta/k_0 < n_1 \tag{3.3.1-2}$$

这将导致多数多层光波导都是多模的。但实际使用时，并不是每一层传输的光都是有意义的，所以选择有效通光层是非常重要的。近年来，由于所谓的“光子晶体”的出现，通光层甚至可能是空气，所以根据使用情况选择通光层是首先应该做的事。

其次是有关归一化频率 V、横向传输参数 U 和 W 等参数的概念，也要做相应的变化。例如 $V=k_0a\sqrt{n_1^2-n_2^2}$ 中的 a 和 n_1、n_2 都要做相应的处理。

再次，是截止条件、单模条件等，也要做相应的改变。

但是，无论如何，基本的模式概念、传输常数的概念、模式截止的概念以及单模的概念，多层波导与阶跃波导都是相同的。在学习的时候，既要学习它们的共性，又要注意它们的区别。

最后，也是多层平面光波导引入的新概念——模式的功率限制因子 Γ。它是表征模式场在导光层中集中程度的一个量。在“激光原理”这门课中，我们知道只有包含增益介质的那一层(图 3.3.0-1 中的有源层)才会产生光放大现象，从而导

致激光的产生。为了便于激光器使用,定义功率限制因子为

$$\Gamma=\frac{P_{\text{core}}}{P_{\Sigma}} \tag{3.3.1-3}$$

式中,P_{core} 是指含有增益介质的那一层的光功率,P_{Σ} 是指这个模式包含的总功率。

模式的功率限制因子也可用电场强度表示为

$$\Gamma=\frac{\int_{x_1}^{x_2}|e_y|^2\mathrm{d}x}{\int_{-\infty}^{\infty}|e_y|^2\mathrm{d}x} \tag{3.3.1-4}$$

式中,x_1 与 x_2 是有源层的边界坐标。设计不同的波导结构,以便获得更大的限制因子,是多层光波导的设计目标之一。

研究多层光波导的思路仍然是:第一步,先写出每一层中光场可能存在的形式,与阶跃光波导不同之处在于,传输常数 β/k_0 有可能大于或者小于这一层的折射率 n_j,因此光场的形式有可能是振荡的(当 $\beta/k_0>n_j$ 时),或者是衰减的(当 $\beta/k_0<n_j$ 时);第二步,将各层的光场利用边界条件联系起来;第三步,在最外层或者最内层,两边的光场应该连续,从而得到一个齐次方程组,利用齐次方程组非零解的存在条件,求出传输常数应满足的代数方程,解这个代数方程,可以得到传输常数与频率(或者归一化频率)之间的关系,绘出相关曲线。根据这个关系,确定截止频率、单模条件以及远离截止频率情形。在以上各步骤中,除第二步,各层之间的关联性是多层波导特有的问题外,其他与阶跃波导都是一样的。解决多层之间光场关联性问题的方法,称为转移矩阵法,将在 3.3.2 节介绍。

3.3.2 转移矩阵法

对于多层光波导的分析,与对阶跃光波导的分析最大的不同是要找到不同层光场之间的关联性。

首先,考虑既不是最里层也不是最外层的中间层(n_j 层),它的坐标从 x_{j-1} 到 x_j。我们的任务是将边界 x_j 位置的光场用边界 x_{j-1} 位置的光场表示出来。联系这两个边界场之间的矩阵就是转移矩阵。

下面以 TE 模为例,看看如何使用转移矩阵法。

我们知道,平面光波导的每一层中,由于折射率是均匀分布的,对于 TE 模,模式场只有三个分量,即 $\boldsymbol{e}_y$、$\boldsymbol{h}_x$ 和 $\boldsymbol{h}_z$,而且 $e_y=\frac{-\omega\mu_0}{\beta}h_x$,$h_z=\frac{1}{\mathrm{i}\omega\mu_0}\frac{\mathrm{d}e_y}{\mathrm{d}x}$。这样,当 $\boldsymbol{e}_y$ 在边界上连续时,$\boldsymbol{h}_x$ 自然连续。因此,独立变量只有两个,即 $\boldsymbol{e}_y$ 和 $\boldsymbol{h}_z$。

3.2.1 节已经导出 $\boldsymbol{e}_y$ 所满足的方程(3.2.1-8),将 n 改写为 n_j,得到

$$\frac{\mathrm{d}^2e_y}{\mathrm{d}x^2}+(k_0^2n_j^2-\beta^2)e_y=0 \tag{3.3.2-1}$$

如前所述，在某一个特定层，归一化的传输常数 β/k_0 既可以大于折射率 n_j，也可以小于 n_j。因此，这两种情况的解是不一样的。当 $\beta/k_0<n_j$ 时，$k_0^2n_j^2-\beta^2$ 是一个正实数，它的两个特征解为正弦函数与余弦函数，也就是

$$e_y=a_j\sin(\sqrt{k_0^2n_j^2-\beta^2}\,x)+b_j\cos(\sqrt{k_0^2n_j^2-\beta^2}\,x) \tag{3.3.2-2}$$

式中，a_j 和 b_j 是这一层中两个与振幅有关的系数。从式(3.3.2-2)可以看出，在不同层中，其幅度是不同的，定义某一层的横向传输系数

$$U_j=\sqrt{k_0^2n_j^2-\beta^2} \tag{3.3.2-3}$$

它在各层中是不同的，但是各层的 β/k_0 是相同的。这是因为，无论光波导有多少层，它们中的光场要构成一个完整的模式，必须以同一个传输常数传播。有一种论点认为，模式是按照不同层传播的，并分别起名为“芯层模式”“包层模式”等，这显然是一种误解。

进一步观察方程(3.3.2-1)，当 $\beta/k_0>n_j$ 时，$k_0^2n_j^2-\beta^2$ 是一个负实数，它的两个特征解为双曲正弦函数与双曲余弦函数，也就是

$$e_y=a_j\sinh(\sqrt{\beta^2-k_0^2n_j^2}\,x)+b_j\cosh(\sqrt{\beta^2-k_0^2n_j^2}\,x) \tag{3.3.2-4}$$

考虑到

$$\cos(\mathrm{i}\,|U_j|\,x)=\cosh(|U_j|\,x) \tag{3.3.2-5}$$

和

$$\sin(\mathrm{i}\,|U_j|\,x)=\mathrm{i}\sinh(|U_j|\,x) \tag{3.3.2-6}$$

因此，可以认为式(3.3.2-2)概括了 β/k_0 大于和小于折射率 n_j 的两种情况。

在这个前提下，有

$$h_z=\frac{1}{\mathrm{i}\omega\mu_0}\frac{\mathrm{d}e_y}{\mathrm{d}x}=\frac{1}{\mathrm{i}\omega\mu_0}\frac{\mathrm{d}}{\mathrm{d}x}[a_j\sin(U_jx)+b_j\cos(U_jx)] \tag{3.3.2-7}$$

于是

$$h_z=\frac{U_j}{\mathrm{i}\omega\mu_0}[a_j\cos(U_jx)-b_j\sin(U_jx)] \tag{3.3.2-8}$$

分别在式(3.3.2-2)和式(3.3.2-8)中代入两个边界值 x_{j-1} 和 x_j，得到

$$\begin{bmatrix}e_y\\h_z\end{bmatrix}_{x=x_{j-1}}=\begin{bmatrix}a_j\sin(U_jx_{j-1})+b_j\cos(U_jx_{j-1})\\ \dfrac{U_j}{\mathrm{i}\omega\mu_0}[a_j\cos(U_jx_{j-1})-b_j\sin(U_jx_{j-1})]\end{bmatrix} \tag{3.3.2-9}$$

为了进一步简化表达式，我们将左边的量统一用电场强度的量纲表示，于是得到

$$\begin{bmatrix}e_y\\ \mathrm{i}\omega\mu_0h_z\end{bmatrix}_{x=x_{j-1}}=\begin{bmatrix}a_j\sin(U_jx_{j-1})+b_j\cos(U_jx_{j-1})\\ U_j[a_j\cos(U_jx_{j-1})-b_j\sin(U_jx_{j-1})]\end{bmatrix} \tag{3.3.2-10}$$

将这个公式写成矩阵形式，有

$$\begin{bmatrix} e_y \\ i\omega\mu_0 h_z \end{bmatrix}_{x=x_{j-1}} = \begin{bmatrix} \sin(U_j x_{j-1}) & \cos(U_j x_{j-1}) \\ U_j \cos(U_j x_{j-1}) & -U_j \sin(U_j x_{j-1}) \end{bmatrix} \begin{bmatrix} a_j \\ b_j \end{bmatrix} \tag{3.3.2-11}$$

在式(3.3.2-11)中，左边的 2×1 矩阵与右边的 2×1 矩阵是同量纲的，都是电场强度的量纲。而系数矩阵是无量纲的，这就是这样做的好处。同理可得

$$\begin{bmatrix} e_y \\ i\omega\mu_0 h_z \end{bmatrix}_{x=x_j} = \begin{bmatrix} \sin(U_j x_j) & \cos(U_j x_j) \\ U_j \cos(U_j x_j) & -U_j \sin(U_j x_j) \end{bmatrix} \begin{bmatrix} a_j \\ b_j \end{bmatrix} \tag{3.3.2-12}$$

将式(3.3.2-11)中的系数 a_j、b_j 用 x_{j-1} 位置的场 e_y 和 $i\omega\mu_0 h_z$ 表示，然后代入式(3.3.2-12)，将直接得到

$$\begin{bmatrix} e_y \\ i\omega\mu_0 h_z \end{bmatrix}_{x=x_j} = \begin{bmatrix} \sin(U_j x_j) & \cos(U_j x_j) \\ U_j \cos(U_j x_j) & -U_j \sin(U_j x_j) \end{bmatrix} \cdot \begin{bmatrix} \sin(U_j x_{j-1}) & \cos(U_j x_{j-1}) \\ U_j \cos(U_j x_{j-1}) & -U_j \sin(U_j x_{j-1}) \end{bmatrix}^{-1} \begin{bmatrix} e_y \\ i\omega\mu_0 h_z \end{bmatrix}_{x=x_{j-1}} \tag{3.3.2-13}$$

两个矩阵相乘，然后利用三角函数的和差化积公式化简后得到

$$\begin{bmatrix} e_y \\ i\omega\mu_0 h_z \end{bmatrix}_{x=x_j} = \begin{bmatrix} \cos[U_j(x_j - x_{j-1})] & \dfrac{1}{U_j}\sin[U_j(x_j - x_{j-1})] \\ -U_j \sin[U_j(x_j - x_{j-1})] & \cos[U_j(x_j - x_{j-1})] \end{bmatrix} \cdot \begin{bmatrix} e_y \\ i\omega\mu_0 h_z \end{bmatrix}_{x=x_{j-1}} \tag{3.3.2-14}$$

令矩阵

$$\boldsymbol{M}_j(x_j - x_{j-1}) = \begin{bmatrix} \cos[U_j(x_j - x_{j-1})] & \dfrac{1}{U_j}\sin[U_j(x_j - x_{j-1})] \\ -U_j \sin[U_j(x_j - x_{j-1})] & \cos[U_j(x_j - x_{j-1})] \end{bmatrix} \tag{3.3.2-15}$$

这样就得到了联系同一层光波导左边界与右边界光场的矩阵，它被称为这一层的转移矩阵。从而

$$\begin{bmatrix} e_y \\ i\omega\mu_0 h_z \end{bmatrix}_{x=x_j} = \boldsymbol{M}_j(x_j - x_{j-1}) \begin{bmatrix} e_y \\ i\omega\mu_0 h_z \end{bmatrix}_{x=x_{j-1}} \tag{3.3.2-16}$$

不难看出，矩阵 $\boldsymbol{M}_j$ 的模是 1，也就是

$$|\boldsymbol{M}_j| = 1 \tag{3.3.2-17}$$

现在回到如图 3.3.1-1 所示的多层光波导。如果每一层的 n_j 是已知的，那么

从第1层一直到最右边的一个中间层(设角标为 N),则

$$\begin{bmatrix} e_y \\ \mathrm{i}\omega\mu_0 h_z \end{bmatrix}_{x=x_N} = \boldsymbol{M}_N(x_N - x_{N-1}) \begin{bmatrix} e_y \\ \mathrm{i}\omega\mu_0 h_z \end{bmatrix}_{x=x_{N-1}} \tag{3.3.2-18}$$

然后依次迭代,得到

$$\begin{bmatrix} e_y \\ \mathrm{i}\omega\mu_0 h_z \end{bmatrix}_{x=x_N} = \boldsymbol{M}_N\boldsymbol{M}_{N-1}\cdots\boldsymbol{M}_1 \begin{bmatrix} e_y \\ \mathrm{i}\omega\mu_0 h_z \end{bmatrix}_{x=0} \tag{3.3.2-19}$$

记

$$\boldsymbol{M}_\Sigma = \boldsymbol{M}_N\boldsymbol{M}_{N-1}\cdots\boldsymbol{M}_1 \tag{3.3.2-20}$$

得到

$$\begin{bmatrix} e_y \\ \mathrm{i}\omega\mu_0 h_z \end{bmatrix}_{x=x_N} = \boldsymbol{M}_\Sigma \begin{bmatrix} e_y \\ \mathrm{i}\omega\mu_0 h_z \end{bmatrix}_{x=0} \tag{3.3.2-21}$$

这样就得到了所有中间层之间光场的联系,或者说总的转移矩阵。

然后,我们考虑中间层以外的两个边层。在光波导 $x<0$ 的最左面的一部分,光场只能以指数形式衰减,于是

$$e_y = a_0\exp(W_0 x),\quad x<0 \tag{3.3.2-22}$$

式中,

$$W_0 = \sqrt{\beta^2 - k_0^2 n_0^2} \tag{3.3.2-23}$$

$$\mathrm{i}\omega\mu_0 h_z = \frac{\mathrm{d}e_y}{\mathrm{d}x} = W_0 a_0 \exp(W_0 x),\quad x \leqslant 0 \tag{3.3.2-24}$$

在光波导 $x>x_N$ 的最右边的一部分(称为 a 层,折射率为 n_a),光场也只能以指数形式衰减,于是

$$e_y = b_a\exp(-W_a x),\quad x>x_N \tag{3.3.2-25}$$

式中,

$$W_a = \sqrt{\beta^2 - k_0^2 n_a^2} \tag{3.3.2-26}$$

$$\mathrm{i}\omega\mu_0 h_z = \frac{\mathrm{d}e_y}{\mathrm{d}x} = -W_a b_a \exp(-W_a x),\quad x > x_N \tag{3.3.2-27}$$

于是,在 $x=0$ 处,

$$\begin{bmatrix} e_y \\ \mathrm{i}\omega\mu_0 h_z \end{bmatrix}_{x=0} = \begin{bmatrix} 1 \\ W_0 \end{bmatrix} a_0 \tag{3.3.2-28}$$

在 $x=x_N$ 处,

$$\begin{bmatrix} e_y \\ h_z \end{bmatrix}_{x=x_N} = \begin{bmatrix} 1 \\ -W_a \end{bmatrix} b_a \exp(-W_a x_N) \tag{3.3.2-29}$$

将式(3.3.2-28)和式(3.3.2-29)代入式(3.3.2-21)，得到

$$\begin{bmatrix}1\\-W_a\end{bmatrix}b_a\exp(-W_a x_N)=\boldsymbol{M}_\Sigma\begin{bmatrix}1\\W_0\end{bmatrix}a_0 \tag{3.3.2-30}$$

或者改写为

$$\begin{bmatrix}1\\-W_a\end{bmatrix}b_a\exp(-W_a x_N)-\boldsymbol{M}_\Sigma\begin{bmatrix}1\\W_0\end{bmatrix}a_0=0 \tag{3.3.2-31}$$

进一步改写为加边矩阵的形式

$$\begin{bmatrix}1 & -\boldsymbol{M}_\Sigma\begin{bmatrix}1\\W_0\end{bmatrix}\\-W_a & \end{bmatrix}\begin{bmatrix}b_a\exp(-W_a x_N)\\a_0\end{bmatrix}=0 \tag{3.3.2-32}$$

式中，矩阵 $\begin{bmatrix}1 & -\boldsymbol{M}_\Sigma\begin{bmatrix}1\\W_0\end{bmatrix}\\-W_a & \end{bmatrix}$ 表示由两个列向量 $\begin{bmatrix}1\\-W_a\end{bmatrix}$ 和 $-\boldsymbol{M}_\Sigma\begin{bmatrix}1\\W_0\end{bmatrix}$ 加边合成的一个矩阵。该线性方程组存在非零解，可以得到系数矩阵应满足如下本征值方程：

$$\left|\begin{bmatrix}1 & -\boldsymbol{M}_\Sigma\begin{bmatrix}1\\W_0\end{bmatrix}\\-W_a & \end{bmatrix}\right|=0 \tag{3.3.2-33}$$

式(3.3.2-33)是一个代数方程，可以求出在某个光频下的传输常数。于是，多层平面光波导的两个问题：①模式场的分布(式(3.3.2-2)和式(3.3.2-8))；②波动项中的传输常数 β 均已获得解决。光波在多层平面光波导的问题，也就解决了。更细致的分析请见后面两节。

3.3.3 多层对称平面光波导

3.3.2 节给出了分析多层平面光波导的一般方法。基本思路是：先求出每一层内光场的表示式；再求出同一层左边界与右边界之间关联的转移矩阵，接着求出整个中间层的总转移矩阵；最后利用最左和最右层的光必须指数衰减(光被束缚在波导内传播)的条件，写出求传输常数的代数方程，并通过解代数方程求出传输常数。

模式场是整个各层模式分布的整体，传输常数对于各层都是相同的。值得注意的是，在平面光波导中，只存在 TE 和 TM 两种模式。

在多层光波导中，具有对称结构的平面光波导具有广泛应用，因此，本节主要研究对称结构的平面光波导，其他情况可以参考相关文献。

对称结构的平面光波导，是指它的折射率分布沿着 x 方向为对称结构的，如图 3.3.3-1 所示。

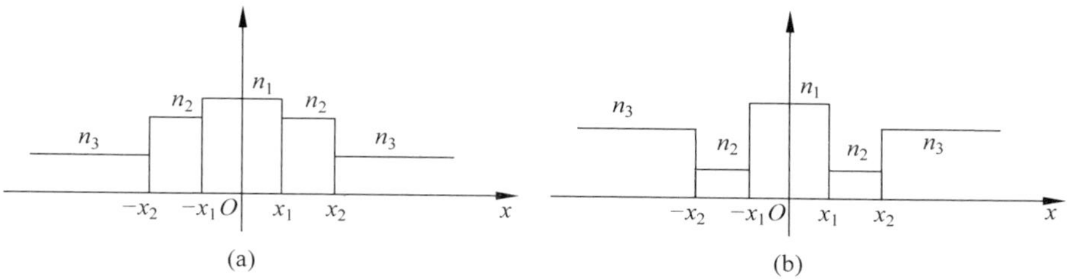

图 3.3.3-1　五层对称光波导

(a) 凸型；(b) W 型

1. 三层对称光波导

关于三层对称光波导在 3.2 节已经详细地研究过了，这里不再重复。

为了对比，我们计算这种光波导中的功率限制因子。假定在阶跃波导中，光主要是在芯层中传输的，于是，我们主要计算 TE_0 偶模的模式功率限制因子。根据 3.3.1 节的定义，

$$\Gamma=\frac{P_{\text{core}}}{P_{\Sigma}} \tag{3.3.1-3}$$

对于 TE_0 基模，当模场采用归一化形式表示时，为

$$e_y=\begin{cases}\cos(U\rho)/\cos U, & \rho\leqslant 1\\ \exp(-W\rho)/\exp(-W), & \rho>1\end{cases} \tag{3.3.3-1}$$

式中，$\rho=x/a$ 为归一化的几何尺寸，$2a$ 为芯层厚度。由式(3.3.3-1)表述的模式场，在边界上自动满足了连续条件。于是，芯层功率为

$$P_{\text{core}}=2\int_0^1 |e_y|^2\mathrm{d}x=2a\int_0^1\frac{\cos^2(U\rho)}{\cos^2 U}\mathrm{d}\rho \tag{3.3.3-2}$$

经过计算得到

$$P_{\text{core}}=\frac{a}{\cos^2 U}\left[1+\frac{1}{2U}\sin 2(U)\right] \tag{3.3.3-3}$$

另外，可以计算出包层功率为

$$P_{\text{cladd}}=2\int_1^\infty |e_y|^2\mathrm{d}x=2a\int_1^\infty\frac{\exp(-2W\rho)}{\exp(-2W)}\mathrm{d}\rho \tag{3.3.3-4}$$

于是，模式的功率限制因子为

$$\Gamma=\frac{P_{\text{core}}}{P_{\text{core}}+P_{\text{cladd}}}=\left[\frac{1}{a\cos^2 U}\left(1-\frac{1}{2U}\sin 2U\right)\right]\bigg/\left[\frac{1}{a\cos^2 U}\left(1-\frac{1}{2U}\sin 2U\right)+\frac{1}{aW}\right] \tag{3.3.3-5}$$

化简后得到

$$\Gamma=\frac{2UW+W\sin 2U}{2UW+W\sin 2U+2U\cos^2 U} \tag{3.3.3-6}$$

利用 3.2.2 节中该模式的特征方程

$$U\tan U=W \tag{3.2.2-5a}$$

将它代入式(3.3.3-6),得到

$$\Gamma=\frac{U\sin U-\sin^2 U\cos U}{U\sin U+\cos U-2\sin^2 U\cos U} \tag{3.3.3-7}$$

这就是三层对称光波导功率限制因子的计算公式。根据式(3.3.3-7),可以绘出不同 V 下的功率限制因子,如图 3.3.3-2 所示。

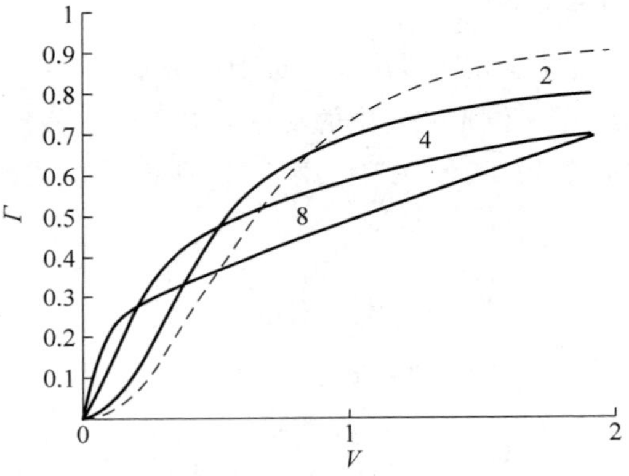

图 3.3.3-2　不同 V 下的功率限制因子 Γ

2. 五层对称光波导

(1) 转移矩阵

根据 3.3.2 节的推导,已经得出了转移矩阵的通用表达式(3.3.2-15),为

$$\boldsymbol{M}_j(x_j-x_{j-1})=\begin{bmatrix}\cos[U_j(x_j-x_{j-1})] & \dfrac{1}{U_j}\sin[U_j(x_j-x_{j-1})]\\ -U_j\sin[U_j(x_j-x_{j-1})] & \cos[U_j(x_j-x_{j-1})]\end{bmatrix} \tag{3.3.2-15}$$

对于$(-x_2,-x_1)$层,有 $n_j=n_2$,并令 $x_{-1}-x_{-2}=h_2$ 为这一层的厚度,于是

$$\boldsymbol{M}_{-1}(x_{-1}-x_{-2})=\begin{bmatrix}\cos(U_{-1}h_2) & \dfrac{1}{U_{-1}}\sin(U_{-1}h_2)\\ -U_{-1}\sin(U_{-1}h_2) & \cos(U_{-1}h_2)\end{bmatrix} \tag{3.3.3-8}$$

式中,

$$U_{-1}=\sqrt{k_0^2n_{-1}^2-\beta^2} \tag{3.3.3-9}$$

对于$(-x_1, x_1)$层，有$n_j = n_1$，并令$(x_1 - x_{-1}) = 2h_1$为这一层的厚度，于是

$$\boldsymbol{M}_1(x_1 - x_{-1}) = \begin{bmatrix} \cos(2U_1 h_1) & \dfrac{1}{U_1}\sin(2U_1 h_1) \\ -U_1 \sin(2U_1 h_1) & \cos(2U_1 h_1) \end{bmatrix} \tag{3.3.3-10}$$

式中，

$$U_1 = \sqrt{k_0^2 n_1^2 - \beta^2} \tag{3.3.3-11}$$

对于(x_1, x_2)层，有$n_j = n_2$，并令$(x_2 - x_1) = h_2$为这一层的厚度，于是

$$\boldsymbol{M}_2(x_2 - x_1) = \begin{bmatrix} \cos(U_2 h_2) & \dfrac{1}{U_2}\sin(U_2 h_2) \\ -U_2 \sin(U_2 h_2) & \cos(U_2 h_2) \end{bmatrix} \tag{3.3.3-12}$$

式中，

$$U_2 = \sqrt{k_0^2 n_2^2 - \beta^2} \tag{3.3.3-13}$$

注意，由于是对称结构，所以$\boldsymbol{M}_2(x_2 - x_1) = \boldsymbol{M}_{-1}(x_{-1} - x_{-2})$。下面的工作要使这三个矩阵连乘，可以想象出乘积的元素是一个非常复杂的多项式。若记

$$\boldsymbol{M}_\Sigma = \boldsymbol{M}_{-1}\boldsymbol{M}_1\boldsymbol{M}_2 = \begin{bmatrix} m_{11} & m_{12} \\ m_{21} & m_{22} \end{bmatrix} \tag{3.3.3-14}$$

则

$$m_{11} = m_{22} = \cos(2U_1 h_1)\cos(2U_2 h_2) + \frac{1}{2}\left(\frac{U_2}{U_1} + \frac{U_1}{U_2}\right)\sin(2U_1 h_1)\sin(2U_2 h_2) \tag{3.3.3-15}$$

$$m_{12} = \frac{1}{U_2}\cos(2U_1 h_1)\sin(2U_2 h_2) + \frac{1}{U_2}\sin(2U_1 h_1)\left[\frac{U_2}{U_1}\cos^2(U_2 h_2) - \frac{U_1}{U_2}\sin^2(U_2 h_2)\right] \tag{3.3.3-16}$$

$$m_{21} = -U_2\cos(2U_1 h_1)\sin(2U_2 h_2) - U_2\sin(2U_1 h_1)\left[\frac{U_1}{U_2}\cos^2(U_2 h_2) - \frac{U_2}{U_1}\sin^2(U_2 h_2)\right] \tag{3.3.3-17}$$

从式(3.3.3-15)到式(3.3.3-17)可以看出，当层数从三层增加到五层，每个矩阵元素都变得非常复杂，不利于我们对这种光波导的理解。为此，我们提出等效中间层的概念。

(2) 等效转移矩阵

在五层光波导中，将中间的三层等效为一层，并将这一层的等效转移矩阵写为

$$\boldsymbol{M}_{\text{eff}} = \begin{bmatrix} \cos 2U_{\text{eff}}(h_1 + h_2) & \dfrac{1}{U_{\text{eff}}}\sin 2U_{\text{eff}}(h_1 + h_2) \\ -U_{\text{eff}}\sin 2U_{\text{eff}}(h_1 + h_2) & \cos 2U_{\text{eff}}(h_1 + h_2) \end{bmatrix} \tag{3.3.3-18}$$

式中，$2(h_1+h_2)$为等效后总的厚度，U_{eff} 为等效横向传输系数。值得注意的是，这个等效横向传输系数 U_{eff} 与厚度有关。这一点与单层的横向传输系数不一样，因为对于特定的层 $U_j=\sqrt{k_0^2n_j^2-\beta^2}$，它与层厚是无关的。所以，等效转移矩阵只起到形式上一致的作用，而物理意义是不同的。

为了求出等效横向传输系数 U_{eff}，只要将式(3.3.3-18)中副对角线上的两个元素相除，即可得到

$$U_{\mathrm{eff}}=\sqrt{-m_{21}/m_{12}} \tag{3.3.3-19}$$

代入式(3.3.3-16)和式(3.3.3-17)的相关表达式，可以得到

$$U_{\mathrm{eff}}=U_2\left\{\frac{\cos(2U_1h_1)\sin(2U_2h_2)+\sin(2U_1h_1)[(U_1/U_2)\cos^2(U_2h_2)-(U_2/U_1)\sin^2(U_2h_2)]}{\cos(2U_1h_1)\sin(2U_2h_2)+\sin(2U_1h_1)[(U_2/U_1)\cos^2(U_2h_2)-(U_1/U_2)\sin^2(U_2h_2)]}\right\}^{1/2} \tag{3.3.3-20}$$

由于等效转移矩阵 $\boldsymbol{M}_{\mathrm{eff}}$ 是由 $\boldsymbol{M}_\Sigma=\boldsymbol{M}_{-1}\boldsymbol{M}_1\boldsymbol{M}_2$ 得到的，而每一层的转移矩阵都有 $|\boldsymbol{M}_j|=1$，于是必有 $|\boldsymbol{M}_\Sigma|=1$ 和 $|\boldsymbol{M}_{\mathrm{eff}}|=1$。

(3) 特征方程

3.3.2 节已经得到了多层光波导特征方程的一般表达式(3.3.2-33)，为

$$\left|\begin{bmatrix}1\\-W_a\end{bmatrix} \quad -\boldsymbol{M}_\Sigma\begin{bmatrix}1\\W_0\end{bmatrix}\right|=0 \tag{3.3.2-33}$$

在此处，$\boldsymbol{M}_\Sigma$ 用 $\boldsymbol{M}_{\mathrm{eff}}$ 代替，于是得到

$$\left|\begin{bmatrix}1\\-W_a\end{bmatrix} \quad -\begin{bmatrix}\cos 2U_{\mathrm{eff}}(h_1+h_2) & \frac{1}{U_{\mathrm{eff}}}\sin 2U_{\mathrm{eff}}(h_1+h_2)\\-U_{\mathrm{eff}}\sin 2U_{\mathrm{eff}}(h_1+h_2) & \cos 2U_{\mathrm{eff}}(h_1+h_2)\end{bmatrix}\begin{bmatrix}1\\W_0\end{bmatrix}\right|=0 \tag{3.3.3-21}$$

于是

$$\begin{vmatrix}1 & -\cos 2U_{\mathrm{eff}}(h_1+h_2)-\frac{W_0}{U_{\mathrm{eff}}}\sin 2U_{\mathrm{eff}}(h_1+h_2)\\-W_a & U_{\mathrm{eff}}\sin 2U_{\mathrm{eff}}(h_1+h_2)-W_0\cos 2U_{\mathrm{eff}}(h_1+h_2)\end{vmatrix}=0 \tag{3.3.3-22}$$

最后得到特征方程为

$$\begin{aligned}&U_{\mathrm{eff}}^2\sin 2U_{\mathrm{eff}}(h_1+h_2)-W_0U_{\mathrm{eff}}\cos 2U_{\mathrm{eff}}(h_1+h_2)-\\&W_aU_{\mathrm{eff}}\cos 2U_{\mathrm{eff}}(h_1+h_2)-W_0W_a\sin 2U_{\mathrm{eff}}(h_1+h_2)=0\end{aligned} \tag{3.3.3-23}$$

化简后得到

$$(U_{\mathrm{eff}}^2-W_0W_a)\sin 2U_{\mathrm{eff}}(h_1+h_2)-(W_0+W_a)U_{\mathrm{eff}}\cos 2U_{\mathrm{eff}}(h_1+h_2)=0 \tag{3.3.3-24}$$

或者改写为

$$\tan 2U_{\text{eff}}(h_1+h_2)=\frac{(W_0+W_a)U_{\text{eff}}}{(U_{\text{eff}}^2-W_0W_a)} \tag{3.3.3-25}$$

在特征方程(3.3.3-24)或者方程(3.3.3-25)中，尽管没有出现传输常数 β，但是方程中的 U_{eff}、W_0 以及 W_a 都直接与 β 有关。因此，在给定波长和光波导结构的前提下，方程(3.3.3-24)或者方程(3.3.3-25)是一个以传输常数 β 作为唯一未知量的代数方程，这个方程的解，就是这个波导在这个波长下的传输常数。

但是，要求解方程(3.3.3-25)是相当困难的。首先，它是一个超越方程，没有显式的解；其次，这个方程也没有化为更简单方程的可能性，只能依靠计算机求解。尽管如此，我们仍然希望对式(3.3.3-25)作一些变形，得到一些相应的物理概念。

首先，将它变形为

$$\tan 2U_{\text{eff}}(h_1+h_2)=\frac{W_0/U_{\text{eff}}+(W_a/U_{\text{eff}})}{1-(W_0/U_{\text{eff}})(W_a/U_{\text{eff}})} \tag{3.3.3-26}$$

这个形式很像三角函数中正切的和角公式，于是，我们定义

$$\tan\varphi_1=W_0/U_{\text{eff}},\quad \tan\varphi_2=W_a/U_{\text{eff}} \tag{3.3.3-27}$$

代入式(3.3.3-26)中，得到

$$\tan 2U_{\text{eff}}(h_1+h_2)=\tan(\varphi_1+\varphi_2) \tag{3.3.3-28}$$

根据三角函数的周期性，可以得到

$$2U_{\text{eff}}(h_1+h_2)=m\pi+\varphi_1+\varphi_2,\quad m=0,\pm1,\pm2,\cdots \tag{3.3.3-29}$$

(4) 模式功率限制因子

现在，我们来研究五层光波导对电磁场的限制作用。在一定条件下，五层光波导具有比三层光波导更好的限制作用。假定光是在最中心的一层传播的，因此，功率限制因子 Γ 按照定义为

$$\Gamma=\frac{P_{\text{core}}}{P_{\Sigma}}=\frac{\int_0^{x_1}|e_y|^2\,\mathrm{d}x}{\int_0^{\infty}|e_y|^2\,\mathrm{d}x} \tag{3.3.3-30}$$

结合五层光波导电场分量的具体表达式，经过复杂的推导，得到

$$\Gamma=\frac{U_{\text{eff}}+\sin U_{\text{eff}}\cos U_{\text{eff}}}{U_{\text{eff}}+\sin U_{\text{eff}}\cos U_{\text{eff}}(1-U_{\text{eff}}^2/t^2)+U_{\text{eff}}(\cos^2 U_{\text{eff}}+(U_{\text{eff}}/t)^2\sin^2 U_{\text{eff}})(h_2/h_1+1/w)} \tag{3.3.3-31}$$

式中，

$$t^2=k_0^2h_1^2(n_2^2-\beta^2/k_0^2) \tag{3.3.3-32}$$

$$w^2=k_0^2h_1^2(\beta^2/k_0^2-n_3^2) \tag{3.3.3-33}$$

分别代表光在中间层传输时，模场是以振荡形式(3.3.3-32)还是指数衰减形式(3.3.3-33)横向传输，而它们是以芯层厚度作为归一化参数的几何尺度。

如果令内包层与外包层介电常数之差(折射率平方之差)

$$c^2=\frac{n_1^2-n_2^2}{n_1^2-n_3^2} \tag{3.3.3-34}$$

或者,当折射率差 $\Delta n_i=n_1-n_i(i=2,3)$ 很小时,略去 $\Delta n_i^2(i=2,3)$,则

$$c^2=\frac{n_1^2-n_2^2}{n_1^2-n_3^2}\approx\frac{\Delta n_2}{\Delta n_3} \tag{3.3.3-35}$$

并定义,外包层厚度与芯层厚度之比为

$$\eta=x_2/x_1 \tag{3.3.3-36}$$

这时,可以分别计算出在不同 c^2 和不同层厚比 η 时,模式功率限制因子 Γ 受归一化频率 V 影响的函数曲线,如图 3.3.3-3 所示。这里,在定义归一化频率 V 时,是以芯层厚度 h_1,以及芯层折射率与外包层折射率差作为参照的。即

$$V^2=k_0^2h_1^2(n_1^2-n_3^2) \tag{3.3.3-37}$$

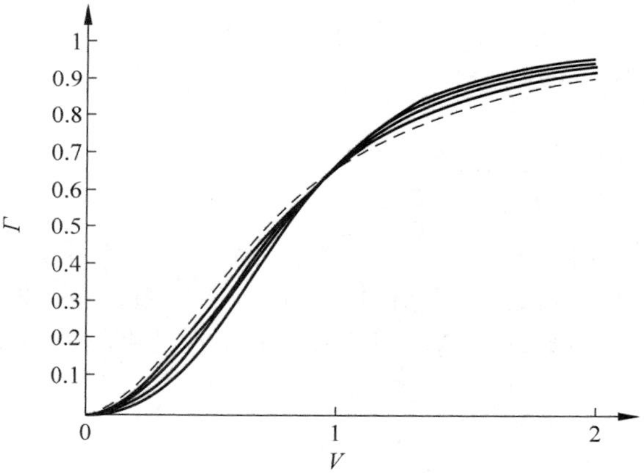

图 3.3.3-3 五层对称光波导(W 型)中基模的功率限制因子

在图 3.3.3-3 中,虚线表示当 $\eta=1$ 时的功率限制因子,这时,五层光波导已经退化为三层光波导。曲线的参变量为厚度比 η。从图可以看出,当参数 $c^2=1/3$,$\eta=2,4,8$ 时,基模($m=0$)的功率限制因子,在 V 较小时,五层光波导具有比三层光波导更大的功率限制因子。这为激光器设计时参数的选择指明了方向。

3.4 矩形光波导

3.3 节曾经谈到平面光波导可以有多种结构,为了突出概念,仅研究了一种结构非常简单的平面光波导。本节作为 3.3 节的推广,研究稍微复杂一些的平面光

波导。对于某些初学者,本节可以省略不看。

如前所述,无论是结构多么复杂的光波导,其基本问题都是相同的,都是要通过解亥姆霍兹方程,求解出它的模式场、特征方程、截止条件、传输常数与频率的关系等问题。解题的方法大体上分为解析法与数值计算法。所谓解析法,就是希望得到用解析式所表示的结果。然而,光波导的结构稍微复杂一点,就很难直接利用解析法,为此,不得不进行一些近似。数值计算法基本上能够求解任意复杂的光波导,但是它的概念不够清晰,只能对一些具体参数得出具体结果,不具有一般性。所以,在学习解析法的时候,更多地要注意结果所反映的概念,而不是仅仅关注得到的结果(数值)。

图 3.4.0-1 是几种矩形光波导的横截面结构,它们的共同特征是其边界大体都是矩形。为了将光场限制于波导内,芯区的折射率 n_1 要大于其他区域的折射率。由于这类光波导的结构比较复杂,难以求得严格的解析解,只能采取计算机辅助的数值计算方法或某种近似方法求解。本节将首先介绍马卡梯里(Marcatili)提出的一种近似解法,并指出其适用范围;随后,介绍有效折射率法、微扰法、变分法等其他方法。限于篇幅,关于变分法,将在 5.3.2 节再一并介绍。

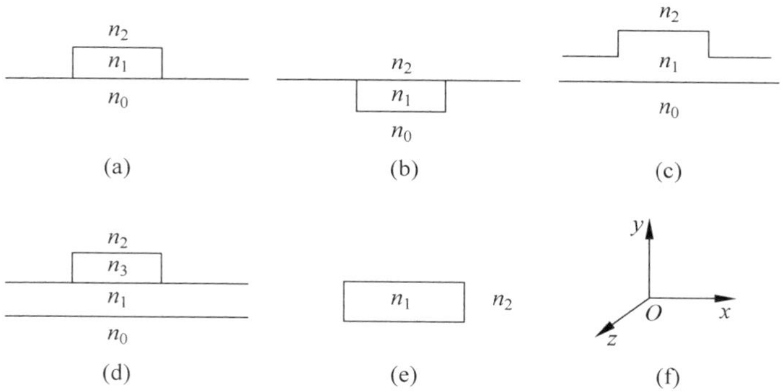

图 3.4.0-1 几种矩形光波导的横截面结构

(a) 凸起型;(b) 嵌入型;(c) 脊型;(d) 条带加载型;(e) 埋入型;(f) 坐标

3.4.1 马卡梯里近似解法

1. 马卡梯里对折射率分布的近似

在图 3.4.0-1 中的凸起型、嵌入型、埋入型等几种矩形光波导,都可以看成如图 3.4.1-1 所示的波导模型的一种特殊情况。在这个模型中,假定各区的折射率分别为常数 $n_i(i=1,2,\cdots,9)$,芯区的宽度和厚度分别为 $2a$ 与 $2b$。在波导的实际制作过程中,要获得理想的尖角是困难的,因为光波长很短,要制造出在波长量级的尖角尤其困难,所以这个模型只能是一个近似模型,因此后面的近似也是合理的。

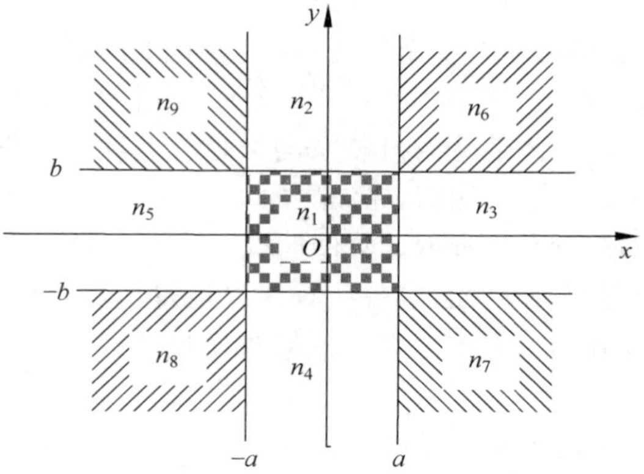

图 3.4.1-1 矩形波导的分区
（请扫Ⅱ页二维码看彩图）

3.1 节已得到任一个折射率均匀分布的区域中，在直角坐标系下，有

$$\left[\left(\frac{\partial^2}{\partial x^2}+\frac{\partial^2}{\partial y^2}\right)+k^2n^2(x,y)-\beta^2\right]\begin{pmatrix}\boldsymbol{e}_x(x,y)+\boldsymbol{e}_y(x,y)+\boldsymbol{e}_z(x,y)\\ \boldsymbol{h}_x(x,y)+\boldsymbol{h}_y(x,y)+\boldsymbol{h}_z(x,y)\end{pmatrix}=0 \tag{3.1.0-9}$$

取其中的任何一个场分量用 ψ 代表，在直角坐标系的分量 ψ 满足亥姆霍兹方程都是一样的，可表示为

$$\frac{\partial^2\psi}{\partial x^2}+\frac{\partial^2\psi}{\partial y^2}+[k_0^2n^2(x,y)-\beta^2]\psi=0 \tag{3.4.1-1}$$

其中 $n^2(x,y)$在 9 个区域分别为不同的常数值 $n_i(i=1,2,\cdots,9)$ 。显然，要获得同时在 9 个区域都满足式(3.4.1-1)的精确解，而且还要满足各个分界面上的边界条件，这是十分困难的数学问题。为此，必须进行一定的近似处理。

如果我们考虑的问题离截止区域远，那么光能量高度集中在芯区，透入 2、3、4、5 等 4 个边缘区域的光能很少，而透入 6、7、8、9 等 4 个阴影角区中的光能就更少，因此可以完全不考虑角区的场分布，这种近似可以使原先必须考虑 9 个区的问题简化为考虑 5 个区的问题，这就是马卡梯里近似的基本出发点。

这时，可将折射率分布表示为

$$n^2(x,y)=n_x^2(x)+n_y^2(y)-k_0^2n_1^2 \tag{3.4.1-2}$$

式中，

$$n_x^2(x)=\begin{cases}n_3^2, & x<-a\\ n_1^2, & a>x>-a\\ n_5^2, & x>a\end{cases} \tag{3.4.1-3}$$

$$n_y^2(y)=\begin{cases} n_2^2, & y<-b \\ n_1^2, & b>y>-b \\ n_4^2, & y>b \end{cases} \tag{3.4.1-4}$$

不难看出，这样假设的折射率分布，在区域1、2、3、4、5与原先的分布是一致的，差别仅在于4个角区。根据马卡梯里近似，角区的场是忽略不计的，所以折射率分布的差别可以忽略。这样做以后，方程(3.4.1-1)中随 x 与 y 都变化的量 $n^2(x,y)$，分别用只与 x 有关的变量 $n_x(x)$ 和只与 y 有关的变量 $n_y(y)$ 来表示，从而为进一步使用分离变量法打下基础。

2. 模式场分布

在具体求解模式场之前，先看一下模式场可能存在的形式。2.1.3节已经证明不可能存在TEM模式。现在考虑TM模式与TE模式。根据2.1.2节给出的模式场横向分量与纵向分量的关系，再结合本节的具体情况，将矢量算符 ∇_t 表示为直角坐标系的形式，即 $\nabla_t=\left[\frac{\partial}{\partial x},\frac{\partial}{\partial y}\right]^{\mathrm{T}}$，这样得到

$$\frac{\partial e_y}{\partial x}-\frac{\partial e_x}{\partial y}=\mathrm{i}\omega\mu_0 h_z \tag{3.4.1-5a}$$

$$\frac{\partial h_y}{\partial x}-\frac{\partial h_x}{\partial y}=-\mathrm{i}\omega\varepsilon e_z \tag{3.4.1-5b}$$

$$\frac{\partial e_z}{\partial y}-\mathrm{i}\beta e_y=\mathrm{i}\omega\mu_0 h_x \tag{3.4.1-5c}$$

$$-\frac{\partial e_z}{\partial x}+\mathrm{i}\beta e_x=\mathrm{i}\omega\mu_0 h_y \tag{3.4.1-5d}$$

$$\frac{\partial h_z}{\partial y}-\mathrm{i}\beta h_y=-\mathrm{i}\omega\varepsilon e_x \tag{3.4.1-5e}$$

$$-\frac{\partial h_z}{\partial x}+\mathrm{i}\beta h_x=-\mathrm{i}\omega\varepsilon e_y \tag{3.4.1-5f}$$

假定存在TM模式，这时应有 $h_z=0$，方程组变为

$$\frac{\partial e_y}{\partial x}-\frac{\partial e_x}{\partial y}=0 \tag{3.4.1-6a}$$

$$\frac{\partial h_y}{\partial x}-\frac{\partial h_x}{\partial y}=-\mathrm{i}\omega\varepsilon e_z \tag{3.4.1-6b}$$

$$\frac{\partial e_z}{\partial y}-\mathrm{i}\beta e_y=\mathrm{i}\omega\mu_0 h_x \tag{3.4.1-6c}$$

$$-\frac{\partial e_z}{\partial x}+\mathrm{i}\beta e_x=\mathrm{i}\omega\mu_0 h_y \tag{3.4.1-6d}$$

$$\beta h_y = \omega \varepsilon e_x \tag{3.4.1-6e}$$

$$\beta h_x = -\omega \varepsilon e_y \tag{3.4.1-6f}$$

这时,方程可分为两组:式(3.4.1-6c)和式(3.4.1-6f)只包含 e_y,而式(3.4.1-6d)和式(3.4.1-6e)只包含 e_x。这样,在矩形光波导中主要存在两种导模,一类导模的电场矢量近似指向 x 方向,记作 E_{mn}^x 模式(注意,E_{mn}^x 是模式的记号,类似于 TM 模式等记号,而不是电场强度的记号),它的主要(占优势的)电磁场分量是 E_x 和 H_y,纵向分量 E_z 和 H_z 较小,而 E_y 更小;另一类导模的电场矢量近似指向 y 方向,记作 E_{mn}^y 模式,它的主要电磁场分量是 E_y 和 H_x,纵向分量 E_z 和 H_z 较小,而 E_x 更小。

在马卡梯里近似下,可以把任何一个分量的亥姆霍兹方程(3.4.1-1)近似地写成如下形式:

$$\frac{\partial^2}{\partial x^2}\psi + \frac{\partial^2}{\partial y^2}\psi + [k_0^2 n_x^2(x) + k_0^2 n_y^2(y) - k_0^2 n_1^2 - \beta^2]\psi = 0 \tag{3.4.1-7}$$

用分离变量法,设 $\psi(x,y) = X(x)Y(y)$,代入方程(3.4.1-7),为

$$\frac{\partial^2}{\partial x^2}XY + \frac{\partial^2}{\partial y^2}XY + (k_0^2 n_x^2 + k_0^2 n_y^2 - k_0^2 n_1^2 - \beta^2)XY = 0 \tag{3.4.1-8}$$

或者

$$Y\frac{\partial^2}{\partial x^2}X + X\frac{\partial^2}{\partial y^2}Y + (k_0^2 n_x^2 + k_0^2 n_y^2 - k_0^2 n_1^2 - \beta^2)XY = 0 \tag{3.4.1-9}$$

两边同除以 XY 得到

$$\left(\frac{1}{X}\frac{\partial^2 X}{\partial x^2} + k_0^2 n_x^2\right) + \left(\frac{1}{Y}\frac{\partial^2 Y}{\partial y^2} + k_0^2 n_y^2\right) = k_0^2 n_1^2 + \beta^2 \tag{3.4.1-10}$$

就得到两个独立的方程:

$$\frac{\mathrm{d}^2 X}{\mathrm{d}x^2} + (k_0^2 n_x^2 - \beta_x^2)X = 0 \tag{3.4.1-11}$$

$$\frac{\mathrm{d}^2 Y}{\mathrm{d}y^2} + (k_0^2 n_y^2 - \beta_y^2)Y = 0 \tag{3.4.1-12}$$

而

$$\beta^2 = \beta_x^2 + \beta_y^2 - k_0^2 n_1^2 \tag{3.4.1-13}$$

方程(3.4.1-3)与芯区折射率为 n_1,厚度为 $2a$,衬底与包层折射率各为 n_3 与 n_5 的三层平面波导的场方程是一致的,而方程(3.4.1-4)与芯区折射率为 n_1,厚度为 $2b$,衬底与包层折射率各为 n_2 与 n_4 的三层平面波导的场方程是一致的。两方程的通解分别为

$$X=\begin{cases}c_1\cos(K_x x+\delta_1), & -a<x<a\\ c_2\exp[-p_x(x-a)], & x>a\\ c_3\exp[q_x(x+a)], & x<-a\end{cases} \tag{3.4.1-14}$$

$$Y=\begin{cases}c_4\cos(K_y y+\delta_2), & -b<y<b\\ c_5\exp[-p_y(y-b)], & y>b\\ c_6\exp[q_y(y+b)], & y<-b\end{cases} \tag{3.4.1-15}$$

式中，

$$K_x=(n_1^2k_0^2-\beta_x^2)^{\frac{1}{2}},\quad K_y=(n_1^2k_0^2-\beta_y^2)^{\frac{1}{2}} \tag{3.4.1-16}$$

$$p_x=(\beta_x^2-n_3^2k_0^2)^{\frac{1}{2}}=[k_0^2(n_1^2-n_3^2)-K_x^2]^{\frac{1}{2}} \tag{3.4.1-17}$$

$$p_y=(\beta_y^2-n_2^2k_0^2)^{\frac{1}{2}}=[k_0^2(n_1^2-n_2^2)-K_y^2]^{\frac{1}{2}} \tag{3.4.1-18}$$

$$q_x=(\beta_x^2-n_5^2k_0^2)^{\frac{1}{2}}=[k_0^2(n_1^2-n_5^2)-K_x^2]^{\frac{1}{2}} \tag{3.4.1-19}$$

$$q_y=(\beta_y^2-n_4^2k_0^2)^{\frac{1}{2}}=[k_0^2(n_1^2-n_4^2)-K_y^2]^{\frac{1}{2}} \tag{3.4.1-20}$$

$$\psi(x,y)=\begin{cases}\begin{cases}c_1\cos(K_x x+\delta_1)\cos(K_y y+\delta_2), & -b<y<b,-a<x<a\\ c_2\cos(K_x x+\delta_1)\exp[-p_y(y-b)], & y>b,-a<x<a\\ c_4\cos(K_x x+\delta_1)\exp[q_y(y+b)], & y<-b,-a<x<a\end{cases}\\ \begin{cases}c_3\exp[-p_x(x-a)]\cos(K_y y+\delta_2), & -b<y<b,x>a\\ c_7\exp[-p_x(x-a)]\exp[-p_y(y-b)], & y>b,x>a\\ c_8\exp[-p_x(x-a)]\exp[q_y(y+b)], & y<-b,x>a\end{cases}\\ \begin{cases}c_5\exp[q_x(x+a)]\cos(K_y y+\delta_2), & -b<y<b,x<-a\\ c_6\exp[q_x(x+a)]\exp[-p_y(y-b)], & y>b,x<-a\\ c_9\exp[q_x(x+a)]\exp[q_y(y+b)], & y<-b,x<-a\end{cases}\end{cases}$$

$$\tag{3.4.1-21}$$

现在，我们已经得到了任何一个分量的解的形式。

3. 本征值方程

先分析 E_{mn}^x 模。对于这种模式，ψ 可取为 E_x。如图 3.4.1-2 所示，这种模场对于图(a)所示的平面波导，可近似看成 TM 模，由边界条件在 $x=\pm a$ 处 n^2E_x、E_z 连续，分别可以得到 n^2X 及 X' 连续。

与三层平面波导一样，为了在已知通解的情况下进一步求出本征值方程，还需要利用边界条件，而边界条件是由矩形波导导模的具体形式决定的，为此先讨论矩

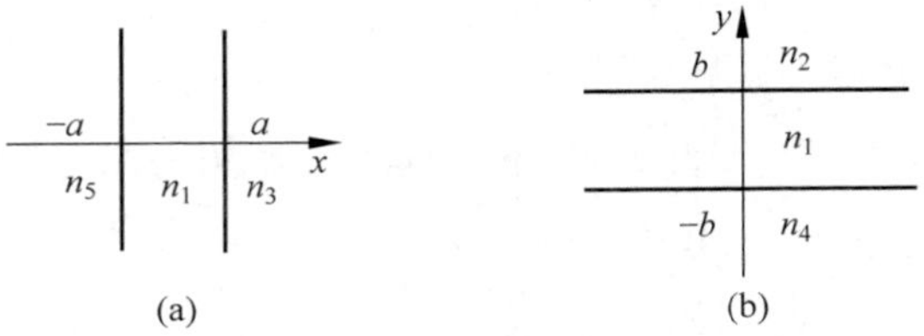

图 3.4.1-2 平面波导变换

(a) x 方向约束的波导；(b) y 方向约束的波导

形波导中的导模，然后再讨论其他问题。以上分析表明，在矩形波导中，模式的任一个分量都同时随 x 与 y 变化，但是，并没有解决一个模式有多少分量的问题。

由 $x=a$ 处，n^2X 及 X' 连续，并利用式(3.4.1-9)得

$$n_1^2c_1\cos(K_xa+\delta_1)=n_3^2c_2 \tag{3.4.1-22}$$

$$c_1K_x\sin(K_xa+\delta_1)=c_2p_x \tag{3.4.1-23}$$

以上两式相除，得

$$\tan(K_xa+\delta_1)=\frac{n_1^2}{n_3^2}\frac{p_x}{K_x} \tag{3.4.1-24}$$

即

$$K_xa+\delta_1=m'\pi+\arctan\left(\frac{n_1^2}{n_3^2}\frac{p_x}{K_x}\right),\quad m'=0,1,2,\cdots \tag{3.4.1-25}$$

由 $x=-a$ 处，n^2X 及 X' 连续，利用式(3.4.1-9)得

$$n_1^2c_1\cos(K_xa-\delta_1)=n_5^2c_3 \tag{3.4.1-26}$$

$$c_1K_x\sin(K_xa-\delta_1)=c_3q_x \tag{3.4.1-27}$$

以上两式相除，得

$$\tan(K_xa-\delta_1)=\frac{n_1^2}{n_5^2}\frac{q_x}{K_x} \tag{3.4.1-28}$$

即

$$K_xa-\delta_1=m''\pi+\arctan\left(\frac{n_1^2}{n_5^2}\frac{q_x}{K_x}\right),\quad m''=0,1,2,\cdots \tag{3.4.1-29}$$

将式(3.4.1-25)和式(3.4.1-29)相加，可得 x 方向的本征值方程为

$$K_x\cdot 2a=(m-1)\pi+\arctan\left(\frac{n_1^2}{n_3^2}\frac{p_x}{K_x}\right)+\arctan\left(\frac{n_1^2}{n_5^2}\frac{q_x}{K_x}\right),\quad m=1,2,3,\cdots \tag{3.4.1-30}$$

由式(3.4.1-22)和式(3.4.1-27)，可分别得

$$c_2=c_1\frac{n_1^2}{n_3^2}\cos(K_xa+\delta_1),\quad c_3=c_1\frac{n_1^2}{n_5^2}\cos(K_xa-\delta_1) \tag{3.4.1-31}$$

把以上两式代入式(3.4.1-14),可把 x 方向的场分布进一步表示为

$$X=\begin{cases}c_1\cos(K_x x+\delta_1), & -a<x<a\\ c_1(n_1^2/n_3^2)\cos(K_x a+\delta_1)\exp[-p_x(x-a)], & x>a\\ c_1(n_1^2/n_5^2)\cos(K_x a-\delta_1)\exp[q_x(x+a)], & x<-a\end{cases}$$

(3.4.1-32)

对于如图3.4.0-1(b)所示的平面波导,把 E_{mn}^x 模近似看成TE波,由边界条件在 $y=\pm b$ 处 E_x、H_z 连续,分别可以得到 Y 和 Y' 连续。

由 $y=b$ 处,Y 和 Y' 连续,并利用式(3.4.1-15)得

$$c_4\cos(K_y b+\delta_2)=c_5 \tag{3.4.1-33}$$

$$c_4K_y\sin(K_y b+\delta_2)=c_5 p_x \tag{3.4.1-34}$$

以上两式相除,得

$$\tan(K_y b+\delta_2)=\frac{p_y}{K_y} \tag{3.4.1-35}$$

即

$$K_y b+\delta_2=n'\pi+\arctan\left(\frac{p_y}{K_y}\right),\quad n'=0,1,2,\cdots \tag{3.4.1-36}$$

由 $y=-b$ 处,Y 和 Y' 连续,并利用式(3.4.1-15)得

$$c_4\cos(K_y b-\delta_2)=c_6 \tag{3.4.1-37}$$

$$c_4K_y\sin(K_y b-\delta_2)=c_6 q_y \tag{3.4.1-38}$$

以上两式相除,得

$$\tan(K_y b-\delta_2)=\frac{q_y}{K_y} \tag{3.4.1-39}$$

即

$$K_y b-\delta_2=n''\pi+\arctan\left(\frac{q_y}{K_y}\right),\quad n''=0,1,2,\cdots \tag{3.4.1-40}$$

将式(3.4.1-36)和式(3.4.1-40)相加,可得 y 方向的本征值方程为

$$K_y\cdot 2b=(n-1)\pi+\arctan\left(\frac{p_y}{K_y}\right)+\arctan\left(\frac{q_y}{K_y}\right),\quad n=1,2,3,\cdots$$

(3.4.1-41)

将式(3.4.1-33)和式(3.4.1-36)代入式(3.4.1-15),可把 y 方向的场分布进一步表示为

$$Y=\begin{cases}c_4\cos(K_y y+\delta_2), & -b<y<b\\ c_4\cos(K_y b+\delta_2)\exp[-p_y(y-b)], & y>b\\ c_4\cos(K_y b-\delta_2)\exp[q_y(y+b)], & y<-b\end{cases} \tag{3.4.1-42}$$

由本征值方程(3.4.1-30)和方程(3.4.1-41)可以分别解得 β_x 及 β_y,于是由式(3.4.1-13)可以求得 β。另外通过解出的 β_x 及 β_y 还可以分别得出 K_x, q_x, p_x, δ_1; K_y, q_y, p_y, δ_2,再通过式(3.4.1-32)和式(3.4.1-42)求出 X 和 Y,最后得到模场分布 $E_{mn}^x=\psi=XY$。

另外,利用三角函数公式 $\arctan z=\pi/2-\arctan 1/z$,本征值方程(3.4.1-30)和方程(3.4.1-41)可改写为

$$K_x \cdot 2a = m\pi - \arctan\left(\frac{n_3^2}{n_1^2}\frac{K_x}{p_x}\right) - \arctan\left(\frac{n_5^2}{n_1^2}\frac{K_x}{q_x}\right) \tag{3.4.1-43}$$

$$K_y \cdot 2b = n\pi - \arctan\left(\frac{K_y}{p_y}\right) - \arctan\left(\frac{K_y}{q_y}\right) \tag{3.4.1-44}$$

下面分析 E_{mn}^y 模。对于这种模式,ψ 可取为 E_y,如图 3.4.1-2 所示,这种模场对于如图 3.4.2-1(a)所示的平面波导,相当于 TE 波,其边界条件为在 $x=\pm a$ 处 X 及 X' 连续,而对于图 3.4.2-1(b)所示的平面波导,则相当于 TM 波,其边界条件为在 $y=\pm b$ 处,n^2Y 及 Y' 连续。用与分析 E_{mn}^x 模类似的方法,可得 E_{mn}^y 模的本征值方程为

$$K_x \cdot 2a = (m-1)\pi + \arctan\left(\frac{p_x}{K_x}\right) + \arctan\left(\frac{q_x}{K_x}\right) \tag{3.4.1-45}$$

$$K_y \cdot 2b = (n-1)\pi + \arctan\left(\frac{n_1^2}{n_2^2}\frac{p_y}{K_y}\right) + \arctan\left(\frac{n_1^2}{n_4^2}\frac{q_y}{K_y}\right) \tag{3.4.1-46}$$

或写成

$$K_x \cdot 2a = m\pi - \arctan\left(\frac{K_x}{p_x}\right) - \arctan\left(\frac{K_x}{q_x}\right) \tag{3.4.1-47}$$

$$K_y \cdot 2b = n\pi - \arctan\left(\frac{n_2^2}{n_1^2}\frac{K_y}{p_y}\right) - \arctan\left(\frac{n_4^2}{n_1^2}\frac{K_y}{q_y}\right) \tag{3.4.1-48}$$

E_{mn}^y 模的场分布为

$$X=\begin{cases} c_1\cos(K_x x+\delta_1), & -a<x<a \\ c_1\cos(K_x a+\delta_1)\exp[-p_x(x-a)], & x>a \\ c_1\cos(K_x a-\delta_1)\exp[q_x(x+a)], & x<-a \end{cases} \tag{3.4.1-49}$$

$$Y=\begin{cases} c_4\cos(K_y y+\delta_2), & -b<y<b \\ c_4(n_1^2/n_2^2)\cos(K_y b+\delta_2)\exp[-p_y(y-b)], & y>b \\ c_4(n_1^2/n_4^2)\cos(K_y b-\delta_2)\exp[q_y(y+b)], & y<-b \end{cases}$$

(3.4.1-50)

我们注意到，如果$(n_1/n_i)-1\ll 1$，比较式(3.4.1-30)、式(3.4.1-41)与式(3.4.1-45)、式(3.4.1-46)，可以看出E_{mn}^x模与E_{mn}^y模的同阶数模式的传播常数及模场分布差别很小，这说明在弱导情况下它们是简并的。

以下应用前面的理论分析具体的矩形波导，计算芯区和包层折射率分别为$n_1=1.4549$、$n_2=1.4440$，即芯区和包层相对折射率差为$\Delta=(n_1-n_2)/n_1=0.75\%$时，芯区尺寸为$6\mu m\times 6\mu m$的埋入形矩形波导$E_{11}^x$模的传播常数和场分布，入射光的波长为1550nm。

对于E_{11}^x模，计算结果如图3.4.1-3所示。计算出E_{11}^x模β_x和β_y的范围在5.88～5.895，可解出$\beta_x=5.8870$，$\beta_y=5.8871$，根据式(3.4.1-13)可以求出$\beta=5.8764$，从而得到模折射率$N=1.4497$。得出$K_x=0.3544$，$K_y=0.3530$，$p_x=q_x=0.6274$，$p_y=q_y=0.6282$。

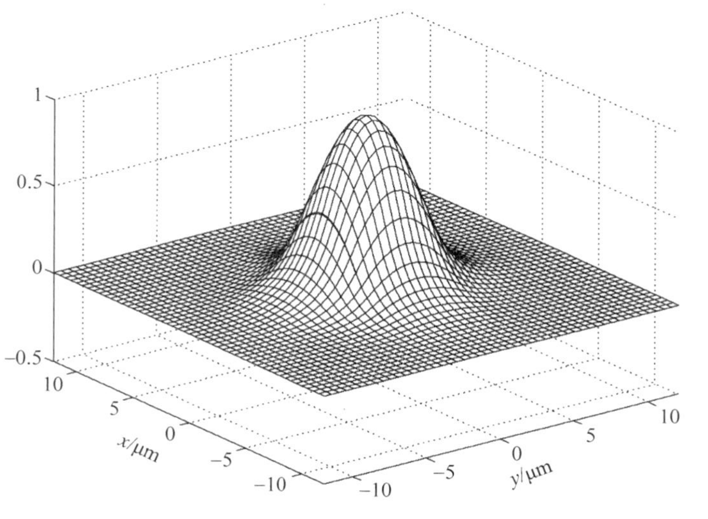

图3.4.1-3 E_{11}^x模电场分量E_x的场分布

4. 传播常数的近似公式

为了避免用计算机算法求解超越方程，并考虑到马卡梯里法仅适用于离截止频率较远的区域，也可以用下述的近似公式求解本征值。

先考虑E_{mn}^x模本征值的近似公式。

注意到在远离截止频率的情况下

$$\beta_x\to n_1k_0,\quad \beta_y\to n_1k_0 \tag{3.4.1-51}$$

因而由式(3.4.1-11)～式(3.4.1-15)可知

$$K_x^2\to 0,\quad p_x^2\to k_0^2(n_1^2-n_3^3),\quad q_x^2\to k_0^2(n_1^2-n_5^3) \tag{3.4.1-52}$$

$$K_y^2 \to 0,\quad p_y^2 \to k_0^2(n_1^2 - n_2^3),\quad q_y^2 \to k_0^2(n_1^2 - n_4^3) \tag{3.4.1-53}$$

于是式(3.4.1-36)、式(3.4.1-37)中 K_x/p_x,K_x/q_x,K_y/p_y,K_y/q_y 均为小量，利用近似公式 $\arctan z \approx z(z \ll 1)$ 及式(3.4.1-48)、式(3.4.1-49)，并令

$$A_i = \frac{\lambda}{2(n_1^2 - n_i^2)^{1/2}},\quad i = 2,3,4,5 \tag{3.4.1-54}$$

即可由式(3.4.1-43)、式(3.4.1-44)，得到

$$K_x \approx \frac{m\pi}{2a}\left(1 + \frac{n_3^2 A_3 + n_5^2 A_5}{n_1^2 \pi \cdot 2a}\right)^{-1} \tag{3.4.1-55}$$

$$K_y \approx \frac{n\pi}{2b}\left(1 + \frac{A_2 + A_4}{\pi \cdot 2b}\right)^{-1} \tag{3.4.1-56}$$

再由式(3.4.1-13)，

$$\beta^2 = \beta_x^2 + \beta_y^2 - n_1^2 k_0^2 = n_1^2 k_0^2 - K_x^2 - K_y^2 \tag{3.4.1-57}$$

即得矩形介质波导中传播常数 β 的近似表达式：

$$\beta = \left[n_1^2 k_0^2 - \left(\frac{m\pi}{2a}\right)^2 \left(1 + \frac{n_3^2 A_3 + n_5^2 A_5}{n_1^2 \pi \cdot 2a}\right)^{-2} - \left(\frac{n\pi}{2b}\right)^2 \left(1 + \frac{A_2 + A_4}{\pi \cdot 2b}\right)^{-2}\right]^{1/2} \tag{3.4.1-58}$$

同理 E_{mn}^y 模，完全类似的计算给出 β 的近似表示式为

$$\beta = \left[n_1^2 k_0^2 - \left(\frac{m\pi}{2a}\right)^2 \left(1 + \frac{A_3 + A_5}{\pi \cdot 2a}\right)^{-2} - \left(\frac{n\pi}{2b}\right)^2 \left(1 + \frac{n_2^2 A_2 + n_4^2 A_4}{n_1^2 \pi \cdot 2b}\right)^{-2}\right]^{1/2} \tag{3.4.1-59}$$

用式(3.4.1-58)计算 3.4.1 节第 3 部分中的实例，得 $\beta = 5.8758$，可见两种方法求得的结果还是比较接近的。用式(3.4.1-58)和式(3.4.1-59)当然不如用超越方程(3.4.1-31)、方程(3.4.1-51)及方程(3.4.1-45)、方程(3.4.1-46)求解精确，但在精度要求不很高的情况下，应用式(3.4.1-58)和式(3.4.1-59)是十分方便的。

最后应该指出，马卡梯里近似略去了四个角区的影响，只适用于远离截止区的情况，在近截止区要导致较大的偏差。回顾前面我们用近似方程(3.4.1-3)代替精确方程(3.4.1-2)的折射率分布，可以看出，如果把这两个方程在角区中的差别用微扰法考虑，对马卡梯里解进行微扰法修正，可以提高计算的精度，这将在 3.4.2 节介绍。

3.4.2 有效折射率法

如前所述，马卡梯里近似法仅适用于远离截止区的模式。为了提高分析的精度，本节将介绍一种比较简便实用而且较马卡梯里法准确的方法，称为有效折射率法(effective index method)，也称为有效电容率法(effective dielectric constant method)。

有效折射率法可以分析结构更复杂的条形波导，在集成光学中应用较广。

与马卡梯里法类似，在有效折射率法中，也把一个二维矩形波导近似地看成两个一维平面波导的组合，如图 3.4.2-1 所示。图 3.4.2-1(a)为折射率沿 y 方向变化的平面波导；图 3.4.2-1(b)为折射率沿 x 方向变化的平面波导。与马卡梯里法不同的是，这里两个平面波导并不是完全独立的。对于 y 方向受约束的平面波导(图 3.4.2-1(a))，芯区的折射率为矩形波导芯区的折射率 n_1，衬底与包层的折射率各为 n_2 与 n_4。但对于 x 方向受约束的平面波导(图 3.4.2-1(b))，芯区的折射率不是 n_1，而是平面波导(图 3.4.2-1(a))中的模折射率或有效折射率 n_{eff}，波导(图 3.4.2-1(b))的衬底与包层的折射率各为 n_3 与 n_5。在有效折射率法中，一旦确定了 n_{eff}，波导(图 3.4.2-1(b))的传播常数即为矩形介质波导的传播常数。下面说明如何求 E_{mn}^x 模及 E_{mn}^y 模的传播常数 β。

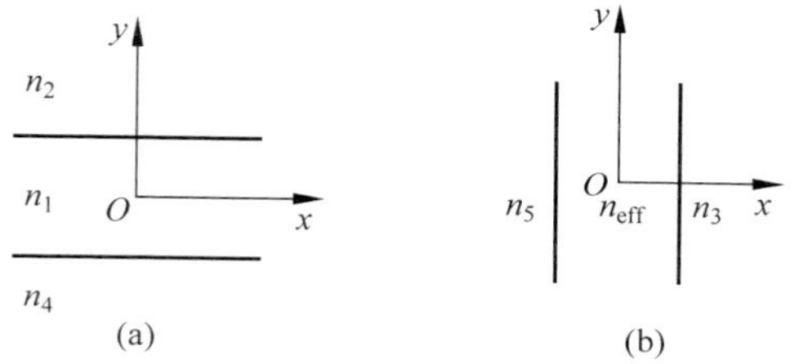

图 3.4.2-1　有效折射率法的两个等效平面波导

先讨论 E_{mn}^x 模。这种模对于波导(图 3.4.2-1(a))是 TE 模，仿照 3.4.1 节的分析，可知其本征值方程为

$$K_y \cdot 2b = n\pi - \arctan\left(\frac{K_y}{p_y}\right) - \arctan\left(\frac{K_y}{q_y}\right) \tag{3.4.2-1}$$

式中，

$$K_y = (k_0^2 n_1^2 - \beta_y^2)^{1/2}, \quad p_y = (\beta_y^2 - k_0^2 n_2^2)^{1/2}, \quad q_y = (\beta_y^2 - k_0^2 n_4^2)^{1/2} \tag{3.4.2-2}$$

通过以上两式解出波导(图 3.4.2-1(a))中的传播常数 β_y 之后，即可求出波导(图 3.4.2-1(a))中的有效折射率 $n_{\text{eff}} = \beta_y / k_0$。把 n_{eff} 作为波导(图 3.4.2-1(b))芯区的折射率，考虑到 E_{mn}^x 模于波导(图 3.4.2-1(b))是 TM 模，因此其本征值方程为

$$K_x \cdot 2a = m\pi - \arctan\left(\frac{n_3^2}{n_{\text{eff}}^2} \cdot \frac{K_x}{p_x}\right) - \arctan\left(\frac{n_5^2}{n_{\text{eff}}^2} \cdot \frac{K_x}{q_x}\right) \tag{3.4.2-3}$$

式中，

$$K_x = (k_0^2 n_{\text{eff}}^2 - \beta^2)^{1/2}, \quad p_x = (\beta^2 - k_0^2 n_3^2)^{1/2}, \quad p_x = (\beta^2 - k_0^2 n_5^2)^{1/2} \tag{3.4.2-4}$$

通过以上两个方程解出波导(图 3.4.2-1(b))中的传播常数 β 即为矩形波导的传播常数。

对于 E_{mn}^{y} 模,可作完全类似的计算与分析。由图 3.4.1-2 可以看出,这种模相当于平面波导图 3.4.1-2(a)中的 TM 波和平面波导(图 3.4.1-2(b))中的 TE 波,因此两个平面波导中的本征值方程分别为

$$K_y \cdot 2b = n\pi - \arctan\left(\frac{n_2^2}{n_1^2}\cdot\frac{K_y}{p_y}\right) - \arctan\left(\frac{n_4^2}{n_1^2}\cdot\frac{K_y}{q_y}\right) \tag{3.4.2-5}$$

$$K_x \cdot 2a = m\pi - \arctan\left(\frac{K_x}{p_x}\right) - \arctan\left(\frac{K_x}{q_x}\right) \tag{3.4.2-6}$$

式中,$K_x, K_y, p_x, p_y, q_x, q_y$ 仍由式(3.4.2-2)和式(3.4.2-4)给出。通过分别求解以上两个本征值方程即可求出矩形波导的传播常数 β。

作为实例,分别用有效折射率法和马卡梯里近似法计算以下矩形波导的传播常数。取矩形波导各区的折射率为 $n_1=1.5$, $n_2=n_3=n_4=n_5=1$,入射光的波长为 1550nm。计算横截面的宽高比 $a/b=1$ 的情况下,矩形波导三个低阶 E_{mn}^{y} 模的模折射率 N 随波导宽度 a 的变化曲线,得到的结果如图 3.4.2-2 所示。

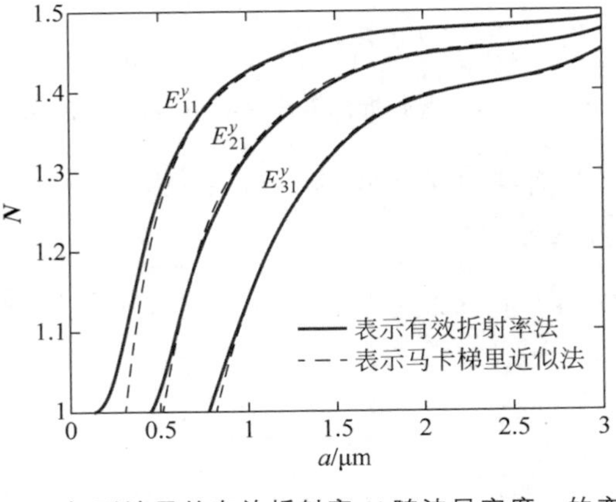

图 3.4.2-2 矩形波导的有效折射率 N 随波导宽度 a 的变化曲线

从图 3.4.2-2 可以看出:①在远离截止区,两种方法的结果都符合得很好;②在近截止区,两种方法的结果相差较大,用有效折射率法得到的计算结果比马卡梯里近似法得到的计算结果大一些。进一步与精确的数值计算结果比较可以证明:有效折射率法要比马卡梯里法精确一些。另外,有效折射率法不但可以分析如图 3.4.2-1 所示的矩形波导,还可以分析脊形波导、条带加载形波导等其他矩形波导。

如前所述,理论分析的目的不在于计算精确,而在于给出一个较完整的概念,一般来说,一个波导不可能作为两个波导的叠加,因为描述波导模式场的方程一般

是非线性的，只有在极特殊的情况下才可以看作两个波导的叠加。

3.4.3　微扰法

马卡梯里法和有效折射率法虽然解决了矩形波导的求解问题，但在近截止的区域不能得到与精确数值解相符的结果。为了提高解的精确度，人们提出了许多求解的近似方法，其中一种比较简单而又有效的近似方法是微扰法。

为简便起见，我们以埋入型矩形波导为例进行分析，所用方法易于推广到其他较复杂的矩形波导的分析。

考虑一个如图3.4.3-1所示的埋入型矩形波导，波导边长各为$2a$、$2b$，芯区折射率为n_1，包层折射率为n_2($n_1>n_2$)。

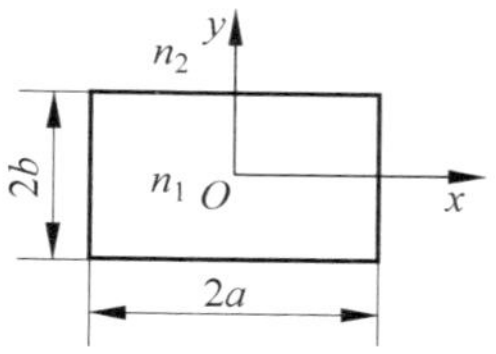

图3.4.3-1　埋入型矩形波导结构

对模场的任意一个分量ψ，亥姆霍兹方程可写为

$$\frac{\partial^2\psi}{\partial x^2}+\frac{\partial^2\psi}{\partial y^2}+[k_0^2n^2(x,y)-\beta^2]\psi=0 \tag{3.4.3-1}$$

式中，

$$n(x,y)=\begin{cases}n_1, & |x|<a \text{ 且 } |y|<b\\ n_2, & |x|>a \text{ 或 } |y|>b\end{cases} \tag{3.4.3-2}$$

为简化计算，并使所导出的有关公式有通用性，我们引入归一化宽度V_1、归一化高度V_2及归一化传播常数b如下：

$$V_1=ak_0(n_1^2-n_2^2)^{1/2},\quad V_2=bk_0(n_1^2-n_2^2)^{1/2} \tag{3.4.3-3}$$

$$b=\frac{\beta^2-n_2^2k_0^2}{(n_1^2-n_2^2)k_0^2}=\frac{N^2-n_2^2}{n_1^2-n_2^2} \tag{3.4.3-4}$$

式中，β为传播常数；$N=\beta/k_0$为模折射率，导模存在的范围是$n_1>N>n_2$，亦即$n_1k_0>\beta>n_2k_0$，因而$1>b>0$。

将坐标尺度扩大到原来的$k_0(n_1^2-n_2^2)^{1/2}$倍，则在新坐标系中，矩形芯区的宽度与高度各为$2V_1$与$2V_2$，而模式的场方程(3.4.3-1)化为

$$\begin{cases}\dfrac{\partial^2\psi}{\partial x^2}+\dfrac{\partial^2\psi}{\partial y^2}+(1-P^2)\psi=0, & |x|<V_1 \text{ 且 } |y|<V_2\\[2ex] \dfrac{\partial^2\psi}{\partial x^2}+\dfrac{\partial^2\psi}{\partial y^2}-P^2\psi=0, & |x|>V_1 \text{ 或 } |y|>V_2\end{cases} \tag{3.4.3-5}$$

方程(3.4.3-5)是归一化的亥姆霍兹方程。它们可以合写成一个本征值方程

$$H\psi(x,y)=b\psi(x,y) \tag{3.4.3-6}$$

其中算符H定义为

$$H = H_0 + H' \tag{3.4.3-7}$$

$$H_0 = \frac{\partial^2}{\partial x^2} + \frac{\partial^2}{\partial y^2} + 1 - h(x) - g(y) \tag{3.4.3-8}$$

$$H' = h(x) \cdot g(y) \tag{3.4.3-9}$$

这里 $h(x)$ 和 $g(y)$ 均为阶跃函数

$$h(x) = \begin{cases} 0, & |x| < V_1 \\ 1, & |x| > V_1 \end{cases} \tag{3.4.3-10}$$

$$g(y) = \begin{cases} 0, & |y| < V_2 \\ 1, & |y| > V_2 \end{cases} \tag{3.4.3-11}$$

容易看出，若略去本征值方程(3.4.3-6)中算符 H 的交叉项 $H' = h(x) \cdot g(y)$ 时，方程在四个角区不成立，在其他区域都成立，这正是马卡梯里近似，可以认为是本征值方程(3.4.3-6)的零级近似。这时本征值方程可以写为

$$H_0 \psi_0(x, y) = b_0 \psi_0(x, y) \tag{3.4.3-12}$$

式中，下标"0"表示零级近似，$\psi_0(x, y)$ 为零级本征函数，b_0 为零级近似的本征值。零级近似的本征值方程(3.4.3-12)可以用分离变量法求解。设

$$\psi_0(x, y) = X_0(x) Y_0(y) \tag{3.4.3-13}$$

代入

$$\left[\frac{\partial^2}{\partial x^2} + \frac{\partial^2}{\partial y^2} + 1 - h(x) - g(y)\right] \psi_0 = b_0 \psi_0 \tag{3.4.3-14}$$

可以看出，$X_0(x)$ 及 $Y_0(y)$ 分别满足常微分方程：

$$X_0'' + [1 - h(x) - P_1^2] X_0 = 0 \tag{3.4.3-15}$$

$$Y_0'' + [1 - g(y) - P_2^2] Y_0 = 0 \tag{3.4.3-16}$$

式中，

$$b_0 = b_1 + b_2 - 1 = 1 - \alpha_1^2 - \alpha_2^2 \tag{3.4.3-17}$$

其中 $\alpha_1^2 = 1 - b_1$，$\alpha_2^2 = 1 - b_2$。本征值方程(3.4.3-15)可以写为

$$\begin{cases} X_0''(x) + (1 - b_1) X_0(x) = 0, & |x| < V_1 \\ X_0''(x) - b_1 X_0(x) = 0, & |x| > V_1 \end{cases} \tag{3.4.3-18}$$

而本征值方程(3.4.3-16)则可写为

$$\begin{cases} Y_0''(y) + (1 - b_2) Y_0(y) = 0, & |y| < V_1 \\ Y_0''(y) - b_2 Y_0(y) = 0, & |y| > V_2 \end{cases} \tag{3.4.3-19}$$

方程(3.4.3-18)和方程(3.4.3-19)的通解可以写成

$$X_0(x)=\begin{cases}A_1\cos(\alpha_1 x+\delta_1), & |x|<V_1\\ B_1 e^{-P_1(x-V_1)}, & x>V_1\\ C_1 e^{P_1(x+V_1)}, & x<-V_1\end{cases} \tag{3.4.3-20}$$

$$Y_0(y)=\begin{cases}A_2\cos(\alpha_2 y+\delta_2), & |y|<V_2\\ B_2 e^{-P_2(y-V_2)}, & y>V_2\\ C_2 e^{P_2(y+V_2)}, & y<-V_2\end{cases} \tag{3.4.3-21}$$

利用矩形介质波导的边界条件：

① E_{mn}^x 模：n^2X_0、X_0'在$|x|=V_1$处连续，Y_0、Y_0'在$|y|=V_2$处连续；

② E_{mn}^y 模：X_0、X_0'在$|x|=V_1$处连续，n^2Y_0、Y_0'在$|y|=V_2$处连续。

可以得 E_{mn}^x 模的本征值方程为

$$\alpha_1 V_1=\frac{m-1}{2}\pi+\arctan\left(\frac{n_1^2}{n_2^2}\frac{P_1}{\alpha_1}\right),\quad m=1,2,3,\cdots \tag{3.4.3-22}$$

$$\alpha_2 V_2=\frac{n-1}{2}\pi+\arctan\left(\frac{P_2}{\alpha_2}\right),\quad n=1,2,3,\cdots \tag{3.4.3-23}$$

E_{mn}^y 模的本征值方程为

$$\alpha_1 V_1=\frac{m-1}{2}\pi+\arctan\left(\frac{\sqrt{b_1}}{\alpha_1}\right),\quad m=1,2,3,\cdots \tag{3.4.3-24}$$

$$\alpha_2 V_2=\frac{n-1}{2}\pi+\arctan\left(\frac{n_1^2}{n_2^2}\frac{\sqrt{b_2}}{\alpha_2}\right),\quad n=1,2,3,\cdots \tag{3.4.3-25}$$

式(3.4.3-22)与式(3.4.3-24)，式(3.4.3-23)与式(3.4.3-25)可以分别合写为

$$\alpha_1 V_1=\frac{m-1}{2}\pi+\arctan\left(C_1\frac{\sqrt{b_1}}{\alpha_1}\right),\quad m=1,2,3,\cdots \tag{3.4.3-26}$$

$$\alpha_2 V_2=\frac{n-1}{2}\pi+\arctan\left[\frac{1}{C_1}\left(\frac{n_1}{n_2}\right)^2\frac{\sqrt{b_2}}{\alpha_2}\right],\quad n=1,2,3,\cdots \tag{3.4.3-27}$$

式中，$C_1=\begin{cases}(n_1/n_2)^2 & \to E_{mn}^x\text{ 模}\\ 1 & \to E_{mn}^y\text{ 模}\end{cases}$。

这样，由方程(3.4.3-26)、方程(3.4.3-27)分别解出 b_1 和 b_2，就可以求得归一化传播常数的零级近似值 b_0 及相应的场函数 $\psi_0(x,y)$。

由本征值方程 $H\psi=b\psi$，得

$$b=\frac{\iint_{-\infty}^{\infty}\psi H\psi\,\mathrm{d}x\,\mathrm{d}y}{\iint_{-\infty}^{\infty}\psi^2\,\mathrm{d}x\,\mathrm{d}y} \tag{3.4.3-28}$$

由微扰理论，将 $\psi_0(x,y)$ 代入式(3.4.3-28)的右边，得归一化传播常数的一级近似表达式为

$$b=b_0+\frac{\iint_{-\infty}^{\infty}\psi_0 H'\psi_0\,\mathrm{d}x\,\mathrm{d}y}{\iint_{-\infty}^{\infty}\psi_0^2\,\mathrm{d}x\,\mathrm{d}y} \tag{3.4.3-29}$$

上式右边第二项就是 b 的一级修正项。注意，上式是个普遍公式，不限于矩形波导。

对于埋入型矩形波导，由 $H'=h(x)g(y)$，有

$$b=b_0+\frac{\iint_{-\infty}^{\infty}h(x)g(y)\psi_0^2\,\mathrm{d}x\,\mathrm{d}y}{\iint_{-\infty}^{\infty}\psi_0^2\,\mathrm{d}x\,\mathrm{d}y} \tag{3.4.3-30}$$

上式右边第一项是马卡梯里近似解，第二项(一级修正项)恰好等于 ψ_0^2 在角区上的积分值与 ψ_0^2 在全平面上的积分值之比，即角区内场能与总场能之比，取正值。这说明，马卡梯里法给出的 b 值总是小于精确值，在远离截止区，角区的场可忽略不计，故马卡梯里解能与精确解吻合，但离截止区越近，角区场能与总场能之比越大，因而一级微扰给出的修正值也越大。

利用场函数表达式(3.4.3-20)和式(3.4.3-21)及本征值方程(3.4.3-26)和方程(3.4.3-27)，对式(3.4.3-30)右边第二项进行运算，可以得到归一化传播常数的一级近似表示式为

$$\begin{aligned}b=1-\alpha_1^2-\alpha_2^2+&\left[\frac{C_1^2\alpha_1^2}{(C_1^2b_1+\alpha_1^2)V_1\sqrt{b_1}+C_1b_1+C_1^2\alpha_1^2}\right]\cdot\\&\left[\frac{\frac{1}{C_1^2}\left(\frac{n_1}{n_2}\right)^4\alpha_2^2}{\left(\frac{1}{C_1^2}\left(\frac{n_1}{n_2}\right)^4 b_2+\alpha_2^2\right)V_2\sqrt{b_2}+\frac{1}{C_1}\left(\frac{n_1}{n_2}\right)^2 b_2+\frac{1}{C_1^2}\left(\frac{n_1}{n_2}\right)^4\alpha_2^2}\right]\end{aligned} \tag{3.4.3-31}$$

这样，我们就得到了用微扰法求传播常数的计算公式。对于其他各种矩形介质波导，可以仿此进行分析与计算。

在弱导($n_1/n_2\approx 1$)情况下，C_1 及 n_1/n_2 均近似地等于 1，式(3.4.3-31)可简化为

$$b=(1-\alpha_1^2-\alpha_2^2)+\frac{\alpha_1^2\alpha_2^2}{(V_1\sqrt{b_1}+1)(V_2\sqrt{b_2}+1)} \tag{3.4.3-32}$$

这说明在弱导情况下，E_{mn}^x 模与 E_{mn}^y 模是简并的。

3.5 圆均匀光波导

圆光波导和平面光波导是两种最重要的光波导。光纤、圆透镜等都可以视为圆光波导；而激光器、光放大器以及光探测器等光器件，可以看作平面光波导。在圆光波导中，折射率分区均匀的光波导是最重要的一种，这就是本节要研究的问题。有一些圆光波导，可能在某些环状域中出现一些非均匀性，但这种非均匀性很小，$|\nabla\varepsilon|\approx 0$，这时我们只处理与 $n^2(\boldsymbol{r})$ 函数有关的项，而把 $n^2(\boldsymbol{r})$ 的导数项统统忽略掉，所以本节的结论也适用于这些类似的光波导。

3.5.1 圆均匀光波导概述

圆均匀光波导定义为，其折射率沿横截面的分布在一系列同心圆构成的环状域内为均匀分布的正规光波导，如图 3.5.1-1 所示。注意：当这一系列圆不同心时，不能看成圆均匀光波导。如果要和平面光波导的命名法一致，即将纵向分布的因素考虑进去，圆均匀光波导也可称为同轴光波导。

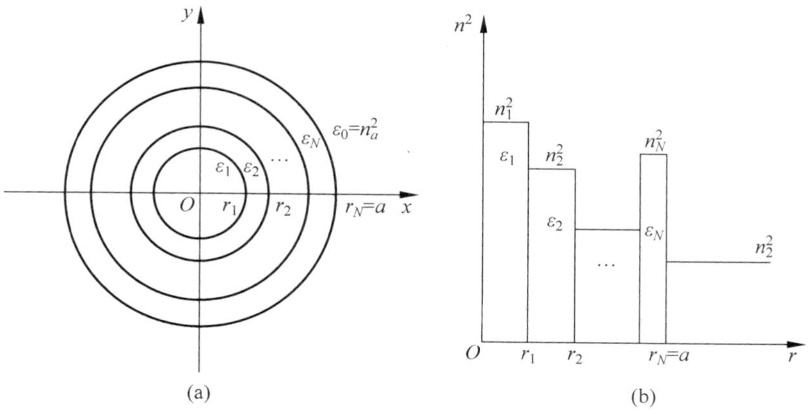

图 3.5.1-1 圆均匀光波导

(a) 横截面折射率分布；(b) $n^2=f(r)$

圆光波导是光波导中最重要的一种，因为工程中广泛应用的光导纤维，大部分可看作圆光波导。而圆均匀光波导既是最简单的一种，又是目前应用最广泛的一种。

光导纤维基本是围绕着圆光波导折射率分布的不断改进而发展。最早出现的多模阶跃光纤是一种二层均匀圆光波导，如图 3.5.1-2(a)所示。它只包含一个芯层和包层。由于技术上的原因，芯层半径 a 与相对折射率差 $\Delta=\dfrac{n_1-n_2}{\bar{n}}$ 都不能控制得很小，通常 $2a=50\mu m$，$\Delta\approx1\%$。在这种光纤中传输着许多模式，故称为多模光纤。多模光纤有很严重的模间色散（不同模式的传输常数差异引起的色散），限制通信系统速率的提高。为了减少模间色散，出现了梯度光纤，如图 3.5.1-2(b)所示。这种光纤的折射率分布，在芯层按平方率下降（在包层仍为均匀的），可使不同模式的传输常数的差异减小，提高传输速率。国际电信联盟 ITU-T 规定的 G.651 光纤就是这样一种光纤。为了彻底消灭模间色散，人们进一步研制出单模光纤。单模光纤仍为二层均匀圆光波导，如图 3.5.1-2(c)所示，只不过芯层半径 a 与相对折射率差 Δ 很小，α 为 5～10μm，Δ 约为 0.5%，可以工作于单模状态。尤其是用于 1.3μm 波长的单模光纤，其色散几乎为零（3ps/(km・nm)以下），而且损耗也很小，因而获得了广泛应用。国际电信联盟 ITU-T 规定的 G.652 光纤就是这样一种光纤。但光纤的最低损耗点在 1.55μm 处，为使色散最低的波长与损耗最低的波长相一致，又出现了色散位移光纤（dispersion shift fiber，DSF），其结构为如图 3.5.1-2(d)所示的三层或四层的圆均匀光波导。国际电信联盟 ITU-T 规定的 G.653 光纤就属于这样一类光纤。为了对光纤的色散进行补偿，又出现了具有多层结构的圆均匀光波导，它的色散为负值，称为色散补偿光纤（dispersion compensation fiber，DCF）。此外近年来为了同时获得低损耗、低色散以及低非线性的优质光纤，又出现所谓 G.655 光纤，也是一种多层结构的圆均匀光波导。此外，为了扩大单模光纤的通信容量，又将单模光纤的运用状态改为有少数几个模式的，这种光纤称为少模光纤，结构上与单模光纤没有什么不同，只是参数略有不同而已。因此，研究圆均匀光波导具有重要的意义。

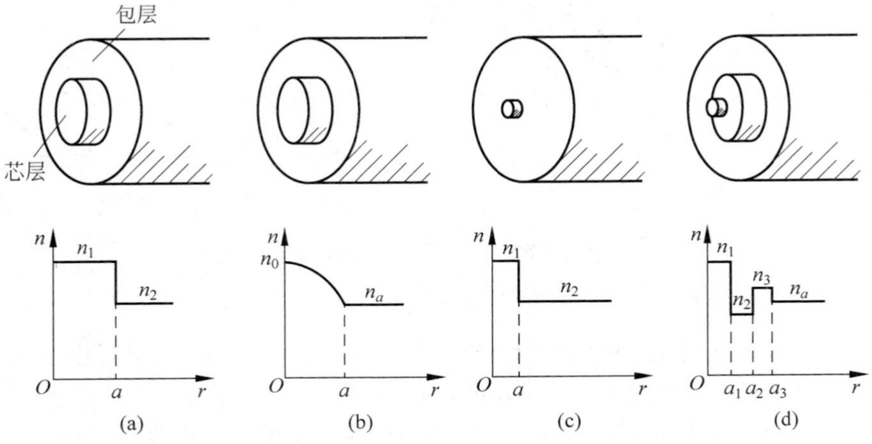

图 3.5.1-2　光纤的演进

(a) 多模阶跃光纤；(b) 梯度光纤；(c) 单模光纤；(d) 色散位移光纤和色散补偿光纤

圆均匀光波导既然是均匀光波导，就具有均匀光波导的三个基本特征。

(1) 存在着传输模，即场分布可分离成模式场和波动项 $\exp(\mathrm{i}\beta z)$，满足 2.1.1 节的正规光波导的模式概念

$$\begin{pmatrix}\dot{\boldsymbol{E}}\\ \dot{\boldsymbol{H}}\end{pmatrix}(x,y,z)=\begin{pmatrix}\dot{\boldsymbol{e}}\\ \dot{\boldsymbol{h}}\end{pmatrix}(x,y)\cdot \mathrm{e}^{\mathrm{i}\beta z} \tag{2.1.1-3}$$

式中，模式场又可进一步分解为纵向分量与横向分量的和，即满足 2.1.2 节的规定

$$\begin{cases}\boldsymbol{e}=\boldsymbol{e}_{\mathrm{t}}+\boldsymbol{e}_z\\ \boldsymbol{h}=\boldsymbol{h}_{\mathrm{t}}+\boldsymbol{h}_z\end{cases} \tag{2.1.2-1}$$

横向分量($\boldsymbol{e}_{\mathrm{t}},\boldsymbol{h}_{\mathrm{t}}$)按什么坐标系分解尚需进一步确定。我们知道，不同的坐标系将导致不同的方程，从而得到不同的模式序列。如果将它们按柱坐标系分解(在平面域内为极坐标系)，可得

$$\begin{cases}\boldsymbol{e}_{\mathrm{t}}=\boldsymbol{e}_r+\boldsymbol{e}_\varphi\\ \boldsymbol{h}_{\mathrm{t}}=\boldsymbol{h}_r+\boldsymbol{h}_\varphi\end{cases} \tag{3.5.1-1}$$

这种分解方法得到的模式场，可与边界形状(圆)一致，称为矢量模。如果将它们按直角坐标系分解，即

$$\begin{cases}\boldsymbol{e}_{\mathrm{t}}=\boldsymbol{e}_x+\boldsymbol{e}_y\\ \boldsymbol{h}_{\mathrm{t}}=\boldsymbol{h}_x+\boldsymbol{h}_y\end{cases} \tag{3.5.1-2}$$

得到的模式，各分量具有固定的偏振方向，称为线偏振模(又称为标量模)——LP 模式(linear polarization mode)。由于圆光波导的空间对称性，不难想象，无论是矢量模($\boldsymbol{e}_r,\boldsymbol{e}_\varphi,\boldsymbol{e}_z;\ \boldsymbol{h}_r,\boldsymbol{h}_\varphi,\boldsymbol{h}_z$)还是标量模($\boldsymbol{e}_x,\boldsymbol{e}_y,\boldsymbol{e}_z;\ \boldsymbol{h}_x,\boldsymbol{h}_y,\boldsymbol{h}_z$)，它们的分布均取圆对称分布形式，即

$$\begin{pmatrix}\boldsymbol{e}\\ \boldsymbol{h}\end{pmatrix}(r,\varphi)=\begin{pmatrix}\boldsymbol{e}\\ \boldsymbol{h}\end{pmatrix}(r)\mathrm{e}^{\mathrm{i}m\varphi},\quad m=0,\pm1,\pm2,\cdots \tag{3.5.1-3}$$

本节先分析矢量模，标量模(LP 模)留在 3.5.2 节讨论。

(2) 模式场($\boldsymbol{e},\boldsymbol{h}$)满足齐次波动方程(3.1.0-4)

$$[\nabla_{\mathrm{t}}^2+(k^2n^2-\beta^2)]\begin{pmatrix}\boldsymbol{e}\\ \boldsymbol{h}\end{pmatrix}=0 \tag{3.1.0-4}$$

该方程可按纵向分量与横向分量进行分解，即有

$$[\nabla_{\mathrm{t}}^2+(k^2n^2-\beta^2)]e_z=0 \tag{3.5.1-4a}$$

$$[\nabla_{\mathrm{t}}^2+(k^2n^2-\beta^2)]h_z=0 \tag{3.5.1-4b}$$

$$[\nabla_{\mathrm{t}}^2+(k^2n^2-\beta^2)]\boldsymbol{e}_{\mathrm{t}}=0 \tag{3.5.1-4c}$$

$$[\nabla_{\mathrm{t}}^2+(k^2n^2-\beta^2)]\boldsymbol{h}_{\mathrm{t}}=0 \tag{3.5.1-4d}$$

上式前两个为标量方程，后两个为矢量方程。标量方程(3.5.1-4a)和方程(3.5.1-4b)中的纵向分量可直接求解。在柱坐标系下，将两个矢量方程(3.5.1-4c)和方程

(3.5.1-4d)分解成只含单一分量($e_r, e_\varphi, h_r, h_\varphi$)的标量方程是不可能的,这四个分量的求解,只能求助于纵向分量与横向分量的关系,故这种解法称为矢量法。因此,矢量法的求解只能从纵向分量满足的标量方程出发。考虑到圆对称性,将纵向分量对(r,φ)进行分离变量,可得到贝塞尔方程(以 e_z 为例,h_z 形式同)

$$\frac{\mathrm{d}^2 e_z}{\mathrm{d}r^2}+\frac{1}{r}\frac{\mathrm{d}e_z}{\mathrm{d}r}+\left(k_0^2 n_i^2-\beta^2-\frac{m^2}{r^2}\right)e_z=0,\quad r_{i-1}<r<r_i \tag{3.5.1-5}$$

(3) 对于矢量模,在柱坐标系下,利用模式场的纵向分量与横向分量的关系式(2.2-4),并利用柱坐标系的横向算符的表达式

$$\nabla_{\mathrm{t}}\psi=\frac{\partial\psi}{\partial r}\hat{\boldsymbol{r}}+\frac{1}{r}\frac{\partial\psi}{\partial\varphi}\hat{\boldsymbol{\varphi}}$$

可得

$$\begin{cases} e_r=\dfrac{\mathrm{i}}{\omega^2\mu_0\varepsilon-\beta^2}\left(\beta\dfrac{\partial e_z}{\partial r}+\dfrac{\omega\mu_0}{r}\dfrac{\partial h_z}{\partial\varphi}\right)\\ e_\varphi=\dfrac{\mathrm{i}}{\omega^2\mu_0\varepsilon-\beta^2}\left(\dfrac{\beta}{r}\dfrac{\partial e_z}{\partial\varphi}-\omega\mu_0\dfrac{\partial h_z}{\partial r}\right)\\ h_r=\dfrac{\mathrm{i}}{\omega^2\mu_0\varepsilon-\beta^2}\left(\beta\dfrac{\partial h_z}{\partial r}-\dfrac{\omega\varepsilon_0}{r}\dfrac{\partial e_z}{\partial\varphi}\right)\\ h_\varphi=\dfrac{\mathrm{i}}{\omega^2\mu_0\varepsilon-\beta^2}\left(\dfrac{\beta}{r}\dfrac{\partial h_z}{\partial\varphi}+\omega\varepsilon\dfrac{\partial e_z}{\partial r}\right)\end{cases} \tag{3.5.1-6}$$

对于线偏振模,也可导出类似公式,但一般用处不大。进一步,考虑到模式场的圆对称性,可得

$$\begin{cases} e_r(r,\varphi)=e_r(r)\mathrm{e}^{\mathrm{i}m\varphi},\\ e_\varphi(r,\varphi)=e_\varphi(r)\mathrm{e}^{\mathrm{i}m\varphi},\\ h_r(r,\varphi)=h_r(r)\mathrm{e}^{\mathrm{i}m\varphi},\\ h_\varphi(r,\varphi)=h_\varphi(r)\mathrm{e}^{\mathrm{i}m\varphi},\end{cases}\quad m=0,\pm1,\pm2,\cdots \tag{3.5.1-7}$$

式中,$e_r(r)$、$e_\varphi(r)$、$h_r(r)$、$h_\varphi(r)$满足

$$\begin{cases} e_r(r)=\dfrac{\mathrm{i}}{\omega^2\mu_0\varepsilon-\beta^2}\left[\beta e'_z(r)+\dfrac{\mathrm{i}m\omega\mu_0}{r}h_z(r)\right]\\ e_\varphi(r)=\dfrac{\mathrm{i}}{\omega^2\mu_0\varepsilon-\beta^2}\left[\dfrac{\mathrm{i}m\beta}{r}e_z(r)-\omega\mu_0 h'_z(r)\right]\\ h_r(r)=\dfrac{\mathrm{i}}{\omega^2\mu_0\varepsilon-\beta^2}\left[\beta h'_z(r)-\dfrac{\mathrm{i}m\omega\varepsilon}{r}e_z(r)\right]\\ h_\varphi(r)=\dfrac{\mathrm{i}}{\omega^2\mu_0\varepsilon-\beta^2}\left[\dfrac{\mathrm{i}m\beta}{r}h_z(r)+\omega\varepsilon e'_z(r)\right]\end{cases} \tag{3.5.1-8}$$

下面，我们分析可能存在哪些矢量模。

① 横模。

我们已经知道，在正规光波导中不存在TEM模。若存在TE模，则由式(1.1.2-27b)可知，当$e_z=0$时，$\nabla_t\times\boldsymbol{h}_t=0$，即无旋。我们知道，$e^{im\varphi}$代表了旋度项，要使其无旋，必须$m=0$。同样，若为TM模，则电场无旋，也必须$m=0$。反之，若$m=0$，则为无旋场，$e_z$或$h_z$之中必有一个为零，只可能是TE模或TM模。由此得出一个重要的结论：圆均匀光波导中的TE模和TM模$m=0$，反之亦然。该结论虽然只是从概念出发得到，但也能够通过严格证明得到。此时对于TE模公式(3.5.1-8)化为

$$\begin{cases}e_\varphi=-\dfrac{i}{\omega^2\mu_0\varepsilon-\beta^2}\omega\mu_0h'_z(r)\\h_r=\dfrac{i}{\omega^2\mu_0\varepsilon-\beta^2}\beta h'_z(r)\end{cases}\tag{3.5.1-9}$$

而$e_r=0$，$h_\varphi=0$。可知$\boldsymbol{e}_t=\boldsymbol{e}_\varphi$，$\boldsymbol{h}_t=\boldsymbol{h}_\varphi$，二者相互垂直，且$e_\varphi=\dfrac{\omega\mu_0}{\beta}h_r$，波阻抗为$\dfrac{\omega\mu_0}{\beta}$，与前面的理论一致。

对于TM模，式(3.5.1-8)化为

$$\begin{cases}e_r=\dfrac{i}{\omega^2\mu_0\varepsilon-\beta^2}\beta e'_z(r)\\h_\varphi=\dfrac{i\omega\varepsilon}{\omega^2\mu_0\varepsilon-\beta^2}e'_z(r)\\e_r=\dfrac{\beta}{\omega\varepsilon}h_\varphi\end{cases}\tag{3.5.1-10}$$

两个模的e_z(或h_z)均满足波动方程

$$e''_z+\frac{1}{r}e'_z+(k^2n_i^2-\beta^2)e_z=0\tag{3.5.1-11}$$

② 混合模式。

此时e_z、h_z均不为零。其方程也不可简化，而为

$$\begin{cases}e''_z+\dfrac{1}{r}e'_z+\left(k^2n_i^2-\beta^2-\dfrac{m^2}{r^2}\right)e_z=0,\\h''_z+\dfrac{1}{r}h'_z+\left(k^2n_i^2-\beta^2-\dfrac{m^2}{r^2}\right)h_z=0,\end{cases}\quad m=0,\pm1,\pm2,\cdots\tag{3.5.1-12}$$

无论 TE 模、TM 模的波动方程，还是混合模式的波动方程，都包含在方程(3.5.1-12)(包括 $m=0$)中，因此问题都归结于解方程(3.5.1-12)。方程(3.5.1-12)的解为 4 个贝塞尔函数 $J_m(z)$、$N_m(z)$、$I_m(z)$、$K_m(z)$的不同组合，4 个贝塞尔函数的图像分别如图 3.5.1-3 所示，于是

$$\begin{pmatrix} e_z \\ h_z \end{pmatrix}(r)=\begin{bmatrix} a_i & b_i \\ c_i & d_i \end{bmatrix}\cdot\begin{bmatrix} J_m\left(\sqrt{k^2 n_i^2-\beta^2}\,r\right) \\ N_m\left(\sqrt{k^2 n_i^2-\beta^2}\,r\right) \end{bmatrix},\quad n_i k>\beta \tag{3.5.1-13a}$$

或

$$\begin{pmatrix} e_z \\ h_z \end{pmatrix}(r)=\begin{bmatrix} a_i & b_i \\ c_i & d_i \end{bmatrix}\cdot\begin{bmatrix} I_m\left(\sqrt{\beta^2-k^2 n_i^2}\,r\right) \\ K_m\left(\sqrt{\beta^2-k^2 n_i^2}\,r\right) \end{bmatrix},\quad \beta>n_i k \tag{3.5.1-13b}$$

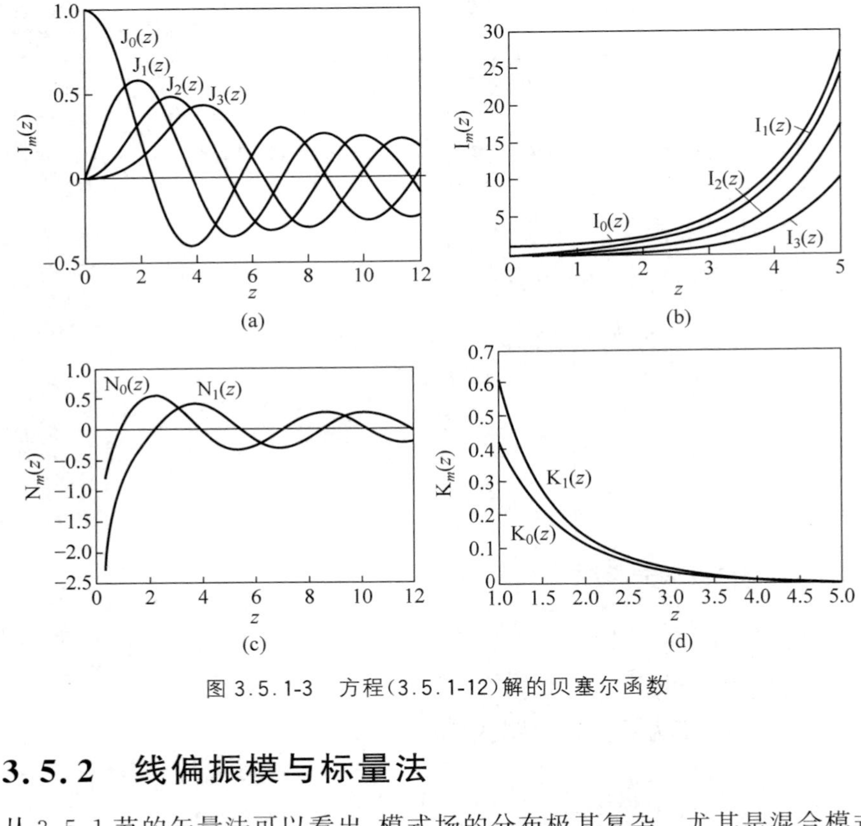

图 3.5.1-3　方程(3.5.1-12)解的贝塞尔函数

3.5.2　线偏振模与标量法

从 3.5.1 节的矢量法可以看出，模式场的分布极其复杂。尤其是混合模式 HE 模和 EH 模，有 6 个分量，为了简化运算，格罗格(Gloge)等提出了标量近似法，标量近似是建立在线偏振模基础上的，故首先介绍线偏振模的概念。

3.5.1 节已经介绍，如果将模式场按直角坐标系分解，各分量就具有固定的线

偏振方向。这里将证明，这些模式可以进一步分为两组：其中一组为$\{0,\boldsymbol{e}_y,\boldsymbol{e}_z,\boldsymbol{h}_x,\boldsymbol{h}_y,\boldsymbol{h}_z\}$，另一组为$\{\boldsymbol{e}_x,0,\boldsymbol{e}_z,\boldsymbol{h}_x,\boldsymbol{h}_y,\boldsymbol{h}_z\}$。事实上，根据正规光波导的纵向分量与横向分量的关系式(2.1.2-3)，在直角坐标系下，方程(2.1.2-3)可改写为

$$\frac{\partial e_y}{\partial x}-\frac{\partial e_x}{\partial y}=\mathrm{i}\omega\mu_0 h_z \tag{3.5.2-1a}$$

$$\frac{\partial h_y}{\partial x}-\frac{\partial h_x}{\partial y}=-\mathrm{i}\omega\varepsilon e_z \tag{3.5.2-1b}$$

$$\frac{\partial h_z}{\partial y}-\mathrm{i}\beta h_y=-\mathrm{i}\omega\varepsilon e_x \tag{3.5.2-1c}$$

$$\mathrm{i}\beta h_x-\frac{\partial h_z}{\partial x}=-\mathrm{i}\omega\varepsilon e_y \tag{3.5.2-1d}$$

$$\frac{\partial e_z}{\partial y}-\mathrm{i}\beta e_y=\mathrm{i}\omega\mu_0 h_x \tag{3.5.2-1e}$$

$$\mathrm{i}\beta e_x-\frac{\partial e_z}{\partial x}=\mathrm{i}\omega\mu_0 h_y \tag{3.5.2-1f}$$

如果令$e_x=0$，即$\boldsymbol{e}=\{0,e_y,e_z\}$，这时只剩5个变量(另加$h_x,h_y,h_z$)。若$e_y$为已知，其余4个变量可由上面6个方程中的任意4个解出。例如从式(3.5.2-1a)～式(3.5.2-1d)4个方程解出

$$h_z=-\mathrm{i}\frac{1}{\omega\mu_0}\frac{\partial e_y}{\partial x} \tag{3.5.2-2a}$$

$$h_y=-\frac{1}{\omega\mu_0\beta}\frac{\partial^2 e_y}{\partial x\partial y} \tag{3.5.2-2b}$$

$$h_x=-\frac{1}{\omega\mu_0\beta}\frac{\partial^2 e_y}{\partial x^2}-\frac{\omega\varepsilon}{\beta}e_y \tag{3.5.2-2c}$$

$$e_z=\frac{\mathrm{i}}{\beta}\frac{\partial e_y}{\partial y} \tag{3.5.2-2d}$$

将这4个结果，代入方程(3.5.2-1e)和方程(3.5.2-1f)，方程应自然满足，以方程(3.5.2-1e)为例，方程左边为

$$\frac{\partial e_z}{\partial y}-\mathrm{i}\beta e_y=\frac{\mathrm{i}}{\beta}\frac{\partial^2 e_y}{\partial y^2}-\mathrm{i}\beta e_y \tag{3.5.2-3}$$

方程右边为

$$\mathrm{i}\omega\mu_0 h_x=-\frac{\mathrm{i}}{\beta}\frac{\partial^2 e_y}{\partial x^2}-\mathrm{i}\frac{\omega^2\mu_0\varepsilon}{\beta}e_y \tag{3.5.2-4}$$

左右两边相等，应有

$$\frac{\mathrm{i}}{\beta}\left(\frac{\partial^2 e_y}{\partial x^2}+\frac{\partial^2 e_y}{\partial y^2}\right)=-\mathrm{i}\left(\frac{\omega^2\mu_0\varepsilon}{\beta}-\beta\right)e_y \tag{3.5.2-5}$$

事实上，由于 e_y 满足齐次波动方程(3.5.1-4c)，可导出

$$[\nabla_t^2+(k^2n^2-\beta^2)]\boldsymbol{e}_y=0 \tag{3.5.2-6}$$

可知上述假定是完全合理的。同理可证，假定模式为 $\{e_x,0,e_z\}$ 亦是合理的。一个实际的模式可为

$$\begin{pmatrix}\boldsymbol{e}\\ \boldsymbol{h}\end{pmatrix}=a\underset{\substack{x\text{方向}\\ \text{线偏振模}}}{\begin{pmatrix}\boldsymbol{e}_x+\boldsymbol{e}_{z1}\\ \boldsymbol{h}_1\end{pmatrix}}+b\underset{\substack{y\text{方向}\\ \text{线偏振模}}}{\begin{pmatrix}\boldsymbol{e}_y+\boldsymbol{e}_{z2}\\ \boldsymbol{h}_2\end{pmatrix}} \tag{3.5.2-7}$$

从以上两组线偏振模中取一组，例如 $(0,e_y,e_z,h_x,h_y,h_z)$ 研究，考虑到实际上在多层圆均匀光波导中，层与层之间的折射率变化并不大，所以在模式场的表达式(3.5.2-2)中，二阶以上的变化率均可忽略，可得

$$\begin{cases} h_z=-\dfrac{1}{\mathrm{i}\omega\mu_0}\dfrac{\partial e_y}{\partial x}\\ h_y\approx 0\\ h_x\approx-\dfrac{\omega\varepsilon}{\beta}e_y\\ e_z=\dfrac{\mathrm{i}}{\beta}\dfrac{\partial e_y}{\partial y}\end{cases} \tag{3.5.2-8}$$

由于 h_x、h_z、e_z 在边界上均是连续的，所以原本在边界上不连续的 e_y 现在也连续了，这相当于忽略了 ε 变化的影响。所以，以下三种说法是一致的。

① 模式场的二阶变化率趋于零。

② e_y 在边界上连续，$\boldsymbol{h}_t$ 只有 h_x 分量，互相垂直。这相当于把电磁场看成标量，所以又称为标量近似。

③ 两层间的 ε 变化很小。这种 ε 变化很小的光波导称为弱导光波导，所以标量近似又可称为弱导近似。在标量近似下，两组线偏振模的表达式为

$$\{0,e_y,e_z;\ h_x,0,h_z\}\text{ 和 }\{e_x,0,e_z;\ 0,h_y,h_z\} \tag{3.5.2-9}$$

这种线偏振模具有如下特征(图 3.5.2-1)：

① 横向分量互相垂直；

② 横向分量之间成比例，存在波阻抗的概念。

因此，线偏振模类似于矢量法中的 TE 模和 TM 模，但 e_z、h_z 却均不为零。

在标量近似下的线偏振模仍然具有圆对称性，即

$$e_y(r,\varphi)=e_y(r)\mathrm{e}^{\mathrm{i}m\varphi},\quad m=0,\pm1,\cdots \tag{3.5.2-10}$$

注意此处的 m 与矢量法中的 m 的含义不同，$m=0$，不再表示 TE 模和 TM 模。

大多数情况下，在标量近似的前提下，纵向分量比较小，都可以忽略。因此，常常把线偏振模作为横波处理。当不忽略纵向分量的时候，有些文献称为矢量模。这其实不确切，矢量模应该是矢量法得到的结果。由标量法得到的、不忽略纵向分量的模式，原本就是包括纵向方向的，没有什么新的概念。

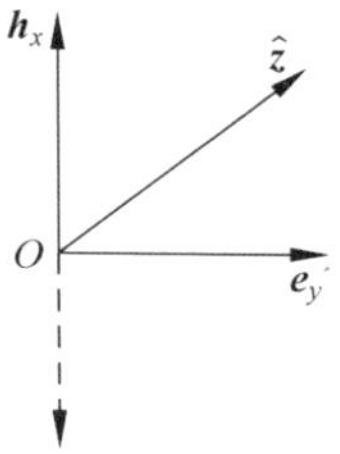

图 3.5.2-1　线偏振模横向分量互相垂直

最后需要说明的是，本节的结论虽然是针对均匀折射率分布的圆光波导得出的，但也适用于折射率变化不大的非均匀光波导。

3.6　二层圆均匀光波导(阶跃光纤)

3.5 节研究了一般圆光波导的特性，本节研究其中最简单且最重要的一种，即只有一个芯层和一个包层的圆光波导，由此引出其中的重要概念。其他更复杂结构的多层圆光波导将在 3.7 节中研究。

3.6.1　二层圆均匀光波导概述

二层圆均匀光波导(阶跃光纤)，具有一个芯层和包层，而无中间层，是最简单的圆均匀光波导，但却是最重要的、最有实际意义的光波导。目前广泛使用的单模光纤，阶跃光纤的单模运用，以及另一种阶跃光纤——少模光纤，理论上它们均属于二层圆均匀光波导的范畴。二层圆均匀光波导结构如图 3.6.1-1 所示，其数学模型为

$$\begin{cases} n(r)=\begin{cases} n_1, & r<a \\ n_2, & r>a \end{cases} \\ n_1>n_2 \end{cases} \tag{3.6.1-1}$$

通常 $2a=4\sim10\mu\text{m}$，包层直径实际上为 $125\mu\text{m}$，不是无限大，但由于在边界上的场已迅速衰减，外边界的存在对场分布影响很小，故可将它看成只有二层的光波导。

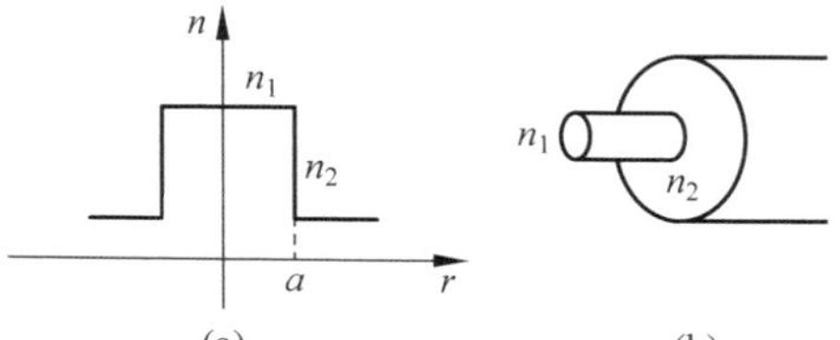

图 3.6.1-1　二层圆均匀光波导(阶跃光纤)

二层圆均匀光波导具有多层圆均匀光波导的共性，即它的模式场具有圆对称性。

$$\begin{pmatrix}\boldsymbol{E}\\\boldsymbol{H}\end{pmatrix}(x,y,z,t)=\begin{pmatrix}\boldsymbol{e}\\\boldsymbol{h}\end{pmatrix}(r)\mathrm{e}^{\mathrm{i}(m\varphi+\beta z-\omega t)} \tag{3.6.1-2}$$

$(\boldsymbol{e},\boldsymbol{h})$在不同坐标系下有不同的分解方式，对应矢量模和线偏振模的不同分类，即

$$\begin{pmatrix}\boldsymbol{e}\\\boldsymbol{h}\end{pmatrix}(r)=\begin{bmatrix}\boldsymbol{e}_{\mathrm{t}}+\boldsymbol{e}_z\\\boldsymbol{h}_{\mathrm{t}}+\boldsymbol{h}_z\end{bmatrix}$$

$$=\begin{cases}\left.\begin{cases}\begin{bmatrix}\boldsymbol{e}_y+\boldsymbol{e}_z\\\boldsymbol{h}_x+\boldsymbol{h}_z\end{bmatrix}\\\begin{bmatrix}\boldsymbol{e}_x+\boldsymbol{e}_z\\\boldsymbol{h}_y+\boldsymbol{h}_z\end{bmatrix}\end{cases}\right\}\rightarrow \text{标量线偏振模}\\[2ex]\begin{bmatrix}\boldsymbol{e}_r+\boldsymbol{e}_\varphi+\boldsymbol{e}_z\\\boldsymbol{h}_r+\boldsymbol{h}_\varphi+\boldsymbol{h}_z\end{bmatrix}=\left.\begin{cases}\begin{bmatrix}\boldsymbol{e}_\varphi\\\boldsymbol{h}_r+\boldsymbol{h}_z\end{bmatrix}\rightarrow \text{TE 模}\\\begin{bmatrix}\boldsymbol{e}_r+\boldsymbol{e}_z\\\boldsymbol{h}_\varphi\end{bmatrix}\rightarrow \text{TM 模}\\\begin{bmatrix}\boldsymbol{e}_r+\boldsymbol{e}_\varphi+\boldsymbol{e}_z\\\boldsymbol{h}_r+\boldsymbol{h}_\varphi+\boldsymbol{h}_z\end{bmatrix}\rightarrow \text{HE 模和 EH 模}\end{cases}\right\}\text{矢量模}\end{cases}$$

矢量法归结于解两个方程$[\nabla_{\mathrm{t}}^2+(k^2n_i^2-\beta^2)]\begin{pmatrix}e_z\\h_z\end{pmatrix}=0$，其他分量由纵向分量与横向分量关系式(3.5.1-8)求出。

标量法只需解一个方程$[\nabla_{\mathrm{t}}^2+(k^2n_i^2-\beta^2)]e_y=0$，其他分量由纵向分量与横向分量关系式(3.5.2-2)求出。不管是标量法还是矢量法，最后都归结于求解贝塞尔方程

$$\frac{\mathrm{d}^2\psi}{\mathrm{d}r^2}+\frac{1}{r}\frac{\mathrm{d}\psi}{\mathrm{d}r}+\left(k^2n_i^2-\beta^2-\frac{m^2}{r^2}\right)\psi=0 \tag{3.6.1-3}$$

式中，$\psi=\psi(r)$代表e_z、h_z或e_y。方程的解在芯层中必须有限，所以只能取J_m函数。在包层，由于必须保持$r\rightarrow\infty$时场应衰减到零，因此只能取K_m函数。

3.6.2 矢量法

如前所述，矢量法是一种严格按照光场边界连续条件得到的场解。我们的工作是求出存在于这种光波导内的各种具体模式及它的特性，比如场分布图、特征方程、截止条件、色散曲线$\beta=\beta(\omega)$等，所有的结果都是针对某一个具体的模式的。整个工作的思路是，首先解e_z、h_z的两个标量方程；其次根据纵向分量与横向分量的关系求出其余各分量；再次根据边界条件导出求解$\beta(\omega)$的特征方程；最后根据特征方程的某些特例导出这个模式的截止条件，绘出色散曲线。上述工作有什么意义呢？首先，模式场的分布是一切工作的基础，不仅在本节有重要作用，而且

在模耦合理论中也要用到。还可以通过测量从光纤中出射的光场，来推断光纤中折射率的分布。截止条件可以指出制造单模光纤的技术方向。色散曲线对于研究光信号(承载了信息的光脉冲)的波形畸变有重要作用。本节涉及大量的数学推导，可能造成阅读障碍。所以在阅读的时候，主要厘清思路，必要时再具体推导公式的细节。如果对公式的细节不感兴趣，可以把推导过程略去不看。

1. 模式场

3.6.1节已经得出了矢量法只能从 e_z、h_z 满足的两个标量方程出发，解出其他分量，结果为

$$\begin{cases} e_z(r)=\begin{cases} a_0 \mathrm{J}_m\left(\dfrac{U}{a}r\right), & r<a \\ b_a \mathrm{K}_m\left(\dfrac{W}{a}r\right), & r>a \end{cases} \\ h_z(r)=\begin{cases} c_0 \mathrm{J}_m\left(\dfrac{U}{a}r\right), & r<a \\ d_a \mathrm{K}_m\left(\dfrac{W}{a}r\right), & r>a \end{cases} \end{cases} \tag{3.6.2-1}$$

式中，

$$\begin{cases} U^2=(k^2n^2-\beta^2)a^2 \\ W^2=(\beta^2-k^2n_2^2)a^2 \\ U^2+W^2=V^2=k^2(n^2-n_2^2)a^2 \end{cases} \tag{3.6.2-2}$$

式(3.6.2-1)的含义是，在光纤芯层中的场是振荡着衰减的，在包层的场是以近乎指数的速率迅速衰减的。因此，光场绝大部分都约束在芯层之中，但并不意味着在包层光场就为零，而是仍然有一小部分能量。这部分能量相当于射线光学中的渗透深度。4个系数(a_0, c_0, b_a, d_a)表示各个分量的相对大小，但不都是独立的，其中只有一个是独立的，其余3个可以由这个参数导出。当 $m=0$ 时，对于TE模，必有 $a_0=b_a=0$，对于TM模，必有 $c_0=d_a=0$。

利用纵向分量与横向分量关系式(3.5.1-8)，可以求出其余各分量。采用归一化方式 $\rho=r/a$，各分量在 $r<a$ 的芯层为

$$\begin{bmatrix} e_r \\ e_\varphi \\ h_r \\ h_\varphi \end{bmatrix}(\rho)=\frac{\mathrm{i}a}{U^2}\begin{bmatrix} \beta U\mathrm{J}'_m(U\rho) & \mathrm{i}\dfrac{m\omega\mu_0}{\rho}\mathrm{J}_m(U\rho) \\ \mathrm{i}\dfrac{m\beta}{\rho}\mathrm{J}_m(U\rho) & -\omega\mu_0 U\mathrm{J}'_m(U\rho) \\ -\dfrac{\mathrm{i}m\omega\varepsilon_1}{\rho}\mathrm{J}_m(U\rho) & \beta U\mathrm{J}'_m(U\rho) \\ \omega\varepsilon_1 U\mathrm{J}'_m(U\rho) & \mathrm{i}\dfrac{m\beta}{\rho}\mathrm{J}_m(U\rho) \end{bmatrix}\begin{bmatrix} a_0 \\ c_0 \end{bmatrix}\overset{\mathrm{def}}{=}\mathbf{A}(\rho)\begin{bmatrix} a_0 \\ c_0 \end{bmatrix}$$

(3.6.2-3a)

在包层 $r>a$ 时，各分量表现为

$$\begin{bmatrix} e_r \\ e_\varphi \\ h_r \\ h_\varphi \end{bmatrix}(\rho)=\frac{\mathrm{i}a}{W^2}\begin{bmatrix} -\beta W \mathrm{K}'_m(W\rho) & -\mathrm{i}\dfrac{m\omega\mu_0}{\rho}\mathrm{K}_m(W\rho) \\ -\mathrm{i}\dfrac{m\beta}{\rho}\mathrm{K}_m(W\rho) & \omega\mu_0 W\mathrm{K}'_m(W\rho) \\ \mathrm{i}\dfrac{m\omega\varepsilon_2}{\rho}\mathrm{K}_m(W\rho) & -\beta W\mathrm{K}'_m(W\rho) \\ -\omega\varepsilon_2 W\mathrm{K}'_m(W\rho) & -\dfrac{\mathrm{i}m\beta}{\rho}\mathrm{K}_m(W\rho) \end{bmatrix}\begin{bmatrix} b_a \\ d_a \end{bmatrix}\overset{def}{=}\boldsymbol{K}(\rho)\begin{bmatrix} b_a \\ d_a \end{bmatrix} \tag{3.6.2-3b}$$

在 $m=0$ 的特殊情况，对于 TE 模，各分量为

$$\begin{bmatrix} e_\varphi \\ h_r \end{bmatrix}(\rho)=-\begin{bmatrix} \dfrac{\mathrm{i}a}{U}\omega\mu_0\mathrm{J}_1(U\rho) \\ -\dfrac{\mathrm{i}a}{U}\beta\mathrm{J}_1(U\rho) \end{bmatrix}c_0,\quad \rho<1 \tag{3.6.2-4a}$$

和

$$\begin{bmatrix} e_\varphi \\ h_r \end{bmatrix}(\rho)=-\begin{bmatrix} -\dfrac{\mathrm{i}}{W}a\omega\mu_0\mathrm{K}_1(W\rho) \\ \dfrac{\mathrm{i}}{W}a\beta\mathrm{K}_1(W\rho) \end{bmatrix}d_a,\quad \rho>1 \tag{3.6.2-4b}$$

根据以上模式场的解析表达式，我们可以绘出几个低阶模的模式场场图。所谓场图，是用电力线和磁力线描绘的电磁场横截面的分布图(图 3.6.2-1)。电力线和磁力线都是为了形象描述电磁场而绘制的抽象的正交曲线族，实际上是看不见的。我们真实能够看见的是由光纤出射光的光斑，这个光斑反映的是光强或者说光功率的分布。这个光功率分布可以直接利用探测器精确地得到，并以此作为推算光纤内部结构的依据。尽管如此，人们仍然以场图作为光场的形象描述。绘制场图的方法为：设有一条电力线 c，可用方程 $r=r(\varphi)$ 表示，切线相对于矢径的斜率为$\dfrac{r\mathrm{d}\varphi}{\mathrm{d}r}$；电力线的切线方向应该是电场强度 $\boldsymbol{e}_\mathrm{t}$ 的方向，而 $\boldsymbol{e}_\mathrm{t}=\boldsymbol{e}_r+\boldsymbol{e}_\varphi$，从而切线的斜率为

$$\frac{r\mathrm{d}\varphi}{\mathrm{d}r}=\frac{e_\varphi}{e_r} \tag{3.6.2-5}$$

若 e_φ/e_r 已知，则电力线方程可求出。从前面的讨论可知

$$\frac{r\mathrm{d}\varphi}{\mathrm{d}r}=\begin{cases} \infty, & \text{TE 模}, e_\varphi\neq 0, \text{但 } e_r=0 \\ 0, & \text{TM 模}, e_r\neq 0, \text{但 } e_\varphi=0 \\ \pm\tan(m\varphi+\varphi_m), & \text{EH 模或 HE 模} \end{cases} \tag{3.6.2-6}$$

注意式(3.6.2-6)中，e_z、h_z 对 φ 的变化因子应取 $\cos(m\varphi)$，求导后产生 $\sin(m\varphi)$，所以 e_φ 与 e_r 相比后为 $\tan(m\varphi+\varphi_m)$。将方程(3.6.2-6)积分后，对于 TE 模，有 $r=$常数；对于 TM 模，有 $\varphi=$常数。进一步可看一下电力线密度，以 TE_{0n} 模为例。由于 $e_\varphi=-\dfrac{\mathrm{i}a}{U}\omega\mu_0\mathrm{J}_1(U\rho)$，若假定全部场集中于芯层($V\to\infty$时)，则边界上 $e_\varphi\to0$，于是 n 表示第 n 个零点。图 3.6.2-2 是几个低阶模的场图的空间分布，图 3.6.2-3 是它们沿横截面的分布。

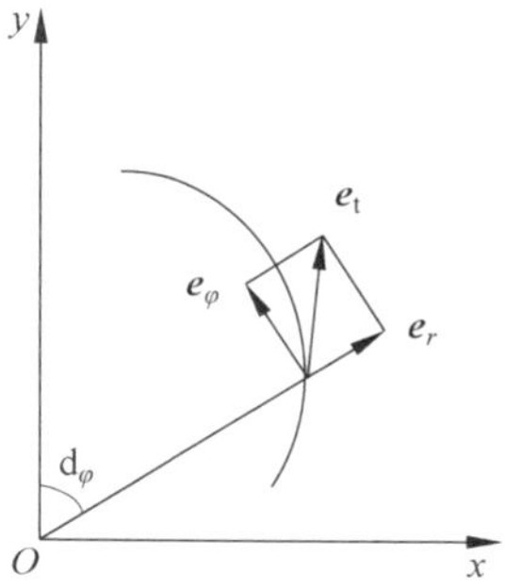

图 3.6.2-1　模式场场图的绘制

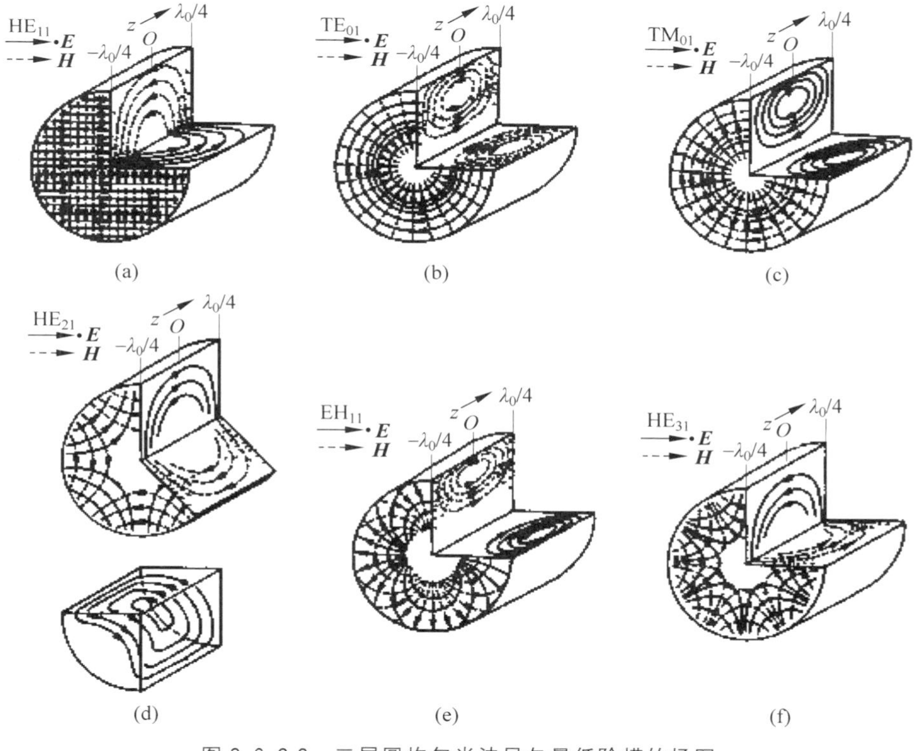

图 3.6.2-2　二层圆均匀光波导矢量低阶模的场图

2. 特征方程

特征方程是利用场在边界上连续的条件列出的求解 β 的方程。由于只有 4 个未知量(a_0，b_a，c_0，d_a)，所以只需取 4 个量连续的条件。在光场的 6 个分量中，只有一个分量 $\boldsymbol{e}_r$ 在边界上是不连续的，为了保持电场与磁场的对称性，我们选取除 r

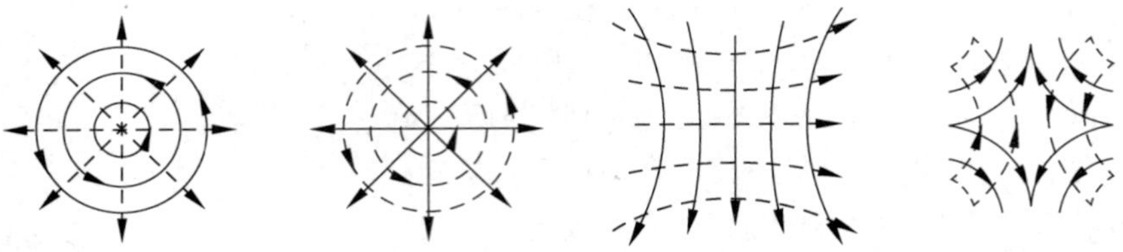

图 3.6.2-3　低阶模横截面的分布

分量以外的 4 个分量作为边界连续的条件，即

$$\begin{bmatrix} e_\varphi \\ h_\varphi \\ e_z \\ h_z \end{bmatrix}_{\rho=1\text{芯层}} = \begin{bmatrix} e_\varphi \\ h_\varphi \\ e_z \\ h_z \end{bmatrix}_{\rho=1\text{包层}} \tag{3.6.2-7}$$

在芯层的外边界上，$\rho \to 1^-$ 有

$$\begin{bmatrix} e_\varphi \\ h_\varphi \\ e_z \\ h_z \end{bmatrix}_{\rho=1} = \begin{bmatrix} -\dfrac{m\beta a}{U^2}\mathrm{J}_m & -\mathrm{i}\dfrac{\omega\mu_0}{U}a\mathrm{J}'_m \\ \mathrm{i}\dfrac{\omega\varepsilon_1 a}{U}\mathrm{J}'_m & -\dfrac{m\beta a}{U}\mathrm{J}_m \\ \mathrm{J}_m & 0 \\ 0 & \mathrm{J}_m \end{bmatrix} \begin{bmatrix} a_0 \\ c_0 \end{bmatrix} \overset{\text{def}}{=} \boldsymbol{A}(U)\begin{bmatrix} a_0 \\ c_0 \end{bmatrix} \tag{3.6.2-8a}$$

在包层的内边界上，$\rho \to 1^+$ 有

$$\begin{bmatrix} e_\varphi \\ h_\varphi \\ e_z \\ h_z \end{bmatrix}_{\rho=1} = \begin{bmatrix} -\dfrac{m\beta a}{W^2}\mathrm{K}_m & -\mathrm{i}\dfrac{\omega\mu_0 a}{W}\mathrm{K}'_m \\ \mathrm{i}\dfrac{\omega\varepsilon_2 a}{W}\mathrm{K}'_m & -\dfrac{m\beta a}{W^2}\mathrm{K}_m \\ \mathrm{K}_m & 0 \\ 0 & \mathrm{K}_m \end{bmatrix} \begin{bmatrix} b_a \\ d_a \end{bmatrix} \overset{\text{def}}{=} \boldsymbol{K}(W)\begin{bmatrix} b_a \\ d_a \end{bmatrix} \tag{3.6.2-8b}$$

二者相等

$$\boldsymbol{A}(U)\begin{bmatrix} a_0 \\ c_0 \end{bmatrix} - \boldsymbol{K}(W)\begin{bmatrix} b_a \\ d_a \end{bmatrix} = 0 \tag{3.6.2-9}$$

即

$$[\boldsymbol{A},-\boldsymbol{K}]\begin{bmatrix}a_0\\c_0\\b_a\\d_a\end{bmatrix}=0 \tag{3.6.2-10}$$

式中，$[\boldsymbol{A},-\boldsymbol{K}]$是由两个 4×2 矩阵 $\boldsymbol{A}$ 和矩阵 $\boldsymbol{K}$ 加边组成的 4×4 矩阵。要使该齐次方程有非零解，必须

$$|\boldsymbol{A}(U),\boldsymbol{K}(W)|=0 \tag{3.6.2-11}$$

将式(3.6.2-8a)和式(3.6.2-8b)代入式(3.6.2-11)，得到一个4阶行列式，对它进行计算是相当复杂的。利用行列式的性质将它化简后得到

$$\begin{vmatrix}-\dfrac{m\varepsilon_1}{U^2}\mathrm{J}_m & \mathrm{i}\dfrac{\mathrm{J}'_m}{U} & \dfrac{m\varepsilon_2}{W^2}\mathrm{K}_m & -\mathrm{i}\dfrac{\mathrm{K}'_m}{W}\\ \mathrm{i}\dfrac{\varepsilon_1}{U}\mathrm{J}'_m & \dfrac{m}{U^2}\mathrm{J}_m & -\mathrm{i}\dfrac{\varepsilon_2}{W}\mathrm{K}'_m & -\dfrac{m}{W^2}\mathrm{K}_m\\ \mathrm{J}_m & 0 & \mathrm{K}_m & 0\\ 0 & \mathrm{J}_m & 0 & \mathrm{K}_m\end{vmatrix}=0 \tag{3.6.2-12}$$

采用降阶法或者拉普拉斯定理，进一步运算后得

$$m^2\left[\frac{1}{U^2}+\frac{1}{W^2}\right]\left[\frac{n_1^2}{U^2}+\frac{n_2^2}{W^2}\right]=\left[\frac{1}{U}\frac{\mathrm{J}'_m(U)}{\mathrm{J}_m(U)}+\frac{1}{W}\frac{\mathrm{K}'_m(W)}{\mathrm{K}_m(W)}\right]\left[\frac{n_1^2\mathrm{J}'_m(U)}{U\mathrm{J}_m(U)}+\frac{n_2^2\mathrm{K}'_m(W)}{W\mathrm{K}_m(W)}\right] \tag{3.6.2-13}$$

或

$$\beta^2m^2\left[\frac{1}{U^2}+\frac{1}{W^2}\right]^2=\left[\frac{1}{U}\frac{\mathrm{J}'_m(U)}{\mathrm{J}_m(U)}+\frac{1}{W}\frac{\mathrm{K}'_m(W)}{\mathrm{K}_m(W)}\right]\left[\frac{k^2n_1^2\mathrm{J}_m(U)}{U\mathrm{J}_m(U)}+\frac{k^2n_2^2\mathrm{K}'_m(W)}{W\mathrm{K}_m(W)}\right] \tag{3.6.2-14}$$

式(3.6.2-13)或者式(3.6.2-14)就是矢量模的特征方程。

当 $m=0$ 时，上述方程化为两个独立的方程：

$$\frac{1}{U}\frac{\mathrm{J}'_0}{\mathrm{J}_0}+\frac{1}{W}\frac{\mathrm{K}'_0}{\mathrm{K}_0}=0,\quad \text{TE 模} \tag{3.6.2-15}$$

$$\frac{n_1^2\mathrm{J}'_0}{U\mathrm{J}_0}+\frac{n_2^2}{W}\frac{\mathrm{K}'_0}{\mathrm{K}_0}=0,\quad \text{TM 模} \tag{3.6.2-16}$$

利用贝塞尔函数的递推公式 $\mathrm{J}'_0(U)=-\mathrm{J}_1(U)$ 和 $\mathrm{K}'_0(W)=-\mathrm{K}_1(W)$，可得

$$\frac{1}{U}\frac{\mathrm{J}_1(U)}{\mathrm{J}_0(U)}+\frac{1}{W}\frac{\mathrm{K}_1(W)}{\mathrm{K}_0(W)}=0,\quad \text{TE 模} \tag{3.6.2-17}$$

$$\frac{n_1^2 J_1(U)}{U J_0(U)} + \frac{n_2^2}{W} \frac{K_1(W)}{K_0(W)} = 0, \quad \text{TM 模} \tag{3.6.2-18}$$

3. 截止条件

截止条件是 $W \to 0, U \to V$ 时特征方程的特殊形式。在接近截止的时候，模式场的能量大部分分散于包层外的广大空间，当包层的损耗很大时，这个模式的能量迅速衰减，以至于根本不能传输，这也就是所谓模式截止现象。以下按不同的模式分别进行讨论。

(1) $m=0$，TE 模

对方程(3.6.2-17)两边同时取 $W \to 0$ 时的极限，利用 K_m 函数小自变量时的近似表达式

$$K_0(W) \approx -\ln\frac{W}{2}, \quad K_1(W) \approx \frac{1}{W} \tag{3.6.2-19}$$

方程(3.6.2-17)左边第二项的倒数可近似为

$$\frac{W K_0(W)}{K_1(W)} \approx -W^2 \ln\frac{W}{2} \to 0, \quad W \to 0 \tag{3.6.2-20}$$

因此，方程左边的第一项的倒数也必须为 0，即 $VJ_0(V)/J_1(V)=0$，这就是它的截止条件。让我们先看一下 $V=0$ 是否为方程的解。若 $V \to 0$，则 $J_1(V) \approx V/2, J_0(V) \to 1$，故有

$$\frac{V J_0(V)}{J_1(V)} \to 1 \tag{3.6.2-21}$$

从而 $V=0$ 不是它的根。既然 $V \neq 0$，故截止条件应为

$$J_0(V) = 0 \tag{3.6.2-22}$$

方程(3.6.2-22)有无穷个根，依次是

$$V_1 = 2.4048, \quad V_2 = 5.5201, \cdots \tag{3.6.2-23}$$

按照我们关于模式序号的规定，它们分别对应于 TE_{01} 模和 TE_{02} 模。因此，$m=0$ 的 TE 模的截止频率不是零，它们不是最低阶的模式。

(2) $m=0$，TM 模

同理，截止条件也为 $J_0(V)=0$。该方程依次的根也是

$$V_1 = 2.4048, \quad V_2 = 5.5201, \cdots$$

但它们分别对应于 TM_{01} 模和 TM_{02} 模，它们也不是最低阶模。而且，由此还可看出，TE 模与 TM 模在截止频率附近有相近的 β 值。当两个模式具有相同或相近的 β 值时，称这两个模式为简并，因此 TE 模与 TM 模在截止频率附近是完全简并的。简并的含义是，当这两个模式共同传输时，它们共同形成的场图可以维持很长距离不变。注意它们共同形成的场图虽然具有和模式场一样的传输稳定性，但由

于二者的比例可能不同，一般来说，与模式的概念还有一些细微区别。

(3) $m\neq 0$ 且 $m\neq 1$ 时的情形

我们可以从式(3.6.2-12)出发，也可从式(3.6.2-13)出发，导出它的截止条件。为了为多层问题打下基础，我们将从式(3.6.2-12)出发，将它改写为

$$\begin{vmatrix} q_{11} & q_{12} & k_{11} & k_{12} \\ q_{21} & q_{22} & k_{21} & k_{22} \\ q_{31} & q_{32} & K & 0 \\ q_{41} & q_{42} & 0 & K \end{vmatrix}=0 \tag{3.6.2-24}$$

式中，q_{ij}、k_{ij} $(i=1,2,3,4;\ j=1,2)$表示矩阵中的元素，此处 $q_{32}=q_{41}=0$(对于多层圆均匀光波导它们不为零)，$K=\mathrm{K}_m(W)$。将此行列式用拉普拉斯定理展开，注意展开项的正负号取决于行数与列数之和，然后两边同除 K^2，得

$$\begin{vmatrix} q_{11} & q_{12} \\ q_{21} & q_{22} \end{vmatrix}-\frac{k_{21}}{K}\begin{vmatrix} q_{11} & q_{12} \\ q_{31} & q_{32} \end{vmatrix}-\frac{k_{22}}{K}\begin{vmatrix} q_{11} & q_{12} \\ q_{41} & q_{42} \end{vmatrix}+\frac{k_{11}}{K}\begin{vmatrix} q_{21} & q_{22} \\ q_{31} & q_{32} \end{vmatrix}+$$

$$\frac{k_{12}}{K}\begin{vmatrix} q_{21} & q_{22} \\ q_{41} & q_{42} \end{vmatrix}+\frac{1}{K}\begin{vmatrix} k_{11} & k_{12} \\ k_{21} & k_{22} \end{vmatrix}\begin{vmatrix} q_{31} & q_{32} \\ q_{41} & q_{42} \end{vmatrix}=0 \tag{3.6.2-25}$$

式中，

$$\frac{k_{11}}{K}=\frac{m}{W^2}\varepsilon_2,\quad \frac{k_{22}}{K}=-\frac{m}{W^2} \tag{3.6.2-26}$$

$$\frac{k_{12}}{K}=-\mathrm{i}\frac{\mathrm{K}'_m}{W\mathrm{K}_m}=-\mathrm{i}\left(\frac{m}{W^2}-\frac{\mathrm{K}_{m+1}}{W\mathrm{K}_m}\right) \tag{3.6.2-27}$$

$$\frac{k_{21}}{K}=-\mathrm{i}\varepsilon_2\frac{\mathrm{K}'_m}{W\mathrm{K}_m}=-\mathrm{i}\varepsilon_2\left(\frac{m}{W}-\frac{\mathrm{K}_{m+1}}{W\mathrm{K}_m}\right) \tag{3.6.2-28}$$

$$\begin{vmatrix} k_{11} & k_{12} \\ k_{21} & k_{22} \end{vmatrix}=-\frac{m^2}{W^4}\varepsilon_2\mathrm{K}_m^2+\frac{\varepsilon_2}{W^2}(\mathrm{K}_m)^2=\frac{\varepsilon_2}{W^2}\mathrm{K}_{m+1}\left(\mathrm{K}_{m+1}-\frac{2m\mathrm{K}_m}{W}\right) \tag{3.6.2-29}$$

当 $W\rightarrow 0$ 时，K_m 取一阶近似式为 $\mathrm{K}_m(W)\approx[(m-1)!/2](2/W)^m$，这样

$$\frac{k_{12}}{K}\approx\mathrm{i}\frac{m}{W^2} \tag{3.6.2-30}$$

$$\frac{k_{21}}{K}\approx\mathrm{i}\varepsilon_2\frac{m}{W^2} \tag{3.6.2-31}$$

但行列式(3.6.2-29)在一阶近似下为零，故应取二阶近似，得

$$K_m(W)\approx\frac{(m-1)!}{2}\left(\frac{2}{W}\right)^m-\frac{1}{2}(m-2)!\left(\frac{2}{W}\right)^{m-2},\quad m\geqslant 2,3,\cdots \tag{3.6.2-32}$$

从而

$$\frac{1}{K}\begin{vmatrix}k_{11} & k_{12}\\ k_{21} & k_{22}\end{vmatrix}\approx\frac{\varepsilon_2}{m-1}\frac{m}{W^2} \tag{3.6.2-33}$$

若 $m\neq 1$，展开式(3.6.2-24)除第一项外，其余均为同阶无穷大量，故舍去第一项，得

$$-\mathrm{i}\varepsilon_2\begin{vmatrix}q_{11} & q_{12}\\ q_{31} & q_{32}\end{vmatrix}+\begin{vmatrix}q_{11} & q_{12}\\ q_{41} & q_{42}\end{vmatrix}+\varepsilon_2\begin{vmatrix}q_{21} & q_{22}\\ q_{31} & q_{32}\end{vmatrix}+\mathrm{i}\begin{vmatrix}q_{21} & q_{22}\\ q_{41} & q_{42}\end{vmatrix}+\frac{\varepsilon_2}{m-1}\begin{vmatrix}q_{31} & q_{32}\\ q_{41} & q_{42}\end{vmatrix}=0 \tag{3.6.2-34}$$

化简为

$$\begin{vmatrix}q_{11}+\mathrm{i}q_{21}+\dfrac{\varepsilon_2}{m-1}q_{31} & q_{12}+\mathrm{i}q_{22}+\dfrac{\varepsilon_2}{m-1}q_{32}\\ \varepsilon_2 q_{31}+\mathrm{i}q_{41} & \varepsilon_2 q_{32}+\mathrm{i}q_{42}\end{vmatrix} \tag{3.6.2-35}$$

代入相应值后整理得

$$\frac{J_m(V)\cdot V}{J_{m-1}(V)}=\left(1+\frac{n_1^2}{n_2^2}\right)(m-1) \tag{3.6.2-36}$$

(4) $m=1$ 时

近似式(3.6.2-31)不再适用，此时有

$$K_2(W)\approx\frac{1}{2}\left(\frac{2}{W}\right)^2-\frac{1}{2} \tag{3.6.2-37}$$

$$K_1(W)\approx\frac{1}{W}+\frac{W}{2}\ln\frac{W}{2} \tag{3.6.2-38}$$

$$\begin{vmatrix}k_{11} & k_{12}\\ k_{21} & k_{22}\end{vmatrix}\approx\frac{2}{W^4}\ln\frac{W}{2} \tag{3.6.2-39}$$

$$\frac{1}{K}\begin{vmatrix}k_{11} & k_{12}\\ k_{21} & k_{22}\end{vmatrix}\approx\frac{2}{W^2}\ln\frac{W}{2} \tag{3.6.2-40}$$

可知在展开式(3.6.2-25)中，最后一项是最高阶无穷大量，故得

$$\begin{vmatrix}q_{31} & q_{32}\\ q_{41} & q_{42}\end{vmatrix}=0 \tag{3.6.2-41}$$

代入有关值得

$$J_1(V)=0 \tag{3.6.2-42}$$

它的第一个根 $V=0$，这意味着存在一个不截止的混合模式，称为 HE_{11} 模，是二层圆均匀光波导的基模。介质波导存在不截止的基模这一事实可以这样理解：当 $V\rightarrow 0$ 时，意味着频率极低，接近于静态场，而静态场原则上可以平面波的方式透过任何介质。因此基模必然是最接近于 TEM 模场图的那个模，在这里就是 HE_{11} 模(3.4.1 节模式场的场图 3.6.2-3)。此外还应注意，虽然 HE_{11} 模的场图接近于 TEM 模的场图，但是 HE_{11} 模的光场是近似于圆偏振的，而一般的 TEM 模却不一定是圆偏振的。

由 TE_{01} 和 TM_{01} 的截止频率为 2.4048 可知，当

$$V < 2.4048 \tag{3.6.2-43}$$

时，在二层圆均匀光波导中只有单模传输，使用在这种条件下的光波导或光纤维称为单模光波导或单模光纤。

通常定义相对折射率差(有些文献上分母为 n_1^2)

$$2\Delta = \frac{n_1^2 - n_2^2}{n_2^2} \tag{3.6.2-44}$$

故 $V = kn_2 a\sqrt{2\Delta}$，从而单模传输的条件为

$$\frac{2\pi}{\lambda} n_2 a\sqrt{2\Delta} < 2.4048 \tag{3.6.2-45}$$

这一理论结果指导着人们在波长 λ 上如何控制芯层半径 a、相对折射率差 2Δ，使之成为单模光纤。因此，式(3.6.2-45)在光纤发展史上占有重要地位。

4. 远离截止频率时的情形

当光频率增加时，光就更集中于纤芯，这意味着当 V 趋于无穷时，W 也趋于无穷。从公式 $U^2 = V^2 - W^2$ 可以看出，U 可能趋于一个有限值，下面将分别研究不同模式远离截止频率时的情形，并求出它们在远离截止频率时的 U_∞ 值。

(1) $m=0$，TE 模

由特征方程(3.6.2-15)

$$\frac{1}{W}\frac{K_0'(W)}{K_0(W)} = -\frac{1}{U}\frac{J_0'(U)}{J_0(U)} \tag{3.6.2-15}$$

利用大自变量时的近似公式

$$K_0 \approx \sqrt{\frac{\pi}{2W}}\,e^{-W}\left(1 - \frac{1}{8W}\right) \tag{3.6.2-46}$$

$$K_1 \approx \sqrt{\frac{\pi}{2W}}\,e^{-W}\left(1 + \frac{3}{8W}\right) \tag{3.6.2-47}$$

所以，特征方程(3.6.2-15)左边为 $\dfrac{1}{W}\dfrac{K_0'}{K_0} = -\dfrac{K_1}{WK_0}\rightarrow 0$，因此方程(3.6.2-15)的右边

也必须为零，有

$$\frac{J_0'(U)}{UJ_0(U)}=\frac{J_1(U)}{UJ_0(U)}=0 \tag{3.6.2-48}$$

前已证明 $U\neq 0$，故只有 $J_1(U_\infty)=0$。所以 TE_{01} 模的 U 在 $J_0(U)=0$ 和 $J_1(U)=0$ 之间变化。

(2) $m=0$，TM 模

同理，TM 模的 U 也在 $J_0(U)$ 和 $J_1(U)$ 之间变化。

(3) $m\neq 0$ 时，

仍从展开式(3.6.2-24)出发。利用 $W\to\infty$ 时的渐近公式

$$K_m\approx\sqrt{\frac{\pi}{2W}}e^{-W}\left(1+\frac{4m^2-1}{8W}\right) \tag{3.6.2-49}$$

展开式(3.6.2-25)中除第一个行列式外，其余全是无穷小量，故可得

$$\begin{vmatrix} q_{11} & q_{12} \\ q_{21} & q_{22} \end{vmatrix}=0 \tag{3.6.2-50}$$

代入相应值为

$$\frac{m^2}{U^2}J_m^2(U)=[J_m'(U)]^2 \tag{3.6.2-51}$$

即

$$J_m'(U)=\pm\frac{m}{U}J_m(U) \tag{3.6.2-52}$$

当取正号时，利用贝塞尔函数的递推公式

$$J_m'(U)=\frac{m}{U}J_m(U)-J_{m+1}(U) \tag{3.6.2-53}$$

可得 EH 模 U_∞ 满足的条件

$$J_{m+1}(U_\infty)=0 \tag{3.6.2-54}$$

当取负号时，利用贝塞尔函数的递推公式

$$J_m(U)=-\frac{m}{U}J_m(U)+J_{m-1}(U) \tag{3.6.2-55}$$

可得 HE 模 U_∞ 满足的条件

$$J_{m-1}(U_\infty)=0 \tag{3.6.2-56}$$

于是我们可得各模的 $U=f(V)$，如图 3.6.2-4 所示。

而且，也可以很方便地找出 U 的取值范围(图 3.6.2-5)。将 $U=f(V)$ 转换成 $\beta=f(V)$，然后对 β 进行归一化，令

$$b=\frac{(\beta/k)^2-n_a^2}{n_m^2-n_a^2} \tag{3.6.2-57}$$

得到图 3.6.2-6，这几幅图对于指导光纤的研究有重要意义，请读者熟记。

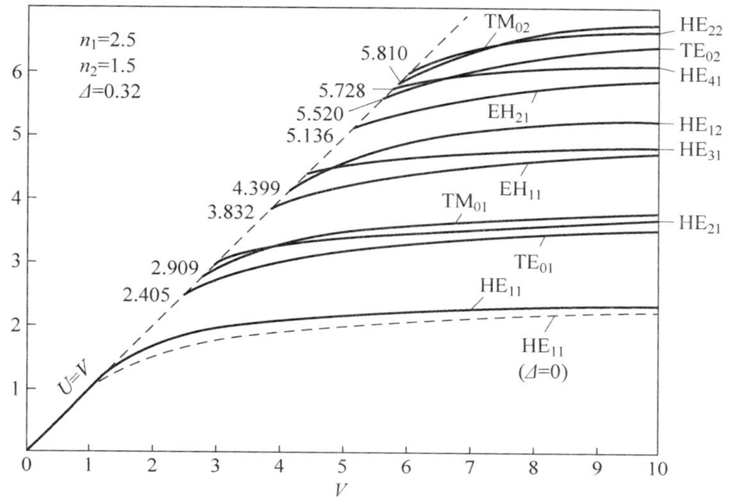

图 3.6.2-4 矢量模 $U=f(V)$图

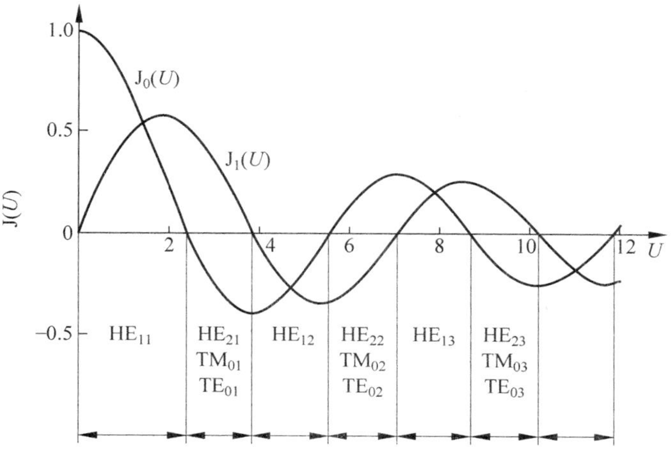

图 3.6.2-5 矢量模 U 的取值范围

5. 关于模式场的进一步讨论

(1) 区分 HE 模和 EH 模

前文我们已经很好地区分了 TE 模与 TM 模。下面来区分 HE 模和 EH 模。这样规定：由于 TE 模又被称为 H 模，TM 模又被称为 E 模，所以命名的时候将场分布形状接近于 TE 模(H 模)的一种混合模式称为 HE 模；而把场分布形状接近于 TM 模(E 模)的一种混合模式称为 EH 模。也就是说，HE 模的特征方程应该与 TE 模(H 模)的特征方程类似；EH 模的特征方程应该与 TM 模(E 模)的特

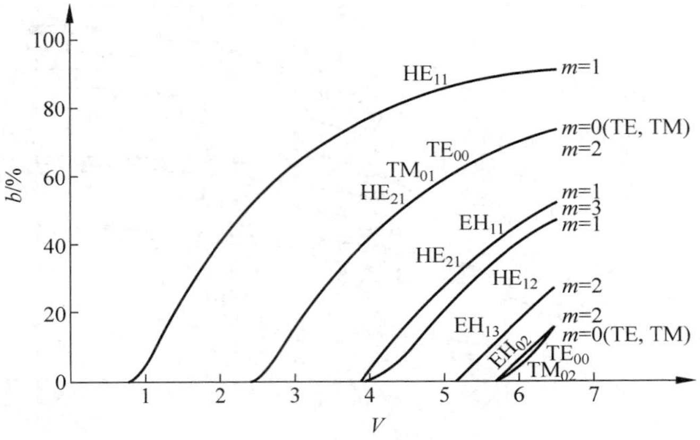

图 3.6.2-6　归一化传输常数 $b=f(V)$图

征方程类似。

当 $m\neq0$ 时，为简单起见，用 $\mathfrak{J}$ 和 $\mathfrak{R}$ 分别代表$\dfrac{\mathrm{J}_m'}{U\mathrm{J}_m}$和$\dfrac{\mathrm{K}_m'}{W\mathrm{K}_m}$，用 $\mathfrak{R}_{m-1}=\dfrac{\mathrm{K}_{m-1}(W)}{W\mathrm{K}_m(W)}$，可以由式(3.6.2-13)得到

$$\mathfrak{J}=\frac{-1}{2}\left(1+\frac{n_2^2}{n_1^2}\right)\mathfrak{R}\pm\frac{1}{2}\sqrt{\left(1-\frac{n_2^2}{n_1^2}\right)^2\mathfrak{R}^2+4m^2\left(\frac{1}{U^2}+\frac{n_2^2}{n_1^2}\cdot\frac{1}{W^2}\right)\left(\frac{1}{U^2}+\frac{1}{W^2}\right)}$$

(3.6.2-58)

这样，同一个 m 数对应两个不同的方程，它们应该分别对应于 EH 模或 HE 模，对应的原则应使它们的特征方程有某种类似。我们的结论是：上式右方根号那一项如果取"＋"，则为 EH_{mn} 模；如果取负号，则为 HE_{mn} 模。下面说明这种规定的合理性。如果令式(3.6.2-58)中的 $m=0$，可得

$$\mathfrak{J}=\frac{-1}{2}\left(1+\frac{n_2^2}{n_1^2}\right)\mathfrak{R}\pm\frac{1}{2}\left(1-\frac{n_2^2}{n_1^2}\right)\mathfrak{R}\qquad(3.6.2\text{-}59)$$

当取"＋"时(EH 模)，式(3.6.2-58)化为 $\mathfrak{J}=-\dfrac{n_2^2}{n_1^2}\mathfrak{R}$，代入贝塞尔函数的升一阶的递推公式，

$$\mathrm{J}_m'(U)=\frac{m}{U}\mathrm{J}_m(U)-\mathrm{J}_{m+1}(U)\qquad(3.6.2\text{-}60)$$

和

$$\mathrm{K}_m'(W)=\frac{m}{W}\mathrm{K}_m(W)-\mathrm{K}_{m+1}(W)\qquad(3.6.2\text{-}61)$$

并令 $m=0$，可得

$$\frac{n_1^2 \mathrm{J}_1(U)}{U\mathrm{J}_0(U)}+\frac{n_2^2}{W}\frac{\mathrm{K}_1(W)}{\mathrm{K}_0(W)}=0 \tag{3.6.2-62}$$

这恰好与 TM 模满足的特征方程(3.6.2-18)相同。因此,式(3.6.2-58)右方根号项前面取"+"的那一支就是 EH 模。

同理,当式(3.6.2-59)中取"－"时,可得 $\mathfrak{J}=-\mathfrak{R}$。代入贝塞尔函数的降一阶的递推公式,

$$\mathrm{J}'_m(U)=-\frac{m}{U}\mathrm{J}_m(U)+\mathrm{J}_{m-1}(U) \tag{3.6.2-63}$$

和

$$\mathrm{K}'_m(W)=-\frac{m}{W}\mathrm{K}_m(W)+\mathrm{K}_{m-1}(W) \tag{3.6.2-64}$$

并令 $m=0$,可得

$$\frac{1}{U}\frac{\mathrm{J}_1(U)}{\mathrm{J}_0(U)}+\frac{1}{W}\frac{\mathrm{K}_1(W)}{\mathrm{K}_0(W)}=0 \tag{3.6.2-65}$$

这恰好与 TE 模满足的特征方程(3.6.2-17)相同。所以,式(3.6.2-58)右方根号项前面取"－"的那一支就是 HE 模。

(2) 混合比

我们已经指出,表示一个模式场各个分量相对大小的 4 个系数 a_0、b_a、c_0、d_a 不都是独立的,其中只有一个是独立的,其余的 3 个可以导出。或者从式(3.6.2-10)也可以看出,这 4 个参数构成了线性齐次方程组的一个基础解系。当然也可以从另一个角度出发得到这一组基础解系,我们将式(3.6.2-1)改写为

$$\begin{cases} e_z(r)=\begin{cases}\dfrac{E_0}{\mathrm{J}_m(U)}\mathrm{J}_m\left(\dfrac{U}{a}r\right), & r<a\\[2ex] \dfrac{E_0}{\mathrm{K}_m(W)}\mathrm{K}_m\left(\dfrac{W}{a}r\right), & r>a\end{cases}\\[6ex] h_z(r)=\begin{cases}\dfrac{H_0}{\mathrm{J}_m(U)}\mathrm{J}_m\left(\dfrac{U}{a}r\right), & r<a\\[2ex] \dfrac{H_0}{\mathrm{K}_m(W)}\mathrm{K}_m\left(\dfrac{W}{a}r\right), & r>a\end{cases}\end{cases} \tag{3.6.2-66}$$

这样做以后,$\boldsymbol{e}_z$ 和 $\boldsymbol{h}_z$ 在边界上连续的条件天然满足,4 个系数 a_0、b_a、c_0、d_a 就只剩下两个,这时再将它们代入方程(3.6.2-10),求解基础解系就简单多了。用 $\mathfrak{J}$ 和 $\mathfrak{R}$ 分别代表$\dfrac{\mathrm{J}'_m}{U\mathrm{J}_m}$和$\dfrac{\mathrm{K}'_m}{W\mathrm{K}_m}$,于是可得

$$\begin{bmatrix} -m\varepsilon_0\left(\dfrac{n_1^2}{U^2}+\dfrac{n_2^2}{W^2}\right) & \mathrm{i}(\mathfrak{J}+\mathfrak{R}) \\ \mathrm{i}\varepsilon_0(n_1^2\mathfrak{J}+n_2^2\mathfrak{R}) & m\left(\dfrac{1}{U^2}+\dfrac{1}{W^2}\right) \end{bmatrix} \begin{bmatrix} E_0 \\ H_0 \end{bmatrix} = 0 \tag{3.6.2-67}$$

于是

$$\frac{E_0}{H_0}=\frac{\mathrm{i}\omega\mu_0}{m\beta}\frac{U^2W^2}{V^2}[\mathfrak{J}+\mathfrak{R}],\quad m\neq 0 \tag{3.6.2-68}$$

这个比值称为电磁混合比 ρ，它具有阻抗的量纲，单位为 Ω。当 U、V、W 和 m 等参数确定以后，电磁混合比就确定了，于是整个光场的各个分量都被确定下来。

下面，我们根据混合比来区分 HE 模和 EH 模。我们知道，HE 模应该是场分布形状接近于 TE 模的一种混合模式；EH 模应该是场分布形状接近于 TM 模的一种混合模式。当 $m=0$ 时，对于 TE 模，有 $\rho_{\mathrm{TE}}=0$；而对于 TM 模，有 $\rho_{\mathrm{TM}}\to\infty$，所以 EH 模的电磁混合比应该比 HE 模的大一些，即

$$|\rho_{\mathrm{EH}}|>|\rho_{\mathrm{HE}}| \tag{3.6.2-69}$$

由式(3.6.2-69)可以看出，$|\rho_{\mathrm{EH}}|$ 与 $|\rho_{\mathrm{HE}}|$ 的大小主要取决于 $\mathfrak{J}+\mathfrak{R}$ 的大小。而由式(3.6.2-58)

$$\mathfrak{J}+\mathfrak{R}=\frac{1}{2}\left(1-\frac{n_2^2}{n_1^2}\right)\mathfrak{R}\pm\frac{1}{2}\sqrt{\left(1-\frac{n_2^2}{n_1^2}\right)^2\mathfrak{R}^2+4m^2\left(\frac{1}{U^2}+\frac{n_2^2}{n_1^2}\cdot\frac{1}{W^2}\right)\left(\frac{1}{U^2}+\frac{1}{W^2}\right)} \tag{3.6.2-70}$$

由此可知 $\mathfrak{J}+\mathfrak{R}$ 的大小主要取决于根式前面的符号。因为对于 EH 模，根式前面取了“+”，而对于 HE 模，根式前面取了“−”，所以对应 EH 模的 $\mathfrak{J}+\mathfrak{R}$ 要大一些。从而验证了 $|\rho_{\mathrm{EH}}|>|\rho_{\mathrm{HE}}|$。

再简单一些，如果 $n_1\approx n_2$，则式(3.6.2-58)成为

$$\mathfrak{J}+\mathfrak{R}=\pm m\left(\frac{1}{U^2}+\frac{1}{W^2}\right) \tag{3.6.2-71}$$

如上式取“−”，则为 HE 模，否则为 EH 模。这时，它们对应的电磁混合比有关系

$$\begin{pmatrix}\rho_{\mathrm{EH}}\\ \rho_{\mathrm{HE}}\end{pmatrix}=\mathrm{i}\sqrt{\frac{\mu_0}{\varepsilon_1}}\begin{pmatrix}1\\ -1\end{pmatrix} \tag{3.6.2-72}$$

这时，EH 模的纵向电场分量比磁场分量超前 $\pi/2$，HE 模的纵向电场分量比磁场分量落后 $\pi/2$。

6. 模式的偏振特性

以上讨论的是模式场的纵向分量之间的关系，下面讨论 HE 模与 EH 模的横向电场以及它们的偏振特性。

从式(3.6.2-68)可以看出，电磁混合比是一个纯虚数。故可以将电磁混合比写成 $E_0/H_0=\mathrm{i}\rho_m$，式中 ρ_m 为实数，代入式(3.6.2-6)，可以得到，在芯层中 $r<a$ 时，

$$\begin{bmatrix} e_r \\ e_\varphi \\ h_r \\ h_\varphi \end{bmatrix}(\rho,\varphi)=\frac{aH_0}{U^2\mathrm{J}_m(U)}\begin{bmatrix} -\omega\mu_0 & -\beta\rho_m \\ -\mathrm{i}\beta\rho_m & -\mathrm{i}\omega\mu_0 \\ \mathrm{i}\omega\varepsilon_1\rho_m & \mathrm{i}\beta \\ -\beta & -\omega\varepsilon_1\rho_m \end{bmatrix}\begin{bmatrix} \dfrac{m\mathrm{J}_m(U\rho)}{\rho} \\ U\mathrm{J}'_m(U\rho) \end{bmatrix}\exp(\mathrm{i}m\varphi) \tag{3.6.2-73}$$

式中，$\rho=r/a$。在包层中 $r>a$ 时，

$$\begin{bmatrix} e_r \\ e_\varphi \\ h_r \\ h_\varphi \end{bmatrix}(\rho,\varphi)=\frac{aH_0}{W^2\mathrm{K}_m(W)}\begin{bmatrix} \omega\mu_0 & \beta\rho_m \\ \mathrm{i}\beta\rho_m & \mathrm{i}\omega\mu_0 \\ -\mathrm{i}\omega\varepsilon_2\rho_m & -\mathrm{i}\beta \\ \beta & \omega\varepsilon_2\rho_m \end{bmatrix}\begin{bmatrix} \dfrac{m\mathrm{K}_m(W\rho)}{\rho} \\ W\mathrm{K}'_m(W\rho) \end{bmatrix}\exp(\mathrm{i}m\varphi) \tag{3.6.2-74}$$

① 对于 TE 模有 $\rho_{\mathrm{TE}}=0$，所以在 $r<a$ 芯层中，各个横场分量为

$$\begin{bmatrix} e_r \\ e_\varphi \\ h_r \\ h_\varphi \end{bmatrix}(\rho,\varphi)=\mathrm{i}\frac{aH_0}{U\mathrm{J}_0(U)}\begin{bmatrix} 0 \\ \omega\mu_0 \\ -\beta \\ 0 \end{bmatrix}\mathrm{J}_1(U\rho) \tag{3.6.2-75}$$

在包层中 $r>a$ 时，

$$\begin{bmatrix} e_r \\ e_\varphi \\ h_r \\ h_\varphi \end{bmatrix}(\rho,\varphi)=\mathrm{i}\frac{aH_0}{W\mathrm{K}_0(W)}\begin{bmatrix} 0 \\ -\omega\mu_0 \\ \beta \\ 0 \end{bmatrix}\mathrm{K}_1(W\rho) \tag{3.6.2-76}$$

可见，尽管 TE 模的电力线是一个个的同心圆，但它们的横向分量都是线偏振的。

② 对于 TM 模有 $\rho_{\mathrm{TM}}\to\infty$，所以在 $r<a$ 芯层中，各个横场分量为

$$\begin{bmatrix} e_r \\ e_\varphi \\ h_r \\ h_\varphi \end{bmatrix}(\rho,\varphi)=\frac{aH_0\rho_m}{U\mathrm{J}_0(U)}\begin{bmatrix} \beta \\ 0 \\ 0 \\ \omega\varepsilon_1 \end{bmatrix}\mathrm{J}_1(U\rho) \tag{3.6.2-77}$$

在包层中 $r>a$ 时，

$$\begin{bmatrix} e_r \\ e_\varphi \\ h_r \\ h_\varphi \end{bmatrix}(\rho,\varphi)=\frac{aH_0\rho_m}{W\mathrm{K}_0(W)}\begin{bmatrix} -\beta \\ 0 \\ 0 \\ -\omega\varepsilon_2 \end{bmatrix}\mathrm{K}_1(W\rho) \tag{3.6.2-78}$$

可见，尽管 TE 模的电力线是一条条的辐射线，但它们的横向分量也都是线偏振的。

③ 当 $m\neq 0$ 时，由式(3.6.2-73)与式(3.6.2-74)可以看出，一般来说，尽管 HE 模的电力线近似于一条直线，但它与 EH 模的横向分量一样，其矢端曲线画出一个椭圆，可以认为是椭圆偏振的(注意它还有纵向分量)。如果 $n_1\approx n_2$，利用前面的结论 $\begin{pmatrix}\rho_{\mathrm{EH}}\\ \rho_{\mathrm{HE}}\end{pmatrix}=\mathrm{i}\sqrt{\dfrac{\mu_0}{\varepsilon_1}}\begin{pmatrix}1\\ -1\end{pmatrix}$，并认为 $\beta\approx kn_1$，横向电场分量的形式可以简化为如下：

对于 HE 模，当 $r<a$ 时，

$$\begin{bmatrix} e_r \\ e_\varphi \\ h_r \\ h_\varphi \end{bmatrix}(\rho,\varphi)=\frac{aH_0}{U^2\mathrm{J}_m(U)}\begin{bmatrix} -\omega\mu_0 & \beta\sqrt{\mu_0/\varepsilon_1} \\ \mathrm{i}\beta\sqrt{\mu_0/\varepsilon_1} & -\mathrm{i}\omega\mu_0 \\ -\mathrm{i}\omega\varepsilon_1\sqrt{\mu_0/\varepsilon_1} & \mathrm{i}\beta \\ -\beta & \omega\varepsilon_1\sqrt{\mu_0/\varepsilon_1} \end{bmatrix}\begin{bmatrix} \dfrac{m\mathrm{J}_m(U\rho)}{\rho} \\ U\mathrm{J}'_m(U\rho) \end{bmatrix}\exp(\mathrm{i}m\varphi) \tag{3.6.2-79}$$

当 $r>a$ 时，

$$\begin{bmatrix} e_r \\ e_\varphi \\ h_r \\ h_\varphi \end{bmatrix}(\rho,\varphi)=\frac{aH_0}{W^2\mathrm{K}_m(W)}\begin{bmatrix} \omega\mu_0 & -\beta\sqrt{\mu_0/\varepsilon_1} \\ -\mathrm{i}\beta\sqrt{\mu_0/\varepsilon_1} & \mathrm{i}\omega\mu_0 \\ \mathrm{i}\omega\varepsilon_2\sqrt{\mu_0/\varepsilon_1} & -\mathrm{i}\beta \\ \beta & -\omega\varepsilon_2\sqrt{\mu_0/\varepsilon_1} \end{bmatrix}\begin{bmatrix} \dfrac{m\mathrm{K}_m(W\rho)}{\rho} \\ W\mathrm{K}'_m(W\rho) \end{bmatrix}\exp(\mathrm{i}m\varphi) \tag{3.6.2-80}$$

④ 当 $m=1$ 时，式(3.6.2-79)和式(3.6.2-80)简化为

$$\begin{bmatrix} e_r \\ e_\varphi \\ h_r \\ h_\varphi \end{bmatrix}(\rho,\varphi)=\frac{a\beta H_0}{U^2\mathrm{J}_1(U)}\begin{bmatrix} -(\omega\mu_0/\beta+\sqrt{\mu_0/\varepsilon_1}) & \sqrt{\mu_0/\varepsilon_1} \\ \mathrm{i}(\omega\mu_0/\beta+\sqrt{\mu_0/\varepsilon_1}) & -\mathrm{i}\omega\mu_0/\beta \\ -\mathrm{i}(\omega\sqrt{\mu_0\varepsilon_1}/\beta+1) & \mathrm{i} \\ -(\omega\sqrt{\mu_0\varepsilon_1}/\beta+1) & \omega\sqrt{\mu_0\varepsilon_1}/\beta \end{bmatrix}\begin{bmatrix} \dfrac{\mathrm{J}_1(U\rho)}{\rho} \\ U\mathrm{J}_0(U\rho) \end{bmatrix}\exp(\mathrm{i}\varphi) \tag{3.6.2-81}$$

和

$$\begin{bmatrix} e_r \\ e_\varphi \\ h_r \\ h_\varphi \end{bmatrix}(\rho,\varphi)=\frac{a\beta H_0}{W^2\mathrm{K}_1(W)}\begin{bmatrix} \omega\mu_0/\beta+\sqrt{\mu_0/\varepsilon_1} & -\sqrt{\mu_0/\varepsilon_1} \\ -\mathrm{i}(\omega\mu_0/\beta+\sqrt{\mu_0/\varepsilon_1}) & \mathrm{i}\omega\mu_0/\beta \\ \mathrm{i}(\omega\sqrt{\mu_0\varepsilon_1}/\beta+1) & -\mathrm{i} \\ \omega\sqrt{\mu_0\varepsilon_1}/\beta+1 & -\omega\sqrt{\mu_0\varepsilon_1}/\beta \end{bmatrix}\begin{bmatrix} \dfrac{\mathrm{K}_1(W\rho)}{\rho} \\ W\mathrm{K}_0(W\rho) \end{bmatrix}\exp(\mathrm{i}\varphi)$$

(3.6.2-82)

这时，它的横向分量近似为一个圆偏振光。从图3.6.2-2(a)看，HE_{11}模的电力线(场线)近似于一条直线，所以绝大部分人唯像地认为，它是线偏振态。有些文献，简单地从图3.6.2-3(a)把HE_{11}模分为HE_{11}^x和HE_{11}^y两种情况，意思是HE_{11}模的电场方向既可以为x方向，又可以为y方向。这种看法是不正确的。而这里从理论推导得出它近乎是一个圆偏振光，如何理解？其实，HE_{11}模的电场方向或电力线都是不固定的，它以圆心为原点在不断地转动，图3.6.2-3(a)所绘的场图只是某个特定时刻的情形。

为了理解这一点，可参考图3.6.2-7，T是光频的周期。从整体上看，对于每一个具体的时刻，光场的场线都是一条直线，但对于横截面上某一个具体的点，它的光场方向是不断旋转的。所以对于每一点来说，都是圆偏振态，但是对于某一个时刻而言，它的场线都是直线。

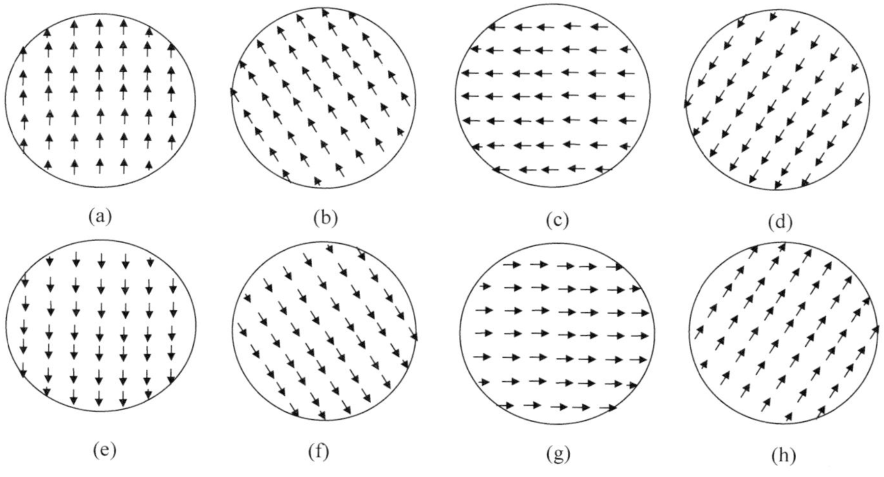

图3.6.2-7 对圆偏振态的理解

(a) $t=0$; (b) $t=T/8$; (c) $t=T/4$; (d) $t=3T/8$; (e) $t=T/2$; (f) $t=5T/8$; (g) $t=3T/4$; (h) $t=7T/8$

对于圆偏振光，一个重要特征是它的旋向问题。圆偏振光的旋向规定为：右旋圆偏振光是逆光观察时场矢量随时间按顺时针方向旋转；左旋圆偏振光是逆光观察时场矢量随时间按逆时针方向旋转，如图 3.6.2-8 所示。除了逆光观察以外，还可以用螺旋前进来判断。右旋偏振光是右手螺旋前进的，也就是在某个时刻，场矢量沿 z 方向的变化规律是右手螺旋关系，即 z 增大时，φ 也增大。左旋偏振光是左手螺旋前进的，也就是在某个时刻，场矢量沿 z 的变化规律是左手螺旋关系，即 z 增大时，φ 减小。螺旋前进用来描述某个时刻，等相位面与前进方向之间的空间位置关系。从式(3.6.2-56)和式(3.6.2-57)可以看出，当 $m>0$ 时始终是左旋偏振的；而只有当 $m<0$ 时才会出现右旋偏振这种情况。所以，实际上包括 $m<0$ 的情况，模式场才是完备的。除了 $m=1$ 以外，$m=-1$ 也可以得到类似的解，但它是右旋的。所以实际上可将 HE_{11} 模分为 $\mathrm{HE}_{11}^{\mathrm{L}}$ 和 $\mathrm{HE}_{11}^{\mathrm{R}}$ 两种情况，或者说对应于 HE_{11} 模和 HE_{-11} 模两种情况。

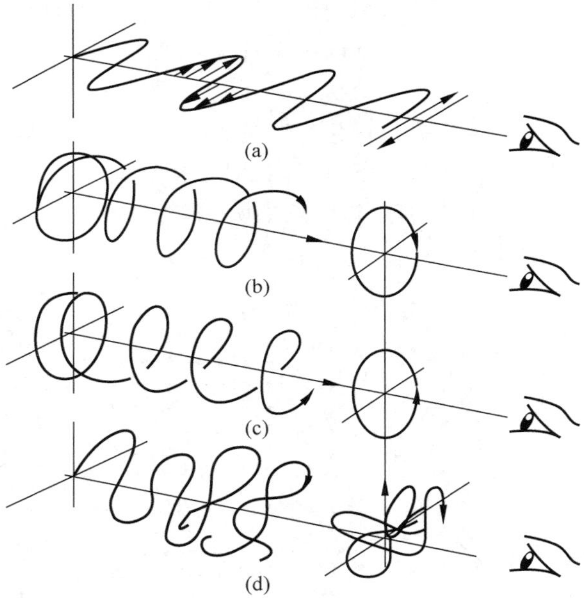

图 3.6.2-8 圆偏振光

7. 功率流问题

二层均匀圆光波导中的光功率问题可用坡印亭矢量

$$\boldsymbol{p}=\boldsymbol{E}\times\boldsymbol{H}^{*} \tag{3.6.2-83}$$

来描述，将 $\boldsymbol{E}$ 与 $\boldsymbol{H}^{*}$ 表示成模式场，可得

$$\boldsymbol{p}=\boldsymbol{e}_{\mathrm{t}}\times\boldsymbol{h}_{\mathrm{t}}^{*}+\boldsymbol{e}_{z}\times\boldsymbol{h}_{\mathrm{t}}^{*}+\boldsymbol{e}_{\mathrm{t}}\times\boldsymbol{h}_{z}^{*}+0 \tag{3.6.2-84}$$

式中，第一项表示光功率沿纵向的传输，第二项和第三项表示光功率沿横向的传输，最后一项为零，是由于两个纵向分量的矢性积为零。为了保证导模的光功率是

沿纵向传输，第一项必须是实数，第二项与第三项必须是纯虚数，也就是说在一个周期内沿着纵向传输的平均光功率是大于零的，而在一个周期内沿着横向传输的平均光功率是等于零的，光功率沿横向只是一个振荡过程。

从式(3.6.2-66)、式(3.6.2-73)～式(3.6.2-82)等关于模式场纵向分量与横向分量的表达式可以看出，由于电磁混合比是纯虚数，所以即使($\boldsymbol{e}_z$,$\boldsymbol{h}_z$)的相位确定，比如说 e_z 为实数和 h_z 为纯虚数，也不能推断($\boldsymbol{e}_t$,$\boldsymbol{h}_t$)的虚实性。虽然在某些文献中曾经得出一些结论，但它只适用于某些特殊的场合。

从式(3.6.2-66)～式(3.6.2-82)可以看出，尽管 $\boldsymbol{e}_t=\boldsymbol{e}_r+\boldsymbol{e}_\varphi$ 和 $\boldsymbol{h}_t=\boldsymbol{h}_r+\boldsymbol{h}_\varphi$ 都是复矢量，但是 $\boldsymbol{e}_r$ 与 $\boldsymbol{h}_\varphi$、$\boldsymbol{e}_\varphi$ 与 $\boldsymbol{h}_r$ 却严格保持同相位(或反相位)，因此

$$\boldsymbol{e}_t\times\boldsymbol{h}_t^*=\boldsymbol{e}_r\times\boldsymbol{h}_r^*+\boldsymbol{e}_\varphi\times\boldsymbol{h}_\varphi^*+\boldsymbol{e}_\varphi\times\boldsymbol{h}_r^*+\boldsymbol{e}_r\times\boldsymbol{h}_\varphi^* \tag{3.6.2-85}$$

定义沿纵向传输的功率流为

$$\boldsymbol{p}_z=\boldsymbol{e}_t\times\boldsymbol{h}_t^*=\boldsymbol{e}_\varphi\times\boldsymbol{h}_r^*+\boldsymbol{e}_r\times\boldsymbol{h}_\varphi^* \tag{3.6.2-86}$$

于是可知，它是一个实数。

另外，坡印亭矢量的横向分量可以分解为

$$\begin{aligned}&\boldsymbol{e}_z\times\boldsymbol{h}_t^*+\boldsymbol{e}_t\times\boldsymbol{h}_z^*\\&=\boldsymbol{e}_z\times(\boldsymbol{h}_r^*+\boldsymbol{h}_\varphi^*)+(\boldsymbol{e}_r+\boldsymbol{e}_\varphi)\times\boldsymbol{h}_z^*\\&=(\boldsymbol{e}_z\times\boldsymbol{h}_r^*+\boldsymbol{e}_r\times\boldsymbol{h}_z^*)+(\boldsymbol{e}_z\times\boldsymbol{h}_\varphi^*+\boldsymbol{e}_\varphi\times\boldsymbol{h}_z^*)\end{aligned} \tag{3.6.2-87}$$

定义

$$\boldsymbol{p}_\varphi+\boldsymbol{p}_r\overset{\text{def}}{=}(\boldsymbol{e}_z\times\boldsymbol{h}_r^*+\boldsymbol{e}_r\times\boldsymbol{h}_z^*)+(\boldsymbol{e}_z\times\boldsymbol{h}_\varphi^*+\boldsymbol{e}_\varphi\times\boldsymbol{h}_z^*) \tag{3.6.2-88}$$

即沿圆周的功率流 $\boldsymbol{p}_\varphi$ 和沿径向的功率流 $\boldsymbol{p}_r$ 之和。不难看出，沿圆周的功率流 $\boldsymbol{p}_\varphi$ 是一个实数，而沿径向的功率流 $\boldsymbol{p}_r$ 是一个纯虚数。这表明，由于沿圆周的功率流实际上并没有向前传输，而沿径向的功率流只是在振动，在一个周期内的平均传输功率为零。所以可以得出结论，只有横向分量携带功率，纵向分量只起导引作用。由此说明正规光波导中，导模具有明显的导引光能传输的性质，这和射线法得出的光在波导中按全反射原理前进的结论是一致的。

当 $m=0$ 时，$\boldsymbol{p}_\varphi=0$。这说明，只有 TE 模与 TM 模的功率传输线是按照子午线传输的，而 $m\neq0$ 的模式，都是按照螺旋线传输的。根据本书关于光线的定义，光线作为波矢的场线，所有正规光波导中的导模都是沿纵向传输的，也就是它们是一簇平行的光线。而按照射线法解释光波导中光的传输的时候，它是按照坡印亭矢量来定义光线，所以有子午线和螺旋线一说。

3.6.3　标量法

矢量法虽然找到了严格满足边界条件的解，但是它的模式场必须用六个分量描述，而且分析问题的出发点，都是从相对比较小的纵向分量开始，整个分析的工

作量既大又复杂，使用很不方便，这就迫使人们去寻找更为简洁又能反映主要性质的新方法，这就是标量法。前已证明，在下述三个互相等价的条件中：

① $\frac{\partial^2}{\partial x \partial y} \to 0$，即模式场的二阶变化可忽略；

② e_y 在边界上连续（标量近似）；

③ 两层的 ε 变化很小（弱导近似）。

只要满足其中任何一个，就可以得到两组相互正交的线偏振模，其中一组是电场的 x 分量和磁场的 y 分量为 0，即 $\{0, e_y, e_z; h_x, 0, h_z\}$；另一组是电场的 y 分量和磁场的 x 分量为 0，即 $\{e_x, 0, e_z; 0, h_y, h_z\}$，它们的模式场可表示为

$$\begin{pmatrix} \boldsymbol{E} \\ \boldsymbol{H} \end{pmatrix}(x, y, z, t) = \begin{pmatrix} \boldsymbol{e} \\ \boldsymbol{h} \end{pmatrix}(r) \mathrm{e}^{\mathrm{i}(m\varphi + \beta z - \omega t)} \tag{3.6.3-1}$$

注意此处 m 的定义与矢量模不同，$m=0$ 并不代表 TE 模或 TM 模。可以看出，线偏振模模式场的电场与磁场的横向分量都有固定的偏振方向，互相垂直并且互成比例，比值为 $\omega\mu_0/\beta$。它们都只需解一个标量方程(3.5.2-6)，以 e_y 为例，方程(3.5.2-6)可写为

$$[\nabla_t^2 + (k^2 n_i^2 - \beta^2)] e_y = 0 \tag{3.5.2-6}$$

其他量可由纵向分量与横向分量的关系式(3.5.2-8)求出。标量法的优点是显而易见的，由标量法定义的模式场，在多数情况下只需要一个量（如 e_y）就够了，磁场与它垂直且成正比，除非特别需要，纵向分量都可以忽略。

整个分析问题的思路和矢量法大致相同，首先利用波动方程求出模式场，其次利用边界场分量的连续条件求出特征方程，再次分别让特征方程中的 $W \to 0$ 和 $V \to \infty$，可以得到截止条件和远离截止的情形，最后绘出 $U = f(V)$ 的色散曲线。此外，还要考虑矢量模和标量模的关系。

1. 模式场

在自变量取柱坐标系的条件下，用分离变量法可将方程(3.5.2-6)化为 $e_y(r)$ 满足的贝塞尔方程

$$\frac{\mathrm{d}^2 e_y}{\mathrm{d}r^2} + \frac{1}{r}\frac{\mathrm{d}e_y}{\mathrm{d}r} + \left(k^2 n_i^2 - \beta^2 - \frac{m^2}{r^2}\right) e_y = 0 \tag{3.6.3-2}$$

它的解为

$$e_y(r, \varphi) = \begin{cases} a_0 \mathrm{J}_m\left(\dfrac{U}{a} r\right) \mathrm{e}^{\mathrm{i}m\varphi}, & r < a \\ b_a \mathrm{K}_m\left(\dfrac{W}{a} r\right) \mathrm{e}^{\mathrm{i}m\varphi}, & r > a \end{cases} \tag{3.6.3-3}$$

采用与矢量法相同的 U、W、V、ρ 等符号（式(3.6.2-2)），可得

$$e_y(\rho, \varphi) = \begin{cases} a_0 \mathrm{J}_m(U\rho) \mathrm{e}^{\mathrm{i}m\varphi}, & \rho < 1 \\ b_a \mathrm{K}_m(W\rho) \mathrm{e}^{\mathrm{i}m\varphi}, & \rho > 1 \end{cases} \tag{3.6.3-4}$$

注意，两个积分常数中只有一个是独立的，再由

$$e_z=\frac{\mathrm{i}}{\beta}\frac{\partial e_y}{\partial y}=\frac{\mathrm{i}}{\beta}\left(\frac{\partial e_y}{\partial r}\frac{\partial r}{\partial y}+\frac{\partial e_y}{\partial \varphi}\frac{\partial \varphi}{\partial y}\right)=\frac{\mathrm{i}}{\beta}\left(\sin\varphi\frac{\partial e_y}{\partial r}+\frac{\cos\varphi}{r}\frac{\partial e_y}{\partial \varphi}\right) \tag{3.6.3-5}$$

可得

$$e_z(\rho,\varphi)=\begin{cases}\dfrac{\mathrm{i}}{\beta}\mathrm{e}^{\mathrm{j}m\varphi}\left[\dfrac{\sin\varphi U}{a}\mathrm{J}_m(U\rho)+\mathrm{i}\dfrac{m\cos\varphi}{\rho a}\mathrm{J}_m(U\rho)\right]a_0, & \rho<1\\ \dfrac{\mathrm{i}}{\beta}\mathrm{e}^{\mathrm{j}m\varphi}\left[\dfrac{\sin\varphi W}{a}\mathrm{K}_m(W\rho)+\mathrm{i}\dfrac{m\cos\varphi}{\rho a}\mathrm{K}_m(W\rho)\right]b_a, & \rho>1\end{cases} \tag{3.6.3-6}$$

同理，由

$$h_z=\frac{1}{\mathrm{j}\omega\mu_0}\frac{\partial e_y}{\partial x}=-\frac{\mathrm{i}}{\omega\mu_0}\left(\cos\varphi\frac{\partial e_y}{\partial r}+\frac{\sin\varphi}{r}\frac{\partial e_y}{\partial \varphi}\right) \tag{3.6.3-7}$$

得

$$h_z(\rho,\varphi)=\begin{cases}\dfrac{-\mathrm{i}}{\omega\mu_0}\mathrm{e}^{\mathrm{j}m\varphi}\left[\dfrac{\cos\varphi U}{a}\mathrm{J}_m(U\rho)-\mathrm{i}\dfrac{m\sin\varphi}{\rho a}\mathrm{J}_m(U\rho)\right]a_0, & \rho<1\\ \dfrac{-\mathrm{i}}{\omega\mu_0}\mathrm{e}^{\mathrm{j}m\varphi}\left[\dfrac{\cos\varphi W}{a}\mathrm{K}_m(W\rho)-\mathrm{i}\dfrac{m\sin\varphi}{\rho a}\mathrm{K}_m(W\rho)\right]b_a, & \rho>1\end{cases} \tag{3.6.3-8}$$

说明尽管线偏振模电场与磁场的横向分量成比例（比值与位置无关），但纵向分量一般不成比例，但当 $m=0$ 时，纵向分量的比值只与 φ 有关，而与 ρ 无关，可以近似看作成比例的。因为从式(3.6.3-6)和式(3.6.3-8)可以得出

$$\frac{e_z}{h_z}=-\frac{1}{\beta\omega\mu_0}\tan\varphi \tag{3.6.3-9}$$

由于模式场的方向是固定的，就没有必要绘出模式场的场图。但功率分布却是不均匀的。令 b 为归一化传输常数

$$b=\frac{(\beta/k)^2-n_a^2}{n_m^2-n_a^2} \tag{3.6.3-10}$$

图 3.6.3-1 给出了几个低阶模的功率分布图，图 3.6.3-2 是几个低阶模的光斑图像。这些图像看起来差别很大，但当它们在远离截止频率时，都可以看作一个高斯分布与一个多项式的乘积，这就是拉盖尔-高斯近似。这将在后面讲到。

2. 特征方程

在 ε 变化很小的情况下，e_y 连续与 h_x 连续是等价的。同样，由 e_z 连续，亦可导出 h_z 连续。所以，要导出特征方程，只需两个边界条件就够了。于是，令 $\rho=1$，

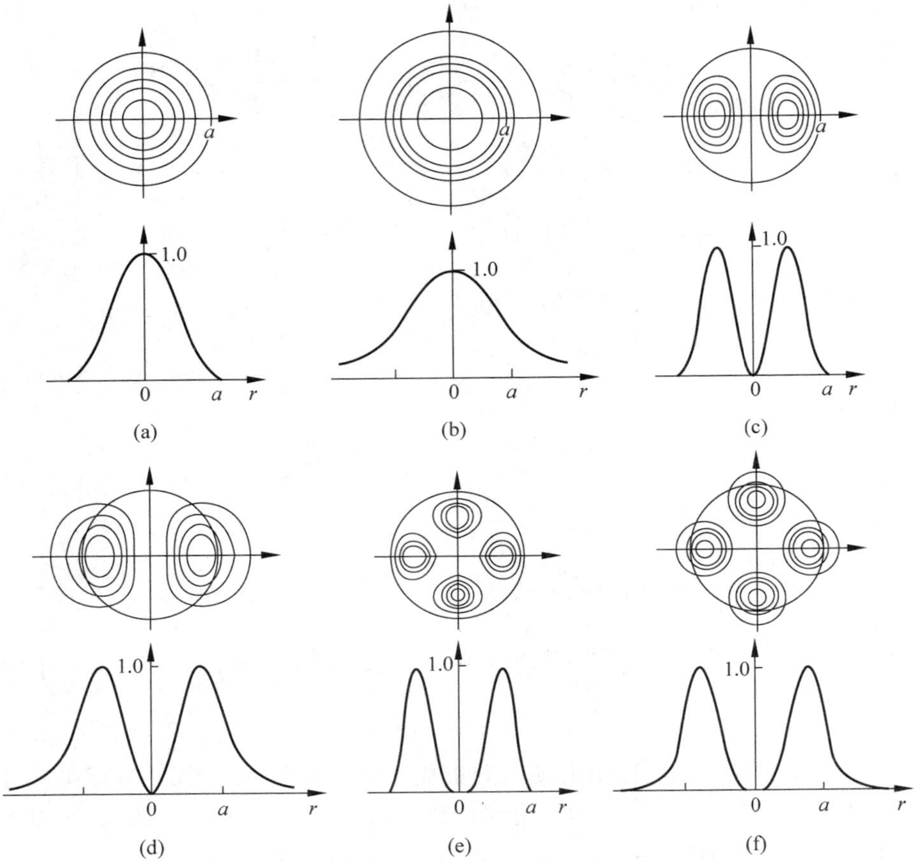

图 3.6.3-1 LP 模式功率分布图

(a) LP_{01} 模,$b=0.1$；(b) LP_{01} 模,$b=0.9$；(c) LP_{11} 模,$b=0.1$；

(d) LP_{11} 模,$b=0.9$；(e) LP_{02} 模,$b=0.1$；(f) LP_{02} 模,$b=0.9$

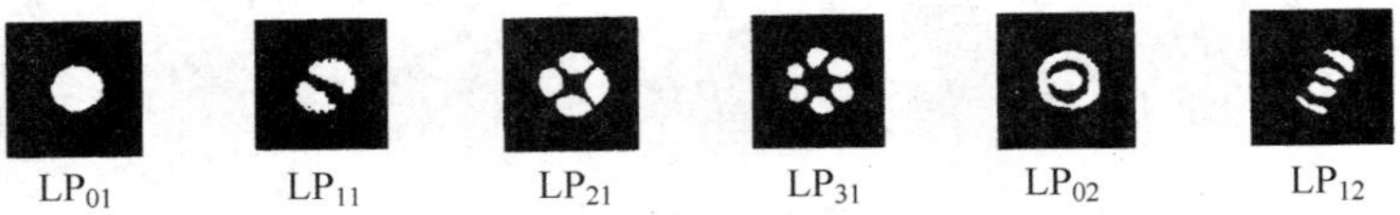

图 3.6.3-2 低阶 LP 模式的模斑图像

由 e_y 连续得

$$a_0 J_m(U) - b_a K_m(W) = 0 \tag{3.6.3-11}$$

再由 e_z 连续得

$$a_0[U\sin\varphi J'_m(U) + im\cos\cdot\varphi J_m(U)] - b_a[W\sin\varphi K'_m(W) + im\cos\varphi K_m(W)] = 0 \tag{3.6.3-12}$$

于是得到特征方程为

$$\begin{vmatrix} \mathrm{J}_m(U) & \mathrm{K}_m(W) \\ \sin\varphi U\mathrm{J}'_m + \mathrm{i}m\cos\varphi \mathrm{J}_m & -\sin\varphi W\mathrm{K}'_m + \mathrm{i}m\cos\varphi \mathrm{K}_m \end{vmatrix} = 0 \tag{3.6.3-13}$$

化简后，含 φ 的项可消去，得

$$\frac{U\mathrm{J}'_m(U)}{\mathrm{J}_m(U)} = \frac{W\mathrm{K}'_m(W)}{\mathrm{K}_m(W)} \tag{3.6.3-14}$$

利用贝塞尔函数的递推公式

$$\begin{cases} \mathrm{K}'_m = \dfrac{m}{W}\mathrm{K}_m(W) - \mathrm{K}_{m+1}(W) \\ \mathrm{J}'_m = \dfrac{m}{U}\mathrm{J}_m(U) - \mathrm{J}_{m+1}(U) \end{cases} \quad 或 \quad \begin{cases} \mathrm{K}'_m = -\dfrac{m}{W}\mathrm{K}_m - \mathrm{K}_{m-1} \\ \mathrm{J}'_m = -\dfrac{m}{U}\mathrm{J}_m + \mathrm{J}_{m-1} \end{cases} \tag{3.6.3-15}$$

可得

$$\frac{U\mathrm{J}_{m+1}(U)}{\mathrm{J}_m(U)} = \frac{W\mathrm{K}_{m+1}(W)}{\mathrm{K}_m(W)} \tag{3.6.3-16}$$

或

$$\frac{U\mathrm{J}_{m-1}(U)}{\mathrm{J}_m(U)} + \frac{W\mathrm{K}_{m-1}(W)}{\mathrm{K}_m(W)} = 0 \tag{3.6.3-17}$$

式(3.6.3-16)和式(3.6.3-17)是常见的 LP 模式的特征方程。它们和矢量法的特征方程相比较，要简洁得多。当 $m=0$ 时，有

$$\frac{U\mathrm{J}_1(U)}{\mathrm{J}_0(U)} = \frac{W\mathrm{K}_1(W)}{\mathrm{K}_0(W)} \tag{3.6.3-18}$$

3. 截止条件

在特征方程(3.6.3-16)或方程(3.6.3-17)中，令 $W\to 0, U\to V$，分别可得如下结果：

① 当 $m\neq 0$ 时，截止条件为 $\mathrm{J}_{m-1}(V)=0$ $\left(不包括 V=0，可从 \lim\limits_{V\to 0}\dfrac{V\mathrm{J}_{m-1}(V)}{\mathrm{J}_m(V)}\neq 0 看出\right)$；

② 当 $m=0$ 时，截止条件为 $\mathrm{J}_1(V)=0$（包括 $V=0$）。

将线偏振模以 m 的次序和根从小到大的次序 n 进行排列，即可对线偏振模 LP_{mn} 进行排序。它们的截止条件分别为

$$m=0,\quad \mathrm{J}_1(V)=0,\quad V=0, 3.83, 7.01$$

$$m=1,\quad \mathrm{J}_0(V)=0,\quad V=2.4048, 5.5201$$

$$m=2,\quad \mathrm{J}_1(V)=0,\quad V=3.83, 7.01$$

从而 LP_{mn} 依次出现的顺序为 LP_{01}，LP_{11}，LP_{02}，LP_{21}，LP_{12}，…。

由于当 $m=0$ 时，存在一个截止频率为零的模式 LP_{01}，它是二层圆均匀光波导（阶跃光纤）的基模，于是得到与矢量法相同的单模条件，为

$$V < 2.4048 \tag{3.6.3-19}$$

但由于线偏振模分为 $\{0, e_y, e_z; h_x, 0, h_z\}$ 和 $\{e_x, 0, e_z; 0, h_y, h_z\}$ 两组，所以在这个单模条件下的所谓的“单模光纤”，实际上仍然有两个不同偏振方向的线偏振模在传输。当 $m \neq 0$ 时，又有 $e^{im\varphi}$ 和 $e^{-im\varphi}$ 两种可能性，与不同偏振方向组合后成为 4 组。故 $m \neq 0$ 时，一个 LP 模式代表 4 个矢量模。

4. 远离截止频率的情形

易于看出，当 $V \to \infty$，$W \to \infty$ 时可得 $J_m(U_\infty)=0$。因此，LP 模的 U 是在 $J_{m-1}(U)=0$ 和 $J_m(U)=0$ 的两个根中变化。

这样，可以绘出标量 LP 模的 $U=f(V)$ 图、U 的取值范围及归一化 b 的曲线，分别如图 3.6.3-3、图 3.6.3-4 和图 3.6.3-5 所示。

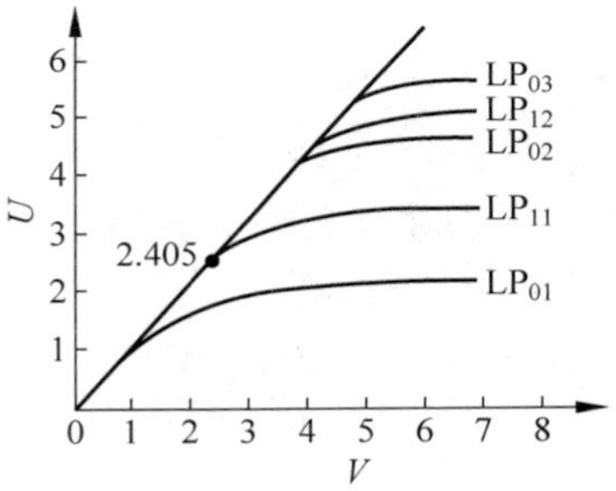

图 3.6.3-3　标量 LP 模的 $U=f(V)$ 图

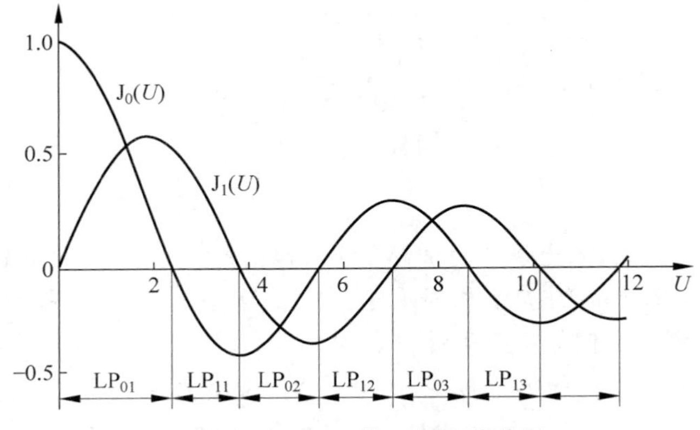

图 3.6.3-4　标量 LP 模 U 的取值范围

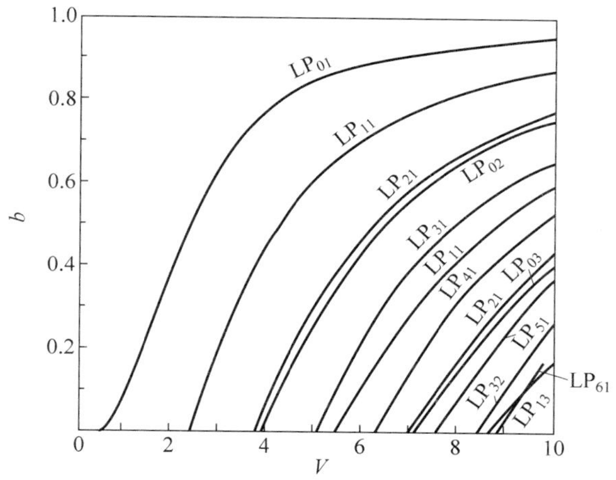

图 3.6.3-5　标量 LP 模的归一化 $b=f(V)$图

前人对基模的 $U=f(V)$曲线进行了详细的研究，得出了如下一些近似公式。

① 一阶近似：

$$W \approx 1.1428V - 0.9960,\quad W \in [1.5, 2.4],\quad \delta < 10^{-3} \tag{3.6.3-20}$$

② 二阶近似：

$$W \approx -0.11988V^2 + 1.1907V - 1.0429,\quad W \in [1.5, 3.4],\quad \delta < 10^{-3} \tag{3.6.3-21}$$

③ 四阶近似：

$$U \approx -0.006938V^4 + 0.009919V^3 - 0.56462V^2 + 1.6324V - 0.16091,$$
$$V \in [1.5, 4.0],\quad \delta < 10^{-3} \tag{3.6.3-22}$$

5. 线偏振模和矢量模的关系

我们曾反复强调过，标量近似也就是弱导近似，这意味着折射率 n_1 与 n_2 相差很小。我们看一下在此条件下矢量模发生的变化，从而找出线偏振模与矢量模之间的关系。

我们知道，矢量模的特征方程中的 U 和 W 都隐含 β，因此求解隐含 β 的方程为式(3.6.2-13)，在 $n_1 \approx n_2$ 条件下，可得

$$\frac{1}{U}\frac{J_m'}{J_m} + \frac{1}{W}\frac{K_m'}{K_m} = \pm m\left(\frac{1}{U^2} + \frac{1}{W^2}\right) \tag{3.6.3-23}$$

① 当 $m=0$ 时：

方程(3.6.3-23)化为$\frac{1}{U}\frac{J_1}{J_0} + \frac{1}{W}\frac{K_1}{K_0} = 0$，它与标量模的特征方程(3.6.3-18)中令

$m=1$ 时的形式一致，所以，矢量 TE_{0n} 模、TM_{0n} 模与标量的 LP_{1n} 模有近似相同的 β。

② 当 $m\neq0$ 时：

当式(3.6.3-23)的右边取"－"时，它对应于 HE_{mn} 模，利用

$$J'_m=-\frac{m}{U}J_m+J_{m-1} \tag{3.6.3-24}$$

和

$$K'_m=-\frac{m}{W}K_m-K_{m-1} \tag{3.6.3-25}$$

可得

$$\frac{1}{U}\frac{J_{m-1}}{J_m}-\frac{1}{W}\frac{K_{m-1}}{K_m}=0 \tag{3.6.2-26}$$

或者

$$\frac{UJ_m}{J_{m-1}}-\frac{WK_m}{K_{m-1}}=0 \tag{3.6.3-27}$$

将式(3.6.3-26)的第二项移到右边，取倒数，然后将 m 替换为 $m+1$，然后与 $LP_{m-1,n}$ 模式的特征方程(3.6.3-16)相比较，发现二者是相同的。所以 HE_{mn} 模属于 $LP_{m-1,n}$ 模的一支。

③ 当 $m\neq0$，且式(3.6.3-23)的右边取"＋"时，它对应于 EH_{mn} 模。利用

$$J'_m=\frac{m}{U}J_m-J_{m+1}$$

$$K'_m=\frac{m}{W}K_m-K_{m+1} \tag{3.6.3-28}$$

可得

$$\frac{1}{U}\frac{J_{m+1}}{J_m}+\frac{1}{W}\frac{K_{m+1}}{K_m}=0 \tag{3.6.3-29}$$

或者

$$\frac{UJ_m}{J_{m+1}}+\frac{WK_m}{K_{m+1}}=0 \tag{3.6.3-30}$$

上式与 $LP_{m+1,n}$ 模式的特征方程(3.6.3-17)相同，可见 EH_{mn} 模属于 $LP_{m+1,n}$ 模的一支。综上所述，列于表 3.6.3-1，并由此可以得出结论，LP 模是由一组传输常数 β 十分接近的矢量模简并而成。图 3.6.3-6 示出了 TE_{01} 模和 HE_{21} 模简并成 LP_{11} 模的情况。

表 3.6.3-1 LP模与矢量模的简并关系

LP模	特征方程	矢量模	简并度
LP_{0n}	$\frac{UJ_1}{J_0}=\frac{WK_1}{K_0}$	HE_{1n}	2
LP_{1n}	$\frac{UJ_0}{J_1}+\frac{WK_0}{K_1}=0$ $\frac{UJ_2}{J_1}-\frac{WK_2}{K_1}=0$	$\begin{cases}TE_{0n}\\TM_{0n}\\HE_{2n}\end{cases}$	4
$LP_{mn}(m\geqslant 2)$	$\frac{UJ_{m-1}}{J_m}+\frac{WK_{m-1}}{K_m}=0$ $\frac{UJ_{m+1}}{J_m}-\frac{WK_{m+1}}{K_m}=0$	$\begin{cases}EH_{m-1,n}\\HE_{m+1,n}\end{cases}$	4

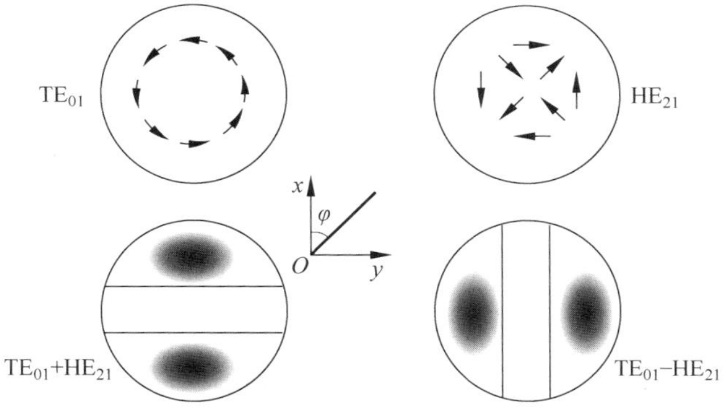

图 3.6.3-6 TE_{01} 模和 HE_{21} 模简并成 LP_{11} 模

3.7 多层圆均匀光波导

正如3.6.1节所述，随着光纤应用范围的日益扩大，对光纤的性能提出了许多新的要求，比如为了对光纤的色散进行补偿，开始寻求所谓的色散补偿光纤(dispersion compensation fiber，DCF)；为了使光纤的零色散点和最低损耗点都处于1.55μm波段，就开始寻求色散位移光纤(dispersion shift fiber，DSF)；为了能够在较宽的波段内光纤的色散都变化不大，就要研制色散平坦光纤；为了能够使色散、损耗及非线性都比较小，又开始研制非零色散光纤(大芯径光纤)；为了用光纤制造一些特殊的光纤器件，需要高非线性光纤(high non-linearity fiber，HNLF)；为了适应光纤入户的需求，使得光纤在弯曲半径很小的场合也能应用，而设计出小弯曲半径的光纤，等等 。所有这些光纤，很大程度是仰仗增加包层折射率从而改变光纤结构来达到的。此外，近年来对于光纤有限包层所带来的“包层模式”的传输问题也极为重视，因为这些模式有很多有趣的新现象。所以，多层圆均匀光波导的理论、方法等都成为人们关注的热点，受到普遍重视。在3.6节我们已经详细研究了有关二层圆均匀光波导的理论，这些理论可以十分容易地推广到多层的情形，基本思路都是相同的。这个基本思路可以归纳为首先利用波动方程求出模式场，然后利用边界场分量的连续条件求出特征方程，接下来分别让特征方程中的 $W\to 0$ 和 $V\to\infty$，可以得到截止条件和远离截止的情形，最后绘出 $U=f(V)$ 的色散曲线。因此，本节只讲结论，而省略了中间步骤。

3.7.1 矢量法

1. 模式场

矢量法的模式场已于3.5.1节中给出，在中心层内的表达式与二层情况基本相似，如式(3.6.2-3a)所示。与二层光纤的不同处在于，式(3.6.2-3a)中的矩阵 $\mathbf{A}(\rho)$ 中既可能包含 J_m 和 J_m'（当 $kn_1>\beta$ 时），也可能包含 K_m 和 K_m'（当 $kn_1<\beta$ 时）。而在包层的表达式与二层情况完全相同，如式(3.6.2-3b)所示。此外，还增加了中间层，即

$$\begin{bmatrix} e_\varphi \\ h_\varphi \\ e_z \\ h_z \end{bmatrix}_{\rho\in\text{第}i\text{层}} = \boldsymbol{P}_i(\rho)\begin{bmatrix} a_i \\ b_i \\ c_i \\ d_i \end{bmatrix} \tag{3.7.1-1}$$

式中，矩阵 $\boldsymbol{P}_i(\rho)$ 是 4×4 矩阵，当 $kn_i>\beta$ 时，矩阵的元素包含 J_m、N_m、J_m'、N_m' 等，当 $kn_i<\beta$ 时，矩阵中的元素包含 I_m、K_m、I_m'、K_m' 等。

2. 特征方程

推导特征方程的第一步是先将某一层外边界的场用内边界的场表示，即

$$\begin{bmatrix} e_\varphi \\ h_\varphi \\ e_z \\ h_z \end{bmatrix}_{\rho=\rho_i} = \boldsymbol{P}_i(\rho_i)\begin{bmatrix} a_i \\ b_i \\ c_i \\ d_i \end{bmatrix} = \boldsymbol{P}_i(\rho_i)\boldsymbol{P}_i^{-1}(\rho_{i-1})\begin{bmatrix} e_\varphi \\ h_\varphi \\ e_z \\ h_z \end{bmatrix}_{\rho=\rho_{i-1}} \tag{3.7.1-2}$$

令 $\boldsymbol{P}_i(\rho_i)\boldsymbol{P}_i^{-1}(\rho_{i-1})=\boldsymbol{S}_i$，则

$$\begin{bmatrix} e_\varphi \\ h_\varphi \\ e_z \\ h_z \end{bmatrix}_{\rho=\rho_i} = \boldsymbol{S}_i\begin{bmatrix} e_\varphi \\ h_\varphi \\ e_z \\ h_z \end{bmatrix}_{\rho=\rho_{i-1}} \tag{3.7.1-3}$$

然后依次一层一层地将外层边界的场用内层边界的场表示，直到最外、最内两边界。这样最外层外边界的场可用最内层边界的场表示为

$$\begin{bmatrix} e_\varphi \\ h_\varphi \\ e_z \\ h_z \end{bmatrix}_{\rho=1} = \boldsymbol{S}_N \boldsymbol{S}_{N-1} \cdots \boldsymbol{S}_2 \begin{bmatrix} e_\varphi \\ h_\varphi \\ e_z \\ e_z \end{bmatrix}_{\rho=\rho_1} = \boldsymbol{SA} \begin{bmatrix} a_1 \\ c_1 \end{bmatrix} \tag{3.7.1-4}$$

另一方面，在包层的模式场的表达式中，令 $\rho=1$，可得

$$\begin{bmatrix} e_\varphi \\ h_\varphi \\ e_z \\ h_z \end{bmatrix}_{\rho=1} = \boldsymbol{K} \begin{bmatrix} b_a \\ d_a \end{bmatrix} \tag{3.7.1-5}$$

二者相等，得

$$[\boldsymbol{SA}, -\boldsymbol{K}] \begin{bmatrix} a_1 \\ c_1 \\ b_a \\ d_a \end{bmatrix} = 0 \tag{3.7.1-6}$$

于是，特征方程为

$$|\ \boldsymbol{SA}, \boldsymbol{K}\ | = 0 \tag{3.7.1-7}$$

记 $\boldsymbol{Q} = \boldsymbol{SA}$，得

$$|\ \boldsymbol{Q}, \boldsymbol{K}\ | = 0 \tag{3.7.1-8}$$

式(3.7.1-8)与特征方程(3.6.2-11)形式上是相同的。

3. 截止条件

3.6.2 节的推导在此完全适用，可得到 TE_{0n} 模的截止条件为

$$q_{42} = 0 \tag{3.7.1-9}$$

而 TM_{0n} 模的截止条件为

$$q_{31} = 0 \tag{3.7.1-10}$$

$m=1$ 的混合模的截止条件为

$$\begin{vmatrix} q_{31} & q_{32} \\ q_{41} & q_{42} \end{vmatrix} = 0 \tag{3.7.1-11}$$

$m \geqslant 2$ 的混合模的截止条件为

$$\begin{vmatrix} q_{11} + \mathrm{i} q_{21} + \dfrac{\varepsilon_a}{m-1} q_{31} & q_{12} + \mathrm{i} q_{22} + \dfrac{\varepsilon_a}{m-1} q_{32} \\ \varepsilon_\partial q_{31} + \mathrm{i} q_{41} & \varepsilon_\partial q_{32} + \mathrm{i} q_{42} \end{vmatrix} = 0 \tag{3.7.1-12}$$

4. 远离截止频率时的情形

当 $V \rightarrow \infty$ 时，对于 TE 模有

$$q_{22}=0 \tag{3.7.1-13}$$

对于 TM 模有

$$q_{11}=0 \tag{3.7.1-14}$$

对于混合模有

$$\begin{vmatrix} q_{11} & q_{12} \\ q_{21} & q_{22} \end{vmatrix}=0 \tag{3.7.1-15}$$

3.7.2 标量法

1. 模式场

由 $e_y(r,\varphi)$ 满足的齐次方程(3.5.1-4c)(此时 $\boldsymbol{e}_{\mathrm{t}}$ 已为 $\boldsymbol{e}_y$ 所代替)，再考虑到圆光波导的圆对称性，可知 $e_y(r)$ 满足标量方程

$$\frac{\mathrm{d}^2 e_y}{\mathrm{d}r^2}+\frac{1}{r}\frac{\mathrm{d}e_y}{\mathrm{d}r}+\left(\frac{U_i^2}{a^2}-\frac{m^2}{r^2}\right)e_y=0, \quad m=0,\pm 1,\pm 2,\cdots \tag{3.7.2-1}$$

式中，$U_i^2=(k^2 n_i^2-\beta^2)a^2$，表示在第 i 层中模式的横向参数。若 $U_i^2<0$，可令 $W_i^2=-U_i^2$。该方程的解为

$$e_y=\begin{cases} a_i \mathrm{J}_m(U_i r/a)+b_i \mathrm{N}_m(U_i r/a), & kn_i>\beta \\ a_i \mathrm{I}_m(W_i r/a)+b_i \mathrm{K}_m(W_i r/a), & kn_i<\beta \end{cases} \tag{3.7.2-2}$$

再由式(3.5.2-2d)可得

$$e_z(r,\varphi)=\frac{\mathrm{i}}{\beta}\frac{\partial e_y}{\partial y}=\frac{\mathrm{i}}{\beta}\left(\sin\varphi\frac{\partial e_y}{\partial r}+\frac{\cos\varphi}{r}\frac{\partial e_y}{\partial \varphi}\right) \tag{3.7.2-3}$$

于是可得

$$e_z(r)=\frac{\mathrm{i}}{\beta}\left[\left(\sin\varphi\frac{U_i}{a}\mathrm{J}'_m+\mathrm{i}m\frac{\cos\varphi}{r}\mathrm{J}_m\right)a_i+\left(\sin\varphi\frac{U_i}{a}\mathrm{N}'_m+\mathrm{i}m\frac{\cos\varphi}{r}\mathrm{N}_m\right)b_i\right], \quad n_i k>\beta \tag{3.7.2-4a}$$

或

$$e_z=\frac{\mathrm{i}}{\beta}\left[\left(\sin\varphi\frac{W_i}{a}\mathrm{I}'_m+\mathrm{i}m\frac{\cos\varphi}{r}\mathrm{I}_m\right)a_i+\left(\sin\varphi\frac{W_i}{a}\mathrm{K}'_m+\mathrm{i}m\frac{\cos\varphi}{r}\mathrm{K}_m\right)b_i\right], \quad n_i k<\beta \tag{3.7.2-4b}$$

这样，我们已经找到了线偏振模的场分布。

2. 特征方程

根据线偏振模的场分布式(3.7.2-4b)和边界条件可以求出特征方程。每层的

模式场可表示为

$$\begin{bmatrix} e_y \\ e_z \end{bmatrix}_i = \begin{bmatrix} \mathrm{J}_m & \mathrm{N}_m \\ \mathrm{i}\sin\varphi\,\dfrac{U_i}{a\beta}\mathrm{J}'_m - \dfrac{m}{r\beta}\cos\varphi\,\mathrm{J}_m & \mathrm{i}\sin\varphi\,\dfrac{U_i}{a\beta}\mathrm{N}'_m - \dfrac{m}{r\beta}\cos\varphi\,\mathrm{N}_m \end{bmatrix} \begin{bmatrix} a_i \\ b_i \end{bmatrix} \overset{\text{def}}{=} \boldsymbol{P}_i(r) \begin{bmatrix} a_i \\ b_i \end{bmatrix} \tag{3.7.2-5}$$

或

$$\begin{bmatrix} e_y \\ e_z \end{bmatrix}_i = \begin{bmatrix} \mathrm{I}_m & \mathrm{K}_m \\ \mathrm{i}\sin\varphi\,\dfrac{W_i}{a\beta}\mathrm{I}'_m - \dfrac{m}{r\beta}\cos\varphi\,\mathrm{I}_m & \mathrm{i}\sin\varphi\,\dfrac{W_i}{a\beta}\mathrm{K}'_m - \dfrac{m}{r\beta}\cos\varphi\,\mathrm{K}_m \end{bmatrix} \begin{bmatrix} a_i \\ b_i \end{bmatrix} \overset{\text{def}}{=} \boldsymbol{P}_i(r) \begin{bmatrix} a_i \\ b_i \end{bmatrix} \tag{3.7.2-6}$$

在同一层的内边界和外边界应用上述表达式，可得

$$\begin{bmatrix} e_y \\ e_z \end{bmatrix}_{r=r_i} = \boldsymbol{P}_i(r_i) \begin{bmatrix} a_i \\ b_i \end{bmatrix} \tag{3.7.2-7}$$

和

$$\begin{bmatrix} e_y \\ e_z \end{bmatrix}_{r=r_{i-1}} = \boldsymbol{P}_i(r_{i-1}) \begin{bmatrix} a_i \\ b_i \end{bmatrix} \tag{3.7.2-8}$$

于是

$$\begin{bmatrix} e_y \\ e_z \end{bmatrix}_{r=r_i} = \boldsymbol{P}_i(r_i)\boldsymbol{P}_i^{-1}(r_{i-1}) \begin{bmatrix} e_y \\ e_z \end{bmatrix}_{r=r_{i-1}} \overset{\text{def}}{=} \boldsymbol{S}_i(r_i, r_{i-1}) \begin{bmatrix} e_y \\ e_z \end{bmatrix}_{r=r_{i-1}} \tag{3.7.2-9}$$

$$\begin{bmatrix} e_y \\ e_z \end{bmatrix}_{r=r_N} = \boldsymbol{S}_N \boldsymbol{S}_{N-1} \cdots \boldsymbol{S}_2 \begin{bmatrix} e_y \\ e_z \end{bmatrix}_{r=r_1} \tag{3.7.2-10}$$

在 $r<r_1$ 的最里层中，场分量必须有界，无界函数 N_m、K_m 均不可能存在，故有

$$\begin{bmatrix} e_y \\ e_z \end{bmatrix}_{r\leqslant r_1} = \begin{bmatrix} \mathrm{J}_m \\ \mathrm{i}\sin\varphi\,\dfrac{U_i}{a\beta}\mathrm{J}'_m - \dfrac{m}{r\beta}\cos\varphi\,\mathrm{J}_m \end{bmatrix} a_1 \overset{\text{def}}{=} \boldsymbol{A}(r) a_1, \quad kn_1 < \beta \tag{3.7.2-11}$$

或

$$\begin{bmatrix} e_y \\ e_z \end{bmatrix}_{r\leqslant r_1} = \begin{bmatrix} \mathrm{I}_m \\ \mathrm{i}\sin\varphi\,\dfrac{W_i}{a\beta}\mathrm{I}'_m - \dfrac{m}{r\beta}\cos\varphi\,\mathrm{I}_m \end{bmatrix} a_1 \overset{\text{def}}{=} \boldsymbol{A}(r) a_1, \quad kn_1 > \beta \tag{3.7.2-12}$$

于是

$$\begin{bmatrix} e_y \\ e_z \end{bmatrix}_{r=r_1} = \boldsymbol{A}(r_1)a_1 \tag{3.7.2-13}$$

从而

$$\begin{bmatrix} e_y \\ e_z \end{bmatrix}_{r=r_N} = \boldsymbol{S}_N\boldsymbol{S}_{N-1}\cdots\boldsymbol{S}_2\boldsymbol{A}a_1 = \boldsymbol{S}\boldsymbol{A}a_1 \overset{\text{def}}{=} \boldsymbol{Q}a_1 \tag{3.7.2-14}$$

从包层来看,模式场只能以 K_m 函数的形式存在,以保证 $r\to\infty$ 时 $e_y\to 0$,即

$$\begin{bmatrix} e_y \\ e_z \end{bmatrix}_{r=r_N} = \begin{bmatrix} \mathrm{K}_m \\ \mathrm{i}\sin\varphi\dfrac{W_i}{a\beta}\mathrm{K}'_m - \dfrac{m}{a\beta}\cos\varphi\mathrm{K}_m \end{bmatrix} b_a \overset{\text{def}}{=} \boldsymbol{K}(a)b_a \tag{3.7.2-15}$$

模式场在边界上连续,意味着式(3.7.2-14)和式(3.7.2-15)应相等,有

$$\boldsymbol{K}b_a - \boldsymbol{Q}a_1 = 0 \tag{3.7.2-16}$$

或

$$[-\boldsymbol{Q}, \boldsymbol{K}]\begin{bmatrix} a_1 \\ b_a \end{bmatrix} = 0 \tag{3.7.2-17}$$

式中,$[-\boldsymbol{Q},\boldsymbol{K}]$是由两个 2×1 矩阵加边而成的 2×2 矩阵。要使齐次方程(3.7.2-17)有非零解,必须

$$|\,\boldsymbol{Q}, \boldsymbol{K}\,| = 0 \tag{3.7.2-18}$$

这就是圆均匀光波导标量线偏振模的特征方程,它可进一步写成

$$\begin{vmatrix} q_1 & k_1 \\ q_2 & k_2 \end{vmatrix} = 0 \tag{3.7.2-19}$$

式中,q_1、q_2、k_1、k_2 分别是 $\boldsymbol{Q}$、$\boldsymbol{K}$ 矩阵的元素。值得注意的是 $m=0$ 的情形,此时式(3.7.2-5)中的矩阵 $\boldsymbol{P}_i(r)$有比较简洁的形式

$$\boldsymbol{P}_i(r) = \begin{bmatrix} \mathrm{J}_0(U_i r/a) & \mathrm{N}_0(U_i r/a) \\ \mathrm{i}\sin\varphi\dfrac{U_i}{a\beta}\mathrm{J}'_0(U_i r/a) & \mathrm{i}\sin\varphi\dfrac{U_i}{a\beta}\mathrm{N}'_0(U_i r/a) \end{bmatrix}, \quad kn_i > \beta \tag{3.7.2-20}$$

或

$$\boldsymbol{P}_i(r) = \begin{bmatrix} \mathrm{I}_0(W_i r/a) & \mathrm{K}_0(W_i r/a) \\ \mathrm{i}\sin\varphi\dfrac{W_i}{a\beta}\mathrm{I}'_0(W_i r/a) & \mathrm{i}\sin\varphi\dfrac{W_i}{a\beta}\mathrm{K}'_0(W_i r/a) \end{bmatrix}, \quad kn_i < \beta \tag{3.7.2-21}$$

同时,最里层的矩阵 $\boldsymbol{A}(r)$,当 $kn_i>\beta$ 时,为

$$\boldsymbol{A}(r)=\begin{bmatrix} \mathrm{J}_0(U_1 r/a) \\ \mathrm{i}\sin\varphi\,\dfrac{U_1}{a\beta}\mathrm{J}_0'(U_1 r/a) \end{bmatrix} \tag{3.7.2-22}$$

当 $kn_i<\beta$ 时，为

$$\boldsymbol{A}(r)=\begin{bmatrix} \mathrm{I}_0(W_1 r/a) \\ \mathrm{i}\sin\varphi\,\dfrac{W_1}{a\beta}\mathrm{I}_0'(W_1 r/a) \end{bmatrix} \tag{3.7.2-23}$$

在包层，有

$$\boldsymbol{K}(r)=\begin{bmatrix} \mathrm{K}_0(W_a r/a) \\ \mathrm{i}\sin\varphi\,\dfrac{W_a}{a\beta}\mathrm{K}_0'(W_a r/a) \end{bmatrix} \tag{3.7.2-24}$$

将式(3.7.2-20)～式(3.7.2-24)代入式(3.7.2-18)，即可得到 $m=0$ 时 LP_{0n} 模的特征方程。

最后，需要说明的是，在不同层用不同的函数描述模式场的方法，尽管是严谨的，但非常不方便，如果能用一个函数统一描述就好了。这在远离截止频率时是可能的。这就是后面会讲的拉盖尔-高斯近似。但这个近似方法只在远离截止频率时才可用。所以这两节的工作，在接近截止频率附近是有效的。

3. 高斯近似法

不管圆光波导有多少层，其芯层都是不均匀的，因此可以按照非均匀圆光波导来对待。而在后面的5.5节将介绍非均匀圆光波导的各种解法，比如高斯近似法和变分法等，这些方法同样适用于多层的圆光波导，且可以统一在一种表达式下，大大方便了分析与计算。所以今后可以更多地使用这种方法，可惜这种方法只能在远离截止频率的前提下成立。

3.7.3 三层圆光波导

实际的单模阶跃光纤，是由芯层(core)、有限厚度的内包层(cladding)以及外护套(jacket)(又称为外包层)组成，如图3.7.3-1所示。一般外包层是一种耐腐蚀、有弹性的塑料，虽然它的损耗不像石英光纤那么低，但损耗也不是特别高。对于塑料光纤，内包层本身就是一种高度透明的塑料，损耗比普通塑料明显下降。如果外包层的损耗很小，可以近似认为是零，或者在某些光纤直接暴露于空气中的场合，此时从光波导理论角度看，它们都相当于一个三层圆均匀光波导。

对于三层圆光波导，如果忽略外包层的存在，芯层和内包层就构成了一个二层圆光波导；但当考虑外包层时，由内包层与外包层之间的折射率差引起的模式，俗称包层模式。

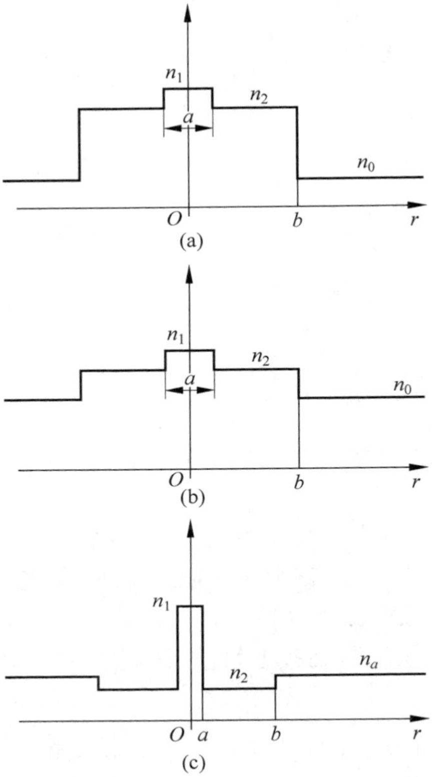

图 3.7.3-1 三层圆均匀光波导

(a) 裸光纤，最外层是空气 $n_0=1$；(b) 护套为低损耗材料；(c) W 型光纤，外层折射率比中间层高

值得注意的是，包层模式并不是只存在于包层的模式，它有一部分能量也分布在芯层，实际上它是芯层的高阶模。如果此时的单模光纤是针对芯层的模式而言的，那么它就相当于芯层的辐射模（关于辐射模的概念参见 6.2 节），但实际上从包层的角度看，它并不是辐射模，而是高阶模，参见图 3.7.3-2。图中，水平线 n_2 以上的部分，是以 n_2 为包层、n_1 为芯层的单模光纤的模式；而处在 n_3 与 n_2 之间的部分，则是包层模式。由图可见，当 $V=3$ 时，芯层只有一个模式（LP_{01} 模），而在包层则有两个模式（LP_{01} 模和 LP_{11} 模），所以包层模式不过是同一个模式的不同段而已。

整个分析三层圆均匀波导的思路和二层圆均匀波导类似，假定我们合理地选择三层的材料，使得 $n_1>n_2>n_3$，它的芯层的半径为 a，内包层的外半径为 b。遇到的第一个问题是如何定义归一化频率 V。这里有两种定义方法，一种是以芯层与内包层的折射率差和芯层半径 a 来定义，这时的归一化频率记为 V_{core}，有

$$V_{\text{core}}=ka\sqrt{n_1^2-n_2^2}\overset{\text{def}}{=}kan_2\sqrt{\Delta_2} \tag{3.7.3-1}$$

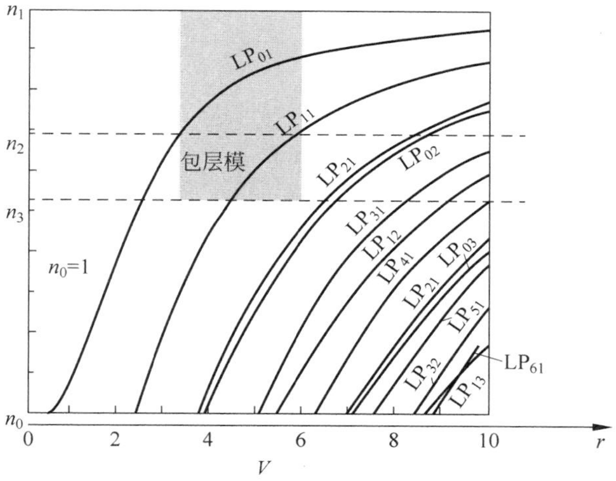

图 3.7.3-2　包层模式

另一种方法是，以芯层与外包层的折射率差和内包层的外半径 b 来定义，这样定义的归一化频率记为 V_{cladding}，有

$$V_{\text{cladding}} = kb\sqrt{n_1^2 - n_3^2} \stackrel{\text{def}}{=} kbn_3\sqrt{\Delta_3} \tag{3.7.3-2}$$

由于内包层的外半径(b)要比芯层的半径(a)大得多，而且$\sqrt{n_1^2-n_3^2} \gg \sqrt{n_1^2-n_2^2}$，所以 V_{cladding} 要比 V_{core} 大得多。因此，如果内包层的外半径不是无限大的而是有限的，在 V_{core} 接近于 2.4048 时，V_{cladding} 已经远远大于 2.4048。这表明，按照无限大包层的二层圆光波导模型得出的单模光纤条件事实上早就不是单模光纤了。在 $V_{\text{core}} \approx 2.4$ 附近得到的三层圆光波导的模式，相对于无限大包层的二层圆光波导来说，就是所谓包层模式。

通常，$2a = 8 \sim 10\mu\text{m}$，$2b = 125\mu\text{m}$，$\Delta_2 \approx 0.5\%$。如果取 $n_3 = 1$(空气中)，则 $\Delta_3 \approx 30\%$，这时 V_{cladding} 约为 V_{core} 的 60 多倍。如果外包层与内包层的折射率相差不多，比如 $\Delta_3 \approx 1\%$，则 V_{cladding} 为 V_{core} 的 20 倍左右。所以无论怎样，从三层光波导的模型看，低损耗护套的光纤都不是单模光纤。这里面的高阶模就相当于原先单模光纤的包层模式。如果护套层的损耗很小，无疑它可以传输很远的距离。

显然，芯层模式的传输常数 β 应该满足 $n_2k<\beta<n_1k$，而包层模式的传输常数 β 应该满足 $n_3k<\beta<n_2k$。这时。标量法的模式场为

$$e_y = \begin{cases} a_0\text{J}_m(U_1r/a), & r > a \\ a_1\text{J}_m(U_2r/a) + b_1\text{N}_m(U_2r/a), & a < r < b \\ d_a\text{K}_m(Wr/a), & r > b \end{cases} \tag{3.7.3-3}$$

然后，可以求出它的截止条件和具体的功率分布。

第3章小结

本章讲述了一种极理想的光波导，这种光波导的折射率分布有确定的边界，在纵向上(光传播的方向)分布是均匀的，在横向上(垂直于纵向的横截面)是分区均匀的。而且这个区域的边界是明确的，都是一些简单的具有很强对称性的几何图形。在自然界中这种光波导几乎不存在，实际的光波导无论是边界的确定性，还是边界图形的对称性，以及边界内分布的均匀性都没有这么理想和完美，所以这是一种理想的近似。只有这些理想近似的光波导，才可以用解析函数分析。

本章介绍的均匀光波导是正规光波导中最简单的一种，因此，都存在模式的概念。本章的任务，就是针对这些特殊结构的光波导，具体分析它的模式场，求解出它的特征方程、传输常数、截止条件，以及远离截止频率时的形状等。虽然本章的工作是针对最简单、最理想的光波导进行的，但是所引出的概念是非常重要的，是整个光波导理论的基本概念。本章的内容可以说是光波导理论中最精彩的部分。

根据均匀折射率区域的边界的几何形状，本章研究了其中的几类特殊形状，即平面光波导(含多层平面光波导)、矩形光波导和圆光波导(含多层圆光波导)几类。所用的方法都是一样的：①先求出在均匀折射率区域内的光场分布。②利用电磁场在边界上连续的条件，由内层推导到外层。③根据光场在最内层的幅度必须取有限值，在最外层必须是一个衰减函数的约束条件，列出特征方程。这个特征方程是一个代数方程，一般来说是一个超越方程，不能直接求解(少量情况也可能求解)，大多用数值计算方法求解。④由数值方法解出传输常数随频率的变化曲线，称为色散曲线，表明不同频率时，传输常数是不同的。色散曲线横坐标通常用归一化频率表示，这个归一化频率是综合了几何尺度(层的厚度、芯层的半径等)、频率(或者波长)以及折射率差等要素的一个无量纲的参数。⑤有些高阶模式，在频率很低时不能存在，这就是模式截止。利用特征方程可以直接推导出模式截止的条件。当所有的高阶模都处于截止状态时，称为光波导是单模传输状态。在以上这些内容中，传输常数或者色散曲线是最重要的。第4章将看到，对于不同的光波导，即使模式场不同，只要传输常数相同，其传输性能也是非常接近的。

在处理多层问题时，采用转移矩阵法。其核心思想是，将同一层波导的外边界的场用内边界的场表示出来，联系外边界场与内边界场的关系矩阵，称为转移矩阵。转移矩阵与该区域的几何尺寸、折射率以及传输常数都有关。由于在多层光波导中，传输常数 β/k_0 既可能大于这一层的折射率 n_i，也可能小于折射率 n_i。因此，光场在这一层的分布函数既可能是正余弦函数(对于平面边界)或者是贝塞尔函数(对于圆形边界)，也可能是指数型函数，或者是N函数和K函数。

在处理圆光波导时，由于边界是个圆，光场还要满足边界连续的条件，所以有两种处理方法：一种是场的方向和边界切线方向一致，这时，同一层同心圆内各点场的方向是不同的，也就是没有统一的偏振方向，这种方法称为矢量法，解出来的模式称为矢量模；另一种方法是硬性地认为同一层同心圆甚至不同层同心圆的场的方向都是一样的，这突破了边界连续的条件，但是当边界两面的折射率差很小时，可近似认为这种看法是正确的。这种方法称为标量法，得出来的模式称为标量模。标量法认为同一截面上各点的偏振态是相同的，所以存在模式整体偏振态的概念。而矢量模横截面上各点的偏振态不一定相同，所以不存在模式整体偏振态的概念，谈论矢量模偏振态问题的时候，需要指明具体是哪个点的偏振态。理论上可以证明，当折射率差很小时，标量模是若干个矢量模的简并。

虽然上述分层计算的方法在数学上是严格的，但是很不方便。在硬性地规定模式场在边界上连续的条件下，这种多层结构的模式可用统一的函数表示，但这只在远离截止频率时才是正确的。所以本章的理论对于计算截止频率具有不可替代性。

当几个模式同时传输时，光场沿着横截面的分布是变化的，因为它是由几个模式场的叠加形成的，叠加时不仅几个模式的功率不同，而且传输常数也不同，所以得不到稳定的分布。但当几个模式的传输常数接近时，在光波导的很长一段，光场沿横截面的分布都一直是这几个模式场的叠加，不会受到这几个模式相对大小的影响，这种状态称为模式简并。模式简并的长度，取决于几个模式的传输常数差，差越小，简并长度越大。

值得注意的是，前述的理想条件只要稍加变动，其模式场的求解就会遇到数学上的困难，基本没有解析解。比如对于平面光波导，它的界面互不平行；对于矩形光波导，它的矩形不是方方正正的，而变成梯形或者其他四边形；对于圆光波导，它的圆互不同心，或者分成若干个菊花瓣（比如后面的微结构波导），它们都不存在解析解。

第3章思考题

3.1　周期性的正规光波导又被称为光子晶体光纤，附图是一种典型的横截面折射率分布结构，它是否是均匀光波导？

3.2　均匀光波导的折射率分布沿着横截面的分布是对称的，比如说是圆对称的，那么是否意味着模式场也必须是圆对称的？为什么？

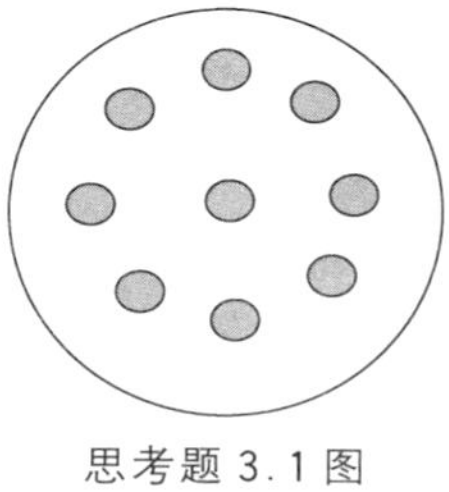

思考题3.1图

3.3　写出方程(3.1.0-4)在∇_t取直角坐标，而模式场 $\boldsymbol{e}$,$\boldsymbol{h}$ 也采用直角坐标表示的具体形式。然后，把∇_t取柱坐标，模式场 $\boldsymbol{e}$,$\boldsymbol{h}$ 仍然采用直角坐标表示的方程形式。最后，写出模式场 $\boldsymbol{e}$,$\boldsymbol{h}$ 改为柱坐标的表示形式。

3.4　为什么说"平面光波导"一词不十分准确？有一种 PLC(planer light circuit)技术，是在平面上制作光波导的技术，如思考题 3.4 图，它是否为本章所说的平面光波导？

3.5　导出图 3.2.0-1 中，折射率非对称结构的模场分布。

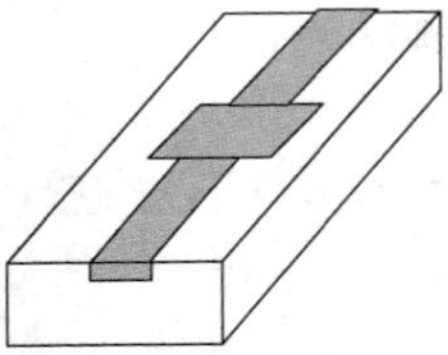

思考题 3.4 图

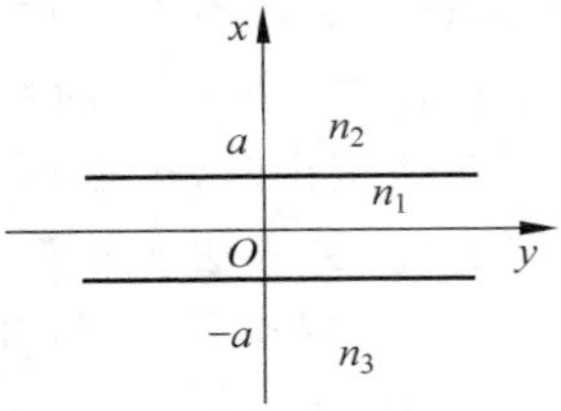

图 3.2.0-1　非对称的三层平面光波导

3.6　方程(3.2.1-8)中，它的通解应该为两个特解的线性组合，在芯层中的通解应该为

$$e_y = c_1\cos(\sqrt{k^2n_1^2-\beta^2}\,x) + c_2\sin(\sqrt{k^2n_1^2-\beta^2}\,x)$$

可是书中却说正弦形式和余弦形式两个模式(TE 奇摸和 TE 偶模)，你如何将这两种说法统一起来？如果将它的解写为 $e_y = c\sin(\sqrt{k^2n_1^2-\beta^2}\,x+\varphi)$，你又如何看待模式的概念？

3.7　从模式的排序看，平面光波导的 TE_0 是基模，而 TE_1 是高阶模，但是从题 3.6 看，这两个模似乎是共生的，你对此矛盾如何解释？

3.8　从功率分布的角度看，TE_0 的功率分布在芯层要多一些，TE_1 的功率分布在芯层要相对少一些。这对应一种什么样的物理现象？

3.9　我们为什么要研究模式场？研究模式场有什么用？

3.10　什么是模式截止？模式截止是什么原因造成的？如果包层的损耗也是 0，这个模式还会截止吗？

3.11　要使模式远离截止频率，它在自由空间的波长应该大还是小？

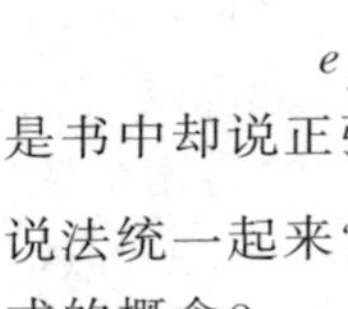

思考题 3.13 图

3.12　利用 MATLAB 绘出如式(3.2.0-1)所示的对称分布的平面三层光波导的 $U\sim f(V)$ 曲线。

3.13　如图结构的光波导被称为"熊猫光纤"，在它的芯层的两侧多了一对"圆眼睛"，它是不是本章所说的圆光波导？为什么？

3.14　写出方程(3.5.1-4a)和方程(3.5.1-4c)在柱坐标系和直角坐标系的具体形式，并把模式场的分量也分别分解成直角坐标和柱坐标。

3.15 试述方程(3.5.1-5)中参数 m 的物理意义。m 可否小于0?可否等于0?如果 m 小于0,这时的模式场和 m 大于0的是什么关系?如果看它们模式场的功率分布,二者的区别怎样?

3.16 给出TE模 $m=0$ 的严格证明。

3.17 利用MATLAB作出贝塞尔函数 $J_0(z)$、$J_1(z)$、$J_2(z)$的函数曲线(要求写出源程序)。

3.18 当一个圆光波导各层的折射率差不是很小的时候,标量法中的线偏振模是否还有存在的价值?为什么?

3.19 对于圆光波导,标量法的线偏振模有两组,一组为$\{0,\boldsymbol{e}_y,\boldsymbol{e}_z,\boldsymbol{h}_x,\boldsymbol{h}_y,\boldsymbol{h}_z\}$,另一组为$\{\boldsymbol{e}_x,0,\boldsymbol{e}_z,\boldsymbol{h}_x,\boldsymbol{h}_y,\boldsymbol{h}_z\}$。这两组中的$\{\boldsymbol{e}_z,\boldsymbol{h}_z\}$是否相同?为什么?

3.20 对于圆光波导的线偏振模,本书列出了以 $\boldsymbol{e}_x$ 和 $\boldsymbol{e}_y$ 为方向的两组。是否还可以以其他方向进行正交分解?如果能,应该怎样分解?

3.21 线偏振模的参数 m 的物理意义是什么?它与矢量模的参数 m 的物理意义有何不同?

3.22 简述矢量法求解模式场的思路,也就是要说明:求解模式场的出发点、约束条件、主要步骤和所利用的数学工具。

3.23 光波导的模式场的场图用什么方法描述?它有什么用,举出你可以想出来的用途。

3.24 如何理解 HE_{11} 模的模式场?从横截面看无论它的电场分量还是磁场分量所形成的场线都不是闭合曲线,我们知道无源交变电磁场(既无空间电荷又无传导电流)电力线应该是闭合曲线,怎样解释这个问题?

3.25 在同一时刻,观察同一个正规光波导不同横截面的场图(如果可以观察到的话),它们是否相同?从 HE_{11} 模的模式场的电力线场图看,它是一组平行线,这是否意味着观测到的光是一组明暗相间的条纹?

3.26 在进行M-Z光纤空间干涉仪的实验的时候,看到了一系列的明暗相间条纹,这是否意味着光纤的光场的电力线就是平行于这些条纹?

3.27 在阶跃光纤中,TE_{01} 模的模场的电力线是一个个同心圆,这是否说明观察到的这个模式的光场是圆对称的?

3.28 阶跃光纤的模式场的表达式(3.6.2-3a)中,如果 e_r 是实数,则 e_φ 是实数、纯虚数或者二者都不是。这表明二者是同相位、反相位或者是其他什么相位关系,请说明。

3.29 从式(3.6.2-10)推出式(3.6.2-11)的理由是利用了数学上所谓"齐次方程有非零解"的条件,但如何从物理上理解这个条件?

3.30　式(3.6.2-8)的4个参数,是可以任意给定的吗?请说明这个问题的背后是什么规律在起支配作用。

3.31　请给出从式(3.6.2-12)到式(3.6.2-14)的详细推导过程。

3.32　你如何看待模式的分类,你认为这项工作的意义何在?

3.33　单模光纤的单模条件常用截止波长描述。这个截止波长是否是 HE_{11} 模的截止波长?如果一根单模光纤的截止波长为1.28μm,实际使用的时候,应该大于还是小于这个波长才是单模的?如果使用波长为1.33μm,买光纤的时候截止波长是1.26μm的更好还是1.28μm的更好?

3.34　从特征方程(3.6.2-14)出发,导出单模光纤的单模条件。设光纤芯层折射率为1.46,光纤的芯径10μm,如果要使其截止波长为1.28μm,其相对折射率差应该控制在什么范围?

3.35　请在网上查一个公司的G.652光纤的有关光学参数,并对这些光学参数进行解释。用这种光纤做M-Z空间干涉实验会出现什么现象?

3.36　LP_{01} 模的场图是否和 HE_{11} 模的场图相同?由此是否可以说二者是同一个模式?为什么?

3.37　按照标量法的分解方法,LP_{01} 模可有两组,即以 e_x 为代表的一组和以 e_y 为代表的一组,分别写为 LP_{01}^x 和 LP_{01}^y。根据图3.6.2-3,可以看出 HE_{11} 模的场图也可以有以 e_x 为代表的一组和以 e_y 为代表的一组,分别写为 HE_{11}^x 和 HE_{11}^y。请对上面两种说法发表一点看法:它们是对还是不对?

3.38　请利用MATLAB绘出当 $V=2.4$ 时,LP_{01} 模的功率分布曲线(可采用近似式(3.6.3-20)~式(3.6.3-22))。

第 4 章

正规光波导的传输特性

4.1 概述

光波导的主要用途是传输光信号或者对光信号进行变换、处理。最重要的一种光波导——光导纤维，就是用在光纤通信系统中传输信号的，换言之，正是由于光导纤维有十分优良的传输特性，才使光纤通信事业蓬勃发展。用于传感的光导纤维，有的起传输信号的作用，有的还要将非光信号（电信号、振动信号、磁信号等）调制到光信号上。激光器中的平面光波导用来产生谐振，也主要是基于传输特性。因此研究光波导的传输特性有极重要的意义。

所谓传输特性，是将光波导（或光纤）看作一个传输系统来处理，可用图 4.1.0-1 表示。

图 4.1.0-1　光波导传输系统

我们要研究的问题是：①用什么方法来描述光波导的传输特性？②光波导的参数如何影响其传输特性？

历史上，关于光波导传输系统的模型有两种，如图 4.1.0-2 所示。

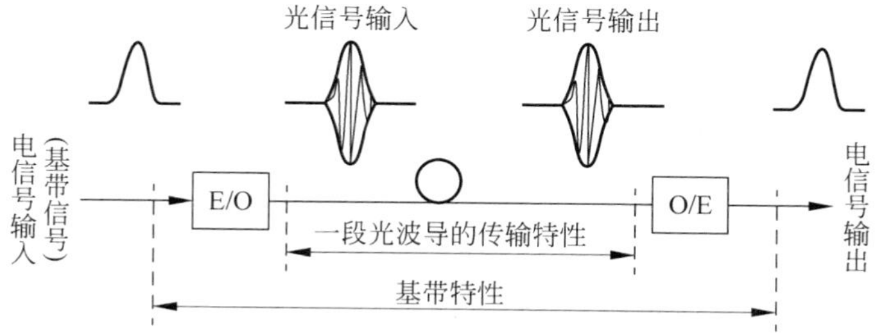

图 4.1.0-2　光波导传输系统的模型

第一种是所谓"基带特性"模型,图中E/O和O/E分别表示电-光转换和光-电转换两个器件,这个模型是将光电变换的因素考虑进去的。第二种模型是只考虑一段光波导,不考虑E/O和O/E的因素。

显然,后一种是前一种模型的基础,而且也是光波导真实的传输特性。但前一种是由于历史的原因,为了更接近当时使用的光传输系统而提出的一种系统模型,时至今日,整个传输系统(包含发射与接收)模型已经有了很大变化,读者有所了解就可以了。

如绪论中所述,本书所讨论的光波导都是线性、时不变的光波导,因此,光波导的传输特性也应是线性、时不变的,不受输入信号的影响。我们常说的光信号(光脉冲),是由光载波和调制在光载波上的含有信息的部分共同构成的,它是一个复矢量。在现代光通信中,调制包括对复矢量的实幅度、相位以及偏振态等多种调制方式,分别称为强度调制、相位调制和偏振调制。本章主要讨论强度调制光信号的传输特性。

为了更清楚地研究光波导自身的传输特性,我们将第一种模型也进一步细化,如图4.1.0-3所示。

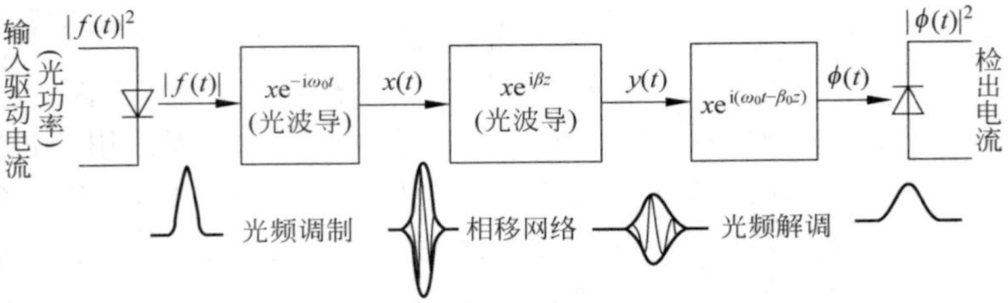

图4.1.0-3 细化后的光波导传输系统模型

在这个模型中,$|f(t)|$是待传输的基带信号,是一个电信号(电流)或者声信号(声强),这里之所以用绝对值表示,是因为对于激光器而言,反向信号是无法调制的,而且因为是时域信号,所以没有独立的相位概念。$|f(t)|^2$是从激光器输出的功率信号,有时也用$P(t)$表示,载有用户信息,或者说是调制后的光包络信号。$x(t)$是调制后的光信号,通常用电场强度表示,它是输入光波导的输入信号;$y(t)$是从光波导输出的光信号。$\phi(t)$是从光波导输出的解调信号,而$|\phi(t)|$是包络信号。所以研究光波导的传输特性,从第一种模型看是研究输入调制信号$f(t)$与输出解调信号$\phi(t)$之间的关系。

在第一种模型中,输入信号和输出信号都仅指含有信息的光脉冲的包络波形,通常用光功率对时间的变化$P(t)$或光场$|\boldsymbol{E}(t)|^2$表示,这相当于引入了一个调制、解调的过程,因此,第一种模型不再是一个线性系统。这意味着,光波导的基带

特性不能用线性系统的参数(如带宽)来描述。这时,影响传输特性的因素归纳起来有三个方面:

① 光源。通信光源通常使用半导体激光器和发光二极管,半导体激光器的波长谱宽较窄,发光二极管的波长谱宽较宽。由于每个波长均可激发出一定的模式,所以谱宽将严重影响光信号的传输特性。同时,光源还可能有啁啾(频率调制),光源的啁啾也将严重影响传输特性。

② 光波导本身的结构对传输特性有严重影响,不同的模式的影响是不同的,而且单模传输和多模传输也是不一样的。

③ 调制到光载波上的基带信号的波型及带宽也会影响其传输特性,这意味着不同类型的基带信号在同一光波导中传输时,其演化也是有差别的。为此,我们将假定:光源是只有单一光频的单色光,光波导为正规光波导,只考虑某个正规模式,空间稳态。关于"空间稳态"的概念,将在 6.2 节中讲述,简单地说是光纤中的模场分布已经达到稳定。

1. 光源啁啾的影响

首先,考虑光源的啁啾问题。啁啾(读作 Zhōu Jiū)一词来源于古汉语中忽高忽低的鸟叫声,它实际上就是一种调频信号。所谓"调频",并不是指信号频谱分析中对频率分量的调制,而是指对瞬时频率的调制。为此,我们看一下时域的指数形式的调角信号 $\exp\{i[\omega_0 t+\varphi(t)]\}$,它包括一个稳定的光载频 ω_0 和一个随时间变化的相位。指数信号对应的正弦形式是 $\sin\left\{\int_0^t \omega(t)\mathrm{d}t\right\}$,式中,$\omega(t)=\omega_0+\dfrac{\mathrm{d}\phi(t)}{\mathrm{d}t}$ 表示某一时刻相位的变化率,具有频率的量纲,所以称为瞬时频率。如果 $\varphi(t)$ 是一个周期信号,那么调角信号 $\exp\{i\varphi(t)\}$ 也是周期信号,可将它按照傅里叶级数展开,展开中的每一项就是一个频率分量。

光源为什么会产生啁啾?因为在对光源(如半导体激光器)进行调制的时候,通常是改变光源的电流,从而导致激光器温度的变化,激光器的输出波长与温度有关,这就导致激光器波长的变化。如果利用直接调制的方法把电信号承载在光上,啁啾往往是伴随着发生的。

2. 光波导自身传输特性的影响

线性光波导的传输特性,包括色散与损耗两个方面,两者共同影响传输特性而且互相关联。如果加上非线性,则一个光波导实际上的传输特性包括损耗、色散(包括延迟)、双折射与模耦合,以及非线性等四个方面。损耗的作用是在传输过程中光能量的损失,通常是被材料所吸收或者散射,这意味着光功率的降低。色散的作用是使光信号的波形发生畸变,如果信号是一个脉冲信号,那么色散的作用往往是使脉冲展宽且幅度下降,但总功率并没有损失。虽然损耗和色散的影响是相关联的，但由于光波导损耗极小，可将二者分开独立讨论。即在讨论色散时假定损耗为零，同样，在讨论损耗时不考虑色散的影响。近年来，光的使用范围不断地被开发，已经拓展到太赫兹波段，从光波导的角度看，太赫兹波导与普通的光波导并没有本质的不同，二者的一个主要区别在于太赫兹波导的损耗通常较大，因此色散与损耗的关联性较强，所以不能分开来讨论。双折射与模耦合是使注入光波导内光的偏振态发生变化，导致输出光的偏振态或者偏振度发生变化，最后也会间接影响输出光的波形。光波导的非线性可能不会引起波形变化，但是会使光载频展宽，从而使光信号的总频带展宽。本章主要讨论色散。双折射问题将在第 7 章和第 9 章研究；损耗问题留待第 11 章研究。非线性问题如绪论中所述，本书不讨论。

在光波导中传输的光是一个个的模式，每个模式在同一时刻沿着距离的变化将产生相移，故光波导是一个相移系统，尽管无能量的损失，但却会引起包络波形的变化。无疑，传输常数 β 是描述传输特性最基本的参数，特别要指出的是：

① 它是对某个特定模式而言的。

② 它是光频 ω 的函数。

③ 它是波导结构的函数，即

$$\beta = F\{\varepsilon(x,y),\omega\} \tag{4.1.0-1}$$

或者说，β 是光波导折射率沿横截面分布的泛函。注意，其中 $\varepsilon(x,y)$ 也是 ω 的函数（参见 1.1.1 节中关于频域表达式的说明）。

④ 它是模式场的函数，可写成积分表达式（式(2.2.0-15)）。

3. 基带信号输入波形的影响

由于基带信号相对于光频而言，带宽要小得多，例如 10GHz(10^{10} Hz)的电信号与光频(10^{14} Hz)相比，仍然很小，故 β 可以随 ω 展成级数：

$$\begin{aligned}\beta(\omega) &= \beta(\omega_0) + \frac{\mathrm{d}\beta}{\mathrm{d}\omega}\Big|_{\omega=\omega_0}(\omega-\omega_0) + \frac{1}{2}\frac{\mathrm{d}^2\beta}{\mathrm{d}\omega^2}\Big|_{\omega=\omega_0}(\omega-\omega_0)^2 + \\ &\quad \frac{1}{6}\frac{\mathrm{d}^2\beta}{\mathrm{d}\omega^3}(\omega-\omega_0)^3 + \cdots \\ &\overset{\text{def}}{=} \beta_0 + \beta_0'(\omega-\omega_0) + \frac{1}{2}\beta_0''(\omega-\omega_0)^2 + \frac{1}{6}\beta_0'''(\omega-\omega_0)^3 + \cdots\end{aligned} \tag{4.1.0-2}$$

式中，ω_0 是光载频。下面将看到 β_0'、β_0''、β_0''' 会严重影响光波导的传输特性。

在图 4.1.0-3 中，待传的基带信号为 $f^2(t)$（表示功率量级），$f(t)$本身的频谱为 $F(\Omega)$。经过光频 $\exp(-\mathrm{i}\omega_0 t)$调制后，得到每个频率分量为

$$F(\Omega)\exp(-\mathrm{i}\Omega t)\exp(-\mathrm{i}\omega_0 t) = F(\Omega)\exp[-\mathrm{i}(\Omega+\omega_0)t] \tag{4.1.0-3}$$

记 $\omega=\omega_0+\Omega$，则调制后的光信号为

$$X(\omega)\mathrm{e}^{-\mathrm{i}\omega t}=F(\omega-\omega_0)\mathrm{e}^{-\mathrm{i}\omega t} \tag{4.1.0-4}$$

在始端 $z=0$ 处，光信号在光波导中形成一个确定的空间分布，这个分布可以用一系列的模式叠加来表示，即

$$X(\omega)\mathrm{e}^{-\mathrm{i}\omega t}=\iint_{\infty}\sum F(\omega-\omega_0)\mathrm{e}^{-\mathrm{i}\omega t}\boldsymbol{e}(x,y)\cdot\mathrm{d}\boldsymbol{A} \tag{4.1.0-5}$$

这些模式经过一段传输之后为

$$Y(\omega)\mathrm{e}^{-\mathrm{i}\omega t}=\iint_{\infty}\sum[F(\omega-\omega_0)\boldsymbol{e}(x,y)\mathrm{e}^{-\mathrm{i}\omega t}]\mathrm{e}^{\mathrm{i}\beta z}\cdot\mathrm{d}\boldsymbol{A} \tag{4.1.0-6}$$

注意，此处考虑到 $X(\omega)\mathrm{e}^{-\mathrm{i}\omega t}$ 的每个频率分量都会激发一个空间分布。一般来说，多个模式共同传输时，模式场的分布对传输特性也会产生影响，但如果限于单模光纤，则模式场的分布对传输特性不会影响。在始端有

$$X(\omega)\mathrm{e}^{-\mathrm{i}\omega t}=\iint_{\infty}F(\omega-\omega_0)\mathrm{e}^{-\mathrm{i}\omega t}\boldsymbol{e}(x,y)\cdot\mathrm{d}\boldsymbol{A} \tag{4.1.0-7}$$

在末端有

$$Y(\omega)\mathrm{e}^{-\mathrm{i}\omega t}=\iint_{\infty}[F(\omega-\omega_0)\boldsymbol{e}(x,y)\mathrm{e}^{-\mathrm{i}\omega t}]\mathrm{e}^{\mathrm{i}\beta z}\cdot\mathrm{d}\boldsymbol{A} \tag{4.1.0-8}$$

不妨作归一化假定

$$\iint_{\infty}\boldsymbol{e}(x,y)\cdot\mathrm{d}\boldsymbol{A}=1 \tag{4.1.0-9}$$

于是

$$\begin{aligned}y(t)&=\frac{1}{2\pi}\int_{-\infty}^{+\infty}\iint_{\infty}[F(\omega-\omega_0)\boldsymbol{e}(x,y)\mathrm{e}^{-\mathrm{i}\omega t}]\mathrm{e}^{\mathrm{i}\beta z}\cdot\mathrm{d}\boldsymbol{A}\,\mathrm{d}\omega\\&=\frac{1}{2\pi}\int_{-\infty}^{+\infty}F(\omega-\omega_0)\mathrm{e}^{\mathrm{i}(\beta z-\omega t)}\mathrm{d}\omega\end{aligned} \tag{4.1.0-10}$$

式(4.1.0-10)表明，单个模式的传输特性不直接与模式场的分布有关。考虑到光载频 $\exp(-\mathrm{i}\omega_0 t)$ 也产生相移，到终端为 $\exp\mathrm{i}(\beta_0 z-\omega_0 t)$，于是输出解调信号为

$$\begin{aligned}\phi(t)&=\frac{y(t)}{\mathrm{e}^{\mathrm{i}(\beta_0 z-\omega_0 t)}}\\&=\frac{1}{2\pi}\int_{-\infty}^{+\infty}F(\omega-\omega_0)\exp\{\mathrm{i}[(\beta-\beta_0)z-(\omega-\omega_0)t]\}\mathrm{d}\omega\\&=\frac{1}{2\pi}\int_{-\infty}^{+\infty}F(\Omega)\exp\{\mathrm{i}[(\beta-\beta_0)z-\Omega t]\}\mathrm{d}\Omega\end{aligned} \tag{4.1.0-11}$$

由此可以得出三个重要结论。

① 输出的解调信号与输入信号成线性关系，满足叠加原理。（注意，严格地

说，输出光功率 P_{out}（或包络）与输入光功率 $P_{in}(t)$（或包络）不成线性关系。）

② 输出的包络信号不直接与模式场的空间分布相关，而模式场的变化要通过影响 β 起作用。所以，在研究传输特性时，往往可对模式场的空间分布作一些近似，只要 β 不变就可得到相同的结果。

③ 在用式(4.1.0-3)计算输出解调信号 $\phi(t)$ 时，计算结果往往含有虚变量，也就是 $\phi(t)=|\phi(t)|\exp(\mathrm{i}\theta)$。结果中的 θ 不应看作包络信号的相位，而应看作光载频的附加相移。

在许多场合，输入信号 $f(t)$ 与输入基带信号（包络）$|f(t)|$ 是相同的，但有时也可能不同。这时 $f(t)$ 为复数（复振幅），有幅度和相位，它的幅度代表基带信号，而相位是光载频的相位。如果相位也随时间变化，它就是有啁啾的输入信号。

4.2 群时延

光脉冲在光波导中传输时，存在时间上的延迟，这是一种基本的物理现象。这个时间的延迟，称为群时延。即使是连续光通过光波导时，也存在相移，这个相移是光场本身的相移。

光脉冲的群时延或者连续光的相移，在很多场合有重要的影响。比如利用石英光纤制作的延迟线，大约每一米光纤延迟时间为 5ns。而光纤的长度可以控制到毫米量级，因此，用光纤做的时间延迟线，可以控制到皮秒的精度。另外，数十千米长的光纤也是很容易拉制出来，均匀性也很好。所以利用光纤作为延迟线，可以从皮秒量级一直控制到数十微秒的量级，有很大的动态范围。

一方面，在通信中，光纤的延迟时间是一个不可逾越的时间障碍。例如移动通信的 5G 网络，要实现在 100km 的距离上，延迟时间不超过 1ms 是很困难的，因为光纤本身的延迟就有 0.5ms。从北京到上海，通信距离超过 1400km，延迟时间多于 7ms。所以，光波导的群时延是一个重要的参数。

另一方面，光纤常常作为一些光学元件相互连接的“引线”，这种时延特性，对光反馈、光纤干涉仪是不利的。

下面进行理论分析。

在式(4.1.0-2)中对 $\beta(\omega)$ 取一阶近似，

$$\beta \approx \beta_0 + \beta_0'(\omega - \omega_0) = \beta_0 + \beta_0'\Omega \tag{4.2.0-1}$$

于是式(4.1.0-11)可改写为

$$\phi(t) = \frac{1}{2\pi}\int_{-\infty}^{+\infty} F(\Omega)\mathrm{e}^{\mathrm{i}[(\beta_0' z - t)\Omega]}\mathrm{d}\Omega \tag{4.2.0-2}$$

从而

$$\phi(t)=f(t-\beta_0' z) \tag{4.2.0-3}$$

或

$$|\phi(t)|=|f(t-\beta_0' z)| \tag{4.2.0-4}$$

式(4.2.0-4)表明，在一阶近似条件下，输出光的包络信号是输入光的包络信号在时间上的延迟，且这种延迟与输入信号的波型无关。而单位长度上的延迟为 β_0'，故 β_0' 称为单位长度上的群时延，记为 τ。

当 $f(t)$ 为冲激信号，即 $f(t)=\delta(t)$ 时，$\phi(t)=\delta(t-\beta_0' z)$，其波包的演化如图 4.2.0-1 所示。

当 $f(t)$ 为高斯脉冲时，有

$$f(t)=\exp(-t^2/\sigma^2) \tag{4.2.0-5}$$

则输出包络为(图 4.2.0-2)

$$\phi(t)=\exp\left[-\frac{1}{\sigma^2}(t-\beta_0' z)^2\right] \tag{4.2.0-6}$$

由此也可以看出，波包的传输速度 v_g 为

$$v_g=\frac{1}{\tau}=\frac{1}{\beta_0'} \tag{4.2.0-7}$$

这个速度称为群速度。

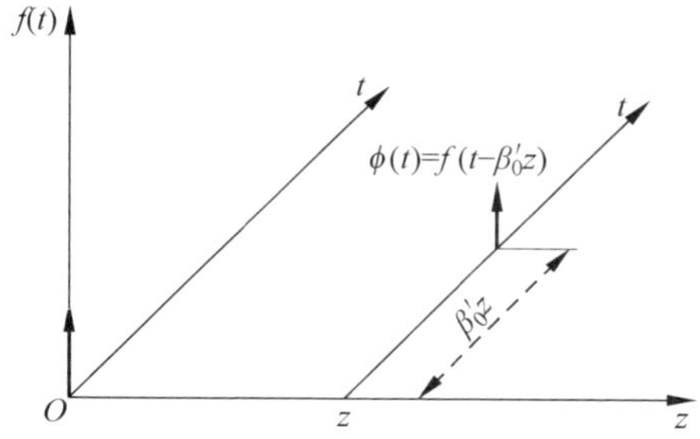

图 4.2.0-1　冲激信号波包的演化

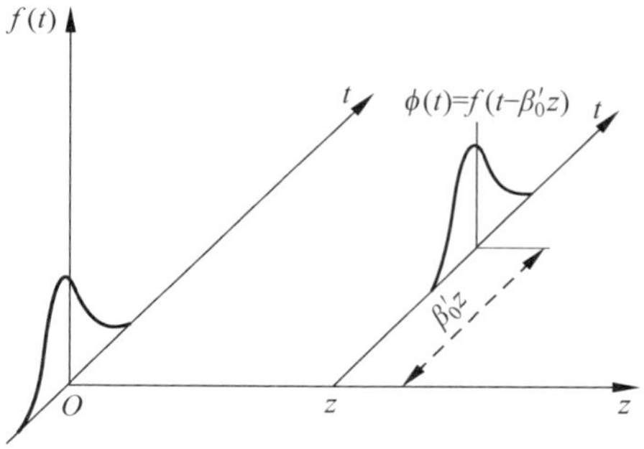

图 4.2.0-2　高斯脉冲的演化

在无限大均匀介质中，折射率 n 定义为真空中的光速 c 与相速度 v_ϕ 之比，即 $n=c/v_\phi$；类似地，定义(无限大均匀介质中)群折射率 N 为

$$N=c/v_g \overset{\text{def}}{=} c\beta_0' \tag{4.2.0-8}$$

由于在无限大均匀介质中，传输常数 $\beta_0=nk_0=\frac{2\pi}{\lambda}n$，式中，$k_0$ 是真空中的波数(或真空中的相移常数)。于是有

$$N=n-\lambda\frac{dn}{d\lambda} \tag{4.2.0-9}$$

或

$$N=\frac{\mathrm{d}(nk_0)}{\mathrm{d}k_0} \tag{4.2.0-10}$$

此外，由于在光波导中（此时 $\beta=k_0n_{\text{eff}}$，式中 n_{eff} 称为有效折射率），有

$$\frac{\mathrm{d}\beta}{\mathrm{d}k_0}=\frac{\mathrm{d}\beta}{\mathrm{d}\omega}\frac{\mathrm{d}\omega}{\mathrm{d}k_0} \tag{4.2.0-11}$$

所以又有

$$N=\frac{\mathrm{d}\beta}{\mathrm{d}k_0} \tag{4.2.0-12}$$

式(4.2.0-7)告诉我们，通过调整 $\lambda\frac{\mathrm{d}n}{\mathrm{d}\lambda}$，就可以调整光信号的速度，可以使光速减慢或者加快。因此，可以用来进行光速调控。

但是，用这种方法调整光速，其带宽与延迟时间的乘积是有限的。这里所说的带宽是指被延迟的光信号所占有的频率宽度 $\Delta\Omega$。如果它的延迟时间为 τ，那么 $\tau\Delta\Omega$ 总是小于光波导介质的折射率差，即

$$\tau\Delta\Omega<n_{\max}-n_{\min} \tag{4.2.0-13}$$

这是因为，无论什么样的波导结构，对于特定的模式，它的归一化传输常数随着频率的升高，总是单调地从最小值增大到最大值。而这个色散曲线的斜率就是群时延 τ，它与信号带宽 $\Delta\Omega$ 的乘积，就是对应的纵坐标的范围，因此自然小于最大折射率差，如图 4.2.0-3 所示。

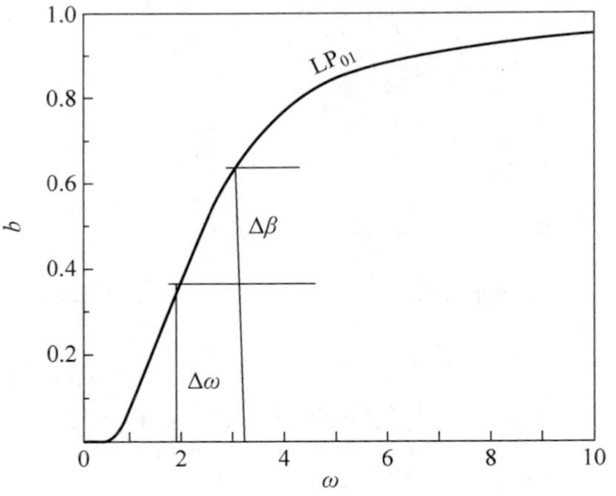

图 4.2.0-3 利用波导结构减慢光速的带宽-时延乘积限制

在图 4.2.0-3 中，横坐标变化 $\Delta\omega$，纵坐标变化 $\Delta\beta$，二者的关系为

$$\Delta\beta=\left(\frac{\Delta\beta}{\Delta\omega}\right)\Delta\omega=\tau\Delta\omega \tag{4.2.0-14}$$

而 $\Delta\beta$ 的最大变化量就是$(n_{\max}-n_{\min})k_0$，因此有

$$\tau\Delta\omega \leqslant (n_{\max}-n_{\min})k_0 \tag{4.2.0-15}$$

所以，利用群速度减慢的方法，在光波导中带宽与时延之积是有限制的。式(4.2.0-15)也可以改写为

$$\tau\frac{\Delta\omega}{\omega_0} \leqslant \frac{1}{c}(n_{\max}-n_{\min}) \tag{4.2.0-16}$$

式中，ω_0 和 c 分别为载频的角频率和真空中的光速。由此可知，相对带宽与时延之积是非常小的。

4.3　脉冲展宽与色散

当 β_0'' 或 β 的其他高阶导数不为零时，意味着光信号的不同频率分量具有不同的群时延或群速度。这种群速度随光频分量变化的现象称为群速度色散(group velocity dispersion，GVD)，简称色散。

群速度色散和以往在物理学中所学的色散，有一小点差别。物理学中的色散，通常是指介质的折射率随波长变化的现象，也可以视作相速度色散。当然，相速度色散也可以引起群速度色散，但是群速度色散并不一定需要材料有相速度色散。

与其他高阶导数相比，通常 β_0'' 对 GVD 的贡献最大，但如果 $\beta_0''\approx 0$，或者$(\omega-\omega_0)/\omega_0$ 不是足够小(比如对于 0.1ps 脉宽的光脉冲)，β_0''' 的影响也不可忽略。

取 $\beta(\omega)$的二阶近似代入式(4.1.0-11)，可得

$$\phi(t)=\frac{1}{2\pi}\int_{-\infty}^{+\infty}F(\Omega)\exp\left\{\mathrm{i}\left[\left(\beta_0'\Omega+\frac{1}{2}\beta_0''\Omega^2\right)z-\Omega t\right]\right\}\mathrm{d}\Omega \tag{4.3.0-1}$$

由此可知，色散的效果是使脉冲波形发生变化，包括形状或宽度的变化、幅度的变化及光载频相位的变化。而这种变化不仅取决于光波导的性质 β_0''，还取决于输入脉冲的类型。因此，我们不能笼统地说一根光纤的脉冲展宽是多少，只能说某种形状的脉冲展宽了多少。这一点，是与群时延有根本性区别的。本节选择三种典型的波形——高斯脉冲、正弦波和阶跃信号进行分析研究。

4.3.1　高斯脉冲展宽

高斯脉冲是光纤中传输的常用码型，所谓归零码(RZ 码)常常采用高斯波形。而且即使是非归零(NRZ)码，由于色散，也逐渐演化为类似的码型，因此，我们首先研究高斯脉冲的展宽。设输入信号的包络为高斯脉冲(图 4.3.1-1)。

$$f(t)=\exp\left(-\frac{t^2}{2T_0^2}\right) \tag{4.3.1-1}$$

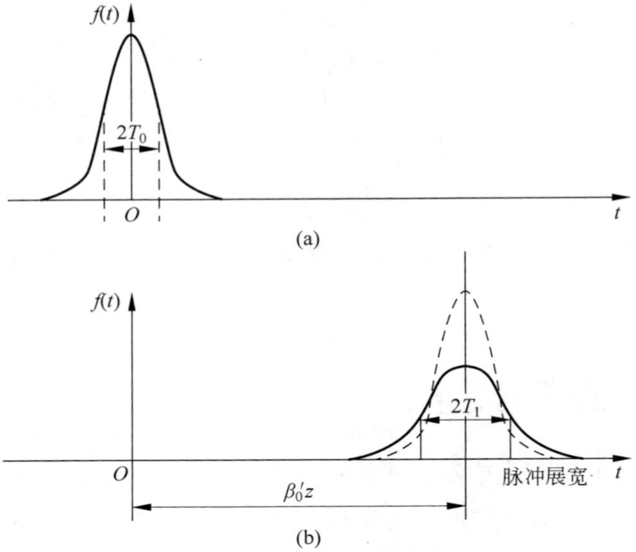

图 4.3.1-1　高斯脉冲的展宽

(a) $z=0$ 处；(b) $z=z$ 处

式中，T_0 为脉冲的半宽度(全宽度为 $2T_0$)，频谱为

$$F(\omega)=\sqrt{\pi}\,T_0\exp\left(-\frac{\omega^2}{2}T_0^2\right) \tag{4.3.1-2}$$

代入式(4.3.0-1)，可得

$$\phi(t)=\frac{1}{\sqrt[4]{1+\left(\frac{z}{L_D}\right)^2}}\exp\left\{-\frac{t_1^2}{2T_0^2\left[1+\left(\frac{z}{L_D}\right)^2\right]}\right\}\cdot$$
$$\exp\left\{-\mathrm{i}\left[\frac{t_1^2\beta_0''z}{2T_0^4+2(\beta_0''z)^2}-\frac{\theta}{2}-\frac{\pi}{2}\right]\right\} \tag{4.3.1-3}$$

式中：$t_1=t-\beta_0'z$ 是考虑到群时延后的新时间变量，称为本地时间；$L_D=T_0^2/|\beta_0''|$ 称为色散长度，$\tan\theta=-z/L_D$。式(4.3.1-3)又可改写为

$$\phi(t)=\frac{1}{\sqrt[4]{1+\left(\frac{z}{L_D}\right)^2}}\exp\left\{-\frac{t_1^2}{2T_0^2\left[1+\left(\frac{z}{L_D}\right)^2\right]}\right\}\cdot$$
$$\exp\left\{-\mathrm{i}\left[\frac{t_1^2}{2T_0^2}\cdot\mathrm{sgn}(\beta_0'')\frac{z/L_D}{1+(z/L_D)^2}-\frac{\theta}{2}-\frac{\pi}{2}\right]\right\} \tag{4.3.1-4}$$

式中，$\mathrm{sgn}(\beta_0'')$是符号函数，表示β_0''的符号。从式(4.3.1-4)可以看出，经过有色散的光波导的传输，输出包括三项，即

① 幅度项，$\left[1+\left(\frac{z}{L_D}\right)^2\right]^{-1/4}$（它不含有$t$）；

② 包络波形项，$\exp\left\{-\frac{t_1^2}{2T_0^2\left[1+\left(\frac{z}{L_D}\right)^2\right]}\right\}$；

③ 相位项，$\exp\left\{-\mathrm{i}\left[\frac{t_1^2}{2T_0^2}\cdot\mathrm{sgn}(\beta_0'')\frac{z/L_D}{1+(z/L_D)^2}-\frac{\theta}{2}-\frac{\pi}{2}\right]\right\}$。

于是

$$|\phi(t)|=\frac{1}{\sqrt[4]{1+\left(\frac{z}{L_D}\right)^2}}\exp\left\{-\frac{t_1^2}{2T_0^2\left[1+\left(\frac{z}{L_D}\right)^2\right]}\right\} \tag{4.3.1-5}$$

由此可以绘出高斯脉冲的演化(图4.3.1-1)，并可看出以下三点。

① 输出光信号的包络仍维持高斯脉冲波形，其宽度随距离的增加而增加，增加的程度可用z对色散长度L_D的比值来衡量。由于$L_D=T_0^2/|\beta_0''|$，若初始脉冲宽度T_0越小，则色散长度L_D越小，脉冲展宽就越多；若$|\beta_0''|$越小，则色散长度L_D很大，脉冲展宽很小，所以$|\beta_0''|$可作为对色散进行估计的一个量。值得注意的是，脉冲展宽与β_0''的符号无关，无论正常色散还是反常色散，其展宽是相同的。

② 输出光信号包络的幅度，随距离的增加而下降，其下降的程度也由z/L_D决定。

③ 输出光信号产生了相位调制

$$\varphi(z,t_1)=\frac{\mathrm{sgn}(\beta_0'')(z/L_D)}{1+(z/L_D)^2}\frac{t_1^2}{2T_0^2}-\frac{1}{2}\arctan\left(\frac{z}{L_D}\right)-\frac{\pi}{2} \tag{4.3.1-6}$$

这种相位调制引起瞬时频率(注意不是频率分量)的频移，也就是前面所讲的啁啾，为

$$\delta\omega=-\frac{\partial\varphi}{\partial t_1}=\frac{2\mathrm{sgn}(\beta_0'')(z/L_D)}{1+(z/L_D)^2}\frac{t_1}{2T_0^2} \tag{4.3.1-7}$$

负号是由于选择了$\exp(-\mathrm{i}\omega_0 t)$。公式表明，这种频移相对于$t_1$是线性的，称为线性啁啾。啁啾$\delta\omega$的符号取决于$\beta_0''$的符号。在正常色散区($\beta_0''>0$)，脉冲前沿($t_1<0$)的频移向低端线性变化；而在反常色散区($\beta_0''<0$)，则正好相反，如图4.3.1-2所示。图4.3.1-2中还示出了超高斯脉冲$\exp(-t_1^{2m})$的演化，式中m为超高斯脉冲的阶数。注意这里只是瞬时频率的变化，光信号的频谱(幅度谱)并没有变化。由于啁啾，光载频的频谱加宽，另一方面，光信号的包络被展宽，包络的频谱变窄，所以总的频谱不变。这是线性光纤的重要特点，线性光纤的频谱变化如图4.3.1-3所示。

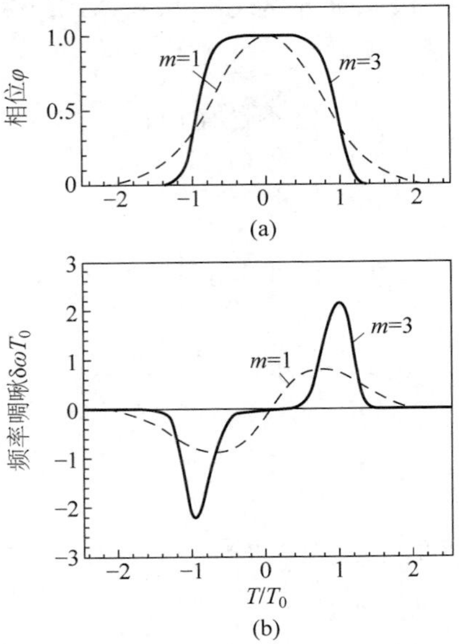

图 4.3.1-2　频率啁啾（正常色散光纤 $\beta_0''>0$）

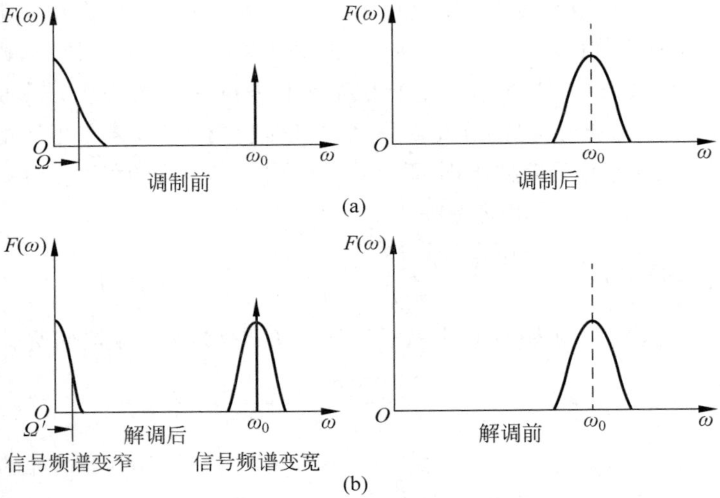

图 4.3.1-3　线性光纤的频谱变化

（a）$z=0$ 处；（b）$z=z$ 处

关于 $|\phi(t)|$ 还有另一种形式：

$$|\phi(t)|^2=\left[1+\left(\frac{\sigma}{T_0}\right)^2\right]^{-1/2}\exp\left[-\frac{t^2}{2(T_0^2+\sigma^2)}\right] \tag{4.3.1-8}$$

若以 T_1 表示输出高斯脉冲的宽度，$\sigma=|\beta''_0|z/T_0$ 称为脉冲展宽，则

$$T_1^2=T_0^2+\sigma^2 \tag{4.3.1-9}$$

式(4.3.1-9)表明，随着距离的增加，光脉冲按平方率展宽，其展宽部分 σ 不仅与 β''_0 有关，还与输入脉冲宽度有关。同时输出脉冲的幅度下降。

有趣的是，如果我们将一根光纤分为两段考虑的时候，脉冲展宽并不满足叠加原理，参见图 4.3.1-4。图中 σ_1 与 σ_2 分别是从 $z=0$ 处发出的无啁啾脉冲到达 z_1 点与 z_2 点的脉冲展宽，在 z_1 处发出一个展宽为 σ_1 的无啁啾脉冲，它到达 z_2 点的脉冲展宽为 σ'_2，有

$$\sigma'_2=\beta''_0(z_2-z_1)\left[T_0^2+\left(\frac{\beta''_0 z_1}{T_0}\right)^2\right]^{-1/2}\neq\sigma_2 \tag{4.3.1-10}$$

这是因为前者是有啁啾的脉冲的继续传输，后者是无啁啾脉冲的传输，二者不相同。

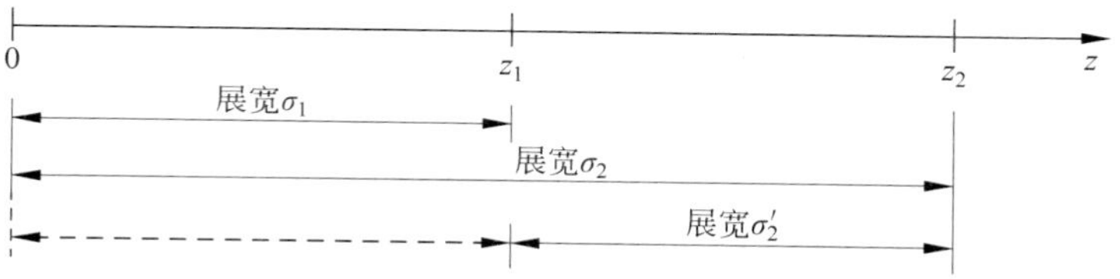

图 4.3.1-4　两段光纤的脉冲展宽

以上推导是在输入光脉冲无啁啾的条件下得出的，其脉冲展宽与 β''_0 的符号无关。当输入光脉冲有啁啾时，这一结果会发生变化。假定输入初始光脉冲具有如下形式：

$$f(t)=\exp\left[-\frac{(1+\mathrm{i}C)}{2}\frac{t^2}{T_0^2}\right] \tag{4.3.1-11}$$

它的频谱为

$$F(\omega)=\left(\frac{2\pi T_0^2}{1+\mathrm{i}C}\right)^{1/2}\exp\left[-\frac{\omega^2 T_0^2}{2(1+\mathrm{i}C)}\right] \tag{4.3.1-12}$$

这时，它的频谱半宽度(幅度的 1/e 处)为

$$\Delta\omega=(1+C^2)^{1/2}/T_0 \tag{4.3.1-13}$$

在输出端，可得

$$\phi(t)=\frac{T_0^2}{T_0^2-\mathrm{i}\beta''_0 z(1+\mathrm{i}C)}\exp\left\{-\frac{(1+\mathrm{i}C)T_0^2}{2[T_0^2-\mathrm{i}\beta''_0 z(1+\mathrm{i}C)]}\right\} \tag{4.3.1-14}$$

这时相对脉冲展宽为

$$\left(\frac{T_1}{T_0}\right)^2=\left(1+\frac{C\beta''_0 z}{T_0^2}\right)^2+\left(\frac{\beta''_0 z}{T_0^2}\right)^2 \tag{4.3.1-15}$$

脉冲展宽取决于色散 β_0'' 与啁啾参量 C 之间的相对符号，若二者同号，即 $\beta_0''C>0$，则高斯脉冲单调展宽；若二者异号，即 $\beta_0''C<0$，则高斯脉冲有一个初始窄化的阶段，如图 4.3.1-5 所示。

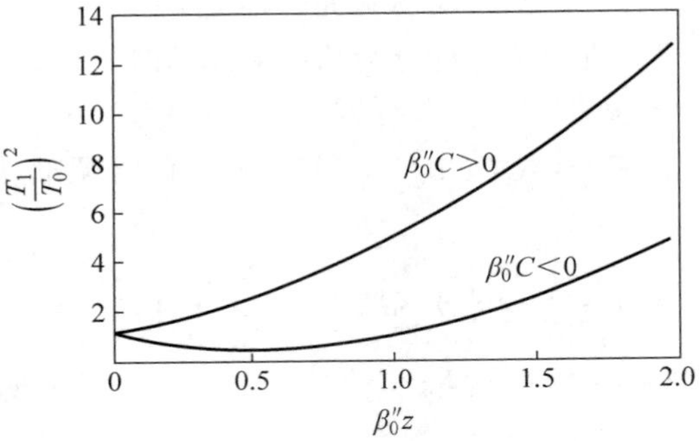

图 4.3.1-5　初始啁啾对脉冲展宽的影响

当光波导的长度 $z=z_{\min}$ 时，其中

$$z_{\min}=\frac{C}{1+C^2}L_{\mathrm{D}} \tag{4.3.1-16}$$

或者

$$z_{\min}=-\frac{C}{1+C^2}\frac{T_0^2}{\beta_0''} \tag{4.3.1-17}$$

脉冲宽度最小，它为

$$T_1^{\min}=\frac{T_0}{(1+C^2)^{1/2}} \tag{4.3.1-18}$$

比较式(4.3.1-13)和式(4.3.1-18)，可以发现，在 $z=z_{\min}$ 处，脉冲宽度达到傅里叶变换极限，即有 $\Delta\omega T_1^{\min}=1$。

对于基带信号，常使用传输带宽的概念，如图 4.3.1-6 所示，传输带宽是 $H(\omega)=1/2$ 时的 ω 值，

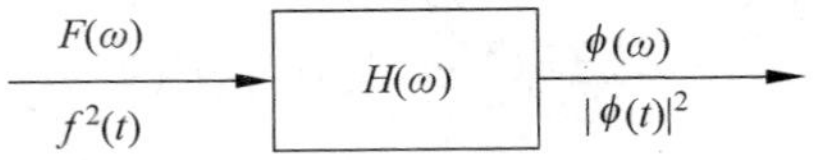

图 4.3.1-6　高斯脉冲的传输带宽

此处，是指包络的函数之间的传输带宽。由于 $f^2(t)=\exp\left(-\frac{t^2}{T_0^2}\right)$，它的频谱为

$$F(\omega)=\sqrt{\pi}T_0\exp\left(-\frac{\omega^2T_0^2}{4}\right) \tag{4.3.1-19}$$

利用式(4.3.0-1)可得输出信号为

$$|\phi(t)|^2=\left[1+\left(\frac{\sigma}{T_0}\right)^2\right]^{-1/2}\exp\left(-\frac{t^2}{T_0^2+\sigma^2}\right) \tag{4.3.1-20}$$

其频谱为

$$\Phi(\omega)=\sqrt{\pi}T_0\exp\left[-\frac{\omega^2(T_0^2+\sigma^2)}{4}\right] \tag{4.3.1-21}$$

从而

$$H(\omega)=\frac{\Phi(\omega)}{F(\omega)}=\exp\left(-\frac{\omega^2\sigma^2}{2}\right) \tag{4.3.1-22}$$

令 $H(\omega)=1/2$，则 $\omega=\sqrt{2\ln 2}/\sigma$。所以，对于高斯脉冲而言，其传输带宽 f_c 与脉冲展宽 σ 的关系为

$$f_c=\frac{0.37}{\sigma} \tag{4.3.1-23}$$

由于 σ 受 β_0''、z、T_0 的影响，因而输入脉冲越窄，传输带宽越小。这是与常规线性网络概念不一致的地方。常规线性网络的带宽，不受输入信号波型的影响，而光纤的传输带宽不仅受调制方式的影响，而且受输入信号波型的影响，因此不能笼统地说“一段光纤的带宽是多少”，笼统的“光纤带宽”的概念是不存在的。但是，式(4.3.1-23)提供了一种利用测量脉冲展宽来测试基带带宽的方法。

4.3.2　群相移

如果输入光信号的包络是一个余弦信号

$$f(t)=\cos\Omega t=\frac{e^{i\Omega t}+e^{-i\Omega t}}{2} \tag{4.3.2-1}$$

它由两条线状谱组成

$$F(\omega)=\pi[\delta(\omega-\Omega)+(\omega+\Omega)] \tag{4.3.2-2}$$

从而

$$\phi(t)=\cos\Omega(t-\beta'_0z)\exp i\left(\frac{\Omega^2}{2}\beta_0''z+\beta'_0z\right) \tag{4.3.2-3}$$

由此可得

$$|\phi(t)|=\cos\Omega(t-\beta'_0z) \tag{4.3.2-4}$$

所以，如果输入余弦信号，则输出也是余弦信号，但会产生相移，其相移满足叠加原理，并随 z 线性增加。而且，当输入功率信号为

$$f^2(t)=\frac{1+\cos 2\Omega t}{2} \tag{4.3.2-5}$$

时，输出功率信号为

$$|\phi(t)|^2=\frac{1}{2}[1+\cos 2\Omega(t-\beta'_0 z)] \tag{4.3.2-6}$$

可知，光功率信号的群相移为

$$\Delta\phi=2\Omega\beta'_0 z \tag{4.3.2-7}$$

单位长度上的群相移为

$$\frac{\Delta\phi}{z}=2\Omega\beta'_0 \tag{4.3.2-8}$$

或者

$$\beta'_0=\frac{\Delta\phi}{2\Omega z} \tag{4.3.2-9}$$

从式(4.3.2-9)可看出，群时延与群相移成正比，因此可以利用测定群相移的方法来测定群时延，然后进一步测定 β''_0。这就是频域法测色散的原理。

具体的测定方法是构造一个干涉仪(如马赫-曾德尔干涉仪)，来测定一段光波导的相移，可参见 10.4.1 节的有关论述。

4.3.3 输入非归零码的情形

非归零(NRZ)码是一种最常用的码型，比如在计算机内使用的大多是这种码型，如图 4.3.3-1 所示。鉴于这种码型的普遍性，有必要对它的波形变化进行研究。这时，β''_0 项将引起输出脉冲的前后沿变缓，不再是矩形脉冲。

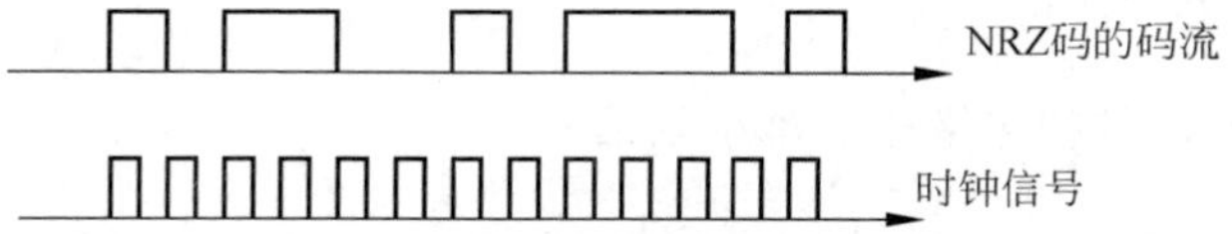

图 4.3.3-1 NRZ 码

为了分析这种波形信号的演化，我们仍然从式(4.3.0-1)出发。大家在“信号与系统”课中已经对阶跃函数有所了解，阶跃函数定义为

$$u(t)=\begin{cases}0, & t<0\\1, & 0\leqslant t\end{cases} \tag{4.3.3-1}$$

NRZ 码可以看作一系列阶跃函数的叠加，比如一个方波

$$f(t)=\begin{cases}0, & t<0,t>\tau\\1, & 0<t<\tau\end{cases} \tag{4.3.3-2}$$

可以看作两个阶跃函数的叠加

$$f(t)=u(t)-u(t-\tau) \tag{4.3.3-3}$$

因此，计算 NRZ 信号的脉冲形变，只要考虑阶跃信号的脉冲形变就可以了。阶跃

信号的频谱为

$$F(\Omega)=\pi\delta(\Omega)-\mathrm{i}\,\frac{1}{\Omega} \tag{4.3.3-4}$$

将它代入式(4.3.0-1)，并且将式(4.3.0-1)中的积分记为 I_1，可表示为

$$I_1=\frac{1}{2\pi}\exp[\mathrm{i}(\omega_0 t-\beta_0 z+bA^2)]\int_{-\infty}^{+\infty}\frac{1}{\Omega}\exp[-\mathrm{i}b(\Omega-A)^2]\mathrm{d}\Omega \tag{4.3.3-5}$$

式中，

$$b=\beta_0'' z/2,\quad A=\tau/(\beta_0'' z) \tag{4.3.3-6}$$

于是式(4.3.3-5)可进一步化简为

$$I_1=\frac{1}{2\pi\mathrm{i}}\exp[\mathrm{i}(\omega_0 t-\beta_0 z+bA^2)](-I_3+I_4) \tag{4.3.3-7}$$

式中，

$$I_3=\int_0^{+\infty}\frac{1}{\Omega-A}\exp(-\mathrm{i}b\Omega^2)\mathrm{d}\Omega \tag{4.3.3-8}$$

$$I_4=\int_0^{+\infty}\frac{1}{\Omega+A}\exp(-\mathrm{i}b\Omega^2)\mathrm{d}\Omega \tag{4.3.3-9}$$

I_3 与 I_4 的计算，将涉及复变函数的围道积分问题。对于正常色散光纤、反常色散光纤以及 $\tau>0$ 与 $\tau<0$ 等四种不同组合，所选的围道积分是不同的，因此要分四种不同情况讨论。本书不打算介绍这个积分过程(由作者自行导出)，只介绍结论。如果令归一化的本地时间

$$x=(t-\beta_0' z)/\sqrt{2\,|\,\beta_0''\,|\,z} \tag{4.3.3-10}$$

则最终得到的结果，即这段光纤的输出 $y(t)$(图 4.1.0-3)如下：

$$y(t)=\begin{cases}\dfrac{1}{2}\exp[\mathrm{i}(\omega_0 t-\beta_0 z)][1+\mathrm{Er}(\sqrt{-\mathrm{i}}\,x)], & \beta_0''>0\\[2ex] \dfrac{1}{2}\exp[\mathrm{i}(\omega_0 t-\beta_0 z)][1+\mathrm{Er}(\sqrt{\mathrm{i}}\,x)], & \beta_0''<0\end{cases} \tag{4.3.3-11}$$

式中，$\mathrm{Er}(z)$为概率函数，它在 z 的全复平面有定义：

$$\mathrm{Er}(z)=\frac{2}{\sqrt{\pi}}\int_0^z \mathrm{e}^{-t^2}\,\mathrm{d}t \tag{4.3.3-12}$$

记余弦积分和正弦积分分别为

$$\mathrm{C}(x)=\sqrt{2/\pi}\int_0^x \cos t^2\,\mathrm{d}t \tag{4.3.3-13}$$

$$\mathrm{S}(x)=\sqrt{2/\pi}\int_0^x \sin t^2\,\mathrm{d}t \tag{4.3.3-14}$$

当 $x\to+\infty$时，$\mathrm{C}(x)=\mathrm{S}(x)=1/2$，它们的函数曲线如图 4.3.3-2 所示。根据定义：

$$\begin{cases}\mathrm{Er}(\sqrt{\mathrm{i}}x)=\sqrt{2\mathrm{i}}[\mathrm{C}(x)-\mathrm{i}\mathrm{S}(x)]\\ \mathrm{Er}(\sqrt{-\mathrm{i}}x)=\sqrt{-2\mathrm{i}}[\mathrm{C}(x)+\mathrm{i}\mathrm{S}(x)]\end{cases}\tag{4.3.3-15}$$

通过计算得到输出光信号的表达式：

$$y(t)=\begin{cases}\dfrac{1}{2}\exp[\mathrm{i}(\omega_0 t-\beta_0 z)]\{1+\sqrt{-2\mathrm{i}}[\mathrm{C}(x)+\mathrm{i}\mathrm{S}(x)]\}, & \beta_0''>0\\ \dfrac{1}{2}\exp[\mathrm{i}(\omega_0 t-\beta_0 z)]\{1+\sqrt{2\mathrm{i}}[\mathrm{C}(x)-\mathrm{i}\mathrm{S}(x)]\}, & \beta_0''<0\end{cases}\tag{4.3.3-16}$$

由式(4.3.3-16)可进一步计算出它的幅值 $|y(t)|$ 和引起频率啁啾的相移 φ。

$$|y(t)|=\frac{1}{2}\{1+2[\mathrm{C}(x)+\mathrm{S}(x)]+2[\mathrm{C}^2(x)+\mathrm{S}^2(x)]\}^{1/2}\tag{4.3.3-17}$$

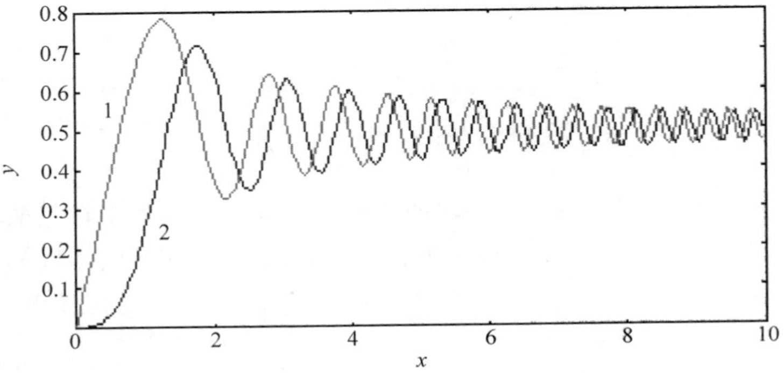

图 4.3.3-2　余弦积分和正弦积分

1：$y=\mathrm{C}(x)$；2：$y=\mathrm{S}(x)$

（请扫Ⅱ页二维码看彩图）

可见幅值 $|y(t)|$（输出包络信号）与色散 β_0'' 的符号无关。频率啁啾的相移 φ 可表示为

$$\tan\varphi=\begin{cases}\dfrac{\mathrm{S}(x)-\mathrm{C}(x)}{1+\mathrm{S}(x)+\mathrm{C}(x)}, & \beta_0''>0\\ -\dfrac{\mathrm{S}(x)-\mathrm{C}(x)}{1+\mathrm{S}(x)+\mathrm{C}(x)}, & \beta_0''<0\end{cases}\tag{4.3.3-18}$$

根据式(4.3.3-17)，可计算出阶跃信号经过长度为 z 的色散光纤后输出光功率信号的波形如图 4.3.3-3 所示。由图可见，色散光纤对于阶跃信号不仅有延迟，而且上升速度明显变缓。如果以 $|y(t)|^2$ 从 0.1 变化到 0.9 的时间作为上升时间 Δt，则它为

$$\Delta t=(\Delta x)\sqrt{2|\beta_0''|z}\tag{4.3.3-19}$$

式中，Δx 是 $|y(t)|^2$ 从 0.1 变化到 0.9 所对应的归一化时间 x 差值，从图 4.3.3-3 可量取 $\Delta x \approx 1$。

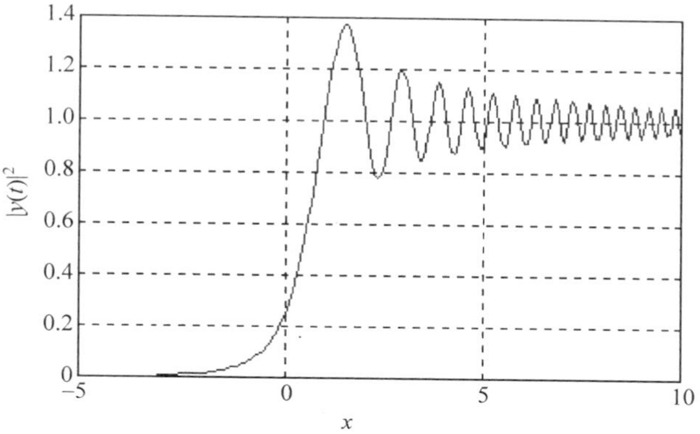

图 4.3.3-3　阶跃信号经过光纤后的响应

以上是对阶跃信号通过光纤时上升时间的分析。当阶跃信号向下跳变时，情况基本类似。如果在 $z=0$ 处，有

$$f(t)=1-u(t)=\begin{cases}0, & t>0\\ 1, & t<0\end{cases} \tag{4.3.3-20}$$

通过相同的推导可知，在输出端有

$$y(t)=\begin{cases}\dfrac{1}{2}\exp[\mathrm{i}(\omega_0 t-\beta_0 z)][1-\mathrm{Er}(\sqrt{-\mathrm{i}}\,x)], & \beta_0''>0\\ \dfrac{1}{2}\exp[\mathrm{i}(\omega_0 t-\beta_0 z)][1-\mathrm{Er}(\sqrt{\mathrm{i}}\,x)], & \beta_0''<0\end{cases} \tag{4.3.3-21}$$

式中 x 的定义见式(4.3.3-10)，从而

$$|y(t)|=\frac{1}{2}\{1-2[\mathrm{C}(x)+\mathrm{S}(x)]+2[\mathrm{C}^2(x)+\mathrm{S}^2(x)]\}^{1/2} \tag{4.3.3-22}$$

$$\tan\varphi=\begin{cases}\dfrac{\mathrm{S}(x)-\mathrm{C}(x)}{1-[\mathrm{S}(x)+\mathrm{C}(x)]}, & \beta_0''<0\\ -\dfrac{\mathrm{S}(x)-\mathrm{C}(x)}{1-[\mathrm{S}(x)+\mathrm{C}(x)]}, & \beta_0''>0\end{cases} \tag{4.3.3-23}$$

同样可得到阶跃信号向下跳变时输出光信号的下降时间也为 $\Delta t=(\Delta x)\sqrt{2|\beta_0''|z}$。可见色散光纤的上升时间与下降时间相同。

最后，就波导中光信号的传播，讨论一下波前问题。在大学物理的光学中，曾经提出过波阵面、波前以及同相面等概念，一般认为三者是同一个概念。现在我们已经知道，其实它们并不相同。同相面是光场的固有特征，只要是一个单一频率的光场，就可能存在同相面，这个同相面的法线方向是光波的波矢。而波前的概念，应该理解为一个波从无到有的传播的“前锋”，具体地说，就是一个突然发出的光，最理想情况就是阶跃函数形式的发光，光从无到有是在一瞬间完成的，这个从无到有的“前锋”，才是光波的“波前”。式(4.3.3-17)告诉我们，在色散介质中，波前是不能完整传输的，它会逐渐变形，以至于我们无法判定一个突发的光波在什么时候到达某个位置，所以“波前速度”也就失去了意义。这种情况对任何色散介质都是正确的。理论上，阶跃函数的频谱覆盖无限大频率，尽管某些介质的色散很小，比如空气，它的色散很小，但如果距离很长，那么波前的变形会很大。因此采用开关光源的方法来测定光速，是存在一定的误差的。而且，由于空气是一种不稳定的介质，存在气旋、湍流等，导致波前畸变，克服波前畸变的技术，是空间光通信的关键技术之一。

4.3.4 更一般的脉冲展宽的概念

当输入的波型不是上述几种波型时，输出波型一般不能维持原有的形状。比如输入一个矩形脉冲，输出将不再是矩形脉冲而接近于高斯型。在考虑 β'''_0 的作用时，即使输入高斯脉冲，输出脉冲的形状也会出现非对称、振荡拖尾等现象而不再是高斯型。因此，需要一个更一般的脉冲展宽概念。为此，首先引入矩的概念。

对于一个有啁啾的光信号 $\phi(t)$，取模的平方表示功率，它的归一化的 n 阶矩 $\langle t^n\rangle$ 定义为

$$\langle t^n\rangle=\frac{\int_{-\infty}^{+\infty}t^n\,|\phi(t)|^2\mathrm{d}t}{\int_{-\infty}^{+\infty}|\phi(t)|^2\mathrm{d}t}\tag{4.3.4-1}$$

式中，$\int_{-\infty}^{+\infty}|\phi(t)|^2\mathrm{d}t$ 代表总能量。这样可用一阶矩表示平均到达时刻 $\tau=\langle t\rangle$，用二阶矩表示脉冲的均方根宽度

$$T^2=\langle t^2\rangle-\langle t\rangle^2\tag{4.3.4-2}$$

如果在始端输入一个功率为 $|f(t)|^2$ 的光脉冲，终端收到一个 $|\phi(t)|^2$ 的光功率脉冲，它的脉冲展宽定义为

$$\sigma^2=T_{\text{out}}^2-T_{\text{in}}^2\tag{4.3.4-3}$$

将式(4.3.0-1)作变换，令本地时间 $t_1=\beta'_0z-t$，可得

$$\phi(t_1)=\frac{1}{2\pi}\int_{-\infty}^{+\infty}F(\omega)\exp\left\{\mathrm{i}\left[\frac{1}{2}\beta''_0z\left(\omega-\frac{t_1}{\beta''_0z}\right)^2-\frac{t_1^2}{2\beta''_0z}\right]\right\}\mathrm{d}\omega\tag{4.3.4-4}$$

如果 $f(t)$ 是偶函数(对于时间是对称的)，那么 $F(\omega)$ 也是偶函数，可知 $\phi(t_1)$ 也是偶对称的，从而

$$\langle t_1\rangle=0\tag{4.3.4-5}$$

于是 $T_{\text{in}}^2=\langle t_1^2\rangle=0$，这样，一般的脉冲展宽为

$$\sigma^2=\langle t_1^2\rangle_{\text{out}}-\langle t^2\rangle_{\text{in}} \tag{4.3.4-6}$$

如果光纤是无损的，总能量保持不变并设为 1，则有

$$\sigma^2=\int_{-\infty}^{+\infty}t_1^2[\mid\phi(t_1)\mid^2-\mid f(t_1)\mid^2]\mathrm{d}t_1 \tag{4.3.4-7}$$

为了加强对群速度和群时延定义式 $\tau=\langle t\rangle$ 的理解，用图 4.3.4-1 说明。

关于群速度的概念，我们在“物理学”中曾经理解为“包络前进的速度”，这个概念是不准确的。如图 4.3.4-1 所示，假定有两个班的同学进行赛跑，每个班有 50 多人，他们虽然同时起跑，但到达终点时两个班的同学完全散开了。每个班同学们跑步的时间都是一个分布函数。如果要比较哪一个班总体上跑得更快，就要用平均时间来表示，每个班同学们的平均时间为

$$\langle t\rangle=\frac{\sum n(t)\cdot t}{\sum n} \tag{4.3.4-8}$$

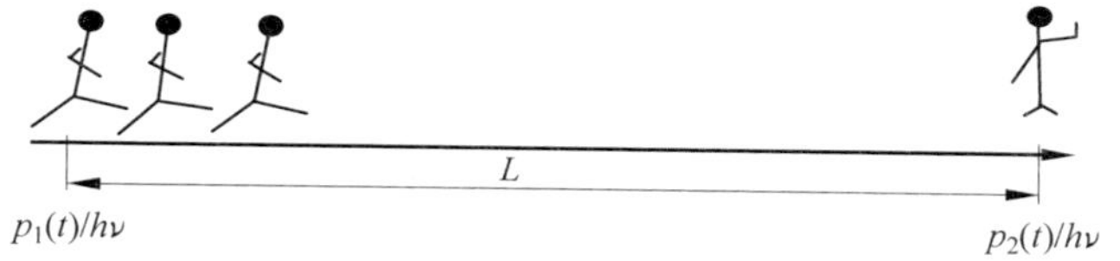

图 4.3.4-1　光子群速度

式中，$n(t)$是所用时间为 t 的学生数，$\sum n$ 是一个班的学生总数。于是可以定义这个班的群速度为 $v_{\text{g}}=L/\langle t\rangle$。同样，对于一个光脉冲而言，可以看作一群光子在光纤中前进。假如在光纤的始端到达的光脉冲为 $p_1(t)$，它可以看作光子到达的数量相对于时间的分布函数，也就是 t 时刻到达光子数为 $p_1(t)/h\nu$。这群光子的平均到达时间为到达时刻为 t 的光子数的加权和与光子总数之比，也就是 $\langle t\rangle_1=\dfrac{\int p_1(t)t\,\mathrm{d}t}{\int p_1(t)\mathrm{d}t}$。这群光子最后到达终端，由于各种原因，脉冲的波形会发生变化。如果在终端的脉冲为 $p_2(t)$，于是这群光子到达终端的平均时间为 $\langle t\rangle_2=\dfrac{\int p_2(t)t\,\mathrm{d}t}{\int p_2(t)\mathrm{d}t}$，如图 4.3.4-2 所示。两个时间相减就是这群光子在光纤中所经历的平均时间，即群时延

$$\Delta t=\langle t\rangle_2-\langle t\rangle_1=\frac{\int p_2(t)t\,\mathrm{d}t}{\int p_2(t)\mathrm{d}t}-\frac{\int p_1(t)t\,\mathrm{d}t}{\int p_1(t)\mathrm{d}t} \tag{4.3.4-9}$$

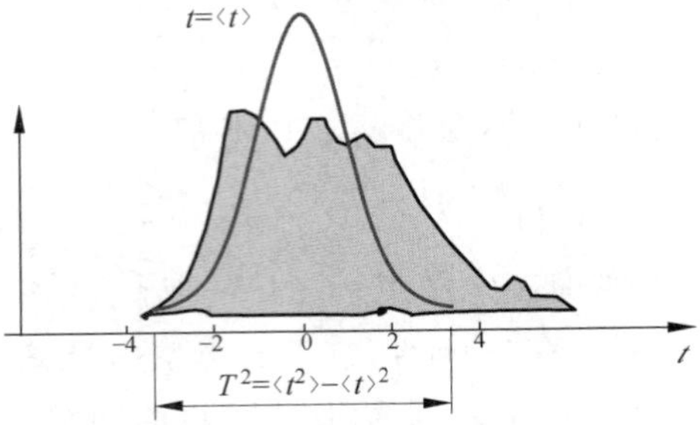

图 4.3.4-2　一般脉冲的时间特征

(请扫Ⅱ页二维码看彩图)

于是,这群光子的平均速度为

$$v_g = L/\Delta t = L/(\langle t\rangle_2 - \langle t\rangle_1) = \frac{L}{\left[\frac{\int p_2(t)t\,dt}{\int p_2(t)\,dt} - \frac{\int p_1(t)t\,dt}{\int p_1(t)\,dt}\right]} \tag{4.3.4-10}$$

光纤的这种延迟作用在点对点的通信系统中影响并不大,但在全光网中需要考虑,因为经由不同路径到达同一点的光可能因为延迟时间不相等而出现多径效应,比如电视机里的重影,就是一种多径效应。尤其在光的包交换系统中,光脉冲的延迟对系统性能有较大的影响。在干涉系统中,两个光脉冲的延迟时间不相同,往往使两个光脉冲不能同时到达,从而使原先的干涉系统失效。这种脉冲传输速度不相同的现象称为走离。

4.3.5　色散的定量描述

从以上分析可以看出,如果只用输入/输出的包络波形变化,或用带宽的概念描述光波导的脉冲展宽特性,都是很不准确的,其原因是包络函数只考虑到$|\phi(t)|$的幅度,而不能反映其光频的啁啾。脉冲展宽的现象,其根本原因是不同的频率分量有不同的群速度 v_g 或群时延 τ,因此,用不同频率分量的时延差 $\Delta\tau$ 来定量描述色散更加合理,并定义单位长度的色散系数 D,即

$$D = \frac{d\tau}{d\lambda} \tag{4.3.5-1}$$

D 的单位是 ps/(km · nm),从而时延差

$$\Delta\tau = D\Delta\lambda \tag{4.3.5-2}$$

不难导出 D 与 β_0'' 的关系为

$$D = -\frac{2\pi c}{\lambda^2}\beta_0'' \tag{4.3.5-3}$$

所以色散系数 D 与 β_0'' 异号，而

$$\beta_0''=\frac{\mathrm{d}\tau}{\mathrm{d}\omega}=\frac{\mathrm{d}v_{\mathrm{g}}}{\mathrm{d}\omega}=-\frac{1}{v_{\mathrm{g}}^2}\frac{\mathrm{d}v_{\mathrm{g}}}{\mathrm{d}\omega} \tag{4.3.5-4}$$

当在 $\beta_0''>0$ 的正常色散区，却有 $\frac{\mathrm{d}v_{\mathrm{g}}}{\mathrm{d}\omega}<0, D<0$，表明随着频率的增加，群速度反而减慢；反之当 $\beta_0''<0$ 时，反而有 $\frac{\mathrm{d}v_{\mathrm{g}}}{\mathrm{d}\omega}>0, D>0$。所以正常色散(normal dispersion)对应负色散(negative dispersion)，反常色散(abnormal dispersion)对应正色散(positive dispersion)。在英语中，这几个词不会搞混，而在汉语中这几个词却因为差别小而且读音接近容易搞混，请读者注意。

当用色散系数 D 而不是用 β_0'' 描述群速度色散时，相应的公式都要适当地改变，比如色散长度 L_{D} 变为

$$L_{\mathrm{D}}=\frac{2\pi c}{\lambda^2}\frac{T_0^2}{|D|} \tag{4.3.5-5}$$

无啁啾的脉冲展宽为

$$\sigma=\frac{\lambda^2}{2\pi c}\frac{|D|}{T_0}z \tag{4.3.5-6}$$

有啁啾的脉冲展宽为

$$\left(\frac{T_1}{T_0}\right)^2=\left(1+\frac{\lambda^2}{2\pi c}\frac{CDz}{T_0^2}\right)^2+\left(\frac{\lambda^2}{2\pi c}\frac{Dz}{T_0^2}\right)^2 \tag{4.3.5-7}$$

NRZ 码的上升和下降时间为

$$\Delta t=(\Delta x)\frac{\lambda}{\sqrt{\pi c}}\sqrt{2|D|z} \tag{4.3.5-8}$$

若归一化的上升或者下降时间 $\Delta x\approx 1$，则

$$\Delta t\approx\frac{\lambda}{\sqrt{\pi c}}\sqrt{2|D|L} \tag{4.3.5-9}$$

由式(4.3.5-9)可看出，上升时间与色散绝对值的平方根以及光纤长度的平方根成正比。如果选用 G.652 光纤，取 $\lambda=1.55\mu\mathrm{m}$ 处的典型值 $D\approx 17\mathrm{ps/(km\cdot nm)}$，并令 $L=1\mathrm{km}$，可得 $\Delta t\approx 7\mathrm{ps}$。这表明，用 1km 的 G.652 光纤构成 1.55μm 的开关器件，那么其极限上升时间约为 7ps。如使用 G.655 光纤，$D\approx 1.7\mathrm{ps/(km\cdot nm)}$，上升时间 $\Delta t\approx 2.5\mathrm{ps}$。若要进一步提高开关速度，应考虑色散补偿技术。

实际的光源总是存在一定的光谱宽度(谱宽)，因此在式(4.3.5-1)中可以认为 $\Delta\lambda$ 可能由光源非单色性引起，也可能由信号具有一定带宽引起。通常这两个因素共同作用，并近似认为满足叠加原理

$$\Delta\tau = D(\Delta\lambda_{光源} + \Delta\lambda_{信号}) \tag{4.3.5-10}$$

当信号速率低、光源单色性差时，$\Delta\lambda_{光源}$起主要作用，当信号速率高、光源单色性好时，$\Delta\lambda_{信号}$起主要作用。由于$\omega = 2\pi \dfrac{c}{\lambda}$，于是

$$\Delta\omega = -\frac{2\pi}{\lambda^2} c\,\Delta\lambda \tag{4.3.5-11}$$

$$\Delta f = -\frac{c}{\lambda^2}\Delta\lambda \tag{4.3.5-12}$$

式(4.3.5-12)表明，信号的频率带宽与光源的谱宽在波长一定的前提下成正比，而与使用的波长平方成反比。在$\lambda = 1.55\mu m$处，1nm 的光源的谱线宽度对应于 125GHz 的信号频率带宽。

这样，总的时延差为

$$\Delta\tau = D\left(\Delta\lambda_{光源} - \frac{\lambda^2_{光源}}{c}\Delta f_{signal}\right) \tag{4.3.5-13}$$

式中，Δf_{signal}是信号的带宽。信号的带宽取决于信号的速率(比特率)和单比特的波形。如果是归零码，单比特的带宽会宽一些，如果是非归零码，带宽会窄一些，如果是高斯波形，带宽会更窄一些。

4.3.6 色散对于传输系统速率的限制

色散引起的脉冲展宽会引起两个相邻脉冲有一部分互相重叠(码间干扰)，从而使两个相邻脉冲不能被接收装置正确识别，就会产生误码。为了限制码间干扰，必须使色散引起的脉冲展宽限制在一定范围之内。假定信号的传输速率为B，那么每个比特信号所占的时间长度为$1/B$，当脉冲因色散引起的脉冲展宽大于每个比特信号所占的时间长度的 1/4 时，接收机的判决电路就不能正常地判定收到的数据是“0”还是“1”。因此，因色散引起的脉冲展宽必须限制在每个比特信号所占的时间长度的 1/4 内，即$\Delta t < \dfrac{1}{4B}$。根据这个判据可以判定一个色散系统的最高速率。

1. 宽谱光源因色散导致的传输速率限制

根据总的色散的计算公式

$$\begin{aligned}\sigma &= D\cdot(\Delta\lambda_{source} + \Delta\lambda_{signal})\cdot L \\ &\approx D\cdot(\Delta\lambda_{source})\cdot L\end{aligned} \tag{4.3.6-1}$$

由于使用的是宽谱光源，所以光信号总的带宽由光源决定。于是，根据$T_1^2 = T_0^2 + \sigma^2$，而信号的初始脉宽T_0相对于由光源带宽引起的脉冲展宽要窄，可近似为 0，于是

$$T_1 \approx \sigma \approx D \cdot \Delta\lambda \cdot L < \frac{1}{4B} \tag{4.3.6-2}$$

这表明，脉冲展宽与长度、光源的谱宽度都成正比。于是

$$BL < \frac{1}{4D\Delta\lambda} \tag{4.3.6-3}$$

这说明，光纤线路的速率与通信长度的乘积受到色散和光源谱宽度的限制，长度越长，速率只能越低。当前光纤的色散都很小，而且很少使用宽谱光源，这种情况很少发生。

2. 窄谱光源因色散导致的传输速率限制

窄谱光源的谱宽度很小，而初始脉冲也很窄，这时信号的谱宽大于光源的谱宽，输出的脉冲展宽为

$$T_1^2 = T_0^2 + T_0^2\left(\frac{L}{L_D}\right)^2 \tag{4.3.6-4}$$

于是，应有

$$T_1^2 = T_0^2 + T_0^2\left(\frac{L}{L_D}\right)^2 = T_0^2 + \frac{|\beta_0''|^2 L^2}{T_0^2} \tag{4.3.6-5}$$

可以看出，这里有一个最佳的初始脉冲宽度，使得输出脉冲的宽度最小，它在 $T_0 = (|\beta_0''|L)^{1/2}$ 时出现，此时有 $T_1 = (2|\beta_0''|L)^{1/2}$。如果需要 $T_1 = (2|\beta_0''|L)^{1/2} < \frac{1}{4B}$ 从而得到 $B \leqslant \frac{1}{4\sqrt{2|\beta_0''|L}}$。根据 D 与 β_0'' 的关系式(4.3.5-3)，可以得出，这时的最高速率为

$$B \leqslant \frac{\sqrt{\pi c}}{4\lambda\sqrt{|D|L}} \tag{4.3.6-6}$$

3. NRZ 码的情形

上述结论只适用于高斯脉冲，对于 NRZ 码，它的上升时间和下降时间为 $\Delta t \approx \frac{\lambda}{\sqrt{\pi c}}\sqrt{2|D|L}$，二者之和应小于 $\frac{1}{4B}$，即

$$\Delta t \approx \frac{\lambda}{\sqrt{\pi c}}\sqrt{2|D|L} < \frac{1}{8B} \tag{4.3.6-7}$$

于是得到

$$B \leqslant \frac{\sqrt{\pi c}}{8\lambda\sqrt{2|D|L}} \tag{4.3.6-8}$$

比较式(4.3.6-6)和式(4.3.6-8),可以知道,高斯脉冲比 NRZ 码更适合光纤传输。在最佳初始脉冲宽度的前提下,使用高斯脉冲,几乎可以获得比 NRZ 码高一倍的速率。

实际的情况是,像分布反馈激光器(DFB)一类的激光器,光源的谱线线宽折合的频谱宽度约在几十兆赫兹的数量级上,质量好一点的激光器,其频谱宽度已经在 1MHz 以下,因此对于 2.5Gb/s 的通信系统,如果采用高斯脉冲,其带宽也在 2.5GHz 的数量级上,按照窄线宽光源考虑是合理的。

4. 色散补偿

为了有效解决色散带来的问题,可以使用色散补偿技术。我们知道,无论是正色散还是负色散,对于没有啁啾的光信号,色散总是使脉冲展宽。那么,色散补偿的原理是什么呢?

色散补偿其实是基于有啁啾的光信号,在经过一段光纤之后,只要这段光纤的色散与信号的啁啾参量之积小于零,就可以使脉冲压缩,参见式(4.3.1-15)和图 4.3.1-5。但是这个压缩只能发生在某个特定的长度上,要做到“恰到好处”,长了或短了都不行 。利用这个原理可以实现色散补偿。

常用的补偿方法有两种。

① 负色散光纤

假设整根光纤由两段构成,一段为正色散,另一段为负色散,对应的传输常数分别为 β_1、β_1' 和 β_1'' 及 β_2、β_2' 和 β_2''(忽略高阶色散),其中 β_1'、β_1'' 是正色散光纤中 $\beta(\omega)$ 在 ω_0 处的一阶和二阶导数,β_2' 和 β_2'' 是负色散光纤中 $\beta(\omega)$ 在 ω_0 处的一阶和二阶导数。总色散为

$$\beta''(z_1+z_2)=\beta_1''z_1+\beta_2''z_2 \tag{4.3.6-9}$$

合理地选取 β_1''、β_2'' 以及光纤长度 z_1 与 z_2,使得

$$\beta_1''z_1+\beta_2''z_2=0 \tag{4.3.6-10}$$

这样就可以达到色散补偿的目的。

由于负色散光纤的色散特性在较宽的范围都比较平坦,所以色散补偿可以实现宽带补偿。但是,用于色散补偿的负色散光纤的长度较长,会引入较大的损耗,这是不利的一面。

② 光纤光栅

利用光纤光栅的通带边缘,或者利用啁啾光栅,利用其负色散特性,也可以实现色散补偿。具体原理可参见 6.5.2 节。光纤光栅的温度稳定性不好,所以实际上已经很少使用。

4.4　高阶色散与基本传输方程

1. 高阶色散

以上只分析了 β_0' 和 β_0'' 的影响，当 $\beta_0''\approx 0(D\approx 0)$ 时，β_0''' 就开始起作用。β'''_0 以上的高阶项，称为高阶色散(关于高阶色散的术语，有的文献称 β'''_0 引起的色散为三阶色散，按照这种说法由 β_0' 和 β_0'' 所引起的色散就应该称为一阶色散和二阶色散。而我们知道，β_0' 引起的是群时延，不是色散；只有 β_0'' 才引起色散，所以称三阶色散是不合适的。比较准确的说法是称 β_0'' 所引起的色散为群速度色散，以便区别由于 $n(\omega)$ 引起的色散；称 β'''_0 引起的色散为色散斜率。另外注意它不是高阶模的色散)。当把 β'''_0 以上的高阶项代入输入与输出信号的基本关系式(4.1.0-2)时，有

$$\phi(t)=\frac{1}{2\pi}\int_{-\infty}^{+\infty}F(\omega)\exp\left\{\mathrm{i}\left[\frac{1}{2}\beta_0''\omega^2 z+\frac{1}{6}\beta'''_0\omega^3 z-\omega t\right]\right\}\mathrm{d}\omega \tag{4.4.0-1}$$

高阶色散对脉冲演变的影响，取决于 β_0'' 与 β'''_0 的相对大小。与群速度色散 β_0'' 类似，可以定义高阶色散长度

$$L'_{\mathrm{D}}=\frac{T^3}{2\sqrt{2}\ |\beta'''_0|} \tag{4.4.0-2}$$

通过比较 L_{D} 与 L'_{D} 的大小，可以判断出谁起重要作用。β'''_0 的典型值约 $0.1(\mathrm{ps})^3/\mathrm{nm}$，它是如此之小，只有在 $T=0.1\mathrm{ps}$ 的量级上起作用。

当输入为无啁啾的高斯脉冲时，高阶色散的作用使它变成非高斯脉冲，如图 4.4.0-1 给出 $z=5L'_{\mathrm{D}}$ 的输出脉冲波形，图中，$V=TW$，$B=\dfrac{\beta''_0 z}{6T^3}$，$D=\dfrac{\beta''_0 z}{2T^2}$。可以看出，它已不再是高斯型，不仅失去了对称性，还出现了振荡拖尾现象。

描述这时的脉冲展宽，应使用 4.3 节关于脉冲展宽的一般定义(矩)。为此，必须首先计算 $\langle t^n\rangle$，由于从方程(4.4.0-1)知道了输出脉冲的频谱，可以通过频域来计算 $\langle t^n\rangle$。对脉冲幅度的傅里叶变换

$$I(\omega)=\int_{-\infty}^{+\infty}|\phi(t)|^2\exp(\mathrm{i}\omega t)\mathrm{d}t \tag{4.4.0-3}$$

进行 n 次微分，可得

$$\lim_{\omega\to 0}\frac{\partial^n}{\partial\omega^n}I(\omega)=\mathrm{i}^n\int_{-\infty}^{+\infty}t^n|\phi(t)|^2\mathrm{d}t \tag{4.4.0-4}$$

联立式(4.3.4-1)和式(4.4.0-4)，可得

$$\langle t^n\rangle=\frac{(-\mathrm{i})^n}{N}\lim_{\omega\to 0}\frac{\partial^n}{\partial\omega^n}I(\omega) \tag{4.4.0-5}$$

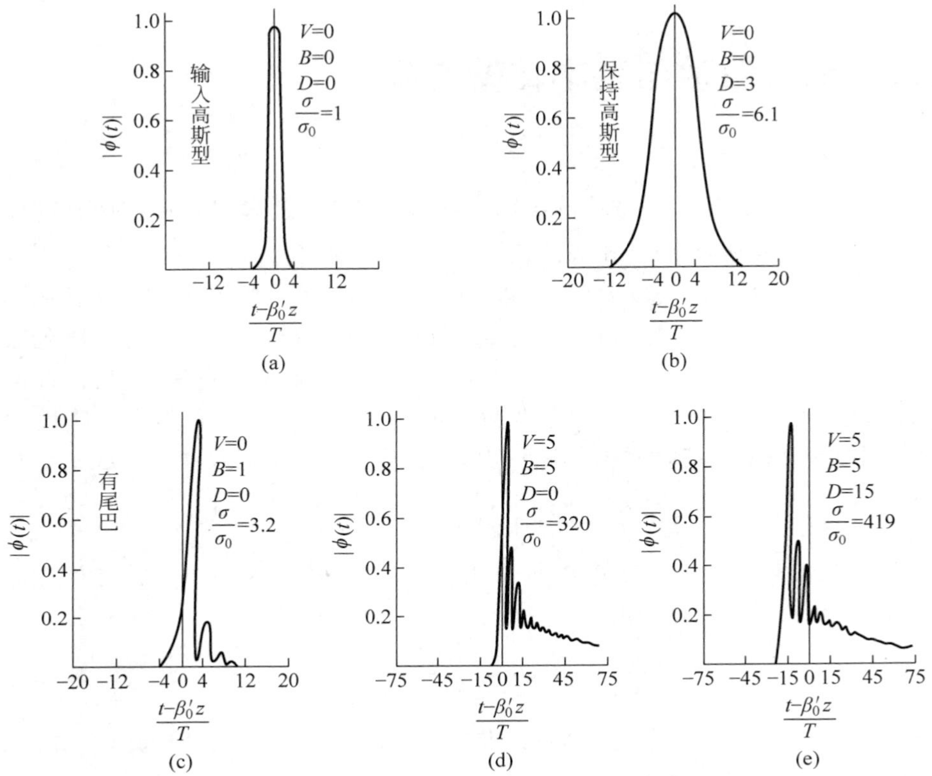

图 4.4.0-1 高阶色散对脉冲的影响

式中，

$$N=\int_{-\infty}^{+\infty}|\phi(t)|^2\mathrm{d}t=\int_{-\infty}^{+\infty}|f(t)|^2\mathrm{d}t \tag{4.4.0-6}$$

设 $\phi(t)$ 的频谱为 $\Phi(\omega)$，则根据卷积定理，有

$$I(\omega)=\int_{-\infty}^{+\infty}\Phi(\omega-\omega')\Phi^*(\omega')\mathrm{d}\omega' \tag{4.4.0-7}$$

于是

$$\langle t^n\rangle=\frac{\mathrm{i}^n}{N}\int_{-\infty}^{+\infty}\Phi^*(\omega)\frac{\partial^n}{\partial\omega^n}\Phi(\omega)\mathrm{d}\omega \tag{4.4.0-8}$$

$\Phi(\omega)$ 可从式(4.4.0-1)直接看出，为

$$\Phi(\omega)=F(\omega)\exp\left[\mathrm{i}\left(\frac{1}{2}\beta''_0\omega^2z+\frac{1}{6}\beta'''_0\omega^3z+\beta'_0z\omega t\right)\right] \tag{4.4.0-9}$$

当输入脉冲为式(4.3.1-11)所描述的、有啁啾的高斯脉冲时，可得

$$\Phi(\omega)=\left(\frac{2\pi T_0^2}{1+\mathrm{i}C}\right)^{1/2}\exp\left[\frac{\mathrm{i}\omega^2}{2}\left(\beta''_0z+\frac{\mathrm{i}T_0^2}{1+\mathrm{i}C}\right)+\frac{1}{6}\beta'''_0\omega^3z\right] \tag{4.4.0-10}$$

将式(4.4.0-10)作一次、二次微分,并将它们代入式(4.4.0-8),分别求出$\langle t \rangle$和$\langle t^2 \rangle$,可得

$$\left(\frac{\sigma}{\sigma_0}\right)^2=\left(1+\frac{C\beta'''_0 z}{T_0^2}\right)^2+\left(\frac{\beta''_0 z}{T_0^2}\right)^2+(1+C^2)\left(\frac{\beta'''_0 z}{2T_0^3}\right)^2 \tag{4.4.0-11}$$

式中,$\sigma_0=T_0/\sqrt{2}$是输入脉冲的初始均方根宽度。式(4.4.0-11)可以看作式(4.3.1-15)在高阶色散时的推广。

2. 基本传输方程

将式(4.4.0-1)两边对 z 微分,可得

$$\frac{\partial \phi}{\partial z}=\frac{1}{2\pi}\int_{-\infty}^{+\infty}F(\omega)\left[\mathrm{i}\left(\beta'_0\omega+\frac{1}{2}\beta''_0\omega^2+\frac{1}{6}\beta'''_0\omega^3\right)\right]\cdot \exp\left[\mathrm{i}\left(\frac{1}{2}\beta''_0\omega^2 z+\frac{1}{6}\beta'''_0\omega^3 z-\omega t\right)\right]\mathrm{d}\omega \tag{4.4.0-12}$$

然后,将上式进行傅里叶反变换,可得

$$\frac{\partial \phi}{\partial z}+\beta'_0\frac{\partial \phi}{\partial t}+\frac{\mathrm{i}}{2}\beta''_0\frac{\partial^2 \phi}{\partial t^2}-\frac{1}{6}\beta'''_0\frac{\partial^3 \phi}{\partial t^3}=0 \tag{4.4.0-13}$$

考虑到光纤的传输损耗 α,可以进一步证明

$$\frac{\partial \phi}{\partial z}+\beta'_0\frac{\partial \phi}{\partial t}+\frac{\mathrm{i}}{2}\beta''_0\frac{\partial^2 \phi}{\partial t^2}-\frac{1}{6}\beta'''_0\frac{\partial^3 \phi}{\partial t^3}+\frac{\alpha}{2}\phi=0 \tag{4.4.0-14}$$

方程(4.4.0-14)描述了光信号沿着光纤传输时,脉冲的复振幅(包括脉冲的包络和光频的啁啾——参见第 1 章)的演化情况,因此称为基本传输方程。利用这个方程,在初始脉冲已知的情况下,可以求出任意位置的光脉冲的波形。

3. 偏振模色散

影响光波导传输特性的因素,除了上述的 β'_0、β''_0、β'''_0外,另一个重要的因素是偏振模色散。如前所述,我们已经证明存在两类线偏振模$\{0,e_y,e_z;\ h_x,0,h_z\}$和$\{e_x,0,e_z;\ 0,h_y,h_z\}$,它们取两个相互垂直的偏振方向。即使是单模光纤,也有两个线偏振模。如果二层圆光波导始终保持圆对称性,这两个线偏振模的 β 始终相同,不会发生色散。但实际上总是存在不对称性,使得 $\beta_x\neq\beta_y$,于是产生了偏振模色散。关于这一点,7.6 节还会详细讨论。

4.5　二层圆光波导的传输特性(单模光纤的传输特性)

4.2 节与 4.3 节已经介绍了描述光波导传输特性的主要参数:群时延、脉冲展宽及色散,本节与 4.6 节将针对具体的光波导,讨论它们的材料、结构及使用波长

对这些参数的影响。

1. 归一化传输常数 b

前文已证明单模光纤的基模 LP_{01} 模不会截止。即当 $V\to 0$ 时，$W\to 0$ 并且 $\beta\approx kn_2$；而当 $V\to\infty$ 时，$W\to\infty$ 且 $\beta\approx kn_1$。可知，光纤的 β 在 kn_1 与 kn_2 之间变化（3.6.2 节，图 3.6.2-4）。于是定义归一化传输常数 b 为

$$b=\frac{(\beta/k)^2-n_2^2}{n_1^2-n_2^2} \tag{4.5.0-1}$$

或

$$b=\frac{\beta^2-k^2n_2^2}{k^2n_1^2-k^2n_2^2}=\frac{W^2}{V^2}=1-\left(\frac{U^2}{V^2}\right) \tag{4.5.0-2}$$

从而

$$\beta=kn_2(1+2\Delta b)^{1/2} \tag{4.5.0-3}$$

由于 $2\Delta\ll 1$，可近似为

$$\beta=kn_2(1+\Delta b) \tag{4.5.0-4}$$

到此为止，并未有新概念出现，仅是在数学上做了一些近似处理。

2. 群时延

群时延表示光包络信号的时延，为

$$\tau=\frac{d\beta}{d\omega}=\frac{1}{c}\frac{d\beta}{dk} \tag{4.5.0-5}$$

对近似式(4.5.0-4)直接微分，且近似认为 Δ 与 ω（或 k）无关，可得

$$\tau=\frac{1}{c}\left[\frac{d(kn_2)}{dk}(1+\Delta b)+kn_2\Delta\frac{db}{dk}\right] \tag{4.5.0-6}$$

式中，$\frac{d(kn_2)}{dk}$是包层材料的群折射率 N_2（式(4.2.0-8)），而且可近似认为 V 与 k 呈线性关系，于是有

$$\frac{db}{dk}=\frac{db}{dV}\frac{dV}{dk}\approx\frac{V}{k}\frac{db}{dV} \tag{4.5.0-7}$$

通常，$n_2\approx N_2$，于是

$$\tau=\frac{N_2}{c}\left[1+\Delta\frac{d(bV)}{dV}\right] \tag{4.5.0-8}$$

此式是常用的单模光纤的群时延的计算公式。可以看出，当$\frac{d(bV)}{dV}\to 0$ 时，$\tau\to\frac{N_2}{c}$，表示只在包层中传播的平面波的群时延；当$\frac{d(bV)}{dV}\to 1$ 时，$\tau\to\frac{N_1}{c}$，表示在芯层中

传播的群时延，故称$\frac{\mathrm{d}(bV)}{\mathrm{d}V}$为归一化的群时延。

关于$\frac{\mathrm{d}(bV)}{\mathrm{d}V}$的计算，可由 $b=1-\left(\frac{U}{V}\right)^2$ 和特征方程导出，以 LP_{01} 模为例，有

$$\frac{\mathrm{d}(bV)}{\mathrm{d}V}=1+\left(\frac{U}{V}\right)^2\left(1-2\frac{V}{U}\frac{\mathrm{d}U}{\mathrm{d}V}\right) \tag{4.5.0-9}$$

LP_{01} 模的特征方程为(3.6.3-18)

$$\frac{U\mathrm{J}_1(U)}{\mathrm{J}_0(U)}-\frac{W\mathrm{K}_1(W)}{\mathrm{K}_0(W)}=0 \tag{3.6.3-18}$$

于是可以求出

$$\frac{\mathrm{d}U}{\mathrm{d}V}=\frac{U}{V}\left\{1-\left[\frac{\mathrm{K}_0(W)}{\mathrm{K}_1(W)}\right]^2\right\} \tag{4.5.0-10}$$

所以

$$\frac{\mathrm{d}(bV)}{\mathrm{d}V}=1-\left(\frac{U}{V}\right)^2\left\{1-2\left[\frac{\mathrm{K}_0(W)}{\mathrm{K}_1(W)}\right]^2\right\} \tag{4.5.0-11}$$

值得注意的是，有时$\frac{\mathrm{d}(bV)}{\mathrm{d}V}$可能大于 1。图 4.5.0-1 给出了 b 和 $\frac{\mathrm{d}(bV)}{\mathrm{d}V}$随 V 变化的曲线。

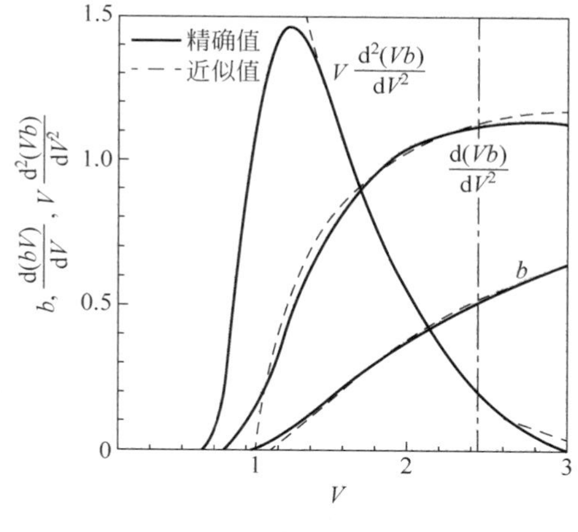

图 4.5.0-1　b 和 $\frac{\mathrm{d}(bV)}{\mathrm{d}V}$随 V 变化的曲线

3. 色散

有了群时延公式(4.5.0-8)，对波长 λ 进行微分，可以得到三项，即

$$\frac{d\tau}{d\lambda}=\frac{1}{c}\frac{dN_2}{d\lambda}\left[1+\Delta\frac{d(bV)}{dV}\right]+\frac{N_2}{c}\Delta\left[\frac{d^2(bV)}{dV^2}\right]\left(\frac{dV}{d\lambda}\right)+\frac{N_2}{c}\left[\frac{d(bV)}{dV}\right]\frac{d\Delta}{d\lambda}$$

$$\stackrel{\text{def}}{=}D_m+D_w+D_y \tag{4.5.0-12}$$

式中，

$$D_m=\frac{1}{c}\frac{dN_2}{d\lambda}\left[1+\Delta\frac{d(bV)}{dV}\right]\approx-\frac{\lambda}{c}\frac{d^2n_2}{d\lambda^2}\left[1+\Delta\frac{d(bV)}{dV}\right] \tag{4.5.0-13}$$

$$D_w=\frac{N_2}{c}\Delta\left[\frac{d^2(bV)}{dV^2}\right]\left(\frac{dV}{d\lambda}\right)\approx-\frac{N_2}{c}\frac{\Delta}{\lambda}V\frac{d^2(bV)}{dV^2} \tag{4.5.0-14}$$

$$D_y=\frac{N_2}{c}\left[\frac{d(bV)}{dV}\right]\frac{d\Delta}{d\lambda} \tag{4.5.0-15}$$

称第一项为材料色散，第二项为波导色散，第三项为剖面色散。

(1) 材料色散

材料色散是由于材料的群折射率 N 随波长变化引起的色散特性，或者说由 $n=n(\omega)$ 引起的色散。但光波导内的材料色散并不等于无限大均匀材料的色散，同时还受到结构的影响，也就是受 $\Delta\dfrac{d(bV)}{dV}$ 的影响。就是说，除了与材料（无限大均匀材料）的性质有关外，还与波导结构 $\Delta\dfrac{d(bV)}{dV}$ 有关，若 $\Delta\to0$，则可近似认为

$$D_m=-\frac{\lambda}{c}\frac{d^2n_2}{d\lambda^2} \tag{4.5.0-16}$$

折射率 n 与波长的关系，可用塞尔梅耶(Sellmeier)公式计算，为

$$n^2-1=\sum_{j=1}^{N}\frac{\lambda^2B_j}{\lambda^2-\lambda_j^2} \tag{4.5.0-17}$$

公式中含有一系列使分母等于零的波长（谐振波长），通常只取 3 个，因不同材料而异。纯石英 SiO_2 的值如下：

$$\begin{aligned}&B_1=0.6961663,\quad \lambda_1^2=0.004679148\mu m^2\\&B_2=0.4079426,\quad \lambda_2^2=0.01351206\mu m^2\\&B_3=0.8974994,\quad \lambda_3^2=97.934002\mu m^2\end{aligned} \tag{4.5.0-18}$$

经过微分，可知材料在 $\lambda=1.273\mu m$ 时，$D_m=0$，称这个波长为零色散波长。实际的光波导受 Δ 和 $\dfrac{d(bV)}{dV}$ 的影响，零色散波长要稍微改变一下，通常认为，光纤的零色散波长为 $1.3\mu m$。当 $\lambda<1.3\mu m$ 时，$D_m<0$，这时光纤工作在正常色散区；当 $\lambda>1.3\mu m$ 时，$D_m>0$，这时光纤工作在反常色散区。

（2）波导色散

波导色散是假定材料色散 $\frac{d^2 n}{d\lambda^2}=0$ 的条件下，由波导结构引起的色散。就是说，即使材料不是色散媒质，由于光波导的横向折射率发生改变，也会引起色散。在单模范围内，波导色散始终为负值。而当 $\lambda>1.3\mu m$ 时，由于材料色散 $D_m>0$，它可以和波导色散 D_w 相抵消。于是，人们就想出通过改变波导结构来达到改变零色散波长的目的。例如，通过改变波导结构可将零色散波长移到 $1.55\mu m$。这就是所谓色散位移光纤(dispersion shift fiber, DSF)。但为了使色散更负，必须加大 Δ，同时仍要保持单模传输就必须减小芯径 a，这样就增加了工艺的难度。

为了计算 $\frac{d^2(bV)}{dV^2}$，可利用式(4.5.0-9)和式(4.5.0-10)，并进一步利用 K_0、K_1 和 K_0'、K_1' 的递推关系，可得

$$V\frac{d^2(bV)}{dV^2}=2\left(\frac{U}{V}\right)^2\left\{K(V)[1-2K(V)]+\frac{2}{V}[V^2+U^2K(V)]\sqrt{K(V)}\left[K(V)+\frac{\sqrt{K(V)}}{V}-1\right]\right\}\tag{4.5.0-19}$$

式中，$K(V)=[K_0(V)/K_1(V)]^2$。

（3）剖面色散

剖面色散是由于相对折射率差 Δ 随波长 λ 变化而引起的色散，通常比较小，可以忽略。在求零色散光纤时，此项必须考虑进去。

综上所述，通常光纤的色散情况如图 4.5.0-2 所示，图中 ZMD 是材料色散的零色散点(zero material dispersion)，λ_0 是总色散的零色散波长。

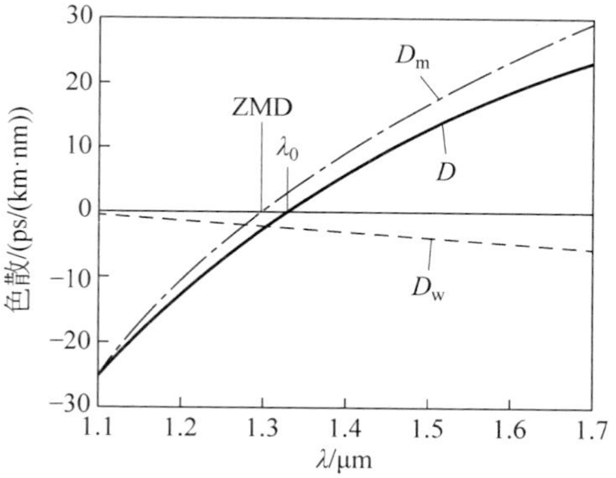

图 4.5.0-2　光纤的色散

按照国际电信联盟ITU-T的规定，常规单模光纤（G.652光纤）的具体指标为，在1.3μm处$D<3\text{ps}/(\text{km}\cdot\text{nm})$，在1.55μm处约为$17\text{ps}/(\text{km}\cdot\text{nm})$。色散位移光纤在1.55μm处，可做到$D<3\text{ps}/(\text{km}\cdot\text{nm})$。

利用二层圆光纤制作色散位移光纤，必须加大Δ，减小芯径，带来了耦合困难，损耗加大，不能兼顾色散与损耗两个方面，所以效果并不好。

（4）高阶色散

工程上，高阶色散用$D'=\dfrac{\mathrm{d}D}{\mathrm{d}\lambda}$表示，称为色散斜率。如果忽略剖面色散，由式（4.5.0-12）化简得到

$$D\approx-\frac{\lambda}{c}\frac{\mathrm{d}^2n_2}{\mathrm{d}\lambda^2}\left[1+\Delta\frac{\mathrm{d}(bV)}{\mathrm{d}V}\right]-\frac{N_2}{c}\left(\frac{\Delta}{\lambda}\right)V\frac{\mathrm{d}^2(bV)}{\mathrm{d}V^2}\tag{4.5.0-20}$$

于是色散斜率可由式（4.5.0-20）直接对波长微分得到，略去材料色散与波导色散的混合项$(\mathrm{d}^2n_2/\mathrm{d}\lambda^2)\cdot[\mathrm{d}^2(bV)/\mathrm{d}V^2]$，为

$$\begin{aligned}D'=&-\frac{\lambda}{c}\frac{\mathrm{d}^3n_2}{\mathrm{d}\lambda^3}\left[1+\Delta\frac{\mathrm{d}(bV)}{\mathrm{d}V}\right]+\frac{N_2\Delta}{c}\left(\frac{V}{\lambda}\right)^2\frac{\mathrm{d}^3(bV)}{\mathrm{d}V^3}-\\&\frac{1}{c}\frac{\mathrm{d}^2n_2}{\mathrm{d}\lambda^2}\left[1+\Delta\frac{\mathrm{d}(bV)}{\mathrm{d}V}\right]+\frac{2}{c}N_2\Delta\left(\frac{V}{\lambda^2}\right)\frac{\mathrm{d}^2(bV)}{\mathrm{d}V^2}\\\overset{\text{def}}{=}&D'_{\mathrm{m}}+D'_{\mathrm{w}}+\frac{1}{\lambda}D_{\mathrm{m}}-\frac{2}{\lambda}D_{\mathrm{w}}\end{aligned}\tag{4.5.0-21}$$

式中，D'_{m}和D'_{w}分别称为高阶材料色散和高阶波导色散，分别为

$$D'_{\mathrm{m}}=-\frac{\lambda}{c}\frac{\mathrm{d}^3n_2}{\mathrm{d}\lambda^3}\left[1+\Delta\frac{\mathrm{d}(bV)}{\mathrm{d}V}\right]\tag{4.5.0-22}$$

$$D'_{\mathrm{w}}=\frac{N_2\Delta}{c}\left(\frac{V}{\lambda}\right)^2\frac{\mathrm{d}^3(bV)}{\mathrm{d}V^3}\tag{4.5.0-23}$$

值得注意的是，色散斜率（高阶色散）不仅和高阶材料色散及高阶波导色散有关，而且与一阶材料色散及一阶波导色散有关。

（5）偏振模色散

理想的正圆光波导的两个偏振模的传输常数相等，因此，不应该存在偏振模色散。但是，实际的圆光波导不可能是正圆的，总有些畸变，从而导致两个偏振模将出现传输常数差，引起偏振模色散。但由于这种畸变是随机的，不仅横向有畸变，而且纵向也有畸变，这就导致模耦合，使偏振模色散变得复杂。这个问题将在7.6节讨论。

（6）多模色散

当光波导不是单模运用时，各模的传输常数β不相同，此时在始端$z=0$处，光

波导会激励出很多模式，如式(4.1.0-5)所述，有

$$X(\omega)\mathrm{e}^{-\mathrm{i}\omega t}=\iint_{\infty}F(\omega-\omega_0)\mathrm{e}^{-\mathrm{i}\omega t}\sum_i a_i\boldsymbol{e}_i(x,y)\cdot\mathrm{d}\boldsymbol{A} \tag{4.1.0-24}$$

每个模式的 β 值各不相同，经过一段长度之后为

$$Y(\omega)\mathrm{e}^{-\mathrm{i}\omega t}=\iint_{\infty}F(\omega-\omega_0)\mathrm{e}^{-\mathrm{i}\omega t}\left(\sum_i a_i\boldsymbol{e}_i(x,y)\mathrm{e}^{\mathrm{i}\beta_i z}\right)\cdot\mathrm{d}\boldsymbol{A} \tag{4.5.0-25}$$

当模式很多时，上式实际上无法计算。通常用统计加权平均的方法估计。历史上曾经有过详细的分析。因为多模光纤目前使用较少，故从略，可参见相关文献。

总之，即使最简单的二层圆均匀光波导(阶跃光纤)，其色散的形成机理也是很复杂的，任何使各个频率分量的群速度不相等的因素均会引起色散。从输入信号方面来讲，一是光源的谱宽，二是信号本身的带宽。从光波导方面来讲，首先应区分多模色散与单模色散。单模光纤的色散主要是材料色散和波导色散，其次是剖面色散、偏振模色散及高阶色散等。这些概念，对于其他类型的光波导，同样适用。

色散、损耗和非线性三个参数是表征光纤特性的最重要的参数。国际电讯联盟 ITU-T 已经制定非常明确的标准对不同光纤进行区分。其中 G.651 光纤是多模光纤，其折射率剖面为梯度型；G.652 光纤是普通单模光纤，它在 1310nm 波长处有近乎于零的色散，而在 1550nm 附近有最小的损耗(低于 0.2dB/km)；G.653 光纤称为色散平坦光纤，在较宽的范围内色散都比较小；G.654 光纤是零色散位移光纤，它在 1550nm 处损耗和色散都非常小，一度称为最完美的光纤，但是后来在应用时发现，在密集波分复用系统(DWDM)中，由于使用了很多波长，而色散和损耗都非常小，很容易引起各个波长之间的耦合，称为四波混频，形成串音。为了弥补 G.654 光纤的不足，制定了 G.655 光纤，又称为非零色散位移光纤，它在 1550nm 处有一点小的色散，而非零。这样，非线性效应的影响将大大降低。目前市面上流行的主流产品就是 G.652 光纤和 G.655 光纤；前者广泛用于一般的场景，后者则用在长距离、大容量、多波长的通信干线中。

4.6 多层圆均匀光波导的传输特性

如 4.5 节所述，二层圆均匀光波导如果要进行零色散点位移，必须加大 Δ，但为了保持单模传输，就必须减小芯径 a。减小 a 会带来许多麻烦：增加了与光源耦合的困难，光纤与光纤对准的困难，对制造精度要求提高等。尤其是近年内提出色散补偿的概念，要用大负色散的光纤去补偿正色散光纤，如果使用二层光纤，很难实现大负色散。所以人们自然想到多层光纤。多层光纤的参数较多，可以通过调

整多个参数来获得更好的传输特性，所以近几年加强了对多层光纤（多层圆均匀光波导）的研究。

多层圆均匀光波导的分析方法有多种，比如有矢量法与标量法等。基于不同的分析方法所得的传输特性表达式相差很大，但基本概念是相同的。无论哪种方法，均离不开计算机求解，目前还没有解析表达式可循。至于更深层次问题，如：①设计一个波导结构，使之满足所需要的特性；②波导结构对色散影响的分类，等等，还没有系统而完整的理论。

4.6.1 基于归一化传输常数 b 的分析方法

分析二层圆均匀光波导的色散，是基于归一化传输常数 b 的。这种方法可以毫不费力地移植到多层圆均匀光波导中。问题在于如何定义相关的归一化值，如 V、U、W 等。

1. 归一化值

多层圆均匀光波导的结构如图 4.6.1-1 所示。设有 $N+1$ 层圆均匀光波导，其中芯层内有 N 层，外加一个包层。芯层内各层折射率分别为 $n_1, n_2, \cdots, n_N$，半径分别为 $r_1, r_2, \cdots, r_N$，其中 $r_N = a$，包层的折射率为 n_a。芯中各层折射率可能大于 n_a，亦可能小于 n_a。而且最中心的一层的折射率也不一定最大。由于 β 只可能在 n_a 与最大折射率 n_m 中变动，而且 n_a 基本不变，从而定义

$$2\Delta = \frac{n_m^2 - n_a^2}{n_a^2} \tag{4.6.1-1}$$

或

$$\Delta \approx \frac{n_m - n_a}{n_a} \tag{4.6.1-2}$$

这样每一层的折射率可表示为

$$n_i^2 = n_a^2(1 + 2\Delta\mu_i), \quad i = 1, 2, \cdots, N \tag{4.6.1-3}$$

式中，

$$\mu_i = \frac{n_i^2 - n_a^2}{n_m^2 - n_a^2} \tag{4.6.1-4}$$

在此基础上，定义归一化频率

$$V^2 = k^2 n_a^2 a^2 2\Delta \tag{4.6.1-5}$$

或

$$V = ka\sqrt{n_m^2 - n_a^2} \tag{4.6.1-6}$$

定义归一化常数为

$$b=\frac{(\beta/k)^2-n_a^2}{n_m^2-n_a^2} \tag{4.6.1-7}$$

从而

$$\beta^2=k^2n_a^2(1+2\Delta b)^2 \tag{4.6.1-8}$$

取近似为

$$\beta=kn_a(1+\Delta b) \tag{4.6.1-9}$$

这个结果和二层圆均匀波导的结果类似。

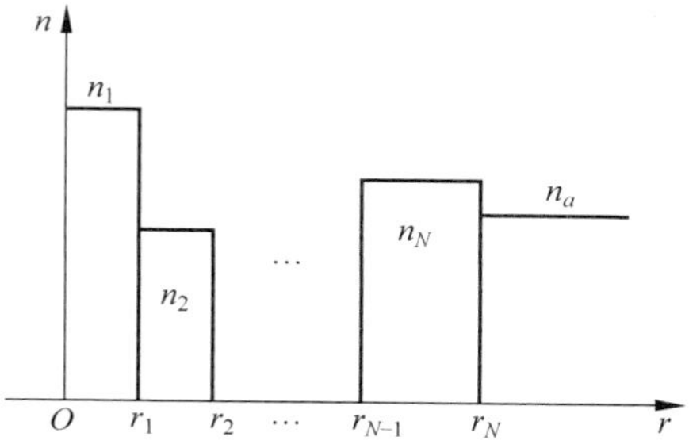

图 4.6.1-1　多层圆均匀光波导

2. 群时延

对近似式(4.6.1-9)直接微分，仿照二层圆光波导的作法，可得

$$\tau=\frac{N_a}{c}\left[1+\Delta\frac{\mathrm{d}(bV)}{\mathrm{d}V}\right] \tag{4.6.1-10}$$

上式与二层圆均匀光波导的表达式一模一样，只是不同结构的光波导$\frac{\mathrm{d}(bV)}{\mathrm{d}V}$不同而已。关键是根据不同的光波导结构如何计算$\frac{\mathrm{d}(bV)}{\mathrm{d}V}$。

3. 色散

由于 τ 的表达式与二层圆均匀光波导的表达式相同，故色散的表达式也相同，可写为

$$D=D_{\mathrm{m}}+D_{\mathrm{w}}+D_{\mathrm{y}} \tag{4.6.1-11}$$

式中，材料色散 D_{m} 为

$$D_{\mathrm{m}}=-\frac{\lambda}{c}\frac{\mathrm{d}^2n_a}{\mathrm{d}\lambda}\left[1+\Delta\frac{\mathrm{d}(bV)}{\mathrm{d}V}\right] \tag{4.6.1-12}$$

波导色散 D_{w} 为

$$D_{\mathrm{w}}=-\frac{N_a}{c}\left(\frac{\Delta}{\lambda}\right)V\frac{\mathrm{d}^2(bV)}{\mathrm{d}V^2} \tag{4.6.1-13}$$

剖面色散 D_y 为

$$D_y=\frac{N_a}{c}\left(\frac{\mathrm{d}\Delta}{\mathrm{d}\lambda}\right)\frac{\mathrm{d}(bV)}{\mathrm{d}V} \tag{4.6.1-14}$$

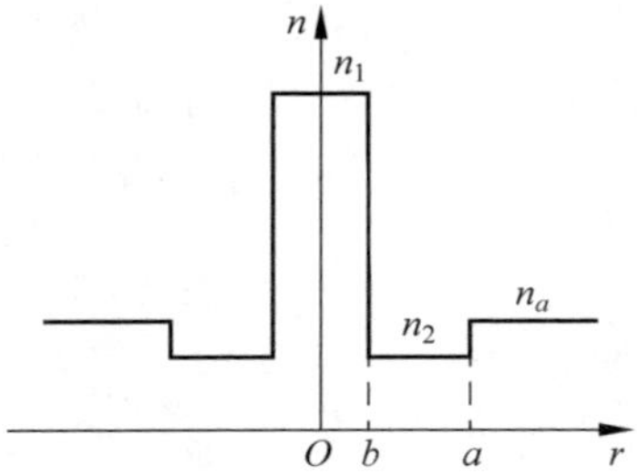

图 4.6.1-2　W 光纤

同样，也可以使 D_w 与 D_m 互相补偿，也存在高阶色散、偏振模色散以及多模的模间色散。

三层圆均匀光波导是最简单的多层圆均匀光波导。当 $n_2<n_a$ 时，就形成了类似 W 分布的"W 光纤"(图 4.6.1-2)。通常称 $b<r<a$ 的一层为内包层，$r>a$ 的一层为外包层。这种结构光纤有使光场向最中心集中的趋势，因此获得广泛应用。利用 3.7.3 节的分析，可以求出相应的材料色散、波导色散以及其他色散等，在此不再赘述。

4.6.2　基于矢量法的分析方法

4.6.1 节的分析方法采用了大量的近似，本节简要介绍矢量法的分析结果，此结果是严格精确的。

1. 群时延

可有公式

$$\tau=\frac{N_a}{c}\frac{[1+2\Delta(1+y)Q_t]}{(1+2\Delta b)^{1/2}}(1+\lambda_t) \tag{4.6.2-1}$$

每一项的含义解释如下：

① N_a 是包层中的群折射率

$$N_a=n_a-\lambda\frac{\mathrm{d}n_a}{\mathrm{d}\lambda} \tag{4.6.2-2}$$

② 2Δ 是相对折射率差，b 是归一化传输常数，定义与 4.6.1 节相同。

③ Q_t 的表达式为

$$Q_t=\frac{\sum_{i=1}^{N+1}\left[\frac{\partial F}{\partial u_i^2}+\frac{\partial F}{\partial(n_i^2k^2)}\right]\mu_i}{\sum_{i=1}^{N+1}\left[\frac{\partial F}{\partial u_i^2}+\frac{\partial F}{\partial(n_i^2k^2)}\right]} \tag{4.6.2-3}$$

式中，$F=|\boldsymbol{SA},\boldsymbol{K}|$，即特征方程(3.7.1-7)左边的 4×4 阶行列式。$u_i^2=k^2n_i^2-\beta^2$，μ_i 定义与 4.6.1 节相同。

④ y 称为奥珊斯基(Olshansky)数，是表征 Δ 随 ω(或 λ)变化的量(相当于剖面色散)，为

$$y=\frac{n_a k}{2N_a\Delta}\frac{\mathrm{d}\Delta}{\mathrm{d}k}\tag{4.6.2-4}$$

⑤ λ_t 是表示界面场分量的突变效果的量，为

$$\lambda_t=\frac{\displaystyle\sum_{i=1}^{N+1}\frac{\partial F}{\partial(n_i^2k^2)}}{\displaystyle\sum_{i=1}^{N+1}\frac{\partial F}{\partial u_i^2}}\tag{4.6.2-5}$$

上述时延公式的导出，是当仔细观察特征方程的时候，发现 F 的自变量只有通过 $n_i^2k^2$ 和 u_i^2 成为 ω 的函数，于是对 $F=|\boldsymbol{SA},\boldsymbol{K}|$ 两端求微分，有

$$\begin{aligned}\frac{\mathrm{d}F}{\mathrm{d}k}&=\sum_{i=1}^{N+1}\left\{\frac{\partial F}{\partial u_i^2}\frac{\partial u_i^2}{\partial k}+\frac{\partial F}{\partial(n_i^2k^2)}\frac{\mathrm{d}(n_i^2k^2)}{\mathrm{d}k}\right\}\\&=\sum_{i=1}^{N+1}\left\{\left[\frac{\partial F}{\partial u_i^2}+\frac{\partial F}{\partial(n_i^2k^2)}\right]\frac{\mathrm{d}(n_i^2k^2)}{\mathrm{d}k}\right\}-2\beta\frac{\mathrm{d}\beta}{\mathrm{d}V}\sum_{i=1}^{N+1}\frac{\partial F}{\partial u_i^2}\\&=0\end{aligned}\tag{4.6.2-6}$$

又因为

$$n_i^2=n_a^2(1+2\Delta\mu_i)\tag{4.6.2-7}$$

和

$$\frac{\mathrm{d}(n_i^2k^2)}{\mathrm{d}k}=2n_akN_a[1+2\Delta(1+y)\mu_i]\tag{4.6.2-8}$$

将式(4.6.2-7)和式(4.6.2-8)代入式(4.6.2-6)就可得到前面的式(4.6.2-1)。

当界面上折射率的变化很小时(标量法)，可设为 $\lambda_t=0$，而且如果由折射率差 Δ 引起的色散可忽略，则 $y=0$，于是可进一步近似为

$$\frac{1}{\sqrt{1+2\Delta b}}=1-\Delta b\tag{4.6.2-9}$$

将上述结果代入式(4.6.2-1)，有

$$\begin{aligned}\tau&\approx\frac{N_a}{c}\{1+2\Delta\boldsymbol{Q}_t\}(1-\Delta b)\\&\approx\frac{N_a}{c}\{1+\Delta(2\boldsymbol{Q}_t-b)-2\Delta^2b\boldsymbol{Q}_t\}\end{aligned}\tag{4.6.2-10}$$

进一步略去 Δ^2 项，并令

$$2Q-b=\frac{\mathrm{d}(bV)}{\mathrm{d}V}\tag{4.6.2-11}$$

可得到与 4.6.1 节一致的结果，即式(4.6.1-10)。

$$\tau=\frac{N_a}{c}\left[1+\Delta\frac{\mathrm{d}(bV)}{\mathrm{d}V}\right]\tag{4.6.1-10}$$

2. 色散

从时延公式出发，求二次导数，可以得出很繁琐的一个色散的公式，没有实际意义。但是，总的单模色散仍为材料色散、波导色散以及剖面色散之和，即

$$D = D_{m} + D_{w} + D_{y} \tag{4.6.1-11}$$

此外，还应考虑高阶色散和偏振模色散。

第4章小结

本章就光波导运用时最关注的问题——光信号在光波导中的传播问题，也就是输出光信号与输入光信号的关系问题进行了研究。

光波导的传输特性由光源、光波导的特性，以及注入光信号的波形决定。

光源的特性包括光带宽（或者谱宽）、啁啾等。光波导的特性主要由传输常数决定，传输常数不同阶数的导数，分别代表了群时延、色散、高阶色散等，此外，还包括损耗、非线性、双折射与模耦合等。

其中群时延与输入波形无关，只与波长有关，它的影响是使光信号延迟；色散的影响与输入波形有关，其中输入高斯脉冲时，输出也是高斯脉冲，但输出脉冲一般比输入脉冲宽，称为脉冲展宽；但是输入正弦调制信号时，造成群相移；当输入矩形波时，它造成上升沿和下降沿变得缓慢。

损耗的作用是使输出功率下降，非线性的作用是使信号的频谱变宽，双折射与模耦合的作用是使信号的偏振态发生变化。这些特性将留待后面解决。

4.5节和4.6节针对具体的光波导的传输特性进行了分析，主要针对二层圆光波导和多层圆光波导进行了分析，重点是色散系数。色散系数定义为单位长度上单位波长的变化引起的群时延的变化，单位是s/(mm·nm)。光纤的色散包括材料色散、波导色散、剖面色散、高阶色散、偏振模色散以及模间色散等。其中最重要的是材料色散和波导色散。色散可以有正有负，通过很好的设计，可以使光纤的色散基本为零。

色散、损耗、非线性是衡量一根光纤的三个最重要参数。根据这三个参数，国际电信联盟制定了标准，其中G.652光纤和G.655光纤是两种最常用的光纤。

第4章思考题

4.1　如果光信号是光脉冲，光波导的传输特性有哪些？反映到光信号上，光波导的特性如何影响光信号？

4.2　如果光信号是光脉冲，从信号与系统的角度看，不考虑光纤的非线性，光纤是否就是一个线性系统？

4.3　如果光信号是光脉冲，在光纤信道中是否有噪声？如果有噪声，从物理机制的角度看有哪些噪声？

4.4　分析光波导的传输特性，本书的基本出发点和思路是什么？这种方法有什么局限性？

4.5　写出少模光波导（也就是有限几个模式的光波导）类似于式（4.1.0-8）的公式。并考虑以下几个问题：(1)输入信号与输出信号有何线性关系？(2)传输特性是否与模式场直接相关？(3)输出光信号的光载频是否存在相移？

4.6　假如光波导同时存在时延和色散，形状呈 $f(t)=\dfrac{2}{e^{t/T}+e^{-t/T}}$ 的脉冲称为“孤子脉冲”，当考虑群时延时，脉冲上各点的延迟都一样吗？如果不一样又由脉冲的哪一点来代表时延最合理？

4.7　方波脉冲 $f(t)=u(t)+u(t-T)$ 是数字光通信中常用的码型，其中 T 是脉冲宽度。假如光波导同时存在时延和色散，脉冲形状各点的延迟都一样吗？如果不一样又由脉冲的哪一点来代表时延最合理？

4.8　有没有可能存在一个光波导对光信号的时延是零，而色散却不是零？如果你认为有这样的光波导，请举出例子；如果你认为没有，请说明道理。

4.9　式（4.3.1-9）$T_1^2=T_0^2+\sigma^2$ 的含义是说，一段光纤输出信号脉冲宽度的平方，等于输入光信号的脉冲宽度的平方加上脉冲展宽的平方。这种说法的前提条件是什么？可否用于多模光纤？

4.10　历史上，人们曾多次对式（4.3.1-9）$T_1^2=T_0^2+\sigma^2$ 进行测试（测定光纤色散特性的时域法），并把它归结为 $T_1^\gamma=T_0^\gamma+\sigma^\gamma$ 的形式，并说 $1\leqslant\gamma\leqslant2$，而不是真正等于 2。这是否说明式（4.3.1-9）不正确？还是有其他问题？如果有，你估计可能是什么问题？

4.11　本书所讲的脉冲展宽是单个脉冲的脉冲展宽。如果是一串脉冲，情况会怎样变化？比如用有高斯脉冲表示逻辑“1”，无高斯脉冲表示逻辑“0”，输入一个二进制数据“10110101 10101110”，用计算机的十六进制代码表示为“B3，AE”，输出脉冲序列的形状如何？

4.12　在网上搜索某光纤公司的 G.652 光纤，然后计算采用高斯脉冲宽度 100ps（接近于 2.5Gb/s）时的色散长度，假定光源是理想的单色光。

4.13　色散和损耗都是导致光脉冲信号光强下降的原因，如果这两种因素同时存在（实际上也是如此），我们如何区分它们？

4.14　在有的文献上说“一段光纤的基带特性，可用对基带信号的频率响应

$H(\omega)$来描述，而且 $H(\omega)=P_{out}(\omega)/P_{in}(\omega)$，其中 $P_{out}(\omega)$和 $P_{in}(\omega)$分别表示输出光信号和输入光信号的频谱。”你对这段话如何看？是对还是错，还是有局限性？

4.15　光信号的啁啾是什么意思？如何能够探测到光信号是否有啁啾？

4.16　一个没有啁啾的光信号，通过一段光纤后，变成有啁啾的光信号。当它继续沿着同一光纤向前传输时，啁啾是否按线性叠加？

4.17　什么是正常色散？什么是反常色散？在网上查出的色散指标是正常色散还是反常色散？

4.18　试说明影响单模光纤色散的各因素，并详细说明这些因素与光纤的结构、材料以及使用波长的关系。

4.19　“光纤的材料色散就是光纤材料的色散”，这种说法有什么问题？又因为单模光纤的色散为波导色散与材料色散之和(忽略其他色散)，所以我们可以先用时域的麦克斯韦方程计算，即$\nabla\times\boldsymbol{E}=-\mu\dfrac{\partial\boldsymbol{H}}{\partial t}$，$\nabla\times\boldsymbol{H}=\varepsilon\dfrac{\partial\boldsymbol{E}}{\partial t}$，可以通过时域有限差分法求解。在求解的过程中，可以假定ε和μ不随时间变化，只是空间坐标的函数。然后用塞尔梅耶公式(4.5.0-17)得到材料色散。你对这种做法有什么看法？

4.20　在网上搜索一个普通单模光纤的色散值，当这个光纤用到 1440nm 波长的时候，其色散值是变大还是变小？你是怎么考虑的？

第 5 章

非均匀光波导

5.1 概述

在分析了正规光波导的主要问题——传输特性的描述方法、物理意义以及多层均匀光波导的传输特性之后，我们转向研究一类新的正规光波导——非均匀光波导。本章首先研究非均匀平面光波导，主要是渐变折射率的非均匀平面光波导；然后研究圆非均匀光波导，其他类型的非均匀光波导在第 7 章讨论。

所谓非均匀的正规光波导，是指折射率的分布在纵向是均匀的，而在横向至少有一个分区是不均匀的。比如对于非均匀平面光波导，参见图 5.1.0-1，它的分界面仍然是一个平面，但只是在 $x<0$ 的区域里折射率分布是均匀的，在 $x>0$ 的区域折射率分布是不均匀的，在 $x=0$ 处折射率发生了突变。

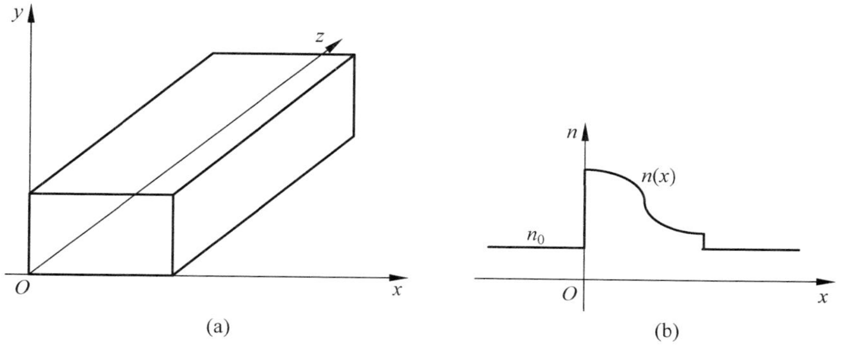

图 5.1.0-1　非均匀平面光波导

(a) 正规的平面光波导；(b) 它的折射率分布(非均匀的)

非均匀平面光波导可以减少因界面不规则性而引起的散射,使传输损耗增加。为减小传输损耗,可用扩散、离子交换和离子注入等技术制成波导层内折射率渐变的非均匀或渐变折射率的平面波导。在这种波导中,因光线前进时可以远离界面,故能避免因界面的不规则性引起的散射损耗。

对于圆非均匀光波导,其折射率分区的界面仍然是一个圆柱形,折射率分布虽然仍是圆对称的(图 5.1.0-2),即

$$\varepsilon(x,y,z)=\varepsilon(r) \tag{5.1.0-1}$$

但在芯层的折射率分布是不均匀的。

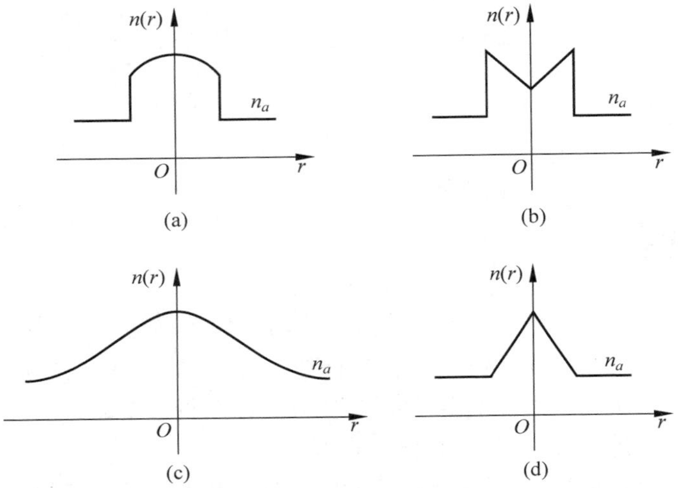

图 5.1.0-2 圆非均匀光波导的折射率分布

(a) 抛物线型;(b) 中心下陷型;(c) 高斯型;(d) 三角型

无论是平面的非均匀光波导,还是圆柱形的非均匀光波导,只要是满足正规光波导的条件,就仍然存在模式的概念,其电场(或者磁场)分量也可以分解为沿纵向部分(传输常数)和沿模式场(横向分布)两部分。前面关于正规光波导的分析,在这里完全适用。

在历史上,具有最简单结构的二层圆光波导,当它处在多模传输状态时,存在严重的模间色散。在没有制造出单模光纤之前,为了克服多模色散的问题,人们想到了设计一种折射率渐变的光纤,让不同模式的时延差尽量小,这就是抛物线形的渐变折射率光纤,也就是现在的 G. 651 标准多模光纤,至今还在许多场合使用。在单模光纤出现以后,多模光纤已经很少使用。但由于多模光纤的模场大,容易连接,有时还会使用。此外,在制造光纤的过程中,有一种叫作 MCVD 的方法,这种方法在收棒的时候,光纤纤芯中心的折射率会下降,因此也要求对这种光纤进行分

析。因此，分析非均匀光波导有很多实际意义。

5.2节和5.3节分析非均匀平面光波导，其中5.2节主要针对有解析解的特殊的平面光波导——平方律分布渐变型折射率平面波导；5.3节主要介绍针对一般的非均匀平面光波导的一些近似解法，包括WKB近似法、变分法、多层分割法及有限元法。其中有限元法是一种利用计算机进行仿真计算的方法。5.4节和5.5节分析非均匀圆光波导，其中5.4节主要分析有解析解的平方率光波导；5.5节则是针对一般的非均匀圆光波导的近似解法——高斯近似法、级数解法、伽辽金方法（变分法）等。当然也可以使用WKB法以及多层分割法，为了避免重复，没有再次引入。对于非均匀圆光波导，高斯近似法以及后面引出的拉盖尔-高斯方法，可以将不同结构的圆光波导，无论它是均匀的、分层均匀的，还是完全连续分布的，都用统一形式的函数去描述，而不用考虑β与光波导结构$n_i(r)$之间的关系。比如，若$\beta > kn_i(r)$，则用J(r)和Y(r)（实变量的贝塞尔函数），若$\beta < kn_i(r)$，则用I(r)和K(r)（虚变量的贝塞尔函数）表示。因此拉盖尔-高斯函数方法是一种很有效的近似法，并由此引出很多新的概念，使不同的光波导具有了可比性，是学习的重点。

5.2　渐变折射率平面光波导

在第3章，我们学习了两类规则光波导——平面光波导和圆光波导。这两类光波导的分析方法，都是从亥姆霍兹方程出发，求出每一个均匀区内的模式场，然后利用边界条件求出特征方程，最后分为截止、单模、远离截止等不同情况进行讨论。第3章的共性是都具有封闭形式的解析解，除了特征方程是一个不可解的超越方程外，其他并没有多少数学上的困难。我们可以利用这些公式，直接画出相应的模式场的图样、色散曲线、不同模式存在的区域等。因此这部分理论可谓是相当成熟与完善的。

当转入分析非均匀光波导时，我们发现，绝大多数情况都不存在解析解，只有几种特殊的情况有解析解。退而言之，即使有解析解，也非常复杂，无助于对概念与特性的理解，所以，近似解法就显得尤为重要。

本节研究的光波导仍然是有解析解的特殊光波导。为了使光在这种非均匀光波导中的传播有一个形象的概念，5.2.1节首先介绍射线分析方法，然后在5.2.2节分析平方律分布渐变型折射率平面波导。

5.2.1　非均匀平面波导的射线分析法

从射线光学观点看，均匀平面波导中传播的光线，是沿锯齿形光路前进的，它们要在上、下两个界面反复作全反射，从而束缚光场于光波导中。在非均匀光波导中，同样为了将光束缚在光波导中，仍然需要中心部分具有较高的折射率，靠近边缘的部分折射率逐渐下降。

1. 光在非均匀平面波导中的传播轨迹

按照常规理解，当光以光线方式传播时，光线可以看作一条没有粗细的几何线。描述几何线的方法有很多，如果它是一条平面几何线，可以用这个平面的函数曲线来描述。因此，求光的传播轨迹(光线)问题，就是将射线方程(微分方程)求解为一个显式函数的问题。在非均匀平面波导中，射线方程(1.2.4-7)可以写为(公式中 r 用 x 代替)

$$\frac{\mathrm{d}}{\mathrm{d}s}\left[n(x)\frac{\mathrm{d}\boldsymbol{r}}{\mathrm{d}s}\right]=\frac{\mathrm{d}n(x)}{\mathrm{d}x}\hat{x} \tag{5.2.1-1}$$

假定入射处于 xOz 平面，因而光线的路径是 xOz 平面内的曲线，故

$$\boldsymbol{r}=x\hat{x}+z\hat{z},\quad \frac{\mathrm{d}\boldsymbol{r}}{\mathrm{d}s}=\frac{\mathrm{d}x}{\mathrm{d}s}\hat{x}+\frac{\mathrm{d}z}{\mathrm{d}s}\hat{z} \tag{5.2.1-2}$$

这样式(5.2.1-1)的 x 分量可写为

$$\frac{\mathrm{d}}{\mathrm{d}s}\left[n(x)\frac{\mathrm{d}x}{\mathrm{d}s}\right]=\frac{\mathrm{d}n(x)}{\mathrm{d}x} \tag{5.2.1-3}$$

它的 z 分量可写为

$$\frac{\mathrm{d}}{\mathrm{d}s}\left[n(x)\frac{\mathrm{d}z}{\mathrm{d}s}\right]=0 \tag{5.2.1-4}$$

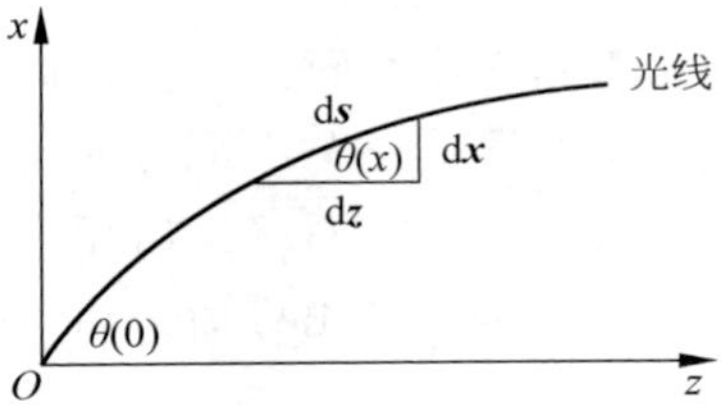

图 5.2.1-1　在非均匀介质中传播的光线

在 xOz 平面内，$\mathrm{d}s$、$\mathrm{d}x$、$\mathrm{d}z$ 的关系如图 5.2.1-1 所示，可见 $\mathrm{d}s=\sqrt{\mathrm{d}x^2+\mathrm{d}z^2}$，若用 $\theta(x)$ 表示光线上某点的切线与 z 轴的夹角，则 $\mathrm{d}z=\cos\theta(x)\mathrm{d}s$。

由式(5.2.1-4)可得

$$n(x)\frac{\mathrm{d}z}{\mathrm{d}s}=n(x)\cos\theta(x)=C_1 \tag{5.2.1-5}$$

上式中的 C_1 为积分常数，在光线轨迹上为常数。显然，上式在起点处也成立，于是

$$C_1=n(0)\cos\theta(0) \tag{5.2.1-6}$$

得到

$$n(x)\frac{\mathrm{d}z}{\mathrm{d}s}\equiv n(0)\cos\theta(0)\overset{\mathrm{def}}{=}n_0\cos\theta_0 \tag{5.2.1-7}$$

由式(5.2.1-7)可以看出，随着 $n(x)$ 的减小，$\frac{\mathrm{d}z}{\mathrm{d}s}=\cos\theta(x)$ 将变大，从而倾斜角变小，呈现一条抛物线的形式。

对于折射率分布如图 5.1.0-1(a)所示的非均匀波导，波导的折射率分布 $n(x)$

在 $x=0$ 处取最大值 n_1，在 $x\leqslant 0$ 区域从 n_1 开始逐渐递减，在 $x>0$ 的包层区域取常数 n_0，$n_0<n_1$。

在这种非对称的渐变折射率波导中，光线先在 $x=0$ 的界面上发生全反射，然后向下传播。由于在 $x=0$ 处折射率最大，且随着 x 的减小折射率逐渐变小，从式(5.2.1-7)可知，光线与 z 轴的夹角 $\theta(x)$ 会随 x 的减小而逐渐变小，当 $x=x_1$ 时，$\theta(x)=0$，那么在 $x<x_1$ 区域光线不能传播，光线将从此点弯向 z 轴，我们称这点为光线的转折点，如图 5.2.1-2(b)所示。从转折点处光线再沿曲线向上行进，到 $x=0$ 界面处光线发生第二次全反射。这样，光线走弧形曲线沿 z 方向向前传播。

对于折射率分布如图 5.2.1-2(a)所示的对称渐变折射率平面波导，按同样的方法分析可以得到波导中的光线是蛇形曲线，如图 5.2.1-2(b)所示，它有 $x=x_1$ 和 $x=x_2$ 两个转折点，且 $x_1=-x_2$。

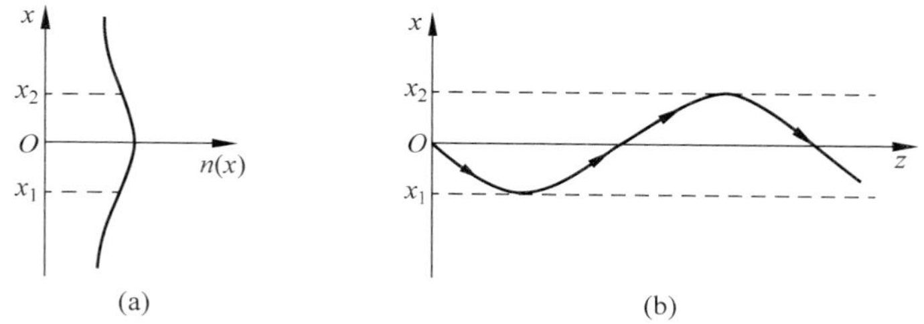

图 5.2.1-2　对称渐变折射率光波导内的光线

(a) 对称渐变折射率分布；(b) 波导中的蛇形光线

上面的分析粗略给出了光线的轨迹，为了求出光线具体的传播路径，进行如下的分析。

在式(5.2.1-3)中，将 $\dfrac{\mathrm{d}x}{\mathrm{d}s}$ 改写为 $\dfrac{\mathrm{d}x}{\mathrm{d}z}\dfrac{\mathrm{d}z}{\mathrm{d}s}$，可以得到

$$\left\{\frac{\mathrm{d}}{\mathrm{d}z}\left[n(x)\frac{\mathrm{d}x}{\mathrm{d}z}\frac{\mathrm{d}z}{\mathrm{d}s}\right]\right\}\frac{\mathrm{d}z}{\mathrm{d}s}=\frac{\mathrm{d}n(x)}{\mathrm{d}x} \tag{5.2.1-8}$$

代入 $\dfrac{\mathrm{d}z}{\mathrm{d}s}=\cos\theta(x)$，得到

$$\cos\theta(x)\frac{\mathrm{d}}{\mathrm{d}z}\left[n(x)\cos\theta(x)\frac{\mathrm{d}x}{\mathrm{d}z}\right]=\frac{\mathrm{d}n(x)}{\mathrm{d}x} \tag{5.2.1-9}$$

利用式(5.2.1-5)，上式可进一步写为

$$C_1^2\frac{\mathrm{d}^2x}{\mathrm{d}z^2}=\frac{1}{2}\frac{\mathrm{d}n^2(x)}{\mathrm{d}x} \tag{5.2.1-10}$$

作变换 $t=\dfrac{\mathrm{d}x}{\mathrm{d}z}$，则 $\dfrac{\mathrm{d}^2x}{\mathrm{d}z^2}=\dfrac{\mathrm{d}t}{\mathrm{d}z}=\dfrac{\mathrm{d}t}{\mathrm{d}x}\dfrac{\mathrm{d}x}{\mathrm{d}z}=t\dfrac{\mathrm{d}t}{\mathrm{d}x}=\dfrac{1}{2}\dfrac{\mathrm{d}t^2}{\mathrm{d}x}$，代入式(5.2.1-10)，得

$$C_1^2\frac{\mathrm{d}t^2}{\mathrm{d}x}=\frac{\mathrm{d}n^2(x)}{\mathrm{d}x} \tag{5.2.1-11}$$

对上式积分可得

$$C_1^2t^2=n^2(x)+C_2 \tag{5.2.1-12}$$

式中，C_2 为积分常数。在曲线的转折点处 $t=0$，且 $\theta=0$，于是可以求出 $C_2=-C_1^2$，代入式(5.2.1-12)，可以解出光线轨迹的方程为

$$z(x)=n_0\cos\theta_0\int_0^x\frac{\mathrm{d}x}{[n^2(x)-n_0^2\cos^2\theta_0]^{1/2}} \tag{5.2.1-13}$$

式(5.2.1-13)就是用积分定义的光线方程，理论上，如果 $n^2(x)$已知，就可以积分出这个函数的显示形式。然而，对于大部分 $n^2(x)$，这个积分都没有显示表达式，只适合少数的场合。

当已知折射率的具体分布时，我们可以利用式(5.2.1-13)求出光线的轨迹。例如对平方律折射率分布的平面波导，其折射率表达式为

$$n^2(x)=n_1^2\left[1-2\Delta\left(\frac{x}{a}\right)^2\right] \tag{5.2.1-14}$$

式中的 Δ 和 a 为常数。把式(5.2.1-14)代入式(5.2.1-13)，可以求出光线的轨迹方程为

$$z(x)=C_1\frac{a}{n_1\sqrt{2\Delta}}\arcsin\frac{n_1\sqrt{2\Delta}\,x}{a\sqrt{n_1^2-C_1^2}} \tag{5.2.1-15}$$

上式还可写为

$$x=\frac{a\sqrt{n_1^2-n_0^2\cos^2\theta_0}}{n_1\sqrt{2\Delta}}\sin\frac{n_1\sqrt{2\Delta}}{an_0\cos\theta_0}z \tag{5.2.1-16}$$

从式(5.2.1-15)可见，光线的轨迹是一个正弦曲线，曲线的幅度为 $\dfrac{a\sqrt{n_1^2-n_0^2\cos^2\theta_0}}{n_1\sqrt{2\Delta}}$，周期为 $n_1\sqrt{2\Delta}/(2\pi an_0\cos\theta_0)$。因此，振幅和周期由初始时光线与 z 轴夹角 θ_0 的大小决定。θ_0 变大将使振幅变大，周期变小。

2. 非均匀平面波导中的特征方程

前面我们用模式场的方法分析了三层均匀波导的传播特性，得到了其特征方程。下面用射线方法分析非均匀波导的情况，同样也可以得到特征方程。

特征方程的本质是一个关于传输常数的代数方程，其中传输常数的表达方式有 β 和 n_{eff} 两种，而且 $\beta=k_0n_{\mathrm{eff}}$。建立它的方程的依据是：只有那些在边界上反射后的反射光线与原有光线干涉加强的那些光线能够存在。因此，就是要求横向总相移是 2π 的整数倍。

对于折射率分布如图 5.2.1-1(a)所示的非均匀波导，观察光波在 $x=0$ 与 $x=x_1$ 之间的横向运动。这里，波矢的 x 分量值为

$$k_x=k_0[n^2(x)-n_{\text{eff}}^2]^{1/2} \tag{5.2.1-17}$$

式中，n_{eff} 是沿着纵向 z 传输的有效折射率，是 x 坐标的函数。把光线分成若干个小线段，各小线段所对应的横向坐标和间隔分别记作 x_i 和 Δx_i。当 Δx_i 很小时，在 Δx_i 范围内的介质折射率近似为 $n(x_i)$，这时，对应于 Δx_i 间隔的相移近似为

$$\Delta\varphi_i=[n^2(x_i)-n_{\text{eff}}^2]^{1/2}\cdot k_0\Delta x_i \tag{5.2.1-18}$$

光波从 $x=0$ 行进到 $x=x_1$ 的相移可由上式求和并令 Δx_i 取极限得到

$$\Delta\varphi=\lim_{\Delta x_i\to 0}\sum\Delta\varphi_i=k_0\int_0^{x_1}[n^2(x)-n_{\text{eff}}^2]^{1/2}\mathrm{d}x \tag{5.2.1-19}$$

现在计算光波在上界面 $x=0$ 和转折点 $x=x_1$ 之间再返回 $x=0$ 时，往返一次的总相移。这个总相移应等于

$$\Delta\varphi_\Sigma=\Delta\varphi_{\text{return}}-2\varphi_0-2\varphi_{\text{c}} \tag{5.2.1-20}$$

式中，$\Delta\varphi_{\text{return}}$ 应该是式(5.2.1-18)的两倍；$2\varphi_0$ 称为反射的相位损失，本质上是一个反射波的坐标系与入射波的坐标系转换的结果；$2\varphi_{\text{c}}$ 是在转折点处反射波与入射波的相位变化，本质上也是坐标系转换的结果。

如果入射光仅仅是一条无限细的“理想光线”，那么式(5.2.1-20)基本概括了这条光线传播时的相移情况。但是，实际光线并不是一条理想的没有粗细的线，而是一束光，它们在传播的时候要互相干涉。如果互相干涉的结果是增强的，那么意味着存在一个向 z 方向传输的导模。因此，导模必须满足的条件为

$$2k_0\int_0^{x_1}(n^2-n_{\text{eff}}^2)^{1/2}\mathrm{d}x-2\varphi_0-2\varphi_{\text{c}}=2m\pi \tag{5.2.1-21}$$

式中，m 为整数，而相关的两个相位损失为

$$\varphi_0=\arctan\left(\frac{n_{\text{eff}}^2-n_0^2}{n_1^2-n_{\text{eff}}^2}\right)^{1/2}\quad(\text{TE 模}) \tag{5.2.1-22}$$

$$\varphi_0=\arctan\left[\left(\frac{n_1}{n_0}\right)^2\cdot\left(\frac{n_{\text{eff}}^2-n_0^2}{n_1^2-n_{\text{eff}}^2}\right)^{1/2}\right]\quad(\text{TM 模}) \tag{5.2.1-23}$$

弯曲相移 $2\varphi_{\text{c}}$ 由下面的分析给出。

参见图 5.2.1-3，图中的 $x=x_1-\delta$ 和 $x=x_1+\delta$ 是 $x=x_1$ 上下方的两条直线。当 δ 很小时，在 $x_1-\delta<x<x_1$ 和 $x_1<x<x_1+\delta$ 两个区域可以近似看成折射率分别为 $n(x_1-\delta)$ 和 $n(x_1+\delta)$ 的两个均匀介质区域，从而弯曲光线可看作在 $x=x_1$ 分界面上发生全反射的光线。这样，对于 TE 波，全反射的相移为

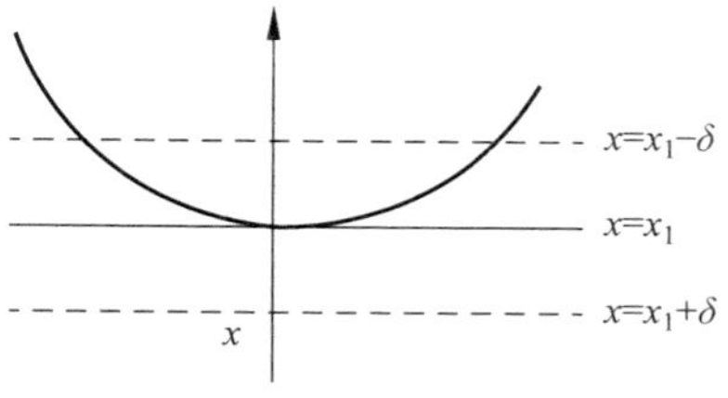

图 5.2.1-3　光线在非均匀介质中弯曲的转折点

$$2\varphi_{c}=2\arctan\left[\frac{n_{\text{eff}}^{2}-n^{2}(x_{1}+\delta)}{n^{2}(x_{1}-\delta)-n_{\text{eff}}^{2}}\right]^{1/2} \tag{5.2.1-24}$$

上式中 $n(x_1-\delta)$ 和 $n(x_1+\delta)$ 分别为

$$n(x_{1}-\delta)=n(x_{1})-\delta\left(\frac{\mathrm{d}n}{\mathrm{d}x}\right)_{x=x_{1}},\quad n(x_{1}+\delta)=n(x_{1})+\delta\left(\frac{\mathrm{d}n}{\mathrm{d}x}\right)_{x=x_{1}} \tag{5.2.1-25}$$

代入式(5.2.1-22)并利用 $n_{\text{eff}}=n(x_1)$，就得到光线在非均匀介质中弯曲时的相位损失。对于 TE 模，转折点处的相移为 $2\varphi_c=2\arctan(1)=\pi/2$。仿此，也可证明，对于 TM 模，转折点处的相移也为 $\pi/2$。

由以上的分析可得，此波导的本征值方程分别为，对于 TE 模，

$$k_{0}\int_{0}^{x_{1}}[n^{2}(x)-n_{\text{eff}}^{2}]^{1/2}\mathrm{d}x=m\pi+\frac{1}{4}\pi+\arctan\left(\frac{n_{\text{eff}}^{2}-n_{0}^{2}}{n_{1}^{2}-n_{\text{eff}}^{2}}\right)^{1/2} \tag{5.2.1-26}$$

对于 TM 模，

$$k_{0}\int_{0}^{x_{1}}[n^{2}(x)-n_{\text{eff}}^{2}]^{1/2}\mathrm{d}x=m\pi+\frac{1}{4}\pi+\arctan\left[\left(\frac{n_{1}}{n_{0}}\right)^{2}\left(\frac{n_{\text{eff}}^{2}-n_{0}^{2}}{n_{1}^{2}-n_{\text{eff}}^{2}}\right)^{1/2}\right] \tag{5.2.1-27}$$

当 n_1^2 比 n_0^2 大得多，$n_1^2-n_{\text{eff}}^2$ 比 $n_{\text{eff}}^2-n_0^2$ 小得多时，即远离截止处，以上两式右边的第三项近似地等于 $\pi/2$，例如，当包层为空气时，就属于 $n_1\gg n_0$ 的情况，常称其为强非对称情况。因此，对于强非对称渐变折射率波导，常把模式方程写成下列近似式：

$$k_{0}\int_{0}^{x_{1}}[n^{2}(x)-n_{\text{eff}}^{2}]\mathrm{d}x=\left(m+\frac{3}{4}\right)\pi,\quad m=0,1,2,\cdots \tag{5.2.1-28}$$

它适用于 TE 模和 TM 模。

对于折射率分布如图 5.2.1-3(a)所示的对称渐变折射率平面波导，光线是蛇形曲线，如图 5.2.1-3(b)所示，有 $x=x_1$ 和 $x=x_2$ 两个转折点，它们都给出弯曲相移 $-\pi/2$，于是，在射线光学近似下，特征方程为

$$k_{0}\int_{x_{1}}^{x_{2}}[n^{2}(x)-n_{\text{eff}}^{2}]^{1/2}\mathrm{d}x=\left(m+\frac{1}{2}\right)\pi,\quad m=0,1,2,\cdots \tag{5.2.1-29}$$

这个结果和后面的 WKB 法的结果一致。

5.2.2 渐变型折射率平面光波导的模式分析法

前面已用射线光学方法分析渐变折射率波导。但这种方法不能得出模式场的分布，只有利用电磁场理论才可以得到，然而用电磁理论严格分析渐变折射率波导

十分困难，只有少数几种折射率分布（平方律分布、折线型分布、指数型分布等）有严格的解析解。本节首先对渐变型光波导模式的一般理论进行介绍，然后对一种特殊的分布——平方律分布渐变折射率波导作简要介绍。

渐变型平面光波导，仍然属于正规光波导，因此有模式的概念。它具有模式的一般性质。

① 光场以模式的形式存在，可分离为模式场和传输因子（波动项），即可表示为形如$\begin{pmatrix}\boldsymbol{e}\\ \boldsymbol{h}\end{pmatrix}\exp(\mathrm{i}\beta z)$的形式。

② 模式传播的方程在2.1.1节论述过，分别为式(2.1.1-6)和式(2.1.1-7)所表示的亥姆霍兹方程。它与均匀光波导不同之处在于，它们不再是齐次方程，而增加了一个有源项

$$[\nabla_{\mathrm{t}}^2+(k^2n^2-\beta^2)]\boldsymbol{e}_{\mathrm{t}}=\nabla_{\mathrm{t}}\left(\boldsymbol{e}_{\mathrm{t}}\cdot\frac{\nabla_{\mathrm{t}}\varepsilon}{\varepsilon}\right) \tag{5.2.2-1}$$

$$[\nabla_{\mathrm{t}}^2+(k^2n^2-\beta^2)]e_z=\mathrm{i}\beta\left(\boldsymbol{e}_{\mathrm{t}}\cdot\frac{\nabla_{\mathrm{t}}\varepsilon}{\varepsilon}\right) \tag{5.2.2-2}$$

③ 模式场的横向分量与纵向分量满足式(2.1.2-3)和式(2.1.2-5)。

与3.2.1节类似，正如绪论中所述，定义哪个方向为横向与纵向，具有人为的任意性。而在此种光波导中，折射率只在x方向上有变化，y方向与z方向并无区别，故可将y方向也看作纵向，于是

$$\begin{pmatrix}\boldsymbol{E}\\ \boldsymbol{H}\end{pmatrix}=\begin{pmatrix}\boldsymbol{e}\\ \boldsymbol{h}\end{pmatrix}(x)\mathrm{e}^{\mathrm{i}(\beta_z z+\beta_y y)} \tag{5.2.2-3}$$

这表明，沿光波导传输的光波，可以分解为沿y方向和沿z方向的两列。我们只取其中一列研究，设

$$\begin{pmatrix}\boldsymbol{E}\\ \boldsymbol{H}\end{pmatrix}=\begin{pmatrix}\boldsymbol{e}\\ \boldsymbol{h}\end{pmatrix}(x)\mathrm{e}^{\mathrm{i}\beta_z z} \tag{5.2.2-4}$$

这样，所有关于模式场的微分方程都只有一个变量x，偏微分方程(5.2.2-1)和方程(5.2.2-2)转化为只有一个自变量的常微分方程

$$\frac{\mathrm{d}^2\boldsymbol{e}}{\mathrm{d}x^2}+[k^2n^2(x)-\beta_z^2]\boldsymbol{e}=\frac{\mathrm{d}}{\mathrm{d}x}\left[e_x\cdot\frac{1}{n^2(x)}\frac{\mathrm{d}n^2(x)}{\mathrm{d}x}\right]\hat{\boldsymbol{x}} \tag{5.2.2-5}$$

这样，按照矢量各个分量相等的原则，又可以分解为两个方程

$$\frac{\mathrm{d}^2e_x}{\mathrm{d}x^2}+[k^2n^2(x)-\beta_z^2]e_x=\frac{\mathrm{d}}{\mathrm{d}x}\left[e_x\cdot\frac{1}{n^2(x)}\frac{\mathrm{d}n^2(x)}{\mathrm{d}x}\right] \tag{5.2.2-6}$$

和

$$\frac{\mathrm{d}^2 e_y}{\mathrm{d}x^2}+[k^2 n^2(x)-\beta_z^2]e_y=0 \tag{5.2.2-7}$$

由式(5.2.2-2)可以导出模式场 z 分量所满足的方程

$$\frac{\mathrm{d}^2 e_z}{\mathrm{d}x^2}+[k^2 n^2(x)-\beta_z^2]e_z=\mathrm{i}\beta\left[e_x\cdot\frac{1}{n^2(x)}\frac{\mathrm{d}n^2(x)}{\mathrm{d}x}\right] \tag{5.2.2-8}$$

由式(5.2.2-8)可以看出，若 $e_z=0$，则 $e_x=0$，这时的模式只有横向分量 e_y，称这个模式为 TE 模，这时的模式场只需要满足式(5.2.2-9)；反之，若 $e_z\neq 0$，则必有 $e_x\neq 0$，这时模式场需同时满足式(5.2.2-8)和式(5.2.2-10)，称这个模式为 TM 模式。

(1) TE 模

下面，针对一种特殊的折射率分布——平方率折射率分布的平面光波导进行具体分析，从中可以体会模式分析方法的特点。

平方律的介质折射率分布是

$$n^2(x)=n_1^2-(n_1^2-n_2^2)(x/a)^2 \tag{5.2.2-9}$$

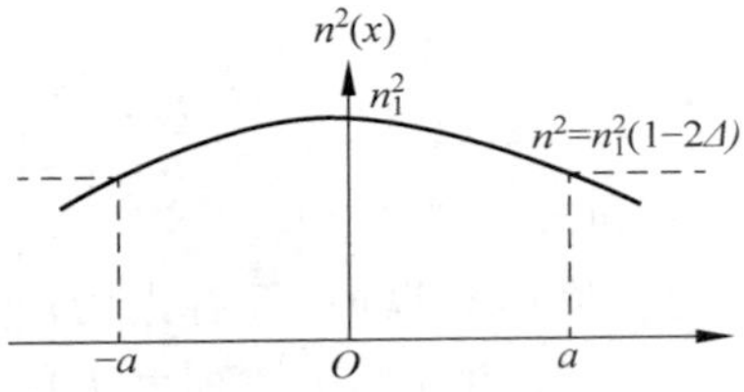

图 5.2.2-1　平方律折射率分布

式中，n_1 是波导中心($x=0$)处的折射率，a 是折射率减小到 n_2 时距中心的距离，如图 5.2.2-1 所示。式(5.2.2-9)可进一步写成

$$n^2(x)=n_1^2\left[1-2\Delta\left(\frac{x}{a}\right)^2\right] \tag{5.2.2-10}$$

式中，$2\Delta=\dfrac{n_1^2-n_2^2}{n_1^2}$。

对 TE 模，将式(5.2.2-10)代入式(5.2.2-7)，得到关于 e_y 的方程为

$$\frac{\mathrm{d}^2 e_y}{\mathrm{d}x^2}+\left[(k_0^2 n_1^2-\beta^2)-2k_0^2 n_1^2\Delta\left(\frac{x}{a}\right)^2\right]e_y=0 \tag{5.2.2-11}$$

为便于数学分析，引进参数 w_0 及 ξ 如下：

$$w_0^2=\frac{a^2}{V}=\frac{a}{k_0 n_1(2\Delta)^{1/2}} \tag{5.2.2-12}$$

$$\xi=x/w_0 \tag{5.2.2-13}$$

则式(5.2.2-11)可写成

$$\frac{\mathrm{d}^2 e_y}{\mathrm{d}\xi^2}+(\lambda-\xi^2)e_y=0 \tag{5.2.2-14}$$

式中，

$$\lambda=(k_0^2 n_1^2-\beta^2)w_0^2 \tag{5.2.2-15}$$

方程(5.2.2-14)与量子力学中一维谐振子的定态薛定谔方程完全相同。这样，我们就可以直接引用有关结果(可参看量子力学教材)。这一方程的本征值为

$$\lambda = 2m + 1, \quad m = 0,1,2,\cdots \tag{5.2.2-16}$$

相应的本征函数为厄米-高斯(Hermite-Gauss)函数

$$e_y = N_m \cdot H_m(\xi)\exp(-\xi^2/2) \tag{5.2.2-17}$$

式中,$H_m(\xi)$表示 m 阶的厄米多项式,N_m 表示归一化常数。如果按下式进行归一化:

$$\int_{-\infty}^{\infty} e_y^2(x)\mathrm{d}x = 1 \tag{5.2.2-18}$$

则有

$$N_m = \pi^{-1/4}(2^m \cdot m!\ w_0)^{-1/2} \tag{5.2.2-19}$$

磁场分量 h_x 和 h_z 则由电场分量与磁场分量的关系求出。

厄米多项式是由母函数经过多次微分得到的一个函数族,其特点是微分的结果还是一个多项式,而且每微分一次,多项式的阶数增加一阶。它的定义为

$$H_m(\xi) = (-1)^m \exp(\xi^2)\frac{\mathrm{d}^m}{\mathrm{d}\xi^m}\exp(-\xi^2) \tag{5.2.2-20}$$

如 $H_0(\xi)=1, H_1(\xi)=2\xi, H_2(\xi)=4\xi^2-2, H_3(\xi)=8\xi^3-12\xi$ 等。三个最低阶的厄米-高斯模式的场分布如图 5.2.2-2 所示。

定义归一化传播常数 $b=[(\beta/k_0)^2-n_2^2]/(n_1^2-n_2^2)$,则利用式(5.2.2-10)和式(5.2.2-12)写成归一化传播常数 b 与归一化频率 V 的关系式

$$b = 1 - \left(\frac{2m+1}{V}\right), \quad m = 0,1,2,\cdots \tag{5.2.2-21}$$

由式(5.2.2-21)计算得到的 b 和 V 的关系曲线如图 5.2.2-3 所示。需要强调的是,这里所给出的结果仅仅是光波在 $x=0$ 附近区域导模的一种近似。

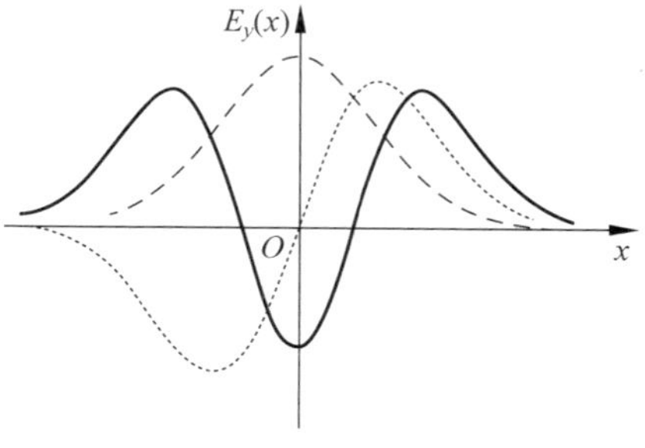

图 5.2.2-2　三个最低阶厄米-高斯模式的场分布

虚线:$m=0$;点线:$m=1$;实线:$m=2$

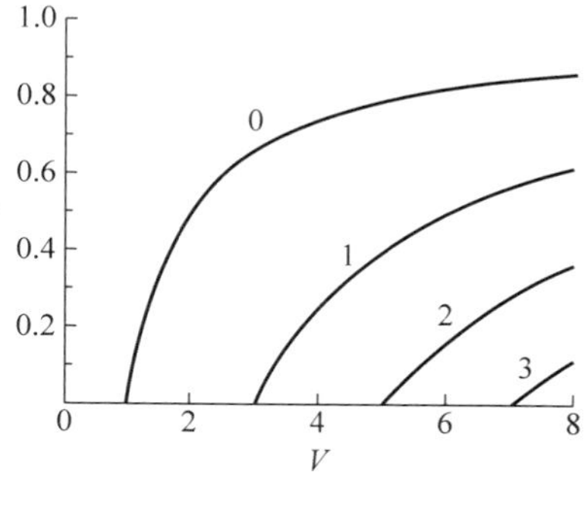

图 5.2.2-3　平方律波导的 b-V 曲线

(2) TM 模

前面已经得到了 TM 模的亥姆霍兹方程(5.2.2-6),可写为

$$\frac{\mathrm{d}^2 e_x}{\mathrm{d}x^2}+\frac{\mathrm{d}}{\mathrm{d}x}\left[\frac{e_x}{n^2(x)}\frac{\mathrm{d}n^2(x)}{\mathrm{d}x}\right]+[k_0^2 n^2(x)-\beta^2]e_x=0 \tag{5.2.2-22}$$

为了消去上式中 $\mathrm{d}e_x/\mathrm{d}x$ 项,引进变换式

$$e_x=\psi(x)/n(x) \tag{5.2.2-23}$$

于是得到 $\psi(x)$所满足的标量波动方程为

$$\frac{\mathrm{d}^2\psi}{\mathrm{d}x^2}+\left[\frac{1}{2n^2(x)}\frac{\mathrm{d}^2 n^2(x)}{\mathrm{d}x^2}-\frac{3}{4}\frac{1}{n^4(x)}\left(\frac{\mathrm{d}n^2(x)}{\mathrm{d}x}\right)^2+k_0^2 n^2(x)-\beta^2\right]\psi=0 \tag{5.2.2-24}$$

将式(5.2.2-10)代入上式并略去高于 $\Delta^2(x/a)^4$ 的项得

$$\frac{\mathrm{d}^2\psi}{\mathrm{d}x^2}+\left[\left(k_0^2 n_1^2(x)-\beta^2-\frac{2\Delta}{a^2}\right)-\left(\frac{k_0^2 n_1^2 2\Delta}{a^2}+\frac{16\Delta^2}{a^4}\right)x^2\right]\psi=0 \tag{5.2.2-25}$$

令

$$\eta=\frac{x}{w_0},\quad w_0^2=\left(\frac{2k_0^2 n_1^2\Delta}{a^2}+\frac{16\Delta^2}{a^4}\right),\quad \lambda=\left(k_0^2 n_1^2-\beta^2-\frac{2\Delta}{a^2}\right)w_0^2 \tag{5.2.2-26}$$

方程(5.2.2-25)也能变换成方程(5.2.2-14)的形式,即

$$\frac{\mathrm{d}^2\psi}{\mathrm{d}\eta^2}+(\lambda-\eta^2)\psi=0 \tag{5.2.2-27}$$

因此函数 ψ 仍可写为厄米-高斯函数,故

$$E_x=\frac{\psi(x)}{n(x)}=\frac{1}{n(x)}\cdot\pi^{-1/4}(2^m\cdot m!\ w_0)^{-1/2}H_m(\eta)\exp\left(-\frac{1}{2}\eta^2\right) \tag{5.2.2-28}$$

$$\lambda=1+2m,\quad m=0,1,2,\cdots \tag{5.2.2-16}$$

TM 模的本征值为

$$\beta^2=k_0^2 n_1^2-\frac{2\Delta}{a^2}-\frac{2m+1}{w_0^2} \tag{5.2.2-29}$$

通过以上求解,我们可以体会到,对于非均匀折射率分布的平面光波导,一般应该包括两个方向的波,每个方向又分为 TE 模和 TM 模两类。TE 模的模场分布是偶对称的,TM 模场分布是反对称的。

5.3 非均匀平面光波导的近似解法

5.2.2 节利用解析法分析了平方律非均匀平面光波导的模式场和近似的特征曲线,本节将给出更一般的非均匀光波导的几种近似解法。5.2.2 节关键是求解

变系数的二阶线性微分方程(5.2.2-6)(对于 TM 模)和方程(5.2.2-7)(对于 TE 模)

$$\frac{\mathrm{d}^2 e_x}{\mathrm{d}x^2}+[k^2 n^2(x)-\beta_z^2]e_x=\frac{\mathrm{d}}{\mathrm{d}x}\left[e_x\cdot\frac{1}{n^2(x)}\frac{\mathrm{d}n^2(x)}{\mathrm{d}x}\right] \tag{5.2.2-6}$$

和

$$\frac{\mathrm{d}^2 e_y}{\mathrm{d}x^2}+[k^2 n^2(x)-\beta_z^2]e_y=0 \tag{5.2.2-7}$$

这种方法是在已知 $n^2(x)$ 的前提下，求出两个未知函数，然后利用边界条件，求出这些模式的特征方程，最后求出相应的传输常数。

然而，除了少数的几种特殊的分布函数 $n^2(x)$ 外，绝大多数情况下，两个方程都没有解析解。目前只有少数几种折射率分布有严格的精确解，因此有必要采用一些近似的方法。本节将介绍相关的近似方法，分别是 WKB 近似法、变分法、多层分割法和有限元法等。

5.3.1 WKB 近似法

WKB 近似法，是以三位科学家姓名的首字母冠名，亦称为相位积分法，它是在量子力学中建立起来的近似方法，可以直接移植过来。现在，我们用较简便的方法导出有关公式。

对于 TE 模，求解 e_y 满足的方程

$$\frac{\mathrm{d}^2 e_y}{\mathrm{d}x^2}+[k^2 n^2(x)-\beta_z^2]e_y=0 \tag{5.2.2-7}$$

对于折射率分布如图 5.2.2-1(a)所示。对于这种结构的对称渐变折射率平面光波导，令

$$\kappa^2(x)=k_0^2 n^2(x)-\beta^2,\quad k_0^2 n^2(x)-\beta^2>0 \tag{5.3.1-1}$$

$$p^2(x)=\beta^2-k_0^2 n^2(x),\quad \beta^2-k_0^2 n^2(x)>0 \tag{5.3.1-2}$$

于是，得到这两种情况的亥姆霍兹方程，分别为

$$\frac{\mathrm{d}^2 e_y}{\mathrm{d}x^2}+\kappa^2(x)e_y=0 \tag{5.3.1-3}$$

和

$$\frac{\mathrm{d}^2 e_y}{\mathrm{d}x^2}-p^2(x)e_y=0 \tag{5.3.1-4}$$

从这两个方程的形式可以看出，它们的解是振荡形式(类似于正弦函数)和衰减形式(类似于负指数函数)。因此这样的划分是有道理的。

在两种形式的临界情况，即当

$$k_0^2 n^2(x)-\beta^2=0 \tag{5.3.1-5}$$

时，可以解出 $x=x_1$ 或 $x=x_2(x_1<x_2)$ 两个点，这两个点即振荡形式和衰减形式的转折点。

假定折射率的变化是缓慢的(即采用短波长近似，假定在一个波长的范围内折射率的变化可忽略不计)，这是 WKB 近似法的基本假定。因为 $n^2(x)$ 是缓变函数，可设式(5.3.1-1)的解在区间 $x_1<x<x_2$ 内近似为余弦函数，但幅度和相位都是随 x 变化的，即

$$e_y(x)=A(x)\cos[\varphi(x)] \tag{5.3.1-6}$$

式中，$\varphi(x)$ 是相位，而振幅 $A(x)$ 是缓变函数。把它代入式(5.3.1-1)，略去小项 $A''(x)$，就得到

$$(-A\varphi'^2+A\kappa^2)\cos\varphi-(2A'\varphi'+A\varphi'')\sin\varphi=0 \tag{5.3.1-7}$$

式(5.3.1-7)要对于任意的 $\varphi(x)$ 都成立，必须

$$-A\varphi'^2+A\kappa^2=0 \tag{5.3.1-8}$$

和

$$2A'\varphi'+A\varphi''=0 \tag{5.3.1-9}$$

从而由式(5.3.1-8)得到

$$\frac{\mathrm{d}\varphi}{\mathrm{d}x}=\kappa \tag{5.3.1-10}$$

于是

$$\varphi(x)=\int_{x_1}^{x_2}\kappa(x)\mathrm{d}x+\varphi_1 \tag{5.3.1-11}$$

将它代入方程(5.3.1-9)，得到

$$2A'\kappa(x)+A\frac{\mathrm{d}\kappa(x)}{\mathrm{d}x}=0 \tag{5.3.1-12}$$

由此可进一步写为

$$A(x)=A_0/\sqrt{\kappa(x)} \tag{5.3.1-13}$$

式中，$\varphi_1(\varphi_1=\varphi(x_1))$ 及 A_0 均为待定常数，于是振荡区场函数的近似表示式为

$$e_y(x)=\frac{A_0}{\sqrt{\kappa}}\cos\left[\int_{x_1}^{x_2}\kappa(x)\mathrm{d}x+\varphi_a\right] \tag{5.3.1-14}$$

对于 $k_0^2n^2(x)-\beta^2<0$ 的两个指数式衰减区：$x<x_1$ 及 $x>x_2$，类似地，可设解的近似式为

$$e_y(x)=B(x)\cdot\exp[\pm\alpha(x)] \tag{5.3.1-15}$$

式中，$B(x)$ 是缓变函数(正号对应于 $x<x_1$ 区，负号对应于 $x>x_2$ 区)，代入方程(5.3.1-4)中，略去与 $B''(x)$ 有关的项，就得到 $\mathrm{d}\alpha/\mathrm{d}x=p$ 和 $B(x)=B_0/\sqrt{p(x)}$，其中 B_0 为常数。因此，两个指数式衰减区的场函数近似表示式分别为

$$e_y(x)=\frac{B_1}{\sqrt{p}}\exp\left[\int_{x_1}^{x_2}p\,\mathrm{d}x\right],\quad x<x_1 \tag{5.3.1-16}$$

$$e_y(x)=\frac{B_1}{\sqrt{p}}\exp\left[-\int_{x_1}^{x_2}p\,\mathrm{d}x\right],\quad x>x_1 \tag{5.3.1-17}$$

式中，B_1 和 B_2 均为常数。

下面利用 $x=x_1$ 和 $x=x_2$ 处 e_y 及 $\mathrm{d}e_y/\mathrm{d}x$ 连续的条件推导导模的特征方程。

由 $x=x_1$ 处 e_y 连续，从式(5.3.1-14)和式(5.3.1-16)就得到

$$\frac{A_0}{\lim\limits_{x\to x_1^+}\sqrt{\kappa}}\cos\varphi_1=\frac{B_1}{\lim\limits_{x\to x_2^-}\sqrt{p}} \tag{5.3.1-18}$$

由 $\mathrm{d}e_y/\mathrm{d}x$ 连续，得

$$-A_0\lim_{x\to x_1^+}\sqrt{\kappa}\sin\varphi_1=B_1\lim_{x\to x_1^-}\sqrt{p} \tag{5.3.1-19}$$

由式(5.3.1-18)与式(5.3.1-19)得

$$\varphi_1=-\arctan\left(\frac{\lim\limits_{x\to x_1^-}p}{\lim\limits_{x\to x_1^+}\kappa}\right)+m_1\pi \tag{5.3.1-20}$$

$$\frac{\lim\limits_{x\to x_1^-}p}{\lim\limits_{x\to x_1^+}\kappa}=\frac{\lim\limits_{x\to x_1^-}[n_{\mathrm{eff}}^2-n^2(x)]^{1/2}}{\lim\limits_{x\to x_1^+}[n^2(x)-n_{\mathrm{eff}}^2]^{1/2}} \tag{5.3.1-21}$$

以 Δx 表示 $|x-x_1|$，且在 $x\to x_1^-$ 的过程中，$n^2(x)$ 用 $n^2(x_1-\Delta x)$ 来表示，且在 $x\to x_1^+$ 的过程中，$n^2(x)$ 用 $n^2(x_1+\Delta x)$ 来表示，则上式可写为

$$\begin{aligned}\frac{\lim\limits_{x\to x_1^-}[N^2-n^2(x)]^{1/2}}{\lim\limits_{x\to x_1^+}[n^2(x)-N^2]^{1/2}}&=\frac{\lim\limits_{\Delta x\to 0}[N^2-n^2(x_1-\Delta x)]^{1/2}}{\lim\limits_{\Delta x\to 0}[n^2(x_1+\Delta x)-N^2]^{1/2}}\\&=\lim_{\Delta x\to 0}\frac{[N^2-n^2(x_1)+2n(x_1)n'(x_1)\Delta x]^{1/2}}{[n^2(x_1)+2n(x_1)n'(x_1)\Delta x-N^2]^{1/2}}=1\end{aligned} \tag{5.3.1-22}$$

因此式(5.3.1-20)变为

$$\varphi_1=\left(m_1-\frac{1}{4}\right)\pi \tag{5.3.1-23}$$

同理由 $x=x_2$ 处 e_y 及 $\mathrm{d}e_y/\mathrm{d}x$ 连续，式(5.3.1-14)和式(5.3.1-17)亦可得到

$$\varphi_2=\left(m_2+\frac{1}{4}\right)\pi \tag{5.3.1-24}$$

由上两式及式(5.3.1-11)得到

$$\varphi_2-\varphi_1=\left[(m_2-m_1)+\frac{1}{2}\right]\pi=\int_{x_1}^{x_2}\kappa\mathrm{d}x=k_0\int_{x_1}^{x_2}[n^2(x)-n_{\mathrm{eff}}^2]^{1/2}\mathrm{d}x \tag{5.3.1-25}$$

即

$$k_0\int_{x_1}^{x_2}[n^2(x)-n_{\mathrm{eff}}^2]^{1/2}\mathrm{d}x=\left(m+\frac{1}{2}\right)\pi \tag{5.3.1-26}$$

这里 $m=0,1,2,\cdots$。此方程是用 WKB 近似法求出的特征方程，它和前面用射线光学近似导出的本征值方程一致，所不同的是，这里可以借助式(5.3.1-13)、式(5.3.1-16)和式(5.3.1-17) 求出导模的场分布。

用同样的方法还可以分析强非对称渐变折射率分布的波导，设在 $x>x_2$ 处的折射率为 n_3，则在 $x>x_2$ 区域中，场函数应写为

$$e_y=C_2\exp[-p(x-x_2)] \tag{5.3.1-27}$$

式中，$p^2=\beta^2-k_0^2n_3^2$。因此 $x=x_2$ 处，e_y 及 $\mathrm{d}e_y/\mathrm{d}x$ 连续的条件可写为

$$\varphi(x_2)=\arctan\left[\frac{n_{\mathrm{eff}}^2-n_3^2}{n^2(x_2)-n_{\mathrm{eff}}^2}\right]^{1/2}+m_2\pi \tag{5.3.1-28}$$

对于强非对称渐变折射率波导，$n(x_2)\gg n_3$，因而近似地有

$$\varphi(x_2)=\left(m_2+\frac{1}{2}\right)\pi \tag{5.3.1-29}$$

同理得到

$$k_0\int_{x_1}^{x_2}[n^2(x)-n_{\mathrm{eff}}^2]^{1/2}\mathrm{d}x=\left(m+\frac{3}{4}\right)\pi \tag{5.3.1-30}$$

这就是用以计算强非对称渐变波导导模色散关系的 WKB 近似式，与前面用射线光学近似导出的本征值方程一致。

回顾一下，WKB 近似法的基本思路是把折射率分布 $n^2(x)$，用直线 $n(x)=n_{\mathrm{eff}}^2$ 拦腰截断，在 $n^2(x)>n_{\mathrm{eff}}^2$ 的区域光场 e_y 取振荡形式，即 $e_y(x)=A(x)\cos[\varphi(x)]$；在 $n^2(x)<n_{\mathrm{eff}}^2$ 的区域，e_y 取指数形式 $e_y(x)=\dfrac{B(x)}{\sqrt{p}}\left[\exp\left(\int_{x_1}^{x_2}p\mathrm{d}x\right)+\exp\left(-\int_{x_1}^{x_2}q\mathrm{d}x\right)\right]$，然后代入原方程，略去幅度变化的高阶项，可以得到模式场的近似解，最后根据转折点连续的条件，求出特征方程(色散方程)。这种方法，不限于曲线 $n^2(x)$ 与直线 $n(x)=n_{\mathrm{eff}}^2$ 只有两个交点的情形，也可以是多个交点。

应该指出，射线光学法和 WKB 近似法所导出的色散关系式相吻合，是因为两者都是电磁场理论的短波长近似。不难理解，分析平面波导时，WKB 近似法的适用范围和射线法是相同的。WKB 近似法的优点在于能对场分布作近似计算。

5.3.2　变分法

第 4 章曾经指出，影响光波导传输特性的关键参数是它的传输常数 $\beta(\omega)$，因此，如果我们能够用更简单的方法近似求出 $\beta(\omega)$，就可以大大绕过求解亥姆霍兹方程的困难。变分法的核心思路是：把 $\beta(\omega)$看作一个算符的本征值，然后变成一个泛函的极值问题，再利用泛函极值的条件，用一系列的本征函数去逼近待求证的函数，最后求出该算符的本特征值。理论上，变分法不是一种近似方法，但限于计算过程只能做有限步，不可能无限制地计算下去，所以可以看作一种近似方法。

1. 算符、本征值、泛函与变分法

自从中学阶段将函数的概念引入中学数学课程之后，学生从数的运算（加减乘除等）转入了对函数的计算，当时只关注函数自身的一些基本问题，比如定义域、值域、函数图像等。到了大学引入了对函数的操作，包括两种操作：①对函数进行“运算”，比如对函数微分、积分、求极限等操作，对函数运算的特点是在操作过程中自变量还是原先的自变量；②对函数进行“变换”，把一个函数变换成另一个函数，它的自变量和因变量都发生变化，比如傅里叶变换、拉普拉斯变换等。

无论哪种操作，对函数的运算都可以写成一般的表达式：

$$\Psi(x)=\hat{H}\Phi(x) \tag{5.3.2-1}$$

在这个表达式中 $\Phi(x)$被称为原函数；关于 $\Psi(x)$，数学中没有给出规范的名称，不妨称为运算后的函数；而 $\hat{H}$ 称为算符，通常用一个大写字母上面加一个尖号表示。算符可以表示任意的对一个函数的操作，比如代数运算、微积分以及其他各种运算。

在各种算符运算中，最重要的一类是线性算符，它可以描述为

$$\hat{H}[\Phi_1(x)+\Phi_2(x)]=\hat{H}\Phi_1(x)+\hat{H}\Phi_2(x) \tag{5.3.2-2}$$

很多算符都是线性算符，比如微分、积分、乘法运算等。

对于一个算符 $\hat{H}$，如果存在一个函数以及对应的值 λ，使得

$$\hat{H}\Phi(x)=\lambda\Phi(x) \tag{5.3.2-3}$$

那么这个函数就称为该算符的本征函数，这个值 λ 就称为这个算符的本征值。

算符与本征函数和本征值理论，是近代物理中重要的数学工具。函数可以看作一个分布状态，而算符可以看作一个对状态操作的物理过程。所以，如果一个算符存在它的本征函数和本征值，那么表明这个物理过程是可以表示为一系列这种本征状态的叠加。

对函数的整体进行运算，如同对具体函数值的具体计算一样，首先需引入变分的概念。回顾函数的导数引入过程，首先引入的是差分运算，即函数的自变量或者因变

量在其邻域附近的微小变化，以 $y=f(x)$ 为例，自变量的差分定义为 $\Delta x=x-x_0$，因变量的差分定义为 $\Delta y=y-y_0$，而当这两个差分趋于零时，就称为微分，即 $\mathrm{d}x=\lim\limits_{x\to x_0}\Delta x$，或者 $\mathrm{d}y=\lim\limits_{y\to y_0}\Delta y$。我们看到，这个定义是关于具体的 (x_0, y_0) 的，因此微分是针对函数具体值的操作，而不是整体操作。

对于一个已知函数 $\Phi_0(x)$，如果存在另一个相同定义域的函数 $\Phi(x)$，那么就意味着存在一个相同定义域的函数 $\Delta\Phi(x)=\Phi(x)-\Phi_0(x)$，如果在这个函数的所有定义域内，都有

$$\Delta\Phi(x)=\Phi(x)-\Phi_0(x)\to 0 \tag{5.3.2-4}$$

那么这个差函数就是已知函数的**变分**，记为 $\delta\Phi(x)$。注意，函数的变分仍然是一个函数。

下面给出**泛函**的概念。为此，我们先回顾一下函数的定义，函数的定义是这样说的：对于自变量给定的一个值，因变量都有一个值与之对应。它可看作两个数值域的映射。泛函的概念实际上是函数定义的拓展，对于自变量部分，它给定的不是一个值，而是一个函数，也就是对于一个给定的函数，因变量都有一个值相对应。也就是自变量是一条曲线，但因变量是一个数值。写成公式形式，为

$$y=\mathscr{F}[f(x)] \tag{5.3.2-5}$$

比如定积分 $y=\int_{x_1}^{x_2}f(x)\mathrm{d}x$，就是一个典型的泛函，只有当 $f(x)$（包括积分限）给定之后，才能确定积分的值。当 $f(x)$ 的形式变化之后，它的泛函值也随之变化。

泛函，作为函数的函数，所遇到的问题是和普通函数一样的，包括定义域（也就是作为自变量的那个函数的取值范围），值域，即泛函 y 的取值范围，它的单调性、增减性以及极值的问题，如此等等。

函数 $y=f(x)$ 在自变量 x 邻域 $(x-\delta, x+\delta)$ 中的增减性以及极值，在微积分学中已经给出判据，可以根据导数 $\mathrm{d}y/\mathrm{d}x$ 的值来判定。若 $\mathrm{d}y/\mathrm{d}x>0$，则函数 $f(x)$ 在所述的邻域内是单调递增的；若 $\mathrm{d}y/\mathrm{d}x<0$，则函数 $f(x)$ 在所述的邻域内是单调递减的；若 $\mathrm{d}y/\mathrm{d}x=0$，则函数 $f(x)$ 在所述的邻域内取极值。

泛函的增减性和极值，是否也有类似的判据？理论上应该有类似的结论，不过存在如下困难：首先无法定义类似导数 $\mathrm{d}y/\mathrm{d}x$ 的概念，因为定义微分 $\mathrm{d}y$ 是容易的，但是无法定义 $\delta f(x)$，从而无法定义泛函的导数 $\mathrm{d}y/\delta f(x)$。这样，极值的判定条件就需要换句话来描述。

可以证明，在一定条件下，泛函的极值存在需要满足 $\delta f(x)\to 0$ 时 $\mathrm{d}y=0$。这些理论证明的过程以及这个结论所需要满足的前提条件，本书就不去深究了。我们将直接引用这个结论。

但是,如何应用这个结论?为此,要把泛函的自变量函数做一些限定。首先把自变量函数限定为一个函数族之和 $f(x)=\sum_m f_m(x)$,其中 $f_m(x)$ 是一个正交的函数族,比如三角函数、贝塞尔函数、拉盖尔-高斯函数以及其他各类函数,此外这个函数族中还包括各种参数(不包括自变量)$\alpha_1,\alpha_2,\cdots,\alpha_N$,比如对于三角函数族 $a_m\sin(m\omega_0 t+\varphi_m)$,除了参数 $m\omega_0$ 还包括参数 a_m 和 φ_m 等。这样,函数的微小变化——变分,就转换为函数参数的微小变化,比如对于三角函数,就是 $m\omega_0$、a_m 和 φ_m 的微小变化。以三角函数为例

$$\begin{aligned}\delta f(x)&=\sum_m \delta f_m(x)=\sum_m \delta a_m\sin(m\omega_0 t+\varphi_m)\\&=\sum_m[(\delta a_m)\sin(m\omega_0 t+\varphi_m)+a_m\cos(m\omega_0 t+\varphi_m)(m\delta\omega_0 t+\delta\varphi_m)]\end{aligned} \tag{5.3.2-6}$$

在自变量函数表示为一系列正交函数的和后,有

$$y=\mathscr{F}[f(x)]=\mathscr{F}\left[\sum_m f_m(x)\right] \tag{5.3.2-7}$$

假定泛函的算符 $\mathscr{F}$ 是一个线性算符,于是泛函的极值

$$y=\mathscr{F}[f(x)]=\sum_m \mathscr{F}[f_m(x)] \tag{5.3.2-8}$$

这样,泛函的极值就转换为若干个自变量函数的偏导数问题,也就是

$$\delta y=\sum_m \mathscr{F}[\delta f_m(x)] \tag{5.3.2-9}$$

$$\delta y=\sum_{i=1}^{N}\mathscr{F}\left[\frac{\delta f_m(x)}{\delta\alpha_i}\delta\alpha_i\right] \tag{5.3.2-10}$$

最后得到极值条件

$$\frac{\partial y}{\partial\alpha_i}=0,\quad i=1,2,\cdots,N \tag{5.3.2-11}$$

通过以上理论分析,使用变分法的关键有两步:①选定一个合适的函数族,这个函数族的和,可比较准确地描述作为泛函自变量的函数;②求泛函相对于这个函数族各个参数的偏微分,最后确定函数族的各个参数,从而确定整个自变量函数。

2. 传播常数的泛函表达式和变分法的应用

为了将我们的问题(求解传输常数 $\beta(\omega)$)变换成一个可以应用泛函和变分法的问题,需要经过以下步骤:

① 将传输常数 $\beta(\omega)$ 转换为一个算符的本征值;

② 将这个本征值问题转化为模式场函数的泛函,以及极值问题;

③ 选择合适的正交函数族去逼近待定的模式场函数；

④ 将泛函的变分转化为对于选定函数族的多个偏导数，并令它们的偏导数为零，这样会得到一组代数方程；

⑤ 解这组代数方程，求出每个函数的相关参数。

以下就以一个特殊折射率分布为例，介绍如何一步步求解。

【第一步】将微分方程化为求算符的本征值问题。

我们在 5.2.2 节得到了任意渐变折射率分布下、平面光波导中 TE 模模式场满足的亥姆霍兹方程为

$$\frac{\mathrm{d}^2 e_y}{\mathrm{d}x^2}+[k^2 n^2(x)-\beta^2]e_y=0 \tag{5.3.2-12}$$

这里，已经把式(5.2.2-7)中的 β_z 改写为了 β。将这个方程改写为本征值问题并不难，只要将式(5.3.2-12)中 β 相关项移到方程的右边，得到

$$\frac{\mathrm{d}^2 e_y}{\mathrm{d}x^2}+k^2 n^2(x)e_y=\beta^2 e_y \tag{5.3.2-13}$$

然后定义

$$\hat{H}=\frac{\mathrm{d}^2}{\mathrm{d}x^2}+k_0^2 n^2(x) \tag{5.3.2-14}$$

就立刻得到了算符的本征值方程

$$\hat{H}e_y=\beta^2 e_y \tag{5.3.2-15}$$

方程(5.3.2-15)虽然只是对于亥姆霍兹方程(5.3.2-12)的简单改写，但看问题的角度已经大不相同了。

【第二步】将本征值问题转化为泛函的极值问题。

将式(5.3.2-15)转化为一个泛函问题并不难，关键是变换后的泛函是否是它的极值，这是需要证明的。

将式(5.3.2-15)转化为一个泛函可以有很多方法，比如对式(5.3.2-15)两边直接积分，或者乘以一个自变量函数积分，或者乘以一个自变量函数的共轭函数积分，这样可以得到三种不同的泛函表达式：

$$\beta^2=\int_{-\infty}^{\infty}\hat{H}e_y\,\mathrm{d}x\Big/\int_{-\infty}^{\infty}e_y\,\mathrm{d}x \tag{5.3.2-16}$$

$$\beta^2=\int_{-\infty}^{\infty}e_y\hat{H}e_y\,\mathrm{d}x\Big/\int_{-\infty}^{\infty}e_y^2\,\mathrm{d}x \tag{5.3.2-17}$$

$$\beta^2=\int_{-\infty}^{\infty}e_y^*\hat{H}e_y\,\mathrm{d}x\Big/\int_{-\infty}^{\infty}|e_y|^2\,\mathrm{d}x \tag{5.3.2-18}$$

当然，还可以获得其他形式的泛函表达式。关键这几个表达式中，哪一个有极值呢？

下面证明，在上述几个泛函表达式中，当函数 e_y 为本征函数时，β^2 取极值，也就是说，如果本征函数作微小变化 δe_y（变分），则 β^2 的变化（在一级近似下）等于零，即

$$\delta\beta^2(\delta e_y \to 0)=0 \tag{5.3.2-19}$$

在这里，我们选用式(5.3.2-17)，证明由它定义的泛函是有极值的。为此，我们先证明算符 $\hat{H}$ 是对称算符，即对任意两函数 $u(x)$ 和 $v(x)$（设它们在 $x\to\pm\infty$ 时趋于零），恒有

$$\int_{-\infty}^{\infty} u\hat{H}v\,\mathrm{d}x=\int_{-\infty}^{\infty} v\hat{H}u\,\mathrm{d}x \tag{5.3.2-20}$$

证明如下：注意到 $\hat{H}=\mathrm{d}^2/\mathrm{d}x^2+k_0^2n^2(x)$，我们有

$$\int_{-\infty}^{\infty} u\hat{H}v\,\mathrm{d}x=\int_{-\infty}^{\infty} u\frac{\mathrm{d}^2 v}{\mathrm{d}x^2}\mathrm{d}x+\int_{-\infty}^{\infty} k_0^2n^2(x)uv\,\mathrm{d}x \tag{5.3.2-21}$$

利用分部积分公式，易见

$$\int_{-\infty}^{\infty} u\frac{\mathrm{d}^2 v}{\mathrm{d}x^2}\mathrm{d}x=\int_{-\infty}^{\infty} u\,\mathrm{d}\frac{\mathrm{d}v}{\mathrm{d}x}=u\frac{\mathrm{d}v}{\mathrm{d}x}\bigg|_{-\infty}^{\infty}-\int_{-\infty}^{\infty}\frac{\mathrm{d}v}{\mathrm{d}x}\mathrm{d}u \tag{5.3.2-22}$$

根据前面的假定，函数 $u(x)$ 和 $v(x)$ 在 $x\to\pm\infty$ 时趋于零。于是

$$\int_{-\infty}^{\infty} u\frac{\mathrm{d}^2 v}{\mathrm{d}x^2}\mathrm{d}x=-\int_{-\infty}^{\infty}\frac{\mathrm{d}v}{\mathrm{d}x}\frac{\mathrm{d}u}{\mathrm{d}x}\mathrm{d}x \tag{5.3.2-23}$$

另外，

$$\int_{-\infty}^{\infty} v\hat{H}u\,\mathrm{d}x=\int_{-\infty}^{\infty} v\frac{\mathrm{d}^2 u}{\mathrm{d}x^2}\mathrm{d}x+\int_{-\infty}^{\infty} k_0^2n^2(x)uv\,\mathrm{d}x \tag{5.3.2-24}$$

而

$$\int_{-\infty}^{\infty} v\frac{\mathrm{d}^2 u}{\mathrm{d}x^2}\mathrm{d}x=-\int_{-\infty}^{\infty}\frac{\mathrm{d}v}{\mathrm{d}x}\frac{\mathrm{d}u}{\mathrm{d}x}\mathrm{d}x \tag{5.3.2-25}$$

可知式(5.3.2-20)成立，证毕。

现在求泛函 $\beta^2=\int e_y\hat{H}e_y\,\mathrm{d}x\Big/\int e_y^2\,\mathrm{d}x$ 的变分

$$\delta\beta^2=\frac{\int(\delta e_y)\hat{H}e_y\,\mathrm{d}x}{\int e_y^2\,\mathrm{d}x}+\frac{\int e_y\hat{H}(\delta e_y)\,\mathrm{d}x}{\int e_y^2\,\mathrm{d}x}-2\frac{\int e_y\hat{H}e_y\,\mathrm{d}x}{\left(\int e_y^2\,\mathrm{d}x\right)^2}\cdot\int e_y(\delta e_y)\,\mathrm{d}x \tag{5.3.2-26}$$

首先，由式(5.3.2-17)，可以将上式化简为

$$\delta\beta^2=\frac{\int(\delta e_y)\hat{H}e_y\,\mathrm{d}x}{\int e_y^2\,\mathrm{d}x}+\frac{\int e_y\hat{H}(\delta e_y)\,\mathrm{d}x}{\int e_y^2\,\mathrm{d}x}-2\beta^2\frac{\int e_y(\delta e_y)\,\mathrm{d}x}{\int e_y^2\,\mathrm{d}x} \tag{5.3.2-27}$$

其次，根据前面的证明式(5.3.2-20)，式(5.3.2-27)右边的前两项相等，且

$$\frac{\int(\delta e_y)\hat{H}e_y\mathrm{d}x}{\int e_y^2\mathrm{d}x}=\frac{\int e_y\hat{H}(\delta e_y)\mathrm{d}x}{\int e_y^2\mathrm{d}x}=\beta^2\frac{\int e_y(\delta e_y)\mathrm{d}x}{\int e_y^2\mathrm{d}x} \tag{5.3.2-28}$$

最终得到 $\delta\beta^2=0$。由此可知，形如式(5.3.2-17)的泛函，满足极值条件。

【第三步】寻找能够逼近未知模场函数的正交函数族。

寻找能够逼近未知模场函数的正交函数族是一个困难的过程，没有固定的方法可循。通常的做法是用已知的正交函数去逼近它。

下面以一个简单例子说明如何用变分法求基模 β_0^2 的近似值。考虑折射率分布为四阶对称多项式的渐变波导，即折射率分布为

$$n^2(x)=n_1^2\left[1-2\Delta\left(\frac{x}{a}\right)^2+2s\Delta\left(\frac{x}{a}\right)^4\right]\quad(\text{其中 } s \text{ 是小量}) \tag{5.3.2-29}$$

采用归一化参量当 $V=k_0a(n_1^2-n_2^2)^{1/2}=k_0an_1\sqrt{2\Delta}$ 时，本征值方程可写为

$$\frac{\mathrm{d}^2e_y}{\mathrm{d}x}+\left[k_0^2n_1^2-\left(\frac{V}{a}\right)^2\left(\frac{x}{a}\right)^2+s\left(\frac{V}{a}\right)^2\left(\frac{x}{a}\right)^4\right]e_y(x)=\beta^2e_y(x) \tag{5.3.2-30}$$

令 $\xi=x/a$，本征值方程 $\hat{H}e_y=\beta^2e_y$ 中的算符为

$$\hat{H}=\frac{\mathrm{d}^2}{\mathrm{d}x^2}+k_0^2n_1^2-\left(\frac{V}{a}\right)^2\xi^2+s\left(\frac{V}{a}\right)^2\xi^4 \tag{5.3.2-31}$$

模场函数可以用一系列的正交函数去逼近它。比如用拉盖尔-高斯函数去逼近它，写成

$$e_y(x)=\sum_{n=0}^{+\infty}a_n\phi_n(x) \tag{5.3.2-32}$$

式中，

$$\phi_n(x)=\sqrt{\frac{(m+n)!}{(n!)^3}}\mathrm{e}^{-\frac{x}{2}}x^{\frac{m}{2}}\mathrm{L}_n^m(x) \tag{5.3.2-33}$$

关于这个函数，本小节不打算深入研究，留待5.5.3节再深入研究。关于为什么要选这个函数，以及选择它的优点，本节不予讨论，总之是前人选择这个函数之后，成功地求解了。

【第四步】利用逼近函数的泛函极值条件求出本征值。

既然寻找到了一个函数族，那么就可以进行近似计算了。首要的一个问题，对于已经寻找的函数族，到底应该取多少项？最简单的情况，就是取一项，于是

$$e_y(x)=a_0\phi_0(x)=a_0\exp\left(-\frac{1}{2}C_0\xi^2\right) \tag{5.3.2-34}$$

式中，C_0 为待定参数，将这个函数代入 β^2 的泛函表示式(5.3.2-17)，得到

$$\beta^2=\int_{-\infty}^{\infty}\exp\left(-\frac{1}{2}C_0\xi^2\right)\hat{H}\exp\left(-\frac{1}{2}C_0\xi^2\right)\mathrm{d}x\Big/\int_{-\infty}^{\infty}\left[\exp\left(-\frac{1}{2}C_0\xi^2\right)\right]^2\mathrm{d}x \tag{5.3.2-35}$$

利用公式

$$\int_{-\infty}^{\infty}\xi^{2n}\cdot\mathrm{e}^{-C_0\xi^2}\mathrm{d}\xi=\frac{1\cdot 3\cdot 5\cdot\cdots\cdot(2n-1)}{2^n\cdot C_0^n}\sqrt{\frac{\pi}{C_0}} \tag{5.3.2-36}$$

可算得

$$\beta^2(C_0)=k_0^2n_1^2+\frac{1}{a^2}\left[-C_0+\frac{1}{2C_0}(C_0^2-V^2)+\frac{3s}{4C_0^2}V^2\right] \tag{5.3.2-37}$$

上式对参数 C_0 求导，并令导数等于零，这样就得到了极值条件所确定的代数方程

$$-\frac{1}{2}+\frac{1}{2}\frac{V^2}{C_0^2}-s\frac{3}{2}\frac{V^2}{C_0^3}=0 \tag{5.3.2-38}$$

化简该方程得到

$$C_0^3-V^2C_0+3sV^2=0 \tag{5.3.2-39}$$

若略去含有小量 s 的项，即可由上式解得 $C_0\approx V$。利用此结果，再代入式(5.3.2-39)可得

$$C_0\approx V-\frac{3s}{2} \tag{5.3.2-40}$$

在 $C_0\approx V$ 的条件下，得近似的本征函数 $\phi_0(x)$ 为

$$\phi_0(x)=\exp\left(-\frac{Vx^2}{2a^2}\right) \tag{5.3.2-41}$$

算符的本征值 β_0^2 的近似值为

$$\beta_0^2=k_0^2n_1^2+\frac{1}{a^2}\left[-V+\frac{3}{4}s\right] \tag{5.3.2-42}$$

其归一化传播常数为

$$b_0=1-\frac{1}{V}+\frac{3s}{4V^2} \tag{5.3.2-43}$$

本节是用高斯函数近似代替模场函数，因此也可以把它当作高斯近似法。

小结：

本小节主要讲述利用算符、本征函数与本征值、泛函与泛函极值以及变分等概念来求解光波导的传输常数问题，其中引入了大量高等数学中没有学过的概念。这种方法一共需要4个步骤：①将微分方程化为求算符的本征值问题；②将本征值问题转化为泛函的极值问题；③寻找能够逼近未知模场函数的正交函数族；④利用逼近函数的泛函极值条件求出本征值。在这4个步骤中，其中有两步是很

难的，一个是构造一个有极值的泛函，另一个是寻找合适的逼近函数，最后解代数方程也是有困难的。这些要经过训练之后，见得多了，才会有经验。

最后，需要说明的是，变分法不仅适用于折射率分布 $n^2(x)$ 连续变化的情况，也适用于 $n^2(x)$ 分段变化的情况，也就是适用于多层平面光波导 n_j 的情况。差别仅仅在于泛函的积分是连续函数的积分，还是分段的积分而已。

5.3.3 多层分割法

多层分割法的要点是把渐变折射率平面波导用许多层均匀平面波导代替，这样就把一个连续的、非均匀折射率分布的介质，化为一个离散的、多层均匀介质的平面波导来近似表示，分的层数越多，结果越准确。而关于多层均匀分布的平面波导，已经在 3.3 节详细介绍过了，使用的方法是转移矩阵法。因此多层分割法来研究非均匀平面波导，没有任何理论上的困难，只是分的层数越多，解的结构越复杂。

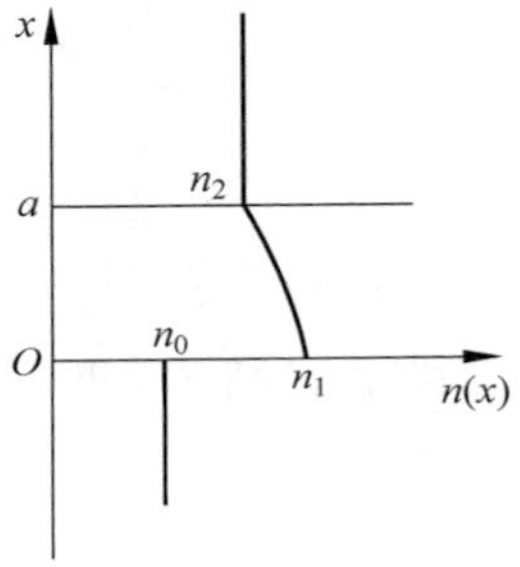

图 5.3.3-1 非对称渐变折射率平面波导折射率分布

下面举一个例子体会一下多层分割法的应用。

考虑非对称渐变折射率平面波导，参见图 5.3.3-1。取 x 轴与分界面垂直，设折射率分布为

$$\begin{cases} n^2 = n_0^2, & -\infty < x < 0 \\ n^2 = n_2^2 + f(x)(n_1^2 - n_2^2), & 0 < x < a \\ n^2 = n_2^2, & a < x < \infty \end{cases} \tag{5.3.3-1}$$

式中，a 为芯区厚度，$n_1 > n_2 > n_0$，且 $f(x)$ 为随 x 增大而递减的函数，并满足边界条件 $f(0)=1$ 和 $f(a)=0$。

定义归一化传播常数 $b=(n_{\text{eff}}^2-n_2^2)/(n_1^2-n_2^2)$，归一化厚度 $V=k_0a(n_1^2-n_2^2)^{1/2}$，则亥姆霍兹方程 $\mathrm{d}^2e_y/\mathrm{d}x^2+(k_0^2n^2-\beta^2)e_y=0$ 除以 $k_0^2(n_1^2-n_2^2)$，并定义归一化 $\rho=xk_0\sqrt{n_1^2-n_2^2}$，可得

$$\begin{cases} e_y'' - p^2 e_y = 0, & -\infty < \rho < 0 \\ e_y'' + [f(x) - b]e_y = 0, & 0 < \rho < V \\ e_y'' - be_y = 0, & V < \rho < \infty \end{cases} \tag{5.3.3-2}$$

式中，

$$p^2 = b + \frac{n_2^2 - n_0^2}{n_1^2 - n_2^2} \tag{5.3.3-3}$$

将芯区 $(0,V)$ 等分成 n 层，设 $\rho_0=0$，$\rho_n=V$，各层厚度 $\Delta=\rho_i-\rho_{i-1}=V/n$，$i=1,2,\cdots,n$，并设 $\rho=\rho_m$ 为振荡形式解所在区域与指数形式解所在区域的转折

点，令

$$k_i^2 = f\left(\frac{\rho_{i-1} + \rho_i}{2}\right) - b, \quad i = 1, 2, \cdots, m \tag{5.3.3-4}$$

$$q_i^2 = b - f\left(\frac{\rho_{i-1} + \rho_i}{2}\right), \quad i = m+1, m+2, \cdots, n \tag{5.3.3-5}$$

则式(5.3.3-2)在各层的解可写成

$$e_{y0}(\rho) = A_0 \exp[p(\rho - \rho_0)], \quad -\infty < \rho \leqslant \rho_0 \tag{5.3.3-6}$$

$$e_{yi}(\rho) = A_i \cos[k_i(\rho - \rho_i) - \varphi_i], \quad i = 1, 2, \cdots, m, \rho_0 \leqslant \rho \leqslant \rho_m \tag{5.3.3-7}$$

$$e_{yi}(\rho) = A_i \{\exp[-q_i(\rho - \rho_i)] + \delta_i \exp[q_i(\rho - \rho_i)]\}, \quad i = m+1, \cdots, n,$$
$$\rho_m \leqslant \rho \leqslant \rho_n \tag{5.3.3-8}$$

$$e_{y,n+1}(\rho) = A_{n+1} \exp[-\sqrt{b}(\rho - \rho_n)], \quad \rho_n \leqslant \rho < \infty \tag{5.3.3-9}$$

这样，在每一层模场的分布函数已知后，就可以按照多层分割法，使用转移矩阵将特征方程写出来，不再赘述。

5.4 平方律圆光波导

5.2 节和 5.3 节分别研究了非均匀平面光波导的解析解法和近似解法，本节和 5.5 节将研究非均匀圆波导的解析解法和近似解法。从方法上来说，二者没有本质区别，只不过因为研究对象不同，所使用的具体函数形式有所不同。但圆光波导比平面光波导的问题复杂，所使用的函数也更复杂。因此，学习的时候，一方面要多回想一下平面光波导的解题方法，另一方面注意二者的差别，也就是二者对照起来学习，收获会更大。

本节研究折射率非均匀分布的圆光波导，即折射率分布函数至少在某一层圆柱层是非均匀的，但仍然是圆对称的，可用式(5.4.0-1)所示的函数表示

$$n(x, y, z) = n(\boldsymbol{r}) \tag{5.4.0-1}$$

式中，$\boldsymbol{r}$ 是圆光波导横截面上的矢径。

3.5 节～3.7 节分别研究了圆均匀光波导、二层圆均匀波导和多层圆均匀波导的问题，具体的研究方法是针对折射率均匀分布的每一层，首先求出这一层的本征函数，然后利用边界连续的条件，求出特征方程(色散方程)，再进一步解出 $\beta(\omega)$，以及单模条件等。这种方法称为本征函数法。所以本征函数法的第一步，也就是关键的一步，是要求出这种折射率分布下的本征函数。

然而，对于大多数非均匀折射率分布的圆光波导，即使 $n(r)$ 已知，除了极个别

的非均匀的折射率分布以外，都找不到已知的本征函数，所以 3.5 节～3.7 节的方法很难应用。本节就是针对这种特殊的能够找到已知本征函数的光波导进行研究，其他的只能采用近似方法，在 5.5 节研究。

使用本征函数法要求使用者对特殊函数及二阶偏微分方程理论十分熟悉，但这往往是困难的，尤其是本征函数法的技巧难于掌握，因此应用并不普遍。但因为前人对本征函数已有了详尽的研究，尤其对某些特殊分布的光纤，这种方法还是有使用价值的，所以本节仍进行介绍。

作为本征函数法的例子，研究平方律圆光波导。平方律圆光波导的折射率分布(图 5.4.0-1)为

$$n^2(r)=\begin{cases}n_a^2[1+2\Delta f(r)], & r\leqslant a\\ n_a^2, & r>a\end{cases} \tag{5.4.0-2}$$

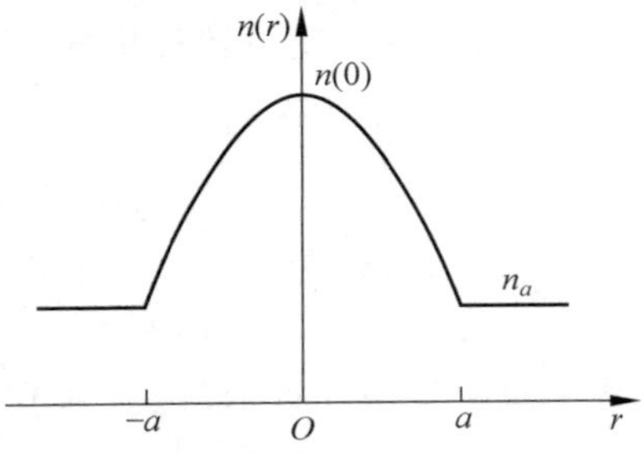

图 5.4.0-1　平方律圆光波导

由于 $n_m=n(0)$，根据前面的定义，有

$$2\Delta=\frac{n^2(0)-n_a^2}{n_a^2} \tag{5.4.0-3}$$

$$f(r)=1-(r/a)^2 \tag{5.4.0-4}$$

这种平方律圆光波导可以有解析解。解这种圆光波导又有两种方法：直角坐标系法和柱坐标系法。直角坐标系法必须假定 $a\to\infty$，相当于使用频率相当高时的情形，此时，大部分场都集中于芯层，包层效应可忽略不计，因此只适用于 V 值较大的情形。而柱坐标系法可考虑有限包层效应，更为精确。但直角坐标系法比较简单，本书仍然介绍。注意这两种解法均为标量法。

5.4.1　射线法

1.2.4 节介绍了射线法，并给出了射线方程(程函方程)，它成立的条件是 $n_{\text{eff}}(\boldsymbol{r})=n(\boldsymbol{r})$。虽然在波导内该条件是近似成立的，但是由于射线法可以给出光在这种光波导中传输时非常形象的图景，所以被广泛应用。

1. 柱坐标系下的射线方程

1.2.4 节曾经导出在无限大非均匀介质中的射线方程(1.2.4-7)或者方程(1.2.4-12)，在 $n_{\text{eff}}(\boldsymbol{r})=n(\boldsymbol{r})$ 条件下，为

$$n(\boldsymbol{r})\frac{\mathrm{d}^2\boldsymbol{r}}{\mathrm{d}s^2}+\frac{\mathrm{d}n(\boldsymbol{r})}{\mathrm{d}s}\frac{\mathrm{d}\boldsymbol{r}}{\mathrm{d}s}-\nabla n(\boldsymbol{r})=0 \tag{1.2.4-12}$$

对于一个以空间坐标为自变量的数性函数 $n(\boldsymbol{r})$，不难得出

$$\nabla n(\boldsymbol{r}) = \hat{\boldsymbol{i}}\frac{\partial}{\partial x}n(\boldsymbol{r}) + \hat{\boldsymbol{j}}\frac{\partial}{\partial y}n(\boldsymbol{r}) + \hat{\boldsymbol{k}}\frac{\partial}{\partial z}n(\boldsymbol{r})$$
$$= \hat{\boldsymbol{i}}\frac{\partial r}{\partial x}\frac{\partial n(\boldsymbol{r})}{\partial r} + \hat{\boldsymbol{j}}\frac{\partial r}{\partial y}\frac{\partial n(\boldsymbol{r})}{\partial r} + \hat{\boldsymbol{k}}\frac{\partial r}{\partial z}\frac{\partial n(\boldsymbol{r})}{\partial r} \tag{5.4.1-1}$$

于是，

$$\nabla n(\boldsymbol{r}) = (\nabla \boldsymbol{r})\frac{\partial n(\boldsymbol{r})}{\partial r} = \frac{\partial n(\boldsymbol{r})}{\partial r}\hat{\boldsymbol{r}} \tag{5.4.1-2}$$

于是，方程(1.2.4-10)化为

$$n(\boldsymbol{r})\frac{\mathrm{d}^2\boldsymbol{r}}{\mathrm{d}s^2} + \frac{\mathrm{d}n(\boldsymbol{r})}{\mathrm{d}s}\frac{\mathrm{d}\boldsymbol{r}}{\mathrm{d}s} - \frac{\partial n(\boldsymbol{r})}{\partial r}\hat{\boldsymbol{r}} = 0 \tag{5.4.1-3}$$

考虑 $\boldsymbol{r}=r\hat{\boldsymbol{r}}$，注意，这里的 $\hat{\boldsymbol{r}}$ 是一个无量纲的量，它的量纲体现在 r 上。在圆柱坐标系中，其径向指向 $\hat{\boldsymbol{r}}$ 是不变的，于是，方程(5.4.1-3)可以化简为标量方程，即

$$n(\boldsymbol{r})\frac{\mathrm{d}^2 r}{\mathrm{d}s^2} + \frac{\mathrm{d}n(\boldsymbol{r})}{\mathrm{d}s}\frac{\mathrm{d}r}{\mathrm{d}s} - \frac{\partial n(\boldsymbol{r})}{\partial r} = 0 \tag{5.4.1-4}$$

这就是非均匀圆波导在柱坐标系下对应的射线方程。

2. 旁轴近似条件下的射线方程

在圆柱坐标系中，考虑

$$\mathrm{d}s = \sqrt{(\mathrm{d}r)^2 + (\mathrm{d}z)^2} = \mathrm{d}z\sqrt{1 + (\mathrm{d}r/\mathrm{d}z)^2} \tag{5.4.1-5}$$

由于通常光波导中，它的纵向尺寸比横向尺寸大得多，比如图 5.4.0-1 所示的光纤，其 $a \approx 25\mu\mathrm{m}$，而一般纵向尺寸都大于毫米量级，所以可认为 $\mathrm{d}r/\mathrm{d}z \ll 1$，于是得到

$$\mathrm{d}s \approx \mathrm{d}z \tag{5.4.1-6}$$

这个近似条件也常常被称为旁轴近似。于是在旁轴近似条件下，有

$$n(\boldsymbol{r})\frac{\mathrm{d}^2 r}{\mathrm{d}z^2} + \frac{\mathrm{d}n(\boldsymbol{r})}{\mathrm{d}z}\frac{\mathrm{d}r}{\mathrm{d}z} - \frac{\partial n(\boldsymbol{r})}{\partial r} = 0 \tag{5.4.1-7}$$

对于正规光波导，折射率不随纵向变化，于是有 $\frac{\mathrm{d}n(\boldsymbol{r})}{\mathrm{d}z}=0$，这样

$$\frac{\mathrm{d}^2 r}{\mathrm{d}z^2} - \frac{1}{n(\boldsymbol{r})}\frac{\partial n(\boldsymbol{r})}{\partial r} = 0 \tag{5.4.1-8}$$

这就是旁轴近似条件下任意非均匀圆波导的射线方程。

3. 平方率圆波导中射线方程的解

下面将平方率圆波导的折射率分布式(5.4.0-2)代入式(5.4.1-8)，得到

$$\frac{1}{n(\boldsymbol{r})}\frac{\partial n(\boldsymbol{r})}{\partial r} = \frac{2\Delta}{1 + 2\Delta f(r)}\frac{\partial f(\boldsymbol{r})}{\partial r} \tag{5.4.1-9}$$

再将式(5.4.0-4)代入上式，得到

$$\frac{1}{n(\boldsymbol{r})}\frac{\partial n(\boldsymbol{r})}{\partial r}=-\frac{2\Delta}{(1+2\Delta)-2\Delta(r/a)^2}\frac{2r}{a^2} \tag{5.4.1-10}$$

最后得到如图 5.4.0-1 所示结构的圆光波导的射线方程为

$$\frac{\mathrm{d}^2 r}{\mathrm{d}z^2}+\frac{4\Delta}{(1+2\Delta)-2\Delta(r/a)^2}\frac{r}{a^2}=0 \tag{5.4.1-11}$$

令

$$A=\frac{4\Delta}{[(1+2\Delta)-2\Delta(r/a)^2]a^2} \tag{5.4.1-12}$$

注意此时 $A=A(r)$，它具有 m^{-2} 的量纲。所以方程(5.4.1-12)是变系数方程。

$$\frac{\mathrm{d}^2 r}{\mathrm{d}z^2}+A(r)r=0 \tag{5.4.1-13}$$

当分母 $(1+2\Delta)-2\Delta(r/a)^2\approx(1+2\Delta)$ 时，

$$A\approx\frac{4\Delta}{(1+2\Delta)a^2} \tag{5.4.1-14}$$

它是由光波导结构所决定的一个常数，方程(5.4.1-13)转化为常系数方程，解为

$$r=c_1\sin\sqrt{A}z+c_2\cos\sqrt{A}z \tag{5.4.1-15}$$

积分常数 c_1、c_2 由初始条件确定。根据光线的波矢是光线的切线，也就是式(1.2.4-3)，有 $\hat{\boldsymbol{k}}=\mathrm{d}\boldsymbol{r}/\mathrm{d}s$，在旁轴近似下，有

$$\hat{\boldsymbol{k}}=\mathrm{d}\boldsymbol{r}/\mathrm{d}z \tag{5.4.1-16}$$

注意，$\hat{\boldsymbol{k}}$ 是一个单位矢量，是一个无量纲的量，将单位波矢 $\hat{\boldsymbol{k}}$ 分解为两个坐标系的分量

$$\hat{\boldsymbol{k}}=\boldsymbol{k}_r+\boldsymbol{k}_z=\frac{\mathrm{d}r}{\mathrm{d}z}\hat{\boldsymbol{r}}+r\frac{\mathrm{d}\hat{\boldsymbol{r}}}{\mathrm{d}z}=\sin\theta\hat{\boldsymbol{r}}+\cos\theta\hat{\boldsymbol{z}} \tag{5.4.1-17}$$

式中，θ 为光线相对于 z 轴的方向角；$\mathrm{d}\hat{\boldsymbol{r}}/\mathrm{d}z=\hat{\boldsymbol{z}}$ 是因为 $\hat{\boldsymbol{r}}$ 是一个单位矢量，当 z 变化时，$\hat{\boldsymbol{r}}(z)$ 的矢端曲线是一个单位圆，所以其切线必然垂直于 $\hat{\boldsymbol{r}}$，所以方向为 z。根据式(5.4.1-15)，可得

$$\frac{\mathrm{d}r}{\mathrm{d}z}=c_1\sqrt{A}\cos\sqrt{A}z-c_2\sqrt{A}\sin\sqrt{A}z=\sin\theta \tag{5.4.1-18}$$

假定在始端 $z=0$、$r=r_0$ 处，注入一条光线，其波矢为 $\hat{\boldsymbol{k}}_{\mathrm{in}}=\sin\theta_0\hat{\boldsymbol{r}}+\cos\theta_0\hat{\boldsymbol{z}}$，可以得到如下初始条件：

$$r_0=c_2,\quad \sin\theta_0=c_1\sqrt{A} \tag{5.4.1-19}$$

这样，式(5.4.1-14)化为

$$r=\frac{\sin\theta_0}{\sqrt{A}}\sin\sqrt{A}z+r_0\cos\sqrt{A}z \tag{5.4.1-20}$$

$$\sin\theta=\sin\theta_0\cos\sqrt{A}z-\sqrt{A}r_0\sin\sqrt{A}z \tag{5.4.1-21}$$

或者写成矩阵形式

$$\begin{bmatrix} r(z) \\ \sin\theta(z) \end{bmatrix}=\begin{bmatrix} \cos\sqrt{A}z & \dfrac{1}{\sqrt{A}}\sin\sqrt{A}z \\ -\sqrt{A}\sin\sqrt{A}z & \cos\sqrt{A}z \end{bmatrix}\begin{bmatrix} r_0 \\ \sin\theta_0 \end{bmatrix} \tag{5.4.1-22}$$

上式就是所谓的 ABCD 矩阵。注意，对于入射光，通常 $\sin\theta_0$ 是位置 r_0 的函数。

【特例】 当 $\sqrt{A}z=\pi/2$ 的时候，则式(5.4.1-22)简化为

$$\begin{bmatrix} r(z) \\ \sin\theta(z) \end{bmatrix}=\begin{bmatrix} 0 & 1/\sqrt{A} \\ -\sqrt{A} & 0 \end{bmatrix}\begin{bmatrix} r_0 \\ \sin\theta_0 \end{bmatrix} \tag{5.4.1-23}$$

这时，如果入射光是平行光正入射的时候，$\theta_0\equiv 0$，于是，对于所有的入射点 r_0 其输出光为

$$r(z)=0,\quad \sin\theta(z)=\sqrt{A}r_0 \tag{5.4.1-24}$$

表明平行光会聚到一点。

如果入射光是点光源入射的时候，$r_0\equiv 0$，对于所有的入射角，于是，其输出光为

$$r(z)=\frac{1}{\sqrt{A}}\sin\theta_0,\quad \theta(z)=0 \tag{5.4.1-25}$$

这意味着输出光是平行光，而输出光的光斑将随着 θ_0 的增大而增大。这就是自聚焦透镜的原理。

4. 自聚焦透镜

自聚焦透镜(self-focus lens)又称为梯度渐变折射率透镜，也简称 GRIN 透镜，是指其折射率分布是沿径向渐变的柱状光学透镜，也就是平方律光波导很短的一段。自聚焦透镜是一种具有聚焦和成像功能的透镜。我们知道，具有聚焦和成像功能的透镜，比如凸透镜和凹透镜，都是光学系统中重要的元件。它们可以把平行光会聚到一个焦点上，或者将一个点光源发出的光变换成平行光，或者扩展光斑，或者压缩光斑等。传统透镜的聚焦原理是基于折射反射定律，即当光线在空气中传播遇到不同介质时，其传播方向的改变(折射角)将随着入射角的变化而变化。当一个点光源入射到透镜表面时，通过控制透镜表面的曲率，使不同入射光线的入射角改变，从而产生光程差使光线变成一束平行光(图 5.4.1-1)。与传统透镜不同，自聚焦透镜是通过改变折射率来达到改变光程差的目的的，它的折射率分布如图 5.4.0-1 所示。在自聚焦透镜中，当一个点光源到达自聚焦透镜的 O 点时，不同的光线以不同的入射角入射到透镜表面，因为折射率的分布沿径向逐渐减小，使得不同方向入射的光线发生轴向的偏折。这样，隔一段距离不同入射角的光线就会周期性地会聚一起(图 5.4.1-2)。

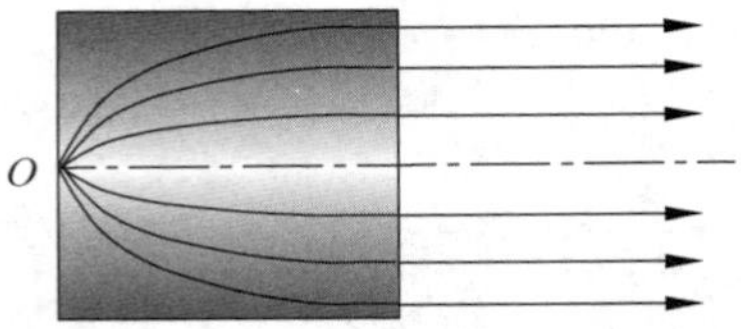

图 5.4.1-1　自聚焦透射镜光线轨迹示意图

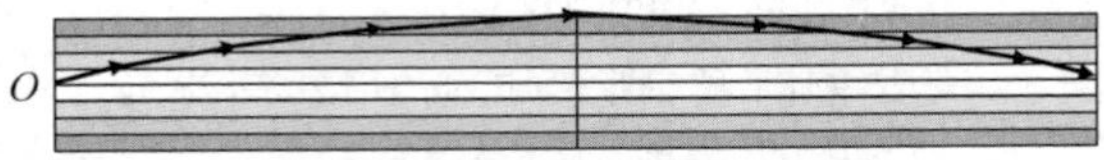

图 5.4.1-2　一条光线经历径向折射率变化介质时发生弯折

自聚焦透镜的主要参数包括：①截距 P，在自聚焦透镜中光束沿正弦轨迹传播，完成一个正弦波周期的长度称为一个截距 P；②透镜长度 Z，自聚焦透镜长度 Z 为透镜两端面之间的距离；③常数 $\sqrt{A}$，自聚焦透镜的折射率分布常数；④数值孔径(numeral aperture，NA)，由式(5.4.1-30)计算，是一个表征光线能够入射进自聚焦透镜的量，为

$$\mathrm{NA}=n(r)\sin\alpha_{\mathrm{m}} \tag{5.4.1-26}$$

式中，$n(r)$为入射光所在介质处的折射率，α_{m} 为入射光线的最大孔径角。

自聚焦透镜在不同截距下光的传播轨迹是不同的，图 5.4.1-3 绘出了不同截距自聚焦透镜中光的传播轨迹，从而达到不同的成像效果。

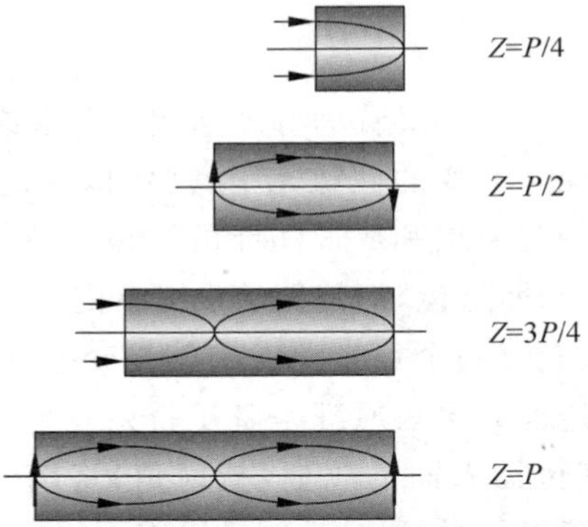

图 5.4.1-3　不同截距的自聚焦透镜的成像作用

由于自聚焦透镜具有端面聚焦及成像特性，以及其圆柱状的外形特点，因而可以应用在多种不同的微型光学系统中。自聚焦透镜的主要功能有聚焦、准直和成像等。

① 聚焦。根据自聚焦透镜的传光原理，对于 $Z=P/4$ 截距的自聚焦透镜，当从一端面输入一束平行光时，经过自聚焦透镜后光线会聚在另一端面上。这种端

面聚焦的功能是传统曲面透镜所无法实现的。自聚焦透镜的这一聚焦功能如图 5.4.1-4 所示。

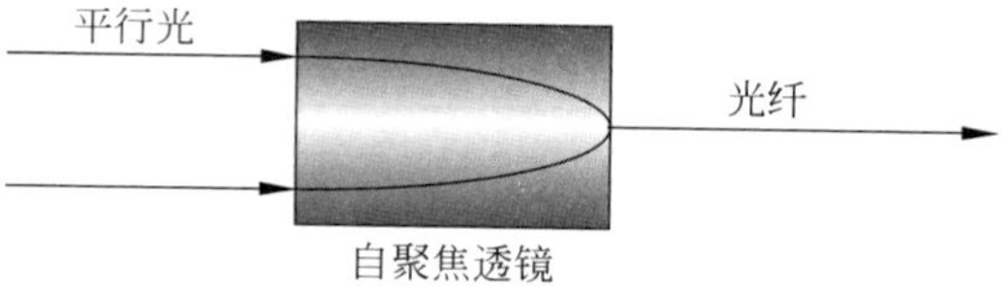

图 5.4.1-4　自聚焦透镜的聚焦作用

② 准直。准直是聚焦功能的反向应用。根据自聚焦透镜的传光原理，对于 $Z=P/4$ 截距的自聚焦透镜，当会聚光从自聚焦透镜一端面输入时，经过自聚焦透镜后会转变成平行光线。自聚焦透镜的这一准直功能如图 5.4.1-5 所示。

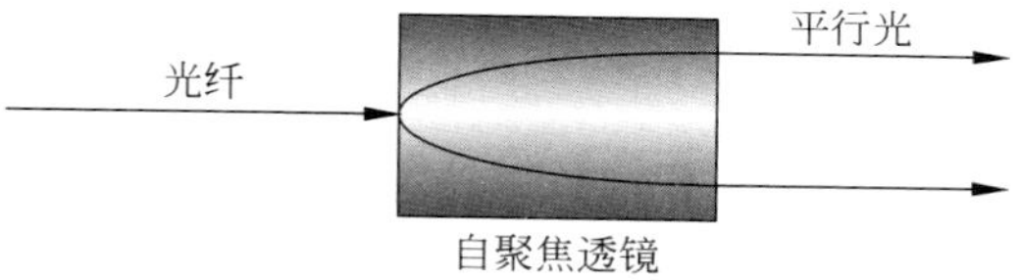

图 5.4.1-5　自聚焦透镜的准直原理

③ 平行光路。将聚焦和准直功能配合起来使用的光纤准直器，可以获得较长的由光纤引入和引出的平行光，因此又被称为平行光路。在光纤中传输的光，当它从光纤的一端出射的时候，有一个小的发散角。这个发散角的存在，使得两根光纤对接的时候，它们之间的间隙不能很大，否则就会引入很大的损耗。常规光纤的连接间隙一般不超过 10μm。这样，在光纤中插入任何元件都很困难。光纤准直器可以将光纤出射的发散光变成平行光，配有光纤准直器的两根光纤就可以拉开很远，据称可以达到数十厘米。一般 3dB 损耗的长度，都可以达到 3cm 以上。我们可在两个自聚焦透镜之间加入多种光学器件，例如滤波片、偏振片、法拉第旋光器等，来构成多种光学无源器件。因此，光纤准直器就成为许多光纤器件的基础，是光纤通信中无源器件必不可少的基础器件，广泛应用于要求有聚焦和准直功能的各种场合。具体应用有耦合器、准直器、光隔离器、光开关、波分复用器等。比如，我们可以在这一段平行光路中加入可旋转的偏振棱镜，就构成了光纤起偏器，加入 1/4 波片就可以构成圆偏振器，加入可旋转的镀膜的膜片，并使各处的透光率不相同，就构成了一个可变的衰耗器。此外，利用它还可以构成许多传感器。光纤准直器和平行光路光线轨迹如图 5.4.1-6 所示。

光纤准直器的另一个作用，是可以把光纤很小的出射光斑（直径大约 10μm），扩大到直径 0.5mm 左右，因此又被称为扩束透镜，可以用来扩束连接。普通的活动连接器虽然连接损耗很小，但由于光斑小，一旦端面受到污染，损耗会迅速增加。

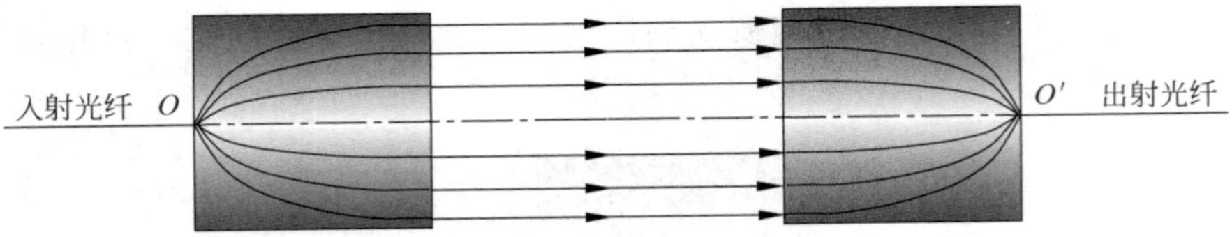

图 5.4.1-6 光纤准直器和平行光路光线轨迹示意图

在煤矿、野战等环境恶劣的场合,常常希望光斑大一些,可以通过简单擦拭即可使用,这就要求扩束连接。

④ 其他应用,如耦合聚焦、成像等。

下面对实际的自聚焦透镜进行理论分析。实际自聚焦透镜的折射率分布在定义上与前面的式(5.4.0-2)略有不同,为

$$n^2(r)=\begin{cases} n_0^2\left(1-\dfrac{A}{2}r^2\right), & r\leqslant a \\ n_a^2, & r>a \end{cases} \tag{5.4.1-27}$$

式中,n_0 为中心的折射率,它是最大值。虽然与式(5.4.1-26)写法上不同,在一定误差范围内,二者是完全等价的。于是,可得到式(5.4.1-21)或者式(5.4.1-22)的结果,尤其是当 $\sqrt{A}z=\pi/2$ 的时候,则具有前述的将点光源变成平行光、将平行光会聚为点光源的作用。表 5.4.1-1 给出了某企业生产的自聚焦透镜的主要参数,注意它对波长是敏感的。

表 5.4.1-1 某厂家自聚焦透镜的参数

波长/nm	类型	S 型		W 型			H 型
	NA(2θ)	0.37(43°)		0.46(55°)			0.60(74°)
	直径/mm	ϕ1	ϕ2	ϕ1	ϕ1.8	ϕ2	ϕ1.8
830	No	1.5640		1.6077			1.6580
	$\sqrt{A}$	0.500	0.248	0.610	0.340	0.305	0.431
	$Z\left(\frac{1}{4}P\right)$	3.14	6.34	2.58	4.62	5.15	3.65
830	No	1.5570		1.5990			1.6461
	$\sqrt{A}$	0.491	0.243	0.603	0.333	0.299	0.424
	$Z\left(\frac{1}{4}P\right)$	3.20	6.46	2.61	4.72	5.26	3.71
1060	No	1.5533		1.5944			1.6398
	$\sqrt{A}$	0.486	0.240	0.601	0.330	0.297	0.420
	$Z\left(\frac{1}{4}P\right)$	3.23	6.55	2.61	4.76	5.29	3.74

续表

波长/nm	类型	S 型		W 型			H 型
	NA(2θ)	0.37(43°)		0.46(55°)			0.60(74°)
	直径/mm	$\phi1$	$\phi2$	$\phi1$	$\phi1.8$	$\phi2$	$\phi1.8$
1300	No	1.5514		1.5920			1.6345
	$\sqrt{A}$	0.482	0.238	0.589	0.328	0.296	0.419
	$Z\left(\frac{1}{4}P\right)$	3.26	6.61	2.62	4.79	5.31	3.75
1560	No	1.5502		1.5905			1.6345
	$\sqrt{A}$	0.480	0.237	0.598	0.327	0.295	0.418
	$Z\left(\frac{1}{4}P\right)$	3.27	6.64	2.63	4.80	5.33	3.76

5.4.2 非均匀圆光波导的模式解法

5.4.1 节研究了射线法，本节转入利用波动方程或者模式的概念求解这种光波导的方法。

1. 波动方程

这种光波导既然是正规光波导，它仍然存在模式的概念，它满足式(1.1.2-22a)和式(1.1.2-22b)所描述的最基本的亥姆霍兹方程，如下

$$\nabla^2\dot{\boldsymbol{E}}+k_0^2n^2\dot{\boldsymbol{E}}+\nabla\left(\dot{\boldsymbol{E}}\cdot\frac{\nabla\varepsilon}{\varepsilon}\right)=0 \tag{1.1.2-22a}$$

$$\nabla^2\dot{\boldsymbol{H}}+k_0^2n^2\dot{\boldsymbol{H}}+\frac{\nabla\varepsilon}{\varepsilon}\times(\nabla\times\dot{\boldsymbol{H}})=0 \tag{1.1.2-22b}$$

在前面曾经指出 $\varepsilon(x,y,z)=\varepsilon(r)$，也就是折射率分布是圆对称的，从而有

$$\nabla\varepsilon=\frac{\mathrm{d}\varepsilon}{\mathrm{d}r}\hat{\boldsymbol{r}} \tag{5.4.2-1}$$

式中，$\hat{\boldsymbol{r}}$ 为横截面径向的单位矢量，将它代入式(1.1.2-22a)后，可得到横向分量与纵向分量所满足的两个方程

$$[\nabla_{\mathrm{t}}^2+(k^2n^2-\beta^2)]\boldsymbol{e}_{\mathrm{t}}+\nabla_{\mathrm{t}}\left(\frac{1}{\varepsilon}\frac{\mathrm{d}\varepsilon}{\mathrm{d}r}e_r\right)=0 \tag{5.4.2-2}$$

$$[\nabla_{\mathrm{t}}^2+(k^2n^2-\beta^2)]e_z+\mathrm{i}\frac{\beta}{\varepsilon}\frac{\mathrm{d}\varepsilon}{\mathrm{d}r}e_r=0 \tag{5.4.2-3}$$

由此可以看出：①在均匀光波导中原为齐次的关于 e_z 的方程，在此变成了非齐次方程。这个非齐次项中包含了横向分量。②原在均匀圆光波导中关于 $\boldsymbol{e}_{\mathrm{t}}$ 的齐次方程(尽管是矢量方程)，也变成了非齐次方程。但非齐次项中却不含纵向分量。

同理，对于 $\boldsymbol{h}$，将式(5.4.2-2)代入式(1.1.2-22b)，也有

$$[\nabla_t^2+(k^2n^2-\beta^2)]\boldsymbol{e}_t+\frac{1}{\varepsilon}\frac{\mathrm{d}\varepsilon}{\mathrm{d}r}\left(\frac{\partial h_r}{\partial\varphi}-\frac{\partial rh_\varphi}{\partial r}\right)\hat{\boldsymbol{e}}_\varphi=0 \qquad (5.4.2\text{-}4)$$

$$[\nabla_t^2+(k^2n^2-\beta^2)]h_z+\frac{1}{\varepsilon}\frac{\mathrm{d}\varepsilon}{\mathrm{d}r}\left(\mathrm{i}\beta h_r-r\frac{\mathrm{d}h_z}{\mathrm{d}r}\right)=0 \qquad (5.4.2\text{-}5)$$

式中，$\hat{\boldsymbol{e}}_\varphi$ 为圆周方向的单位矢量。同样，可看出：①关于纵向分量的标量方程也成为非齐次方程，增加了两项，其中一项受横向分量的影响。②关于横向分量的矢量方程也是非齐次方程，但不受纵向分量的影响。

而且，纵向分量与横向分量的关系，不因 $\varepsilon(r)$ 分布的形式而变化，同前(式(2.1.2-3)或者式(2.1.2-4))。

2. 矢量模

矢量模通常由 6 个分量$\{e_r,e_\varphi,e_z;\ h_r,h_\varphi,h_z\}$组成，考虑到 $\varepsilon(r)$分布的圆对称性，必然有

$$\begin{cases}\boldsymbol{e}(x,y)=\boldsymbol{e}(r)\mathrm{e}^{\mathrm{i}m\varphi},\\ \boldsymbol{h}(x,y)=\boldsymbol{h}(r)\mathrm{e}^{\mathrm{i}m\varphi},\end{cases}\quad m=0,\pm1,\pm2,\cdots \qquad (5.4.2\text{-}6)$$

对于 TE 模，$\boldsymbol{e}_z=0$，必然 $m=0$；对于 TM 模，$\boldsymbol{h}_z=0$，也必须 $m=0$。所以 $m=0$ 必然为 TE 模或 TM 模。若 $m\neq0$，则必为 EH 模或 HE 模。

3. 线偏振模(LP 模)与标量法

非均匀圆光波导中要解决的问题与其他光波导一样：①场分布；②特征方程、截止条件、远离截止频率的表达式；③传输常数 β 或 b；④群时延 τ；⑤色散 D、D_m、D_w、D_y 以及高阶色散等。

由于 $\boldsymbol{e}$ 和 $\boldsymbol{h}$ 的任一分量都不能独立满足波动方程(在同一方程中总是有两个以上分量)，故不能求解出来。若得不到场分布，以上问题均无从谈起。为此必须进行各种假设近似以化解这个矛盾，其中最重要的近似法就是标量法。

严格说来，由于波动方程均不是齐次方程，不可能存在线偏振模，换言之，不可以假定模场(e_x,e_y,h_x,h_y)中的任何一个为零。但如果我们研究的只是弱导光波导，即假定折射率沿横截面的变化很小，$\dfrac{1}{\varepsilon}\dfrac{\mathrm{d}\varepsilon}{\mathrm{d}r}\to0$，则可以把非齐次项全部忽略，于是横向分量与纵向分量的相互关联的方程(5.4.2-3)和方程(5.4.2-4)去耦可得

$$\{\nabla_t^2+[k^2n^2(r)-\beta^2]\}\begin{pmatrix}\boldsymbol{e}_t\\ \boldsymbol{h}_t\end{pmatrix}=0 \qquad (5.4.2\text{-}7a)$$

$$\{\nabla_t^2+[k^2n^2(r)-\beta^2]\}\begin{pmatrix}e_z\\ h_z\end{pmatrix}=0 \qquad (5.4.2\text{-}7b)$$

式(5.4.2-7)形式上与圆均匀光波导的齐次方程相似,但此处 $n=n(r)$,有可能是一个连续变化的函数,这是与圆均匀光波导不同之处。

在上述近似条件下,可以得到满足齐次方程(5.4.2-6)的两组线偏振模,并可将场分量的二阶横向变化率忽略,这时两组 LP 模的场分量为

$$\{0,e_y,e_z;h_x,0,h_z\},\{e_x,0,e_z;0,h_y,h_z\} \tag{5.4.2-8}$$

它们分别满足齐次标量波动方程

$$[\nabla_t^2+(k^2n^2-\beta^2)]e_y=0 \tag{5.4.2-9}$$

$$[\nabla_t^2+(k^2n^2-\beta^2)]e_x=0 \tag{5.4.2-10}$$

而且 e_y(或 e_x)是处处连续的。考虑到折射率分布的圆对称性,可得场分量为

$$e_y=e_y(r)\mathrm{e}^{\mathrm{i}m\varphi},\quad m=0,\pm1,\pm2,\cdots \tag{5.4.2-11}$$

将它代入波动方程(5.4.2-7a),有

$$\frac{\mathrm{d}^2e_y}{\mathrm{d}r^2}+\frac{1}{r}\frac{\mathrm{d}e_y}{\mathrm{d}r}+\left[k^2n^2(r)-\beta^2-\frac{m^2}{r^2}\right]e_y=0 \tag{5.4.2-12}$$

注意方程中 $n(r)$是非常数项,所以它不是严格意义下的贝塞尔方程。现在问题的核心是如何处理含有非常数项的方程(5.4.2-7)或方程(5.4.2-12)。注意,它们已经属于标量法了,也就意味着,目前没有矢量法的解法。

5.4.3 直角坐标系法

本节的直角坐标系法和5.4.4节的柱坐标系法,都是针对方程(5.4.2-9)的,这已经是一种标量解法。二者都是要解模式场直角坐标系的一个分量(比如 y 分量),但是自变量可以有两种选择,一种是直角坐标系(x,y),另一种是柱坐标系(r,φ)。

我们的出发点是波动方程(5.4.2-9)

$$[\nabla_t^2+(k^2n^2-\beta^2)]e_y=0 \tag{5.4.2-9}$$

在直角坐标系下

$$\nabla_t^2=\left\{\frac{\partial^2}{\partial x^2},\frac{\partial^2}{\partial y^2}\right\} \tag{5.4.3-1}$$

令

$$2\Delta'=\frac{n^2(0)-n_a^2}{n^2(0)}=2\Delta\frac{n_a^2}{n^2(0)} \tag{5.4.3-2}$$

代入,得

$$\frac{\partial^2e_y}{\partial x^2}+\frac{\partial^2e_y}{\partial y^2}+\left\{k^2n^2(0)\left[1-2\Delta\frac{n_a^2}{n^2(0)}\left(\frac{x^2+y^2}{a^2}\right)-\beta^2\right]\right\}e_y=0 \tag{5.4.3-3}$$

令 $e_y=X(x)Y(y)$,分离变量分别得到

$$\frac{X''}{X}-\frac{2\Delta}{a^2}k^2n_a^2x^2=-\gamma^2 \tag{5.4.3-4}$$

$$\frac{Y''}{Y}-\frac{2\Delta}{a^2}k^2n_a^2y^2=-\eta^2 \tag{5.4.3-5}$$

且两个分离变量法得到的系数 γ^2 和 η^2 满足

$$\gamma^2+\eta^2=k^2n^2(0)-\beta^2 \tag{5.4.3-6}$$

注意

$$k^2n^2(0)-\beta^2>0 \tag{5.4.3-7}$$

式(5.4.3-4)与式(5.4.3-5)相似,取方程(5.4.3-4)解之,将它变形为

$$X''(x)+\left[\gamma^2-\frac{2\Delta}{a^2}k^2n_a^2x^2\right]X(x)=0 \tag{5.4.3-8}$$

设法将其化简为韦伯尔方程[18]

$$X''+(2m+1-x^2)X=0 \tag{5.4.3-9}$$

只需作变换 $u=x/s$,或者 $s=a/\sqrt{V}$,代入原方程得

$$\frac{d^2X}{du^2}+[\gamma^2s^2-u^2]X=0 \tag{5.4.3-10}$$

令 $\gamma^2s^2=2m+1$,便得到韦伯尔方程,其解为厄米-高斯函数

$$X(u)=c_m e^{-u^2/2}H_m(u) \tag{5.4.3-11}$$

式中,c_m 为积分常数,$H_m(u)$为厄米多项式

$$H_m(u)=(-1)^m e^{u^2}\frac{d^m}{dx^m}(e^{-u^2}) \tag{5.4.3-12}$$

较低阶的几个厄米多项式为

$$\begin{cases}m=0, & H_0(u)=1\\ m=1, & H_1(u)=2u\\ m=2, & H_2(u)=4u^2-2\\ m=3, & H_3(u)=8u^3-12u\end{cases} \tag{5.4.3-13}$$

于是

$$X_m(x)=c_m\exp\left(-\frac{x^2}{2s^2}\right)H_m\left(\frac{x}{s}\right) \tag{5.4.3-14}$$

同理

$$Y_n(y)=c_n\exp\left(-\frac{y^2}{2s^2}\right)H_n\left(\frac{y}{s}\right) \tag{5.4.3-15}$$

上式中的 n 是从 $\eta^2s^2=2n+1$ 而来的。每一组(m,n)对应一组本征解,从而表示一个模式,即

$$e_y(x,y)=c_{mn}\exp\left(-\frac{x^2+y^2}{2s^2}\right)H_m\left(\frac{x}{s}\right)H_n\left(\frac{y}{s}\right) \tag{5.4.3-16}$$

对于最低次模，$m=n=0$，则

$$e_y(r)=c_0\exp\left(-\frac{r^2}{2s^2}\right) \tag{5.4.3-17}$$

注意，此处得到的模式虽然也是线偏振的，但 m 和 n 的含义与 3.5.1 节由式(3.5.1-2)定义的线偏振模不同。m 不代表沿圆周变化的周期，n 也不代表根的序号，所以一般不称这种模为 LP 模，它的基模的序号不是 LP_{01} 模的 01，而是 00。这个模具有圆对称分布的高斯型模场。而其他高次模，m 和 n 中至少有一个不为零，模场均为非圆对称分布。

以下求特征方程。特征方程是根据边界条件得到的关于传输常数 β 满足的代数方程。由于式(5.4.3-10)得到的解不是圆对称的，但事实上模式场应为圆对称的，所以这个解无法满足边界条件，因此只能假设边界在无限远处，即 $a\to\infty$，相当于 $V\to\infty$。所以这时求出的特征方程只能是远离截止频率的特征方程。此时，注意到在解题过程中有

$$\gamma^2 s^2=2m+1,\quad \eta^2 s^2=2n+1 \tag{5.4.3-18}$$

可得

$$(\gamma^2+\eta^2)s^2=2(m+n+1) \tag{5.4.3-19}$$

另外

$$\gamma^2+\eta^2=k^2n^2(0)-\beta^2 \tag{5.4.3-20}$$

可得

$$\beta^2=k^2n^2(0)-\frac{2}{a^2}(m+n+1)V \tag{5.4.3-21}$$

或

$$\beta=kn(0)\left[1-\frac{2\sqrt{2\Delta}}{kn(0)a}(m+n+1)\right]^{1/2} \tag{5.4.3-22}$$

方程(5.4.3-22)是一个便于应用的代数形式的特征方程，相当于求出了 β 的解析解。这个结论曾在历史上用来计算多模光纤中不同模式间的色散。但可惜这个方程不适用于单模光纤。

5.4.4 柱坐标系法

5.4.1 节根据线偏振模模式场的圆柱对称性，已经得到了含有 $n^2(r)$ 项的类似的贝塞尔方程

$$[\nabla_t^2+(k^2n^2-\beta^2)]e_y=0 \tag{5.4.2-9}$$

问题的关键是如何解这个二阶变系数的微分方程。一种解法是经过一系列的变量替换，变成可解的、某个已知特殊函数的特殊方程。以下是这一系列的变换过程。

第一步，对未知函数进行变量替换，消去一阶微分项，即令 $e_y(r)=\Phi(r)/\sqrt{r}$，使方程(5.4.2-9)变为

$$\frac{\mathrm{d}^2\Phi}{\mathrm{d}r^2}+\left[k^2n^2(r)-\beta^2-\frac{m^2-1/4}{r^2}\right]\Phi=0 \tag{5.4.4-1}$$

第二步，对自变量进行变量替换，令 $r=\xi/t$，其中 ξ 为新的自变量，t 是一个常数，留在后面待定，代入得

$$\frac{\mathrm{d}^2\Phi}{\mathrm{d}\xi^2}+\left(\frac{k^2n^2-\beta^2}{t^2}-\frac{m^2-1/4}{\xi^2}\right)\Phi=0 \tag{5.4.4-2}$$

式中，

$$n^2(r)=n^2(0)\left[1-2\Delta'\left(\frac{r}{a}\right)^2\right] \tag{5.4.4-3}$$

将 $n(r)$ 的表达式(5.4.4-3)代入方程(5.4.4-2)中的系数部分，可得到

$$\frac{k^2n^2(r)-\beta^2}{t^2}=\frac{k^2n^2(0)-\beta^2}{t^2}-\frac{k^2n^2(0)2\Delta'}{t^4a^2}\xi^2 \tag{5.4.4-4}$$

式中，t 是一个用于放缩的待定的比例常数，可如此选择 t，使之满足

$$k^2n^2(0)-\beta^2=\frac{k^2n^2(0)2\Delta'}{t^2a^2} \tag{5.4.4-5}$$

即

$$t^2=\frac{k^2n^2(0)-k^2n_a^2}{[k^2n^2(0)-\beta^2]a^2}=\frac{V^2}{U^2a^2} \tag{5.4.4-6}$$

再记

$$h^2=\frac{k^2n^2(0)-\beta^2}{t^2}=\frac{U^4}{V^2} \tag{5.4.4-7}$$

可得到

$$\frac{k^2n^2(r)-\beta^2}{t^2}=h^2-h^2\xi^2=h^2(1-\xi^2) \tag{5.4.4-8}$$

原方程化为

$$\frac{\mathrm{d}^2\Phi}{\mathrm{d}\xi^2}+\left[h^2(1-\xi^2)-\frac{m^2-\frac{1}{4}}{\xi^2}\right]\Phi=0 \tag{5.4.4-9}$$

第三步，对自变量再进行变换，令 $x=h\xi^2$，同时对未知函数也作变换，令 $\Phi=x^{-\frac{1}{4}}\Psi$，代入方程得

$$\frac{\mathrm{d}^2\Psi}{\mathrm{d}x^2}+\left(-\frac{1}{4}+\frac{\frac{h}{4}}{x}+\frac{\frac{1-m^2}{4}}{x^2}\right)\Psi=0 \tag{5.4.4-10}$$

若记 $k=h/4$，$N=m/2$，式(5.4.4-10)可以化为

$$\frac{\mathrm{d}^2\Psi}{\mathrm{d}x^2}+\left(-\frac{1}{4}+\frac{k}{x}+\frac{\frac{1}{4}-N^2}{x^2}\right)\Psi=0 \tag{5.4.4-11}$$

这个方程称为惠泰克方程。它的一个解为(由于 $2N$ 是整数,所以另一个线性无关解不可以直接写出)

$$\Psi(x)=x^{\frac{1}{2}+N}\mathrm{e}^{-\frac{x}{2}}\mathrm{F}_{2N+1}\left\{x,\frac{1}{2}+N-k\right\} \tag{5.4.4-12}$$

代入 $k=h/4$，$N=m/2$，可得

$$\Psi(x)=x^{\frac{m+1}{2}}\mathrm{e}^{-\frac{x}{2}}\mathrm{F}_{m+1}\left\{x,\frac{m+1}{2}-\frac{h}{4}\right\} \tag{5.4.4-13}$$

式中，$\mathrm{F}_m(x,a)$ 为 m 阶的参变量 a 的库末函数(自变量为 x)。它由级数定义

$$\mathrm{F}_m(x,a)=1+\sum_{n=1}^{+\infty}\frac{a(a+1)\cdots(a+n+1)}{n!m(m+1)\cdots(m+n+1)}x^n \tag{5.4.4-14}$$

注意，参数 a 必须满足一定的条件，右边的级数才会收敛。由于 $\mathrm{e}^x=\sum_{n=1}^{+\infty}\frac{x^n}{n!}$，所以，只需

$$\left|\frac{a(a+1)\cdots(a+n+1)}{m(m+1)\cdots(m+n+1)}\right|\leqslant 1 \tag{5.4.4-15}$$

级数就会收敛。这意味着，应有 $|a|<|m|$，针对本节的具体情况，有

$$a=\frac{m+1}{2}-\frac{h}{4} \tag{5.4.4-16}$$

而且 m 应该由 $m+1$ 代替，所以上述收敛条件自然满足。可知式(5.4.4-14)就是原方程的解。由于

$$x=h\xi^2=ht^2r^2\overset{\mathrm{def}}{=}\left(\frac{r}{s}\right)^2 \tag{5.4.4-17}$$

于是模式场的最终形式为

$$e_y(r)=s^{-\frac{1}{2}}\left(\frac{r}{s}\right)^m\exp\left[-\frac{1}{2}\left(\frac{r}{s}\right)^2\right]\mathrm{F}_{m+1}\left\{\left(\frac{r}{s}\right)^2,\frac{m+1}{2}-\frac{h}{4}\right\} \tag{5.4.4-18}$$

式中，$s=a/\sqrt{V}$ 称为模斑尺寸(模斑半径)，代表光能在芯子里的集中程度，是一个重要的物理量。后面我们将看到，对于基模 LP_{00} 模式，当 $r=s$ 时，光功率将下降到 e^{-1}。实际能够观察到光斑的半径为 $3s\sim5s$。

柱坐标解法的特征方程，可结合模式场在边界上连续的条件求出。在3.5.2节，关于圆均匀光波导的线偏振模，已导出它的纵向分量与横向分量的关系，将

$e_y(r)$的表达式(5.4.4-18)代入式(3.5.2-2d),可得到纵向分量为

$$e_z=\frac{\mathrm{i}}{\beta}\left\{\left[\frac{m}{r}\sin\phi-\frac{r\sin\phi}{s^2}-\frac{\mathrm{j}m\cos\phi}{r}\right]e_y+s^{-\frac{1}{2}}\left(\frac{r}{s}\right)^m\exp\left[-\frac{1}{2}\left(\frac{r}{s}\right)^2\right]\frac{2r}{s^2}\mathrm{F}'_{m+1}\sin\phi\right\}\tag{5.4.4-19}$$

式中,F'_{m+1} 表示对自变量的微分。仿造二层圆均匀光波导的推导,可得特征方程

$$|\boldsymbol{K},\boldsymbol{A}|=0\tag{5.4.4-20}$$

即

$$\begin{vmatrix}\mathrm{K}_m(W) & \sqrt{s}\left(\frac{r}{s}\right)^m\exp\left[-\frac{1}{2}\left(\frac{r}{s}\right)^2\right]\mathrm{F}_{m+1}\\ \frac{W}{a}\sin\varphi\mathrm{K}'_m-\mathrm{j}\frac{m\cos\varphi}{r}\mathrm{K}_m & \left(\frac{m}{r}\sin\varphi-\frac{r\sin\varphi}{s^2}-\frac{\mathrm{j}m\cos\varphi}{r}\right)e_y+\frac{1}{\sqrt{s}}\left(\frac{r}{s}\right)^m\mathrm{e}^{-\frac{1}{2}\left(\frac{r}{s}\right)^2}\left(\frac{2r}{s^2}\right)\mathrm{F}'_{m+1}\sin\varphi\end{vmatrix}=0\tag{5.4.4-21}$$

将 $r=a$ 代入式(5.4.4-21)化简得

$$\frac{W\mathrm{K}'_m}{\mathrm{K}_m}=(m-V)+2V\frac{\mathrm{F}'_{m+1}}{\mathrm{F}_{m+1}}\tag{5.4.4-22}$$

利用 K'_m 函数的递推公式可得特征方程为

$$\frac{2V\mathrm{F}'_{m+1}\left\{V,\frac{m+1}{2}-\frac{h}{4}\right\}}{\mathrm{F}_{m+1}\left\{V,\frac{m+1}{2}-\frac{h}{4}\right\}}+W\frac{\mathrm{K}_{m+1}(W)}{\mathrm{K}_m(W)}=V\tag{5.4.4-23}$$

如令 $W\to 0$,便可得到截止条件。当 $m=0$ 时,由于

$$W\frac{\mathrm{K}_{m+1}}{\mathrm{K}_m}=W\frac{\mathrm{K}_1}{\mathrm{K}_0}\approx W\frac{1}{2}\left(\frac{2}{W}\right)\Big/\left(\ln\frac{2}{W}\right)\to 0\tag{5.4.4-24}$$

从而可得

$$V\frac{\mathrm{F}'_1}{\mathrm{F}_1}=\frac{1}{2}V\tag{5.4.4-25}$$

即 $V=0$ 或

$$\frac{\mathrm{F}'_1\left(V,\frac{1}{2}-\frac{V}{4}\right)}{\mathrm{F}_1\left(V,\frac{1}{2}-\frac{V}{4}\right)}=\frac{1}{2}\tag{5.4.4-26}$$

后一个方程中 $V=0$ 也是它的第一个根,可见方程(5.4.4-26)是 LP_{0n} 全部模式的截止条件,而基模 LP_{01} 模没有截止频率。

当 $m\neq 0$ 时,由于

$$\frac{WK_{m+1}}{K_m} \approx \frac{\frac{1}{2}(m)!(2/W)^{m+1}}{\frac{1}{2}(m-1)!(2/W)^m} W = 2m \tag{5.4.4-27}$$

这样

$$2V \frac{F'_{m+1}}{F_{m+1}} + 2m = V \tag{5.4.4-28}$$

于是截止条件为

$$\frac{F'_{m+1}\left\{V, \frac{m+1}{2} - \frac{V}{4}\right\}}{F_{m+1}\left\{V, \frac{m+1}{2} - \frac{V}{4}\right\}} = \frac{1}{2} - \frac{m}{V} \tag{5.4.4-29}$$

在式(5.4.4-29)中，代入 $m=0$，即可得到式(5.4.4-26)，所以式(5.4.4-29)是全部 LP 模式的截止条件。并由此可以计算出平方律光波导在单模运用的条件。

当远离截止频率时，$V \to \infty$，模式场必须有界，这要求惠泰克函数必须有界。因此，关于和式

$$F_{m+1}(x, a) = \sum_{n=0}^{\infty} \frac{a(a+1)\cdots(a+n-1)}{m(m+1)\cdots(m+n-1)} \frac{x^n}{n!} \tag{5.4.4-30}$$

式中，$x = \left(\frac{r}{a}\right)^2 V$，要求它在 $V \to \infty$（即 $x \to \infty$）时必须有界，所以这个和式只能取有限项。因此该和式必须存在某个 n 值，使得

$$a = n - 1 = 0, \quad n = 1, 2, \cdots \tag{5.4.4-31}$$

以保证 x^{n+1} 以后各项均消失。于是有

$$\frac{1}{2} + \frac{m}{2} - \frac{h}{4} = -n \tag{5.4.4-32}$$

代入 $h = U^2/V$，可得

$$U^2 = 2V(m + 2n + 1) \tag{5.4.4-33}$$

于是得到了十分简洁的 $U = f(V)$ 的函数关系，并说明 U^2 与 V 呈线性关系。而且如果一组模式的序号 m 和 n 满足 $m + 2n = c$（常数），那么这组模式是完全简并的。

式(5.4.4-33)还有另一种形式。代入 U、V 各自的表达式，可得

$$\beta_{mn} = kn(0)\left[1 - \frac{2\sqrt{2\Delta}}{kn(0)a}(m + 2n + 1)\right]^{1/2} \tag{5.4.4-34}$$

此式与直角坐标系的结果略有不同（注意 m、n 的含义也不同）。

当远离截止频率时，$F_{m+1}(x, a)$ 取有限项式，式(5.4.4-30)可转化为用拉盖尔多项式表示。拉盖尔多项式 $L_n^m(x)$ 的定义为

$$\mathrm{L}_n^m(x)=\frac{\Gamma(m+n+1)}{n!\Gamma(m+1)}\mathrm{F}_{m+1}(x,-n) \tag{5.4.4-35}$$

于是,模式场为

$$e_y(r)=s^{-\frac{1}{2}}\frac{m!n!}{(m+n)!}\left(\frac{r}{s}\right)^m\exp\left[-\frac{1}{2}\left(\frac{r}{s}\right)^2\right]\mathrm{L}_n^m\left[\left(\frac{r}{s}\right)^2\right] \tag{5.4.4-36}$$

而拉盖尔多项式可以用微分法由母函数简单求出

$$\mathrm{L}_n^m(x)=\left(\mathrm{e}^x\frac{x^{-m}}{n!}\right)\frac{\mathrm{d}^n}{\mathrm{d}x^n}(\mathrm{e}^{-x}x^{m+n}) \tag{5.4.4-37}$$

小结一下,本节的推导是如此之高超,结果是如此之完美,令人赞叹。可是这种方法只适用于平方率圆光波导的标量法。

5.5 非均匀圆波导的近似解法

5.4 节的本征函数法,虽然可以得出很好的解析解,但只适用于极少数特殊的圆非均匀光波导,而且步骤是很繁琐的。因此,人们致力于寻找新的近似方法。与 5.3 节所列的一些近似方法相类似,这些近似方法也同样包括 WKB 近似法、高斯近似法、变分法、多层分割法以及级数解法等。

比较 5.2 节非均匀平面光波导和 5.4 节的非均匀圆光波导的亥姆霍兹方程,我们发现,二者除了自变量不同外,形式非常类似。对于非均匀平面光波导,它满足的基本方程是

$$\frac{\mathrm{d}^2e_y}{\mathrm{d}x^2}+[k^2n^2(x)-\beta_z^2]e_y=0 \tag{5.2.2-7}$$

对于非均匀的圆光波导,它满足的基本方程是

$$\{\nabla_t^2+[k^2n^2(r)-\beta^2]\}e_y=0 \tag{5.4.1-9}$$

因此,原则上用于非均匀平面光波导的近似方法,均可以用于非均匀的圆光波导。

5.5.1 高斯近似法

我们注意到,很大一类圆光波导(无论均匀或非均匀)的场,都集中于光波导的最内层,比如平方律光波导,基模可表示为如式(5.4.3-17)所示的高斯分布(图 5.5.1-1)。

又如在 3.6.3 节研究的二层圆光波导(阶跃光纤),LP_{01} 模式的场为式(3.6.3-3)

$$e_y(r,\varphi)=\begin{cases}a_0\mathrm{J}_m\left(\dfrac{U}{a}r\right)\mathrm{e}^{\mathrm{i}m\varphi}, & r<a\\ b_a\mathrm{K}_m\left(\dfrac{W}{a}r\right)\mathrm{e}^{\mathrm{i}m\varphi}, & r>a\end{cases} \tag{3.6.3-3}$$

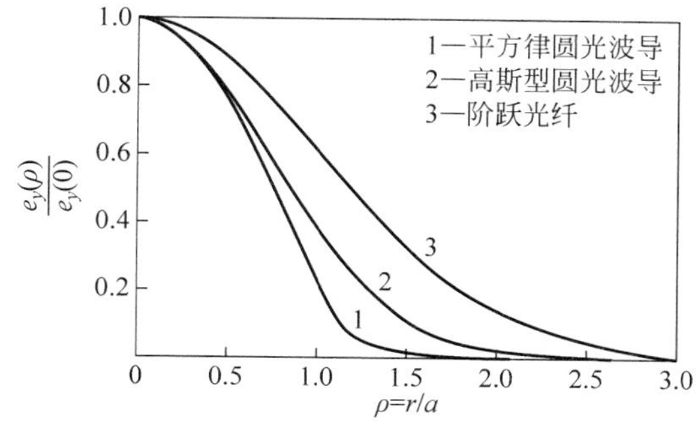

图 5.5.1-1　几种光波导的基模模式场

也比较接近高斯型。于是自然想到，如果无论什么结构的光波导，只要模式场集中于芯层，都统一用一种场型代替，比如当考虑基模时，模式场用高斯函数代替，即

$$e_y(r)=\exp\left[-\frac{1}{2}\left(\frac{r}{s}\right)^2\right] \tag{5.5.1-1}$$

当考虑高阶模时，模式场统一用拉盖尔-高斯函数代替，

$$e_y(r)=\left(\frac{r}{s}\right)^m\exp\left[-\frac{1}{2}\left(\frac{r}{s}\right)^2\right]\mathrm{L}_n^m\left(\frac{r^2}{s^2}\right) \tag{5.5.1-2}$$

那么就可以找到一个比较统一的标准的模式场形式，用来对其他参数(β，τ 等)进行比较计算，这就是高斯近似法。高斯近似法一般只适用于远离截止频率的时候，因为此时模式场集中于最内层，并近似为高斯型分布。

下列三种情况不适宜用高斯近似法：

① 当光波导(光纤)中心折射率严重下陷时，比如在环形光纤中，其场分布与高斯型分布差别很大(图 5.5.1-2)；

② 当在截止频率附近时；

③ 当要精确考虑光纤的色散特性时，比如要设计零色散光纤时。

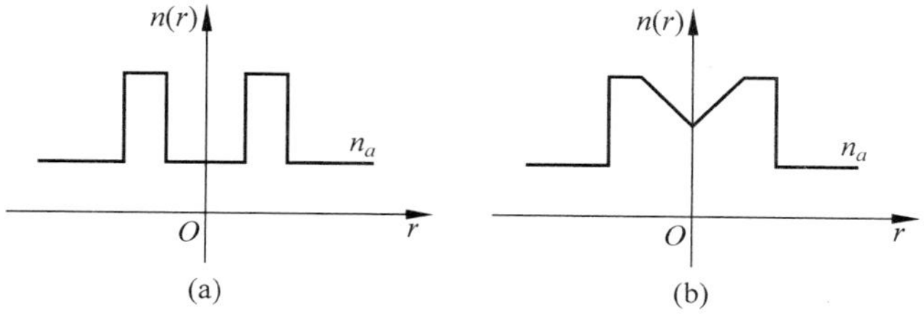

图 5.5.1-2　不宜用高斯近似法的两种光纤

(a) 环形光纤；(b) 中心折射率下陷光纤

1. 基本思路

我们假定 e_y 在满足式(5.5.1-1)或式(5.5.1-2)的条件下，解柱坐标下的变系数微分方程

$$\frac{d^2 e_y}{dr^2}+\frac{1}{r}\frac{de_y}{dr}+\left[k^2 n^2(r)-\beta^2-\frac{m^2}{r^2}\right]e_y=0 \tag{5.5.1-3}$$

现在的问题是，式(5.5.1-1)和式(5.5.1-2)中的 s 应选多少合适？为此，应首先确定选择 s 的判据。我们的判据是，合理选择 s，使传输常数 β 的近似值相对于真实值的误差最小。因此，首先导出任意剖面折射率分布的光波导的 β 的表达式，导出的方法既可从式(2.2.0-15)出发，也可直接从微分方程(5.5.1-3)出发，这里，我们采用第二种方法。

由于

$$\frac{d^2 e_y}{dr^2}+\frac{1}{r}\frac{de_y}{dr}=\frac{1}{r}\frac{d}{dr}(re'_y) \tag{5.5.1-4}$$

式中，$e'_y=\frac{de_y}{dr}$，并将原方程(5.5.1-3)两边乘以 $re_y(r)$ 得

$$e_y\frac{d}{dr}(re'_y)+\left[k^2 n^2(r)-\beta^2-\frac{m^2}{r^2}\right]re_y^2=0 \tag{5.5.1-5}$$

在(0,∞)积分，积分后的第一项为

$$\int_0^\infty e_y\frac{d}{dr}(re'_r)dr=\int_0^\infty e_y d(re'_y)=-\int_0^\infty r(e'_y)^2 dr \tag{5.5.1-6}$$

将它代入方程(5.5.1-5)，可得

$$-\int_0^{+\infty} r(e'_y)^2 dr+\int_0^{+\infty}\left[k^2 n^2(r)-\frac{m^2}{r^2}\right]e_y^2 r dr-\int_0^{+\infty}\beta^2 e_y^2 r dr=0 \tag{5.5.1-7}$$

整理得到

$$\beta^2=\frac{\int_0^{+\infty}\left[k^2 n^2(r)-\frac{m^2}{r^2}\right]e_y^2 r dr-\int_0^{+\infty}\left(\frac{de_y}{dr}\right)^2 r dr}{\int_0^{+\infty} e_y^2 r dr} \tag{5.5.1-8}$$

当 $m=0$ 时，

$$\beta^2=\frac{\int_0^{+\infty} k^2 n^2(r)e_y^2 r dr-\int_0^{+\infty}(de_y/dr)^2 r dr}{\int_0^{+\infty} e_y^2 r dr} \tag{5.5.1-9}$$

当 $e_y(r)$ 用含有未知量 s 的高斯函数族 $\psi_s(r)$ 代替时，β^2 可看成函数族 $\psi_s(r)$ 的泛

函，即

$$\beta^2 = F[\psi_s(r)] \tag{5.5.1-10}$$

当 $\psi_s(r)$ 偏离一个变分 $\delta\psi$ 时，β^2 的偏离为

$$\beta^2 = \beta_0^2 + \frac{\delta\beta^2}{\delta\psi}\delta\psi + \cdots \tag{5.5.1-11}$$

如果

$$\frac{\delta\beta^2}{\delta\psi_s} \equiv 0 \tag{5.5.1-12}$$

则由此式解出的 β^2 便是真实值 β_0^2 的一个很好的近似。同时，我们看到 $\Delta\beta \sim \sqrt{\delta\psi}$，可见 β 的精度要比 $\psi_s(r)$ 的精度要高。

对于基模，$\psi_s(r)$ 只含一个参数 s，故 $\frac{\delta\beta^2}{\delta\psi_s}=0$，意味着应求 $\frac{\delta\beta^2}{\delta s}=0$。

2. 具体做法

下面以芯层折射率为高斯分布的圆光波导（简称为高斯型光波导）为例，看一下高斯近似法的具体作法。高斯型光波导的折射率分布为（图 5.5.1-3）

$$n^2(r) = n_a^2\left[1 + 2\Delta f\left(\frac{r^2}{a^2}\right)\right] \tag{5.5.1-13}$$

式中，

$$f\left(\frac{r^2}{a^2}\right) = \exp\left(-\frac{r^2}{a^2}\right) \tag{5.5.1-14}$$

和

$$2\Delta = \frac{n_0^2 - n_a^2}{n_a^2} \tag{5.5.1-15}$$

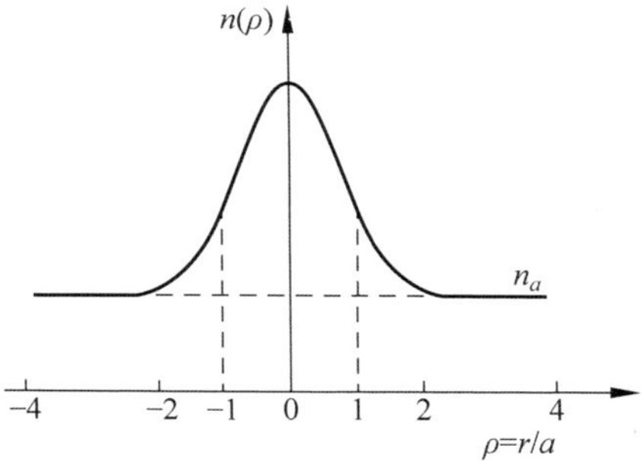

图 5.5.1-3　高斯型光波导

由于这种光波导的折射率分布没有明显的芯层与包层的界面，故此处的 a 不是光波导的芯径，n_a 也不等于 $n(a)$。在 $r=a$ 处，相当于 $n^2(r)$ 下降到 $(n_0^2 - n_a^2)/e$，而 $n_a = n(+\infty)$。

我们看一下 $m=0$ 的基模 LP_{01} 的情况，此时有

$$\beta^2 = \frac{\int_0^{+\infty}\left[k^2 n^2 \psi^2 - \left(\frac{\mathrm{d}\psi}{\mathrm{d}r}\right)^2\right] r\,\mathrm{d}r}{\int_0^{+\infty} \psi^2 r\,\mathrm{d}r} \tag{5.5.1-16}$$

代入 $\psi(r) = \exp\left(-\frac{r^2}{2s^2}\right)$ 以及 $n^2(r)$ 的表达式(5.5.1-13)，当 $r=s$ 时，光功率正好下降为 e^{-1}，所以 s 也称为模斑半径。对式(5.5.1-16)积分后得

$$\beta^2 = k^2 n_a^2 + \frac{V^2}{a^2 + s^2} - \frac{1}{s^2} \tag{5.5.1-17}$$

式中，

$$V = k_0 a\sqrt{2\Delta} \tag{5.5.1-18}$$

由

$$\frac{\partial \beta^2}{\partial s} = 2s\left[\frac{1}{s^4} - \frac{V^2}{(s^2 + a^2)^2}\right] \to 0 \tag{5.5.1-19}$$

可得

$$s = \frac{a}{\sqrt{V-1}} \tag{5.5.1-20}$$

这样就求出了这种光波导用高斯型模式场代替时的最佳近似，但式(5.5.1-20)只有当 $V>1$ 时才有意义，说明上述推导只对基模远离截止频率时才有意义(注意基模的截止频率 $V_c=0$，故 $V>1$ 意味着远离截止频率)。s 仍称为基模的模斑半径，与平方律光波导基模的模斑半径 $s=a/\sqrt{V}$ 相比较，说明在同样的 V 下，高斯型光波导的 s 要大一些，图 5.5.1-1 可明显地说明这一事实，高斯型光波导的折射率分布范围要比平方律光波导的大，因而模斑尺寸也就大。

将 $s=\dfrac{a}{\sqrt{V-1}}$ 代入 β^2 表达式(5.5.1-17)，可以得到 $V>1$ 时的特征方程

$$\beta^2 = k^2 n_0^2 + \frac{1-2V}{a^2} \tag{5.5.1-21}$$

根据式(5.5.1-18)可知，如果芯径 a 变化，将导致 V 变化，则对应的模斑尺寸 s 也不同。因此，存在一个 a 和对应的 V，使 s 最小，这表示能量集中于芯层。这时应满足 $\dfrac{\mathrm{d}s}{\mathrm{d}a}=0$，于是得到 $V=2$，并且

$$a = \frac{\lambda}{\pi n_a\sqrt{2\Delta}} \tag{5.5.1-22}$$

这时

$$s = \frac{\lambda}{\pi n_a\sqrt{2\Delta}} \tag{5.5.1-23}$$

如果在使用波长一定的情况下，设计 a 满足式(5.5.1-23)，便可得到 $V=2$，而这时的模斑尺寸也正巧为 a。

高斯近似法不仅适用于非均匀圆光波导，也适用于均匀分布的圆光波导，故可用来计算阶跃光纤的模斑半径、特征方程等。不难得到，二层圆均匀光波导的模斑半径为

$$s=\frac{a}{\sqrt{2\ln V}} \tag{5.5.1-24}$$

5.5.2　级数解法

前面已经用本征函数法分析了平方律圆光波导，又用高斯近似法分析了一批远离截止频率、模式场集中于芯层的圆非均匀光波导，但对于上述以外的情形，还要寻求更一般的解法，通常指：

① 中心折射率下陷的情形(图 5.5.1-2)，这时它的模式场不集中于芯层，从而不能使用高斯近似法；

② 当芯径不是无限大，需要考虑有限包层时，这时在芯层与包层的界面上折射率可能有突变，但在芯层内折射率又是非均匀分布的(图 5.5.2-1)；

③ 在截止频率附近的情形，这时模式场有很大一部分散布于包层之中。

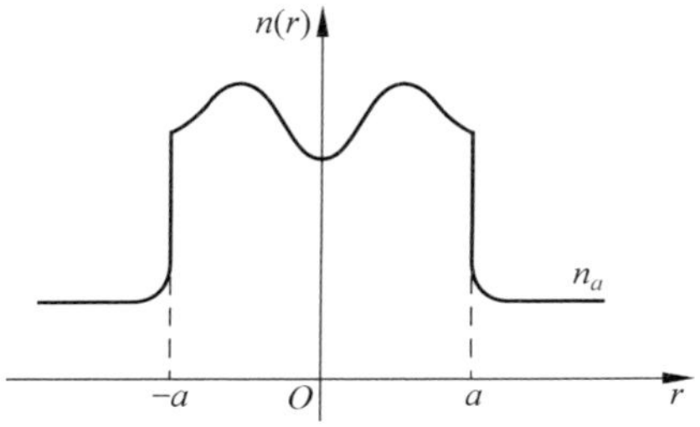

图 5.5.2-1　不宜用高斯近似法的圆非均匀光波导

高斯近似法是将模式场用一个已知的函数族去逼近，而级数法首先是将环状域内的折射率分布用有限项多项式去逼近，然后用幂级数去逼近模式场，相当于得到本征函数的幂级数解。这里，我们只讨论只有一个非均匀的芯层和一个均匀包层的二层情形。

1. 一般解法

设某圆非均匀光波导只有芯层和包层，在芯层内折射率为非均匀的连续分布，而在包层内为均匀分布，在芯包边界上折射率不一定连续(图 5.5.2-1)，此时折射率分布可表示为

$$n^2(r)=n_a^2\left[1+2\Delta f\left(\frac{r}{a}\right)\right] \tag{5.5.2-1}$$

式中，

$$f\left(\frac{r}{a}\right)=\begin{cases}a_0+a_1\left(\frac{r}{a}\right)+a_2\left(\frac{r}{a}\right)^2+\cdots+a_n\left(\frac{r}{a}\right)^n, & 0<\frac{r}{a}<1\\ 0, & \frac{r}{a}>1\end{cases} \tag{5.5.2-2}$$

且 $2\Delta\ll 1$。在标量近似下，由折射率分布的圆对称性有

$$e_y(r,\varphi)=e_y(r)\exp(\mathrm{i}m\varphi) \tag{5.5.2-3}$$

且 $e_y(r)$满足方程

$$\frac{\mathrm{d}^2 e_y}{\mathrm{d}r^2}+\frac{1}{r}\frac{\mathrm{d}e_y}{\mathrm{d}r}+\left[n^2(r)k^2-\beta^2-\frac{m^2}{r^2}\right]e_y=0 \tag{5.5.2-4}$$

将上述方程归一化，令 $r/a=\rho$，并记 $e_y(r/a)=y(\rho)$，得

$$y''_{\rho^2}+\frac{1}{\rho}y'_\rho+\rho\left\{a^2[n^2(\rho)k^2-\beta^2]-\frac{m^2}{\rho^2}\right\}y=0 \tag{5.5.2-5}$$

将 $n^2(r)$ 的表达式(5.5.2-1)代入式(5.5.2-5)，得

$$y''+\frac{y'}{\rho}+\left\{a^2(k^2n_a^2-\beta^2)+2\Delta n_a^2k^2a^2f(\rho)-\frac{m^2}{\rho^2}\right\}y=0 \tag{5.5.2-6}$$

记

$$\begin{cases}W^2=(\beta^2-k^2n_a^2)a^2\\ V^2=2\Delta n_a^2k^2a^2\end{cases} \tag{5.5.2-7}$$

得

$$\rho^2y''+\rho y'+[-w^2\rho^2+V^2(a_0+a_1\rho+\cdots+a_{11}\rho^n)\rho^2-m^2]y=0 \tag{5.5.2-8}$$

记

$$b_2=a_0V^2-W^2 \tag{5.5.2-9}$$

$$b_3=a_1V^2 \tag{5.5.2-10}$$

$$b_{n+2}=a_nV^2 \tag{5.5.2-11}$$

并令 $N=n+2$，可得

$$\rho^2y''+\rho y'+\left(\sum_{i=2}^{N}b_i\rho^i-m^2\right)y=0 \tag{5.5.2-12}$$

方程(5.5.2-12)的解的一般形式为

$$y_p(\rho)=\sum_{k=0}^{+\infty}C_k(p)\rho^{k+p} \tag{5.5.2-13}$$

且 $C_0(p)\neq 0$。这个解的含义为，该级数是从某个 p 次幂开始的级数。从数学上讲 p 可以小于零，但从物理意义上讲，在芯层的最中心，模式场必须有界，所以 p 不可能小于零。将式(5.5.2-13)代入原方程(5.5.2-12)，有

$$\sum_{k=0}^{+\infty}C_k(p)(k+p)(k+p-1)\rho^{k+p}+\sum_{k=0}^{+\infty}C_k(p)(k+p)\rho^{k+p}+\left[\sum_{i=2}^{N}b_ip^i-m^2\right]\sum_{k=0}^{+\infty}C_k(p)\rho^{k+p}=0 \tag{5.5.2-14}$$

为使上述方程最低次项($k=0$ 项)恒等，必须

$$C_0(p)p(p-1)+C_0(p)p-m^2C_0(p)=0 \tag{5.5.2-15}$$

从而

$$C_0(p)\{p(p-1)+p-m^2\}=0 \tag{5.5.2-16}$$

因为 $C_0(p)\neq 0$，所以必须

$$p^2-m^2=0 \tag{5.5.2-17}$$

这个方程称为指标方程，其物理意义为，对应于圆对称分布的模式场的 $\exp(\mathrm{i}m\varphi)$ 项的每一个 m，均可找到一个级数解，它是 m 阶的某特殊函数。由式(5.5.2-17)可进一步解出

$$p=m,\quad m=0,\pm 1,\pm 2,\cdots \tag{5.5.2-18}$$

于是

$$y_m(\rho)=\rho^m\sum_{k=0}^{+\infty}C_k(m)\cdot\rho^k \tag{5.5.2-19}$$

对应每一个 $m>0$，方程(5.5.2-9)应有两个解，其中一个解在 $\rho=0$ 处解析，另一个解在 $\rho=0$ 处发散。由于模式场在芯层必须有界，所以只有在 $\rho=0$ 解析的那个特殊函数才满足要求。

2. $m=0$ 的情况

此时 e_y 可表示为

$$e_y=\sum_{k=0}^{+\infty}C_k\rho^k \tag{5.5.2-20}$$

代入方程(5.5.2-12)比较两边同次项的系数，可以得到 C_k 满足的递推公式

$$k^2C_k+\sum_{i=2}^{N}b_iC_{k-2}=0 \tag{5.5.2-21}$$

不妨设

$$C_0=1,\quad C_1=0 \tag{5.5.2-22}$$

于是

$$C_2=-\frac{b_2}{4}=-\frac{1}{4}(a_0V^2-W^2) \tag{5.5.2-23}$$

$$C_3=-\frac{b_3}{9}=-\frac{a_1}{9}V^2 \tag{5.5.2-24}$$

$$C_4=-\frac{b_4}{16}+\frac{b_2^2}{64}=-\frac{1}{16}a_2V^2+\frac{1}{64}(a_0V^2-W^2)^2 \tag{5.5.2-25}$$

递推公式(5.5.2-21)易于用计算机进行迭代计算，可以很便捷地计算出各阶系数。这样就可以得到这种模式场的分布。下面求特征方程，利用式(3.5.2-2d)

$$e_z=\frac{\mathrm{i}}{\beta}\frac{\partial e_y}{\partial y}=\frac{\mathrm{i}}{\beta}\left(\sin\varphi\frac{\partial e_y}{\partial r}+\frac{\cos\varphi}{r}\frac{\partial e_y}{\partial\varphi}\right) \tag{5.5.2-26}$$

可以求出在 $m=0$ 时

$$e_z=\frac{\mathrm{i}}{\beta}\sin\varphi\,\frac{\mathrm{d}e_y}{\mathrm{d}r}=\frac{\mathrm{i}}{\beta a}\sin\varphi\,\frac{\mathrm{d}e_y}{\mathrm{d}\rho}$$
$$=\frac{\mathrm{i}}{\beta a}\sin\varphi\sum_{k=1}^{+\infty}kC_k\rho^{k-1} \tag{5.5.2-27}$$

令 $\rho=1$,可得特征方程

$$|\,\boldsymbol{K},\boldsymbol{A}\,|=0 \tag{5.5.2-28}$$

即

$$\begin{vmatrix} \mathrm{K}_0(W) & \sum\limits_{k=0}^{+\infty}C_n \\ \dfrac{\mathrm{i}}{\beta}\dfrac{w}{a}\sin\varphi\mathrm{K}_0'(W) & \dfrac{\mathrm{i}\sin\varphi}{\beta a}\sum\limits_{k=1}^{+\infty}kC_k \end{vmatrix}=0 \tag{5.5.2-29}$$

化简为

$$\frac{W\mathrm{K}_1(W)}{\mathrm{K}_0(W)}+\frac{\sum\limits_{k=1}^{+\infty}kC_k(V,W)}{\sum\limits_{k=0}^{+\infty}C_k(V,W)}=0 \tag{5.5.2-30}$$

为求截止条件,只需令 $W\to0$。由于当 $W\to0$ 时,$W\mathrm{K}_1(W)/\mathrm{K}_0(W)\to0$,因为 $C_0=1$ 和 $\sum\limits_{k=0}^{+\infty}C_k(V)\neq0$,从而只需

$$\sum_{k=1}^{+\infty}kC_k(V,0)=0 \tag{5.5.2-31}$$

于是有

$$C_0=1,\quad C_1=0 \tag{5.5.2-32}$$

$$C_2=-\frac{a_0}{4}V^2 \tag{5.5.2-33}$$

$$C_3=-\frac{a_1}{9}V^2 \tag{5.5.2-34}$$

$$C_4=-\frac{1}{16}a_2V^2+\frac{a_0}{64}V^4 \tag{5.5.2-35}$$

将式(5.5.2-32)~式(5.5.2-35)代入到截止条件式(5.5.2-31),得到

$$-\frac{a_0}{2}V^2-\frac{a_1}{3}V^2-\frac{1}{4}a_2V^2+\frac{a_0}{16}V^4+\cdots=0 \tag{5.5.2-36}$$

每一项均含 V^2 项,故可提出公因子,可知 $V=0$ 是它的根。于是,我们得出一个重

要结论，即圆光波导（无论均匀与不均匀）的基模都没有截止频率，或者说基模的截止频率为零。这是级数法的一个重要的理论贡献。

3. $m \neq 0$ 的情形

此时

$$e_y(\rho)=\rho^m\sum_{k=0}^{+\infty}C_k(m)\cdot\rho^k,\quad m\geqslant 1 \tag{5.5.2-37}$$

式中，$C_k(m)$满足递推公式

$$k(k+2m)C_k+\sum_{i=2}^{N}b_iC_{k-i}=0 \tag{5.5.2-38}$$

且 $C_0=1$，$C_1=0$。仍然利用式(3.5.2-2d)可得

$$e_z(\rho)=\frac{\mathrm{i}}{\beta}\left[\frac{\sin\varphi}{\rho a}\rho^m\sum_{k=0}^{+\infty}(k+m)C_k(m)\rho^k-\frac{\mathrm{i}m\cos\varphi}{\rho a}\rho^m\sum_{k=0}^{+\infty}C_k(m)\rho^k\right] \tag{5.5.2-39}$$

将式(5.5.2-39)代入式(5.5.2-28)，再令 $\rho=1$，可得到

$$W\frac{\mathrm{K}'_m(W)}{\mathrm{K}_m(W)}=\sum_{k=0}^{+\infty}(k+m)C_k(m)\Big/\sum_{k=0}^{+\infty}C_k(m) \tag{5.5.2-40}$$

利用 K'_m 的递推公式，化简后得

$$\frac{\sum_{k=0}^{+\infty}kC_k(m)}{\sum_{k=0}^{+\infty}C_k(m)}+W\frac{\mathrm{K}_{m+1}(W)}{\mathrm{K}_m(W)}=0 \tag{5.5.2-41}$$

这就是 $m\neq 0$ 时的特征方程。

为求截止条件，我们令式(5.5.2-41)中 $W\to 0$。当 $W\to 0$ 时，由于 $W\mathrm{K}_{m+1}/\mathrm{K}_m\to 2m$，于是得到截止条件为

$$\sum_{k=0}^{+\infty}kC_k(m,V)\Big/\sum_{k=0}^{+\infty}C_k(m,V)=-2m \tag{5.5.2-42}$$

整理后得

$$\sum_{k=0}^{+\infty}(k+2m)C_k(m,V)=0 \tag{5.5.2-43}$$

由此可以从式(5.5.2-43)解出不同的 m 时所对应的截止频率的 V_{cut} 值。在 $m\neq 0$ 时，C_k 的前几个值为

$$C_0=1,\quad C_1=0 \tag{5.5.2-44}$$

$$C_2=-\frac{b_2}{4(1+m)}=-\frac{a_0V^2-W^2}{4(1+m)} \tag{5.5.2-45}$$

$$C_3 = -\frac{b_3}{9+6m} = -\frac{a_1 V^2}{9+6m} \tag{5.5.2-46}$$

$$C_4 = -\frac{1}{16+8m}\left(b_4 - \frac{b_2^2}{4+4m}\right) = -\frac{a_2 V^2}{16+8m} + \frac{(a_0 V^2 - W^2)^2}{64+96m+32m^2} \tag{5.5.2-47}$$

当 $W \to 0$ 时，C_k 变为

$$C_0 = 1, \quad C_1 = 0 \tag{5.5.2-48}$$

$$C_2 = -\frac{a_0 V^2}{4(1+m)} \tag{5.5.2-49}$$

$$C_3 = -\frac{a_1 V^2}{9+6m} \tag{5.5.2-50}$$

$$C_4 = -\frac{a_2 V^2}{16+8m} + \frac{a_0^2 V^4}{64+96m+32m^2} \tag{5.5.2-51}$$

若 $m=1$，可得 $C_0=1, C_1=0, C_2=-\frac{a_0}{8}V^2, C_3=-\frac{a_1}{15}V^2, C_4=-\frac{a_2}{24}V^2+\frac{a_0^2}{192}V^4$。

于是截止条件为

$$2C_0 + 3C_1 + 4C_2 + 5C_3 + 6C_4 + \cdots = 0 \tag{5.5.2-52}$$

即

$$2 - \frac{a_0}{2}V^2 - \frac{a_1}{3}V^2 - \frac{a_2}{4}V^2 + \frac{a_0^2}{32}V^4 + \cdots = 0 \tag{5.5.2-53}$$

可见 $V=0$ 不是方程(5.5.2-53)的根，这意味着 LP_{1n} 模式的频率 V 必须大于某个 V_{cut} 才可能存在。这样，式(5.5.2-53)的解便是单模传输的条件。

5.5.3 伽辽金方法(变分法)

在前两节我们看到，对于非均匀折射率分布的圆光波导，高斯近似法是用一个已知函数去逼近模式场，优点是简单，概念清楚，缺点是在某些场合误差较大，尤其是精确分析单模光纤特性时，误差较大；而级数法是用幂级数去逼近模式场，运用范围虽然宽一些，但收敛慢，计算过于繁复，只有理论上的意义，实际中很少应用。可否将这两种方法结合起来呢？答案是肯定的，关键在于找到一个能取代幂级数的函数族，这就是伽辽金(Galerkin)方法。

我们知道，拉盖尔-高斯函数族在全平面是正交的，天然满足 $r=0$ 处有限和 $r\to\infty$ 时为 0 的边界条件。因此，如果以这个函数族为正交基组成级数去逼近模式场，将比幂级数更接近真实的模式场，少取几项就可达到很高的精度。如果在拉盖

尔-高斯函数族中只取一项，就是高斯近似法，所以这种方法又可看作高斯近似法的扩展，但却弥补了单个高斯函数的不足，是一种比较理想的方法。

求解圆光波导LP模的模式场，归结于求解变系数微分方程(5.4.2-12)

$$\frac{d^2 e_y}{dr^2}+\frac{1}{r}\frac{de_y}{dr}+\left[k^2 n^2(r)-\beta^2-\frac{m^2}{r^2}\right]e_y=0 \tag{5.4.2-12}$$

接着，在5.5.2节，经过归一化后为式(5.5.2-5)

$$y''_{\rho^2}+\frac{1}{\rho}y'_{\rho}+\rho\left\{a^2[n^2(\rho)k^2-\beta^2]-\frac{m^2}{\rho^2}\right\}y=0 \tag{5.5.2-5}$$

式中，$\rho=r/a$，$y(\rho,\varphi)=e_y(r/a,\varphi)$。设折射率分布为

$$n^2(\rho)=n_a^2[1+2\Delta f(\rho)] \tag{5.5.3-1}$$

式中，

$$2\Delta=\frac{n_{\mathrm{m}}^2-n_a^2}{n_a^2},\quad f(\rho)=\frac{n^2(\rho)-n_a^2}{n_{\mathrm{m}}^2-n_a^2} \tag{5.5.3-2}$$

式中，n_a为包层折射率，n_{m}为芯层最大的折射率，令归一化频率$V=kan_a\sqrt{2\Delta}$，令归一化传输常数为

$$b=\frac{(\beta/k)^2-n_a^2}{n_{\mathrm{m}}^2-n_a^2} \tag{5.5.3-3}$$

再令$x=\sigma\rho^2$，σ为任意的比例放缩常数，将上述结果代入式(5.5.2-5)，可得

$$xy''_{x^2}+y'_x+\frac{1}{4}\left[\frac{V^2}{\sigma}f\left(\sqrt{\frac{x}{\sigma}}\right)-\frac{V^2}{\sigma}b-\frac{m^2}{x}\right]y=0 \tag{5.5.3-4}$$

将模式场用连带拉盖尔-高斯函数为正交基组成的级数去逼近，即令

$$y(x,\varphi)=\sum_{m=0}^{\infty}\sum_{n=0}^{+\infty}a_n\phi_n(x)\mathrm{e}^{\mathrm{i}m\varphi} \tag{5.5.3-5}$$

注意，模式场首先对$\mathrm{e}^{\mathrm{i}m\varphi}$进行分解，然后才对变量$x$的函数进行分解，这样，可以确保对于不同模式的指标$m$和$n$都是正交的。在式(5.5.3-5)中

$$\phi_n(x)=\sqrt{\frac{(n+m)!}{(n!)^3}}\mathrm{e}^{-\frac{x}{2}}x^{\frac{m}{2}}\mathrm{L}_n^m(x) \tag{5.5.3-6}$$

$\mathrm{L}_n^m(x)$是拉盖尔函数，它满足方程[18]

$$x\frac{\mathrm{d}^2}{\mathrm{d}x^2}\mathrm{L}_n^m(x)+(m+1-x)\frac{\mathrm{d}}{\mathrm{d}x}\mathrm{L}_n^m(x)+(n-m)\mathrm{L}_n^m(x)=0 \tag{5.5.3-7}$$

并满足递推公式

$$(n+1-m)\mathrm{L}_{n+1}^m+(x+m-2n-1)\mathrm{L}_n^m+n^2(n+1)\mathrm{L}_{n-1}^m=0 \tag{5.5.3-8}$$

它具有正交性

$$\int_0^{\infty} \mathrm{L}_i^m(x)\mathrm{L}_j^m(x)\mathrm{d}x = \delta_{ij} \tag{5.5.3-9}$$

将这个级数代入方程(5.5.3-4),可得

$$\sum_{n=0}^{+\infty} a_n\left(\frac{x}{4}-\frac{2n-m+1}{2}\right)\phi_n(x)+\frac{V^2}{4\sigma}\sum_{n=0}^{+\infty} a_n f\left(\sqrt{\frac{x}{\sigma}}\right)\phi_n(x)-\frac{V^2 b}{4\sigma}\sum_{n=0}^{+\infty} a_n\phi_n(x)=0 \tag{5.5.3-10}$$

将 $\phi_n(x)$的具体形式式(5.5.3-6)代入上式,并利用递推公式(5.5.3-8)把含 x 的项处理掉,可得

$$\sum_{n=0}^{+\infty} a_n\sqrt{\frac{(n-m)!}{(n!)^3}}\mathrm{e}^{-\frac{x}{2}}x^{\frac{m}{2}}\left\{\left[\frac{V^2}{4\sigma}(f-b)+n(2n-m+2)+\frac{1-m}{2}\right]\mathrm{L}_n^m(x)-\right.$$

$$\left.(n+1-m)\mathrm{L}_{n+1}^m(x)-n^2(n+1)\mathrm{L}_{n-1}^m\right\}=0 \tag{5.5.3-11}$$

上式乘以 $\phi_k(x)$并在$(0,\infty)$上积分,利用拉盖尔多项式的正交性,可以得到级数式(5.5.3-5)系数 a_n 所满足的递推公式,为

$$\sum_{n=0}^{+\infty} a_n h_{nk}+\left[n(2n+2-m)+\frac{1-m}{2}\right]a_n-n\sqrt{n(n-m)}\,a_{n-1}-$$

$$(n+2)\sqrt{(n+1)(n+1-m)}\,a_{n+1}=\frac{V^2 b}{4\sigma}a_n \tag{5.5.3-12}$$

式中,h_{nk} 是 $\phi_n(x)$与 $\phi_k(x)$关于 $f\left(\sqrt{\frac{x}{\sigma}}\right)$的内积,为

$$h_{nk}=\int_0^{\infty}\phi_n(x)f\left(\sqrt{\frac{x}{\sigma}}\right)\phi_k(x)\mathrm{d}x \overset{\mathrm{def}}{=} \langle\phi_n \mid f \mid \phi_k\rangle \tag{5.5.3-13}$$

递推公式(5.5.3-8)可以写成矩阵形式。若以 $\boldsymbol{A}$ 表示 $\phi_n(x)$为基底$\{\phi_i\}$下的无穷矢量

$$\boldsymbol{A}=\begin{pmatrix} a_0 \\ a_1 \\ \vdots \\ a_n \\ \vdots \end{pmatrix} \tag{5.5.3-14}$$

令 $\boldsymbol{H}$ 为一无穷方阵,它的元素 H_{ij} 为

$$H_{ij}=\begin{cases}\langle\phi_i\mid f\mid\phi_i\rangle-\dfrac{2i+m+1}{V^2/\sigma}, & i=j,i=0,1,2,\cdots\\ \langle\phi_i\mid f\mid\phi_i\rangle-\dfrac{\sqrt{j(i+1+m)}}{V^2/\sigma}, & i=j-1,i=0,1,2,\cdots\\ \langle\phi_i\mid f\mid\phi_i\rangle-\dfrac{\sqrt{i(j+1+m)}}{V^2/\sigma}, & i=j+1,i=0,1,2,\cdots\\ \langle\phi_i\mid f\mid\phi_i\rangle, & i,j\text{ 为其他},i=0,1,2,\cdots\end{cases}\tag{5.5.3-15}$$

则得到一个联系模式场 $\boldsymbol{A}$、归一化传输常数 b 以及折射率在基底 $\{\phi_i\}$ 下的分布 $\boldsymbol{H}$ 的关系式，它是一个无穷阶的线性方程组，

$$\boldsymbol{HA}=\frac{V^2b}{4\sigma}\boldsymbol{A}\tag{5.5.3-16}$$

放缩系数 σ 不妨取为 V^2，于是可得

$$\boldsymbol{HA}=\frac{b}{4}\boldsymbol{A}\tag{5.5.3-17}$$

于是，我们看到，归一化传输常数 $b/4$ 就是算符（矩阵 $\boldsymbol{H}$）的特征值，它可由特征方程

$$\left|\boldsymbol{H}-\frac{b}{4}\boldsymbol{I}\right|=0\tag{5.5.3-18}$$

求出。而此时

$$H_{ij}=\begin{cases}\langle\phi_i\mid f\mid\phi_i\rangle-2i+m+1, & i=j,i=0,1,2,\cdots\\ \langle\phi_i\mid f\mid\phi_i\rangle-\sqrt{j(i+1+m)}, & i=j-1,i=0,1,2,\cdots\\ \langle\phi_i\mid f\mid\phi_i\rangle-\sqrt{i(j+1+m)}, & i=j+1,i=0,1,2,\cdots\\ \langle\phi_i\mid f\mid\phi_i\rangle, & i,j\text{ 为其他},i=0,1,2,\cdots\end{cases}\tag{5.5.3-19}$$

而 $f=f\left(\dfrac{\sqrt{x/a}}{V}\right)$。针对不同的 m，特征方程(5.5.3-18)可以求出一个特征值为 b 的序列，由此定出 LP_{mn} 模式的序列。

当 $b=0$ 时，表示模式截止，此时对应的 V 就是截止频率，应满足截止条件

$$|\boldsymbol{H}|=0\tag{5.5.3-20}$$

注意当 $\boldsymbol{H}$ 只取有限项时，$m=0,V=0$ 不是方程(5.5.3-18)的一组解，所以式(5.5.3-18)不能用于基模截止频率的计算。

回顾伽辽金方法的解算过程，我们看到，首先仍然是把一个微分方程转化为一个算符的本征值，即式(5.5.3-17)，不过此时的本征值方程变为一个矩阵形式的方

程，然后用泛函极值的理论，将待求的未知函数（模式场）用一个正交级数之和代替（这里选的是拉盖尔函数），因为这种方法把算符的本征值问题转化成了矩阵形式，就不必去求偏微分，而是直接利用矩阵本征值的条件（行列式为 0），获得特征方程。

本节的方法告诉我们，使用变分法的时候，不一定拘泥于 5.3.2 节规定的过程，首先把它转换为矩阵形式可能更简便。

5.5.4 少模与多模光纤的模式问题

作为一个信息载体，光波本身有 4 个参数：幅度、相位、偏振和波长，它们都可以用来承载信息，从而出现了不同的通信制式或者复用方式。以数字通信为例，可以用幅度承载信息，也可以用相位承载信息。而大多数情况下，偏振和波长常常作为一种复用方式来应用。近年来，光纤中光的资源（4 个参数）逐步耗尽，人们又寻找新的用于承载信息的资源，这就是模分复用、多芯复用与轨道角动量复用。模分复用是以不同的模式承载不同用户的信息；多芯复用是光纤中不止一个纤芯，制成多芯光纤，每一个芯作为一个复用信道；轨道角动量是用模式的 $e^{im\varphi}$ 中的不同 m 作为一个复用信道（在 $e^{im\varphi}$ 与 $e^{-im\varphi}$ 非简并条件下），因此多模光纤和只有几个少数模式的光纤（少模光纤）的问题提到研究日程上来。

标准的多模光纤被称为 G.651 光纤，它不仅芯直径较大、折射率差较大而且具有接近抛物线的折射率分布，类似于 5.4 节分析的非均匀圆光波导；而少模光纤则仍然具有阶跃光纤的分布，只是折射率差较大，基模的截止频率较高，从而在所用的波长上会出现几个模式而已。

5.5.1 节提出了高斯近似法，建立了模斑的概念，在这个前提下，无论是折射率分布为平方率分布，还是阶跃形式的分布，其基模的模场都可以统一用高斯分布代替，它们的差别仅仅表现在模斑半径 s 与光纤的几何尺寸 a 与归一化频率 V 之间的关系（$s=f(a,V)$）不同而已。

5.5.3 节的变分法提出，用拉盖尔-高斯函数去逼近任意光纤的模式场。拉盖尔-高斯函数族是一种正交完备的函数族。所谓正交性，是指在这个函数族中任意两个函数都是正交的；所谓完备性，是指任意这样的光波导结构（中心折射率高）的模式场，都可以用这个函数族的各个函数的线性组合得到，只不过线性组合的加权系数不同而已。

我们知道，带有幂指数项 $e^{im\varphi}$ 的拉盖尔-高斯函数族在全平面是正交的，天然满足 $r=0$ 处有限和 $r\to\infty$ 为 0 的边界条件。因此，如果以这个函数族为正交基组成级数去逼近模式场，少取几项就可达到很高的精度，而其中的每一项就代表了一个模式。把这个想法写成公式形式（在正规光波导的前提下），为

$$\boldsymbol{E}_{\mathrm{t}}(x,y,z)=\sum_{\mu}a_{\mu}(z)\boldsymbol{e}_{\mu t}(x,y)+\boldsymbol{E}_{r\mathrm{t}}(x,y,z) \tag{5.5.4-1}$$

式中，$\boldsymbol{E}_{\mathrm{t}}(x,y,z)$为纵向任意一点 z 处横截面上任意一点光场的横向分量；$\boldsymbol{e}_{\mu\mathrm{t}}(x,y)$为序号为 μ 的模式场的横向分量；$a_{\mu}(z)$为该模式的复振幅，是一个复数，有大小和相位，还包含传输常数 $\mathrm{e}^{\mathrm{i}\beta z}$；$\boldsymbol{E}_{r\mathrm{t}}(x,y,z)$为辐射模的横向分量之和，这个概念将在第 6 章中解释，因为它的存在不影响后面关于模式分析的结果，所以就不对它进一步分解了，并把它忽略掉。

1. LP 模式的模式场

假定所考虑的光纤(或者圆光波导)是弱导的，满足 3.5.2 节提出的标量法的三个条件中的任何一个，于是式(5.5.4-1)中的 $\boldsymbol{e}_{\mu\mathrm{t}}(x,y)$就是标量 LP 模的模式场的横向分量。根据标量模的定义，它有两个固定的偏振方向，我们取其中一个研究，比如取 y 分量，于是 $\boldsymbol{e}_{\mu\mathrm{t}}(x,y)=\boldsymbol{e}_{\mu y}(x,y)$。对于 LP 模式，它有两个序号，在 3.5.2 节仍然把它写为 LP_{mn}，两个序号的物理意义分别为绕圆周的周期数和沿着径向零点出现的次序。为了和后面的拉盖尔多项式 $\mathrm{L}_n^m(x)$的序号相区分，我们将 LP 模式的序号用 lp 表示，写为 LP_{lp}，它们序号的对应关系为 $l\leftrightarrow m$，$(p-1)\leftrightarrow n$，后一个对应关系是考虑到拉盖多项式的 n 是从 0 开始，而 LP_{lp} 模式中的 p 是从 1 开始，为了保证完备性，所以序号差了 1。在这些考虑之下，式(5.5.4-1)变形为

$$E_y(r,\varphi,z)=\sum_{l=0}^{L}\sum_{p=1}^{P}a_{lp}(z)\boldsymbol{e}_{lpy}(r,\varphi) \tag{5.5.4-2}$$

在式(5.5.4-1)中，所选择的每个模式场 $\boldsymbol{e}_{\mu y}(x,y)$必须满足正交、完备，且满足能量守恒定律三个条件，也就是说，必须有

$$\iint_{\infty}[\boldsymbol{e}_{lpy}(r,\varphi)\cdot\boldsymbol{e}_{l'p'y}^{*}(r)]\mathrm{d}s=\begin{cases}1, & \text{当 } l=l'\text{，且 } p=p'\\ 0, & \text{当 } l\neq l'\text{，或者 } p\neq p'\end{cases} \tag{5.5.4-3}$$

在式(5.5.4-3)中，当序号相等时积分为 1 是为了达到能量守恒的要求，在这个前提下，有

$$|\boldsymbol{E}_y(r,\varphi,z)|^2\approx\sum_{l=0}^{L}\sum_{p=1}^{P}|a_{lp}(z)|^2 \tag{5.5.4-4}$$

为了满足式(5.5.4-3)所规定的条件，模式场的形式就不能随便取，我们证明，按照下述公式取的模式场是满足式(5.5.4-3)的：

$$\boldsymbol{e}_{lpy}(r,\varphi)=\frac{1}{\sqrt{\pi}s}\sqrt{\frac{(p-1)!}{(l+p-1)!}}\mathrm{e}^{-\frac{x}{2}}x^{\frac{l}{2}}\mathrm{L}_{p-1}^{l}(x)\mathrm{e}^{\mathrm{i}l\varphi}\hat{\boldsymbol{y}} \tag{5.5.4-5}$$

上式中的 $x=(r/s)^2$，s 是基模的模斑半径。证明如下：由于

$$\iint_{\infty}[e_{lpy}(r)\mathrm{e}^{\mathrm{i}l\varphi}e_{l'p'y}^{*}(r)\mathrm{e}^{-\mathrm{i}l'\varphi}]r\mathrm{d}r\mathrm{d}\varphi=\int_0^{\infty}[e_{lpy}(r)e_{l'p'y}^{*}(r)]r\mathrm{d}r\cdot\int_0^{2\pi}\mathrm{e}^{\mathrm{i}(l-l')\varphi}\mathrm{d}\varphi \tag{5.5.4-6}$$

而且

$$\int_0^{2\pi} e^{i(l-l')\varphi} d\varphi = \begin{cases} 2\pi, & l = l' \\ 0, & l \neq l' \end{cases} \tag{5.5.4-7}$$

于是,式(5.5.4-6)变形为

$$\iint_{\infty} [e_{lpy}(r) e^{il\varphi} e^{*}_{l'p'y}(r) e^{-il'\varphi}] r \mathrm{d}r \mathrm{d}\varphi = \begin{cases} 2\pi \int_0^{\infty} [e_{lpy}(r) e^{*}_{lp'y}(r)] r \mathrm{d}r, & l = l' \\ 0, & l \neq l' \end{cases} \tag{5.5.4-8}$$

于是,只需计算

$$2\pi \int_0^{\infty} [e_{lpy}(r) e^{*}_{lp'y}(r)] r \mathrm{d}r = 1 \tag{5.5.4-9}$$

此时,代入式(5.5.4-5),可得

$$\begin{aligned} & 2\pi \int_0^{\infty} e_{lpy}(r) e^{*}_{lp'y}(r) r \mathrm{d}r \\ & = \int_0^{\infty} \left[\sqrt{\frac{(p-1)!}{(l+p-1)!}} \mathrm{L}^l_{p-1}(x) \right] \left[\sqrt{\frac{(p'-1)!}{(l+p'-1)!}} \mathrm{L}^l_{p'-1}(x) \right] e^{-x} x^l \mathrm{d}x \end{aligned} \tag{5.5.4-10}$$

根据整数阶拉盖尔多项式的正交性

$$\int_0^{\infty} e^{-x} x^m \mathrm{L}^m_n(x) \mathrm{L}^m_{n'}(x) \mathrm{d}x = \frac{(m+n)!}{n!} \delta_{nn'} \tag{5.5.4-11}$$

由此可知,在式(5.5.4-10)中,当 $p \neq p'$ 时积分为 0;当 $p = p'$ 时积分为 1。于是式(5.5.4-3)的三个条件均得到满足。

2. LP 模式的几个低阶模式

由式(5.5.4-6)定义的 LP_{lp} 模的模式场,除了序号 lp 外,只有一个参数——基模模斑半径 s,这意味着,不同结构的圆光波导,其模场分布都采用固定的形式,也就是说,如果两个光波导的基模模斑半径 s 相同,则它们的高阶模分布是一样的。仔细观察式(5.5.4-6),可以发现该式由 4 部分组成:①系数;②与归一化半径 $x=(r/s)^2$ 相关的部分;③与柱坐标的辐角相关的部分 $e^{il\varphi}$;④偏振方向。

(1) 系数。系数的作用是确保高阶模是收敛的,也就是模式的阶次越高,它的系数越小;

(2) 与归一化半径相关的部分可写为

$$\boldsymbol{e}_{lpy}(r) = e^{-\frac{x}{2}} x^{\frac{l}{2}} \mathrm{L}^l_{p-1}(x) \tag{5.5.4-12}$$

其中,它又分为两项,一项是负指数函数 $e^{-\frac{x}{2}}$,它对于所有的模式都是相同的,可以确保 $r \to \infty$ 时模场为 0;另一项是一个多项式(因为 $x^{\frac{l}{2}} = (r/s)^l$,与后面的拉盖尔多项式相乘后还是一个多项式),而多项式的阶数决定了它所含有的零点数。其中

的拉盖尔多项式由一个微分式递推得到

$$\mathrm{L}_{p-1}^{l}(x)=\frac{\mathrm{e}^{x}x^{-l}}{(p-1)!}\frac{\mathrm{d}^{p-1}}{\mathrm{d}x^{p-1}}(\mathrm{e}^{-x}x^{l+p-1}),\quad p=1,2,\cdots \tag{5.5.4-13}$$

若记

$$P_{l,p}(x)=x^{\frac{l}{2}}\mathrm{L}_{p-1}^{l}(x)=\frac{\mathrm{e}^{x}x^{-\frac{l}{2}}}{(p-1)!}\frac{\mathrm{d}^{p-1}}{\mathrm{d}x^{p-1}}(\mathrm{e}^{-x}x^{l+p-1}),\quad p=1,2,\cdots \tag{5.5.4-14}$$

则可以计算出 25 个低阶模的多项式 $P_{l,p}(x)$，如下：

① $l=0$，计算得出

$$P_{01}=1,\quad P_{02}(x)=(-x+1),\quad P_{03}(x)=\frac{1}{2}(x^2-4x+2),$$

$$P_{04}(x)=\frac{1}{6}(-x^3+9x^2-18x+6),$$

$$P_{05}(x)=\frac{1}{24}(x^4-16x^3+72x^2-96x+24), \tag{5.4.1-15}$$

$$P_{06}(x)=-\frac{1}{120}(x^5-25x^4+200x^3-600x^2+600x-120) \tag{5.5.4-16}$$

② $l=1$，计算得出

$$P_{11}(x)=x^{1/2},\quad P_{12}(x)=-\frac{1}{2}x^{1/2}(x-2),\quad P_{13}(x)=\frac{1}{6}x^{1/2}(x^2-6x+6)$$

$$P_{14}(x)=-\frac{1}{24}x^{1/2}(x^3-12x^2+36x-24)$$

$$P_{15}(x)=\frac{1}{120}x^{1/2}(x^4-20x^3+120x^2-240x+120) \tag{5.5.4-17}$$

③ $l=2$，计算得出

$$P_{21}(x)=x,\quad P_{22}(x)=-\frac{1}{6}x(x-3),\quad P_{23}(x)=\frac{1}{12}x(x^2-8x+12)$$

$$P_{24}(x)=-\frac{1}{60}x(x^3-15x^2+60x-60) \tag{5.5.4-18}$$

④ $l=3$，计算得出

$$P_{31}(x)=\frac{1}{6}x^{3/2},\quad P_{32}(x)=-\frac{1}{12}x^{3/2}(x-4),$$

$$P_{33}(x)=\frac{1}{60}x^{3/2}(x^2-10x+20) \tag{5.5.4-19}$$

⑤ $l=4$，计算得出

$$P_{41}(x)=\frac{1}{12}x^2,\quad P_{42}(x)=-\frac{1}{60}x^2(x-5),$$

$$P_{43}(x)=\frac{1}{120}x^2(x^2-12x+30) \tag{5.5.4-20}$$

⑥ $l=5$,计算得出

$$P_{51}(x)=\frac{1}{60}x^{5/2},\quad P_{52}(x)=-\frac{1}{60}x^{5/2}(x-6) \tag{5.5.4-21}$$

⑦ $l=6$,计算得出

$$P_{61}(x)=\frac{1}{60}x^3,\quad P_{62}(x)=-\frac{1}{420}x^3(x-7) \tag{5.5.4-22}$$

归纳以上结果,我们看到:除了 LP_{0p} 模式以外,其余各个模式在光纤的纤芯($r=0$)处都是 0;因此,多模(或者少模)光纤在 $r=0$ 处的光强完全由 LP_{0p} 模式决定,而每一个模式的相对功率是相等的。

(3) 与柱坐标的辐角相关的部分 $e^{il\varphi}$。由于 $e^{il\varphi}=\cos l\varphi+i\sin l\varphi$,或者从正频与负频简并的角度看,都表明,实际上式(5.5.4-6)代表了两个模式。所以上面介绍的 25 个模式,加上角度的考虑以及偏振方向的考虑,实际上代表了将近 90 多个模式。习惯上,更多的人愿意把模式场写成 $\cos l\varphi$ 和 $\sin l\varphi$ 的形式,其实意义并不大,因为它是圆对称的,无所谓 x 轴与 y 轴。

(4) 偏振方向:按照标量法,可以分为两个偏振方向。如果是正圆的,那么这种区分意义不大,但是实际上不可能是理想正圆,所以,当要考虑双折射的时候,偏振方向还是有意义的,这时,偏振方向一定要对准光纤的一个主轴。

3. 低阶 LP 模式的截止频率

我们知道,高斯近似法只适用于远离截止频率的情形,理论上不能用光场的特征方程通过令 $W\to 0, U\to V$ 得到,所以求各个模式的截止频率时,还是要回到原始的用贝塞尔函数表示的模场。好在这个问题并不复杂。

对于少模光纤,它仍然是一个二层的均匀圆光波导,所以完全可以利用 3.6.3 节的理论结果。改为 LP_{lp} 的表述方式,重述如下:

① 当 $l\neq 0$ 时,截止条件为 $J_{l-1}(V)=0$(但不包括 $V=0$);

② 当 $l=0$ 时,截止条件为 $J_1(V)=0$(包括 $V=0$)。

将线偏振模以 l 的次序和根从小到大的次序 p 进行排列,即可对线偏振模 LP_{lp} 进行排序。它们的截止条件分别为

$$l=0,\quad J_1(V)=0,\quad V=0,3.83,7.01,\cdots \tag{5.5.4-23}$$

$$l=1,\quad J_0(V)=0,\quad V=2.4048,5.5201,\cdots \tag{5.5.4-24}$$

$$l=2,\quad J_1(V)=0,\quad V=3.83,7.01,\cdots \tag{5.5.4-25}$$

从而 LP_{mn} 依次出现的顺序为 $LP_{01}, LP_{11}, LP_{02}, LP_{21}, LP_{12},\cdots$。

对于平方率圆光波导(对应于 G.651 光纤)可以根据式(5.4.4-29)直接得出。

4. 低阶 LP 模式的传输常数

5.5.1 节得出了用变分法求传输常数的一般公式，即式(5.5.1-8)，该式是直接由柱坐标下的变系数微分方程得到的，适用于任何圆光波导，所以既适合于少模光纤，也适合与多模平方率圆光波导(G.651 光纤)，将其改为 LP_{lp} 的表述方式，重述如下：

$$\beta^2=\frac{\int_0^{+\infty}[k^2n^2(r)-l^2/r^2]e_y^2r\mathrm{d}r-\int_0^{+\infty}(\mathrm{d}e_y/\mathrm{d}r)^2r\mathrm{d}r}{\int_0^{+\infty}e_y^2r\mathrm{d}r}\tag{5.5.4-26}$$

由于每个模式场的表达式已经知道，所以可以直接用式(5.5.4-26)求出。并且可以看出，模式场的系数不影响计算结果，所以我们只需关注与归一化半径相关的部分。为此，将它作一些变形。由于 $r=s\sqrt{x}$，$\mathrm{d}r=\frac{s}{2}x^{-1/2}\mathrm{d}x$，代入得到

$$\beta^2=\frac{\int_0^{+\infty}\left[k^2n^2(x)s^2-\frac{l^2}{x}\right]e_y^2\mathrm{d}x-\int_0^{+\infty}4x\left(\frac{\mathrm{d}e_y}{\mathrm{d}x}\right)^2\mathrm{d}x}{s^2\int_0^{+\infty}e_y^2\mathrm{d}x}\tag{5.5.4-27}$$

下面我们以少模光纤为例，求它的传输常数。少模光纤仍然是一个阶跃光纤，由于 $s=a/\sqrt{2\ln V}$，所以当 $r=a$ 时，$x=2\ln V$，这样，其折射率分布为

$$n^2(x)=\begin{cases}n_1^2, & x\leqslant 2\ln V\\ n_2^2, & x\geqslant 2\ln V\end{cases}\tag{5.5.4-28}$$

当 $x\leqslant 2\ln V$，且 $V\geqslant 1$ 时，式(5.5.4-27)可改写为

$$\beta^2=\frac{s^2\left[\int_0^{2\ln V}(k^2n_1^2)e_y^2\mathrm{d}x+\int_{2\ln V}^{+\infty}(k^2n_2^2)e_y^2\mathrm{d}x\right]-l^2\int_0^{+\infty}(x^{-1})e_y^2\mathrm{d}x-\int_0^{+\infty}4x\left(\frac{\mathrm{d}e_y}{\mathrm{d}x}\right)^2\mathrm{d}x}{s^2\int_0^{+\infty}e_y^2\mathrm{d}x}\tag{5.5.4-29}$$

(1) 若 $l=0$，式(5.5.4-29)化简为

$$\beta^2=\frac{s^2\left[\int_0^{2\ln V}(k^2n_1^2)e_y^2\mathrm{d}x+\int_{2\ln V}^{+\infty}(k^2n_2^2)e_y^2\mathrm{d}x\right]-\int_0^{+\infty}4x\left(\frac{\mathrm{d}e_y}{\mathrm{d}x}\right)^2\mathrm{d}x}{s^2\int_0^{+\infty}e_y^2\mathrm{d}x}\tag{5.5.4-30}$$

① 对于 LP_{01} 模，有

$$P_{01}=1,\quad e_y=\mathrm{e}^{-\frac{x}{2}},\quad e_y^2=\mathrm{e}^{-x},\quad \frac{\mathrm{d}e_y}{\mathrm{d}x}=-\frac{1}{2}\mathrm{e}^{-\frac{x}{2}},\quad \left(\frac{\mathrm{d}e_y}{\mathrm{d}x}\right)^2=\frac{1}{4}\mathrm{e}^{-x}\tag{5.5.4-31}$$

代入得到

$$\beta^2=\frac{k^2n_1^2a^2-(1+2\ln V)}{a^2} \tag{5.5.4-32}$$

若定义有效折射率 $n_{\mathrm{eff}}^2=\beta^2/k^2$，则可得

$$k^2n_1^2a^2-k^2n_{\mathrm{eff}}^3a^2=1+2\ln V \tag{5.5.4-33}$$

仿照3.6.3节关于归一化传输常数的定义式(3.6.3-10)，得到

$$b=\frac{(\beta/k)^2-n_a^2}{n_{\mathrm{m}}^2-n_a^2} \tag{3.6.3-10}$$

我们定义

$$b'=\frac{n_1^2-n_{\mathrm{eff}}^2}{n_1^2-n_2^2} \tag{5.5.4-34}$$

注意根据这个定义，b'为接近芯层折射率的程度，显然有 $b'+b=1$。代入式(5.5.4-33)可以得到

$$b'=\frac{1+2\ln V}{V^2} \tag{5.5.4-35}$$

由此可以知道，当 $V\to\infty$ 时，$b'\to 0$。表明越来越接近在芯层中传输。此外，对于少模光纤，通常 $k^2n_1^2a^2=(2\pi\times1.5)^2(a/\lambda)^2\gg 1$，于是

$$\beta\approx\frac{1}{a}\sqrt{k^2n_1^2a^2-2\ln V} \tag{5.5.4-36}$$

这就是少模光纤基模 LP_{01} 的传输常数，将这个公式与式(3.6.3-20)～式(3.6.3-22)相比，本公式更直接。

② 对于 LP_{02} 模式，由于

$$P_{02}(x)=(1-x),\quad e_y=\mathrm{e}^{-\frac{x}{2}}(1-x),\quad e_y^2=\mathrm{e}^{-x}(1-x)^2 \tag{5.5.4-37}$$

$$\frac{\mathrm{d}e_y}{\mathrm{d}x}=-\frac{1}{2}(3-x)\mathrm{e}^{-\frac{x}{2}},\quad \left(\frac{\mathrm{d}e_y}{\mathrm{d}x}\right)^2=\frac{1}{4}(3-x)^2\mathrm{e}^{-x} \tag{5.5.4-38}$$

将以上各式代入式(5.5.4-30)，经过计算后得到

$$\beta^2=\frac{(k^2n_1^2a^2)-[1+(2\ln V)^2]-6\ln V}{a^2} \tag{5.5.4-39}$$

由此可以计算出

$$b'=\frac{1+6\ln V+(2\ln V)^2}{V^2} \tag{5.5.4-40}$$

和 LP_{01} 模的式(5.5.4-36)相比，LP_{02} 模式向芯层趋近的速度要慢一些。

(2) 若 $l=1$，式(5.5.4-29)化简为

$$\beta^2 = \frac{s^2\left[\int_0^{2\ln V}(k^2 n_1^2)e_y^2\mathrm{d}x + \int_{2\ln V}^{+\infty}(k^2 n_2^2)e_y^2\mathrm{d}x\right] - \int_0^{+\infty}(x^{-1})e_y^2\mathrm{d}x - \int_0^{+\infty}4x\left(\frac{\mathrm{d}e_y}{\mathrm{d}x}\right)^2\mathrm{d}x}{s^2\int_0^{+\infty}e_y^2\mathrm{d}x}$$

(5.5.4-41)

对于 PL_{11} 模，代入相关值，经过计算后得到

$$\beta^2 = \frac{(k^2 n_1^2 a^2) - (1 + 6\ln V)}{a^2} \tag{5.5.4-42}$$

于是，

$$b' = \frac{1 + 6\ln V}{V^2} \tag{5.5.4-43}$$

比较 LP_{01}、LP_{11a}、LP_{11b} 和 LP_{02} 共 4 个低阶模，可以看出，它们的归一化的传输常数 $b'V^2$，分别按照 $(1+2\ln V)$，$(1+6\ln V)$，$(1+6\ln V)$，以及 $[1+6\ln V+(2\ln V)^2]$ 的规律变化，同时注意到 LP_{11a} 模和 LP_{11b} 模是简并的。

第 5 章小结

本章研究了两类最重要的非均匀折射率分布的光波导，即非均匀平面光波导和非均匀圆光波导，重点是模式场的求解和特征方程的获得。对于这两类光波导的分析，前提是它们的亥姆霍兹方程都是变系数的齐次方程，也就是忽略了 $\nabla\varepsilon$ 项。在这个前提下，分析方法可分为本征函数法和近似法。本征函数法只对极特殊的光波导有效，包括梯度型渐变折射率平面光波导和平方率圆波导。其他结构形式的非均匀光波导都没有解析解，而不得不采用近似方法，这些近似方法包括 WKB 近似法、高斯近似法、级数解法、多层分割法、伽辽金方法（变分法）等。

在这些近似方法中，最重要的是高斯近似法，它给出了统一的规范模式场的模型，这样可以对不同结构的光波导进行互相比较。而且高斯近似法给出的模斑半径或者模斑直径是一个重要的物理概念，是光波导的一个重要指标。现在，标准的 G.652 光纤，其模斑直径为 8～10μm。而现在总的发展趋势是，在解决了光纤对接技术的前提下，趋向于制造小模斑的光纤，这样其弯曲特性会更好，有的甚至达到 4～6μm。

为了适应模分复用等技术的发展，本章还研究了少模光纤的问题，指出：任何一种弱导的非均匀圆光波导，每个模式都可用拉盖尔-高斯函数描述。每个模式都有一个共同项，即高斯函数项 $\exp\left(-\frac{r^2}{2s^2}\right)$，它只有一个参数：模斑半径。也就是

说，如果两个圆光波导的模斑半径相同，那么它们的表现是一样的。只不过在使用的时候，模式数量有差别而已。所以，一个圆光波导的模斑半径是它唯一重要的参数。当激发的模式数量变化时，光斑可能不一样，但是它的模斑半径不会因模式数量的改变而改变。至于其他的高阶模，都是在高斯函数项上再乘以一个多项式而已，多项式的阶数由模式的第二个指标 p 确定。

总体来说，追求完美的解法，并不是工程实际所需要的目标。精确的模式场分布情况，对于工程实际来说，也没有多大的意义。而且这些分析方法普遍比较复杂，研究人员难以使用。现在大多研究者趋向于使用专用仿真软件解决这个问题，所以本章的作用已经大大下降。但是，在进行少模光纤的模式分析、多模光纤的耦合问题等，仍然有很多实际需要。

第5章思考题

5.1　用射线光学的分析方法，说明三层均匀平面波导中形成导模的条件。

5.2　试推导三层均匀平面波导中 TM 模的场分布与本征值方程。

5.3　一平面波导薄膜、衬底和包层折射率分别为 n_1、n_2 和 n_3，若在波长 λ 下保持单模传输，薄膜的厚度 d 应在什么范围内选取？

5.4　一平面波导薄膜、衬底和包层折射率分别为 n_1、n_2 和 n_3，薄膜的厚度为 d，若只让 TE_0 模传输，频率 ω、波长 λ 分别应在什么范围内选取？

5.5　有一玻璃波导，衬底玻璃的折射率为 $n_2=1.515$，芯区玻璃的折射率为 $n_1=1.620$，包层为空气，若芯区的厚度为 $d=1.00\mu m$，传输波长为 $\lambda=0.82\mu m$，波导中能传输哪几种导模？

5.6　相同的波导参数和入射光波长中形成的导模，哪种模式光线全反射的入射角最大，为什么？

5.7　简述 WKB 近似法求解渐变折射率波导本征值方程(5.2.2-28)中传播常数的步骤。

5.8　利用高斯近似法导出阶跃光纤的模斑半径。详细写出推导过程。

5.9　简述变分法求渐变折射率波导的场分布和传播常数的步骤。

5.10　用变分法求出抛物线形折射率分布，即 $n^2(x)=n_1^2[1-2\Delta(x/a)^2]$的场分布和传播常数。

5.11　在 5.4.1 节的式(5.4.1-22)描述了平方律圆光波导的射线方程，而在 5.4.2 节以及后面的 5.4.3 节和 5.4.4 节，由于模式场写为 $e_y=e_y(\boldsymbol{r})e^{im\varphi}$，因此，其波矢总是指向 z 方向。如何解释这个问题？

5.14　求出 3.7.3 节中 W 型光纤的模斑半径，并将它二层的阶跃单模光纤的模斑半径进行比较。

5.15 在求解非均匀圆光波导的过程中,有很多方法,你愿意采用哪种方法?说明你选择这种方法的理由。

5.16 引入模斑半径的概念之后,不同结构的光波导,只要它们的模斑半径相同,它们的表现是一样的。请举例说明,如果用一个多层均匀的圆光波导去等效一个梯度光纤,应该如何设计?

5.17 少模光纤与多模光纤结构一样吗?它们是不是仅仅在模式数量上有差别?

5.18 在本书中,关于多模光纤的传输常数,有很多近似表达式,例如WKB近似法、高斯近似法、拉盖尔-高斯函数等,你如何看待这些表达式?

第 6 章

非正规光波导

6.1 概述

前面几章介绍了平面光波导和圆光波导，无论是均匀的还是非均匀的，它们都属于正规光波导，或称规则光波导，它们的折射率分布具有很好的几何对称性。在正规光波导中，除上述两种外，还有一大类不具有良好几何对称性的光波导，即非圆光波导。比如当光纤弯曲、拉伸、受侧压时，其圆对称性受到了破坏，称为非圆光波导。但这种横截面上的非圆性，常常伴随有纵向不均匀性。因此，在研究非圆光波导之前，我们先介绍非正规光波导的一般理论，而非圆光波导的问题留待第 7 章讨论。

所谓正规光波导，或称规则光波导，其共同特点是光波导的折射率分布沿纵向是均匀的，可表示为

$$\varepsilon(x,y,z)=\varepsilon(x,y) \tag{6.1.0-1}$$

这种光波导的最大特点是存在着模式的概念，即存在着一系列的各横截面分布都相同的沿纵向稳定的场分布，可用公式表示为

$$\begin{pmatrix}\boldsymbol{E}\\ \boldsymbol{H}\end{pmatrix}_i=f_i(z)\begin{pmatrix}\boldsymbol{e}_i\\ \boldsymbol{h}_i\end{pmatrix}(x,y) \tag{6.1.0-2}$$

式中，下标 i 表示模式的序号，一般由两个数字组成。光波导中的光场，是上述模式场的线性叠加，如式(2.1.1-9)所示

$$\begin{pmatrix}\boldsymbol{E}\\ \boldsymbol{H}\end{pmatrix}=\sum_i\begin{pmatrix}a_i\boldsymbol{e}_i\\ b_i\boldsymbol{h}_i\end{pmatrix}(x,y)f_i(z) \tag{2.1.1-9}$$

式中，a_i 和 b_i 是相对的幅度（分解系数），它们不是坐标(x,y,z)的函数而为常数，对于传导模有 $f_i(z)=\exp(\mathrm{i}\beta z)$。

但在实际应用中，ε 常常与 z 有关，表明这种光波导存在纵向不均匀性，称这种光波导为非正规（非规则）光波导。

引起折射率分布的纵向不均匀性的原因有许多，主要有以下几点。

1. 制造的原因

(1) 一根实际光纤，在制造过程中，芯层和包层的折射率的分界面不规整。比如阶跃单模光纤的芯层与包层的界面不规整，出现随机起伏，如图6.1.0-1(a)所示。

(2) 光纤的直径沿纵向大小不一，一头大，一头小等，如图6.1.0-1(b)所示。

(3) 折射率分布形式随 z 变化，比如相对折射率差 Δ 沿纵向不均匀等，如图6.1.0-1(c)所示。

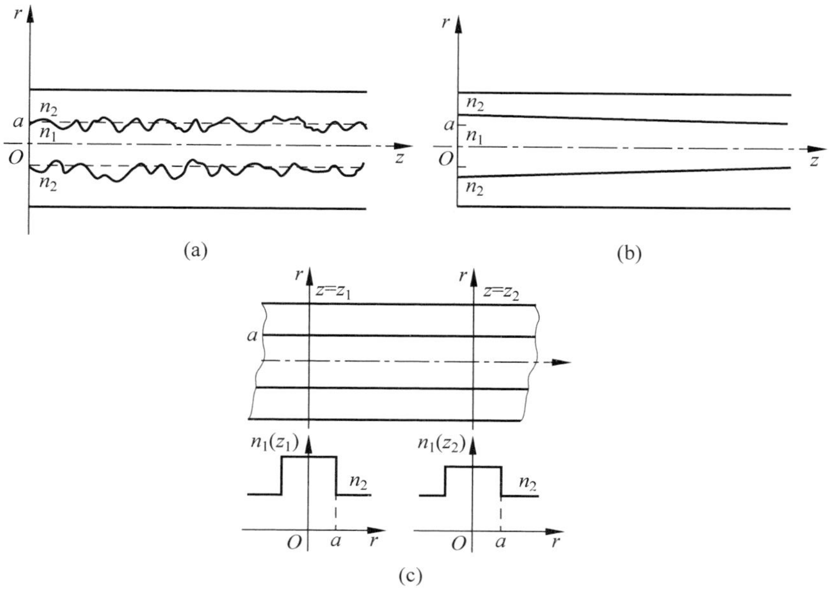

图6.1.0-1　非正规光波导

(a) 芯包界面随机起伏；(b) 芯径纵向不均匀；(c) 折射率纵向分布不均匀

2. 使用的原因

(1) 在成盘、敷设、安装、接续等使用光纤（或光缆）的过程中，光纤不可避免地会弯曲，虽然这种弯曲的曲率半径相对于光纤的半径要大得多（通常称为宏弯曲），但当曲率半径小到一定程度的时候，弯曲光纤的内侧与外侧的折射率相差很大，纵向不均匀性也很严重。

(2) 在使用过程中,温度的变化使光纤的几何尺寸发生变化,引起折射率分布随之变化。同时,在使用过程中,光纤要承受拉力、侧压力、重力等应力,一方面使光纤的几何形状发生畸变,另一方面由于应力分布不均匀,将产生因弹光效应引起的折射率分布不均匀。比如,一根悬挂于两杆之间的光缆(图 6.1.0-2),光纤各处受力是不均匀的,而且夏季与冬季的温度不相同,受力情况发生变化。这些不仅导致折射率分布的纵向不均匀性,而且还有可能导致各向异性。

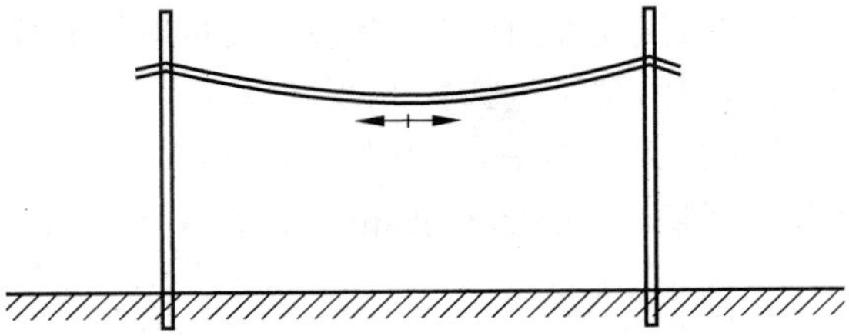

图 6.1.0-2 悬挂于两杆之间的光缆,光纤受非均匀应力

3. 人为的原因

有时为了获得某些特殊用途的光器件,往往要有意利用纵向不均匀性制造成非正规光波导,比如光纤光栅(参见图 6.1.0-3,图(a)为它的结构,图(b)为它的折射率分布)等。

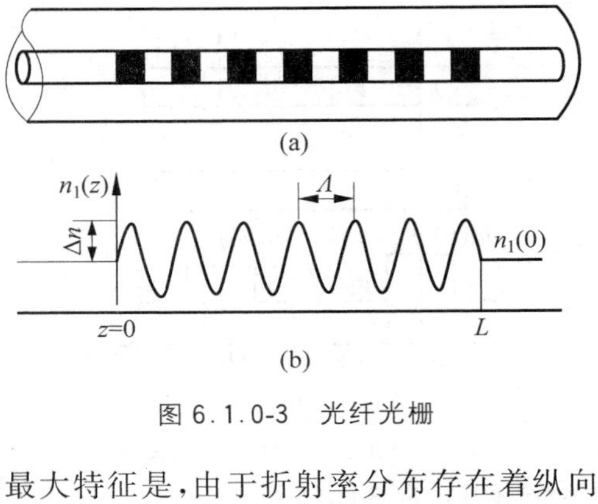

图 6.1.0-3 光纤光栅

非正规光波导的最大特征是,由于折射率分布存在着纵向非均匀性,不存在严格意义下的模式。这句话的含义是找不到形如 $\boldsymbol{e}(x,y)\exp(\mathrm{i}\beta z)$ 的解,使它既满足非正规光波导的麦克斯韦方程,又满足边界条件。

尽管如此,我们仍然可以找到某一个正规光波导(可称为参考光波导),使得非正规光波导内的场可以展开成这个正规光波导的一系列模式场之和,即

$$\boldsymbol{E}(x,y,z)=\sum_k a_k(z)\boldsymbol{e}_k(x,y)\exp(\mathrm{i}\beta_k z) \tag{6.1.0-3}$$

式中,$\boldsymbol{E}(x,y,z)$ 是非正规光波导内的光场,$\boldsymbol{e}_k(x,y)$ 和 β_k 分别是参考正规光波导

的序号为 k 的模式场和传输常数，$a_k(z)$是分解系数(相对幅度)。与正规光波导的分解系数是常数不同，非正规光波导分解系数 $a_k(z)$将随 z 变化。今后我们将进一步说明，这种分解不仅包括传导模的离散和，还包括辐射模的连续和(求积分)。虽然光在光波导中传输的总功率不变，但各个模的功率 $a_k^2(z)$都在变化，相当于一些模式的功率转换给另一些模式，这种现象称为模式耦合。因此，模式耦合是非正规光波导的重要特征。

非正规光波导从总体上可以分为折射率纵向独立变化与纵向非独立变化两大类。纵向独立变化是指折射率随 z 的变化规律与横坐标(x,y)无关。比如一根阶跃光纤，在制棒或拉丝时，两端控制不均匀，一头大、一头小，就形成了纵向独立变化的光波导(图 6.1.0-1(b))。这时它的折射率分布为

$$n^2(r)=\begin{cases}n_1^2, & r<a(z)\\ n_2^2, & r>a(z)\end{cases} \tag{6.1.0-4}$$

$a=a(z)$是芯层半径，随 z 变化，却与横坐标(x,y)无关，绝大部分非正规光波导都是纵向独立变化的，今后也将只讨论这种类型的非正规光波导。

纵向独立变化的非正规光波导又可分为缓变的、迅变的和突变的 3 种。

当纵向的折射率相对变化很小，即$\dfrac{1}{\varepsilon}\dfrac{\partial\varepsilon}{\partial z}\to 0$，这种光波导称为缓变光波导。事实上有许多光纤，长度相对于芯径大很多倍，$\dfrac{1}{\varepsilon}\dfrac{\partial\varepsilon}{\partial z}\to 0$ 这一条件常常被满足，都是缓变光波导。通常的宏观不规则性都可看作缓变光波导。宏弯曲、制棒与拉丝的非规则性、宏应力等都导致缓变光波导。

但是另外一些光纤的折射率有随机起伏、芯包界面存在严重的微观不均匀性，在很小的可与波长相比拟的长度 Δz 上引起的折射率变化却很大，因此不可看作缓变光波导。比如光纤的微弯曲、热应力及光纤光栅等，都导致迅变光波导。

此外，在光纤的端头处，或在两光纤的接头处，折射率突然变化，这就是突变光波导。此时，光波在端面处发生反射与折射，服从菲涅尔定律。

以上分析的各类非正规光波导的关系为

$$\text{非正规光波导}\begin{cases}\text{纵向独立变化}\begin{cases}\text{缓变：}\dfrac{1}{\varepsilon}\dfrac{\partial\varepsilon}{\partial z}\to 0\\ \text{迅变：随机起伏}\\ \text{突变：}\dfrac{1}{\varepsilon}\dfrac{\partial\varepsilon}{\partial z}\to\infty\end{cases}\\ \text{纵向非独立变化}\end{cases}$$

三种独立变化的非正规光波导，当光波在其内传输时呈现不同的物理现象，从而引出不同的概念。

对于缓变光波导，可认为在一根短段(例如几米或几十米)为正规光波导。因此，在一根短段内，可建立模式的概念，这种模式称为局部模式，如图 6.1.0-4 所示。

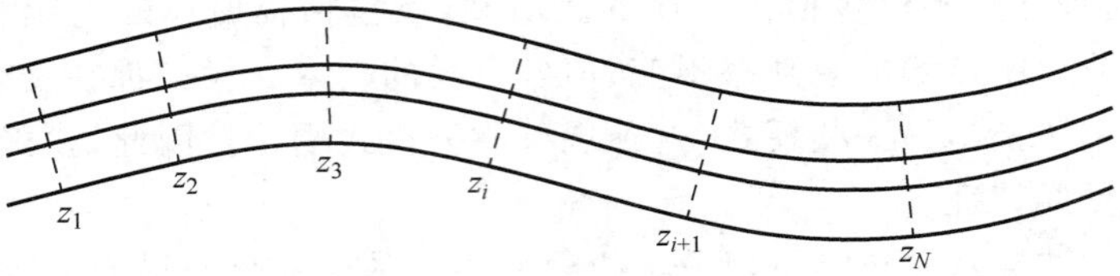

图 6.1.0-4 局部模式

它的光场可表示为

$$\boldsymbol{E}(x,y,z)=\boldsymbol{e}_i(x,y)\exp[\mathrm{i}\beta_i(z-z_i)],\quad z_i<z<z_{i+1} \tag{6.1.0-5}$$

不同的短段，由于光波导的结构参数发生了变化，β_i 与 $\boldsymbol{e}_i$ 均发生了相应的变化，成为 z 的函数，最后导致

$$\boldsymbol{E}(x,y,z)=\boldsymbol{e}(x,y,z)\exp\left[\mathrm{i}\int\beta(z)\mathrm{d}z\right] \tag{6.1.0-6}$$

局部模式处理问题的方法是简单的。例如前面的关于纵向独立变化的阶跃光纤，因其 $a=a(z)$ 随 z 变化，于是 $V^2=2\Delta k^2n^2a^2(z)$ 也随 z 变化，从而 β，$\boldsymbol{e}(x,y)$ 等均随 z 变化。

注意，局部模式是不满足麦克斯韦方程的。

对于迅变光波导，用局部模式的概念是站不住脚的。因为如果折射率沿纵向的变化与波长可比拟的话，便找不到形如局部模式式(6.1.0-5)的解，使它满足边界条件。因此，迅变光波导的分析主要采用模式耦合理论。

需要指出的是，模式耦合理论不仅适用于迅变光波导，同时也适用于缓变光波导，而且缓变光波导的模式耦合理论相对简单些，因此我们先研究缓变光波导的模式耦合理论。

6.2 正规光波导的辐射模与空间过渡态

对于一个非正规光波导，参与模式耦合过程的除了有前面介绍的离散的模式(称为传导模，简称导模)之外，还有辐射模。辐射模和导模都是建立在正规光波导上的概念，因此，我们首先介绍正规光波导的辐射模的概念。

我们在求解正规光波导的模式场时，曾反复强调了模式场的横向分布在 $r\to\infty$ 时，其大小(或功率密度)应迅速以接近 $\exp(-r)$ 的方式趋于零。这样，它的场主要束缚在光波导的芯层之中，如果光波导是无损耗的，这种模式可不受限制地一直传输下去，这种模式称为传导模。

如果当 $r\to\infty$ 时，其场的分量不是迅速趋于零，而是以振荡的形式($\cos kr$)慢慢减小。这种模式的模式场就将散布于光波导以外的很大的空间中，形成衰耗，这种模式就是辐射模。辐射模和传导模统称为正规光波导上的传输模。

辐射模是怎样形成的呢？以入射到一根阶跃光纤的光线来说明(图 6.2.0-1)。

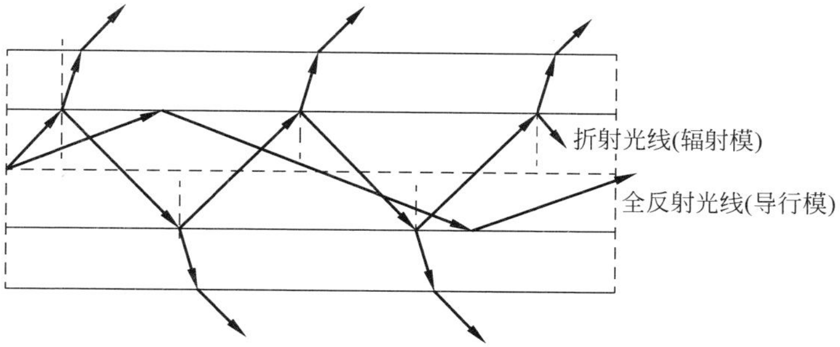

图 6.2.0-1 折射光线对应的模式——辐射模

入射到阶跃光纤的许多光线之中，只有一部分满足全反射定律，可以被限制在光纤芯层而一直传输下去。那些不满足全反射定律的光线，尽管有一部分能量从光纤界面折射出去，但是还剩一部分在芯层中折射着前进。这些折射线对应的模式就是辐射模。当然，这些折射线经过一段传输后，能量辐射尽了，就只剩传导模了。

因此，从光源激发出很多模式一直到光波导中只剩下传导模这一段光波导的传输过程，称为空间过渡过程(或空间过渡态)。

空间过渡过程的现象很容易观察到。当我们将光源(比如 He-Ne 激光器)耦合到光纤时，在光纤的始端可以看见光纤是红颜色的，这证明有光辐射出来，这就是空间过渡态。空间过渡态的长度通常有几米，有时甚至可达几十米。

辐射模有哪些特点呢？

首先，由于辐射，辐射模是有损耗的。这种损耗区别于后面讲到的光波导的吸收损耗，故称为波导损耗。

其次，辐射模是连续不可数的(传导模是离散的)。以均匀的正规光波导为例，它满足齐次波动方程

$$(\nabla^2+k^2n^2)\boldsymbol{E}=0 \tag{6.2.0-1}$$

因为辐射模是有损耗的，所以可写为

$$\boldsymbol{E}(x,y,z)=\boldsymbol{e}(x,y)\exp[\mathrm{i}(\beta+\mathrm{i}\alpha)z] \tag{6.2.0-2}$$

式中，β 为相移常数，α 为衰减系数。将式(6.2.0-2)代入波动方程(6.2.0-1)，可得

$$[\nabla_t^2+(k^2n^2-\beta^2+\alpha^2-2\mathrm{i}\alpha\beta)]\boldsymbol{e}=0 \tag{6.2.0-3}$$

这说明，无论是求其矢量模($\boldsymbol{e}=\boldsymbol{e}_t+\boldsymbol{e}_z$ 先解 e_z)，或是求线偏振模(先解 e_y)，在同

样的边界条件下，由于其特征方程中自变量增加了一个变量 α，因此得不到离散的解。而是一组关于(α,β)的连续解。这相当于无论什么样的入射角，总可以激发出折射光线。

最后，易于证明，辐射模的 β 应小于 kn_a（包层的折射率）。因为若 $\beta>kn_a$，那么必有 $k^2n_a^2-\beta^2<0$，在均匀的包层中就得到一个迅速衰减的场 $\mathrm{K}(\sqrt{\beta^2-k^2n_a^2}r)$，就不是辐射模。因此，辐射模又可分为两种极端情况。

一种是当 β 接近于 kn_a 时，$\alpha\to 0$，衰减很小，传输起主要作用。该模式可以传很远，是真正的传输模式，但仍称为辐射模。这种现象，导致光纤连接后出现“虚假功率”，也就是光纤连接以后，由于连接的不是很好，导致大量辐射模存在，这时候测量的光功率不是单模光纤的真实功率，实际真实的单模功率要小于这个值。

另一种情况，若 $\beta\to 0$，α 必然很大，该模式事实上不会传输，而只在某一段内有一个稳定的场分布，称为迅衰场。这相当于接近垂直入射的情况。

与传导模一样，可以证明同一光波导的不同辐射模之间是正交的，而且与传导模之间也是正交的，即

$$\iint_{\infty}\boldsymbol{e}_i\times\boldsymbol{h}_j^*\cdot\mathrm{d}\boldsymbol{A}=0,\quad i\neq j \tag{6.2.0-4}$$

6.3 纵向模耦合方程

如前所述，非正规光波导最重要的特性就是模式耦合。注意，这里的模式耦合不是非“正规光波导的模式”耦合，而是某个可以用来近似描述非正规光波导的某个正规光波导的模式耦合。在第 5 章，我们已经研究了正规光波导无论具有什么样的结构，都可以用拉盖尔-高斯函数来近似描述。这样，所谓模式耦合往往就是这些模式的耦合。这里称为“纵向模耦合”是为了区分第 10 章的横向模耦合。二者的区别在于，纵向模耦合是同一个光波导不同阶数的模式相互耦合，而横向模耦合，是描述不同波导之间模式耦合，参与耦合的两个模式的阶数可以相等，也可以不等。本节分为 2 小节，6.3.1 节讲述弱导缓变光波导的模式耦合，6.3.2 节讲述迅变光波导的模式耦合。

6.3.1 弱导缓变光波导的模式耦合

如前所述，一个非正规光波导，不存在严格意义下的模式的概念。但它的场可以用一个“较好近似的正规光波导”的模式场的叠加来表示，即

$$\boldsymbol{E}(x,y,z)=\sum_{\mu}C_{\mu}(z)[\boldsymbol{e}_{\mu}(x,y)\exp(\mathrm{i}\beta_{\mu}z)] \tag{6.3.1-1}$$

求和是对一切传输模(包括传导模和辐射模)进行的,当对辐射模进行求和时,求和应改为积分,于是有

$$\boldsymbol{E}=\sum_k C_k(z)\boldsymbol{e}_k(x,y)\mathrm{e}^{\mathrm{i}\beta_k z}+\int_0^{\infty}C_\rho(z)\boldsymbol{e}_\rho\mathrm{e}^{\mathrm{i}\beta(\rho)z}\mathrm{d}\rho \tag{6.3.1-2}$$

上式右边的第一项表示对传导模求和,第二项表示对辐射模求和。式(6.3.1-2)亦可理解为,由于非正规波导有纵向不均匀性,使得在其内传输的对应的正规光波导的模式的幅度(或功率)不断变化,由一些模式转换到另一些模式。当然,这种转换是可逆的,既可以从低阶模转换到高阶模或辐射模,也可以从高阶模转换到低阶模。但实际上,低阶模的功率集中于芯层,高阶模的功率更多地散布于包层,而高阶模损耗比较大,辐射模的损耗更大,因此,总体上是从低阶模到高阶模再到辐射模的方向转换。至于如何判断某个正规光波导是另一个非正规光波导的较好近似,理论上无判别准则,实际上却很容易找到,如图6.3.1-1所示。

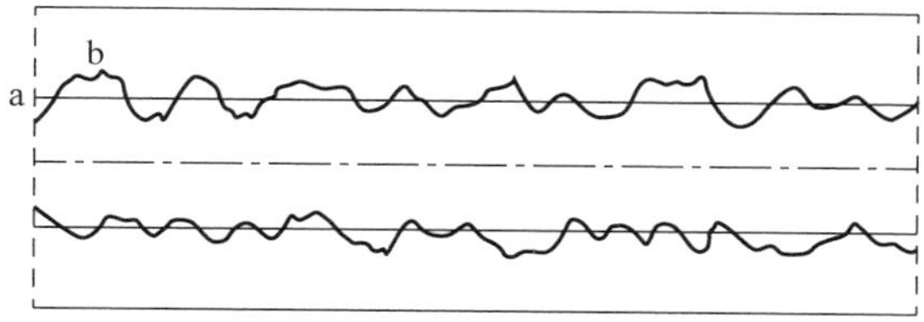

图6.3.1-1 非正规光波导用正规光波导近似

曲线a—参考光纤的芯包界面;曲线b—实际光纤的芯包界面

对于弱导缓变光波导而言,它的折射率分布沿横向满足弱导近似的条件(两层的 ε 变化很小,$|\nabla\varepsilon|\to 0$),沿纵向变化时变化缓慢$\left(即\dfrac{1}{\varepsilon}\dfrac{\partial\varepsilon}{\partial z}\to 0\right)$,它满足齐次波动方程

$$(\nabla^2+k^2n^2)\begin{pmatrix}\boldsymbol{E}\\\boldsymbol{H}\end{pmatrix}=0 \tag{1.1.2-24}$$

这里,将式(1.1.2-9)中电场强度 $\dot{\boldsymbol{E}}$ 和磁场强度 $\dot{\boldsymbol{H}}$ 表达式上面的点省略了,但请记住它们都是复矢量。这种弱导缓变光波导虽然不存在严格意义的模式概念,但因为是齐次方程,仍然存在线偏振光(不是线偏振模)的概念,其中一组为

$$\{0,E_y,E_z;\ H_x,0,H_z\} \tag{6.3.1-3}$$

而且 $\boldsymbol{E}$ 可以分解为某个(很好近似的)正规光波导的一系列模式的叠加,考虑它的一个线偏振分量 E_y,有

$$E_y(x,y,z)=\sum_\mu C_\mu(z)[e_{y\mu}(x,y)\exp(\mathrm{i}\beta_\mu z)] \tag{6.3.1-4}$$

弱导缓变光波导的线偏振光的电场强度满足

$$\left(\nabla_t^2+k^2n^2+\frac{\partial^2}{\partial z^2}\right)\boldsymbol{E}_y=0 \tag{6.3.1-5}$$

作为近似的参考正规光波导的一系列模式满足

$$(\nabla_t^2+k^2n_r^2-\beta_\mu^2)\boldsymbol{e}_{y\mu}=0 \tag{6.3.1-6}$$

式中，$n_r^2(x,y)$是作为参考波导的那个正规光波导的折射率分布，$n^2(x,y,z)$是非正规光波导的折射率分布，而 $n_r^2(x,y)$是 $n^2(x,y,z)$的一个“很好的近似”。将式(6.3.1-4)代入式(6.3.1-5)，得

$$\left(\nabla_t^2+k^2n^2+\frac{\partial^2}{\partial z^2}\right)\sum_v a_\nu(z)\boldsymbol{e}_{yv}(x,y)=0 \tag{6.3.1-7}$$

式中，

$$a_v(z)=c_v(z)\exp(\mathrm{i}\beta_\gamma z) \tag{6.3.1-8}$$

将式(6.3.1-7)与 $e_{y\mu}^*$ 的标量积减去式(6.3.1-6)与 $\boldsymbol{E}_y$ 的标量积，得

$$\boldsymbol{e}_{y\mu}^*\cdot\nabla_t^2\boldsymbol{E}_y-\boldsymbol{E}_y\cdot\nabla_t^2\boldsymbol{e}_{y\mu}^*+k^2(n^2-n_r^2)\boldsymbol{E}_y\cdot\boldsymbol{e}_{y\mu}^*+\boldsymbol{e}_{y\mu}^*\cdot\frac{\partial^2\boldsymbol{E}_y}{\partial z^2}+\boldsymbol{E}_y\cdot\beta^2\boldsymbol{e}_{y\mu}^*=0 \tag{6.3.1-9}$$

然后在无穷横截面上作积分

$$\iint_\infty(\boldsymbol{e}_{y\mu}^*\cdot\nabla_t^2\boldsymbol{E}_y-\boldsymbol{E}_y\cdot\nabla_t^2\boldsymbol{e}_{y\mu}^*)\mathrm{d}A+\iint_\infty k^2(n^2-n_r^2)\boldsymbol{E}_y\cdot\boldsymbol{e}_{y\mu}^*\mathrm{d}A+$$
$$\iint_\infty\left(\boldsymbol{e}_{y\mu}^*\cdot\frac{\partial^2\boldsymbol{E}_y}{\partial z^2}+\boldsymbol{E}_y\cdot\beta^2\boldsymbol{e}_{y\mu}^*\right)\mathrm{d}A=0 \tag{6.3.1-10}$$

对积分后的第一项应用散度定理，为(对辐射模也成立)

$$\iint_\infty(\boldsymbol{e}_{y\mu}^*\cdot\nabla_t^2\boldsymbol{E}_y-\boldsymbol{E}_y\cdot\nabla_t^2\boldsymbol{e}_{y\mu}^*)\mathrm{d}A=\oint_\infty[e_{y\mu}^*(\nabla\cdot\boldsymbol{E}_y)-\boldsymbol{E}_y(\nabla\cdot e_{y\mu}^*)]\mathrm{d}l=0 \tag{6.3.1-11}$$

积分后的第二项为

$$k^2\iint_\infty(n^2-n_r^2)\sum_v a_v(z)\boldsymbol{e}_{yv}\cdot\boldsymbol{e}_{y\mu}^*\mathrm{d}A=k^2\sum_v a_v(z)\iint_\infty(n^2-n_r^2)\boldsymbol{e}_{yv}\cdot\boldsymbol{e}_{y\mu}^*\mathrm{d}A \tag{6.3.1-12}$$

积分后的第三项利用正交性可得

$$\iint_\infty\boldsymbol{e}_{y\mu}^*\cdot\sum_v\frac{\partial^2a_v}{\partial z^2}\boldsymbol{e}_{yv}\mathrm{d}A+\beta_\mu^2\iint_\infty\sum_v a_v\boldsymbol{e}_{yv}\cdot\boldsymbol{e}_{y\mu}^*\mathrm{d}A=\left(\frac{\partial^2a_\mu}{\partial z^2}+\beta_\mu^2a_\mu\right)\iint_\infty|e_{y\mu}|^2\mathrm{d}A \tag{6.3.1-13}$$

最终得到

$$\frac{d^2 a_\mu}{dz^2}+\beta_\mu^2 a_\mu=\sum_v a_v(z)D_{v\mu} \tag{6.3.1-14}$$

式中，

$$D_{v\mu}=-\frac{k^2\iint_\infty (n^2-n_r^2)\boldsymbol{e}_{y\mu}^*\cdot\boldsymbol{e}_{yv}\,\mathrm{d}A}{\iint_\infty |e_{y\mu}|^2\mathrm{d}A} \tag{6.3.1-15}$$

方程(6.3.1-14)称为模式耦合方程，它表明 $a_\mu(z)$的变化率由其他模式的 $a_v(z)$决定。称 $D_{v\mu}$ 为两个模式的模耦合系数(v 为因，μ 为果)。而且可以看出，若 $n^2=n_r^2$ 时 $D_{v\mu}=0$，$a_\mu=\exp(\mathrm{i}\beta_\mu z)$，这正是正规光波导中模式的波动项。

值得注意的是，在弱导缓变光波导中，两个垂直偏振方向的模式之间并不发生耦合。

6.3.2 矢量模耦合方程

6.3.1 节因为在弱导近似和缓变条件下，非正规光波导的线偏振光满足齐次的波动方程，所以才能得到很简洁的模式耦合方程，而表征模式耦合大小的量是耦合系数。对于更一般的非正规光波导(比如迅变光波导)，或者不能采取标量近似的其他非正规光波导，模式耦合方程不再能从波动方程导出，而只能从麦克斯韦原始方程导出。

1.2.3 节已经导出了任意光波导中，光波的电磁场纵向分量与横向分量满足

$$\begin{cases}\nabla_t\times\boldsymbol{E}_t=\mathrm{i}\omega\mu_0\boldsymbol{H}_z\\ \nabla_t\times\boldsymbol{H}_t=-\mathrm{i}\omega\varepsilon\boldsymbol{E}_z\\ \nabla_t\times\boldsymbol{E}_z+\hat{z}\times\dfrac{\partial\boldsymbol{E}_t}{\partial z}=\mathrm{i}\omega\mu_0\boldsymbol{H}_t\\ \nabla_t\times\boldsymbol{H}_z+\hat{z}\times\dfrac{\partial\boldsymbol{H}_t}{\partial z}=-\mathrm{i}\omega\varepsilon\boldsymbol{E}_t\end{cases} \tag{1.1.2-27}$$

将方程组中前两个方程两边取旋度，整理后得

$$\begin{cases}\nabla_t\times(\nabla_t\times\boldsymbol{E}_t)-k^2n^2\boldsymbol{E}_t=-\mathrm{i}\omega\mu_0\hat{\boldsymbol{z}}\times\dfrac{\partial\boldsymbol{H}_t}{\partial z}\\ n^2\ \nabla_t\times\left[\left(\dfrac{1}{n^2}\right)\nabla_t\times\boldsymbol{H}_t\right]-k^2n^2\boldsymbol{H}_t=\mathrm{i}\omega\varepsilon\hat{\boldsymbol{z}}\times\dfrac{\partial\boldsymbol{E}_t}{\partial z}\end{cases} \tag{6.3.2-1}$$

这是一组联系任意光波导中光波的电场与磁场横向分量的方程。在这里，$\varepsilon=\varepsilon(x,y,z)$，或者 $n^2=n^2(x,y,z)$，是我们待求解的非正规光波导的折射率分布。

另外，取一个较好近似的正规光波导，其折射率分布为 $\tilde{\varepsilon}(x,y)$，它的模式场的

横向分量可表示为

$$\begin{cases}\boldsymbol{E}_{\mathrm{t}}=\boldsymbol{e}_{\mathrm{t}}(x,y)\exp(\mathrm{i}\beta z)\\ \boldsymbol{H}_{\mathrm{t}}=\boldsymbol{h}_{\mathrm{t}}(x,y)\exp(\mathrm{i}\beta z)\end{cases}\tag{6.3.2-2}$$

它们显然满足一组对应的方程（消去 $\exp(\mathrm{i}\beta z)$ 项），得

$$\begin{cases}\nabla_{\mathrm{t}}\times(\nabla_{\mathrm{t}}\times\boldsymbol{e}_{\mathrm{t}})-k^2n_0^2\boldsymbol{e}_{\mathrm{t}}=\beta\omega\mu_0\hat{\boldsymbol{z}}\times\boldsymbol{h}_{\mathrm{t}}\\ n_0^2\ \nabla_{\mathrm{t}}\times\left[\left(\dfrac{1}{n^2}\right)\nabla_{\mathrm{t}}\times\boldsymbol{h}_{\mathrm{t}}\right]-k^2n_0^2\boldsymbol{h}_{\mathrm{t}}=-\beta\omega\varepsilon\hat{\boldsymbol{z}}\times\boldsymbol{e}_{\mathrm{t}}\end{cases}\tag{6.3.2-3}$$

现在把非正规光波导的场 $\boldsymbol{E}_{\mathrm{t}}$ 和 $\boldsymbol{H}_{\mathrm{t}}$ 展开成一系列正规光波导模式场之和（包括传导模和辐射模）

$$\begin{cases}\boldsymbol{E}_{\mathrm{t}}=\sum\limits_{\mu}c_{\mu}(z)[\boldsymbol{e}_{\mu\mathrm{t}}\exp(\mathrm{i}\beta_{\mu}z)]=\sum\limits_{\mu}a_{\mu}(z)\boldsymbol{e}_{\mu\mathrm{t}}\\ \boldsymbol{H}_{\mathrm{t}}=\sum\limits_{\mu}d_{\mu}(z)[\boldsymbol{h}_{\mu\mathrm{t}}\exp(\mathrm{i}\beta_{\mu}z)]=\sum\limits_{\mu}b_{\mu}(z)\boldsymbol{h}_{\mu\mathrm{t}}\end{cases}\tag{6.3.2-4}$$

式中，

$$\begin{cases}a_{\mu}(z)=c_{\mu}(z)\exp(\mathrm{i}\beta_{\mu}z)\\ b_{\mu}(z)=d_{\mu}(z)\exp(\mathrm{i}\beta_{\mu}z)\end{cases}\tag{6.3.2-5}$$

将式(6.3.2-4)代入方程组(6.3.2-1)中的第一个方程，得

$$\sum_{\mu}[\nabla_{\mathrm{t}}\times(\nabla_{\mathrm{t}}\times\boldsymbol{e}_{\mu\mathrm{t}})a_{\mu}(z)-k^2n^2\boldsymbol{e}_{\mu\mathrm{t}}a_{\mu}(z)]=-\mathrm{i}\omega\mu_0\hat{\boldsymbol{z}}\times\sum_{\mu}\left(\frac{\mathrm{d}b_{\mu}}{\mathrm{d}z}\right)\boldsymbol{h}_{\mu\mathrm{t}}\tag{6.3.2-6}$$

再将方程组(6.3.2-3)中的第一个方程代入方程(6.3.2-6)中，将有 $\boldsymbol{e}_{\mathrm{t}}$ 和 $\boldsymbol{h}_{\mathrm{t}}$ 的系数项合并，得到

$$\sum_{\mu}\left[\left(\frac{\mathrm{d}b_{\mu}}{\mathrm{d}z}-\mathrm{i}\beta_{\mu}a_{\mu}\right)(\hat{z}\times\boldsymbol{h}_{\mu\mathrm{t}})-\frac{k^2(n^2-n_0^2)}{\mathrm{i}\omega\mu_0}a_{\mu}(z)\boldsymbol{e}_{\mu\mathrm{t}}\right]=0\tag{6.3.2-7}$$

然后，在式(6.3.2-7)两端同乘以 $\boldsymbol{e}_{\nu\mathrm{t}}^{*}$ 的矢量积，再在无穷平面上积分，最后利用正交性

$$\iint_{\infty}(\boldsymbol{e}_{\mu\mathrm{t}}\times\boldsymbol{h}_{\nu\mathrm{t}}^{*})\cdot\mathrm{d}\boldsymbol{A}=0,\quad \mu\neq\nu\tag{6.3.2-8}$$

得到非正规光波导的波动场分解为正规光波导的模式场时，分解系数所满足的一组方程

$$\begin{cases}\dfrac{\mathrm{d}b_{\mu}}{\mathrm{d}z}-\mathrm{i}\beta_{\mu}a_{\mu}(z)=\sum\limits_{\nu}k_{\nu\mu}^{(1)}a_{\nu}(z)\\ \dfrac{\mathrm{d}a_{\mu}}{\mathrm{d}z}-\mathrm{i}\beta_{\mu}b_{\mu}(z)=\sum\limits_{\nu}k_{\nu\mu}^{(2)}b_{\nu}(z)\end{cases}\tag{6.3.2-9}$$

式中，

$$k_{\nu\mu}^{(1)} = -\mathrm{i}\omega\varepsilon_0 \frac{\iint_\infty (n^2 - n_0^2)\boldsymbol{e}_{\mu t} \cdot \boldsymbol{e}_{\nu t}^* \mathrm{d}\boldsymbol{A}}{\iint_\infty (\boldsymbol{e}_{\mu t} \times \boldsymbol{h}_{\mu t}^*) \cdot \mathrm{d}\boldsymbol{A}} \tag{6.3.2-10}$$

$$k_{\nu\mu}^{(2)} = -\mathrm{i}\omega\varepsilon_0 \frac{\iint_\infty \frac{n_0^2}{n^2}(n^2 - n_0^2)\boldsymbol{e}_{\mu z} \cdot \boldsymbol{e}_{\mu z}^* \mathrm{d}\boldsymbol{A}}{\iint_\infty (\boldsymbol{e}_{\mu t} \times \boldsymbol{h}_{\mu t}^*) \cdot \mathrm{d}\boldsymbol{A}} \tag{6.3.2-11}$$

称为模耦合系数。方程组(6.3.2-9)就是非正规光波导的矢量法的模式耦合方程组，表示电场的分解系数 $a_\mu(z)$ 与磁场的分解系数 $b_\mu(z)$ 相互关联。

需要说明的是，在非正规光波导中，本来是不存在模式的，所以模耦合系数不是非正规光波导中模式之间的耦合系数，而是作为参考的正规光波导的各个模式之间的耦合系数，也就是当正规光波导中的某个模式耦合进入非正规光波导时，将在非正规光波导中耦合出一系列的正规光波导对应的模式，而且这些新模式互相之间也会耦合。

在具体使用的时候，往往要做一些近似，比如在研究引入纵向非均匀性的单模光纤时，要估计一下基模耦合出的高阶模的大小，我们就在方程的右边只取基模一项，而且忽略掉高阶模反过来又向基模的耦合。

在弱导光波导中，因为纵向分量 $\boldsymbol{e}_z$ 很小，故常常假定 $k_{\mu\nu}^{(2)} \approx 0$，于是有

$$b_\mu = \frac{1}{\mathrm{i}\beta_\mu} \frac{\mathrm{d}a_\mu}{\mathrm{d}z} \tag{6.3.2-12}$$

代入式(6.3.2-9)的第一个方程式，有

$$\frac{\mathrm{d}^2 a_\mu}{\mathrm{d}z^2} + \beta_\mu^2 a_\mu = \sum_\nu \left[\mathrm{i}\beta_\mu k_{\mu\nu}^{(1)}\right] a_\nu(z) \tag{6.3.2-13}$$

与式(6.3.0-14)比较可知 $D_{\nu\mu} = \mathrm{i}\beta_\mu k_{\nu\mu}$。这个结果是显然的，只需在式(6.3.2-10)中，令 $\boldsymbol{e}_{\mu t} = \boldsymbol{e}_{y\mu}$，$\boldsymbol{e}_{\nu t} = \boldsymbol{e}_{y\nu}$ 和 $\boldsymbol{h}_{\mu t} = \boldsymbol{h}_{y\mu} = -(\omega\tilde{\varepsilon}/\beta_\mu)\boldsymbol{e}_{y\mu}$ 即得。可见二者的结论是一致的。

进一步，在前面的推导中，如果我们假定较好近似的正规光波导的模式场表示为 $\exp(\mathrm{i}\beta z)$ 与 $\exp(-\mathrm{i}\beta z)$ 两个正反模式的组合，模式耦合方程同样适用，于是我们将 a_μ 与 b_μ 看作两个正、反向传输模式之和，从式(6.3.2-3)中 $\boldsymbol{e}_t$ 与 $\boldsymbol{h}_t$ 的线性可知，对于正向传输的模式，若 $\boldsymbol{e}_t$ 的幅度系数为 c_μ^+，则 $\boldsymbol{h}_t$ 的幅度系数亦可为 c_μ^+；而对于反向传输的模式，因为 β 改成了 $-\beta$，所以 $\boldsymbol{e}_t$ 的幅度系数 c_μ^- 与 $\boldsymbol{h}_t$ 的幅度系数差一个负号(参见2.1.4节，正向模和反向模之间的关系式(2.1.4-6))，从而有

$$\begin{cases} b_\mu^+ = a_\mu^+ \\ b_\mu^- = -a_\mu^- \end{cases} \tag{6.3.2-14}$$

可以得到

$$\begin{cases} \boldsymbol{E}_\mathrm{t} = \sum_\mu [a_\mu^+(z) + a_\mu^-(z)]\boldsymbol{e}_{\mu\mathrm{t}} \\ \boldsymbol{H}_\mathrm{t} = \sum_\mu [a_\mu^+(z) - a_\mu^-(z)]\boldsymbol{h}_{\mu\mathrm{t}} \end{cases} \tag{6.3.2-15}$$

令

$$\begin{cases} a_m(z) = a_m^+(z) + a_m^-(z), \quad m = \mu, \nu \\ b_m(z) = a_m^+(z) - a_m^-(z), \quad m = \mu, \nu \end{cases} \tag{6.3.2-16}$$

重复以前的过程,得到

$$\begin{cases} \dfrac{\mathrm{d}(a_\mu^+ + a_\mu^-)}{\mathrm{d}z} - \mathrm{i}\beta_\mu(a_\mu^+ - a_\mu^-) = \sum_\nu k_{\nu\mu}^{(2)}(a_\nu^+ - a_\nu^-) \\ \dfrac{\mathrm{d}(a_\mu^+ - a_\mu^-)}{\mathrm{d}z} - \mathrm{i}\beta_\mu(a_\mu^+ + a_\mu^-) = \sum_\nu k_{\nu\mu}^{(1)}(a_\nu^+ + a_\nu^-) \end{cases} \tag{6.3.2-17}$$

两式相加减得

$$\begin{cases} \dfrac{\mathrm{d}a_\mu^+}{\mathrm{d}z} - \mathrm{i}\beta_\mu a_\mu^+ = \dfrac{1}{2}\sum_\nu \{[k_{\nu\mu}^{(1)} + k_{\nu\mu}^{(2)}]a_\nu^+ + [k_{\nu\mu}^{(1)} - k_{\nu\mu}^{(2)}]a_\nu^-\} \\ \dfrac{\mathrm{d}a_\mu^-}{\mathrm{d}z} + \mathrm{i}\beta_\mu a_\mu^- = \dfrac{1}{2}\sum_\nu \{[k_{\nu\mu}^{(2)} - k_{\nu\mu}^{(1)}]a_\nu^+ - [k_{\nu\mu}^{(1)} + k_{\nu\mu}^{(2)}]a_\nu^-\} \end{cases} \tag{6.3.2-18}$$

记

$$\begin{aligned} k_{\nu\mu}^+ &= k_{\nu\mu}^{(1)} + k_{\nu\mu}^{(2)} \\ &= \frac{-2\mathrm{i}\omega\varepsilon_0}{\iint_\infty (\boldsymbol{e}_{\mu\mathrm{t}} \times \boldsymbol{h}_{\mu\mathrm{t}}^*) \cdot \mathrm{d}\boldsymbol{A}} \left[\iint_\infty (n^2 - n_0^2)\boldsymbol{e}_{\mu\mathrm{t}} \cdot \boldsymbol{e}_{\nu\mathrm{t}}^* \mathrm{d}A + \iint_\infty \frac{n^2}{n_0^2}(n^2 - n_0^2)\boldsymbol{e}_{\mu z} \cdot \boldsymbol{e}_{\nu z}^* \mathrm{d}A\right] \end{aligned} \tag{6.3.2-19}$$

和

$$\begin{aligned} k_{\nu\mu}^- &= k_{\nu\mu}^{(1)} - k_{\nu\mu}^{(2)} \\ &= \frac{-2\mathrm{i}\omega\varepsilon_0}{\iint_\infty (\boldsymbol{e}_{\mu\mathrm{t}} \times \boldsymbol{h}_{\mu\mathrm{t}}^*) \cdot \mathrm{d}\boldsymbol{A}} \left[\iint_\infty (n^2 - n_0^2)\boldsymbol{e}_{\mu\mathrm{t}} \cdot \boldsymbol{e}_{\nu\mathrm{t}}^* \mathrm{d}A - \iint_\infty \frac{n^2}{n_0^2}(n^2 - n_0^2)\boldsymbol{e}_{\mu z} \cdot \boldsymbol{e}_{\nu z}^* \mathrm{d}A\right] \end{aligned} \tag{6.3.2-20}$$

则

$$\begin{cases}\dfrac{\mathrm{d}a_{\mu}^{+}}{\mathrm{d}z}-\mathrm{i}\beta_{\mu}a_{\mu}^{+}=\sum_{\nu}[k_{\nu\mu}^{+}a_{\nu}^{+}+k_{\nu\mu}^{-}a_{\nu}^{-}]\\ \dfrac{\mathrm{d}a_{\mu}^{-}}{\mathrm{d}z}+\mathrm{i}\beta_{\mu}a_{\mu}^{-}=\sum_{\nu}[-k_{\nu\mu}^{-}a_{\nu}^{+}-k_{\nu\mu}^{+}a_{\nu}^{-}]\end{cases} \tag{6.3.2-21}$$

这样,二阶的模式耦合方程化为了一阶方程。在LP模式近似条件下,认为 $\boldsymbol{e}_z\approx 0$ 和 $\boldsymbol{h}_z\approx 0$。可得

$$k_{\nu\mu}^{+}=k_{\nu\mu}^{-}\overset{\mathrm{def}}{=}k_{\nu\mu} \tag{6.3.2-22}$$

于是

$$\begin{cases}\dfrac{\mathrm{d}a_{\mu}^{+}}{\mathrm{d}z}-\mathrm{i}\beta_{\mu}a_{\mu}^{+}=\sum_{\nu}k_{\nu\mu}(a_{\nu}^{+}+a_{\nu}^{-})\\ \dfrac{\mathrm{d}a_{\mu}^{-}}{\mathrm{d}z}+\mathrm{i}\beta_{\mu}a_{\mu}^{-}=\sum_{\nu}-k_{\nu\mu}(a_{\nu}^{+}+a_{\nu}^{-})\end{cases} \tag{6.3.2-23}$$

统一的模耦合系数为

$$k_{\nu\mu}=\frac{-2\mathrm{i}\omega\varepsilon_0\iint_{\infty}(n^2-n_0^2)e_{y\mu}e_{y\nu}^{*}\,\mathrm{d}A}{\iint_{\infty}(\boldsymbol{e}_{y\mu}\times\boldsymbol{h}_{x\mu}^{*})\cdot\mathrm{d}\boldsymbol{A}} \tag{6.3.2-24}$$

式(6.3.2-23)和式(6.3.2-24)是描述正向传输模式与反向传输模式之间模耦合情况的公式,在光栅中有重要应用。

6.4 光波导光栅

作为迅变光波导的一个例子,也是最广泛应用的一种光波导器件,本节研究一种折射率纵向分布作周期性变化的光波导——光栅。光波导光栅是在光波导的基础上,通过化学刻蚀或者激光刻蚀等方法形成的一种纵向周期结构。光波导的结构有平面光波导、圆光波导等多种,所以光波导光栅可以分为平面光波导光栅、圆光波导光栅等。以平面光波导为基础的光栅,称为波导光栅;以圆波导为基础的光栅,通常都是在光纤上刻蚀的,称为光纤光栅。二者的波导结构虽然不同,但原理和性质基本是一样的,区别仅在于模耦合系数不同。

在波导上刻光栅,可以在波导(包括平面光波导和光纤)的芯层刻,也可以在包层中刻,结果也是类似的,只不过程度不同而已。刻出来的光栅,可以是严格周期性的,也可以是变周期的,或者是多周期的,可以有很多变种,所以光栅就成为光波导的一个专门学科分支。本书不打算就光波导光栅做全面的论述,只研究其中最简

单的一种，称为均匀光栅，也就是刻出来的光栅折射率分布是一个严格的余弦函数。

6.4.1 节研究均匀光栅的一般原理，它对平面光波导光栅和光纤光栅都适用；6.4.2 节研究光纤光栅。

6.4.1 均匀光栅的一般原理

无论是平面光波导，还是圆光波导（光纤），假定刻蚀光栅导致的折射率变化（称为折射率调制），如果可写为

$$\begin{cases} n(\boldsymbol{r},z)=\begin{cases} n_1+f(z)\Delta n\cos\Omega z, & r\in 芯层 \\ n_2, & r\notin 芯层 \end{cases} \\ f(z)=\begin{cases} 0, & z<0, z>L \\ 1, & 0<z<L \end{cases} \end{cases} \tag{6.4.1-1}$$

则称这种光栅为均匀光栅，也称为布拉格光栅。式(6.4.1-1)假定折射率调制是在芯层中进行的，在包层中调制结果也一样。

式(6.4.1-1)中，$\Omega=2\pi/\Lambda$，Λ 称为光栅周期（长度的量纲），通常在 0.2～0.5μm。Δn 称为调制深度，通常很小，为 $10^{-5}\sim10^{-3}$ 量级。而且，$(n_1-n_2)/n_2\ll1$，满足弱导条件，从而存在标量 LP 模的概念。L 称为光栅长度，通常为 1～2mm，也有长达数十毫米的，因此 $L/\Lambda\gg1$。由于使用波长 λ 与光栅周期 Λ 可比拟，所以光纤光栅属于迅变光波导的范畴，在考虑模式耦合的时候，只能使用矢量模耦合方程。$f(z)$称为切趾函数，这里是一个矩形的窗函数，这将导致光栅的主反射峰两边出现很多小的反射峰，这个问题将在后面解释。在实际使用中，模式耦合主要发生于基模的正向模与反向模之间。因此，我们将忽略其他模式之间的耦合。均匀光纤光栅的示意图参见图 6.4.1-1。

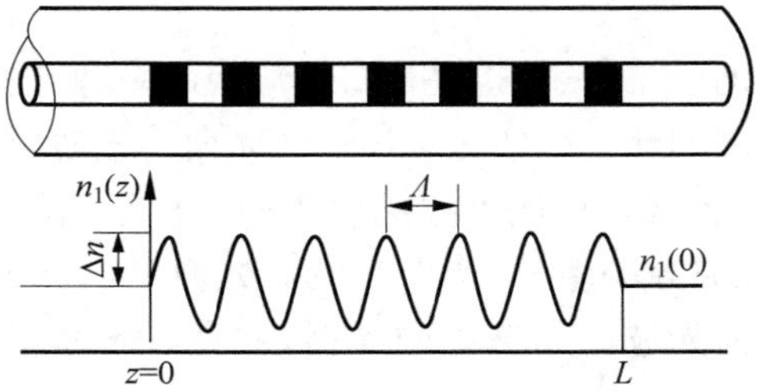

图 6.4.1-1 均匀光纤光栅

以下标 1 与下标 2 分别表示正向模与反向模，有

$$\begin{cases} a_1(z)=c_1(z)\exp(\mathrm{i}\beta_1 z) \\ a_2(z)=c_2(z)\exp(\mathrm{i}\beta_2 z) \end{cases} \tag{6.4.1-2}$$

式中，$\beta_2=-\beta_1$，将式(6.4.1-2)代入模式耦合方程(6.3.2-23)，忽略高阶模，化简后得

$$\begin{cases}\dfrac{\mathrm{d}c_1}{\mathrm{d}z}=\mathrm{i}K_{11}c_1+\mathrm{i}K_{21}c_2\mathrm{e}^{\mathrm{i}(\beta_2-\beta_1)z}\\ \dfrac{\mathrm{d}c_2}{\mathrm{d}z}=\mathrm{i}K_{12}c_1\mathrm{e}^{\mathrm{i}(\beta_2-\beta_1)z}+\mathrm{i}K_{22}c_2\end{cases}\tag{6.4.1-3}$$

式中，$K_{\mu\nu}(\mu=1,2;\ \nu=1,2)$为模耦合系数，但与式(6.3.2-24)略有不同，少了系数 i，所以为

$$K_{\mu\nu}=-2\omega\varepsilon_0\frac{\iint\limits_{\infty}(n^2-n_0^2)e_{y\mu}e_{y\nu}^*\mathrm{d}A}{\iint\limits_{\infty}(\boldsymbol{e}_{y\mu}\times\boldsymbol{h}_{x\mu}^*)\cdot\mathrm{d}\boldsymbol{A}}\tag{6.4.1-4}$$

显然，$K_{\mu\nu}$ 是随 z 变化的。n_0 是参考光波导(没有进行折射率调制的光波导)的折射率分布，可取

$$n_0^2=\begin{cases}n_1^2, & \boldsymbol{r}\in 芯层\\ n_2^2, & \boldsymbol{r}\notin 芯层\end{cases}\tag{6.4.1-5}$$

在 $0<z<L$ 的光波导内

$$n^2-n_0^2=\begin{cases}2n_1\Delta n\cos\Omega z, & \boldsymbol{r}\in 芯层\\ 0, & \boldsymbol{r}\notin 芯层\end{cases}\tag{6.4.1-6}$$

在关于模耦合系数的式(6.4.1-4)中，$n^2-n_0^2$ 与 z 有关，但与横截面无关，于是，不难得到

$$K_{\mu\nu}=\widetilde{K}_{\mu\nu}\cos\Omega z\tag{6.4.1-7}$$

式中，$\widetilde{K}_{\mu\nu}$ 与 z 无关，可写为

$$\widetilde{K}_{\mu\nu}=-2\omega\varepsilon_0\frac{2n_1\Delta n\iint\limits_{\infty}e_{y\mu}e_{y\nu}^*\mathrm{d}A}{\iint\limits_{\infty}(\boldsymbol{e}_{y\mu}\times\boldsymbol{h}_{x\mu}^*)\cdot\mathrm{d}\boldsymbol{A}}\tag{6.4.1-8}$$

根据 2.2 节关于传输常数的积分公式(2.2.0-15)

$$\beta=\frac{\omega}{2}\frac{\iint\limits_{\infty}(\mu_0\boldsymbol{h}^2+\varepsilon\boldsymbol{e}^2)\mathrm{d}A}{\iint\limits_{\infty}(\boldsymbol{e}\times\boldsymbol{h})\cdot\mathrm{d}\boldsymbol{A}}\tag{2.2.0-15}$$

考虑到在式(2.2.0-15)中，线偏振模的 $h_{y\mu}=0$，而且电场部分的功率与磁场部分的功率相等，并注意到反向模的模式场与正向模的模式场有关系式(2.1.4-6)，即

$\boldsymbol{e}_{-}=\boldsymbol{e}_{+}^{*}$和$\boldsymbol{h}_{-}=-\boldsymbol{h}_{+}^{*}$，于是可得

$$\widetilde{K}_{\mu\nu}=\rho\frac{4n_1\Delta n\beta}{n_1^2+n_2^2\eta}\overset{\text{def}}{=}\rho\,|\widetilde{K}|\tag{6.4.1-9}$$

式中，$\eta=P_{\text{cld}}/P_{\text{core}}$，表示包层功率$P_{\text{cld}}$与芯层功率$P_{\text{core}}$之比。而

$$\rho=\begin{cases}1, & \mu=1\\ -1, & \mu=2\end{cases}\tag{6.4.1-10}$$

即$\widetilde{K}_{11}=|\widetilde{K}|$，$\widetilde{K}_{12}=|\widetilde{K}|$，$\widetilde{K}_{21}=-|\widetilde{K}|$，$\widetilde{K}_{22}=-|\widetilde{K}|$。值得注意的是，此处$\widetilde{K}_{12}=-\widetilde{K}_{21}$，这一点与其他同向模耦合系数$K_{12}=K_{21}$的规律(第7章)不同。这是因为同向模的模式耦合时功率守恒，表现为$\frac{\mathrm{d}}{\mathrm{d}z}(P_1+P_2)=0$，而反向模的模式耦合时功率守恒，表现为$\frac{\mathrm{d}}{\mathrm{d}z}(P_1-P_2)=0$。将上述结果代入式(6.4.1-3)得

$$\frac{\mathrm{d}}{\mathrm{d}z}\begin{bmatrix}c_1\\c_2\end{bmatrix}=\mathrm{i}\,|\widetilde{K}|\begin{bmatrix}\cos\Omega z & -\cos\Omega z\exp[\mathrm{i}(\beta_2-\beta_1)z]\\ \cos\Omega z\exp[\mathrm{i}(\beta_1-\beta_2)z] & -\cos\Omega z\end{bmatrix}\begin{bmatrix}c_1\\c_2\end{bmatrix}\tag{6.4.1-11}$$

在方程(6.4.1-11)中，以$\cos\Omega z=(\mathrm{e}^{\mathrm{i}\Omega z}+\mathrm{e}^{-\mathrm{i}\Omega z})/2$和$\beta_2=-\beta_1=-\beta$代入，可得

$$\frac{\mathrm{d}}{\mathrm{d}z}\begin{bmatrix}c_1\\c_2\end{bmatrix}=\mathrm{i}\,|\widetilde{K}|\begin{bmatrix}\cos\Omega z & -[\mathrm{e}^{-\mathrm{i}(2\beta-\Omega)z}+\mathrm{e}^{-\mathrm{i}(2\beta+\Omega)z}]/2\\ [\mathrm{e}^{\mathrm{i}(2\beta+\Omega)z}+\mathrm{e}^{\mathrm{i}(2\beta-\Omega)z}]/2 & -\cos\Omega z\end{bmatrix}\begin{bmatrix}c_1\\c_2\end{bmatrix}\tag{6.4.1-12}$$

当使用波长λ处于以$\lambda_0=2n_1\Lambda$为中心波长的邻域内时，有$B\overset{\text{def}}{=}2\beta-\Omega\approx0$，在式(6.4.1-12)的耦合矩阵的4个模耦合系数中，只有$\mathrm{e}^{\mathrm{i}(2\beta-\Omega)z}$和$\mathrm{e}^{-\mathrm{i}(2\beta-\Omega)z}$为强耦合项，其余各项均因为含有迅变因子而使平均耦合效果为零(这里，隐含了光栅长度$L\to\infty$的条件，否则其余各项不能忽略)于是

$$\frac{\mathrm{d}}{\mathrm{d}z}\begin{bmatrix}c_1\\c_2\end{bmatrix}\approx\mathrm{i}\,|\widetilde{K}|\begin{bmatrix}0 & -\frac{1}{2}\mathrm{e}^{-\mathrm{i}Bz}\\ \frac{1}{2}\mathrm{e}^{\mathrm{i}Bz} & 0\end{bmatrix}\begin{bmatrix}c_1\\c_2\end{bmatrix}\tag{6.4.1-13}$$

在式(6.4.1-13)的两边对z进行微分，使c_1与c_2去耦，可得

$$\begin{cases}\dfrac{\mathrm{d}^2c_1}{\mathrm{d}z^2}+\mathrm{i}B\dfrac{\mathrm{d}c_1}{\mathrm{d}z}-\left|\dfrac{\widetilde{K}}{2}\right|^2c_1=0\\[2ex] \dfrac{\mathrm{d}^2c_2}{\mathrm{d}z^2}-\mathrm{i}B\dfrac{\mathrm{d}c_1}{\mathrm{d}z}-\left|\dfrac{\widetilde{K}}{2}\right|^2c_2=0\end{cases}\tag{6.4.1-14}$$

方程组(6.4.1-14)的两个方程均是常系数线性微分方程，可以直接用拉普拉斯变

换求解，这就涉及初始条件。这里可以假定在光栅的入射端 $z=0$ 处，$c_1(0)=a$。在光栅的输出端 $z=L$ 处，$c_2(0)=0$。这样假设是合理的，因为在入射端只注入一个稳态正向基模，而在输出端没有反向稳态基模注入。将上述初始条件代入式(6.4.1-13)，可得到另两个初始条件

$$\begin{cases} c'_2(0)=\dfrac{1}{2}\mathrm{i}\ |\widetilde{K}|\ a \\ c'_1(L)=0 \end{cases} \tag{6.4.1-15}$$

在每个方程中，只有两个待定系数，因此，方程组(6.4.1-14)完全可解。经过繁复的运算，可得

$$\begin{cases} c_1(z)=a\dfrac{\left(\mathrm{i}\dfrac{B}{2}\right)\sinh[s(z-L)]+s\cosh[s(z-L)]}{\left(-\mathrm{i}\dfrac{B}{2}\right)\sinh(sL)+s\cosh(sL)}\mathrm{e}^{-\mathrm{i}\frac{B}{2}z}, & 0<z<L \\ c_2(z)=a\left[\mathrm{i}\left|\dfrac{\widetilde{K}}{2}\right|\dfrac{\sinh[s(z-L)]}{\left(-\mathrm{i}\dfrac{B}{2}\right)\sinh(sL)+s\cosh(sL)}\right]\mathrm{e}^{\mathrm{i}\frac{B}{2}z}, & 0<z<L \end{cases}$$

(6.4.1-16)

式中，$s^2=\left|\dfrac{\widetilde{K}}{2}\right|^2-\left(\dfrac{B}{2}\right)^2$。注意，$s$ 是取决于光栅本身和注入光波长的量，与初始条件无关。两个导模的功率分别为

$$\begin{cases} P_1(z)=a^2\dfrac{\left(\dfrac{B}{2}\right)^2\sinh^2[s(z-L)]+s^2\cosh^2[s(z-L)]}{\left(\dfrac{B}{2}\right)^2\sinh^2(sL)+s^2\cosh^2(sL)}, & 0<z<L \\ P_2(z)=a^2\dfrac{\left|\dfrac{\widetilde{K}}{2}\right|^2\sinh^2[s(z-L)]}{\left(\dfrac{B}{2}\right)^2\sinh^2(sL)+s^2\cosh^2(sL)}, & 0<z<L \end{cases}$$

(6.4.1-17)

注意到

$$P_1(z)-P_2(z)=a^2s^2\Big/\left[\left(\frac{B}{2}\right)^2\sinh^2(sL)+s^2\cosh^2(sL)\right]\overset{\text{def}}{=}P_0$$

(6.4.1-18)

P_0 是一个常数。上式表明，在光栅耦合区内，入射模功率逐渐地转换到反射模中，而最后只有 P_0 透射过去，参见图 6.4.1-2。同时，在 $z=0$ 处，反射的功率最大

$$P_2(0)=a^2\left|\frac{\widetilde{K}}{2}\right|^2\sinh^2(sL)\Big/\left[\left(\frac{B}{2}\right)^2\sinh^2(sL)+s^2\cosh^2(sL)\right] \tag{6.4.1-19}$$

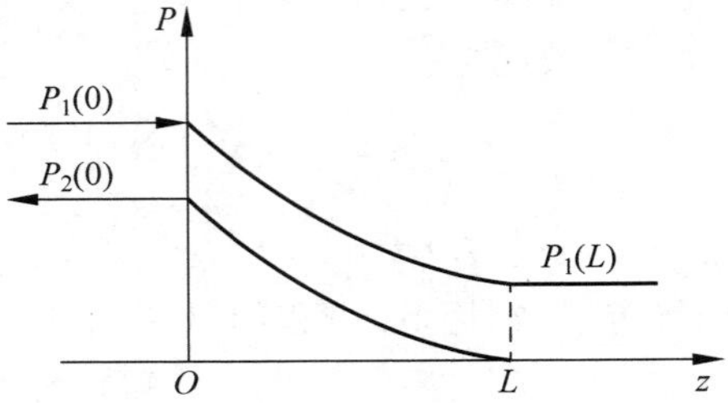

图 6.4.1-2　光栅耦合区内的功率分布

而 $P_1(0)=a^2$。这样,我们可以定义光栅的透射率 T 和反射率 R,分别为

$$\begin{cases} T=\dfrac{P_0}{P_1(0)}=\dfrac{s^2}{\left(\dfrac{B}{2}\right)^2\sinh^2(sL)+s^2\cosh^2(sL)} \\[2ex] R=\dfrac{P_2(0)}{p_1(0)}=\dfrac{\left|\dfrac{\widetilde{K}}{2}\right|^2\sinh^2(sL)}{\left(\dfrac{B}{2}\right)^2\sinh^2(sL)+s^2\cosh^2(sL)} \end{cases} \tag{6.4.1-20}$$

或者

$$\begin{cases} T=\dfrac{\left|\dfrac{\widetilde{K}}{2}\right|^2-\left(\dfrac{B}{2}\right)^2}{\left|\dfrac{\widetilde{K}}{2}\right|^2\cosh^2(sL)-\left(\dfrac{B}{2}\right)^2} \\[2ex] R=\dfrac{\left|\dfrac{\widetilde{K}}{2}\right|^2\sinh^2(sL)}{\left|\dfrac{\widetilde{K}}{2}\right|^2\cosh^2(sL)-\left(\dfrac{B}{2}\right)^2} \end{cases} \tag{6.4.1-21}$$

当 $B=0$ 时,称光纤光栅处于谐振状态,有最小的透射率和最大的反射率,它们为

$$\begin{cases} T=\left(\cosh\left|\dfrac{\widetilde{K}}{2}\right|L\right)^{-2} \\[2ex] R=\left(\tanh\left|\dfrac{\widetilde{K}}{2}\right|L\right)^{2} \end{cases} \tag{6.4.1-22}$$

当失谐时,反射率下降,透射率增加。所以,光波导光栅相当于一段带阻滤波器,其归一化滤波特性如图 6.4.1-3 所示。

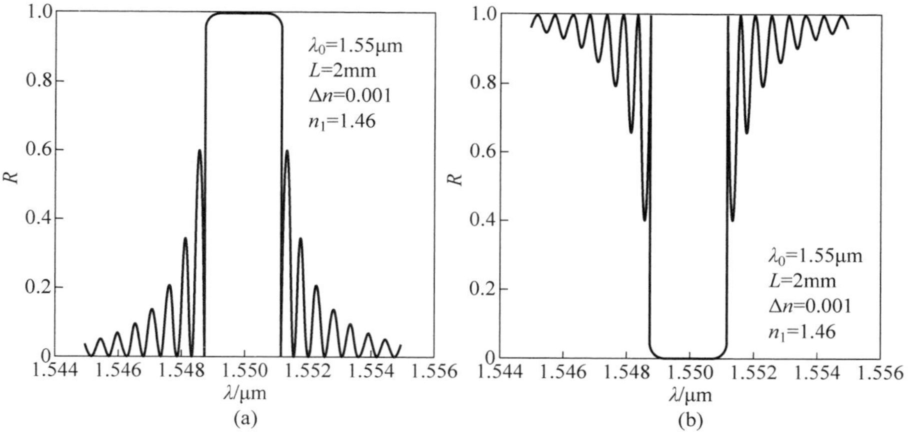

图 6.4.1-3　光波导光栅的滤波特性

(a) 反射谱；(b) 透射谱

在光波导光栅中，使它处于谐振状态的那个特定波长，称为布拉格波长 λ_B。对于均匀光栅，由 $B=0$ 或者 $2\beta-\Omega\approx 0$，可得 $\beta=n_{\text{eff}}k_0=n_{\text{eff}}\dfrac{2\pi}{\lambda_B}$，式中 n_{eff} 是参考光波导(未写光栅的光波导)的模折射率，大多数文献称为有效折射率。于是

$$\lambda_B=2n_{\text{eff}}\Lambda \tag{6.4.1-23}$$

从图 6.4.1-3 中可以看出，光波导光栅的反射特性中，除了一个最大的反射点出现在 $B=0$ 处外，还有其他很多的小峰，就像人的脚趾一样，这不利于滤波。为了消除这些小的反射峰，使用了一种称为切趾的技术，也就是改变式(6.4.1-1)中的 $f(z)$，使折射率调制不像矩形那样有陡峭的上升沿和下降沿，比如 $f(z)$ 为正弦形式或者其他形式的上升沿，从而达到切趾的目的。

6.4.2　光纤光栅

6.4.1 节研究了均匀型光波导光栅的一般原理，根据光栅刻蚀所选用的光波导不同，有两种重要的光波导光栅被广泛使用。一种是光纤光栅，另一种是平面波导光栅，简称波导光栅。

光纤光栅就是一种以光纤作为基底通过刻蚀得到的光栅。1978 年加拿大的希尔(K. Hill)等发现，将紫外光通入到光纤中，会引起光纤折射率永久性地变化，并首次写出了第一条光纤光栅。这一现象立即引起全世界的热烈反响，光纤光栅的研究如雨后春笋一般迅速展开。当初研究光纤光栅的初衷是想设计一种理想的滤波器，并在此基础上设计一种啁啾光栅以便实现色散补偿，这两种器件都是光纤通信的关键器件。所以说，光纤光栅最初的研究目的是在通信上的应用。然而，事

与愿违，光纤光栅是一个极不稳定的器件，作为滤波器，它的中心波长会随着温度、应力等情况漂移。然而，这一特性正是传感器所需要的。因为均匀光栅（也称为布拉格光栅，fiber bragg grating，FBG）对外界的反应是一种波长的变化，从而对于注入光强、相位等都不敏感，尤其是和光纤结合得非常好，同时具有光纤重量轻、柔软、便于敷设等优点，是一种理想的传感元件。正所谓有心栽花花不开，无心插柳柳成荫，光纤光栅传感器一出现，就改变了整个光纤传感器的面貌，光纤传感行业迅速地崛起了。

1. 模耦合系数

和波导光栅相比，光纤光栅的第一个差别是模耦合系数不同。在光纤中，均匀光栅的折射率分布可假设为

$$\begin{cases} n(r,z)=\begin{cases} n_1+f(z)\Delta n\cos\Omega z, & r<a \\ n_2, & r>a \end{cases} \\ f(z)=\begin{cases} 0, & z<0, z>L \\ 1, & 0<z<L \end{cases} \end{cases} \tag{6.4.2-1}$$

因此它的模耦合系数 $K_{\mu\nu}$ 为

$$K_{\mu\nu}=-2\omega\varepsilon_0\frac{\int_0^{2\pi}\int_0^{\infty}(n^2-n_0^2)e_{y\mu}e_{y\nu}^*r\,\mathrm{d}r\,\mathrm{d}\varphi}{\int_0^{2\pi}\int_0^{\infty}(\boldsymbol{e}_{y\mu}\times\boldsymbol{h}_{x\mu}^*)r\,\mathrm{d}r\,\mathrm{d}\varphi} \tag{6.4.2-2}$$

考虑到光纤光栅传输的是基模，它的模式不是辐角的函数，于是得到

$$K_{\mu\nu}=-2\omega\varepsilon_0\frac{\int_0^{\infty}(n^2-n_0^2)e_{y\mu}e_{y\nu}^*r\,\mathrm{d}r\,\mathrm{d}\varphi}{\int_0^{\infty}(\boldsymbol{e}_{y\mu}\times\boldsymbol{h}_{x\mu}^*)r\,\mathrm{d}r\,\mathrm{d}\varphi} \tag{6.4.2-3}$$

代入参考光纤的折射率分布，

$$n_0^2=\begin{cases} n_1^2, & r<a \\ n_2^2, & r>a \end{cases} \tag{6.4.2-4}$$

在 $0<z<L$ 这一段光纤内

$$n^2-n_0^2=\begin{cases} 2n_1\Delta n\cos\Omega z, & r<a \\ 0, & r>a \end{cases} \tag{6.4.2-5}$$

在式(6.4.2-3)中，除 $n^2-n_0^2$ 与 z 有关外，其余均与 z 无关，经过计算，不难得到

$$K_{\mu\nu}=\widetilde{K}_{\mu\nu}\cos\Omega z \tag{6.4.2-6}$$

式中，$\widetilde{K}_{\mu\nu}$ 与 z 无关，可写为

$$\widetilde{K}_{\mu\nu}=\rho\frac{4n_1\Delta n\beta}{n_1^2+n_2^2\eta}\overset{\text{def}}{=}\rho\,|\widetilde{K}\,| \tag{6.4.2-7}$$

而 $\eta = P_{\text{cld}}/P_{\text{core}} = \int_a^{+\infty} e_y^2(r)r\,\mathrm{d}r \Big/ \int_0^a e_y^2(r)r\,\mathrm{d}r$，表示包层功率 P_{cld} 与芯层功率 P_{core} 之比。而

$$\rho = \begin{cases} 1, & \mu = 1 \\ -1, & \mu = 2 \end{cases} \tag{6.4.2-8}$$

即 $\widetilde{K}_{11} = |\widetilde{K}|$，$\widetilde{K}_{12} = |\widetilde{K}|$，$\widetilde{K}_{21} = -|\widetilde{K}|$，$\widetilde{K}_{22} = -|\widetilde{K}|$。值得注意的是，此处 $\widetilde{K}_{12} = -\widetilde{K}_{21}$。

在传感用光纤光栅中，虽然外界环境的变化主要引起中心波长（也称布拉格波长）的变化，但是光纤光栅的其他参数，比如带宽、反射率等都和模耦合系数 $|\widetilde{K}|$ 有关，而

$$|\widetilde{K}| = \frac{4n_1 \Delta n \beta}{n_1^2 + n_2^2 \eta} \tag{6.4.2-9}$$

2. 光纤光栅的透射反射率，弱光栅与强光栅

6.4.1 节已经得出光波导光栅的透过率和反射率分别为

$$\begin{cases} T = \dfrac{\left|\dfrac{\widetilde{K}}{2}\right|^2 - \left(\dfrac{B}{2}\right)^2}{\left|\dfrac{\widetilde{K}}{2}\right|^2 \cosh^2(sL) - \left(\dfrac{B}{2}\right)^2} \\ R = \dfrac{\left|\dfrac{\widetilde{K}}{2}\right|^2 \sinh^2(sL)}{\left|\dfrac{\widetilde{K}}{2}\right|^2 \cosh^2(sL) - \left(\dfrac{B}{2}\right)^2} \end{cases} \tag{6.4.1-21}$$

当 $B=0$ 时，称光纤光栅处于谐振状态，有最小的透射率和最大的反射率，分别为

$$\begin{cases} T = \left(\cosh\left|\dfrac{\widetilde{K}}{2}\right|L\right)^{-2} \\ R = \left(\tanh\left|\dfrac{\widetilde{K}}{2}\right|L\right)^2 \end{cases} \tag{6.4.1-22}$$

因为双曲正割函数和双曲正切函数在自变量很大时，分别趋近于 0 和 1，所以此时的光栅就相当于一个全反射镜。这时的光栅称为**强光栅**。此时式(6.5.1-22)近似为

$$\begin{cases} T \approx \dfrac{1}{2}\mathrm{e}^{-|\widetilde{K}|L} \\ R \approx 1 - 4\mathrm{e}^{-|\widetilde{K}|L} \end{cases} \tag{6.4.2-10}$$

如果自变量不是很大，就可以获得小于1大于0的任意透射率和反射率。将式(6.4.2-10)代入式(6.4.1-21)，得到

$$\begin{cases} T=\left(\cosh \dfrac{2n_1\Delta n}{n_1^2+n_2^2\eta}\beta L\right)^{-2} \\ R=\left(\tanh \dfrac{2n_1\Delta n}{n_1^2+n_2^2\eta}\beta L\right)^{2} \end{cases} \tag{6.4.2-11}$$

进一步，粗略地假设光栅中光场基本集中于芯层，而且因为是弱导光纤，参考光纤的芯层与包层的折射率差 n_1-n_2 很小，可近似认为相等，于是式(6.4.2-11)可近似为

$$\begin{cases} T=\left(\cosh \dfrac{\Delta n}{n_1}\beta L\right)^{-2} \\ R=\left(\tanh \dfrac{\Delta n}{n_1}\beta L\right)^{2} \end{cases} \tag{6.4.2-12}$$

进一步，代入 $\beta=k_0 n_{\mathrm{eff}}$，$n_{\mathrm{eff}}\approx n_1$，可得

$$\begin{cases} T=(\cosh k_0\Delta nL)^{-2} \\ R=(\tanh k_0\Delta nL)^{2} \end{cases} \tag{6.4.2-13}$$

当自变量比较小的时候，对双曲函数取近似，可得

$$\begin{cases} T\approx 1/[1+(k_0\Delta nL)^2] \\ R=8k_0\Delta nL \end{cases} \tag{6.4.2-14}$$

可知，当调制深度较小或者光栅的长度较短时，可以获得部分透射部分反射的光学特性，就像部分反射部分透射的透镜一样。这时的光栅称为**弱光栅**。

3. 光纤光栅的带宽

近年来，随着光纤光栅传感器应用的日益普及，在同一根光纤上布置尽可能多的光纤光栅，以便实现更密集监测点的信息采集。甚至某些用户要求采集点的布置达到准连续的水平。这样一来，光纤光栅的带宽问题又重新变为大家关注的焦点之一。因为，带宽越窄，意味着光谱的使用效率越高，从而在同一根光纤上可以布置更多的光栅。

当光纤光栅处于中心波长时，它处于谐振状态，也就是 $B=2\beta_0-\Omega=0$，从而 $\Omega=2\beta_0$。于是

$$B=2(\beta-\beta_0) \tag{6.4.2-15}$$

当光栅处于谐振状态时，光栅有最小的透射率和最大的反射率，它们为式(6.4.1-22)。当使用波长偏离中心波长时，失谐量 $B\neq 0$，对应的透射率和反射率分别为

$$T=\frac{|\widetilde{K}/2|^2-(B/2)^2}{|\widetilde{K}/2|^2\cosh^2(sL)-(B/2)^2} \tag{6.4.2-16}$$

$$R(\omega)=\frac{|\widetilde{K}/2|^2\sinh^2(sL)}{|\widetilde{K}/2|^2\cosh^2(sL)-(B/2)^2} \tag{6.4.2-17}$$

因为在中心波长处的透过率很小，所以只能以反射率的 3dB 带宽作为光栅的带宽。这时反射率的变化率为

$$\frac{R(\omega)}{R_0}=\frac{|\widetilde{K}|^2\sinh^2(sL)}{[|\widetilde{K}|^2\cosh^2(sL)-B^2](\tanh|\widetilde{K}/2|L)^2} \tag{6.4.2-18}$$

对于强光栅，也就是在中心波长处，$R_0\approx 1$，可以得到

$$\frac{R(\omega)}{R_0}=\frac{|\widetilde{K}|^2\sinh^2(sL)}{[|\widetilde{K}|^2\cosh^2(sL)-B^2]} \tag{6.4.2-19}$$

为求 3dB 反射带宽，只需令

$$\frac{R(\omega)}{R_0}=\frac{|\widetilde{K}|^2\sinh^2(sL)}{[|\widetilde{K}|^2\cosh^2(sL)-2(\beta-\beta_0)^2]}=\frac{1}{2} \tag{6.4.2-20}$$

在方程(6.4.2-20)中，参数 s 与模耦合系数 $\widetilde{K}$，都是频率(或者波长)的函数。

令 $\omega=\omega_0+\Delta\omega$，其中 ω_0 是光栅中心波长对应的频率，$\Delta\omega$ 是偏离中心频率的部分。考虑到式(6.4.2-20)的对称性，$2|\Delta\omega|$ 就是光栅半峰全宽(full width at half maximum，FWHM)。在式(6.4.2-20)中记 $sL=x$，可以进一步化为

$$2|\widetilde{K}|^2\sinh^2x=[|\widetilde{K}|^2\cosh^2x-2(\beta-\beta_0)^2] \tag{6.4.2-21}$$

利用 $\cosh^2x-\sinh^2x=1$，可以得到

$$|\widetilde{K}L|^2(1-\sinh^2x)=[(\beta-\beta_0)L]^2 \tag{6.4.2-22}$$

进一步，再利用 $\sinh^2x=\frac{1}{2}(\cosh 2x-1)$，式(6.4.2-22)可以改写为

$$\cosh 2x=3-2(\beta-\beta_0)^2/|\widetilde{K}|^2 \tag{6.4.2-23}$$

利用代数方程(6.4.2-23)求出相应的带宽即可。

6.5　突变光波导

光纤连接、光纤与光源耦合，都是光路中重要的技术问题。光纤连接的方法有对接(活动连接)和熔接。对接是将两光纤的端面经切割处理后彼此靠近对准的连接方法。经光纤切割刀切割后的光纤端面可以看作理想的光学镜面，表面的散射

可忽略不计。当这两段光纤连接在一起时，就构成了突变光波导。熔接是将对接在一起的光纤进一步熔化后形成一个整体，是永久性连接。熔接后的接头质量很好，也可以近似地用对接的理论——突变光波导的分析方法去分析。

光源向光波导注入光(比如光源与光纤耦合)，可以看作无限大空间中的光与光波导的耦合，实际的入射光总是一束光(例如一束高斯光)，可以等效地看作一个光波导与光纤连接。反之，光纤与光纤的连接也可看作一束光向光纤耦合。两者在理论上是一致的，所得的结论可以通用。

然而，当光从光波导(或者光纤)中出射时，情况有所不同。首先，光在光波导(或光纤)的端面会发生反射或者透射，这与大家的日常概念是一致的。其次，与入射端的耦合(与另一根光纤或者光源)不同，在出射端反射或者透射不会在空气中激发出高阶模。因此，需要把这两种情况(向光波导注入光和从光波导出射光)分开为两节来研究。

6.5.1 光纤对接

当光从一根光纤(称为输入侧光纤)向另一根光纤(称为接收光纤)传输时(图 6.5.1-1)，在突变的界面上将发生反射和透射(折射)，不仅在输入侧光纤中激发起反射模，改变出射光纤内的光场；同时，在接收光纤中也会激发起许多传导模(基模和高阶模)及辐射模，使接收光纤处于空间过渡态。有一部分高阶模工作点处在其截止频率之上，它可以稳态传输，但是同样可以激发出处于截止频率之下的高阶模，这些高阶模不能稳态传输。尽管在接收光纤中激发的非稳态高阶模和辐射模同样可以传很远，空间过渡态也需一定距离才能达到稳态，但我们还是假定在突变界面发生的现象具有局部的性质，不会影响稳态模的传输。

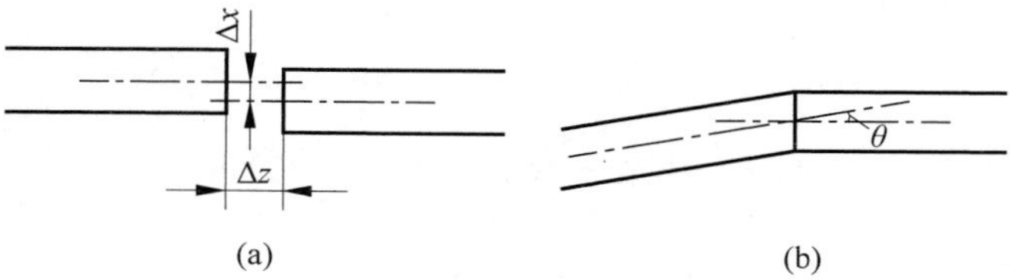

图 6.5.1-1 光纤对接

(a) $\theta=0$ 轴偏；(b) 角偏

我们将进一步假定所连接的光纤局限于弱导光波导的范畴，这是因为弱导光波导的模式与自由空间中的模式有相近的性质。为了和实际的对接情况相一致，我们允许入射光(或入射光波导的模式)的传输方向与出射光波导的轴有一个小的倾斜角或者小的轴偏移。

设在输入侧光纤的折射率分布为 $n_{\mathrm{i}}(x,y)$，接收侧为 $n_{\mathrm{t}}(x,y)$。对于弱导光波导，$n_{\mathrm{i}}(x,y)\approx n_{\mathrm{i}a}$，$n_{\mathrm{t}}(x,y)\approx n_{\mathrm{t}a}$，式中，$n_{\mathrm{i}a}$ 和 $n_{\mathrm{t}a}$ 分别为输入侧和接收侧光波导的芯层折射率。当入射角 θ_{i} 很小时，可粗略地由费涅尔公式求出功率透射系数

$$T=\frac{4(n_{\mathrm{i}a}n_{\mathrm{t}a})^2}{(n_{\mathrm{i}a}+n_{\mathrm{t}a})^2} \tag{6.5.1-1}$$

当一侧为空气，$n_{\mathrm{i}}=1$，另一侧为石英光纤，$n_{\mathrm{t}}=1.5$ 时，$T=0.96$。若两侧均为石英光纤，则 $T\approx 1$。

光纤连接质量用连接损耗来表征，为

$$\alpha=-10\lg\frac{P_{\mathrm{o}}}{P_{\mathrm{in}}} \tag{6.5.1-2}$$

式中，P_{in} 和 P_{o} 分别为输入稳态模和输出基模（稳态时）的功率，所以我们只关心稳态模之间的关系。目前，光纤的损耗已经很小，已达到 0.25dB/km 以下，所以要求光纤的连接损耗也必须很小。T 与 1 的微小差别都是值得重视的。下面对各种情况的连接损耗进行分析。

设入射光场是 $\hat{\boldsymbol{x}}$ 方向偏振的，并具有柱对称分布

$$\begin{aligned}\boldsymbol{E}_{\mathrm{i}}&=E_x\hat{\boldsymbol{x}}=\hat{\boldsymbol{x}}f(r)\exp[\mathrm{i}kn_{\mathrm{i}a}(x\theta_{\mathrm{i}}+z)]\\&=\hat{\boldsymbol{x}}f(r)\exp[\mathrm{i}kn_{\mathrm{i}a}(\theta_{\mathrm{i}}r\cos\varphi+z)]\end{aligned} \tag{6.5.1-3}$$

上式是由 $\boldsymbol{r}\cdot\boldsymbol{k}=kn_a(x\sin\theta_{\mathrm{i}}+z\cos\theta_{\mathrm{i}})$ 取了小角度 θ_{i} 近似后得到的。

$$\boldsymbol{H}_{\mathrm{i}}=\sqrt{\left(\frac{\varepsilon_0}{\mu_0}\right)}n_{\mathrm{i}}\hat{\boldsymbol{z}}\times\boldsymbol{E}_{\mathrm{i}}=H_y\hat{\boldsymbol{y}} \tag{6.5.1-4}$$

于是输入侧光纤沿 z 方向传输的总功率为

$$\begin{aligned}P_{\mathrm{in}}&=\frac{1}{4}\iint_{\infty}(\boldsymbol{E}\times\boldsymbol{H}^*-\boldsymbol{H}\times\boldsymbol{E}^*)\cdot\mathrm{d}\boldsymbol{A}\\&=\pi n_{\mathrm{i}a}\sqrt{\frac{\varepsilon_0}{\mu_0}}\int_0^{\infty}f^2(r)r\,\mathrm{d}r\end{aligned} \tag{6.5.1-5}$$

如果输入侧光为一束模斑半径为 s_{i} 的高斯光束

$$f(r)=\exp\left[-\frac{1}{2}\left(\frac{r}{s_{\mathrm{i}}}\right)^2\right] \tag{6.5.1-6}$$

则

$$P_{\mathrm{in}}=\frac{\pi}{2}\sqrt{\left(\frac{\varepsilon_0}{\mu_0}\right)}n_{\mathrm{i}a}s_{\mathrm{i}}^2 \tag{6.5.1-7}$$

这个光在出射光纤中激起了一系列的传导模和辐射模，在 $z=0$ 处有

$$\boldsymbol{E}_{\mathrm{i}}(x,y)=\sum_j a_j\boldsymbol{e}_{\mathrm{t}j}(x,y)+\boldsymbol{E}_{\mathrm{t}r}(x,y) \tag{6.5.1-8}$$

注意此处下标 t 表示透射，而不是横向分量，但实际上入射和出射都是线偏振的，

理解为横向分量，也是可以的。a_j 表示 $\boldsymbol{e}_{tj}(x,y)$模的振幅，因为是离散可数的，所以复振幅用 a_j 表示，$\boldsymbol{E}_{tr}$ 表示辐射模总和。利用模式的正交性，可以求出

$$a_j=\frac{\iint\limits_{\infty}(\boldsymbol{E}_t\times\boldsymbol{h}_{tj}^*)\cdot\mathrm{d}\boldsymbol{A}}{\iint\limits_{\infty}(\boldsymbol{e}_{tj}\times\boldsymbol{h}_{tj}^*)\cdot\mathrm{d}\boldsymbol{A}}\tag{6.5.1-9}$$

考虑它们都是 $\hat{\boldsymbol{x}}$ 方向偏振的，可进一步得

$$a_j=\frac{\iint\limits_{\infty}E_x e_{xj}^*\mathrm{d}A}{\iint\limits_{\infty}|e_{xj}|^2\mathrm{d}A}\tag{6.5.1-10}$$

这样，在 $z=0$ 处激发的 j 次模的功率为

$$\begin{aligned}P_j&=\iint\limits_{\infty}(a_j\boldsymbol{e}_j)\times(a_j^*\boldsymbol{h}_j^*)\cdot\mathrm{d}\boldsymbol{A}=|a_j|^2\iint\limits_{\infty}(\boldsymbol{e}_j\times\boldsymbol{h}_j^*)\cdot\mathrm{d}\boldsymbol{A}\\&=\frac{n_{ta}}{2}\left(\frac{\varepsilon_0}{\mu_0}\right)^{1/2}\frac{\left|\iint\limits_{\infty}(E_x e_{xj}^*)\mathrm{d}A\right|^2}{\iint\limits_{\infty}|e_{xj}|^2\mathrm{d}A}\end{aligned}\tag{6.5.1-11}$$

在式(6.5.1-11)中分别代入入射光纤和出射光纤的模式场分布，即可求出耦合效率或连接损耗，分以下三种情况讨论。

(1) 轴向正对准

此时两光纤间既无倾斜也无轴偏移，$\theta_i=0,\Delta x=0$，损耗由模斑失配引起。若入射光为 $E_x=\exp\left[-\frac{1}{2}\left(\frac{r}{s_i}\right)^2\right]$，输出只考虑基模并取高斯近似，场分布为 $E_x=\exp\left[-\frac{1}{2}\left(\frac{r}{s_o}\right)^2\right]$，其中 s_o 为输出光波导基模的模斑半径。将上述两模式场的表达式代入式(6.5.1-11)，可得

$$\frac{P_o}{P_{in}}=\left(\frac{2s_i s_o}{s_o^2+s_i^2}\right)^2\tag{6.5.1-12}$$

于是，模斑失配的连接损耗为

$$\alpha_0=20\lg\frac{s_o^2+s_i^2}{2s_o s_i}\tag{6.5.1-13}$$

值得注意的是，光纤完全对准时($\theta_i=0,\Delta x=0$)，由模斑失配引起的损耗是与光的传输方向无关的。通常人们认为，光从小芯径向大芯径光纤传输时，要比反过来的

连接损耗小一些，这完全是一种误解。

(2) 倾斜的对接

这时 $\theta_i \neq 0$，但很小，$\Delta x = 0$。我们的工作是要计算此时式(6.5.1-11)中的积分。为此，将 E_x 的表达式(6.5.1-3)的指数项展开

$$\exp[ikn_{ia}(\theta_i r\cos\varphi)] = J_0(\gamma r) + 2\sum_{l=1}^{\infty} i^l J_l(\gamma r)\cos l\varphi \tag{6.5.1-14}$$

式中，$\gamma = kn_{ia}\theta_i$，将展开后的结果代入式(6.5.1-11)，进一步除以输入功率 P_{in}，取近似 $n_{ia} \approx n_{ta}$，可得倾斜对接的损耗为

$$\alpha_\theta = \alpha_0 + 4.343\frac{(kn_{ia}s_i s_o)^2}{s_i^2 + s_o^2}\theta_i^2 \tag{6.5.1-15}$$

由此可见，当光纤对接时，小的倾角都会使连接损耗按 θ_i^2 线性增加。即使是同种光纤相互连接(无模斑失配，$\alpha_0 = 0$，$s_o = s_i = s$)，其损耗也是不小的，为

$$\alpha_\theta = 2.172(kn_{ia}s)^2\theta_i^2 \tag{6.5.1-16}$$

并与模斑面积成正比。

(3) 轴偏的连接损耗

此时 $\theta_i = 0$，$\Delta x \neq 0$，但很小。故

$$E_x = \exp\{-[(x+\Delta x)^2 + y^2]/2s_i^2\} \tag{6.5.1-17}$$

将上式代入式(6.5.1-11)，并近似认为 $n_{ia} = n_{ta}$，可得轴偏的连接损耗为

$$\alpha_x = \alpha_0 + 4.343\frac{(\Delta x)^2}{s_i^2 + s_o^2} \tag{6.5.1-18}$$

同样，轴偏的影响也是使损耗正比于 $(\Delta x)^2$ 线性增加。当同种光纤连接时，$s_o = s_i = s$，无模斑失配损耗，有

$$\alpha_x \approx 2.172\left(\frac{\Delta x}{s}\right)^2 \tag{6.5.1-19}$$

此时，模斑越大，轴偏的影响反而越小。

当三种因素(模斑失配、倾斜、轴偏移)同时存在时，可认为总损耗为

$$\alpha \approx \alpha_0 + \alpha_\theta + \alpha_x \tag{6.5.1-20}$$

式中，α_θ 和 α_x 应使用式(6.5.1-16)和式(6.5.1-19)，且式中 $s^2 = \dfrac{s_o^2 + s_i^2}{2}$。

表 6.5.1-1 是某单位的光纤连接器参数，其中类型指的是连接器插针的类型，PC 型插针是平头的，而 APC 型插针的端面是稍稍有一点倾斜的，因此它的反射损耗很大，避免了光纤光路的反射。

表 6.5.1-1 某单位的光纤连接器参数

类　　型	PC 型	APC 型
插入损耗/dB	<0.3	典型值<0.15
反射损耗/dB	>45	>65
重复性/dB	<0.2	<0.2
互换性/dB	<0.2	<0.2
拔插次数	>1000	
温度范围/℃	−55～+85	

6.5.2 光纤的出射光场

6.5.1 节研究了光从光源耦合到光纤的问题。当光在光纤中传输到达端面时,在光纤端面会发生反射和透射。由于从光源到光纤的过程要经历光纤的过渡态,而光从光纤端面出射的过程是在稳态下进行的,所以二者并不互易。因此要各自分开来研究。

1. 反射光

光在出射端面的反射光模式场和在光纤中正向传输的模式场是相同的。当光纤端面垂直于光纤轴线时,在端面的反射和透射满足正入射条件下的菲涅尔公式。不难得出

$$R=\frac{(n_i^2-n_t^2)^2}{(n_i^2+n_t^2)^2} \tag{6.5.2-1}$$

$$T=\frac{4(n_i n_t)^2}{(n_i^2+n_t^2)^2} \tag{6.5.2-2}$$

式中,R 与 T 分别是端面的反射率和透射率,n_i 和 n_t 分别是光波导一侧和出射后一侧的介质折射率。

当出射侧是空气的时候,$n_t=1$,入射侧为石英光纤,$n_i=1.5$ 时,$R=4\%$。这个反射功率虽小,但是足以在光波导中形成干涉噪声。有时也用作干涉仪的参考光。

在端面反射的时候,除了考虑功率的变化外,模式场的相位也会发生变化,在物理光学中称为半波损失。这种说法往往让人难以理解,其实它的本质是坐标系发生了变化。当光沿着光纤(或者光波导)正向传输时是一个右手坐标系(x,y,z),反射后是从反射端看的右手坐标系(x',y',z'),但从入射端看就成了左手坐标系。这个坐标系的变化等效于相位的变化。

反射光和入射光会相互干涉形成驻波。在没有镀膜的自由端面,因为反射很小,还不足以形成有影响的驻波。但是当处于非线性介质时,或者反射较大时,情

况就会发生改变,甚至驻波的周期也会变化。

2. 出射光

对光波导的出射光研究是一件很有意义的事。出射光可分为近场和远场两种情况。当光刚刚从光纤中出射时,$\lambda z/\pi s_0^2$ 不大,这时的场可视为近场,当 $\lambda z/\pi s_0^2 \gg 1$ 时,可视为远场。近场的研究近年来成为热点,比如光纤探针、光镊以及光化学传感与生物传感等,都利用了近场的热特性和动力学特性。远场可以用来测定光纤的模斑,也可用来干涉。

第3章和第5章中均谈到,折射率沿纵向分布是均匀的正规光波导,在其内部存在着传导模式;而且对于弱导的情形,它的基模可以分为两支线偏振模,即

$$\begin{pmatrix} \boldsymbol{e} \\ \boldsymbol{h} \end{pmatrix} = a\underset{\substack{x\text{方向}\\ \text{线偏振模}}}{\begin{pmatrix} \boldsymbol{e}_x + \boldsymbol{e}_{z1} \\ \boldsymbol{h}_1 \end{pmatrix}} + b\underset{\substack{y\text{方向}\\ \text{线偏振模}}}{\begin{pmatrix} \boldsymbol{e}_y + \boldsymbol{e}_{z2} \\ \boldsymbol{h}_2 \end{pmatrix}} \tag{6.5.2-3}$$

我们研究其中的一支,比如选取 y 方向的线偏振模,它的基模只有$(0,e_y,e_z;h_x,0,h_z)$等4个分量。进一步,这4个分量中,由于 $e_y \gg e_z, h_x \gg h_z$,所以两个纵向分量也常常被忽略。于是,它只剩 e_y 和 h_x 两个分量。而无论其中的哪一个分量,都是近似于高斯分布的(参见5.3.2节和5.5.1节)。以圆光波导为例,它的光场分布 $\boldsymbol{E}_{\text{in}}(x,y,z)$ 为

$$\boldsymbol{E}_{\text{in}}(x,y,z) = e_y(r)\mathrm{e}^{\mathrm{i}\beta z}\hat{\boldsymbol{y}} = \exp\left[-\frac{1}{2}\left(\frac{r}{s_0}\right)^2\right]\mathrm{e}^{\mathrm{i}\beta z}\hat{\boldsymbol{y}} \tag{6.5.2-4}$$

式中,r 为圆柱坐标系的径向坐标;s_0 为模斑半径,当 $r=s_0$ 时,模场的光功率从最大值下降到它的 e^{-1};$\hat{\boldsymbol{y}}$ 为直角坐标系 y 方向的单位矢量;β 为该模式沿 z 方向(纵向)的传输常数。

根据光在界面上电场强度的切线方向分量连续的原理,可知,在光波导出射端面上,出射光的电场强度也为

$$\boldsymbol{E}_{\text{out}}(x,y,z) = e_y(r)\hat{\boldsymbol{y}} = E_0\exp\left[-\frac{1}{2}\left(\frac{r}{s_0}\right)^2\right]\hat{\boldsymbol{y}} \tag{6.5.2-5}$$

上式在坐标系的选择时,恰好使端面上 $z=0$。

光离开光波导后,在空气或者真空中的传播将遵照真空中光波传播的规律,因此,波矢将发生变化。与式(6.5.2-5)所描述的最接近的光束就是高斯光束。所以,从光波导出射的光束,可以认定为高斯光束。

(1) 一般情况

高斯光束是无限大均匀介质中波动方程的一个特解,其幅度分布呈高斯分布,主要集中在传播轴附近,且等相面为略有弯曲的球面。一个沿 z 方向传播的高斯光束可表示为[22]

$$\boldsymbol{E}(x,y,z)=\frac{\boldsymbol{E}_0}{s(z)}\exp\left[-\frac{r^2}{s^2(z)}\right]\exp\left[\mathrm{i}k_0\left(z+\frac{r^2}{2R(z)}\right)-\mathrm{i}\varphi(z)\right] \quad (6.5.2\text{-}6)$$

式中，$\boldsymbol{E}_0=E_0\hat{\boldsymbol{y}}$ 是沿 y 偏振方向的常矢量，k_0 是真空中的波数，且

$$s^2(z)=s_0^2\left[1+\left(\frac{z\lambda}{\pi s_0^2}\right)^2\right] \quad (6.5.2\text{-}7)$$

$$R(z)=z\left[1+\left(\frac{\pi s_0^2}{z\lambda}\right)^2\right] \quad (6.5.2\text{-}8)$$

$$\varphi(z)=\arctan\frac{\lambda z}{\pi s_0^2} \quad (6.5.2\text{-}9)$$

对比式(6.5.2-5)与式(6.5.2-6)，我们发现，由于端面是垂直于纵向的平面，因此它是同相面，而且初相位也是零，两个公式的 s_0 相等。

值得注意的是，这里有一个约束条件，即端面是垂直于纵向的。目前，很多情况下，这个条件是不满足的。大多数光纤连接器的端面，都磨成8°的小角度。这样不能简单地写成式(6.5.2-6)。

下面看一下出射光的波矢，为

$$\boldsymbol{k}=-\nabla\left\{k_0\left[z+\frac{r^2}{2R(z)}\right]-\varphi(z)\right\} \quad (6.5.2\text{-}10)$$

利用$\nabla=\frac{\partial}{\partial r}\hat{\boldsymbol{r}}+\frac{1}{r}\frac{\partial}{\partial\varphi}\hat{\boldsymbol{\varphi}}+\frac{\partial}{\partial z}\hat{\boldsymbol{z}}$，式中 $\hat{\boldsymbol{r}}$、$\hat{\boldsymbol{\varphi}}$ 和 $\hat{\boldsymbol{z}}$ 分别为柱坐标系中沿着径向、圆周方向以及纵向的三个单位矢量。当频率取负频时，式(6.5.2-10)的负号应改为正号，经过计算得到

$$\boldsymbol{k}=\frac{k_0 r}{R(z)}\hat{\boldsymbol{r}}+\left\{k_0\left[1-\frac{r^2}{2R^2(z)}\frac{\partial R(z)}{\partial z}\right]-\frac{\partial}{\partial z}\varphi(z)\right\}\hat{\boldsymbol{z}} \quad (6.5.2\text{-}11)$$

先计算式(6.5.2-11)的最后一项

$$\frac{\partial}{\partial z}\varphi(z)=\frac{\partial}{\partial z}\arctan\frac{\lambda z}{\pi s_0^2}=\frac{\lambda\pi s_0^2}{(\pi s_0^2)^2-(\lambda z)^2} \quad (6.5.2\text{-}12)$$

代入式(6.5.2-7)、式(6.5.2-8)和式(6.5.2-9)，得到

$$\boldsymbol{k}=\frac{k_0 r}{R(z)}\hat{\boldsymbol{r}}+k_0\left[1-\frac{r^2}{2}\frac{1}{R^2(z)}+\frac{r^2}{2}\frac{\lambda^2}{z^4\lambda^4+2z^2(\pi s_0^2)^2\lambda^2+(\pi s_0^2)^4}(\pi s_0^2)^2\right]\hat{\boldsymbol{z}}-$$
$$\frac{\lambda\pi s_0^2}{(\pi s_0^2)^2-(\lambda z)^2}\hat{\boldsymbol{z}} \quad (6.5.2\text{-}13)$$

于是，我们看到，一般来说波矢不是一个固定的方向，含有纵向分量和径向分量，只有当 $r=0$ 时，它的径向分量才为0，只沿着纵向传输，但波矢的大小不是一个常数，所以不能称为传输常数。此时

$$\boldsymbol{k}=\left[k_0-\frac{\lambda\pi s_0^2}{(\pi s_0^2)^2-(\lambda z)^2}\right]\hat{\boldsymbol{z}} \tag{6.5.2-14}$$

当 $r\neq 0$,它的波矢的方向和大小都随着(r,z)的变化而变化。

(2) 起始点 $z=0$ 的情况

再看一下起始点 $z=0$ 处的波矢。在式(6.5.2-13)中,代入 $z=0$,由于此时 $R(z)\to\infty$,从而(当考虑负频时,取消负号)

$$\boldsymbol{k}=\left\{k_0+\frac{\lambda}{\pi s_0^2}\left[\left(\frac{r}{s_0}\right)^2-1\right]\right\}\hat{\boldsymbol{z}} \tag{6.5.2-15}$$

这正如所预料的那样,在光波导的端面处,它的等相面是一个平面,而它的波矢处处垂直于端面;但大小却是随着光束向边缘扩展时,逐渐增大,不等于真空中的波数。

(3) 近场

随着出射光传输距离的增大,光斑逐渐增大,波矢随着距离的变化而变化。波矢包括径向分量和轴向分量(纵向分量)两部分。先看一下径向分量的部分(略去负号)

$$\boldsymbol{k}_r=\frac{k_0 r}{R(z)}\hat{\boldsymbol{r}}=\frac{k_0 r}{z\left[1+\left(\frac{\pi s_0^2}{z\lambda}\right)^2\right]}\hat{\boldsymbol{r}} \tag{6.5.2-16}$$

当在 $z=0$ 时,$\boldsymbol{k}_r=0$;当 $z\to\infty$ 时,$\boldsymbol{k}_r=0$。于是 $\boldsymbol{k}_r$ 存在一个极值,不难求出,当 $\frac{\partial}{\partial z}\left[z+\left(\frac{\pi s_0^2}{\lambda}\right)^2\frac{1}{z}\right]=0$ 时取极值。可以解出当 $z=\left(\frac{\pi s_0^2}{\lambda}\right)$ 取极大值,或者 $\lambda z=\pi s_0^2$ 为

$$\boldsymbol{k}_r=\frac{k_0 r\lambda}{2\pi s_0^2}\hat{\boldsymbol{r}}=\frac{r}{s_0^2}\hat{\boldsymbol{r}} \tag{6.5.2-17}$$

其轴向分量为

$$\boldsymbol{k}_z=\left\{k_0\left\{1-\frac{r^2}{2z^2\left[1+\left(\frac{\pi s_0^2}{z\lambda}\right)^2\right]^2}\left[1-\left(\frac{\pi s_0^2}{z\lambda}\right)^2\right]\right\}-\frac{1}{z}\frac{1}{\left[\left(\frac{\lambda z}{\pi s_0^2}\right)+\frac{\pi s_0^2}{\lambda z}\right]}\right\}\hat{\boldsymbol{z}} \tag{6.5.2-18}$$

在径向分量最大处,$\lambda z=\pi s_0^2$ 时,

$$\boldsymbol{k}_z=\left(k_0-\frac{1}{2z}\right)\hat{\boldsymbol{z}}=\left(k_0-\frac{1}{k_0 s_0^2}\right)\hat{\boldsymbol{z}} \tag{6.5.2-19}$$

图6.5.2-1示出了高斯光束在近场的波矢和偏向角随着距离 z 和半径 r 的变化情况,其中,波长为1550nm,光纤为G.652标准单模光纤。由图可见,随着半径 r 的增大,整个曲线逐渐抬高(在 $r=0$ 时,三条曲线均化为直线)。而且,可以清楚地看出,在 $r\neq 0$,三条曲线均有明显的拐点,而且拐点都出现在 $z=\pi s_0^2/\lambda$ 处。

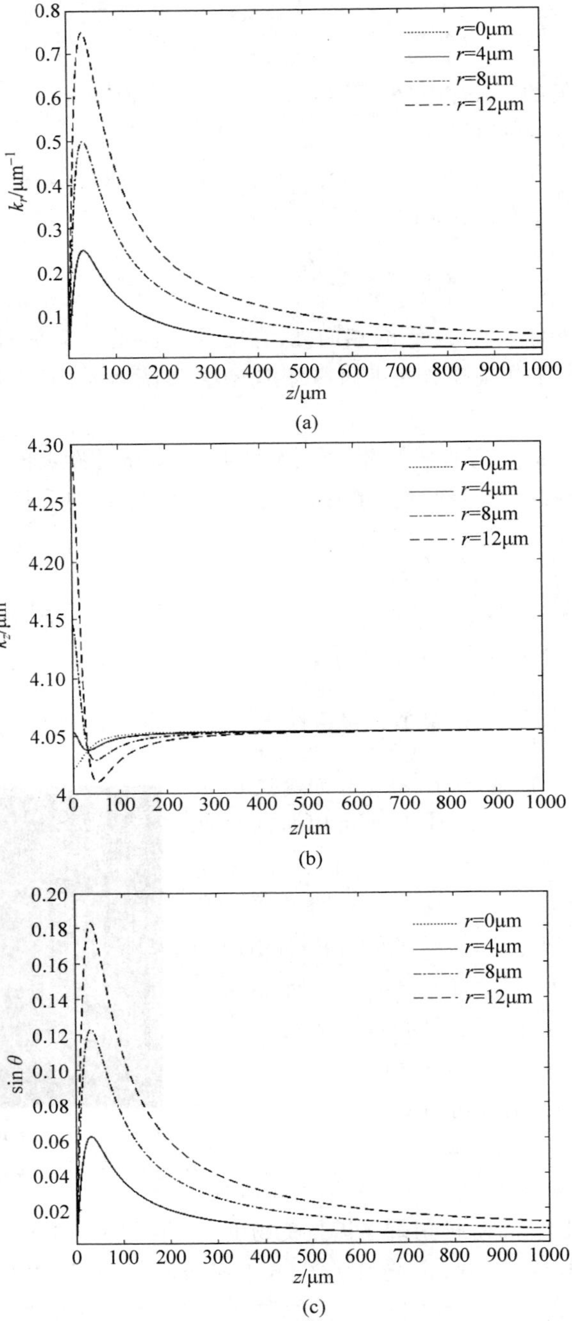

图 6.5.2-1　高斯光束波矢在近场的变化

(a) $k_r=k_r(z,r)$；(b) $k_z=k_z(z,r)$；(c) $\sin\theta=\sin\theta(z,r)$

（4）远场

当考虑远场近似时，有$\dfrac{\lambda z}{\pi s_0^2} \gg 1$，于是有如下关系成立：

$$s^2(z) \approx \left(\frac{z\lambda}{\pi s_0}\right)^2, \quad s(z) \approx \frac{z\lambda}{\pi s_0}, \quad R(z) \approx z, \quad \varphi(z) = \arctan\frac{\lambda z}{\pi s_0^2} \to \frac{\pi}{2} \tag{6.5.2-20}$$

式(6.5.2-6)变为

$$\boldsymbol{E}(x,y,z) = \boldsymbol{E}_0 \frac{\pi s_0}{z\lambda}\exp\left[-\left(\frac{\pi s_0 r}{z\lambda}\right)^2\right]\exp\left(\mathrm{i}k_0 z - \mathrm{i}\frac{\pi}{2}\right) \tag{6.5.2-21}$$

恒定的相移$\pi/2$，它对描述高斯光束在传播过程中的变化不起作用，故可略去。

考虑光从z_0行进到$z_0+\Delta z$时的光场变化，其中$\Delta z \ll z_0$，式(6.5.2-21)变为

$$\boldsymbol{E}(x,y,z_0+\Delta z) = \boldsymbol{E}_0 \frac{\pi s_0}{(z_0+\Delta z)\lambda}\exp\left[-\left(\frac{\pi s_0 r}{(z_0+\Delta z)\lambda}\right)^2\right]\exp[\mathrm{i}k_0(z_0+\Delta z)] \tag{6.5.2-22}$$

定义

$$\boldsymbol{E}(x,y,z_0) = \boldsymbol{E}_0 \frac{\pi s_0}{z_0\lambda}\exp\left[-\left(\frac{\pi s_0 r}{z_0\lambda}\right)^2\right]\exp[\mathrm{i}k_0 z_0] \tag{6.5.2-23}$$

于是

$$\boldsymbol{E}(x,y,z_0+\Delta z) = \boldsymbol{E}(x,y,z_0)\exp(\mathrm{i}k_0\Delta z) \tag{6.5.2-24}$$

式(6.5.2-24)描述的是一个平面波。所以高斯光束远场时可以近似看作是同相面为平面而横截面场强呈高斯分布的平面波，它保持$\boldsymbol{E}(x,y,z_0)$的分布不变。但远场高斯平面波和理想的均匀平面波(同相面为平面且沿同相面场强均匀分布)是有所区别的，它属于一种非均匀平面波。实际光线总有一定的宽度(光斑有一定的大小)。图6.5.2-2是两根相同的光纤，模斑在远场干涉的结果，由此可以看出模斑的大小。

图6.5.2-2　两根模斑相同的光纤，远场干涉的结果

(请扫Ⅱ页二维码看彩图)

（5）高阶模的出射光场

在少模光纤和多模光纤中，均存在高阶模。5.5.3节已经求出了高阶模(LP模式)模场的一般表达式，为

$$\boldsymbol{e}_{lpy}(r,\varphi) = \frac{1}{\sqrt{\pi}s}\sqrt{\frac{(p-1)!}{(l+p-1)!}}\,\mathrm{e}^{-\frac{x}{2}}x^{\frac{l}{2}}\mathrm{L}_{p-1}^{l}(x)\mathrm{e}^{\mathrm{i}l\varphi}\hat{\boldsymbol{y}} \tag{5.5.4-5}$$

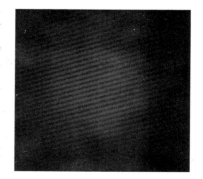

它的相位项为 $e^{i(l\varphi+\beta z)}$。根据它的波矢为 $\boldsymbol{k}=-\nabla(l\varphi+\beta z)$，代入柱坐标系的微分算子的表达式(参见 12.1 节)

$$\nabla=\frac{1}{r}\frac{\partial}{\partial r}(r\hat{\boldsymbol{e}}_r)+\frac{1}{r}\frac{\partial}{\partial\varphi}\hat{\boldsymbol{e}}_\varphi+\frac{\partial}{\partial z}\hat{\boldsymbol{z}} \tag{6.5.2-25}$$

从而

$$\boldsymbol{k}=-\left(\frac{l}{r}\hat{\boldsymbol{e}}_\varphi+\beta\hat{\boldsymbol{e}}_z\right) \tag{6.5.2-26}$$

这表明，高阶模出射光场各点的射线方向是不一样的。它有一个绕着圆周的切线分量和一个沿着纵向的分量。而且，纵向分量的大小等于其传输常数 β_{lp}，它因模式的阶数不同而不同。绕圆周的切线分量是与其绕圆的周期数(l 数)有关的，而且越靠近圆心($r\to0$)，这个分量越大。在圆心 $r=0$，$\boldsymbol{k}_\varphi\to\infty$ 没有意义，是一个奇异点。这就是所谓的涡旋光。

然而，在实践中，我们并没有看见涡旋光现象。这是为什么呢？因为 LP 模式中的 l 数是成对出现的，$l=0,\pm1,\pm2,\cdots$，如果这对模式是完全简并的，即 $\beta_{lp}=\beta_{-lp}$，可以得到简并后的模式场为

$$\boldsymbol{e}_{\text{total}}(r,\varphi)=\frac{1}{\sqrt{\pi}s}\sqrt{\frac{(p-1)!}{(l+p-1)!}}e^{-\frac{x}{2}}x^{\frac{l}{2}}L_{p-1}^{l}(x)(\cos l\varphi)e^{i\beta z}\hat{\boldsymbol{y}} \tag{6.5.2-27}$$

式中，$\boldsymbol{e}_{\text{total}}(r,\varphi)$是简并后模式的光场。这样出射光线的波矢就与单模光纤的一样，仅指向 z 方向了。然而式(6.5.2-27)是有条件的，也就是要求两个简并模式的激发强度是相同的，然而并不是各种激发情况该式都满足。

6.5.3 光纤与自聚焦透镜的耦合

5.4.1 节利用射线法研究了平方律光波导，并指出它可以作为自聚焦透镜使用。但是本节的分析表明，光纤的出射光场在 $z=0$ 处输出的是一束平行光，也就是它的波矢只有 z 分量，而没有 r 分量。按照自聚焦透镜的特点，平行光经过 1/4 截距的自聚焦透镜，将会聚成一个点。所以，自聚焦透镜不能直接和光纤黏接在一起而获得扩束的效果。要使光纤中的出射光场经过自聚焦透镜变成平行光，而且光束要扩大，必须使光纤的出射光场变成类似点光源的光，参见图 6.5.3-1。

为了便于表述，我们对几个量的符号加以区分。

① 光纤端面相关的量：光纤端面的位置用 r' 表示(变量)，模斑半径用 s_0 表示，由于光纤中的高斯光场与空气中的高斯光场定义不一致，所以在计算时要先统一；由于出射光场在高斯近似条件下，波矢都相同，出射角也都相同，所以不必特殊表述；

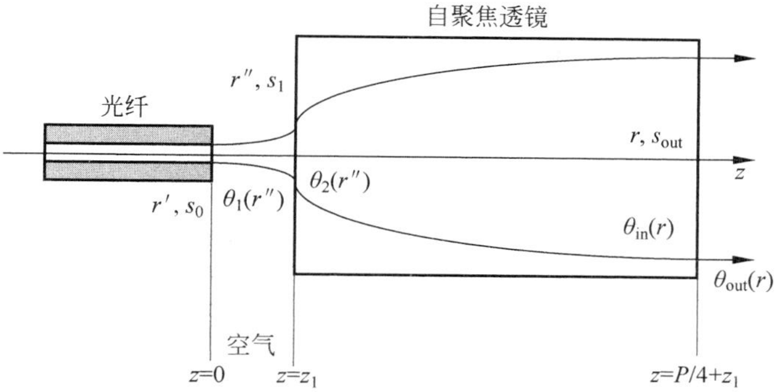

图 6.5.3-1　分析光纤与自聚焦透镜耦合

② 光纤的出射光场到达自聚焦透镜入射端面时，位置用 r''表示，模斑半径用 s_1 表示；这时各点的波矢不相同，用 $\boldsymbol{k}_1(r'')$表示，投射到自聚焦透镜端面的入射角用 $\theta_1(r'')$表示；

③ 在自聚焦透镜的入射端面，它的位置与情况②相同，用 r''表示，模斑半径也用 s_1 表示；但在自聚焦透镜内各点的波矢不相同，用 $\boldsymbol{k}_2(r'')$表示，进入自聚焦透镜端面的折射角用 $\theta_2(r'')$表示；

④ 在自聚焦透镜的出射端面，位置用 r 表示，模斑半径用 s_{out} 表示；这时各点的波矢可能不相同，用 $\boldsymbol{k}_{\text{out}}(r)$表示，到达自聚焦透镜端面的入射角用 $\theta_{\text{in}}(r)$表示；

⑤ 从自聚焦透镜出射到空气中的光，位置仍用 r 表示，模斑与自聚焦透镜的 s_{out} 相同，出射角用 $\theta_{\text{out}}(r)$表示。

1. 单模光纤与自聚焦透镜的耦合

要获得大光斑的平行光，必须使用点光源，而点光源的特点是光场的模斑非常小且波矢覆盖各个方向。光纤的出射光场，在刚出射的时候，模斑还是比较小的，所以只需满足波矢的径向分量 $\boldsymbol{k}_r$ 足够大这个条件。如 6.6.2 节所述，当 $z=(\pi s_0^2/\lambda)$时，$\boldsymbol{k}_r$ 取最大值，且 $\boldsymbol{k}_r=(r/s_0^2)\hat{\boldsymbol{r}}$。此时，

$$s_1=\sqrt{2}\,s_0 \tag{6.5.3-1}$$

当 $r''=\sqrt{2}\,s_0$ 时，根据式(6.5.2-21)，对应的波矢为 $\boldsymbol{k}_r=(r/s_0^2)\hat{\boldsymbol{r}}$，从而 $k_r=\sqrt{2}/s_0$。再根据式(6.5.2-19)有

$$\boldsymbol{k}_z=\left(k_0-\frac{1}{2z}\right)\hat{\boldsymbol{z}}=\left(k_0-\frac{1}{k_0 s_0^2}\right)\hat{\boldsymbol{z}} \tag{6.5.2-19}$$

从而，波矢的大小为

$$k=\frac{1}{k_0 s_0^2}\sqrt{k_0^4 s_0^4+1} \tag{6.5.3-2}$$

对于普通单模光纤，当它运用于 1.55μm 波长的时候 $k_0=\frac{2\pi}{\lambda}=4.05\mu\text{m}^{-1}$，而 $s_0\approx\sqrt{2}(4-5)\mu$m，所以 $k_0s_0\approx22\sim28\gg1$，于是有近似

$$k\approx k_0 \tag{6.5.3-3}$$

这个近似是合理的，因为在空气(各向同性介质)中，波数大小处处相等。从而，代入高斯光束的表达式，得到入射到自聚焦透镜入射角的正弦为

$$\sin\theta_1=\sqrt{2}/(k_0s_0) \tag{6.5.3-4}$$

当这条光线进入自聚焦透镜后，由折射定律，可知它的折射角为

$$\sin\theta_2=\sqrt{2}/[k_0s_0n(r'')] \tag{6.5.3-5}$$

此处，$r''=\sqrt{2}s_0$，按照工程上的做法(参见式(5.4.1-27))，有

$$n^2(r'')=n_0^2(1-As_0^2) \tag{6.5.3-6}$$

从而

$$\sin\theta_2=\sqrt{2}[k_0s_0n_0^2(1-As_0^2)]^{-1} \tag{6.5.3-7}$$

将 $r''=\sqrt{2}s_0$ 和式(6.5.3-5)代入式(5.4.1-40)，得到

$$\begin{bmatrix} s_{\text{out}} \\ \sin\theta_{\text{in}} \end{bmatrix}=\begin{bmatrix} 0 & 1/\sqrt{A} \\ -\sqrt{A} & 0 \end{bmatrix}\begin{bmatrix} \sqrt{2}s_0 \\ \sqrt{2}[k_0s_0n_0^2(1-A_0s_0^2)]^{-1} \end{bmatrix} \tag{6.5.3-8}$$

最后得到出射光斑的半径，注意它不是出射光光腰处的光斑，

$$s_{\text{out}}=\frac{\sqrt{2}}{k_0s_0n_0^2(1-As_0^2)\sqrt{A}} \tag{6.5.3-9}$$

如果考虑 $1\gg As_0^2$，可以近似认为

$$s_{\text{out}}=\frac{\sqrt{2}}{k_0s_0n_0^2\sqrt{A}} \tag{6.5.3-10}$$

在自聚焦透镜的出射端面，它的入射角正弦为

$$\sin\theta_{\text{in}}=-\sqrt{2A}s_0 \tag{6.5.3-11}$$

对于普通单模光纤，$s_0\approx4\sqrt{2}\sim5\sqrt{2}\,\mu$m，而 $\sqrt{A}$ 为 0.2～0.4mm^{-1}，所以 θ_{in} 为 1.5～3mrad，它很小，但不是 0，所以不是真正的平行光。

在空气中的折射角正弦为

$$\sin\theta_{\text{out}}=-n(r)\sqrt{2A}s_0 \tag{6.5.3-12}$$

将 $r=s_{\text{out}}$ 代入式(6.5.3-6)，得

$$n^2(s_{\text{out}})=n_0^2\left[1-\frac{1}{(k_0s_0n_0^2)^2}\right]\approx n_0^2 \tag{6.5.3-13}$$

最终得到

$$\sin\theta_{\text{out}} = -n_0\sqrt{2A}s_0 \tag{6.5.3-14}$$

对于普通单模光纤，代入 $s_0 = 4\sqrt{2} \sim 5\sqrt{2}\,\mu\text{m}$，自聚焦透镜 n_0 和 $\sqrt{A}$ 分别为 1.55mm^{-1} 和 0.237mm^{-1}，可以求出，$\sin\theta_{\text{out}}$ 为 0.003～0.0035，s_{out} 约为 333μm。

最后，我们需要求一下出射光的光腰位置和模斑半径，从而得到出射光（高斯光束）的表达式。

2. 自聚焦透镜的出射光束

经过上述透镜系统的出射光仍然是高斯光束，表达式为式(6.5.2-6)，注意这个公式里的 z 是从光腰处开始计算的，为了不至于和前面的结果相混淆，把它改写为 z'；式中的 s_0 也改写成新高斯光束的 s_0'，于是其表达式重写如下：

$$\boldsymbol{E}(x,y,z') = \frac{\boldsymbol{E}_0}{s(z')}\exp\left[-\frac{r^2}{s^2(z')}\right]\exp\left\{\mathrm{i}k_0\left[z' + \frac{r^2}{2R(z')}\right] - \mathrm{i}\varphi(z')\right\} \tag{6.5.3-15}$$

且

$$s^2(z') = s_0'^2\left[1 + \left(\frac{z'\lambda}{\pi s_0'^2}\right)^2\right] \tag{6.5.3-16}$$

$$R(z') = z'\left[1 + \left(\frac{\pi s_0'^2}{z'\lambda}\right)^2\right] \tag{6.5.3-17}$$

$$\varphi(z') = \arctan\frac{\lambda z'}{\pi s_0'^2} \tag{6.5.3-18}$$

于是

$$s(z') = s_0'\sqrt{\left[1 + \left(\frac{z'\lambda}{\pi s_0'^2}\right)^2\right]} = s_{\text{out}} \tag{6.5.3-19}$$

另外，我们知道，在 z' 处，$\sin\theta_{\text{out}} = -n_0\sqrt{2A_0}s_0$，于是

$$k_r = \frac{k_0 r}{R(z')} = \frac{k_0 s_{\text{out}}}{z'\left[1 + \left(\frac{\pi s_0'^2}{z'\lambda}\right)^2\right]} = k_0\sin\theta_{\text{out}} \tag{6.5.3-20}$$

或者

$$\frac{s_{\text{out}}}{z'\left[1 + \left(\frac{\pi s_0'^2}{z'\lambda}\right)^2\right]} = \sin\theta_{\text{out}} \tag{6.5.3-21}$$

将式(6.5.3-19)与式(6.5.3-21)联立，即可解出 z' 和新的 s_0'，步骤如下。

由式(6.5.3-21)可得

$$z'^2 - \frac{s_{\text{out}}}{\sin\theta_{\text{out}}}z' + \left(\frac{\pi s_0'^2}{\lambda}\right)^2 = 0 \tag{6.5.3-22}$$

乘以系数$\left(\frac{\lambda}{\pi}\right)^2$，整理各项的排列次序，得到

$$s_0'^4-\frac{s_{out}}{\sin\theta_{out}}\left(\frac{\lambda}{\pi}\right)^2 z'+\left(\frac{\lambda}{\pi}\right)^2 z'^2=0 \tag{6.5.3-23}$$

由式(6.5.3-19)可得

$$s_0'^4-s_{out}^2 s_0'^2+\left(\frac{z'\lambda}{\pi}\right)^2=0 \tag{6.5.3-24}$$

将式(6.5.3-23)减去式(6.5.3-24)，消去一个s_{out}，化简得到

$$-\frac{1}{\sin\theta_{out}}\left(\frac{\lambda}{\pi}\right)^2 z'+s_{out}s_0'^2=0 \tag{6.5.3-25}$$

于是，得到空气中的模斑半径$s_0'^2$，与其所处的位置z'呈线性关系。式(6.5.3-25)可改写为

$$s_0'^2=\frac{1}{s_{out}\sin\theta_{out}}\left(\frac{\lambda}{\pi}\right)^2 z' \tag{6.5.3-26}$$

可知$z'<0$，代入方程(6.5.3-19)可解出

$$\left[\frac{1}{s_{out}\sin\theta_{out}}\left(\frac{\lambda}{\pi}\right)^2 z'\right]^2+\frac{s_{out}}{\sin\theta_{out}}\left(\frac{\lambda}{\pi}\right)^2 z'+\left(\frac{\lambda}{\pi}\right)^2 z'^2=0 \tag{6.5.3-27}$$

如果$\sin\theta_{out}<0$，则$z'\neq 0$，消去公因子，变成一次方程，最后得到

$$z'=\frac{s_{out}}{\sin\theta_{out}}\left[\left(\frac{\lambda}{\pi s_{out}\sin\theta_{out}}\right)^2+1\right]^{-1} \tag{6.5.3-28}$$

化简后得到

$$z'=\frac{\pi^2 s_{out}^3\sin\theta_{out}}{(\pi s_{out}\sin\theta_{out})^2+\lambda^2} \tag{6.5.3-29}$$

代入式(6.5.3-26)，得到

$$s_0'=\frac{s_{out}\lambda}{\sqrt{(\pi s_{out}\sin\theta_{out})^2+\lambda^2}} \tag{6.5.3-30}$$

代入前面的结果，$\sin\theta_{out}$为0.003～0.0035，s_{out}约为333μm，计算出z'约为229.2mm，s_0'约为235μm。因为实际上观测到的光束直径大约是s_0'的6倍，所以可探测的光斑直径为1mm左右。同时，这种类型的一对自聚焦透镜拉开的合理距离为100mm左右。

第6章小结

本章研究了折射率分布沿着纵向非均匀分布的一大类光波导，称之为非正规光波导。非正规光波导的最大特点是不存在模式的概念，但是可以借助于一个具

有模式概念的正规光波导作为参考，用该参考光波导的模式互相耦合来描述非正规光波导的光场分布。因此，列出不同类非正规光波导的模耦合方程，然后解这个模耦合方程，就是求解非正规光波导的主要步骤。模耦合方程的关键参数是模耦合系数，理论上，如果知道非正规光波导沿着纵向折射率分布的规律，模耦合系数是可以求解的，比如光纤光栅就如此。但是，某些实际情况下，纵向折射率分布是随机的、不可预知的，所以模耦合系数只是一个帮助人们理解问题的概念，实际上很难计算。

参与耦合的(正规光波导的)模式不仅包括传导模，还包括辐射模。为了正确理解正规光波导的辐射模，本章首先介绍了正规光波导的空间过渡态以及辐射模的概念，而辐射模本质上就是那些不满足全反射条件的光线。

非正规光波导根据折射率沿纵向变化的规律，可分为三类：缓变光波导，迅变光波导，突变光波导。6.3节研究了缓变光波导和迅变光波导的模耦合方程，6.5节研究了突变光波导的耦合问题。

缓变光波导是一类沿着纵向的变化率$\frac{1}{\varepsilon}\frac{\partial\varepsilon}{\partial z}\ll 1$，或者变化周期远大于波长的一类非正规光波导，比如折射率纵向渐变的光波导。缓变光波导的问题比较简单，常用的分析方法保留使用局部模式的概念。当需要计算模耦合时，可以利用标量的模耦合方程。在弱导缓变光波导中，两个垂直偏振方向的模式，并不发生耦合。但是，由于应力引起的材料各向异性，仍然可以导致互相垂直的偏振方向模式耦合。请参见第9章各向异性光波导。

迅变光波导是一类沿着纵向的变化率$\frac{1}{\varepsilon}\frac{\partial\varepsilon}{\partial z}$比较大而不能忽略，或者变化周期接近于波长的一类非正规光波导。描述迅变光波导的模耦合方程是一组矢量模耦合方程。它的模耦合系数，包括模式场横向分量的模耦合系数和纵向分量的模耦合系数，在忽略纵向分量模耦合系数的前提下，也可以只用横向分量的模耦合系数表示。横向分量的模耦合系数，又包括正向传输分量的模耦合与反向传输分量的模耦合，最后得到式(6.3.2-23)的形式。

作为迅变光波导的一种典型应用，在光波导上人为刻蚀出光栅，使折射率沿着纵向周期性变化，从而引出很多新的现象。光波导光栅又可分为在平面光波导上刻蚀出的波导光栅和在圆光波导上刻蚀出的光纤光栅两种。二者在性质上没有什么区别，分析方法也完全一样，只不过具体参数不同而已。在光波导光栅中，最重要的性质是它的滤波特性。对于最重要和最基本的光栅——均匀光栅，滤波的中心波长与光栅周期有简单的关系，$\lambda_B=2n_{eff}\Lambda$。这个关系常常用来制作光纤传感器。

在光波导的端面上，由于折射率突然发生变化，所以是一种突变光波导。光从外界注入突变光波导，或者反过来，从突变光波导出射光的过程都属于突变光波导。但是二者是不一样的，因为前者是一个空间过渡过程，而后者则是稳态过程。过渡过程是用模耦合理论来分析；而稳态过程是直接使用电磁波在边界上连续的原理来分析。光纤连接、光从光源耦合进光纤等都可以看作光注入光波导的过程，由于要经历过渡态，所以高阶模逐渐会损耗掉，导致连接损耗。从光纤出射的光，由于在光纤内部的模式为基模，模式场呈现为高斯分布，所以出射光是一个高斯光束。高斯光束又分为近场和远场两种情形。光束的近场是一个非平面波，光束的远场则近似为一个平面波。光束的近场用于分析光纤探针、光镊等；光束的远场用于测量模斑，都有各自的用处。

从光纤中出射的光，进一步耦合到其他波导中，也是一个突变过程。最典型的就是光纤与自聚焦透镜的耦合，组成准直器(collimator)。本书详细分析了这个过程，指出光纤并不能直接与自聚焦透镜接触，需要拉开一定距离，才可以获得最佳效果。整个分析过程都是基于高斯光束的，高斯光束可以看作波动光学与射线光学相统一的一种分析方法。

第6章思考题

6.1　为什么说在非正规光波导中，不存在严格意义的模式？实际的光波导，总不是无限长的，那么在什么情况下可以看作正规的，在什么情况下必须看作非正规的？

6.2　非正规光波导中的“模式耦合”是否就是非正规光波导中各个“模式”之间的“耦合”？

6.3　举出你所知道的非正规光波导的例子。

6.4　所有非正规光波导的折射率分布，是否都可以写成 $\varepsilon(x,y,z)=f(z)\varepsilon_t(x,y)$，其中 $\varepsilon_t(x,y)$ 是沿横向的折射率分布，$f(z)$ 是沿纵向的变化。请举出不是这种分布的例子。

6.5　你观察到光波导的空间过渡态吗？当时的过渡态长度是多少？

6.6　对于一个单模光纤，它的高阶模和辐射模之间有什么联系？

6.7　导出弱导缓变光波导的模耦合系数的式(6.3.1-14)和式(6.3.1-15)。

6.8　一根光波导的折射率分布为 $\varepsilon(x,y,z)=f(z)\varepsilon_t(x,y)$，其中 $\varepsilon_t(x,y)$ 的分布为

$$\begin{cases} n^2(r)=\begin{cases} n_1, & r<a \\ n_2, & r>a \end{cases} \\ n_1>n_2 \end{cases}$$

而 $f(z)=1+bz$，其中系数 $b\ll 1$。试求它的模耦合系数。

6.9　试从光频的麦克斯韦方程出发，导出矢量法的模式耦合方程和模耦合系数。

6.10　如果两个模式的横向分量垂直，而纵向分量又小到可以忽略，这两个模式之间还存在耦合吗？为什么？

6.11　模耦合系数是否具有互易性，即从 μ 次模向 ν 次模的耦合系数与从 ν 次模向 μ 次模的耦合系数是否相同？

6.12　模耦合系数既然是互易的，那么功率是否会在两个模式之间交换时出现周期性？

6.13　在光纤光栅中，公式 $\frac{\mathrm{d}}{\mathrm{d}z}(P_1-P_2)=0$ 说明了什么？

6.14　在6.4.1节中，对于式(6.4.1-12)，其后有一段话："4个模耦合系数中，只有 $\mathrm{e}^{\mathrm{i}(2\beta-\Omega)z}$ 和 $\mathrm{e}^{-\mathrm{i}(2\beta-\Omega)z}$ 项为强耦合项，其余各项均因为含有迅变因子而使平均耦合效果为零。"这句话是什么意思？

6.15　由模斑失配而引起的损耗是否与光的传输方向有关？由模斑大的光纤向模斑小的光纤传输的损耗，是否比反过来传输的损耗大？为什么？

6.16　试说明引起光纤连接损耗的主要因素。

6.17　计算两根光纤相互靠紧的时候(除去包层，设光纤外径为 $125\mu\mathrm{m}$)，两根光纤远场干涉后的图样(图6.5.2-2)。

6.18　在单模光纤的出射端面后面，往往会接上一个自聚焦透镜。所谓自聚焦透镜，其实就是如图5.4.0-1所示的平方律圆光波导，分析一下当光从单模光纤出射而注入到平方律圆光波导以后的光场分布，并求出其光线。

6.19　为什么自聚焦透镜不能直接贴紧光纤端面？如果直接贴紧会导致什么结果？

第 7 章

非圆光波导

7.1 非圆光波导与双折射

7.1.1 非圆光波导的概念

前面几章介绍了平面光波导和圆光波导，无论它们是均匀还是非均匀的，都有很好的几何对称性。这种良好的几何对称性，使这些光波导有许多独特的性质。然而，受各种工艺不稳定因素的影响，实际要获得这种完全的对称性是很困难的。因此，有必要研究非圆对称性带来的影响。

对于单模圆光波导，由于圆对称性受到破坏，导致原先在圆光波导中的两组正交线偏振模 LP_y 和 LP_x 的传输常数 β_y 与 β_x 不相等，从而产生了双折射，并由此导致偏振模色散。

为了克服偏振模色散，人们有意将两个偏振模式中的一个加以抑制，使之成为单偏振态。这种特性的光纤才是真正的单模光纤，称为单偏振光纤。抑制的方法有两种：一种方法是使两个偏振模的损耗不一致，一个很小、一个很大，比如把光纤的横断面磨成 D 形，然后镀上有损耗的金属，这样损耗大的模式就不能传输；另一种方法是合理地设计波导结构，使其中一个模式的截止频率不为零，当工作在这个截止频率以下时，就成为单偏振光纤。

另一类具有明显非圆性的光纤称为保偏光纤，它的两个线偏振模有较大的传输常数差，因而有很小的模耦合系数。当入射到保偏光纤的一束线偏振光与光纤的一个线偏振模方向一致时，这个线偏振光就可以一直将这种偏振态保持下去。这就是“保偏光纤”的由来。值得注意的是，要使入射偏振光的方向与一个线偏振模一致，往往是很困难的。因为入射光的偏振态经常变化，在某种意义上达不到偏振保持的目的。这时，保偏光纤内的偏振态也在不断演化。

无论是单偏振光纤还是保偏光纤，都属于非圆光波导，因此，研究非圆光波导中光传播的特性具有重要的实际意义。

非圆光波导总体上同样可分为正规光波导和非正规光波导两大类。非圆正规光波导的折射率在纵向上是均匀分布的，在横截面上是非圆分布的，又可细分为均匀型和非均匀型：

$$\text{非圆光波导}\begin{cases}\text{正规的}\begin{cases}\text{均匀型}\\ \text{非均匀型}\end{cases}\\ \text{非正规的}\end{cases}$$

非圆均匀光波导是指折射率分布在每个域 Ω_i 内部都是均匀的，而域的边界至少有一个是非同心圆，如阶跃椭圆光波导（椭圆光纤）、双圆光波导（熊猫光纤）等重要的保偏光纤，如图7.1.1-1所示。非圆均匀光波导的折射率分布可描述为（以二层非圆均匀光波导为例）

$$\varepsilon(x,y)=\begin{cases}n_1^2, & (x,y)\in\Omega\\ n_2^2, & (x,y)\in\bar{\Omega}\end{cases}\tag{7.1.1-1}$$

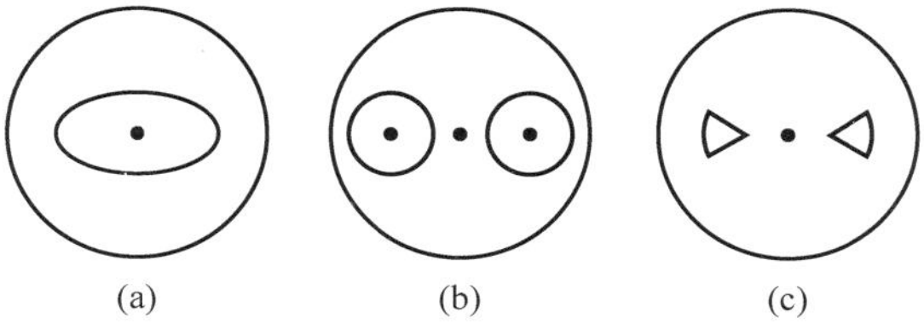

图7.1.1-1　非圆均匀光波导

(a) 椭圆光纤；(b) 熊猫光纤；(c) 领结光纤

另一类非圆光波导——非圆非均匀光波导，通常用 $\varepsilon(x,y)=$ 常数的等值曲线 c 描述。而曲线 c 为一个非圆曲线，这些非圆曲线可以是双圆、椭圆、菱形等多种形状，如图7.1.1-2所示。

主轴是非圆正规光波导中的一个重要概念，它被理解为，如果选定一个坐标系，其折射率分布可表示为

$$\varepsilon(x,y)=\varepsilon(-x,y)\tag{7.1.1-2}$$

或

$$\varepsilon(x,-y)=\varepsilon(x,y)\tag{7.1.1-3}$$

称这个坐标系的几何对称轴 Ox 与 Oy 为该光波导折射率分布的主轴。一个具体光波导的主轴的含义是明显的。但由于光纤很细，实际上要测定主轴仍然有

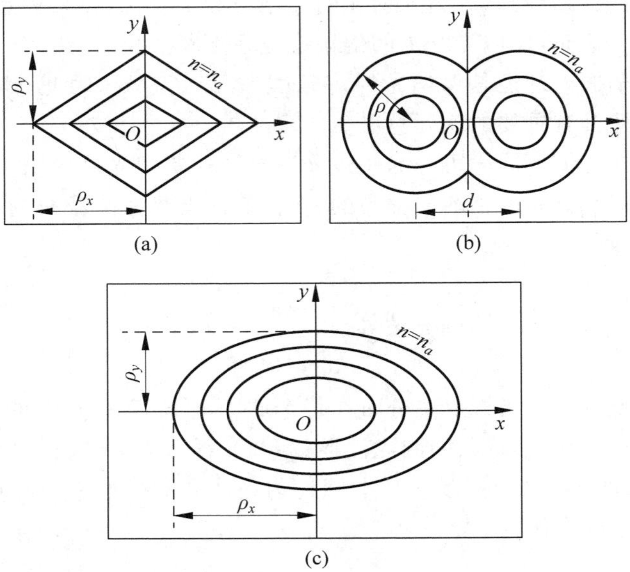

图 7.1.1-2　非圆非均匀光波导

(a) 菱形；(b) 双圆形；(c) 椭圆形

一定困难。有些光波导，由于对称性极差，可能根本就没有对称主轴。对于非圆非正规光波导，沿 z 方向各横截面上的折射率分布不但是非圆的，而且是变化的，更找不到主轴。从光波导的角度来看，主轴的主要特征是保持线偏振态不变，也就是如果入射光的偏振方向与主轴一致，那么输出光也是线偏振的，因此这里的主轴又可以称为偏振主轴。我们可将这一概念拓广，称可使输入与输出同为线偏振态的方向为偏振主轴。在这个意义上，线性各向同性的光波导，偏振主轴总是存在的。

7.1.2　双折射现象

双折射现象是非圆光波导中一个特有的现象，研究非圆光波导，主要就是研究与双折射有关的问题。光纤从制造到使用各个阶段都会导致双折射。光纤在制造过程中引起的双折射，称为固有双折射。在使用过程中，由于弯曲、拉伸、加侧压等因素所引起的双折射，称为感应双折射，但二者本质上是一致的。值得一提的是，由于双折射的成因很多而且无规律性，所以不能用简单的方法进行描述，而应该用统计的方法。

在"物理光学"中，我们对双折射已经有所认识，双折射被理解为光波的传输波矢 $\boldsymbol{k}$ 与光场偏振方向有关的现象。均匀无限大介质中的电磁波可以有多种形式，如平面波、柱面波、球面波等。如果电磁波是简谐波，意味着各点的电磁场都是作正弦振荡的交变电磁场，因此每一点的电磁场都有相位的概念。如1.2.1节所述，虽然电磁场本身是一个矢量场，但相位场 $\varphi(\boldsymbol{r},t)$ 却是一个标量场。这个标量场的负梯度就是这个波的波矢，即

$$\boldsymbol{k}(\boldsymbol{r},\omega)=-\nabla\varphi(\boldsymbol{r},\omega) \tag{1.2.1-1}$$

在无限大空间各向同性材料中，光波的波矢 $\boldsymbol{k}$ 与光场的偏振方向无关。但在各向异性材料或特定的波导中，光波的波矢 $\boldsymbol{k}$ 将与光场的偏振方向有关，这就是双折射现象。双折射现象并不局限于输入光的偏振态为线偏振光，但通常都定义一束线偏振光(圆偏振光也可类似定义)通过一个介质时，其波矢 $\boldsymbol{k}$(包括大小与方向)随偏振方向变化的现象为双折射效应。由于波矢 $\boldsymbol{k}$ 包括大小和方向，因此双折射有时表现为只有大小与偏振方向有关，有时表现为方向和大小都与偏振方向有关。在本书研究的光波导中，由于所有的同相面都是光波导的横截面，因此波矢 $\boldsymbol{k}$ 的方向是确定的(指向 z 方向)，只有波矢的大小(传输常数 β)会受偏振方向的影响。所以在光波导中的双折射现象主要表现为传输常数 β 随偏振方向改变的现象。

双折射从其形成机理分，可分为以下两类。

(1) 材料双折射

材料双折射由材料的各向异性引起。光纤在加工制造过程或使用过程中，由于内部应力分布不均匀，因弹光性效应而使光纤成为各向异性材料。材料双折射的特点是 β 的大小和方向均随偏振方向变化。关于各向异性以及各向异性引起的双折射问题，将在第9章做深入的讨论。

(2) 波导双折射

波导双折射是由于波导结构的非圆对称性，使两个线偏振模(LP模式)传输常数不相等 $\beta_x\neq\beta_y$ 引起的。因此，波导双折射又称为几何双折射，波导双折射没有方向的变化，只有大小的不同。这是本章研究的重点。

实际的光波导(光纤)中往往既存在波导双折射又存在材料双折射。

描述波导双折射的参量有多种，对于正规光波导常见的参数如下。

(1) 传输常数差

$$\Delta\beta=|\beta_x-\beta_y| \tag{7.1.2-1}$$

有的文章中将传输常数差定义为双折射，这是不准确的，双折射是一种现象，不是一个物理量；而传输常数差是一个数量，可以用来描述双折射的大小。

(2) 归一化双折射参数

$$B=\frac{\Delta\beta}{\bar{\beta}}=\frac{|\beta_x-\beta_y|}{(\beta_x+\beta_y)/2} \tag{7.1.2-2}$$

（3）拍长

$$L=\frac{2\pi}{\Delta\beta} \tag{7.1.2-3}$$

拍长有明确的物理意义，即两个线偏振光合成的光经过一个拍长的传输后，其偏振态将出现周期性的重复。

如前所述，由于双折射将产生偏振模色散，偏振模色散的群时延差 t_p 为

$$\begin{aligned} t_p &= \tau_x-\tau_y \\ &= \frac{\mathrm{d}\Delta\beta}{\mathrm{d}\omega}=\frac{\mathrm{d}(B\bar{\beta})}{\mathrm{d}\omega}=B\,\frac{\mathrm{d}\bar{\beta}}{\mathrm{d}\omega}+\bar{\beta}\,\frac{\mathrm{d}B}{\mathrm{d}\omega} \end{aligned} \tag{7.1.2-4}$$

通常$\frac{\mathrm{d}B}{\mathrm{d}\omega}$是很小的，所以

$$t_g \approx B\,\frac{\mathrm{d}\bar{\beta}}{\mathrm{d}\omega}=B\tau_p \tag{7.1.2-5}$$

τ_p 为平均群时延。由式(7.1.2-5)可看出，解非圆正规光波导的问题，将归结于求 $\bar{\beta}$ 和 $\Delta\beta$。

另外，如果不是弱导光波导，或者即使是弱导光波导，但是考虑的是矢量模，比如 $\mathrm{HE}_{11}^{\mathrm{L}}$ 和 $\mathrm{HE}_{11}^{\mathrm{R}}$ 两个模式，上述有关参数都要做一些修改。两个矢量模($\mathrm{HE}_{11}^{\mathrm{L}}$ 和 $\mathrm{HE}_{11}^{\mathrm{R}}$ 模式)的传输常数 β_{L} 与 β_{R} 也不相等，$\beta_{\mathrm{L}}\neq\beta_{\mathrm{R}}$，同样会引起波导双折射。

最后，需要指出的是，虽然光波导沿横截面的非圆性引起了双折射，但实际光纤除了沿横截面的非圆性外，还有沿纵向的非均匀性。纵向非均匀性产生模式耦合，使得双折射现象减弱。7.2 节讲述非圆的正规光波导的问题；7.3 节～7.7 节研究非圆非正规光波导的问题。7.7 节研究的保偏光纤理论上是一种正规光波导。但是在考虑实际问题时，由于制造以及使用的原因，导致光纤的折射率分布出现纵向不均匀性，因此 7.7 节中保偏光纤是作为一种非正规光波导来研究的。

7.2 非圆均匀光波导

7.2.1 一般解法(微扰法)

非圆光波导，同样可以分为非圆正规光波导和非圆非正规光波导两大类。非圆正规光波导，又可以分为非圆均匀光波导和非圆非均匀光波导两类。本节研究正规光波导中的非圆均匀光波导。非圆均匀光波导的折射率沿横截面的分布，在一些非圆曲线围成的域内是均匀的，在边界上是突变的，此外，不言而喻，它在纵向上是均匀的。因此，在所考虑的域内，因 $\nabla\varepsilon=0$，波动方程为齐次波动方程，而且，

它既然是正规光波导，也就有模式的概念，如式(2.1.1-3)所示。

$$\begin{pmatrix}\dot{\boldsymbol{E}}\\ \dot{\boldsymbol{H}}\end{pmatrix}(x,y,z)=\begin{pmatrix}\dot{\boldsymbol{e}}\\ \dot{\boldsymbol{h}}\end{pmatrix}(x,y)\cdot \mathrm{e}^{\mathrm{i}\beta z} \tag{2.1.1-3}$$

且如 2.1.2 节所述，三维模式场同样可以分解为纵向分量与横向分量之和，即有

$$\begin{cases}\boldsymbol{e}=\boldsymbol{e}_{\mathrm{t}}+\boldsymbol{e}_z\\ \boldsymbol{h}=\boldsymbol{h}_{\mathrm{t}}+\boldsymbol{h}_z\end{cases} \tag{2.1.2-1}$$

考虑到在所述的区域中，折射率分布是均匀的，2.1.1 节的波动方程因 $\nabla_{\mathrm{t}}\varepsilon=0$ 而化为

$$[\nabla^2+(k^2n_i^2-\beta^2)]\begin{Bmatrix}\boldsymbol{e}_{\mathrm{t}}\\ \boldsymbol{h}_{\mathrm{t}}\\ e_z\\ h_z\end{Bmatrix}=0 \tag{7.2.1-1}$$

前两个为矢量方程，后两个为标量方程。由于波动方程是齐次的，故可得到两组线偏振模。在标量、弱导近似条件下，这两组线偏振模如式(3.5.2-9)所示，为

$$\{0,e_y,e_z;\ h_x,0,h_z\}\quad 和\quad \{e_x,0,e_z;\ 0,h_y,h_z\} \tag{3.5.2-9}$$

它们都满足同一形式的标量波动方程，比如对于 e_y，有

$$\{\nabla_{\mathrm{t}}^2+(k^2n_{\mathrm{i}}^2-\beta^2)\}e_y=0 \tag{7.2.1-2}$$

值得注意的是，对于非圆均匀光波导，坐标轴 Ox、Oy 的选定不是任意的，即 $\boldsymbol{e}_y$、$\boldsymbol{e}_x$ 的方向选定不是任意的。而对于圆均匀光波导，由于圆对称性，无论如何选取坐标轴 Ox、Oy，其结果均是相同的。在非圆光波导中，场分布对于坐标轴的选取是十分敏感的，见图 7.2.1-1。为了简化，坐标轴通常取为光波导的主轴。

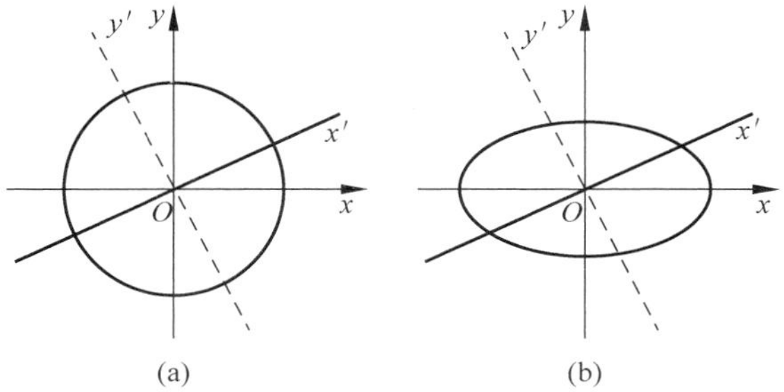

图 7.2.1-1　主轴坐标系

(a) 圆均匀光波导；(b) 非圆光波导

非圆均匀光波导的分析方法有以下几种：

① 本征函数法，只适用于某些特殊形状的边界，例如椭圆边界，可使用马丢函数；

② 微扰法,将非圆性看作圆光波导的一种微扰求解;

③ 高斯近似法,模式场用非圆对称的高斯分布代替,求其 β 值。

本节主要介绍微扰法。

微扰法的基本思想是:将非圆均匀光波导看作某个理想的圆均匀光波导的"畸变",并假定这种畸变是很小的,以至于二者的模式场分布相同,并由此求出 β 的变化。

假定某个圆均匀光波导的模式场为 $\boldsymbol{e}_{t0}$,传输常数为 β_0,折射率分布为 $n_0(x,y)$,它们满足

$$[\nabla_t^2+(k^2n_0^2-\beta_0^2)]\boldsymbol{e}_{t0}=0 \tag{7.2.1-3}$$

由该圆均匀光波导畸变而成的非圆光波导的模式场为 $\boldsymbol{e}_t$,传输常数为 β,折射率分布为 $n(x,y)$,它们满足

$$[\nabla_t^2+(k^2n^2-\beta^2)]\boldsymbol{e}_t=0 \tag{7.2.1-4}$$

式(7.2.1-4)与 $\boldsymbol{e}_{t0}$ 的标量积减去式(7.2.1-3)与 $\boldsymbol{e}_t$ 的标量积,有

$$(\boldsymbol{e}_{t0}\cdot\nabla_t^2\boldsymbol{e}_t-\boldsymbol{e}_t\cdot\nabla_t^2\boldsymbol{e}_{t0})+(\beta_0^2-\beta^2)\boldsymbol{e}_{t0}\cdot\boldsymbol{e}_t=k^2(n_0^2-n^2)\boldsymbol{e}_t\cdot\boldsymbol{e}_{t0} \tag{7.2.1-5}$$

在无穷横截面上对式(7.2.1-5)积分,有

$$\iint_\infty(\boldsymbol{e}_{t0}\cdot\nabla_t^2\boldsymbol{e}_t-\boldsymbol{e}_t\cdot\nabla_t^2\boldsymbol{e}_{t0})\mathrm{d}A+(\beta_0^2-\beta^2)\iint_\infty\boldsymbol{e}_{t0}\cdot\boldsymbol{e}_t\mathrm{d}A=k^2\iint_\infty(n_0^2-n^2)\boldsymbol{e}_t\cdot\boldsymbol{e}_{t0}\mathrm{d}A \tag{7.2.1-6}$$

利用散度定理

$$\iint_\infty(\boldsymbol{M}\cdot\nabla^2\boldsymbol{N}-\boldsymbol{N}\cdot\nabla^2\boldsymbol{M})\mathrm{d}A=\oint_\infty[\boldsymbol{M}(\nabla\cdot\boldsymbol{N})-\boldsymbol{N}(\nabla\cdot\boldsymbol{M})]\mathrm{d}A \tag{7.2.1-7}$$

将积分式(7.2.1-6)左边第一项中的面积分化为无穷远处的线积分。注意在无穷远处,$\boldsymbol{e}_{t0}$ 与 $\boldsymbol{e}_t$ 均为零,由此可知左边第一项积分为零,从而根据式(7.2.1-5),有

$$\beta^2=\beta_0^2+k^2\frac{\iint_\infty(n^2-n_0^2)\boldsymbol{e}_t\cdot\boldsymbol{e}_{t0}\mathrm{d}A}{\iint_\infty\boldsymbol{e}_t\cdot\boldsymbol{e}_{t0}\mathrm{d}A} \tag{7.2.1-8}$$

注意式(7.2.1-8)中,并不要求 β 与 β_0 所对应的模式的序号相同。当我们考虑同一序号的两个对应模式时,由我们的微扰假定,$\boldsymbol{e}_t\approx\boldsymbol{e}_{t0}$,且对于线偏振模,有 $\boldsymbol{e}_t=\boldsymbol{e}_y$,$\boldsymbol{e}_{t0}=\boldsymbol{e}_{y0}$,可得

$$\beta_y^2=\beta_0^2+k^2\frac{\iint_\infty(n^2-n_0^2)e_y^2\mathrm{d}A}{\iint_\infty e_y^2\mathrm{d}A} \tag{7.2.1-9}$$

通常，有微扰的非圆均匀光波导和无微扰的圆均匀光波导的折射率最大值 n_{m} 以及包层的折射率 n_a 都相同。在弱导近似下，$\dfrac{n_{\mathrm{m}}-n_a}{n_a}\ll 1$，而 β 与 β_0 都在 n_a 与 n_{m} 之间，即 $n_a k<(\beta_0,\beta)<n_{\mathrm{m}}k$。从而

$$\beta^2-\beta_0^2\approx 2kn_{\mathrm{m}}(\beta-\beta_0)\tag{7.2.1-10}$$

$$n^2-n_0^2\approx 2kn_{\mathrm{m}}(n-n_0)\tag{7.2.1-11}$$

于是，式(7.2.1-6)进一步可化简为

$$\beta_y\approx\beta_0+k\frac{\iint\limits_{\infty}(n-n_0)e_y^2\,\mathrm{d}A}{\iint\limits_{\infty}e_y^2\,\mathrm{d}A}\tag{7.2.1-12}$$

同理可得

$$\beta_x\approx\beta_0+k\frac{\iint\limits_{\infty}(n-n_0)e_x^2\,\mathrm{d}A}{\iint\limits_{\infty}e_x^2\,\mathrm{d}A}\tag{7.2.1-13}$$

注意在圆均匀光波导中，基模 e_x 与 e_y 的表达式相同，故对于基模，利用式(7.2.1-12)和式(7.2.1-13)是求不出 $\Delta\beta$ 的，只能求出 β 的平均值 $\bar{\beta}$，归纳为

$$\bar{\beta}\approx\beta_0+k\frac{\iint\limits_{\infty}(n-n_0)e_y^2\,\mathrm{d}A}{\iint\limits_{\infty}e_y^2\,\mathrm{d}A}\tag{7.2.1-14}$$

7.2.2　二层非圆光波导

当非圆均匀光波导只有两层(芯层和包层)，且芯层与包层的界面为非圆时，折射率分布为

$$n^2(x,y)=\begin{cases}n_1^2, & (x,y)\in\Omega\\ n_2^2, & (x,y)\in\bar{\Omega}\end{cases}\tag{7.2.2-1}$$

考虑一个对应的很好近似的圆均匀光波导，折射率分布为

$$n_0^2(x,y)=\begin{cases}n_1^2, & r<a\\ n_2^2, & r>a\end{cases}\tag{7.2.2-2}$$

由式(7.2.1-8)，有

$$\beta_y^2=\beta_0^2+k^2\frac{\iint_\infty (n^2-n_0^2)e_y^2\,\mathrm{d}A}{\iint_\infty e_y^2\,\mathrm{d}A} \tag{7.2.1-9}$$

由图 7.2.2-1 可见，$\delta n=n-n_0$ 只在阴影部分不为零：在 Ω_1、Ω_3 区，$n>n_0$，即 $\delta n>0$；在 Ω_2、Ω_4 区，$n<n_0$，$\delta n<0$。因畸变 $\delta n=n-n_0$ 很小，所以在 Ω_1、Ω_2、Ω_3、Ω_4 等区域内，e_y 可视为常数，从而

$$\begin{aligned}\bar{\beta}&=\beta_0+\frac{k\sum_i\iint_{\Omega_i}(n-n_0)e_y^2\,\mathrm{d}A}{\iint_\infty e_y^2\,\mathrm{d}A}=\beta_0+k\sum_i\delta n\frac{\iint_{\Omega_i}e_y^2\,\mathrm{d}A}{\iint_\infty e_y^2\,\mathrm{d}A}\\&=\beta_0+k\sum_i(n_1-n_2)\eta_i\end{aligned} \tag{7.2.2-3}$$

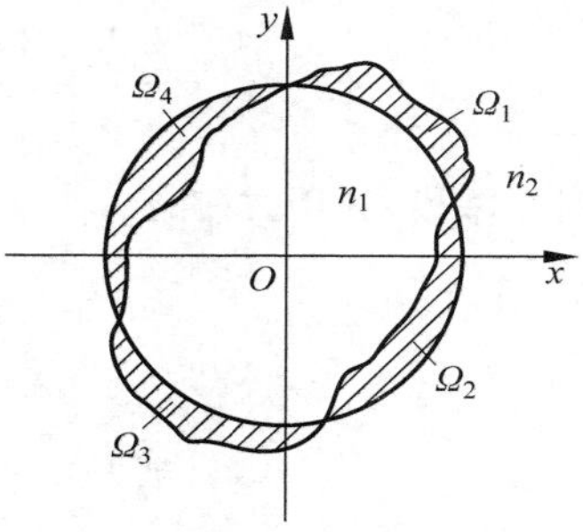

图 7.2.2-1 等容原则

式中，

$$\eta_i=\frac{\iint_{\Omega_i}e_y^2\,\mathrm{d}A}{\iint_\infty e_y^2\,\mathrm{d}A}\approx\pm\frac{e_y^2\Delta s_i}{\iint_\infty e_y^2\,\mathrm{d}A} \tag{7.2.2-4}$$

式(7.2.2-4)中，当 $n>n_0$ 时取正号，当 $n<n_0$ 时取负号。ΔA_i 为有折射率畸变的一小块面积。适当地选取半径 a，可以得到 $\eta_1+\eta_3=\eta_2+\eta_4$，这样

$$\bar{\beta}=\beta_0 \tag{7.2.2-5}$$

这就是说，如果一个二层非圆光波导的芯层截面积与某个二层均匀圆光波导芯层面积相等，则这个非圆光波导的平均传输常数 $\bar{\beta}$ 与圆光波导的传输常数 β_0 相等，式(7.2.2-5)又称为微小畸变的等容原则。

7.2.3 椭圆芯阶跃光纤

椭圆芯阶跃光纤(图 7.2.3-1)是一种重要的保偏光纤。它易于制造，价格也比较便宜，虽然熔接相对困难，但目前这方面的熔接技术已经有了突破，不再成为应用的障碍，所以有可能获得广泛应用。通常，这种光纤的椭圆度很小，折射率分布为

$$n^2=\begin{cases}n_1^2, & (x,y)\in\Omega\\ n_2^2, & (x,y)\in\bar{\Omega}\end{cases} \tag{7.2.3-1}$$

域 Ω 由椭圆边界围成，椭圆边界为

$$\frac{x^2}{a_x^2}+\frac{y^2}{a_y^2}=1 \tag{7.2.3-2}$$

a_x 和 a_y 分别为长半轴和短半轴，椭圆的偏心率为

$$e=\left(1-\frac{a_y^2}{a_x^2}\right)^{1/2} \ll 1 \tag{7.2.3-3}$$

首先，设想一个圆光波导，它的芯径 a 满足 $a_x a_y=a^2$，显然，这个圆光波导满足等容原则，于是有 $\bar{\beta}=\beta_0$。

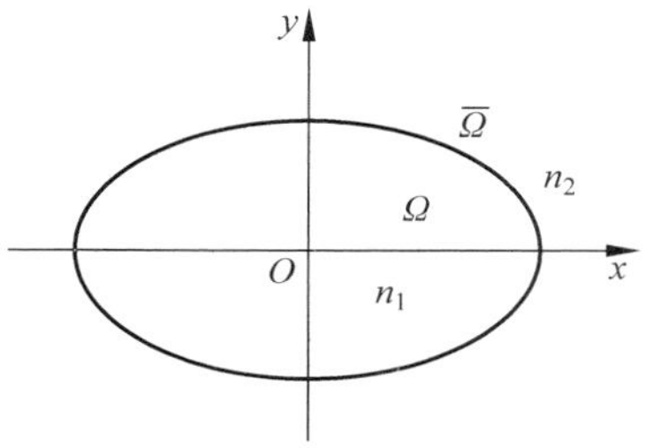

图 7.2.3-1　椭圆芯阶跃光纤

为了进一步求出椭圆光波导的折射率差 $\Delta\beta$，必须在式(7.2.1-9)中引入非圆性，即需要 $e_{tx}\neq e_{ty}$。为此，我们将椭圆光波导的模式场 $\boldsymbol{e}_t$ 展成圆光波导的一系列模式场 $\boldsymbol{e}_{t0}$ 之和。记椭圆光波导的第 j 次模的模式场为 $\boldsymbol{e}_{tj}$，其传输常数为 $\bar{\beta}_j$，记圆光波导的 m 次模的模式场为 $\boldsymbol{e}_{0m}$，记圆光波导的 m 次模的传输常数为 β_m，并假设

$$\boldsymbol{e}_{tj}=\sum_i a_i \boldsymbol{e}_{0i} \tag{7.2.3-4}$$

将式(7.2.3-4)代入式(7.2.1-9)(注意，式(7.2.1-5)中并不要求 β 与 β_0 所对应的模式的序号相等)，有

$$\bar{\beta}_j^2=\beta_m^2+k^2\frac{\iint_\infty (n^2-n_0^2)e_{tj}e_{0m}\,\mathrm{d}A}{\iint_\infty \left(\sum_i a_i e_{0i}\right)e_{0m}\,\mathrm{d}A} \tag{7.2.3-5}$$

利用不同序号模式的正交性

$$\iint_\infty e_{0i}e_{0m}\,\mathrm{d}A=\begin{cases}1, & i=m\\ 0, & i\neq m\end{cases}$$

得

$$\bar{\beta}_j^2=\beta_m^2+k^2\frac{\iint_\infty (n^2-n_0^2)e_{tj}e_{0m}\,\mathrm{d}A}{a_k\iint_\infty e_{0m}^2\,\mathrm{d}A} \tag{7.2.3-6}$$

根据微扰法，可令同一序号的对应模式的有关参数相等，即令椭圆光波导的第 j 次模的模式场 $\boldsymbol{e}_{tj}$ 和传输常数 $\bar{\beta}_j$ 分别与圆光波导的第 j 次模的模式场 $\boldsymbol{e}_{0j}$ 和传输常数 β_j 相等，有 $\bar{\beta}_j=\beta_j$ 和 $e_{tj}=e_{0j}$。将它们代入式(7.2.3-5)，可得

$$a_m = \frac{k^2}{\beta_j^2 - \beta_m^2} \frac{\iint_\infty (n^2 - n_0^2) e_{0j} e_{0m} \mathrm{d}A}{\iint_\infty e_{0m}^2 \mathrm{d}A} \tag{7.2.3-7}$$

利用式(7.2.3-7),可求出偏心率为 e^2 的椭圆芯光波导基模($j=0,k=0,2$)的新模式场表达式为

$$e_{tx} = \begin{cases} \dfrac{\mathrm{J}_0\left(U\dfrac{r}{a}\right)}{\mathrm{J}_0(U)} + e^2 \dfrac{W^2}{8} \dfrac{\mathrm{J}_0(U)\mathrm{K}_2(W)\mathrm{J}_2\left(U\dfrac{r}{a}\right)}{\mathrm{J}_1(U)\mathrm{K}_0(W)\mathrm{J}_1(U)} \cos 2\phi, & r < a \\ \dfrac{\mathrm{K}_0\left(W\dfrac{r}{a}\right)}{\mathrm{K}_0(W)} + e^2 \dfrac{W^2}{8} \dfrac{\mathrm{J}_0(U)\mathrm{J}_2(W)\mathrm{K}_2\left(W\dfrac{r}{a}\right)}{\mathrm{J}_1(U)K_0(W)\mathrm{J}_1(W)} \cos 2\phi, & r > a \end{cases} \tag{7.2.3-8}$$

及

$$e_{ty} = \begin{cases} \dfrac{\mathrm{J}_0\left(U\dfrac{r}{a}\right)}{\mathrm{J}_0(U)} + e^2 \dfrac{W^2}{8} \dfrac{\mathrm{J}_0(U)\mathrm{K}_2(W)\mathrm{J}_2\left(U\dfrac{r}{a}\right)}{\mathrm{J}_1(U)\mathrm{K}_0(W)\mathrm{J}_1(U)} \sin 2\phi, & r < a \\ \dfrac{\mathrm{K}_0\left(W\dfrac{r}{a}\right)}{\mathrm{K}_0(W)} + e^2 \dfrac{W^2}{8} \dfrac{\mathrm{J}_0(U)\mathrm{J}_2(U)\mathrm{K}_2\left(W\dfrac{r}{a}\right)}{\mathrm{J}_1(U)\mathrm{J}_1(V)\mathrm{K}_0(W)} \sin 2\phi, & r > a \end{cases} \tag{7.2.3-9}$$

这说明,当椭圆光波导的两个偏振基模模式场 $\boldsymbol{e}_{t0}$ 取二阶近似时,不再相同,含有非圆对称性因子 $\cos 2\phi$ 和 $\sin 2\phi$,从而

$$\beta_x^2 - \beta_y^2 = \frac{k^2}{\iint_\infty e_0^2 \mathrm{d}A} \left[\iint_\infty (n^2 - n_0^2)(e_{tx} - e_{ty}) e_0 \mathrm{d}A \right] \tag{7.2.3-10}$$

式中,e_0 为圆光波导基模的模式场。将式(7.2.3-7)及式(7.2.3-8)代入式(7.2.3-9)后,最终可得归一化双折射 B 为[15]

$$B \approx e^2 \Delta^2 f(V) \tag{7.2.3-11}$$

式中,$f(V)$是一个复杂的函数,如图 7.2.3-2 所示。

总之,我们看到,用微扰法处理二层非圆均匀光波导的基本步骤是:

① 利用等容原则,找到一个对应的圆均匀光波导,求得平均传输常数 $\bar{\beta}=\beta_0$;

② 利用式(7.2.3-8)和式(7.2.3-9)求出看作对圆光波导进行微扰的非圆光波导的模式场的近似解,然后代入式(7.2.1-5)或式(7.2.3-10),求出 β_x、β_y 以及 $\Delta\beta$,并由此求出归一化双折射 B 和拍长 L。

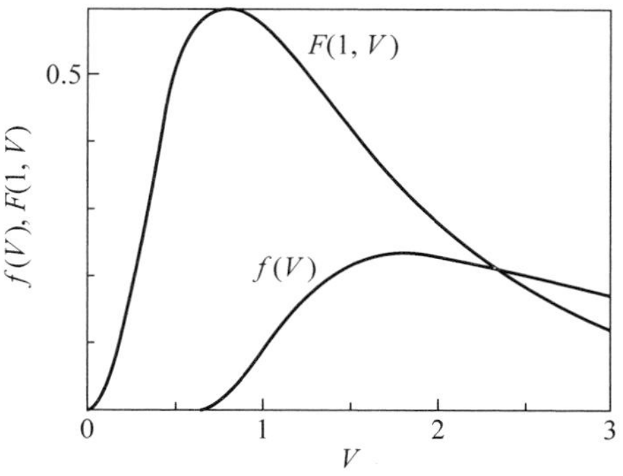

图 7.2.3-2　椭圆光波导的双折射

7.2.4　非圆非均匀光波导

通常，非均匀光波导光场满足的方程是非齐次方程亥姆霍兹方程(1.1.2-22)，注意，该方程中虽然含有波数 k_0，并不意味着这个方程是波动方程，而是将介电常数等参数用波数表示而已。

$$\begin{cases}\nabla^2 \dot{\boldsymbol{E}} + k_0^2 n^2 \dot{\boldsymbol{E}} + \nabla\left(\dot{\boldsymbol{E}} \cdot \dfrac{\nabla\varepsilon}{\varepsilon}\right) = 0 \\ \nabla^2 \dot{\boldsymbol{H}} + k_0^2 n^2 \dot{\boldsymbol{H}} + \dfrac{\nabla\varepsilon}{\varepsilon} \times (\nabla \times \dot{\boldsymbol{H}}) = 0\end{cases} \tag{1.1.2-22}$$

非圆非均匀光波导也不例外，因此，要对其进行分析是很困难的，必须引入近似。其求解的基本思路通常分为两步进行：

① 在弱导的条件下，令 $\nabla\varepsilon/\varepsilon \to 0$，使非齐次波动方程变为齐次方程，这样可求出 $\bar{\beta}$；

② 然后将非齐次方程(1.2.4-1)改写为

$$\nabla^2 \boldsymbol{E} + k_0^2 n^2 \boldsymbol{E} = -\nabla(\boldsymbol{E} \cdot \nabla\varepsilon/\varepsilon) \tag{7.2.4-1}$$

方程左边为非圆非均匀光波导的精确解，右边为前一步求出的齐次方程的解，这意味着把方程(1.1.2-22)中的非齐次项看作一个微扰项。这样做是由于齐次方程求不出 $\Delta\beta$，所以才引入非齐次项，然后利用微扰法求出 $\Delta\beta$。我们将以平方律椭圆光波导为例，说明这一方法。

1. 无限延伸平方律椭圆光波导

无限延伸平方律椭圆光波导的折射率分布为

$$n^2(x,y) = n_0^2\left[1 - 2\Delta\left(\frac{x^2}{a_x^2} + \frac{y^2}{a_y^2}\right)\right], \quad -\infty < (x,y) < +\infty \tag{7.2.4-2}$$

式中，$2\Delta \ll 1$，由于事实上 $n^2(x,y)$ 不可能为负，因此式(7.2.4-2)只适用于 $x < a_x$，$y < a_y$ 的情形，或者说远离截止频率、包层效应可不考虑的情形。这时的模式场集中于芯层(图 7.2.4-1)。这种光波导的等值线为

$$\frac{x^2}{a_x^2} + \frac{y^2}{a_y^2} = c \tag{7.2.4-3}$$

这些等值线是一系列的同心椭圆。在 $2\Delta \ll 1$ 的情况下，$\nabla\varepsilon/\varepsilon \to 0$，故光场的原非齐次方程化为齐次方程

$$\begin{cases} \nabla^2 \boldsymbol{E} + k_0^2 n^2 \boldsymbol{E} = 0 \\ \nabla^2 \boldsymbol{H} + k_0^2 n^2 \boldsymbol{H} = 0 \end{cases} \tag{7.2.4-4}$$

它仍然有模式场的概念，而且存在线偏振模 LP 模式，并可应用标量法，可得

$$[\nabla_t^2 + (k_0^2 n^2 - \beta^2)]\begin{pmatrix} e_x \\ e_y \end{pmatrix} = 0 \tag{7.2.4-5}$$

e_x 和 e_y 分别为两组 LP 模式的电场横向分量，方程(7.2.4-5)可以在直角坐标系下解出(以 e_y 为例)，化为

$$\frac{\partial^2 e_y}{\partial x^2} + \frac{\partial^2 e_y}{\partial y^2} + (k_0^2 n^2 - \beta^2) e_y = 0 \tag{7.2.4-6}$$

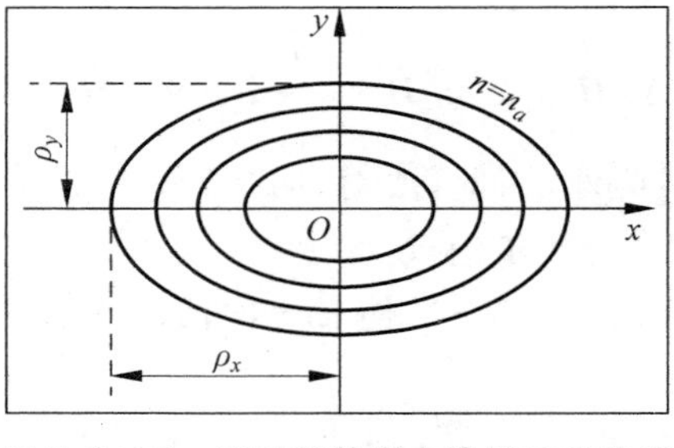

图 7.2.4-1 无限延伸平方律椭圆光波导

2. 求平均的传输常数

利用分离变量法，可求出方程(7.2.4-6)中的模式场 e_y。即令 $e_y = XY$ 得

$$\left[\frac{X''}{X} + k_0^2 n_0^2 2\Delta\left(\frac{x^2}{a_x^2}\right)\right] + \left[\frac{Y''}{Y} + k_0^2 n_0^2 2\Delta\left(\frac{y^2}{a_y^2}\right)\right] + (k_0^2 n_0^2 - \beta^2) = 0 \tag{7.2.4-7}$$

以下的解法与直角坐标系下平方律圆光波导的解法相似，即令

$$\frac{X''}{X}-k_0^2n_0^2 2\Delta\left(\frac{x}{a_x}\right)^2=-\delta^2 \tag{7.2.4-8a}$$

$$\frac{Y''}{Y}-k_0^2n_0^2 2\Delta\left(\frac{y}{a_y}\right)^2=-\eta^2 \tag{7.2.4-8b}$$

$$\delta^2+\eta^2=k_0^2n_0^2-\beta^2 \tag{7.2.4-8c}$$

方程(7.2.4-8a)的解为

$$X=\exp\left[-\frac{1}{2}\left(\frac{x}{s_x}\right)^2\right]\mathrm{H}_m\left(\frac{x}{s_x}\right) \tag{7.2.4-9}$$

式中，$s_x=a_x/\sqrt{V_x}$，$V_x=a_xk_0n_0\sqrt{2\Delta}$，$\mathrm{H}_m(z)$为厄米多项式(式(5.4.2-11))。同理，方程(7.2.4-8b)的解为

$$Y=\exp\left[-\frac{1}{2}\left(\frac{y}{s_y}\right)^2\right]\mathrm{H}_n\left(\frac{y}{s_y}\right) \tag{7.2.4-10}$$

式中，$s_y=a_y/\sqrt{V_y}$，$V_y=a_yk_0n_0\sqrt{2\Delta}$。最终模式场为

$$e_y=\exp\left[-\frac{1}{2}\left(\frac{x^2}{s_x^2}+\frac{y^2}{s_y^2}\right)\right]\mathrm{H}_m\left(\frac{x}{s_x}\right)\mathrm{H}_n\left(\frac{y}{s_y}\right) \tag{7.2.4-11}$$

对于基模 $m=n=0$，从而有

$$e_{y0}=e_{x0}=\exp\left[-\frac{1}{2}\left(\frac{x^2}{s_x^2}+\frac{y^2}{s_y^2}\right)\right] \tag{7.2.4-12}$$

利用式(7.2.4-8c)，$\delta^2+\eta^2=k_0^2n_0^2-\beta^2$，可得到远离截止频率的特征方程。因为在推导过程中有

$$\delta^2s_x^2=2m+1 \quad 和 \quad \eta^2s_y^2=2n+1 \tag{7.2.4-13}$$

所以可得

$$\beta_{m,n}=kn_0\left[1-2\Delta\left(\frac{2m+1}{V_x}+\frac{2n+1}{V_y}\right)\right]^{1/2}\approx kn_0\left[1-\Delta\left(\frac{2m+1}{V_x}+\frac{2n+1}{V_y}\right)\right] \tag{7.2.4-14}$$

注意这个结果显然是 β_x 与 β_y 的平均值，因为二者利用上式计算的结果是相同的。如令 $a^2=a_xa_y$ 可找到等容圆，并记

$$V^2=a^2k^2n_0^2 2\Delta \tag{7.2.4-15}$$

则

$$V_x=\frac{a_x}{a}V,\quad V_y=\frac{a_y}{a}V \tag{7.2.4-16}$$

将式(7.2.4-16)代入式(7.2.4-14)，可得

$$\bar{\beta}=kn_0\left[1-\Delta a\left(\frac{2m+1}{a_xV}+\frac{2n+1}{a_yV}\right)\right] \tag{7.2.4-17}$$

对于基模 $m=n=0$，有

$$\bar{\beta}=kn_0\left[1-\frac{\Delta a}{V}\left(\frac{1}{a_x}+\frac{1}{a_y}\right)\right] \tag{7.2.4-18}$$

3. 利用微扰法求传输常数差$\Delta\beta$

如前所述，在弱导近似下使波动方程齐次化然后利用标量方程只能求出 $\bar{\beta}$，而求不出双折射 $\Delta\beta$（或 B）。因此，必须借助非齐次方程，但解非齐次方程是困难的，简化的方法就是微扰法。微扰法的基本思路是：由弱导标量齐次波动方程得到的模式场 $\boldsymbol{e}_{y0}$ 同样适用于非齐次的矢量方程，而传输常数却得到了一个修正量。

以 $\boldsymbol{e}_{y0}$ 和 β_0 为标量方程的解，以 $\boldsymbol{e}_y$ 和 β 为矢量非齐次方程的解。它们分别满足

$$[\nabla_t^2+(k^2n^2-\beta_0^2)]\boldsymbol{e}_{y0}=0 \tag{7.2.4-19}$$

和

$$[\nabla_t^2+(k^2n^2-\beta^2)]\boldsymbol{e}_y=-\nabla_t\left(\boldsymbol{e}_y\cdot\frac{\nabla_t\varepsilon}{\varepsilon}\right) \tag{7.2.4-20}$$

式(7.2.4-20)在第1章中曾作过推导。令式(7.2.4-19)与 $\boldsymbol{e}_y$ 的标量积减去式(7.2.4-20)与 $\boldsymbol{e}_{y0}$ 的标量积，得

$$(\boldsymbol{e}_y\cdot\nabla_t^2\boldsymbol{e}_{y0}-\boldsymbol{e}_{y0}\cdot\nabla_t^2\boldsymbol{e}_y)+(\beta^2-\beta_0^2)\boldsymbol{e}_y\cdot\boldsymbol{e}_{y0}=\boldsymbol{e}_{y0}\cdot\nabla_t\left(\boldsymbol{e}_y\cdot\frac{\nabla\varepsilon}{\varepsilon}\right) \tag{7.2.4-21}$$

然后对上式两边在无穷平面上积分，得

$$(\beta^2-\beta_0^2)\iint_\infty\boldsymbol{e}_y\cdot\boldsymbol{e}_{y0}\,\mathrm{d}A=\iint_\infty\boldsymbol{e}_{y0}\cdot\nabla_t\left(\boldsymbol{e}_y\cdot\frac{\nabla\varepsilon}{\varepsilon}\right)\mathrm{d}A+\iint_\infty(\boldsymbol{e}_{y0}\cdot\nabla_t^2\boldsymbol{e}_y-\boldsymbol{e}_y\cdot\nabla_t^2\boldsymbol{e}_{y0})\mathrm{d}A \tag{7.2.4-22}$$

先考虑积分后右边的第一项。利用公式

$$\nabla_t\cdot(\psi\boldsymbol{A}_t)=\psi\nabla_t\cdot\boldsymbol{A}_t+\boldsymbol{A}_t\cdot\nabla_t\psi \tag{7.2.4-23}$$

式中，$\psi=\boldsymbol{e}_y\cdot\frac{\nabla\varepsilon}{\varepsilon}$，可得

$$\boldsymbol{e}_{y0}\cdot\nabla_t\left(\boldsymbol{e}_y\cdot\frac{\nabla_t\varepsilon}{\varepsilon}\right)=\nabla_t\left[\left(\boldsymbol{e}_y\cdot\frac{\nabla_t\varepsilon}{\varepsilon}\right)\boldsymbol{e}_{y0}\right]-\left(\boldsymbol{e}_y\cdot\frac{\nabla_t\varepsilon}{\varepsilon}\right)\nabla\cdot\boldsymbol{e}_{y0} \tag{7.2.4-24}$$

式(7.2.4-24)积分后，利用

$$\iint_\infty\nabla_t\cdot\boldsymbol{M}\mathrm{d}A=\oint_\infty\boldsymbol{M}\cdot\mathrm{d}\boldsymbol{l} \tag{7.2.4-25}$$

可得

$$\iint_\infty\nabla_t\cdot\left[\left(\boldsymbol{e}_y\cdot\frac{\nabla_t\varepsilon}{\varepsilon}\right)\boldsymbol{e}_{y0}\right]\mathrm{d}A=\oint_\infty\left(\boldsymbol{e}_y\cdot\frac{\nabla_t\varepsilon}{\varepsilon}\right)\boldsymbol{e}_{y0}\cdot\mathrm{d}\boldsymbol{l}\rightarrow 0 \tag{7.2.4-26}$$

这是因为当 $r\to\infty$ 时，$\boldsymbol{e}_y$ 和 $\boldsymbol{e}_{y0}$ 都趋于 0。于是第一项积分为

$$-\iint_{\infty}\left(\boldsymbol{e}_y\cdot\frac{\nabla_t\varepsilon}{\varepsilon}\right)\nabla\cdot\boldsymbol{e}_{y0}\,\mathrm{d}A \tag{7.2.4-27}$$

再考虑式(7.2.4-22)右边的第二项积分，利用公式

$$\iint_{\infty}(\boldsymbol{M}\cdot\nabla^2\boldsymbol{N}-\boldsymbol{N}\cdot\nabla^2\boldsymbol{M})\mathrm{d}A=\oint_{\infty}(\boldsymbol{M}\cdot\nabla\boldsymbol{N}-\boldsymbol{N}\cdot\nabla\boldsymbol{M})\cdot\mathrm{d}\boldsymbol{l}\to 0 \tag{7.2.4-28}$$

从而可得

$$\beta^2-\beta_0^2=-\frac{\iint_{\infty}\left(\boldsymbol{e}_y\cdot\frac{\nabla_t\varepsilon}{\varepsilon}\right)(\nabla\cdot\boldsymbol{e}_{y0})\mathrm{d}A}{\iint_{\infty}(\boldsymbol{e}_y\cdot\boldsymbol{e}_{y0})\mathrm{d}A} \tag{7.2.4-29}$$

或

$$\beta^2=\beta_0^2-\frac{\iint_{\infty}\left(\frac{e_y}{\varepsilon}\frac{\partial\varepsilon}{\partial y}\right)\left(\frac{\partial e_{y0}}{\partial y}\right)\mathrm{d}A}{\iint_{\infty}e_ye_{y0}\,\mathrm{d}A} \tag{7.2.4-30}$$

利用 $\boldsymbol{e}_y\approx\boldsymbol{e}_{y0}$，可得

$$\beta_y^2=\beta_0^2-\frac{\iint_{\infty}\left(\frac{e_{y0}}{\varepsilon}\frac{\partial e_{y0}}{\partial y}\frac{\partial\varepsilon}{\partial y}\right)\mathrm{d}A}{\iint_{\infty}e_{y0}^2\,\mathrm{d}A} \tag{7.2.4-31}$$

同理

$$\beta_x^2=\beta_0^2-\frac{\iint_{\infty}\left(\frac{e_{x0}}{\varepsilon}\frac{\partial e_{x0}}{\partial x}\frac{\partial\varepsilon}{\partial x}\right)\mathrm{d}A}{\iint_{\infty}e_{x0}^2\,\mathrm{d}A} \tag{7.2.4-32}$$

下面进一步结合平方律椭圆光波导求解，此时 $\varepsilon(x,y)=n^2(x,y)$ 满足式(7.2.4-2)，代入式(7.2.4-27)，可得

$$\beta_x^2-\beta_y^2=\frac{1}{\iint_{\infty}e_0^2\,\mathrm{d}A}\left[\iint_{\infty}\left(\frac{e_0}{\varepsilon}\right)\left(\frac{\partial e_0}{\partial y}\frac{\partial\varepsilon}{\partial y}-\frac{\partial e_0}{\partial x}\frac{\partial\varepsilon}{\partial x}\right)\right]\mathrm{d}A \tag{7.2.4-33}$$

式中，$e_0=e_x=e_y$，然后经过冗长的运算可得

$$\beta_x^2-\beta_y^2=4\Delta\left[\frac{V_y^2}{a_y^6}\left(1+4\Delta\frac{V_y}{a_y^4}\right)-\frac{V_x^2}{a_x^6}\left(1+4\Delta\frac{V_x}{a_x^4}\right)+2\Delta\frac{V_x^2V_y^2}{a_x^6a_y^6}\left(\frac{a_x^2}{V_x}-\frac{a_y^2}{V_y}\right)\right] \tag{7.2.4-34}$$

当略去高阶项时，有

$$\beta_x^2-\beta_y^2=4\Delta\left(\frac{V_y^2}{a_y^6}-\frac{V_x^2}{a_x^6}\right) \tag{7.2.4-35}$$

注意到归一化双折射参量 $B=\frac{\Delta\beta}{\beta}=\frac{\beta_x^2-\beta_y^2}{2\bar{\beta}^2}$，将式(7.2.4-18)和式(7.2.4-35)代入这个表达式中，得到

$$B\approx\frac{4\Delta}{2k^2n_0^2}\left(\frac{V_y^2}{a_y^6}-\frac{V_x^2}{a_x^6}\right)\left[1+2\Delta\left(\frac{1}{V_x}+\frac{1}{V_y}\right)\right] \tag{7.2.4-36}$$

7.3 偏振态演化的概念

7.3.1 概述

7.2 节与 7.3 节研究的非圆光波导均属于正规光波导，因此存在线偏振模(LP 模)的概念，研究这一类非圆光波导，主要是研究两个方向相互垂直的线偏振模 LP_x 与 LP_y 的平均传输常数 $\bar{\beta}$ 和传输常数差 $\Delta\beta$。各种保偏光纤，如椭圆芯光纤、熊猫光纤、领结光纤等，均属于这一类。除此之外，还有另一类非圆光波导，它们的非圆性是随机的、无规则的，属于非正规的非圆光波导。比如，在光纤拉丝过程中，只对 x 与 y 两个方向的芯径进行监测，就会出现随机的非圆性(图 7.3.1-1)。又如，一个正圆的光波导(理想的单模阶跃光纤)，在使用过程中受到弯曲、侧压、拉伸等应力作用，以及环境温度的变化等各种因素的影响，使圆对称性受到破坏。因此随机的非圆性带来的问题，是光纤传输的普遍问题。非圆随机性将引起原先正规光波导的两个偏振模发生模耦合，以弱导光纤为例，将使得 LP_{01}^x 和 LP_{01}^y 两个模式之间发生能量转换。在先进的光纤通信系统中，两个正交偏振模式，常常被用来作为传输不同信号的两个信道，即所谓偏振复用技术。如果两个信道之间频繁地发生能量转换，一个信道 LP_{01}^x 就会被来自另一个信道 LP_{01}^y 的信号干

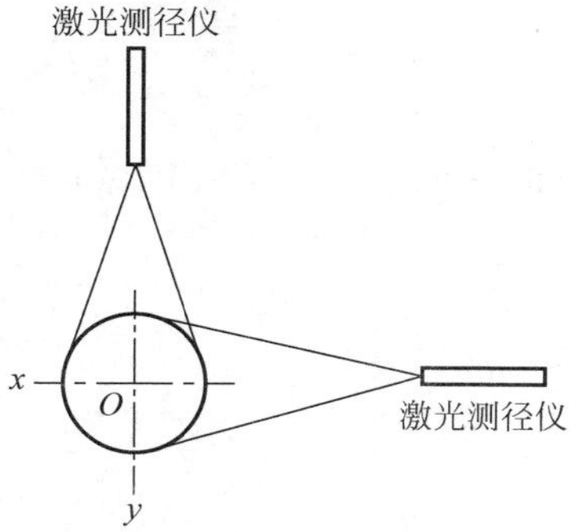

图 7.3.1-1 拉丝过程对光纤芯径的监测

扰，这就是串音。

正如第 6 章所述，对于纵向非均匀的非正规光波导，不再有严格的模式概念，但它的场可以用一个“较好近似的正规光波导”的模式场叠加表示，为

$$\boldsymbol{E}(x,y,z)=\sum_{\mu} c_{\mu}(z)\left[\boldsymbol{e}_{\mu}(x,y)\exp(\mathrm{i}\beta_{\mu}z)\right] \tag{6.3.1-1}$$

其幅度 $c_{\mu}(z)\exp(\mathrm{i}\beta_{\mu}z)$ 可由模式耦合方程确定。因此，研究光纤的随机非圆性的影响必须用模式耦合的方法。由于这种随机的非圆光波导在纵向任意 z 处的横截面的折射率分布 $\varepsilon(x,y)$ 都不相同，不仅每个截面的分布形状不同，而且找不到统一的几何对称轴(图 7.3.1-2)，因此，由折射率的对称性所确定的对称主轴在此就失去了意义。但在 7.2 节曾指出，非圆正规光波导的模式对坐标轴的选取十分敏感，只有坐标轴与主轴重合时才能确定两个线偏振模，而对于非正规的非圆光波导，又找不出统一的对称轴，因此，在这种光波导中，很难确定哪一个是 LP_x 模式、哪一个是 LP_y 模式。这意味着，在这种光波导中不存在严格意义的线偏振模。尽管如此，我们仍然可用一系列具有很好近似的、理想的具有明显对称轴的、非圆的正规光波导的模式场通过模式耦合方程来描述上述光波导的特性(注意，此时坐标轴的选取已由正规光波导的对称轴所确定)。在这里，我们假定：

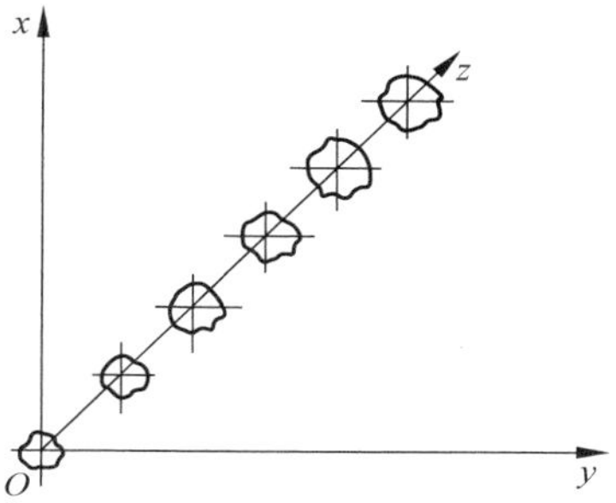

图 7.3.1-2　非圆光波导折射率的随机变化

① 非圆非正规光波导的模式耦合，只发生于对应的理想非圆正规光波导的两个线偏振模 LP_x 与 LP_y 之间，而忽略与其他高阶模、辐射模之间的耦合。这一点是可以理解的，因为毕竟两个线偏振模的 β 比较接近。

② 本节在考虑模式耦合时，只考虑横向分量，而忽略它们的纵向分量，即 LP_x 模的 6 个分量为 $\{e_x,0,0;\ 0,h_y,0\}$，LP_y 模的 6 个分量为 $\{0,e_y,0;\ h_x,0,0\}$。于是，非正规非圆光波导的场可写为

$$\boldsymbol{E}(x,y,z)=c_x(z)\boldsymbol{e}_x\exp(\mathrm{i}\beta_x z)+c_y(z)\boldsymbol{e}_y\exp(\mathrm{i}\beta_y z) \tag{7.3.1-1}$$

注意 $\boldsymbol{e}_x\neq\boldsymbol{e}_y$，而 $c_x(z)$ 与 $c_y(z)$ 可由模式耦合方程确定，且 $\boldsymbol{E}(x,y,z)$ 也只存在于横截面之中，称为一个偏振态。这样，在考虑非正规弱导的非圆光波导中，最重要的是横截面的偏振态随 z 的演化。

即使在非圆正规光波导中，入射的偏振态并不一定和光波导的偏振主轴一致，为此，需要先将入射偏振态向两个偏振主轴投影，分解为两个线偏振模，然后各自传输。在传输过程中两个线偏振模会引起相位差，合成以后就不是原先的入射偏振态。所以，即使在正规光波导中，由于非圆性的引入，使得不同 z 处的偏振态不同。因此在非圆正规光波导中，最重要的也是偏振态的演化。总结上面的分析，我

们可以得出：在非圆光波导中(无论是正规的还是非正规的)，偏振态的演化比模式更能反映光波导内电磁场的运动规律。

偏振态的概念在1.1节已经建立，在2.3节进一步对偏振态的描述方法做了深入的介绍，这里不再重复。归纳起来，大约有几点：

① 它是描述光场的单位复矢量，

$$\hat{\boldsymbol{e}}(\boldsymbol{r},\omega)=\mathrm{e}^{\mathrm{i}\Delta\varphi_x(\boldsymbol{r},\omega)}\cos\alpha\hat{\boldsymbol{x}}+\mathrm{e}^{\mathrm{i}\Delta\varphi_y(\boldsymbol{r},\omega)}\cos\beta\hat{\boldsymbol{y}}+\mathrm{e}^{\mathrm{i}\Delta\varphi_z(\boldsymbol{r},\omega)}\cos\gamma\hat{\boldsymbol{z}} \quad (1.1.1\text{-}7)$$

在这个定义下，光场可以写为

$$\dot{\boldsymbol{E}}(\boldsymbol{r},\omega)=E(\boldsymbol{r},\omega)\mathrm{e}^{\mathrm{i}\varphi(\boldsymbol{r},\omega)}\hat{\boldsymbol{e}}(\boldsymbol{r},\omega) \quad (1.1.1\text{-}6)$$

在纵向传输的光波导中，纵向分量对于传输不起决定作用，常常以横向分量表示其偏振态，于是

$$\hat{\boldsymbol{e}}_E(\boldsymbol{r},t)=\mathrm{e}^{\mathrm{i}\Delta\varphi_{Ex}(\boldsymbol{r},t)}\cos\alpha_E\hat{\boldsymbol{x}}+\mathrm{e}^{\mathrm{i}\Delta\varphi_{Ey}(\boldsymbol{r},t)}\sin\alpha_E\hat{\boldsymbol{y}} \quad (7.3.1\text{-}2)$$

② 常规的描述横向偏振态的方法有三种：琼斯矩阵法，复矢量法，庞加莱球法(斯托克斯矢量法)。琼斯矩阵法相当于利用分量描述偏振态，复矢量是一个整体描述，而庞加莱球则是几何描述。偏振态的演化可以用偏振态在庞加莱球上点的运动表示。

③ 在四元数偏振光学中，偏振态可以用一个斯托克斯四元数描述，

$$\mathscr{S}=s_0+\mathrm{i}\boldsymbol{s} \quad (2.3.3\text{-}21)$$

式中，s_0是总功率，$\boldsymbol{s}$是三维的斯托克斯矢量。注意它的标部是实数，而矢部是虚数。

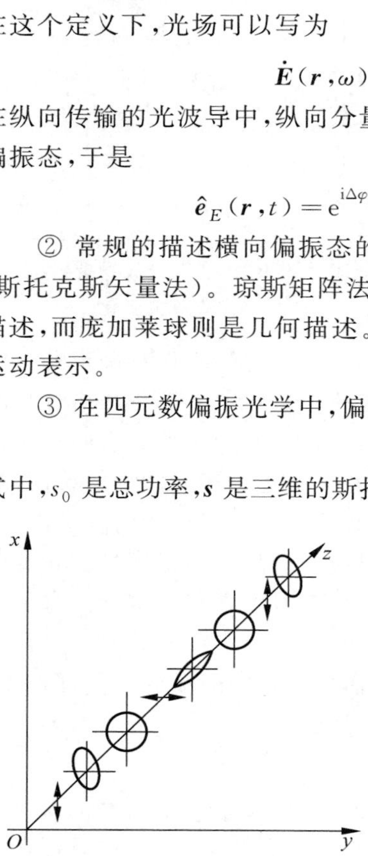

图7.3.1-3　偏振态的演化

由式(7.3.1-1)可以看出，无论是正规光波导还是非正规光波导，只要它是非圆的弱导光波导，随着z的变化，$\boldsymbol{E}(x,y,z)$的大小、相位以及方向都在不断变化，而且可以呈现线偏振、圆偏振和椭圆偏振等多种形态。每一形态称为一种偏振态(state of polarization，SOP)。注意偏振态和偏振光的概念略有不同，偏振光是指在传输过程中始终保持同一形态，比如LP_y模无论z为何处，均只有e_y分量而无e_x分量，而且e_y分量也只有相位的变化。偏振态是就某个z处而言的，且随着z的变化不断变化(图7.3.1-3)。

7.3.2　无损光波导的传输矩阵

任意光波导如果限定光场只有横向分量，则它的输入偏振态与输出偏振态的关系可用传输矩阵表示，为

$$\boldsymbol{E}_2=\boldsymbol{T}\boldsymbol{E}_1 \quad (7.3.2\text{-}1)$$

$\boldsymbol{T}$ 为 2×2 矩阵，各元素均为复数，$\boldsymbol{E}_1$ 和 $\boldsymbol{E}_2$ 分别为输入与输出复矢量。若光波导是无损的，根据能量守恒定律，应有 $E_2^2\equiv E_1^2$，从而可得

$$\begin{aligned} E_2^2 &= |\dot{E}_{2x}|+|\dot{E}_{2y}|^2 \\ &= (|t_{11}|^2+|t_{21}|^2)E_{1x}^2+(|t_{12}|^2+|t_{22}|^2)E_{1y}^2+ \\ &\quad (t_{12}t_{11}^*+t_{21}^*t_{22})E_{1x}^*\dot{E}_{1y}+(t_{11}t_{12}^*+t_{22}^*t_{21})\dot{E}_{1x}E_{1y}^* \\ &\equiv E_{1x}^2+E_{1y}^2 \end{aligned} \tag{7.3.2-2}$$

式中，$t_{ij}(i=1,2;\ j=1,2)$ 为矩阵 $\boldsymbol{T}$ 的元素，$*$ 表示复共轭。式(7.3.2-2)要恒等，必须

$$\begin{cases} |t_{11}|^2+|t_{21}|^2=1 \\ |t_{12}|^2+|t_{22}|=1 \\ t_{12}t_{11}^*+t_{22}t_{21}^*=0 \end{cases} \tag{7.3.2-3}$$

式(7.3.2-3)中的三个等式是任意无损光波导传输矩阵必须遵循的性质。它们分别称为幅度守恒和相位匹配条件。由此可以得出 $\boldsymbol{T}$ 总是一个酉矩阵，即 $\boldsymbol{T}$ 可写成

$$\boldsymbol{T}=\exp(\mathrm{i}\beta)\begin{bmatrix} u_1 & u_2 \\ -u_2^* & u_1^* \end{bmatrix}\overset{\text{def}}{=}\exp(\mathrm{i}\beta)\boldsymbol{U} \tag{7.3.2-4}$$

且

$$\boldsymbol{U}=\begin{bmatrix} u_1 & u_2 \\ -u_2^* & u_1^* \end{bmatrix} \tag{7.3.2-5}$$

和

$$|u_1|^2+|u_2|^2=1 \tag{7.3.2-6}$$

注意 $\boldsymbol{U}$ 矩阵有如下性质：

① $|\boldsymbol{U}|=1$；

② $\boldsymbol{U}^{-1}=\boldsymbol{U}^{+}$。

式中 $+$ 表示厄米转置，即

$$\boldsymbol{U}^{+}=\boldsymbol{U}^{*\mathrm{T}}=\begin{bmatrix} u_1^* & -u_2 \\ u_2^* & u_1 \end{bmatrix} \tag{7.3.2-7}$$

换言之，如将 $\boldsymbol{U}$ 看作一个算符，则 $\boldsymbol{U}$ 是一个厄米算符。根据式(7.3.2-6)$\boldsymbol{U}$ 矩阵还可以写成另一种形式

$$\boldsymbol{U}=\begin{bmatrix} \cos\alpha\,\mathrm{e}^{\mathrm{i}\phi_1} & \sin\alpha\,\mathrm{e}^{\mathrm{i}\phi_2} \\ -\sin\alpha\,\mathrm{e}^{-\mathrm{i}\phi_2} & \cos\alpha\,\mathrm{e}^{-\mathrm{i}\phi_1} \end{bmatrix} \tag{7.3.2-8}$$

已经证明在弱导的正规光波导中存在线偏振模，也就是沿横截面上各点均有

相同的偏振态。而非正规光波导的场可由正规光波导场的线性叠加表示，所以它沿横截面上各点也有相同的偏振态。这意味着传输矩阵 $\boldsymbol{T}$ 或者 $\boldsymbol{U}$ 只是 z 的函数，而与$(x,\ y)$无关。式(7.3.2-7)可以表示为

$$\boldsymbol{E}(z)=\exp[\mathrm{i}\beta(z)]\begin{bmatrix} u_1(z) & u_2(z) \\ -u_2^*(z) & u_1^*(z)\end{bmatrix}\boldsymbol{E}_0=\exp[\mathrm{i}\beta(z)]\boldsymbol{U}(z)\boldsymbol{E}_0 \quad (7.3.2\text{-}9)$$

式中，$\boldsymbol{E}_0$ 为 $z=0$ 时的光场。式(7.3.2-1)或者式(7.3.2-9)描述了偏振态随着 z 变化的演化情况。

7.3.3 缪勒矩阵①

联系输入与输出偏振态和传输矩阵的式(7.3.2-9)，可以转化到斯托克斯空间，对应的传输矩阵称为缪勒矩阵(Mueller Matrix)。下面我们找出它们的联系。

设输入偏振态对应的斯托克斯矢量为 $\vec{S}_{\text{in}}$(这里，由于斯托克斯矢量是一个想象的虚拟空间的矢量，为了区别这种矢量与真实的电场矢量的区别，我们用箭头号表示)，输出偏振态对应的斯托克斯矢量为 $\vec{S}_{\text{out}}$，联系这两个斯托克斯矢量的为缪勒矩阵 $\boldsymbol{M}$，可表示为

$$\vec{S}_{\text{out}}=\boldsymbol{M}\vec{S}_{\text{in}} \quad (7.3.3\text{-}1)$$

现在的任务是如何从 $\boldsymbol{U}$ 矩阵得到 $\boldsymbol{M}$ 矩阵。

1. 三阶缪勒矩阵

不难证明偏振态的复矢量 $\hat{\boldsymbol{e}}$ 与它所对应的斯托克斯矢量 $\vec{S}$ 之间，有如下关系：

$$\vec{S}=\begin{pmatrix} s_1 \\ s_2 \\ s_3\end{pmatrix}=\begin{pmatrix}\hat{\boldsymbol{e}}^+\boldsymbol{A}_1\hat{\boldsymbol{e}} \\ \hat{\boldsymbol{e}}^+\boldsymbol{A}_2\hat{\boldsymbol{e}} \\ \hat{\boldsymbol{e}}^+\boldsymbol{A}_3\hat{\boldsymbol{e}}\end{pmatrix} \quad (7.3.3\text{-}2)$$

式中，$\boldsymbol{A}_j\,(j=1,2,3)$称为夹层矩阵(泡利矩阵)，分别为 $\boldsymbol{A}_1=\begin{pmatrix}1 & 0\\ 0 & -1\end{pmatrix}$，$\boldsymbol{A}_2=\begin{pmatrix}0 & 1\\ 1 & 0\end{pmatrix}$和 $\boldsymbol{A}_3=\begin{pmatrix}0 & \mathrm{i}\\ -\mathrm{i} & 0\end{pmatrix}$。注意此处 $\hat{\boldsymbol{e}}$ 的表达式为$\begin{pmatrix}\cos\theta\mathrm{e}^{\mathrm{i}\delta}\\ \sin\theta\mathrm{e}^{-\mathrm{i}\delta}\end{pmatrix}$，所以 $\boldsymbol{A}_3$ 的表达式与一般文献的表达式略有不同。由此可得

$$s_{\text{out}\,j}=\hat{\boldsymbol{e}}_{\text{out}}^+\boldsymbol{A}_j\hat{\boldsymbol{e}}_{\text{out}}=(\mathrm{e}^{\mathrm{i}\beta}\boldsymbol{U}\hat{\boldsymbol{e}}_{\text{in}})^+\boldsymbol{A}_j(\mathrm{e}^{\mathrm{i}\beta}\boldsymbol{U}\hat{\boldsymbol{e}}_{\text{in}})=\mathrm{e}^{-\mathrm{i}\beta}\hat{\boldsymbol{e}}_{\text{in}}^+\boldsymbol{U}^+\boldsymbol{A}_j\boldsymbol{U}\mathrm{e}^{\mathrm{i}\beta}\hat{\boldsymbol{e}}_{\text{in}} \quad (7.3.3\text{-}3)$$

即

---

① 关于 Mueller Matrix 的中文翻译，各个文献很不统一，有翻译为穆勒矩阵、密勒矩阵以及米勒矩阵等。Mueller 是德国人，德文为 Müller，翻译成英文为 Mueller，然后转译成中文为缪勒。

$$s_{\text{out}\,j}=\hat{\boldsymbol{e}}_{\text{in}}^{+}\boldsymbol{U}^{+}\boldsymbol{A}_{j}\boldsymbol{U}\hat{\boldsymbol{e}}_{\text{in}},\quad j=1,2,3 \tag{7.3.3-4}$$

将式(7.3.3-4)代入式(7.3.3-1),可得

$$\begin{pmatrix}\hat{\boldsymbol{e}}_{\text{in}}^{+}\boldsymbol{U}^{+}\boldsymbol{A}_{1}\boldsymbol{U}\hat{\boldsymbol{e}}_{\text{in}}\\ \hat{\boldsymbol{e}}_{\text{in}}^{+}\boldsymbol{U}^{+}\boldsymbol{A}_{2}\boldsymbol{U}\hat{\boldsymbol{e}}_{\text{in}}\\ \hat{\boldsymbol{e}}_{\text{in}}^{+}\boldsymbol{U}^{+}\boldsymbol{A}_{3}\boldsymbol{U}\hat{\boldsymbol{e}}_{\text{in}}\end{pmatrix}=\boldsymbol{M}_{3\times 3}\begin{pmatrix}\hat{\boldsymbol{e}}_{\text{in}}^{+}\boldsymbol{A}_{1}\hat{\boldsymbol{e}}_{\text{in}}\\ \hat{\boldsymbol{e}}_{\text{in}}^{+}\boldsymbol{A}_{2}\hat{\boldsymbol{e}}_{\text{in}}\\ \hat{\boldsymbol{e}}_{\text{in}}^{+}\boldsymbol{A}_{3}\hat{\boldsymbol{e}}_{\text{in}}\end{pmatrix} \tag{7.3.3-5}$$

式(7.3.3-4)对任意的 $\hat{\boldsymbol{e}}_{\text{in}}$ 都要成立,必有

$$\boldsymbol{U}^{+}\boldsymbol{A}_{j}\boldsymbol{U}=\sum_{k-1}^{3}m_{jk}\boldsymbol{A}_{k},\quad j=1,2,3 \tag{7.3.3-6}$$

式中,$m_{jk}(j=1,2,3;\ k=1,2,3)$是 $\boldsymbol{M}$ 矩阵的元素。代入 $\boldsymbol{U}$ 的表达式(7.3.2-8),可以解出 $\boldsymbol{M}$ 矩阵的表达式

$$\boldsymbol{M}=\begin{bmatrix}\cos 2\alpha & \sin 2\alpha\cos 2\Delta\varphi & -\sin 2\alpha\sin\Delta\varphi\\ -\sin 2\alpha\cos 2\bar{\varphi} & \cos 2\alpha\cos 2\bar{\varphi}\cos 2\Delta\varphi-\sin 2\bar{\varphi}\sin 2\Delta\varphi & -\cos 2\alpha\cos 2\bar{\varphi}\sin 2\Delta\varphi-\sin 2\bar{\varphi}\cos 2\Delta\varphi\\ -\sin 2\alpha\sin 2\bar{\varphi} & \cos 2\alpha\sin 2\bar{\varphi}\cos 2\Delta\varphi+\cos 2\bar{\varphi}\sin 2\Delta\varphi & -\cos 2\alpha\sin 2\bar{\varphi}\sin 2\Delta\varphi+\cos 2\bar{\varphi}\cos 2\Delta\varphi\end{bmatrix} \tag{7.3.3-7}$$

式(7.3.3-7)是一个重要的表达式,它表明在无损光纤中(或者无损光波导中),当偏振态演化时,输入斯托克斯矢量与输出斯托克斯矢量之间的联系。

不难证明,对于无损光波导的 3×3 缪勒矩阵具有如下性质:

① 它是一个实数矩阵,且 $|\boldsymbol{M}|=1$;

② $\boldsymbol{M}^{-1}=\boldsymbol{M}^{\mathrm{T}}$。

斯托克斯参数可以被实测出来,所以缪勒矩阵也可以通过实验得到。但是缪勒矩阵含有 16 个参数,所以一般来说,需要测量 4 组独立的斯托克斯参数,方可求出缪勒矩阵。

2. 具有偏振相关损耗的光波导中偏振态的演化

上述讨论都是基于无损光波导的,也就是系统输入的光功率等于输出的光功率。但是,实际的光波导或者有损耗,或者有增益,于是输出端的光功率将不等于输入端的光功率。这时,系统对于偏振态的响应,不仅表现出相位的偏振相关性(双折射),同时还表现出振幅的偏振相关性。当系统有损耗时,称这种偏振相关性为偏振相关损耗;当系统有增益时,称这种增益为偏振相关增益。

常用的偏振片就是一种具有偏振相关损耗的器件,也就是说,对于不同偏振方向的光,损耗是不一样的。这种现象又称为二向色性(一个非常拗口的词,不知如何扯上色——波长)。例如,如果一个偏振片对于 x 偏振方向的光损耗很小,而对于 y 偏振方向的光损耗很大,这就意味着只有 x 偏振方向的光能够透过。当一束自然光投射到这个偏振片时,由于 y 偏振方向的光不能够透过,输出就只剩下 x

偏振方向的光了。

为了描述这种幅度的偏振相关性，就需要对前述理论进行改造。

首先，我们定义四维的斯托克斯矢量来描述偏振态的整体情况，根据式(7.3.3-1)可得

$$\vec{S}^{(4)}=\begin{pmatrix}s_0\\s_1\\s_2\\s_3\end{pmatrix}=\begin{pmatrix}\boldsymbol{E}^+\boldsymbol{A}_0\boldsymbol{E}\\\boldsymbol{E}^+\boldsymbol{A}_1\boldsymbol{E}\\\boldsymbol{E}^+\boldsymbol{A}_2\boldsymbol{E}\\\boldsymbol{E}^+\boldsymbol{A}_3\boldsymbol{E}\end{pmatrix}=E^2\begin{pmatrix}\hat{\boldsymbol{e}}^+\boldsymbol{A}_0\hat{\boldsymbol{e}}\\\hat{\boldsymbol{e}}^+\boldsymbol{A}_1\hat{\boldsymbol{e}}\\\hat{\boldsymbol{e}}^+\boldsymbol{A}_2\hat{\boldsymbol{e}}\\\hat{\boldsymbol{e}}^+\boldsymbol{A}_3\hat{\boldsymbol{e}}\end{pmatrix}=E^2\begin{pmatrix}1\\\hat{\boldsymbol{e}}^+\boldsymbol{A}_1\hat{\boldsymbol{e}}\\\hat{\boldsymbol{e}}^+\boldsymbol{A}_2\hat{\boldsymbol{e}}\\\hat{\boldsymbol{e}}^+\boldsymbol{A}_3\hat{\boldsymbol{e}}\end{pmatrix}\tag{7.3.3-8}$$

式中，$\boldsymbol{A}_0=\begin{bmatrix}1&\\&1\end{bmatrix}$，这时我们注意到，新定义的斯托克斯矢量不仅包括单位复矢量，还包括它的幅度(或者功率)。这种新定义的斯托克斯矢量，一般来说它的模不是1，所以它可能分布于整个斯托克斯空间。但人们常常使用归一化的四维斯托克斯矢量 $\hat{S}^{(4)}=\begin{pmatrix}1\\\hat{\boldsymbol{e}}^+\boldsymbol{A}_1\hat{\boldsymbol{e}}\\\hat{\boldsymbol{e}}^+\boldsymbol{A}_2\hat{\boldsymbol{e}}\\\hat{\boldsymbol{e}}^+\boldsymbol{A}_3\hat{\boldsymbol{e}}\end{pmatrix}$，它与前面所述的三维斯托克斯矢量 $\hat{S}^{(3)}\begin{pmatrix}\hat{\boldsymbol{e}}^+\boldsymbol{A}_1\hat{\boldsymbol{e}}\\\hat{\boldsymbol{e}}^+\boldsymbol{A}_2\hat{\boldsymbol{e}}\\\hat{\boldsymbol{e}}^+\boldsymbol{A}_3\hat{\boldsymbol{e}}\end{pmatrix}$ 的关系为 $\hat{S}^{(4)}=\begin{pmatrix}1\\\vec{S}^{(3)}\end{pmatrix}$。也就是说，三维斯托克斯矢量始终是归一化的，四维斯托克斯矢量不是归一化的，只有四维斯托克斯矢量归一化以后，二者才一一对应。由于庞加莱球只能描述三维斯托克斯矢量，所以一般要将四维斯托克斯矢量归一化以后才能使用庞加莱球。当然，如果庞加莱球不是一个单位球，自然也可以描述四维斯托克斯矢量。但是各个文献表述不一，也不严格区分斯托克斯矢量是三维的还是四维的，而且都统一写成 $\vec{S}$，造成读者理解上的困难。这一点请读者在阅读的时候要注意。

下面导出与四维斯托克斯矢量相关的缪勒矩阵。应用式(7.3.2-1)$\boldsymbol{E}_2=\boldsymbol{T}\boldsymbol{E}_1$，可以写出

$$E_2\mathrm{e}^{\mathrm{i}\varphi_2}\hat{\boldsymbol{e}}_2=\begin{bmatrix}t_{11}&t_{12}\\t_{21}&t_{22}\end{bmatrix}E_1\mathrm{e}^{\mathrm{i}\varphi_1}\hat{\boldsymbol{e}}_1\tag{7.3.3-9}$$

$$E_2\mathrm{e}^{\mathrm{i}\varphi_2}\begin{bmatrix}\cos\theta_2\mathrm{e}^{\mathrm{i}\delta_2}\\\sin\theta_2\mathrm{e}^{-\mathrm{i}\delta_2}\end{bmatrix}=\begin{bmatrix}t_{11}&t_{12}\\t_{21}&t_{22}\end{bmatrix}E_1\mathrm{e}^{\mathrm{i}\varphi_1}\begin{bmatrix}\cos\theta_1\mathrm{e}^{\mathrm{i}\delta_1}\\\sin\theta_1\mathrm{e}^{-\mathrm{i}\delta_1}\end{bmatrix}\tag{7.3.3-10}$$

或者

$$E_2\mathrm{e}^{\mathrm{i}\varphi_2}\begin{bmatrix}\cos\theta_2\mathrm{e}^{\mathrm{i}\delta_2}\\\sin\theta_2\mathrm{e}^{-\mathrm{i}\delta_2}\end{bmatrix}=\begin{bmatrix}k_{11}\mathrm{e}^{\mathrm{i}\alpha_{11}}&k_{12}\mathrm{e}^{\mathrm{i}\alpha_{12}}\\k_{21}\mathrm{e}^{\mathrm{i}\alpha_{21}}&k_{22}\mathrm{e}^{\mathrm{i}\alpha_{22}}\end{bmatrix}E_1\mathrm{e}^{\mathrm{i}\varphi_1}\begin{bmatrix}\cos\theta_1\mathrm{e}^{\mathrm{i}\delta_1}\\\sin\theta_1\mathrm{e}^{-\mathrm{i}\delta_1}\end{bmatrix}\tag{7.3.3-11}$$

式中，k_{ij} 与 α_{ij}（$i=1,2$；$j=1,2$）都是实数。这里的 $\boldsymbol{T}$ 矩阵与无损光波导的 $\boldsymbol{T}$ 矩阵不同，一般不能写成式（7.3.2-4）的形式。由式（7.3.2-4）所描述的无损光波导只有 4 个实参数（$\beta,\alpha,\varphi_1,\varphi_2$），而这里的 $\boldsymbol{T}$ 矩阵包含了 8 个实参数，包括总增益（或损耗）、平均相移、偏振相关增益（或损耗）以及偏振相关相移（双折射）。那么类似于式（7.3.3-1），可写出 4×4 的缪勒矩阵 $\vec{S}_{\text{out}}=\boldsymbol{M}_{4\times4}\vec{S}_{\text{in}}$，或者

$$\begin{pmatrix} s_0 \\ s_1 \\ s_2 \\ s_3 \end{pmatrix}_{\text{out}} = \boldsymbol{M}_{4\times4}\begin{pmatrix} s_0 \\ s_1 \\ s_2 \\ s_3 \end{pmatrix}_{\text{in}} = \begin{bmatrix} m_{00} & m_{01} & m_{02} & m_{03} \\ m_{10} & m_{11} & m_{12} & m_{13} \\ m_{20} & m_{21} & m_{22} & m_{23} \\ m_{30} & m_{31} & m_{32} & m_{33} \end{bmatrix}\begin{pmatrix} s_0 \\ s_1 \\ s_2 \\ s_3 \end{pmatrix}_{\text{in}} \tag{7.3.3-12}$$

4×4 的缪勒矩阵可以看作 3×3 加边一行和一列构成，即

$$\boldsymbol{M}_{4\times4} = \begin{bmatrix} m_{00} & m_{01} & m_{02} & m_{03} \\ m_{10} & & & \\ m_{20} & & \boldsymbol{M}_{3\times3} & \\ m_{30} & & & \end{bmatrix} \tag{7.3.3-13}$$

从式（7.3.3-7）可以看出，$\boldsymbol{M}_{3\times3}$ 矩阵不能反映光场幅度的变化，因此幅度（或功率）的变化就反映在 $\boldsymbol{M}_{4\times4}$ 新加的一行与一列。其中 m_{00} 反映的是偏振无关增益（或损耗），其他各项反映的是偏振相关增益。由于

$$\begin{aligned} s_{\text{out}\,j} &= (\boldsymbol{TE}_1)^{+}\boldsymbol{A}_j(\boldsymbol{TE}_1) = (E_1\mathrm{e}^{-\mathrm{j}\varphi_1}\hat{\boldsymbol{e}}_{\text{in}}^{+}\boldsymbol{T}^{+})\boldsymbol{A}_j(\boldsymbol{TE}_1\mathrm{e}^{-\mathrm{j}\varphi_1}\hat{\boldsymbol{e}}_{\text{in}}) \\ &= E_1^2\hat{\boldsymbol{e}}_{\text{in}}^{+}(\boldsymbol{T}^{+}\boldsymbol{A}_j\boldsymbol{T})\hat{\boldsymbol{e}}_{\text{in}} \end{aligned} \tag{7.3.3-14}$$

即

$$\begin{bmatrix} E_1^2\hat{\boldsymbol{e}}_{\text{in}}^{+}(\boldsymbol{T}^{+}\boldsymbol{A}_0\boldsymbol{T})\hat{\boldsymbol{e}}_{\text{in}} \\ E_1^2\hat{\boldsymbol{e}}_{\text{in}}^{+}(\boldsymbol{T}^{+}\boldsymbol{A}_1\boldsymbol{T})\hat{\boldsymbol{e}}_{\text{in}} \\ E_1^2\hat{\boldsymbol{e}}_{\text{in}}^{+}(\boldsymbol{T}^{+}\boldsymbol{A}_2\boldsymbol{T})\hat{\boldsymbol{e}}_{\text{in}} \\ E_1^2\hat{\boldsymbol{e}}_{\text{in}}^{+}(\boldsymbol{T}^{+}\boldsymbol{A}_3\boldsymbol{T})\hat{\boldsymbol{e}}_{\text{in}} \end{bmatrix} = \boldsymbol{M}_{4\times4}\begin{bmatrix} E_1^2\hat{\boldsymbol{e}}_{\text{in}}^{+}\boldsymbol{A}_0\hat{\boldsymbol{e}}_{\text{in}} \\ E_1^2\hat{\boldsymbol{e}}_{\text{in}}^{+}\boldsymbol{A}_1\hat{\boldsymbol{e}}_{\text{in}} \\ E_1^2\hat{\boldsymbol{e}}_{\text{in}}^{+}\boldsymbol{A}_2\hat{\boldsymbol{e}}_{\text{in}} \\ E_1^2\hat{\boldsymbol{e}}_{\text{in}}^{+}\boldsymbol{A}_3\hat{\boldsymbol{e}}_{\text{in}} \end{bmatrix} \tag{7.3.3-15}$$

式（7.3.3-15）两边的 E_1^2 可以约去，所以得到

$$\begin{bmatrix} \hat{\boldsymbol{e}}_{\text{in}}^{+}(\boldsymbol{T}^{+}\boldsymbol{A}_0\boldsymbol{T})\hat{\boldsymbol{e}}_{\text{in}} \\ \hat{\boldsymbol{e}}_{\text{in}}^{+}(\boldsymbol{T}^{+}\boldsymbol{A}_1\boldsymbol{T})\hat{\boldsymbol{e}}_{\text{in}} \\ \hat{\boldsymbol{e}}_{\text{in}}^{+}(\boldsymbol{T}^{+}\boldsymbol{A}_2\boldsymbol{T})\hat{\boldsymbol{e}}_{\text{in}} \\ \hat{\boldsymbol{e}}_{\text{in}}^{+}(\boldsymbol{T}^{+}\boldsymbol{A}_3\boldsymbol{T})\hat{\boldsymbol{e}}_{\text{in}} \end{bmatrix} = \boldsymbol{M}_{4\times4}\begin{bmatrix} \hat{\boldsymbol{e}}_{\text{in}}^{+}\boldsymbol{A}_0\hat{\boldsymbol{e}}_{\text{in}} \\ \hat{\boldsymbol{e}}_{\text{in}}^{+}\boldsymbol{A}_1\hat{\boldsymbol{e}}_{\text{in}} \\ \hat{\boldsymbol{e}}_{\text{in}}^{+}\boldsymbol{A}_2\hat{\boldsymbol{e}}_{\text{in}} \\ \hat{\boldsymbol{e}}_{\text{in}}^{+}\boldsymbol{A}_3\hat{\boldsymbol{e}}_{\text{in}} \end{bmatrix} \tag{7.3.3-16}$$

这样，

$$\vec{S}_{\text{out}} = E_1^2\boldsymbol{M}_{4\times4}\hat{S}_{\text{in}} \tag{7.3.3-17}$$

或者，

$$E_2^2\hat{S}_{\text{out}}=E_1^2\boldsymbol{M}_{4\times4}\hat{S}_{\text{in}} \tag{7.3.3-18}$$

这说明，即使利用 $\boldsymbol{M}_{4\times4}$ 的缪勒矩阵，也不能反映功率整体的变化。

令 $G=E_2^2/E_1^2$，则 $G\hat{S}_{\text{out}}=\boldsymbol{M}_{4\times4}\hat{S}_{\text{in}}$，或者

$$\hat{S}_{\text{out}}=(\boldsymbol{M}_{4\times4}/G)\hat{S}_{\text{in}} \tag{7.3.3-19}$$

由于偏振度是对于频域的积分，如果输入 $\hat{S}_{\text{in}}$ 不随频率变化，则偏振度的下降将由 $(\boldsymbol{M}_{4\times4}/G)$ 的频域特性所决定。

由式(7.3.3-16)对任意的 $\hat{\boldsymbol{e}}_{\text{in}}$ 都要成立，必有

$$\boldsymbol{T}^{+}\boldsymbol{A}_j\boldsymbol{T}=\sum_{k=0}^{3}m_{jk}\boldsymbol{A}_k,\quad j=0,1,2,3 \tag{7.3.3-20}$$

经过运算，可以解出

$$\begin{cases}m_{00}=(t_{11}^*t_{11}+t_{21}^*t_{21}+t_{12}^*t_{12}+t_{22}^*t_{22})/2, & m_{00}=(|t_{11}|^2+|t_{21}|^2+|t_{12}|^2+|t_{22}|^2)/2\\ m_{01}=(t_{11}^*t_{11}+t_{21}^*t_{21}-t_{12}^*t_{12}-t_{22}^*t_{22})/2, & m_{01}=(|t_{11}|^2+|t_{21}|^2-|t_{12}|^2-|t_{22}|^2)/2\\ m_{02}=(t_{11}^*t_{12}+t_{21}^*t_{22}+t_{12}^*t_{11}+t_{22}^*t_{21})/2, & m_{02}=[(t_{11}^*t_{12}+c.c)+(t_{22}^*t_{21}+c.c)]/2\\ m_{03}=i(t_{12}^*t_{11}+t_{22}^*t_{21}-t_{11}^*t_{12}-t_{21}^*t_{22})/2, & m_{03}=\mathrm{i}[(t_{12}^*t_{11}-c.c)+(t_{22}^*t_{21}-c.c)]/2\end{cases} \tag{7.3.3-21a}$$

$$\begin{cases}m_{10}=(t_{11}^*t_{11}-t_{21}^*t_{21}+t_{12}^*t_{12}-t_{22}^*t_{22})/2, & m_{10}=(|t_{11}|^2-|t_{21}|^2+|t_{12}|^2-|t_{22}|^2)/2\\ m_{11}=(t_{11}^*t_{11}-t_{21}^*t_{21}-t_{12}^*t_{12}+t_{22}^*t_{22})/2, & m_{11}=(|t_{11}|^2-|t_{21}|^2-|t_{12}|^2+|t_{22}|^2)/2\\ m_{12}=(t_{11}^*t_{12}-t_{21}^*t_{22}+t_{12}^*t_{11}-t_{22}^*t_{22})/2, & m_{12}=[(t_{11}^*t_{12}+c.c)-(t_{21}^*t_{22}+c.c)]/2\\ m_{13}=i(t_{12}^*t_{11}-t_{22}^*t_{22}-t_{11}^*t_{12}+t_{21}^*t_{22})/2, & m_{13}=\mathrm{i}[(t_{12}^*t_{11}-c.c)-(t_{21}^*t_{22}-c.c)]/2\end{cases} \tag{7.3.3-21b}$$

$$\begin{cases}m_{20}=(t_{11}^*t_{21}+t_{21}^*t_{11}+t_{12}^*t_{22}+t_{22}^*t_{12})/2, & m_{20}=[(t_{11}^*t_{21}+c.c)+(t_{12}^*t_{22}+c.c)]/2\\ m_{21}=(t_{11}^*t_{21}+t_{21}^*t_{11}-t_{12}^*t_{22}-t_{22}^*t_{12})/2, & m_{21}=[(t_{11}^*t_{21}+c.c)-(t_{12}^*t_{22}+c.c)]/2\\ m_{22}=(t_{11}^*t_{22}+t_{21}^*t_{12}+t_{12}^*t_{21}+t_{22}^*t_{11})/2, & m_{22}=[(t_{11}^*t_{22}+c.c)+(t_{21}^*t_{12}+c.c)]/2\\ m_{23}=i(t_{12}^*t_{21}+t_{22}^*t_{11}-t_{11}^*t_{22}-t_{21}^*t_{12})/2, & m_{23}=\mathrm{i}[(t_{12}^*t_{21}-c.c)+(t_{22}^*t_{11}-c.c)]/2\end{cases} \tag{7.3.3-21c}$$

$$\begin{cases}m_{30}=i(t_{11}^*t_{21}-t_{21}^*t_{11}+t_{12}^*t_{22}-t_{22}^*t_{12})/2, & m_{30}=\mathrm{i}[(t_{11}^*t_{21}-c.c)+(t_{12}^*t_{22}-c.c)]/2\\ m_{31}=i(t_{11}^*t_{21}-t_{21}^*t_{11}-t_{12}^*t_{22}+t_{22}^*t_{12})/2, & m_{31}=\mathrm{i}[(t_{11}^*t_{21}-c.c)-(t_{12}^*t_{22}-c.c)]/2\\ m_{32}=i(t_{11}^*t_{22}-t_{21}^*t_{12}+t_{12}^*t_{21}-t_{22}^*t_{11})/2, & m_{32}=\mathrm{i}[(t_{11}^*t_{22}-c.c)-(t_{21}^*t_{12}-c.c)]/2\\ m_{33}=(t_{11}^*t_{22}-t_{21}^*t_{12}-t_{12}^*t_{21}+t_{22}^*t_{11})/2, & m_{33}=[(t_{11}^*t_{22}+c.c)-(t_{21}^*t_{12}+c.c)]/2\end{cases} \tag{7.3.3-21d}$$

3. 本征斯托克斯矢量和本征增益

在式(7.3.3-19)中，如果定义 $E_2^2=GE_1^2$，或者 $P_{\text{out}}=GP_{\text{in}}$，则 $GE_1^2\hat{S}_{\text{out}}=$

$E_1^2 \boldsymbol{M}_{4\times 4}\hat{S}_{\text{in}}$，于是可得 $G\hat{S}_{\text{out}} = \boldsymbol{M}_{4\times 4}\hat{S}_{\text{in}}$。如果在某种条件下，有

$$\hat{S}_{\text{out}} = \hat{S}_{\text{in}} \tag{7.3.3-22}$$

于是

$$G\hat{S}_{\text{in}} = \boldsymbol{M}_{4\times 4}\hat{S}_{\text{in}} \tag{7.3.3-23}$$

式(7.3.3-23)表明，存在一个特定的输入与输出偏振态和一个特定的增益或损耗，使得输入与输出偏振态保持一致，分别称它们为本征增益、本征偏振态。不难求出，本征增益应该为

$$|G\boldsymbol{I} - \boldsymbol{M}_{4\times 4}| = 0 \tag{7.3.3-24}$$

式中，$\boldsymbol{I}$ 是一个 4×4 的单位矩阵。对于特定的器件，利用式(7.3.3-24)，可以找到这个本征增益。

7.3.4　偏振主轴

在 7.1 节指出，某些非圆正规光波导的折射率分布具有一定的对称性，例如椭圆光波导、熊猫光纤等，都很容易找到它的对称轴，并称为主轴。当所选定的坐标轴就是这两个正交的对称轴时，可以求出在这时的两个线偏振模 LP_x 与 LP_y。换言之，只有当输入的两个线偏振光与两个主轴重合时它们才可能独立地传输，这时 LP_x 才可以写成 $\boldsymbol{E}_x = \boldsymbol{e}_x(x,y)\mathrm{e}^{\mathrm{i}\beta_x z}$，$\text{LP}_y$ 才可写成 $\boldsymbol{E}_y = \boldsymbol{e}_y(x,y)\mathrm{e}^{\mathrm{i}\beta_y z}$。但当输入的线偏振光与两个主轴不重合，或输入的光不是线偏振光而是椭圆偏振光或圆偏振光时，那么首先要将这个光分解为这两个主轴下的线偏振光，然后两个线偏振光各自独立传输，到达某点后再叠加。由于 $\beta_x \neq \beta_y$，LP_x 与 LP_y 的幅度也可能不相等，因此叠加后偏振态随 z 的变化而变化。比如输入光 $\boldsymbol{E}(0)$ 分解为(图 7.3.4-1)

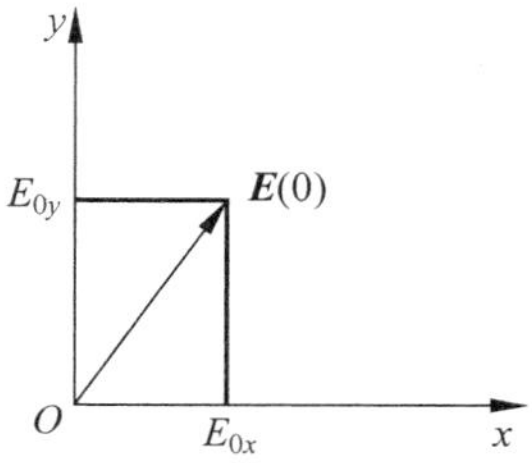

图 7.3.4-1　输入光为 $\boldsymbol{E}(0)$ 的分解

$$\boldsymbol{E}(0) = E_{0x}\boldsymbol{e}_x(x,y) + E_{0y}\boldsymbol{e}_y(x,y) \tag{7.3.4-1}$$

传输一段之后可能为任意的偏振态

$$\boldsymbol{E}(z) = E_{0x}\exp(\mathrm{i}\beta_x z)\boldsymbol{e}_x(x,y) + E_{0y}\exp(\mathrm{i}\beta_y z)\boldsymbol{e}_y(x,y) \tag{7.3.4-2}$$

所以可以得出结论：一般来说，在非圆光波导中传输的是一种演化的偏振态，或者说偏振态是非圆光波导传输的基本形态。

对于非圆非正规光波导，其每个横截面的折射率分布的对称轴不仅经常扭转，而且各横截面的折射率分布形状不断变化。因此，就提出了一个问题，这种光波导的主轴如何定义？

我们注意到，正规光波导的主轴具有线偏振态不变性，即沿主轴入射的线偏振

光，输出仍为线偏振光，于是，我们可以根据这一特性来定义主轴。

对于一个长度给定、处于稳定状态的非正规光波导，它的传输矩阵是确定的，可表示为

$$\boldsymbol{E}(z)=\boldsymbol{T}\boldsymbol{E}(0) \tag{7.3.4-3}$$

式中，$\boldsymbol{E}(0)$与$\boldsymbol{E}(z)$分别表示输入与输出的偏振态，$\boldsymbol{T}$为传输矩阵，它是2×2矩阵。若输入、输出均为线偏振态，必有

$$\frac{\dot{E}_y(0)}{\dot{E}_x(0)}=R_1,\quad \frac{\dot{E}_y(z)}{\dot{E}_x(z)}=R_2 \tag{7.3.4-4}$$

R_1与R_2均应为实数，且有

$$\frac{t_{21}+R_1t_{22}}{t_{11}+R_1t_{12}}=R_2 \tag{7.3.4-5}$$

式中，$t_{ij}(i=1,2;\ j=1,2)$为传输矩阵$\boldsymbol{T}$的元素，一般为复数。将$\boldsymbol{T}$分解为两个2×2实数矩阵之和，

$$\boldsymbol{T}=\boldsymbol{A}+\mathrm{i}\boldsymbol{B} \tag{7.3.4-6}$$

可得$\boldsymbol{A}$与$\boldsymbol{B}$的元素应满足的关系为

$$\begin{cases}a_{21}+R_1a_{22}=R_2(a_{11}+R_1a_{12})\\ b_{21}+R_1b_{22}=R_2(b_{11}+R_1b_{12})\end{cases} \tag{7.3.4-7}$$

式中，a_{ij}和$b_{ij}(i=1,2;\ j=1,2)$分别为$\boldsymbol{A}$与$\boldsymbol{B}$的元素，它们均为实数。消去R_2整理后可得

$$\begin{aligned}&(a_{12}b_{22}-a_{22}b_{12})R_1^2+[(a_{11}b_{22}-a_{22}b_{11})+\\&(a_{12}b_{21}-a_{21}b_{12})]R_1+(a_{11}b_{21}-a_{21}b_{11})=0\end{aligned} \tag{7.3.4-8}$$

将方程(7.3.4-8)改写为

$$AR_1^2+BR_1+C=0 \tag{7.3.4-9}$$

式中，

$$A=(a_{12}b_{22}-a_{22}b_{12}) \tag{7.3.4-10}$$

$$B=[(a_{11}b_{22}-a_{22}b_{11})+(a_{12}b_{21}-a_{21}b_{12})] \tag{7.3.4-11}$$

$$C=(a_{11}b_{21}-a_{21}b_{11}) \tag{7.3.4-12}$$

由于R_1是偏振态方向角φ的斜率，如果要有两个正交线偏振轴，必须上述方程有两个解R_1^+与R_1^-，并且$R_1^+R_1^-=-1$。这样就要求

$$A+C=0 \tag{7.3.4-13}$$

在方程(7.3.4-9)中，若$A=C=0$，$B\neq0$，其解对应于主轴与$\hat{\boldsymbol{x}}$、$\hat{\boldsymbol{y}}$轴重合的情形；若$A=-C\neq0$，其解对应于主轴与$\hat{\boldsymbol{x}}$、$\hat{\boldsymbol{y}}$轴不重合的情形。若$A=B=C=0$，此时方程有无穷多解对应于无穷多个主轴的情形，这时光波导应为正圆光波导或

者 $\boldsymbol{B}=0$ 的光学器件。

由于无损光波导的传输矩阵是一个酉矩阵，参见式(7.3.2-4)，可得

$$A=-\mathrm{Im}(u_1^* u_2),\quad B=-\mathrm{Im}(u_1^2-u_2^2),\quad C=\mathrm{Im}(u_1^* u_2) \tag{7.3.4-14}$$

于是式(7.3.4-13)自然得到满足，由此可得出结论：无损光波导有两正交偏振主轴。

根据方程(7.3.4-4)，当 R_1 与 R_2 均为实数时，它们就是两个偏振主轴方向角 $\varphi_\pm$ 的正切，从而得到

$$\tan\varphi_\pm=\frac{-B\pm\sqrt{B^2+4A^2}}{2A} \tag{7.3.4-15}$$

也就是当一个无损光波导中以这个方向角注入一个线偏振光，其输出也是一个线偏振光，但是输出线偏振光的方向角已经发生了变化。这一点请读者在阅读时注意。

7.3.5　双折射分析的四元数方法

前面几节研究了具有一定偏振态的光，经过光波导以后，输出偏振态如何演化的问题。包括琼斯矢量和琼斯矩阵法、斯托克斯矢量和缪勒矩阵法等，还包括一些特征参数，如主轴、双折射矢量等。读者在阅读后可能会觉得这些公式太复杂，用起来太不方便。

我们知道，公式的目的不在于计算，因为自从有了计算机之后，电磁场的任何计算问题都可以用计算机从麦克斯韦方程直接计算。公式的作用，一个是寻找不同物理量之间的联系，另一个是利用公式导出中间变量，形成新的概念，利用这些概念去分析问题、解决问题。比如正规光波导模式的概念，我们并不在意模式的具体表达式，而主要关注这种波导中存在一个个离散的模式，它可以分解为模式场和传输常数两项，模式场在传输过程中保持不变，而它的相移由传输常数决定。

7.3.2 节的琼斯矩阵(传输矩阵)和 7.3.3 节的缪勒矩阵，虽然它们都很好地描述了输入偏振态与输出偏振态之间的关系，但是对于一般反映光学元件偏振特性的参数，这两个矩阵中都没有反映。也就是说，我们不能从这两个矩阵中直观地看出哪个参数表示的是双折射？哪个是偏振相关增益？双折射矢量的方向在哪里？能否直观地区分线双折射、圆双折射以及模耦合等参数？这些参数之间有关联吗？当它们同时都存在的时候，它们是加强的关系，还是抵消的关系？这样的光学元件级联的时候，这些参数如何变化？最后，如何将这些参数与材料的特性联系起来，也就是和它的各向异性(折射率分布)联系起来，和外界应力、温度的关系等。所以，我们需要一种能够直观地综合反映光学元件全部偏光特性的量，使这些问题一目了然。这就是本节要介绍的四元数方法。

1. 基本形式

这种方法的基本思路，在 2.2.3 节已经有过叙述，那就是：首先将光的偏振态

用四元数描述，包括琼斯四元数 $\mathscr{J}$ 和斯托克斯四元数 $\mathscr{S}=s_0+\mathrm{i}\boldsymbol{s}$ 两种，使用者可根据实际情况选用，二者的关系为 $\mathscr{S}=2\mathscr{J}\circ\mathscr{J}^{\dagger}$。然后将光学元件的特性也用一个四元数描述，输出四元数等于光学元件四元数与输入四元数的乘积，如图 7.3.5-1 所示。

图 7.3.5-1　光学元件输入、输出偏振态的关系

光学器件的偏光性能，包括偏振无关和偏振相关性能两部分。偏振无关的性能，包括偏振无关相移和偏振无关损耗。当采用模式理论描述光学器件时，偏振无关相移为两个正交模式的平均相移，偏振无关损耗为两个正交模式的平均损耗。偏振相关的性能包括偏振相关相移和偏振相关损耗(或增益)。当采用模式理论描述光学器件时，偏振相关相移为两个正交模式的相移差，即双折射；偏振相关损耗为两个正交模式的损耗差(dB 差)。此外，偏振相关的性能还包括一个偏振主轴，当输入偏振态与偏振主轴重合时，输出偏振态不变，不发生偏振相关的现象；而输入偏振态与其不重合时，输出偏振态绕主轴旋转。

利用四元数方法可以证明，任何一个光学器件的偏振特性，都可以用一个指数型四元数描述，写为

$$\mathscr{U}=\mathrm{e}^{\mathscr{A}} \tag{7.3.5-1}$$

式中，$\mathscr{A}$ 也是一个四元数，当我们采用琼斯四元数描述输入输出偏振态时，有

$$\mathscr{J}_{\text{out}}=\mathscr{U}\mathscr{J}_{\text{in}} \tag{7.3.5-2}$$

当我们采用斯托克斯四元数描述输入输出偏振态时，有

$$\mathscr{S}_{\text{out}}=\mathscr{U}\mathscr{S}_{\text{in}}\mathscr{U}^{\dagger} \tag{7.3.5-3}$$

式中，四元数 $\mathscr{U}^{\dagger}$ 是四元数 $\mathscr{U}$ 的厄米转置。

因此，四元数 $\mathscr{U}$ 起到相当于琼斯矩阵和缪勒矩阵的双重作用，称为琼斯-缪勒四元数(JMQ)。四元数指数函数的指数 $\mathscr{A}$ 也是一个四元数，为

$$\mathscr{A}=[(\mathrm{i}k_0n_0-\bar{\alpha}/2)+\hat{\boldsymbol{n}}(k_0\Delta n+\mathrm{i}\Delta\alpha)]L \tag{7.3.5-4}$$

式中，L 是该器件的通光长度，$k_0=2\pi/\lambda$ 是真空中的波数，余下的四元数 $\mathscr{A}$ 的其他部分，分为标量部分和矢量部分。其中标量部分表示偏振无关部分，它是一个复数，其虚部系数 $\varphi_0=k_0n_0$ 为单位长度上的偏振无关相移，换成偏振模式的说法，是两个模式的平均相移；其实部 $\bar{\alpha}$ 为单位长度的偏振无关损耗，或者说是两个偏振模的平均损耗。四元数 $\mathscr{A}$ 的矢量部分由一个单位矢量乘以一个复数组成，这个矢量的实部 $\Delta\varphi$ 为偏振相关相移(双折射)，$\Delta\varphi=k\Delta nL$；如果考虑的是两个正交模式，则它们之间的双折射为 $\Delta n(n_x-n_y)/2$ 或者 $\Delta\varphi=(\varphi_x-\varphi_y)/2$；矢部的虚数部分 $\Delta\alpha$ 是偏振相关损耗，如果是两个正交模式的偏振相关损耗，则 $\Delta\alpha=(\alpha_x-\alpha_y)/2$；

$\hat{\boldsymbol{n}}$ 是单位矢量，表示偏振相关现象在庞加莱球上的偏振主轴（旋转轴），也就是双折射矢量的方向。

从式(7.3.5-4)可以看出，当多种偏振效应同时存在时，它们在四元数域内是相加的关系，所以不存在谁抵消谁的问题。

式(7.3.5-4)的矢部还可以进一步细化。矢部 $\hat{\boldsymbol{n}}(k_0\Delta n+\mathrm{i}\Delta\alpha)L$ 可以分别向斯托克斯矢量的三个坐标投影，假定我们暂时忽略偏振相关增益，可以写为

$$\hat{\boldsymbol{n}}(k_0\Delta n)L=k_0L(s_1\hat{\boldsymbol{i}}+s_2\hat{\boldsymbol{j}}+s_3\hat{\boldsymbol{k}}) \tag{7.3.5-5}$$

式中，$\hat{\boldsymbol{i}}$、$\hat{\boldsymbol{j}}$、$\hat{\boldsymbol{k}}$ 分别为斯托克斯矢量的三个单位矢量，s_1、s_2、s_3 是在这三个方向的投影。这样改写之后，则 $s_1=\Delta n=(n_x-n_y)/2$，表示线双折射的大小，它的作用是使一个输入偏振态在庞加莱球上绕 $\hat{\boldsymbol{i}}$ 轴旋转，也就是使一个输入线偏振态逐渐变成椭圆偏振态，甚至圆偏振态；$s_2=k$（两个偏振模之间的模耦合系数，参见 7.5 节），它的作用是使输入的两个线偏振模发生模耦合，而导致输入线偏振态绕 $\hat{\boldsymbol{j}}$ 轴旋转，逐渐从线偏振态变成椭圆偏振态和圆偏振态；以及 $s_3=\Delta\varphi/2$，它反映的是圆双折射的大小，其作用是使一个输入的线偏振态绕着赤道旋转，旋转的角度是 $\Delta\varphi$。

当四元数 JMQ 写成指数形式的时候（式(7.3.5-1)），它的厄米转置可写为

$$\mathscr{U}^{\dagger}=\mathrm{e}^{\mathscr{A}^{\dagger}} \tag{7.3.5-6}$$

式中，

$$\mathscr{A}^{\dagger}=[(-\mathrm{i}k_0n_0-\bar{\alpha}/2)-\hat{\boldsymbol{n}}(k_0\Delta n-\mathrm{i}\Delta\alpha)]L \tag{7.3.5-7}$$

它的虚部为负值，表明是一个增益器件，比如半导体光放大器。而它的单位矢量取负值，说明是左旋（当它右乘的时候），当它左乘的时候，表明它是继续右旋的。

2. 理论证明

关于式(7.3.5-2)的证明，本书不做全面的证明，我们只从一个简单的线双折射元件和一个问题入手，加以说明。

(1) 线双折射元件

很多元件都是线双折射元件，比如最常用的波片，它使两个正交偏振方向的光产生一定的相位差，常用的有 1/4λ、1/2λ、波片等。假定所选择的坐标系分别对准这两个正交方向，它的传输矩阵为

$$\boldsymbol{U}=\begin{bmatrix}\mathrm{e}^{\mathrm{i}\varphi_x} & \\ & \mathrm{e}^{\mathrm{i}\varphi_y}\end{bmatrix}=\mathrm{e}^{\mathrm{i}\bar{\varphi}}\begin{bmatrix}\mathrm{e}^{-\mathrm{i}\Delta\varphi} & \\ & \mathrm{e}^{\mathrm{i}\Delta\varphi}\end{bmatrix} \tag{7.3.5-8}$$

式中，$\bar{\varphi}=(\varphi_x+\varphi_y)/2$，$\Delta\varphi=(\varphi_y-\varphi_x)/2$，注意此处的定义与常规定义略有不同，主要是考虑旋转的方向问题。那么它对应的四元数为

$$\boldsymbol{U}=\mathrm{e}^{\mathrm{i}\overline{\varphi}}\begin{bmatrix}\mathrm{e}^{-\mathrm{i}\Delta\varphi} & \\ & \mathrm{e}^{\mathrm{i}\Delta\varphi}\end{bmatrix}=\mathrm{e}^{\mathrm{i}\overline{\varphi}}\left(b_0\begin{bmatrix}1 & \\ & 1\end{bmatrix}+b_x\begin{bmatrix}1 & \\ & -1\end{bmatrix}+b_y\begin{bmatrix}0 & 1\\ 1 & 0\end{bmatrix}+b_z\begin{bmatrix} & -\mathrm{i}\\ \mathrm{i} & \end{bmatrix}\right) \tag{7.3.5-9}$$

不难解出

$$b_0=\cos\Delta\varphi,\quad b_x=-\mathrm{i}\sin\Delta\varphi,\quad b_y=b_z=0 \tag{7.3.5-10}$$

于是对应的四元数为

$$\mathscr{U}=\mathrm{e}^{\mathrm{i}\overline{\varphi}}(\cos\Delta\varphi+\hat{\boldsymbol{i}}\sin\Delta\varphi) \tag{7.3.5-11}$$

写成指数形式为

$$\mathscr{U}=\mathrm{e}^{\mathrm{i}\overline{\varphi}+\hat{\boldsymbol{i}}\Delta\varphi} \tag{7.3.5-12}$$

由于 $\boldsymbol{U}^{\dagger}=\mathrm{e}^{-\mathrm{i}\overline{\varphi}}\begin{bmatrix}\mathrm{e}^{\mathrm{i}\Delta\varphi} & \\ & \mathrm{e}^{-\mathrm{i}\Delta\varphi}\end{bmatrix}$,不难求出

$$\mathscr{U}^{\dagger}=\mathrm{e}^{-\mathrm{i}\overline{\varphi}}[\cos(\Delta\varphi/2)-\sin(\Delta\varphi/2)\hat{\boldsymbol{i}}] \tag{7.3.5-13}$$

或者

$$\mathscr{U}^{\dagger}=\mathrm{e}^{\mathrm{i}\overline{\varphi}-\hat{\boldsymbol{i}}\Delta\varphi} \tag{7.3.5-14}$$

当线双折射元件的主轴与坐标系不一致时,假定其方向为 $\hat{\boldsymbol{n}}$,不难证明

$$\mathscr{U}=\mathrm{e}^{\mathrm{i}\overline{\varphi}+\hat{\boldsymbol{n}}\Delta\varphi}=\mathrm{e}^{\mathrm{i}\overline{\varphi}}[\cos(\Delta\varphi)+\hat{\boldsymbol{n}}\sin(\Delta\varphi)] \tag{7.3.5-15}$$

(2) 偏振相关损耗器件

不失一般性,假定一个偏振相关损耗器件的偏振主轴与坐标系的 x 轴一致,则它的传输矩阵为

$$\boldsymbol{U}=\begin{bmatrix}\mathrm{e}^{g_x} & \\ & \mathrm{e}^{g_y}\end{bmatrix}=\mathrm{e}^{\overline{g}}\begin{bmatrix}\mathrm{e}^{-g/2} & \\ & \mathrm{e}^{g/2}\end{bmatrix} \tag{7.3.5-16}$$

式中,$\overline{g}=(g_x+g_y)/2$,$\Delta g=(g_y-g_x)$,g_x 和 g_y 分别为光场的放大倍数,注意此处的定义与常规定义略有不同。它对应的四元数为

$$\boldsymbol{U}=\mathrm{e}^{\overline{g}}\begin{bmatrix}\mathrm{e}^{-\Delta g/2} & \\ & \mathrm{e}^{\Delta g/2}\end{bmatrix}=\mathrm{e}^{\overline{g}}\left(b_0\begin{bmatrix}1 & \\ & 1\end{bmatrix}+b_x\begin{bmatrix}1 & \\ & -1\end{bmatrix}+b_y\begin{bmatrix}0 & 1\\ 1 & 0\end{bmatrix}+b_z\begin{bmatrix} & -\mathrm{i}\\ \mathrm{i} & \end{bmatrix}\right) \tag{7.3.5-17}$$

不难解出

$$b_0=\mathrm{ch}(\Delta g/2),\quad b_x=-\mathrm{sh}(\Delta g/2),\quad b_y=b_z=0 \tag{7.3.5-18}$$

于是对应的四元数为

$$\mathscr{U}=\mathrm{e}^{\overline{g}}[\mathrm{ch}(\Delta g/2)-\mathrm{i}\,\mathrm{sh}(\Delta g/2)\hat{\boldsymbol{i}}] \tag{7.3.5-19}$$

利用

$$\mathrm{ch}(\Delta g/2)=\cos(-\mathrm{i}\Delta g/2),\quad -\mathrm{ish}(\Delta g/2)=\sin(-\mathrm{i}\Delta g/2) \tag{7.3.5-20}$$

可将式(7.3.5-20)改写为

$$\mathscr{U}=\mathrm{e}^{\bar{g}}[\cos(-\mathrm{i}\Delta g/2)+\sin(-\mathrm{i}\Delta g/2)\hat{\boldsymbol{i}}] \tag{7.3.5-21}$$

或者进一步改写为指数形式

$$\mathscr{U}=\mathrm{e}^{\bar{g}+\hat{\boldsymbol{i}}(-\mathrm{i}\Delta g/2)} \tag{7.3.5-22}$$

当偏振相关损耗器件的主轴与坐标系不一致时，假定其方向为 $\hat{\boldsymbol{n}}$，不难证明

$$\mathscr{U}=\mathrm{e}^{\bar{g}+\hat{\boldsymbol{n}}(-\mathrm{i}\Delta g/2)} \tag{7.3.5-23}$$

(3) 圆双折射和模耦合问题

这部分留在 7.5 节再讨论。

3. 多重双折射效应

各向异性材料（比如各种晶体、保偏光纤等）在信息领域扮演着重要的角色。电流、电压、温度、压力等传感器都可选它作敏感材料，然而正是由于各向异性材料对诸多参数的敏感性，使得用它来测量某一参量时，不可避免地受到其他因素的干扰。而且，普遍情况是干扰引起的双折射效应随温度而变，造成传感器输出随使用环境温度而起伏。干扰产生的原因多种多样，比如弹光效应、压电效应、热光效应，有时还会受到磁光效应的作用；如果材料具有旋光效应，则系统还会受旋光效应的影响。因此分析各向异性材料所受的多重效应中的相互影响，是解决光纤传感器长期稳定性的关键技术之一。

为此首先必须了解各向异性材料在多重效应下光的传输特性，遗憾的是目前还未见到有关这方面全面的、详细的报道。在可以查阅到的专著中，讨论的大多是晶体在单一效应下的光学特性。文献中相对复杂的分析都针对特定的晶体，或为立方晶体，或为各向同性介质，简单地认为敏感元件所受的外界效应为线双折射或圆双折射，因而所得结果是特定条件下的产物，不具有普遍性。很多文献曾经指出，对于双轴晶体，光波无论沿什么方向入射，都会产生双折射现象，所以双轴晶体不适于作传感器的敏感元件，阻碍了双轴晶体在传感器中的应用。这其实是一种误解。

本节试图对在热光效应、电光效应、弹光效应、热电效应、压电效应、旋光效应、磁光效应等诸多效应共同作用下，各向异性材料或者保偏光纤及其他偏光元件的双折射进行研究，绕开解麦克斯韦方程的复杂过程，直接得到相关的结果。

(1) 从介电常数张量到折射率四元数

我们知道，无论材料多么复杂，结构特性多么异常，最终都表现在介电张量和导磁率的变化上。在光频波段，一般不考虑导磁率的变化，而介电常数的变化本质上是由于电极化率的变化，可写为

$$\boldsymbol{D}=\boldsymbol{\varepsilon}(\lambda_i)\boldsymbol{E} \tag{7.3.5-24}$$

或者

$$\boldsymbol{D}=\varepsilon_0\boldsymbol{E}+\boldsymbol{P}=\varepsilon_0\boldsymbol{E}+\boldsymbol{\chi}(\lambda_i)\boldsymbol{E} \tag{7.3.5-25}$$

式中，λ_i 是某种影响因素（注意不是波长），比如是外加的电场、磁场、温度、压力，也包括晶体自身的固有因素（比如晶体的切割取向），还包括光场自身引起的非线性。自然，$\boldsymbol{D}$、$\boldsymbol{E}$ 以及 $\boldsymbol{P}$ 是矢量，而且$\boldsymbol{\varepsilon}(\lambda_i)$和$\boldsymbol{\chi}(\lambda_i)$都是张量。

在任意坐标系下（不一定是各向异性材料的主轴坐标系），假定通光方向是 z 向（其他方向也类似），那么，根据光波是横波的基本假定，$\boldsymbol{E}=[\dot{E}_x \quad \dot{E}_y \quad 0]^{\mathrm{T}}$，介电常数张量的 3×3 矩阵中，有关 z 的一行和一列均不起作用，于是只考虑 2×2 的矩阵。定义

$$\varepsilon_r^{(2\times2)}=\begin{bmatrix}\varepsilon_{xx} & \varepsilon_{xy}\\ \varepsilon_{yx} & \varepsilon_{yy}\end{bmatrix} \tag{7.3.5-26}$$

不难得到它对应的四元数，为

$$\mathscr{E}_r=\frac{\varepsilon_{xx}+\varepsilon_{yy}}{2}+\mathrm{i}\,\frac{\varepsilon_{xx}-\varepsilon_{yy}}{2}\hat{\boldsymbol{i}}+\mathrm{i}\,\frac{\varepsilon_{xy}+\varepsilon_{yx}}{2}\hat{\boldsymbol{j}}-\frac{\varepsilon_{xy}-\varepsilon_{yx}}{2}\hat{\boldsymbol{k}} \tag{7.3.5-27}$$

我们知道，折射率与介电常数之间有简单的对应关系，即

$$\mathscr{E}_r=\mathscr{N}^2 \tag{7.3.5-28}$$

不妨设 $\mathscr{E}_r=\varepsilon_{r0}+\boldsymbol{E}_r$，$\mathscr{N}=n_{r0}+\boldsymbol{N}_r$，于是

$$\mathscr{N}^2=n_{r0}^2-\boldsymbol{N}_r^2+2n_{r0}\boldsymbol{N}_r \tag{7.3.5-29}$$

由此可知，

$$n_{r0}^2-\boldsymbol{N}_r^2=\varepsilon_{r0},\quad 2n_{r0}\boldsymbol{N}_r=\boldsymbol{E}_r \tag{7.3.5-30}$$

根据式(7.3.5-30)，可以得出一个重要结论：由介电常数张量引起的偏振旋转主轴与双折射轴是一致的。

由式(7.3.5-30)不难得出

$$\boldsymbol{N}_r=\boldsymbol{E}_r/2n_{r0},\quad n_{r0}^2-(\boldsymbol{E}_r/2n_{r0})^2=\varepsilon_{r0} \tag{7.3.5-31}$$

它是一个关于$(n_{r0})^2$ 的二次方程，由此可解出

$$(n_{r0})^2=[\varepsilon_{r0}\pm\varepsilon_{r0}\sqrt{1+(\boldsymbol{E}_y/\varepsilon_{r0})^2}]/2 \tag{7.3.5-32}$$

在考虑双折射时，假定 n_{r0} 应为实数，在求根公式中取“+”号，而且考虑到通常 $|\boldsymbol{E}_r|\varepsilon_{r0}\ll1$，于是

$$(n_{r0})^2\approx\{\varepsilon_{r0}+\varepsilon_{r0}[1+(\boldsymbol{E}_r/\varepsilon_{r0})^2/2]\}/2 \tag{7.3.5-33}$$

$$(n_{r0})^2\approx\varepsilon_{r0}+(\boldsymbol{E}_r)^2/(4\varepsilon_{r0}) \tag{7.3.5-34}$$

最后得到

$$\boldsymbol{N}_r=\frac{8\sqrt{2}(\varepsilon_{xx}+\varepsilon_{yy})^{3/2}}{7[(\varepsilon_{xx})^2+(\varepsilon_{yy})^2]+18\varepsilon_{xx}\varepsilon_{yy}+4\varepsilon_{xy}\varepsilon_{yx}}\boldsymbol{E}_r \tag{7.3.5-35}$$

代入式(7.3.5-31)，可得

$$\mathrm{i}\boldsymbol{N}_r=\frac{8\sqrt{2}(\varepsilon_{xx}+\varepsilon_{yy})^{3/2}}{7[(\varepsilon_{xx})^2+(\varepsilon_{yy})^2]+18\varepsilon_{xx}\varepsilon_{yy}+4\varepsilon_{xy}\varepsilon_{yx}}\left(-\frac{\varepsilon_{xx}-\varepsilon_{yy}}{2}\hat{\boldsymbol{i}}-\frac{\varepsilon_{xy}+\varepsilon_{yx}}{2}\hat{\boldsymbol{j}}-\mathrm{i}\,\frac{\varepsilon_{xy}-\varepsilon_{yx}}{2}\hat{\boldsymbol{k}}\right) \tag{7.3.5-36}$$

利用式(7.3.5-36)，我们可以直接从各向异性材料的介电常数张量得到它的双折射矢量以及偏振主轴，而不必关心这种晶体是单轴晶体还是双轴晶体，也不必求椭圆方程以及折射率椭球。这样，我们可以解决双轴晶体用作传感元件的限制问题。

(2) 多重双折射效应的叠加原理

大多数情况下，除了材料本身的固有双折射外，其他环境因素导致的光学效应，比如热光效应、电光效应、弹光效应、热电效应、压电效应、旋光效应、磁光效应等诸多效应都会引入新的双折射，它们统称为诱导双折射；而这些环境因素引起的双折射并不与固有双折射在同一个方向。因此，新的合成双折射是什么样子，是一个需要研究的问题。

我们的结论是，新的合成双折射等于固有双折射与诱导双折射的矢量和，满足矢量叠加原理。然而，这个原理是需要证明的，而且也是有条件成立的。本节首先证明了这个原理，然后进一步指出使用这个原理的限定条件。

考察式(7.3.5-26)，在考虑固有双折射和诱导双折射同时存在的时候，或者有多重双折射效应存在的时候，式(7.3.5-26)可写为

$$\boldsymbol{\varepsilon}_r^{(2\times2)}=\sum_i\varepsilon_{ri}=\begin{bmatrix}\varepsilon_{xx} & \varepsilon_{xy}\\ \varepsilon_{yx} & \varepsilon_{yy}\end{bmatrix}_1+\begin{bmatrix}\varepsilon_{xx} & \varepsilon_{xy}\\ \varepsilon_{yx} & \varepsilon_{yy}\end{bmatrix}_2+\begin{bmatrix}\varepsilon_{xx} & \varepsilon_{xy}\\ \varepsilon_{yx} & \varepsilon_{yy}\end{bmatrix}_3+\cdots \tag{7.3.5-37}$$

写成四元数形式为

$$\mathscr{E}_r=\sum_i\mathscr{E}_{ri}=\sum_i(\varepsilon_{r0i}+\boldsymbol{E}_{ri})=\sum_i\varepsilon_{r0i}+\sum_i\boldsymbol{E}_{ri} \tag{7.3.5-38}$$

进一步得到

$$\varepsilon_{r0}=\sum_i\varepsilon_{r0i},\quad \boldsymbol{E}_r=\sum_i\boldsymbol{E}_{ri} \tag{7.3.5-39}$$

由此可知，如果多重效应的介电张量是线性叠加的，那么它们合成的介电常数四元数也是线性叠加的，于是，标量部分与矢量部分也各自满足叠加原理。然而，这并不意味着双折射也满足叠加原理。为了使双折射矢量满足叠加原理，必须做如下近似。

定义材料固有的平均折射率 n_0^{intr} 为

$$n_0^{\text{intr}}=[(\varepsilon_{xx}^{\text{intr}}+\varepsilon_{yy}^{\text{intr}})/2]^{1/2} \tag{7.3.5-40}$$

假定材料的固有平均折射率 n_0^{intr} 足够大，以至于其他效应引起的介电常数（或者折射率）与其相比都比较小，那么

$$\varepsilon_{r0}=(n_0^{\text{intr}})^2\left\{1+\sum_{i=\text{others}}[\varepsilon_{r0i}/(n_0^{\text{intr}})^2]\right\} \tag{7.3.5-41}$$

于是，合成的平均折射率为

$$n_{r0}\approx(n_0^{\text{intr}})\left\{1+\frac{1}{2}\sum_{i=\text{others}}[\varepsilon_{r0i}/(n_0^{\text{intr}})^2]\right\}=n_0^{\text{intr}}+\frac{1}{2}\sum_{i=\text{others}}[\varepsilon_{r0i}/n_0^{\text{intr}}] \tag{7.3.5-42}$$

于是，合成的双折射矢量为

$$\boldsymbol{N}_r=\frac{1}{2n_{r0}}\boldsymbol{E}_r=\frac{1}{2n_{r0}}\sum_i\boldsymbol{E}_{ri}=\sum_i\frac{\boldsymbol{E}_{ri}}{2n_{r0}} \tag{7.3.5-43}$$

如果定义每种双折射效应的双折射矢量为

$$\boldsymbol{N}_{ri}=\boldsymbol{E}_{ri}/(2n_{r0}),\quad i=1,2,3,\cdots \tag{7.3.5-44}$$

那么，

$$\boldsymbol{N}_r=\sum_i\boldsymbol{N}_{ri} \tag{7.3.5-45}$$

这就证明了合成的双折射矢量等于多种诱导双折射矢量的矢量叠加。在使用式(7.3.5-45)时，必须注意两点限制：

① 固有的平均折射率 n_0^{intr} 必须足够大；

② 每种效应的双折射矢量，并不是介电常数四元数的矢量部分的开方，即 $\boldsymbol{N}_{ri}\neq\sqrt{\boldsymbol{E}_{ri}}$ 的矢量部分（很多文献写为 $\Delta\vec{\beta}$），而是 $\boldsymbol{N}_{ri}=\boldsymbol{E}_{ri}/(2n_{r0})$，当 n_0^{intr} 比其他效应引起的折射率变化大得多时，可以有

$$\boldsymbol{N}_{ri}\approx\boldsymbol{E}_{ri}/(2n_0^{\text{intr}}),\quad i=1,2,3,\cdots \tag{7.3.5-46}$$

关于以上原理应用的例子，我们将在后面7.5节和第9章再讨论。

7.4 任意坐标系下非圆正规光波导的一般解

我们知道，由于非圆光波导的折射率分布 $n^2(x,y)$ 不具有圆对称性，所以它的具体函数形式是随坐标系的选取而变化的，即对坐标系的选取敏感。同时，不是任意两个相互垂直的线偏振光都可以看作模式而写成 $\boldsymbol{e}(x,y)\exp(\mathrm{i}\beta z)$ 的形式，只有那些平行于光波导的对称轴（比如椭圆光波导的长轴或短轴）的线偏振光，才可写成上述形式。而对于一个任意折射率分布的非圆光波导，要么很难找出这个对称

轴，要么根本就不存在这个对称轴。这就为我们利用线偏振模的概念去处理实际问题埋下了一个隐含的障碍。因此，以线偏振模的方向作为坐标轴的分析方法也是不可取的。总之，我们需要一个新的、便于在任意坐标系下使用的概念和理论，并由此引出与它相关的其他概念（比如偏振模色散）的对应关系。

1. 任意坐标系下非圆正规光波导的一般解

7.3 节已经证明，无论是正规的还是非正规的光波导，只要其损耗可以忽略，就必然存在一对正交的偏振主轴。具体含义是：在光波导的输入端与输出端分别存在一对正交的偏振方向，在这对方向上输入线偏振态光时，输出光也是线偏振态。我们称这对正交方向为偏振主轴（注意偏振主轴不一定要求光波导具有对称轴）。同时在 7.3.4 节已证明，对于弱导的正规光波导，无论其折射率分布如何，总存在一对正交的线偏振模。因此，线偏振模的方向必然与主轴方向一致，但不一定与坐标系的坐标轴一致，于是有

$$\begin{cases}\boldsymbol{E}_{\xi}(x,y,z)=\exp\{\mathrm{i}\beta_{\xi}z\}\boldsymbol{e}_{\xi}(x,y)\\ \boldsymbol{E}_{\eta}(x,y,z)=\exp\{\mathrm{i}\beta_{\eta}z\}\boldsymbol{e}_{\eta}(x,y)\end{cases}\tag{7.4.0-1}$$

它们的方向分别为 $O\xi$ 和 $O\eta$，记为 LP_{μ}^{ξ} 和 LP_{μ}^{η}，μ 是模式的阶数，比如 LP_{01}^{ξ} 与 LP_{01}^{η} 等。

一般来说，光波导中的光场应表现为各阶模式的线性组合，

$$\boldsymbol{E}(x,y,z)=\sum_{\mu}\left[c_{\xi\mu}\exp(\mathrm{i}\beta_{\xi\mu}z)\boldsymbol{e}_{\xi\mu}(x,y)+c_{\eta\mu}\exp(\mathrm{i}\beta_{\eta\mu}z)\boldsymbol{e}_{\eta\mu}(x,y)\right]\tag{7.4.0-2}$$

当光波导为正规光波导时，$c_{\xi\mu}$、$c_{\eta\mu}$、$\beta_{\xi\mu}$、$\beta_{\eta\mu}$ 均为常数。

这里，我们仅考虑单模光波导，从而略去下标 μ，于是有

$$\boldsymbol{E}(x,y,z)=c_{\xi}\exp(\mathrm{i}\beta_{\xi}z)\boldsymbol{e}_{\xi}(x,y)+c_{\eta}\exp(\mathrm{i}\beta_{\eta}z)\boldsymbol{e}_{\eta}(x,y)\tag{7.4.0-3}$$

由于 LP^{ξ} 模与 LP^{η} 模是一对正交的线偏振模，于是 $\boldsymbol{e}_{\xi}\cdot\boldsymbol{e}_{\eta}=0$，由此可得出二者应取如下形式：

$$\boldsymbol{e}_{\xi}(x,y)=\begin{pmatrix}\cos\theta\\ \sin\theta\end{pmatrix}e_{\xi}(x,y)\quad 和 \quad \boldsymbol{e}_{\eta}(x,y)=\begin{pmatrix}-\sin\theta\\ \cos\theta\end{pmatrix}e_{\eta}(x,y)\tag{7.4.0-4}$$

式中，θ 是一个主轴 $O\xi$ 与坐标轴 Ox 的夹角。于是

$$\boldsymbol{E}(x,y,z)=c_{\xi}\begin{pmatrix}\cos\theta\\ \sin\theta\end{pmatrix}\mathrm{e}^{\mathrm{i}\beta_{\xi}z}e_{\xi}(x,y)+c_{\eta}\begin{pmatrix}-\sin\theta\\ \cos\theta\end{pmatrix}\mathrm{e}^{\mathrm{i}\beta\eta z}e_{\eta}(x,y)\tag{7.4.0-5}$$

同时，

$$\boldsymbol{E}_{0}(x,y)\overset{\mathrm{def}}{=}\boldsymbol{E}(x,y,0)=c_{\xi}\begin{pmatrix}\cos\theta\\ \sin\theta\end{pmatrix}e_{\xi}(x,y)+c_{\eta}\begin{pmatrix}-\sin\theta\\ \cos\theta\end{pmatrix}e_{\eta}(x,y)\tag{7.4.0-6}$$

前已证明，联系无损光波导的输入与输出光的关系可用下述方程描述：

$$\boldsymbol{E}(x,y,z)=\mathrm{e}^{\mathrm{i}\bar{\beta}z}\boldsymbol{U}\boldsymbol{E}(x,y,0)=\mathrm{e}^{\mathrm{i}\bar{\beta}z}\begin{pmatrix}u_1 & u_2\\ -u_2^* & u_1^*\end{pmatrix}\boldsymbol{E}_0(x,y)\quad(7.4.0\text{-}7)$$

式中，$\bar{\beta}=(\beta_\xi+\beta_\eta)/2$，$\Delta\beta=(\beta_\xi-\beta_\eta)/2$。将方程(7.4.0-5)与方程(7.4.0-6)以及方程(7.4.0-7)联立，经过复杂的运算后得出

$$\boldsymbol{U}=\begin{bmatrix}\cos^2\theta\mathrm{e}^{\mathrm{i}\Delta\beta z}+\sin^2\theta\mathrm{e}^{-\mathrm{i}\Delta\beta z} & 2\mathrm{i}\sin\theta\cos\theta\sin\Delta\beta z\\ 2\mathrm{i}\sin\theta\cos\theta\sin\Delta\beta z & \sin^2\theta\mathrm{e}^{\mathrm{i}\Delta\beta z}+\cos^2\theta\mathrm{e}^{-\mathrm{i}\Delta\beta z}\end{bmatrix}\quad(7.4.0\text{-}8)$$

进一步，可将矩阵 $\boldsymbol{U}$ 分解为如下形式：

$$\begin{aligned}\boldsymbol{U}&=\begin{pmatrix}\cos\theta & -\sin\theta\\ \sin\theta & \cos\theta\end{pmatrix}\begin{pmatrix}\mathrm{e}^{\mathrm{i}\Delta\beta z} & \\ & \mathrm{e}^{-\mathrm{i}\Delta\beta z}\end{pmatrix}\begin{pmatrix}\cos\theta & \sin\theta\\ -\sin\theta & \cos\theta\end{pmatrix}\\ &=\exp\left[\mathrm{i}\Delta\beta z\begin{pmatrix}\cos\theta & -\sin\theta\\ \sin\theta & \cos\theta\end{pmatrix}\begin{pmatrix}1 & \\ & -1\end{pmatrix}\begin{pmatrix}\cos\theta & \sin\theta\\ -\sin\theta & \cos\theta\end{pmatrix}\right]\end{aligned}\quad(7.4.0\text{-}9)$$

或

$$\boldsymbol{U}=\exp(\mathrm{i}\Delta\beta\boldsymbol{V}z)$$

式中，$\boldsymbol{V}$ 称为主轴矩阵，为

$$\boldsymbol{V}=\begin{pmatrix}\cos 2\theta & \sin 2\theta\\ \sin 2\theta & -\cos 2\theta\end{pmatrix}\quad(7.4.0\text{-}10)$$

于是

$$\boldsymbol{E}(x,y,z)=\exp[\mathrm{i}(\bar{\beta}+\Delta\beta\boldsymbol{V})z]\boldsymbol{E}_0(x,y)\quad(7.4.0\text{-}11)$$

这就是任意坐标系下非圆正规光波导的一般解。可以看出，坐标系的变化主要引起主轴矩阵 $\boldsymbol{V}(\theta)$ 的变化，而不会引起平均传输常数 $\bar{\beta}$ 和双折射 $\Delta\beta$ 的变化。

还可以进一步将式(7.4.0-11)改写为四元数的形式，由于

$$\boldsymbol{V}=\begin{pmatrix}\cos 2\theta & \sin 2\theta\\ \sin 2\theta & -\cos 2\theta\end{pmatrix}=\cos 2\theta\begin{bmatrix}1 & \\ & -1\end{bmatrix}+\sin 2\theta\begin{bmatrix} & 1\\ 1 & \end{bmatrix}\quad(7.4.0\text{-}12)$$

所以矩阵 $\boldsymbol{V}(\theta)$ 对应的四元数为 $\mathscr{V}(\theta)=\mathrm{i}(\hat{\boldsymbol{i}}\cos 2\theta+\hat{\boldsymbol{j}}\sin 2\theta)$，代入式(7.4.0-11)得到

$$\boldsymbol{E}(x,y,z)=\mathrm{e}^{[\mathrm{i}\bar{\beta}-\Delta\beta(\cos 2\theta\hat{\boldsymbol{i}}+\sin 2\theta\hat{\boldsymbol{j}})]z}\boldsymbol{E}_0(x,y)\quad(7.4.0\text{-}13)$$

写成斯托克斯四元数的形式为

$$\mathscr{S}_{\mathrm{out}}=\mathrm{e}^{-\Delta\beta(\cos 2\theta\hat{\boldsymbol{i}}+\sin 2\theta\hat{\boldsymbol{j}})z}\mathscr{S}_{\mathrm{in}}\mathrm{e}^{\Delta\beta(\cos 2\theta\hat{\boldsymbol{i}}+\sin 2\theta\hat{\boldsymbol{j}})z}\quad(7.4.0\text{-}14)$$

由此可看出偏振态的变化。值得注意的是，非圆正规光波导不可能导致旋光性。

2. 亥姆霍兹方程

考虑将形如式(7.4.0-11)的一般解代入光波导的一般方程

$$\nabla^2 \boldsymbol{E} + k^2 n^2(x,y)\boldsymbol{E} + \nabla\left(\boldsymbol{E} \cdot \frac{\nabla \varepsilon}{\varepsilon}\right) = 0 \tag{7.4.0-15}$$

式中，$\varepsilon = n^2(x,y)$，k 为真空中的波数，并令$\nabla^2 = \nabla_t^2 + \frac{\partial^2}{\partial z^2}$，$\nabla = \nabla_t + \hat{z}\frac{\partial}{\partial z}$，然后两边乘以 $\exp[\mathrm{i}(\bar{\beta} + \Delta\beta \boldsymbol{V})z]$的逆矩阵，再取横向分量与纵向分量各自相等，注意 $\boldsymbol{V}^2 = 1$，可得

$$\nabla_t^2 \boldsymbol{E}_0(x,y) + \{k^2 n^2(x,y) - [\bar{\beta}^2 + (\Delta\beta)^2] - 2\bar{\beta}\Delta\beta\boldsymbol{V}\}\boldsymbol{E}_0 = -\nabla_t\left(\boldsymbol{E}_0 \cdot \frac{\nabla_t \varepsilon}{\varepsilon}\right) \tag{7.4.0-16}$$

3. $\bar{\beta}$ 的得出

为解方程(7.4.0-16)，一般应先求出本征函数 $\boldsymbol{E}_0(x,y)$，但这是困难的。而对于实际问题，$\bar{\beta}$、$\Delta\beta$、$\boldsymbol{V}(\theta)$三个量是最重要的，因此本节将绕过求本征函数 $\boldsymbol{E}_0(x,y)$，而直接去求 $\bar{\beta}$、$\Delta\beta$ 与 $\boldsymbol{V}(\theta)$。

我们注意到，$\bar{\beta} = (\beta_x + \beta_y)/2$ 是两个线偏振模传输常数的平均值，它既与坐标系的选取无关，也与双折射无关，显然，只有圆光波导才具有这样的性质。另外，$\bar{\beta}$ 应是使方程(7.4.0-16)中令 $\Delta\beta \to 0$ 的一种折射率分布 $n_0^2(r)$的解。通常，非圆光波导都是二层的，即

$$n^2(x,y) = \begin{cases} n_1^2, & (x,y) \in \Omega \\ n_2^2, & (x,y) \in \bar{\Omega} \end{cases} \tag{7.4.0-17}$$

式中，Ω 是由闭合非圆曲线 c 围成的平面域。除了在闭合曲线 c 上的各点外，方程(7.4.0-16)化为齐次方程

$$\nabla_t^2 \boldsymbol{E}_0(x,y) + \{k^2 n^2(x,y) - [\bar{\beta}^2 + (\Delta\beta)^2] - 2\bar{\beta}\Delta\beta\boldsymbol{V}\}\boldsymbol{E}_0 = 0 \tag{7.4.0-18}$$

对应的使 $\Delta\beta \to 0$ 的圆波导满足的方程为

$$\nabla_t^2 \boldsymbol{e}_0(x,y) + [k^2 n_0^2(r) - \bar{\beta}^2]\boldsymbol{e}_0(x,y) = 0 \tag{7.4.0-19}$$

式中，$\boldsymbol{e}_0(x,y)$对应的是圆光波导的模式场。

将式(7.4.0-18)点乘 $\boldsymbol{e}_0^*$ 并与式(7.4.0-19)点乘 $\boldsymbol{E}_0$ 的标量积相减，在无穷模截面上积分，考虑到

$$\iint_{\infty}(\boldsymbol{e}_0^* \cdot \nabla_t^2 \boldsymbol{E}_0 - \boldsymbol{E}_0 \cdot \nabla_t^2 \boldsymbol{e}_0)\mathrm{d}A = \oint_{\infty}[\boldsymbol{e}_0^*(\nabla_t \boldsymbol{E}_0) - \boldsymbol{E}_0(\nabla_t \cdot \boldsymbol{e}_0^*)]\mathrm{d}A = 0 \tag{7.4.0-20}$$

再令 $\Delta\beta \to 0$，于是有

$$\iint_{\infty}(n^2-n_0^2)\boldsymbol{E}_0\cdot\boldsymbol{e}_0^*\,\mathrm{d}A=0 \tag{7.4.0-21}$$

这就是说，只要所对应的圆光波导的 $n_0^2(r)$ 满足式(7.4.0-21)，它的传输常数就是非圆光波导的 $\bar{\beta}$。不难看出，只要圆光波导的折射率剖面面积与非圆的相等，式(7.4.0-21)就近似成立。于是，我们可先求出非圆光波导的折射率剖面面积，然后令一个圆光波导的面积与之相等，即可求出 $\bar{\beta}$。

4. 偏振主轴方向角的确定

对于折射率分布如式(7.4.0-17)的二层非圆光波导，它的主轴方向角 θ 完全由周线上的$\nabla_{\mathrm{t}}(\boldsymbol{E}_0\cdot\nabla_{\mathrm{t}}\varepsilon/\varepsilon)$引起，为此，考虑一个椭圆光波导，设它的 $\bar{\beta}$ 和 $\Delta\beta$ 与所研究的非圆光波导的 $\bar{\beta}$ 和 $\Delta\beta$ 相同，但它的长轴与短轴分别与 Ox 和 Oy 轴重合，即 $\theta=0$，于是，满足方程

$$\nabla_{\mathrm{t}}^2\boldsymbol{e}_e(x,y)+\left[k^2n_e^2(x,y)-(\bar{\beta}^2+\Delta\beta^2)-2\bar{\beta}\Delta\beta\begin{pmatrix}1 & \\ & -1\end{pmatrix}\boldsymbol{e}_e(x,y)\right]$$
$$=-\nabla_{\mathrm{t}}\left(\boldsymbol{e}_e\cdot\frac{\nabla_{\mathrm{t}}\varepsilon_e}{\varepsilon_e}\right) \tag{7.4.0-22}$$

式中，$\varepsilon_e=n_e^2(x,y)$是椭圆光波导的折射率分布，$\boldsymbol{e}_e(x,y)$是模式场，但只有两个方向

$$\boldsymbol{e}_{ex}(x,y)=\begin{pmatrix}1\\0\end{pmatrix}e_x(x,y)\quad \text{和}\quad \boldsymbol{e}_{ey}(x,y)=\begin{pmatrix}0\\1\end{pmatrix}e_y(x,y) \tag{7.4.0-23}$$

将式(7.4.0-16)与 $\boldsymbol{e}_e^*$ 的标量积减去式(7.4.0-22)与 $\boldsymbol{E}_0$ 的标量积，并在无穷截面上积分有

$$\iint_{\infty}[\boldsymbol{e}_0^*\cdot(\nabla_{\mathrm{t}}^2\boldsymbol{E}_0)-\boldsymbol{E}_0\cdot(\nabla_{\mathrm{t}}^2\boldsymbol{e}_e^*)]\mathrm{d}A+k\iint_{\infty}(n^2-n_e^2)\boldsymbol{e}_e^*\cdot\boldsymbol{E}_0\mathrm{d}A-$$
$$2\bar{\beta}\Delta\beta\iint_{\infty}\left[\boldsymbol{e}_e^*\cdot\boldsymbol{V}\boldsymbol{E}_0-\boldsymbol{E}_0\cdot\begin{pmatrix}1 & \\ & -1\end{pmatrix}\boldsymbol{e}_e^*\right]\mathrm{d}A$$
$$=-\iint_{\infty}\left[\boldsymbol{e}_e^*\cdot\nabla_{\mathrm{t}}\left(\boldsymbol{E}_0\cdot\frac{\nabla_{\mathrm{t}}\varepsilon}{\varepsilon}\right)-\boldsymbol{E}_0\cdot\nabla_{\mathrm{t}}\left(\boldsymbol{e}_e^*\cdot\frac{\nabla_{\mathrm{t}}\varepsilon_e}{\varepsilon_e}\right)\right]\mathrm{d}A \tag{7.4.0-24}$$

式中，$\beta^2+\Delta\beta^2$ 项已经抵消，注意到上式左边的第一项为零，第二项为

$$k^2\iint_{\infty}(n^2-n_e^2)\boldsymbol{e}_e^*\cdot\boldsymbol{E}_0\mathrm{d}A=k^2\iint_{\infty}(n^2-n_0^2)\boldsymbol{e}_e^*\cdot\boldsymbol{E}_0\mathrm{d}A-k^2\iint_{\infty}(n_e^2-n_0^2)\boldsymbol{e}_e^*\cdot\boldsymbol{E}_0\mathrm{d}A \tag{7.4.0-25}$$

由前面求解 $\bar{\beta}$ 的等容原理知，在 $n^2-n_0^2$ 和 $n_e^2-n_0^2$ 不为零的区域内，$\boldsymbol{e}_e$、$\boldsymbol{E}_0$、$\boldsymbol{e}_0$ 相差很小，故根据式(7.4.0-21)，近似认为上式为零。这样，式(7.4.0-24)左边只剩

$-2\bar{\beta}\Delta\beta\iint\limits_{\infty}[\cdot]\mathrm{d}A$ 一项。

对于式(7.4.0-24)的右边，先利用等式$\nabla\cdot(\Psi\boldsymbol{A})=\boldsymbol{A}\cdot\nabla\Psi+\Psi\nabla\cdot\boldsymbol{A}$，可得

$$\boldsymbol{e}_e^*\cdot\nabla_{\mathrm{t}}\left(\boldsymbol{E}_0\cdot\frac{\nabla_{\mathrm{t}}\varepsilon}{\varepsilon}\right)=\nabla_{\mathrm{t}}\cdot\left[\boldsymbol{e}_e^*\left(\boldsymbol{E}_0\cdot\frac{\nabla_{\mathrm{t}}\varepsilon}{\varepsilon}\right)\right]-\left(\boldsymbol{E}_0\cdot\frac{\nabla_{\mathrm{t}}\varepsilon}{\varepsilon}\right)(\nabla_{\mathrm{t}}\cdot\boldsymbol{e}_e^*)\tag{7.4.0-26}$$

$$\boldsymbol{E}_0\cdot\nabla_{\mathrm{t}}\left(\boldsymbol{e}_e^*\cdot\frac{\nabla_{\mathrm{t}}\varepsilon_e}{\varepsilon_e}\right)=\nabla_{\mathrm{t}}\cdot\left[\boldsymbol{E}_e\left(\boldsymbol{e}_0^*\cdot\frac{\nabla_{\mathrm{t}}\varepsilon}{\varepsilon}\right)\right]-\left(\boldsymbol{e}_0^*\cdot\frac{\nabla_{\mathrm{t}}\varepsilon_e}{\varepsilon_e}\right)(\nabla_{\mathrm{t}}\cdot\boldsymbol{E}_0)\tag{7.4.0-27}$$

令式(7.4.0-26)和式(7.4.0-27)相减，并在无穷面上积分，得到式(7.4.0-24)的右边为

$$\begin{aligned}&\iint\limits_{\infty}\left[\boldsymbol{e}_e^*\cdot\nabla_{\mathrm{t}}\left(\boldsymbol{E}_0\cdot\frac{\nabla_{\mathrm{t}}\varepsilon}{\varepsilon}\right)-\boldsymbol{E}_0\cdot\nabla_{\mathrm{t}}\left(\boldsymbol{e}_e^*\cdot\frac{\nabla_{\mathrm{t}}\varepsilon_e}{\varepsilon_e}\right)\right]\mathrm{d}A\\&=\iint\limits_{\infty}\left\{\nabla_{\mathrm{t}}\cdot\left[\boldsymbol{e}_e^*\left(\boldsymbol{E}_0\cdot\frac{\nabla_{\mathrm{t}}\varepsilon}{\varepsilon}\right)\right]-\nabla_{\mathrm{t}}\cdot\left[\boldsymbol{E}_e\left(\boldsymbol{e}_0^*\cdot\frac{\nabla_{\mathrm{t}}\varepsilon}{\varepsilon}\right)\right]\right\}\mathrm{d}A-\\&\quad\iint\limits_{\infty}\left[\left(\boldsymbol{E}_0\cdot\frac{\nabla_{\mathrm{t}}\varepsilon}{\varepsilon}\right)(\nabla_{\mathrm{t}}\cdot\boldsymbol{e}_e^*)-\left(\boldsymbol{e}_0^*\cdot\frac{\nabla_{\mathrm{t}}\varepsilon_e}{\varepsilon_e}\right)(\nabla_{\mathrm{t}}\cdot\boldsymbol{E}_0)\right]\mathrm{d}A\end{aligned}\tag{7.4.0-28}$$

式(7.4.0-28)右边的第一项，由于$\iint\limits_{\infty}\nabla\cdot\boldsymbol{M}\mathrm{d}A=\oint\limits_{\infty}\boldsymbol{M}\cdot\mathrm{d}\boldsymbol{l}=0$，于是只剩下后面一项。将这个结果代入式(7.4.0-24)，得到

$$\begin{aligned}&-2\bar{\beta}\Delta\beta\iint\limits_{\infty}\left[\boldsymbol{e}_e^*\cdot\mathbf{V}\boldsymbol{E}_0-\boldsymbol{E}_0\cdot\begin{pmatrix}1&\\&-1\end{pmatrix}\boldsymbol{e}_e^*\right]\mathrm{d}A\\&=\iint\limits_{\infty}\left[\left(\boldsymbol{E}_0\cdot\frac{\nabla_{\mathrm{t}}\varepsilon}{\varepsilon}\right)(\nabla_{\mathrm{t}}\cdot\boldsymbol{e}_e^*)-\left(\boldsymbol{e}_e^*\cdot\frac{\nabla_{\mathrm{t}}\varepsilon_e}{\varepsilon_e}\right)(\nabla_{\mathrm{t}}\cdot\boldsymbol{E}_0)\right]\mathrm{d}A\end{aligned}\tag{7.4.0-29}$$

式(7.4.0-29)是联系 $\Delta\beta$、$\mathbf{V}$ 与模式场的一个重要关系式。

在式(7.4.0-29)中，考虑 $\boldsymbol{E}_0=\boldsymbol{e}_\xi=\begin{pmatrix}\cos\theta\\\sin\theta\end{pmatrix}e_\xi(x,y)$，$\boldsymbol{e}_e=\begin{pmatrix}1\\0\end{pmatrix}e_x(x,y)$

并令

$$\begin{cases}\varepsilon=n^2(x,y)=n_2^2[1+\Delta f(x,y)]\\\varepsilon_e=n_e^2(x,y)=n_2^2[1+\Delta f_e(x,y)]\end{cases}\tag{7.4.0-30}$$

代入式(7.4.0-29)的左边，可知，式(7.4.0-29)的左边在此时为零。进一步可计算出

$$\begin{cases}\dfrac{\nabla_{\mathrm{t}}\varepsilon}{\varepsilon}=\nabla_{\mathrm{t}}(\ln\varepsilon)\approx\Delta\left(\dfrac{\partial f}{\partial x}\hat{x}+\dfrac{\partial f}{\partial y}\hat{y}\right)\\\dfrac{\nabla_{\mathrm{t}}\varepsilon_e}{\varepsilon_e}=\nabla_{\mathrm{t}}(\ln\varepsilon_e)\approx\Delta\left(\dfrac{\partial f_e}{\partial x}\hat{x}+\dfrac{\partial f_e}{\partial y}\hat{y}\right)\end{cases}\tag{7.4.0-31}$$

式(7.4.0-29)的右边为

$$a\cos\theta + b\sin\theta = 0 \tag{7.4.0-32}$$

式中，

$$\begin{cases} a = \iint_{\infty} \left[\left(\dfrac{\partial f}{\partial x}\right) \left(\dfrac{\partial e_x^*}{\partial x}\right) e_\xi - \left(\dfrac{\partial f_e}{\partial x}\right) \left(\dfrac{\partial e_\xi}{\partial x}\right) e_x^* \right] \mathrm{d}A \\ b = \iint_{\infty} \left[\left(\dfrac{\partial f}{\partial y}\right) \left(\dfrac{\partial e_x^*}{\partial x}\right) e_\xi - \left(\dfrac{\partial f_e}{\partial x}\right) \left(\dfrac{\partial e_\xi}{\partial y}\right) e_x^* \right] \mathrm{d}A \end{cases} \tag{7.4.0-33}$$

这样，θ 就唯一地被 e_ξ、f、e_x、f_e 确定。

5. $\Delta\beta$ 的确定

在式(7.4.0-29)中，考虑 $\boldsymbol{E}_0 = \boldsymbol{e}_\eta(x,y) = \begin{pmatrix} -\sin\theta \\ \cos\theta \end{pmatrix} e_\eta(x,y)$ 和 $\boldsymbol{e}_e^* = \hat{x}e_x(x,y)$，可得

$$4\bar{\beta}\Delta\beta\sin\theta \iint_{\infty} e_x^* e_\eta \mathrm{d}A = \Delta(c\cos\theta - d\sin\theta) \tag{7.4.0-34}$$

式中，

$$\begin{cases} c = \iint_{\infty} \left[\left(\dfrac{\partial f}{\partial y}\right) \left(\dfrac{\partial e_x^*}{\partial x}\right) e_\eta - \left(\dfrac{\partial f_e}{\partial x}\right) \left(\dfrac{\partial e_\eta}{\partial y}\right) e_x^* \right] \mathrm{d}A \\ d = \iint_{\infty} \left[\left(\dfrac{\partial f}{\partial x}\right) \left(\dfrac{\partial e_x^*}{\partial x}\right) e_\eta - \left(\dfrac{\partial f_e}{\partial x}\right) \left(\dfrac{\partial e_\eta}{\partial x}\right) e_x^* \right] \mathrm{d}A \end{cases} \tag{7.4.0-35}$$

由此，只要知道了 e_η、f_e、f、e_x 便可求出 $\Delta\beta$。但是，上述公式均是在假定椭圆光波导与所研究的非圆光波导的 $\bar{\beta}$、$\Delta\beta$ 一致的前提下得到的。因此，我们只能借助于微扰理论，经过反复迭代得到最终的结果，具体步骤如下：

(1) 利用等容原理求出非圆光波导的折射率剖面的面积，从而可以确定 $\bar{\beta}$、圆波导的模式场 e_0，以及椭圆光波导长轴 a_x 与短轴 a_y 之积。

(2) 以 $e_0(x,y)$ 作为非圆光波导模式场 e_ξ 与 e_η 的零级近似，利用式(7.4.0-32)和式(7.4.0-33)，分别求出一次近似的椭圆光波导的主轴角 θ_1 和 $\Delta\beta_1$，由于 $\Delta\beta = \Delta^2 e^2 f(V)$($e$ 是椭圆的偏心率，V 是归一化频率)，可知在给定 V 时，$\Delta\beta$ 与偏心率 e 一一对应，从而可求出这个椭圆光波导的模式场 $e_{\xi 1}$ 和 $e_{\eta 1}$(注意 $e_{\xi 1}$ 与 $e_{\eta 1}$ 是椭圆光波导主轴方向上的模式场，不是 e_x 和 e_y)。

(3) 以一次近似为椭圆光波导的主轴方向作为新坐标系的 Ox' 和 Oy' 的方向进行坐标变换。相应地，非圆光波导的折射率分布 $n^2(x,y)$ 变换为 $n^2(x',y')$，$e_{\xi 1}(x,y)$ 和 $e_{\eta 1}(x,y)$ 变换为 $e_{x'}$ 和 $e_{y'}$。

(4) 再利用式(7.4.0-32)～式(7.4.0-35),求出二次近似的椭圆光波导的主轴方向 θ_2 和 $\Delta\beta_2$ 及新的模式场 $e_{\xi 2}$ 和 $e_{\eta 2}$,…,依此类推,直至 $\theta_n \to 0$ 为止。

6. 应用举例

【例 1】 Loyt 消偏器

Loyt 消偏器是一种常见的消偏元件,常在消偏型光纤陀螺或非线性光环路镜中应用。在实际应用中,它并不是一个元件,而是将一根光纤断开,然后旋转一个角度后再熔合。注意,所谓消偏振一定是对宽带光而言的,对于窄带光源尤其是窄带相干性极好的光源,是不可能消偏的。对它的性能分析,常采用琼斯矩阵或缪勒矩阵的连乘,运算相对复杂。

设两段光纤在所给定的坐标系下,分别为

$$\boldsymbol{E}_1(x,y,z_1)=\exp\{\mathrm{i}[\bar{\beta}+\Delta\beta\boldsymbol{V}_1(\theta_1)]z_1\}\boldsymbol{E}_0(x,y) \tag{7.4.0-36}$$

$$\boldsymbol{E}_2(x,y,z_2)=\exp\{\mathrm{i}[\bar{\beta}+\Delta\beta\boldsymbol{V}_2(\theta_2)]z_2\}\boldsymbol{E}_1(x,y) \tag{7.4.0-37}$$

从而有

$$\boldsymbol{E}_2(x,y,z_2)=\exp\{\mathrm{i}[\bar{\beta}(z_1+z_2)+\Delta\beta[\boldsymbol{V}_1(\theta)z_1+\boldsymbol{V}_2(\theta)z_2)]\}\boldsymbol{E}_0(x,y) \tag{7.4.0-38}$$

将式(7.4.0-38)写成标准的一般解形式

$$\boldsymbol{E}_2(x,y,z_2)=\exp\{\mathrm{i}[\bar{\beta}+(\Delta\tilde{\beta})\tilde{\boldsymbol{V}}](z_1+z_2)\}\boldsymbol{E}_0(x,y) \tag{7.4.0-39}$$

式中,$\tilde{\boldsymbol{V}}$ 是写成 $\begin{bmatrix}\cos 2\theta & \sin 2\theta \\ \sin 2\theta & -\cos 2\theta\end{bmatrix}$ 标准形式的系数矩阵。联立式(7.4.0-39)和式(7.4.0-40),可得

$$\Delta\tilde{\beta}\tilde{\boldsymbol{V}}(z_1+z_2)=(\boldsymbol{V}_1 z_1+\boldsymbol{V}_2 z_2)\Delta\beta \tag{7.4.0-40}$$

两边取模可解出

$$\Delta\tilde{\beta}=\frac{\|\boldsymbol{V}_1 z_1+\boldsymbol{V}_2 z_2\|}{z_1+z_2}\Delta\beta \tag{7.4.0-41}$$

$\|\boldsymbol{V}\|$ 表示矩阵行列式的绝对值的平方根,为

$$\|\boldsymbol{V}_1 z_1+\boldsymbol{V}_2 z_2\|=[z_1^2+z_2^2+2z_1 z_2\cos(2\Delta\theta)]^{1/2} \tag{7.4.0-42}$$

从而,

$$\Delta\tilde{\beta}=\Delta\beta\sqrt{1+\frac{2z_1 z_2}{(z_1+z_2)^2}[\cos(\Delta\theta)-1]} \tag{7.4.0-43}$$

于是,我们可以看出两段光纤偏振主轴的夹角 $\Delta\theta=\theta_1-\theta_2$ 对消偏性能的影响。以 $z_1=z_2=z$ 为例,可以得到

$$\Delta\tilde{\beta}=(\cos\Delta\theta)\Delta\beta,\quad 0\leqslant\Delta\theta\leqslant\pi/2 \tag{7.4.0-44}$$

当 $\Delta\theta=0$ 时,此时 $\Delta\tilde{\beta}=\Delta\beta$,没有消偏作用;当 $\Delta\theta=\pi/2$,$\Delta\tilde{\beta}=0$ 时,完全消偏,没有

双折射现象；当 $\Delta\theta=\pi/4$ 时，$\Delta\widetilde{\beta}=(\sqrt{2}/2)\Delta\beta$，部分消偏。这一结论可以推广到 $z_1\neq z_2$ 的情形。当 $\Delta\theta=0$ 时，没有消偏作用；当 $\Delta\theta=\pi/2$ 时，消偏作用最强，此时

$$\Delta\widetilde{\beta}=\frac{|z_1-z_2|}{z_1+z_2}\Delta\beta \tag{7.4.0-45}$$

【例 2】 扭绞(twist)光纤

为了消除光纤的偏振模色散，常采用在拉丝过程中对光纤进行扭绞的方法，实际上是将光纤围绕纵轴连续旋转。

设在一小段光纤 Δz 内，旋转的角度为 $\Delta\theta=\xi\Delta z$。不妨设最初光纤的偏振主轴角 $\theta_0=0$，从而 $\theta=\xi z$，对于每一小段光纤，有

$$\boldsymbol{E}(x,y,z+\Delta z)=\exp\{\mathrm{i}[\overline{\beta}+\Delta\beta\boldsymbol{V}(\theta)]\Delta z\}\boldsymbol{E}(x,y,z) \tag{7.4.0-46}$$

从中可解出

$$\boldsymbol{E}(x,y,z)=\exp\left\{\mathrm{i}\left[\overline{\beta}z+\Delta\beta\int_0^z\boldsymbol{V}(\theta)\mathrm{d}z\right]\right\}\boldsymbol{E}_0(x,y) \tag{7.4.0-47}$$

由此可算出

$$\int_0^z\boldsymbol{V}(\theta)\mathrm{d}z=\int_0^z\begin{bmatrix}\cos 2\xi z & \sin 2\xi z\\ \sin 2\xi z & -\cos 2\xi z\end{bmatrix}\mathrm{d}z=\frac{1}{2\xi}\begin{bmatrix}\sin 2\xi z & 1-\cos 2\xi z\\ 1-\cos 2\xi z & -\sin 2\xi z\end{bmatrix} \tag{7.4.0-48}$$

将 $\Delta\beta\int_0^z V(0)\mathrm{d}z$ 写成标准形式 $\Delta\widetilde{\beta}\widetilde{\boldsymbol{V}}z$，可得

$$\Delta\widetilde{\beta}=\frac{\sin\xi z}{\xi z}\Delta\beta \tag{7.4.0-49}$$

式(7.4.0-49)就是扭绞光纤消除双折射的效果。此式仅考虑了由于折射率剖面旋转的影响，未考虑应力的影响。如考虑应力影响，尚需修正。

7.5 非圆非正规光波导中偏振态的演化

7.2 节研究了非圆正规光波导的问题，并以椭圆芯的光波导为例，研究了它的平均传输常数和传输常数差，以及双折射问题。也就是说，我们可以从折射率分布出发分别计算出有关双折射的参数。本节将转入非正规的非圆光的波导问题，由于是非正规波导，所以就会引入第 6 章所述的模耦合问题。于是，在这种波导中，既存在双折射现象，又存在模耦合现象，这使得在这种光波导内光偏振态的演化变得比较复杂。

7.5.1 偏振模耦合

1. 偏振模耦合时的传输矩阵

如前所述，一个非圆非正规光波导光场的演化，可以用一个“很好近似的”非圆

正规光波导的两个线偏振模的耦合方程描述。这个非圆正规光波导，存在两个线偏振模 $\boldsymbol{E}_\xi$ 和 $\boldsymbol{E}_\eta$，注意 ξ、η 轴并不一定与 x、y 轴重合。有

$$\begin{cases}\boldsymbol{E}_\xi = \dot{E}_\xi \hat{\boldsymbol{e}}_\xi \\ \boldsymbol{E}_\eta = \dot{E}_\eta \hat{\boldsymbol{e}}_\eta\end{cases} \tag{7.5.1-1}$$

在非圆非正规光波导中，这两个模互相耦合，可用耦合方程表示（仿照 6.3.2 节的做法）得

$$\begin{cases}\dfrac{\mathrm{d}\dot{E}_\xi}{\mathrm{d}z} = c_{11}\dot{E}_\xi + c_{12}\dot{E}_\eta \\ \dfrac{\mathrm{d}\dot{E}_\eta}{\mathrm{d}z} = c_{21}\dot{E}_\xi + c_{22}\dot{E}_\eta\end{cases} \tag{7.5.1-2}$$

称 $\boldsymbol{C}=[c_{ij}]$ 为耦合矩阵，式中 c_{11}、c_{22} 对应于无损非圆正规光波导的两个传输常数，所以 $c_{11}=\mathrm{i}\beta_\xi z$，$c_{22}=\mathrm{i}\beta_\eta z$。进一步，利用能量守恒定律，知

$$\frac{\mathrm{d}}{\mathrm{d}z}(|E_\xi|^2+|E_\eta|^2)=\frac{\mathrm{d}}{\mathrm{d}z}(\dot{E}_\xi E_\xi^* + \dot{E}_\eta E_\eta^*) \equiv 0 \tag{7.5.1-3}$$

将式(7.5.1-1)代入式(7.5.1-3)，考虑到 $c_{11}+c_{11}^*=c_{22}+c_{22}^*=0$，可得

$$\frac{\mathrm{d}\dot{E}_\xi}{\mathrm{d}z}E_\xi^* + E_\xi^*\frac{\mathrm{d}E_\xi^*}{\mathrm{d}z} + \frac{\mathrm{d}\dot{E}_\eta}{\mathrm{d}z}E_\eta^* + \dot{E}_\eta\frac{\mathrm{d}E_\eta^*}{\mathrm{d}z} = (c_{12}+c_{21}^*)\dot{E}_\eta E_\xi^* + (c_{12}^*+c_{21})\dot{E}_\xi E_\eta^* \equiv 0 \tag{7.5.1-4}$$

上式要恒等于零，必须 $c_{12}=-c_{21}^*$。于是耦合矩阵可写为

$$\boldsymbol{C}=\begin{bmatrix}\mathrm{i}\beta_\xi & k \\ -k^* & \mathrm{i}\beta_\eta\end{bmatrix} \tag{7.5.1-5}$$

这样

$$\frac{\mathrm{d}}{\mathrm{d}z}\begin{bmatrix}\dot{E}_\xi \\ \dot{E}_\eta\end{bmatrix} = \boldsymbol{C}\begin{bmatrix}\dot{E}_\xi \\ \dot{E}_\eta\end{bmatrix} \tag{7.5.1-6}$$

上述方程中当 $\boldsymbol{C}$ 与 z 无关时，可视为常系数线性微分方程组，可以求解。求解的方法有很多，比如代入法、本征函数法等。于是可解出

$$\begin{bmatrix}\dot{E}_\xi(z) \\ \dot{E}_\eta(z)\end{bmatrix} = \exp(\mathrm{i}\beta z)\begin{bmatrix}u_1 & u_2 \\ -u_2^* & u_1^*\end{bmatrix}\begin{bmatrix}\dot{E}_\xi(0) \\ \dot{E}_\eta(0)\end{bmatrix} \tag{7.5.1-7}$$

式中，

$$u_1 = \cos\gamma z + \mathrm{i}\,\frac{\Delta\beta}{\gamma}\sin\gamma z,\quad u_2 = \mathrm{i}\,\frac{k}{\gamma}\sin\gamma z \tag{7.5.1-8}$$

和

$$\beta = \frac{1}{2}(\beta_\xi + \beta_\eta),\quad \Delta\beta = \frac{\beta_\xi - \beta_\eta}{2},\quad \gamma = \sqrt{(\Delta\beta)^2 + |k|^2} \tag{7.5.1-9}$$

知道了有耦合时的非圆非正规光波导的传输矩阵,不难求出以不同的偏振态入射时,光波导内的偏振态随 z 变化时的演化。

2. 偏振模耦合系数与折射率分布的关系

在非圆非正规光波导的模式耦合矩阵中,只有 3 个参数 c_{11}、c_{22}、c_{12} 是独立的,而第 4 个参数可由 $c_{12} = -c_{21}^*$ 得到。前两个分别是对应的非圆正规光波导的传输常数(注意,它们对坐标系的选择是敏感的,一般应取主轴坐标系),可以认为是已知的,所以关键就是求出模耦合系数 k,也就是求出模耦合系数 k 与非正规光波导的折射率分布之间的关系。

在第 6 章已分别求出了弱导缓变光波导的模式耦合方程(6.3.1-14)与模耦合系数方程(6.3.1-15),以及矢量模的模式耦合方程(6.3.2-9)和矢量模的模耦合系数方程(6.3.2-10)以及方程(6.3.2-11)。仔细观察式(6.3.1-15)和式(6.3.2-10)、式(6.3.2-11)就会发现,它们在这里是不适用的。因为在式(6.3.1-15)中,要求计算模耦合系数的模式场是同偏振方向的,而式(6.3.2-10)中含有 $\boldsymbol{e}_{\mu t} \cdot \boldsymbol{e}_{\nu t}^*$ 项,当 $\boldsymbol{e}_{\mu t}$ 与 $\boldsymbol{e}_{\nu t}$ 互相垂直的时候 $k_{\nu\mu}^{(1)} = 0$,所以实际上只能求出偏振模式的纵向分量引起的耦合系数 $k_{\nu\mu}^{(2)}$。而对于线偏振 LP 模,纵向分量很小,这说明不能简单地使用第 6 章模式耦合方程的结果。为此,让我们回到最原始的波动方程。

在 1.1.2 节,导出了任意光波导在光频下的亥姆霍兹方程(1.1.2-25),为

$$\nabla^2 \dot{\boldsymbol{E}} + k_0^2 n^2 \dot{\boldsymbol{E}} + \nabla\left(\dot{\boldsymbol{E}} \cdot \frac{\nabla\varepsilon}{\varepsilon}\right) = 0 \tag{1.1.2-25a}$$

式中,$\varepsilon = n^2$,且 $n^2 = n^2(x, y, z)$,是 3 个坐标(x, y, z)的函数。可分离为两部分,一部分为正规光波导的折射率分布,另一部分为非正规光波导的微扰项,即 $\varepsilon = \varepsilon_0 + \tilde{\varepsilon}$,式中 $\varepsilon_0 = \varepsilon_0(x, y)$不含自变量 z,$\tilde{\varepsilon} = \tilde{\varepsilon}(x, y, z)$含有 z,但$|\tilde{\varepsilon}| \ll \varepsilon_0$ 于是

$$\frac{\nabla\varepsilon}{\varepsilon} \approx \frac{\nabla\varepsilon_0}{\varepsilon_0} + \frac{\nabla\tilde{\varepsilon}}{\varepsilon_0} \tag{7.5.1-10}$$

设非圆非正规光波导的场可用一系列非圆正规光波导的模式场之和表示,即

$$\boldsymbol{E} = \sum_\mu a_\mu(z)\boldsymbol{e}_\mu(x, y) \tag{7.5.1-11}$$

式中,$\boldsymbol{e}_\mu$ 是正规光波导的模式场,$a_\mu(z)$可分解为缓变部分 $c_\mu(z)$与迅变部分 $\exp(\mathrm{i}\beta_\mu z)$之积

$$a_\mu(z) = c_\mu(z)\exp(\mathrm{i}\beta_\mu z) \tag{7.5.1-12}$$

将式(7.5.1-11)代入式(1.1.2-2a)可得

$$\sum_{\mu}\left\{\nabla^2(a_\mu \boldsymbol{e}_\mu)+k_0^2n^2a_\mu\boldsymbol{e}_\mu+\nabla\left(a_\mu\boldsymbol{e}_\mu\cdot\frac{\nabla\varepsilon}{\varepsilon_0}\right)\right\}=0 \tag{7.5.1-13}$$

由于$\nabla^2=\nabla_t^2+\dfrac{\partial^2}{\partial z^2}$和$\nabla=\nabla_t+\hat{z}\dfrac{\partial}{\partial z}$,代入得

$$\sum_{\mu}\left[a_\mu(\nabla_t^2\boldsymbol{e}_\mu)+\boldsymbol{e}_\mu\frac{\partial^2 a_\mu}{\partial z^2}+k_0^2n^2a_\mu\boldsymbol{e}_\mu+\nabla_t\left(a_\mu\boldsymbol{e}_\mu\cdot\frac{\nabla\varepsilon}{\varepsilon_0}\right)+\hat{\boldsymbol{z}}\frac{\partial}{\partial z}\left(a_\mu\boldsymbol{e}_\mu\cdot\frac{\nabla\varepsilon}{\varepsilon_0}\right)\right]=0$$

(7.5.1-14)

再将式(7.5.1-5)代入上式,并且注意到

$$\frac{\mathrm{d}a_\mu}{\mathrm{d}z}=\left(\frac{\mathrm{d}c_\mu}{\mathrm{d}z}+\mathrm{i}\beta_\mu c_\mu\right)\exp(\mathrm{i}\beta_\mu z) \tag{7.5.1-15}$$

和

$$\frac{\mathrm{d}^2a_\mu}{\mathrm{d}z^2}=\left(\frac{\mathrm{d}^2c_\mu}{\mathrm{d}z^2}+2\mathrm{i}\beta\frac{\mathrm{d}c_\mu}{\mathrm{d}z}-\beta^2c_\mu\right)\mathrm{e}^{\mathrm{i}\beta_\mu z}\approx\left(2\mathrm{i}\beta\frac{\mathrm{d}c_\mu}{\mathrm{d}z}-\beta^2c_\mu\right)\mathrm{e}^{\mathrm{i}\beta_\mu z}$$

(7.5.1-16)

在式(7.5.1-15)中忽略了$\dfrac{\mathrm{d}^2c_\mu}{\mathrm{d}z^2}$,是因为$c_\mu(z)$是关于$z$的缓变项,于是式(7.5.1-14)变为

$$\sum_{\mu}\left\{c_\mu\mathrm{e}^{\mathrm{i}\beta_\mu z}\nabla_t^2\boldsymbol{e}_\mu+\boldsymbol{e}_\mu\left(2\mathrm{i}\beta_\mu\frac{\mathrm{d}c_\mu}{\mathrm{d}z}-\beta^2c_\mu\right)\mathrm{e}^{\mathrm{i}\beta_\mu z}+k^2n^2c_\mu\mathrm{e}^{\mathrm{i}\beta_\mu z}\boldsymbol{e}_\mu+\right.$$
$$\left.\left[\nabla_t\left(\boldsymbol{e}_\mu\cdot\frac{\nabla\varepsilon}{\varepsilon}\right)\right]c_\mu\mathrm{e}^{\mathrm{i}\beta_\mu z}+\left(\frac{\mathrm{d}c_\mu}{\mathrm{d}z}+\mathrm{i}\beta_\mu c_\mu\right)\mathrm{e}^{\mathrm{i}\beta_\mu z}\hat{\boldsymbol{z}}\left(\boldsymbol{e}_\mu\cdot\frac{\nabla\varepsilon}{\varepsilon}\right)+\hat{\boldsymbol{z}}\mathrm{e}^{\mathrm{i}\beta_\mu z}\frac{\mathrm{d}}{\mathrm{d}z}\left(\boldsymbol{e}_\mu\cdot\frac{\nabla\varepsilon}{\varepsilon}\right)\right\}=0$$

(7.5.1-17)

将$n^2(x,y,z)$分解为$n^2(x,y,z)=n_0^2(x,y)+[n^2(x,y,z)-n_0^2(x,y)]$代入上式并整理,可得

$$\sum_{\mu}\left\{c_\mu\mathrm{e}^{\mathrm{i}\beta_\mu z}\left[\nabla_t^2\boldsymbol{e}_\mu+(k_0^2n_0^2-\beta^2)\boldsymbol{e}_\mu+\nabla_t\left(\boldsymbol{e}_\mu\cdot\frac{\nabla\varepsilon_0}{\varepsilon_0}\right)+\mathrm{i}\beta_\mu\hat{\boldsymbol{z}}\left(\boldsymbol{e}_\mu\cdot\frac{\nabla\varepsilon_0}{\varepsilon_0}\right)\right]+\right.$$
$$\mathrm{e}^{\mathrm{i}\beta_\mu z}\left[2\mathrm{i}\beta_\mu\frac{\mathrm{d}c_\mu}{\mathrm{d}z}\boldsymbol{e}_\mu+k_0^2(n^2-n_0^2)c_\mu\boldsymbol{e}_\mu+c_\mu\nabla_t\left(\boldsymbol{e}_\mu\cdot\frac{\nabla\tilde{\varepsilon}}{\varepsilon_0}\right)\right]+$$
$$\left.\hat{\boldsymbol{z}}\mathrm{e}^{\mathrm{i}\beta_\mu z}\left[\frac{\mathrm{d}c_\mu}{\mathrm{d}z}\left(\boldsymbol{e}_\mu\cdot\frac{\nabla\varepsilon}{\varepsilon}\right)+\mathrm{i}\beta_\mu c_\mu\left(\boldsymbol{e}_\mu\cdot\frac{\nabla\tilde{\varepsilon}}{\varepsilon_0}\right)+c_\mu\frac{\mathrm{d}}{\mathrm{d}z}\left(\boldsymbol{e}_\mu\cdot\frac{\nabla\varepsilon}{\varepsilon_0}\right)\right]\right\}=0$$

(7.5.1-18)

在式(7.5.1-18)的第一个方括号中,正是模式场$\boldsymbol{e}_\mu$所满足的亥姆霍兹方程(2.1.1-5),可知它为零,

$$\left[\nabla_t^2 \boldsymbol{e}_\mu + (k_0^2 n_0^2 - \beta^2)\boldsymbol{e}_\mu + \nabla_t\left(\boldsymbol{e}_\mu \cdot \frac{\nabla \varepsilon_0}{\varepsilon_0}\right) + \mathrm{i}\beta_\mu \hat{\boldsymbol{z}}\left(\boldsymbol{e}_\mu \cdot \frac{\nabla \varepsilon_0}{\varepsilon_0}\right)\right] = 0 \tag{2.1.1-5}$$

其余部分,两边同乘以 $\exp(-\mathrm{i}\beta_\nu z)\boldsymbol{e}_\nu^*$,并在无穷横截面上积分,利用正交性

$$\iint_\infty (\boldsymbol{e}_\mu \cdot \boldsymbol{e}_\nu^*)\mathrm{d}A = \begin{cases} 0, & \mu \neq \nu \\ \iint_\infty e_\mu^2 \mathrm{d}A, & \mu = \nu \end{cases} \tag{7.5.1-19}$$

可得

$$2\mathrm{i}\beta_\nu \frac{\mathrm{d}c_\nu}{\mathrm{d}z}\iint_\infty e_\nu^2 \mathrm{d}A + k^2 \sum_\mu c_\mu \iint_\infty (n^2 - n_0^2)\boldsymbol{e}_\mu \cdot \boldsymbol{e}_\nu^* \mathrm{d}A \cdot \mathrm{e}^{\mathrm{i}(\beta_\mu - \beta_\nu)z} +$$

$$\sum_\mu c_\mu \mathrm{e}^{\mathrm{i}(\beta_\mu - \beta_\nu)z} \iint_\infty \boldsymbol{e}_\nu^* \cdot \nabla_t\left(\boldsymbol{e}_\mu \cdot \frac{\nabla\tilde{\varepsilon}}{\varepsilon_0}\right)\mathrm{d}A = 0 \tag{7.5.1-20}$$

正如我们一开始就假定的那样,将模式耦合只限定在两个互相垂直的线偏振模 LP_x 与 LP_y 之间,模式场分别为 $\boldsymbol{e}_x$ 与 $\boldsymbol{e}_y$,可得

$$2\mathrm{i}\beta_x \frac{\mathrm{d}c_x}{\mathrm{d}z}\iint_\infty e_x^2 \mathrm{d}A + k^2 c_x \iint_\infty (n^2 - n_0^2) e_x^2 \mathrm{d}A + c_x \iint_\infty \boldsymbol{e}_x^* \cdot \nabla_t\left(\boldsymbol{e}_x \cdot \frac{\nabla\tilde{\varepsilon}}{\varepsilon_0}\right)\mathrm{d}A +$$

$$c_y \mathrm{e}^{\mathrm{i}(\beta_y - \beta_x)z} \iint_\infty \boldsymbol{e}_x^* \cdot \nabla_t\left(\boldsymbol{e}_y \cdot \frac{\nabla\tilde{\varepsilon}}{\varepsilon_0}\right)\mathrm{d}A = 0 \tag{7.5.1-21}$$

整理后得

$$\frac{\mathrm{d}c_x}{\mathrm{d}z} = \mathrm{i}\frac{k^2 \iint_\infty (n^2 - n_0^2) e_x^2 \mathrm{d}A + \iint_\infty \boldsymbol{e}_x^* \cdot \nabla_t\left(\boldsymbol{e}_x \cdot \frac{\nabla\tilde{\varepsilon}}{\varepsilon_0}\right)\mathrm{d}A}{2\beta_x \iint_\infty e_x^2 \mathrm{d}A} c_x +$$

$$\mathrm{i}\frac{\mathrm{e}^{\mathrm{i}(\beta_y - \beta_x)z} \iint_\infty \boldsymbol{e}_x^* \cdot \nabla_t\left(\boldsymbol{e}_y \cdot \frac{\nabla\tilde{\varepsilon}}{\varepsilon_0}\right)\mathrm{d}A}{2\beta_x \iint_\infty e_x^2 \mathrm{d}A} \overset{\mathrm{def}}{=} \mathrm{i}k_{11} c_x + \mathrm{i}k_{12} c_y \tag{7.5.1-22}$$

同理可得

$$\frac{\mathrm{d}c_y}{\mathrm{d}z} = \mathrm{i}k_{21} c_x + \mathrm{i}k_{22} c_y \tag{7.5.1-23}$$

由式(7.5.1-1)得

$$\boldsymbol{E} = c_x(z)\mathrm{e}^{\mathrm{i}\beta_x z}\boldsymbol{e}_x + c_y(z)\mathrm{e}^{\mathrm{i}\beta_y z}\boldsymbol{e}_y \tag{7.5.1-24}$$

对其微分得

$$\frac{\mathrm{d}\boldsymbol{E}_x}{\mathrm{d}z}=\left(\frac{\mathrm{d}c_x}{\mathrm{d}z}+\mathrm{i}\beta_x c_x\right)\mathrm{e}^{\mathrm{i}\beta_x z}\boldsymbol{e}_x \tag{7.5.1-25}$$

将式(7.5.1-23)代入式(7.5.1-25)得

$$\frac{\mathrm{d}\boldsymbol{E}_x}{\mathrm{d}z}=\mathrm{i}(k_{11}+\beta_x)c_x\mathrm{e}^{\mathrm{i}\beta_x z}\boldsymbol{e}_x+\mathrm{i}k_{12}c_y\mathrm{e}^{\mathrm{i}\beta_x z}\boldsymbol{e}_x=\mathrm{i}\beta'_x\boldsymbol{E}_x+\left[\mathrm{i}k_{12}\mathrm{e}^{\mathrm{i}(\beta_x-\beta_y)z}\cdot\frac{e_x}{e_y}\right]E_y\hat{\boldsymbol{x}} \tag{7.5.1-26}$$

令 $\beta'_x=k_{11}+\beta_x$，并令模耦合系数 k 为

$$k=k_{12}\mathrm{e}^{\mathrm{i}(\beta_x-\beta_y)z}\frac{e_x}{e_y}=\frac{\iint\limits_{\infty}\boldsymbol{e}_x^*\cdot\nabla_{\mathrm{t}}\left(\boldsymbol{e}_y\cdot\frac{\nabla\tilde{\varepsilon}}{\varepsilon_0}\right)\mathrm{d}A}{2\beta_x\iint\limits_{\infty}e_x^2\,\mathrm{d}A}\frac{e_x}{e_y} \tag{7.5.1-27}$$

代入式(7.5.1-25)得

$$\frac{\mathrm{d}E_x}{\mathrm{d}z}=\mathrm{i}\beta'_x E_x+\mathrm{i}kE_y \tag{7.5.1-28}$$

同理，可以得到

$$\frac{\mathrm{d}E_y}{\mathrm{d}z}=\mathrm{i}k'E_x+\mathrm{i}\beta_y E_y \tag{7.5.1-29}$$

式中耦合系数为

$$k'=\frac{e_y}{e_x}\cdot\frac{\iint\limits_{\infty}\boldsymbol{e}_y^*\cdot\nabla_{\mathrm{t}}\left(\boldsymbol{e}_x\cdot\frac{\nabla\tilde{\varepsilon}}{\varepsilon_0}\right)\mathrm{d}A}{2\beta_y\iint\limits_{\infty}e_y^2\,\mathrm{d}A} \tag{7.5.1-30}$$

式中，$\beta'_y=\beta_y+k_{22}$。所以我们看到，当存在模式耦合时，β_x 与 β_y 都要做一点小的修正，但这点修正往往是可以忽略的。前面已经证明 $k'=-k^*$，所以只要求取其中一个就行了。

对于基模，常常可认为 e_x 与 e_y 的分布相同，即 $e_x=e_y=e_0$(式(7.2.4-12))，而且 $\beta_x\approx\beta_y=\bar{\beta}$(7.2.1 节)，于是可得

$$k=\frac{\iint\limits_{\infty}\boldsymbol{e}_0\cdot\nabla_{\mathrm{t}}\left(\boldsymbol{e}_0\cdot\frac{\nabla\tilde{\varepsilon}}{\varepsilon_0}\right)\mathrm{d}A}{2\bar{\beta}\iint\limits_{\infty}e_0^2\,\mathrm{d}A} \tag{7.5.1-31}$$

进一步化简得

$$k=-\frac{\int_{-\infty}^{+\infty}\int_{-\infty}^{+\infty}\frac{\partial e_0}{\partial x}\frac{e_0}{\varepsilon_0}\frac{\partial\tilde{\varepsilon}}{\partial x}\mathrm{d}x\,\mathrm{d}y}{2\bar{\beta}\iint_{\infty}e_0^2\mathrm{d}A} \tag{7.5.1-32}$$

式(7.5.1-27)或者式(7.5.1-30),或者式(7.5.1-32)等,都是求解模耦合系数的公式。在这些公式中,需要知道的参数有:①作为参考用的正规光波导的折射率分布 $\varepsilon_0=\varepsilon_0(x,y)$;②作为参考用的正规光波导的折射率分布 $\boldsymbol{e}_0=\boldsymbol{e}_0(x,y)$;③折射率分布沿纵向的变化 $\tilde{\varepsilon}=\tilde{\varepsilon}(x,y,z)$。由于 $\tilde{\varepsilon}$ 是与 z 有关的函数,所以 k 是与 z 有关的函数,即 $k=k(z)$。

7.5.2 非圆非正规光波导的偏振特性

7.5.1 节指出,非圆非正规光波导不仅具有非圆正规光波导的双折射特性,而且具有非正规光波导的模耦合特性,此外我们也知道了如何从折射率分布导出它的模耦合系数。本节将进一步研究这两个特性是如何影响光波导的偏振特性的。主要研究这种光波导的主轴、双折射矢量以及琼斯-缪勒四元数(JMQ)。

1. 非圆非正规光波导的偏振主轴

对于具有模式耦合的非圆非正规光波导,其主轴的方向角 $\varphi_\pm$ 因耦合系数 k 的形式而不同(其中 k 视为常数)。参见式(7.5.1-9),不难得出

① 若 k 为实数,可得

$$\tan\varphi_\pm=2\,\frac{\Delta\beta\pm\gamma}{k} \tag{7.5.2-1}$$

② 若 k 为纯虚数,可得

$$\tan\varphi_\pm=\frac{\gamma\pm\sqrt{\gamma^2+|k|^2\tan 2\gamma z}}{\pm|k|\tan\gamma z} \tag{7.5.2-2}$$

当输入的线偏振光与输入主轴重合时,输出仍为线偏振光且与输出主轴重合。但输入主轴 R_1 与输出主轴 R_2 并不相等,说明有模式耦合时,主轴随长度 z 不断旋转变化。当输入的光不与输入主轴重合或不是线偏振光时,可将它分解为两个主轴的线偏振态之和,沿两个主轴的线偏振态经过传输到达输出端时,幅度与相位均发生变化,然后在新的输出主轴坐标系中合成为输出偏振态。

2. 双折射矢量

根据联系输入偏振态与输出偏振态对应的斯托克斯矢量之间关系的公式(7.3.3-1),$\vec{S}_{\text{out}}=\boldsymbol{M}\vec{S}_{\text{in}}$,可以看出缪勒矩阵是 z 的函数,$\boldsymbol{M}=\boldsymbol{M}(z)$,对于给定的输入状态 $\vec{S}_{\text{in}}$,输出的斯托克斯矢量也是 z 的函数,于是 $\frac{\partial\vec{S}_{\text{out}}}{\partial z}=\frac{\partial\boldsymbol{M}}{\partial z}\vec{S}_{\text{in}}$,代入 $\vec{S}_{\text{in}}=$

$\boldsymbol{M}^{-1}\vec{S}_{\text{out}}$，可得

$$\frac{\partial \vec{S}_{\text{out}}}{\partial z}=\frac{\partial \boldsymbol{M}}{\partial z}\boldsymbol{M}^{-1}\vec{S}_{\text{out}} \tag{7.5.2-3}$$

因为所有在庞加莱球上的斯托克斯矢量的大小都是1，而且$\frac{\partial \vec{S}_{\text{out}}}{\partial z}$应该垂直于$\vec{S}_{\text{out}}$，代入缪勒矩阵的表达式(7.3.3-7)，不难验证$\frac{\partial \boldsymbol{M}}{\partial z}\boldsymbol{M}^{-1}$是一个反对称矩阵。所以$\frac{\partial \boldsymbol{M}}{\partial z}\boldsymbol{M}^{-1}$的作用，相当于一个矢量与$\vec{S}_{\text{out}}$的矢性积，即

$$\frac{\partial \vec{S}_{\text{out}}}{\partial z}=\vec{\beta}\times\vec{S}_{\text{out}} \tag{7.5.2-4}$$

上述结果，也可以从另一个角度理解：一个矢量$\vec{\beta}$与另一个矢量$\vec{S}_{\text{out}}$的矢性积，相当于一个反对称矩阵$\boldsymbol{\beta}$与之相乘。若$\vec{\beta}=[\beta_1\quad\beta_2\quad\beta_3]^{\text{T}}$，则这个矢量对另一个矢量的叉乘运算，等价于矩阵$\boldsymbol{\beta}=\begin{bmatrix}0 & -\beta_3 & \beta_2\\ \beta_3 & 0 & -\beta_1\\ -\beta_2 & \beta_1 & 0\end{bmatrix}$对后者的相乘运算。于是，就定义$\boldsymbol{\beta}=\frac{\partial \boldsymbol{M}}{\partial z}\boldsymbol{M}^{-1}=\vec{\beta}\times$，并称矢量$\vec{\beta}$为双折射矢量。双折射矢量$\vec{\beta}$反映的是在纵向某一点$z$处斯托克斯矢量的变化情况，下面对这个问题进行说明。隐去式(7.5.2-4)中的下标out，可得

$$\frac{\partial \vec{S}}{\partial z}=\vec{\beta}\times\vec{S} \tag{7.5.2-5}$$

在一个从z到$z+\Delta z$的长度上，可近似认为$\vec{\beta}$是常数，于是方程(7.5.2-5)可解。通常的解法是，利用微分性质，可得

$$\vec{S}(z+\Delta z)\approx\vec{S}(z)+\frac{\partial \vec{S}}{\partial z}\Delta z \tag{7.5.2-6}$$

但这样做会使$|\vec{S}(z+\Delta z)|>1$，从而发生理论上的困难。我们将从另一个角度出发，来处理这个问题。将式(7.5.2-6)中的$\vec{\beta}$恢复成矩阵形式，有

$$\frac{\partial \vec{S}}{\partial z}=\boldsymbol{\beta}\vec{S} \tag{7.5.2-7}$$

是一个常系数的线性微分方程组，其解为

$$\vec{S}(z+\Delta z)=\exp(\boldsymbol{\beta}\Delta z)\vec{S}(z) \tag{7.5.2-8}$$

不难求出，反对称矩阵$\boldsymbol{\beta}$的 3 个本征值为$(0, \mathrm{i}\beta, -\mathrm{i}\beta)$，其中，$\beta=|\vec{\beta}|$，对应的本征矢量所构成的矩阵 $\boldsymbol{T}$ 为

$$\boldsymbol{T}=\begin{bmatrix} \beta_3, & \beta_1\beta_3-\mathrm{i}\beta_2\beta, & \beta_1\beta_3+\mathrm{i}\beta_2\beta \\ \beta_2, & \beta_1\beta_2+\mathrm{i}\beta_3\beta, & \beta_1\beta_2-\mathrm{i}\beta_3\beta \\ \beta_1, & \beta_1^2-\beta^2, & \beta_1^2-\beta^2 \end{bmatrix} \tag{7.5.2-9}$$

于是

$$\exp(\boldsymbol{\beta}\Delta z)=\boldsymbol{T}\begin{bmatrix} 1 & & \\ & \exp(\mathrm{i}\beta\Delta z) & \\ & & \exp(-\mathrm{i}\beta\Delta z) \end{bmatrix}\boldsymbol{T}^{-1} \tag{7.5.2-10}$$

经过繁复的运算，得到

$$\exp(\boldsymbol{\beta}\Delta z)=\frac{1}{\beta^2}\cdot$$
$$\begin{bmatrix} \beta_1^2+\dfrac{\beta_1^2\beta_3^2+\beta_2^2\beta^2}{\beta^2-\beta_3^2}\cos\beta\Delta z & \beta_1\beta_2(1-\cos p\beta\Delta z)-\beta_3\beta\sin\beta\Delta z & \beta_1\beta_3(1-\cos\beta\Delta z)+\beta_2\beta\sin\beta\Delta z \\ \beta_1\beta_2(1-\cos\beta\Delta z)+\beta_3\beta\sin\beta\Delta z & \beta_2^2+\dfrac{\beta_2^2\beta_3^2+\beta_1^2\beta^2}{\beta^2-\beta_3^2}\cos\beta\Delta z & \beta_2\beta_3(1-\cos\beta\Delta z)-\beta_1\beta\sin\beta\Delta z \\ \beta_1\beta_3(1-\cos\beta\Delta z)-\beta_2\beta\sin\beta\Delta z & \beta_2\beta_3(1-\cos\beta\Delta z)+\beta_1\beta\sin\beta\Delta z & \beta_3^2+(\beta^2-\beta_3^2)\cos\beta\Delta z \end{bmatrix} \tag{7.5.2-11}$$

若记 $\vec{S}(z)=[s_{01}, s_{02}, s_{03}]^{\mathrm{T}}$，即可得

$$\vec{S}(z+\Delta z)=\begin{bmatrix} \dfrac{\beta_1}{\beta^2}(\beta_1 s_{01}+\beta_2 s_{02}+\beta_3 s_{03})+\left[s_{01}-\dfrac{\beta_1}{\beta^2}(\beta_1 s_{01}+\beta_2 s_{02}+\beta_3 s_{03})\right]\cos\beta\Delta z+ \\ \dfrac{1}{\beta}(\beta_2 s_{03}-\beta_3 s_{02})\sin\beta\Delta z \\ \dfrac{\beta_2}{\beta^2}(\beta_1 s_{01}+\beta_2 s_{02}+\beta_3 s_{03})+\left[s_{02}-\dfrac{\beta_2}{\beta^2}(\beta_1 s_{01}+\beta_2 s_{02}+\beta_3 s_{03})\right]\cos\beta\Delta z+ \\ \dfrac{1}{\beta}(\beta_3 s_{01}-\beta_1 s_{03})\sin\beta\Delta z \\ \dfrac{\beta_3}{\beta^2}(\beta_1 s_{01}+\beta_2 s_{02}+\beta_3 s_{03})+\left[s_{03}-\dfrac{\beta_3}{\beta^2}(\beta_1 s_{01}+\beta_2 s_{02}+\beta_3 s_{03})\right]\cos\beta\Delta z+ \\ \dfrac{1}{\beta}(\beta_1 s_{02}-\beta_2 s_{01})\sin\beta\Delta z \end{bmatrix} \tag{7.5.2-12}$$

简记 $\vec{S}(z)=\vec{S}$，$\hat{\boldsymbol{\beta}}=\vec{\beta}/\beta$，上式又可改写为

$$\vec{S}(z+\Delta z)=\hat{\boldsymbol{\beta}}(\hat{\boldsymbol{\beta}}\cdot\vec{S})+[\vec{S}-\hat{\boldsymbol{\beta}}(\hat{\boldsymbol{\beta}}\cdot\vec{S})]\cos\beta\Delta z+\hat{\boldsymbol{\beta}}\times\vec{S}\sin\beta\Delta z \tag{7.5.2-13}$$

或者

$$\vec{S}(z+\Delta z)=\hat{\boldsymbol{\beta}}\cos 2\alpha+[\vec{S}-\hat{\boldsymbol{\beta}}\cos 2\alpha]\cos\beta\Delta z+\hat{\boldsymbol{B}}\sin 2\alpha\sin\beta\Delta z \quad (7.5.2\text{-}14)$$

式中，2α 是 $\vec{\beta}$ 与 $\vec{S}(z)$ 的夹角，$\hat{\boldsymbol{B}}$ 是 $\vec{\beta}\times\vec{S}(z)$ 方向上的单位矢量。式(7.5.2-14)的物理意义是明显的，即随着长度 Δz 的变化，$\vec{S}(z+\Delta z)$ 以 $\vec{\beta}$ 为轴在顶角 2α 的圆锥上旋转。其中 $\vec{\beta}$、$\vec{S}(z)$ 和 $\hat{B}$ 构成一个直角坐标系，而 $\vec{S}(z+\Delta z)$ 在垂直于 $\vec{\beta}$ 的平面 $AO'B$ 的投影 $O'C$ 在平面 $AO'B$ 中旋转，旋转的角度为 $\beta\Delta z$，它在 $O'A$ 和 $O'B$ 上的投影，分别是 $\cos\beta\Delta z$ 和 $\sin\beta\Delta z$，如图 7.5.2-1 所示。上述公式，实际上可由图 7.5.2-1 直接得出。

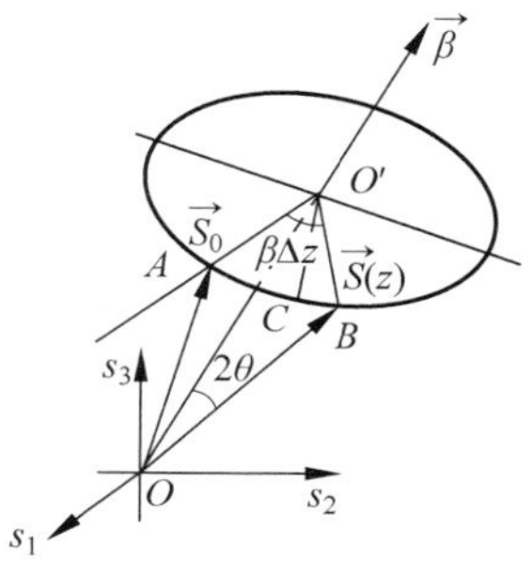

图 7.5.2-1　双折射矢量的物理意义

根据 $\boldsymbol{\beta}=\dfrac{\partial \boldsymbol{M}}{\partial z}\boldsymbol{M}^{-1}=\vec{\beta}\times$，以及式(7.3.3-6)所描述的 $\boldsymbol{M}$ 矩阵的具体形式，不难得到

$$\vec{\beta}=\begin{bmatrix}\beta_1\\ \beta_2\\ \beta_3\end{bmatrix}=\begin{bmatrix}2\bar{\varphi}'+2\cos 2\alpha\cdot\Delta\varphi'\\ 2\sin 2\bar{\varphi}\cdot\alpha'-2\sin 2\alpha\cos 2\bar{\varphi}\cdot\Delta\varphi'\\ -2\cos 2\bar{\varphi}\cdot\alpha'-2\sin 2\alpha\sin 2\bar{\varphi}\cdot\Delta\varphi'\end{bmatrix} \quad (7.5.2\text{-}15)$$

式中，$\bar{\varphi}=(\varphi_1+\varphi_2)/2$ 和 $\Delta\varphi=(\varphi_1-\varphi_2)/2$，它们是传输矩阵($\boldsymbol{U}$ 矩阵)中的相位角，上撇表示对 z 求导数。

3. 本地双折射的求解——三点法

式(7.5.2-13)或者式(7.5.2-14)清楚地描述了由于本地双折射引起的偏振态的演化，也就是说，在已知本地双折射 $\vec{\beta}$ 的前提下，如果已知输入偏振态便可方便地求出输出偏振态。但有时问题恰恰相反，如果已知不同点的输出偏振态 $\vec{S}(z)$，如何求出它的 $\vec{\beta}$？这就是本地双折射的测量问题。

测量本地双折射比较有效的方法是基于偏振的光时域反射技术(P-OTDR)，具体的实验方案参见 11.3 节。将一个已知偏振态的光注入到被测光波导中，该偏振态在光波导中被反射，通过测量反射回始端光的偏振态，即可以知道不同点偏振态随着长度的分布 $\vec{S}(z)$。

从式(7.5.2-13)可以看出，在已知输入偏振态 $\vec{S}(z)$ 和输出偏振态 $\vec{S}(z+\Delta z)$ 的情况下，方程中仅有唯一的一个未知数 $\vec{\beta}$。理论上，只要合理地设计一个算法，这个方程是可以求解的。但是，由于这个方程是一个高阶的超越代数方程，所以解起来相当困难。

计算 $\vec{\beta}$ 可以用两点法或者三点法。两点法，是基于 $\vec{\beta}$ 垂直于 $\vec{S}_0$ 和 $\vec{S}(z)$，所在的平面，于是可以令 $\vec{S}_0\times\vec{S}(z)$，直接得到 $\vec{\beta}$ 的方向，而大小通过斯托克斯矢量扫过的角度得到。两点法虽然简单，但不准确。

下面介绍一种三点法，可以比较简洁而快速地求出本地双折射。

根据图 7.5.2-1，如果已知 $\vec{S}(z)$、$\vec{S}(z+\Delta z)$ 和 $\vec{S}(z+2\Delta z)$ 三个偏振态，由于 Δz 很小，高阶的本地双折射可以忽略，那么这三个点就应该画出一个圆，求出圆的半径和扫过的角度，便可以确定本地双折射的大小。为了书写方便，本节将这三个点的坐标用 (x,y,z) 表示，而不用 (s_1,s_2,s_3) 表示，这是因为一大堆的 s 不便于区分。因此本节只要记住 (x,y,z) 与 (s_1,s_2,s_3) 的对应关系即可。这样

$$\vec{S}_1=\begin{bmatrix}x_1\\y_1\\z_1\end{bmatrix},\quad \vec{S}_2=\begin{bmatrix}x_2\\y_2\\z_2\end{bmatrix},\quad \vec{S}_3=\begin{bmatrix}x_3\\y_3\\z_3\end{bmatrix}\tag{7.5.2-16}$$

通过这三个点的平面方程为

$$\begin{vmatrix}x-x_1 & y-y_1 & z-z_1\\ x_2-x_1 & y_2-y_1 & z_2-z_1\\ x_3-x_1 & y_3-y_1 & z_3-z_1\end{vmatrix}=0\tag{7.5.2-17}$$

或者

$$\begin{vmatrix}y_2-y_1 & z_2-z_1\\ y_3-y_1 & z_3-z_1\end{vmatrix}(x-x_1)-\begin{vmatrix}x_2-x_1 & z_2-z_1\\ x_3-x_1 & z_3-z_1\end{vmatrix}(y-y_1)+$$

$$\begin{vmatrix}x_2-x_1 & y_2-y_1\\ x_3-x_1 & y_3-y_1\end{vmatrix}(z-z_1)=0\tag{7.5.2-18}$$

如果定义

$$\Delta_x=\begin{vmatrix}y_2-y_1 & z_2-z_1\\ y_3-y_1 & z_3-z_1\end{vmatrix},\quad \Delta_y=\begin{vmatrix}x_2-x_1 & z_2-z_1\\ x_3-x_1 & z_3-z_1\end{vmatrix},$$

$$\Delta_z=\begin{vmatrix}x_2-x_1 & y_2-y_1\\ x_3-x_1 & y_3-y_1\end{vmatrix}\tag{7.5.2-19}$$

这个平面的法线矢量 $\boldsymbol{n}$ 即本地双折射 $\vec{\beta}$ 的方向，为

$$\boldsymbol{n}=[\Delta_x,-\Delta_y,\Delta_z]^{\mathrm{T}}\tag{7.5.2-20}$$

这三点决定了一个圆，假定这个圆的圆心为 $\boldsymbol{r}_0=[x_0,y_0,z_0]^{\mathrm{T}}$，由于它处在这个平面上，必有

$$\Delta_x(x_0-x_1)-\Delta_y(y_0-y_1)+\Delta_z(z_0-z_1)=0\tag{7.5.2-21}$$

另外，由于 $\boldsymbol{r}_0$ 的方向应该与法线矢量的方向相同，且过庞加莱球的原点，于是有

$$\boldsymbol{r}_0 = k\boldsymbol{n} \tag{7.5.2-22}$$

式中，k 为待定常数。从而

$$[x_0, y_0, z_0] = k[\Delta_x, -\Delta_y, \Delta_z] \tag{7.5.2-23}$$

将式(7.5.2-23)代入方程(7.5.2-21)，得到

$$\Delta_x(k\Delta_x - x_1) - \Delta_y(k\Delta_y - y_1) + \Delta_z(k\Delta_z - z_1) = 0 \tag{7.5.2-24}$$

求出待定系数 k，为

$$k = \frac{\Delta_x x_1 - \Delta_y y_1 + \Delta_z z_1}{\Delta_x^2 + \Delta_y^2 + \Delta_z^2} \tag{7.5.2-25}$$

于是

$$x_0 = \frac{\Delta_x x_1 - \Delta_y y_1 + \Delta_z z_1}{\Delta_x^2 + \Delta_y^2 + \Delta_z^2}\Delta_x, \quad y_0 = -\frac{\Delta_x x_1 - \Delta_y y_1 + \Delta_x z_1}{\Delta_x^2 + \Delta_y^2 + \Delta_z^2}\Delta_y,$$

$$z_0 = \frac{\Delta_1 x_1 - \Delta_y y_1 + \Delta_z z_1}{\Delta_x^2 + \Delta_y^2 + \Delta_z^2}\Delta_z \tag{7.5.2-26}$$

考虑到庞加莱球的直径为 1，这三点到 $\boldsymbol{r}_0$ 的距离 ρ 相等，于是

$$\rho = \sqrt{1 - (x_0^2 + y_0^2 + z_0^2)} \tag{7.5.2-27}$$

再求出两点之间的弦长

$$l^2 = (x_2 - x_1)^2 + (y_2 - y_1)^2 + (z_2 - z_1)^2 \tag{7.5.2-28}$$

再求出夹角(单位为弧度)

$$\sin\frac{\theta}{2} = \frac{l}{2\rho} \tag{7.5.2-29}$$

于是，最终求出角速度

$$\beta = \theta/\Delta_z \tag{7.5.2-30}$$

这样，双折射矢量的大小和方向都已确定。

4. 线双折射和圆双折射

到此为止，我们已经知道影响光波导双折射特性的主要有双折射矢量和模耦合两个因素。本段将对双折射现象进一步细分。

(1) 线双折射

线双折射是指双折射的偏振主轴(线偏振态)不随位置改变、而只使两个沿主轴方向的入射光产生相位差的现象。所以线双折射这个词是根据偏振主轴的形态来命名的，而不是根据这种双折射导致的偏振态的变化来命名的。也就是说，线双折射矢量是指向 s_1 轴或者 $-s_1$ 轴的。而偏振态的变化是绕着 s_1 轴或者 $-s_1$ 轴的一个圆进行的，在中途经历的大多是椭圆偏振态。从式(7.5.2-1)或者式(7.5.2-2)可以看出，要么耦合系数 k 为实数，要么 $k=0$。只有这种条件下，光波导的两个偏

振主轴才不随长度变化而变化。所以线双折射一定不包含模耦合现象。

如果选定的坐标系与主轴坐标系(xOy)重合,那么线双折射可以简单地写为
$\boldsymbol{U}=\begin{bmatrix} e^{i\Delta\sigma(z)} & \\ & e^{-i\Delta\sigma(z)} \end{bmatrix}$,它的双折射矢量(在庞加莱球上)是对准 s_1 轴的,即

$$\vec{\beta}=\Delta\sigma(z)\hat{\boldsymbol{i}} \tag{7.5.2-31}$$

式中,$\hat{\boldsymbol{i}}$ 是庞加莱球 s_1 轴的单位矢量,改用四元数描述,它的 JMQ 为

$$\mathscr{A}=(k_0 n_0+\hat{\boldsymbol{i}}k_0\Delta n)L \tag{7.5.2-32}$$

如果选定的坐标系与主轴坐标系(xOy)不重合,那就需要坐标变换。这时,常使用一种所谓的波片模型来描述,这种模型将一个光波导看成由三部分组成

$$\boldsymbol{U}=\begin{bmatrix}\cos\theta & -\sin\theta \\ \sin\theta & \cos\theta\end{bmatrix}\begin{bmatrix}e^{i\Delta\sigma(z)} & \\ & e^{-i\Delta\sigma(z)}\end{bmatrix}\begin{bmatrix}\cos\theta & \sin\theta \\ -\sin\theta & \cos\theta\end{bmatrix}\overset{\text{def}}{=}\Theta^{-1}\Sigma(z)\Theta \tag{7.5.2-33}$$

式中,θ 是不随 z 变化主轴的方向角,$\Delta\sigma(z)$是平行于主轴线偏振态的相移差,随 z 变化。于是

$$\boldsymbol{U}=\begin{bmatrix}\cos\Delta\sigma+i\sin\Delta\sigma\cos 2x & i\sin\Delta\sigma\sin 2x \\ i\sin\Delta\sigma\sin 2x & \cos\Delta\sigma+i\sin\Delta\sigma\cos 2x\end{bmatrix}\overset{\text{def}}{=}\begin{bmatrix}a_1+ib_1 & ib_2 \\ ib_2 & a_1-ib_1\end{bmatrix} \tag{7.5.2-34}$$

代入式(7.3.4-10),可得 $A=a_1b_2$,$B=a_1b_1$。再代入式(7.3.4-12),得到主轴方向角 $\phi_\pm$

$$\tan\phi_\pm=\frac{-b_1\pm\sqrt{b_1^2+b_2^2}}{b_2} \tag{7.5.2-35}$$

不难验证,主轴方向角 $\phi_\pm$ 平行或垂直于 θ。可以验证 $\beta_3=0$,这意味着,在斯托克斯空间中线双折射矢量 $\vec{\beta}$ 只能存在于 $\vec{s}_1$ 与 $\vec{s}_2$ 组成的平面中,与 $\vec{s}_1$ 的夹角为 $2x$。当输入偏振态为一个线偏振态时,它在庞加莱球上垂直于双折射矢量的一个圆演化,可能演化成椭圆偏振态,而不能演化到其他线偏振态(除了主轴偏振态外)。一个特例是:当输入线偏振态在庞加莱球的对应斯托克斯矢量与双折射矢量 $\vec{\beta}$ 垂直时,输出的线偏振态将经过一个经线而成为圆偏振态。

(2) 圆双折射

当偏振态在光波导中演化时,两个偏振主轴分量的平均相移 $\bar{\varphi}$ 和相移差 $\Delta\varphi$ 不变,但偏振主轴在不断旋转,称这种双折射为圆双折射。与线双折射的命名法一样,它是根据偏振主轴(主态)来命名的。这里,需要对主轴的概念做一个拓展,也就是如果一个光波导存在一对特定的正交偏振态,这对偏振态在传输的过程中保

持不变，那么它们可以称为这个光波导的双折射偏振主态。为了和后面介绍的偏振模色散的主态区分，这个主态是指长度变化的主态。因此，圆双折射意味着这种光波导的双折射偏振主态为圆偏振态。

圆双折射的一个简单情况是坐标系的选择对准初始的主轴，这时它的传输矩阵可以简单写为 $\boldsymbol{U}=\begin{bmatrix}\cos\alpha z & \sin\alpha z\\ -\sin\alpha z & \cos\alpha z\end{bmatrix}$，那么它的双折射矢量可以简单写为

$$\vec{\beta}=\Delta\alpha(z)\hat{\boldsymbol{k}} \tag{7.5.2-36}$$

式中，$\hat{\boldsymbol{k}}$ 为庞加莱球 s_3 方向的单位矢量。改成用四元数描述，它的 JMQ 为

$$\mathscr{A}=(k_0 n_0+\hat{\boldsymbol{k}}k_0\Delta n)L \tag{7.5.2-37}$$

圆双折射的作用，是使输入的线偏振态在赤道上旋转。也就是说，如果输入一个线偏振态，那么输出也是线偏振态，但方向有所不同。如果输入的不是线偏振态，而是一个椭圆偏振态，那么输出偏振态将在纬线上旋转得到。总之，线双折射可使线偏振态变为椭圆或圆偏振态，而圆双折射却使线偏振性保持不变(但方向要变)。

5. 模耦合的双折射矢量表示

从上一段的分析可以看出，如果选定的坐标系与主轴坐标系(xOy)重合，无论是线双折射还是圆双折射，它们的双折射矢量要么只有 s_1 方向的分量，要么只有 s_3 方向的分量，或者，当圆双折射与线双折射同时存在时，其双折射矢量也是始终处于(xOz)面内。那么，在庞加莱球上双折射矢量 s_2 方向的分量表示什么意思呢？本段将说明，它体现的不是双折射，而是模耦合。

7.5.1 节已经导出了同时存在双折射与模耦合的偏振态演化公式(7.5.1-7)。当只存在模耦合而不存在双折射时，式(7.5.1-8)中 $\gamma=|k|$，于是式(7.5.1-8)退化为

$$u_1=\cos|k|z,\quad u_2=\mathrm{i}\frac{k}{|k|}\sin|k|z \tag{7.5.2-38}$$

前文已经证明，为了满足耦合矩阵中元素 $c_{12}=-c_{21}^*$，模耦合系数应该是一个纯虚数，即 $k=\mathrm{i}|k|$。于是，式(7.5.1-7)退化为

$$\begin{bmatrix}\dot{E}_x(z)\\ \dot{E}_y(z)\end{bmatrix}=\exp(\mathrm{i}\beta z)\begin{bmatrix}\cos|k|z & -\sin|k|z\\ -\sin|k|z & \cos|k|z\end{bmatrix}\begin{bmatrix}\dot{E}_x(0)\\ \dot{E}_y(0)\end{bmatrix} \tag{7.5.2-39}$$

这时，它对应的双折射矢量为

$$\vec{\beta}=-|k(z)|\hat{\boldsymbol{j}} \tag{7.5.2-40}$$

式中，$\hat{\boldsymbol{j}}$ 为庞加莱球 s_2 方向的单位矢量。改成用四元数描述，它的 JMQ 为

$$\mathscr{A}=(k_0 n_0-\hat{\boldsymbol{j}}k_0|k|)L \tag{7.5.2-41}$$

公式中的负号表示向反方向旋转(顺时针方向)。

小结一下,尽管模耦合不是一种双折射现象,但它同样可以用双折射矢量来描述。只不过在庞加莱球上的投影不同而已。如果线双折射、圆双折射以及模耦合同时存在,它们合成的双折射矢量,按照矢量加法在庞加莱球上相加。

7.6 偏振模色散

7.6.1 偏振模色散的概念

在第 4 章里指出,单模光纤(光波导)的色散有五类:①材料色散;②波导色散;③剖面色散;④高阶色散;⑤偏振模色散。我们已经详细研究了前四种色散对光信号传输的影响,它们导致脉冲展宽和光频啁啾,并详细地研究了各种不同类型光波导的结构如何影响它的色散。只剩偏振模色散没有很好地研究,尤其是当存在偏振模耦合时的偏振模色散没有很好地研究。在 10Gb/s 以上的高速光纤通信系统中,偏振模色散(polarization mode dispersion,PMD)是一个严重的制约瓶颈。尤其是在 40Gb/s 的高速系统中,问题更为突出。因此,无论是在国际上还是在国内,都把 PMD 问题当作一个重点研究课题。这正是本节的任务。

7.3.2 节已经导出了光波导的传输矩阵,并证明它是一个酉矩阵。本节将以此出发研究光波导的偏振模色散。长期以来,人们对于偏振模色散的认识,一直停留在两个相互垂直的偏振模 LP_{01}^{x} 和 LP_{01}^{y} 的时延差(群速度差)上,用所谓快轴、慢轴的现象解释,但这是不准确的。由于在非圆非正规光波导中,光信号传输的基本形式是偏振态而不是线偏振 LP 模式,所以虽然我们仍然沿用“偏振模色散”这个术语,但是实际上这个术语已经不再指偏振模之间的群速度差,而是指偏振态之间的色散,改称“偏振态色散”更为准确。偏振模色散(或“偏振态色散”)可以概括为:当多个频率分量的同偏振态的光输入到光纤中时,在输出端偏振态将不再保持一致的现象,本质上是双折射的频域响应。换言之,偏振模色散是指输出偏振态随波长变化的现象,所以,它是地地道道的色散现象,而不是所谓不同模式所引起的时延差的现象。参见图 7.6.1-1,在光纤的输入端,有三个波长不同但偏振态相同的线偏振光注入,到了输出端,由于光纤的传输矩阵与频率有关,不同波长的光输出的偏振态也不同,例如分别成了椭圆、垂直和平行三种形式。这就是偏振模色散,本质上是偏振态色散。

由于在单模光纤中,可以传输的偏振态非常多,所以用哪一对偏振态之间的色散作为偏振模色散的度量是一个首要问题。首先我们引出一些新概念。

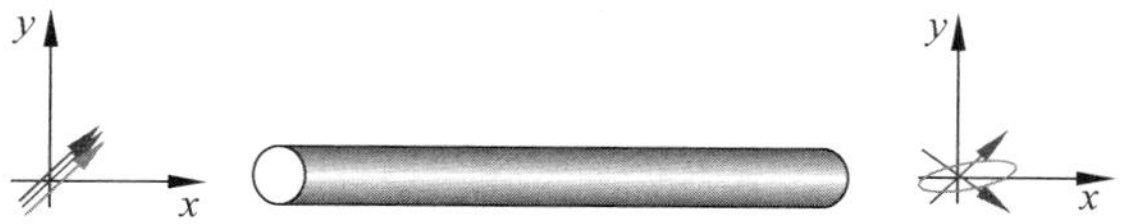

图 7.6.1-1　偏振态色散
(请扫Ⅱ页二维码看彩图)

1. 主轴色散

我们在 7.3.4 节已经证明，任何一个无损的各向同性的光波导，无论它是否为正规光波导，至少都存在一对输入偏振主轴和一对输出偏振主轴，当线偏振光的偏振方向与输入偏振主轴重合时，输出也是一对沿着输出偏振主轴方向的线偏振光。这就是偏振主轴对于线偏振光的偏振不变性。但是，输出主轴与输入主轴并不重合，而是发生了偏转。随着波长的变化，这个偏振主轴也会随之变化。因此我们可以用这个偏转随频率的变化作为偏振模色散的度量，但是由于寻找偏振主轴本身比较困难，所以实际上并不适用。

2. 本征态色散

当模耦合系数 k 为常数时，模式耦合方程可解，并可得到对应的不随 z 变化的传输矩阵，如式(7.5.1-5)所示。这时，联系输入与输出偏振态的方程为常系数复矢量方程(7.3.2-1)，或者写为

$$\boldsymbol{E}(z)=\boldsymbol{TE}(0) \tag{7.6.1-1}$$

这个方程可以找到它的本征值和本征解，并称这个本征解为偏振本征态。偏振本征态的特征是：无论光波导的长度如何，输出的偏振态与输入的偏振态保持相同，即

$$\boldsymbol{E}(z)=\lambda\boldsymbol{E}(0) \tag{7.6.1-2}$$

式中，λ 可为一复数。若输入偏振态为 $\boldsymbol{E}(0)=E_0\exp(\mathrm{i}\varphi_0)\hat{\boldsymbol{e}}_0$，则输出偏振态为 $\boldsymbol{E}_z=E_z\exp(\mathrm{i}\varphi_z)\hat{\boldsymbol{e}}_0$。由于能量守恒，$E_z=E_0$，并可令 $\varphi_0=0$，于是得到

$$\exp(\mathrm{i}\varphi_z)\hat{\boldsymbol{e}}_0=\boldsymbol{T}\hat{\boldsymbol{e}}_0 \tag{7.6.1-3}$$

这说明，一段固定长度的光波导相当于一个相移网络，这一点与前面讲的光纤的传输特性一致；其偏振本征态 $\hat{\boldsymbol{e}}_0$ 就是这段光波导传输矩阵 $\boldsymbol{T}$ 的本征矢量，标量 $\exp(\mathrm{i}\varphi_z)$ 就是该矩阵的本征值。于是，不难求出这个相移 φ_z 和对应的 $\hat{\boldsymbol{e}}_0$，它们满足

$$|\boldsymbol{T}-\exp(\mathrm{i}\varphi_z)\boldsymbol{I}|=0 \tag{7.6.1-4}$$

经过运算，可得到互相正交的两个解 $\hat{\boldsymbol{e}}_{0\pm}$。由于这种光波导的本征态在传输过程中保持不变，只产生相移，于是本征态演化过程可写为

$$\boldsymbol{E}(z)=E_0\exp(\mathrm{i}\beta_{0\pm}z)\hat{\boldsymbol{e}}_{0\pm} \tag{7.6.1-5}$$

式中，$\beta_{0\pm}$ 表示两个本征态 $\hat{\boldsymbol{e}}_{0\pm}$ 的传输常数(而不是线偏振模 LP 模式的传输常

数)。所以,在非圆非正规光波导中,只有本征态才可独立传输,而它的本征态通常是某个特定的椭圆偏振态,所以单个的线偏振模 LP 模式和单个其他偏振态都不可能独立传输。这样,我们可以用本征态的差分群时延作为偏振模色散的度量,前提是模耦合系数 k 必须为常数。

如果输入的不是本征态,就要将这个输入偏振态 $\hat{\boldsymbol{e}}_0$ 分解为两个本征态的叠加,可以证明,这种分解可表示为(图 7.6.1-2)

$$\hat{\boldsymbol{e}}_0=\cos\alpha\exp(\mathrm{i}\varphi_+)\hat{\boldsymbol{e}}_{0+}+\sin\alpha\exp(\mathrm{i}\varphi_-)\hat{\boldsymbol{e}}_{0-} \tag{7.6.1-6}$$

式中,2α 是 $\hat{\boldsymbol{e}}_0$ 与 $\hat{\boldsymbol{e}}_{0+}$ 和 $\hat{\boldsymbol{e}}_{0-}$ 在庞加莱球上的夹角。φ_+ 与 φ_- 也可求出,分别为

$$\tan\varphi_+=\frac{\cos(\theta_{0+}+\theta_0)}{\cos(\theta_{0+}-\theta_0)}\tan(\delta_{0+}-\delta_0) \tag{7.6.1-7}$$

$$\tan\varphi_-=-\frac{\sin(\theta_{0+}+\theta_0)}{\sin(\theta_{0+}-\theta_0)}\tan(\delta_{0+}-\delta_0) \tag{7.6.1-8}$$

式中,θ_0、θ_{0+}、δ_0、δ_{0+} 分别为 $\hat{\boldsymbol{e}}_0$ 和 $\hat{\boldsymbol{e}}_{0+}$ 的空间角与相位角。

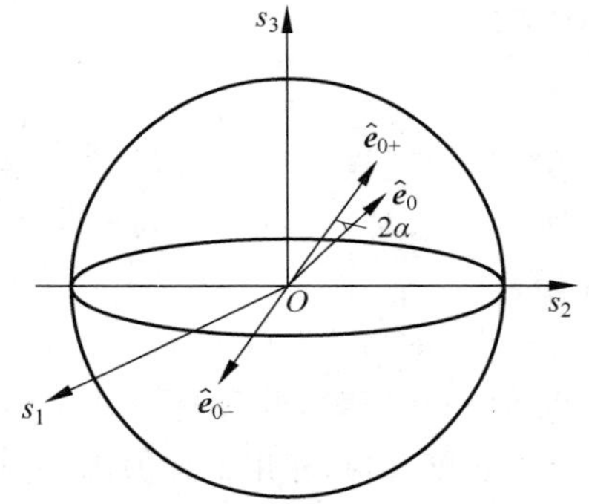

图 7.6.1-2 输入偏振态 $\hat{e}_0$ 分解为两本征态

3. 主偏振态

在主轴与本征态的研究中,没有考虑光频的变化。当光频变化时,主轴与本征态都将发生相应的变化。是否存在这样的一组输入、输出偏振态,当光频变化时,这组偏振态并不变化呢?答案仍然是肯定的,这组偏振态就是主偏振态(principal state of polarization,PSP)。

主偏振态存在的证明如下。

对于线性无损光波导,在 7.3.2 节已导出传输矩阵为一酉矩阵

$$\boldsymbol{T}=\exp(\mathrm{i}\beta)\begin{bmatrix} u_1 & u_2 \\ -u_2^* & u_1^* \end{bmatrix}\overset{\mathrm{def}}{=}\exp(\mathrm{i}\beta)\boldsymbol{U} \tag{7.3.2-4}$$

式中,

$$\boldsymbol{U}=\begin{bmatrix} u_1 & u_2 \\ -u_2^* & u_1^* \end{bmatrix} \tag{7.3.2-5}$$

且$|u_1|^2+|u_2|^2=1$，而$\boldsymbol{T}$、β、$\boldsymbol{U}$都是ω的函数。

设输入偏振态为$\boldsymbol{E}_1=E_1\exp(\mathrm{i}\varphi_1)\hat{\boldsymbol{e}}_1$，输出为偏振态为$\boldsymbol{E}_2(z)=\boldsymbol{T}(z)\boldsymbol{E}_1$，有

$$E_2\exp(\mathrm{i}\varphi_2)\hat{\boldsymbol{e}}_2=\exp[\mathrm{i}\beta(\omega)]\boldsymbol{U}E_1\exp(\mathrm{i}\varphi_1)\hat{\boldsymbol{e}}_1 \tag{7.6.1-9}$$

对于无损耗光波导，有$E_2=E_1$，并令$\varphi_1=0$不会影响分析结果，于是可得

$$\exp(\mathrm{i}\varphi_2)\hat{\boldsymbol{e}}_2=\exp[\mathrm{i}\beta(\omega)]\boldsymbol{U}\hat{\boldsymbol{e}}_1 \tag{7.6.1-10}$$

两端均是ω的函数，考虑到ω变化时，$\hat{\boldsymbol{e}}_1$不变(保持输入不变，找到对应不变的输出偏振态$\hat{\boldsymbol{e}}_2$)，两端对ω微分，得

$$\mathrm{i}\frac{\partial\varphi_2}{\partial\omega}\mathrm{e}^{\mathrm{i}\varphi_2}\hat{\boldsymbol{e}}_2+\mathrm{e}^{\mathrm{i}\varphi_2}\frac{\partial\hat{\boldsymbol{e}}_2}{\partial\omega}=\left(\mathrm{i}\frac{\partial\beta}{\partial\omega}\mathrm{e}^{\mathrm{i}\beta}\boldsymbol{U}+\mathrm{e}^{\mathrm{i}\beta}\frac{\partial\boldsymbol{U}}{\partial\omega}\right)\hat{\boldsymbol{e}}_1 \tag{7.6.1-11}$$

若$\hat{\boldsymbol{e}}_2$不随ω变化，则必须$\frac{\partial\hat{\boldsymbol{e}}_2}{\partial\omega}=0$。可得

$$\mathrm{i}\frac{\partial\varphi_2}{\partial\omega}\mathrm{e}^{\mathrm{i}\varphi_2}\hat{\boldsymbol{e}}_2=\mathrm{e}^{\mathrm{i}\beta}\left(\frac{\partial\beta}{\partial\omega}+\mathrm{i}\frac{\partial\boldsymbol{U}}{\partial\omega}\boldsymbol{U}\right)\hat{\boldsymbol{e}}_1 \tag{7.6.1-12}$$

将式(7.6.1-10)代入式(7.6.1-12)，得

$$\mathrm{i}\frac{\partial\varphi_2}{\partial\omega}\boldsymbol{U}\hat{\boldsymbol{e}}_1=\left[\frac{\partial\boldsymbol{U}}{\partial\omega}+\mathrm{i}\frac{\partial\beta}{\partial\omega}\boldsymbol{U}\right]\hat{\boldsymbol{e}}_1 \tag{7.6.1-13}$$

$$\left[\frac{\partial\boldsymbol{U}}{\partial\omega}+\mathrm{i}\left(\frac{\partial\beta}{\partial\omega}-\frac{\partial\varphi_2}{\partial\omega}\right)\boldsymbol{U}\right]\hat{\boldsymbol{e}}_1=0 \tag{7.6.1-14}$$

若要$\hat{\boldsymbol{e}}_1$存在，只需

$$\left|\frac{\mathrm{d}\boldsymbol{U}}{\mathrm{d}\omega}+\mathrm{i}\left(\frac{\mathrm{d}\beta}{\mathrm{d}\omega}-\frac{\mathrm{d}\varphi_2}{\mathrm{d}\omega}\right)\boldsymbol{U}\right|=0 \tag{7.6.1-15}$$

记$K=\frac{\mathrm{d}\varphi_2}{\mathrm{d}\omega}-\frac{\mathrm{d}\beta}{\mathrm{d}\omega}$，可得

$$\left|\frac{\mathrm{d}\boldsymbol{U}}{\mathrm{d}\omega}+\mathrm{i}K\boldsymbol{U}\right|=0 \tag{7.6.1-16}$$

由此可解出

$$K_{\pm}=\pm\sqrt{|u_1'|^2+|u_2'|^2} \tag{7.6.1-17}$$

式中，右上角的撇表示对ω求导，从而得出

$$\hat{\boldsymbol{e}}_{1\pm}=\exp(\mathrm{i}\rho)\begin{pmatrix}\dfrac{u_2'-\mathrm{i}K_{\pm}u_2}{D_{\pm}} \\ -\dfrac{u_1'-\mathrm{i}K_{\pm}u_1}{D_{\pm}}\end{pmatrix} \tag{7.6.1-18}$$

式中，ρ 为任意相位，且

$$D_{\pm}=\sqrt{2K_{\pm}-\mathrm{Im}(u_1^* u_1'+u_2^* u_2')} \tag{7.6.1-19}$$

而且不难证明 $\hat{\boldsymbol{e}}_{1+}\cdot\hat{\boldsymbol{e}}_{1-}=0$，说明两个主偏振态总是正交的。

从以上推导可以看出，主偏振态是这样一对正交的输入偏振态，若 $\frac{\mathrm{d}\hat{\boldsymbol{e}}_{1\pm}}{\mathrm{d}\omega}=0$，则 $\frac{\mathrm{d}\hat{\boldsymbol{e}}_{2\pm}}{\mathrm{d}\omega}=0$，即它们在一阶近似上是与光频无关的。

以上我们导出了非圆非正规光波导三种不同的特殊偏振态，它们分别适用于不同的情况，表 7.6.1-1 示出了三种不同概念的比较。

表 7.6.1-1　三种特殊偏振态比较

	输入 $\hat{\boldsymbol{e}}_1$	输出 $\hat{\boldsymbol{e}}_2$	特　点
主轴	$\hat{\boldsymbol{e}}_1$ 从主轴输入线偏振态 $\begin{pmatrix}\cos\theta_1\\ \sin\theta_1\end{pmatrix}$	$\hat{\boldsymbol{e}}_2$ 从主轴输出线偏振态 $\begin{pmatrix}\cos\theta_2\\ \sin\theta_2\end{pmatrix}$	$\theta_1\neq\theta_2$，都是线偏振态，但方向角变化
本征态	$\hat{\boldsymbol{e}}_1$ 本征态输入（椭圆偏振态） $\begin{pmatrix}\cos\theta_1\mathrm{e}^{\mathrm{i}\delta_1}\\ \sin\theta_1\mathrm{e}^{-\mathrm{i}\delta_1}\end{pmatrix}$	$\hat{\boldsymbol{e}}_2$ 本征态（椭圆偏振态）输出 $\begin{pmatrix}\cos\theta_2\mathrm{e}^{\mathrm{i}\delta_2}\\ \sin\theta_2\mathrm{e}^{-\mathrm{i}\delta_2}\end{pmatrix}$	$\theta_1=\theta_2,\delta_1=\delta_2$ 偏振态不变，但不是线偏振态
主偏振态	$\hat{\boldsymbol{e}}_1$ 主偏振态（椭圆偏振态） 输入 $\begin{pmatrix}\cos\theta_1\mathrm{e}^{\mathrm{i}\delta_1}\\ \sin\theta_1\mathrm{e}^{-\mathrm{i}\delta_1}\end{pmatrix}$	$\hat{\boldsymbol{e}}_2$ 主偏振态（椭圆偏振态） 输出 $\begin{pmatrix}\cos\theta_2\mathrm{e}^{\mathrm{i}\delta_2}\\ \sin\theta_2\mathrm{e}^{-\mathrm{i}\delta_2}\end{pmatrix}$	$\theta_1\neq\theta_2,\delta_1\neq\delta_2$ 偏振态改变，但对应关系不随光频而变

4. 主偏振态色散和差分群时延

如果输入的光信号是一个含有许多光频分量的信号，而且以输入主偏振态的方式输入，即

$$\boldsymbol{E}_1=E_1(\omega)\exp[\mathrm{i}\varphi_1(\omega)]\hat{\boldsymbol{e}}_1 \tag{7.6.1-20}$$

则输出信号为

$$\begin{aligned}\boldsymbol{E}_2&=\exp[\mathrm{i}\beta(\omega)]\boldsymbol{U}(\omega)\boldsymbol{E}_1=E_1(\omega)\exp[\mathrm{i}\varphi_1(\omega)]\exp[\mathrm{i}\beta(\omega)]\boldsymbol{U}(\omega)\\&=E_1(\omega)\exp[\mathrm{i}\varphi_2(\omega)]\hat{\boldsymbol{e}}_2\end{aligned} \tag{7.6.1-21}$$

式中，$\varphi_2(\omega)=\varphi_1(\omega)+\beta(\omega)$。由于 $\hat{\boldsymbol{e}}_2$ 也是主偏振态，不随 ω 变，于是输出信号的频谱特性（幅频特性和相频特性）与输入信号相同。所以，主偏振态在一阶近似下可保证无失真传输，但输出产生了相移 $\beta(\omega)$。仿照第 4 章的推导，可以得出基于

主偏振态的传输特性参数。比如群相移 $\tau=\frac{\mathrm{d}\varphi_2}{\mathrm{d}\omega}$，群速度 $v_g=1/\tau$，以及色散 $\beta_0''=\frac{\mathrm{d}\varphi_2}{\mathrm{d}\omega^2}$等。这里的群相移和色散是这个主偏振态本身的相移和色散，不是两个主偏振态间的色散，所以，仍然不是偏振模色散。若以主偏振态形式输入的光脉冲时域表达式为 $f(t)$，则输出为 $f(t-\varphi_2')$。若以主偏振态形式输入的是高斯脉冲 $\exp(-t^2/2T_0^2)$，则输出为

$$\phi(t)=\frac{T_0}{\sqrt{1+\mathrm{i}\dfrac{z}{L_D}}}\exp\left[-\frac{t_1^2}{2T_0^2\left(1+\mathrm{i}\dfrac{z}{L_D}\right)}\right]\tag{7.6.1-22}$$

式中，$L_D=T_0^2/|\beta_2|$，$t_1=t-\tau$。如果输入光信号同时激发了两个主偏振态，那么，由于这两个主偏振态$\frac{\mathrm{d}\varphi_{2+}}{\mathrm{d}\omega}\neq\frac{\mathrm{d}\varphi_{2-}}{\mathrm{d}\omega}$，就产生了差分群时延(differential group delay，DGD)，这个差分群时延 $\Delta\tau$ 才是两主偏振态间的色散

$$\Delta\tau=\frac{\mathrm{d}\varphi_{2+}}{\mathrm{d}\omega}-\frac{\mathrm{d}\varphi_{2-}}{\mathrm{d}\omega}\tag{7.6.1-23}$$

由于

$$\frac{\mathrm{d}\varphi_2}{\mathrm{d}\omega}=K+\frac{\mathrm{d}\beta}{\mathrm{d}\omega}=\pm\sqrt{|u_1'|^2+|u_2'|^2}+\frac{\mathrm{d}\beta}{\mathrm{d}\omega}\tag{7.6.1-24}$$

所以

$$\Delta\tau=2\sqrt{|u_1'|^2+|u_2'|^2}\tag{7.6.1-25}$$

式(7.6.1-25)就是主偏振态色散的基本公式。

主偏振态(principal state of polarization，PSP)的概念，是由贝尔实验室的泡尔(C. D. Poole)于 1986 年首先提出[17]，从此揭开了偏振模色散研究的序幕。他建议以主偏振态的差分群时延 DGD 作为偏振模色散的度量。由于主偏振态色散的公式很简洁，大家都以主偏振态的时延差 DGD 作为偏振模色散的度量。

5. 偏振模色散矢量

主偏振态的 DGD 只能反映两个主偏振态之间的色散，但不能反映任意偏振态受偏振模色散的影响，于是泡尔于 1988 年提出了偏振模色散矢量 $\vec{\Omega}$ 的概念[2]，表述如下：在斯托克斯空间中，任何偏振态对应的斯托克斯矢量 $\vec{S}$，与它相对应的频率的变化率$\frac{\mathrm{d}\vec{S}}{\mathrm{d}\omega}$的关系为

$$\frac{\mathrm{d}\vec{S}}{\mathrm{d}\omega}=\vec{\Omega}\times\vec{S} \tag{7.6.1-26}$$

式中，$\vec{\Omega}$ 称为偏振模色散矢量（PMD vector），它的大小$|\vec{\Omega}|$就是差分群时延 DGD，$\vec{\Omega}$ 的方向就是主偏振态（PSP）对应斯托克斯矢量 $\vec{P}$ 的方向。这一结论，不但被大量文献引用，而且作为进一步研究高阶偏振模色散的基础。因此它是一个十分重要的概念。

导出偏振模色散矢量的思路，是和双折射矢量的导出相类似的。首先我们注意到，在联系输入偏振态与输出偏振态对应的斯托克斯矢量之间关系的式（7.3.3-1）$\vec{S}_{\mathrm{out}}=\boldsymbol{M}\vec{S}_{\mathrm{in}}$ 中，缪勒矩阵不仅是 z 的函数，而且是 ω 的函数，即 $\boldsymbol{M}=\boldsymbol{M}(z,\omega)$。对于给定的输入状态 $\vec{S}_{\mathrm{in}}$ 和给定的长度 z，输出的斯托克斯矢量只是 ω 的函数，于是 $\frac{\partial\vec{S}_{\mathrm{out}}}{\partial\omega}=\frac{\partial\boldsymbol{M}}{\partial\omega}\vec{S}_{\mathrm{in}}$，代入 $\vec{S}_{\mathrm{in}}=\boldsymbol{M}^{-1}\vec{S}_{\mathrm{out}}$，并省略下标 out，可得

$$\frac{\partial\vec{S}}{\partial\omega}=\frac{\partial\boldsymbol{M}}{\partial\omega}\boldsymbol{M}^{-1}\vec{S} \tag{7.6.1-27}$$

同样，因为所有在庞加莱球上的斯托克斯矢量的大小都是 1，而且$\frac{\partial\vec{S}}{\partial z}$应该垂直于 $\vec{S}$，所以反对称矩阵$\frac{\partial\boldsymbol{M}}{\partial\omega}\boldsymbol{M}^{-1}$ 的作用相当于一个矢量 $\vec{\Omega}$ 与 $\vec{S}$ 的矢性积，即得到了式（7.6.1-26）。

一般地说，$\vec{\Omega}$ 仍然是 ω 的函数，但我们在考虑光信号的频率分量从 ω_0 变化到 ω 时，或者忽略高阶偏振模色散时，可认为它是一个常矢量。$\vec{\Omega}\times$对应一个反对称矩阵 $\boldsymbol{P}$，若 $\vec{\Omega}=[p_1,p_2,p_3]^{\mathrm{T}}$，则

$$\boldsymbol{P}=\begin{bmatrix}0,-p_3,p_2\\p_3,0,-p_1\\-p_2,p_1,0\end{bmatrix} \tag{7.6.1-28}$$

于是原方程化为$\frac{\partial\vec{S}}{\partial\omega}=\boldsymbol{P}\vec{S}$，它的解为

$$\vec{S}(\omega)=\exp[\boldsymbol{P}(\omega-\omega_0)]\vec{S}(\omega_0)\overset{\mathrm{def}}{=}\exp[\boldsymbol{P}(\omega-\omega_0)]\vec{S}_0 \tag{7.6.1-29}$$

式中，$\vec{S}_0=[s_{01},s_{02},s_{03}]^{\mathrm{T}}$ 是光载频 ω_0 对应偏振态的斯托克斯矢量。不难求出，反对称矩阵 $\boldsymbol{P}$ 的三个本征值为（0，ip，−ip），对应的本征矢量所构成的矩阵为

$$\boldsymbol{T}=\begin{bmatrix} p_3, & p_1p_3-\mathrm{i}p_2p, & p_1p_3+\mathrm{i}p_2p \\ p_2, & p_1p_2+\mathrm{i}p_3p, & p_1p_2-\mathrm{i}p_3p \\ p_1, & p_1^2-p^2, & p_1^2-p^2 \end{bmatrix} \tag{7.6.1-30}$$

式中，$p=|\vec{\Omega}|$，也就是差分群时延 DGD，于是

$$\exp[\boldsymbol{P}(\omega-\omega_0)]=\boldsymbol{T}\begin{bmatrix} 1 & & \\ & \exp[\mathrm{i}p(\omega-\omega_0)] & \\ & & \exp[-\mathrm{i}p(\omega-\omega_0)] \end{bmatrix}\boldsymbol{T}^{-1} \tag{7.6.1-31}$$

经过繁复的运算，得到

$$\exp[\boldsymbol{P}(\omega-\omega_0)]=\frac{1}{p^2}\cdot$$

$$\begin{bmatrix} p_1^2+\dfrac{p_1^2p_3^2+p_2^2p^2}{p^2-p_3^2}\cos p\Omega & p_1p_2(1-\cos p\Omega)-p_3p\sin p\Omega & p_1p_3(1-\cos p\Omega)+p_2p\sin p\Omega \\ p_1p_2(1-\cos p\Omega)+p_3p\sin p\Omega & p_2^2+\dfrac{p_2^2p_3^2+p_1^2p^2}{p^2-p_3^2}\cos p\Omega & p_2p_3(1-\cos p\Omega)-p_1p\sin p\Omega \\ p_1p_3(1-\cos p\Omega)-p_2p\sin p\Omega & p_2p_3(1-\cos p\Omega)+p_1p\sin p\Omega & p_3^2+(p^2-p_3^2)\cos p\Omega \end{bmatrix} \tag{7.6.1-32}$$

式中，$\Omega=\omega-\omega_0$ 为频率分量的频偏，并令偏振模色散矢量 $\vec{\Omega}$ 的单位矢量为 $\hat{\boldsymbol{\Omega}}$，于是（阅读时请注意频偏 Ω 和偏振模色散单位矢量 $\hat{\boldsymbol{\Omega}}$ 的区别）

$$\vec{S}(\Omega)=\hat{\boldsymbol{\Omega}}(\hat{\boldsymbol{\Omega}}\cdot\vec{S}_0)+[\vec{S}_0-\hat{\boldsymbol{\Omega}}(\hat{\boldsymbol{\Omega}}\cdot\vec{S}_0)]\cos p\Omega+\hat{\boldsymbol{\Omega}}\times\vec{S}_0\sin p\Omega \tag{7.6.1-33}$$

或者

$$\vec{S}(\Omega)=\hat{\boldsymbol{\Omega}}\cos 2\alpha+[\vec{S}_0-\hat{\boldsymbol{\Omega}}\cos 2\alpha]\cos p\Omega+\hat{\boldsymbol{B}}\sin 2\alpha\sin p\Omega \tag{7.6.1-34}$$

式中，2α 是 $\vec{\Omega}$ 与 $\vec{S}_0$ 的夹角，$\hat{\boldsymbol{B}}$ 是 $\vec{\Omega}\times\vec{S}_0$ 方向上的单位矢量。式(7.6.1-34)的物理意义是明显的，即随着频率的变化，$\vec{S}(\Omega)$ 以 $\vec{\Omega}$ 为轴在顶角为 2α 的圆锥上旋转。其中 $\vec{\Omega}$、$\vec{S}_0$ 和 $\hat{\boldsymbol{B}}$ 构成一个直角坐标系，而 $\vec{S}(\Omega)$ 在垂直于 $\vec{\Omega}$ 的平面 $AO'B$ 的投影 $O'C$ 在平面 $AO'B$ 中旋转，旋转的角度为 $p\Omega$，而它在 $O'A$ 和 $O'B$ 上的投影，分别是 $\cos p\Omega$ 和 $\sin p\Omega$，如图 7.6.1-3 所示。上述公式实际上可由图 7.6.1-3 直接得出。

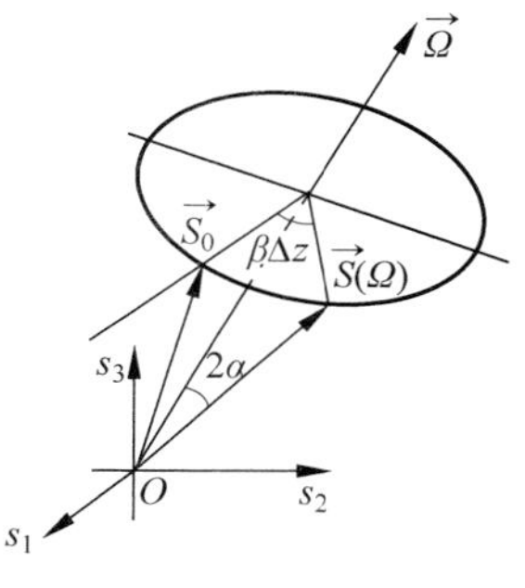

图 7.6.1-3　$\vec{S}(\Omega)$的旋转

偏振模色散矢量 $\vec{\Omega}$ 也可以用 $\boldsymbol{U}$ 矩阵的元素来表达，不难得出

$$\vec{\Omega}=\begin{bmatrix}\Omega_1\\ \Omega_2\\ \Omega_3\end{bmatrix}=\begin{bmatrix}2\bar{\varphi}'+2\cos 2\alpha\cdot\Delta\varphi'\\ 2\sin 2\bar{\varphi}\cdot\alpha'-2\sin 2\alpha\cos 2\bar{\varphi}\cdot\Delta\varphi'\\ -2\cos 2\bar{\varphi}\cdot\alpha'-2\sin 2\alpha\sin 2\bar{\varphi}\cdot\Delta\varphi'\end{bmatrix}\tag{7.6.1-35}$$

式中，α'、$\bar{\varphi}'$、$\Delta\varphi'$表示 α 与 $\bar{\varphi}$、$\Delta\varphi$ 对 ω 的导数。式(7.6.1-35)就是偏振模色散矢量的解析表达式，它表示 $\vec{\Omega}$ 的各个分量与 $\boldsymbol{U}$ 矩阵的元素之间的关系。而 $\boldsymbol{U}$ 矩阵可以从分析光纤的耦合矩阵得到，所以这样就得到了 $\vec{\Omega}$ 与光纤结构参数的关系。

从式(7.6.1-35)不难得到

$$|\vec{\Omega}|=2\sqrt{(\alpha')^2+\cos^2\alpha\cdot\varphi'^2+\sin^2\alpha\cdot\varphi'^2_2}\tag{7.6.1-36}$$

或

$$|\vec{\Omega}|=2\sqrt{(\alpha')^2+\bar{\varphi}'^2+\Delta^2\varphi'+2\cos 2\alpha\cdot\bar{\varphi}'\Delta\varphi'}\tag{7.6.1-37}$$

这是一个新的关于偏振模色散的表达式。可以验证，它与式(7.6.1-25)是一致的。

6. 偏振模色散与长度的关系

最后一个重要的问题是，偏振模色散的差分群时延 DGD($\Delta\tau$)与光纤长度的关系。因为前面的所有推导过程中，都假定长度是固定的，所以当长度变化时，$\Delta\tau$ 如何变化是一个必须解决的问题。实际上就是要求 $|u_1'|^2$ 和 $|u_2'|^2$ 与长度的关系。由于非圆非正规光波导的模式耦合是随机的，必须用数理统计的概念去处理。

将式(7.6.1-26) $\dfrac{\mathrm{d}\vec{S}}{\mathrm{d}\omega}=\vec{\Omega}\times\vec{S}$ 两边对长度 z 微分，得到

$$\frac{\partial^2\vec{S}}{\partial\omega\partial z}=\frac{\partial\vec{\Omega}}{\partial z}\times\vec{S}+\vec{\Omega}\times\frac{\partial\vec{S}}{\partial z}\tag{7.6.1-38}$$

代入式(7.6.1-21)，$\dfrac{\partial\vec{S}}{\partial z}=\vec{\beta}\times\vec{S}$，可得

$$\frac{\partial^2\vec{S}}{\partial\omega\partial z}=\frac{\partial\vec{\Omega}}{\partial z}\times\vec{S}+\vec{\Omega}\times(\vec{\beta}\times\vec{S})\tag{7.6.1-39}$$

另外，式(7.6.1-21)的两边对 ω 微分，得到

$$\frac{\partial^2\vec{S}}{\partial\omega\partial z}=\frac{\partial\vec{\beta}}{\partial\omega}\times\vec{S}+\vec{\beta}\times\frac{\partial\vec{S}}{\partial\omega}\tag{7.6.1-40}$$

代入式(7.6.1-25)可得

$$\frac{\partial^2\vec{S}}{\partial\omega\partial z}=\frac{\partial\vec{\beta}}{\partial\omega}\times\vec{S}+\vec{\beta}\times(\vec{\Omega}\times\vec{S})\tag{7.6.1-41}$$

比较式(7.6.1-40)与式(7.6.1-41),得到

$$\frac{\partial \vec{\beta}}{\partial \omega} \times \vec{S} + \vec{\beta} \times (\vec{\Omega} \times \vec{S}) = \frac{\partial \vec{\Omega}}{\partial z} \times \vec{S} + \vec{\Omega} \times (\vec{\beta} \times \vec{S}) \tag{7.6.1-42}$$

利用公式 $\boldsymbol{A} \times (\boldsymbol{B} \times \boldsymbol{C}) = \boldsymbol{B}(\boldsymbol{A} \cdot \boldsymbol{C}) - \boldsymbol{C}(\boldsymbol{A} \cdot \boldsymbol{B})$,将上式中的有关项展开,化简得到

$$(\vec{\beta} \times \vec{\Omega}) \times \vec{S} = \left(\frac{\partial \vec{\Omega}}{\partial z} - \frac{\partial \vec{\beta}}{\partial \omega}\right) \times \vec{S} \tag{7.6.1-43}$$

上式要对一切 $\vec{S}$ 均适用,必然有

$$\vec{\beta} \times \vec{\Omega} = \frac{\partial \vec{\Omega}}{\partial z} - \frac{\partial \vec{\beta}}{\partial \omega} \tag{7.6.1-44}$$

或者改写为

$$\frac{\partial \vec{\Omega}}{\partial z} = \vec{\beta} \times \vec{\Omega} + \frac{\partial \vec{\beta}}{\partial \omega} \tag{7.6.1-45}$$

方程(7.6.1-45)称为偏振模色散矢量与双折射矢量的动态方程。通过解这个动态方程,可以得到偏振模色散随长度的分布。该方程表示,偏振模色散随 z 的变化率,取决于该点的双折射矢量和双折射矢量随 ω 的变化率。双折射矢量 $\vec{\beta}$ 和它对 ω 的变化率$\frac{\partial \vec{\beta}}{\partial \omega}$都是以 z 为自变量的随机函数。因此方程(7.6.1-45)是一个包含随机函数的方程,而且既有加法项,又有乘法项,因此不能把该式的随机过程看作加法随机过程,或者看作乘法随机过程。这迫使我们必须对其简化。

双折射矢量随 ω 的变化率$\frac{\partial \vec{\beta}}{\partial \omega}$表示在 z 点引起双折射的两个模式的时延差,或者说表示这两个偏振模的模间色散。在弱导近似条件下,可认为这个时延差与频率无关,正像式(7.1.2-4)将$\frac{\mathrm{d}B}{\mathrm{d}\omega}$忽略掉一样。于是$\frac{\partial \vec{\beta}}{\partial \omega} = \vec{B}(z)$,$\vec{B}(z)$仅与 z 有关。可以解出 $\vec{\beta} = \omega \vec{B}(z)$,这样方程(7.6.1-45)变为

$$\frac{\partial \vec{\Omega}}{\partial z} = \omega \vec{B} \times \vec{\Omega} + \vec{B} \tag{7.6.1-46}$$

下面引入两个新的解方程的条件。

① 我们所研究的光纤是弱双折射光纤,而且存在较为强烈的模耦合。引起双折射的两个模式,在一段长度内是某一个 LP_{01}^{ξ} 快,另一个 LP_{01}^{η} 慢;而在另一段长度是反过来,某一个 LP_{01}^{ξ} 慢,另一个 LP_{01}^{η} 快。因此,总的平均效果是,只要光纤足够长,就有$\langle \vec{B}(z) \rangle = 0$。也就是说,当光纤超过一定长度(称为耦合长度)后,$\vec{B}(z)$

就以指数形式衰减到零。而衰减过程的随机性表现为在衰减项外叠加了一个三维的独立维纳(Wiener)过程(白噪声)。这样,$\vec{B}(z)$随 z 的变化规律,可写为

$$\mathrm{d}\vec{B}(z) = -\frac{1}{h}\vec{B}(z)\mathrm{d}z + \mathrm{d}\xi(z) \tag{7.6.1-47}$$

式中,h 为耦合长度,$\mathrm{d}\xi(z)$为一个三维的独立维纳(Wiener)过程。

② 我们知道,差分群时延$\langle\Delta\tau\rangle = |\vec{\Omega}| = \sqrt{p_1^2 + p_2^2 + p_3^2}$,其中 p_1、p_2 和 p_3 是偏振模色散矢量的三个分量,它们是互相独立的随机变量。尽管这个随机变量的分布函数受到光纤多种因素的影响,但都应该是高斯分布。而三个独立高斯分布随机变量的平方和,数学上已经证明,属于麦克斯韦分布,其概率密度函数为

$$p(\Delta\tau = x) = \frac{2x^2}{\sqrt{2\pi}q^3}\exp\left[-\left(\frac{x}{2q}\right)^2\right] \tag{7.6.1-48}$$

在上述两点的前提下,方程(7.6.1-46)可解,解的结果为

$$\langle\Delta\tau\rangle = D\frac{h}{\sqrt{2}}\left[\frac{2L}{h} - 1 + \exp\left(-\frac{2L}{h}\right)\right]^{1/2} \tag{7.6.1-49}$$

式中,D 为一个常数,L 为光纤长度。可以看出,当光纤较短(短于耦合长度)时,利用近似公式

$$\exp\left(-\frac{2L}{h}\right) \approx 1 - \frac{2L}{h} + \frac{1}{2}\left(\frac{2L}{h}\right)^2 \tag{7.6.1-50}$$

式(7.6.1-42)化为

$$\langle\Delta\tau\rangle \approx DL \tag{7.6.1-51}$$

这意味着$\langle\Delta\tau\rangle$与长度 L 成正比,而常数 D 的物理意义是在耦合长度内的偏振模色散系数。当光纤较长时,用近似公式 $\exp\left(-\frac{2L}{h}\right)\approx 0$ 和$\frac{2L}{h}-1\approx\frac{2L}{h}$,可得

$$\langle\Delta\tau\rangle = D\sqrt{hL} \tag{7.6.1-52}$$

可知,$\langle\Delta\tau\rangle$与$\sqrt{L}$成正比。

7.6.2 偏振模色散对光信号脉冲波形的影响

假设有一个信号 $f(t)$,它对应的光强为 $P(t) = |f(t)|^2$,对应的频谱为 $F(\Omega)$,并承载在理想的单一频率 ω_0 的光源上,则调制后的光信号为 $F(\Omega)\exp[\mathrm{i}(\Omega+\omega_0)t]$,或 $F(\omega-\omega_0)\exp(\mathrm{i}\omega t)$,其中 $\omega = \Omega + \omega_0$。在光纤的输入端,我们可以使各个频率分量的偏振态都与载频 ω_0 的相同,即 $F(\omega-\omega_0)\exp(\mathrm{i}\omega t)\hat{\boldsymbol{e}}_{\mathrm{in}}(\omega_0)$,其中 $\hat{\boldsymbol{e}}_{\mathrm{in}}(\omega_0)$是一个归一化的复矢量,$|\hat{\boldsymbol{e}}_{\mathrm{in}}(\omega_0) = 1|$,输入光信号偏振态 $\hat{\boldsymbol{e}}_{\mathrm{in}}(\omega_0)$对应的斯托克斯矢量为 $\vec{S}_{\mathrm{in}}(\omega_0)$。

本节只考虑PMD而忽略其他色散。由于存在偏振模色散，光纤输出端各个频率分量的偏振态不再与载频 ω_0 的相同，它取决于方程 $\dfrac{\partial \vec{S}}{\partial \omega}=\vec{\Omega}\times\hat{S}$ 的解。一般地说，$\vec{\Omega}$ 仍然是 ω 的函数，但我们忽略高阶偏振模色散时，可认为它是一个常矢量。7.6.1节已经得出式(7.6.1-34)

$$\vec{S}(\Omega)=\hat{\Omega}\cos 2\theta+(\vec{S}_0-\hat{\Omega}\cos 2\theta)\cos p\Omega+\hat{B}\sin 2\alpha\sin p\Omega \qquad (7.6.1\text{-}34)$$

式中，2θ 是 $\vec{\Omega}$ 与 $\vec{S}_0$ 的夹角，$\hat{B}$ 是 $\vec{\Omega}\times\vec{S}_0$ 方向上的单位矢量。我们将从此式出发导出信号为高斯脉冲 $f(t)=\exp\left(-\dfrac{t^2}{2T_0^2}\right)$ 时脉冲波形的演化，这时它的频谱为 $F(\Omega)=\sqrt{2\pi}\,T_0\exp\left(-\dfrac{\Omega^2T_0^2}{2}\right)$，脉冲的均方根宽度为 $\sigma_0^2=T_0^2/2$。

1. $\vec{\Omega}$ 与 $\vec{S}_0$ 垂直的情形

当 $\vec{\Omega}$ 与 $\vec{S}_0$ 垂直时，$\cos 2\theta=0$ 和 $\sin 2\theta=1$。于是，式(7.6.1-33)化为

$$\vec{S}(\Omega)=\vec{S}_0\cos p\Omega+\hat{B}\sin p\Omega \qquad (7.6.2\text{-}1)$$

$\vec{S}_0$ 对应的偏振态为 $\hat{\boldsymbol{e}}_{0+}$，而与 $\vec{S}_0$ 正交的 $-\vec{S}_0$ 对应的偏振态为 $\hat{\boldsymbol{e}}_{0-}$，$\vec{S}(\Omega)$ 对应的偏振态为 $\hat{\boldsymbol{e}}(\Omega)$，则可将 $\hat{\boldsymbol{e}}(\Omega)$ 分解为 $\hat{\boldsymbol{e}}_{0+}$ 和 $\hat{\boldsymbol{e}}_{0-}$ 的线性组合，即

$$\hat{\boldsymbol{e}}(\Omega)=\cos\frac{p\Omega}{2}\mathrm{e}^{\mathrm{i}\varphi_+}\hat{\boldsymbol{e}}_{0+}+\sin\frac{p\Omega}{2}\mathrm{e}^{\mathrm{i}\varphi_-}\hat{\boldsymbol{e}}_{0-} \qquad (7.6.2\text{-}2)$$

注意，式中 $p=|\vec{\Omega}|$，$\Omega=\omega-\omega_0$。

下面我们将证明，在上述公式中的 φ_+ 和 φ_- 都与 Ω 无关。事实上，由式(7.6.2-1)得到的 $\vec{S}(\Omega)=[s_1(\Omega),s_2(\Omega),s_3(\Omega)]^{\mathrm{T}}$ 中的各个分量 $s_i(\Omega)$ 可以表示为

$$s_i(\Omega)=\hat{\boldsymbol{e}}^+(\Omega)\boldsymbol{A}_i\hat{\boldsymbol{e}}(\Omega),\quad i=1,2,3 \qquad (7.6.2\text{-}3)$$

式中，$\hat{\boldsymbol{e}}^+(\Omega)$ 中的 + 号表示对复矢量 $\hat{\boldsymbol{e}}(\Omega)$ 的厄米转置，$\boldsymbol{A}_1=\begin{bmatrix}1 & \\ & -1\end{bmatrix}$，$\boldsymbol{A}_2=\begin{bmatrix} & 1\\ 1 & \end{bmatrix}$，$\boldsymbol{A}_3=\begin{bmatrix} & \mathrm{i}\\ -\mathrm{i} & \end{bmatrix}$。将它们代入式(7.6.2-3)并令 $\hat{\boldsymbol{e}}_{0+}=\begin{bmatrix}\cos\theta_0\mathrm{e}^{\mathrm{i}\delta_0}\\ \sin\theta_0\mathrm{e}^{-\mathrm{i}\delta_0}\end{bmatrix}$，可得

$$\begin{cases}s_1(\Omega)=s_{01}\cos p\Omega+\sin 2\theta_0\cos\Delta\varphi\sin p\Omega\\ s_2(\Omega)=s_{02}\cos p\Omega+[\sin^2\theta_0\cos(2\delta_0-\Delta\varphi)-\cos^2\theta_0\cos(2\delta_0+\Delta\varphi)]\sin p\Omega\\ s_3(\Omega)=s_{03}\cos p\Omega+[\sin^2\theta_0\sin(2\delta_0-\Delta\varphi)-\cos^2\theta_0\sin(2\delta_0+\Delta\varphi)]\sin p\Omega\end{cases}$$

(7.6.2-4)

式中，$\Delta\varphi=\varphi_+-\varphi_-$。比较式(7.6.2-4)和式(7.6.1-33)，可以看出，$\Delta\varphi$ 确实与 Ω 无关，而且

$$\cos\Delta\varphi=\frac{p_2}{p}\sin 2\delta_0-\frac{p_3}{p}\cos 2\delta_0 \tag{7.6.2-5}$$

这样，信号 $\vec{S}(\Omega)$ 对应的偏振态可分解为两个正交偏振态在频域中的线性组合，为

$$\boldsymbol{e}(\Omega)=\left[|F(\Omega)|\cos\frac{p\Omega}{2}\mathrm{e}^{\mathrm{i}\varphi_+}\right]\hat{\boldsymbol{e}}_{0+}+\left[|F(\Omega)|\sin\frac{p\Omega}{2}\mathrm{e}^{\mathrm{i}\varphi_-}\right]\hat{\boldsymbol{e}}_{0-} \tag{7.6.2-6}$$

两个正交偏振态各自通过傅里叶反变换得到时域表达式，为

$$f(t)=f_+(t)\hat{\boldsymbol{e}}_{0+}+f_-(t)\hat{\boldsymbol{e}}_{0-} \tag{7.6.2-7}$$

式中，

$$f_+(t)=\frac{1}{2\pi}\int_{-\infty}^{+\infty}|F(\Omega)|\cos\frac{p\Omega}{2}\mathrm{e}^{\mathrm{i}\varphi_+}\mathrm{e}^{\mathrm{i}\Omega t}\mathrm{d}\Omega=\exp\left[-\frac{(p/2)^2+t^2}{2T_0^2}\right]\cosh\frac{pt}{2T_0}\mathrm{e}^{\mathrm{i}\varphi_+} \tag{7.6.2-8}$$

$$f_-(t)=\frac{1}{2\pi}\int_{-\infty}^{+\infty}|F(\Omega)|\sin\frac{p\Omega}{2}\mathrm{e}^{\mathrm{i}\varphi_-}\mathrm{e}^{\mathrm{i}\Omega t}\mathrm{d}\Omega=\mathrm{i}\exp\left[-\frac{(p/2)^2+t^2}{2T_0^2}\right]\sinh\frac{pt}{2T_0}\mathrm{e}^{\mathrm{i}\varphi_-} \tag{7.6.2-9}$$

在探测器上获得的功率信号为

$$P(t)=|f(t)|^2=f(t)\cdot f^*(t) \tag{7.6.2-10}$$

考虑到 $\hat{\boldsymbol{e}}_{0+}$ 和 $\hat{\boldsymbol{e}}_{0-}$ 的正交性，有

$$P(t)=|f_+(t)|^2+|f_-(t)|^2=\exp\left[-\frac{(p/2)^2+t^2}{T_0^2}\right]\cosh\frac{pt}{T_0^2} \tag{7.6.2-11}$$

显然，偏振模色散的存在并不会改变总功率，所以 $P_0=\int_{-\infty}^{+\infty}P(t)\mathrm{d}t=\sqrt{\pi}T_0$ 是一个常数，而均方根带宽为

$$\sigma^2=\frac{\int_{-\infty}^{+\infty}t^2P(t)\mathrm{d}t}{P_0}=\frac{T_0^2}{2}+\left(\frac{p}{2}\right)^2 \tag{7.6.2-12}$$

当偏振模色散为零时的均方根带宽 $\sigma_0=\dfrac{T_0}{\sqrt{2}}$，于是脉冲展宽 $\sigma^2=\sigma_0^2+\left(\dfrac{p}{2}\right)^2$。由此，我们可以得出以下结论：由于偏振模色散的存在，当信号为高斯脉冲且 $\vec{\Omega}$ 与 $\vec{S}_0$ 垂直时，会导致：①输出波形不再是高斯脉冲，形状的改变只与 $\vec{\Omega}$ 的大小有关，而与 $\vec{\Omega}$ 和 $\vec{S}_0$ 的方位无关；②脉冲光信号的功率按照 $\exp\left(-\dfrac{p^2}{4T_0}\right)$ 下降；③脉冲会

展宽，其均方根宽度不是按照 DGD 直接相加，而是按照$\left(\frac{\mathrm{DGD}}{2}\right)$均方相加；④均方根展宽的大小与载频的偏振态$\vec{S}_0(\omega_0)$无关。

2. 更一般的情形

为了求得$\vec{\Omega}$与$\vec{S}_0$不垂直时的波形变化，我们必须回到式(7.6.1-33)，为此作变换

$$\vec{S}'(\Omega)=\frac{1}{\sin 2\alpha}[\vec{S}(\Omega)-\vec{\Omega}\cos 2\alpha] \tag{7.6.2-13}$$

这样

$$\vec{S}'_0=\frac{1}{\sin 2\alpha}(\vec{S}_0-\vec{\Omega}\cos 2\alpha) \tag{7.6.2-14}$$

注意$\vec{S}'(\Omega)$和$\vec{S}'_0$都与$\vec{\Omega}$垂直。将$\vec{S}(\Omega)$对应的偏振态$\hat{\boldsymbol{e}}(\Omega)$和$\vec{S}'(\Omega)$对应的偏振态$\hat{\boldsymbol{e}}'(\Omega)$相对于$\vec{\Omega}$对应的一组正交偏振态$\hat{\boldsymbol{e}}_{p+}$和$\hat{\boldsymbol{e}}_{p-}$进行正交分解，有

$$\hat{\boldsymbol{e}}(\Omega)=\cos\theta \mathrm{e}^{\mathrm{i}\varphi_+}\hat{\boldsymbol{e}}_{p+}+\sin\theta \mathrm{e}^{\mathrm{i}\varphi_-}\hat{\boldsymbol{e}}_{p-} \tag{7.6.2-15}$$

$$\hat{\boldsymbol{e}}'(\Omega)=\cos\frac{\pi}{4}\mathrm{e}^{\mathrm{i}\varphi'_+}\hat{\boldsymbol{e}}_{p+}+\sin\frac{\pi}{4}\mathrm{e}^{\mathrm{i}\varphi'_-}\hat{\boldsymbol{e}}_{p-} \tag{7.6.2-16}$$

注意上式中，2θ不随频率改变，所以波形在频域的变化体现在$\varphi(\Omega)$的变化上。下面将证明$\Delta\varphi=\varphi_+-\varphi_-$与$\Delta\varphi'=\varphi'_+-\varphi'_-$相等。事实上，由于斯托克斯矢量的分量$s_1(\Omega)=\hat{\boldsymbol{e}}^+(\Omega)\boldsymbol{A}_1\hat{\boldsymbol{e}}(\Omega)$和$s'_1(\Omega)=\hat{\boldsymbol{e}}'^+(\Omega)\boldsymbol{A}_1\hat{\boldsymbol{e}}'(\Omega)$，代入式(7.6.2-15)和式(7.6.2-16)，可得

$$s_1(\Omega)=p_{01}(\cos^2\theta-\sin^2\theta)+\cos\theta\sin\theta(\mathrm{e}^{-\mathrm{i}\Delta\varphi}\hat{\boldsymbol{e}}_{p+}^{+}\boldsymbol{A}_1\hat{\boldsymbol{e}}_{p-}+\mathrm{e}^{\mathrm{i}\Delta\varphi}\hat{\boldsymbol{e}}_{p-}^{+}\boldsymbol{A}_1\hat{\boldsymbol{e}}_{p+}) \tag{7.6.2-17}$$

$$s'_1(\Omega)=\frac{1}{2}(\mathrm{e}^{-\mathrm{i}\Delta\varphi'}\hat{\boldsymbol{e}}_{p+}^{+}\boldsymbol{A}_1\hat{\boldsymbol{e}}_{p-}+\mathrm{e}^{\mathrm{i}\Delta\varphi'}\hat{\boldsymbol{e}}_{p-}^{+}\boldsymbol{A}_1\hat{\boldsymbol{e}}_{p+}) \tag{7.6.2-18}$$

将式(7.6.2-17)和式(7.6.2-18)代入式(7.6.1-33)，两边要恒等，必然有$\Delta\varphi=\Delta\varphi'$。于是，以下不再区分$\varphi$与$\varphi'$。为求$\Delta\varphi$，首先根据式(7.6.1-33)

$$\vec{S}(\Omega)=\hat{\Omega}\cos 2\alpha+(\vec{S}_0-\hat{\Omega}\cos 2\alpha)\cos p\Omega+\hat{B}\sin 2\alpha\sin p\Omega$$

有

$$\vec{S}'(\Omega)=\vec{S}'_0\cos p\Omega+\hat{B}'\sin p\Omega$$

式中，$\hat{B}'=\hat{\Omega}\times\vec{S}'_0$，$\hat{\Omega}$是$\vec{\Omega}$的单位矢量。根据前面的结论，当$\vec{\Omega}$与$\vec{S}'_0$垂直时，脉冲波形的变化与$\vec{\Omega}$与$\vec{S}'_0$的方位无关，我们不妨设$\vec{\Omega}=[0,0,1]^{\mathrm{T}}$和$\vec{S}_0=[1,0,0]^{\mathrm{T}}$。于是，

$\vec{S}'(\Omega)=\begin{bmatrix}\cos p\Omega\\ \sin p\Omega\\ 0\end{bmatrix}$，从而 $\hat{e}'(\Omega)=\begin{bmatrix}\cos\dfrac{p\Omega}{2}\\ \sin\dfrac{p\Omega}{2}\end{bmatrix}$，由于 $\hat{e}_{p+}=\begin{bmatrix}\cos\dfrac{\pi}{4}\exp\left(\mathrm{i}\dfrac{\pi}{4}\right)\\ \sin\dfrac{\pi}{4}\exp\left(-\mathrm{i}\dfrac{\pi}{4}\right)\end{bmatrix}$，利用式(7.6.2-15)和式(7.6.2-16)，得到

$$\tan\varphi_{+}=\frac{\cos(\theta'+\theta_p)}{\cos(\theta'-\theta_p)}\tan(\delta'-\delta_p) \tag{7.6.2-19}$$

和

$$\tan\varphi_{-}=-\frac{\sin(\theta'+\theta_p)}{\sin(\theta'-\theta_p)}\tan(\delta'-\delta_p) \tag{7.6.2-20}$$

此处，$\theta'=\dfrac{p\Omega}{2}$，$\theta_p=\dfrac{\pi}{4}$，$\delta'=0$ 和 $\delta_p=\dfrac{\pi}{4}$，于是可得 $\varphi_{+}=\dfrac{p\Omega}{2}-\dfrac{\pi}{4}$。同理，可求出 $\varphi_{-}=-\dfrac{p\Omega}{2}-\dfrac{\pi}{4}$，从而 $\Delta\varphi=p\Omega$。而且，$\vec{S}'_0$ 的方位只影响 φ_{+} 与 φ_{-} 的初始值，而不会影响 $\Delta\varphi$，在下面将略去初始值 $\pi/4$。

两个正交偏振态各自经傅里叶反变换成时域表达式，当信号为高斯脉冲时有

$$\boldsymbol{f}(t)=f_{p+}(t)\hat{\boldsymbol{e}}_{p+}+f_{p-}(t)\hat{\boldsymbol{e}}_{p-} \tag{7.6.2-21}$$

$$f_{p+}(t)=\frac{\cos\theta}{2\pi}\int_{-\infty}^{+\infty}|F(\Omega)|\exp\left(\mathrm{i}\frac{p\Omega}{2}\right)\mathrm{e}^{\mathrm{j}\Omega t}\mathrm{d}\Omega=\cos\theta\exp\left[-\frac{(p/2+t)^2}{2T_0^2}\right] \tag{7.6.2-22}$$

$$f_{p-}(t)=\frac{\sin\theta}{2\pi}\int_{-\infty}^{+\infty}|F(\Omega)|\exp\left(-\mathrm{i}\frac{p\Omega}{2}\right)\mathrm{e}^{\mathrm{j}\Omega t}\mathrm{d}\Omega=\sin\theta\exp\left[-\frac{(p/2-t)^2}{2T_0^2}\right] \tag{7.6.2-23}$$

在探测器上获得的功率信号为

$$P(t)=|f(t)|^2=f(t)\cdot f^*(t) \tag{7.6.2-24}$$

考虑到 $\hat{\boldsymbol{e}}_{p+}$ 和 $\hat{\boldsymbol{e}}_{p-}$ 的正交性，有

$$\begin{aligned}P(t)&=|f_{p+}(t)|^2+|f_{p-}(t)|^2\\&=\cos^2\alpha\exp\left[-\frac{(p/2+t)^2}{T_0^2}\right]+\sin^2\alpha\exp\left[-\frac{(p/2-t)^2}{T_0^2}\right]\end{aligned} \tag{7.6.2-25}$$

由此可知：①输出波形可能不再是高斯脉冲，但波形的变化只与 $\vec{\Omega}$ 的大小和夹角 2α 有关，而与 $\vec{\Omega}$ 和 $\vec{S}_0$ 的绝对方位无关(对庞加莱球的坐标系不敏感)；②当 $2\alpha=0,\pi$ 时，光脉冲只有延迟，没有脉冲展宽；当 $2\alpha=\pi/2$ 时，脉冲展宽最大。为了计算不同 2α 时的光脉冲的均方根宽度，首先计算

$$\langle t\rangle=\frac{\int_{-\infty}^{+\infty}tP(t)\mathrm{d}t}{P_0}=-\frac{p}{2}\cos 2\theta \tag{7.6.2-26}$$

$$\langle t^2\rangle=\frac{\int_{-\infty}^{+\infty}t^2P(t)\mathrm{d}t}{P_0}=\frac{T_0^2}{2}+\left(\frac{p}{2}\right)^2 \tag{7.6.2-27}$$

光脉冲的均方根宽度

$$\sigma^2=\langle t^2\rangle-\langle t\rangle^2=\frac{T_0^2}{2}+(|\vec{\Omega}|/2)^2\sin^2 2\alpha \tag{7.6.2-28}$$

于是,光脉冲的均方根展宽为

$$(\sigma^2-\sigma_0^2)^{\frac{1}{2}}=\left(\frac{\mathrm{DGD}}{2}\right)\sin 2\alpha \tag{7.6.2-29}$$

它表明,当输入偏振态与主偏振态一致时,脉冲没有展宽。这个结果与非圆正规光波导中线偏振模(LP 模式)的结果相同,当输入的偏振光也为线偏振光时,脉冲展宽取决于它与线偏振模的夹角。当信号不是高斯脉冲时,也可以由式(7.6.2-22)和式(7.6.2-23)得出它们的时域表达式。

7.7 高双折射光纤(保偏光纤)

7.5 节研究了非圆非正规光波导中偏振态的演化问题,7.6 节研究了这种演化受波长的影响。光纤作为一种良好的传输介质,不仅损耗小、色散也可以做到很小,但偏振态是否能稳定传输?回答是否定的。普通光纤不能保证偏振态的正确传输。关于偏振态的传输,需要解决两个基本问题:

① 偏振态是否可以不失真地传输到远方?

② 如果第一个目标实现不了,虽然偏振态有畸变,但是能否做到稳定传输?以便修正。

很可惜,目前关于第一个问题,我们仍然没有解决方案。也就是说,没有一种方法可以将偏振态不失真地传送到远方,除非在真空中。只要引入了光学元件,都没有办法保证偏振态无失真传输。

关于第二个问题,允许失真但是只需稳定传输的目标,实现起来也相当困难。目前只能实现某个特定偏振态的稳定传输,而没有办法实现对于所有偏振态的稳定传输。要保证偏振态稳定传输,也就是要使光波导的偏振特性(如双折射、模耦合等)稳定。于是,就出现一类特殊光纤,习惯上称为“保偏光纤”。这个称呼是不对的。第一,不能保证接收到的偏振态与输入偏振态一致;第二,它只能保证某个特殊偏振态稳定传输。但无论如何离目标还是更近了一大步。偏振态对应光子的量子态，所以偏振态的传输对于量子通信是非常有意义的。

7.7.1 节介绍了偏振光稳定的性能参数（消光比），以及偏光元件导致偏振光性能恶化的参数（串音）。7.7.2 节讲述高双折射光纤（俗称“保偏光纤”）为什么能够使偏振态的输出稳定；7.7.3 节介绍了两种特殊的高双折射光纤，即线偏振态保持光纤（也就是普通的保偏光纤）和椭圆偏振态保持光纤。

7.7.1 消光比与串音

如果一个偏振光是稳定的，那么它的偏振态会长久保持不变；反过来，如果一个偏振光不稳定，那么意味着它的偏振态在一定时间内随时间变化。那么用什么参数来描述这种稳定性？

1. 偏振度

利用已有的参数——偏振度能否描述这种稳定性？

从物理学的光学部分中知道，光可以分成自然光和偏振光两种，并解释为：自然光是偏振方向不确定的光，而偏振光是偏振方向确定的光。自然界中的光，绝对的自然光与绝对的偏振光都很少，大部分都是部分偏振光。所以，我们用偏振度这个物理量来度量一束光中含有偏振光的多少，因此，偏振度被定义为一束光中含有偏振光多少的度量。但这种说法不是非常准确。

一方面，可以从时域区分偏振光和自然光。光作为一种电磁波，是一种特殊形态的电磁场，描述电磁场最基本的物理量是电场强度和磁场强度，它们都是矢量，因此，只要考察时间足够短，偏振方向总是确定的。也就是说，只要考察时间足够短，所有的光都是偏振光，不存在瞬时的自然光。但是，由于我们目前的检测手段，还来不及跟上光场矢量（电场强度矢量和磁场强度矢量）的变化，我们检测到的光总是一段时间的统计平均值。在这段时间内，偏振方向（或偏振态）可能是变化的，所以偏振度本质上是一段时间内偏振态稳定特性的度量，它与所考察的时间长短有关。若考察时间足够长，这个统计平均值有可能趋于稳定。

另一方面，可以从频域来区分自然光和偏振光。任何一个理想的单一频率的光，都是偏振光。自然光由很多频率分量的偏振光组成，这些频率分量的偏振态如果都相同，那就是偏振光。如果这些频率分量的偏振态作随机分布，则它是自然光。如果一部分频率分量的偏振态相同，另一部分的偏振态随机分布，则它是部分偏振光。

（1）频域偏振度

根据上面的理解，首先建立频域偏振度的概念：频域偏振度理解为不同频率分量偏振态一致性的度量。如果所有的频率分量的偏振态都相同，则这束光就是完全偏振光，偏振度应该为 1；如果所有频率分量的偏振态都完全不同，偏振度为

0；其他则为部分偏振光，偏振度介于 0 和 1 之间。为了定量地建立频域偏振度的概念，我们利用 2.3.2 节讲述的斯托克斯矢量。

设 ω_1 频率对应的斯托克斯矢量为 $\boldsymbol{S}_1(\omega_1)$，$\omega_2$ 频率对应的斯托克斯矢量为 $\boldsymbol{S}_2(\omega_2)$，对两个斯托克斯矢量求和（这是可以的，因为不同频率的斯托克斯矢量相当于功率的量纲，它们之间求和，相当于功率相加——非相干叠加），得到 $\boldsymbol{S}_\Sigma=\boldsymbol{S}_1(\omega_1)+\boldsymbol{S}_2(\omega_2)$。如果两个频率分量的偏振态是一致的，则它们叠加后的模 $|\boldsymbol{S}_\Sigma|$ 就会等于两个频率分量模的叠加，即 $|\boldsymbol{S}_\Sigma|=|\boldsymbol{S}_1(\omega_1)|+|\boldsymbol{S}_2(\omega_2)|$。如果两个频率分量的偏振态是不一致的，则它们叠加后的模 $|\boldsymbol{S}_\Sigma|$ 会小于两个频率分量模的叠加，即 $|\boldsymbol{S}_\Sigma|<|\boldsymbol{S}_1(\omega_1)|+|\boldsymbol{S}_2(\omega_2)|$。所以，根据叠加后总的模 $|\boldsymbol{S}_\Sigma|$ 与两个频率分量模的叠加和 $|\boldsymbol{S}_1(\omega_1)|+|\boldsymbol{S}_2(\omega_2)|$ 之比，可以确定不同频率分量偏振态的一致程度，即偏振度（DOP）可以定义为（图 7.7.1-1）

$$\mathrm{DOP}=\frac{|\boldsymbol{S}_\Sigma|}{\sum_i|\boldsymbol{S}_i(\omega_i)|} \tag{7.7.1-1}$$

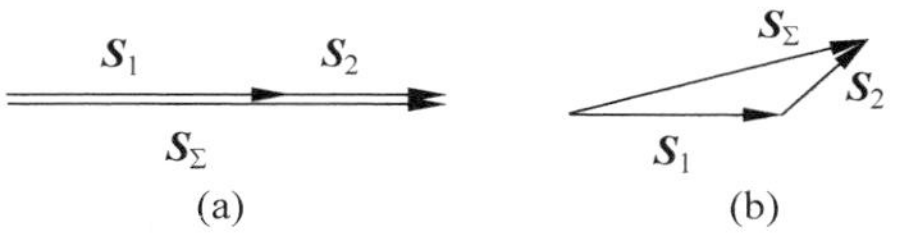

图 7.7.1-1 含有两个频率分量光的偏振度

（a）偏振态一致的情形；（b）偏振态不一致的情形

除此以外，我们还可以考虑这两个频率分量的差值来描述偏振度。如果两个频率相差不大，但 $|\boldsymbol{S}_\Sigma|$ 与 $|\boldsymbol{S}_1(\omega_1)|+|\boldsymbol{S}_2(\omega_2)|$ 的差值很大，则离散度就很大。

把上述概念推广到连续频谱的情形，则偏振度（DOP）的定义为

$$\mathrm{DOP}=\frac{\left|\int_{-\infty}^{\infty}\boldsymbol{S}(\omega)\mathrm{d}\omega\right|}{\int_{-\infty}^{\infty}|\boldsymbol{S}(\omega)|\mathrm{d}\omega} \tag{7.7.1-2}$$

其物理意义为：把所有频率分量的斯托克斯矢量叠加起来，构成一个合成矢量，取模，然后除以它们各自模的总和，就是偏振度。由于 $\boldsymbol{S}(\omega)=s_1(\omega)\hat{\boldsymbol{i}}+s_2(\omega)\hat{\boldsymbol{j}}+s_3(\omega)\hat{\boldsymbol{k}}$，其中，$\hat{\boldsymbol{i}}$、$\hat{\boldsymbol{j}}$、$\hat{\boldsymbol{k}}$ 是庞加莱球的 3 个单位矢量，$|\boldsymbol{S}(\omega)|=s_0(\omega)$。这样

$$\mathrm{DOP}=\frac{\left|\int_{-\infty}^{\infty}[s_1(\omega)\hat{\boldsymbol{i}}+s_2(\omega)\hat{\boldsymbol{j}}+s_3(\omega)\hat{\boldsymbol{k}}]\mathrm{d}\omega\right|}{\int_{-\infty}^{\infty}s_0(\omega)\mathrm{d}\omega} \tag{7.7.1-3}$$

或者

$$\mathrm{DOP}=\frac{\sqrt{\left|\int_{-\infty}^{\infty}s_1(\omega)\mathrm{d}\omega\right|^2+\left|\int_{-\infty}^{\infty}s_2(\omega)\mathrm{d}\omega\right|^2+\left|\int_{-\infty}^{\infty}s_3(\omega)\mathrm{d}\omega\right|^2}}{\int_{-\infty}^{\infty}s_0(\omega)\mathrm{d}\omega}$$

(7.7.1-4)

由于 $s_1(\omega)$、$s_2(\omega)$、$s_3(\omega)$都是实函数，所以

$$\mathrm{DOP}=\frac{\sqrt{\left[\int_{-\infty}^{\infty}s_1(\omega)\mathrm{d}\omega\right]^2+\left[\int_{-\infty}^{\infty}s_2(\omega)\mathrm{d}\omega\right]^2+\left[\int_{-\infty}^{\infty}s_3(\omega)\mathrm{d}\omega\right]^2}}{\int_{-\infty}^{\infty}s_0(\omega)\mathrm{d}\omega}$$

(7.7.1-5)

如果记 $S_0=\int_{-\infty}^{\infty}s_0(\omega)\mathrm{d}\omega$，$S_1=\int_{-\infty}^{\infty}s_1(\omega)\mathrm{d}\omega$，$S_2=\int_{-\infty}^{\infty}s_2(\omega)\mathrm{d}\omega$，$S_3=\int_{-\infty}^{\infty}s_3(\omega)\mathrm{d}\omega$，则

$$\mathrm{DOP}=\frac{\sqrt{S_1^2+S_2^2+S_3^2}}{S_0} \tag{7.7.1-6}$$

这样，就得到了频域偏振度的表达式(7.7.1-6)。由于一个信号的傅里叶变换需要考察的时间足够长，所以式(7.7.1-6)必须观察足够长的时间才有效。

当在所考虑的带宽 $\Delta\omega$ 内，$s_1(\omega)$、$s_2(\omega)$、$s_3(\omega)$都与频率无关，也就是各个频率分量的偏振态都相同，这样 $S_0=s_0\Delta\omega$，$S_1=s_1\Delta\omega$，$S_2=s_2\Delta\omega$，$S_3=s_3\Delta\omega$，不难验算这时 DOP=1。

另外，如在所考虑的带宽 $\Delta\omega$ 内，$s_1(\omega)$、$s_2(\omega)$、$s_3(\omega)$都是均匀分布的，比如每一个 $\boldsymbol{S}_1(\omega_1)$都有一个 $\boldsymbol{S}_2(\omega_2)$与之对应，且 $\boldsymbol{S}_2(\omega_2)=-\boldsymbol{S}_1(\omega_1)$，于是 $\int_{-\infty}^{\infty}\boldsymbol{S}(\omega)\mathrm{d}\omega=0$，这时 得到 DOP=0。

由于 S_0、S_1、S_2、S_3 具有功率的量纲(差一个系数)，可以直接测量，所以已经提出很多测量的方法，有兴趣的读者可以参考有关文献。

(2) 时域偏振度

下面讨论时域偏振度的概念。在 1.1.3 节，我们引入了时域复矢量的概念，在 2.3.2 节又引入了偏振光可以用两个复振幅描述，即

$$\boldsymbol{E}(t)=\begin{pmatrix}\dot{E}_x(t)\\ \dot{E}_y(t)\end{pmatrix}\mathrm{e}^{-\mathrm{i}\omega_0 t} \tag{7.7.1-7}$$

式中，ω_0 是光载频，$\begin{pmatrix}\dot{E}_x(t)\\ \dot{E}_y(t)\end{pmatrix}$表示光的缓变部分，即复振幅。注意每一项都是复

数，它的大小表示这两个分量的振幅，它的相位表示载频的相位。定义时域相干矩阵

$$\boldsymbol{J}(\tau)=\left\langle\begin{pmatrix}\dot{E}_x^*(t)\\ \dot{E}_y^*(t)\end{pmatrix}\otimes[\dot{E}_x(t+\tau),\dot{E}_y(t+\tau)]\right\rangle$$

$$=\begin{pmatrix}[\dot{E}_x^*(t)\dot{E}_x(t+\tau)],[\dot{E}_x^*(t)\dot{E}_y(t+\tau)]\\ [\dot{E}_y^*(t)\dot{E}_x(t+\tau)],[\dot{E}_y^*(t)\dot{E}_y(t+\tau)]\end{pmatrix} \tag{7.7.1-8}$$

式中，⊗代表直积(克罗内克积)，〈·〉代表对自变量平均。在目前所研究的问题中，光场是平稳且各态遍历的；于是相对于自变量的平均可以变为时间平均，且与计时零点无关。于是

$$\boldsymbol{J}(\tau)=\lim_{T\to\infty}\frac{1}{2T}\int_{-T}^{T}\boldsymbol{E}^*(t)\otimes\boldsymbol{E}(t+\tau)\mathrm{d}t \tag{7.7.1-9}$$

在准单色光和缓变近似条件下，相干矩阵 $\boldsymbol{J}(0)$ 描述了互相垂直的两个时域分量的相干性。

$$\boldsymbol{J}(0)=\begin{bmatrix}J_{xx}(0) & J_{xy}(0)\\ J_{yx}(0) & J_{yy}(0)\end{bmatrix}=\lim_{T\to\infty}\frac{1}{2T}\int_{-T}^{T}\boldsymbol{E}^*(t)\otimes\boldsymbol{E}(t)\mathrm{d}t \tag{7.7.1-10}$$

利用这个相干矩阵，我们定义时域的偏振度(DOP)为

$$\mathrm{DOP}=\sqrt{1-\frac{4\mid\boldsymbol{J}(0)\mid}{[J_{xx}(0)+J_{yy}(0)]^2}} \tag{7.7.1-11}$$

为了理解时域偏振度表达式(7.7.1-11)，我们在缓变近似的条件下，复振幅 $\dot{E}_x(t)$ 与 $\dot{E}_y(t)$ 的幅度可以假定与时间无关(也就是考虑准连续光的情形)，但二者的相位差 $\delta(t)$ 与时间有关，于是得到

$$\mid J_{xy}(0)\mid^2=\mid E_xE_y\mid^2\left|\lim_{T\to\infty}\frac{1}{2T}\int_{-T}^{T}\mathrm{e}^{\mathrm{i}\delta(t)}\mathrm{d}t\right|^2 \tag{7.7.1-12}$$

这时，式(7.7.1-11)可化为

$$\mathrm{DOP}=\frac{\sqrt{(E_x^2-E_y^2)^2+4\mid J_{xy}(0)\mid^2}}{E_x^2+E_y^2} \tag{7.7.1-13}$$

若 $\dot{E}_x$ 与 $\dot{E}_y$ 的相位关系完全不确定(两个垂直分量完全不相干)，则

$$\lim_{T\to\infty}\frac{1}{2T}\int_{-T}^{T}\mathrm{e}^{\mathrm{i}\delta(t)}\mathrm{d}t=0 \tag{7.7.1-14}$$

于是 $|J_{xy}(0)|=0$，代入式(7.7.1-13)，得到

$$\mathrm{DOP}=\frac{S_1}{S_0} \tag{7.7.1-15}$$

如果此时 $S_1=0$，即 $|\dot{E}_x(t)|=|\dot{E}_y(t)|$，便有 DOP=0。这表明，从时域角度看，所谓偏振度为 0 的光（自然光），必须符合两个偏振分量的幅度始终相等且相位之间没有任何关联两条限制。因此，这种自然光在自然界并不容易找到。

若 $\dot{E}_x$ 与 $\dot{E}_y$ 的相位关系完全确定（两个垂直分量完全相干），这意味着 $\delta(t)$ 也与时间无关，是一个常数，则

$$\lim_{T\to\infty}\frac{1}{2T}\int_{-T}^{T}\mathrm{e}^{\mathrm{i}\delta}\mathrm{d}t=\mathrm{e}^{\mathrm{i}\delta} \tag{7.7.1-16}$$

从而 $|J_{xy}(0)|^2=|E_xE_y|^2$，代入式(7.7.1-13)，可以得到 DOP=1。这表明，只要两个互相垂直的分量完全相干，则无论这两个分量的功率是否相同，偏振度都是 1（完全偏振光）。这时，偏振态是完全稳定的。也就是说，偏振度为 1 的偏振光是完全稳定的。

而部分偏振光则对应 $\left|\lim_{T\to\infty}\frac{1}{2T}\int_{-T}^{T}\mathrm{e}^{\mathrm{i}\delta(t)}\mathrm{d}t\right|\neq 0$ 且小于 1 的情形。不难想象，该积分越接近于 1，对应的偏振度越大，也就是偏振态越稳定；反之，该积分越接近于 0，偏振度越小，偏振态就越不稳定。

总结以上三种情况，可以得出，偏振度可以作为偏振态稳定性的度量。

(3) 时域与频域两个偏振度定义的一致性

从上面的分析我们可以看出，频域偏振度是不同频率分量偏振态一致性的度量，时域偏振度是两个垂直分量相干性的度量，也就是偏振态稳定性的度量。

我们很容易证明，时域与频域两个偏振度的定义是一致的。为此，我们首先将时域相干矩阵(7.7.1-8)变换到频域，定义

$$\xi_{ij}(\omega)=\int_{-\infty}^{+\infty}J_{ij}(\tau)\exp(\mathrm{i}\omega\tau)\mathrm{d}\tau,\quad i,j=x,y \tag{7.7.1-17}$$

和

$$\boldsymbol{\xi}(\omega)=\begin{pmatrix}\xi_{xx}(\omega) & \xi_{xy}(\omega)\\ \xi_{yx}(\omega) & \xi_{yy}(\omega)\end{pmatrix} \tag{7.7.1-18}$$

不难验证，频域的相干矩阵是厄米矩阵，所以可以把它写成如下形式：

$$\xi(\omega)=\frac{1}{2}\begin{pmatrix}s_0+s_1 & s_2+\mathrm{i}s_3\\ s_2-\mathrm{i}s_3 & s_0-s_1\end{pmatrix} \tag{7.7.1-19}$$

式中，$s_0=\xi_{xx}+\xi_{yy}$，$s_1=\xi_{xx}-\xi_{yy}$，$s_2=\xi_{xy}+\xi_{yx}$，$s_3=\mathrm{i}(\xi_{yx}-\xi_{xy})$，它们都是频率的函数。不难验证，这 4 个量与前面的斯托克斯参量的定义是一致的。另外

$$J_{ij}(\tau)=\frac{1}{2\pi}\int_{-\infty}^{+\infty}\xi_{ij}(\omega)\exp(-\mathrm{i}\omega\tau)\mathrm{d}\omega,\quad i,j=x,y \tag{7.7.1-20}$$

$$J_{ij}(0)=\frac{1}{2\pi}\int_{-\infty}^{+\infty}\xi_{ij}(\omega)\mathrm{d}\omega,\quad i,j=x,y \tag{7.7.1-21}$$

于是有

$$J_{xx}(0)=\frac{1}{2\pi}\int_{-\infty}^{+\infty}[s_0(\omega)+s_1(\omega)]\mathrm{d}\omega=\frac{1}{2\pi}(S_0+S_1) \tag{7.7.1-22}$$

$$J_{xy}(0)=\frac{1}{2\pi}\int_{-\infty}^{+\infty}[s_2(\omega)+\mathrm{i}s_3(\omega)]\mathrm{d}\omega=\frac{1}{2\pi}(S_2+\mathrm{i}S_3) \tag{7.7.1-23}$$

$$J_{yx}(0)=\frac{1}{2\pi}\int_{-\infty}^{+\infty}[s_2(\omega)-\mathrm{i}s_3(\omega)]\mathrm{d}\omega=\frac{1}{2\pi}(S_2-\mathrm{i}S_3) \tag{7.7.1-24}$$

$$J_{yy}(0)=\frac{1}{2\pi}\int_{-\infty}^{+\infty}[s_0(\omega)-s_1(\omega)]\mathrm{d}\omega=\frac{1}{2\pi}(S_0-S_1) \tag{7.7.1-25}$$

进一步可得

$$|\boldsymbol{J}(0)|=\frac{1}{4\pi^2}[S_0^2-(S_1^2+S_2^2+S_3^2)] \tag{7.7.1-26}$$

$$[J_{xx}(0)+J_{yy}(0)]^2=\frac{1}{\pi^2}S_0^2 \tag{7.7.1-27}$$

将式(7.7.1-26)与式(7.7.1-27)代入时域偏振度的定义式(7.7.1-11)，立即可以得到频域偏振度的表达式(7.7.1-6)，表明频域偏振度表达式和时域偏振度表达式是完全一致的。

2. 偏振消光比

从式(7.7.1-14)可以看出，即使两个偏振方向的相位完全不相干，如果 S_1 足够大，以至于 S_1/S_0 接近于1，也就是 $E_x^2-E_y^2\approx E_x^2+E_y^2$，(这意味着 $E_x\gg E_y$)那么也可能获得 DOP≈1 的稳定的偏振光。这意味着它是一种非常稳定的偏振光。

这种两个偏振方向的相位完全不相干的情形，发生在某一个主偏振方向(比如 x 方向)光，受到另一个偏振方向(比如 y 方向)光干扰时的情形。因为干扰光的相位与主偏振光的相位完全不相干，而且干扰光的相位是随机的，其平均效果为零。

(1) 狭义消光比

于是，我们定义偏振消光比 ER 为两个偏振方向功率之比的分贝数：

$$\mathrm{ER}=10\lg(P_x/P_y) \tag{7.7.1-28}$$

不难导出在这种情况下，偏振度与偏振消光比之间的关系为

$$\mathrm{DOP}=\frac{S_1}{S_0}=\frac{1-10^{0.1\mathrm{ER}}}{1+10^{0.1\mathrm{ER}}} \tag{7.7.1-29}$$

或者

$$\mathrm{ER}=10\lg\left(\frac{1-\mathrm{DOP}}{1+\mathrm{DOP}}\right) \tag{7.7.1-30}$$

鉴于时域偏振度需要长时间的统计特性，参见式(7.7.1-8)，所以使用起来很不方便。而偏振消光比只需要测量两个偏振方向的功率，而且容易准确测量，所以

通过测量消光比来评估其偏振稳定性是一种简单易行的方法。前提是两个偏振方向的相位基本不相干。

消光比的另一个好处在于，当消光比很大的时候，它的偏振度 DOP 始终接近于 1，于是，我们很难区分消光比的变化情况。而消光比可以区分那些微小的变化，所以特别有效。

如果我们不能确切知道主偏振方向在哪里，或者本来就是一个椭圆偏振光，或者两个偏振方向的相位是相干的，它们来自同一个光源，有比较确定的关系。于是，式(7.7.1-15)不再适用，式(7.7.1-29)和式(7.7.1-30)不再成立。所以，我们需要建立更一般的偏振消光比的概念。

(2) 更一般的消光比的概念

为了使消光比的概念适用于更一般的情况，我们定义了更一般的消光比的概念。这种情况发生在下列情形：光纤的偏振本征态是椭圆偏振态，或者两个偏振方向的相位有一定的相干性等。

这时，对于一个稳定的偏振态，应该在庞加莱球上表现为一个点；反之，如果它不稳定，将在这个点的附近摆动，参见图 7.7.1-2。

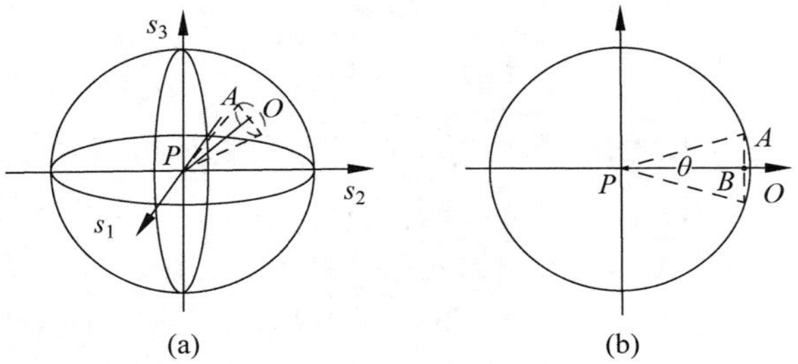

图 7.7.1-2　更一般的消光比的计算
(请扫Ⅱ页二维码看彩图)

图 7.7.1-2 中，一个不稳定的偏振态在庞加莱球上画出以 O 点为圆心，以 OA 为球面半径的一个圆或者一个小的区域。这种现象的出现，是由于光传输的过程中，或者输入光偏振态 $\boldsymbol{S}_{\mathrm{in}}$ 不稳定，或者传输矩阵 $\boldsymbol{M}$ 不稳定。受制造缺陷和不恰当应用等各种因素影响，比如光源波长变化、光纤弯曲、受挤压、扭转以及温度变化等影响导致光纤长度 L 和折射率 n 改变，引起 $\boldsymbol{M}$ 的变化，从而导致输出偏振态变化。这样表现在庞加莱球上不再是一个点，而是一个小的区域。在这时，无论我们如何调整输入偏振态，也无法使其浓缩为一个点，只能采集到一组分布的斯托克斯参数 $\boldsymbol{S}(t)=s_1(t)\hat{\boldsymbol{i}}+s_2(t)\hat{\boldsymbol{j}}+s_3(t)\hat{\boldsymbol{k}}$。

我们用 $\boldsymbol{S}_0=\langle\boldsymbol{S}\rangle=\langle s_1\rangle\hat{\boldsymbol{i}}+\langle s_2\rangle\hat{\boldsymbol{j}}+\langle s_3\rangle\hat{\boldsymbol{k}}$ 表示偏振态的统计平均值，并用方差

$\sigma^2=\langle \boldsymbol{S}^2\rangle-\langle \boldsymbol{S}\rangle^2$ 表示偏振态分布的离散程度，不难证明 $\sigma^2=\sigma_{s_1}^2+\sigma_{s_2}^2+\sigma_{s_3}^2$，也就是总的方差等于各个斯托克斯参数方差之和。因为对于每个斯托克斯参数都是高斯分布，合成的矢量幅度则为麦克斯韦分布。

于是，我们将消光比的概念从“两个正交线偏振方向”拓展为“两个正交偏振态”功率之比的分贝数。综合考虑上述因素，式(7.7.1-28)改写为

$$R_E=10\lg(P_\xi/\Delta P_\eta) \tag{7.7.1-31}$$

式中，P_ξ 为输入光对准的一个偏振本征态的输出功率，ΔP_η 为耦合到与之正交的另一个偏振本征态输出功率的均方差。

因为模耦合或者各种干扰引起的偏振态的变化，其长时统计平均值为零。因此，如果我们不断调节输入偏振态，当调整到偏振态的随机波动最小时，也就是当方差 $\sigma^2=\langle \boldsymbol{S}^2\rangle-\langle \boldsymbol{S}\rangle^2$ 最小时，即可认为 $\boldsymbol{S}_0=\langle \boldsymbol{S}\rangle=\langle s_1\rangle\hat{\boldsymbol{i}}+\langle s_2\rangle\hat{\boldsymbol{j}}+\langle s_3\rangle\hat{\boldsymbol{k}}$ 对应的偏振态为当前状况下的偏振本征态。$\boldsymbol{S}_0=\langle \boldsymbol{S}\rangle$ 对应的功率 P_0 就是该偏振本征态的功率 P_ξ。

为了求因模耦合以及其他干扰源而导致的另一个偏振本征态的功率 ΔP_η，参见图 7.7.1-2(a)，假设统计平均偏振态对应于 O 点，其他偏振态的点将围绕 O 点随机分布。设庞加莱球的球心为 P，在大圆的 O 点附近随机地取一点 A，过 PO 以及 A 点作一个大圆，得到图 7.7.1-2(b)。设 PB 是 PA 在 PO 上的投影，夹角为 θ，于是

$$PB=PA\cos\theta=\cos\theta \tag{7.7.1-32}$$

PB 是随机偏振态 A 对于偏振本征态 O 点的贡献，而 OB 就是因模耦合或者干扰导致的、与偏振本征态 O 点正交的另一个偏振本征态的大小 ΔP_η。OB 的分布应近似于一种麦克斯韦分布，如图 7.7.1-2 所示，图(a)表示理论上麦克斯韦分布，图(b)表示根据实际测量的待测椭圆偏振保持光纤的输出偏振态斯托克斯参数计算的 OB 的分布。所以，我们以 OB 的均方差 σ 作为偏离平均偏振态的功率方差，并

$$\Delta P=k\sigma \tag{7.7.1-33}$$

式中，k 为根据置信区间的要求所决定的系数。代入消光比公式(7.7.1-30)可得

$$R_E=-10\lg(k\sigma) \tag{7.7.1-34}$$

3. 串音与消光比恶化

前面两个大段落，都是研究偏振光本身的稳定性问题，一共提出了两种描述方法，一种是偏振度，另一种是消光比。消光比又可分为狭义的和一般意义的。其中最常用的概念是狭义的消光比，因为它的概念简单、测量容易、精度高，从而被广泛使用。

当一个高消光比的光，通过一个光学系统或者光学元件时，由于光学元件或者系统会引入另一个偏振方向的串扰，或者将主偏振态的光耦合到另一个偏振方向上，导致主偏振态的消光比恶化。度量这个恶化程度的量就是串音。

一个光学器件的串音，定义为当输入的偏振光的消光比无限大时，输出偏振光包含的另一个与其正交的偏振态的统计均方差，即式(7.7.1-31)的 ΔP_η。串音一般不用绝对值，而用相对值的分贝数表示，即

$$CT = 10\lg(\Delta P_\eta / P_\xi) \tag{7.7.1-35}$$

一般来说，$\Delta P_\eta < P_\xi$，所以串音通常都是负值。实际上，由于在现实中找不到消光比无限大的光源，所以，只能假定输入光的消光比为一个比较大的值，比如60dB，考虑到输入光的消光比不是无限大，在这种情况下，用消光比的恶化来描述光学元件的偏振稳定性是更合理的，于是

$$\Delta ER = ER_{\text{in}} - ER_{\text{out}} \tag{7.7.1-36}$$

这样，串音和消光比恶化的关系为

$$\Delta ER = -CT \tag{7.7.1-37}$$

鉴于目前对上述概念还存在一定的模糊认识，所以小结一下：描述一个光学器件偏振稳定性的量有两个，一个是串音，另一个是消光比恶化，二者是相反数。通常认为输入偏振态具有很高的消光比，因此也常常使用输出偏振态的消光比来描述。

7.7.2 保偏光纤稳定输出偏振态的原理

7.7.1 节就偏振态的稳定性指标和光学元件的稳偏性能做了介绍，本节将就高双折射光纤——保偏光纤的保偏原理做一个探讨。

在本节的引言中谈到偏振态传输的两个问题，目前我们还没有办法实现偏振态无失真的传输，只能退而求其次，只需要获得特殊偏振态的稳定传输。这种对于特殊偏振态实现稳定传输的光纤，就是保偏光纤——高双折射光纤。

高双折射光纤为什么能够实现偏振态的稳定传输？很多文献说是因为保偏光纤的高双折射“抑制”了环境的干扰，所以实现了保偏。其实，并不是人为引入的高双折射“抑制”了环境的干扰引起的双折射，高双折射光纤无法抑制环境造成的双折射干扰，只是因为高双折射使环境干扰的双折射对于偏振态的影响变小了。下面我们继续深入研究这个问题。

在 7.3.3 节，我们得到了输出偏振态对应的斯托克斯矢量为 $\vec{S}_{\text{out}}$（注意，此处斯托克斯矢量和缪勒矩阵常出现在同一个公式里，为了便于区分，我们把斯托克斯矢量用带箭头的符号表示）与输入偏振态对应的斯托克斯矢量 $\vec{S}_{\text{in}}$ 之间的关系，联系这两个斯托克斯矢量的为缪勒矩阵 $\boldsymbol{M}$，可表示为

$$\vec{S}_{\text{out}} = \boldsymbol{M}\vec{S}_{\text{in}} \tag{7.3.3-1}$$

这说明，如果要输出偏振态稳定，必需要输入偏振态和缪勒矩阵都稳定。这个认识是粗浅的，因为它还无法与光纤输出偏振态的消光比联系起来。

在 7.5.2 节，我们又得到了双折射矢量的概念，并得到输出偏振态随长度的变

化率正比于双折射矢量的公式

$$\frac{\partial \vec{S}}{\partial z}=\vec{\beta}\times\vec{S} \tag{7.5.2-5}$$

只有当输入偏振态对准光纤的偏振本征态时，才有$\partial\vec{S}/\partial z=0$，这时长度的变化才不会影响输出偏振态。这时，同样要求：①输入偏振态是稳定的；②双折射矢量 $\vec{\beta}$ 是稳定的；③两个矢量完全对准。

为了研究偏振态的稳定性问题，我们把斯托克斯矢量对长度的变化率改成对时间的变化率，由于 $\vec{S}=\vec{S}(z,t)$，也就是说，偏振态同时是距离和时间的函数，于是

$$\Delta\vec{S}=\left(\frac{\partial \vec{S}}{\partial z}\frac{\partial z}{\partial t}+\frac{\partial \vec{S}}{\partial t}\right)\Delta t=\left(\vec{\beta}\times\vec{S}\frac{\partial z}{\partial t}+\frac{\partial \vec{S}}{\partial t}\right)\Delta t \tag{7.7.2-1}$$

从式(7.7.2-1)可以看出，在一段时间内偏振态的变化与双折射矢量、长度随时间的变化以及输入偏振态自身的变化有关。在 $\vec{\beta}\times\vec{S}\neq 0$ 时，长度相对于时间的变化率$\partial z/\partial t$，对于偏振态的不稳定性也有贡献。光纤长度对时间的变化率取决于很多因素，比如温度的变化即热膨胀系数等。由于 $\vec{\beta}$ 包括光纤自身的(固有)双折射和环境引起的随机双折射，所以 $\vec{\beta}=\vec{\beta}_0+\delta\vec{\beta}(t)$，其中 $\vec{\beta}_0$ 是固有双折射，$\delta\vec{\beta}(t)$是环境引起的随机双折射，$\vec{\beta}\times\vec{S}$ 不可能为 0，致使输出偏振态不稳定。

从 7.7.1 节消光比的表达式

$$R_E=10\lg(P_\xi/\Delta P_\eta) \tag{7.7.1-31}$$

我们知道，偏振态的稳定性由偏离主偏振态的部分 ΔP_η 决定，而这个 ΔP_η 并不直接与双折射矢量 $\vec{\beta}$ 相关，而是与输入偏振态与双折射矢量的距离(夹角)相关，参见图 7.7.2-1。

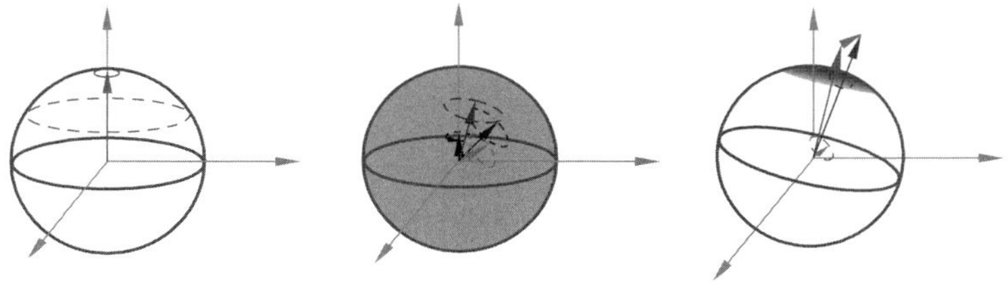

(a)　(b)　(c)

图 7.7.2-1　偏振光进入光纤传输时输出偏振态的变化情况

(请扫Ⅱ页二维码看彩图)

图 7.7.2-1(a)表示输入偏振态距离双折射矢量方向远近的不同情况。当输入偏振态距离双折射矢量较远时，它的轨迹是一个较大的圆(图中的虚线)；当输入

偏振态距离双折射矢量较近时，它的轨迹是一个较小的圆(图中北极附近的一个小圆)。对于低双折射光纤，如普通的单模光纤，它的固有双折射很小，所以主要由环境变化引起的双折射起作用。而环境变化引起的双折射是一个随机的矢量，大小和方向都随机变化。这样，尽管环境引起的双折射矢量非常小，但无论输入什么样的偏振态，都无法与光纤的随机双折射矢量一致，因此，经过一段时间后，偏振态会遍布整个庞加莱球的球面，非常不稳定，如图 7.7.2-1(b)所示。当加大光的固有双折射，在 7.3.5 节已经证明，在固有平均折射率足够大的前提下，多个双折射效应合成的双折射矢量，等于各个单独双折射效应的双折射矢量的矢量和，见式(7.3.4-45)，尽管还是随机变化的，但它的变化角度变得很小，这样一来，当输入偏振态对准固有双折射矢量时，它虽然不能完全对准合成的双折射矢量，但夹角的变化小得多，于是输出的 ΔP_η 的变化范围就会很小，也就是相对稳定了。

上述原理还可以用公式加以说明。

利用式(7.5.2-14)

$$\vec{S}(z+\Delta z)=\hat{\boldsymbol{\beta}}\cos 2\alpha+(\vec{S}-\hat{\boldsymbol{\beta}}\cos 2\alpha)\cos\beta\Delta z+\hat{\boldsymbol{B}}\sin 2\alpha\,\sin\beta\Delta z \tag{7.5.2-14}$$

式中，2α 是 $\vec{\beta}$ 与 $\vec{S}(z)$的夹角，$\hat{\boldsymbol{B}}$ 是 $\vec{\beta}\times\vec{S}(z)$方向上的单位矢量。输出偏振态所绘出的 ΔP_η 为

$$\Delta P_\eta=|\vec{S}-\hat{\boldsymbol{\beta}}\cos 2\alpha\ |=\sin 2\alpha \tag{7.7.2-2}$$

由此可知，如果用消光比来描述输出偏振态的稳定性，那么输出偏振态分布邻域的大小取决于输入偏振态斯托克斯矢量与双折射矢量的夹角 2α。当夹角 $\alpha=0$ 时，消光比无限大，串音为零；反之夹角 $2\alpha=\pi/2$ 时，稳定性非常差。

影响光纤双折射的因素有很多，比如由于光纤的几何对称性不是圆形而导致的固有几何双折射 $\vec{\beta}_{\text{geo}}$，由于人为在光纤中施加应力产生一种固有的应力双折射 $\vec{\beta}_{\text{int}}$，由于光纤弯曲引起的应力双折射 $\vec{\beta}_{\text{bend}}$，以及热光效应产生的双折射 $\vec{\beta}_{\text{them}}$，等等。总的双折射矢量为

$$\vec{\beta}_{\text{total}}=\vec{\beta}_{\text{geo}}+\vec{\beta}_{\text{int}}+\vec{\beta}_{\text{bend}}+\vec{\beta}_{\text{them}}+\cdots=\sum\vec{\beta}_i \tag{7.7.2-3}$$

如果在这些双折射矢量中，有一项 $\vec{\beta}_{\text{int}}$ 的幅值特别大，合成的双折射矢量的大小为

$$\vec{\beta}_{\text{total}}=\vec{\beta}_{\text{int}}+\sum_{\text{other}}\vec{\beta}_i=\beta_{\text{int}}\left(\hat{\boldsymbol{\beta}}_{\text{int}}+\sum_{\text{other}}\frac{\beta_i}{\beta_{\text{int}}}\hat{\boldsymbol{\beta}}_i\right) \tag{7.7.2-4}$$

总的双折射矢量与输入偏振态之间的夹角为

$$2\alpha=\arccos\left[\left(\hat{\boldsymbol{\beta}}_{\text{int}}+\sum_{\text{other}}\frac{\beta_i}{\beta_{\text{int}}}\hat{\boldsymbol{\beta}}_i\right)\cdot\vec{S}_{\text{in}}\right]=\arccos\left[\hat{\boldsymbol{\beta}}_{\text{int}}\cdot\vec{S}_{\text{in}}+\sum_{\text{other}}\frac{\beta_i}{\beta_{\text{int}}}(\hat{\boldsymbol{\beta}}_i\cdot\vec{S}_{\text{in}})\right] \tag{7.7.2-5}$$

由式(7.7.2-5)可以看出,对于夹角 2α 的贡献中,除了人为施加应力而产生的固有双折射外,其他双折射的贡献都乘以一个系数 $\beta_i/\beta_{\text{int}}$,是这两个双折射大小的相对比值。因此,$\beta_{\text{int}}$ 越大,或者其他双折射 β_i 越小,这个夹角越稳定,意味着输出偏振态越稳定。以上就是高双折射光纤能够作为保偏光纤的原理。

最后,值得注意的是,高双折射是保偏光纤对保偏性能的唯一要求。对于双折射矢量的方向是没有要求的,所以,如果光纤的双折射是由线双折射和圆双折射合成的,而且合成的双折射矢量确实比单独制作的线双折射或者圆双折射大,这个工作就是有意义的。如果同时制作两种双折射的难度很大,不能获得更大的双折射,则这样做没有多少意义。从原理上讲,不存在最佳比例的问题。更何况如果是保椭圆态光纤,其对准的难度要增加,不一定有实际意义。

另外要考虑的因素是输入偏振态问题,如果输入偏振态与固有双折射矢量一致,那么输出偏振态就很稳定,否则就很不稳定。

7.7.3　线偏振态保持光纤和椭圆偏振态保持光纤

7.7.2 节研究了高双折射光纤可以作为保偏光纤的原理。我们知道,要制造一根性能良好的保偏光纤,关键是要人为地使光纤双折射矢量的幅值尽可能大,而且其方向要非常稳定。这种人为的双折射称为光纤的固有双折射。在使用中,还要注意输入偏振态的斯托克斯矢量一定要和双折射矢量的方向严格对准。这些是偏振态稳定传输的必要条件。但是,并不要求高双折射光纤的固有双折射是什么方向,只要方向固定且幅值足够大就可以了。这样,根据固有双折射矢量的不同,就可能存在两种或者三种保偏光纤。

第一种保偏光纤是其双折射矢量处于庞加莱球的赤道,它的双折射是一种线双折射。如果所选定的坐标系与双折射矢量一致,那它就是处在 s_1 方向上。

第二种保偏光纤是其双折射矢量处于庞加莱球的南北极,它的双折射是一种圆双折射。

第三种保偏光纤是其双折射矢量处于庞加莱球的其他位置,它的双折射是一种椭圆双折射。

产生高双折射的方法,无非是改变光纤芯层或者包层的几何形状,或者利用光纤中残留的热应力使光纤变成各向异性介质等两种方法。这样做的后果,会导致模斑的形状不是圆、损耗增加以及光纤的机械性能变坏。尤其是过大的残余应力将致使光纤容易断裂,不实用。所以,在获得高双折射的同时,还要顾及光纤的其他性能。所以第二种保偏光纤——保圆偏振态光纤并没有产品供应,市售的产品只有保线偏振态光纤和保椭圆偏振态光纤两种。

1. 线偏振态保持光纤

线偏振态保持光纤就是通常所说的保偏光纤,如果不特别指出"保椭圆偏振态”,那么一般的理解都是“线偏振态保持光纤”。

(1) 结构

如前所述,产生高双折射的方法无外乎:①改变光纤芯层或者包层的几何形状,使光纤的两个线偏振模的传输常数不一致。这种双折射是由于波导结构引起的,称为几何双折射或者波导双折射,这时,光纤仍然是各向同性的,也就是它的介电常数是一个数;②通过改变光纤内部的应力分布,使得光纤材料变成各向异性介质,它的介电常数不再是一个数,而是一个张量,一般为二阶张量。关于各向异性光波导,将在第9章讲述,本节只引用部分结论。当然,这两种方法可以同时使用。目前常用的保偏光纤有椭圆芯光纤、熊猫光纤和领结型光纤。最常用的是熊猫光纤。

① 椭圆芯光纤在7.2.3节有过详细的论述,也提出了分析其双折射的方法。一般来说,椭圆芯光纤的双折射不大,所以在工程实践中很少使用。

另一种椭圆光纤,是椭圆应力光纤,结构如图7.7.3-1所示。这种光纤的芯层仍然是圆形,但是包层中加了一个椭圆应力区。这样,也是使芯层变成了各向异性结构。原理与熊猫光纤、领结光纤差别不大。由于这种椭圆应力区很难制作,市场上很少有销售。

② 熊猫光纤是在光纤芯层的两侧各加入一个圆形应力区,因其横截面的折射率分布恰似熊猫而得名,参见图7.7.3-2。

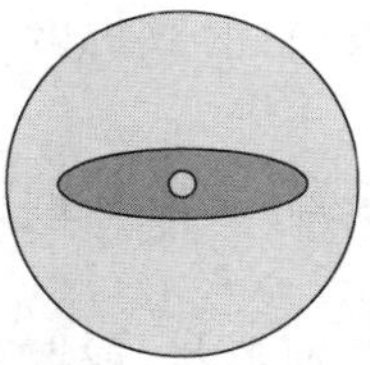

图7.7.3-1 椭圆应力光纤
(请扫Ⅱ页二维码看彩图)

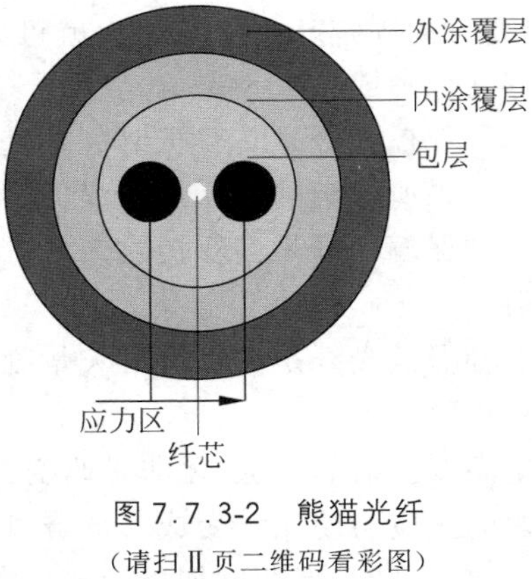

图7.7.3-2 熊猫光纤
(请扫Ⅱ页二维码看彩图)

熊猫光纤的制作,首先是在预制棒的包层打两个圆孔,其次将热胀系数不同的圆棒插入,在熔融拉制冷却时,利用不同材料热胀系数的不同,最后对光纤芯层形成一定的拉应力。

③ 领结光纤的结构参见图7.7.3-3。领结光纤的应力区也是对称地分布于芯层外侧,由于应力区的形状看起来像一个领结,所以称为领结光纤。领结光纤的芯

层采用掺磷的二氧化硅，包层采用掺硼二氧化硅，包层为纯二氧化硅。当它们在高温下拉制时，由于热膨胀系数不同，冷却会产生拉应力，使光纤芯层从各向同性介质变成各向异性介质，导致较大的双折射。

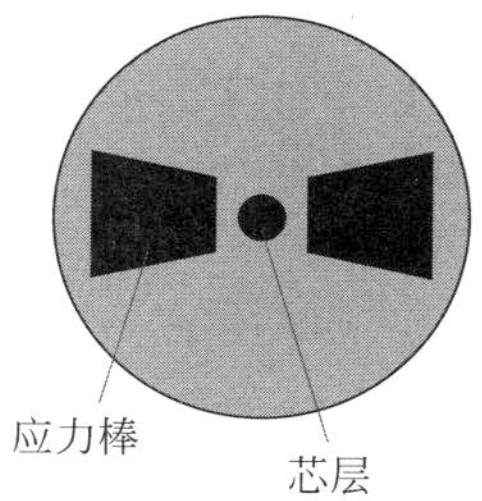

图 7.7.3-3　领结光纤
（请扫Ⅱ页二维码看彩图）

（2）性能

双折射矢量是保偏光纤最重要的指标。显然，它的双折射矢量指向两个应力区中心的连线，另一个是垂直于这个连线的直线。它的双折射的大小，如果采用传输常数差来表示，大略的计算公式为

$$\Delta\beta = k_0 \Delta n = C(\sigma_x - \sigma_y) \tag{7.7.3-1}$$

式中，C 为弹光系数，σ_x 与 σ_y 是两个垂直方向的应力。所以，关键是要使两个垂直方向的应力差尽可能大。

但是，一般来说，采用传输常数差来描述双折射的大小不够直观。更为常用的是拍长。

$$L_B = 1/(k_0 \Delta n) = \frac{2\pi}{\lambda} \frac{1}{n_x - n_y} \tag{7.7.3-2}$$

拍长具有长度的量纲，一般采用 mm 作为单位。市售的保偏光纤的拍长在 3mm 左右。普通单模光纤的拍长不是一个确定的值，在 5～20m 的范围内变化（与光纤当时的放置状态有关）。因此，可以说保偏光纤的双折射为普通光纤的 200 倍以上。

下面我们关注保偏光纤的串音，或者说消光比的恶化。

在 7.7.2 节，我们知道，保偏光纤除了有人为加入的高双折射外，还存在大量的其他双折射。这些双折射有的来自保偏光纤的制作过程，有的来自光纤的放置状态，有的来自外界的干扰。

在保偏光纤的制作过程中，首先是预制棒和拉丝过程产生了纵向不均匀性，从而导致不同模式之间产生耦合。其次光纤在放置或者敷设时，会发生扭转、弯曲以及蠕变，形成新的双折射。光纤绕轴扭转会使偏振主轴旋转，从而产生模耦合。光纤弯曲使光纤指向弯曲半径圆心一侧产生压应力，另一侧产生拉应力。蠕变是光纤涂层的一种现象，在改变光纤放置形状后，光纤涂层要慢慢释放应力才能缓慢恢复到原先的形状，这是一个缓慢的过程。而光纤涂层的弹性模量与石英光纤是不一致的，于是在石英光纤中产生应力。外界环境的变化主要有环境温度的变化、振动、外界应力（拉应力和压应力）等。环境温度的改变，将使前述的干扰双折射发生改变。通常，温度越高，这些双折射越大，固有双折射是由热过程的残余应力导致的，也会随温度升高而变小。此外，还存在热光效应，也就是折射率随着温度变化的现象。所以，温度升高总是使保偏光纤的性能变差。外界的振动波通过空气的传播或者光纤载体（比如桌子）的传播到达光纤，引起光纤振动，从而改变光纤的相

移特性和偏振特性。当进行光纤干涉仪的实验，这一点可以明显地感觉到。比如，正在做干涉实验时，突然有人走过或者开门，这些振动足可以改变干涉的结果。外界应力引起双折射变化是常见的事。比如我们要将其固定在某个位置，就要施加应力，而光纤其余不受压的部分则会受到拉应力。以上所有的因素，都会产生各自的双折射，而且它们是不稳定的。

下面定量分析串音问题，式(7.7.2-2)给出了归一化的串音为(其中 $P_\xi=1$)

$$\Delta P_\eta=\sin 2\alpha=\left|\hat{\boldsymbol{\beta}}_{\text{int}}\times\vec{S}_{\text{in}}+\sum_{\text{other}}\frac{\beta_i}{\beta_{\text{int}}}(\hat{\boldsymbol{\beta}}_i\times\vec{S}_{\text{in}})\right| \tag{7.7.3-3}$$

式中所有的矢量都是归一化的。在理想情况下，假定输入偏振态严格对准保偏光纤的固有双折射轴，即偏振主轴，于是$\hat{\boldsymbol{\beta}}_{\text{int}}\times\vec{S}_{\text{in}}=0$，这样

$$\Delta P_\eta=\left|\sum_{\text{other}}\frac{\beta_i}{\beta_{\text{int}}}(\hat{\boldsymbol{\beta}}_i\times\vec{S}_{\text{in}})\right|=\frac{1}{\beta_{\text{int}}}\left|\sum_{\text{other}}(\beta_i\hat{\boldsymbol{\beta}}_i\times\vec{S}_{\text{in}})\right| \tag{7.7.3-4}$$

这里的 β_{int} 可以认为就是固有双折射的传输常数差，于是

$$\Delta P_\eta=\frac{1}{\Delta\beta}\left|\sum_{\text{other}}(\beta_i\hat{\boldsymbol{\beta}}_i\times\vec{S}_{\text{in}})\right| \tag{7.7.3-5}$$

代入式(7.7.3-2)，得到

$$\Delta P_\eta=\frac{1}{C(\sigma_x-\sigma_y)}\left|\sum_{\text{other}}(\beta_i\hat{\boldsymbol{\beta}}_i\times\vec{S}_{\text{in}})\right| \tag{7.7.3-6}$$

式(7.7.3-6)可以用来对保偏光纤的串音进行理论分析。当然，它是一个统计值，要用概率的方法分析。

2. 椭圆偏振态保持光纤

椭圆偏振态保持光纤的市场需求，并不是为了稳定的传输某个椭圆偏振态，而是用于对圆双折射进行测量的一种特殊传感光纤。

光纤不仅作为一种传输介质，也常用来作为传感元件。关于光纤传感是一个很大的题目，不是本书的任务。光的所有参数均可用于传感，包括光的功率(包括幅度)、相位、偏振态以及波长等四个基本参数。而作为一个传感元件，光纤所有的传输特性参数，都可以用来制作传感器，包括传输损耗、相移、双折射以及反射、散射和各种非线性(导致波长变化)等。基于法拉第磁光效应的光纤电流传感器，是一种通过测量光的输入输出偏振态、进而测量双折射矢量随电流变化的一种传感器。电流对光纤的作用相当于引入了一个圆双折射，测出这个圆双折射的大小也就测量出来电流的大小。

如果用普通单模光纤来制作，由于普通单模光纤的双折射矢量的方向与大小都是完全不确定的，而被测的电流引起的圆双折射与它们之间是矢量叠加的关系，所以合成的双折射矢量的方向与大小也是完全不确定的。要把电流引起的圆双折

射从其他由环境影响造成的干扰双折射中分离出来，或者没有可能，或者处理非常麻烦。尤其是当电流较小时，它形成的圆双折射几乎完全淹没于环境影响产生的干扰双折射中，有较大误差。对于交流电，会引起波形失真。因此，想到用保偏光纤来制作。

普通的保偏光纤，都是线偏振态保偏光纤，它的双折射矢量指向庞加莱球的赤道。参见图 7.7.3-4，图(a)是线偏振态保偏光纤用于电流传感的庞加莱球。其中保偏光纤的固有双折射用$\boldsymbol{\beta}_{\text{eng}}$ 表示，它是赤道面上的一个矢量；由被测电流引起的双折射矢量用 $\vec{\beta}_t$ 表示，方向指向北极，大小随电流的变化而变化；由图可见，它们的合成矢量 $\vec{\beta}_{\text{total}}$ 既不在赤道上，也不指向北极，而是北半球的一个任意方向。当电流变化时，$\vec{\beta}_{\text{total}}$ 不仅大小变化，而且方向也变化，这就对于检偏造成极大困难。在图 7.7.3-4(b)中，由于保偏光纤是保椭圆偏振态光纤，固有双折射矢量非常贴近指向北极。合成的双折射矢量 $\vec{\beta}_{\text{total}}$ 的方向，随着电流的变化也会发生微小变化。然而相对于线偏振保持光纤来说，变化就小多了。所以大大提高了检测灵敏度，减少了检测误差。这就是利用保椭圆偏振态光纤可以更适于电流传感器使用的检测原理。

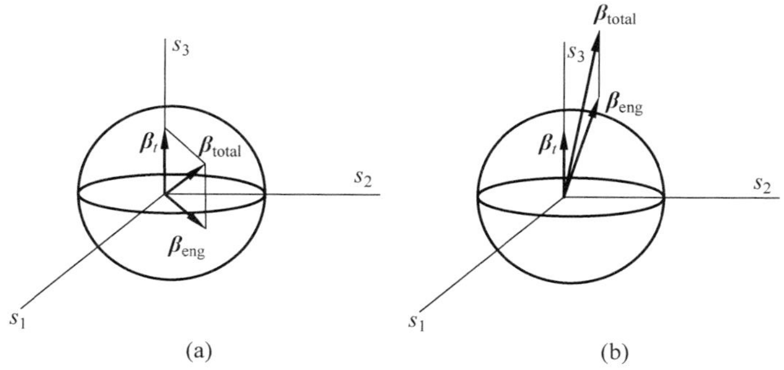

图 7.7.3-4　保偏光纤用于电流传感

在图 7.7.3-4(b)中，当固有双折射与传感双折射方向一致时，二者可以直接按大小相加，就呈线性关系，只要在测量结果中减去固有双折射就可以了。根据式(7.7.2-4)，合成的双折射为

$$\vec{\beta}_{\text{total}}=\vec{\beta}_{\text{geo}}+\vec{\beta}_{\text{int}}+\vec{\beta}_{\text{cur}}+\vec{\beta}_{\text{bend}}+\vec{\beta}_{\text{them}}+\cdots=\sum\vec{\beta}_i \tag{7.7.3-7}$$

式中，$\vec{\beta}_{\text{cur}}$ 是电流引起的圆双折射。如果主要考虑固有双折射和电流传感双折射，可写为

$$\vec{\beta}_{\text{total}}=\vec{\beta}_{\text{int}}+\vec{\beta}_{\text{cur}}+\sum_{\text{others}}\vec{\beta}_i \tag{7.7.3-8}$$

当固有双折射与圆双折射一致时，有

$$\vec{\beta}_{\text{total}} = (\beta_{\text{int}} + \beta_{\text{cur}})\hat{\boldsymbol{k}} + \sum_{\text{others}} \vec{\beta}_i \tag{7.7.3-9}$$

式中，$\hat{\boldsymbol{k}}$ 为庞加莱球北极方向的单位矢量。于是

$$\vec{\beta}_{\text{total}} = (\beta_{\text{int}} + \beta_{\text{cur}})\hat{\boldsymbol{k}} + \sum_{\text{others}} \frac{\beta_i}{\beta_{\text{int}} + \beta_{\text{cur}}} \hat{\boldsymbol{\beta}}_i \tag{7.7.3-10}$$

从式(7.7.3-10)可以看出，指向北极方向的固有双折射的引入，不但使总的合成双折射基本指向北极，其大小也与电流的传感双折射呈线性化，而且环境干扰双折射的作用会被有效抑制。

现在的问题是如何实现高圆双折射光纤？我们知道，理想的单模光纤有两个基模(矢量模)$\text{HE}_{11}^{\text{L}}$ 和 $\text{HE}_{11}^{\text{R}}$，它们是两个旋向相反的圆偏振光，也就是说，理想的单模光纤的本征态就是圆偏振态，所以可以认为它就是圆偏振光纤。然而，实际的单模光纤，由于干扰双折射的存在，不能实现圆偏振态保持不变。如果能够使这两个偏振态对应的传输常数产生很大的差异，如同线偏振态保持光纤所做的那样，就可以得到大的圆双折射值，也就是圆偏振态保持光纤。

那么如何加大这两个圆偏振态的传输常数差？

设想将保偏光纤匀速旋转起来，当输入一个与其双折射同方向的线偏振光，随着光纤的旋转，这个线偏振态也不断旋转，宏观上好似一个圆偏振光。因此，我们可以通过把保偏光纤旋转的方法，实现具有高圆双折射的光纤。当然，这需要严格的证明。由于旋转的截距不会小到零，因此，这种方法不会实现真正的圆保偏光纤，只能实现椭圆偏振态保持光纤。

小结一下：椭圆偏振态保持光纤是在线偏振态保持光纤的基础上经过旋转获得的一种以椭圆偏振态作为偏振本征态的光纤。

第 7 章小结

本章研究了折射率分布非理想正圆的一类光波导——非圆光波导，而无论它是正规的还是非正规的。这种光波导的主要特征是其各个传输参数随着光场偏振态的改变而改变的现象，也就是偏振现象。

在本章和第 9 章，偏振问题都是研究的重点。

对于正规的非圆光波导，存在**偏振模**(**polarization mode**)的概念，所以在这种光波导中，主要研究偏振模如何影响波导内部光波的传播。而对于非正规的非圆光波导，不存在偏振模的概念，只存在**偏振态**(**state of polarization, SOP**)的概念，偏振特性体现在偏振态的演化上。

描述偏振模演化的量有传输常数差、归一化双折射、拍长等。

描述偏振态演化的量有传输矩阵(T矩阵)、琼斯矩阵、缪勒矩阵等。

注意，用偏振模演化的量(传输常数差、归一化双折射以及拍长等)来描述非正规非圆光波导的偏振态演化，是不严谨的做法。但反过来，非圆正规光波导可以看作非圆非正规光波导的特例，所以这些描述偏振态演化的量(传输矩阵、琼斯矩阵、缪勒矩阵等)也适用于非圆正规光波导。

描述偏振态随光波导长度(光纤的长度等)变化的量，称为双折射矢量，是庞加莱球上的一个矢量，其方向指向一个特定的偏振态。当光波在其内传播时，这个偏振态在一阶近似的前提下不变。双折射矢量的大小用以描述偏振态绕双折射矢量旋转的角速度。

此外，描述偏振态演化的量还有琼斯-缪勒四元数(JMQ)，是一个以e为底指数形式的四元数，其指数也是一个四元数。指数的标量部分描述了偏振无关的相移和损耗，矢量部分描述了偏振相关的相移(双折射)和偏振相关损耗。指数矢量部分的方向，指向双折射矢量的方向；矢量部分的大小，实部描述了偏振相关相移(双折射)，虚部描述了偏振相关损耗。

指数四元数的矢部可以分别向斯托克斯空间的三个坐标投影，在 s_1 方向的投影表示线双折射的大小，作用是使一个输入偏振态在庞加莱球上绕 $\hat{i}$ 轴旋转，也就是使一个输入线偏振态逐渐变成椭圆偏振态，甚至圆偏振态；它在 s_2 方向的投影，表示两个偏振模之间模耦合，导致输入线偏振态绕 $\hat{j}$ 轴旋转，逐渐从线偏振态变成椭圆偏振态以及圆偏振态；它在 s_3 方向的投影反映的是圆双折射的大小，其作用是使一个输入的线偏振态在赤道上旋转，或者输入一个椭圆偏振态在纬线上旋转。

描述偏振态随频率(波长)变化的量，称为偏振模色散。这是一个不严谨的命名。对于正规的非圆光波导，偏振模色散可以理解为两个正交偏振模的群时延差，但是，它不适合描述非正规的非圆光波导，因为这里由于模耦合的存在，而使偏振模失去意义。更为严谨且普遍适用的量是偏振模色散矢量(理应称为偏振态色散矢量)。偏振态色散矢量描述的是一种色散现象，而不是像某些文献上所说的那样，是模式跑得快或跑得慢的问题。它的本质是：如果输入光波导的光是具有确定偏振态且包含多个波长的光，而输出时不同波长的光变成了不同的偏振态，也就是光波导的缪勒矩阵随波长变化的现象。所以，偏振模色散矢量使得偏振度下降。偏振模色散矢量与琼斯-缪勒四元数的矢量部分直接对应。

本章最后研究了偏振态无失真传输的问题，指出到目前为止，人们无法保证任意偏振态无失真地在光波导中传输，只能保证特定偏振态的稳定传输，这种用于保证特定偏振态稳定传输的光纤称为“保偏光纤”(不准确的命名)。7.7节首先研究了描述保偏光纤性能的参数：消光比恶化和串音；然后分析了高双折射光纤能够使它的特定偏振态较为稳定传输的原理；最后介绍了两种保偏光纤：线偏振保偏光纤和椭圆偏振态保偏光纤。

由于历史的原因和偏振问题的复杂性，造成了很多文献的表述不是很准确，概念描述也不准确（比如偏振模色散的概念），请读者们务必注意。

第 7 章思考题

7.1 一个圆形光波导，外层和内层的两个圆不同心，是否属于圆光波导？

7.2 所谓的“光子晶体光纤”是否可以看作圆光波导？

7.3 举出两个非圆光波导的例子。

7.4 非圆光波导的坐标系是否可以随意假定？如果假定的坐标系与非圆光波导的主轴不一致，将如何处理？

7.5 对于一个正规的非圆光波导，比如椭圆芯光波导，是否存在 TE_{0n} 和 TM_{0n} 模式？为什么？

7.6 对于一个正规的非圆光波导，比如椭圆芯光波导，是否存在 LP_{0n} 模式？为什么？

7.7 在分析二层非圆光波导中，使用等容原则时对应的模式是什么模式，得出的 $\bar{\beta}=\beta_0$，是哪个模式的传输常数？

7.7 为什么在计算两个模式的传输常数差时，一定要引入高阶模？请解释。

7.8 在式(7.2.3-8)和式(7.2.3-9)中，引入了非圆对称性因子 $\cos 2\phi$ 和 $\sin 2\phi$，为什么？

7.9 在无限延伸的平方律椭圆光波导中，$m=0$ 表示什么意思？请绘出这时的模式场。

7.10 在非圆非正规光波导中，为什么说偏振态的演化是它的主要特征，这时候偏振模的概念是否还有用？请说明偏振模和偏振态概念的异同。

7.11 在研究正规光波导偏振态的过程中，有一个潜在的假设，即同一横截面上光场分布的偏振态是相同的。否则我们不仅要关心偏振态沿纵向的变化，还要研究偏振态沿横向的变化。这个假定是否正确？在什么情况下不能使用这个假定？

7.12 在圆光波导中，HE_{11} 模是它的基模，它在横截面上各点的偏振态是否都相同？或许还存在某种差异，请给出分析。

7.13 请说明，在无损光波导中，如何根据能量守恒定律导出相位匹配条件？

7.14 如果不忽略光波导的损耗，光波导的传输矩阵又将变成什么？也就是式(7.3.2-3)将如何变化？相位匹配条件是否还成立？

7.15　考虑到光波导的损耗，它的传输矩阵（$\boldsymbol{U}$ 矩阵）应该是什么样子？请说明。

7.16　用 3 个元素描述的三阶斯托克斯矢量，和用 4 个元素描述的四阶斯托克斯矢量，是否在同一个空间中？如果把它们放在同一个空间中，会出现什么问题？

7.17　三阶缪勒矩阵是否是四阶缪勒矩阵的子集？尤其是归一化以后，又该如何？

7.18　三阶缪勒矩阵能否反映偏振相关增益（或损耗）？偏振相关损耗反映在缪勒矩阵的哪些元素中？

7.19　分析式(7.3.3-7)描述的三阶缪勒矩阵。请说明它的元素的对称性。

7.20　四阶缪勒矩阵的第 0 行和第 0 列的元素，分别代表什么物理意义？

7.21　为什么说偏振态是非圆光波导的基本形态？而偏振模不是它的基本形态，即使是对于正规光波导，在波导中传输的也是一个个偏振态，偏振态与偏振模有什么关系？

7.22　在什么情况下，一个光波导的偏振主轴是不变的？请解释。

7.23　一般情况下，一个光波导的偏振主轴是会变化的，这是因为：①光波导长度的变化；②使用波长的变化；③光波导折射率的变化。请解释这些因素如何影响偏振主轴的变化。

7.24　是否任何光波导都存在偏振主轴？请详细说明如何计算主轴的夹角。

7.25　如果光波导的损耗不可忽略，那么这种光波导是否仍然存在主轴？给出主轴夹角表达式。

7.26　请指出式(7.3.5-4)中

$$\mathscr{A}=[(k_0 n_0+\mathrm{i}\bar{\alpha}/2)+\hat{\boldsymbol{n}}(k_0\Delta n+\mathrm{i}\Delta\alpha)]L \tag{7.3.5-4}$$

各个参数的物理意义，为什么说它概括了一段光波导的全部偏振特性？

7.27　请由式(7.3.5-4)导出其对应的缪勒矩阵，通过这个推导过程，你体会到了什么？

7.28　在式(7.3.5-4)中，单位矢量 $\hat{\boldsymbol{n}}$ 可用斯托克斯空间的三个基本矢量 $\boldsymbol{s}_1$、$\boldsymbol{s}_2$、$\boldsymbol{s}_3$ 来描述，那么 $\hat{\boldsymbol{n}}$ 对这三个基本矢量的投影，分别表示什么物理概念？

7.29　当有多重双折射效应存在时，比如同时存在电光效应和弹光效应，它们的双折射矢量是按照矢量相加的，可以相加的前提是什么？

7.30　导出一块各向同性的晶体，同时向它施加电场和压力，如果电场方向和压力方向重合，合成的双折射是什么样？请给出数学推导。

7.31　导出一块各向同性的晶体，同时向它施加电场和压力，如果电场方向和压力方向不重合，合成的双折射将如何变化？请给出数学推导。

7.32 比较用缪勒矩阵、主轴矩阵以及双折射四元数等方法来描述光波导的偏振特性，各有什么优缺点？

7.33 搓绞光纤是目前 G.652 光纤普遍采用的工艺，其目的是减小光纤的偏振模色散，请说明通过搓绞光纤可以减小偏振模色散 PMD 大小的原理。

7.34 请说明当偏振模耦合系数为常数时，偏振态 SOP 将如何演化？进行公式推导加以证明。

7.35 我们知道，正规的非圆光波导的两个偏振模的传输常数是固定的，互不相干。当考虑存在模耦合时，这两个传输常数还能保持互不相干吗？请解释。

7.36 光波导广义的双折射包括哪些内容，它们如何表现在庞加莱球上？

7.37 线双折射在庞加莱球上表现为偏振态如何旋转？请解释。

7.38 圆双折射在庞加莱球上表现为偏振态如何旋转？请解释。

7.39 模耦合在庞加莱球上表现为偏振态如何旋转？请解释。

7.40 有人说模耦合抵消了线双折射，从而使光纤的 PMD 减小，你是否认同这个观点？请说明。

7.41 许多人在解释偏振模色散时，都用一个模式跑得块、另一个跑得慢来说明。所以他们得出结论说，“偏振模色散”这个术语不准确，它不是一种色散现象，而是一种时间延迟的“弥散”现象。你是否认同这个观点，为什么？

7.42 请对比描述非圆光波导的三种特殊偏振态，即本征态、偏振主轴以及主偏振态，请分别说明它们的物理含义，并比较它们的优缺点。

7.43 请说明偏振模色散矢量的大小和方向分别代表的物理意义。

7.44 请解释式(7.6.1-33)的物理意义，利用庞加莱球说明。

7.45 联系偏振模色散矢量和双折射矢量的方程(7.6.1-45)为

$$\frac{\partial \vec{\Omega}}{\partial z}=\vec{\beta}\times\vec{\Omega}+\frac{\partial \vec{\beta}}{\partial \omega} \tag{7.6.1-45}$$

在这个方程中，双折射矢量仅包括线双折射吗？如果双折射矢量是圆双折射，结果将如何？

7.46 用式(7.6.1-45)说明搓绞光纤减弱偏振模色散的原理。

7.47 在论述光纤长度对于 PMD 的影响时，说：“短光纤的时延差正比于光纤长度，长光纤的时延差正比于平方根长度，如果光纤不长不短，又当如何？”

7.48 描述光纤 PMD 对于高斯脉冲展宽的公式为

$$(\sigma^2-\sigma_0^2)^{\frac{1}{2}}=\left(\frac{\mathrm{DGD}}{2}\right)\sin 2\alpha \tag{7.6.2-29}$$

你如何理解？由于光纤的主偏振态是不稳定的，会随机变化，而输入偏振态也会随机变化，这时，该如何使用式(7.6.2-29)来计算脉冲展宽？

7.49　历史上曾有一种测量 PMD 大小的方法，是通过测量输出光的偏振度来测量 PMD，这种方法是否可行？DGD 与 DOP 是什么关系？可否尝试论证一下。

7.50　如何理解本书关于频域偏振度是各个分量偏振态一致性的度量的定义？过去在《大学物理》教材中，关于偏振度定义为一束光中含有偏振光多少的度量，这个定义有什么问题？

7.51　请比较偏振度与消光比两个概念的异同，在什么场合用哪个概念更合适？

7.52　消光比一定是 x 偏振方向和 y 偏振方向的功率比吗？这样定义有什么问题？

7.53　有人说串音就是消光比的倒数，这种说法有什么问题？

7.54　关于将一个任意偏振态无失真地传输到远处的问题，除了在无限大均匀介质外，还有别的方法吗？保偏光纤能解决这个问题吗？

7.55　保偏光纤能够抑制环境对偏振态不失真传输的影响吗？请解释。

7.56　请比较三种不同结构的保偏光纤，如果你是公司的决策者，想开发一条保偏光纤生产线，你会选择哪种结构？

第 8 章

微结构圆光波导

8.1 微结构圆光波导的概念

微结构圆光波导，仍然是一种圆柱形的正规光波导，特点是它的折射率在横截面上的分布呈现很复杂的状况。也就是说，除了前面各章所述的折射率分布呈现简单的分布函数以外，所有更为复杂的结构都可称为微结构圆光波导。这里所谓的“微结构”的“微”字，其实没有实质性意义，因为作为最常用的圆光波导——光纤，其直径在 125μm 以下，已经属于微纳量级的加工，只不过“微结构”这个词听起来更高大上而已。

在微结构光波导中，有一大类是具有一定周期性结构的光波导，或者周期性结构的光纤。这种具有周期性结构的光纤，常被不合逻辑地称为“光子晶体光纤”。这个术语常引起很多误解，误认为这种光纤具有晶体的结构，存在各向异性，并且使用了“光子技术”这个时髦的术语。自从爱因斯坦提出光子的概念以来，“光子”这个术语常被滥用。比如“光子雷达”之类。“光子”是“光量子”的简称，也就是光的量子性的表现。当光与物质相互作用时，表现为量子性，这时用光子的概念比较准确。而当它在传播时，它的波动性表现比较明显，称它为光波更为合理。当光在介质中传播时，一方面要与物质相互作用（极化），表现出量子性；另一方面又在传播，表现出波动性。但目前研究微结构光波导的理论基础仍然是波动理论，而不涉及光的量子理论（光子理论）。

具有周期性结构的微结构光波导，即所谓的“光子晶体”或者“光子晶体光波导”，以及“光子晶体光纤”等，总体上可以分为两类。以圆波导（光纤）为例，可以分为内全反射型光子晶体光纤和带隙光纤两类。参见图 8.1.0-1。从结构上看，内全反射型有一个实芯的纤芯，外面布满了空气孔；带隙光纤的纤芯是一个空气孔，外面同样布满了空气孔。

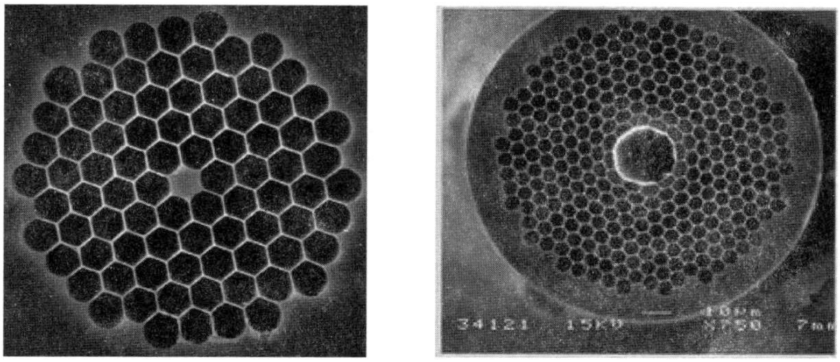

(a)　　　　　　　　　　(b)

图 8.1.0-1　微结构光纤的截面

（a）内全反射型微结构光纤；（b）带隙光纤

“内全反射”是一个没有经过定义的术语，未必合理，本质上它是当光从光密介质到光梳介质时在界面所形成的全反射，称为密梳界面全反射更为合理。通常，大多数情况下，“全反射”就是指“密梳界面”的全反射，因此可以省去“内”字。但大家都这么称呼，本书尊重这个习惯。

内全反射型微结构光波导在导光机理上，与第 3 章所述的正规光波导没有什么不同，它包含一个芯层和若干包层，芯层折射率高、包层折射率低。根据全反射原理，其满足入射角在数值孔径角内的入射光，它将被约束在芯层和芯层附近的包层内传输。这种内全反射型微结构圆波导与传统圆光波导的差别只不过在于：在内全反射型的微结构光纤中，没有明确的芯层与包层的分界面，有点类似于第 5 章的渐变型光波导。而传统的圆光波导，有相对明确的芯层与包层的分界面。

相对于渐变型圆光波导，内全反射型微结构圆光波导与其不同之处在于，前者是完全旋转对称结构，也就是无论将圆波导绕轴心旋转多少度，其结构都是相同的；而内全反射型微结构圆光波导只能旋转有限的角度是对称的，这要视有空气孔的排列而定。

既然它们的导光原理没有什么不同，为什么还要研究这种复杂结构的光波导呢？当时的研究初衷大概有这样几条。

（1）降低包层折射率

全反射型光波导，无论是以前学习过的单模光纤，还是本节研究的微结构光纤，要实现全反射，必需芯层的折射率高于包层的。如何实现这一点呢？大概有两个思路：①增加芯层的折射率，包层采用纯石英；②降低包层的折射率，芯层采用纯石英。

如果采用增加芯层折射率的方法，那就要对芯层掺进一些高折射率材料，比如五氧化二磷。这样虽然折射率增加了，但由于两种材料的热胀系数不同，在加工过程中会导致大量的残余应力、损耗增加，而且长期稳定性不好。

如果采用降低包层折射率的方法，就是要包层掺杂。但能使二氧化硅折射率降低的掺杂材料很少。可用的材料为氟系材料，同样会带来很多工艺问题。

目前主流的工艺是芯层掺杂。但是，由于芯层是纯石英，导光性能好，所以降低包层的折射率无疑是更好的方案。由于在微结构光波导中采用了空气孔作为包层，空气的损耗和折射率都很低，有可能较好地解决这个问题。

(2) 改善光纤的性能

这里主要是指改变其双折射、非线性、传输常数等。微结构光纤的参数不仅有芯层折射率、包层折射率以及芯层半径等传统的参数，还包括空气孔的大小、孔间距、孔数等多个参数，可以通过调节这些空气孔的大小以及孔间距等参数，来调节光纤的这些性能参数。确实，利用这种办法可以获得一些小的改进，但总体上说，通过改变波导结构而不改变波导材料，所取得的进展非常有限。

(3) 传感器应用

一方面微结构光纤含有较多的孔，当把这种光波导或者光纤作为气体或者液体传感器时，可以增大波导与被测气体或者液体的接触面积，有利于传感，因此可用作气体或液体传感器。但另一方面，由于小孔壁的吸附效应，使得在传感器中残留了前一次测试的样本，为此不得不采取气泵或者液泵的措施，系统结构复杂。

总之，内全反射型微结构光波导或者微结构光纤，没有带来实质性的好处，没有达到人们的预期，经过几年的实践，并没有获得广泛商业应用。内全反射型微结构圆光波导将在 8.2 节中讨论。

另一类微结构光纤，是所谓的带隙光纤。

这类微结构光纤的特点是纤芯是空气或其他气体。它与传统的光波导原理上有所不同。如果不利用全反射原理(密疏界面全反射)，那么还有其他办法将光束缚在光纤中传输吗?

在 6.5 节光波导光栅中就曾经导出，对于具有周期结构的光栅，它在特定波长上会发生全反射。这种全反射，在原理上和光从光密媒质折射到光疏媒质的全反射原理是不一样的。为了区分这两种不同原理的全反射，把从光密媒质到光疏媒质发生的全反射如前面所述的那样称为内全反射；而把发生于光栅端面相干叠加的全反射，称为干涉型全反射。发生在光栅端面的全反射(干涉型全反射)是由于在纵向周期结构的光波导中，光在光栅的每层界面上都发生反射与折射，而这些反射光在始端相干叠加，最后呈现一种类似于全反射的现象。所以，它是干涉叠加的结果，干涉叠加是基本前提，也就是在分层界面上所有的光到达始端时相位必须相同。这导致这种全反射对波长非常敏感，频域特性具有离散性。6.4 节曾经讨论过纵向折射率周期性分布的光波导光栅，它的折射率分布沿纵向是周期性的，于是它的频域特性(以反射谱为例)是离散的，除中心波长反射谱外，还出现了大量的旁瓣，这些旁瓣的频率间隔都是相同的，相当于频域的离散性。

当空芯光纤的周边壁上具有周期性结构时，就会发生干涉型全反射。但是与 6.4 节描述的现象有所不同。在 6.4 节中，注入光和反射光都是正入射的，即波矢的方向垂直于光纤的横断面；而在带隙光纤中，注入光的波矢，不是正入射而是斜入射的，但也会发生类似的干涉型全反射现象，光波将同时沿着光纤的纵向向前传输。所以，带隙光纤本质上属于一种基于光栅干涉型全反射原理的光波导。

带隙光纤的好处在于，它的中心是空的，理论上可以得到更低的传输损耗(实际目前还没有做到)，而且为了引导光前进而进入管壁的那部分光，由于管壁(环状域)的面积大于纤芯的面积，所以它的光强(单位面积上的光功率)要小得多，因此可以极大地提高光纤的非线性容限。这对于传能光纤是非常有好处的。

另外，在改善光纤的性能方面，也会有一些新的现象，所谓“无限单模带宽”等。

从制造传感器的角度看，空心的带隙光纤的中心孔，其面积远大于全内反射型微结构光纤，有利于气体或者液体传感器的使用。

总之，带隙光纤的导光原理、性能与传统的内全反射型光纤有很多不同，需要重新研究。在 8.3 节将进行详细讨论。

8.2　内全反射型微结构圆光波导

8.1 节就微结构圆光波导或者微结构光纤的一般问题作了阐述。本节将研究内全反射型的微结构圆光波导。

首先，我们注意到，这种光波导的折射率分布是沿着纵向均匀分布的，即满足式(2.1.0-1)

$$\varepsilon(x, y, z) = \varepsilon(x, y) \tag{2.1.0-1}$$

因此，它是一种正规光波导，具有正规光波导的一切属性，比如存在模式的概念，其光场可以分解为模式场和纵向的波动项的乘积，而且这些模式是离散、可数的等。

其次，考虑到它是一种圆光波导，所以将式(2.1.0-1)改写为柱坐标系的形式

$$\varepsilon(x, y, z) = \varepsilon(r, \varphi) \tag{8.2.0-1}$$

值得注意的是，式(8.2.0-1)与 3.5 节所述的圆均匀光波导是不同的，因为在 3.5 节，实际定义的是一种同轴圆波导，它的折射率分布只与径向 r 有关，而与辐角 φ 无关。而本节定义的微结构圆光波导，它的折射率分布不仅与 r 有关，与 φ 也有

关。这种分布决定了它对坐标系的选取是敏感的,也就是柱坐标系中 $\varphi=0$ 的坐标轴不能随意选取。

既然这种结构的光波导仍然属于正规光波导的范畴,所以它仍然存在模式的概念,它的场分布仍然可以写成模式场和波动项的乘积,即式(2.1.0-2)。这里,我们将其改写为柱坐标形式,为

$$\dot{\boldsymbol{E}}(\boldsymbol{r})=\boldsymbol{e}(r,\varphi)\mathrm{e}^{\mathrm{i}\beta z}=\dot{E}(r,\varphi)\hat{\boldsymbol{e}}(r,\varphi)\mathrm{e}^{\mathrm{i}\beta z} \tag{8.2.0-2}$$

式中,$\boldsymbol{e}(r,\varphi)$是模式场,$\boldsymbol{e}(r,\varphi)=\dot{E}(r,\varphi)\hat{\boldsymbol{e}}(r,\varphi)$,$\dot{E}(r,\varphi)$是它的复振幅,包含大小和相位。式中,$\hat{\boldsymbol{e}}(r,\varphi)$是单位复矢量,用来描述它的偏振态,$\beta$ 是传输常数,对于一个模式,它只是光频率的函数。在微结构光波导中模式场的各部分是一个完整的整体,传输常数都是相同的。不存在所谓"芯层模"和"包层模"的错误概念。

8.2.1 模式场和它满足的方程

对于正规光波导,当所选择的坐标系对准光波导的主轴坐标系时,它的本征偏振态不随 z 变化。因为,在折射率均匀分布的区域内$\nabla_t\varepsilon=0$,可以得到模式场所满足的亥姆霍兹方程简化为式(3.1.0-4)

$$[\nabla_t^2+(k_0^2n^2-\beta^2)]\begin{pmatrix}\boldsymbol{e}\\ \boldsymbol{h}\end{pmatrix}=0 \tag{3.1.0-4}$$

进一步,将模式场的纵向分量与横向分量分离,$\boldsymbol{e}=\boldsymbol{e}_t+\boldsymbol{e}_z$,得到了式(3.5.1-4)

$$[\nabla_t^2+(k^2n^2-\beta^2)]e_z=0 \tag{3.5.1-4a}$$

$$[\nabla_t^2+(k^2n^2-\beta^2)]h_z=0 \tag{3.5.1-4b}$$

$$[\nabla_t^2+(k^2n^2-\beta^2)]\boldsymbol{e}_t=0 \tag{3.5.1-4c}$$

$$[\nabla_t^2+(k^2n^2-\beta^2)]\boldsymbol{h}_t=0 \tag{3.5.1-4d}$$

以上这些理论,给了我们一个非常明确的信息,也就是对于具有复杂折射率分布的光波导,其基本原理没有任何特殊之处。

在以上基本理解的基础上,我们仍然可以将这种光波导的分析方法归结为矢量法和标量法两类。

1. 矢量法

矢量法是从纵向分量满足的波动方程出发,利用纵向分量与横向分量的关系,求出它的模式场分布,然后根据边界条件求出它的特征方程(代数方程),进一步求出该模式的传输常数以及色散关系等。这种方法的本质是承认纵向分量的存在,意味着光波导中的光波不是横电磁波。

对于这种类型的微结构光波导,由于组成它的材料只有两种:二氧化硅和空气,所以折射率只取两个值:二氧化硅的折射率 n_1 和空气孔的折射率 n_0。原则

上，求出这种光波导每一点的模式场分布是不困难的。它们分别满足如下两个方程：

在二氧化硅区

$$[\nabla_t^2+(k^2n_1^2-\beta^2)]e_z=0 \tag{8.2.1-1}$$

在空气中

$$[\nabla_t^2+(k^2n_0^2-\beta^2)]e_z=0 \tag{8.2.1-2}$$

如果令 $\beta=k_0n_{\text{eff}}$，要形成导模，必然有

$$n_0<n_{\text{eff}}<n_1 \tag{8.2.1-3}$$

为求解式(8.2.1-1)或者式(8.2.1-2)，先使用分离变量法将它们改写。由于空间微分算符

$$\nabla_t^2e_z=\frac{1}{r}\frac{\partial}{\partial r}\left(r\frac{\partial}{\partial r}e_z\right)+\frac{1}{r^2}\frac{\partial^2}{\partial\varphi^2}e_z \tag{8.2.1-4}$$

于是，式(8.2.1-2)改写为

$$\frac{1}{r}\frac{\partial}{\partial r}\left(r\frac{\partial}{\partial r}e_z\right)+\frac{1}{r^2}\frac{\partial^2}{\partial\varphi^2}e_z+(k_0^2n_1^2-\beta^2)e_z=0 \tag{8.2.1-5}$$

利用分离变量法，令 $e_z=R(r)\Phi(\varphi)$，且猜想 $\Phi(\varphi)=\mathrm{e}^{\mathrm{i}m\varphi}$，可得单一的关于 r 的方程

$$\frac{\mathrm{d}^2R(r)}{\mathrm{d}r^2}+\frac{1}{r}\frac{\mathrm{d}R(r)}{\mathrm{d}r}+\left(k_0^2n_1^2-\beta^2-\frac{m^2}{r^2}\right)R(r)=0 \tag{8.2.1-6}$$

于是，我们得到类似于式(3.5.1-5)的方程。

现在的问题是，假定的 $\Phi(\varphi)=\mathrm{e}^{\mathrm{i}m\varphi}$ 中，m 的取值应该为多少？

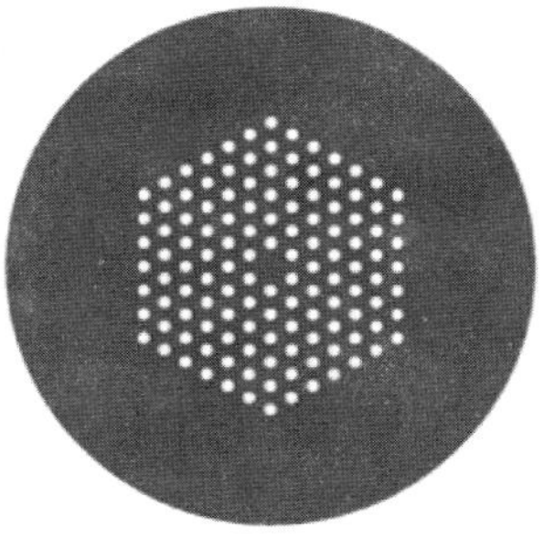

图 8.2.1-1　六角对称型结构的内全反射微结构光纤

首先我们注意到，$m\neq0$，因为如前所述，微结构波导不是旋转对称的。如果 $m=0$，意味着坐标系如何旋转都不影响计算结果，而微结构光波导是对坐标系敏感的，柱坐标系中 $\varphi=0$ 的坐标线不能随意选取。所以，m 的取值应该确保微结构圆光波导的旋转对称性，我们不能得出一般的 m 取值，只有针对光波导的具体情况来判定。比如，图 8.2.1-1 的光波导，它以 60°为旋转周期，也就是当光波导绕轴旋转 60°时，其模式场是相同的，m 应该是 6 的整数倍。于是

$$\Phi(\varphi)=\mathrm{e}^{\mathrm{i}6m\varphi},\quad m=\pm1,\pm2,\pm3,\cdots \tag{8.2.1-7}$$

以上是根据模场的旋转对称性得到的，但我们经常关注的是功率分布的对称性。从功率分布的角度看，模场的相位差 180°是分辨不出来的，所以，功率分布 m

应该是 3 的整数倍。

$$\Phi(\varphi)=\mathrm{e}^{\mathrm{i}3m\varphi},\quad m=\pm 1,\pm 2,\pm 3,\cdots \tag{8.2.1-8}$$

今后我们主要关注模场的变化，所以取式(8.2.1-7)。

这样选定 m 值之后，对应的模场分布的方程改写为

$$\frac{\mathrm{d}^2R(r)}{\mathrm{d}r^2}+\frac{1}{r}\frac{\mathrm{d}R(r)}{\mathrm{d}r}+\left(k_0^2n_1^2-\beta^2-36\frac{m^2}{r^2}\right)R(r)=0 \tag{8.2.1-9}$$

对应于 $m=\pm 1$ 基模，它的模场分布方程为

$$\frac{\mathrm{d}^2R(r)}{\mathrm{d}r^2}+\frac{1}{r}\frac{\mathrm{d}R(r)}{\mathrm{d}r}+\left(k_0^2n_1^2-\beta^2-\frac{36}{r^2}\right)R(r)=0 \tag{8.2.1-10}$$

由矢量法得出的模式场分布，各点的偏振态有可能不同。而且 $m\neq 0$，意味着在这种类型的微结构光波导中，不可能存在 TE 模和 TM 模。这一点，与普通的圆光波导有极大的区别。

2. 标量法

标量法是从式(3.5.1-4c)和式(3.5.1-4d)两个方程出发，并假定模式场有固定的偏振方向，比如 x 方向或者 y 方向。因此由标量法得出的模式场只能是线偏振的，称为线偏振模。

3.5.2 节阐述了使用线偏振模或标量法所要满足的三个等价条件(以 e_y 方向的线偏振模为例)，即

① 模式场的二阶变化率趋于零；

② e_y 在边界上连续，$\boldsymbol{h}_{\mathrm{t}}$ 只有 h_x 分量，互相垂直，这相当于把电磁场看成标量；

③ 两层间的 ε 变化很小。这种 ε 变化很小的光波导称为弱导光波导，所以标量近似又可称为弱导近似。在标量近似下，两组线偏振模的表达式分别为

$$\{0,e_y,e_z;h_x,0,h_z\}\quad 和\quad \{e_x,0,e_z;0,h_y,h_z\}$$

在微结构光波导或者微结构光纤中，孔与熔融石英的折射率差远大于普通光纤的折射率差。因此第③条显然不满足。但是当把每一层圆孔等效为一个平均折射率变化时，两层圆孔之间的折射率差就不那么大了。而且模式场沿径向的变化也没有那么大。于是，只有把每一层的圆孔进行折射率平均后，方能使用标量法。

矢量法和标量法的另一个问题是边界条件。当我们进一步把边界条件应用上去的时候，我们将发现这里有很大的困难。这是因为，微结构圆光波导中，孔的形状、大小、排列以及孔间距等都可能变化，要找到它们的共同规律是困难的，边界也就变得非常复杂。所以，我们必须简化边界条件，最重要的是圆对称化，这个问题将在 8.2.2 节叙述。

8.2.2　圆对称化

1. 环状域等效折射率

为了确立比较简单的边界条件，我们建立等效的环状域折射率的概念。假定在一个 $r\to r+\Delta r$ 的极薄的环状域中，沿 r 方向的折射率变化可视为不变，而沿着 φ 方向折射率是变化的，它将经历石英玻璃和空气孔两个不同的折射率。根据 2.2 节传输常数的积分表达式，我们知道

$$\beta=\frac{\omega}{2}\frac{\iint_{\infty}(\mu_0\boldsymbol{h}^2+\varepsilon\boldsymbol{e}^2)\mathrm{d}A}{\iint_{\infty}(\boldsymbol{e}\times\boldsymbol{h})\cdot\mathrm{d}\boldsymbol{A}} \tag{2.2.0-15}$$

式中，磁场部分代表磁场的储能，电场部分等于电场的储能，二者相等，从而

$$\beta=\omega\frac{\iint_{\infty}\varepsilon\boldsymbol{e}^2\mathrm{d}A}{\iint_{\infty}(\boldsymbol{e}\times\boldsymbol{h})\cdot\mathrm{d}\boldsymbol{A}} \tag{8.2.2-1}$$

将其改写为柱坐标系形式为

$$\beta=\omega\frac{\int_0^{\infty}\int_0^{2\pi}\varepsilon\boldsymbol{e}^2r\,\mathrm{d}r\,\mathrm{d}\varphi}{\iint_{\infty}(\boldsymbol{e}\times\boldsymbol{h})\cdot\mathrm{d}\boldsymbol{A}} \tag{8.2.2-2}$$

将介电常数用柱坐标系的折射率代替，则

$$\beta=\omega\varepsilon_0\frac{\int_0^{\infty}\int_0^{2\pi}n^2(r,\varphi)\boldsymbol{e}^2(r,\varphi)r\,\mathrm{d}r\,\mathrm{d}\varphi}{\iint_{\infty}(\boldsymbol{e}\times\boldsymbol{h})\cdot\mathrm{d}\boldsymbol{A}} \tag{8.2.2-3}$$

当我们进行圆对称化时，首先对模式场 $\boldsymbol{e}(r,\varphi)$ 进行圆对称化，即忽略辐角的影响，于是可用 $\boldsymbol{e}(r)$ 代替 $\boldsymbol{e}(r,\varphi)$，该式转化为

$$\beta=\omega\varepsilon_0\frac{\int_0^{\infty}\boldsymbol{e}^2(r)\left[\int_0^{2\pi}n^2(r,\varphi)\mathrm{d}\varphi\right]r\,\mathrm{d}r}{\iint_{\infty}(\boldsymbol{e}\times\boldsymbol{h})\cdot\mathrm{d}\boldsymbol{A}} \tag{8.2.2-4}$$

在式(8.2.2-4)中，如果令

$$n^2(r)=\frac{1}{2\pi}\int_0^{2\pi}n^2(r,\varphi)\mathrm{d}\varphi \tag{8.2.2-5}$$

用它去代替式(8.2.2-3)中的积分项，那么计算的误差是最小的。也就是采用折射率相对于角度取平均的方法，可以获得最小误差。

根据式(8.2.2-5)，假定经历多个空气孔的总弧长为 l_{hole}，那么剩余的部分即

石英，对于给定的 r，其折射率平方的平均值为

$$n^2(r)=\frac{n_0^2 l_{\text{hole}}+n_1^2(2\pi r-l_{\text{hole}})}{2\pi r}=n_1^2-(n_1^2-n_0^2)\frac{l_{\text{hole}}}{2\pi r} \tag{8.2.2-6}$$

由于微结构光波导的局部旋转对称性，旋转一定角度的扇面是互相重叠的，所以我们也可以选择这个扇面中孔的弧长与扇面弧长之比，即

$$n^2(r)=n_1^2-(n_1^2-n_0^2)\frac{l_{\text{hole}}}{l_s} \tag{8.2.2-7}$$

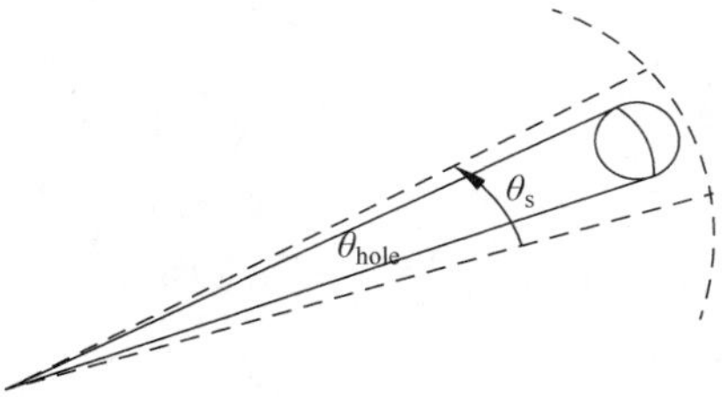

图 8.2.2-1　扇面的平均折射率

式中：n_1 是熔融石英的折射率；n_0 是孔填充介质的折射率，当它为空气时，$n_0=1$；l_{hole} 是这个扇面中孔的弧长；l_s 是这个扇面的弧长。

最简单的情况是，在 $r_1\rightarrow r_2$ 这段径向中，小扇面只包含一个孔，参见图 8.2.2-1。这个小扇面的张角为 θ_s，它对应的弧长为 $\theta_s r$；而孔对应的张角为 θ_{hole}，它对应的弧长为 $\theta_{\text{hole}}r$，于是式(8.2.2-7)化为

$$n^2(r)=n_1^2-(n_1^2-n_0^2)\frac{\theta_{\text{hole}}}{\theta_s} \tag{8.2.2-8}$$

扇面张角 θ_s 由排列在半径为 r 的圆周上孔的个数 m 决定，$\theta_s=2\pi/m_i$，m_i 是第 i 层孔的个数。单孔的张角为(图 8.2.2-1)

$$\theta_{\text{hole}}=\arccos\frac{r_1^2+2ar_1+r^2}{2(r_1+a)r} \tag{8.2.2-9}$$

式中，r_1 为与孔切割圆的半径，a 为孔的半径。于是得到在某一层的小扇面中只有单个孔时，折射率沿径向的分布为

$$n^2(r)=n_1^2-(n_1^2-n_0^2)\frac{m_i}{2\pi}\arccos\frac{r_1^2+2ar_1+r^2}{2(r_1+a)r} \tag{8.2.2-10}$$

如果有多层孔，每一层的切圆半径分别为 $r_1,r_2,r_3,\cdots$，那么在有孔的各层折射率分布分别为

$$n_i^2(r)=n_1^2-(n_1^2-n_0^2)\frac{m_i}{2\pi}\arccos\frac{r_i^2+2ar_i+r^2}{2(r_i+a)r},\quad i=1,2,3,\cdots \tag{8.2.2-11}$$

而在没有孔的圆周上，

$$n(r)=n_1,\quad r\in\text{无孔区} \tag{8.2.2-12}$$

这样，我们就得到了内全反射型微结构光波导的折射率沿径向的分布，而且也可归结到 3.5 节、3.7 节和 5.5 节的相关内容。在这样处理之后，前面讲的矢量法和标量法都可以应用。于是，我们就可以采用 3.5 节、3.7 节和 5.5 节的相关方法，如转移

矩阵法、本征函数法、高斯近似法、级数解法、变分法等。从而整个问题迎刃而解。

从式(8.2.2-10)可以看出，随着半径的增加，靠外的层可以布置更多的孔，也就是 m_i 会逐渐增大，从而 $n(r)\to n_0$。但无论如何，光波导的最外层是没有孔的。因此，如果在有孔的最外一层，其光场的强度还比较大，那么光场就会在它的外层传输，这无疑是不利的。因此，需要含孔的层数足够多，至少要在最外面的一层含孔层中，模式场的大小应降到 1%或者更低。

从式(8.2.2-11)还可以看出，当每一层孔的直径变大时，可以适度地减少层数。这时，折射率的近似分布为

$$n_i^2(r)=n_1^2-(n_1^2-n_0^2)\frac{m_i}{2\pi}\arccos\frac{r_i^2+2a_ir_i+r^2}{2(r_i+a_i)r},\quad i=1,2,3,\cdots \tag{8.2.2-13}$$

式中，a_i 是第 i 层孔的半径。增加 a_i 会导致这一层的孔数 m_i 减小。所以需要合理设计，综合考虑。

2. 对圆对称化后模场的修正

从前面对边界条件圆对称化的过程中，我们看到，要做到这一点，孔的分布必须是分层的，不能互相交错排列。但有很多情况孔是交错排列的，这时，类似于式(8.2.2-11)的折射率分布不能够简单地得到，因此需要对式(8.2.2-11)进行修正。然而式(8.2.2-5)始终是成立的，也适用于孔交错排列的情况。修正的结果相当复杂，不能用一个表达式概括。然而基本概念没有变化，也就是通过圆对称化方法，可以用一个多层圆光波导代替复杂结构的微结构圆光波导。本节不打算进一步细化，读者可以自行研究。

从式(8.2.1-9)我们已经知道 $m\neq 0$，也就是模式场的分布不可能是圆对称的，实际上测量出的模式场图景呈海星状，除中心一个亮斑外，还延伸出几个不太亮的“触手”，参见图 8.2.2-2。但是圆对称化以后，$m=0$ 的模式可以出现，于是光斑呈圆对称结构，“触手”不见了。要想得到“触手”形分布，必须对描述折射率分布的式(8.2.2-11)进行修正。具体做法，可以在它的基础上，加上一个微扰项，比如

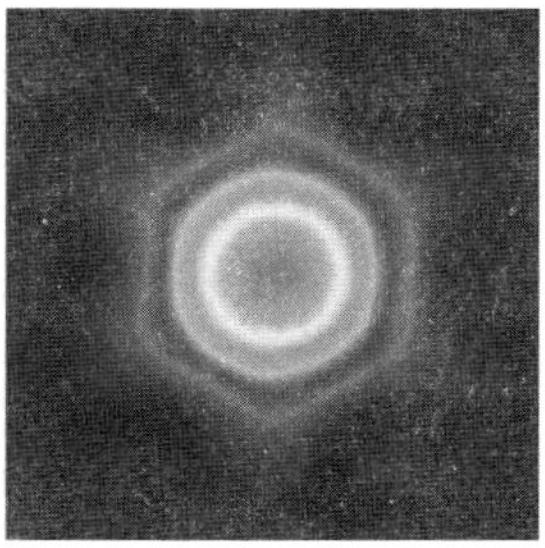

图 8.2.2-2　六角形分布光纤的模斑，有六个边角(触手)

(请扫Ⅱ页二维码看彩图)

$$\begin{aligned}\tilde{n}_i^2&=n_i^2(r)+\Delta n^2(\varphi)\\&=n_1^2-(n_1^2-n_0^2)\frac{m_i}{2\pi}\arccos\frac{r_i^2+2a_ir_i+r^2}{2(r_i+a_i)r}+\Delta n^2(\varphi),\quad i=1,2,3,\cdots\end{aligned} \tag{8.2.2-14}$$

这样，利用微扰项 $\Delta n^2(\varphi)$，我们可以计算出“触手”光场的分布和大小。关于这个问题，本书不打算进一步展开。

8.2.3 其他方法简介

具有复杂折射率剖面结构的微结构光纤的出现，意味着可以变化出很多花样，有各种不同情况，于是引起了大批光纤理论研究者的兴趣。在相对冷寂的科研形势下，突然冒出来一个可以千变万化的新课题，立刻激发了很多理论工作者的研究热情，于是多种的结构、复杂的算法层出不穷。不断地追求“创新”，不断地改进算法，理论计算文章铺天盖地。因此，要总结和归纳他们的工作是困难的。这里只介绍两种最受推崇的算法。之所以用算法一词，而不用理论分析，是因为这种基于数值计算的“理论”工作，对于理论的发展并没有太大的意义。理论工作的意义在于，通过理论分析，从结构特征引出新的概念、现象等，具有理论指导意义，而不仅仅是局限于计算的结果。理论工作的结果是具有一般意义的，不受参数的局限。而数值计算，只能对有限个的参数进行，不可能涵盖所有情况。

1. 等效折射率法

虽然在大多数文献中，该方法被称为等效折射率法，但它实质上是将一个微结构光纤等效为一个阶跃光纤。这里的所谓等效，是二者计算出的传输常数(或者有效折射率)是近似相等的。

阶跃光纤，从光波导的角度看，是一种结构最简单的圆光波导，也就是二层圆光波导，在 3.6 节有过详细的论述。它有三个基本结构参数：芯层直径 a、芯层折射率 n_{core} 和包层折射率 n_{clad}。显然芯层折射率应取构成微结构光纤的熔融石英的折射率 n_1，余下的两个参数如何选择，则以计算误差最小为准。

显然，我们以从光纤圆心到孔的第一个切线圆的半径作为芯层的半径是一个较为合理的选择。但有的文献为了保证每个孔周围环绕的石英情况都相同，芯层也会侵占一点包层。

对于第 3 个参数——包层折射率 n_{clad} 如何选择，成了问题的关键。这种方法的基本思路是，把整个微结构光纤的包层看作一个个的小单元(在那些文献中称为原胞)，每个原胞中只包括单一的孤立孔和周围环绕的石英，原胞的最外层是空气，从而构成一个 3 层的圆波导，参见图 8.2.3-1。

原胞的折射率分布有点类似图 5.5.1-2(a)的环形光纤，不同之处是它的折射率 $n_a=1$。

如果用 n_{FSM} 表示光在这种原胞光波导中的有效折射率，那么光在整个微结构光纤中传输时的包层折射率就等于原胞的有效折射率，也就是

$$n_{\text{clad}}=n_{\text{FSM}} \tag{8.2.3-1}$$

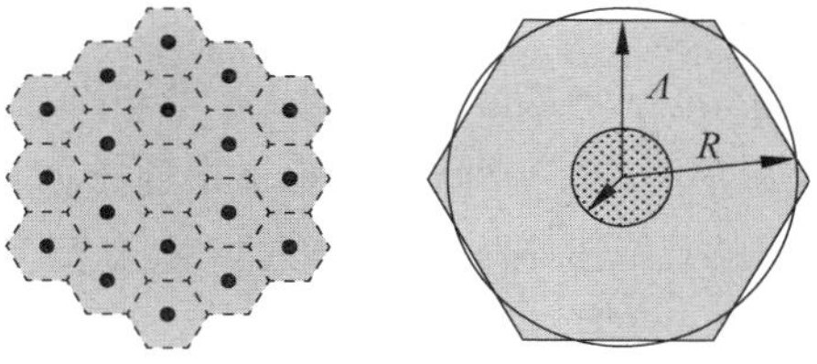

(a)　　　(b)

图 8.2.3-1　等效折射率法,原胞等效光波导

(a) 将横截面划分为若干个原胞;(b) 将一个原胞用一个 3 层光纤等效

(请扫Ⅱ页二维码看彩图)

这里的 FSM 为 fundamental space-filling mode 的缩写,这是一个很难理解的莫名其妙的术语。实际上就是中空的 3 层圆波导,可参见 3.7.3 节"三层圆光波导"。式(8.2.3-1)的合理性是需要证明的,可惜没有看到有文献进行阐述,仅仅是一种做法而已。

因此等效折射率法实际上分为两步:①求出原胞光波导的 n_{FSM};②令 $n_{\text{clad}}=n_{\text{FSM}}$,然后利用阶跃光纤的理论求出有效折射率 n_{eff} 或者传输常数 β。而求 n_{FSM} 的方法又分为三步:①合理地划分原胞(通常为六角形);②将非圆的原胞波导化为圆波导;③利用三层圆光波导模型求出 n_{FSM}。

从图 8.2.3-1 不难看出,它的原胞就是一个六角型光波导。现在的问题是如何等效为一个圆光波导?或者说等效的原则是什么?

当初这种方法的提出者,是基于等容原理,即截面积相等原理,参见图 8.2.3-1。根据这个原理计算出圆光波导的直径 R 与原胞的参数 Λ(原胞的孔间距)有如下关系:

$$R=(\sqrt{3}/2\pi)^{1/2}\Lambda \tag{8.2.3-2}$$

这个公式的获得是完全有根据的,不存在什么问题。可参见 7.7.2 节的等容原理。但是,后来许多研究表明这样的误差较大,他们就把误差的原因归结于式(8.2.3-2)。然后提出了很多关于 R 与 Λ 关系的修改方案,以期通过调整 R 与 Λ 的关系来获得更高的精度。其实问题不是出自式(8.2.3-2),而是出在将一个整体的光波导分离为多个原胞光波导的模型,这本身就有较大的误差。

除了这种模型本身的误差以外,它与 3.3 节的多层圆波导的不同之处在于,原胞光波导不属于弱导光波导,中心孔、包层(石英玻璃)以及外包层(空气)之间的折射率差很大,以至于不适用标量法,所以由标量法算出的 n_{FSM} 误差较大,而且矢量法的特征方程极其复杂,求解比较困难。目前,大多数文献在分析原胞光波导时,使用了标量法,这也是造成误差较大的重要原因。关于这种方法的细节可参见相关的文献。

2. 有限元法

有限元法(finite element method,FEM)是20世纪50年代发展起来的一种非常有效的电磁场数值计算方法,是一种根据变分原理求解数学物理问题的算法。随着电子计算机计算能力的迅速提高,把微分方程化为差分方程进行网格化精确计算成为可能。小柴(Koshiba)等首次将该方法引入光子晶体光纤的理论计算中,随后各种基于有限元法的光子晶体光纤分析模型及改进方法相继被提出。由于其超强的灵活性以及计算结果的稳定性,目前有限元法已经逐渐成为分析微结构光波导最常用、最权威的计算方法。有限元法可对求解域进行灵活自适应的网格划分,形式多样的单元格足以胜任各种复杂的边界条件和波导的几何形状。另外还可以根据研究者的意图来调整网格在求解域不同部分的疏密程度,在模式场分布集中或者模式场变化剧烈的区域,以及几何形状突变的区域采用较密的网格,在其他区域采用较稀疏的网格,这样在保证计算精确性的同时大大减小了计算量。

8.3 带隙光纤

8.3.1 概述

正如8.1节所述,带隙光纤的特点是光纤的纤芯是空气或其他气体,或者液体。“带隙”这个词,从字面上是很难理解的。它的意思是说,光纤的传输频带具有一定的周期性,有点类似于粒子(原子、分子)能级,分成若干个频带(阻带),光只能在这些频带之间的间隙(带隙)中传播,于是就称这类光纤叫作所谓“带隙光纤”。

带隙光纤的包层折射率高于芯层,理论上只有当有孔的包层层数足够多时,才能产生反射率为1的全反射,而且光的波长要严格对准谐振波长。这些都是很难做到的。以光纤光栅为例,光栅周期大约在不足1μm的量级,而光栅的长度,一般在10mm左右,也就是周期数达到10^3以上。而带隙光纤有孔包层最多只有10余层,加之波长不是处于全反射波长,很难获得100%的反射,因此带隙光纤总有部分能量散失在包层,一般都是有损耗的。这个损耗使得带隙光纤不适合作为长距离传输介质使用。无论带隙光纤的结构多么奇妙,理论多么完美,方法多么巧妙,却没有获得多少实际应用,不像最初人们所期望的那样——是“革命性”的,能够取代现有的普通单模光纤。

带隙光纤也是一种折射率纵向均匀分布的光波导,属于一种正规光波导。正如第2章所指出的那样,正规光波导的基本问题是分析在这种光波导中存在哪些模式?模式场分布如何?特征方程怎样?单模条件是什么?以及传输常数随归一化频率的变化(色散曲线)等。

分析带隙光纤的理论方法有很多，常见的有平面波展开法、多极法、有限元法、时域差分法等。后两种方法属于计算方法，必须给定光纤参数才能计算。虽然它们是分析具体带隙光纤非常行之有效的方法，但对于理论分析并没有多大帮助，所以本节只介绍平面波展开法。因为这种方法引入了一系列的新概念，值得学习。

平面波展开法，顾名思义应该是将带隙光纤中传播的光波展开为一系列的平面波。

如8.1节所述，带隙光纤是利用包层折射率分布的周期性，通过干涉实现将光限制在芯层的原理使光传输到远端。这种周期性并不是如环状光纤那样由一个个圆环构成，而是通过一系列周期性排列的空气孔来实现折射率的周期性分布。所以，如何描述折射率的周期性分布模型是至关重要的。空间分布的周期性与时间分布的周期性，最大的区别是空间分布是一个三维的且有方向的，空间量本身是一个矢量；时间分布周期性是一维的，时间本身是一个标量。因此，时域频率是一个标量，而空间频率是一个矢量。

联系时域信号和频域信号的关系是一整套的傅里叶变换（正变换和逆变换）。同样，联系空间域信号与空间频率的关系也是一系列傅里叶变换，差别在于一个是对时间积分，另一个是对空间积分而已。

当介质表现为周期性时，它的空间频谱是离散周期的，而且带宽是有限的，所以只取少数的几个低频项就足够了。于是，对应的空间域信号也只要取少数的几个低频项就够了。正如时域信号的输出频域信号为输入频域信号与频率响应的加权和一样

$$y(t)=\mathscr{F}^{-1}\left[\sum_{n}Y_n(\omega)\right]=\mathscr{F}^{-1}\left[\sum_{n}H_n(\omega)X_n(\omega)\right] \tag{8.3.1-1}$$

空间频域信号也可写为类似的形式，但是，由于空间域和空间频域都是矢量，所以在加权时，要取2个或3个下标，如式(8.3.1-2)所示。具体表现形式参见8.3.3节。

$$y(\boldsymbol{r})=\mathscr{F}^{-1}\left[\sum_{m}Y_m(\boldsymbol{G}_m)\right]=\mathscr{F}^{-1}\left[\sum_{m}H_m(\boldsymbol{G}_m)X_m(\boldsymbol{G}_m)\right] \tag{8.3.1-2}$$

注意，这里的 $\boldsymbol{G}_m$ 是一个三维的复矢量，因此下标 m 代表着3个下标，求和也是对3个下标进行的。

在第2章和第3章光波导的分析方法中，首先假定光的波长（频率）是确定的，再列出其频率下的亥姆霍兹方程，然后将模式场和传输常数代入方程，求出模式场的可能形式，最后利用边界条件，列出一个含有传输常数的代数方程，解代数方程得到传输常数与频率之间的关系。

而在“平面波展开法”中，不是先假定频率 ω 为确定的，而是把频率 ω 看作一个等价于麦克斯韦方程的算符 $\hat{\Theta}=\nabla\times\dfrac{1}{\varepsilon_r}\nabla\times$ 的本征值。然后，假定带隙光纤中传

播的仍然是平面波(这也就是所谓"平面波展开法"称呼的由来),有固定的波矢 $\boldsymbol{k}$,波矢作为算符 $\hat{\Theta}$ 的一个参数,得到含有参数 $\boldsymbol{k}$ 的本征值方程,即

$$\hat{\Theta}_k \boldsymbol{H} = (\omega/c)^2 \boldsymbol{H} \tag{8.3.1-3}$$

然后,将这个方程转换到空间频率的空间(倒格子空间)中,使微分算符的方程转换为空间频率(倒格矢)的代数方程,由此得出最低阶的几个空间频率分量。

总之,这种新的分析方法与传统的模式理论分析方法的差别,主要有两点:

① 把描述电磁场规律的麦克斯韦方程转化为某个算符的本征值方程,频率是该算符的本征值,模式场是它的本征函数;

② 解本征值方程时,将随空间周期性变化的量(电磁场的强度、介质的性质等)转化为"空间频率"的空间(倒格子空间)的频谱,然后分别求出这些低阶频谱分量。

8.3.2 节将讲述空间周期性的傅里叶变换问题,也就是所谓正格矢与倒格矢的转换问题;8.3.3 节将先讲述如何将麦克斯韦方程组转化为本征值问题,再考虑空间周期性把本征值微分方程转化为代数方程;8.3.4 节将结合具体的二值分布的空间周期性函数,研究它的几个低阶项以及带宽等问题。

这种方法原则上可以分析任意结构的微结构光波导,也适用于 8.2 节的内全反射型微结构光波导,还适用于三维周期性结构的波导,俗称"光子晶体"。

8.3.2 空间周期性函数的频域展开

与时域周期信号可以用它的频谱描述一样,一个空间周期性分布的函数,也可以用它的空间域频谱函数来描述。虽然利用三维傅里叶变换可以实现三维周期性函数的频域展开,但是这种方法有很大局限性,也就是只能对三个正交方向的周期性分布进行傅里叶变换。对于非正交方向的周期性,三维傅里叶变换就无能为力,所以引入了格矢的概念。

格矢是属于固体物理的一个概念,由于大部分读者可能没有学过固体物理,加之固体物理在讲述这个概念时,不是从空间频域来理解倒格矢,突兀地引入了一组矢量,然后就说这就是倒格矢。很多文献经常混淆空间频域和实空间域,很难理解。所以本节对这个基本概念做较为详细的介绍。

1. 任意方向的空间周期性函数

设有一个空间周期性分布的函数(场)

$$\boldsymbol{H} = f(\boldsymbol{r}) \tag{8.3.2-1}$$

具有周期性,对于三维空间中任何一点 $\boldsymbol{r}$,

$$f(\boldsymbol{r} + \boldsymbol{R}) \equiv f(\boldsymbol{r}) \tag{8.3.2-2}$$

都恒成立。$\boldsymbol{H}$ 可以是数量(标量)、矢量,甚至是四元数。$\boldsymbol{r} = x\hat{\boldsymbol{i}} + y\hat{\boldsymbol{j}} + z\hat{\boldsymbol{k}}$ 是三维空

间中任意一点的位置矢量，而矢量 $\boldsymbol{R}_{mnl}=mR_1\hat{\boldsymbol{e}}_1+nR_2\hat{\boldsymbol{e}}_2+lR_3\hat{\boldsymbol{e}}_3$，也是一个包含3个整数参数$(m,n,l)$的矢量集合（矢量簇），包括负整数、0和正整数。其中，$\hat{\boldsymbol{e}}_1$、$\hat{\boldsymbol{e}}_2$、$\hat{\boldsymbol{e}}_3$ 是3个互相独立的基矢，也就是任何一个基矢都不能表示为另两个基矢的线性组合。$\boldsymbol{R}_{111}=R_1\hat{\boldsymbol{e}}_1+R_2\hat{\boldsymbol{e}}_2+R_3\hat{\boldsymbol{e}}_3$ 描述了最小的空间格子。显然，式(8.3.2-2)成立的前提条件是函数漫布于整个三维空间（定义域在整个实空间），否则，在边缘处式(8.8.3-2)不再成立，将导致边缘效应。

周期矢量簇 $\boldsymbol{R}_{mnl}$ 在固体物理中，被称为“正格矢”，它实际表示了一系列的矢量，这些矢量的矢端（点）构成了一个格子点阵，参见图8.3.2-1。从图中可以看出，所谓“格矢”描述的其实是一种格子点阵，而不是单一的“一个”矢量。或者说描述的是一系列的矢量的集合。

这样就把周期性的概念从三个正交方向拓展到任意方向。当然，我们还可以拓展到非直线方向（比如曲线的格子点阵，所谓著名的彭罗斯镶嵌（Roger Penrose tiling），参见图8.3.2-2）。本节就不进一步讨论了。我们把这个具有任意非正交方向的周期性的空间称为正格子空间，也就是实实在在的现实空间。

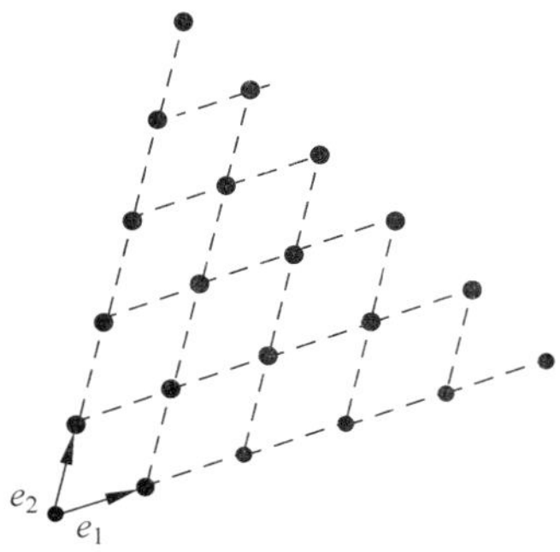

图8.3.2-1 二维正格矢描述的格子点阵

图8.3.2-2 彭罗斯镶嵌

（请扫Ⅱ页二维码看彩图）

2. 频域空间中周期的方向性

现在将实空间的周期性转化到频域的空间。我们将频域的空间称为“倒格子空间”（reciprocal lattice space），把原有的实空间称为“正格子空间”。这样称呼的好处在于，可以避免使用空间频率或者空间频域这些令人费解的词。但是，一定要记住，它实际上是把现实空间的周期性转化为空间频率所在的空间。

在进行这种变换之前，需要对“空间频率所处的空间”即“倒格子空间”作进一步的理解。

首先,我们关心的这两个空间——正格子空间和倒格子空间有什么关系?我们知道 $\boldsymbol{R}_{mnl}$ 所在的空间是由 $\boldsymbol{r}=x\hat{\boldsymbol{i}}+y\hat{\boldsymbol{j}}+z\hat{\boldsymbol{k}}$ 组成的实空间,而倒格子空间是由众多的频率分量组成的频域空间。理论上,两个空间没有任何直接联系,它们的坐标系可以各自独立设定,因为它们隶属不同的域,正如一个时域函数和频域函数一样。具体来说,如果正格子空间的位置矢量表示为 $\boldsymbol{r}=x\hat{\boldsymbol{i}}+y\hat{\boldsymbol{j}}+z\hat{\boldsymbol{k}}$,它的三个坐标的基矢是 $\hat{\boldsymbol{i}}$、$\hat{\boldsymbol{j}}$、$\hat{\boldsymbol{k}}$,它的三个直角坐标分别为(x,y,z);如果倒格子空间也采用直角坐标系,其频率矢量表示为 $\boldsymbol{f}=x'\hat{\boldsymbol{i}}'+y'\hat{\boldsymbol{j}}'+z'\hat{\boldsymbol{k}}'$,三个坐标的基矢分别是 $\hat{\boldsymbol{i}}'$、$\hat{\boldsymbol{j}}'$、$\hat{\boldsymbol{k}}'$,三个坐标分别为(x',y',z'),那么,并不要求一定要 $\hat{\boldsymbol{i}}'=\hat{\boldsymbol{i}}$,$\hat{\boldsymbol{j}}'=\boldsymbol{j}$,$\hat{\boldsymbol{k}}'=\hat{\boldsymbol{k}}$。

其次,我们不禁要问,倒格子空间中的一点(频率矢量)$\boldsymbol{f}=x'\hat{\boldsymbol{i}}'+y'\hat{\boldsymbol{j}}'+z'\hat{\boldsymbol{k}}'$代表什么意思?频率矢量本质上是一种兼顾了正格子空间周期性的方向和大小的描述方法,而倒格子空间就是由频率矢量组成的空间。当然,这种对应关系不是唯一的。也可以找到其他的兼顾正格子空间周期性方向和大小的其他倒格子空间。比如,可以令 $\hat{\boldsymbol{i}}=\hat{\boldsymbol{j}}'$,$\hat{\boldsymbol{j}}=\hat{\boldsymbol{k}}'$,$\hat{\boldsymbol{k}}=\hat{\boldsymbol{i}}'$,这时,只需记住倒格子空间的每个方向表示什么意思就可以了。为了统一,本书取前一种对应关系,而其他关系不在考虑之列。

3. (正格子空间)周期的方向性与(倒格子空间)频率的方向性之间的关系

现在采用傅里叶变换把这个正格子空间的周期函数转换到倒格子空间的频率矢量,

$$\boldsymbol{H}=f(\boldsymbol{r})=\int_{\boldsymbol{G}}\phi(\boldsymbol{G})\mathrm{e}^{\mathrm{i}\boldsymbol{G}\cdot\boldsymbol{r}}\mathrm{d}\boldsymbol{G} \tag{8.3.2-3}$$

它的逆变换为

$$\phi(\boldsymbol{G})=k\int_{\boldsymbol{r}}f(\boldsymbol{r})\mathrm{e}^{-\mathrm{i}\boldsymbol{G}\cdot\boldsymbol{r}}\mathrm{d}\boldsymbol{r} \tag{8.3.2-4}$$

式中,k 是使正逆两次变换自洽而确定的常数。注意这里的 $f(\boldsymbol{r})$和 $\phi(\boldsymbol{G})$本身可以是数量、矢量或者其他有定义的量。根据傅里叶变换的性质,如果原函数 $f(\boldsymbol{r})$是周期且离散的,那么它对应的变换函数 $\phi(\boldsymbol{G})$也是周期且离散的。也就是说,如果原函数只在格子点阵上取相同的值,其余的地方为零或者没有定义,那么,它的变换函数(傅里叶变换)也只在倒格子点阵上有非零值。

描述倒格子空间上的格子点阵就是所谓的"倒格矢"(reciprocal lattice vector)。如果倒格矢采用如下的矢量簇表示:

$$\boldsymbol{G}_{rst}=rG_1\hat{\boldsymbol{g}}_1+sG_2\hat{\boldsymbol{g}}_2+tG_3\hat{\boldsymbol{g}}_3 \tag{8.3.2-5}$$

式中,$\hat{\boldsymbol{g}}_1$、$\hat{\boldsymbol{g}}_2$、$\hat{\boldsymbol{g}}_3$ 分别是倒格子空间中三个独立的基矢(单位矢量),但不一定是正交的,r、s、t 分别是三个整数(负整数、零和正整数)。G_1、G_2、G_3 分别是倒格矢的

三个矢量分量的大小。而 $\boldsymbol{G}_{111}=G_1\hat{\boldsymbol{g}}_1+G_2\hat{\boldsymbol{g}}_2+G_3\hat{\boldsymbol{g}}_3$ 则描述了最小的空间周期，其中 $\boldsymbol{G}_{000}=0$ 描述的是直流分量。

现在我们的任务是，在已知正格矢 $\boldsymbol{R}_{mnl}=mR_1\hat{\boldsymbol{e}}_1+nR_2\hat{\boldsymbol{e}}_2+lR_3\hat{\boldsymbol{e}}_3$ 的前提下，如何求出它的倒格矢 $\boldsymbol{G}_{rst}=rG_1\hat{\boldsymbol{g}}_1+sG_2\hat{\boldsymbol{g}}_2+tG_3\hat{\boldsymbol{g}}_3$。或者说，找出空间周期性的方向与它对应的频率矢量之间的关系。

我们知道时间函数的周期与频率之间的关系非常简单，即 $f=1/T$。但正格矢和倒格矢都是矢量，矢量无法取倒数，要另想办法。

因为在实空间（正格子空间）中，正格矢的三个基矢是完全确定的，所以在倒格子空间中，$\boldsymbol{G}_{rst}$ 的三个分量，只有一个基矢是可以随意设定的，当这个设定以后，另两个就随之确定。

若 $\boldsymbol{R}=R_1\hat{\boldsymbol{e}}_1+R_2\hat{\boldsymbol{e}}_2+R_3\hat{\boldsymbol{e}}_3$，$\boldsymbol{G}=G_1\hat{\boldsymbol{g}}_1+G_2\hat{\boldsymbol{g}}_2+G_3\hat{\boldsymbol{g}}_3$，不失一般性，我们对于实空间坐标系的选择，使得正格子矢量为

$$R_1\hat{\boldsymbol{e}}_1=R_1\hat{\boldsymbol{i}} \tag{8.3.2-6}$$

$$R_2\hat{\boldsymbol{e}}_2=R_2(\cos\theta\hat{\boldsymbol{i}}+\sin\theta\hat{\boldsymbol{j}}) \tag{8.3.2-7}$$

$$R_3\hat{\boldsymbol{e}}_3=R_3(\cos\alpha\hat{\boldsymbol{i}}+\cos\beta\hat{\boldsymbol{j}}+\cos\gamma\hat{\boldsymbol{k}}) \tag{8.3.2-8}$$

这个斜方体的体积为

$$V=(R_1\hat{\boldsymbol{e}}_1\times R_2\hat{\boldsymbol{e}}_2)\cdot R_3\hat{\boldsymbol{e}}_3=R_1R_2R_3(\sin\theta\cos\gamma) \tag{8.3.2-9}$$

如果在正格子空间中定义三个矢量（不是在倒格子空间）

$$G_1\hat{\boldsymbol{g}}'_1=(R_2\hat{\boldsymbol{e}}_2\times R_3\hat{\boldsymbol{e}}_3)/V=\frac{1}{R_1}\left[\hat{\boldsymbol{i}}-\cot\theta\hat{\boldsymbol{j}}+\left(\cot\theta\,\frac{\cos\beta}{\cos\gamma}-\frac{\cos\alpha}{\cos\gamma}\right)\hat{\boldsymbol{k}}\right] \tag{8.3.2-10}$$

$$G_2\hat{\boldsymbol{g}}'_2=(R_3\hat{\boldsymbol{e}}_3\times R_1\hat{\boldsymbol{e}}_1)/V=\frac{1}{R_2}\,\frac{-\cos\beta\hat{\boldsymbol{k}}+\cos\gamma\hat{\boldsymbol{j}}}{\sin\theta\cos\gamma} \tag{8.3.2-11}$$

$$G_3\hat{\boldsymbol{g}}'_3=(R_1\hat{\boldsymbol{e}}_1\times R_2\hat{\boldsymbol{e}}_2)/V=\frac{1}{R_3}\,\frac{1}{\cos\gamma}\hat{\boldsymbol{k}} \tag{8.3.2-12}$$

而且，我们设定倒格子空间的坐标与正格子空间的坐标一致，即 $\hat{\boldsymbol{i}}'=\hat{\boldsymbol{i}}$，$\hat{\boldsymbol{j}}'=\hat{\boldsymbol{j}}$，$\hat{\boldsymbol{k}}'=\hat{\boldsymbol{k}}$，于是可得（在倒格子空间——频域空间）

$$G_1\hat{\boldsymbol{g}}_1=(R_2\hat{\boldsymbol{e}}_2\times R_3\hat{\boldsymbol{e}}_3)/V=\frac{1}{R_1}\left[\hat{\boldsymbol{i}}'-\cot\theta\hat{\boldsymbol{j}}'+\left(\cot\theta\,\frac{\cos\beta}{\cos\gamma}-\frac{\cos\alpha}{\cos\gamma}\right)\hat{\boldsymbol{k}}'\right] \tag{8.3.2-13}$$

$$G_2\hat{\boldsymbol{g}}_2=(R_3\hat{\boldsymbol{e}}_3\times R_1\hat{\boldsymbol{e}}_1)/V=\frac{1}{R_2}\,\frac{-\cos\beta\hat{\boldsymbol{k}}'+\cos\gamma\hat{\boldsymbol{j}}'}{\sin\theta\cos\gamma} \tag{8.3.2-14}$$

$$G_3\hat{\boldsymbol{g}}_3=(R_1\hat{\boldsymbol{e}}_1\times R_2\hat{\boldsymbol{e}}_2)/V=\frac{1}{R_3\cos\gamma}\hat{\boldsymbol{k}}' \tag{8.3.2-15}$$

现在来求二维的情况。二维是三维的特例，不妨令 $R_3 \to 0, \gamma = 0$，于是，按照在频域坐标系与空域坐标系对准的前提下，可得

$$G_1 \hat{\boldsymbol{g}}_1 = \frac{1}{R_1 \sin\theta}(\sin\theta \hat{\boldsymbol{i}}' - \cos\theta \hat{\boldsymbol{j}}') \tag{8.3.2-16}$$

$$G_2 \hat{\boldsymbol{g}}_2 = \frac{\hat{\boldsymbol{j}}'}{R_2 \sin\theta} \tag{8.3.2-17}$$

参见图 8.3.2-3，从图中可以看出，任意旋转这两幅图，并不改变其对应关系。

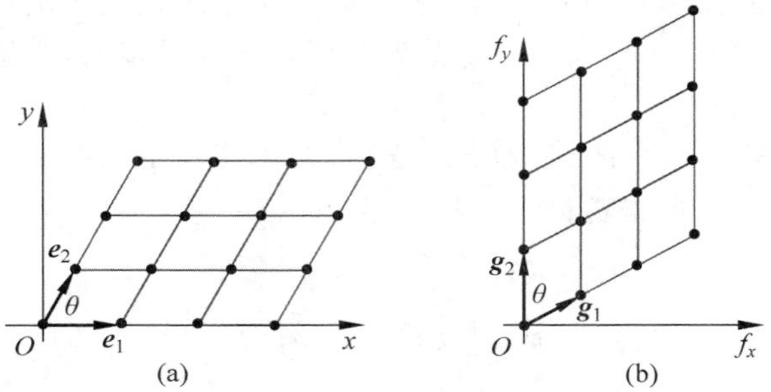

图 8.3.2-3　二维实空间的格子点阵和二维频域空间（倒格子空间）的格子点阵

(a) 实空间（正格子空间）；(b) 频域空间（倒格子空间）

小结：

在实空间（正格子空间）和频域空间（倒格子空间）的坐标一致的前提下，倒格矢与正格矢的关系为

$$G_1 \hat{\boldsymbol{g}}_1 = (R_2 \hat{\boldsymbol{e}}_2 \times R_3 \hat{\boldsymbol{e}}_3)/V \tag{8.3.2-18}$$

$$G_2 \hat{\boldsymbol{g}}_2 = (R_3 \hat{\boldsymbol{e}}_3 \times R_1 \hat{\boldsymbol{e}}_1)/V \tag{8.3.2-19}$$

$$G_3 \hat{\boldsymbol{g}}_3 = (R_1 \hat{\boldsymbol{e}}_1 \times R_2 \hat{\boldsymbol{e}}_2)/V \tag{8.3.2-20}$$

因此，同一坐标的前提下，有

$$(G_i \hat{\boldsymbol{g}}_i) \cdot (R_j \hat{\boldsymbol{e}}_j) = \delta_{ij} = \begin{cases} 1, & i = j, \\ 0, & i \neq j, \end{cases} \quad i, j = 1, 2, 3 \tag{8.3.2-21}$$

可以得出

$$(G_i \hat{\boldsymbol{g}}_i) \cdot (R_i \hat{\boldsymbol{e}}_i) = G_i R_i (\hat{\boldsymbol{g}}_i \cdot \hat{\boldsymbol{e}}_i) = G_i R_i \sin\theta = 1, \quad i = 1, 2 \tag{8.3.2-22}$$

于是，在二维空间中，空间周期和空间频率之间的关系为

$$G_i = 1/(R_i \sin\theta), \quad i = 1, 2 \tag{8.3.2-23}$$

对于第三维，由于

$$(G_3 \hat{\boldsymbol{g}}_3) \cdot (R_3 \hat{\boldsymbol{e}}_3) = G_3 R_3 (\hat{\boldsymbol{g}}_3 \cdot \hat{\boldsymbol{e}}_3) = G_3 R_3 \cos\gamma = 1, \quad i = 1, 2 \tag{8.3.2-24}$$

于是

$$G_3 = 1/(R_3 \cos\gamma) \tag{8.3.2-25}$$

正如时域傅里叶变换所做的那样，在空间傅里叶变换中除了定义频率之外，还定义了角频率，比如 $\omega = 2\pi f = 2\pi/T$，这里也可以定义“空间角频率”，此处为了节省符号的使用，对于角频率的倒格矢和频率倒格矢使用了相同的符号。请读者注意，什么时候表示的是空间频率，什么时候表示的是空间角频率。对于空间角频率，有

$$(G_i \hat{\boldsymbol{g}}_i) \cdot (R_j \hat{\boldsymbol{e}}_j) = 2\pi\delta_{ij} = \begin{cases} 2\pi, & i = j \\ 0, & i \neq j \end{cases} \quad i, j = 1,2,3 \tag{8.3.2-26}$$

类似地，空间角频率与空间周期的关系为

$$G_i = 2\pi/(R_i \sin\theta), \quad i = 1,2 \tag{8.3.2-27}$$

$$G_3 = 2\pi/(R_3 \cos\gamma) \tag{8.3.2-28}$$

根据上述关系，可以知道，倒格矢具有 m^{-1} 的量纲。在时间域和时间频率域中 $f = 1/T$，所以时间频率具有 s^{-1} 的量纲，而且有一个独特的单位——赫兹(Hz)。然而，对于空间频率，应具有 m^{-1} 的量纲，遗憾的是并没有给出一个独特的单位，这是一个缺陷，导致表述不方便。

4. 矢性周期性函数的频域表达

在本节的开始，如式(8.3.2-1)所示，空间周期性函数 $\boldsymbol{H} = f(\boldsymbol{r})$ 中的因变量 $\boldsymbol{H}$ 可以为任意形式的变量，比如数量、矢量以及矩阵、四元数等。

首先，考虑最简单的形式，因变量 $\boldsymbol{H}$ 是一个数量，也就是数量场(标量场)，比如磁场的数量部分 $h(\boldsymbol{r})$。如果它是一个周期性函数，那么根据式(8.3.2-3)可以简单地写为

$$h(\boldsymbol{r}) = \sum_G \tilde{h}(\boldsymbol{G}) \mathrm{e}^{\mathrm{i}\boldsymbol{G}\cdot\boldsymbol{r}} \tag{8.3.2-29}$$

式中，$\tilde{h}(\boldsymbol{G})$ 是倒格子空间以倒格矢 $\boldsymbol{G}$ 为自变量的函数。求和号下面的标注 G 是倒格子空间的名称。由于 $h(\boldsymbol{r})$ 是一个以正格矢 $\boldsymbol{R}_{mnl}$ 为周期的周期函数，所以它的倒格子函数 $\tilde{h}(\boldsymbol{G})$ 是一个以倒格矢 $\boldsymbol{G}_{rst}$ 为计量单位的离散函数。于是，求和号的标注 G 实际上是以 3 个整数作为参数的求和，可写为

$$\sum_G \tilde{h}(\boldsymbol{G}) \mathrm{e}^{\mathrm{i}\boldsymbol{G}\cdot\boldsymbol{r}} = \sum_{r=-\infty}^{\infty} \sum_{s=-\infty}^{\infty} \sum_{t=-\infty}^{\infty} \tilde{h}(\boldsymbol{g}_r, \boldsymbol{g}_s, \boldsymbol{g}_t) \mathrm{e}^{\mathrm{i}(G_r x + G_s y + G_t z)} \tag{8.3.2-30}$$

式中的下标 (r, s, t) 就是前面的(1,2,3)。只不过这样写便于区分正格子空间和倒格子空间。当正格子空间中的函数只表现为二维周期性时，式(8.3.2-30)化为

$$\sum_G \tilde{h}(\boldsymbol{G}) \mathrm{e}^{\mathrm{i}\boldsymbol{G}\cdot\boldsymbol{r}} = \sum_{r=-\infty}^{\infty} \sum_{s=-\infty}^{\infty} \tilde{h}(\boldsymbol{g}_r, \boldsymbol{g}_s) \mathrm{e}^{\mathrm{i}(G_r x + G_s y)} \tag{8.3.2-31}$$

其次，因变量 $\boldsymbol{H}$ 可能是一个矢量，也就矢量场，比如磁场强度矢量。作为特例，假定矢量的方向不随空间位置变化，只有大小随空间周期性变化。

在这种情况下（以磁场强度为例），因变量可写为

$$\boldsymbol{H}(\boldsymbol{r})=h(\boldsymbol{r})\hat{\boldsymbol{e}}_h \tag{8.3.2-32}$$

式中，$\hat{\boldsymbol{e}}_h$ 是单位矢量，也就是磁场的方向，不随空间位置的变化而变化；$h(\boldsymbol{r})$是磁场大小随空间的分布，随空间位置的变化作周期性变化。于是，根据式(8.3.2-3)可以简单地写为

$$\boldsymbol{H}(\boldsymbol{r})=h(\boldsymbol{r})\hat{\boldsymbol{e}}_h=\hat{\boldsymbol{e}}_h\sum_G \tilde{h}(\boldsymbol{G})\mathrm{e}^{\mathrm{i}\boldsymbol{G}\cdot\boldsymbol{r}} \tag{8.3.2-33}$$

理论上，将 $\hat{\boldsymbol{e}}_h$ 移动到求和号之内时没有任何问题，因为 $\hat{\boldsymbol{e}}_h$ 是处于实空间的矢量，与倒格子空间的 $\boldsymbol{G}$ 没有关系，于是

$$\boldsymbol{H}(\boldsymbol{r})=\sum_G[\tilde{h}(\boldsymbol{G})\mathrm{e}^{\mathrm{i}\boldsymbol{G}\cdot\boldsymbol{r}}\hat{\boldsymbol{e}}_h] \tag{8.3.2-34}$$

但是，式(8.3.2-30)没有给我们提供任何新的信息。我们将时间项 $\mathrm{e}^{-\mathrm{i}\omega t}$ 引入式(8.3.2-34)中，得到

$$\boldsymbol{H}(\boldsymbol{r})\mathrm{e}^{-\mathrm{i}\omega t}=\sum_G[\tilde{h}(\boldsymbol{G})\mathrm{e}^{\mathrm{i}(\boldsymbol{G}\cdot\boldsymbol{r}-\omega t)}\hat{\boldsymbol{e}}_h] \tag{8.3.2-35}$$

5. 补充说明

最后，上面的傅里叶变换是基于离散周期的情形做出的。对于其他情形，比如连续周期、连续非周期、离散非周期等，上述结论也是对的，差别在于：①对于连续周期分布，也就是因变量在正格子空间中，不仅格子点阵的点上有数值，其余地方也有数值，那么它对应的倒格子点阵中，就只有在少数几个点上有值；②对于连续非周期分布，因变量在正格子空间中找不到格子点阵，从而也不存在倒格子点阵，尽管如此，我们仍然可以找到一些特征点来描述这种现象；③对于离散非周期分布，因变量在正格子空间中只存在一定的点上，但不呈现周期性，那么在倒格子空间中则可以找到对应的格子点为中心的连续分布。

8.3.3 本征值方程

8.3.2 节，我们用了很大力气建立了空间频率矢量 $\boldsymbol{f}=x'\hat{\boldsymbol{i}}'+y'\hat{\boldsymbol{j}}'+z'\hat{\boldsymbol{k}}'$ 的概念，这个矢量全面描述了空间分布周期的方向性和大小。这与时间频率只描述大小不一样。现在应用这个概念来分析带隙光纤问题。

分析过程需经历 3 个步骤：①确定本征值方程；②合理确定倒格矢；③数值计算。本节主要介绍如何得到本征值方程，求倒格矢和频域表达式将在 8.3.4 节给出。数值计算的问题，留给读者自行进行。

1. 描述电磁场现象的本征值方程

本征值方法是处理微分方程的一种新思路，因为微分方程描述的是一个物理过程，或者一个物理现象所满足的物理规律，因此本征值方法也是分析物理过程的一种新思路。本征值是相对于算符而言的。算符的概念已在 5.3.2 节做了初步介绍。算符最重要的参数是它的本征值 λ 和本征函数，本征值可以为各种不同类型的数，如整数、实数、复数等。

算符 $\hat{H}$ 通常代表了一个物理过程或者一个物理现象所满足的物理规律，因此，它的本征值和本征函数就表示了这个过程或现象中最基本、最典型的过程或者现象。本征值就表示了这个过程或现象的最基本的参数。以前我们讲的模式与传输常数的概念就可以看作波动方程对应算符的本征函数和本征值。

并不是所有的算符都存在对应的本征值和本征函数，理论上已经证明，厄米算符是一定存在本征值和本征函数的。

现在的问题是选择哪个微分方程作为出发点？并把它改造成本征值问题。我们可以从正规光波导开始，也可以从均匀光波导开始。本节所介绍的平面波展开法除了应用在带隙光纤外，还广泛应用于三维周期性结构的波导，所以这里从最原始的频域麦克斯韦方程出发，即从式(1.1.2-14)的两个旋度方程开始，

$$\nabla\times\dot{\boldsymbol{E}}=\mathrm{i}\omega\mu_0\dot{\boldsymbol{H}} \tag{1.1.2-14a}$$

$$\nabla\times\dot{\boldsymbol{H}}=-\mathrm{i}\omega\dot{\boldsymbol{D}} \tag{1.1.2-14b}$$

先对式(1.1.2-14b)进行改造，对于各向同性介质有

$$\frac{1}{\varepsilon}\nabla\times\dot{\boldsymbol{H}}=-\mathrm{i}\omega\dot{\boldsymbol{E}} \tag{8.3.3-1}$$

然后，对式(1.1.2-14a)和式(8.3.3-3)的两边取旋度(叉乘以空间微分算符)，得到

$$\frac{1}{\varepsilon_r}\nabla\times(\nabla\times\dot{\boldsymbol{E}})=\frac{\omega^2}{c^2}\dot{\boldsymbol{E}} \tag{8.3.3-2}$$

$$\nabla\times\left(\frac{1}{\varepsilon_r}\nabla\times\dot{\boldsymbol{H}}\right)=\frac{\omega^2}{c^2}\dot{\boldsymbol{H}} \tag{8.3.3-3}$$

如果令算符

$$\hat{\Xi}=\frac{1}{\varepsilon_r}\nabla\times\nabla\times \tag{8.3.3-4}$$

和

$$\hat{\Theta}=\nabla\times\frac{1}{\varepsilon_r}\nabla\times \tag{8.3.3-5}$$

于是，我们得到了两个本征值方程。

$$\hat{\Xi}\dot{\boldsymbol{E}}=\frac{\omega^2}{c^2}\dot{\boldsymbol{E}} \tag{8.3.3-6}$$

$$\hat{\Theta}\dot{\boldsymbol{H}}=\frac{\omega^2}{c^2}\dot{\boldsymbol{H}} \tag{8.3.3-7}$$

在两个本征值方程中,可取任何一个求解。但是,仔细地研究发现,算符 $\hat{\Xi}$ 不是厄米算符,而算符 $\hat{\Theta}$ 是一个厄米算符。厄米算符有很多重要的性质,可以采用式(8.3.3-7)来分析。关于算符 $\hat{\Theta}$ 是一个厄米算符,给出了如下的证明(不感兴趣者可不看)。

考虑两个任意的矢量场 $\boldsymbol{f}(\boldsymbol{r})$ 和 $\boldsymbol{g}(\boldsymbol{r})$,厄米算符具有内积可交换性,即

$$(\boldsymbol{f},\hat{\Theta}\boldsymbol{g})=(\boldsymbol{g},\hat{\Theta}\boldsymbol{f}) \tag{8.3.3-8}$$

其中算符运算的内积定义为

$$(\boldsymbol{f},\hat{\Theta}\boldsymbol{g})=\int \boldsymbol{f}^*\cdot\hat{\Theta}\boldsymbol{g}\,\mathrm{d}\boldsymbol{r} \tag{8.3.3-9}$$

由于

$$(\boldsymbol{f},\hat{\Theta}\boldsymbol{g})=\int \boldsymbol{f}^*\cdot\hat{\Theta}\boldsymbol{g}\,\mathrm{d}\boldsymbol{r}=\int \boldsymbol{f}^*\cdot\left(\nabla\times\frac{1}{\varepsilon_r}\nabla\times\boldsymbol{g}\right)\mathrm{d}\boldsymbol{r}=\int \boldsymbol{f}^*\cdot\left(\nabla\times\frac{1}{\varepsilon_r}\nabla\times\boldsymbol{g}\right)\mathrm{d}\boldsymbol{r} \tag{8.3.3-10}$$

在式(8.3.3-10)中,我们把 $\boldsymbol{f}^*=\boldsymbol{A}$,$\nabla=\boldsymbol{B}$,$\frac{1}{\varepsilon_r}\nabla\times\boldsymbol{g}=\boldsymbol{C}$,利用三个矢量的混合积相等(即体积相等)的原理($\boldsymbol{A}\cdot(\boldsymbol{B}\times\boldsymbol{C})=-(\boldsymbol{B}\times\boldsymbol{A})\cdot\boldsymbol{C}$),可得

$$\boldsymbol{f}^*\cdot\left(\nabla\times\frac{1}{\varepsilon_r}\nabla\times\boldsymbol{g}\right)=-(\nabla\times\boldsymbol{f}^*)\cdot\left(\frac{1}{\varepsilon_r}\nabla\times\boldsymbol{g}\right) \tag{8.3.3-11}$$

再用一次体积相等原理,令 $\frac{1}{\varepsilon_r}\nabla\times\boldsymbol{f}^*=\boldsymbol{A}$,$\nabla=\boldsymbol{B}$,$\boldsymbol{g}=\boldsymbol{C}$,可得

$$\boldsymbol{f}^*\cdot\left(\nabla\times\frac{1}{\varepsilon_r}\nabla\times\boldsymbol{g}\right)=\left(\nabla\times\frac{1}{\varepsilon_r}\nabla\times\boldsymbol{f}^*\right)\cdot\boldsymbol{g} \tag{8.3.3-12}$$

于是,最终得到

$$(\boldsymbol{f},\hat{\Theta}\boldsymbol{g})=\int \boldsymbol{f}^*\cdot\hat{\Theta}\boldsymbol{g}\,\mathrm{d}\boldsymbol{r}=\int\left(\nabla\times\frac{1}{\varepsilon_r}\nabla\times\boldsymbol{f}\right)^*\cdot\boldsymbol{g}\,\mathrm{d}\boldsymbol{r}=(\hat{\Theta}\boldsymbol{f}^*,\boldsymbol{g}) \tag{8.3.3-13}$$

在这个证明过程中,假定了 $\varepsilon_r^*=\varepsilon_r$,也就是光波导是无损耗的。这样就完成了算符 $\hat{\Theta}$ 厄米性的证明。也就确保了算符 $\hat{\Theta}=\nabla\times\frac{1}{\varepsilon_r}\nabla\times$ 存在本征函数 $\dot{\boldsymbol{H}}$ 和本征值 ω^2/c^2。注意,这里的本征函数仍然类似于模式场,但对应的本征值却不是传输常数,变成了 ω^2/c^2,因为频率对应于光子的能量,所以特定的本征值也就对应特定的光子能量(即能级)。在平面波展开法中,在算符中将引入波矢 $\boldsymbol{k}$,这样本征值方程最后转化为 $\boldsymbol{k}$ 与 ω^2/c^2 的关系方程。这非常类似于量子力学中的动量与能量的

关系。

注意,本征值方程(8.3.3-7)是适用于任何形式的电磁场的,当然也适用于电磁波。这里唯一的一个限制条件是介电常数为实数,也就是适用于一切透明的介质。

2. 周期性结构波导的本征值方程

式(8.3.3-5)表明,对于一切电磁现象,都可以化为以算符 $\hat{\Theta}=\nabla\times\dfrac{1}{\varepsilon_r}\nabla\times$ 为基础的本征值问题。但是,对于具体的具有周期结构的微结构光波导,它的本征值方程应该如何?还需要进一步具体化,于是,我们利用倒格矢对微结构光波导的空间周期性分布进行展开。

因为 $\varepsilon_r(\boldsymbol{r})$ 的分布是周期性的,所以 $1/\varepsilon_r(\boldsymbol{r})$ 也是周期性的,于是 $\dot{\boldsymbol{H}}(\boldsymbol{r})$ 的分布也是周期性的,而且它们的分布规律应该是相同的,也就是具有相同的倒格矢。

我们已经知道,连续且周期性分布对应的空间矢量频谱(用倒格矢表示)为有限条离散谱线,于是可得到

$$1/\varepsilon_r(\boldsymbol{r})=\sum_G\dot{\varepsilon}_r^{-1}(\boldsymbol{G})\mathrm{e}^{\mathrm{i}\boldsymbol{G}\cdot\boldsymbol{r}}\tag{8.3.3-14}$$

注意,式中 $\dot{\varepsilon}_r^{-1}(\boldsymbol{G})$ 不是 $[\dot{\varepsilon}_r(\boldsymbol{G})]^{-1}$,而是由 $[\varepsilon_r(\boldsymbol{r})]^{-1}$ 直接展开的空间矢量频谱,而且,它可能是复数。在式(8.3.3-14)中的 $\boldsymbol{G}=rG_1\hat{\boldsymbol{g}}_1+sG_2\hat{\boldsymbol{g}}_2+tG_3\hat{\boldsymbol{g}}_3$,其中 (r,s,t) 只取有限个整数。

假定考虑的是平面波,它的磁场强度可以表示为

$$\dot{\boldsymbol{H}}(\boldsymbol{r})=\dot{\boldsymbol{h}}(\boldsymbol{r})\mathrm{e}^{\mathrm{i}\boldsymbol{k}\cdot\boldsymbol{r}}=\dot{h}(\boldsymbol{r})\mathrm{e}^{\mathrm{i}\boldsymbol{k}\cdot\boldsymbol{r}}\hat{\boldsymbol{e}}_k\tag{8.3.3-15}$$

式中,$\dot{\boldsymbol{h}}(\boldsymbol{r})$ 是波动项以外的磁场强度随空间的变化,好像正规光波导的模式场一样,它是一个复矢量,有大小、相位和偏振态,其中 $\dot{\boldsymbol{h}}(\boldsymbol{r})$ 是它的复振幅,平面波应该有确定的偏振态 $\hat{\boldsymbol{e}}_k$。

这种情况下,是 8.3.2 节的第 4 段中的第一种情况。当我们将它变换到倒格子空间时,得到

$$\dot{\boldsymbol{H}}(\boldsymbol{r})=\left[\sum_G h(\boldsymbol{G})\mathrm{e}^{\mathrm{i}\boldsymbol{G}\cdot\boldsymbol{r}}\right]\mathrm{e}^{\mathrm{i}\boldsymbol{k}\cdot\boldsymbol{r}}\hat{\boldsymbol{e}}_k\tag{8.3.3-16}$$

因为 $\hat{\boldsymbol{e}}_k$ 是实空间(正格子空间)的矢量,在进行变换时,它与倒格子空间无关,于是

$$\dot{\boldsymbol{H}}(\boldsymbol{r})=\sum_G\tilde{h}(\boldsymbol{G})\mathrm{e}^{\mathrm{i}(\boldsymbol{G}+\boldsymbol{k})\cdot\boldsymbol{r}}\hat{\boldsymbol{e}}_k\tag{8.3.3-17}$$

式中,$\tilde{h}(\boldsymbol{G})$ 是 $h(\boldsymbol{r})$ 变换到倒格子空间的频谱。从式中 $(\mathrm{e}^{\mathrm{i}\boldsymbol{G}\cdot\boldsymbol{r}}\mathrm{e}^{\mathrm{i}\boldsymbol{k}\cdot\boldsymbol{r}}=\mathrm{e}^{\mathrm{i}(\boldsymbol{G}+\boldsymbol{k})\cdot\boldsymbol{r}})$ 可以看出,倒格矢的基本量 $\boldsymbol{G}$ 具有和波矢 $\boldsymbol{k}$ 相同的作用,所以倒格子空间也就是波

矢所描述的空间。把式(8.3.3-17)和式(8.3.3-14)代入本征值方程(8.3.3-5),得到

$$\nabla\times\left\{\left[\sum_{G}\dot{\varepsilon}_r^{-1}(\boldsymbol{G})\mathrm{e}^{\mathrm{i}\boldsymbol{G}\cdot\boldsymbol{r}}\right]\nabla\times\left[\sum_{G}\tilde{h}(\boldsymbol{G})\mathrm{e}^{\mathrm{i}(\boldsymbol{G}+\boldsymbol{k})\cdot\boldsymbol{r}}\hat{\boldsymbol{e}}_k\right]\right\}=\frac{\omega^2}{c^2}\sum_{G}[\tilde{h}(\boldsymbol{G})\mathrm{e}^{\mathrm{i}(\boldsymbol{G}+\boldsymbol{k})\cdot\boldsymbol{r}}\hat{\boldsymbol{e}}_k]\tag{8.3.3-18}$$

注意,空间微分算符是实空间(正格子空间)中的算符,只对 $\mathrm{e}^{\mathrm{i}(\boldsymbol{G}+\boldsymbol{k})\cdot\boldsymbol{r}}$ 的运算有效,对于仅含有 $\boldsymbol{G}$ 的函数没有作用。根据平面波的假设,$\nabla\times[\mathrm{e}^{\mathrm{i}(\boldsymbol{G}+\boldsymbol{k})\cdot\boldsymbol{r}}\hat{\boldsymbol{e}}_k]=\mathrm{e}^{\mathrm{i}(\boldsymbol{G}+\boldsymbol{k})\cdot\boldsymbol{r}}\mathrm{i}(\boldsymbol{G}+\boldsymbol{k})\times\hat{\boldsymbol{e}}_k$,于是

$$\nabla\times\left\{\left[\sum_{G}\dot{\varepsilon}_r^{-1}(\boldsymbol{G})\mathrm{e}^{\mathrm{i}\boldsymbol{G}\cdot\boldsymbol{r}}\right]\left[\sum_{G}\tilde{h}(\boldsymbol{G})\mathrm{e}^{\mathrm{i}(\boldsymbol{G}+\boldsymbol{k})\cdot\boldsymbol{r}}\mathrm{i}(\boldsymbol{G}+\boldsymbol{k})\times\hat{\boldsymbol{e}}_k\right]\right\}$$
$$=\frac{\omega^2}{c^2}\sum_{G}[\tilde{h}(\boldsymbol{G})\mathrm{e}^{\mathrm{i}(\boldsymbol{G}+\boldsymbol{k})\cdot\boldsymbol{r}}\hat{\boldsymbol{e}}_k]\tag{8.3.3-19}$$

两次求和号之积,可以改写为

$$\nabla\times\sum_{G}\sum_{G'}\{[\dot{\varepsilon}_r^{-1}(\boldsymbol{G})\mathrm{e}^{\mathrm{i}\boldsymbol{G}\cdot\boldsymbol{r}}][\tilde{h}(\boldsymbol{G}')\mathrm{e}^{\mathrm{i}(\boldsymbol{G}'+\boldsymbol{k})\cdot\boldsymbol{r}}\mathrm{i}(\boldsymbol{G}'+\boldsymbol{k})\times\hat{\boldsymbol{e}}_k]\}$$
$$=\frac{\omega^2}{c^2}\sum_{G'}[\tilde{h}(\boldsymbol{G}')\mathrm{e}^{\mathrm{i}(\boldsymbol{G}'+\boldsymbol{k})\cdot\boldsymbol{r}}\hat{\boldsymbol{e}}_k]\tag{8.3.3-20}$$

再将指数项合并,得到

$$\nabla\times\sum_{G}\sum_{G'}[\dot{\varepsilon}_r^{-1}(\boldsymbol{G})\tilde{h}(\boldsymbol{G}')\mathrm{e}^{\mathrm{i}(\boldsymbol{G}+\boldsymbol{G}'+\boldsymbol{k})\cdot\boldsymbol{r}}\mathrm{i}(\boldsymbol{G}'+\boldsymbol{k})\times\hat{\boldsymbol{e}}_k]$$
$$=\frac{\omega^2}{c^2}\sum_{G'}[\tilde{h}(\boldsymbol{G}')\mathrm{e}^{\mathrm{i}(\boldsymbol{G}'+\boldsymbol{k})\cdot\boldsymbol{r}}\hat{\boldsymbol{e}}_k]\tag{8.3.3-21}$$

再次利用$\nabla\times[\mathrm{e}^{\mathrm{i}(\boldsymbol{G}+\boldsymbol{G}'+\boldsymbol{k})\cdot\boldsymbol{r}}(\boldsymbol{G}'+\boldsymbol{k})\times\hat{\boldsymbol{e}}_k]=\mathrm{e}^{\mathrm{i}(\boldsymbol{G}+\boldsymbol{G}'+\boldsymbol{k})\cdot\boldsymbol{r}}\mathrm{i}(\boldsymbol{G}+\boldsymbol{G}'+\boldsymbol{k})\times[(\boldsymbol{G}'+\boldsymbol{k})\times\hat{\boldsymbol{e}}_k]$,代入得到

$$-\sum_{G}\sum_{G'}[\dot{\varepsilon}_r^{-1}(\boldsymbol{G})\tilde{h}(\boldsymbol{G}')\mathrm{e}^{\mathrm{i}(\boldsymbol{G}+\boldsymbol{G}'+\boldsymbol{k})\cdot\boldsymbol{r}}(\boldsymbol{G}+\boldsymbol{G}'+\boldsymbol{k})\times(\boldsymbol{G}'+\boldsymbol{k})\times\hat{\boldsymbol{e}}_k]$$
$$=\frac{\omega^2}{c^2}\sum_{G'}[\tilde{h}(\boldsymbol{G}')\mathrm{e}^{\mathrm{i}(\boldsymbol{G}'+\boldsymbol{k})\cdot\boldsymbol{r}}\hat{\boldsymbol{e}}_k]\tag{8.3.3-22}$$

然后,对公式两边同乘以 $\mathrm{e}^{-\mathrm{i}(\boldsymbol{G}'+\boldsymbol{k})\cdot\boldsymbol{r}}$,得到

$$-\sum_{G}\sum_{G'}[\dot{\varepsilon}_r^{-1}(\boldsymbol{G})\tilde{h}(\boldsymbol{G}')(\boldsymbol{G}+\boldsymbol{G}'+\boldsymbol{k})\times(\boldsymbol{G}'+\boldsymbol{k})\times\hat{\boldsymbol{e}}_k\mathrm{e}^{\mathrm{i}\boldsymbol{G}\cdot\boldsymbol{r}}]$$
$$=\frac{\omega^2}{c^2}\sum_{G'}[\tilde{h}(\boldsymbol{G}')\hat{\boldsymbol{e}}_k]\tag{8.3.3-23}$$

把对 $\boldsymbol{G}$ 和 $\boldsymbol{G}'$ 的求和交换次序(这时 $\boldsymbol{G}'$ 视为不变)

$$-\sum_{G'}\left\{\tilde{h}(\boldsymbol{G}')\left\{\sum_{G}[\dot{\varepsilon}_r^{-1}(\boldsymbol{G})\mathrm{e}^{\mathrm{i}\boldsymbol{G}\cdot\boldsymbol{r}}(\boldsymbol{G}+\boldsymbol{G}'+\boldsymbol{k})]\right\}\times(\boldsymbol{G}'+\boldsymbol{k})\times\hat{\boldsymbol{e}}_k\right\}$$

$$=\sum_{G'}\left[\frac{\omega^2}{c^2}\tilde{h}(\boldsymbol{G}')\hat{\boldsymbol{e}}_k\right] \tag{8.3.3-24}$$

比较式(8.3.3-24)的两边,合式中两边对应元素相等,得到

$$-\tilde{h}(\boldsymbol{G}')\left\{\sum_{G}[\dot{\varepsilon}_r^{-1}(\boldsymbol{G})\mathrm{e}^{\mathrm{i}\boldsymbol{G}\cdot\boldsymbol{r}}(\boldsymbol{G}+\boldsymbol{G}'+\boldsymbol{k})]\right\}\times(\boldsymbol{G}'+\boldsymbol{k})\times\boldsymbol{e}_k=\frac{\omega^2}{c^2}\tilde{h}(\boldsymbol{G}')\boldsymbol{e}_k \tag{8.3.3-25}$$

注意 $\boldsymbol{G}$ 和 $\boldsymbol{G}'$ 分别对应不同的倒格矢空间,将 $\boldsymbol{G}+\boldsymbol{G}'$ 改写,改写后仍然为 $\boldsymbol{G}$,那么式(8.3.3-25)中的 $\boldsymbol{G}$ 就应该改写为 $\boldsymbol{G}-\boldsymbol{G}'$,于是

$$\dot{\varepsilon}_r^{-1}(\boldsymbol{G})\mathrm{e}^{\mathrm{i}\boldsymbol{G}\cdot\boldsymbol{r}}(\boldsymbol{G}+\boldsymbol{G}'+\boldsymbol{k})=[\dot{\varepsilon}_r^{-1}(\boldsymbol{G}-\boldsymbol{G}')](\boldsymbol{G}+\boldsymbol{k}) \tag{8.3.3-26}$$

代入式(8.3.3-25),得到

$$-\tilde{h}(\boldsymbol{G}')\left\{\sum_{G}[\dot{\varepsilon}_r^{-1}(\boldsymbol{G}-\boldsymbol{G}')](\boldsymbol{G}+\boldsymbol{k})\right\}\times(\boldsymbol{G}'+\boldsymbol{k})\times\hat{\boldsymbol{e}}_k=\frac{\omega^2}{c^2}\tilde{h}(\boldsymbol{G}')\hat{\boldsymbol{e}}_k \tag{8.3.3-27}$$

最后得到

$$-\left\{\sum_{G}[\dot{\varepsilon}_r^{-1}(\boldsymbol{G}-\boldsymbol{G}')](\boldsymbol{G}+\boldsymbol{k})\times(\boldsymbol{G}'+\boldsymbol{k})\times\tilde{h}(\boldsymbol{G}')\hat{\boldsymbol{e}}_k\right\}=\frac{\omega^2}{c^2}[\tilde{h}(\boldsymbol{G}')\hat{\boldsymbol{e}}_k] \tag{8.3.3-28}$$

这就是在倒格矢空间中的本征值方程,其中 $\tilde{h}(\boldsymbol{G}')\hat{\boldsymbol{e}}_k$ 是本征函数,ω^2/c^2 是本征值,$\boldsymbol{k}$ 为平面波的波矢。本征值方程可以用来确定波矢(光子动量)与频率(光子能量)的关系。

下面考虑矢量的方向,在式(8.3.3-28)中,$\tilde{h}(\boldsymbol{G}')$ 和 $\dot{\varepsilon}_r^{-1}(\boldsymbol{G}-\boldsymbol{G}')$ 是标量,只有 $\boldsymbol{G}+\boldsymbol{k}$、$\boldsymbol{G}'+\boldsymbol{k}$ 和 $\hat{\boldsymbol{e}}_k$ 三个矢量,而且它们互相垂直,用 $|\boldsymbol{G}+\boldsymbol{k}|$、$|\boldsymbol{G}'+\boldsymbol{k}|$ 和 $|\hat{\boldsymbol{e}}_k|$ 表示这三个矢量的幅值,对公式两边取模,有

$$\sum_{G}[\dot{\varepsilon}_r^{-1}(\boldsymbol{G}-\boldsymbol{G}')]\cdot|\boldsymbol{G}+\boldsymbol{k}|\cdot|\boldsymbol{G}'+\boldsymbol{k}|\cdot|\tilde{h}(\boldsymbol{G}')\hat{\boldsymbol{e}}_k|=\frac{\omega^2}{c^2}|\tilde{h}(\boldsymbol{G}')\hat{\boldsymbol{e}}_k| \tag{8.3.3-29}$$

因为 $\hat{\boldsymbol{e}}_k$ 是单位矢量,所以 $|\hat{\boldsymbol{e}}_k|=1$,于是得到

$$\sum_{G}[\dot{\varepsilon}_r^{-1}(\boldsymbol{G}-\boldsymbol{G}')]\cdot|\boldsymbol{G}+\boldsymbol{k}|\cdot|\boldsymbol{G}'+\boldsymbol{k}|\cdot|\tilde{h}(\boldsymbol{G}')|=\frac{\omega^2}{c^2}|\tilde{h}(\boldsymbol{G}')| \tag{8.3.3-30}$$

当波导结构的折射率分布为连续性周期分布时,其倒格矢的个数只有有限个,

这个总数可以称为倒格子空间的带宽。有很多办法可以定义倒格子带宽，比如3dB带宽等。假定在3dB带宽内，其倒格矢的个数——式(8.3.2-5)中(r,s,t)的总数——M，式(8.3.3-29)变为有限项之和，为

$$\sum_{n=1}^{M}[\dot{\varepsilon}_r^{-1}(\boldsymbol{G}_m-\boldsymbol{G}_n)]\cdot|\boldsymbol{G}_m+\boldsymbol{k}|\cdot|\boldsymbol{G}_n+\boldsymbol{k}|\cdot|\tilde{h}(\boldsymbol{G}_n)|=\frac{\omega^2}{c^2}|\tilde{h}(\boldsymbol{G}_m)| \tag{8.3.3-31}$$

类似地，方程(8.3.3-28)也由整个$\boldsymbol{G}$平面和$\boldsymbol{G}'$平面变成了有限项，为

$$\sum_{n=0}^{N}[\dot{\varepsilon}_r^{-1}(\boldsymbol{G}_m-\boldsymbol{G}_n)](\boldsymbol{G}_n+\boldsymbol{k})\times(\boldsymbol{G}_n+\boldsymbol{k})\times[\tilde{h}(\boldsymbol{G}_m)\hat{\boldsymbol{e}}_k]=\frac{\omega^2}{c^2}[\tilde{h}(\boldsymbol{G}_m)\hat{\boldsymbol{e}}_k] \tag{8.3.3-32}$$

式(8.3.3-29)和式(8.3.3-30)告诉我们，对于每一个序号为m的m次谐波，有一系列的$\boldsymbol{k}_n$和ω_n与之对应，我们求出这一系列的对应值，这种周期性波导的问题也就解决了。

8.3.4 二值二维空间周期函数的频谱

本节的任务，是如何求解本征值方程(8.3.3-31)和方程(8.3.3-32)。在这两个方程中，只有一个量是描述不同波导性质的，那就是函数$\dot{\varepsilon}_r^{-1}(\boldsymbol{G})$。而这个函数是因波导结构而异的，因此我们结合具体的波导结构来研究。

1. 二维周期性结构频谱的一般表达式

我们主要关注的是二维结构，也就是$\varepsilon_r(\boldsymbol{r})=\varepsilon_r(x,y)$的结构，而且这种结构的分布函数只取两个值$\varepsilon_0,\varepsilon_1$，其中空气孔为$\varepsilon_0$，石英材料的介电常数为$\varepsilon_1$，因此$\varepsilon_r(\boldsymbol{r})=\varepsilon_r(x,y)$是一个二值函数。我们来研究它的空间频谱(倒格矢谱)。

首先我们借鉴一维周期性的问题。假定一个二值的一维周期性时间函数(方波)的波形如图8.3.4-1所示(以偶函数为例)，它的周期为T，其脉冲宽度为τ。

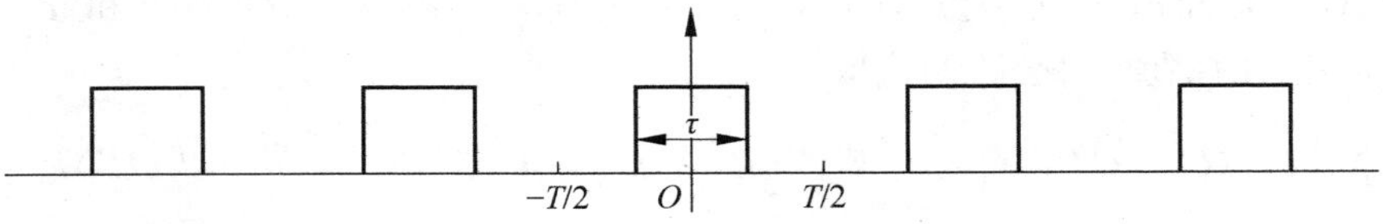

图8.3.4-1 方波的波形

众所周知，周期性的方波可分解为一系列正弦波之和，$f(t)=\sum_{n=-\infty}^{\infty}F_n e^{in\omega t}$，也就是它具有线状谱，它的每条谱线的频率间隔为$\Delta\omega=2\pi/T$。它的频谱是$F_n=E\frac{\tau}{T}\mathrm{Sa}\left(\frac{n\tau\pi}{T}\right)$，式中取样函数定义为$\mathrm{Sa}(x)=\sin x/x$。取样函数$\mathrm{Sa}(x)$在$x=0$

时，有最大值 $\mathrm{Sa}(0)=1$。当 $n=0$ 时，得到直流分量 $F_0=E\tau/T$，也就是正比于占空比。它的基波为 $F_1=\frac{E}{\pi}\sin\frac{\tau\pi}{T}$。当 $\omega=\frac{2n\pi}{\tau}$，且 $n\neq0$ 时，它出现零值，也就是它有很多个零点。第一个零点为 $\omega_0=\frac{2\pi}{\tau}$，第二个零点为 $\omega_0=\frac{4\pi}{\tau}$，…。通常可认为这个信号的带宽以第一个零点作为标准，也就是带宽为 $\Omega=2\pi/\tau$，反比于脉冲的宽度。以上这些知识，可以借鉴到二维的二值函数中。

下面求二值周期性空间函数的频谱。

假定二值、二维周期性空间函数的正格矢已知，$\boldsymbol{R}_{mn}=mR_1\hat{\boldsymbol{e}}_1+nR_2\hat{\boldsymbol{e}}_2$，它对应的倒格矢为 $\boldsymbol{G}=rG_1\hat{\boldsymbol{g}}_1+sG_2\hat{\boldsymbol{g}}_2$。我们采用第 8.3.2 节所选定的坐标系，其中 $\hat{\boldsymbol{e}}_1=\hat{\boldsymbol{i}}$，即

$$R_1\hat{\boldsymbol{e}}_1=R_1\hat{\boldsymbol{i}} \tag{8.3.2-6}$$

$$R_2\hat{\boldsymbol{e}}_2=R_2(\cos\theta\hat{\boldsymbol{i}}+\sin\theta\hat{\boldsymbol{j}}) \tag{8.3.2-7}$$

注意：当 $\theta=0$，变为一维，$R_1\hat{\boldsymbol{e}}_1=R_1\hat{\boldsymbol{i}}$，$R_2\hat{\boldsymbol{e}}_2=0$。由于在求倒格矢的过程中要用到面积，而一维空间的面积为零，所以今后不考虑 $\theta=0$ 的情形。当 $\theta=\pi/2$，变为长方形的方格子，$R_1\hat{\boldsymbol{e}}_1=R_1\hat{\boldsymbol{i}}$，$R_2\hat{\boldsymbol{e}}_2=R_2\hat{\boldsymbol{j}}$；当 $\theta=\pi/4$，正格矢变为 $R_1\hat{\boldsymbol{e}}_1=R_1\hat{\boldsymbol{i}}$，$R_2\hat{\boldsymbol{e}}_2=R_2\frac{\sqrt{2}}{2}(\hat{\boldsymbol{i}}+\hat{\boldsymbol{j}})$。

这里我们选择角频率来描述倒格矢，

$$G_1\hat{\boldsymbol{g}}_1=\frac{2\pi}{R_1\sin\theta}(\sin\theta\hat{\boldsymbol{i}}'-\cos\theta\hat{\boldsymbol{j}}') \tag{8.3.4-1}$$

$$G_2\hat{\boldsymbol{g}}_2=\frac{2\pi\hat{\boldsymbol{j}}'}{R_2\sin\theta} \tag{8.3.4-2}$$

特例，当 $\theta=\pi/2$，方格子对应的倒格矢为 $G_1\hat{\boldsymbol{g}}_1=\frac{2\pi}{R_1}\hat{\boldsymbol{i}}'$，$G_2\hat{\boldsymbol{g}}_2=\frac{2\pi\hat{\boldsymbol{j}}'}{R_2}$；当 $\theta=\pi/4$，倒格矢变为 $G_1\hat{\boldsymbol{g}}_1=\frac{2\pi}{R_1}(\hat{\boldsymbol{i}}'-\hat{\boldsymbol{j}}')$，$G_2\hat{\boldsymbol{g}}_2=2\pi\frac{\hat{\boldsymbol{j}}'}{R_2}\sqrt{2}$。

于是，若将空间函数按照级数展开为

$$f(x,y)=\sum_{m=-\infty}^{\infty}\sum_{n=-\infty}^{\infty}F_{mn}\mathrm{e}^{\mathrm{i}\boldsymbol{G}_{mn}\cdot\boldsymbol{r}} \tag{8.3.4-3}$$

需要先计算 $\boldsymbol{G}_{11}\cdot\boldsymbol{r}=G_1\boldsymbol{g}_1\cdot\boldsymbol{r}+G_2\boldsymbol{g}_2\cdot\boldsymbol{r}$。在前面规定的坐标系下，$\theta\neq0$，得到

$$\boldsymbol{G}_{11}\cdot\boldsymbol{r}=\frac{2\pi}{R_1\sin\theta}(\sin\theta x-\cos\theta y)+\frac{2\pi y}{R_2\sin\theta} \tag{8.3.4-4}$$

经整理后，得到

$$G_{mn} \cdot r = \frac{2m\pi}{R_1}x + \left(-\frac{2m\pi}{R_1\tan\theta} + \frac{2n\pi}{R_2\sin\theta}\right)y \tag{8.3.4-5}$$

特例，对于 $\theta=\pi/2$ 的方格子，

$$G_{mn} \cdot r = \frac{2m\pi}{R_1}x + \frac{2\pi n}{R_2}y \tag{8.3.4-6}$$

于是它的频谱为

$$F_{mn} = \frac{1}{S}\iint f(x,y)\mathrm{e}^{-\mathrm{i}G_{mn}\cdot r}\mathrm{d}x\mathrm{d}y \tag{8.3.4-7}$$

式中，S 是正格子的面积。

下面以图 8.3.4-2 来说明计算过程。

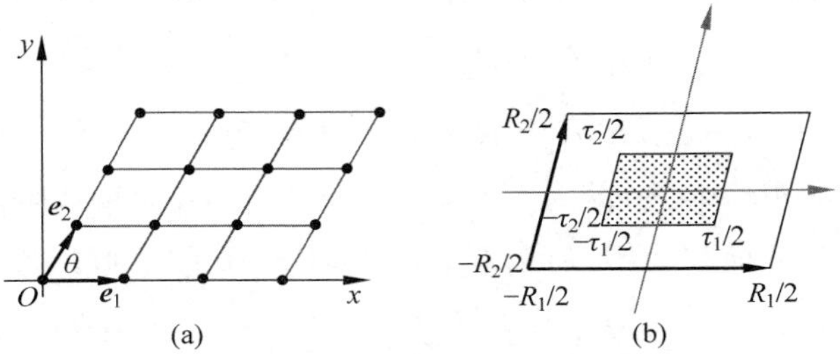

图 8.3.4-2　二值二维空间的相似形正格子

假定在正格子空间 $f(x,y)$ 只有两个值 ε_0 和 ε_1，它们按照如图 8.3.4-2 所示的相似形布置。正格子是一个平行四边形，相对于斜坐标系中心对称分布；它的阴影区也是一个平行四边形，对应边是平行的，因此也是中心对称分布。阴影区的参数为 $1/\varepsilon_0$，外围部分为 $1/\varepsilon_1$。这样我们可以将它看成由两部分合成，一部分是布满整个格子，为 $1/\varepsilon_1$，另一部分为包含外围的一个波导，在内部为 $1/\varepsilon_0-1/\varepsilon_1$，外围为 0。根据傅里叶变换的线性，可知

$$F_{mn} = F'_{mn} + F''_{mn} \tag{8.3.4-8}$$

式中，F'_{mn} 为充满 $1/\varepsilon_1$ 格子的频谱；F''_{mn} 为阴影区为 $1/\varepsilon_0-1/\varepsilon_1$、外围为 0 的格子的频谱。显然，$F'_{mn}$ 只改变频谱的直流分量，不含有交流成分，于是 $F'_{mn}\equiv F'_{00}=1/\varepsilon_1$；而当 $m\neq 0$，或者 $n\neq 0$ 时，$F'_{mn}=0$。

下面计算 F''_{mn}，由于在外围部分，参数为 0，于是式(8.3.4-7)变为

$$F_{mn} = \frac{1}{S}\left(\frac{1}{\varepsilon_0}-\frac{1}{\varepsilon_1}\right)\iint_{S_p}\mathrm{e}^{-\mathrm{i}G_{mn}\cdot r}\mathrm{d}x\mathrm{d}y \tag{8.3.4-9}$$

式中，S_p 表示阴影区。将式(8.3.4-5)代入式(8.3.4-9)，二重积分 $I_{mn}=\iint_{S_p}\mathrm{e}^{-\mathrm{i}G_{mn}\cdot r}\mathrm{d}x\mathrm{d}y$ 为

$$I_{mn}=\iint_{S_p}\exp\left\{-\mathrm{i}\left[\frac{2m\pi}{R_1}x+\left(-\frac{2m\pi}{R_1\tan\theta}+\frac{2n\pi}{R_2\sin\theta}\right)\right]y\right\}\mathrm{d}x\,\mathrm{d}y \tag{8.3.4-10}$$

对于这个具体的被积函数，可将这个二重积分化为二次积分

$$I_{mn}=\int_{-\tau_2/2}^{\tau_2/2}\exp\left[-\mathrm{i}2\pi\left(-\frac{m}{R_1\tan\theta}+\frac{n}{R_2\sin\theta}\right)y\right]\left[\int_{y\tan(\theta-\tau_1/2)}^{y\tan(\theta+\tau_1/2)}\exp\left(-\mathrm{i}\frac{2\pi m}{R_1}x\right)\mathrm{d}x\right]\mathrm{d}y \tag{8.3.4-11}$$

在式(8.3.4-11)中，已经考虑到对 x 变量积分的上下限因 y 的不同而不同。不难计算出

$$\int_{y\tan(\theta-\tau_1/2)}^{y\tan(\theta+\tau_1/2)}\exp\left(-\mathrm{i}\frac{2\pi m}{R_1}x\right)\mathrm{d}x=\tau_1\mathrm{Sa}\left(\frac{m\pi\tau_1}{R_1}\right)\exp\left[-\mathrm{i}\frac{2\pi m}{R_1}(y\tan\theta)\right] \tag{8.3.4-12}$$

代入式(8.3.4-11)，得到

$$I_{mn}=\int_{-\tau_2/2}^{\tau_2/2}\exp\left[-\mathrm{i}2\pi\left(-\frac{m}{R_1\tan\theta}+\frac{n}{R_2\sin\theta}\right)y\right]\tau_1\mathrm{Sa}\left(\frac{m\pi\tau_1}{R_1}\right)\exp\left[-\mathrm{i}\frac{2\pi m}{R_1}(y\tan\theta)\right]\mathrm{d}y \tag{8.3.4-13}$$

$$I_{mn}=\tau_1\tau_2\mathrm{Sa}\left(\frac{m\pi\tau_1}{R_1}\right)\mathrm{Sa}\left[\pi\left(-\frac{m}{R_1\tan\theta}+\frac{n}{R_2\sin\theta}+\frac{m}{R_1}\tan\theta\right)\tau_2\right] \tag{8.3.4-14}$$

代入式(8.3.4-8)，得到

$$F_{mn}=\frac{1}{S\varepsilon_1}+\frac{1}{S}\left(\frac{1}{\varepsilon_0}-\frac{1}{\varepsilon_1}\right)\tau_1\tau_2\mathrm{Sa}\left(\frac{m\pi\tau_1}{R_1}\right)\mathrm{Sa}\left[\pi\left(-\frac{m}{R_1\tan\theta}+\frac{n}{R_2\sin\theta}+\frac{m}{R_1}\tan\theta\right)\tau_2\right] \tag{8.3.4-15}$$

在式(8.3.4-1)和式(8.3.4-2)中，$\hat{\boldsymbol{g}}_1=\sin\theta\hat{\boldsymbol{i}}'-\cos\theta\hat{\boldsymbol{j}}'$，可知

$$G_1=\frac{2\pi}{R_1\sin\theta},\quad G_2=\frac{2\pi}{R_2\sin\theta} \tag{8.3.4-16}$$

于是可将空间周期 R_1、R_2，改写为空间角频率 G_1、G_2，为

$$F_{mn}=\frac{1}{S\varepsilon_1}+\frac{1}{S}\left(\frac{1}{\varepsilon_0}-\frac{1}{\varepsilon_1}\right)\tau_1\tau_2\mathrm{Sa}\left[m\sin\theta\left(\frac{G_1\tau_1}{2}\right)\right]\mathrm{Sa}\left[\left(-m\frac{\cos2\theta}{2\cos\theta}G_1+nG_2\right)\tau_2\right] \tag{8.3.4-17}$$

式(8.3.4-16)就是如图 8.3.4-2 所示的二值函数的频谱，也就是 $1/\varepsilon_r(\boldsymbol{r})$ 的空间频谱。

2. 几个低阶频率分量的大小

在式(8.3.4-16)中，当 $m=n=0$ 时，直流分量为

$$F_{00}=\frac{1}{\varepsilon_1}+\frac{1}{S}\left(\frac{1}{\varepsilon_0}-\frac{1}{\varepsilon_1}\right)\tau_1\tau_2 \tag{8.3.4-18}$$

如果定义占空比 $f=\frac{\tau_1\tau_2}{S}=\frac{\tau_1\tau_2}{R_1R_2\sin\theta}$，那么

$$F_{00}=(1-f)\frac{1}{\varepsilon_1}+f\frac{1}{\varepsilon_0} \tag{8.3.4-19}$$

这个结果是在意料之中的。

从式(8.3.4-16)可以得出在 $\boldsymbol{g}_1$ 方向上的基波 $m=1,n=0$，为

$$F_{10}=\frac{1}{S}\left(\frac{1}{\varepsilon_0}-\frac{1}{\varepsilon_1}\right)\tau_1\tau_2\mathrm{Sa}\left(\frac{\pi\tau_1}{R_1}\right)\mathrm{Sa}\left[\pi\left(\frac{1}{R_1}2\tan2\theta\right)\tau_2\right] \tag{8.3.4-20}$$

或者

$$F_{10}=\frac{1}{S}\left(\frac{1}{\varepsilon_0}-\frac{1}{\varepsilon_1}\right)\tau_1\tau_2\mathrm{Sa}\left(\sin\theta\frac{G_1\tau_1}{2}\right)\mathrm{Sa}\left[\left(-G_1\frac{\cos2\theta}{2\cos\theta}\right)\tau_2\right] \tag{8.3.4-21}$$

在 $\boldsymbol{g}_1$ 方向上的二次谐波 $m=2,n=0$，为

$$F_{20}=\frac{1}{S\varepsilon_1}+\frac{1}{S}\left(\frac{1}{\varepsilon_0}-\frac{1}{\varepsilon_1}\right)\tau_1\tau_2\mathrm{Sa}\left[\sin\theta(G_1\tau_1)\right]\mathrm{Sa}\left[-2G_1\left(\frac{\cos2\theta}{\cos\theta}\right)\tau_2\right] \tag{8.3.4-22}$$

因为取样函数 $\mathrm{Sa}(x)=\frac{\sin x}{x}$ 是偶函数，于是

$$F_{20}=\frac{1}{S\varepsilon_1}+\frac{1}{S}\left(\frac{1}{\varepsilon_0}-\frac{1}{\varepsilon_1}\right)\tau_1\tau_2\mathrm{Sa}\left[\sin\theta(G_1\tau_1)\right]\mathrm{Sa}\left[\frac{\cos2\theta}{\cos\theta}(G_1\tau_2)\right] \tag{8.3.4-23}$$

同理，在 $\boldsymbol{g}_2$ 方向上的基波 $m=0,n=1$，为

$$F_{01}=\frac{1}{S}\left(\frac{1}{\varepsilon_0}-\frac{1}{\varepsilon_1}\right)\tau_1\tau_2\mathrm{Sa}\left(\frac{\pi\tau_2}{R_2\sin\theta}\right) \tag{8.3.4-24}$$

或者

$$F_{01}=\frac{1}{S\varepsilon_1}+\frac{1}{S}\left(\frac{1}{\varepsilon_0}-\frac{1}{\varepsilon_1}\right)\tau_1\tau_2\mathrm{Sa}(G_2\tau_2) \tag{8.3.4-25}$$

在 $\boldsymbol{g}_2$ 方向上的二次谐波 $m=0,n=2$ 为

$$F_{02}=\frac{1}{S\varepsilon_1}+\frac{1}{S}\left(\frac{1}{\varepsilon_0}-\frac{1}{\varepsilon_1}\right)\tau_1\tau_2\mathrm{Sa}(2G_2\tau_2) \tag{8.3.4-26}$$

在 $\boldsymbol{g}_1$ 和 $\boldsymbol{g}_2$ 方向上的一阶混合波 $m=1,n=1$ 为

$$F_{11}=\frac{1}{S\varepsilon_1}+\frac{1}{S}\left(\frac{1}{\varepsilon_0}-\frac{1}{\varepsilon_1}\right)\tau_1\tau_2\mathrm{Sa}\left[(\sin\theta)\frac{G_1\tau_1}{2}\right]\mathrm{Sa}\left[\left(-\frac{\cos2\theta}{2\cos\theta}G_1+G_2\right)\tau_2\right] \tag{8.3.4-27}$$

这样，可以大致绘出这种折射率分布的空间频谱图，见图 8.3.4-3。

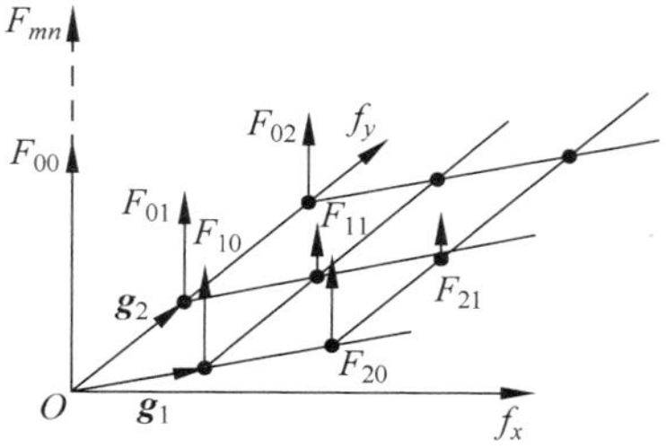

图 8.3.4-3　二维二值相似形的频谱

3. 带宽

进一步考虑它们的带宽。在 $\boldsymbol{g}_1$ 方向上当空间角频率 $m\sin\theta\dfrac{G_1\tau_1}{2}$ 为 π 的整数倍时，$F_{mn}=0$。第一个零点为 $m\sin\theta\dfrac{G_1\tau_1}{2}=\pi$，于是，它在 $\boldsymbol{g}_1$ 方向上的角频率带宽为 $(\Delta G)_1=mG_1=\dfrac{2\pi}{\tau_1\sin\theta}$，式中下标放在括号外的含义是在 $\boldsymbol{g}_1$ 方向上的带宽。由于 $\dfrac{2\pi}{\tau_1\sin\theta}$ 可能不是 G_1 的整数倍，所以当 $m\leqslant\dfrac{2\pi}{\tau_1 G_1\sin\theta}$ 时，所对应的谱线都在带宽之内，于是可以确定 m 的取值范围为

$$|m|\leqslant\left[\frac{2\pi}{\tau_1 G_1\sin\theta}\right]=\left[\frac{2\pi R_1}{\tau_1}\right]\tag{8.3.4-28}$$

式中，方括号表示取整数。将式(8.3.4-23)改写为频率(不是角频率)，可以得出，带内的谱线数为 $|m|\leqslant\left[\dfrac{R_1}{\tau_1}\right]$。

同理，我们可以求出在 $\boldsymbol{g}_2$ 方向上的带宽，以及带内谱线数。

4. 夹角的影响

我们看到无论在正格子空间还是在倒格子空间，两个格矢方向的夹角是不变的。因此，从实空间域变换到空间频率域，或者反变换，这个夹角始终不变。可以认为空间的傅里叶变换是一种保角变换。保角变换具有许多独特的性质，比如拉普拉斯算符经过保角变换后，仍然是一个拉普拉斯算符等。有兴趣的读者可以进行深入研究。

再来看一下式(8.3.4-17)中的取样函数 $\mathrm{Sa}\left(m\sin\theta\dfrac{G_1\tau_1}{2}\right)$。若记 $\dfrac{G_1\tau_1}{2}=k$，它在倒格子空间中是一个常数。由于

$$\sin(mk\sin\theta)=2\sum_{i=0}^{\infty}\mathrm{J}_{2i+1}(mk)\sin(2i+1)\theta \tag{8.3.4-29}$$

代入到取样函数表达式中，得到

$$\mathrm{Sa}\left(m\sin\theta\,\frac{G_1\tau_1}{2}\right)=2\sum_{i=0}^{\infty}\frac{\mathrm{J}_{2i+1}(mG_1\tau_1/2)}{(mG_1\tau_1/2)}\,\frac{\sin(2i+1)\theta}{\sin\theta} \tag{8.3.4-30}$$

当式(8.3.4-30)取有限项时，可以看出夹角的影响，同时可以看出占空比(τ_1/R_1)是以贝塞尔函数形式的加权项来影响角度对于频谱的作用。

本节的工作表明，任意一个二维空间周期性分布，都可以转化为一个二维的频谱分布，可以求出其直流分量、基波、带宽以及可以较为准确地描述这个频谱的谱线数，因此，本征值方程(8.3.3-29)中算符的参数都已确定，只要用本征值方法求出对应的本征值和本征函数就可以了。又由于式(8.3.3-29)描述的是一个线性方程组，因此实际上就是求线性方程组的本征值，也就是矩阵所对应的行列式值为零的那个值。

5. 本征值方程的解

在已知 $\dot{\varepsilon}_r^{-1}(\boldsymbol{G}_m-\boldsymbol{G}_n)$的前提下，求本征值方程(8.3.3-29)的解。该方程可以改写为矩阵形式

$$[k_{mn}(\boldsymbol{k})]\mid\tilde{h}(\boldsymbol{G}_n)\mid=\frac{\omega^2}{c^2}\mid\tilde{h}(\boldsymbol{G}_m)\mid \tag{8.3.4-31}$$

式中，$[k_{mn}(\boldsymbol{k})]$是由 $\dot{\varepsilon}_r^{-1}(\boldsymbol{G}_m-\boldsymbol{G}_n)$、$\boldsymbol{G}_m$、$\boldsymbol{G}_n$ 以及波矢 $\boldsymbol{k}$ 所决定的矩阵。该矩阵的本征值为，使对应行列式为 0 的值。

$$\left|[k_{mn}(\boldsymbol{k})]-\frac{\omega^2}{c^2}\right|=0 \tag{8.3.4-32}$$

每给定一个 $\boldsymbol{k}$ 值，就可以得到一个或者多个 ω^2/c^2 的解。然后，就可以绘出对应的 $\omega^2/c^2=f(\boldsymbol{k})$的曲线，这个曲线称为带隙光纤的能带结构。由于方程的解是有限个，每一个解表示一个禁带。其余的部分就是带隙，光可以在带隙中传输。

第 8 章小结

本章研究了具有复杂折射率剖面的一类正规的圆光波导——微结构光波导，其中主要是折射率剖面具有周期结构的光波导。这类光波导又可以分为两类：一类是以光在密疏介质的界面上发生全反射的原理为基础的光波导，本质上它与以前各章研究的光波导没有什么不同；另一类是所谓的“带隙光纤”，是以干涉形成的全反射为基础的一类新的光波导，所以周期性对于“带隙光纤”是至关重要的。

既然基于芯包界面的全反射原理的圆光波导与前面各章的圆光波导没有什么

本质的不同,所以最简单的分析方法自然是把它化为一种多层或者折射率渐变的光波导来处理。这就是 8.2.2 节提出的圆对称化方法。经过圆对称化后,所有的问题均迎刃而解。因此可以采用圆光波导的所有方法,最行之有效的是拉盖尔-高斯近似,从而得出它的模斑半径、不同模式的激励系数,以及色散特性等。

对于非圆对称的情形,也可以采用类似方法,化为非圆对称结构的圆光波导求解。

对于带隙光纤,原有的方法不再有效,提出了新的方法:

① 对于周期性折射率分布,把它转化到空间频率域;对于严格周期的折射率分布,只用少数的有限项就可以描述它的横截面折射率分布。但是,由于微结构光纤的周期性不是遍布于整个横截面,所以有较大的截断效应;

② 提出了适用于电磁波的本征值方程,这时,不是以传输常数和模式场作为本征值和本征函数,而是以频率和倒格子空间中的函数作为本征值和本征函数;

③ 研究了二值的空间周期性的倒格矢和对应的倒格矢函数,研究了它的几个低阶项。

实践表明,微结构光纤并不像最初提出者所设想的那样,是一种革命,经过一个阶段的热潮之后,已经渐渐淡去。本章的介绍是初步的。相关文献非常多,但大多是一种数值计算,并没有得到非常有实际指导意义的结果。

第 8 章思考题

8.1　为什么说用“光子晶体光纤”这个词描述微结构光波导是不准确的?这样称呼微结构光波导会带来什么后果?

8.2　目前的微结构光波导的空气孔都是圆的,但是某些作者为了发表论文,把这些空气孔设计成椭圆、三角形或者其他几何图形,这样设计有什么问题?工艺上是否可能实现?

8.3　在微结构光波导中,有人设想对其周期性结构做破坏,产生所谓“缺陷”,于是就可以获得类似半导体一样的价带,这个想法是否现实?

8.4　在内全反射型微结构光波导中,是否存在矢量模?是否存在标量模(LP 模式)?它们的模式场是否与传统的光纤相同?或者说它们有什么异同?

8.5　传像束也是一种具有复杂折射率剖面的光纤,它由很多根光纤熔融拉丝而成;微结构光波导的确也是由很多根空管熔融拉丝而成。传像束可以用来传图像,那么微结构光波导是否也可以传图像?简单说明理由。

8.6　在正格子空间中,空间的周期数至少应该有多少个,才能看作周期函数?你如何看待这个问题?换言之,带隙光纤外面的多孔层至少应该有多少层?

8.7 在正格子空间中，如果周期性被破坏，引入“缺陷”，那么在倒格子空间中会发生什么现象？

8.8 如果在正格子空间中是点阵结构（只在 $\boldsymbol{R}_{mnl}=mR_1\hat{\boldsymbol{e}}_1+nR_2\hat{\boldsymbol{e}}_2+lR_3\hat{\boldsymbol{e}}_3$ 的位置上有函数值），那么在倒格子空间的取值都在什么位置上，会延伸到无限吗？

8.9 8.8.3 节提出的本征值方程对于一切电磁波都适用，如果我们用这种方法求解模式场，会怎样？

8.10 有文献说，在正格子空间模式场的偏振态部分 $\hat{\boldsymbol{e}}_k$，到了倒格子空间就变成了 $\boldsymbol{e}_{k+G}$，这种说法有什么问题？

8.11 在带隙光纤中，以二值的圆孔分布为例，求出它空间谱的直流分量、基波（2 个）以及高次谐波的表达式。

8.12 正格子和倒格子的变换是否满足叠加原理，是否可以引入卷积定理、冲激响应等概念？简述之。

第 9 章

各向异性光波导

9.1 各向异性光波导的概念

9.1.1 材料的各向异性

从第 2 章开始介绍的各种不同结构的光波导都有一个基本的前提假设,那就是光波导所用的材料都是各向同性的介质。因此,在这种介质中,频域电场强度矢量与频域电位移矢量之间存在一个简单关系,即

$$\boldsymbol{D}(\omega)=\dot{\varepsilon}(\omega)\boldsymbol{E}(\omega) \tag{1.1.2-11}$$

上式表明,二者方向相同,大小成比例。但是,自然界中还存在一大类光学材料(如光学晶体),在这种介质中,频域电场强度矢量与频域电位移矢量之间虽然也是线性关系,但是方向却不一致。这时

$$\boldsymbol{D}(\omega)=\boldsymbol{\varepsilon}(\omega)\boldsymbol{E}(\omega) \tag{1.1.2-18}$$

式中,$\boldsymbol{\varepsilon}(\omega)$是一个 3×3 的矩阵,可写为

$$\boldsymbol{\varepsilon}(\omega)=\begin{bmatrix}\varepsilon_{xx} & \varepsilon_{xy} & \varepsilon_{xz}\\ \varepsilon_{yx} & \varepsilon_{yy} & \varepsilon_{yz}\\ \varepsilon_{zx} & \varepsilon_{zy} & \varepsilon_{zz}\end{bmatrix}=\begin{bmatrix}\varepsilon_{11} & \varepsilon_{12} & \varepsilon_{13}\\ \varepsilon_{21} & \varepsilon_{22} & \varepsilon_{23}\\ \varepsilon_{31} & \varepsilon_{32} & \varepsilon_{33}\end{bmatrix} \tag{9.1.1-1}$$

这个矩阵称为(相对)介电常数张量。这种频域电场强度矢量与频域电位移矢量之间大小成比例但方向不一致的现象,称为各向异性现象,这种材料就称为各向异性介质。

自然界存在的各向异性介质主要是一些光学晶体。因为天然晶体的纯度不够,

存在缺陷，不满足光学使用要求，所以更多使用的是人工晶体，如铌酸锂($LiNbO_3$)晶体等。关于光在晶体中的传播等问题，已经成为一个独特的光学分支——晶体光学，本书不打算过多地讨论晶体光学的知识，而是从各向异性的角度研究由它组成的光波导有什么特性。

各向异性现象，不一定只存在于天然的各向异性介质中，一种例外是平时是各向同性的晶体，但是在施加外力、电场、磁场等因素作用下变成各向异性介质，如锗酸铋($Bi_{12}GeO$)晶体，在电场作用下将变成各向异性晶体。另一种例外是常见的熔融石英，如光纤，本身不是晶体，由于受到压力、拉力等应力作用，也会变成各向异性材料。熔融石英在应力作用下介电常数变化的现象称为弹光效应。这种效应既可以用于光纤传感，也可能成为光纤通信系统的一种不稳定因素，影响系统性能。总之，各向异性并不限于晶体，晶体光学不能概括所有的各向异性现象。这也从另一个侧面反映出有必要研究各向异性的光波导。

从式(9.1.1-1)可以看出，对于各向异性介质的描述是与坐标系直接相关的，也就是在不同的坐标系下，矩阵元素的具体形式会发生变化。对于大多数各向异性材料，介电常数张量具有天然的对称性，就是 $\varepsilon_{ij}=\varepsilon_{ji}(i,j=x,y,z)$。这样，在介电张量矩阵中，只有6个独立元素，它们按下列规则排列，这表明两位数的下标和一位数的下标存在确定的对应关系。

$$\boldsymbol{\varepsilon}(\omega)=\begin{bmatrix}\varepsilon_1 & \varepsilon_6 & \varepsilon_5\\ \varepsilon_6 & \varepsilon_2 & \varepsilon_4\\ \varepsilon_5 & \varepsilon_4 & \varepsilon_3\end{bmatrix} \tag{9.1.1-2}$$

对称矩阵可以对角化，对角化以后的矩阵可写为

$$\boldsymbol{\varepsilon}(\omega)=\begin{bmatrix}\varepsilon_1 & 0 & 0\\ 0 & \varepsilon_2 & 0\\ 0 & 0 & \varepsilon_3\end{bmatrix}=\begin{bmatrix}n_x^2 & 0 & 0\\ 0 & n_y^2 & 0\\ 0 & 0 & n_z^2\end{bmatrix} \tag{9.1.1-3}$$

这个对角化的矩阵称为主轴矩阵，而使矩阵对角化的坐标系称为主轴坐标系。这时，描述各向异性材料的参数只剩三个。在这三个参数中，如果有两个相等，只有第三个和它们不相等，这种各向异性材料称为单轴材料；如果三个都不相等，则称为双轴材料。对于单轴材料，相等的两个参数写为 ε_o(ordinary)，不相等的那个写为 ε_e(abnormal)，其特点将在下节讨论。

除了具有对称结构的各向异性介质外，还有非对称结构的各向异性介质，这时，介电张量不能够对角化。典型的非对称结构的各向异性介质，如旋光材料和磁光效应，这时得不到式(9.1.1-3)，这部分内容将在9.4节中叙述。

只有在主轴坐标系下，介电常数矩阵和折射率矩阵才有平方关系，$\boldsymbol{\varepsilon}_r(\omega)=$

$[\boldsymbol{n}(\omega)]^2$，在非主轴坐标系的条件下，一般不存在平方关系，请读者注意。

各向异性晶体的三个主轴介电常数可以直接在光学手册或者晶体手册中查到。但是，很多情况下，所选择的坐标系不是主轴坐标系，因此需要改写为任意坐标系。下面导出以通光方向作为坐标轴的任意坐标系下的介电常数矩阵。

对于任意通光方向，其波矢不一定与晶体的主轴坐标系一致，所以需要进行坐标变换。我们假定按照晶体主轴所构成的坐标系为 xyz 坐标系，假定通光方向 z' 偏离主轴坐标系 z 轴的角度为 γ，而绕 xOy 平面旋转角度为 θ，如图 9.1.1-1 所示。从 xyz 坐标系经过旋转变成 $x'y'z'$ 坐标系，可以认为是经由两步完成。第一步先绕 z 轴旋转 θ，变成 $x''y'z$；第二步绕 y' 轴旋转 γ 角。

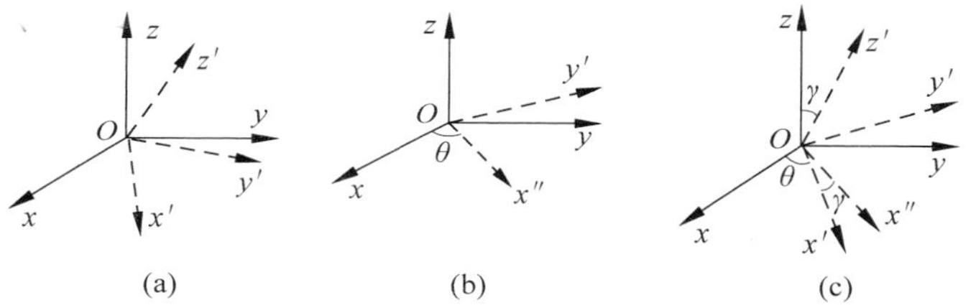

图 9.1.1-1 坐标系的变换

(a) 新旧坐标系关系；(b) 中间过程，绕 z 轴旋转 θ；(c) 中间过程，再绕 y' 轴旋转 γ

绕轴旋转的过程，可以看作一个坐标变换，其变换式为

$$\boldsymbol{E}' = \boldsymbol{T}\boldsymbol{E} \tag{9.1.1-4}$$

式中，$\boldsymbol{E}'$ 和 $\boldsymbol{E}$ 分别是新旧坐标系下的场矢量表达式，$\boldsymbol{T}$ 是坐标变换的变换矩阵，它通常是一个 3×3 的矩阵，且 $|\boldsymbol{T}|=1$。当围绕某一个轴旋转时，那个方向的量保持不变，如绕 z 轴旋转 θ，其变换矩阵为

$$\boldsymbol{T} = \begin{bmatrix} \cos\theta & -\sin\theta & \\ \sin\theta & \cos\theta & \\ & & 1 \end{bmatrix} \tag{9.1.1-5}$$

如果经过两次或者三次旋转才能获得最终结果，那么

$$\boldsymbol{E}'' = \boldsymbol{T}_2\boldsymbol{T}_1\boldsymbol{E} \tag{9.1.1-6}$$

将这个结果代入式(1.1.2-11)，有

$$\boldsymbol{D}'' = \boldsymbol{T}_2\boldsymbol{T}_1(\boldsymbol{\varepsilon}\boldsymbol{E}) = \boldsymbol{T}_2\boldsymbol{T}_1\boldsymbol{\varepsilon}\boldsymbol{T}_1^{-1}\boldsymbol{T}_2^{-1}\boldsymbol{E}'' \tag{9.1.1-7}$$

从而

$$\boldsymbol{\varepsilon}' = \boldsymbol{T}_2\boldsymbol{T}_1\boldsymbol{\varepsilon}\boldsymbol{T}_1^{-1}\boldsymbol{T}_2^{-1} \tag{9.1.1-8}$$

这样，就得到了新坐标系下的介电常数矩阵。但是这个计算是比较烦琐的，尤其是当求矩阵逆的时候。

大多数情况，我们主要考虑垂直于波矢方向电磁场的特性，考虑到双折射仅与

垂直于通光方向的横截面上的介电张量有关，经过复杂的推导可以得到，新坐标系下垂直于通光方向的横向介电张量为

$$\boldsymbol{\varepsilon}'_{rt}(t)=\begin{bmatrix}\varepsilon_1\cos^2\theta\cos^2\gamma+\varepsilon_2\sin^2\theta\cos^2\gamma+\varepsilon_3\sin^2\gamma & (\varepsilon_2-\varepsilon_1)\cos\theta\sin\theta\cos\gamma\\ (\varepsilon_2-\varepsilon_1)\sin\theta\cos\theta\cos\gamma & \varepsilon_1\sin^2\theta+\varepsilon_2\cos^2\theta\end{bmatrix}$$

(9.1.1-9)

对于单轴材料，由于 $\varepsilon_1=\varepsilon_2=\varepsilon_o,\varepsilon_3=\varepsilon_e$，于是

$$\boldsymbol{\varepsilon}'_{rt}(t)=\begin{bmatrix}\varepsilon_o\cos^2\gamma+\varepsilon_e\sin^2\gamma & 0\\ 0 & \varepsilon_o\end{bmatrix}\tag{9.1.1-10}$$

这表明，单轴材料旋转后还是单轴材料。

除了对称晶体或者对称材料外，很多情况下，材料是非对称的。比如，晶体的残余双折射、法拉第旋光效应等，这时，式(9.1.1-1)中的矩阵就不能完全对角化，也就是说除了主对角线上的元素外，其他元素也是非零值。在这种情况下，当考虑通光方向不与主轴方向重合时，由坐标旋转所导致的新坐标系的横向介电张量为(图 9.1.1-1)

$$\boldsymbol{\varepsilon}'_{rt}(t)=$$

$$\begin{bmatrix}\begin{aligned}&\varepsilon_{11}\cos^2\theta\cos^2\gamma+\varepsilon_{22}\sin^2\theta\cos^2\gamma+\varepsilon_{33}\sin^2\gamma+\\&\quad(\varepsilon_{12}+\varepsilon_{21})\sin\theta\cos\theta\cos^2\gamma+\\&\quad(\varepsilon_{13}+\varepsilon_{31})\cos\theta\sin\gamma\cos\gamma+\\&\quad(\varepsilon_{23}+\varepsilon_{32})\sin\theta\sin\gamma\cos\gamma\end{aligned} & \begin{aligned}&(\varepsilon_{22}-\varepsilon_{11})\sin\theta\cos\theta\cos\gamma+\\&\quad\varepsilon_{12}\cos^2\theta\cos\gamma-\varepsilon_{21}\sin^2\theta\cos\gamma-\\&\quad\varepsilon_{31}\sin\theta\sin\gamma+\varepsilon_{32}\cos\theta\sin\gamma\end{aligned}\\ \begin{aligned}&(\varepsilon_{22}-\varepsilon_{11})\cos\theta\sin\theta\cos\gamma-\\&\quad\varepsilon_{12}\sin^2\theta\cos\gamma+\varepsilon_{21}\cos^2\theta\cos\gamma-\\&\quad\varepsilon_{13}\sin\theta\sin\gamma+\varepsilon_{23}\cos\theta\sin\gamma\end{aligned} & \begin{aligned}&\varepsilon_{11}\sin^2\theta+\varepsilon_{22}\cos^2\theta-\\&\quad(\varepsilon_{12}+\varepsilon_{21})\sin\theta\cos\theta\end{aligned}\end{bmatrix}$$

(9.1.1-11)

如果矩阵的元素仍然有对称性，可化简为

$$\boldsymbol{\varepsilon}'_{rt}(t)=$$

$$\begin{bmatrix}\begin{aligned}&\varepsilon_1\cos^2\theta\cos^2\gamma+\varepsilon_2\sin^2\theta\cos^2\gamma+\varepsilon_3\sin^2\gamma+\\&\quad2\varepsilon_6\sin\theta\cos\theta\cos^2\gamma+2\varepsilon_4\cos\theta\sin\gamma\cos\gamma+\\&\quad2\varepsilon_5\sin\theta\sin\gamma\cos\gamma\end{aligned} & \begin{aligned}&(\varepsilon_2-\varepsilon_1)\cos\theta\sin\theta\cos\gamma+\\&\quad\varepsilon_6(\cos^2\theta-\sin^2\theta)\cos\gamma-\\&\quad\varepsilon_5\sin\theta\sin\gamma+\varepsilon_4\cos\theta\sin\gamma\end{aligned}\\ \begin{aligned}&(\varepsilon_2-\varepsilon_1)\sin\theta\cos\theta\cos\gamma+\varepsilon_6(\cos^2\theta-\sin^2\theta)\cos\gamma-\\&\quad\varepsilon_5\sin\theta\sin\gamma+\varepsilon_4\cos\theta\sin\gamma\end{aligned} & \begin{aligned}&\varepsilon_1\sin^2\theta+\varepsilon_2\cos^2\theta-\\&\quad2\varepsilon_6\sin\theta\cos\theta\end{aligned}\end{bmatrix}$$

(9.1.1-12)

总之，尽管各向异性介质的介电常数是一个张量，但是各种不同的对称性将导致不同的各向异性。

9.1.2　光在均匀各向异性材料中的传播

9.1.1 节介绍了各向异性材料介电常数张量的表达式，本节讨论平面波在无限大均匀各向异性材料中的传播。

无限大均匀分布的材料本身不是光波导，不具有约束光在一定范围内传播的特征。但是，鉴于很多读者不了解各向异性材料中光传播的特点，所以作为基础知识，本节进行介绍。

在这里又分为两个问题：①各向异性介质内光波传播的问题；②各向同性与各向异性介质界面上的折射反射问题。本节解决内部传播问题，9.1.3 节解决界面上的问题。

为了简化问题，我们假定分析工作在主轴坐标系内进行，也就是其介电常数张量已经对角化，只需三个(或两个)参数描述。

对于各向异性材料内部光的传播，我们有两个基本问题要回答：①波矢的方向与大小的关系问题；②输入偏振态与波矢的方向关系问题。

对于这两个问题，"各向异性"顾名思义就可以想到，不同方向传播的光，其波数(波矢的大小)是不一样的，所以我们首先要解决不同传播方向光的方向与大小之间的关系问题。我们已经熟知，对于各向同性材料，光无论向哪个方向传播，其传播速度(大小)都是相同的。比如，在真空中，光无论怎样传播，速度的大小都是 $3\times10^{8}\,\mathrm{m/s}$。然而，在各向异性材料中，在不同方向传播的光，速度的大小是不一样的。这是各向异性材料的一个特点。另一个特点是，即使传播方向相同，不同偏振方向光的传播速度也不一样，即偏振相关的各向异性。

1. 平面波在均匀各向异性材料内部的传播特性

为了研究平面波在各向异性介质内部的传播特性，我们回到最原始的麦克斯韦方程(1.1.2-3)。对于无空间电荷与传导电流的介质，麦克斯韦方程为

$$\begin{cases}\nabla\times\boldsymbol{E}=-\dfrac{\partial\boldsymbol{B}}{\partial t}\\[2ex]\nabla\times\boldsymbol{H}=\dfrac{\partial\boldsymbol{D}}{\partial t}\\[2ex]\nabla\cdot\boldsymbol{D}=0\\\nabla\cdot\boldsymbol{B}=0\end{cases}\tag{1.1.2-3}$$

假定有一个单一频率的平面波，在均匀的各向异性材料中传播，平面波的形式为

$$\boldsymbol{E}=\boldsymbol{E}_0\exp[\mathrm{i}(\boldsymbol{k}\cdot\boldsymbol{r}-\omega t)]\tag{9.1.2-1a}$$

$$\boldsymbol{H}=\boldsymbol{H}_0\exp[\mathrm{i}(\boldsymbol{k}\cdot\boldsymbol{r}-\omega t)] \tag{9.1.2-1b}$$

式中，对于平面波 $\boldsymbol{E}_0$ 与 $\boldsymbol{H}_0$ 都是不随位置和时间变化的常量。根据式(1.1.2-3a)和式(1.1.2-3b)可以导出，磁感应强度矢量和电位移矢量也都是同频同波矢的平面波，即

$$\boldsymbol{D}=\boldsymbol{D}_0\exp[\mathrm{i}(\boldsymbol{k}\cdot\boldsymbol{r}-\omega t)],\quad \boldsymbol{D}_0=\boldsymbol{\varepsilon}\boldsymbol{E}_0 \tag{9.1.2-2a}$$

$$\boldsymbol{B}=\boldsymbol{B}_0\exp[\mathrm{i}(\boldsymbol{k}\cdot\boldsymbol{r}-\omega t)],\quad \boldsymbol{B}_0=\mu_0\boldsymbol{H}_0 \tag{9.1.2-2b}$$

由于$\boldsymbol{\varepsilon}(\omega)$是一个矩阵，所以电位移矢量的方向不与 $\boldsymbol{E}_0$ 的方向平行。

(1) 离散角的概念

将式(9.1.2-1)和式(9.1.2-2)代入方程(1.1.2-3)，利用$\nabla\times(\boldsymbol{A}_0\varphi)=\boldsymbol{A}_0\times\nabla\varphi(\boldsymbol{r})$，而

$$\nabla\{\exp[\mathrm{i}(\boldsymbol{k}\cdot\boldsymbol{r}-\omega t)]\}=\mathrm{i}\boldsymbol{k}\exp[\mathrm{i}(\boldsymbol{k}\cdot\boldsymbol{r}-\omega t)] \tag{9.1.2-3}$$

可以得到

$$\boldsymbol{k}\times\boldsymbol{E}_0=\omega\mu_0\boldsymbol{H}_0 \tag{9.1.2-4a}$$

$$\boldsymbol{k}\times\boldsymbol{H}_0=-\omega\boldsymbol{D}_0 \tag{9.1.2-4b}$$

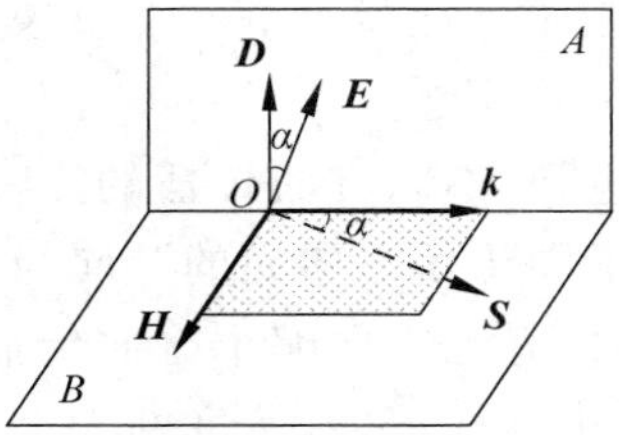

图 9.1.2-1　$\boldsymbol{k}$、$\boldsymbol{E}_0$、$\boldsymbol{H}_0$ 和 $\boldsymbol{D}_0$ 4 个矢量方向之间的关系

式(9.1.2-4)给出了 $\boldsymbol{k}$、$\boldsymbol{E}_0$、$\boldsymbol{H}_0$ 和 $\boldsymbol{D}_0$ 4 个矢量方向之间的关系：$\boldsymbol{D}_0$ 垂直于 $\boldsymbol{k}$ 与 $\boldsymbol{H}_0$ 形成的平面，$\boldsymbol{H}_0$ 垂直于 $\boldsymbol{k}$ 与 $\boldsymbol{E}_0$ 形成的平面，但 $\boldsymbol{D}_0$ 与 $\boldsymbol{E}_0$ 并不同向。图 9.1.2-1 给出了这 4 个矢量之间的关系。其中 $\boldsymbol{D}_0$ 与 $\boldsymbol{E}_0$ 之间的夹角称为离散角(walk-off angle)，参见图 9.1.2-1。图中，波矢 $\boldsymbol{k}$、磁场强度 $\boldsymbol{H}_0$ 和电位移矢量 $\boldsymbol{D}_0$ 三者构成一个直角坐标系(原点为 O)，电场强度矢量 $\boldsymbol{E}_0$ 偏离了 $\boldsymbol{D}_0$，离散角为 α，但它仍处于由 $\boldsymbol{D}_0$ 与 $\boldsymbol{k}$ 构成的平面 A 中，它与磁场强度 $\boldsymbol{H}_0$ 叉乘后得到矢量 $\boldsymbol{S}$，即 $\boldsymbol{S}=\boldsymbol{E}_0\times\boldsymbol{H}_0$，就是坡印廷矢量，表示能流密度矢量。在图中，能流密度矢量 $\boldsymbol{S}$ 位于平面 B 的下方，它偏离波矢的夹角也是离散角。

(2) 波矢方向与大小之间的关系

我们将式(9.1.2-4a)代入式(9.1.2-4b)，消去 $\boldsymbol{H}_0$ 得到

$$\varepsilon_0\boldsymbol{D}_0=\frac{1}{\omega^2\mu_0}[k^2\boldsymbol{E}_0-(\boldsymbol{k}\cdot\boldsymbol{E}_0)\boldsymbol{k}] \tag{9.1.2-5}$$

注意到 $\omega^2\mu_0\varepsilon_0=\dfrac{\omega^2}{\mathrm{c}^2}=k_0^2$，其中 $k_0=\dfrac{2\pi}{\lambda}$是真空中的波数，于是

$$k_0^2\boldsymbol{D}_0=k^2\boldsymbol{E}_0-(\boldsymbol{k}\cdot\boldsymbol{E}_0)\boldsymbol{k} \tag{9.1.2-6}$$

并注意到$(\boldsymbol{k}\cdot\boldsymbol{E}_0)\boldsymbol{k}=\boldsymbol{kk}\boldsymbol{E}_0$，其中 $\boldsymbol{kk}$ 是 $\boldsymbol{k}$ 的二阶并矢，为

$$\boldsymbol{kk}=\begin{bmatrix} k_x k_x & k_x k_y & k_x k_z \\ k_x k_y & k_y k_y & k_y k_z \\ k_x k_z & k_y k_z & k_z k_z \end{bmatrix} \tag{9.1.2-7}$$

于是式(9.1.2-6)化为

$$k_0^2 \boldsymbol{D}_0=(k^2-\boldsymbol{kk})\boldsymbol{E}_0 \tag{9.1.2-8}$$

并考虑 $\boldsymbol{D}_0=\boldsymbol{\varepsilon}\boldsymbol{E}_0$，可得

$$(\boldsymbol{kk}-|\boldsymbol{k}|^2+k_0^2\boldsymbol{\varepsilon}_r)\boldsymbol{E}_0=0 \tag{9.1.2-9}$$

该方程要有非零解，必须

$$|\boldsymbol{kk}-k^2+k_0^2\boldsymbol{\varepsilon}_r|=0 \tag{9.1.2-10}$$

方程(9.1.2-10)描述了波矢大小与波矢方向之间的关系，前提条件仅是各向异性材料的介电常数矩阵$\boldsymbol{\varepsilon}_r$已知。

在任意坐标系中，方程(9.1.2-10)一般来说是一个6次方程，考虑到 $k_x^2+k_y^2+k_z^2=k^2$，它有可能变为4次方程，因此其解仍然是很复杂的。为此，在下文中，我们仅考虑在主轴坐标系的情形。这时介电常数张量为

$$\boldsymbol{\varepsilon}(\omega)=\begin{bmatrix} \varepsilon_1 & 0 & 0 \\ 0 & \varepsilon_2 & 0 \\ 0 & 0 & \varepsilon_3 \end{bmatrix}=\begin{bmatrix} n_x^2 & 0 & 0 \\ 0 & n_y^2 & 0 \\ 0 & 0 & n_z^2 \end{bmatrix} \tag{9.1.1-3}$$

相应地，式(9.1.2-10)化为

$$\begin{vmatrix} k_x^2+k_0^2\varepsilon_x-k^2 & k_x k_y & k_x k_z \\ k_x k_y & k_y^2+k_0^2\varepsilon_y-k^2 & k_y k_z \\ k_x k_z & k_y k_z & k_z^2+k_0^2\varepsilon_z-k^2 \end{vmatrix}=0 \tag{9.1.2-11}$$

将行列式展开后得到

$$\frac{k_x^2}{k^2-k_0^2 n_x^2}+\frac{k_y^2}{k^2-k_0^2 n_y^2}+\frac{k_z^2}{k^2-k_0^2 n_z^2}=1 \tag{9.1.2-12}$$

这就是在均匀各向异性介质中波矢满足的方程，它把波矢的大小与方向联系起来。式(9.1.2-12)表明，随着各向异性介质中光波矢方向的变化，其大小也是变化的。注意，这是在均匀介质中发生的现象，而不是折射反射定律发生的现象。这一点与各向同性介质有极大的不同，在真空中或者在各向同性介质中，光无论沿着哪个方向传播，光速的大小都是一样的。

为了使这个现象更直观，做以下变形：首先令 $\boldsymbol{k}=k\hat{\boldsymbol{k}}_0$，把波矢的大小和方向分开，其中$\hat{\boldsymbol{k}}_0$是波矢的单位矢量，可写为

$$\hat{\boldsymbol{k}}_0=(k_{0x},k_{0y},k_{0z}) \tag{9.1.2-13}$$

然后，引入有效折射率的概念，把波矢的大小归一化，假定

$$k=k_0 n_{\text{eff}} \tag{9.1.2-14}$$

这样，式(9.1.2-12)可化为

$$\frac{n_x^2 k_{0x}^2}{n_{\text{eff}}^2-n_x^2}+\frac{n_y^2 k_{0y}^2}{n_{\text{eff}}^2-n_y^2}+\frac{n_z^2 k_{0z}^2}{n_{\text{eff}}^2-n_z^2}=0 \tag{9.1.2-15}$$

式中，$n_x^2=\varepsilon_x, n_y^2=\varepsilon_y, n_z^2=\varepsilon_z$。式(9.1.2-15)就是联系波矢方向$(k_{0x},k_{0y},k_{0z})$与波矢大小$n_{\text{eff}}$的关系式，知道了$(k_{0x},k_{0y},k_{0z})$，便可以求出有效折射率$n_{\text{eff}}$。这样，我们就回答了第一个问题。结论是：波矢的大小随着波矢方向的变化而变化。

我们还可以进一步将式(9.1.2-11)变形，改为球坐标表示，令$k_{0z}=\sin\theta, k_{0x}=\cos\theta\cos\varphi, k_{0y}=\cos\theta\sin\varphi$，可得

$$\frac{n_x^2\cos^2\theta\cos^2\phi}{n_{\text{eff}}^2-n_x^2}+\frac{n_y^2\cos^2\theta\sin^2\phi}{n_{\text{eff}}^2-n_y^2}+\frac{n_z^2\sin^2\theta}{n_{\text{eff}}^2-n_z^2}=0 \tag{9.1.2-16}$$

这样，我们只要知道了波矢的方位角，就可以求出它等效折射率的大小。

(3) 偏振态与波矢方向的关系

前面解决了波矢方向与大小之间的关系问题，下面具体分析不同偏振方向对传播特性的影响。我们回到线性方程组(9.1.2-9)。

① 当$\boldsymbol{E}_0$只有一个偏振方向时，如$\boldsymbol{E}_0=E_x\hat{\boldsymbol{x}}$，这时线性方程组化为

$$\begin{bmatrix} k_x^2+k_0^2\varepsilon_x-k^2 & k_xk_y & k_xk_z \\ k_xk_y & k_y^2+k_0^2\varepsilon_y-k^2 & k_yk_z \\ k_xk_z & k_yk_z & k_z^2+k_0^2\varepsilon_z-k^2 \end{bmatrix}\begin{bmatrix} E_x \\ 0 \\ 0 \end{bmatrix}=0 \tag{9.1.2-17}$$

可以得到

$$\begin{bmatrix} k_x^2+k_0^2\varepsilon_x-k^2 \\ k_xk_y \\ k_xk_z \end{bmatrix}E_x=0 \tag{9.1.2-18}$$

要使它有非零解，这时必须$k_x=0$且$(k_x^2+k_0^2\varepsilon_x-k^2)=0$，于是得到，$k=k_0n_x$，而且对于$k_y$与$k_z$，没有任何约束条件，这样

$$\hat{\boldsymbol{k}}_0=(0,\cos\varphi,\sin\varphi),\quad k=k_0n_x \tag{9.1.2-19}$$

这说明，如果光场的偏振方向平行于主轴坐标系中的任何一个主轴，它的波传播方向(波矢)必然处于这个主轴垂直的平面内。比如$\boldsymbol{E}_0$只有$\hat{\boldsymbol{x}}$方向，则它的波矢将处于与$\hat{\boldsymbol{x}}$轴垂直的yOz平面内。

② 当 $\boldsymbol{E}_0$ 有两个偏振方向(椭圆偏振态或者圆偏振态)时,如 $\dot{\boldsymbol{E}}_0=\dot{E}_x\hat{\boldsymbol{x}}+\dot{E}_y\hat{\boldsymbol{y}}$,这时它的波传播方向将是怎样的呢?按照前一种情况推断,如果波矢既要垂直于 $\hat{\boldsymbol{x}}$ 方向,又要垂直于 $\hat{\boldsymbol{y}}$ 方向,那它只能处于 $\hat{\boldsymbol{z}}$ 方向。这种思想,实质上使用了线形叠加的因果原理,即如果因是两个因素的叠加,那么解应该是两个解集的并。线性方程组(9.1.2-17)化为

$$\begin{bmatrix} k_x^2+k_0^2\varepsilon_x-k^2 & k_xk_y & k_xk_z \\ k_xk_y & k_y^2+k_0^2\varepsilon_y-k^2 & k_yk_z \\ k_xk_z & k_yk_z & k_z^2+k_0^2\varepsilon_z-k^2 \end{bmatrix}\begin{bmatrix}\dot{E}_x\\ \dot{E}_y\\ 0\end{bmatrix}=0 \tag{9.1.2-20}$$

化简后可以得到

$$\begin{bmatrix} k_x^2+k_0^2\varepsilon_x-k^2 & k_xk_y \\ k_xk_y & k_y^2+k_0^2\varepsilon_y-k^2 \end{bmatrix}\begin{bmatrix}\dot{E}_x\\ \dot{E}_y\end{bmatrix}=0 \tag{9.1.2-21}$$

要有非零解,必须系数行列式为零,于是

$$\frac{k_x^2}{k^2-k_0^2n_x^2}+\frac{k_y^2}{k^2-k_0^2n_y^2}=1 \tag{9.1.2-22}$$

我们看到,这时对于 k_z 没有任何约束,而 k_x 与 k_y 必须满足约束条件式(9.1.2-22)。首先我们看一下前面推断的 $k_x=k_y=0$(意味着波矢沿 z 方向)是否是它的解。这时,方程(9.1.2-22)化为

$$\begin{bmatrix} k_0^2n_x^2-k_z^2 & 0 \\ 0 & k_0^2n_y^2-k_z^2 \end{bmatrix}\begin{bmatrix}E_x\\ E_y\end{bmatrix}=0 \tag{9.1.2-23}$$

该方程要有非零解,必须 $k_0^2n_x^2-k_z^2=k_0^2n_y^2-k_z^2=0$。这意味着,只有当 $n_x^2=n_y^2$ 时才有解。这也就是说,只有形如 9.1.1 节所述的单轴晶体才可能存在,这时,光的传播方向应该对准 e 光的方向(z 向)。

另外,是否存在 $k_x\neq0$,$k_y\neq0$ 且 $k_x\neq k_y$ 的波矢?也就是是否可能存在偏离 z 方向的光?从式(9.1.2-21)看这是可能的。我们首先看到式(9.1.2-21)的基础解系为

$$\begin{cases}\dot{E}_x=ak_xk_y\\ \dot{E}_y=a(k_x^2+k_0^2n_x^2-k^2)\end{cases} \tag{9.1.2-24}$$

式中,a 为任意常数(实数或者复数)。从式(9.1.2-24)中可以看出,如果 k_x 和 k_y 都是实数,那么 $\dot{E}_x$ 和 $\dot{E}_y$ 始终是同相位的,也就是它必须是线偏振光。反之,如果

k_x 和 k_y 之中至少有一个是复数,也就是存在偏振相关损耗,那么才可能存在其他形式的偏振态。这种情况只有当介电常数矩阵为复数矩阵时,才有可能发生。我们暂时不考虑这种情况。所以,偏离 z 方向的光,也只能是线偏振光。

总之,只有平面线偏振光能够在各向异性材料中存在,圆偏振光和椭圆偏振光均不能在各向异性材料中存在。这一结论,不仅适用于主轴坐标系,也适用于非主轴坐标系。

以上分析的是平面波稳态的情况,然而事实上,由于离散角很小,如果传播的距离也比较近,两束偏振光还没有完全分离,而光斑又比较大,这样就仍然存在不同偏振态的问题。

2. 波矢椭球(折射率椭球)

如前所述,偏振态与波矢之间的关系是挺复杂的,不形象也不好记忆。我们虽然可以通过方程(9.1.1-20)在已知偏振方向的条件下,求出它的波矢方向,但是,作为逆问题,如果已知波矢方向,那么它的偏振方向又如何?因此,人们希望找到一种形象的描述方法,当我们在已知波矢方向的情况下,可以方便地找出可能存在的线偏振方向。形象描述波矢方向与对应偏振方向之间关系的几何图形称为波矢椭球,它不适当地称为“折射率椭球”,还称为“光率体”。“折射率椭球”这个名称有一定的误导,似乎它是描述折射率与波矢方向关系的椭球,其实不然,它描述的是电位移矢量(偏振方向)与波矢方向关系的椭球。“光率体”这个词更令人费解,因为“光率”这个术语是没有定义的,而且“体”不一定就是椭球。在诺贝尔物理学奖得主玻恩和沃尔夫编著的《光学原理》中明确地指出,该球应该称为“波法线椭球”(波矢椭球),而不是“折射率椭球”,因为后者是含糊的。所以,本书中称为“波矢椭球”。

(1) 波矢椭球的导出

在无限大均匀分布的各向异性介质中传播的平面波,不仅同相面(波前)是平面,而且各点的振幅都是相同的,因此,各点所存储的电磁场能量也是相同的。每点的电场能量为该点电磁存储整个能量的 1/2,电场的储能都是

$$W_e = \frac{1}{2}\boldsymbol{E}\cdot\boldsymbol{D} = 常数 \tag{9.1.2-25}$$

考虑到平面波中电位移的幅度与电场强度的幅度之间的关系,$\boldsymbol{D}_0 = \boldsymbol{\varepsilon}\boldsymbol{E}_0$,于是

$$(\boldsymbol{\varepsilon}^{-1}\boldsymbol{D})\cdot\boldsymbol{D} = 2W_e = 常数 \tag{9.1.2-26}$$

令 $\boldsymbol{D} = [d_x \quad d_y \quad d_z]^{\mathrm{T}}$,并考虑到在主轴坐标系 $\boldsymbol{\varepsilon}^{-1} = [\varepsilon_x^{-1} \quad \varepsilon_y^{-1} \quad \varepsilon_z^{-1}]$,于是得

$$\frac{d_x^2}{n_x^2} + \frac{d_y^2}{n_y^2} + \frac{d_z^2}{n_z^2} = 2W_e \tag{9.1.2-27}$$

用 $\sqrt{2W_e}$ 对该式进行归一化,并令 $x = d_x/\sqrt{2W_e}$,$y = d_y/\sqrt{2W_e}$,$z = d_z/\sqrt{2W_e}$,

这样，我们就得到了“归一化电位移空间”中的一个椭球。

$$\frac{x^2}{n_x^2}+\frac{y^2}{n_y^2}+\frac{z^2}{n_z^2}=1 \tag{9.1.2-28}$$

这里所述的电位移空间，实质上是说这个空间的矢量表示的是归一化的电位移矢量，与我们的实际空间没有任何直接关系。

当我们选定的坐标系不是主轴坐标系时，式(9.1.2-27)的形式会发生变化，但仍然是一个椭球方程，不过不是“正”的椭球，而是一个转动到某一个方位上的椭球。

从以上导出过程可以看出，上述波矢椭球的得出，前提必须是波的能量不变，那么当能量变化时，会如何？也就是能量密度随时间(或者频率)和空间的变化会使波矢椭球变化吗？当电场能量随时间变化时，$W_e=W_e(t)$，电位移矢量的大小也随之变化，但是归一化以后，还是不变的。如果随空间变化，那么会如何？目前还少有研究。

(2) 利用波矢椭球和波矢方向求出可能存在的对应电位移矢量

由前面的方程(9.1.2-9)可以看出，一个三阶的齐次方程一般只有三组基础解系，也就是说只有三组独立的解。进一步，在主轴坐标系下，简化的齐次方程(9.1.2-21)只有两个独立的基础解系，这意味着只存在两个可能的解。因此，在给定波矢的情况下，通常只有两个独立的电位移矢量。因此，问题化为：如何在已知波矢的情况下求出这两个独立的电位移矢量的方向？

参见图 9.1.2-2，假定各向异性材料的波矢椭球如图 9.1.2-2(a)所示，因为对准了主轴坐标系，所以它是以 z 为对称轴的椭球。当波矢 $\boldsymbol{k}$ 的方向确定时，在假定平面波的条件下，光场(电位移的场 $\boldsymbol{D}$)应该垂直于 $\boldsymbol{k}$ 的平面。所以，作一个垂直于波矢 $\boldsymbol{k}$ 的平面，与上述椭球相交后，形成一个椭圆，如图 9.1.2-2(b)所示。可以证明，这个椭圆的长短轴就表示了 $\boldsymbol{D}$ 的两个偏振方向。

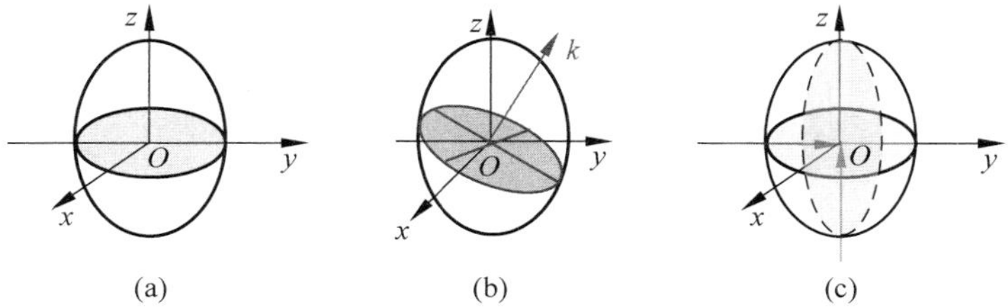

图 9.1.2-2　折射率椭球与 D 的偏振方向

(a) 波矢椭球；(b) 斜入射时 $\boldsymbol{D}$ 的方向；(c) 正入射时 $\boldsymbol{D}$ 的方向——光轴

(请扫Ⅱ页二维码看彩图)

作为一个特例，当波矢方向为椭球的一个轴时，由于波矢所确定的平面与椭球的交线是一个圆，没有最大值和最小值，所以电位移 $\boldsymbol{D}$ 的方向是不确定的。这时转化为各向同性材料。称这几个轴为各向异性介质的“光轴”。注意，这个光轴的概念和光学系统的光轴不是同一概念，它完全是根据介质的各向异性来定义的。光轴是晶体光学中一个非常重要的概念，千万不要和其他光轴的概念搞混淆了。

下面给出关于波矢椭球中关于电位移偏振方向的证明（不感兴趣的读者可跳过不看）。

考虑波矢 $\boldsymbol{k}=[k_x \quad k_y \quad k_z]^{\mathrm{T}}$ 所决定的平面方程为 $\boldsymbol{k}\cdot\boldsymbol{D}=0$，即

$$k_x d_x + k_y d_y + k_z d_z = 0 \tag{9.1.2-29}$$

它与波矢椭球方程(9.1.2-28)联立，得到了一个椭圆，椭圆长短轴的方向就是两个能够存在的电位移矢量 $\boldsymbol{D}_{\text{fast}}$ 和 $\boldsymbol{D}_{\text{slow}}$。我们要证明这样得到的两个电位移矢量满足方程(9.1.2-9)。

首先定义电位移矢量空间的长度

$$|\boldsymbol{D}|^2 = d_x^2 + d_y^2 + d_z^2 \tag{9.1.2-30}$$

椭圆的长轴和短轴应分别满足 $|\boldsymbol{D}|^2=d_x^2+d_y^2+d_z^2$ 为最大值和最小值。于是，便成了一个条件极值问题，可用熟知的拉格朗日乘数法解决。引入待定系数 λ_1 和 λ_2，构建函数

$$\mathscr{F} = d_x^2 + d_y^2 + d_z^2 + 2\lambda_1(k_x d_x + k_y d_y + k_z d_z) + \lambda_2\left(\frac{d_x^2}{n_x^2} + \frac{d_y^2}{n_y^2} + \frac{d_z^2}{n_z^2} - 1\right) \tag{9.1.2-31}$$

只要求 $\mathscr{F}$ 的极值就可以了。为此，应有 $\frac{\partial \mathscr{F}}{\partial d_x}=0$，$\frac{\partial \mathscr{F}}{\partial d_y}=0$，$\frac{\partial \mathscr{F}}{\partial d_z}=0$。不难算出

$$\begin{cases} d_x + \lambda_1 k_x + \lambda_2 d_x / n_x^2 = 0 \\ d_y + \lambda_1 k_y + \lambda_2 d_y / n_y^2 = 0 \\ d_z + \lambda_1 k_z + \lambda_2 d_z / n_z^2 = 0 \end{cases} \tag{9.1.2-32}$$

再与前两个方程联立，就可以解出 d_x、d_y、d_z 的值。为此，我们先把式(9.1.2-32)的 3 个方程分写成电位移空间（以 x、y、z 代表 d_x、d_y、d_z）的形式，为

$$\begin{cases} x + \lambda_1 k_x + \lambda_2 x / n_x^2 = 0 \\ y + \lambda_1 k_y + \lambda_2 y / n_y^2 = 0 \\ z + \lambda_1 k_z + \lambda_2 z / n_z^2 = 0 \end{cases} \tag{9.1.2-33}$$

然后，把这 3 个方程分别乘以 x、y、z，得到

$$\begin{cases} x^2 + \lambda_1 x k_x + \lambda_2 x^2 / n_x^2 = 0 \\ y^2 + \lambda_1 y k_y + \lambda_2 y^2 / n_y^2 = 0 \\ z^2 + \lambda_1 z k_z + \lambda_2 z^2 / n_z^2 = 0 \end{cases} \tag{9.1.2-34}$$

将这 3 个式子相加，并考虑到波矢椭球方程(9.1.2-28)以及垂直于波矢的平面方

程(9.1.2-32)，可得

$$x^2+y^2+z^2+\lambda_2=0 \tag{9.1.2-35}$$

对式(9.1.2-33)的3个方程分别乘以 k_x、k_y、k_z，得到

$$\begin{cases} xk_x+\lambda_1 k_x^2+\lambda_2 k_x x/n_x^2=0 \\ yk_y+\lambda_1 k_y^2+\lambda_2 k_y y/n_y^2=0 \\ zk_z+\lambda_1 k_z^2+\lambda_2 k_z z/n_z^2=0 \end{cases} \tag{9.1.2-36}$$

再将上面3个方程相加，考虑到垂直于波矢的平面方程(9.1.2-29)，可得

$$\lambda_1+\lambda_2\left(\frac{k_x x}{n_x^2}+\frac{k_y y}{n_y^2}+\frac{k_z z}{n_z^2}\right)=0 \tag{9.1.2-37}$$

这里，我们设 $k_x^2+k_y^2+k_z^2=1$，即对波矢进行了归一化，只考虑其方向，而不考虑其大小。这样，我们就解出了 λ_1 和 λ_2，将它们代入方程(9.1.2-33)，并记 $r^2=x^2+y^2+z^2$，得到

$$\begin{cases} x\left(1-\dfrac{r^2}{n_x^2}\right)+k_x r^2\left(\dfrac{k_x x}{n_x^2}+\dfrac{k_y y}{n_y^2}+\dfrac{k_z z}{n_z^2}\right)=0 \\ y\left(1-\dfrac{r^2}{n_y^2}\right)+k_y r^2\left(\dfrac{k_x x}{n_x^2}+\dfrac{k_y y}{n_y^2}+\dfrac{k_z z}{n_z^2}\right)=0 \\ z\left(1-\dfrac{r^2}{n_z^2}\right)+k_z r^2\left(\dfrac{k_x x}{n_x^2}+\dfrac{k_y y}{n_y^2}+\dfrac{k_z z}{n_z^2}\right)=0 \end{cases} \tag{9.1.2-38}$$

或者变形为

$$\begin{cases} \left[1-\dfrac{r^2}{n_x^2}(1-k_x^2)\right]x+r^2\dfrac{k_x k_y}{n_y^2}y+r^2\dfrac{k_x k_z}{n_z^2}z=0 \\ r^2\dfrac{k_x k_y}{n_x^2}x+\left[1-\dfrac{r^2}{n_y^2}(1-k_y^2)\right]y+r^2\dfrac{k_y k_z}{n_z^2}z=0 \\ r^2\dfrac{k_x k_z}{n_x^2}x+r^2\dfrac{k_y k_z}{n_y^2}y+\left[1-\dfrac{r^2}{n_z^2}(1-k_z^2)\right]z=0 \end{cases} \tag{9.1.2-39}$$

将式(9.1.2-9)改写为电位移矢量的方程，为

$$(\boldsymbol{kk\varepsilon}_r^{-1}-|\boldsymbol{k}|^2\boldsymbol{\varepsilon}_r^{-1}+k_0^2)\boldsymbol{D}_0=0 \tag{9.1.2-40}$$

将式(9.1.2-40)展开，并放到电位移矢量的空间，这时，$\boldsymbol{D}_0$ 对应于$(x/r,y/r,z/r)$，并代入并矢 $\boldsymbol{kk}$ 的表达式(9.1.2-7)，以及$\boldsymbol{\varepsilon}_r^{-1}=\begin{bmatrix}\varepsilon_x^{-1} & & \\ & \varepsilon_y^{-1} & \\ & & \varepsilon_z^{-1}\end{bmatrix}$，可知二者是完全相同的。于是，我们证明了，这样求出的 d_x、d_y、d_z 的值，满足了各向异性介质中

平面波传播的基本方程。

3. 遗留问题

现在我们知道，在无限大均匀分布的各向同性介质中，光的传播形式不仅是直线平面波一种，也可以以高斯光束的形式传播，而高斯光束除了轴线上的光线（波矢线）是直线外，靠近边缘的光线（波矢线）都是曲线。于是，就引出了一个问题，高斯光束如何在均匀各向异性介质中传播？这时，描述波矢方向与波矢大小关系的式(9.1.2-9)和式(9.1.2-10)将如何？都成了遗留问题。

另一个问题是如何从麦克斯韦方程导出亥姆霍兹方程？由于微分算符无法对$\boldsymbol{D}(\omega)=\boldsymbol{\varepsilon}(\omega)\boldsymbol{E}(\omega)$进行运算，也就是没有办法将$\nabla\cdot\boldsymbol{D}=\nabla\cdot(\boldsymbol{\varepsilon E})$分解为两个独立的量，或者对于$\nabla\times\boldsymbol{E}=\nabla\times(\boldsymbol{\varepsilon}^{-1}\boldsymbol{D})$也无法分解，所以至今还没有一个适用于各向异性介质的亥姆霍兹方程，也就是没有一个单一用电场强度矢量或者单一磁场强度矢量描述的方程。

9.1.3 光从各向同性介质入射到各向异性介质时界面上的双折射

双折射现象，是一种古老的光学发现，1669年，丹麦科学家巴斯莫斯·巴托林(Rasmus Bartholin)通过观察方解石晶体中光的传播首次观察到双折射现象。这种现象把入射光分成两条折射光，可以观察到字的重影，参见图1.1.2-1，是名副其实的“双折射”。7.1.2节在研究非圆光波导时，也介绍了双折射现象，它被解释为光波的波矢与偏振方向相关的现象。前者是现象，后者是对现象本质的认识，是统一的。

9.1.2节中尽管研究了波矢与偏振方向的关系，提出了用一个波矢椭球形象地描述，但我们研究的都是一束光在均匀无限大各向异性介质内部的现象，因此观察不到一束光分裂成两束光的现象。

我们知道，光在两种各向同性介质界面上的反射和折射，服从折射反射定律(斯涅耳定律)。折射反射定律最基本的内容是：首先定义入射面(由入射光线(波矢)和界面法线所确定的平面)，再定义入射角、反射角和折射角，最后才是关于这些角之间的定量关系，以及电场强度矢量之间的定量关系(菲涅尔定律)。

现在把这个定律拓展到各向异性介质，为了简化问题，我们只考虑从各向同性介质入射到各向异性介质时，界面上的折射反射定律。与传统的做法类似，我们首先定义入射面和入射角。由于界面的法线方向是客观存在的，入射光线(波矢)与法线方向所构成的平面定义为入射面，无需更改。因此，反射定律没有问题。也就是反射光与入射光处于同一个平面(入射面)内，反射角等于入射角。

关于折射光，问题来了。从现象看，折射光线可能有两条，它们是否都处于入射面内？这两条光线的折射角服从什么规律？这就是本节要研究的内容。基本思路是：在两种介质的界面上，电磁波的电场强度切线分量和电位移矢量的法线分量连续，可以求出各向异性介质的界面上电场强度切线分量和电位移矢量的法线分量，然后在介质内部必须满足平面波的传播方程(9.1.2-8)或者方程(9.1.2-9)，从而求出各向异性介质中的波矢方向。

参见图 9.1.3-1，坐标系的安排为，水平线为 y 轴，垂直线为 z 轴，x 轴垂直于纸面向外，三个坐标的单位矢量分别为 $\hat{\boldsymbol{x}}$、$\hat{\boldsymbol{y}}$、$\hat{\boldsymbol{z}}$。yOz 平面构成了入射面，入射角为 θ_1。

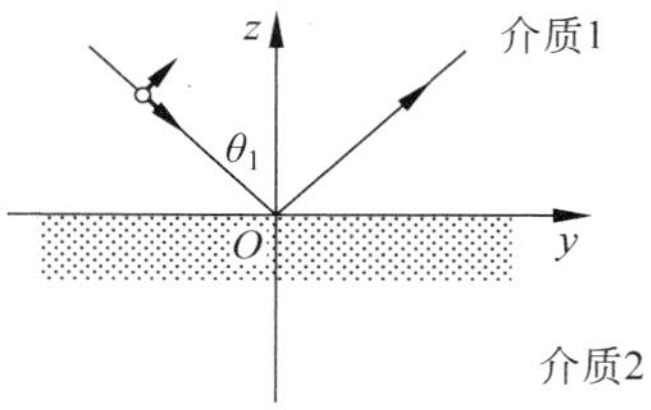

图 9.1.3-1　坐标系的定义

根据电磁波在界面上的边界条件，有 $D_{1n}=D_{2n}$ 和 $E_{1t}=E_{2t}$，即电位移矢量的法线方向分量连续和电场强度矢量的切线方向连续。于是，可以得到两个波的相位部分应该连续，于是有

$$\boldsymbol{k}_1\cdot\boldsymbol{r}_1-\omega t=\boldsymbol{k}_2\cdot\boldsymbol{r}_2-\omega t \tag{9.1.3-1}$$

式中，$\boldsymbol{k}_1$ 和 $\boldsymbol{r}_1$ 分别为介质 1 中的波矢和位置矢量，$\boldsymbol{k}_2$ 和 $\boldsymbol{r}_2$ 分别为介质 2 中的波矢和位置矢量。也就是

$$x_1k_{1x}+y_1k_{1y}+z_1k_{1z}=x_2k_{2x}+y_2k_{2y}+z_2k_{2z} \tag{9.1.3-2}$$

在界面处，$z_1=z_2=0$，于是

$$x_1k_{1x}+y_1k_{1y}=x_2k_{2x}+y_2k_{2y} \tag{9.1.3-3}$$

由于入射光的波矢处于入射面内，$k_{1x}=0$，于是

$$y_1k_{1y}=x_2k_{2x}+y_2k_{2y} \tag{9.1.3-4}$$

1. 入射光的偏振方向平行于入射面

当入射光的偏振方向平行于入射面时，在介质 1 中(所有的量都用下标 1 表示)，有 $\boldsymbol{E}_1=E_{1y}\hat{\boldsymbol{y}}+E_{1z}\hat{\boldsymbol{z}}$，由于是各向同性介质，如果 $\boldsymbol{D}_1=D_{1y}\hat{\boldsymbol{y}}+D_{1z}\hat{\boldsymbol{z}}$，则 $E_{1t}=E_{1y}$，$D_{1n}=D_{1z}$。

在各向异性介质 2 中(所有的量都用下标 2 表示)，根据前面讲的连续性，可得

$$E_{2y}=E_{1y},\quad E_{2x}=E_{1x}=0 \tag{9.1.3-5}$$

$$D_{2z}=D_{1z},\quad D_{2x}=D_{1x}=0 \tag{9.1.3-6}$$

$$k_{1x}=k_{2x}=0 \tag{9.1.3-7}$$

由于电位移矢量 $\boldsymbol{D}$ 与波矢 $\boldsymbol{k}$ 相互垂直，所以，它们各个分量的夹角互余。有

$$D_{2y}=D_{2z}\cot\theta_2,\quad D_{2y}=D_2\cos\theta_2,\quad D_{2z}=D_2\sin\theta_2 \tag{9.1.3-8}$$

$$k_{2y}=k_{2z}\tan\theta_2,\quad k_{2y}=k_2\sin\theta_2,\quad k_{2z}=k_2\cos\theta_2 \tag{9.1.3-9}$$

上述两式中 θ_2 为折射角，代入式(9.1.2-8)

$$k_0^2\boldsymbol{D}_0=(k^2-\boldsymbol{kk})\boldsymbol{E}_0 \tag{9.1.2-8}$$

可得

$$k_0^2\begin{bmatrix}0\\D_{2y}\\D_{2z}\end{bmatrix}=\begin{bmatrix}k_2^2-k_{2x}k_{2x} & -k_{2x}k_{2y} & -k_{2x}k_{2z}\\-k_{2x}k_{2y} & k_2^2-k_{2y}k_{2y} & -k_{2y}k_{2z}\\-k_{2x}k_{2z} & -k_{2y}k_{2z} & k_2^2-k_{2z}k_{2z}\end{bmatrix}\begin{bmatrix}0\\E_{1y}\\E_{2z}\end{bmatrix}\tag{9.1.3-10}$$

得到两个方程，

$$\begin{cases}k_0^2D_{2y}=(k_2^2-k_{2y}k_{2y})E_{1y}-k_{2y}k_{2z}E_{2z}\\k_0^2D_{2z}=-k_{2y}k_{2z}E_{1y}+(k_2^2-k_{2z}k_{2z})E_{2z}\end{cases}\tag{9.1.3-11}$$

考虑到 $k_{1x}=k_{2x}=0$，从而$(k_2^2-k_{2y}k_{2y})=k_{2z}^2$，$(k_2^2-k_{2z}k_{2z})=k_{2y}^2$，得到

$$\begin{cases}k_0^2D_{2y}=k_{2z}^2E_{1y}-k_{2y}k_{2z}E_{2z}\\k_0^2D_{2z}=-k_{2y}k_{2z}E_{1y}+k_{2y}^2E_{2z}\end{cases}\tag{9.1.3-12}$$

考虑到 k_{2z} 指向 $-z$ 方向，所以原方程改写为

$$\begin{cases}k_0^2D_{2y}=k_{2z}^2E_{1y}+k_{2y}k_{2z}E_{2z}\\k_0^2D_{2z}=k_{2y}k_{2z}E_{1y}+k_{2y}^2E_{2z}\end{cases}\tag{9.1.3-13}$$

假定各向异性介质的主轴坐标系与所选定的坐标系一致，有

$$E_{2z}=D_{2z}/\varepsilon_{2z}=D_{2y}\tan\theta_2/\varepsilon_{2z}=E_{2y}\tan\theta_2\varepsilon_{2y}/\varepsilon_{2z}=E_{1y}\tan\theta_2\varepsilon_{2y}/\varepsilon_{2z}\tag{9.1.3-14}$$

$$D_{2z}=D_{1z}=E_{1z}\varepsilon_1=E_{1y}\tan\theta_1\varepsilon_1\tag{9.1.3-15}$$

$$D_{2y}=\varepsilon_{2y}E_{2y}=\varepsilon_{2y}E_{1y}\tag{9.1.3-16}$$

代入方程(9.1.3-13)，并考虑到 $E_{2y}=E_{1y}\neq0$，且 $D_{1y}\neq0$，并考虑以及 $k_{2y}=k_{2z}\tan\theta_2$，消去公因子得到

$$\begin{cases}k_0^2\varepsilon_{2y}=k_{2z}^2+k_{2z}^2\tan^2\theta_2\varepsilon_{2y}/\varepsilon_{2z}\\k_0^2\tan\theta_1\varepsilon_1=k_{2z}^2\tan\theta_2+k_{2z}^2\tan^3\theta_2\varepsilon_{2y}/\varepsilon_{2z}\end{cases}\tag{9.1.3-17}$$

把第二个方程乘以 ε_{2y}，代入第一个方程，且 $k_{2z}\neq0$，可约去，得到

$$\tan^3\theta_2\varepsilon_{2y}^2/\varepsilon_{2z}-\tan^2\theta_2\tan\theta_1\varepsilon_{2y}\varepsilon_1/\varepsilon_{2z}+\varepsilon_{2y}\tan\theta_2-\tan\theta_1\varepsilon_1=0\tag{9.1.3-18}$$

式(9.1.3-18)就是在这种条件下，入射角与折射角之间的关系方程。理论上，这个三次代数方程是可以解的，它的求根公式可以在相关文献中查到，但是过于复杂，得不出什么概念。我们看一下某些特例。

【特例 1】 当 $\theta_1=0$ 时，有 $\left(\tan^2\theta_2\dfrac{\varepsilon_{2z}}{\varepsilon_{2y}}+1\right)\tan\theta_2=0$，有一个根 $\tan\theta_2=0$。也就是当正入射时，折射也是正折射。

【特例 2】 当入射角 $\theta_1\ll1$ 时，$\tan\theta_2$ 的高阶项(二次以上)均可略去，于是

$$\frac{\varepsilon_{2z}}{\varepsilon_{2y}}\tan\theta_2=\frac{\varepsilon_1\varepsilon_{2z}}{\varepsilon_{2y}^2}\tan\theta_1 \tag{9.1.3-19}$$

即

$$\varepsilon_{2y}\tan\theta_2=\varepsilon_1\tan\theta_1 \tag{9.1.3-20}$$

或者

$$\sqrt{\frac{\varepsilon_{2y}^2}{\varepsilon_1}\cos^2\theta_1+\varepsilon_1\sin^2\theta_1}\,\sin\theta_2=\varepsilon_1\tan\theta_1 \tag{9.1.3-21}$$

若定义一个与入射角 θ_1 有关的等效折射率 $n_{2e}(\theta_1)$ 为

$$n_{2e}(\theta_1)=\sqrt{\frac{\varepsilon_{2y}^2}{\varepsilon_1}\cos^2\theta_1+\varepsilon_1\sin^2\theta_1} \tag{9.1.3-22}$$

则

$$n_{2e}(\theta_1)\sin\theta_2=\varepsilon_1\tan\theta_1 \tag{9.1.3-23}$$

这表明，可以得到一个类似于折射反射定律的公式，但折射率是随入射角变化的。

另外，波矢的大小可由式(9.1.3-17)中的任何一个求出，得到

$$k_{2z}=k_0n_2\frac{\varepsilon_{2y}}{\sqrt{\varepsilon_{2y}^2+\varepsilon_1^2\tan^2\theta_1}} \tag{9.1.3-24}$$

【特例3】 当入射角 $\theta_1\approx\pi/2$ 时，$\tan\theta_1\to\infty$，则方程(9.1.3-18)中的 $\tan\theta_2$ 和 $\tan\theta_1$ 乘积的低阶项均可略去，于是

$$\tan^3\theta_2\varepsilon_{2y}^2/\varepsilon_{2z}-\tan^2\theta_2\tan\theta_1\varepsilon_{2y}\varepsilon_1/\varepsilon_{2z}=0 \tag{9.1.3-25}$$

于是

$$\varepsilon_{2y}\tan\theta_2=\varepsilon_1\tan\theta_1 \tag{9.1.3-26}$$

比较式(9.1.3-25)与式(9.1.3-20)，发现二者是完全相同的，所以在两种极端条件下，服从的规律是相同的。波矢的大小也相同。

【特例4】 若 $\varepsilon_{2y}=\varepsilon_{2z}=\varepsilon_2$，则原方程化为

$$\tan^3\theta_2\varepsilon_2-\tan^2\theta_2\tan\theta_1\varepsilon_1+\varepsilon_2\tan\theta_2-\tan\theta_1\varepsilon_1=0 \tag{9.1.3-27}$$

化简可得

$$\varepsilon_2\tan\theta_2=\varepsilon_1\tan\theta_1 \tag{9.1.3-28}$$

此方程与式(9.1.3-20)也很像，只不过此处用 ε_2 代替了 ε_{2y} 而已。其波矢的大小也同样为

$$k_{2z}=k_0n_2\frac{\varepsilon_2}{\sqrt{\varepsilon_2^2+\varepsilon_1^2\tan^2\theta_1}} \tag{9.1.3-29}$$

2. 偏振方向垂直于入射面

此时，$\boldsymbol{E}_1=E_{1x}\hat{\boldsymbol{x}}$，$\boldsymbol{D}_1=D_{1x}\hat{\boldsymbol{x}}$，$E_{1t}=E_{1x}$，$D_{1n}=0$，于是，$E_{2t}=E_{1x}$，$E_{2y}=$

$E_{2z}=0, D_{2z}=0$。代入式(9.1.2-4)，可得

$$k_0^2\begin{bmatrix}D_{2x}\\D_{2y}\\0\end{bmatrix}=\begin{bmatrix}k_2^2-k_{2x}^2 & -k_{2x}k_{2y} & -k_{2x}k_{2z}\\-k_{2x}k_{2y} & k_2^2-k_y^2 & -k_{2y}k_{2z}\\-k_{2x}k_{2z} & -k_{2y}k_{2z} & k_2^2-k_z^2\end{bmatrix}\begin{bmatrix}E_{1x}\\0\\0\end{bmatrix} \tag{9.1.3-30}$$

这样得到3个方程

$$\begin{cases}k_0^2D_{2x}=(k_2^2-k_x^2)E_{1x}\\k_0^2 2D_{2y}=-k_{2x}k_{2y}E_{1x}\\0=-k_{2x}k_{2z}E_{1x}\end{cases} \tag{9.1.3-31}$$

由于 $k_{2z}\neq 0$，否则光就进入不了介质2，于是可知 $k_{2x}=0, D_{2y}=0$，考虑在主轴坐标系下，$D_{2x}=\varepsilon_{2x}E_{2x}=\varepsilon_{2x}E_{1x}$，得到

$$k_0^2\varepsilon_{2x}E_{1x}=(k_{2y}^2+k_{2z}^2)E_{1x} \tag{9.1.3-32}$$

由于 $E_{1x}\neq 0$，可以约去，得到

$$k_0^2\varepsilon_{2x}=(k_{2y}^2+k_{2z}^2) \tag{9.1.3-33}$$

根据式(9.1.3-4) $y_1k_{1y}=x_2k_{2x}+y_2k_{2y}$ 和 $k_{2x}=0$，可得 $y_1k_{1y}=y_2k_{2y}$。这个结果对于任何 y_1 和 y_2 都成立，因此当 $y_1=y_2$ 也成立，有 $k_{1y}=k_{2y}$，从而

$$k_0^2\varepsilon_{2x}=(k_{1y}^2+k_{2z}^2) \tag{9.1.3-34}$$

由于 $k_{2z}=k_2\cos\theta_2, k_{1y}=k_1\sin\theta_1$，于是

$$k_0^2\varepsilon_{2x}=(k_1^2\sin^2\theta_1+k_2^2\cos^2\theta_2) \tag{9.1.3-35}$$

当 $\theta_1=\theta_2=0$ 时，该式也成立，于是 $k_2(\theta_2=0)=k_0n_{2x}$，从而得到

$$k_1\sin\theta_1=k_2\sin\theta_2 \tag{9.1.3-36}$$

或者

$$n_1\sin\theta_1=n_{2x}\sin\theta_2 \tag{9.1.3-37}$$

也就是垂直于入射面的偏振光，满足常规的折射反射定律。

3. 含有两个偏振分量的一般情况

一般的情况是，入射光既含有平行于入射面的分量，又含有垂直于入射面的分量，这束光的两个分量将以不同角度在各向异性介质中传播。在主轴坐标系与入射面所决定的坐标系一致的情况下，其中垂直于入射面的偏振分量，满足常规的折射反射定律，称为o光；平行于入射面的偏振分量，不满足常规的折射反射定律，称为e光。于是

$$n_1\sin\theta_1=n_{2x}\sin\theta_{2\mathrm{o}} \tag{9.1.3-38}$$

$$n_1\sin\theta_1=n_{2\mathrm{e}}(\theta_1)\sin\theta_{2\mathrm{e}} \tag{9.1.3-39}$$

式(9.1.3-39)是一个形式上的结果。$n_{2\mathrm{e}}(\theta_1)$可由方程(9.1.3-18)解出，由入射角

θ_1 和 ε_1 以及 ε_{2y} 和 ε_{2z} 共同决定，而与 ε_{2x} 无关。

综上可以看出，所谓双折射现象，就是由于不同的偏振方向在各向异性介质中的传播角度不同引起的，这就使双折射现象与偏振相关波矢统一起来了。

以上是在主轴坐标系下得到的结果。当入射面和入射线与各向异性介质的主轴坐标系不一致时，方法是类似的。这时候，式(9.1.3-14)和式(9.1.3-16)都要做相应的改动，可以得到一个类似于式(9.1.3-18)的方程，但是阶数会更高，情况更复杂。但无论怎样，相关结论都没发生变化，等效折射率仍然与 ε_{2x} 无关。

9.2 应力双折射

9.2.1 本征双折射与感应双折射的概念

第7章曾指出，非圆光波导中最重要的概念是双折射，而根据成因又可分为波导双折射和材料双折射两种。其中由光波导折射率分布的几何结构导致的双折射称为波导双折射，因此也称为几何双折射；另一类是由材料的各向异性导致的双折射，故称材料双折射。材料各向异性引起的双折射又可分为材料的本征双折射和其他因素导致的各向异性双折射。相应地，材料各向异性双折射分别称为本征双折射和感应(诱导)双折射。

$$\text{双折射}\begin{cases}\text{波导(几何)双折射}\\ \text{材料双折射}\begin{cases}\text{本征(固有)双折射}\\ \text{感应(诱导)双折射}\end{cases}\end{cases}$$

很多光学材料，尤其是光学晶体，由于分子结构天然具有旋转不对称性，从而导致光学晶体呈现各向异性，介电常数是一个张量。晶体不同于熔融体(如石英玻璃)，它是原子(或者离子、分子等)按照一定规律周期性地排列而成，8.3.1节对空间周期性有过详细的讨论。空间周期性可以用正格矢 $\boldsymbol{R}_{mnl}$ 描述：

$$\boldsymbol{R}_{mnl}=mR_1\hat{\boldsymbol{e}}_1+nR_2\hat{\boldsymbol{e}}_2+lR_3\hat{\boldsymbol{e}}_3 \tag{9.2.1-1}$$

三个矢量 $\hat{\boldsymbol{e}}_1$、$\hat{\boldsymbol{e}}_2$、$\hat{\boldsymbol{e}}_3$ 称为晶体的原胞基矢。以这三个矢量为棱组成的斜立方体称为这个结晶体的原胞。在9.1.1节已经对晶体的光学性质做了简单的介绍，它们具有很强的材料双折射，这里不再赘述。

感应双折射(或者诱导双折射)是指最初是各向同性的材料在外界因素作用下成为各向异性材料的双折射，或者虽然最初是各向异性材料、但是外界因素导致各向异性变化，这两种情况均称为诱导双折射。

关于本征双折射(固有双折射)与感应双折射的区分，理论上可行，面对实际的材料时，二者很难加以区分。以光纤为例，理论上由于光纤的材料是熔融石英，应该是各向同性介质。但是，光纤在拉制、卷绕以及布放时，会受到应力、温度的影响，从而变成各向异性材料，而这种影响是无时无刻都存在的，也就是说找不到一种只有本征双折射、而无感应双折射的光纤，只不过影响程度的大小不同而已。

9.2.2 弹光效应与应力双折射

在各种效应的感应双折射中，应力双折射是最重要的一种。应力双折射起源于光学材料的弹光效应(很多文献称为逆光弹性效应)。

1. 弹光效应

弹光效应是一种在应力作用下使介质的介电常数改变的现象。当光波导材料受应力作用时，采用微扰近似，其介电张量可由式(9.2.2-1)描述。这里，我们假定光波导是正规光波导，它的介电常数分布沿纵向是均匀的，但由于应力的方向可能与变量 z 有关，因此在应力作用下，变成了一个非正规的光波导

$$\begin{bmatrix} \varepsilon_{xx} & \varepsilon_{xy} & \varepsilon_{xz} \\ \varepsilon_{yx} & \varepsilon_{yy} & \varepsilon_{xz} \\ \varepsilon_{zx} & \varepsilon_{zy} & \varepsilon_{zz} \end{bmatrix}(x,y,z)=\varepsilon_{\text{ina}}(x,y)\boldsymbol{I}+\boldsymbol{C\sigma}(x,y,z) \qquad (9.2.2\text{-}1)$$

公式的左边描述的是：当正规光波导中存在应力作用时，无论该应力来自光波导内部还是外部，由于弹光效应，其介电常数从各向同性变为各向异性。公式右边的第一项表示没有应力作用时的折射率分布，其中 $\boldsymbol{I}$ 是一个 3×3 的单位矩阵，它导致光波导的几何双折射，如前面讲到的各种非圆光波导(椭圆光波导等)。它不含自变量 z。

公式右边的第二项 $\boldsymbol{C\sigma}(x,y,z)$表示光波导受应力引起的折射率变化部分。这里，应力的分布既包括横向应力也包括纵向应力，而沿纵向的分布可能是均匀的或者不均匀的。而且，横向应力和纵向应力是相关联的。这使得问题变得非常复杂。为了简化问题，我们只考虑横向应力，这样仍然可以用正规光波导的概念，于是可以使用模式等概念。对于纵向应力，我们可以按照缓变光波导的概念、采用局部模式的方法去处理。此外，无论是矩形光波导还是圆光波导(如光纤)，应力既可能分布于芯层，也可能分布于包层，但我们只关注芯层应力分布。这样式(9.2.2-1)右面的第二部分，即应力直接影响到光波导芯层折射率分布的部分(用带撇的符号表示[ε′])，可改写为

$$[\varepsilon'] \equiv \begin{bmatrix} \varepsilon'_{xx} & \varepsilon'_{xy} & \varepsilon'_{xz} \\ \varepsilon'_{yx} & \varepsilon'_{yy} & \varepsilon'_{xz} \\ \varepsilon'_{zx} & \varepsilon'_{zy} & \varepsilon'_{zz} \end{bmatrix}(x,y)=\boldsymbol{C\sigma}(x,y) \qquad (9.2.2\text{-}2)$$

一般来说，应力作用的方向与光波导定义的坐标方向并不一致，尽管沿着纵向可以一致，但横向坐标不能保持一致，它们之间存在一个夹角 θ，参见图 9.2.2-1。我们

先引入以横向应力方向为坐标轴的横截面坐标系 $\xi O\eta$ 来分析应力的影响，并以光纤为例说明这个问题。

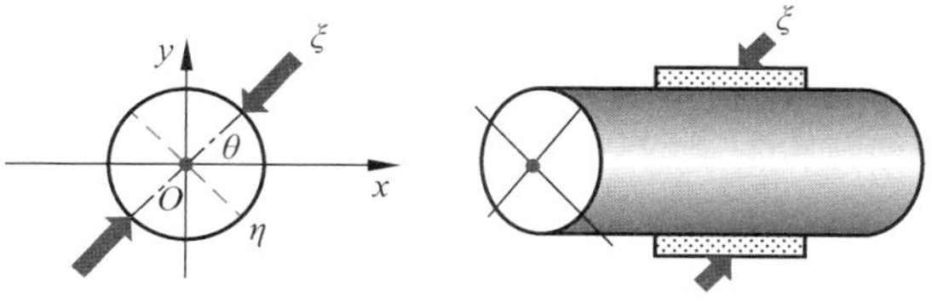

(a)　　　　(b)

图 9.2.2-1　应力的坐标系与光纤结构坐标系

（请扫Ⅱ页二维码看彩图）

在图 9.2.2-1 中，这里的光纤是一个椭圆芯光纤，由于椭圆芯光纤已经定义了一个坐标系，而外应力的方向与椭圆芯的坐标系无法做到一致，因此二者相差了一个夹角 θ。通常光纤或者光波导在受横向应力作用时，沿着长度方向（纵向）是不受约束的，所以纵向应力为 0，于是它所受的应力张量为

$$\boldsymbol{\sigma}=\begin{bmatrix}\sigma_{\xi\xi} & \sigma_{\xi\eta} & 0\\ \sigma_{\eta\xi} & \sigma_{\eta\eta} & 0\\ 0 & 0 & 0\end{bmatrix} \tag{9.2.2-3}$$

式中：$\sigma_{\xi\xi}$ 和 $\sigma_{\eta\eta}$ 分别是 $O\xi$ 方向和 $O\eta$ 方向的正应力，其中压应力取正值、拉应力取负值；$\sigma_{\xi\eta}$ 和 $\sigma_{\eta\xi}$ 对应于剪切应力，一般来说有 $\sigma_{\xi\eta}=\sigma_{\eta\xi}$。

式(9.2.2-2)中的弹光张量 $\boldsymbol{C}$ 是一个包含 81 个分量的 9×9 矩阵。为了看清这个弹光张量的全貌，我们首先把每个元素的角标列出来，见式(9.2.2-4)。这个公式的序号可以这样记忆，把整个 9×9 矩阵划分成 3×3 个子矩阵，然后把每个子矩阵看成一个小的 3×3 矩阵。序号的头两位是组成整个矩阵中 3×3 子矩阵的序号，后两位则是子矩阵中元素的序号，如式(9.2.2-4)。

$$\boldsymbol{C}=\begin{bmatrix}[11] & [12] & [13]\\ [21] & [22] & [23]\\ [31] & [32] & [33]\end{bmatrix}=\begin{bmatrix}1111 & 1112 & 1113 & 1211 & 1212 & 1213 & 1311 & 1312 & 1313\\ 1121 & 1122 & 1123 & 1221 & 1222 & 1223 & 1321 & 1322 & 1323\\ 1131 & 1132 & 1133 & 1231 & 1232 & 1233 & 1331 & 1332 & 1333\\ 2111 & 2112 & 2113 & 2211 & 2212 & 2213 & 2311 & 2312 & 2313\\ 2121 & 2122 & 2123 & 2221 & 2222 & 2223 & 2321 & 2322 & 2323\\ 2131 & 2132 & 2133 & 2231 & 2232 & 2233 & 2331 & 2332 & 2333\\ 3111 & 3112 & 3113 & 3211 & 3212 & 3213 & 3311 & 3312 & 3313\\ 3121 & 3122 & 3123 & 3221 & 3222 & 3223 & 3321 & 3322 & 3323\\ 3131 & 3132 & 3133 & 3231 & 3232 & 3233 & 3331 & 3332 & 3333\end{bmatrix} \tag{9.2.2-4}$$

根据弹光效应的旋转对称性，在由应力方向决定的坐标系 $\xi O\eta$ 中，可得到

$$c_{1111}=c_{2222}=c_{3333}=C_1,\quad c_{1122}=c_{1133}=c_{2211}=c_{2233}=c_{3311}=c_{3322}=C_2,$$
$$c_{1212}=c_{1221}=c_{2112}=c_{2121}=c_{1313}=c_{1331}=c_{3113}=c_{3131}=c_{2323}=c_{2332}$$
$$=c_{3232}=c_{3223}=C_3=(C_1-C_2)/2 \tag{9.2.2-5}$$

其他元素均为 0。将式(9.2.2-5)代入式(9.2.2-4)，得到

$$\boldsymbol{C}=\begin{bmatrix} C_1 & 0 & 0 & 0 & C_3 & 0 & 0 & 0 & C_3 \\ 0 & C_2 & 0 & C_3 & 0 & 0 & 0 & 0 & 0 \\ 0 & 0 & C_2 & 0 & 0 & 0 & C_3 & 0 & 0 \\ 0 & C_3 & 0 & C_2 & 0 & 0 & 0 & 0 & 0 \\ C_3 & 0 & 0 & 0 & C_1 & 0 & 0 & 0 & C_3 \\ 0 & 0 & 0 & 0 & 0 & C_2 & 0 & C_3 & 0 \\ 0 & 0 & C_3 & 0 & 0 & 0 & C_2 & 0 & 0 \\ 0 & 0 & 0 & 0 & 0 & C_3 & 0 & C_2 & 0 \\ C_3 & 0 & 0 & 0 & C_3 & 0 & 0 & 0 & C_1 \end{bmatrix} \tag{9.2.2-6}$$

仔细观察这个矩阵，我们发现，在主对角线上分布着 C_1、C_2，在副对角线或者“副副对角线”上分布着 C_3，而 $C_3=(C_1-C_2)/2$。其余各元素均为 0。在式(9.2.2-5)中，系数 C_1、C_2 分别为

$$C_1=-\frac{n_0^4}{E}(P_{11}-2\nu P_{12}),\quad C_2=-\frac{n_0^4}{E}\varepsilon(1-\nu)P_{12}-2n_0\nu P_{11} \tag{9.2.2-7}$$

式中，E 是杨氏模量，ν 是泊松比，P_{11} 和 P_{12} 是弹光系数，n_0 是未加应力时光纤的折射率。

现在来进行式(9.2.2-2)右边的计算，因为弹光张量 $\boldsymbol{C}$ 是一个 9×9 矩阵，而应力张量 $\boldsymbol{\sigma}$ 是一个如 3×3 的矩阵，所以按照矩阵运算规则是无法进行运算的。式(9.2.2-2)右边实际上是两个张量之间的运算(称为“缩并”)，不能按照矩阵计算去做。关于相关的张量运算，将在本节附录中讲述，有兴趣的读者可以参阅。这里只指出，四阶张量 $\boldsymbol{C}$ 与二阶张量 $\boldsymbol{\sigma}$ “相乘”(缩并)，结果是一个二阶张量，它的每一个元素通过如下方法确定。

张量 $\boldsymbol{C}$ 是由 9 个子矩阵组成，比如式(9.2.2-5)中的[11]、[12]等，用每一个子矩阵(二阶张量)与张量 $\boldsymbol{\sigma}$ (也是二阶张量)作内积乘法，也就是把张量 $\boldsymbol{C}$ 的子矩阵看作由 3 个行向量组成，而把应力张量 $\boldsymbol{\sigma}$ 看作由 3 个列向量组成。$\boldsymbol{C}$ 的子矩阵和张量 $\boldsymbol{\sigma}$ (也是二阶张量)作内积乘法就是将前者的行向量与后者的列向量作标量乘法，得到 3 个数，再把这 3 个数相加，其和就是两个二阶张量的内积。举例来说，$\boldsymbol{C\sigma}(x,y)$ 缩并后的第一个元素 ε'_{xx} 就等于子矩阵[11]与矩阵 $\boldsymbol{\sigma}(x,y)$ 的内积。也就是

$$\varepsilon'_{xx}=[11]\cdot\boldsymbol{\sigma} \tag{9.2.2-8}$$

代入子矩阵[11]和矩阵$\boldsymbol{\sigma}$ (x,y)的具体内容，$[11]=\begin{bmatrix}C_1 & 0 & 0\\0 & C_2 & 0\\0 & 0 & C_2\end{bmatrix}$，$\boldsymbol{\sigma}=\begin{bmatrix}\sigma_{\xi\xi} & \sigma_{\xi\eta} & 0\\\sigma_{\eta\xi} & \sigma_{\eta\eta} & 0\\0 & 0 & 0\end{bmatrix}$，可以得到

$$\varepsilon'_{xx}=\begin{bmatrix}C_1 & 0 & 0\\0 & C_2 & 0\\0 & 0 & C_2\end{bmatrix}\cdot\begin{bmatrix}\sigma_{\xi\xi} & \sigma_{\xi\eta} & 0\\\sigma_{\eta\xi} & \sigma_{\eta\eta} & 0\\0 & 0 & 0\end{bmatrix}=C_1\sigma_{\xi\xi}+C_2\sigma_{\eta\eta} \tag{9.2.2-9}$$

用这种方法可以得到式(9.2.2-2)右边的结果。为了区分两个矩阵的乘法和它们的内积，我们在表示乘法的时候，两个矩阵之间不加任何符号；表示内积的时候，我们在两个矩阵之间加一个点。按照这种方法计算的结果为

$$[\varepsilon'_{\xi,\eta}]=\begin{bmatrix}C_1\sigma_{\xi\xi}+C_2\sigma_{\eta\eta} & (C_1-C_2)\sigma_{\xi\eta} & 0\\(C_1-C_2)\sigma_{\xi\eta} & C_1\sigma_{\eta\eta}+C_2\sigma_{\xi\xi} & 0\\0 & 0 & C_2(\sigma_{\xi\xi}+\sigma_{\eta\eta})\end{bmatrix} \tag{9.2.2-10}$$

于是，我们得到了以应力方向为坐标系的弹光效应的结果。

但应力的方向常常与由折射率分布形成的主轴坐标系不一致，相互之间成θ，为了使两个应力的作用统一到由折射率分布所确定的坐标系，必须对式(9.2.2-10)进行坐标变换，这时得到的应力引起的折射率变化为(用带两撇的符号表示$[\varepsilon''_{x,y}]$)

$$\varepsilon''_{xx}=(C_1\cos^2\theta+C_2\sin^2\theta)\sigma_{\xi\xi}+(C_2\cos^2\theta+C_1\sin^2\theta)\sigma_{\eta\eta}-2(C_1-C_2)\sin\theta\cos\theta\sigma_{\xi\eta} \tag{9.2.2-11}$$

$$\varepsilon''_{xy}=\varepsilon''_{yx}=\Delta C\sin2\theta(\sigma_{\xi\xi}-\sigma_{\eta\eta})+2\Delta C\cos2\theta\sigma_{\xi\eta} \tag{9.2.2-12}$$

$$\varepsilon''_{yy}=(C_1\sin^2\theta+C_2\cos^2\theta)\sigma_{\xi\xi}+(C_1\cos^2\theta+C_2\sin^2\theta)\sigma_{\eta\eta}+2(C_1-C_2)\sigma_{\xi\eta}\sin\theta\cos\theta \tag{9.2.2-13}$$

$$\varepsilon''_{xz}=\varepsilon''_{zx}=\varepsilon''_{yz}=\varepsilon''_{zy}=\varepsilon''_{zz}=0 \tag{9.2.2-14}$$

从式(9.2.2-11)～式(9.2.2-14)可以看出，当光波导或者光纤承受应力后，即使芯层折射率的分布最初是均匀的，因弹光效应使其变成了非均匀分布(inhomogeneous)。

2. 光纤受到应力时的弹光效应

现在，作为一个计算弹光效应的例子，我们具体分析一下只有芯层和包层的二层圆光波导(标准单模光纤)的情况。具有均匀折射率分布的二层圆光波导或者普通单模光纤，在不受应力作用时，是各向同性的，既不存在几何双折射、也不存在感应双折射。这是一种理想的情况。当它一旦承受应力的时候，就会变成各向异性材料，也就有了双折射。这种应力的来源，可能是光纤受到外部的压力；也可能是由于光纤的

自然弯曲,使得光纤向内弯曲的部分受到压应力,而外侧部分受到拉应力;还有可能是光纤绕成光纤环时(如光纤陀螺的光纤环)由于热膨胀效应,受到从环内向环外的挤压力;此外,当光纤在扭转时,会受到剪切应力,还有振动引起的应力,等等。所以,普通单模光纤受应力作用的情况是非常复杂的。这导致普通单模光纤不仅具有一定的双折射,而且双折射的情况非常复杂,以至于不能用一个确定的值描述。

为了计算双折射,按照最常规的方法,首先需要分析非均匀分布光波导的模式场和传输常数,也就是求解受应力作用时,根据折射率分布求解本征值方程。这个过程十分复杂,通常采用一些近似解法,如等效阶跃光纤法、高斯近似法、级数解法、变分法等。本节我们采用最简单的等效阶跃光纤法。

首先,我们把式(9.2.2-1)变形为

$$\begin{pmatrix} \varepsilon_{xx} & \varepsilon_{xy} & \varepsilon_{xz} \\ \varepsilon_{yx} & \varepsilon_{yy} & \varepsilon_{xz} \\ \varepsilon_{zx} & \varepsilon_{zy} & \varepsilon_{zz} \end{pmatrix}(x,y)=\varepsilon_{\text{core}}\boldsymbol{I}+\boldsymbol{C\sigma}(x,y) \tag{9.2.2-15}$$

式中,$\varepsilon_{\text{core}}$ 是光纤芯层的相对介电常数,是一个数值,不随坐标变化。这里忽略了纵向应力的影响。

然后,定义平均折射率为

$$\begin{bmatrix} \bar{\varepsilon}_{xx} & \bar{\varepsilon}_{xy} & \bar{\varepsilon}_{xz} \\ \bar{\varepsilon}_{yx} & \bar{\varepsilon}_{yy} & \bar{\varepsilon}_{xz} \\ \bar{\varepsilon}_{zx} & \bar{\varepsilon}_{zy} & \bar{\varepsilon}_{zz} \end{bmatrix}=\frac{1}{S_{\Delta}}\iint_{s}\begin{pmatrix} \varepsilon_{xx} & \varepsilon_{xy} & \varepsilon_{xz} \\ \varepsilon_{yx} & \varepsilon_{yy} & \varepsilon_{xz} \\ \varepsilon_{zx} & \varepsilon_{zy} & \varepsilon_{zz} \end{pmatrix}(x,y,z)\mathrm{d}s \tag{9.2.2-16}$$

式中,$S_{\Delta}=\pi a^2$ 是芯层的截面积,a 是芯层的半径。

根据前面的分析,在进行坐标变换后,式(9.2.2-16)中[ε]应该用[ε″]代替,而且只有[ε''_{ij}],$i,j=x,y$ 随坐标(x,y)变化,因此,式(9.2.2-16)的平均值,相当于只需要对[$\varepsilon''_{x,y}$]求平均,得到[$\bar{\varepsilon}''_{x,y}$]。将式(9.2.2-11)~式(9.2.2-13)代入式(9.2.2-16),可以得到

$$\begin{aligned}\bar{\varepsilon}''_{xx}=\frac{1}{\pi a^2}\Big[&(C_1\cos^2\theta+C_2\sin^2\theta)\iint_s\sigma_{\xi\xi}(\xi,\eta)\mathrm{d}s+(C_2\cos^2\theta+C_1\sin^2\theta)\cdot \\ &\iint_s\sigma_{\eta\eta}(\xi,\eta)\mathrm{d}s-(C_1-C_2)\sin 2\theta\iint_s\sigma_{\xi\eta}(\xi,\eta)\mathrm{d}s\Big]\end{aligned} \tag{9.2.2-17}$$

$$\begin{aligned}\bar{\varepsilon}''_{yy}=\frac{1}{\pi a^2}\Big[&(C_1\sin^2\theta+C_2\cos^2\theta)\iint_s\sigma_{\xi\xi}(\xi,\eta)\mathrm{d}s+(C_1\cos^2\theta+C_2\sin^2\theta)\cdot \\ &\iint_s\sigma_{\eta\eta}(\xi,\eta)\mathrm{d}s+(C_1-C_2)\sin 2\theta\iint_s\sigma_{\xi\eta}(\xi,\eta)\mathrm{d}s\Big]\end{aligned} \tag{9.2.2-18}$$

$$\begin{aligned}\bar{\varepsilon}''_{xy}=\bar{\varepsilon}''_{yx}=\frac{1}{\pi a^2}\Big\{&\Delta C\sin 2\theta\Big[\iint_s\sigma_{\xi\xi}(\xi,\eta)\mathrm{d}s-\iint_s\sigma_{\eta\eta}(\xi,\eta)\mathrm{d}s\Big]+ \\ &2\Delta C\cos 2\theta\iint_s\sigma_{\xi\eta}(\xi,\eta)\mathrm{d}s\Big\}\end{aligned} \tag{9.2.2-19}$$

从式(9.2.2-17)～式(9.2.2-19)可以看出，$[\bar{\varepsilon}''_{x,y}]$主要取决于三个应力的平均值

$$\bar{\sigma}_{\xi\xi}=\frac{1}{\pi a^2}\iint_s \sigma_{\xi\xi}(\xi,\eta)\mathrm{d}s,\quad \bar{\sigma}_{\xi\eta}=\frac{1}{\pi a^2}\iint_s \sigma_{\xi\eta}(\xi,\eta)\mathrm{d}s,\quad \bar{\sigma}_{\eta\eta}=\frac{1}{\pi a^2}\iint_s \sigma_{\eta\eta}(\xi,\eta)\mathrm{d}s \tag{9.2.2-20}$$

根据弹性力学理论，当在 $O\xi$ 方向施加外应力时，在光纤芯层的应力分布为

$$\sigma_{\xi\xi}=\frac{P}{\pi R}\frac{-3+2\rho^2[1+3\cos(2\varphi)]}{1-4\rho^2\cos(2\varphi)} \tag{9.2.2-21}$$

$$\sigma_{\eta\eta}=\frac{P}{\pi R}\frac{1+4\rho^2\cos\varphi\cos(3\varphi)}{1-4\rho^2\cos(2\varphi)} \tag{9.2.2-22}$$

$$\sigma_{\xi\eta}=\frac{P}{\pi R}\frac{4\rho^2\sin(2\varphi)\{\rho^2[1+\cos(2\varphi)]-\cos(2\varphi)\}}{1-4\rho^2\cos(2\varphi)} \tag{9.2.2-23}$$

式中，P 为施加于光纤外力的线压强(单位 N/m)，R 为光纤的外半径，对于商用普通单模光纤，直径为 125μm，$\rho=r/R$ 是极坐标矢径的归一化值，r 和 φ 为以光纤纤芯为轴的极坐标系的坐标。

为了观察三个应力分量，我们取 $P=200\mathrm{N/m}$，$\rho\in(0,9/125)$，$R=62.5\mu\mathrm{m}$，利用 MATLAB 工具，可以得到三个应力分量在光纤芯层的分布，参见图 9.2.2-2。

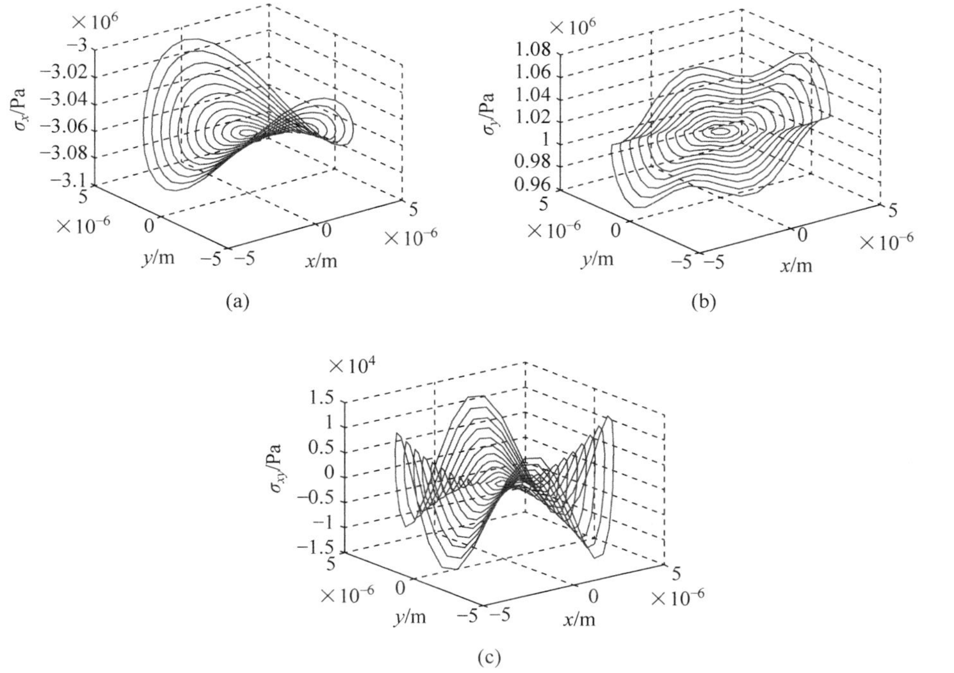

图 9.2.2-2 芯层的应力分布

(请扫Ⅱ页二维码看彩图)

由式(9.2.2-19)看出，应力的平均值取决于与施加的外力大小无关的三个积分(常数)：

$$I_{\xi\xi}=\iint\limits_{\rho,\varphi}\frac{-3+2\rho^2[1+3\cos(2\varphi)]}{1-4\rho^2\cos(2\varphi)}\rho\mathrm{d}\rho\mathrm{d}\varphi \tag{9.2.2-24}$$

$$I_{\eta\eta}=\iint\limits_{\rho,\varphi}\frac{1+4\rho^2\cos\varphi\cos(3\varphi)}{1-4\rho^2\cos(2\varphi)}\rho\mathrm{d}\rho\mathrm{d}\varphi \tag{9.2.2-25}$$

$$I_{\xi\eta}=\iint\limits_{\rho,\varphi}\frac{4\rho^2\sin(2\varphi)\{\rho^2[1+\cos(2\varphi)]-\cos(2\varphi)\}}{1-4\rho^2\cos(2\varphi)}\rho\mathrm{d}\rho\mathrm{d}\varphi \tag{9.2.2-26}$$

对于一般单模光纤(无论是否是保偏光纤)$\rho\in(0,9/125)$，$\varphi\in(0,2\pi)$，则 3 个积分常数为

$$I_{\xi\xi}=-2.99643,\quad I_{\eta\eta}=1.0008586,\quad I_{\xi\eta}\approx 0 \tag{9.2.2-27}$$

将式(9.2.2-27)代入式(9.2.2-17)～式(9.2.2-19)，可得

$$\bar{\varepsilon}''_{xx}=\frac{1}{\pi a^2}\frac{P}{\pi R}[(C_1\cos^2\theta+C_2\sin^2\theta)I_{\xi\xi}+(C_2\cos^2\theta+C_1\sin^2\theta)I_{\eta\eta}-(C_1-C_2)\sin 2\theta I_{\xi\eta}] \tag{9.2.2-28}$$

$$\varepsilon''_{yy}=\frac{1}{\pi a^2}\frac{P}{\pi R}[(C_1\sin^2\theta+C_2\cos^2\theta)I_{\xi\xi}+(C_1\cos^2\theta+C_2\sin^2\theta)I_{\eta\eta}+(C_1-C_2)\sin 2\theta I_{\xi\eta}] \tag{9.2.2-29}$$

$$\bar{\varepsilon}''_{xy}=\bar{\varepsilon}''_{yx}=\frac{1}{\pi a^2}\frac{P}{\pi R}[\Delta C\sin 2\theta(I_{\xi\xi}-I_{\eta\eta})+2\Delta C\cos 2\theta I_{\xi\eta}] \tag{9.2.2-30}$$

从以上的理论分析可以看出，利用等效阶跃光纤法，可以直接求出应力作用下的折射率分布，而不需要利用模耦合理论，因此，也不需要知道模式场的分布函数 $\boldsymbol{e}_x(x,y)$和 $\boldsymbol{e}_y(x,y)$，也不用求出传输常数的差，因此具有更广泛的适用性。

3. 普通单模光纤受应力时双折射大小(拍长)的计算

拍长作为度量双折射大小的量，定义为 $L_{\mathrm{B}}=\lambda/|n_x-n_y|$，这意味着要对式(9.2.2-15)左边的矩阵进行对角化。从式(9.2.2-15)右边的矩阵可以看出，沿 z 轴方向的元素不起作用，所以只需要在横截面(x，y 平面)对角化，也就是对下面的 2×2 矩阵对角化，得到

$$\bar{\boldsymbol{\varepsilon}}=\begin{bmatrix}\bar{\varepsilon}_{xx} & \bar{\varepsilon}_{xy}\\ \bar{\varepsilon}_{yx} & \bar{\varepsilon}_{yy}\end{bmatrix}=\begin{bmatrix}\varepsilon_{\mathrm{core}}+\bar{\varepsilon}''_{xx} & \bar{\varepsilon}''_{xy}\\ \bar{\varepsilon}''_{yx} & \varepsilon_{\mathrm{core}}+\bar{\varepsilon}''_{yy}\end{bmatrix} \tag{9.2.2-31}$$

经过计算，求出两个特征值，从而得到主对角线中的两个主介电常数，其中偏振无关的介电常数为

$$\varepsilon_{\text{core}}+\frac{\bar{\varepsilon}''_{xx}+\bar{\varepsilon}''_{yy}}{2}=\varepsilon_{\text{core}}+\frac{1}{\pi a^2}\frac{P}{\pi R}\bar{C}(I_{\xi\xi}+I_{\eta\eta}) \tag{9.2.2-32}$$

而偏振相关的介电常数平均差 $\Delta\varepsilon_{\text{total}}=(\bar{\varepsilon}''_{xx}-\bar{\varepsilon}''_{yy})/2$ 为

$$\Delta\varepsilon_{\text{total}}=\sqrt{\left(\frac{\Delta CP}{\pi^2a^2R}\right)^2[(I_{\xi\xi}-I_{\eta\eta})^2-4I_{\xi\eta}^2]} \tag{9.2.2-33}$$

考虑到 $I_{\xi\eta}\approx 0$，于是

$$\Delta\varepsilon_{\text{total}}=\frac{\Delta CP}{\pi^2a^2R}(I_{\xi\xi}-I_{\eta\eta})=3.9972886\,\frac{\Delta CP}{\pi^2a^2R}\approx 4\,\frac{\Delta CP}{\pi^2a^2R} \tag{9.2.2-34}$$

在式(9.2.2-32)～式(9.2.2-34)中，$\bar{C}=(C_1+C_2)/2$，$\Delta C=(C_1-C_2)/2$。为了求出拍长，需要将式(9.2.2-34)确定的介电常数差转换为折射率差。考虑到未加应力的初始折射率远大于应力引起的折射率变化，即

$$\varepsilon_{\text{core}}\gg\frac{\bar{\varepsilon}''_{xx}+\bar{\varepsilon}''_{yy}}{2}\pm\Delta\varepsilon_{\text{total}} \tag{9.2.2-35}$$

于是折射率差为

$$\Delta n_{\text{total}}\approx\Delta\varepsilon_{\text{total}}/\varepsilon_{\text{core}}=4\,\frac{1}{n_0^2}\,\frac{\Delta CP}{\pi^2a^2R} \tag{9.2.2-36}$$

新的拍长为

$$L_{\mathrm{B}}=\frac{\lambda n_0^2\pi^2a^2R}{4\Delta CP} \tag{9.2.2-37}$$

式(9.2.2-37)就是普通光纤在应力作用下计算拍长的公式。

4. 挤压光纤型偏振控制器

偏振控制器是一种重要的用于对光纤中光偏振态控制的元件，它的作用是将任意的输入偏振态转换为任意所需要的输出偏振态，注意，它的要求是“两个任意”，也就是从庞加莱球的任意一点转换为另一个任意点，这个要求称为“各态遍历”，如图 9.2.2-3 所示。

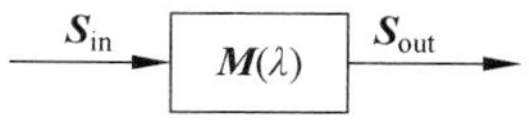

图 9.2.2-3　偏振控制器原理

设输入偏振态为 $\boldsymbol{S}_{\text{in}}$，输出偏振态为 $\boldsymbol{S}_{\text{out}}$，它们之间的关系为 $\boldsymbol{S}_{\text{out}}=\boldsymbol{M}(\lambda)\boldsymbol{S}_{\text{in}}$，式中 λ 为一个可调节缪勒矩阵的参数。现在的问题是如何调节参数 λ，使某个输入偏振态 $\boldsymbol{S}_{\text{in}}$ 转化为我们所需要的输出偏振态。

偏振控制器是一种广泛应用的器件，因为在各类干涉仪中，偏振方向对准是干涉的基本前提条件，尤其是电调谐的偏振控制器在很多场合都要用到。由于挤压光纤可以获得不同的拍长，也就是可以获得不同的双折射，当光纤长度确定时，改变拍长也就改变了输出的偏振态。利用压电陶瓷去挤压光纤，就可以改变被压光纤的拍长，从而达到偏振控制的目的。压电陶瓷是一种能够将机械能和电能互相

转换的功能陶瓷材料。压电陶瓷在机械应力作用下，引起内部正负电荷中心发生相对位移而发生极化，导致材料两端表面出现符号相反的束缚电荷，这种现象称为压电效应；反之，在压电陶瓷的两端施加电压，压电陶瓷会伸缩，或者对阻碍伸缩的物体产生一定的压力，称为逆压电效应。将光纤置于两块压电陶瓷之间，对压电陶瓷施加一定电压，就可以使光纤承受一定压力，从而改变光纤的输出偏振态。

对于任意的输入偏振态，挤压光纤只能使偏振态围绕以挤压方向为双折射轴的圆周旋转，在庞加莱球上一般最大只能旋转 180°。因此，从庞加莱球上一点旋转到另一点，通常需要进行两次旋转，而且两个双折射轴要相互垂直。比如第一个挤压器使得偏振态沿着经线旋转，另一个沿着纬线旋转。由于庞加莱球（斯托克斯空间）的角度是实际空间角度的两倍，所以第二个挤压器的挤压轴需要与第一个挤压器中间保持 45°夹角。理论上，经过两次旋转，庞加莱球上的点，可以从任意一点旋转到任意的另一点。也有特殊情况，假定第一个点处于挤压器轴上，第一个挤压器不起作用。所以，仅仅两个挤压器是不能实现各态遍历的。实际的偏振控制器，都包含三个挤压器，其中两个互相平行，分别布置在两边，而处于中间的一个则与它们之间成 45°，如图 9.2.2-4 所示。

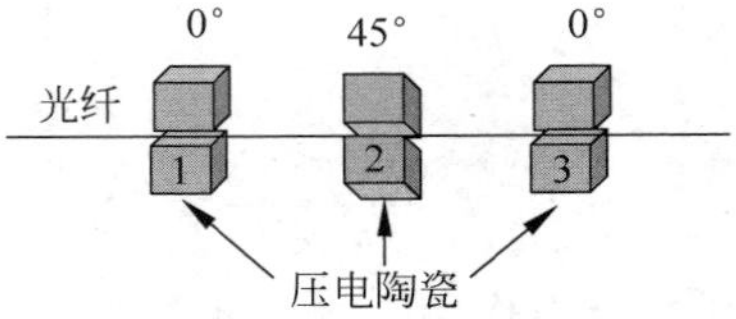

图 9.2.2-4 挤压光纤型偏振控制器原理

5. 附录：张量的缩并

最后，我们看一下张量和并矢的标性积（缩并）。弹光系数张量 $\boldsymbol{C}$（四阶张量）与应力张量$\boldsymbol{\sigma}=[\sigma_{ij}]$的标性积是这样定义的（考虑每一个元素的基）：

$$\boldsymbol{\varepsilon}_{3\times3}=\boldsymbol{C}\,\vdots\,\boldsymbol{\sigma}=\left(\sum_{i=1}^{3}\sum_{j=1}^{3}\sum_{k=1}^{3}\sum_{l=1}^{3}C_{ijkl}\hat{\boldsymbol{g}}_i\hat{\boldsymbol{g}}_j\hat{\boldsymbol{g}}_k\hat{\boldsymbol{g}}_l\right)\vdots\left(\sum_{r=1}^{3}\sum_{s=1}^{3}\sigma_{rs}\hat{\boldsymbol{g}}_r\hat{\boldsymbol{g}}_s\right)\tag{9.2.2-38}$$

首先将求和号提出去

$$\boldsymbol{\varepsilon}_{3\times3}=\boldsymbol{C}\,\vdots\,\boldsymbol{\sigma}=\sum_{i=1}^{3}\sum_{j=1}^{3}\sum_{k=1}^{3}\sum_{l=1}^{3}\sum_{r=1}^{3}\sum_{s=1}^{3}(C_{ijkl}\sigma_{rs})[(\hat{\boldsymbol{g}}_i\hat{\boldsymbol{g}}_j\hat{\boldsymbol{g}}_k\hat{\boldsymbol{g}}_l)\,\vdots\,(\hat{\boldsymbol{g}}_r\hat{\boldsymbol{g}}_s)]\tag{9.2.2-39}$$

式中，右边最后一项是一个四阶并矢与一个二阶并矢的缩并。在这里，我们只考虑并联式的缩并，缩并是在缩并符号的两边先进行。也就是先进行 $\hat{\boldsymbol{g}}_l\cdot\hat{\boldsymbol{g}}_r=\delta_{lr}$，其中

$$\delta_{lr}=\begin{cases}1, & l=r\\0, & l\neq r\end{cases} \tag{9.2.2-40}$$

这样

$$\boldsymbol{\varepsilon}_{3\times3}=\boldsymbol{C}\vdots\boldsymbol{\sigma}=\sum_{i=1}^{3}\sum_{j=1}^{3}\sum_{k=1}^{3}\sum_{l=1}^{3}\sum_{r=1}^{3}\sum_{s=1}^{3}(C_{ijkl}\sigma_{rs})\delta_{lr}[(\hat{\boldsymbol{g}}_i\hat{\boldsymbol{g}}_j\hat{\boldsymbol{g}}_k):(\hat{\boldsymbol{g}}_s)] \tag{9.2.2-41}$$

然后,再进行 $\hat{\boldsymbol{g}}_k\cdot\hat{\boldsymbol{g}}_s=\delta_{ks}$,得到

$$\boldsymbol{\varepsilon}_{3\times3}=\boldsymbol{C}\vdots\boldsymbol{\sigma}=\sum_{i=1}^{3}\sum_{j=1}^{3}\sum_{k=1}^{3}\sum_{l=1}^{3}\sum_{r=1}^{3}\sum_{s=1}^{3}(C_{ijkl}\sigma_{rs})\delta_{lr}\delta_{ks}[(\hat{\boldsymbol{g}}_i\hat{\boldsymbol{g}}_j)] \tag{9.2.2-42}$$

这时,我们看到运算的结果是一个二阶张量。所以,标性积的过程是先将它们的维数相加(这里 4+2=6),然后进行缩并。每一次缩并维数减少 2(这里共缩并 2 次,故 6−4=2)。

$$\boldsymbol{\varepsilon}_{3\times3}=\boldsymbol{C}\vdots\boldsymbol{\sigma}=\sum_{i=1}^{3}\sum_{j=1}^{3}\left[\sum_{k=1}^{3}\sum_{l=1}^{3}(C_{ijkl}\sigma_{lk})\right](\hat{\boldsymbol{g}}_i\hat{\boldsymbol{g}}_j) \tag{9.2.2-43}$$

于是,它的每个元素为

$$\varepsilon_{ij}=\sum_{k=1}^{3}\sum_{l=1}^{3}(C_{ijkl}\sigma_{lk}) \tag{9.2.2-44}$$

考虑到

$$\boldsymbol{C}=\begin{bmatrix}
C_{xxxx} & C_{xxxy} & C_{xxxz} & C_{xyxx} & C_{xyxy} & C_{xyxz} & C_{xzxx} & C_{xzxy} & C_{xzxz}\\
C_{xxyx} & C_{xxyy} & C_{xxyz} & C_{xyyx} & C_{xyyy} & C_{xyyz} & C_{xzyx} & C_{xzyy} & C_{xzyz}\\
C_{xxzx} & C_{xxzy} & C_{xxzz} & C_{xyzx} & C_{xyzy} & C_{xyzz} & C_{xzzx} & C_{xzzy} & C_{xzzz}\\
C_{yxxx} & C_{yxxy} & C_{yxxz} & C_{yyxx} & C_{yyxy} & C_{yyxz} & C_{yzxx} & C_{yzxy} & C_{yzxz}\\
C_{yxyx} & C_{yxyy} & C_{yxyz} & C_{yyyx} & C_{yyyy} & C_{yyyz} & C_{yzyx} & C_{yzyy} & C_{yzyz}\\
C_{yxzx} & C_{yxzy} & C_{yxzz} & C_{yyzx} & C_{yyzy} & C_{yyzz} & C_{yzzx} & C_{yzzy} & C_{yzzz}\\
C_{zxxx} & C_{zxxy} & C_{zxxz} & C_{zyxx} & C_{zyxy} & C_{zyxz} & C_{zzxx} & C_{zzxy} & C_{zzxz}\\
C_{zxyx} & C_{zxyy} & C_{zxyz} & C_{zyyx} & C_{zyyy} & C_{zyyz} & C_{zzyx} & C_{zzyy} & C_{zzyz}\\
C_{zxzx} & C_{zxzy} & C_{zxzz} & C_{zyzx} & C_{zyzy} & C_{zyzz} & C_{zzzx} & C_{zzzy} & C_{zzzz}
\end{bmatrix} \tag{9.2.2-45}$$

和

$$\boldsymbol{\sigma}=\begin{bmatrix}\sigma_{xx} & \sigma_{xy} & \sigma_{xz}\\ \sigma_{yx} & \sigma_{yy} & \sigma_{yz}\\ \sigma_{zx} & \sigma_{zy} & \sigma_{zz}\end{bmatrix} \tag{9.2.2-46}$$

二者缩并后形成的二阶张量其中的元素为(以 ε_{xx} 为例)

$$\varepsilon_{xx}=\begin{bmatrix}C_{xxxx} & C_{xxxy} & C_{xxxz}\\ C_{xxyx} & C_{xxyy} & C_{xxyz}\\ C_{xxzx} & C_{xxzy} & C_{xxzz}\end{bmatrix}\cdot\begin{bmatrix}\sigma_{xx} & \sigma_{xy} & \sigma_{xz}\\ \sigma_{yx} & \sigma_{yy} & \sigma_{yz}\\ \sigma_{zx} & \sigma_{zy} & \sigma_{zz}\end{bmatrix} \tag{9.2.2-47}$$

其中,点乘表示前者的行与后者的列相乘后再求和,即

$$\begin{aligned}\varepsilon_{xx}=&[C_{xxxx}\sigma_{xx}+C_{xxxy}\sigma_{yx}+C_{xxxz}\sigma_{zx}]+[C_{xxyx}\sigma_{xy}+C_{xxyy}\sigma_{yy}+C_{xxyz}\sigma_{zy}]+\\ &[C_{xxzx}\sigma_{xz}+C_{xxzy}\sigma_{yz}+C_{xxzz}\sigma_{zz}]\end{aligned} \tag{9.2.2-48}$$

9.2.3 应力型保偏光纤外应力作用下的偏振性能

7.7 节研究了高双折射光纤,即俗称的保偏光纤的一些基本问题,包括保偏光纤稳定输出偏振态的原理、衡量保偏光纤的指标(消光比与串音),以及两种保偏光纤——线偏振态保持光纤和椭圆偏振态保持光纤。本节将进一步讨论保偏光纤在外力作用下的偏振性能。

相较于几何双折射,由应力导致的感应双折射要远大于几何双折射,因此,实际的保偏光纤都是应力型保偏光纤。

1. 外应力对介电常数的影响

参见图 9.2.3-1,在同时存在内应力和外应力的情况下,综合考虑它们对介电常数的影响,并采用微扰近似,可由式(9.2.3-1)描述。

$$\begin{pmatrix}\varepsilon_{xx} & \varepsilon_{xy} & \varepsilon_{xz}\\ \varepsilon_{yx} & \varepsilon_{yy} & \varepsilon_{xz}\\ \varepsilon_{zx} & \varepsilon_{zy} & \varepsilon_{zz}\end{pmatrix}(x,y,z)=\varepsilon_{\text{ina}}(x,y,z)\boldsymbol{I}+\boldsymbol{C\sigma}_{\text{in}}(x,y,z)+\boldsymbol{C\sigma}_{\text{ext}}(x,y,z) \tag{9.2.3-1}$$

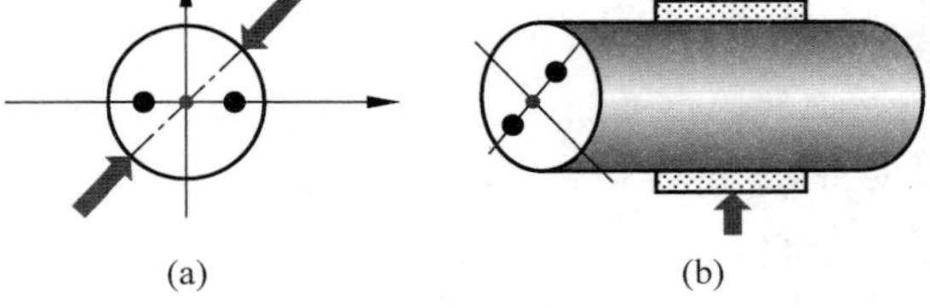

图 9.2.3-1 保偏光纤受外应力的示意图

(请扫Ⅱ页二维码看彩图)

式(9.2.3-1)的左边描述的是:当光纤中存在应力作用时,无论该应力来自光纤内部或外部,由于弹光效应,其介电常数从各向同性变为各向异性;右边的第一项表示没有应力作用时的折射率分布,其中 $\boldsymbol{I}$ 是一个 3×3 的单位矩阵,它导致光纤的几何双折射。在应力型保偏光纤中当几何双折射可忽略时,光纤的芯层近似为圆形,则

$$\varepsilon_{\text{ina}} \equiv n_0^2(x,y) = n_0^2 = \begin{cases} n_1^2, & r < a \\ n_2^2, & r > a \end{cases} \tag{9.2.3-2}$$

当我们只考虑芯层的折射率分布时，初始的介电常数 $\varepsilon_{\text{ina}} \equiv n_0^2$ 可视为常数。式(9.2.3-1)右边的第二项 $\boldsymbol{C\sigma}_{\text{in}}(x,y,z)$表示光纤内应力引起的折射率变化。在实际的保偏光纤中，可用实验的方法测定 LP_{01} 的两个正交模式之间的双折射 $\Delta\varepsilon$。在以内应力方向为主轴的坐标系下，右边的第二项可改写为与自变量(x,y)无关的形式

$$\boldsymbol{C\sigma}_{\text{in}}(x,y,z) = \begin{pmatrix} \Delta\varepsilon & 0 & 0 \\ 0 & -\Delta\varepsilon & 0 \\ 0 & 0 & 0 \end{pmatrix} \tag{9.2.3-3}$$

式(9.2.3-1)右边的第三项表示光纤外应力引起的折射率变化，这里，虽然外应力对光纤内的应力区也有影响，但是由外应力导致内应力区的变化、进而再影响到芯层应力的二次变化，属于高阶小量而被忽略掉了，我们只考虑外应力直接影响到光纤芯层折射率分布的部分(用带撇的符号表示$[\varepsilon']_{\text{ext}}$)，于是

$$[\varepsilon']_{\text{ext}} \equiv \begin{pmatrix} \varepsilon'_{xx} & \varepsilon'_{xy} & \varepsilon'_{xz} \\ \varepsilon'_{yx} & \varepsilon'_{yy} & \varepsilon'_{xz} \\ \varepsilon'_{zx} & \varepsilon'_{zy} & \varepsilon'_{zz} \end{pmatrix}(x,y) = \boldsymbol{C\sigma}_{\text{ext}}(x,y) \tag{9.2.3-4}$$

一般来说，外应力作用的方向与内应力确定的主轴方向并不同轴，它们之间存在一个夹角 θ。我们先引入以外应力为坐标轴的坐标系 $\xi O\eta$ 分析外应力的影响。由于光纤在外应力作用时，沿着长度方向(纵向)是不受约束的，所以纵向应力为 0，于是外应力张量为

$$\boldsymbol{\sigma}_{\text{ext}} = \begin{bmatrix} \sigma_{\xi\xi} & \sigma_{\xi\eta} & 0 \\ \sigma_{\eta\xi} & \sigma_{\eta\eta} & 0 \\ 0 & 0 & 0 \end{bmatrix} \tag{9.2.3-5}$$

经过与 9.2.2 节相同的方法计算，可得

$$[\varepsilon'_{\xi,\eta}]_{\text{ext}} = \begin{pmatrix} C_1\sigma_{\xi\xi} + C_2\sigma_{\eta\eta} & (C_1 - C_2)\sigma_{\xi\eta} & 0 \\ (C_1 - C_2)\sigma_{\xi\eta} & C_1\sigma_{\eta\eta} + C_2\sigma_{\xi\xi} & 0 \\ 0 & 0 & C_2(\sigma_{\xi\xi} + \sigma_{\eta\eta}) \end{pmatrix} \tag{9.2.3-6}$$

式(9.2.3-6)中，C_1 和 C_2 为系数，分别为

$$C_1 = -\frac{n_0^4}{E}(P_{11} - 2\nu P_{12}), \quad C_2 = -\frac{n_0^4}{E}\varepsilon(1-\nu)P_{12} - 2n_0\nu P_{11} \tag{9.2.3-7}$$

式中，E 是杨氏模量，ν 是泊松比，P_{11} 和 P_{12} 是弹光系数，n_0 是未加应力时光纤的折射率。

将两个应力的作用统一到由内应力所确定的坐标系，必须对式(9.2.3-6)进行坐标变换，在统一坐标系下得到的外应力引起的折射率变化为(用带两撇的符号表示$[\varepsilon''_{x,y}]_{\text{ext}}$)

$$\varepsilon''_{xx}=(C_1\cos^2\theta+C_2\sin^2\theta)\sigma_{\xi\xi}+(C_2\cos^2\theta+C_1\sin^2\theta)\sigma_{\eta\eta}-2(C_1-C_2)\sin\theta\cos\theta\sigma_{\xi\eta} \tag{9.2.3-8}$$

$$\varepsilon''_{xy}=\varepsilon''_{yx}=\Delta C\sin 2\theta(\sigma_{\xi\xi}-\sigma_{\eta\eta})+2\Delta C\cos 2\theta\sigma_{\xi\eta} \tag{9.2.3-9}$$

$$\varepsilon''_{yy}=(C_1\sin^2\theta+C_2\cos^2\theta)\sigma_{\xi\xi}+(C_1\cos^2\theta+C_2\sin^2\theta)\sigma_{\eta\eta}+2(C_1-C_2)\sigma_{\xi\eta}\sin\theta\cos\theta \tag{9.2.3-10}$$

$$\varepsilon''_{xz}=\varepsilon''_{zx}=\varepsilon''_{yz}=\varepsilon''_{zy}=\varepsilon''_{zz}=0 \tag{9.2.3-11}$$

从式(9.2.3-8)～式(9.2.3-11)可以看出，当施加外应力后，芯层折射率的分布从最初的均匀分布变成了非均匀分布(inhomogeneous)。为了计算非均匀分布光波导的模式场和传输常数，本节采用与9.2.2节相同的等效阶跃光纤法。也就是定义

$$\begin{bmatrix}\bar{\varepsilon}_{xx} & \bar{\varepsilon}_{xy} & \bar{\varepsilon}_{xz}\\ \bar{\varepsilon}_{yx} & \bar{\varepsilon}_{yy} & \bar{\varepsilon}_{xz}\\ \bar{\varepsilon}_{zx} & \bar{\varepsilon}_{zy} & \bar{\varepsilon}_{zz}\end{bmatrix}=\frac{1}{S_\Delta}\iint_s\begin{pmatrix}\varepsilon_{xx} & \varepsilon_{xy} & \varepsilon_{xz}\\ \varepsilon_{yx} & \varepsilon_{yy} & \varepsilon_{xz}\\ \varepsilon_{zx} & \varepsilon_{zy} & \varepsilon_{zz}\end{pmatrix}(x,y,z)\,\mathrm{d}s \tag{9.2.3-12}$$

式中，$S_\Delta=\pi a^2$是芯层的截面积，a是芯层的半径。仿照9.2.2节的方法，将式(9.2.3-8)～式(9.2.3-10)代入式(9.2.3-12)，可得

$$\bar{\varepsilon}''_{xx}=\frac{1}{\pi a^2}\frac{P}{\pi R}[(C_1\cos^2\theta+C_2\sin^2\theta)I_{\xi\xi}+(C_2\cos^2\theta+C_1\sin^2\theta)I_{\eta\eta}-(C_1-C_2)\sin 2\theta I_{\xi\eta}] \tag{9.2.3-13}$$

$$\varepsilon''_{yy}=\frac{1}{\pi a^2}\frac{P}{\pi R}[(C_1\sin^2\theta+C_2\cos^2\theta)I_{\xi\xi}+(C_1\cos^2\theta+C_2\sin^2\theta)I_{\eta\eta}+(C_1-C_2)\sin 2\theta I_{\xi\eta}] \tag{9.2.3-14}$$

$$\bar{\varepsilon}''_{xy}=\bar{\varepsilon}''_{yx}=\frac{1}{\pi a^2}\frac{P}{\pi R}[\Delta C\sin 2\theta(I_{\xi\xi}-I_{\eta\eta})+2\Delta C\cos 2\theta I_{\xi\eta}] \tag{9.2.3-15}$$

式中，$[\varepsilon''_{ij}]$，$i,j=x,y$，是考虑了外应力引起的、在进行坐标变换后的折射率变化。从以上的分析过程可以看出，外应力的作用与内应力的作用与是否是保偏光纤无关，它们是独自作用的。

根据式(9.2.3-7)和式(9.2.3-13)～式(9.2.3-15)，取$C_1=-2.1854\times10^{-12}\,\text{m}^2/\text{N}$，$C_2=-1.20858\times10^{-11}\,\text{m}^2/\text{N}$和$n_0=1.443$，我们分别得到当$P=200\text{N/m}$，$P=2\text{kN/m}$，$P=20\text{kN/m}$时，不同方向的力对平均介电常数三个分量的影响，参见图9.2.3-2。

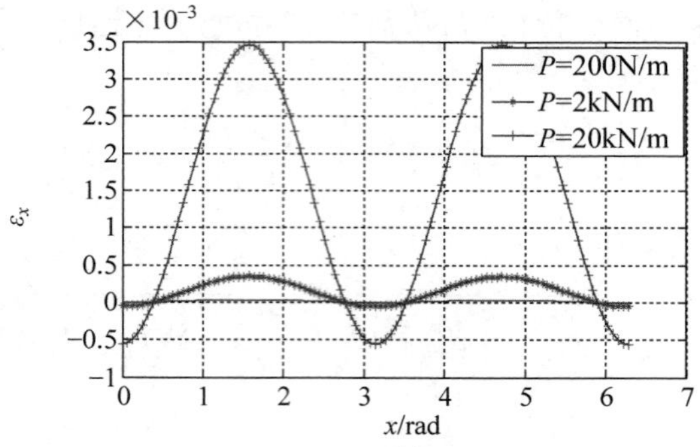

(a)

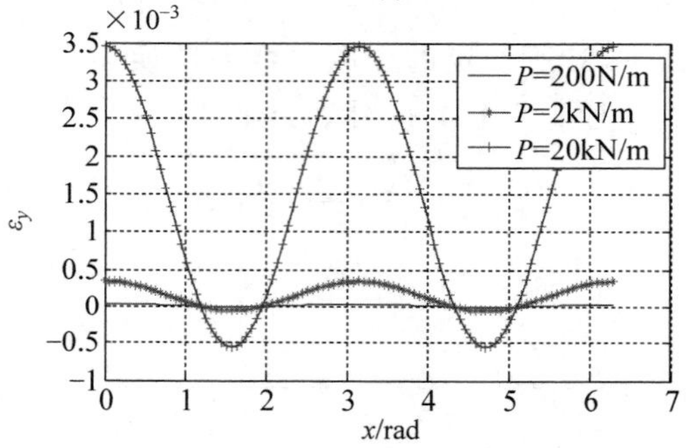

(b)

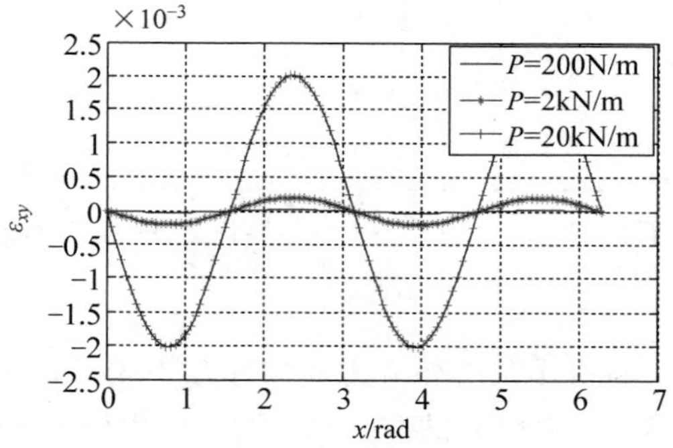

(c)

图 9.2.3-2　不同应力方向(夹角)和大小对平均介电常数的影响

(请扫Ⅱ页二维码看彩图)

2. 双折射大小(拍长)的计算

如前所述,当我们只考虑横向应力作用时,只需要求出式(9.2.3-12)中与横向坐标有关的 4 个元素。这样得到

$$\bar{\boldsymbol{\varepsilon}}=\begin{bmatrix}\bar{\varepsilon}_{xx} & \bar{\varepsilon}_{xy}\\ \bar{\varepsilon}_{yx} & \bar{\varepsilon}_{yy}\end{bmatrix}=\begin{bmatrix}\varepsilon_{\text{ina}}+\Delta\varepsilon+\bar{\varepsilon}''_{xx} & \bar{\varepsilon}''_{xy}\\ \bar{\varepsilon}''_{yx} & \varepsilon_{\text{ina}}-\Delta\varepsilon+\bar{\varepsilon}''_{yy}\end{bmatrix}\tag{9.2.3-16}$$

经过复杂的计算，求出两个特征值，从而得到主对角线上的两个主介电常数，其中偏振无关的介电常数为

$$\varepsilon_{\text{ina}}+\frac{\bar{\varepsilon}''_{xx}+\bar{\varepsilon}''_{yy}}{2}=\varepsilon_{\text{ina}}+\frac{1}{\pi a^2}\frac{P}{\pi R}\bar{C}(I_{\xi\xi}+I_{\eta\eta}) \tag{9.2.3-17}$$

而偏振相关的介电常数平均差 $\Delta\varepsilon_{\text{total}}=(\bar{\varepsilon}''_{xx}-\bar{\varepsilon}''_{yy})/2$ 为

$$\Delta\varepsilon_{\text{total}}=\sqrt{\left(\frac{\Delta CP}{\pi^2a^2R}\right)^2[(I_{\xi\xi}-I_{\eta\eta})^2-4I_{\xi\eta}^2]+2\frac{\Delta CP}{\pi^2a^2R}[\cos 2\theta(I_{\xi\xi}-I_{\eta\eta})-2\sin 2\theta I_{\xi\eta}]\Delta\varepsilon+(\Delta\varepsilon)^2} \tag{9.2.3-18}$$

式(9.2.3-17)与式(9.2.3-18)中，$\bar{C}=(C_1+C_2)/2,\Delta C=(C_1-C_2)/2$。为了求出拍长，需要将式(9.2.3-18)所确定的介电常数差转换为折射率差。考虑到未加应力的初始折射率远大于应力引起的折射率变化，即

$$\varepsilon_{\text{ina}}\gg\frac{\bar{\varepsilon}''_{xx}+\bar{\varepsilon}''_{yy}}{2}\pm\Delta\varepsilon_{\text{total}} \tag{9.2.3-19}$$

于是折射率差为

$$\begin{aligned}\Delta n_{\text{total}}&\approx\Delta\varepsilon_{\text{total}}/\varepsilon_{\text{ina}}\\&=\frac{1}{n_0^2}\sqrt{\left(\frac{\Delta CP}{\pi^2a^2R}\right)^2[(I_{\xi\xi}-I_{\eta\eta})^2-4I_{\xi\eta}^2]+2\frac{\Delta CP}{\pi^2a^2R}[\cos 2\theta(I_{\xi\xi}-I_{\eta\eta})-2\sin 2\theta I_{\xi\eta}]\Delta\varepsilon+(\Delta\varepsilon)^2}\end{aligned} \tag{9.2.3-20}$$

新的拍长为

$$L_{\text{B}}=\frac{\lambda n_0^2}{\sqrt{\left(\frac{\Delta CP}{\pi^2a^2R}\right)^2[(I_{\xi\xi}-I_{\eta\eta})^2-4I_{\xi\eta}^2]+2\frac{\Delta CP}{\pi^2a^2R}[(I_{\xi\xi}-I_{\eta\eta})\cos 2\theta-2I_{\xi\eta}\sin 2\theta]\Delta\varepsilon+(\Delta\varepsilon)^2}} \tag{9.2.3-21}$$

式(9.2.3-21)就是保偏光纤在内外应力共同作用下拍长的计算公式。可以看出，拍长由三项决定：①内应力引起的双折射；②外应力引起的双折射；③二者的耦合项，其中只有耦合项受到外应力角度的影响。在外应力的相关项中，除了正应力有影响外，剪切力也有影响。

通常，剪切力的影响(9.2.2 节的积分 $I_{\xi\eta}$)远小于正应力的影响，$|I_{\xi\xi}-I_{\eta\eta}|\gg|I_{\xi\eta}|$，于是，式(9.2.3-21)转化为

$$L_{\text{B}}=\frac{\lambda n_0^2}{\sqrt{\left(\frac{\Delta CP}{\pi^2a^2R}\right)^2(I_{\xi\xi}-I_{\eta\eta})^2+\frac{\Delta CP}{\pi^2a^2R}[(I_{\xi\xi}-I_{\eta\eta})\cos 2\theta-2I_{\xi\eta}\sin 2\theta]\Delta\varepsilon+(\Delta\varepsilon)^2}} \tag{9.2.3-22}$$

但当 $\theta=\pi/4$ 时，式(9.2.3-22)化为

$$L_B=\frac{\lambda n_0^2}{\sqrt{\left(\frac{\Delta CP}{\pi^2a^2R}\right)^2[(I_{\xi\xi}-I_{\eta\eta})^2]-4\frac{\Delta CP}{\pi^2a^2R}I_{\xi\eta}\Delta\varepsilon+(\Delta\varepsilon)^2}} \quad (9.2.3\text{-}23)$$

这时，剪切力的影响才会凸显出来。

根据式(9.2.3-22)或者式(9.2.3-23)，对于熊猫光纤，其内应力 $\sigma_x(0,0)=8.8528\times10^7\text{Pa}$，$\sigma_y(0,0)=-4.5223\times10^7\text{Pa}$，可以得到当 $P=200\text{N/m}$，$P=2\text{kN/m}$，$P=20\text{kN/m}$，$P=40\text{kN/m}$ 作用时，力的方向和大小与拍长的关系，参见图 9.2.3-3。力的方向对拍长的影响呈周期性。

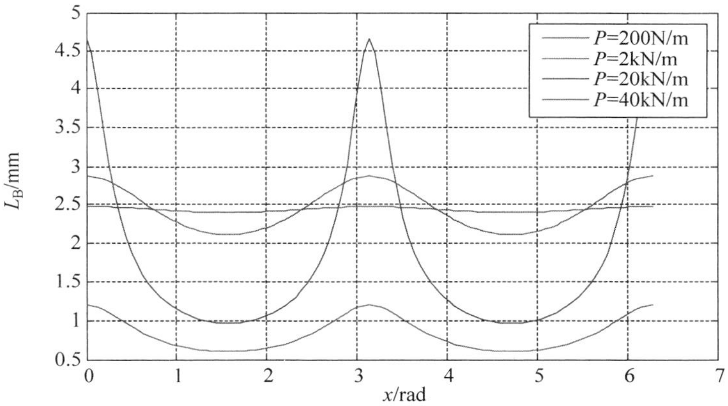

图 9.2.3-3 不同方向和大小的应力对拍长的影响
（请扫Ⅱ页二维码看彩图）

当外力的线压力为 0～20kN/m 时，随着线压力的增大，拍长也逐步增大；但当线压力为 40kN/m 时，拍长却明显变小。当线压力远小于保偏光纤内应力时，拍长主要由内应力决定；当线压力和内应力处于同一个数量级上，拍长就会由内、外应力共同作用；当线压力远大于内应力，拍长主要由外应力决定。

当力的方向靠近快轴或慢轴时，对拍长的影响是不一样的，靠近慢轴施加压力会减少双折射，增大拍长；靠近快轴施加压力会增大双折射，减小拍长，参见图 9.2.3-4。

图 9.2.3-5 示出了保偏光纤不同固有拍长在外力作用下拍长变化的曲线，由图可知，相同外应力作用于固有拍长不同的保偏光纤时，固有拍长越小，即内应力越大，则外应力与内应力的相对值减少，对拍长的改变越小。

3. 内外应力同时作用下偏振主轴的变化

在考虑外应力对光纤传感系统的影响时，除了拍长大小的影响外，偏振主轴的变化也严重影响保偏光纤的使用，这是因为，只有当输入光的偏振方向与保偏光纤

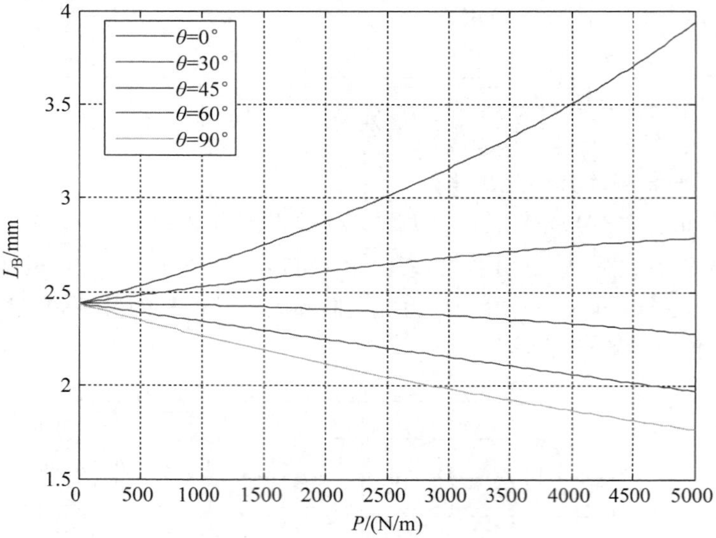

图 9.2.3-4 不同外应力方向时，拍长随外应力的变化

（请扫Ⅱ页二维码看彩图）

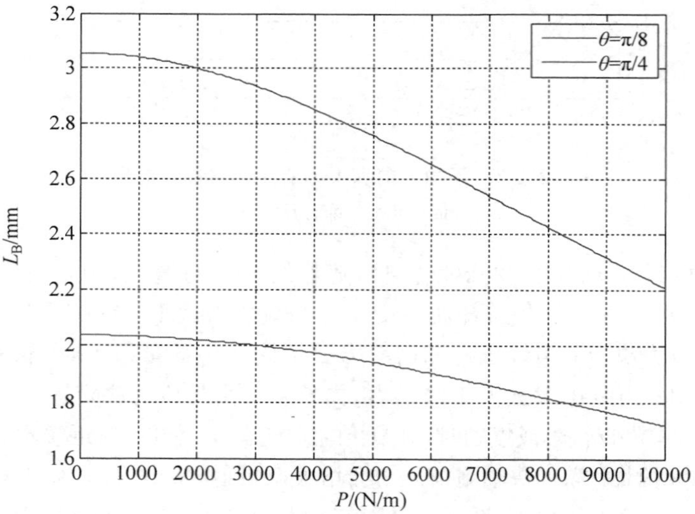

图 9.2.3-5 不同应力方向时，不同初始固有拍长随外力作用下拍长的变化

（请扫Ⅱ页二维码看彩图）

的主轴严格对准时，保偏光纤的偏振态才能不受环境影响。因此，研究偏振主轴的变化是一件非常有意义的工作。对式(9.2.3-16)得到的矩阵进行对角化，它的特征矩阵为

$$\boldsymbol{T}=\begin{bmatrix}-\bar{\varepsilon}_{xy} & \bar{\varepsilon}_{yy}-\lambda_2\\ \bar{\varepsilon}_{xx}-\lambda_1 & -\bar{\varepsilon}_{yx}\end{bmatrix}\tag{9.2.3-24}$$

令 $\cos\alpha=\dfrac{-\bar{\varepsilon}_{xy}}{\sqrt{(\bar{\varepsilon}_{xy})^2+(\bar{\varepsilon}_{yy}-\lambda_2)^2}}$，$\sin\alpha=\dfrac{\bar{\varepsilon}_{yy}-\lambda_2}{\sqrt{(\bar{\varepsilon}_{xy})^2+(\bar{\varepsilon}_{yy}-\lambda_2)^2}}$，可以得到由外应力导致的(归一化的)旋转矩阵

$$\boldsymbol{T}_1=\begin{bmatrix}\cos\alpha & \sin\alpha\\ -\sin\alpha & \cos\alpha\end{bmatrix}\tag{9.2.3-25}$$

式中，α 为双折射轴与 x 坐标的夹角。旋转矩阵主轴的方向角余弦为

$$\cos\alpha=\frac{-(P/\pi^2a^2R)[\Delta C\sin2\theta(I_{\xi\xi}-I_{\eta\eta})+2\Delta C\cos2\theta I_{\xi\eta}]}{\left\{\left\{\left(\dfrac{\Delta CP}{\pi^2a^2R}\right)[\sin2\theta(I_{\xi\xi}-I_{\eta\eta})+2\cos2\theta I_{\xi\eta}]\right\}^2+\left\{\Delta\varepsilon+2\left(\dfrac{\Delta CP}{\pi^2a^2R}\right)[\cos2\theta(I_{\xi\xi}-I_{\eta\eta})-2\sin2\theta I_{\xi\eta}]-\Delta\varepsilon_{\text{total}}\right\}^2\right\}^{1/2}}\tag{9.2.3-26}$$

$$\sin\alpha=\frac{\{\Delta\varepsilon+(P/\pi^2a^2R)2\Delta C[(\cos2\theta)(I_{\xi\xi}-I_{\eta\eta})-2\sin2\theta I_{\xi\eta}]-\Delta\varepsilon_{\text{total}}\}}{\left\{\left\{\dfrac{\Delta CP}{\pi^2a^2R}[\sin2\theta(I_{\xi\xi}-I_{\eta\eta})+2\cos2\theta I_{\xi\eta}]\right\}^2+\left\{\Delta\varepsilon+2\dfrac{\Delta CP}{\pi^2a^2R}[\cos2\theta(I_{\xi\xi}-I_{\eta\eta})-2\sin2\theta I_{\xi\eta}]-\Delta\varepsilon_{\text{total}}\right\}^2\right\}^{1/2}}\tag{9.2.3-27}$$

如果可以忽略剪切应力，即 $I_{\xi\eta}\approx0$，则

$$\cos\alpha=\frac{-\dfrac{1}{\pi a^2}\dfrac{P}{\pi R}\Delta C\sin2\theta(I_{\xi\xi}-I_{\eta\eta})}{\left\{\left[\dfrac{1}{\pi a^2}\dfrac{P}{\pi R}\Delta C\sin2\theta(I_{\xi\xi}-I_{\eta\eta})\right]^2+\left[\Delta\varepsilon+\dfrac{1}{\pi a^2}\dfrac{P}{\pi R}\Delta C(\cos2\theta)(I_{\xi\xi}-I_{\eta\eta})-\Delta\varepsilon_{\text{total}}\right]^2\right\}^{1/2}}\tag{9.2.3-28}$$

$$\sin\alpha=\frac{\Delta\varepsilon+\dfrac{1}{\pi a^2}\dfrac{P}{\pi R}\Delta C\cos2\theta(I_{\xi\xi}-I_{\eta\eta})-\Delta\varepsilon_{\text{total}}}{\left\{\left[\dfrac{1}{\pi a^2}\dfrac{P}{\pi R}\Delta C\sin2\theta(I_{\xi\xi}-I_{\eta\eta})\right]^2+\left[\Delta\varepsilon+\dfrac{1}{\pi a^2}\dfrac{P}{\pi R}\Delta C\cos2\theta(I_{\xi\xi}-I_{\eta\eta})-\Delta\varepsilon_{\text{total}}\right]^2\right\}^{1/2}}\tag{9.2.3-29}$$

式(9.2.3-28)与式(9.2.3-29)就是外界压力(大小与方向)与保偏光纤主轴旋转角之间的关系。

根据式(9.2.3-28)与式(9.2.3-29)，得到外应力的大小与方向对双折射轴方

向的影响，参见图 9.2.3-6。

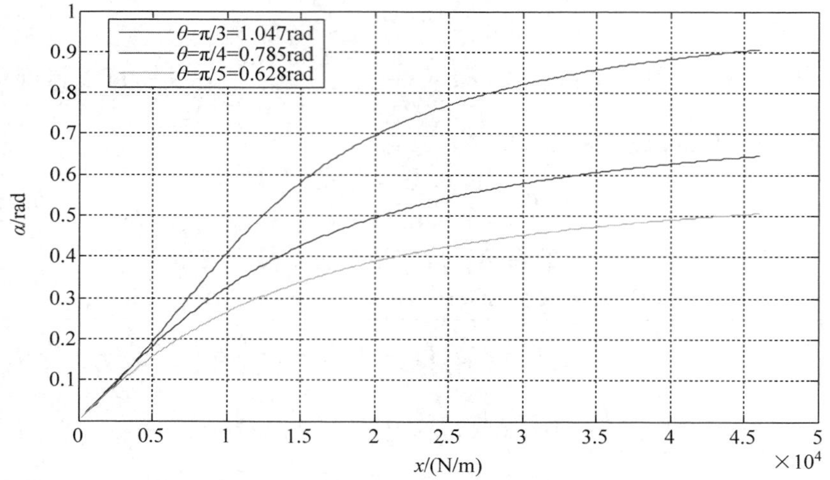

图 9.2.3-6　双折射轴的方向角 α 随着外应力的变化

（请扫Ⅱ页二维码看彩图）

随着线压力的增大，双折射轴的方向会逐步向外应力的方向转动。当外应力远远大于内应力时，双折射轴方向会处于外应力的方向上，说明外应力逐渐改变保偏光纤内部原有的应力分布，从而改变保偏光纤双折射轴的方向。

4. 受压保偏光纤的串音

7.7.1 节曾经指出，串音是衡量保偏光纤的一个重要指标。在非理想情况下，保偏光纤的输出往往存在不可消除的随机串音，这种串音的形成来自保偏光纤自身的不完善以及外界环境的影响。因此对外应力导致的串音进行分析是很重要的。

假定某一段光纤的双折射轴和双折射大小都为已知，那么我们可以得到，当一束光通过这段光纤后，输入光与输出光电场强度矢量之间的关系为

$$\begin{pmatrix} E'_x \\ E'_y \end{pmatrix} = \begin{pmatrix} \cos\alpha & -\sin\alpha \\ \sin\alpha & \cos\alpha \end{pmatrix} e^{-i\bar{\beta}l} \begin{pmatrix} e^{i\Delta\beta l} & \\ & e^{-i\Delta\beta l} \end{pmatrix} \begin{pmatrix} \cos\alpha & \sin\alpha \\ -\sin\alpha & \cos\alpha \end{pmatrix} \begin{pmatrix} E_x \\ E_y \end{pmatrix} \tag{9.2.3-30}$$

式中，α 为双折射轴相对于坐标系的夹角，$\bar{\beta}=(\beta_x+\beta_y)/2$ 是光纤两个本征模的平均传输常数，$\Delta\beta=(\beta_x-\beta_y)/2$ 是它们的传输常数差（双折射）。当输入光沿 x 轴入射时，也就是 $P_y=0$ 时，利用式(9.2.3-30)不难计算出输出消光比为

$$ER_{\text{out}}=10\lg\frac{P'_x}{P'_y}=10\lg\frac{\cos^2\Delta\beta l+\cos^2 2\alpha\sin^2\Delta\beta l}{\sin^2 2\alpha\sin^2\Delta\beta l}\quad(\text{dB}) \tag{9.2.3-31}$$

这样，我们可以计算出受压保偏光纤的串音 CT 为

$$CT = 10\lg \frac{\sin^2 2\alpha \sin^2 \Delta\beta l}{\cos^2 \Delta\beta l + \cos^2 2\alpha \sin^2 \Delta\beta l} \quad (\text{dB}) \tag{9.2.3-32}$$

由式(9.2.3-31)，可以绘出随着挤压力大小和方向的变化，输出光与输入光相比功率的变化，以及消光比的变化，参见图9.2.3-7。

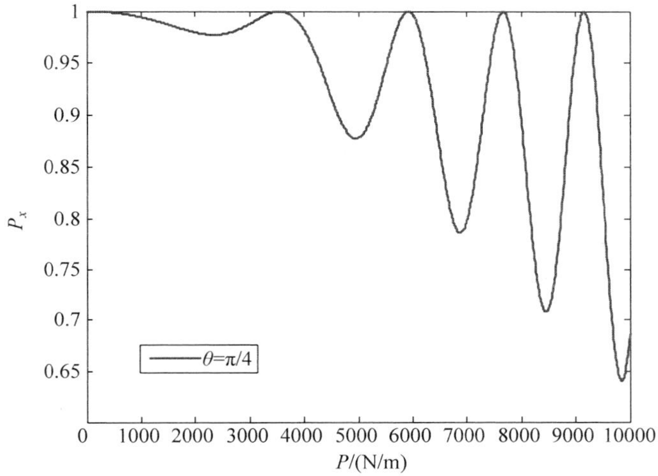

(a)

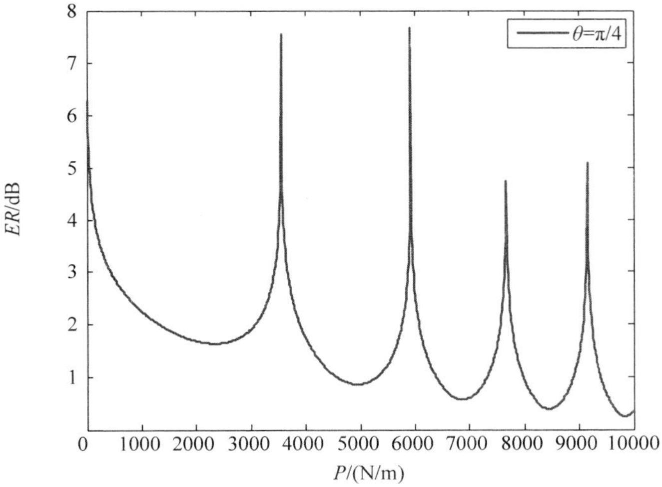

(b)

图9.2.3-7　不同挤压力下输出线偏振光功率的变化和消光比的变化

(a) 输出线偏振光功率的变化；(b) 消光比的变化

(请扫Ⅱ页二维码看彩图)

由式(9.2.3-32)可以看出，折射率的变化和双折射轴的变化都会影响保偏光纤的串音，当双折射轴向转角 α 比较小，处于0值附近时，$P_x \approx \cos^2 \Delta\beta l + \sin^2 \Delta\beta l = 1$；

当 α 比较大，接近 $\pi/4$ 时，$P_x \approx \cos^2 \Delta\beta l$，随着 $\Delta\beta l$ 变化作周期性的变化。

5. 斯托克斯参数和它在庞加莱球上的变化

进一步，我们利用式(9.2.3-30)可以得到受挤压后，保偏光纤的输出斯托克斯参量为

$$s_1 = \cos^2 \Delta\beta l + \cos 4\alpha \sin^2 \Delta\beta l, \quad s_2 = \sin 4\alpha \sin^2 \Delta\beta l, \quad s_3 = \sin 2\alpha \sin 2\Delta\beta l \tag{9.2.3-33}$$

为了便于观察，我们将保偏光纤的本征模调整到庞加莱球的北极点上，可以得到相对应的输出斯托克斯参数随外应力变化的曲线，并绘出它在庞加莱球上的演化，参见图 9.2.3-8。

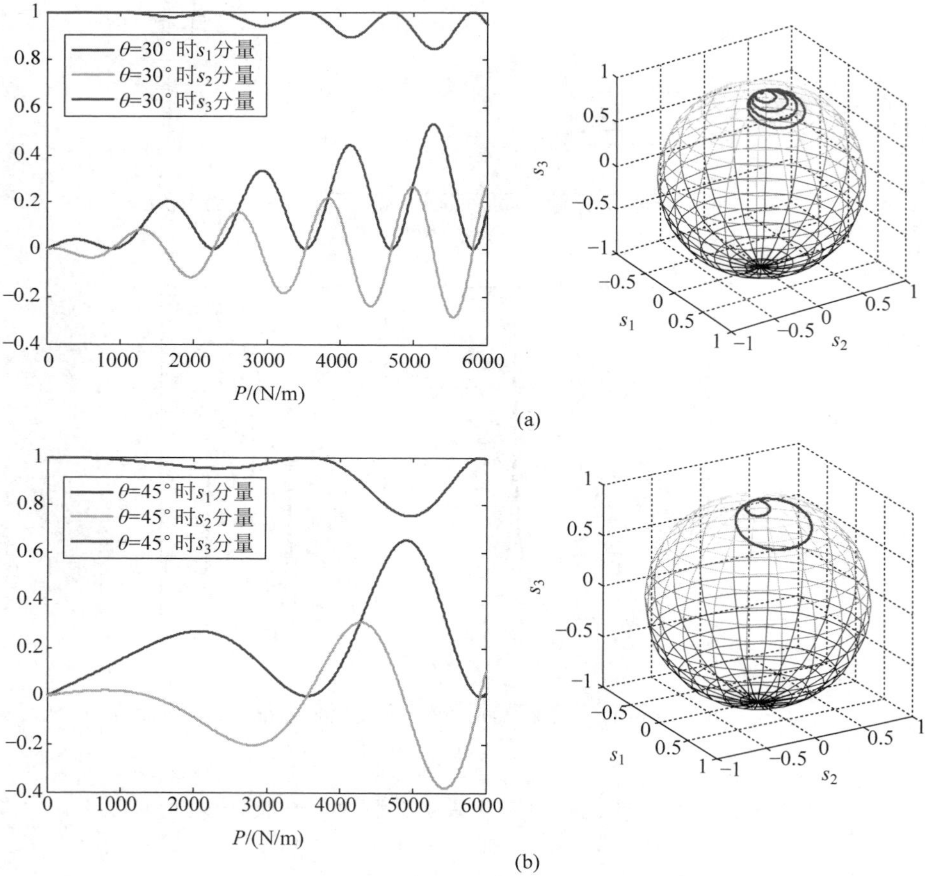

图 9.2.3-8　斯托克斯参数随外力的变化以及在庞加莱球上的演化

(a) 应力方向为 30°；(b) 应力方向为 45°；(c) 应力方向为 60°

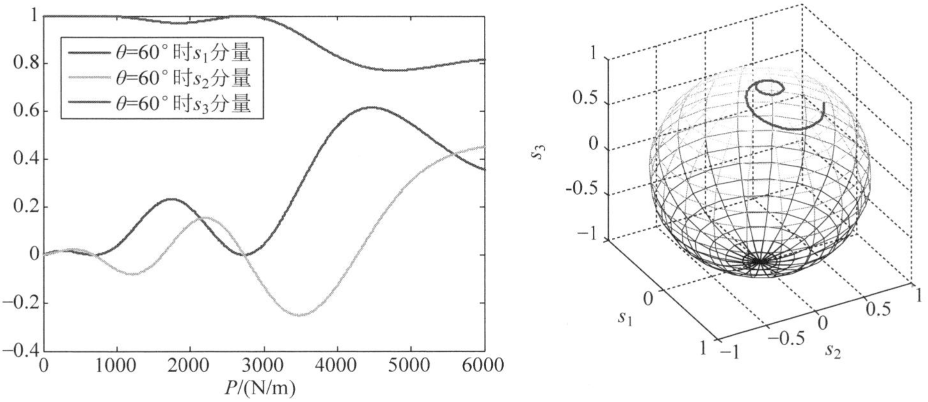

(c)

图 9.2.3-8 （续）

图 9.2.3-8 中，对应外应力的大小范围为 0～6000N/m，方向分别为 30°、45°和 60°时，输出斯托克斯参数随外应力的变化曲线和输出偏振态在庞加莱球上的演化轨迹，可以通过测量输出偏振态的演化轨迹同时测量出外应力的大小和方向。

6. 小结

本节对保偏光纤受外应力作用时其应力方向对拍长、双折射主轴、串音以及偏振态演化等特性进行了研究。结果表明：①外应力的大小和方向都将对保偏光纤的拍长产生影响，在慢轴上施加压力会减少双折射，增大拍长；在快轴上施加压力会增大双折射，减小拍长。②当外应力方向与快慢轴不重合时，随着应力的逐步增大，保偏光纤新的双折射轴逐步向外应力方向靠近。③输出偏振态在庞加莱球上的演化轨迹类似于长短轴逐步增大的椭圆，其周期与应力方向直接相关。利用这一原理，可以通过测量输出偏振态的演化轨迹同时测量出外应力的大小和方向。

但是我们同时看到，传统的理论分析方法很麻烦，这个结果是非常复杂的，而且很难得出一般的概念，因此必须寻找新的方法。

9.2.4 利用四元数方法分析多重双折射问题

从 9.2.3 节的分析可以看出，用传统的方法分析同时存在内外应力而它们又不在同方向时，其分析过程是很复杂的，而且在整个分析过程中，我们得不出什么有用的概念。因此，对于这种双重效应或者多重效应，有必要寻求新的方法。

1. 双折射矢量叠加原理

7.3.5 节介绍了分析双折射的四元数方法，并给出了分析多重双折射效应的方法。在该节指出，多重双折射效应在一定条件下满足矢量叠加原理。在保偏光纤中，这些条件都得到满足，因此，可以直接使用这个原理。

为此，我们回到原始公式(9.2.3-1)，首先将式(9.2.3-3)中与 z 相关的元素略去，得到

$$\boldsymbol{C\sigma}_{\text{int}}(x,y)=\begin{bmatrix}\Delta\varepsilon & 0\\ 0 & -\Delta\varepsilon\end{bmatrix} \tag{9.2.4-1}$$

它对应的双折射矢量为

$$\boldsymbol{N}_{\text{ina}}=\mathrm{i}\hat{\boldsymbol{i}}\Delta\varepsilon/(2n_0) \tag{9.2.4-2}$$

然后，将原始公式(9.2.3-1)右边的第三项也改写为二维形式，得到

$$\begin{aligned}\boldsymbol{C\sigma}_{\text{ext}}(\xi,\eta)&=\begin{bmatrix}\varepsilon'_{\xi\xi} & \varepsilon'_{\xi\eta}\\ \varepsilon'_{\eta\xi} & \varepsilon'_{\eta\eta}\end{bmatrix}(\xi,\eta)\\ &=\begin{bmatrix}\bar{C}(\bar{\sigma}_{\xi\xi}+\bar{\sigma}_{\eta\eta})+\Delta C(\bar{\sigma}_{\xi\xi}-\bar{\sigma}_{\eta\eta}) & 0\\ 0 & \bar{C}(\bar{\sigma}_{\xi\xi}+\bar{\sigma}_{\eta\eta})-\Delta C(\bar{\sigma}_{\xi\xi}-\bar{\sigma}_{\eta\eta})\end{bmatrix}\end{aligned} \tag{9.2.4-3}$$

它对应的四元数为

$$\boldsymbol{N}_{\text{ext}}=\mathrm{i}\hat{\boldsymbol{\xi}}\Delta C(\bar{\sigma}_{\xi\xi}-\bar{\sigma}_{\eta\eta})/(2n_0) \tag{9.2.4-4}$$

总的双折射为

$$\boldsymbol{N}_{\text{total}}=\boldsymbol{N}_{\text{int}}+\boldsymbol{N}_{\text{ext}} \tag{9.2.4-5}$$

在实际空间中，外应力与内应力的夹角为 θ，根据斯托克斯参数的定义，二者的夹角将为 2θ，参见图 9.2.4-1。

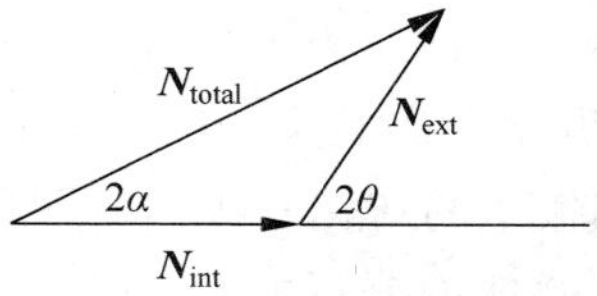

图 9.2.4-1　斯托克斯空间中的双折射矢量叠加

不难利用图 9.2.4-1 直接计算出合成双折射的大小为

$$|\boldsymbol{N}_{\text{tatal}}|=\sqrt{|\boldsymbol{N}_{\text{int}}|^2+|\boldsymbol{N}_{\text{ext}}|^2+2|\boldsymbol{N}_{\text{int}}||\boldsymbol{N}_{\text{ext}}|\cos 2\theta} \tag{9.2.4-6}$$

根据三角形的余弦定理，得保偏光纤受到应力作用后的拍长为

$$L_{\text{B}}=\lambda/\{2\sqrt{(\Delta\varepsilon/2n_0)^2+2\Delta\varepsilon\Delta C(\bar{\sigma}_{\xi\xi}-\bar{\sigma}_{\eta\eta})\cos 2\theta+[\Delta C(\bar{\sigma}_{\xi\xi}-\bar{\sigma}_{\eta\eta})]^2}\} \tag{9.2.4-7}$$

由此可见，利用四元数方法，可以很简洁地得到多重双折射效应的结果。

2. 保偏光纤受横向应力后偏振态的演化

如果仅考虑双折射，即只考虑 7.3.5 节琼斯-缪勒中四元数(JMQ)的矢量部分，此时光纤的偏振特性可由一个简化的四元数描述(图 9.2.4-1)

$$\mathrm{e}^{\boldsymbol{N}_{\text{total}}}=\mathrm{e}^{\hat{\boldsymbol{n}}(\alpha)\Delta\beta L} \tag{9.2.4-8}$$

式中：α 是新双折射主轴与固有双折射主轴之间的夹角(注意它不等于应力的方向角 θ)；$\Delta\beta$ 是受外部应力作用后，新双折射的大小；L 是受应力作用的光纤长度。

在如图 9.2.4-1 所示的斯托克斯空间中，常数矢量 $\boldsymbol{N}_{\text{int}}$ 是保偏光纤的固有双折射；矢量 $\boldsymbol{N}_{\text{ext}}=\hat{\boldsymbol{n}}_{\text{ext}}(2\theta)kP$ 是由外应力引起的双折射，其中 P 是外应力的大小，$\hat{\boldsymbol{n}}_{\text{ext}}$ 和 θ 分别是外应力的单位矢量和方向角；常数 k 取决于弹光系数，与固有双折射无关，其值可以通过实验测量得到；矢量 $\boldsymbol{N}_{\text{total}}$ 是受外部应力作用后的总双折射，如式(9.2.4-5)所示。将式(9.2.4-5)代入式(9.2.4-8)，得到

$$\mathrm{e}^{\boldsymbol{N}_{\text{total}}}=\mathrm{e}^{\boldsymbol{N}_{\text{int}}+\boldsymbol{N}_{\text{ext}}} \tag{9.2.4-9}$$

按照式(7.3.5-3)，此时输出光和输入光偏振态的四元数形式可以表示为

$$\mathscr{S}_{\text{out}}=\mathrm{e}^{\boldsymbol{N}_{\text{total}}/2}\mathscr{S}_{\text{in}}\mathrm{e}^{-\boldsymbol{N}_{\text{total}}/2} \tag{9.2.4-10}$$

将式(9.2.4-9)代入式(9.2.4-10)，输出光的偏振态可以表示为

$$\mathscr{S}_{\text{out}}=\mathrm{e}^{(\boldsymbol{N}_{\text{int}}+\boldsymbol{N}_{\text{ext}})/2}\mathscr{S}_{\text{in}}\mathrm{e}^{-(\boldsymbol{N}_{\text{int}}+\boldsymbol{N}_{\text{ext}})/2}=\mathrm{e}^{[\boldsymbol{N}_{\text{int}}+\hat{\boldsymbol{n}}_{\text{ext}}(2\theta)kP]/2}\mathscr{S}_{\text{in}}\mathrm{e}^{-[\boldsymbol{N}_{\text{int}}+\hat{\boldsymbol{n}}_{\text{ext}}(2\theta)kP]/2} \tag{9.2.4-11}$$

将式(9.2.4-11)两端对应力大小 P 进行微分，得到

$$\frac{\partial\mathscr{S}_{\text{out}}}{\partial P}=\left[\frac{1}{2}\hat{\boldsymbol{n}}_{\text{ext}}(2\theta)k\right]\mathscr{S}_{\text{out}}-\mathscr{S}_{\text{out}}\left[\frac{1}{2}\hat{\boldsymbol{n}}_{\text{ext}}(2\theta)k\right] \tag{9.2.4-12}$$

根据两个四元数的对易运算等于其对应矢部叉乘的两倍，因此式(9.2.4-12)可以简化为

$$\frac{\partial\mathscr{S}_{\text{out}}}{\partial P}=\frac{1}{2}[\hat{\boldsymbol{n}}_{\text{ext}}(2\theta)k\mathscr{S}_{\text{out}}-\mathscr{S}_{\text{out}}\hat{\boldsymbol{n}}_{\text{ext}}(2\theta)k]=\hat{\boldsymbol{n}}_{\text{ext}}(2\theta)k\times\boldsymbol{S}_{\text{out}} \tag{9.2.4-13}$$

根据偏振态斯托克斯四元数的定义，将式(9.2.4-13)中的四元数 $\mathscr{S}_{\text{out}}$ 的标部和矢部分开，为

$$\partial s_{\text{out}}/\partial P=0 \tag{9.2.4-14}$$

$$\partial\boldsymbol{S}_{\text{out}}/\partial P=\hat{\boldsymbol{n}}_{\text{ext}}(2\theta)k\times\boldsymbol{S}_{\text{out}} \tag{9.2.4-15}$$

这两个等式描述了保偏光纤受外部应力作用后，输出光的偏振态与外部应力大小 P 与方向 θ 的关系，其中 s_{out} 是斯托斯克矢量的第一个参数 s_0，$\boldsymbol{S}_{\text{out}}$ 是斯托克斯矢量另外三个参数构成的矢量$[s_1\quad s_2\quad s_3]^{\mathrm{T}}$。式(9.2.4-14)表明，斯托克斯矢量的矢端是一个球面；式(9.2.4-15)表明，斯托克斯矢量的矢端绕着轴 $\hat{\boldsymbol{n}}_{\text{ext}}(2\theta)$旋转，旋转角速率为 k。

综合以上的理论分析，我们可以得出一个结论：外部应力大小 P 的变化将导致输出偏振态的斯托克斯矢量以一定的角速率 k 绕着外部应力主轴 $\hat{\boldsymbol{n}}_{\text{ext}}(2\theta)$ 旋转，其矢端在庞加莱球上是一个闭环。值得注意的是，当外应力大小变化时，偏振态绕着外部应力的主轴 $\hat{\boldsymbol{n}}_{\text{ext}}(2\theta)$ 旋转，而不是绕着式(9.2.4-9)中表示的合成新主轴 $\hat{\boldsymbol{n}}_{\text{total}}(a)$ 旋转，这意味着偏振本征态主轴的方向只由外应力决定，而与光纤本身固有的双折射无关。

考虑到合成双折射的主轴可以表示为

$$\hat{\boldsymbol{n}}_{\text{total}}(a)=\hat{\boldsymbol{i}}\cos\alpha+\hat{\boldsymbol{j}}\sin\alpha \tag{9.2.4-16}$$

式中，α 为受外部应力作用后双折射主轴的旋转角，而 α 与外部应力方向 θ 的关系为

$$\cos2\alpha=\frac{[\Delta\varepsilon+\Delta C(\bar{\sigma}_{\xi\xi}-\bar{\sigma}_{\eta\eta})\cos2\theta]}{\sqrt{(\Delta\varepsilon)^2+2\Delta\varepsilon\Delta C(\bar{\sigma}_{\xi\xi}-\bar{\sigma}_{\eta\eta})\cos2\theta+[\Delta C(\bar{\sigma}_{\xi\xi}-\bar{\sigma}_{\eta\eta})]^2}} \tag{9.2.4-17}$$

根据上文的理论分析进行仿真计算，可以获得当外部应力方向角 θ 不变时，输出光的偏振态 $\mathscr{S}_{\text{out}}$ 随着输入光的偏振态 $\mathscr{S}_{\text{in}}$ 以及外部应力大小 P 的变化情况，如图 9.2.4-2 所示，图(a)～(d)分别对应入射光不同的偏振态情况下的输出光偏振态；庞加莱球上的渐变圆是输出光的 SOP 随着外部应力大小的变化轨迹；黑色矢量是该渐变圆的旋转主轴，即外部应力主轴。可以看出：①当应力方向不变时，改变应力大小，输出光的偏振态在庞加莱球上的轨迹是一个圆，且该圆的大小与入射光的偏振态有关；②当应力大小变化时，不同入射光的偏振态对应不同输出光的偏振光轨迹，这表明应力对输出光偏振态的影响与入射光的偏振态有关；③可以找到两个特定的正交偏振态，它们位于应力主轴与庞加莱球面的交接点，如图 9.2.4-2(a)所示，当输入光为该偏振态时，应力大小的变化对输出偏振态没有任何影响；④当应力方向不变时，偏振主轴的方向不随输入光偏振态以及外部应力大小改变，且始终保持同一个方向。

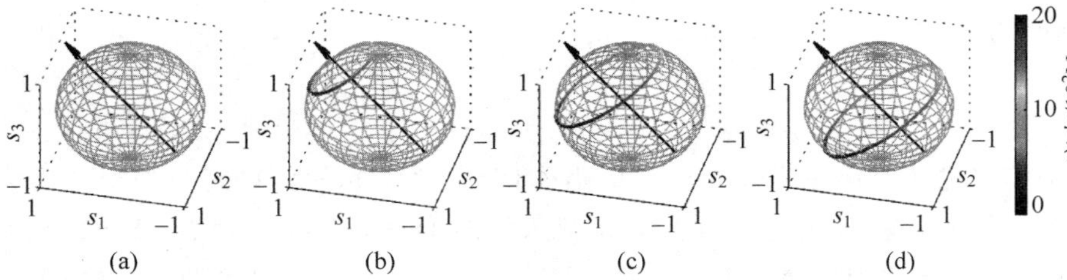

图 9.2.4-2　同一应力方向不同的入射光偏振态情况下的输出光偏振态

(a)～(d)为任选的 4 个输入偏振态

(请扫Ⅱ页二维码看彩图)

尽管采用经典的耦合模理论和缪勒矩阵方法也可以得到输出光的偏振态随外部应力大小的变化在庞加莱球上绕圆旋转的结论，但使用四元数方法，其推导过程更简单直接。此外，式(9.2.4-15)很直接地呈现出了外部应力主轴与外部应力方向之间的关系，但是如果使用穆勒矩阵方法，由于缪勒矩阵中不包含任何应力方向信息，所以不可能通过传统方法推导出该关系。这正是四元数方法的高明之处。

进一步可以获得当外部应力方向 θ 变化时，输出光的偏振态 $\mathscr{S}_{\text{out}}$ 随着输入光的偏振态 $\mathscr{S}_{\text{in}}$ 以及外部应力大小 P 的变化情况，如图 9.2.4-3 所示，图(a)～(d)分别表示当外部应力方向从 0°逐渐变为 90°时，输出光的偏振态随外部应力大小的变化轨迹。图中黑色矢量是该渐变圆的旋转主轴。可以看出，外部应力主轴的方向仅仅取决于外部应力的方向；而且当实际空间的应力方向改变 $\Delta\theta$ 时，斯托克斯空间中的应力主轴旋转的角度刚好为 $2\Delta\theta$。

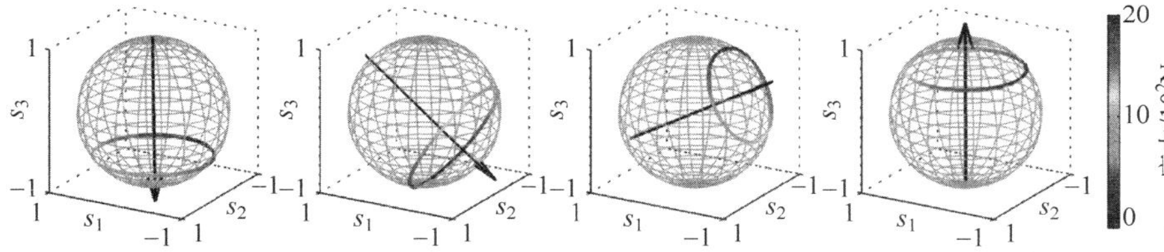

(a)　(b)　(c)　(d)

图 9.2.4-3　输出偏振态随应力方向变化的庞加莱球

(a)～(d)外部应力方向从 0°变为 90°时，输出偏振态随外部应力大小变化的轨迹

(请扫Ⅱ页二维码看彩图)

上述理论分析和计算结果表明，外部应力方向与应力主轴方向之间存在两倍的线性关系，而且应力引起的双折射主轴与固有双折射无关，也就是与光纤结构(普通单模光纤、应力型保偏光纤、椭圆形保偏光纤以及旋扭的椭圆偏振态保持光纤)无关，其应力双折射主轴唯一地由应力方向决定。

3. 相关实验

为了验证上述理论，有两种旋转施加光纤应力方向的方法：①保持施加应力的装置不动，纵向旋转光纤；②保持光纤不动，旋转向光纤施加应力的装置。早期的文献都采用了第一种扭转保偏光纤的方法，这时，即使不施加外部应力，也会导致双折射和偏振主轴的改变，如图 9.2.4-4 所示，从而引入额外的测量误差。因此，这些文献结论的准确性是值得怀疑的。

本书选择第二种方法，待测光纤(FUT)保持固定不动，通过旋转挤压器改变挤压应力的方向，最大限度地消除其他因素导致的双折射变化。如图 9.2.4-5 所示，光纤挤压器(fiber squeezer)安装在一个以光纤纵向为轴，以 1°为步长精确地绕光纤纵轴从 0°旋转至 180°的特制旋转机构上，通过旋转挤压器改变应力的方向，确保当应力方向改变时，光纤本身不动，避免光纤运动导致的偏振态变化。在实验中，挤压器是一个关键部件，必须精心设计，配备了导柱和直线轴承，确保挤压部件沿导柱平行移动而摩擦力极小。在挤压过程中没有偏斜，确保施加的应力是正压力，而且均匀地施加在光纤上。挤压器采用电驱动，电压在 0～150V 调节，对应的应力为 0～3600N；为了防止光纤被压断，在实际使用过程中，应力的大小控制在 0～2400N。

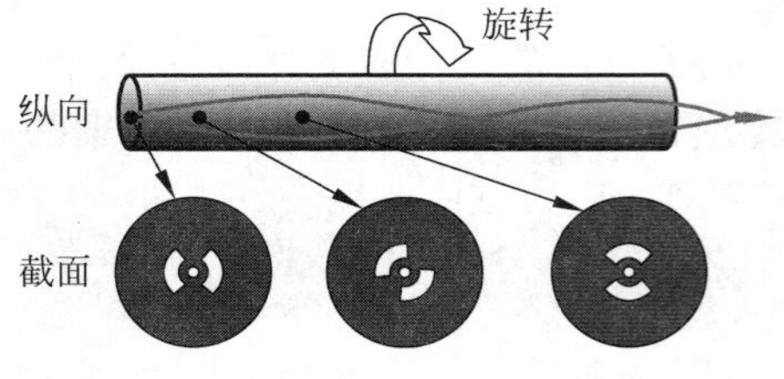

图 9.2.4-4　纵向扭转光纤导致偏振主轴方向变化

（请扫Ⅱ页二维码看彩图）

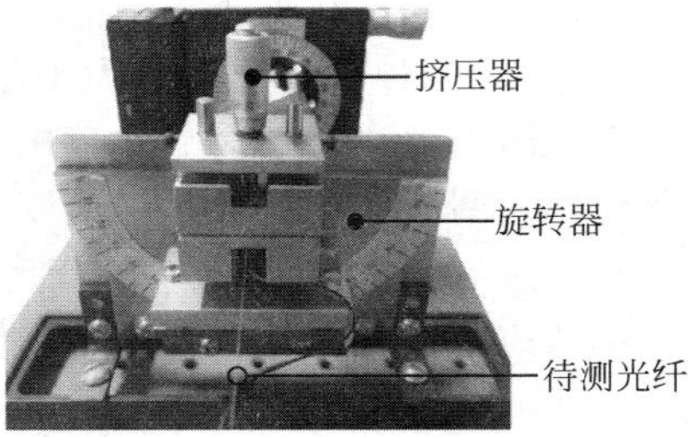

图 9.2.4-5　光纤挤压和旋转转置

实验结果如下。

（1）应力方向不变，改变应力大小和输入偏振态

随机选择 5 个不同的输入偏振态，输出光偏振态在庞加莱球上的轨迹如图 9.2.4-6 所示，可以看出：①当应力方向和输入光偏振态不变时，随着应力大小的逐渐增加，输出光的偏振态在庞加莱球上形成一个几乎封闭的圆；②当应力方向不变时，改变输入光的偏振态，则其对应的输出光偏振态的轨迹为不同位置和大小的圆，但是每个圆对应的应力主轴都一致(如图中黑色矢量所示)；③可以找到两个特定的正交偏振态，它们位于应力主轴与庞加莱球面的交接点，当输入偏振光为该偏振态时，输出偏振态不受外应力大小影响。以上实验结果与计算结果完全一致。

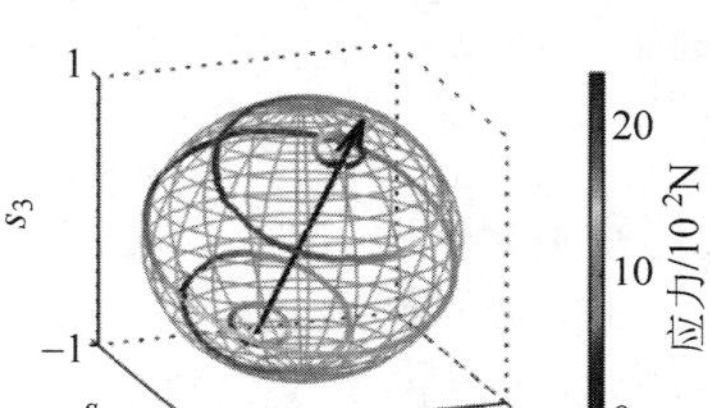

图 9.2.4-6　应力方向不变时，输出光偏振态在庞加莱球上的演化轨迹

（请扫Ⅱ页二维码看彩图）

（2）改变应力方向

使外部应力分别指向 0°、30°和 60°，输出光偏振态在庞加莱球上的轨迹如图 9.2.4-7 所示，被测光纤为领结型保偏光纤，图中黑色矢量为该圆对应的应力主

轴。可以看出，当应力方向变化时，应力主轴明显随之变化，并且应力主轴方向的变化大约是外应力方向的两倍，与理论分析完全一致。

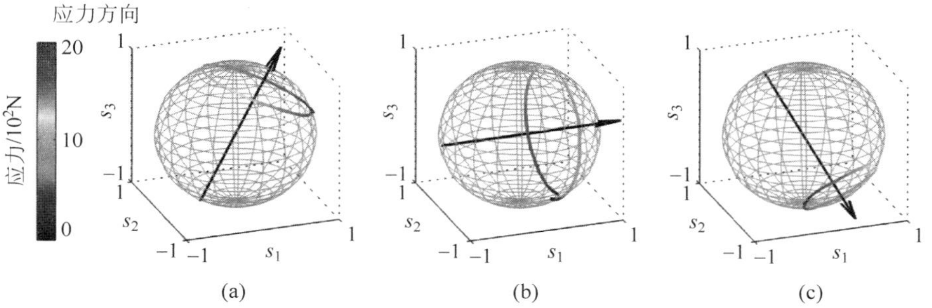

图 9.2.4-7　不同应力方向下输出偏振态随应力大小变化的演化轨迹

(a) 0°；(b) 30°；(c) 60°

（请扫Ⅱ页二维码看彩图）

（3）换成不同结构的光纤

前已证明，外部应力主轴的变化与固有双折射无关。这意味着不同类型的光纤，仍然能得到相同的结果。将待测光纤分别替换为：①椭圆偏振态保持光纤；②G.652 标准单模光纤，重复前面的实验，结果分别如图 9.2.4-8 和图 9.2.4-9 所示，图(a)～(c)中绘出应力方向分别为 0°、30°和 60°的主轴变化。实验结果表明，无论使用何种类型的光纤，输出光的偏振态始终围绕对应的应力主轴旋转，而应力主轴的方向随外部应力的方向变化，且应力主轴方向角的变化总是外部应力方向角变化的两倍。

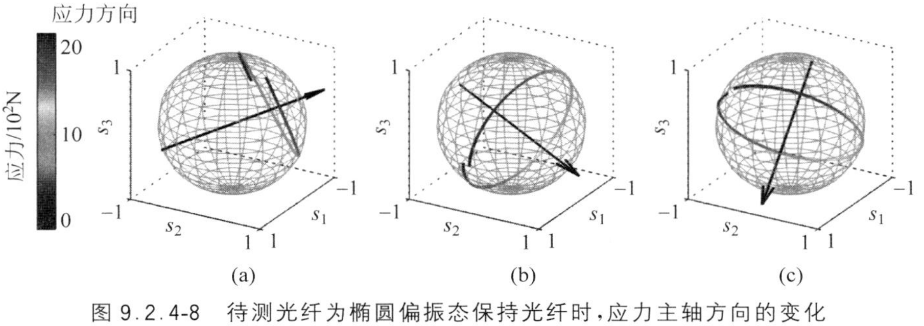

图 9.2.4-8　待测光纤为椭圆偏振态保持光纤时，应力主轴方向的变化

(a) 0°；(b) 30°；(c) 60°

（请扫Ⅱ页二维码看彩图）

实验表明，当应力从 60N 逐渐增加到 2100N 时，外应力的大小与偏振态旋转角度呈线性关系，实验测得的系数 $k=0.0031\text{rad/N}$，因此，可根据测得的旋转角度求出外界应力。

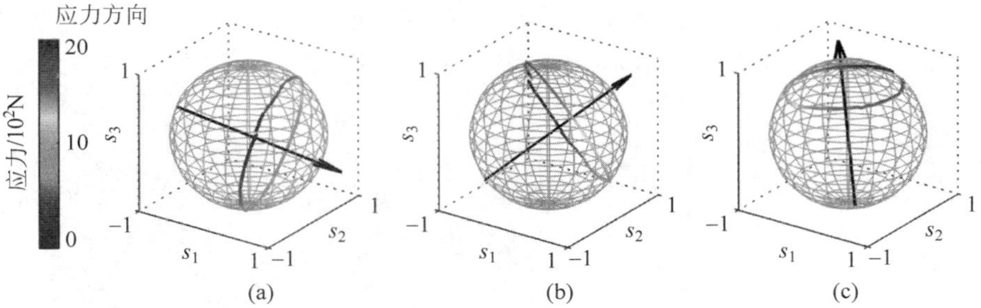

图 9.2.4-9　待测光纤为 G.652 普通单模光纤时，应力主轴方向的变化

(a) 0°；(b) 30°；(c) 60°

（请扫Ⅱ页二维码看彩图）

4. 小结

使用四元数方法分析得出了如下结果：①内外应力的共同作用产生的双折射矢量，等于各自双折射矢量的矢量和；②不改变外应力方向，只改变其大小，其输出偏振态在庞加莱球上绘出一个圆，这个圆的轴是外应力形成的主轴，主轴与输入偏振态无关；③主轴方向是应力方向夹角的两倍；④上述演化规律几乎与光纤结构无关，只与光纤的材料（弹光系数）有关。上述结论已通过实验得到证实。

9.3　电光效应双折射

导致感应双折射或者诱导双折射的物理机制很多，除了 9.2 节研究的因弹光效应引起的应力双折射外，还有电光效应、磁光效应、声光效应、温度梯度效应、压强梯度等，在有机大分子、生物的基因结构中也存在双折射效应。本节研究电光效应引起的双折射，9.4 节研究磁光效应，其他物理机制的双折射请读者阅读相关的文献。

9.3.1　介质的电光效应

电光效应，即材料的介电常数或者折射率在外电场作用下改变的现象，本质上是材料二阶非线性效应中直流或低频电场（以下简称外电场 $\boldsymbol{E}_{\mathrm{ext}}(t)$）与光场相互作用的一种特例。电光效应也进一步证实了光是一种电磁波，光场与外电场的相互作用和高频电场与直流电场之间的相互作用没有差别。为此，我们首先简要学习材料的非线性问题。更深入的理论请查阅非线性光学的相关文献。

1. 极化强度的高阶展开

非线性光学效应宏观表现为介质的极化强度 $\boldsymbol{P}$ 随电场 $\boldsymbol{E}$ 的非线性变化，很多文献将这种非线性关系写为

$$P=\alpha E+\beta E^{2}+\gamma E^{3}+\cdots \tag{9.3.1-1}$$

这种写法是不严谨的，即使对电场强度和极化强度的一个分量而言也是不严谨的。因为极化强度 $\boldsymbol{P}$ 和电场强度 $\boldsymbol{E}$ 都是矢量。于是，问题来了，一个矢量的高阶项应该如何表示？它的系数应该是什么样子？

首先，引入并矢的概念来描述矢量的高阶项。如果 $\boldsymbol{E}$ 是一个三维空间的矢量，那么它的二阶并矢 $\boldsymbol{EE}$ 就是一个 9 维空间的矢量，而它的三阶并矢 $\boldsymbol{EEE}$ 为 27 维空间的矢量，依此类推。并矢的概念比较抽象，很难用直观的形象去描述，人们很难想象 9 维空间和 27 维空间是什么样子，一些牵强的解释也勉为其难，所以莫不如干脆把它们作为一种数学工具接受下来。

二阶并矢 $\boldsymbol{EE}$ 因为有 9 个分量，可以通过两个矢量的外乘得到，即

$$\boldsymbol{EE} \rightarrow \boldsymbol{E} \otimes \boldsymbol{E} = [E_x \quad E_y \quad E_z] \begin{bmatrix} E_x \\ E_y \\ E_z \end{bmatrix} = \begin{bmatrix} E_x^2 & E_x E_y & E_x E_z \\ E_x E_y & E_y^2 & E_y E_z \\ E_x E_z & E_y E_z & E_z^2 \end{bmatrix} \tag{9.3.1-2}$$

所以二阶并矢常用 3×3 矩阵表示，但是 3×3 矩阵与 9 维矢量二者并不完全等同。矩阵只是它的一种表示方法而已，也可以用 9×1 的列向量，或者 1×9 的行向量表示，因此也可以引入左矢（行向量）与右矢（列向量）的写法。

显然，二阶并矢 $\boldsymbol{EE}$ 的 9 个分量中，有 6 个是对称的，于是很多文献省去了 3 个分量，而用一个 6×1 的列向量表示。本书不倾向于这种方法，因为虽然处在式(9.3.1-2)所示矩阵对称位置上的 3 对分量数值上是相等的，但并不意味着它们在 9 维空间是相同的，因为它们不是同一个基底上的投影，所以 6 分量法容易导致概念混淆。请记住二阶并矢是在 9 维空间的矢量，而不是 6 维空间的矢量。

现在已经解决了矢量的高阶项问题，下面要解决它的系数问题。我们先把一个非线性矢性函数 $\boldsymbol{P}=f(\boldsymbol{E})$ 用它的高阶项展开

$$\boldsymbol{P} = \alpha \boldsymbol{E} + \beta \boldsymbol{EE} + \gamma \boldsymbol{EEE} + \cdots \tag{9.3.1-3}$$

现在来看看它们的系数项要满足什么样的要求。可以直观地看出，对式(9.3.1-3)中的任意一项而言，它的计算结果都应该是一个三维矢量，因为公式的左边是一个三维矢量。因此，不难想象，第一项的系数 α 应该是一个 3×3 的矩阵；第二项的系数 β 应该是 3×9 的矩阵，这样确保它与二阶并矢的乘积是一个三维矢量；第三项的系数 γ 应该是一个 3×27 的矩阵，确保它与三阶并矢（27 维矢量）相乘后，得到一个三维矢量，……依此类推。这样，我们得到

$$\boldsymbol{P} = [\varepsilon_{ij}]_{3\times3}\boldsymbol{E} + [\varepsilon_{ijk}]_{3\times9}\boldsymbol{EE} + [\varepsilon_{ijkl}]_{3\times27}\boldsymbol{EEE} + \cdots \tag{9.3.1-4}$$

我们将式(9.3.1-4)中的系数矩阵称为张量，矩阵中的元素个数是 3 的若干次方 3^n，把这个方次 n 称为张量的阶数，记为

$$\boldsymbol{\chi}^{(n)} = [\varepsilon_{ijkl\cdots}]_{3^n} \tag{9.3.1-5}$$

比如$[\varepsilon_{ij}]_{3\times3}$ 的元素有 $3^2=9$ 个，因此它是 2 阶张量，即$[\varepsilon_{ij}]_{3\times3}=\boldsymbol{\chi}^{(2)}$；$[\varepsilon_{ijk}]_{3\times9}$

的元素 $3^3=27$ 个，因此它是 3 阶张量，即$[\varepsilon_{ijk}]_{3\times 9}=\boldsymbol{\chi}^{(3)}$；$[\varepsilon_{ijkl}]_{3\times 27}$ 有 $3^4=81$ 个元素，$[\varepsilon_{ijkl}]_{3\times 27}=\boldsymbol{\chi}^{(4)}$，…，依此类推。进一步把矩阵与高阶矢量的乘法称为缩并，并用竖着的点表示，习惯上写为

$$\boldsymbol{P}=\boldsymbol{\chi}^{(2)}\cdot\boldsymbol{E}+\boldsymbol{\chi}^{(3)}:\boldsymbol{EE}+\boldsymbol{\chi}^{(4)}\vdots\boldsymbol{EEE}+\cdots \tag{9.3.1-6}$$

在式(9.3.1-6)中，分别称每一项并矢的系数为非线性极化系数张量。比如 $\boldsymbol{\chi}^{(3)}$ 称为二阶非线性极化系数张量，$\boldsymbol{\chi}^{(4)}$ 称为三阶非线性极化系数张量等。

余下的问题是如何规定矩阵中元素的序号。对于二阶张量，由于它具有对称结构，所以各种文献中很容易统一。而对于三阶张量，在不同的文献中有不同的编写方法，如在《光学手册》(李景镇主编)的第 193 页，对于三阶张量是如下排列的(只写出序号，元素本身没有写出)

$$\boldsymbol{\chi}^{(3)}=\begin{bmatrix} xxx & xyy & xzz & xyz & xzy & xzx & xxz & xxy & xyx \\ yxx & yyy & yzz & yyz & yzy & yzx & yxz & yxy & yyx \\ zxx & zyy & zzz & zyz & zzy & zzx & zxz & zxy & zyx \end{bmatrix} \tag{9.3.1-7}$$

而在《光学手册》的第 1223 页，对于三阶张量的排序是如下安排的(原书中使用的下标是 1,2,3)，本书统一改写为(x,y,z)

$$\boldsymbol{\chi}^{(3)}=\begin{bmatrix} xxx & xxy & xxz & xyx & xyy & xyz & xzx & xzy & xzz \\ yxx & yxy & yxz & yyx & yyy & yyz & yzx & yzy & yzz \\ zxx & zxy & zxz & zyx & zyy & zyz & zzx & zzy & zzz \end{bmatrix} \tag{9.3.1-8}$$

在《光学手册》的第 213 页，考虑了元素的对称性后，将 3×9 的矩阵改写成了 3×6 的矩阵，为

$$\boldsymbol{\chi}^{(3)}=\begin{bmatrix} xxx & xyy & xzz & xyz & xzy & xzx \\ yxx & yyy & yzz & yyz & yzy & yzx \\ zxx & zyy & zzz & zyz & zzy & zzx \end{bmatrix} \tag{9.3.1-9}$$

这种不统一的局面，导致读者在使用时很不方便。

设定矩阵中元素序号的依据是什么？因为这个系数矩阵(张量)是为后面的并矢(高维矢量)服务的，所以，首先，要看后面的矢量如何排列。其次，相乘后的元素序号应该与极化矢量的元素序号相对应。最后，按照并矢的习惯，应该乘积结果矢量的序号(极化强度的序号)放在前面，而被乘的并矢序号放在后面。根据这个原则，可以很好地确定每个元素的序号。

对于二阶并矢的序号如何排列的问题，也是很不统一的。首先，我们采用 9×1 列向量的形式，也有两种排列方法，一种是按照 x、y、z 的自然次序排列

$$\boldsymbol{EE}=[xx\quad xy\quad xz\quad yx\quad yy\quad yz\quad zx\quad zy\quad zz]^{\mathrm{T}} \tag{9.3.1-10}$$

一种是按照 x、y、z 的对称性排列，把完全对称的放在前面，为

$$\boldsymbol{EE}=[xx\quad yy\quad zz\quad yz\quad zy\quad xz\quad zx\quad xy\quad yx]^{\mathrm{T}} \tag{9.3.1-11}$$

前一种排列方法的好处在于便于记忆，后一种方法的好处可以蜕化为 6×1 的列向量。

$$\boldsymbol{EE}=[xx\quad yy\quad zz\quad yz\quad xz\quad xy]^{\mathrm{T}} \tag{9.3.1-12}$$

本书不太赞成 6 维形式的二阶并矢，所以，本书建议采用式(9.3.1-10)的排列方式。如果按照这个原则排序，那么三阶张量应该取式(9.3.1-8)的形式。

其次，如果二阶并矢 $\boldsymbol{EE}$ 不采用列向量形式，而采用式(9.3.1-2)的矩阵形式，那么三阶张量与二阶并矢之间的缩并过程，就应遵循缩并的原则进行。三阶张量与二阶并矢无法直接进行缩并，我们不妨先将张量$\boldsymbol{\chi}^{(3)}$转置，然后利用内积的方式求出。也就是第一步，将$\boldsymbol{\chi}^{(3)} \to \boldsymbol{\chi}^{(3)\mathrm{T}}$，得到一个 9×3 的矩阵，然后将它与一个 3×3 的矩阵缩并(对子矩阵求内积)，就可以得到一个 3×1 的列向量。

根据这个原则，得到三阶并矢的形式为

$$\boldsymbol{\chi}^{(3)\mathrm{T}} = \begin{bmatrix} xxx & xxy & xxz \\ xyx & xyy & xyz \\ xzx & xzy & xzz \\ yxx & yxy & yxz \\ yyx & yyy & yyz \\ yzx & yzy & yzz \\ zxx & zxy & zxz \\ zyx & zyy & zyz \\ zzx & zzy & zzz \end{bmatrix} \tag{9.3.1-13}$$

这样，它与二阶并矢缩并后得到一个一维的列向量。

$$\begin{aligned} \boldsymbol{\chi}^{(3)} : \boldsymbol{EE} &= \begin{bmatrix} xxx & xxy & xxz \\ xyx & xyy & xyz \\ xzx & xzy & xzz \\ yxx & yxy & yxz \\ yyx & yyy & yyz \\ yzx & yzy & yzz \\ zxx & zxy & zxz \\ zyx & zyy & zyz \\ zzx & zzy & zzz \end{bmatrix} \begin{bmatrix} xx & xy & xz \\ yx & yy & yz \\ zx & zy & zz \end{bmatrix} \\ &= \begin{bmatrix} \begin{bmatrix} xxx & xxy & xxz \\ xyx & xyy & xyz \\ xzx & xzy & xzz \end{bmatrix} \cdot \begin{bmatrix} xx & xy & xz \\ yx & yy & yz \\ zx & zy & zz \end{bmatrix} \\ \begin{bmatrix} yxx & yxy & yxz \\ yyx & yyy & yyz \\ yzx & yzy & yzz \end{bmatrix} \cdot \begin{bmatrix} xx & xy & xz \\ yx & yy & yz \\ zx & zy & zz \end{bmatrix} \\ \begin{bmatrix} zxx & zxy & zxz \\ zyx & zyy & zyz \\ zzx & zzy & zzz \end{bmatrix} \cdot \begin{bmatrix} xx & xy & xz \\ yx & yy & yz \\ zx & zy & zz \end{bmatrix} \end{bmatrix} = \begin{bmatrix} x \\ y \\ z \end{bmatrix} \end{aligned} \tag{9.3.1-14}$$

这时，

$$\boldsymbol{\chi}^{(3)}=\begin{bmatrix} xxx & xyx & xzx & yxx & yyx & yzx & zxx & zyx & zzx \\ xxy & xyy & xzy & yxy & yyy & yzy & zxy & zyy & zzy \\ xxz & xyz & xzz & yxz & yyz & yzz & zxz & zyz & zzz \end{bmatrix}^{\mathrm{T}} \tag{9.3.1-15}$$

很多情况下，材料是对称的，所以可以认为式(9.3.1-8)是通用的。

最后，上述的 x、y、z 不能随意假定，因为张量对于坐标系是敏感的，所以我们必须先假定它是在什么坐标系中。对于晶体而言，它存在一个天然的坐标系，这个坐标系是由晶体结构决定的。晶体结构如同 8.3.1 节所描述的那样，具有空间的周期性，存在一个矢量簇 $\boldsymbol{R}_{mnl}=mR_1\hat{\boldsymbol{e}}_1+nR_2\hat{\boldsymbol{e}}_2+lR_3\hat{\boldsymbol{e}}_3$，而矢量 $\boldsymbol{R}_{111}=R_1\hat{\boldsymbol{e}}_1+R_2\hat{\boldsymbol{e}}_2+R_3\hat{\boldsymbol{e}}_3$ 称为晶体的原胞基矢。所以，坐标系的选择，原则上必须和原胞基矢所确定的坐标系相一致。

结论：在张量和并矢的表达式中，按照 x、y、z 自然排列的形式是合理的。请读者注意。上述表达式都是频域的，如果需要转换到时域，应该作积分变换。在缓变近似条件下，也可以认为是复振幅。

2. 一阶电光效应(泡克耳斯效应)

电光效应是指材料(通常是晶体)在外电场作用下折射率改变的现象。这种折射率变化与外加电场成正比的现象称为一阶电光效应，也称泡克耳斯(Pockels)效应；折射率的变化与电场强度的平方成正比的现象称为二阶电光效应，也称克尔(Kerr)效应。如前所述，泡克耳斯效应本质上是材料的二阶非线性引起的，所以它不是一个独立的效应；同样，克尔效应本质上是三阶非线性引起的，也不是一个独立的效应。这两种电光效应的分析方法基本类似，本节主要关注一阶电光效应，对于克尔效应不再研究。

现在，我们研究二阶非线性如何导致一阶电光效应，以及进一步引起材料双折射的变化。当仅考虑二阶非线性效应的时候，式(9.3.1-6)简化为

$$\boldsymbol{P}\approx\varepsilon_0\{\boldsymbol{\chi}_1\boldsymbol{E}+\boldsymbol{\chi}_2:\boldsymbol{EE}\} \tag{9.3.1-16}$$

这里的$\boldsymbol{\chi}_1$、$\boldsymbol{\chi}_2$ 就是前述的$\boldsymbol{\chi}^{(2)}$、$\boldsymbol{\chi}^{(3)}$，这样电位移矢量为

$$\boldsymbol{D}=\varepsilon_0\{(1+\boldsymbol{\chi}_1)\boldsymbol{E}+\boldsymbol{\chi}_2:\boldsymbol{EE}\} \tag{9.3.1-17}$$

式中，$\boldsymbol{\chi}_1$ 是一个二阶张量，如果材料是各向同性的，它将蜕化为一个数；当材料是各向异性时，它是一个 3×3 的矩阵；$\boldsymbol{\chi}_2$ 是一个三阶张量，称为二阶非线性极化系数张量，含有 27 个元素，

$$\boldsymbol{\chi}_2=\begin{bmatrix} \chi_{xxx},\chi_{xxy},\chi_{xxz} & \vdots & \chi_{yxx},\chi_{yxy},\chi_{yxz} & \vdots & \chi_{zxx},\chi_{zxy},\chi_{zxz} \\ \chi_{xyx},\chi_{xyy},\chi_{xyz} & \vdots & \chi_{yyx},\chi_{yyy},\chi_{yyz} & \vdots & \chi_{zyx},\chi_{zyy},\chi_{zyz} \\ \chi_{xzx},\chi_{xzy},\chi_{xzz} & \vdots & \chi_{yzx},\chi_{yzy},\chi_{yzz} & \vdots & \chi_{zzx},\chi_{zzy},\chi_{zzz} \end{bmatrix} \tag{9.3.1-18}$$

如前所述，在式(9.3.1-16)或者式(9.3.1-17)中的电场强度 $\boldsymbol{E}$ 可以包括光频电场和其他一切频段的电场。因此，当有频率较低的外电场 $\boldsymbol{E}_{\text{ext}}(t)$（直流或者工频电场）与光频电场 $\boldsymbol{E}(\omega_0 t)$ 同时作用到非线性介质时，即 $\boldsymbol{E}=\boldsymbol{E}(\omega_0 t)+\boldsymbol{E}_{\text{ext}}(t)$ 时，式(9.3.1-16)化为

$$\boldsymbol{P} \approx \varepsilon_0\{\boldsymbol{\chi}_1[\boldsymbol{E}(\omega_0 t)+\boldsymbol{E}_{\text{ext}}(t)]+\boldsymbol{\chi}_2:[\boldsymbol{E}(\omega_0 t)+\boldsymbol{E}_{\text{ext}}(t)][\boldsymbol{E}(\omega_0 t)+\boldsymbol{E}_{\text{ext}}(t)]\} \tag{9.3.1-19}$$

根据并矢的分配律，可得

$$[\boldsymbol{E}(\omega_0 t)+\boldsymbol{E}_{\text{ext}}(t)][\boldsymbol{E}(\omega_0 t)+\boldsymbol{E}_{\text{ext}}(t)]=\boldsymbol{E}(\omega_0 t)\boldsymbol{E}(\omega_0 t)+\boldsymbol{E}(\omega_0 t)\boldsymbol{E}_{\text{ext}}(t)+\boldsymbol{E}_{\text{ext}}(t)\boldsymbol{E}(\omega_0 t)+\boldsymbol{E}_{\text{ext}}(t)\boldsymbol{E}_{\text{ext}}(t) \tag{9.3.1-20}$$

对于式(9.3.1-20)，由于非线性过程不满足叠加原理，所以不能简单地将它变换到频域。我们假定光的频率为 ω_0，光频电场需要分解为两个共轭项之和 $\boldsymbol{E}(\omega_0 t)=[\dot{\boldsymbol{E}}(\omega_0 t)+\dot{\boldsymbol{E}}^*(\omega_0 t)]/2$，其中 $\dot{\boldsymbol{E}}(\omega_0 t)=\boldsymbol{E}(t)\mathrm{e}^{\mathrm{i}[\omega_0 t+\varphi(t)]}$，是一种用复振幅表示方式，含有相位。对式(9.3.1-20)简单运算，可以得到以下3项。

① 倍频项 $\boldsymbol{E}(2\omega_0 t)$，对于电光效应而言，这项没有大作用，可用于倍频器等其他应用。

② 光整流项 $\boldsymbol{E}(t)\boldsymbol{E}(t)$，当光强较强时，这一项会形成一个附加电场，叠加在外电场上。它与 $\boldsymbol{E}_{\text{ext}}(t)\boldsymbol{E}_{\text{ext}}(t)$ 一起，改变介质的低频介电常数。这对于调制器而言，调制器电极间的极间电容将受到影响，从而使电信号的匹配变得困难。但它不会产生附加双折射。

③ 光频的基频项，就是一阶电光效应项（泡克耳斯效应）。这一项由两项构成，$\boldsymbol{E}(\omega_0 t)\boldsymbol{E}_{\text{ext}}(t)+\boldsymbol{E}_{\text{ext}}(t)\boldsymbol{E}(\omega_0 t)$，因为外乘不满足交换律，并矢运算不能交换次序，这两项不能够简单地合并。

但我们的目的是单独研究泡克耳斯效应，所以必须把 $\boldsymbol{E}(\omega_0 t)\boldsymbol{E}_{\text{ext}}(t)+\boldsymbol{E}_{\text{ext}}(t)\boldsymbol{E}(\omega_0 t)$ 合并成一项。为此，经过复杂的推导，如果定义

$$\bar{\boldsymbol{\chi}}_2=\begin{bmatrix} \chi_{xxx} & \dfrac{\chi_{xyx}+\chi_{xxy}}{2} & \dfrac{\chi_{xzx}+\chi_{xxz}}{2} & \chi_{yxx} & \dfrac{\chi_{yyx}+\chi_{yxy}}{2} & \dfrac{\chi_{yzx}+\chi_{yxz}}{2} & \chi_{zxx} & \dfrac{\chi_{zyx}+\chi_{zxy}}{2} & \dfrac{\chi_{zzx}+\chi_{zxz}}{2} \\ \dfrac{\chi_{xyx}+\chi_{xxy}}{2} & \chi_{xyy} & \dfrac{\chi_{xzy}+\chi_{xyz}}{2} & \dfrac{\chi_{yyx}+\chi_{yxy}}{2} & \chi_{yyy} & \dfrac{\chi_{yzy}+\chi_{yyz}}{2} & \dfrac{\chi_{zyx}+\chi_{zxy}}{2} & \chi_{zyy} & \dfrac{\chi_{zzy}+\chi_{zyz}}{2} \\ \dfrac{\chi_{xzx}+\chi_{xxz}}{2} & \dfrac{\chi_{xzy}+\chi_{xyz}}{2} & \chi_{xzz} & \dfrac{\chi_{yzx}+\chi_{yxz}}{2} & \dfrac{\chi_{yzy}+\chi_{yyz}}{2} & \chi_{yzz} & \dfrac{\chi_{zzx}+\chi_{zxz}}{2} & \dfrac{\chi_{zzy}+\chi_{zyz}}{2} & \chi_{zzz} \end{bmatrix} \tag{9.3.1-21}$$

则可以得到

$$\boldsymbol{\chi}_2 : \boldsymbol{E}(\omega_0 t)\boldsymbol{E}_{\text{ext}}(t) + \boldsymbol{\chi}_2 : \boldsymbol{E}_{\text{ext}}(t)\boldsymbol{E}(\omega_0 t) = 2\bar{\boldsymbol{\chi}}_2 : \boldsymbol{E}_{\text{ext}}(t)\boldsymbol{E}(\omega_0 t) \tag{9.3.1-22}$$

虽然二阶非线性极化系数张量$\boldsymbol{\chi}_2$也可以仿照电光系数张量$\boldsymbol{\gamma}$写成 6×3 的矩阵形式。但一般来说，$\bar{\boldsymbol{\chi}}_2$不满足将其简化为 6×3 矩阵的对称条件。将式(9.3.1-22)代入式(9.3.1-16)或者式(9.3.1-17)，得到

$$\boldsymbol{P}(\omega_0 t) = \varepsilon_0[\boldsymbol{\chi}_1\boldsymbol{E}(\omega_0 t) + 2\bar{\boldsymbol{\chi}}_2 : \boldsymbol{E}_{\text{ext}}(t)\boldsymbol{E}(\omega_0 t)] \tag{9.3.1-23}$$

和

$$\boldsymbol{D}(\omega_0 t) = \varepsilon_0[(1+\boldsymbol{\chi}_1)\boldsymbol{I} + 2\bar{\boldsymbol{\chi}}_2\boldsymbol{E}_{\text{ext}}(t)]\boldsymbol{E}(\omega_0 t) \tag{9.3.1-24}$$

式中，$\boldsymbol{I}$是单位二阶张量。式(9.3.1-24)就是泡克耳斯效应的一般表达式，它不仅适用于最初是各向同性材料，如锗酸铋晶体，同时也适用于各向异性材料，如铌酸锂晶体。值得注意的是，在式(9.3.1-24)中$\bar{\boldsymbol{\chi}}_2$与$\boldsymbol{\chi}_1$是两个独立的张量，互不关联，也就是理论上泡克耳斯效应与最初未加外电场时的折射率无关。

如果定义一个二阶张量

$$\boldsymbol{\varepsilon}_r(t) = (1+\boldsymbol{\chi}_1)\boldsymbol{I} + 2\bar{\boldsymbol{\chi}}_2\boldsymbol{E}_{\text{ext}}(t) \tag{9.3.1-25}$$

那么，

$$\boldsymbol{D}(\omega_0 t) = \varepsilon_0\boldsymbol{\varepsilon}_r(t)\boldsymbol{E}(\omega_0 t) \tag{9.3.1-26}$$

根据介电常数的定义，对于各向同性材料，介电常数是电位移矢量与电场强度之间的比值；而对于各向异性材料，介电常数是一个张量。所以，从式(9.3.1-26)可以看出，如果仅考虑二阶非线性效应，其光频基频项的电位移矢量与电场强度矢量可以用一个张量联系起来。这个张量$\varepsilon_0\boldsymbol{\varepsilon}_r(t)$具有介电常数的量纲，所以它是考虑电光效应后的介电张量，因此$\boldsymbol{\varepsilon}_r(t)$是相对介电张量。这样，我们就找到了一阶电光效应的数学描述式(9.3.1-25)。

式(9.3.1-25)还表明，不管什么样的非线性光学材料，只要它的二阶非线性极化系数不为零，就可以产生泡克耳斯效应。所以，不存在区别于其他二阶非线性晶体的特殊的"电光晶体"一说，所谓非"电光晶体"只不过是二阶非线性极化系数较小。

另外，很多文献中的介电张量并不采用式(9.3.1-25)的定义，而采用所谓"逆介电张量$\boldsymbol{B}$"或者"电光系数矩阵$\boldsymbol{\gamma}$"来描述电光效应，不仅没有和二阶非线性极化联系起来，而且它们也都不是介电张量$\varepsilon_0\boldsymbol{\varepsilon}_r(t)$或者$\boldsymbol{\varepsilon}_r(t)$的逆，是一种唯象的不准确的描述。

将式(9.3.1-22)改写为

$$\boldsymbol{\varepsilon}_r(t) = \boldsymbol{\varepsilon}_r(0) + \Delta\boldsymbol{\varepsilon}_r(t) \tag{9.3.1-27}$$

式中，$\boldsymbol{\varepsilon}_r(0) = \boldsymbol{I} + \boldsymbol{\chi}_1$，描述的是未加外电场时材料的自然双折射。而

$$\Delta \boldsymbol{\varepsilon}_r(t)=2\bar{\boldsymbol{\chi}}_2\boldsymbol{E}_{\text{ext}}(t) \tag{9.3.1-28}$$

描述的是由一阶电光效应引起介电常数的变化，正比于外加电场，从而完整地描述了泡克耳斯效应，因此可以将它称为一阶电光效应张量，简称电光效应张量。由此可以看出，任何材料的泡克耳斯效应所导致的双折射（诱导双折射），与材料未加外电压前的初始双折射（自然双折射）是无关的，总的双折射为二者的矢量叠加。式（9.3.1-28）还告诉我们，折射率的变化虽然正比于外加电场，且满足矢量叠加原理，但是无法直接看出外加电场方向与折射率变化之间的关系。

对于绝大多数没有旋光效应的材料，其二阶非线性极化系数张量都是具有一定的对称性，也就是 $\chi_{ijk}=\chi_{ikj}, i,k,j=x,y,z$，满足 $\bar{\boldsymbol{\chi}}_2=\boldsymbol{\chi}_2$，在这个前提下，式（9.3.1-28）可写为

$$\Delta \boldsymbol{\varepsilon}_r(t)=2\boldsymbol{\chi}_2\boldsymbol{E}_{\text{ext}}(t) \tag{9.3.1-29}$$

9.3.2 节将利用四元数方法，得到电光效应诱导双折射的双折射矢量大小和方向。

最后，关于式（9.3.1-29）的乘法如何进行？它是三阶张量与一个矢量的乘法（缩并）。为此，先把 $\bar{\boldsymbol{\chi}}_2$ 看成 3 个二阶张量的组合，即

$$\bar{\boldsymbol{\chi}}_2=[[\chi_{xij}]\quad[\chi_{yij}]\quad[\chi_{zij}]],\quad i,j=x,y,z \tag{9.3.1-30}$$

于是，

$$\Delta \boldsymbol{\varepsilon}_r(t)=2[[\chi_{xij}]\quad[\chi_{yij}]\quad[\chi_{zij}]]\boldsymbol{E}=2[[\chi_{xij}]\boldsymbol{E}\quad[\chi_{yij}]\boldsymbol{E}\quad[\chi_{zij}]\boldsymbol{E}] \tag{9.3.1-31}$$

在式（9.3.1-31）中，每一个二阶张量与矢量相乘，得到一个列向量，于是，我们就得到了一个二阶张量。

3. 电光系数

但是，大多数文献并不采用二阶非线性极化理论，而采用另一套所谓“电光系数”的描述方法。它是基于把电光效应看作是一个独立的效应而提出的，并不是从材料的非线性极化理论出发，某种程度上说，是一种唯象的理论。但是这种描述方法已经使用多年，被广大科研人员广泛使用而且很熟悉，并且各种晶体的电光系数都已经测定过了，可以在相关的手册中查到。如果不做介绍，读者很难与其他同行沟通，也无法在实践中使用，所以在这里做一个简单介绍。它本质上是与式（9.3.1-29）是一致的。因此，读者只需要记住结论就可以了，不必关注它的理论推演过程。

理论推演：历史上研究晶体光学时，并没有合理地采用式（9.3.1-29），而是采用了一种非常别扭的“倒数形式”。按照习惯写法，记未加电压以前，晶体的折射率为 $[n_{0ij}^2]$ $(i,j=x,y,z)$，当施加外电场时（此处仍以 $\boldsymbol{E}$ 表示），晶体的折射率变为 $[n_{ij}^2]$，有

$$\left[\Delta\frac{1}{n_{ij}^2}\right]=\left[\frac{1}{n_{ij}^2}-\frac{1}{n_{0ij}^2}\right]=[\gamma]\boldsymbol{E}+\boldsymbol{R}:\boldsymbol{EE}+\cdots \tag{9.3.1-32}$$

式(9.3.1-32)右边第一项与外加电场 $\boldsymbol{E}$ 成正比，为一阶电光效应(泡克耳斯)。式(9.3.1-32)右边第二项表明晶体的折射率随着外加电场的幅度的平方成正比，为二阶电光效应(克尔效应)。目前外调制器的电光调制主要利用泡克耳斯效应。

在式(9.3.1-32)的左边，$[\Delta(1/n_{ij}^2)]$是二阶张量，有 9 个分量，由于对称性，只有 6 个分量是独立的。对这 6 个独立分量的角标按照如下规则重新命名：$xx=1$，$yy=2$，$zz=3$，$yz=4$，$xz=5$，$xy=6$，参见图 9.3.1-1。

$$\begin{bmatrix}1 & 6 & 5\\ & 2 & 4\\ & & 3\end{bmatrix}$$

图 9.3.1-1 角标的安排

假定在无外加电场作用下，已经合理地安排坐标系使得下列各式均成立：

$$\left(\frac{1}{n^2}\right)_1(0)=\frac{1}{n_x^2},\quad \left(\frac{1}{n^2}\right)_2(0)=\frac{1}{n_y^2},\quad \left(\frac{1}{n^2}\right)_3(0)=\frac{1}{n_z^2},$$

$$\left(\frac{1}{n^2}\right)_4(0)=\left(\frac{1}{n^2}\right)_5(0)=\left(\frac{1}{n^2}\right)_6(0)=0 \tag{9.3.1-33}$$

式(9.3.1-32)中的$[\gamma]$为线性电光系数张量，是一个三阶张量，有 27 个分量，如果用矩阵的形式来表示三阶电光系数张量$[\gamma_{mnk}]$，为

$$[\gamma_{mkl}]=\begin{bmatrix}\gamma_{xxx},\gamma_{xxy},\gamma_{xxz} & \vdots & \gamma_{yxx},\gamma_{yxy},\gamma_{yxz} & \vdots & \gamma_{zxx},\gamma_{zxy},\gamma_{zxz}\\ \gamma_{xyx},\gamma_{xyy},\gamma_{xyz} & \vdots & \gamma_{yyx},\gamma_{yyy},\gamma_{yyz} & \vdots & \gamma_{zyx},\gamma_{zyy},\gamma_{zyz}\\ \gamma_{xzx},\gamma_{xzy},\gamma_{xzz} & \vdots & \gamma_{yzx},\gamma_{yzy},\gamma_{yzz} & \vdots & \gamma_{zzx},\gamma_{zzy},\gamma_{zzz}\end{bmatrix} \tag{9.3.1-34}$$

鉴于$[\Delta(1/n^2)]$只有 6 个分量是独立的，所以线性电光系数$[\gamma]$就缩减为 6×3 的矩阵，于是按照前面角标的约定，有

$$\begin{bmatrix}\Delta(1/n^2)_1\\ \Delta(1/n^2)_2\\ \Delta(1/n^2)_3\\ \Delta(1/n^2)_4\\ \Delta(1/n^2)_5\\ \Delta(1/n^2)_6\end{bmatrix}=\begin{bmatrix}\gamma_{11} & \gamma_{12} & \gamma_{13}\\ \gamma_{21} & \gamma_{22} & \gamma_{23}\\ \gamma_{31} & \gamma_{32} & \gamma_{33}\\ \gamma_{41} & \gamma_{42} & \gamma_{43}\\ \gamma_{51} & \gamma_{52} & \gamma_{53}\\ \gamma_{61} & \gamma_{62} & \gamma_{63}\end{bmatrix}\begin{bmatrix}E_1\\ E_2\\ E_3\end{bmatrix} \tag{9.3.1-35}$$

电光张量$[\gamma]$是描述电光性质的物理量，应当是个常量，对晶体进行对称操作时应

不变。因此，通过对称性分析就能推导出的$[\gamma]$中的 18 个分量中哪个为 0，以及不为 0 的分量之间的关系。

4. 电光系数张量与二阶非线性极化系数张量之间的关系

现在有两套描述电光效应的表达方式，一个是电光效应张量式(9.3.1-29)，另一个是电光系数张量式(9.3.1-35)，现在要求解二者的关系。不难看出，两个公式的左边是不一样的，一个是 $\Delta\boldsymbol{\varepsilon}_r(t)=[\varepsilon_{ij}]_{3\times3}$，另一个是$[\Delta(1/n^2)_i]$，要找到 ε_{ij} 与电光系数 γ_{ij} 的联系，需要完成如下几个步骤。

① 将$[\Delta(1/n^2)_i]$转换成$[\Delta(n^2)_i]$；

$$\left[\Delta\frac{1}{n_{ij}^2}\right]=\left[\frac{1}{n_{ij}^2}-\frac{1}{n_{0ij}^2}\right]=\frac{n_{0ij}^2-n_{ij}^2}{n_{0ij}^2 n_{ij}^2} \tag{9.3.1-36}$$

通常由于$|n_{0ij}^2-n_{ij}^2|\ll1$，于是

$$\left[\Delta\frac{1}{n_{ij}^2}\right]=\left[\frac{1}{n_{ij}^2}-\frac{1}{n_{0ij}^2}\right]\approx\frac{1}{n_{0ij}^4}(n_{0ij}^2-n_{ij}^2)=-\frac{1}{n_{0ij}^4}\Delta\varepsilon_{rij} \tag{9.3.1-37}$$

② 另外，根据式(9.3.1-34)，

$$\left[\Delta\frac{1}{n_{ij}^2}\right]=[\gamma_{ijm}]\boldsymbol{E}_{\text{ext}} \tag{9.3.1-38}$$

这样，可以得到

$$-\frac{1}{n_{0ij}^4}\Delta\varepsilon_{rij}=[\gamma_{ijm}]\boldsymbol{E}_{\text{ext}} \tag{9.3.1-39}$$

写成矩阵形式，为

$$-[\Delta\varepsilon_{rij}]=[n_{0ij}^4][\gamma_{ijm}]\boldsymbol{E}_{\text{ext}} \tag{9.3.1-40}$$

再代入式(9.3.1-29)，得到

$$-2\boldsymbol{\chi}_2\boldsymbol{E}_{\text{ext}}=[n_{0ij}^4][\gamma_{ijm}]\boldsymbol{E}_{\text{ext}} \tag{9.3.1-41}$$

上式要对任意的电压 $\boldsymbol{E}_{\text{ext}}$ 都适用，必须

$$-2\boldsymbol{\chi}_2=[n_{0ij}^4][\gamma_{ijm}] \tag{9.3.1-42}$$

这就得到了二阶非线性系数张量与电光系数张量之间的关系。

③ 为了处理式(9.3.1-42)，首先它们的描述形式必须相同。为此，我们先把电光系数张量改写为式(9.3.1-33)的形式

$$[\gamma_{ijm}]=\begin{bmatrix}\gamma_{11},\gamma_{16},\gamma_{15} & \vdots & \gamma_{21},\gamma_{26},\gamma_{25} & \vdots & \gamma_{31},\gamma_{36},\gamma_{35}\\ \gamma_{16},\gamma_{12},\gamma_{14} & \vdots & \gamma_{26},\gamma_{22},\gamma_{24} & \vdots & \gamma_{36},\gamma_{32},\gamma_{34}\\ \gamma_{15},\gamma_{14},\gamma_{13} & \vdots & \gamma_{25},\gamma_{yzy},\gamma_{23} & \vdots & \gamma_{35},\gamma_{zzy},\gamma_{33}\end{bmatrix} \tag{9.3.1-43}$$

其次，关于$[n_{0ij}^4]$，它虽然由式(9.3.1-25)中的线性项$(1+\boldsymbol{\chi}_1)\boldsymbol{I}$ 产生的，但是它不等于$(1+\boldsymbol{\chi}_1)^2\boldsymbol{I}$。对于任意坐标系，$[n_{0ij}^4]$的形式是很复杂的。为了简化问题，我

们采用主轴坐标系，这样

$$[n_{0ij}^4]=\begin{bmatrix} n_1^4 & & \\ & n_2^4 & \\ & & n_3^4 \end{bmatrix} \tag{9.3.1-44}$$

这样式(9.3.1-43)右边的乘法，就可以简单地按照矩阵乘法进行，得到

$$[n_{0ij}^4][\gamma_{ijm}]=\begin{bmatrix} n_1^4 & & \\ & n_2^4 & \\ & & n_3^4 \end{bmatrix}\begin{bmatrix} \gamma_{11},\gamma_{16},\gamma_{15} & \vdots & \gamma_{21},\gamma_{26},\gamma_{25} & \vdots & \gamma_{31},\gamma_{36},\gamma_{35} \\ \gamma_{16},\gamma_{12},\gamma_{14} & \vdots & \gamma_{26},\gamma_{22},\gamma_{24} & \vdots & \gamma_{36},\gamma_{32},\gamma_{34} \\ \gamma_{15},\gamma_{14},\gamma_{13} & \vdots & \gamma_{25},\gamma_{yzy},\gamma_{23} & \vdots & \gamma_{35},\gamma_{zzy},\gamma_{33} \end{bmatrix} \tag{9.3.1-45}$$

结果为

$$\boldsymbol{\chi}_2=-\frac{1}{2}\begin{bmatrix} n_1^4\gamma_{11} & n_1^4\gamma_{16} & n_1^4\gamma_{15} & n_1^4\gamma_{21} & n_1^4\gamma_{26} & n_1^4\gamma_{25} & n_1^4\gamma_{31} & n_1^4\gamma_{36} & n_1^4\gamma_{35} \\ n_2^4\gamma_{16} & n_2^4\gamma_{12} & n_2^4\gamma_{14} & n_2^4\gamma_{26} & n_2^4\gamma_{22} & n_2^4\gamma_{24} & n_2^4\gamma_{36} & n_2^4\gamma_{32} & n_2^4\gamma_{34} \\ n_3^4\gamma_{15} & n_3^4\gamma_{14} & n_3^4\gamma_{13} & n_3^4\gamma_{25} & n_3^4\gamma_{24} & n_3^4\gamma_{23} & n_3^4\gamma_{35} & n_3^4\gamma_{34} & n_3^4\gamma_{33} \end{bmatrix} \tag{9.3.1-46}$$

上式表明，对于各向同性介质，二阶非线性系数张量和电光系数张量可以保持相同的对称性；而对于各向异性介质，二阶非线性系数张量和电光系数张量的对称性是不同的。因此，我们需要用平均二阶非线性系数张量$\bar{\boldsymbol{\chi}}_2$表示，于是

$$\bar{\boldsymbol{\chi}}_2=-(1/2)\cdot$$

$$\begin{bmatrix} n_1^4\gamma_{11} & \frac{n_1^4+n_2^4}{2}\gamma_{16} & \frac{n_1^4+n_3^4}{2}\gamma_{15} & n_1^4\gamma_{21} & \frac{n_1^4+n_2^4}{2}\gamma_{26} & \frac{n_1^4+n_3^4}{2}\gamma_{25} & n_1^4\gamma_{31} & \frac{n_1^4+n_2^4}{2}\gamma_{36} & \frac{n_1^4+n_3^4}{2}\gamma_{35} \\ \frac{n_1^4+n_2^4}{2}\gamma_{16} & n_2^4\gamma_{12} & \frac{n_2^4+n_3^4}{2}\gamma_{14} & \frac{n_1^4+n_2^4}{2}\gamma_{26} & n_2^4\gamma_{22} & \frac{n_2^4+n_3^4}{2}\gamma_{24} & \frac{n_1^4+n_2^4}{2}\gamma_{36} & n_2^4\gamma_{32} & \frac{n_2^4+n_3^4}{2}\gamma_{34} \\ \frac{n_1^4+n_3^4}{2}\gamma_{15} & \frac{n_2^4+n_3^4}{2}\gamma_{14} & n_3^4\gamma_{13} & \frac{n_1^4+n_3^4}{2}\gamma_{25} & \frac{n_2^4+n_3^4}{2}\gamma_{24} & n_3^4\gamma_{23} & \frac{n_1^4+n_3^4}{2}\gamma_{35} & \frac{n_2^4+n_3^4}{2}\gamma_{34} & n_3^4\gamma_{33} \end{bmatrix} \tag{9.3.1-47}$$

这样，我们就得到了一般介质(各向同性和各向异性介质)的二阶非线性极化系数张量与电光系数张量之间的关系。注意使用的前提是在主轴坐标系下。

9.3.2 各向同性介质的电光效应

在9.3.1节，我们通过式(9.3.1-25)指出，电光效应与未加外电场时材料的各向异性无关。也就是说，无论材料是各向同性还是各向异性的，它们的电光效应本质上都是相同的。但我们为什么还要分开来研究两种不同性质材料(各向同性和

各向异性)的电光效应？这是因为对于各向同性介质的电光效应，只有一种双折射，即只有电光效应形成的感应双折射。而对于各向异性介质的电光效应由两种双折射共同作用，因此它们对偏振态的影响是不同的，后者的情况要复杂得多。另外一个区别在于，电光效应张量与电光系数张量的关系不同，后者要复杂得多。

1. 各向同性介质的一阶电光效应张量

这里，我们以锗酸铋（$Bi_3Ge_4O_{12}$，BGO）晶体为例，来研究各向同性材料因电光效应而导致的感应双折射。

BGO晶体是一种具有立方结构、无色透明的氧化物晶体，属于 $\overline{43}m$ 点群的立方晶系，有3个四次对称轴作为晶体的晶轴方向，而且可以互换。它不溶于水，有很好的化学稳定性和物理稳定性，广泛用于高能物理、核物理等领域；基本上没有自然双折射，也就是在不加电压的情况下是一种各向同性的晶体。它具有较高的二阶非线性系数，因此作为一种电光晶体使用。它的折射率约为2.15，密度为7.13g/cm³。

对于各向同性介质，式(9.3.1-25)简化为

$$\boldsymbol{\varepsilon}_r(t)=n_0^2+2\bar{\boldsymbol{\chi}}_2\boldsymbol{E}_{\mathrm{ext}}(t) \tag{9.3.2-1}$$

式中，n_0 是未加电压时的折射率。

对于二阶非线性系数张量 $\bar{\boldsymbol{\chi}}_2$，考虑到材料的旋转对称性，当3个下标互换时必须相等，所以只有3个下标同时含有 x、y、z 的才不为0，而且它们都相等，设为 χ_0，即

$$\bar{\boldsymbol{\chi}}_2=\boldsymbol{\chi}_2=\begin{bmatrix}0 & 0 & 0 & 0 & 0 & \chi_0 & 0 & \chi_0 & 0\\ 0 & 0 & \chi_0 & 0 & 0 & 0 & \chi_0 & 0 & 0\\ 0 & \chi_0 & 0 & \chi_0 & 0 & 0 & 0 & 0 & 0\end{bmatrix} \tag{9.3.2-2}$$

于是，根据式(9.3.1-29)，我们得到电光效应张量为

$$\Delta\boldsymbol{\varepsilon}_r(t)=2\boldsymbol{\chi}_2\boldsymbol{E}_{\mathrm{ext}}(t)=2\chi_0\begin{bmatrix}0 & E_z & E_y\\ E_z & 0 & E_x\\ E_y & E_x & 0\end{bmatrix} \tag{9.3.2-3}$$

根据式(9.3.1-47)，可得

$$[\gamma]=-\frac{1}{n_0^4}2\bar{\boldsymbol{\chi}} \tag{9.3.2-4}$$

式(9.3.2-4)描述了电光效应张量与电光系数张量的关系，式中由于 n_0 受到波长、温度、应力等因素影响，所以利用电光系数计算的误差会大一些。

为了使式(9.3.2-4)的两边相等，必须首先使两边张量的书写格式相同。但无论书写格式如何，因为在二阶非线性极化系数张量中只有唯一的一个参数，因此可以知道在电光系数张量中也只能有唯一的参数 γ_0，因此

$$\gamma_0 = -\frac{1}{n_0^4} 2\chi_0 \tag{9.3.2-5}$$

从电光系数的角度看，在立方晶系中，$\overline{43}m$ 点群通过适当地对称变换可以证明，此类晶体只有一个独立的电光张量分量，即 $\gamma_{41}=\gamma_{52}=\gamma_{63}=\gamma_0$，故 BGO 的电光系数张量可表示为

$$[\gamma]=\begin{bmatrix} 0 & 0 & 0 \\ 0 & 0 & 0 \\ 0 & 0 & 0 \\ \gamma_{41} & 0 & 0 \\ 0 & \gamma_{52} & 0 \\ 0 & 0 & \gamma_{63} \end{bmatrix} = \begin{bmatrix} 0 & 0 & 0 \\ 0 & 0 & 0 \\ 0 & 0 & 0 \\ \gamma_0 & 0 & 0 \\ 0 & \gamma_0 & 0 \\ 0 & 0 & \gamma_0 \end{bmatrix} \tag{9.3.2-6}$$

将式(9.3.2-5)代入式(9.3.2-3)，可得

$$\Delta \boldsymbol{\varepsilon}_r(t) = -n_0^4\gamma_0 \begin{bmatrix} 0 & E_z & E_y \\ E_z & 0 & E_x \\ E_y & E_x & 0 \end{bmatrix} \tag{9.3.2-7}$$

这就是以晶体的原胞基矢为坐标系条件下折射率变化与外加电压(电场强度)之间的关系。

2. 沿着原胞基矢坐标方向通光时的感应双折射

根据式(9.3.2-10)，如果限定通光方向与坐标系的方向(x、y、z 三个方向之一)，我们可以立刻计算出在外加电压时的感应双折射。我们以 z 方向通光为例(其他两个方向结果相同)，立得

$$\Delta \boldsymbol{\varepsilon}_r(x,y) = -n_0^4\gamma_0 \begin{bmatrix} 0 & E_z \\ E_z & 0 \end{bmatrix} \tag{9.3.2-8}$$

将它化为四元数，可以得到其介电常数四元数。参见式(7.3.5-27)

$$\mathscr{E}_r = \frac{\varepsilon_{xx}+\varepsilon_{yy}}{2} + \mathrm{i}\,\frac{\varepsilon_{xx}-\varepsilon_{yy}}{2}\hat{\boldsymbol{i}} + \mathrm{i}\,\frac{\varepsilon_{xy}+\varepsilon_{yx}}{2}\hat{\boldsymbol{j}} - \frac{\varepsilon_{xy}-\varepsilon_{yx}}{2}\hat{\boldsymbol{k}} = -\mathrm{i}n_0^4\gamma_0 E_z\hat{\boldsymbol{j}} \tag{9.3.2-9}$$

于是我们看到，沿 z 向通光，只有当沿 z 向加电压时，才会产生电光调制。双折射矢量的方向为斯托克斯空间的 s_2 方向。

进一步我们知道，折射率四元数与介电常数四元数之间有简单的对应关系，$\mathscr{E}_r=\mathscr{N}^2$，不妨设 $\mathscr{E}_r=\varepsilon_{r0}+\boldsymbol{E}_r$，$\mathscr{N}=n_0+\boldsymbol{N}_r$，于是

$$\mathscr{N}^2 = n_0^2 - \boldsymbol{N}_r^2 + 2n_0\boldsymbol{N}_r \tag{9.3.2-10}$$

由于，$n_0^2 \gg \boldsymbol{N}_r^2$，且 $2n_0 N_r=\boldsymbol{E}_r$，于是

$$\boldsymbol{N}_r = \boldsymbol{E}_r / 2n_{r0} \tag{9.3.2-11}$$

将式(9.3.2-9)代入式(9.3.2-11),得到

$$\boldsymbol{N}_r = -\frac{1}{2}\mathrm{i} n_0^3 \gamma_0 E_z \hat{\boldsymbol{j}} \tag{9.3.2-12}$$

于是,最终得到 BGO 晶体在 z 轴方向通光、晶体长度为 L、波长为 λ 时的琼斯-缪勒四元数(JMQ)为

$$\mathscr{U} = \mathrm{e}^{n_0^3 \gamma_0 E_z k_0 L \hat{\boldsymbol{j}} / 2} \tag{9.3.2-13}$$

式中,$k_0 = 2\pi/\lambda$ 是自由空间中的波数。这样,输出偏振态 $\mathscr{S}_{\text{out}}$ 与输入偏振态 $\mathscr{S}_{\text{in}}$ 的关系为

$$\mathscr{S}_{\text{out}} = \mathscr{U}\mathscr{S}_{\text{in}}\mathscr{U}^{\dagger} = \mathrm{e}^{n_0^3 \gamma_0 E_z k_0 L \hat{\boldsymbol{j}} / 2} \mathscr{S}_{\text{in}} \mathrm{e}^{-n_0^3 \gamma_0 E_z k_0 L \hat{\boldsymbol{j}} / 2} \tag{9.3.2-14}$$

于是我们看到,对于 BGO 晶体,当沿着晶体原胞基矢的方向施加电压时,只有纵向电压能够产生电光调制,产生双折射,其双折射矢量的轴为 s_2 方向,其旋转角度为 $n_0^3 \gamma_0 E_z k_0 L$。因为 $E_z L = U_{\text{ext}}$,其中 U_{ext} 是外加电压,所以在庞加莱球上的旋转角度 $\Delta\varphi = \varphi_x - \varphi_y$ 为

$$\Delta\varphi = n_0^3 \gamma_0 k_0 U_{\text{ext}} = \frac{2\pi}{\lambda} n_0^3 \gamma_0 U_{\text{ext}} \tag{9.3.2-15}$$

使旋转角度 $\Delta\varphi = \pi$ 的电压称为半波电压 U_π,于是得到半波电压为

$$U_\pi = \frac{\lambda}{2n_0^3 \gamma_0} \tag{9.3.2-16}$$

当输入偏振态 $\mathscr{S}_{\text{in}} = (1,1,0,0)^{\mathrm{T}}$ 时,也就是 x 线偏振方向时,它沿着庞加莱球的大圆(经线)旋转,当外加电压为半波电压时,输出偏振态移动到庞加莱球的北极。

3. 坐标变换

各向异性或者双折射现象最大的特点是对坐标系非常敏感,也就是在不同的坐标系中它的表达式是不同的,即使都是直角坐标系,但坐标轴不同,表达式也不相同。

在考虑感应双折射时,有三个不同的坐标系需要考虑。

① 晶体材料自身的坐标系:无论是各向同性材料还是各向异性材料,由于它的非线性极化张量是在一定的坐标系得到的。比如二阶非线性极化系数张量 $\boldsymbol{\chi}^{(3)}$ 是在考虑晶体天然坐标系的前提下得到的,也就是 $\boldsymbol{\chi}^{(3)}$ 中的坐标 (x, y, z) 不是随意选的,而是由晶体自身的原胞基矢所决定的。

② 外加电场的坐标系:外加电场是一个矢量,它的方向可能与原胞基矢的任何一个都不重合。

③ 通光方向的坐标系。由通光方向(波矢的方向)和它的光场矢量方向构成的坐标系。

一般来说,不能保证一套坐标同时适应这 3 个坐标系。只能选择其中的一个,因此坐标变换是一个重要的中间过程。

坐标变换的原理在 9.1.1 节有过详细的论述,对于给定的旋转角 θ 和 γ,经过两次旋转后得到的最终变换式为

$$\begin{bmatrix} x \\ y \\ z \end{bmatrix} = \begin{bmatrix} \cos\theta\cos\gamma & -\sin\theta & -\cos\theta\sin\gamma \\ \sin\theta\cos\gamma & \cos\theta & -\sin\theta\sin\gamma \\ \sin\gamma & 0 & \cos\gamma \end{bmatrix} \begin{bmatrix} x' \\ y' \\ z' \end{bmatrix} = \boldsymbol{T} \begin{bmatrix} x' \\ y' \\ z' \end{bmatrix} \tag{9.3.2-17}$$

注意,这个矩阵是正交矩阵,它的逆是它的转置。

假定各向异性材料的介电张量(包括最初的各向异性和电光效应导致的各向异性)为

$$\boldsymbol{\varepsilon}_r = [\varepsilon_{ij}]_{3\times 3} = \begin{bmatrix} \varepsilon_{11} & \varepsilon_{12} & \varepsilon_{13} \\ \varepsilon_{21} & \varepsilon_{22} & \varepsilon_{23} \\ \varepsilon_{31} & \varepsilon_{32} & \varepsilon_{33} \end{bmatrix} \tag{9.3.2-18}$$

那么经过坐标变换后,会得到一个新的介电常数张量,由于双折射只与横向的介电常数有关,只需考虑它的新横向介电常数张量为

$$\boldsymbol{\varepsilon}''_{rt}(t) = \begin{bmatrix} \varepsilon''_{11} & \varepsilon''_{12} \\ \varepsilon''_{21} & \varepsilon''_{22} \end{bmatrix} \tag{9.3.2-19}$$

式中,

$$\varepsilon''_{11} = \varepsilon_{11}\cos^2\theta\cos^2\gamma + \varepsilon_{22}\sin^2\theta\cos^2\gamma + \varepsilon_{33}\sin^2\gamma + (\varepsilon_{12}+\varepsilon_{21})\sin\theta\cos\theta\cos^2\gamma + (\varepsilon_{13}+\varepsilon_{31})\cos\theta\sin\gamma\cos\gamma + (\varepsilon_{23}+\varepsilon_{32})\sin\theta\sin\gamma\cos\gamma \tag{9.3.2-20}$$

$$\varepsilon''_{12} = (\varepsilon_{22}-\varepsilon_{11})\cos\theta\sin\theta\cos\gamma + \varepsilon_{12}\cos^2\theta\cos\gamma - \varepsilon_{21}\sin^2\theta\cos\gamma - \varepsilon_{31}\sin\theta\sin\gamma + \varepsilon_{32}\cos\theta\sin\gamma \tag{9.3.2-21}$$

$$\varepsilon''_{21} = (\varepsilon_{22}-\varepsilon_{11})\sin\theta\cos\theta\cos\gamma - \varepsilon_{12}\sin^2\theta\cos\gamma + \varepsilon_{21}\cos^2\theta\cos\gamma - \varepsilon_{13}\sin\theta\sin\gamma + \varepsilon_{23}\cos\theta\sin\gamma \tag{9.3.2-22}$$

$$\varepsilon''_{22} = \sin^2\theta\varepsilon_{11} + \cos^2\theta\varepsilon_{22} - (\varepsilon_{12}+\varepsilon_{21})\sin\theta\cos\theta \tag{9.3.2-23}$$

上述各式对于任何各向异性介质都适用,无论这种介质是否是对称结构的。

当材料具有良好对称结构时,有

$$\varepsilon_{11}=\varepsilon_1,\quad \varepsilon_{22}=\varepsilon_2,\quad \varepsilon_{33}=\varepsilon_3,\quad \varepsilon_{12}=\varepsilon_{21}=\varepsilon_6,\quad \varepsilon_{13}=\varepsilon_{31}=\varepsilon_5,\quad \varepsilon_{23}=\varepsilon_{32}=\varepsilon_4 \tag{9.3.2-24}$$

这时

$$\boldsymbol{\varepsilon}_r = [\varepsilon_{ij}]_{3\times 3} = \begin{bmatrix} \varepsilon_1 & \varepsilon_6 & \varepsilon_5 \\ \varepsilon_6 & \varepsilon_2 & \varepsilon_4 \\ \varepsilon_5 & \varepsilon_4 & \varepsilon_3 \end{bmatrix} \tag{9.3.2-25}$$

对应的以通光方向为 z 轴的横向介电常数张量为

$$\boldsymbol{\varepsilon}''_{rt}(t)=\begin{bmatrix}(\varepsilon_1\cos^2\theta\cos^2\gamma+\varepsilon_2\sin^2\theta\cos^2\gamma+\varepsilon_3\sin^2\gamma+ & [(\varepsilon_2-\varepsilon_1)\cos\theta\sin\theta\cos\gamma+ \\ \quad 2\varepsilon_6\sin\theta\cos\theta\cos^2\gamma+2\varepsilon_5\cos\theta\sin\gamma\cos\gamma+ & \quad\varepsilon_6(\cos^2\theta-\sin^2\theta)\cos\gamma- \\ \quad 2\varepsilon_4\sin\theta\sin\gamma\cos\gamma) & \quad\varepsilon_5\sin\theta\sin\gamma+\varepsilon_4\cos\theta\sin\gamma] \\ [(\varepsilon_2-\varepsilon_1)\sin\theta\cos\theta\cos\gamma+ & [\sin^2\theta\varepsilon_1+\cos^2\theta\varepsilon_2- \\ \quad\varepsilon_6(\cos^2\theta-\sin^2\theta)\cos\gamma- & \quad 2\varepsilon_6\sin\theta\cos\theta] \\ \quad\varepsilon_5\sin\theta\sin\gamma+\varepsilon_4\cos\theta\sin\gamma] & \end{bmatrix}$$

(9.3.2-26)

4. 以通光方向为 z 向的介电常数张量

在前面的第二大段中，我们看到，如果通光方向与原胞基矢的方向相同，那么只能实现纵向调制，也就是通光方向与外加电压的方向必须一致。一块晶体的通光面要当作电压的加压面，就必须使用透明电极。尽管透明电极已经获得了技术突破，但是其透光性还是不令人满意。这样，更多的应用宁可采用横向调制，以便将通光面和加电压的加压面分开。这就要使用坐标变换。

前已导出，对于一个 BGO 晶体，当采用原胞基矢坐标系时，它的介电常数张量为

$$\boldsymbol{\varepsilon}_r(t)=n_0^2\boldsymbol{I}+2\bar{\boldsymbol{\chi}}_2\boldsymbol{E}_{\text{ext}}(t)=\begin{bmatrix}n_0^2 & 2\chi_0E_z & 2\chi_0E_y \\ 2\chi_0E_z & n_0^2 & 2\chi_0E_x \\ 2\chi_0E_y & 2\chi_0E_x & n_0^2\end{bmatrix}\qquad(9.3.2\text{-}27)$$

除具有一般对称介质所具有的的特性外，还有

$$\varepsilon_1=\varepsilon_2=\varepsilon_3\overset{\text{def}}{=}\varepsilon_0\qquad(9.3.2\text{-}28)$$

这时对应的以通光方向为 z 轴的横向介电常数张量为

$$\boldsymbol{\varepsilon}''_{rt}(t)=\begin{bmatrix}(\varepsilon_0+2\varepsilon_6\sin\theta\cos\theta\cos^2\gamma+2\varepsilon_5\cos\theta\sin\gamma\cos\gamma+ & [\varepsilon_6(\cos^2\theta-\sin^2\theta)\cos\gamma- \\ \quad 2\varepsilon_4\sin\theta\sin\gamma\cos\gamma) & \quad\varepsilon_5\sin\theta\sin\gamma+\varepsilon_4\cos\theta\sin\gamma] \\ [\varepsilon_6(\cos^2\theta-\sin^2\theta)\cos\gamma-\varepsilon_5\sin\theta\sin\gamma+ & (\varepsilon_0-2\varepsilon_6\sin\theta\cos\theta) \\ \quad\varepsilon_4\cos\theta\sin\gamma] & \end{bmatrix}$$

(9.3.2-29)

如果将 BGO 晶体做如图 9.3.2-1 所示的安排，新坐标系首先相对于旧坐标系绕 z 轴旋转 45°，即 $\theta=-\pi/4$，这时，y' 轴旋转到 110 方向，这里的三位数(110)表示该矢量在坐标系的投影，相当于这个面的法线方向，x 轴旋转到 x'' 轴，指向 $(1\bar{1}0)$；然后整个坐标系再绕 y' 轴旋转角度 $\gamma=\pi/2$，这时，y' 轴仍然指向 110 方向，

x''轴旋转到x'轴，指向 001 方向，也就是旧坐标系的z向，而原z轴旋转到z'轴，指向$(1\bar{1}0)$方向。

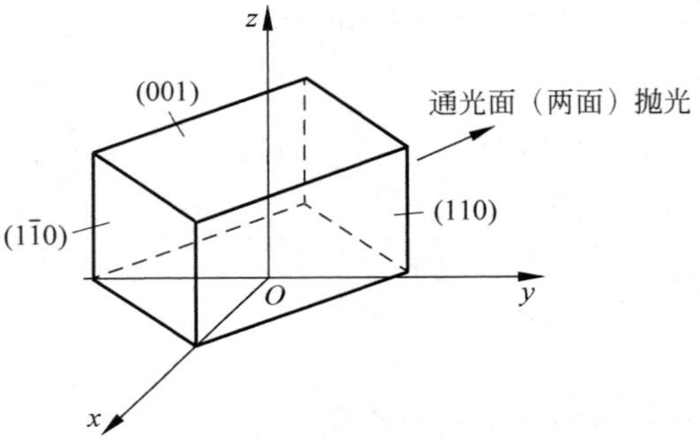

图 9.3.2-1　BGO 的一种横向施加电压的方式

经过这样处理后，新旧坐标系的关系为

$$\begin{bmatrix} x \\ y \\ z \end{bmatrix} = \begin{bmatrix} 0 & \sqrt{2}/2 & -\sqrt{2}/2 \\ 0 & \sqrt{2}/2 & \sqrt{2}/2 \\ 1 & 0 & 0 \end{bmatrix} \begin{bmatrix} x' \\ y' \\ z' \end{bmatrix} \tag{9.3.2-30}$$

在这个新坐标系下，式(9.3.2-27)中的电场强度也做相应的变化，即

$$E_x = \sqrt{2}/2E'_y - \sqrt{2}/2E'_z, \quad E_y = \sqrt{2}/2E'_y + \sqrt{2}/2E'_z, \quad E_z = E'_x \tag{9.3.2-31}$$

在新坐标系下，晶体的介电常数张量化为

$$\boldsymbol{\varepsilon}'_r(t) = \begin{bmatrix} n_0^2 & 2\chi_0 E'_x & \sqrt{2}\chi_0 E'_y \\ 2\chi_0 E'_x & n_0^2 & \sqrt{2}\chi_0 E'_y \\ \sqrt{2}\chi_0 E'_y & \sqrt{2}\chi_0 E'_y & n_0^2 \end{bmatrix} \tag{9.3.2-32}$$

注意，这个张量仍然是在原胞基矢坐标系之内的。将这个张量变换到新坐标系内，也就是将$\theta = -\pi/4$，$\gamma = \pi/2$代入式(9.3.2-29)，得到

$$\boldsymbol{\varepsilon}''_{rt}(t) = \begin{bmatrix} \varepsilon_0 & (\varepsilon_5 + \varepsilon_4)\sqrt{2}/2 \\ (\varepsilon_5 + \varepsilon_4)\sqrt{2}/2 & \varepsilon_0 + \varepsilon_6 \end{bmatrix} \tag{9.3.2-33}$$

这就是在新坐标系下的横向介电常数张量。再将式(9.3.2-32)的各个元素代入式(9.3.2-3)，得到

$$\boldsymbol{\varepsilon}''_{rt}(t) = \begin{bmatrix} n_0^2 & 2\chi_0 E'_y \\ 2\chi_0 E'_y & n_0^2 + 2\chi_0 E'_x \end{bmatrix} \tag{9.3.2-34}$$

将上述结果代入式(9.3.2-12)，于是得到介电常数四元数为

$$\mathscr{E}_r = n_0^2 + \chi_0 E'_x - \mathrm{i}\chi_0 E'_x \hat{\boldsymbol{i}} + \mathrm{i}2\chi_0 E'_y \hat{\boldsymbol{j}} \tag{9.3.2-35}$$

式(9.3.2-35)表明，在如此安排的晶体中，如果在晶体的(001)方向加电压($E'_x \neq 0$，$E'_y = 0$)，不仅会产生一个相位调制，而且会产生一个以 s_1 为轴的双折射。这样，如果输入偏振态对准(001)方向($s_1=1, s_2=s_3=0$)，将不产生任何偏振态的变化；而输入偏振态对准(010)方向($s_2=1, s_1=s_3=0$)，会产生最大的偏振旋转。另外如果施加电压是(110)方向，会产生一个以 s_2 为轴的双折射。如果输入偏振态是(001)方向，则输出偏振态会沿着庞加莱球的经线向北极旋转。

在实际应用中，我们总是使外加电压在(110)方向，而尽量避免在(001)方向上有电压。于是

$$\mathscr{E}_r = n_0^2 + \mathrm{i}2\chi_0 E'_y \hat{\boldsymbol{j}} \tag{9.3.2-36}$$

把它改写成折射率四元数

$$\boldsymbol{N}_r = \mathrm{i}\frac{\chi_0}{n_0} E'_y \hat{\boldsymbol{j}} = -\frac{1}{2}\mathrm{i} n_0^3 \gamma_0 E'_y \hat{\boldsymbol{j}} \tag{9.3.2-37}$$

对应的琼斯-缪勒四元数(JMQ)为

$$\mathscr{U} = \mathrm{e}^{n_0^3 \gamma_0 E'_y k_0 L \hat{\boldsymbol{j}}/2} \tag{9.3.2-38}$$

对应的半波电压为

$$U_\pi = \frac{\lambda}{2n_0^3\gamma_0}\frac{d}{L} \tag{9.3.2-39}$$

式中，d 是晶体加电压方向的厚度，这是因为 $E'_y = U/d$，也就是假定电场沿着加电压方向是均匀分布的。

有一种观点认为，纵向调制时，由于半波电压与几何尺寸无关，所以认为其温度稳定性更好。这其实是一种误解，因为在横向调制时，虽然半波电压与尺度有关，但是这种相关是一个比值，所以即使温度变化，几何尺寸也会随温度变化，只是它们的比值不变。仅根据这一点就说纵向调制比横向调制的温度稳定性好，其实是不准确的。

作为电光效应的一种应用，BGO 晶体常常用来做电压传感器。一般是测量偏振旋转在 s_1 上的投影，即

$$s_1 = \frac{P_x - P_y}{P_x + P_y} \tag{9.3.2-40}$$

我们知道，无论哪种调制方式，偏振态都是绕 s_2 轴旋转。但如果起点是庞加莱球的(100)点，那么它的投影是很小的。如果起点放在(001)点，就可以得到较大的投影，而且可以判别加电压的方向。所以，在使用 BGO 做电压传感器时，在输入端的前面加一个 1/4 波片，以便把起点移到庞加莱球的北极。

9.3.3 各向异性介质的电光效应

9.3.2节研究了各向同性介质的电光效应，它只有电光效应形成的一种双折射。本节将研究各向异性介质中电光效应引起的感应双折射。各向异性介质在不施加外电压时，它就存在一种双折射，这种双折射又称为自然双折射或者固有双折射；而电光效应引起的双折射是感应双折射，两种双折射共同作用，因此它们对偏振态的影响是不同的，后者的情况要复杂得多。同时，电光效应张量与电光系数张量都不止一个参数，因此它们的关系也要复杂一些。

1. 各向异性介质的一阶电光效应张量

这里，我们以铌酸锂($LiNbO_3$，LN)晶体为例，研究各向异性介质因电光效应而导致的感应双折射。

LN晶体是一种无色或淡黄色的透明晶体，熔点(1240±5)℃，密度为 $4.7\times10^3\,kg/m^3$，莫氏硬度为6，其晶体结构属 $3\bar{m}$ 点群。LN晶体具有电光、声光、光弹、非线性、光折变等多种效应，这在人工晶体中是罕见的。生长LN晶体的原材料来源丰富、价格低廉、易于生长成大块晶体，而且通过不同掺杂还能呈现出各种特殊性能，是至今人们所发现的光学性能最多、综合指标最好的晶体。LN晶体现已获得多方面的实际应用，如表面滤波器、隔离器、窄带滤波器、传感器、可调谐滤波器、声光器件、光陀螺仪、光波导、光开关、光耦合器、电光调制器、干涉仪回转器及倍频器件等。

对于各向异性介质，我们还是从描述介电常数张量的式(9.3.1-25)出发

$$\boldsymbol{\varepsilon}_r(t)=(1+\boldsymbol{\chi}_1)\boldsymbol{I}+2\bar{\boldsymbol{\chi}}_2\boldsymbol{E}_{\text{ext}}(t) \tag{9.3.1-25}$$

在晶体原胞基矢的主轴坐标系下，其自然双折射的介电常数张量为

$$\boldsymbol{\varepsilon}_r\big|_{\boldsymbol{E}_{\text{ext}=0}}=\begin{bmatrix} n_{\text{o}}^2 & & \\ & n_{\text{o}}^2 & \\ & & n_{\text{e}}^2 \end{bmatrix} \tag{9.3.3-1}$$

在式(9.3.3-1)中，坐标系的 z 方向已经完全确定。LN晶体的二阶非线性系数张量为

$$\boldsymbol{\chi}_2=\begin{bmatrix} 0 & -\chi_2 & \chi_1 & -\chi_2 & 0 & 0 & \chi_1 & 0 & 0 \\ -\chi_2 & 0 & 0 & 0 & \chi_2 & \chi_1 & 0 & \chi_1 & 0 \\ \chi_1 & 0 & 0 & 0 & \chi_1 & 0 & 0 & 0 & \chi_3 \end{bmatrix} \tag{9.3.3-2}$$

在式(9.3.3-2)中，只有3个独立的变量 χ_1、χ_2、χ_3。将式(9.3.3-1)和式(9.3.3-2)代入式(9.3.1-25)，最终得到LN晶体的介电常数张量为

$$\boldsymbol{\varepsilon}_r(t)=\begin{bmatrix} n_o^2-2\chi_2E_y+2\chi_1E_z & -2\chi_2E_x & 2\chi_1E_x \\ -2\chi_2E_x & n_o^2+2\chi_2E_y+2\chi_1E_z & 2\chi_1E_y \\ 2\chi_1E_x & 2\chi_1E_y & n_e^2+2\chi_3E_z \end{bmatrix} \tag{9.3.3-3}$$

式中，E_x、E_y、E_z 分别是外加电压(电场强度矢量)在晶体主轴坐标系3个方向的投影。式(9.3.3-3)全面描述了在晶体的主轴坐标系下，不同通光方向与不同方向施加外加电压所导致的介电常数张量的变化。

2. 不同通光方向的一阶电光效应

本节根据式(9.3.3-3)并结合式(9.3.3-1)，针对LN晶体具体的几个通光方向和不同加电压方向的双折射进行分析与探讨，此处利用四元数方法进行分析。

(1) z 向通光

此时，考虑到光是横波，光场纵向分量为0；介电常数张量简化为2×2矩阵

$$\boldsymbol{\varepsilon}_r(t)=\begin{bmatrix} n_o^2-2\chi_2E_y+2\chi_1E_z & -2\chi_2E_x \\ -2\chi_2E_x & n_o^2+2\chi_2E_y+2\chi_1E_z \end{bmatrix} \tag{9.3.3-4}$$

将$\boldsymbol{\varepsilon}_r(t)$改造成四元数 $\mathscr{E}_r(t)$，其对应的折射率四元数为 $\mathscr{N}_r(t)$，且 $\mathscr{N}_r(t)=\sqrt{\mathscr{E}_r(t)}$，如果 $\mathscr{E}_r(t)=\varepsilon_0+\boldsymbol{E}$，$\mathscr{N}_r(t)=n_0+\boldsymbol{N}$，那么 $n_0^2-\boldsymbol{N}^2=\varepsilon_0$，$2n_0\boldsymbol{N}=\boldsymbol{E}$。由此可知，折射率四元数的矢量方向与介电常数四元数的矢量方向是一致的，由此，我们可以直接根据介电常数四元数的矢量方向，判断出不同加电压方向的偏振主轴。

① x 方向加电压，此时介电常数张量为

$$\boldsymbol{\varepsilon}_r(t)=\begin{bmatrix} n_o^2 & -2\chi_2E_x \\ -2\chi_2E_x & n_o^2 \end{bmatrix} \tag{9.3.3-5}$$

对应的四元数为 $\mathscr{E}_r(t)=n_0^2-\mathrm{i}2\chi_2E_x\hat{\boldsymbol{j}}$，可知偏振旋转轴为庞加莱球上的 $\boldsymbol{s}_2$ 轴。

② 同理，y 方向加电压对应的四元数为 $\mathscr{E}_r(t)=n_0^2-\mathrm{i}2\chi_2E_y\hat{\boldsymbol{i}}$，可知偏振旋转轴为 $\boldsymbol{s}_1$；值得注意的是，x 方向加压与 y 方向加压除了旋转轴不同而外，其旋转角度是相同的。

③ z 方向加电压，对应的四元数为 $\mathscr{E}_r(t)=n_0^2+2\chi_1E_z$，它是一个标量，表明沿通光方向加电压时无双折射，只产生附加相移。

(2) x 方向通光

介电常数张量为

$$\boldsymbol{\varepsilon}_r(t)=\begin{bmatrix} n_o^2+2\chi_2E_y+2\chi_1E_z & 2\chi_1E_y \\ 2\chi_1E_y & n_e^2+2\chi_3E_z \end{bmatrix} \tag{9.3.3-6}$$

① x 方向加电压，此时介电常数张量中不含 E_x，外加电压对双折射没有影响。

② y 方向加电压，对应的四元数为

$$\mathscr{E}(t)=[(n_o^2+n_e^2)/2+\chi_2E_y]+\mathrm{i}\hat{s}_1[(n_o^2-n_e^2)/2+\chi_2E_y]+\mathrm{i}\hat{s}_2[2\chi_1E_y] \tag{9.3.3-7}$$

这时的偏振旋转轴同时受到自然双折射 $(n_o^2-n_e^2)/2$ 和外加电压 E_y 的影响，双折射轴取决于二者的相对大小，表明这种通光方式很不利于电光器件的使用。

③ z 方向加电压，对应的四元数为

$$\mathscr{E}(t)=[(n_o^2+n_e^2)/2+(\chi_1+\chi_3)E'_z]+\mathrm{i}\hat{s}_1[(n_o^2-n_e^2)/2+(\chi_1-\chi_3)E'_z] \tag{9.3.3-8}$$

这时的偏振旋转轴同样也会受到自然双折射 $(n_o^2-n_e^2)/2$ 的影响，对电光效应很不利。表 9.3.3-1 是针对 LN 晶体不同通光方向与不同外加电压方向偏振旋转轴分析结果。

同理可得 y 方向加压时的不同通光与加电压方向的偏振旋转。

表 9.3.3-1　LN 晶体不同通光与加电压方向的偏振旋转轴(双折射主轴)

通光方向	加电压方向	偏振旋转轴(其中 $\Delta n^2=(n_o^2-n_e^2)/2$)
x 方向	x 方向	外加电压对双折射没有影响
	y 方向	受到自然双折射 Δn^2 和外加电压 E_y 相对大小的影响
	z 方向	受到自然双折射 Δn^2 和外加电压 E_z 相对大小的影响
y 方向	x 方向	受到自然双折射 Δn^2 和外加电压 E_x 相对大小的影响
	y 方向	受到自然双折射 Δn^2 和外加电压 E_y 相对大小的影响
	z 方向	受到自然双折射 Δn^2 和外加电压 E_z 相对大小的影响
z 方向	x 方向	偏振旋转轴为 $\boldsymbol{s}_2$，不受自然双折射影响
	y 方向	偏振旋转轴为 $\boldsymbol{s}_1$，不受自然双折射影响
	z 方向	无双折射效应，只产生附加相移

从表 9.3.3-1 可以看出，只有 z 方向通光，x 方向或 y 方向加电压时，偏振态的旋转轴才是确定的，不受自然双折射的影响；而其他方案则受自然双折射或其他不稳定因素的影响，导致偏振旋转轴不稳定。

3. 输入偏振态对一阶电光效应的影响

针对在横向调制条件(图 9.3.3-1)的 LN 晶体，研究输入偏振态对输出偏振态的影响。

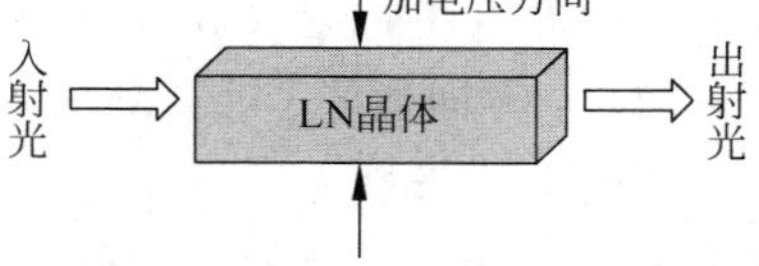

图 9.3.3-1　横向调制

在横向调制条件下，LN 晶体的介电常数张量为

$$\boldsymbol{\varepsilon}_r(t)=\begin{bmatrix} n_o^2-2\chi_2E_y & -2\chi_2E_x \\ -2\chi_2E_x & n_o^2+2\chi_2E_y \end{bmatrix} \tag{9.3.3-9}$$

若加电压方向为 x 方向，采用四元数方法，得到对应的折射率四元数为

$$\mathcal{N}^2=n_o^2-\mathrm{i}2\chi_2E_x\hat{\boldsymbol{j}} \tag{9.3.3-10}$$

利用 9.3.1 节中的 $n_o^2-\boldsymbol{N}^2=\varepsilon_0$，$2n_o\boldsymbol{N}=\boldsymbol{E}$ 经过繁杂的推导，可以得到 x 方向加电压时对应的琼斯矩阵为

$$\boldsymbol{J}=\mathrm{e}^{\mathrm{i}n_o}\begin{bmatrix} \cos(\chi_2E_y/n_o) & \mathrm{i}\sin(\chi_2E_y/n_o) \\ \mathrm{i}\sin(\chi_2E_y/n_o) & \cos(\chi_2E_y/n_o) \end{bmatrix} \tag{9.3.3-11}$$

若圆偏光入射，即

$$\begin{bmatrix} \dot{E}_x(\omega_0) \\ \dot{E}_y(\omega_0) \end{bmatrix}=\frac{\sqrt{2}}{2}\begin{bmatrix} 1 \\ \mathrm{i} \end{bmatrix}E_0 \tag{9.3.3-12}$$

式中，$\dot{E}_y(\omega_0)$、$\dot{E}_x(\omega_0)$ 和 E_0 分别是光频率为 ω_0 时输入光的 x 偏振、y 偏振以及圆偏振光的复振幅或者振幅。由此，我们可以得出偏振态旋转角度公式

$$\begin{cases} s_1=-\sin(2\chi_2E_y/n_o)E_0^2 \\ s_2=0 \\ s_3=-\cos(2\chi_2E_y/n_o)E_0^2 \end{cases} \tag{9.3.3-13}$$

同理，我们得出了在 x 方向加电压与 y 方向加电压时，圆偏光和线偏光分别入射时偏振态的旋转角度公式，见表 9.3.3-2。

表 9.3.3-2　输入偏振态对电光效应的影响

外加电场方向	输入光偏振态	偏振态旋转角度公式
x 方向	线偏光 $[0,\quad E_y(\omega_0)]^{\mathrm{T}}$ 且 $E_y(\omega_0)=E_0$	$s_1=-\cos(2\chi_2E_x/n_e)E_0^2$ $s_2=0$ $s_3=-\sin(2\chi_2E_x/n_o)E_0^2$
	圆偏光 $\begin{bmatrix} \dot{E}_x \\ \dot{E}_y \end{bmatrix}=\frac{\sqrt{2}}{2}\begin{bmatrix} 1 \\ \mathrm{i} \end{bmatrix}E_0$	$s_1=-\sin(2\chi_2E_x/n_o)E_0^2$ $s_2=0$ $s_3=-\cos(2\chi_2E_x/n_o)E_0^2$
y 方向	线偏光 $\begin{bmatrix} 0 \\ E_y(\omega_0) \end{bmatrix}$ 且 $E_y(\omega_0)=E_0$	$s_1=0,s_2=E_y^2(\omega_0),s_3=0$ （此时加电压偏振态不变）
	圆偏光 $\begin{bmatrix} \dot{E}_x \\ \dot{E}_y \end{bmatrix}=\frac{\sqrt{2}}{2}\begin{bmatrix} 1 \\ \mathrm{i} \end{bmatrix}E_0$	$s_1=0$ $s_2=-\sin(2\chi_2E_y/n_o)E_0^2$ $s_3=-\cos(2\chi_2E_y/n_o)E_0^2$

由表 9.3.3-2 可知，无论是 x 方向加电压还是在 y 方向加电压，如果输入是线偏振光，输出偏振态的变化将受到输入光偏振方向的影响，不利于检偏；如果输入的是圆偏振光，其 s_1（对于 x 方向加压）或者 s_2（对于 y 方向加压）的变化规律是相同的，有利于检偏。所以从检偏的角度看，输入圆偏振光是最好的。

4. 电光系数与半波电压

9.3.1 节已经得到了电光系数张量与二阶非线性极化系数张量之间的关系式(9.3.1-47)，将式(9.3.3-1)代入，得到

$$\bar{\chi}_2=-\frac{1}{2}\cdot$$

$$\begin{bmatrix} n_o^4\gamma_{11} & n_o^4\gamma_{16} & \frac{n_o^4+n_e^4}{2}\gamma_{15} & n_o^4\gamma_{21} & n_o^4\gamma_{26} & \frac{n_o^4+n_e^4}{2}\gamma_{25} & n_o^4\gamma_{31} & n_o^4\gamma_{36} & \frac{n_o^4+n_e^4}{2}\gamma_{35} \\ n_o^4\gamma_{16} & n_o^4\gamma_{12} & \frac{n_o^4+n_e^4}{2}\gamma_{14} & n_o^4\gamma_{26} & n_o^4\gamma_{22} & \frac{n_o^4+n_e^4}{2}\gamma_{24} & n_o^4\gamma_{36} & n_o^4\gamma_{32} & \frac{n_o^4+n_e^4}{2}\gamma_{34} \\ \frac{n_o^4+n_e^4}{2}\gamma_{15} & \frac{n_o^4+n_e^4}{2}\gamma_{14} & n_e^4\gamma_{13} & \frac{n_o^4+n_e^4}{2}\gamma_{25} & \frac{n_o^4+n_e^4}{2}\gamma_{24} & n_e^4\gamma_{23} & \frac{n_o^4+n_e^4}{2}\gamma_{35} & \frac{n_o^4+n_e^4}{2}\gamma_{34} & n_e^4\gamma_{33} \end{bmatrix}$$

(9.3.3-14)

现在根据式(9.3.3-2)来判断哪些电光系数为 0 或者它们的具体值。对照式(9.3.3-2)，不难得出

$$n_o^4\gamma_{11}=0,\quad n_o^4\gamma_{12}=0,\quad n_e^4\gamma_{13}=0,\quad \frac{n_o^4+n_e^4}{2}\gamma_{14}=0,\quad n_o^4\gamma_{26}=0,$$
$$\frac{n_o^4+n_e^4}{2}\gamma_{25}=0,\quad n_o^4\gamma_{36}=0,\quad \frac{n_o^4+n_e^4}{2}\gamma_{35}=0,\quad n_e^4\gamma_{23}=0,$$
$$\frac{n_o^4+n_e^4}{2}\gamma_{34}=0 \tag{9.3.3-15}$$

和

$$\frac{n_o^4+n_e^4}{2}\gamma_{15}=-2\chi_1,\quad \frac{n_o^4+n_e^4}{2}\gamma_{24}=-2\chi_1,\quad n_o^4\gamma_{31}=-2\chi_1,$$
$$n_o^4\gamma_{32}=-2\chi_1 \tag{9.3.3-16}$$

及

$$n_o^4\gamma_{16}=2\chi_2,\quad n_o^4\gamma_{21}=2\chi_2,\quad n_o^4\gamma_{22}=-2\chi_2 \tag{9.3.3-17}$$

以及

$$n_e^4\gamma_{33}=-2\chi_3 \tag{9.3.3-18}$$

由此可以得出，在电光系数张量中，只有 4 个量是独立的，也就是在式(9.3.3-16)～式(9.3.3-18)中分别选出 4 个量。这里需要注意的是，在式(9.3.3-14)中 γ_{ij} 的下标是按照 3×6 矩阵的形式排列的，而对于式(9.3.1-35)定义的 γ_{ij} 是按照 6×3 矩

阵的形式排列的，所以二者的下标要对调一下。这样，按照习惯常用的 4 个量分别是 γ_{13}、γ_{22}、γ_{33} 和 γ_{51}。于是，得到 LN 晶体的电光系数矩阵为

$$[\gamma]=\begin{bmatrix}\gamma_{11} & \gamma_{12} & \gamma_{13}\\ \gamma_{21} & \gamma_{22} & \gamma_{23}\\ \gamma_{31} & \gamma_{32} & \gamma_{33}\\ \gamma_{41} & \gamma_{42} & \gamma_{43}\\ \gamma_{51} & \gamma_{52} & \gamma_{53}\\ \gamma_{61} & \gamma_{62} & \gamma_{63}\end{bmatrix}=\begin{bmatrix}0 & -\gamma_{22} & \gamma_{13}\\ 0 & \gamma_{22} & \gamma_{13}\\ 0 & 0 & \gamma_{33}\\ 0 & \gamma_{51} & 0\\ \gamma_{51} & 0 & 0\\ -\gamma_{22} & 0 & 0\end{bmatrix} \tag{9.3.3-19}$$

同时，也可以得到用电光系数表示的介电常数张量为

$$\boldsymbol{\varepsilon}_r(t)=\begin{bmatrix}n_o^2+n_o^4\gamma_{22}E_y-n_o^4\gamma_{13}E_z & n_o^4\gamma_{22}E_x & -n_o^4\gamma_{13}E_x\\ n_o^4\gamma_{22}E_x & n_o^2-n_o^4\gamma_{22}E_y-n_o^4\gamma_{13}E_z & -n_o^4\gamma_{13}E_y\\ -n_o^4\gamma_{13}E_x & -n_o^4\gamma_{13}E_y & n_e^2-n_e^4\gamma_{33}E_z\end{bmatrix} \tag{9.3.3-20}$$

最后，我们可以分别得到不同通光情况、不同加电压方向时的半波电压。以 z 方向通光，x 方向加电压为例，它的横向介电常数张量为

$$\boldsymbol{\varepsilon}_{rt}(t)=\begin{bmatrix}n_o^2 & n_o^4\gamma_{22}E_x\\ n_o^4\gamma_{22}E_x & n_o^2\end{bmatrix} \tag{9.3.3-21}$$

采用四元数方法，得到对应的折射率四元数为

$$\mathcal{N}^2=n_o^2+\mathrm{i}n_o^4\gamma_{22}E_x\hat{\boldsymbol{j}} \tag{9.3.3-22}$$

从而，

$$\mathcal{N}=n_o+\frac{1}{2}\mathrm{i}n_o^3\gamma_{22}E_x\hat{\boldsymbol{j}} \tag{9.3.3-23}$$

重复式(9.3.2-41)的计算过程，得到这种情况下的半波电压

$$U_\pi=\frac{\lambda}{2n_o^3\gamma_{22}}\frac{d}{L} \tag{9.3.2-24}$$

不同通光方向和加电压方向将使式(9.3.2-24)要做适当的变形，但是方法是相同的。

特别值得一提的是，有些文献采用了 x 方向通光，z 方向加电压的工作方式，这时它的横向介电常数张量为

$$\boldsymbol{\varepsilon}_{rt}(t)=\begin{bmatrix}n_o^2-n_o^4\gamma_{13}E_z & 0\\ 0 & n_e^2-n_e^4\gamma_{33}E_z\end{bmatrix} \tag{9.3.3-25}$$

它对应的四元数为

$$\mathcal{N}^2 = \frac{n_o^2 + n_e^2}{2} - \frac{n_o^4\gamma_{13} + n_e^4\gamma_{33}}{2}E_z + \mathrm{i}\left(\frac{n_o^2 - n_e^2}{2} - \frac{n_o^4\gamma_{13} - n_e^4\gamma_{33}}{2}E_z\right)\hat{\boldsymbol{j}} \tag{9.3.3-26}$$

这里我们看到，这个四元数的标量部分也被外加电压调制，使问题变得复杂，除非将标量部分中的调制项略去，于是

$$\mathcal{N}^2 \approx \frac{n_o^2 + n_e^2}{2} + \mathrm{i}\left(\frac{n_o^2 - n_e^2}{2} - \frac{n_o^4\gamma_{13} - n_e^4\gamma_{33}}{2}E_z\right)\hat{\boldsymbol{j}} \tag{9.3.3-27}$$

这样，

$$\mathcal{N} \approx \sqrt{\frac{n_o^2 + n_e^2}{2}} + \mathrm{i}\frac{1}{\sqrt{2(n_o^2 + n_e^2)}}\left(\frac{n_o^2 - n_e^2}{2} - \frac{n_o^4\gamma_{13} - n_e^4\gamma_{33}}{2}E_z\right)\hat{\boldsymbol{j}} \tag{9.3.3-28}$$

这个结果导致输出偏振态有一个起始旋转，而与电压有关部分的半波电压为

$$U_\pi = \frac{2\sqrt{2(n_o^2 + n_e^2)}}{(n_o^4\gamma_{13} - n_e^4\gamma_{33})}\frac{d}{L}\lambda \tag{9.3.3-29}$$

它受到自然双折射的影响，因此随温度的变化而变化，肯定是一个不好的方案。

其他情况读者可以自行推导，不再赘述。

9.4 旋光性和磁光效应

9.1～9.3 节讲述的几种各向异性光波导的双折射都是线双折射，也就是其双折射矢量都处于庞加莱球的赤道面上；本节将介绍的旋光性和磁光效应，其双折射矢量指向庞加莱球的南北极。因此，对于任何输入偏振态，当改变磁光效应的大小时，其输出偏振态在庞加莱球的纬线上旋转。作为一种特例，当输入偏振态是线偏振光时，其输出偏振态在赤道上旋转，因此称为旋光性。

7.5.2 节曾经研究过圆双折射。其实，旋光性与圆双折射是一回事，只不过称呼不同。旋光性是根据输入偏振态与输出偏振态之间的关系定义的，圆双折射是根据双折射矢量的方向定义的。二者并无本质区别。

与前几节对双折射的分析一样，圆双折射也可分为固有圆双折射和感应圆双折射两种。固有圆双折射是由材料本身的各向异性引起的，感应圆双折射目前发现的只有一种——磁光效应。

9.4.1 旋光性

旋光性最早在水晶中发现，当一个线偏振光沿特定方向输入到水晶时，其输出虽然也是线偏振光，但是它的方位角将随着水晶的长度变化而变化，参见图 9.4.1-1。

此外，在某些非晶体中，如糖溶液中也发现了旋光性。在生物中，蛋白质也具有旋光性，因此旋光性的研究对生物结构的研究有重要意义。

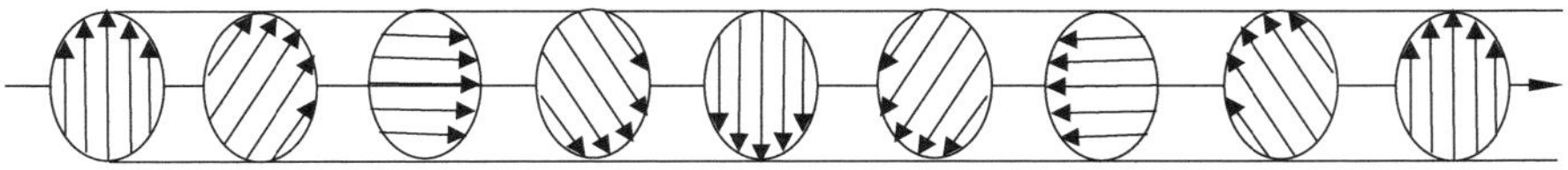

图 9.4.1-1　旋光性

1. 介电张量

如何描述旋光性？由于旋光性本质上是一种双折射现象，我们可以用四元数来描述。7.3.5 节我们提出，任何双折射线性都可以用琼斯-缪勒四元数(JMQ)描述，它对偏振态的影响为

$$\mathscr{S}_{\text{out}}=\mathscr{U}\mathscr{S}_{\text{in}}\mathscr{U}^{\dagger} \tag{7.3.5-3}$$

而其 JMQ 可以写成一个指数函数，为

$$\mathscr{U}=\mathrm{e}^{\mathscr{A}} \tag{7.3.5-1}$$

指数项 $\mathscr{A}$ 也是一个四元数，为

$$\mathscr{A}=[(\mathrm{i}k_0n_0-\bar{\alpha}/2)+\hat{\boldsymbol{n}}(k_0\Delta n+\mathrm{i}\Delta\alpha)]L \tag{7.3.5-4}$$

当只存在旋光性(圆双折射)时，双折射矢量 $\hat{\boldsymbol{n}}$ 应该指向南北极，即 $\hat{\boldsymbol{n}}=\hat{\boldsymbol{k}}$，或者

$$\mathscr{A}=[\mathrm{i}k_0n_0+\hat{\boldsymbol{k}}(k_0\Delta n)]L \tag{9.4.1-1}$$

这里忽略了材料的损耗和偏振相关损耗。由此可知双折射四元数(注意，由于 $\mathscr{A}=\mathrm{i}\mathscr{N}$，所以折射率四元数 $\mathscr{N}$ 与 $\mathscr{A}$ 差一个虚数单位 i)

$$\mathscr{N}=n_0-\mathrm{i}\hat{\boldsymbol{k}}(\Delta n) \tag{9.4.1-2}$$

折射率与介电常数之间有简单的对应关系，即 $\mathscr{E}_r=\mathscr{N}^2$，将式(9.4.1-2)代入，旋光材料的相对介电常数四元数为

$$\mathscr{E}_r=n_0^2+(\Delta n)^2-2\mathrm{i}\hat{\boldsymbol{k}}n_0\Delta n \tag{9.4.1-3}$$

根据四元数与矩阵的对应关系式(2.3.3-1)

$$[A]_{2\times2}=a\boldsymbol{\sigma}_0+\boldsymbol{A}\cdot\vec{\boldsymbol{\sigma}} \tag{2.3.3-1}$$

可以得到

$$[\varepsilon]_{2\times2}=(n_0^2+\Delta n^2)\begin{bmatrix}1 & \\ & 1\end{bmatrix}-2n_0\Delta n\begin{bmatrix} & -\mathrm{i}\\ \mathrm{i} & \end{bmatrix} \tag{9.4.1-4}$$

注意，四元数与矩阵之间差一个虚数单位 i。于是

$$[\varepsilon]_{2\times2}=\begin{bmatrix}(n_0^2+\Delta n^2) & 2\mathrm{i}n_0\Delta n\\ -2\mathrm{i}n_0\Delta n & (n_0^2+\Delta n^2)\end{bmatrix} \tag{9.4.1-5}$$

如果定义

$$\varepsilon_{11}=\varepsilon_{22}=(n_0^2+\Delta n^2)=\varepsilon_o \tag{9.4.1-6}$$

$$g=2n_0\Delta n,\quad \varepsilon_{12}=2in_0\Delta n=ig,\quad 以及\ \varepsilon_{21}=-\varepsilon_{12}=-2in_0\Delta n=-ig \tag{9.4.1-7}$$

式中，g 是一个关键参数，可惜文献上并没有给它单独命名。因为它反映了旋光性的大小，所以本书建议称其为旋光常数。于是

$$[\varepsilon]_{2\times2}=\begin{bmatrix}\varepsilon_{11} & \varepsilon_{12}\\ \varepsilon_{21} & \varepsilon_{22}\end{bmatrix}=\begin{bmatrix}(n_0^2+\Delta n^2) & 2in_0\Delta n\\ -2in_0\Delta n & (n_0^2+\Delta n^2)\end{bmatrix}=\begin{bmatrix}(n_0^2+\Delta n^2) & ig\\ -ig & (n_0^2+\Delta n^2)\end{bmatrix} \tag{9.4.1-8}$$

从式(9.4.1-5)可以看出，要产生旋光性，介电常数张量在副对角线上的元素一定是反对称的，而且是一对共轭的纯虚数。由于反对称矩阵是不能对角化的，所以它不能化简为主轴形式。

式(9.4.1-8)是在只存在旋光性的条件下得到的。更一般的介电张量应该为

$$[\varepsilon]_{3\times3}=\begin{bmatrix}\varepsilon_o & ig & 0\\ -ig & \varepsilon_o & 0\\ 0 & 0 & \varepsilon_e\end{bmatrix} \tag{9.4.1-9}$$

这里考虑的坐标系仍然是主轴坐标系，而且只能是单轴晶体。如果是双轴晶体，它的介电张量应该为

$$[\varepsilon]_{3\times3}=\begin{bmatrix}\varepsilon_1 & ig & 0\\ -ig & \varepsilon_2 & 0\\ 0 & 0 & \varepsilon_3\end{bmatrix} \tag{9.4.1-10}$$

旋光性的关键特征是在矩阵的某个副对角线上出现一对共轭虚数。由于反对称矩阵是无法对角化的，所以，即使在主轴坐标系下，元素 ig 无法通过坐标变换消去。

2. 平面波在均匀旋光材料中的传播

关于平面波在各向异性均匀介质中的传播，要解决的问题是波矢方向与大小之间的关系问题，或者说整体的波数 k 与它的三个分量 $\boldsymbol{k}=(k_x,k_y,k_z)$之间的关系问题。这个问题在 9.1.2 节已经详细分析过了，这个关系表现为式(9.1.2-9)和式(9.1.2-10)。它同样适用于旋光材料，只不过具体的介电张量不同而已。所以，将介电张量式(9.4.1-5)，代入式(9.1.2-10)，得到

$$|\boldsymbol{kk}-k^2+k_0^2[\varepsilon]_{3\times3}|=0 \tag{9.4.1-11}$$

或者

$$\begin{vmatrix} k_x k_x - k^2 + k_0^2 \varepsilon_o & k_x k_y + \mathrm{i} g k_0^2 & k_x k_z \\ k_x k_y - \mathrm{i} g k_0^2 & k_y k_y - k^2 + k_0^2 \varepsilon_o & k_y k_z \\ k_x k_z & k_y k_z & k_z k_z - k^2 + k_0^2 \varepsilon_e \end{vmatrix} = 0$$

(9.4.1-12)

经过冗长的计算,可以得到

$$\varepsilon_o[-k_z^2 k^2 + 2k^4 + (k_0^2 \varepsilon_o)(-3k^2 + k_z^2 + k_y^2) + (k_0^2 \varepsilon_o)^2] +$$

$$\varepsilon_e[-(k_x^2 + k_y^2)k^2 + k_x^2(k_0^2 \varepsilon_e)] - g^2 k_0^2 (k_z^2 - k^2 + k_0^2 \varepsilon_e) = 0 \quad (9.4.1\text{-}13)$$

继续求解这个复杂的方程没有多大的意义,不如看一下某些特例。

【特例】 假定只沿着 z 方向传输,那么 $k_x = k_y = 0$,$k = k_z$,于是得到

$$\begin{vmatrix} -k^2 + k_0^2 \varepsilon_o & \mathrm{i} g k_0^2 & 0 \\ -\mathrm{i} g k_0^2 & -k^2 + k_0^2 \varepsilon_o & 0 \\ 0 & 0 & k_0^2 \varepsilon_e \end{vmatrix} = 0 \quad (9.4.1\text{-}14)$$

展开后,解出

$$k^2 = k_0^2(\varepsilon_o \pm g) \quad (9.4.1\text{-}15)$$

式中的正负号取决于旋光材料的旋向。可知,此时的波数将因旋光性而变化。再代入式(9.4.1-6)和式(9.4.1-7),可得

$$k = k_0(n_0 \pm \Delta n) \quad (9.4.1\text{-}16)$$

3. 偏振态与波矢方向的关系

模仿9.1.2节的过程,可以得出波矢方向与偏振态之间的关系。由式(9.1.2-9),代入旋光材料的介电张量式(9.4.1-5),得到

$$\left(\begin{bmatrix} k_x k_x & k_x k_y & k_x k_z \\ k_x k_y & k_y k_y & k_y k_z \\ k_x k_z & k_y k_z & k_z k_z \end{bmatrix} - k^2 + k_0^2 \begin{bmatrix} \varepsilon_o & \mathrm{i} g & \\ -\mathrm{i} g & \varepsilon_o & 0 \\ & 0 & \varepsilon_e \end{bmatrix} \right) \boldsymbol{E}_0 = 0 \quad (9.4.1\text{-}17)$$

或者

$$\begin{bmatrix} k_x k_x - k^2 + k_0^2 \varepsilon_o & k_x k_y + \mathrm{i} k_0^2 g & k_x k_z \\ k_x k_y - \mathrm{i} k_0^2 g & k_y k_y - k^2 + k_0^2 \varepsilon_o & k_y k_z \\ k_x k_z & k_y k_z & k_z k_z - k^2 + k_0^2 \varepsilon_e \end{bmatrix} \begin{bmatrix} E_{0x} \\ E_{0y} \\ E_{0z} \end{bmatrix} = 0$$

(9.4.1-18)

我们还是只研究 z 方向通光时的情况。

假定只沿着 z 方向传输,那么 $k_x = k_y = 0$,$k = k_z$,根据平面波为横波的特点,有 $E_{0z} = 0$,于是得到

$$\begin{bmatrix} -k^2+k_0^2\varepsilon_o & \mathrm{i}k_0^2 g & 0 \\ -\mathrm{i}k_0^2 g & -k^2+k_0^2\varepsilon_o & 0 \\ 0 & 0 & k_0^2\varepsilon_e \end{bmatrix} \begin{bmatrix} E_{0x} \\ E_{0y} \\ 0 \end{bmatrix} = 0 \tag{9.4.1-19}$$

前面已经证明,此时

$$\begin{vmatrix} -k^2+k_0^2\varepsilon_o & \mathrm{i}k_0^2 g \\ -\mathrm{i}k_0^2 g & -k^2+k_0^2\varepsilon_o \end{vmatrix} = 0 \tag{9.4.1-20}$$

所以它的两个偏振分量构成一个齐次线性方程组,为

$$\begin{bmatrix} -k^2+k_0^2\varepsilon_o & \mathrm{i}k_0^2 g \\ -\mathrm{i}k_0^2 g & -k^2+k_0^2\varepsilon_o \end{bmatrix} \begin{bmatrix} E_{0x} \\ E_{0y} \end{bmatrix} = 0 \tag{9.4.1-21}$$

它的解为一组基础解系,其中之一为

$$\begin{bmatrix} E_{0x} \\ E_{0y} \end{bmatrix} = a \begin{bmatrix} \mathrm{i}k_0^2 g \\ -k^2+k_0^2\varepsilon_o \end{bmatrix} \tag{9.4.1-22}$$

式中,a 为任意非零复数。代入式(9.4.1-11)得到

$$\begin{bmatrix} E_{0x} \\ E_{0y} \end{bmatrix} = ak_0^2 \begin{bmatrix} \mathrm{i}g \\ \mp g \end{bmatrix} = ak_0^2 g \begin{bmatrix} \mathrm{i} \\ \pm 1 \end{bmatrix} \tag{9.4.1-23}$$

这表明,当从 z 方向通光时,它的本征态是一对正交的圆偏振态。考虑到无损的光波导,不失一般性,其他形式的偏振态可以描述为两个圆偏振态的线性组合

$$\begin{bmatrix} E_{0x} \\ E_{0y} \end{bmatrix}(z) = a_+ \mathrm{e}^{\mathrm{i}\beta_+ z} \begin{bmatrix} \mathrm{i} \\ 1 \end{bmatrix} + a_- \mathrm{e}^{-\mathrm{i}\beta_- z} \begin{bmatrix} \mathrm{i} \\ -1 \end{bmatrix} \tag{9.4.1-24}$$

两个传输常数 β_+ 和 β_- 分别为

$$\beta_+ = k_0(n_0 + \Delta n/2) \quad 和 \quad \beta_- = k_0(n_0 - \Delta n/2) \tag{9.4.1-25}$$

假定输入的是一个线偏振态$[1,0]^{\mathrm{T}}$,分解为两个正交圆偏振态,

$$\begin{bmatrix} 1 \\ 0 \end{bmatrix} = -\frac{\mathrm{i}}{2}\left(\begin{bmatrix} \mathrm{i} \\ 1 \end{bmatrix} + \begin{bmatrix} \mathrm{i} \\ -1 \end{bmatrix} \right) \tag{9.4.1-26}$$

经过一段旋光材料后,输出为

$$\begin{bmatrix} E_{0x} \\ E_{0y} \end{bmatrix}(z) = -\frac{\mathrm{i}}{2}\mathrm{e}^{\mathrm{i}k_0 n_0 z}\left(\mathrm{e}^{\mathrm{i}k_0 \Delta n z} \begin{bmatrix} \mathrm{i} \\ 1 \end{bmatrix} + \mathrm{e}^{-\mathrm{i}k_0 \Delta n z} \begin{bmatrix} \mathrm{i} \\ -1 \end{bmatrix} \right) \tag{9.4.1-27}$$

从而

$$\begin{bmatrix} E_{0x} \\ E_{0y} \end{bmatrix}(z) = \mathrm{e}^{\mathrm{i}k_0 n_0 z} \begin{bmatrix} \cos k_0 \Delta n z \\ \sin k_0 \Delta n z \end{bmatrix} \tag{9.4.1-28}$$

可知输出还是一个线偏振态,但是它旋转了一个角度 θ,其大小为

$$\theta = k_0 \Delta n z \tag{9.4.1-29}$$

注意这个角度是真实空间的方位角，在庞加莱球上旋转的角度为 2θ。

4. 旋光色散

既然旋光性本质是一种双折射现象，所以和其他双折射一样，存在色散问题。在光波导中，这种色散称为偏振模色散。因此，旋光色散就是一种圆偏振模的色散，所表现出的规律与其他偏振模色散没有什么不同，只不过两个本征模是圆偏振模而已，或者说两个主偏振态是一对圆偏振态。下面导出旋光色散的表达式。

由 7.6.1 节关于偏振模色散矢量与双折射矢量之间的动态方程，有

$$\frac{\partial \vec{\Omega}}{\partial z} = \vec{\beta} \times \vec{\Omega} + \frac{\partial \vec{\beta}}{\partial \omega} \tag{7.6.1-45}$$

我们已经知道，对于旋光材料，$\vec{\beta} = \hat{\boldsymbol{k}} \Delta n$，于是

$$\frac{\partial \vec{\Omega}}{\partial z} = \hat{\boldsymbol{k}} \Delta n \times \vec{\Omega} + \hat{\boldsymbol{k}} \frac{\partial \Delta n}{\partial \omega} \tag{9.4.1-30}$$

将 $\vec{\Omega}$ 分解为平行于 $\hat{\boldsymbol{k}}$ 和垂直于 $\hat{\boldsymbol{k}}$ 的两个分量 Ω_k 和 Ω_t，即 $\vec{\Omega} = \hat{\boldsymbol{k}} \Omega_k + \hat{\boldsymbol{t}} \Omega_t$，式中，$\hat{\boldsymbol{t}}$ 是垂直于 $\hat{\boldsymbol{k}}$ 平面内某个方向的单位矢量。代入式(9.4.1-30)，得到

$$\hat{\boldsymbol{k}} \frac{\partial}{\partial z} \Omega_z + \hat{\boldsymbol{t}} \frac{\partial}{\partial z} \Omega_t = (\hat{\boldsymbol{k}} \times \hat{\boldsymbol{t}}) \Delta n \Omega_t + \hat{\boldsymbol{k}} \frac{\partial \Delta n}{\partial \omega} \tag{9.4.1-31}$$

令 $\hat{\boldsymbol{b}} = \hat{\boldsymbol{k}} \times \hat{\boldsymbol{t}}$，于是 $\hat{\boldsymbol{k}}$、$\hat{\boldsymbol{t}}$ 与 $\hat{\boldsymbol{b}}$ 三个方向相互垂直，令各分量相等，得到三个等式，

$$\frac{\partial}{\partial z} \Omega_z = \frac{\partial \Delta n}{\partial \omega}, \quad \frac{\partial}{\partial z} \Omega_t = 0, \quad \Omega_t = 0 \tag{9.4.1-32}$$

由此可知，旋光色散矢量在庞加莱球上只有 $\hat{\boldsymbol{k}}$ 分量，而且

$$\vec{\Omega} = \hat{\boldsymbol{k}} \left[\int_0^L \frac{\partial \Delta n}{\partial \omega} \mathrm{d}z + \Omega(0) \right] \tag{9.4.1-33}$$

假定 $\frac{\partial \Delta n}{\partial \omega}$ 只取一阶色散，为常数，于是旋光色散系数(单位长度上的旋光色散)为

$$DGD_{\text{rotation}} = \frac{\partial \Delta n}{\partial \omega} \tag{9.4.1-34}$$

总的色散与长度成正比，而不是像线双折射引起的偏振模色散那样，与根号下长度成正比。

9.4.2 磁光效应

9.4.1 节研究了旋光性，即圆双折射现象。这种现象可以是天然的，如水晶中的圆双折射，那就是固有圆双折射；也有受环境影响形成的，即感应(诱导)圆双折射。目前发现的诱导圆双折射只有一种，那就是由法拉第首先发现的磁光效应。

磁光效应是指介质在外界磁场的作用下，介电张量变化而产生旋光性的现象。通俗的说法是在外界磁场作用下，偏振面发生旋转的现象。但这种通俗说法不是很妥当，因为进入旋光介质的光可能不是线偏振光，所以没有偏振面的概念。而且偏振面一旦旋转，它就不再是线偏振光。此外，如果注入光是圆偏振光，两个正交的圆偏振模会产生不同的相移。比如两个正交的圆偏振模 HE_{11}^{R} 与 HE_{11}^{L} 模式，它们的传输常数就会不同，使合成的光呈现不同的形态。磁光效应的一种物理解释是，电子在圆偏振光作用下作圆周运动，当有外磁场存在时，这个圆周运动受到洛伦兹力的作用，$\boldsymbol{F}=-e\boldsymbol{v}\times\boldsymbol{B}$。由于左旋光与右旋光的电子运动方向不同，从而所受的洛伦兹力方向不同(向心力和离心力)，从而产生不同的极化效应，最终导致介电张量副对角线元素不同。

(1) 匀强且与通光方向一致的磁光效应

9.4.1 节曾经说过，旋光性最基本的要求是介电张量必须有一对反对称的元素，或者说一对共轭的纯虚数。如式(9.4.1-9)所示，通光方向为 z 向

$$[\varepsilon]_{3\times 3}=\begin{bmatrix}\varepsilon_{o} & ig & 0\\ -ig & \varepsilon_{o} & 0\\ 0 & 0 & \varepsilon_{e}\end{bmatrix} \tag{9.4.1-9}$$

式中，$g=2n_0\Delta n$。所以问题的关键是 Δn 与外加磁场强度 H 的关系。9.4.1 节已经得到

$$\theta=k_0\Delta nz \tag{9.4.1-29}$$

我们首先考虑最简单的情况，即磁场分布是均匀的，且磁场方向与通光方向(z 向)一致。在均匀各向同性介质中、匀强磁场作用下的磁光效应是用旋转角度 θ 与外加磁场的关系来描述的，而不是直接用标量场 $g=f(\boldsymbol{H})$来描述，这使得对磁光效应的描述停留在唯象阶段。实验表明，在线性条件下，或者说忽略高阶效应的条件下，二者成正比，

$$\theta=VHL \tag{9.4.2-1}$$

式中：V 为比例系数，称为费尔德常数，是由材料决定的一个值，受波长影响，单位为 $\mathrm{rad}\cdot\mathrm{T}^{-1}\cdot\mathrm{m}^{-1}$；$H$ 是磁场强度，单位 T；L 是光受到外磁场调制的长度，单位为 m。

式(9.4.2-1)的另一个缺陷是，它与调制长度 L 相关。在前几种诱导双折射的研究中，无论弹光效应还是电光效应，介电张量中并不出现与作用长度相关的项。作用长度出现在双折射对相位的影响上。所以，要对式(9.4.2-1)改造，也就是将式(9.4.2-1)与参数 Δn 或者 g 联系起来。

根据式(9.4.1-29)，将式(9.4.2-1)代入其中，立即得到

$$VH=k_0\Delta n \tag{9.4.2-2}$$

或者

$$\Delta n = VH/k_0 \tag{9.4.2-3}$$

这表明,磁光效应引起的双折射,是正比于作用到介质的磁场强度的。从而,

$$g = 2n_0 VH/k_0 \tag{9.4.2-4}$$

从式(9.4.2-4)可以看出,描述旋光性的参数(旋光常数)g,是随着磁场强度的变化而变化的。而且与波长相关,波长越长旋光常数越大。

(2) 匀强但与通光方向不一致的磁光效应

如前所述,式(9.4.2-1)只适用于均强磁场,且磁场方向与光的传播方向一致的条件下。如果 $\boldsymbol{H}$ 的方向不变,且仍然是匀强磁场,但磁场方向与通光方向不一致,这时,由磁光效应引起的旋转角度,实验表明,仍然可以用一个类似于式(9.4.2-1)的形式描述

$$\theta = V\boldsymbol{H} \cdot \boldsymbol{L} \tag{9.4.2-5}$$

由于这里出现了磁场强度与通光长度的点乘,所以,式(9.4.2-3)和式(9.4.2-4)都要做一定的改变,分别为

$$\Delta n = VH_z/k_0 \tag{9.4.2-6}$$

$$g = 2n_0 VH_z/k_0 \tag{9.4.2-7}$$

不失一般性(假定磁光介质在不加磁场时为各向同性的),此时的介电张量应该为

$$[\varepsilon]_{3\times 3} = \begin{bmatrix} \varepsilon_0 & \mathrm{i}g_6 & -\mathrm{i}g_5 \\ -\mathrm{i}g_6 & \varepsilon_0 & \mathrm{i}g_4 \\ \mathrm{i}g_5 & -\mathrm{i}g_4 & \varepsilon_0 \end{bmatrix} \tag{9.4.2-8}$$

式中,$g_6 = 2n_0 VH_z/k_0$,$g_4 = 2n_0 VH_x/k_0$,$g_5 = 2n_0 VH_y/k_0$。式(9.4.1-8)也可以写成

$$[\varepsilon]_{3\times 3} = \varepsilon_0 + [g]_{3\times 3} \tag{9.4.2-9}$$

式中,$[g]_{3\times 3}$ 是一个反对称矩阵,为

$$[g]_{3\times 3} = 2\mathrm{i}\frac{n_0}{k_0}V \begin{bmatrix} 0 & H_z & -H_y \\ -H_z & 0 & H_x \\ H_y & -H_x & 0 \end{bmatrix} \tag{9.4.2-10}$$

对应的矢量是

$$\boldsymbol{G}\times = 2\mathrm{i}\frac{n_0}{k_0}V\boldsymbol{H}\times \tag{9.4.1-11}$$

式(9.4.2-8)~式(9.4.2-11)全面描述了磁光效应中,磁场强度 H 与介电张量之间的关系。

一个值得探讨的问题是,在式(9.4.1-10)和式(9.4.1-11)中,出现了另一个参数

$$G = 2\frac{n_0}{k_0}V \tag{9.4.2-12}$$

$$V = \frac{k_0}{2n_0}G \tag{9.4.2-13}$$

现在的问题是 G 与 V 两个量中，哪一个是基本物理量，哪一个是派生量？由于 V、n_0、k_0 都是波长的函数，所以实际上参数 G 受波长的影响更小一些。而且，从式(9.4.2-13)可以看出，它的分母 $2n_0$ 是由于四元数的矢部与标部关系所导致的，而 k_0 的作用是相移要求的，如 $\Delta\varphi = k_0 nL$ 中所起的作用一样。所以，理论上采用 G 而不是采用 V 描述材料的磁光特性更合理，但由于 V 便于测量，已经被广泛接受，所以更多情况都是使用 V 描述。

(3) 分布式磁场的磁光效应

通常的磁场是一种分布式磁场，大小和方向都随位置变化。当磁场的方向和大小都随作用点的位置变化时，即 $\boldsymbol{H} = \boldsymbol{H}(\boldsymbol{r})$ 时，情况变得复杂了。一般的文献都是使用经验公式

$$\theta = V\int_0^L \boldsymbol{H} \cdot \mathrm{d}\boldsymbol{l} \tag{9.4.2-14}$$

但是，这个公式需要严格证明。由于此时磁光效应引起的感应双折射是非均匀分布的，于是前述式(9.4.1-8)～式(9.4.1-11)就不能直接使用，要做一定的变形。本书不准备仔细分析这些问题，有兴趣的读者，可以进行深入分析。

(4) 磁光材料简介

石英是一种典型的磁光材料，但是它的费尔德常数很小。当波长为 1310nm 时，大约为 $0.8\text{rad}\cdot\text{T}^{-1}\cdot\text{m}^{-1}$，所以一般很难观察到。但是石英光纤可以做得很长，因此仍然可以获得大的法拉第偏振角。近年来，通过掺杂(如铽 Tb)可以提高其费尔德常数，目前可达到 $3.12\text{rad}\cdot\text{T}^{-1}\cdot\text{m}^{-1}$。

另一些磁光材料，如铽镓石榴石(TGG，terbium gallium garnet-$Tb_3Ga_5O_{12}$)和铽钪铝石榴石(TSAG)具有较高的费尔德常数，参见表 9.4.2-1。

表 9.4.2-1 常见磁光晶体的性能

材料	透明度(波长 505～1300nm)	热导率/$\text{W}\cdot\text{m}^{-1}\cdot\text{K}^{-1}$	费尔德常数/$\text{rad}\cdot\text{m}^{-1}\cdot\text{T}^{-1}$		
			532nm	632.8nm	1064nm
TAG 晶体	>80%[16]	7.4[34]	—	163[16]	—
TGG 晶体	>80%	7.4	196.5	138.2	42[38]
TSAG 晶体	82.3%[37]	3.6	256.6	165.8	46.2[36]
TAG 陶瓷	约 60%[11]	6.5[34]	—	179.8[11]	—
TGG 陶瓷	约 75%[45]	约 4.94[46]	181.7	129.8	41.6[12]

9.4.3　隔离器与环行器

9.4.1 节研究了旋光性，即圆双折射现象；9.4.2 节研究了磁光效应，利用这种效应可以使进入磁光材料的线偏振光旋转一定的角度。利用这个原理，人们制造了两种重要的非互易光器件——隔离器和环行器。

隔离器是一种单向通光器件。环行器是一个三端口的单向循环输出器件，注意，很多文献上将“环行器”写为“环形器”，这是不对的，它不是一个环状的器件，而是输出端口是单向循环的器件。虽然“环行器”和“环形器”的英语是相同的，都是 circulator，但是汉语是可以明确区分的。

这两种器件都只能单向应用，而不能反向应用，也就是非互易器件。

我们知道，绝大多数光学器件都是互易的，称为光学互易性。光学互易性理解为这样的一种光学系统：如果在这个系统的输入端放置一个物（原物），那么在其输出端会得到一个像（原像）；而反过来在输出端放置一个与原像相同的物，那么在系统的输入端会得到一个与原物相同的像，物和像不必相同。

由于旋光性或者圆双折射是非互易的，所以可以用来制作隔离器与环行器。

1. 光隔离器

光隔离器的原理如图 9.4.3-1 所示。一个偏振分束器将镜入光隔离器输入端的光分为垂直偏振与水平偏振的两束，然后分别进入旋转器 1 和旋转器 2，它们就是利用磁光元件制成的旋光器；从旋转器 1 和旋转器 2 输出的光分别为 135°偏振和 45°偏振，它们仍然是正交的，再经过一个偏振合束器 PBC 输出。当光反向注入时，将被分为 135°偏振和 45°偏振的两束，然后通过旋转器 1 和旋转器 2，各自再旋转 45°，上面一路旋转为水平偏振光，下面一路旋转为垂直偏振光，再经过 PBS1 的时候，回不到输入端。这样就实现了单向传输。

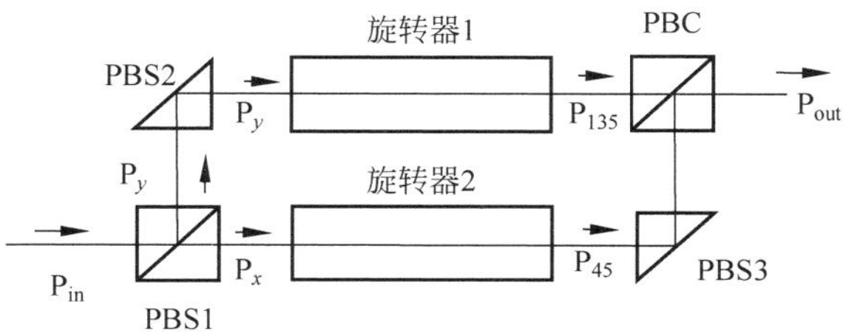

图 9.4.3-1　隔离器原理

利用光隔离器的单向通光性，可以广泛应用于各种防反射的场合。比如激光器的输出端，一般都装有光隔离器，因为任何输出光被反射回来，将导致谐振腔不稳定；在光纤放大器中，输出端和输入端都装有光隔离器，以防止在光纤放大器中形成激光振荡；此外，利用光纤放大器构成的光纤激光器中，也必须设置光隔离器，以便由光纤环组成的谐振腔只能单向放大，等等。

光隔离器中的光旋转器是关键，大多由费尔德常数大的材料，如 TGG 和 TSAG 等晶体组成。外面加一个磁环，调整磁环的磁场强度或者改变晶体的长度，都可以确保产生 45°的偏转。目前光隔离器已经大量投产，市场售价并不昂贵。

2. 光环行器

光环行器可以看作由两个隔离器所组成的小系统，如图 9.4.3-2 所示。它是一个 3 端口元件，当从端口 1 输入光时，只能从端口 2 输出；而当从端口 2 输入时，只能从端口 3 输出；当从端口 3 输入时，回不到端口 1。图 9.4.3-2(a)表示其内部结构，它由两个隔离器 ISO1 和 ISO2 组成，当光从端口 1 输入时，经过隔离器 ISO1 从端口 2 输出；从端口 2 返回的光，由于 ISO1 是单向同光元件，所以返回来的光只能经过 ISO2 从端口 3 输出。图 9.4.3-2(b)是外部连接的光路图。

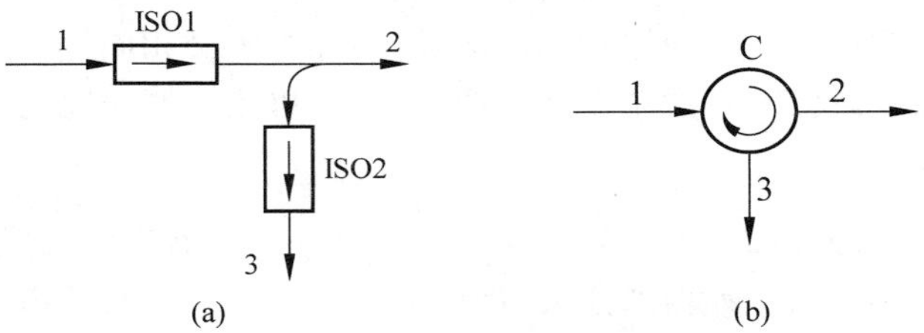

图 9.4.3-2　光环行器

由于光环行器可以把激光器输出的光与从远端反射回来的光进行分离，各走各的光路，所以广泛用于将激光器输出与返回光分离的光路中，如光时域反射计(optical time domain reflectometer，OTDR)，有关内容可参见 11.3 节。

第 9 章小结

本章研究了另一类光波导——各向异性光波导。这种光波导与前面各章的区别在于，前面各章的材料都是各向同性的，而本章深入到光波导材料的内在性质，而不是结构的变化。这将导致一系列新的光学现象。

当然，材料的变化并不影响折射率分布的变化，所以它仍然可以分为正规的和非正规的，也可以根据波导几何形状的变化，分为矩形、圆形等。由于材料本身变得复杂，所以相应的各种波导问题也很复杂，本章只研究了很简单的情况，基本没有涉及波导结构问题。

各向异性材料组成的光波导，其主要特征是具有明显的双折射现象(偏振现象)，也就是传输参数随光场偏振而改变的现象。这种双折射又可以分为材料自身引起的双折射和在外界环境作用下产生的双折射。材料自身的双折射，称为固有双折射或者自然双折射，或者本征双折射，在不同的文献中称谓有所不同；材料受外界环境作用，如应力作用、电场作用、磁场作用、声场作用等，其所产生的双折射称为感应双折射或者诱导双折射，或者某某作用的双折射，如应力双折射、电光效应双折射等。

9.1 节研究了材料双折射最基本的问题，包括描述方法、光在各向异性材料中的传播以及光在各向同性与各向异性介质界面上的折射问题。与各向同性材料不同，它的介电常数不再是一个常数，而是一个二阶张量，称为介电张量。介电张量对坐标系很敏感，只有在主轴坐标系下，对称各向异性材料的介电张量才可以简化为 3 个参数。当光在无限大均匀的各向异性材料中传播时，光波矢和偏振方向有一定的约束，而且光的电场强度与电位移矢量不同向，存在一个离散角。当光在各向同性与各向异性介质界面上折射时，在主轴坐标系下，平行于入射面的偏振光将不服从折射反射定律，而垂直于入射面的偏振光仍然服从折射反射定律，因此分别称为 e 光和 o 光。

9.2 节研究了一种重要的感应双折射——应力双折射。应力双折射是由弹光效应引起的，在光纤中人为地加入一定的应力使之产生很大的双折射，这就是保偏光纤的原理。9.2.2 节还研究了几何双折射、固有双折射以及外界施加应力所产生的感应双折射之间的关系。结论是，总的双折射矢量是各个双折射矢量的矢量和。

9.3 节研究了另一种重要的感应双折射——电光效应产生的双折射。本节首先指出，电光效应本质上是介质材料的二阶非线性极化在外电场与光场同时存在的一种表现，而非一种独立的效应。由于历史的原因，常把电光效应作为一种独立的效应来研究。这样就出现了两套体系：基于二阶非线性极化的体系和基于电光系数的体系。而且，由于二阶非线性极化系数张量是一个三阶张量，而每个元素的排序在历史上都不统一，从而给读者带来很大的不变。这些问题，请读者注意。

9.3.2 节以 BGO 晶体和 LN 晶体为例，分别研究了各向同性介质和各向异性介质的电光效应以及所产生的感应双折射，分别得到了它们的电光系数与二阶非线性极化系数之间的关系(在主轴坐标系下)，以及半波电压等实际使用的参数。二者的差别在于，BGO 晶体二者之间的关系比较简单，而 LN 晶体中二者的关系是与通光方向、加电压的方向有关的。

9.4 节研究了另一种双折射现象——圆双折射。这种双折射由非对称的各向异性材料产生，它的介电张量具有反对称结构，不能对角化。所以前面基于对角化主轴坐标系的理论要做一定的修正。这种具有反对称结构且元素为共轭虚数的介电张量，导致材料产生旋光性，也就是圆双折射。圆双折射同样可以分为固有双折射和感应双折射两种，介质的固有旋光性，如石英材料所具有的双折射是固有双折射，而导致感应圆双折射的物理现象，目前只有磁光效应一种。习惯上，磁光效应的大小由费尔德系数描述，但如果用在介电张量中对应元素的系数更为合理。

总体上看，本章关于各向异性光波导的研究是非常初步的，并没有涉及很多的波导结构问题，如传输模式、模耦合等基本问题。因此，关于各向异性光波导的研究还有很多空白点，有兴趣的读者可以继续开展研究。

第9章思考题

9.1　材料和结构是光波导的两个基本要素。从结构上说，光波导可以分为正规光波导和非正规光波导；从材料上说，光波导可以分为各向同性光波导和各向异性光波导。请举例说明：正规的各向同性光波导、非正规的各向同性光波导、正规的各向异性光波导，以及非正规的各向异性光波导。

9.2　当平面波的光在均匀的各向异性介质中传播时，它的波矢方向与大小之间需要满足式(9.1.2-12)

$$\frac{k_x^2}{k^2-k_0^2n_x^2}+\frac{k_y^2}{k^2-k_0^2n_y^2}+\frac{k_z^2}{k^2-k_0^2n_z^2}=1 \qquad (9.1.2\text{-}12)$$

可是，对于高斯光束而言，在通光方向的不同距离上，波矢大小是不断变化的；而在垂直于通光方向(径向)上，波矢也不断变化。这时，式(9.1.2-12)是否仍然适用，请解释。

9.3　各向异性材料是否只限于晶体？请举出非晶体各向异性材料的例子。

9.4　我们知道，在各向同性与各向异性介质的界面上，会出现一束光分裂为两束光的现象。那么在材料内部，也是这样的吗？有没有可能，这种光分裂的现象发生于各向异性介质的内部？请解释。

9.5　有没有利用各向异性介质制作的光源？这样，光就不必经历从各向同性介质到各向异性介质的过程从而分裂成两束。请举例说明。

9.6　请说明产生应力双折射的原理，用弹光效应解释。

9.7　书中说，外应力导致的感应双折射与光纤的波导结构无关，也就是说，无论是普通单模光纤还是保偏光纤，外应力引起的双折射都是相同的，你相信这个说法吗？这种说法成立的前提是什么？

9.8　光纤的双折射对温度很敏感，本书没有进行研究，你猜想这是由什么原因造成的？请解释。

9.9　从使用的角度看，比较一下两种电光晶体 BGO 和 LN 的参数，哪一种晶体更适合使用？

9.10 LN 晶体常用来制作高速的光调制器，而且调制的半波电压要求为 3～10V，怎么做才可能把调制电压降到这么低？请说说你的设想。

9.11 如何用 LN 晶体构造一个偏振调制器？提出你的方案。

9.12 你认为磁光效应和旋光性是一回事吗？谈谈你的看法。

9.13 如果磁场分布是不均匀的，方向也不断变化，那么磁光效应的结果是怎样的？

9.14 同时存在应力、电光以及磁光效应时，介电张量该如何变化？双折射又该如何变化？

第 10 章

光波导间的横向耦合

前面各章研究的都是单个光波导,本章转入两个或者多个光波导的相互耦合问题。

在光波导中,绝大部分光都集中于芯层,但总有很小部分能量散布于包层,因此,当两个光波导相互靠近时,一个光波导的光能将耦合到另一个中,从而改变另一个光波导的场分布,这种变化又反过来对原光波导发生影响,这就是两光波导的横向耦合。另一种解释横向耦合的说法是,由于在研究光波导的场分布时,总是假定场的横向分布是延伸到无穷远处的,当另一个光波导处于这个场中时,它会接收这个场的能量,同时也反过来改变原先光波导场的横向分布。

利用两个光波导的横向耦合现象,常用来制作光波导横向耦合器,如制作光纤耦合器(一种重要的光路元件)等。在集成光路元件中,横向耦合是一种常见的现象。在光纤束中,横向耦合有可能引起串话成为一种干扰。

由于光波导可分为正规光波导和非正规光波导两大类,所以横向耦合也可分为正规型横向耦合和非正规型横向耦合。正规型横向耦合,不仅要求两光波导都是正规的,而且纵向坐标轴也应一致,就是说二者应相互平行。所以正规型横向耦合,意味着由两光波导组成的复合光波导是一个正规光波导。

横向耦合现象可直接用复合光波导的模式(对于正规型的横向耦合)或模式的纵向耦合(对于非正规型的横向耦合)来描述,这样做不仅数学上十分复杂,也得不到清晰的概念。常用的方法是用孤立光波导的场对另一光波导的作用来描述。

正规型的横向耦合,两光波导的相互作用体现在模式上,可用模式耦合方程描述。在弱耦合条件下,模式耦合方程可以线性化。所谓"弱耦合"是指两光波导的间距与光波导相比足够大,以至于邻近光波导的存在不改变两个参与耦合的光波导模式场的分布形式,只改变其幅度。

非正规型横向耦合问题要复杂得多，由于每一个光波导自身都处于空间过渡态，其内部已经处于纵向模式耦合状态，加上外部另一个光波导的存在，使这种模式耦合现象更加复杂。只有在缓变近似的条件下，利用局部模式才可以得到一些有用的结果。

10.1 正规光波导的横向模式耦合

10.1.1 横向模耦合方程

在两个正规光波导互相平行靠近时，它们光场的横向耦合可用模式的横向耦合来描述。在弱耦合条件下，也就是在两波导的间距足够大以至于不改变各自模式场的分布形式的条件下，可以证明，存在线性的模式耦合方程组。

$$\begin{cases}\dfrac{\mathrm{d}a_1(z)}{\mathrm{d}z}=\mathrm{i}\beta_1 a_1(z)+\mathrm{i}K_{12}a_2(z)\\[2ex]\dfrac{\mathrm{d}a_2(z)}{\mathrm{d}z}=\mathrm{i}K_{21}a_1(z)+\mathrm{i}\beta_2 a_2(z)\end{cases}\tag{10.1.1-1}$$

式中，$a_i(z)=c(z)\exp(\mathrm{i}\beta_i z)$，$i=1,2$ 为两个模式的波动项，包括模式的缓变包络项和迅变 $\exp(\mathrm{i}\beta z)$项，K_{ij} 表示横向耦合系数。下面给出两种不同方法的证明。

第一种方法是利用光波导的线性直接证明。设两相互平行靠近的光波导 1 与光波导 2，如图 10.1.1-1 所示。因为每个光波导孤立存在时都是正规光波导，都存在模式的概念。假定我们只考虑其中两个模式的耦合，由于是线性光波导，所以光波导的输出与输入应保持线性叠加关系。写成数学关系是

$$\begin{cases}a_1(z)=a_1(0)u_{11}(z)+a_2(0)u_{12}(z)\\ a_2(z)=a_1(0)u_{21}(z)+a_2(0)u_{22}(z)\end{cases}\tag{10.1.1-2}$$

写成矩阵形式，为

$$\begin{bmatrix}a_1(z)\\ a_2(z)\end{bmatrix}=\boldsymbol{U}(z)\begin{bmatrix}a_1(0)\\ a_2(0)\end{bmatrix}\tag{10.1.1-3}$$

式中，

$$\boldsymbol{U}(z)=\begin{bmatrix}u_{11}(z) & u_{12}(z)\\ u_{21}(z) & u_{22}(z)\end{bmatrix}\tag{10.1.1-4}$$

对式(10.1.1-3)两边求导数，得到

$$\frac{\mathrm{d}}{\mathrm{d}z}\begin{bmatrix}a_1(z)\\ a_2(z)\end{bmatrix}=\frac{\mathrm{d}\boldsymbol{U}(z)}{\mathrm{d}z}\begin{bmatrix}a_1(0)\\ a_2(0)\end{bmatrix}\tag{10.1.1-5}$$

再代入

$$\begin{bmatrix} a_1(0) \\ a_2(0) \end{bmatrix} = \boldsymbol{U}^{-1}(z) \begin{bmatrix} a_1(z) \\ a_2(z) \end{bmatrix} \tag{10.1.1-6}$$

立即得到

$$\frac{\mathrm{d}}{\mathrm{d}z} \begin{bmatrix} a_1(z) \\ a_2(z) \end{bmatrix} = \frac{\mathrm{d}\boldsymbol{U}(z)}{\mathrm{d}z} \boldsymbol{U}^{-1}(z) \begin{bmatrix} a_1(z) \\ a_2(z) \end{bmatrix} \tag{10.1.1-7}$$

令$\dfrac{\mathrm{d}\boldsymbol{U}(z)}{\mathrm{d}z}\boldsymbol{U}^{-1}(z) = \begin{bmatrix} K_{11}(z) & K_{12}(z) \\ K_{21}(z) & K_{22}(z) \end{bmatrix}$，当 $a_2(z)=0$ 时，显然有$\dfrac{\mathrm{d}a_1(z)}{\mathrm{d}z} = \mathrm{i}\beta_1 a_1(z)$，于是得到式(10.1.1-1)。

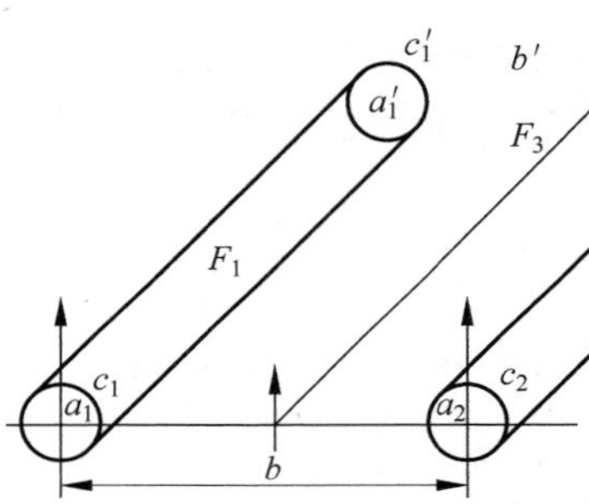

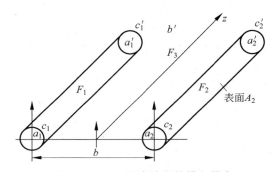

图 10.1.1-1　两光波导的横向耦合

上述证明方法，虽然可以直接得到，但不能够确定模耦合系数。

第二种方法是利用微扰近似的原则得到。

仍设两相互平行靠近的光波导 1 与光波导 2，如图 10.1.1-1 所示，它们的芯层为 F_1 和 F_2，两芯层以外的公共包层为 F_3，当只有光波导 1 孤立存在时，光场在 F_1、F_2 与 F_3 3 个区域都为

$$\begin{cases} \boldsymbol{E}(\boldsymbol{r}) = \boldsymbol{e}_1(\boldsymbol{r})\exp(\mathrm{i}\beta_1 z) \\ \boldsymbol{H}(\boldsymbol{r}) = \boldsymbol{h}_1(\boldsymbol{r})\exp(\mathrm{i}\beta_1 z) \end{cases} \tag{10.1.1-8}$$

式中，$\boldsymbol{e}_1$ 和 $\boldsymbol{h}_1$ 为它的模式场。而当只有光波导 2 孤立存在时，它的光场在 F_1、F_2 与 F_3 3 个区域都为

$$\begin{cases} \boldsymbol{E}(\boldsymbol{r}) = \boldsymbol{e}_2(\boldsymbol{r})\exp(\mathrm{i}\beta_2 z) \\ \boldsymbol{H}(\boldsymbol{r}) = \boldsymbol{h}_2(\boldsymbol{r})\exp(\mathrm{i}\beta_2 z) \end{cases} \tag{10.1.1-9}$$

在弱耦合近似条件下，两个光波导互相平行靠近后形成的复合光波导的场为

$$\boldsymbol{E}_m = c_1(z)\boldsymbol{e}_1\exp(\mathrm{i}\beta_1 z) + c_2(z)\boldsymbol{e}_2\exp(\mathrm{i}\beta_2 z) \tag{10.1.1-10a}$$

$$\boldsymbol{H}_m = c_1(z)\boldsymbol{h}_1\exp(\mathrm{i}\beta_1 z) + c_2(z)\boldsymbol{h}_2\exp(\mathrm{i}\beta_2 z) \tag{10.1.1-10b}$$

注意，此处增加了一些附加条件。第一个附加条件是合成场处于空间过渡态。这

是因为，虽然我们考虑的是模式耦合问题，但合成的光波导本质上是一个正规光波导，(无损的)正规光波导在稳态条件下模式的幅度是不变的。所以，c_1 和 c_2 随 z 变化的写法就意味着承认处于空间过渡态。但此处的空间过渡态有别于非正规光波导的空间过渡态，它是由于两个光波导最初的模式场与合成的模式场有差异而形成的。第二个附加条件是，尽管 c_1 和 c_2 是随 z 变化的，但$\partial c/\partial z \ll 1$，是缓变的。这可以将 $\boldsymbol{E}_m$ 的表达式(10.1.1-10a)代入麦克斯韦方程

$$\boldsymbol{H}_m = -\frac{1}{\mathrm{j}\omega\mu_0}\nabla\times\boldsymbol{E}_m \tag{10.1.1-11}$$

得到

$$\boldsymbol{H}_m = c_1(z)\boldsymbol{h}_1\mathrm{e}^{\mathrm{i}\beta_1 z} + c_2(z)\boldsymbol{h}_2\mathrm{e}^{\mathrm{i}\beta_2 z} + \frac{\partial c_1}{\partial z}\hat{\boldsymbol{z}}\times\boldsymbol{e}_1(\boldsymbol{r})\mathrm{e}^{\mathrm{i}\beta_1 z} + \frac{\partial c_2}{\partial z}\hat{\boldsymbol{z}}\times\boldsymbol{e}_2(\boldsymbol{r})\mathrm{e}^{\mathrm{i}\beta_2 z} \tag{10.1.1-12}$$

比较式(10.1.1-12)和式(10.1.1-10b)，可知必须$\dfrac{\partial c}{\partial z}\to 0$。

根据上述弱耦合的假设，可以近似认为复合光波导的合成场在两光波导芯层内部的模式场仍然是原有的模式场，只有公共包层中模式场才改变，于是

$$\begin{cases}\boldsymbol{E}_m = \begin{cases} c_1(z)\boldsymbol{e}_1(\boldsymbol{r})\mathrm{e}^{\mathrm{i}\beta_1 z}, & \boldsymbol{r}\in F_1 \\ c_1(z)\boldsymbol{e}_1(\boldsymbol{r})\mathrm{e}^{\mathrm{i}\beta_1 z} + c_2(z)\boldsymbol{e}_z(\boldsymbol{r})\mathrm{e}^{\mathrm{i}\beta_2 z}, & \boldsymbol{r}\in F_3 \\ c_2(z)\boldsymbol{e}_2(\boldsymbol{r})\mathrm{e}^{\mathrm{i}\beta_2 z}, & \boldsymbol{r}\in F_2 \end{cases} \\ \boldsymbol{H}_m = \begin{cases} c_1(z)\boldsymbol{h}_1\mathrm{e}^{\mathrm{i}\beta_1 z}, & \boldsymbol{r}\in F_1 \\ c_1(z)\boldsymbol{h}_1(\boldsymbol{r})\mathrm{e}^{\mathrm{i}\beta_1 z} + c_2(z)\boldsymbol{h}_z(\boldsymbol{r})\mathrm{e}^{\mathrm{i}\beta_2 z}, & \boldsymbol{r}\in F_3 \\ c_2(z)\boldsymbol{h}_2(\boldsymbol{r})\mathrm{e}^{\mathrm{i}\beta_2 z}, & \boldsymbol{r}\in F_2 \end{cases}\end{cases} \tag{10.1.1-13}$$

在 2.1.5 节讨论模式的正交性时，曾得到

$$\iint_\infty (\boldsymbol{e}_i\times\boldsymbol{h}_k^* - \boldsymbol{e}_k^*\times\boldsymbol{h}_i)\cdot\mathrm{d}\boldsymbol{A} = 0 \tag{2.1.5-16}$$

这一结论可以推广到麦克斯韦方程的任意两组场解(不论是否是模式)，可表述为：若$(\boldsymbol{E}_a,\boldsymbol{H}_a)$和$(\boldsymbol{E}_b,\boldsymbol{H}_b)$为同一光波导一个封闭体积 V(表面积为 A)内的两个不同场解，则有

$$\oiint_A (\boldsymbol{E}_a\times\boldsymbol{H}_b^* - \boldsymbol{H}_a\times\boldsymbol{E}_b^*)\cdot\mathrm{d}\boldsymbol{A} = 0 \tag{10.1.1-14}$$

上述结论的推导可仿照 2.1.5 节的证明进行，证明过程中也利用了散度定理

$$\iiint_V (\nabla\cdot\boldsymbol{F})\cdot\mathrm{d}s = \oiint_A \boldsymbol{F}\cdot\mathrm{d}\boldsymbol{A} \tag{10.1.1-15}$$

这里不重复了，式(10.1.1-14)又称互易定理。我们在复合光波导中，考虑去除光波导2的芯层的一段封闭体积，在区域 F_1 与 F_3 中，$\boldsymbol{E}_m$、$\boldsymbol{H}_m$ 与 $\boldsymbol{e}_1\exp(\mathrm{i}\beta_1 z)$、$\boldsymbol{h}_1\exp(\mathrm{i}\beta_1 z)$ 均是它的场解(但在 F_2 中不是)，在这段封闭体积运用互易定理有

$$\left(\iint_{a_1}+\iint_{b}+\iint_{a_1'}+\iint_{b'}+\iint_{A_2}\right)(\boldsymbol{E}_m\times\boldsymbol{h}_1^*-\boldsymbol{H}_m\times\boldsymbol{e}_1^*)\mathrm{e}^{-\mathrm{i}\beta_1 z}\cdot\mathrm{d}\boldsymbol{A}=0 \tag{10.1.1-16}$$

式中，a_1、b、a_1'、b'、A_2 是如图10.1.1-1所示的各个表面，因为

$$\begin{aligned}&\left(\iint_{a_1}+\iint_{b}\right)(\boldsymbol{E}_m\times\boldsymbol{h}_1^*-\boldsymbol{H}_m\times\boldsymbol{e}_1^*)\mathrm{e}^{\mathrm{i}\beta_1 z}\cdot\mathrm{d}\boldsymbol{A}\\&=c_1(z)\left(\iint_{a_1}+\iint_{b}\right)(\boldsymbol{e}_1\times\boldsymbol{h}_1^*-\boldsymbol{h}_1\times\boldsymbol{e}_1^*)\cdot\mathrm{d}\boldsymbol{A}+\\&c_2(z)\iint_{b}(\boldsymbol{e}_2\times\boldsymbol{h}_1^*-\boldsymbol{h}_2\times\boldsymbol{e}_1^*)\mathrm{e}^{\mathrm{i}(\beta_2-\beta_1)z}\cdot\mathrm{d}\boldsymbol{A}\end{aligned} \tag{10.1.1-17}$$

式(10.1.1-10)右边的第一项对小截面 a_1 积分，即光波导1在 z 处的入射光功率 P_1。根据弱耦合假定，在 F_2 区域内 $\boldsymbol{e}_1\approx 0$，$\boldsymbol{h}_1\approx 0$，所以在 a_2 上的积分也为零。这意味着式(10.1.1-17)右边第一项就是光波导1的在 z 处的入射光功率 P_1

$$\begin{aligned}P_1&=\frac{1}{2}\mathrm{Re}\left[\iint_{\infty}(\boldsymbol{e}\times\boldsymbol{h}^*)\cdot\mathrm{d}\boldsymbol{A}\right]\\&=\frac{1}{4}\iint_{\infty}(\boldsymbol{e}\times\boldsymbol{h}^*+\boldsymbol{e}^*\times\boldsymbol{h})\cdot\mathrm{d}\boldsymbol{A}\\&=\frac{1}{4}\iint_{\infty}(\boldsymbol{e}\times\boldsymbol{h}^*-\boldsymbol{h}\times\boldsymbol{e}^*)\cdot\mathrm{d}\boldsymbol{A}\end{aligned} \tag{10.1.1-18}$$

式(10.1.1-17)右边第二项可近似认为是零(高阶小量)。于是式(10.1.1-17)为

$$\begin{aligned}&\left(\iint_{a_1}+\iint_{b}\right)(\boldsymbol{E}_m\times\boldsymbol{h}_1^*-\boldsymbol{H}_m\times\boldsymbol{e}_1^*)\mathrm{e}^{-\mathrm{i}\beta_1 z}\cdot\mathrm{d}\boldsymbol{A}\\&\approx -c_1(z)\iint_{\infty}(\boldsymbol{e}_1\times\boldsymbol{h}_1^*-\boldsymbol{h}_1\times\boldsymbol{e}_1^*)\cdot\mathrm{d}\boldsymbol{A}=-c_1(z)4P_1\end{aligned} \tag{10.1.1-19}$$

式(10.1.1-19)右边的负号是考虑到功率是流进封闭体积的。同理，在 $z+\Delta z$ 处有

$$\left(\iint_{a_2'}+\iint_{b'}\right)(\boldsymbol{E}_m\times\boldsymbol{h}_1^*-\boldsymbol{H}_m\times\boldsymbol{e}_1^*)\mathrm{e}^{-\mathrm{i}\beta_1 z}\cdot\mathrm{d}\boldsymbol{A}=c_1(z+\Delta z)4P_1 \tag{10.1.1-20}$$

假定光波导是无损的，则入射面与出射面的功率相等，另外

$$\begin{aligned}&\iint_{A_2}(\boldsymbol{E}_m\times\boldsymbol{h}_1^*-\boldsymbol{H}_m\times\boldsymbol{e}_1^*)\mathrm{e}^{-\mathrm{i}\beta_1 z}\cdot\mathrm{d}\boldsymbol{A}\\&=\int_{z}^{z+\Delta z}c_2(z)\mathrm{d}z\int_{c_2}(\boldsymbol{e}_2\times\boldsymbol{h}_1^*-\boldsymbol{h}_2\times\boldsymbol{e}_1^*)\mathrm{e}^{\mathrm{i}(\beta_2-\beta_1)}\cdot\mathrm{d}\boldsymbol{l}\end{aligned} \tag{10.1.1-21}$$

式中，曲线积分的积分路线 c_2 是表面 A_2 的周线。将式(10.1.1-16)～式(10.1.1-19)

代入式(10.1.1-15)，并令 $\Delta z \to 0$，可得

$$\frac{\mathrm{d}c_1(z)}{\mathrm{d}z}=\frac{c_2(z)}{4P_1}\mathrm{e}^{\mathrm{i}(\beta_2-\beta_1)z}\int_{c_2}(\boldsymbol{e}_2\times\boldsymbol{h}_1^*-\boldsymbol{h}_2\times\boldsymbol{e}_1^*)\cdot\mathrm{d}\boldsymbol{l} \tag{10.1.1-22}$$

若记

$$K_{12}=\frac{-\mathrm{i}}{4P_1}\int_{a_2}(\boldsymbol{e}_2\times\boldsymbol{h}_1^*-\boldsymbol{h}_2\times\boldsymbol{e}_1^*)\cdot\mathrm{d}\boldsymbol{l} \tag{10.1.1-23}$$

则

$$\frac{\mathrm{d}c_1(z)}{\mathrm{d}z}=c_2(z)\mathrm{i}K_{12}\mathrm{e}^{\mathrm{j}(\beta_2-\beta_1)z} \tag{10.1.1-24}$$

按照第 6 章的符号，考虑迅变项

$$a(z)=c(z)\exp(\mathrm{i}\beta z) \tag{10.1.1-25}$$

可得到关于 $a_1(z)$ 的模式耦合方程

$$\frac{\mathrm{d}a_1(z)}{\mathrm{d}z}=\mathrm{i}\beta_1a_1+\mathrm{i}K_{12}a_2 \tag{10.1.1-26}$$

同理可得

$$\frac{\mathrm{d}a_2}{\mathrm{d}z}=\mathrm{i}K_{21}a_2+\mathrm{i}\beta_2a_2 \tag{10.1.1-27}$$

这就是前面的模式耦合方程，证毕。

从整个证明过程看有多处近似，如首先假定 $\frac{\mathrm{d}c}{\mathrm{d}z}\to 0$，又要证明 $\frac{\mathrm{d}c}{\mathrm{d}z}\neq 0$；又如，既要略去 $c_2(z)\iint_{a_2}(\boldsymbol{e}_2\times\boldsymbol{h}_1^*-\boldsymbol{h}_2\times\boldsymbol{e}_1^*)\mathrm{e}^{\mathrm{i}(\beta_2-\beta_1)z}\cdot\mathrm{d}\boldsymbol{A}$，又要保留 $\iint_{A_2}c_2(z)(\boldsymbol{e}_2\times\boldsymbol{h}_1^*-\boldsymbol{h}_2\times\boldsymbol{e}_1^*)\mathrm{e}^{\mathrm{i}(\beta_2-\beta_1)z}\cdot\mathrm{d}\boldsymbol{A}$ 等，有些自相矛盾。而且，从假定模式场可线性叠加的式(10.1.1-10)来证明耦合方程满足线性叠加式(10.1.1-1)，相当于自己证明自己，莫不如直接假定式(10.1.1-1)正确。所以由式(10.1.1-21)计算出的 K_{12} 有相当的误差就是很自然的事了。

值得注意的是，从式(10.1.1-22)可看出，模式耦合只发生在 $\Delta\beta=|\beta_2-\beta_1|\ll 1$ 的情形，否则因 $\exp[\mathrm{i}(\beta_2-\beta_1)z]$ 因子的存在而使积分平均为零。

最后，关于模耦合系数式(10.1.1-23)，可改写为

$$K_{12}=\frac{-\mathrm{i}\int_{c_2}(\boldsymbol{e}_2\times\boldsymbol{h}_1^*-\boldsymbol{h}_2\times\boldsymbol{e}_1^*)\cdot\mathrm{d}\boldsymbol{l}}{\iint_{\infty}(\boldsymbol{e}_2\times\boldsymbol{h}_2^*-\boldsymbol{h}_2\times\boldsymbol{e}_2^*)\cdot\mathrm{d}\boldsymbol{A}} \tag{10.1.1-28}$$

它的分母具有功率的量纲，似乎耦合系数与模功率有关，其实分子的量纲为[瓦][米]$^{-1}$，因此耦合系数与模功率无关。分母的作用，只是使 K_{12} 成为一个单位为 1/m 的系数。

10.1.2 耦合波的特性

由于两个光波导的模式互相耦合而形成的复合场处于空间过渡态，不可再称为模式，但仍具有明显的波动特性，可称为“耦合波”，本节主要研究它的特性。

由模式耦合方程(10.1.1-1)规定的模耦合系数，具有如下对称性：

$$K_{12}=K_{21}^{*}\overset{\text{def}}{=}k \tag{10.1.2-1}$$

这一点，可从无损光波导的能量守恒直接导出。因为$|a_1(z)|^2$与$|a_2(z)|^2$分别代表了两个光波导中各模式的功率，如果模式耦合只发生于这两个光波导之间而且光波导本身又是无损的，那么两个模式的总功率应保持不变，从而

$$\frac{\mathrm{d}}{\mathrm{d}z}(|a_1|^2+|a_2|^2)\equiv 0 \tag{10.1.2-2}$$

将式(10.1.1-1)代入上式，仿照7.3.2节的证明，即可得到上述结果。于是模式耦合方程可化简为(对于一般正规型横向耦合)

$$\begin{cases}\dfrac{\mathrm{d}a_1}{\mathrm{d}z}=\mathrm{i}\beta_1 a_1(z)+\mathrm{i}ka_2(z)\\[2ex]\dfrac{\mathrm{d}a_2}{\mathrm{d}z}=\mathrm{i}k^{*}a_1(z)+\mathrm{i}\beta_2 a_2(z)\end{cases} \tag{10.1.2-3}$$

从式(10.1.1-3)可以看出，模耦合系数只取决于模式场的横向分布，而与z无关，所以模式耦合方程(10.1.1-1)为常系数方程，不难求出它的解为

$$\begin{bmatrix}a_1(z)\\ a_2(z)\end{bmatrix}=\mathrm{e}^{\mathrm{i}\beta z}\begin{bmatrix}u_1 & u_2\\ -u_2^{*} & u_1^{*}\end{bmatrix}\begin{bmatrix}a_1(0)\\ a_2(0)\end{bmatrix} \tag{10.1.2-4}$$

式(10.1.2-4)中矩阵元素为

$$u_1(z)=\cos\gamma z+\mathrm{i}\,\frac{\Delta\beta}{2\gamma}\sin\gamma z \tag{10.1.2-5}$$

$$u_2(z)=\mathrm{i}\,\frac{k}{\gamma}\sin\gamma z \tag{10.1.2-6}$$

式(10.1.2-5)和式(10.1.2-6)中的各量为

$$\beta=\frac{1}{2}(\beta_1+\beta_2),\quad \Delta\beta=\frac{\beta_1-\beta_2}{2},\quad \gamma=\sqrt{(\Delta\beta)^2+|k|^2} \tag{10.1.2-7}$$

可知模式耦合只能在两个相互简并的模之间发生，必须$|\Delta\beta|\ll 1$。

以下研究一种特例，假定两光波导是全同的(折射率分布完全相同)，那么显然(从式(10.1.1-2)也可看出)有

$$K_{12}=K_{21} \tag{10.1.2-8}$$

再结合式(10.1.2-1)，可知此时模耦合系数应为实数。于是模式耦合方程可化简为

$$\begin{cases}\dfrac{\mathrm{d}a_1}{\mathrm{d}z}=\mathrm{i}\beta a_1(z)+\mathrm{i}ka_2(z)\\[2ex]\dfrac{\mathrm{d}a_2}{\mathrm{d}z}=\mathrm{i}ka_1(z)+\mathrm{i}\beta a_2(z)\end{cases}\tag{10.1.2-9}$$

因为 $\Delta\beta=0$，所以这时模式耦合方程(10.1.2-6)的解为

$$\begin{bmatrix}a_1(z)\\a_2(z)\end{bmatrix}=\mathrm{e}^{\mathrm{i}\beta z}\begin{bmatrix}\cos(kz) & \mathrm{i}\sin(kz)\\\mathrm{i}\sin(kz) & \cos(kz)\end{bmatrix}\begin{bmatrix}a_1(0)\\a_2(0)\end{bmatrix}\tag{10.1.2-10}$$

这表明，模式的能量在两个模式之间周期性交换，使两个模式幅度发生周期性变化(图 10.1.2-1)。

如果 $a_1(0)\neq 0, a_2(0)=0$，则

$$\begin{cases}|a_1(z)|^2=\cos^2 kz\,|a_1(0)|^2\\|a_2(z)|^2=\sin^2 kz\,|a_1(0)|^2\end{cases}\tag{10.1.2-11}$$

上式清楚地表明，沿着 z 方向，传输功率在两个光波导间周期性交替变化。为使波导 2 的功率全部耦合到波导 1，应取 $kz=\pi/2$，从而

$$L=\frac{\pi}{2k}\tag{10.1.2-12}$$

这表明耦合元件长度取上述值时，可获得最大的功率耦合。

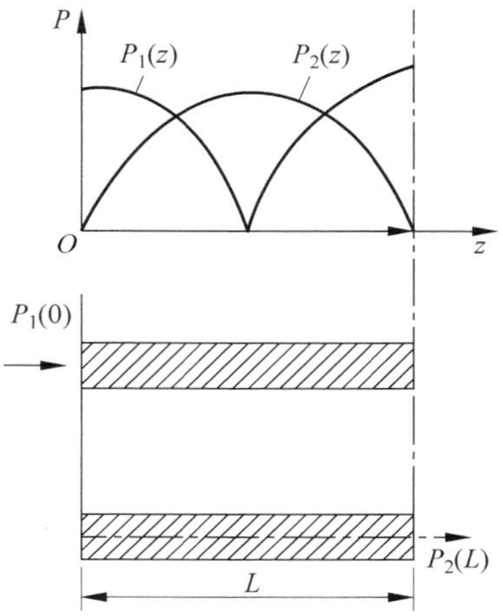

图 10.1.2-1　两个光波导模式的功率周期性交换

当耦合长度 L 一定时，假定光功率只从光波导 1 注入，为 $P_{\text{in}}=|a_1(0)|^2$，则在两个光波导的输出端都有功率输出，分别为 $P_{1\text{out}}=|a_1(L)|^2$ 与 $P_{2\text{out}}=|a_2(L)|^2$，由式(10.1.2-11)可得

$$\begin{cases}P_{1\text{out}}=\alpha P_{\text{in}}\\P_{2\text{out}}=(1-\alpha)P_{\text{in}}\end{cases}\tag{10.1.2-13}$$

式(10.1.2-13)中的 α 称为分光比，注意它是在只有一个光波导输入的条件下得出的，不是两个光波导都有输入时的分光比。式(10.1.2-10)也可改写为

$$\begin{bmatrix}a_1(z)\\a_2(z)\end{bmatrix}=\mathrm{e}^{\mathrm{i}\beta z}\begin{bmatrix}\sqrt{\alpha} & \mathrm{i}\sqrt{1-\alpha}\\\mathrm{i}\sqrt{1-\alpha} & \sqrt{\alpha}\end{bmatrix}\begin{bmatrix}a_1(0)\\a_2(0)\end{bmatrix}\tag{10.1.2-14}$$

这是常用的光纤耦合器的传输特性公式，注意这里两个输出端之间有半波($\pi/2$)的相移。

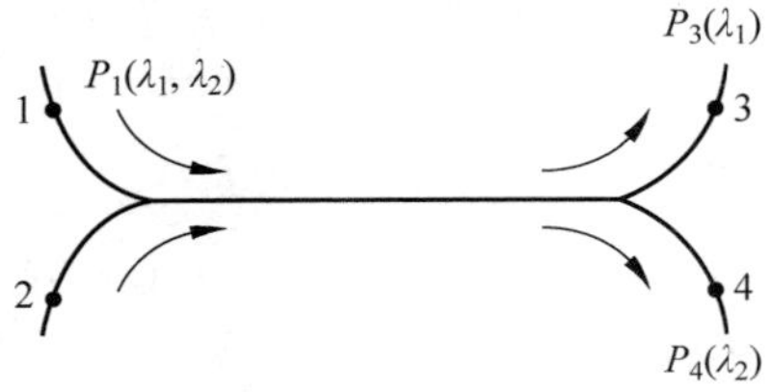

图 10.1.2-2　波分复用光纤耦合器

由于光纤耦合器的耦合系数 k 是与波长有关的，所以它的分光比也与波长有关。利用不同波长的分光比不同这个性质，光纤耦合器也可用作波分复用器与解复用器。例如，当两个波长的光同时从光波导 1 输入，分光比对一个波长为 1，而对另一波长为 0，于是两个不同波长的光便从不同的输出端口输出(图 10.1.2-2)。

从式(10.1.2-10)与式(10.1.2-14)中可以看出，$a_1(z)$ 与 $a_2(z)$ 永远不能达到稳态，但这一结论是与事实不符的。问题出在我们关于模式耦合只限于两个模之间并且光波导无损这一假定上。因为事实上，模式耦合也可能发生于其他高次模之间，并引起损耗，使光波导最终趋于稳态。因此，本节的理论分析只适用耦合长度 L 不十分长的情形。

10.1.3　用极化电流概念推导模耦合系数

10.1.1 节直接从物理概念写出模式耦合方程(10.1.1-1)，但是没有得到模耦合系数的计算公式。随后我们利用互易定理证明了模式耦合方程并得出了模耦合系数的计算公式(10.1.1-23)，但是其中许多假设比较勉强。下面用极化电流的概念导出另一组模耦合系数公式(图 10.1.1-1)。

当只有光波导 1 存在时，在 F_2 区域内的折射率应为包层折射率，于是有

$$\nabla\times\boldsymbol{H}_1=\mathrm{i}\omega\varepsilon_a\boldsymbol{E}_1,\quad \boldsymbol{r}\in F_2 \tag{10.1.3-1}$$

式中，$\boldsymbol{H}_1=a_1(z)\boldsymbol{h}_1$，$\boldsymbol{E}_1=a_1(z)\boldsymbol{e}_1$，是包括了模式场和纵向幅度与相位变化的总的光场。上式可改写为

$$\nabla\times\boldsymbol{H}_1=\mathrm{i}\omega\varepsilon_2\boldsymbol{E}_1+\mathrm{i}\omega(\varepsilon_a-\varepsilon_2)\boldsymbol{E}_1 \tag{10.1.3-2}$$

在 F_2 区域，由于被光波导 2 占据，折射率(介电常数)变为 ε_2，其麦克斯韦方程为

$$\nabla\times\boldsymbol{H}_1=\mathrm{i}\omega\varepsilon_2\boldsymbol{E}_1+\boldsymbol{J} \tag{10.1.3-3}$$

将方程(10.1.3-2)与方程(10.1.3-3)相比较，可认为 $\boldsymbol{E}_1$ 仍在介质 ε_2 中传输，但增加了一个干扰项——电流源，其大小为

$$\boldsymbol{J}=\mathrm{i}\omega(\varepsilon_a-\varepsilon_2)\boldsymbol{E}_1 \tag{10.1.3-4}$$

这个电流称为极化电流。如果在 F_2 中有另一个模式 $\boldsymbol{E}_2=a_2(z)\boldsymbol{e}_2$，$\boldsymbol{H}_2=a_2(z)\boldsymbol{h}_2$ 在传输，它们将相互作用，进行功率交换。在体积元 $\mathrm{d}V$ 内交换的功率为

$$\begin{aligned}\mathrm{d}P&=-\frac{1}{2}\mathrm{Re}\{a_2\boldsymbol{e}_2\cdot\boldsymbol{J}^*\}\mathrm{d}V=-\frac{1}{2}\mathrm{Re}\{a_2\boldsymbol{e}_2\cdot(-\mathrm{i}\omega)a_1^*(z)\boldsymbol{e}_1^*(\varepsilon_a-\varepsilon_1)\}\mathrm{d}V\\&=\frac{1}{2}\omega\mathrm{Re}\{[a_2a_1^*(z)\mathrm{d}z]\mathrm{i}(\varepsilon_a-\varepsilon_1)[\boldsymbol{e}_2\cdot\boldsymbol{e}_1^*\mathrm{d}A]\}\end{aligned} \tag{10.1.3-5}$$

对上式在全平面积分，可得到功率沿 z 方向的变化率为

$$\frac{\mathrm{d}P}{\mathrm{d}z}=\frac{1}{2}\omega\mathrm{Re}\left\{a_2(z)a_1^*(z)\mathrm{i}\iint_\infty(\varepsilon_a-\varepsilon_1)\boldsymbol{e}_2\cdot\boldsymbol{e}_1^*\,\mathrm{d}A\right\} \tag{10.1.3-6}$$

这个功率只能从光波导 1 的模式中获取，应有

$$\frac{\mathrm{d}P_1}{\mathrm{d}z}=\frac{\mathrm{d}}{\mathrm{d}z}\mid a_1\mid^2 \tag{10.1.3-7}$$

注意$|a_1|^2$ 有功率的量级。将模式耦合方程(10.1.1-1)代入上式，得

$$\frac{\mathrm{d}P_1}{\mathrm{d}z}=2\mathrm{Re}[\mathrm{i}a_2(z)a_1^*(z)K_{12}] \tag{10.1.3-8}$$

比较式(10.1.3-6)与式(10.1.3-8)，可知

$$K_{12}=\frac{1}{4}\omega\iint_\infty(\varepsilon_a-\varepsilon_1)\boldsymbol{e}_2\cdot\boldsymbol{e}_1^*\,\mathrm{d}A \tag{10.1.3-9}$$

注意，因为功率量纲已放到 $a_2a_1^*$ 中去，所以 K_{21} 应为无量纲的量。但通常 $\boldsymbol{e}_1\cdot\boldsymbol{e}_2$ 看作模式场而不只看作分布函数，所以右边的积分是有量纲的。为了与 10.1.2 节 K_{12} 的量纲一致，我们将它除以功率，得到

$$K_{12}=\frac{1}{4P_2}\omega\varepsilon_0\iint_\infty(n_a^2-n_2^2)\boldsymbol{e}_2\cdot\boldsymbol{e}_1^*\,\mathrm{d}A \tag{10.1.3-10}$$

式中，P_2 是模式 2 的起始注入功率，为

$$P_2=\frac{1}{4}\iint_\infty(\boldsymbol{e}_2\times\boldsymbol{h}_2^*-\boldsymbol{h}_2\times\boldsymbol{e}_2^*)\cdot\mathrm{d}\boldsymbol{A} \tag{10.1.3-11}$$

于是

$$K_{12}=\frac{\omega\varepsilon_0\iint_\infty(n_a^2-n_2^2)\boldsymbol{e}_2\cdot\boldsymbol{e}_1^*\,\mathrm{d}A}{\iint_\infty(\boldsymbol{e}_2\times\boldsymbol{h}_2^*-\boldsymbol{h}_2\times\boldsymbol{e}_2^*)\cdot\mathrm{d}\boldsymbol{A}} \tag{10.1.3-12}$$

这时，K_{12} 的单位为 1/m。

式(10.1.3-12)是直接从模耦合方程出发利用极化电流概念得到的，与式(10.1.1-22)相比如何呢？按常理，二者应该一致。但在推导过程中，二者采用了不同的近似，所以仍然有一些差距。但在两耦合模近似简并的情况下，二者是一致的。证明如下：

在光波导 2 的芯层 F_2 区域内，有

$$\begin{aligned}\nabla\cdot(\boldsymbol{e}_2\times\boldsymbol{h}_1^*-\boldsymbol{h}_2\times\boldsymbol{e}_1^*)=&\boldsymbol{h}_1^*\cdot(\nabla\times\boldsymbol{e}_2)-\boldsymbol{e}_2\cdot(\nabla\times\boldsymbol{h}_1^*)-\boldsymbol{e}_1^*\cdot(\nabla\times\boldsymbol{h}_2)+\\&\boldsymbol{h}_2\cdot(\nabla\times\boldsymbol{e}_1^*)\end{aligned} \tag{10.1.3-13}$$

分别代入两个模式各自满足的麦克斯韦方程，注意 $\boldsymbol{e}_2$、$\boldsymbol{h}_2$ 满足在 F_2 区域内折射率为 n_2^2 的方程，$\boldsymbol{e}_1$、$\boldsymbol{h}_1$ 满足在 F_2 区域内折射率为 n_a^2 的方程，从而有

$$\nabla\cdot(\boldsymbol{e}_2\times\boldsymbol{h}_1^*-\boldsymbol{h}_2\times\boldsymbol{e}_1^*)=\mathrm{i}\omega(\varepsilon_a-\varepsilon_2)\boldsymbol{e}_2\cdot\boldsymbol{e}_1^* \tag{10.1.3-14}$$

在光波导 2 的芯层取一小段 $\mathrm{d}z$，包括两个端面 a_2 和 a_2' 以及一个侧面 $c_l\mathrm{d}z$，如

图 10.1.3-1 所示。并利用散度定理，得

$$\iint_A (\boldsymbol{e}_2 \times \boldsymbol{h}_1^* - \boldsymbol{h}_2 \times \boldsymbol{e}_1^*) \cdot \mathrm{d}\boldsymbol{A} = \iiint_V \mathrm{i}\omega(\varepsilon_a - \varepsilon_2)\boldsymbol{e}_2 \cdot \boldsymbol{e}_1^* \,\mathrm{d}V \tag{10.1.3-15}$$

令 $\mathrm{d}z \to 0$，式(10.1.3-15)左面的积分由于 a_2 与 a_2' 是两个相反的包面，所以其和为零，只剩侧面 $c_l \mathrm{d}z$，从而

$$\iint_A (\boldsymbol{e}_2 \times \boldsymbol{h}_1^* - \boldsymbol{h}_2 \times \boldsymbol{e}_1^*) \cdot \mathrm{d}\boldsymbol{A} \to \int_z^{z+\mathrm{d}z} \mathrm{d}z \int_{c_l} (\boldsymbol{e}_2 \times \boldsymbol{h}_1^* - \boldsymbol{h}_2 \times \boldsymbol{e}_1^*) \cdot \mathrm{d}\boldsymbol{l} \tag{10.1.3-16}$$

式(10.1.3-15)右面的积分，在 $\mathrm{d}z \to 0$ 的过程中化为

$$\iiint_V \mathrm{i}\omega(\varepsilon_a - \varepsilon_2)\boldsymbol{e}_2 \cdot \boldsymbol{e}_1^* \,\mathrm{d}V \to \int_z^{z+\mathrm{d}z} \iint_{a_2} \mathrm{i}\omega(\varepsilon_a - \varepsilon_2)\boldsymbol{e}_2 \cdot \boldsymbol{e}_1^* \,\mathrm{d}A\,\mathrm{d}z \tag{10.1.3-17}$$

于是可得

$$\int_{c_l} (\boldsymbol{e}_2 \times \boldsymbol{h}_1^* - \boldsymbol{h}_2 \times \boldsymbol{e}_1^*) \cdot \mathrm{d}l = \iint_{a_2} \mathrm{i}\omega(\varepsilon_a - \varepsilon_2)\boldsymbol{e}_2 \cdot \boldsymbol{e}_1^* \,\mathrm{d}A \tag{10.1.3-18}$$

从而得证。可知式(10.1.1-23)和式(10.1.3-12)是等价的。

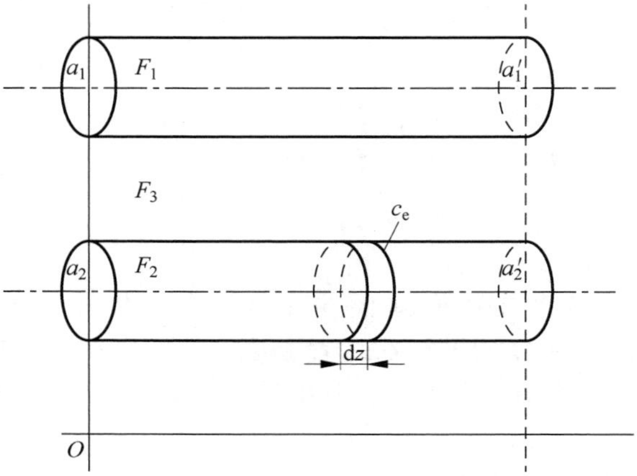

图 10.1.3-1 用极化电流概念推导模耦合系数

10.1.4 两正圆光纤的横向耦合

作为正规型横向耦合的应用实例，本节研究两正圆光纤的横向耦合。

实际正规光波导中，无论是圆的还是非圆的，都存在两个偏振主轴，从偏振主轴入射的线偏振光，可以保证出射光仍为线偏振的。分析模式耦合，首先是研究这

4 个线偏振模之间的耦合。

设有两根正圆光纤 F_1 和 F_2，如图 10.1.4-1 所示，当它们单独存在时，各自的模式分别为 $LP^{(1x)}$、$LP^{(1y)}$ 和 $LP^{(2x)}$、$LP^{(2y)}$ 4 个线偏振模，这里上标的数字表示光纤的序号，x、y 表示模式的偏振方向。4 个偏振模中两两之间均会发生耦合。两光纤中心的连线为 O_1O_2，它与光纤 F_1 的 x_1 轴偏角为 φ_1，与光纤 F_2 的 x_2 轴偏角为 φ_2。两光纤偏振主轴 x_1 与 x_2 的夹角为 φ_3，显然有(图 10.1.4-2)

$$\varphi_2 = \varphi_1 + \varphi_3 \tag{10.1.4-1}$$

对于线偏振模，这 4 个线偏振模的模式场分别为

$$LP^{(1x)}:\{e_x^{(1x)},0,e_z^{(1x)};\ 0,h_y^{(1x)},h_z^{(1x)}\} \tag{10.1.4-2}$$

$$LP^{(1y)}:\{0,e_y^{(1y)},e_z^{(1y)};\ h_x^{(1y)},0,h_z^{(1y)}\} \tag{10.1.4-3}$$

$$LP^{(2x)}:\{e_x^{(2x)},0,e_z^{(2x)};\ 0,h_y^{(2x)},h_z^{(2x)}\} \tag{10.1.4-4}$$

$$LP^{(2y)}:\{0,e_y^{(2y)},e_z^{(2y)};\ h_x^{(2y)},0,h_z^{(2y)}\} \tag{10.1.4-5}$$

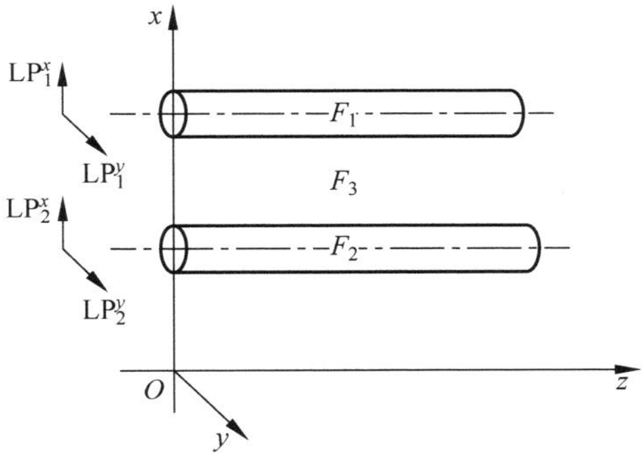

图 10.1.4-1　两正圆光纤的横向耦合

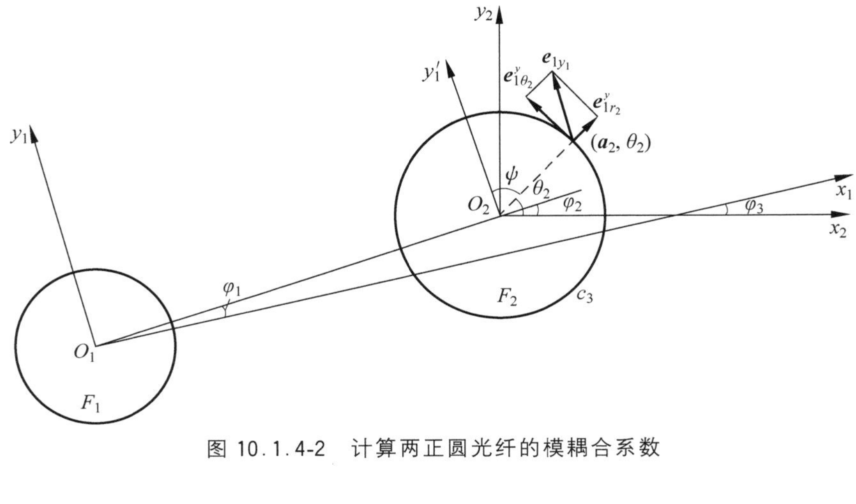

图 10.1.4-2　计算两正圆光纤的模耦合系数

忽略不存在的分量，得到此时的模式耦合方程为

$$\frac{\mathrm{d}}{\mathrm{d}z}\begin{bmatrix} a_x^{(1x)} \\ a_y^{(1y)} \\ a_x^{(2x)} \\ a_y^{(2y)} \end{bmatrix} = \mathrm{i}\boldsymbol{K}\begin{bmatrix} a_x^{(1x)} \\ a_y^{(1y)} \\ a_x^{(2x)} \\ a_y^{(2y)} \end{bmatrix} \tag{10.1.4-6}$$

式中，$a_k^{(ij)}$ 分别表示该根光纤对应的电场分量的复振幅。耦合矩阵 $\boldsymbol{K}$ 为 4×4 矩阵，它的元素 K_{mn} 分别为

① 当 $m=n$ 时

$$K_{mn}=\beta_{mn} \tag{10.1.4-7}$$

如果两根光纤是全同的，则 $\beta_1=\beta_2=\beta$，式中 $\beta_i, i=1,2$ 表示两根光纤的传输常数。

② 当 $m\neq n$ 时

$$K_{mn}=\int_{c_n}(\boldsymbol{e}_n\times\boldsymbol{h}_m^*-\boldsymbol{h}_n\times\boldsymbol{e}_m^*)\cdot \mathrm{d}\boldsymbol{c}_n \tag{10.1.4-8}$$

式(10.1.4-8)中的 LP 模式的模式场仍由横向部分与纵向部分两部分组成，如 $\mathrm{LP}^{(1x)}$ 模式电场 $\boldsymbol{e}^{(1x)}$ 由横向部分 $\boldsymbol{e}_\mathrm{t}^{(1x)}$ 和纵向部分 $\boldsymbol{e}_z^{(1x)}$ 组成，即 $\boldsymbol{e}^{(1x)}=\boldsymbol{e}_\mathrm{t}^{(1x)}+\boldsymbol{e}_z^{(1x)}$。

现以光纤 F_2 的 $\mathrm{LP}^{(2x)}$ 模向光纤 F_1 的 $\mathrm{LP}^{(1x)}$ 模耦合为例，计算模耦合系数

$$K_{1x2x}=\int_{c_2}[\boldsymbol{e}^{(2x)}\times\boldsymbol{h}^{*(1x)}-\boldsymbol{h}^{(2x)}\times\boldsymbol{e}^{*(1x)}]\cdot \mathrm{d}\boldsymbol{c}_2 \tag{10.1.4-9}$$

把上式向以光纤 F_2 为基础的柱坐标系转化，可得

$$\mathrm{d}\boldsymbol{c}_2=a_2\mathrm{d}\boldsymbol{\theta}_2 \tag{10.1.4-10}$$

式中，a_2 为 F_2 的半径。

积分号内的矢量按 $\hat{\boldsymbol{r}}_2$、$\hat{\boldsymbol{\theta}}_2$、$\hat{z}$ 三个方向进行分解

$$\boldsymbol{e}^{(2x)}=\boldsymbol{e}_r^{(2x)}+\boldsymbol{e}_\theta^{(2x)}+\boldsymbol{e}_z^{(2x)} \tag{10.1.4-11}$$

$$\boldsymbol{h}^{*(1x)}=\boldsymbol{h}_r^{*(1x)}+\boldsymbol{h}_\theta^{*(1x)}+\boldsymbol{h}_z^{*(1x)} \tag{10.1.4-12}$$

$$\boldsymbol{h}^{(2x)}=\boldsymbol{h}_r^{(2x)}+\boldsymbol{h}_\theta^{(2x)}+\boldsymbol{h}_z^{(2x)} \tag{10.1.4-13}$$

$$\boldsymbol{e}^{*(1x)}=\boldsymbol{e}_r^{*(1x)}+\boldsymbol{e}_\theta^{*(1x)}+\boldsymbol{e}_z^{*(1x)} \tag{10.1.4-14}$$

可以看出，只有 $\hat{\boldsymbol{r}}_2$ 方向分量与 z 方向分量的矢量积再与 $\mathrm{d}\boldsymbol{\theta}_2$ 的标量积不为零，于是

$$\begin{aligned}K_{1x2x}=a_2\int_0^{2\pi}\{&[\boldsymbol{e}_r^{(2x)}\times\boldsymbol{h}_z^{*(1x)}+\boldsymbol{e}_z^{(2x)}\times\boldsymbol{h}_r^{*(1x)}]- \\ &[\boldsymbol{h}_r^{(2x)}\times\boldsymbol{e}_z^{*(1x)}+\boldsymbol{h}_z^{(2x)}\times\boldsymbol{e}_r^{*(1x)}]\}\cdot \mathrm{d}\boldsymbol{\theta}_2\end{aligned} \tag{10.1.4-15}$$

注意到 $\boldsymbol{e}_r^{(2x)}=\boldsymbol{e}_x^{(2x)}\cos\theta_2$，$\boldsymbol{h}_r^{(2x)}=\boldsymbol{h}_y^{(2x)}\sin\theta_2$。由图 10.1.4-2 可见，$\boldsymbol{e}_x^{(1x)}$ 与 $\boldsymbol{r}_2$ 之夹角为 $(\theta_2-\varphi_2+\varphi_1)$，可知

$$e_r^{(1x)} = e_x^{(1x)} \cos(\theta_2 - \varphi_2 + \varphi_1) \tag{10.1.4-16}$$

同理，由于 $\boldsymbol{h}_y^{(1x)}$ 与 $\boldsymbol{r}_2$ 之夹角为 $\frac{\pi}{2} - \theta_2 + \varphi_2 - \varphi_1$，可知

$$h_r^{(1x)} = h_y^{(1x)} \sin(\theta_2 - \varphi_2 + \varphi_1) \tag{10.1.4-17}$$

代入得到

$$K_{1x2x} = a_2 \int_0^{2\pi} \left\{ \begin{matrix} [e_x^{(2x)} h_z^{(1x)} \cos\theta_2 + e_z^{(2x)} h_y^{(1x)} \sin(\theta_2 - \varphi_2 + \varphi_1)] - \\ [e_z^{(1x)} h_y^{(2x)} \sin\theta_2 + h_z^{(2x)} e_x^{(1x)} \cos(\theta_2 - \varphi_2 + \varphi_1)] \end{matrix} \right\} d\theta_2 \tag{10.1.4-18}$$

在积分号内，$e_x^{(2x)}$、$h_y^{(2x)}$、$e_z^{(2x)}$、$h_z^{(2x)}$ 分量，由于方向是固定的，对于基模（参见式(3.6.3-3)）有

$$e_x^{(2x)}(r, \varphi) = \begin{cases} a_0 \mathrm{J}_0\left(\dfrac{U}{a} r_2\right), & r_2 < a_2 \\ b_a \mathrm{K}_0\left(\dfrac{W}{a} r_2\right), & r_2 > a_2 \end{cases} \tag{10.1.4-19}$$

所以以上 4 个分量均与 θ_2 无关；$e_x^{(1x)}$、$e_z^{(1x)}$、$h_y^{(1x)}$、$h_z^{(1x)}$ 因为与 r_1 有关，而

$$r_1^2 = d^2 + a_2^2 - 2a_2 d \cos(\varphi_2 - \theta_2) \tag{10.1.4-20}$$

所以与 θ_2 有关，式中 d 为两圆中心距，然后代入各自的表达式，便可求出耦合系数。

在正圆光纤中，坐标轴的选取不会影响模式场的分布，所以不妨设 x_1 与 x_2 同轴，这样 $\varphi_1 = \varphi_2 = \varphi_3 = 0$，于是得

$$K_{1x2x} = a_2 \int_0^{2\pi} \{[e_x^{(2x)} h_z^{(1x)} \cos\theta_2 + e_z^{(2x)} h_y^{(1x)} \sin\theta_2] - [e_z^{(1x)} h_y^{(2x)} \sin\theta_2 + h_z^{(2x)} e_x^{(1x)} \cos\theta_2]\} d\theta_2 \tag{10.1.4-21}$$

化简得到

$$K_{1x2x} = a_2 \int_0^{2\pi} \{[e_x^{(2x)} h_z^{(1x)} - h_z^{(2x)} e_x^{(1x)}] \cos\theta_2 + [e_z^{(2x)} h_y^{(1x)} - e_z^{(1x)} h_y^{(2x)}] \sin\theta_2\} d\theta_2 \tag{10.1.4-22}$$

如果是单模阶跃光纤，场分布表现为贝塞尔函数，所以式(10.1.4-21)涉及贝塞尔函数的积分。从式(10.1.4-21)还可以看出，两个不同模式之间的耦合必须考虑纵向分量，一般来说是很小的。其他的模耦合系数亦可类似地求出。

最后，关于所谓"斜坐标系"的问题，就是两个圆光纤的圆心连线与所选的坐标系的坐标轴不平行的情况。此时，有 $\varphi_2 = \varphi_1 \neq 0$，但 $\varphi_3 = 0$，得到的模耦合系数形式上与式(10.1.4-22)是相同的，但是，由于 $\varphi_2 \neq 0$，这将影响到式(10.1.4-20)的计算。因此，模耦合系数有所不同。

10.2 缓变非正规型横向耦合

利用相互平行的正规光波导的横向耦合，可使一个波导的功率耦合到另一个中去，但要获得最大功率耦合，必须严格遵守式(10.1.2-10)。由于耦合系数 k 很大，导致耦合长度 L 很小，很难精确控制，所以实际的光波导耦合器都是基于非正规型横向耦合原理制成的。非正规型横向耦合又可分为两种情况。一种是两个光波导本身都是正规光波导，但其相互靠近的程度缓慢变化。在弱耦合条件下，可认为每个光波导各自的参数不会因另一个光波导的存在而变化，而仅仅是耦合系数缓慢变化，如图 10.2.0-1 所示。另一种是两个光波导本身就是缓慢变化的非正规光波导，如光纤的芯径沿纵向呈梯度(锥型)缓慢变化，通常称为双锥耦合器。双锥的布置可以是同方向的，如图 10.2.0-2(a)所示，或者是相对布置的，如图 10.2.0-2(b)所示。

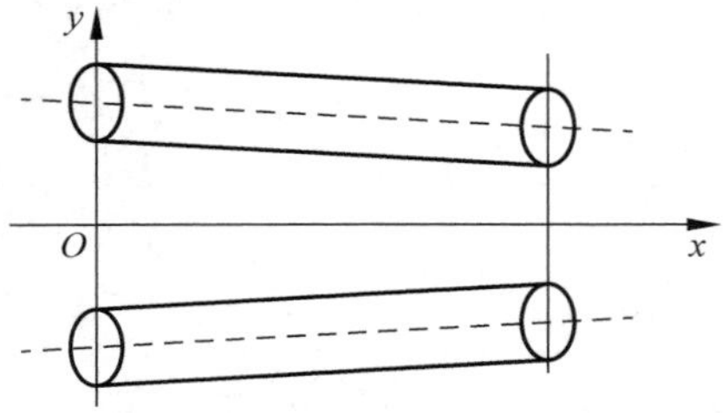

图 10.2.0-1　两个正规光波导缓变弱耦合

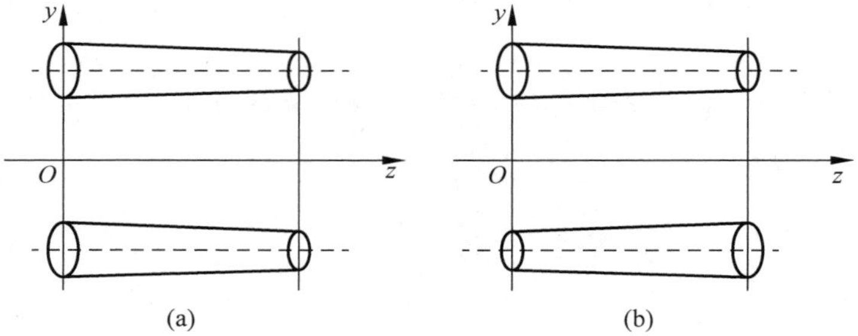

图 10.2.0-2　双锥耦合器

(a) 同方向布置；(b) 相对布置

1. 两正规光波导的缓变耦合

首先分析如图 10.2.0-1 所示的情形。这时，由于每个光波导基本上可看作正规光波导，所以存在模式的概念，我们仍然可近似用模式耦合的概念来分析。这样，我们可沿用 10.1.1 节曾经使用过的符号，并由此得到模耦合方程

$$\begin{cases}\dfrac{\mathrm{d}a_1(z)}{\mathrm{d}z}=\mathrm{i}\beta_1 a_1(z)+\mathrm{i}K_{21}(z)a_2(z)\\[2mm]\dfrac{\mathrm{d}a_2(z)}{\mathrm{d}z}=\mathrm{i}K_{12}(z)a_1(z)+\mathrm{i}\beta_2 a_2(z)\end{cases}\tag{10.2.0-1}$$

方程(10.2.0-1)与方程(10.1.1-1)的区别仅在于这里的 K_{21}、K_{12} 不再是常数，而是随 z 变化的函数。

如果这两个光波导(或光纤)的结构完全相同，可认为 $\beta_1=\beta_2=\beta$，而且由对称性可知 $K_{12}=K_{21}=k(z)$，于是可得

$$\begin{cases}\dfrac{\mathrm{d}a_1(z)}{\mathrm{d}z}=\mathrm{i}\beta a_1(z)+\mathrm{i}k(z)a_2(z)\\[2ex]\dfrac{\mathrm{d}a_2(z)}{\mathrm{d}z}=\mathrm{i}k(z)a_1(z)+\mathrm{i}\beta a_2(z)\end{cases}\tag{10.2.0-2}$$

上述方程的解为

$$\begin{bmatrix}a_1(z)\\a_2(z)\end{bmatrix}=\mathrm{e}^{\mathrm{i}\beta z}\begin{bmatrix}\cos[\varphi(z)] & \mathrm{i}\sin[\varphi(z)]\\\mathrm{i}\sin[\varphi(z)] & \cos[\varphi(z)]\end{bmatrix}\begin{bmatrix}a_1(0)\\a_2(0)\end{bmatrix}\tag{10.2.0-3}$$

式中 $\varphi(z)=\int_0^z k(z)\mathrm{d}z$。如果用耦合比来表示式(10.2.0-3)，可得

$$\begin{bmatrix}a_1(z)\\a_2(z)\end{bmatrix}=\mathrm{e}^{\mathrm{i}\beta z}\begin{bmatrix}\sqrt{\alpha(z)} & \mathrm{i}\sqrt{1-\alpha(z)}\\\mathrm{i}\sqrt{1-\alpha(z)} & \sqrt{\alpha(z)}\end{bmatrix}\begin{bmatrix}a_1(0)\\a_2(0)\end{bmatrix}\tag{10.2.0-4}$$

如果只有光波导 1 有光注入，光波导 2 没有光注入，$a_2(0)=0$，可得

$$\begin{cases}|a_1(z)|^2=\cos^2\varphi(z)\,|a_1(0)|^2\\|a_2(z)|^2=\sin^2\varphi(z)\,|a_1(0)|^2\end{cases}\tag{10.2.0-5}$$

式(10.2.0-5)表明，当光功率在沿着 z 传输时，功率将在两光波导间周期性交换，但交换的周期是缓慢变化的。为使光波导 1 的功率完全耦合到光波导 2 中去，应使耦合长度 L 满足 $\varphi(L)=\pi/2$，即

$$\int_0^L k(z)\mathrm{d}z=\pi/2\tag{10.2.0-6}$$

若模耦合系数 $k(z)$ 以某一斜率缓慢变化，可近似认为 $k(z)=k_0(1+sz)$，其中 s 为变化斜率，则可得

$$L=-\frac{1}{s}+\sqrt{\frac{1}{s^2}+\frac{\pi}{sk_0}}\tag{10.2.0-7}$$

由于 s 很小，所以相对而言，耦合长度要大一些，而且也易于控制。

在式(10.2.0-2)中，随着耦合长度的增加，耦合程度加剧，弱耦合条件被破坏。于是每个光波导不能再看成正规光波导，也不能再用模式耦合理论分析，这会导致高阶模和辐射模出现，增大损耗，所以式(10.2.0-5)只是一个近似，一般振荡曲线只能持续几个周期，如图 10.2.0-3 所示。

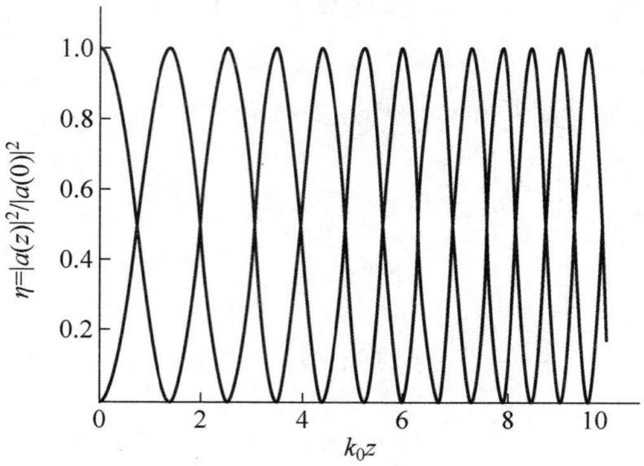

图 10.2.0-3　两正规光波导的耦合效率($s/2k_0=0.1$)

2. 两缓变光波导的横向耦合

现在分析图 10.2.0-2 的情形。在第 6 章曾指出，折射率分布沿纵向变化的非正规光波导不存在模式，因此 10.1 节基于模式耦合方程的一系列分析都需要修正。但对于缓变光波导，可以引用“局部模式”的概念，如在第 i 短段内的局部模式可写成

$$\boldsymbol{E}_i(x,y,z)=\boldsymbol{e}_i(x,y)\exp[\mathrm{i}\beta_i(z-z_i)] \tag{10.2.0-8}$$

不同短段，因结构参数发生了变化，β_i 与 $\boldsymbol{e}_i$ 均发生了变化，但此处我们假定 $\boldsymbol{e}_i$ 的变化仅体现在 β_i 的变化上，即

$$\boldsymbol{e}_i(x,y,z)=\boldsymbol{e}_i[x,y,\beta_i(z)] \tag{10.2.0-9}$$

这样，在长段内的光场为

$$\boldsymbol{E}(x,y,z)=c(z)\boldsymbol{e}[x,y,\beta(z)]\exp\left[\mathrm{i}\int\beta(z)\mathrm{d}z\right] \tag{10.2.0-10}$$

记

$$a(z)=c(z)\exp\left[\mathrm{i}\int\beta(z)\mathrm{d}z\right] \tag{10.2.0-11}$$

在弱横向耦合的条件下，可以得到缓变光波导横向耦合的局部模耦合方程

$$\begin{cases}\dfrac{\mathrm{d}a_1(z)}{\mathrm{d}z}=\mathrm{i}\beta_1(z)a_1(z)+\mathrm{i}K_{21}(z)a_2(z)\\[2ex]\dfrac{\mathrm{d}a_2(z)}{\mathrm{d}z}=\mathrm{i}K_{12}(z)a_1(z)+\mathrm{i}\beta_2(z)a_2(z)\end{cases} \tag{10.2.0-12}$$

与正规光波导的横向模式耦合方程相比，局部模式耦合方程是一个变系数的线性方程组。

关于局部模的模式耦合系数，在缓变近似条件下，式(10.1.1-13)和式(10.1.1-28)仍

然适用，但在使用上述两公式时，$\boldsymbol{e}_1$、$\boldsymbol{e}_2$、n_2^2、n_a^2 均随 z 变化而变化；故式(10.1.1-13)和式(10.1.1-28)中的分子、分母同时随 z 变化，k_{ij} 也随 z 变化。

现在的问题是，由于局部模式耦合方程是一个变系数方程，它的解不再是式(10.1.2-4)的形式，那么它的耦合波将如何演变呢？这也正是缓变光波导的横向耦合与正规光波导的横向耦合的区别所在。现以梯度变化的锥型耦合器进行分析。

以图10.2.0-2(b)为例，由于梯度变化缓慢，我们可设 $\beta_1=\beta_0(1+sz)$，$\beta_2=\beta_0(1-sz)$，而 $K_{21}=K_{12}=k$ 为一常数。为使方程(10.2.0-12)变成标准形式，我们令 $x=\sqrt{2s\beta_0}\,z$，以及

$$\begin{cases}a_1(z)=c_1(x)\exp[\mathrm{i}\beta_0(z)]\\ a_2(z)=c_2(x)\exp[\mathrm{i}\beta_0(z)]\end{cases}\tag{10.2.0-13}$$

代入后，整理得

$$\begin{cases}\dfrac{\mathrm{d}c_1}{\mathrm{d}x}=\mathrm{i}\,\dfrac{x}{2}c_1+\mathrm{i}\,\dfrac{k}{\sqrt{2s\beta_0}}c_2\\[2ex] \dfrac{\mathrm{d}c_2}{\mathrm{d}x}=\mathrm{i}\,\dfrac{k}{\sqrt{2s\beta_0}}c_1-\mathrm{i}\,\dfrac{x}{2}c_2\end{cases}\tag{10.2.0-14}$$

把上式微分，求出 c_1 与 c_2 单独的微分方程，

$$\begin{cases}\dfrac{\mathrm{d}^2c_1}{\mathrm{d}x^2}+\left(\dfrac{x^2}{4}+y+\dfrac{\mathrm{i}}{2}\right)c_1=0\\[2ex] \dfrac{\mathrm{d}^2c_2}{\mathrm{d}x^2}+\left(\dfrac{x^2}{4}+y-\dfrac{\mathrm{i}}{2}\right)c_2=0\end{cases}\tag{10.2.0-15}$$

式中，$y=\dfrac{k^2}{2s\beta_0}$为参数。上述两方程均为韦伯(Weber)方程

$$\frac{\mathrm{d}^2W(x)}{\mathrm{d}x^2}+\left(\pm\frac{x^2}{4}-a\right)W(x)=0\tag{10.2.0-16}$$

的特例。我们曾在5.4.3节遇见过韦伯方程中 $x^2/4$ 项取负号形式的方程(5.4.3-9)，这里却是 $x^2/4$ 取正号形式，同时两个方程相应的值也不同，即 $a_1=-y-\dfrac{\mathrm{i}}{2}$，$a_2=-y+\dfrac{\mathrm{i}}{2}$。韦伯方程有两个独立的解，均称为抛物柱函数，记为 $\mathrm{E}(ax)$ 和 $\mathrm{E}^*(ax)$。通常抛物柱函数中的参数 a 为实数，而此处 a 为复数，解的形式还需适当加以变化，详细的数学推导可参看有关文献。我们这里直接写出解的形式为

$$\begin{cases}c_1(x)=y^{1/4}\left[\mathrm{e}^{-\pi y}\mathrm{E}(a_1x)+\mathrm{i}(1-\mathrm{e}^{-2\pi y})^{1/2}\mathrm{E}^*(a_1x)\right]\\ c_2(x)=y^{1/4}\left[\mathrm{e}^{-\pi y}\mathrm{E}(a_2x)-\mathrm{i}(1-\mathrm{e}^{-2\pi y})^{1/2}\mathrm{E}^*(a_2x)\right]\end{cases}\tag{10.2.0-17}$$

上式的初始条件为 $c_1(-\infty)=1, c_2(-\infty)=0$。当 $|x|$ 很大且 $x\to\infty$ 时，光波导 1 与光波导 2 中传输的功率 $P_1=c_1^2$ 及 $P_2=c_2^2$ 可得

$$\lim_{x\to\infty} P_1(x)=\mathrm{e}^{-2\pi y},\quad \lim_{x\to\infty} P_2(x)=1-\mathrm{e}^{-2\pi y} \tag{10.2.0-18}$$

这表示当耦合段很长时，光波导 1 的功率将逐渐地全部转移到光波导 2 中，因总功率 $P_1+P_2=1$，因此在耦合段较长时，耦合效率 η 可近似表示为

$$\eta=1-\exp(-2\pi y) \tag{10.2.0-19}$$

上式表明，在锥型耦合器中，耦合效率接近于 y 所决定的常数。例如，当 $y=0.1$ 时，$\eta\approx50\%$；当 $y=0.5$ 时，$\eta\approx96\%$；若 y 更大时，耦合效率 η 更接近于 1，如图 10.2.0-4 所示。上述结果也表明，梯度变化的锥型耦合器的耦合特性受耦合系数 k 与梯度变化参数 s 的影响较小，只要光波导足够长，耦合效率接近于 1，这样便降低了加工精度的要求。

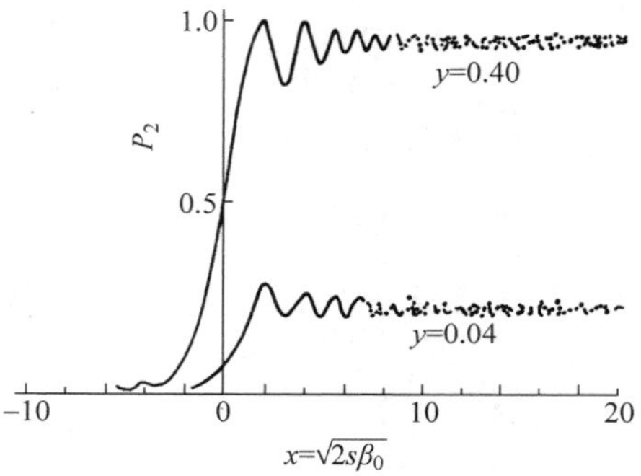

图 10.2.0-4 梯度变化锥型耦合器的耦合效率

10.3 光纤耦合器

利用光波导的横向耦合原理制成的光纤耦合器(图 10.3.0-1)，也称为光纤定向耦合器，是一种重要的光纤器件，它可以实现光的分路与合路，也可以制成波分复用器。在此基础上，还可以构成马赫-曾德尔干涉仪(简称 M-Z 干涉仪)、光纤萨尼亚克干涉仪、光纤迈克耳孙干涉仪等重要的光纤仪器。作为一种实际的光学器件，涉及很多工艺问题，这不是本书的任务。本书的重要任务是分析它的原理、特性以及内部参数如何影响外部性能。

利用两根光纤互相靠近制成的耦合器，就是最简单的耦合器——2×2 光纤耦合器。此外，当多根光纤相互靠近时，也可以实现互相之间横向耦合，制成多端口的光纤耦合器。10.3.1 节将介绍 2×2 光纤耦合器，10.3.2 节将介绍 3×3 光纤耦合器。

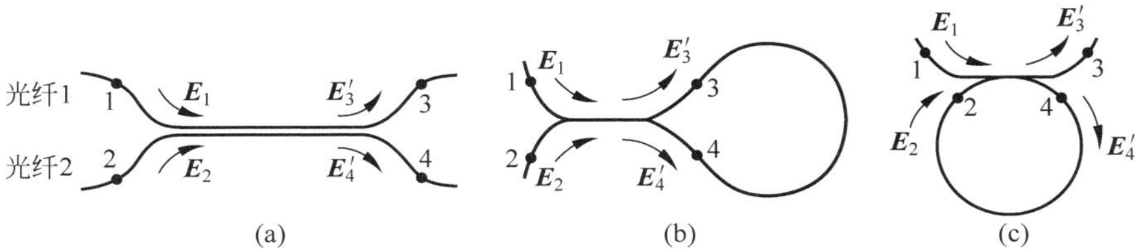

图 10.3.0-1　光纤耦合器

(a) 光纤耦合器；(b) 萨尼亚克光纤环；(c) 光纤环形谐振腔

10.3.1　2×2 光纤耦合器

2×2 光纤耦合器有两个输入端口和两个输出端口，因此也称 X 形耦合器。有时其中一个端口不用，在封装的时候将其剪掉，这样就构成了 Y 形耦合器。请记住，Y 形耦合器只不过是 X 形耦合器剪掉一个端口而已，原理是一样的。

1. 光纤耦合器的传输矩阵

在实际的光纤耦合器中，不仅存在两根光纤同偏振方向的模式耦合，还存在两根光纤相互垂直偏振方向的模式耦合，此外，还存在同一光纤的不同偏振方向的模式耦合，甚至还存在同一光纤相反传输方向的模式耦合，问题很复杂。这里我们首先忽略掉相反方向的模式耦合，可得到模式耦合方程

$$\frac{\mathrm{d}}{\mathrm{d}z}\begin{bmatrix}\boldsymbol{E}_1(z)\\\boldsymbol{E}_2(z)\end{bmatrix}=\boldsymbol{K}\begin{bmatrix}\boldsymbol{E}_1(z)\\\boldsymbol{E}_2(z)\end{bmatrix}\tag{10.3.1-1}$$

式中，$\boldsymbol{E}_1(z)$和$\boldsymbol{E}_2(z)$分别是光纤 1 与光纤 2 中的光场，每个光场均有 x 和 y 两个偏振方向，所以矩阵 $\boldsymbol{K}$ 是一个 4×4 的矩阵。通常，矩阵中的元素（模耦合系数）是随长度变化的，但由于光纤耦合器的耦合长度很短，我们将把所有的耦合系数视为常数，这样矩阵 $\boldsymbol{K}$ 就是一个常数矩阵。同时，我们假定构成光纤耦合器的两根光纤是全同的，这样矩阵 $\boldsymbol{K}$ 的元素 k_{mn} 就具有对称性（$k_{mn}=k_{nm}$）。另外，由能量守恒定律，仿造 7.3.2 节的推导，可得到 $k_{mn}=-k_{mn}^*$，于是可知 k_{mn} 都是纯虚数，矩阵 $\boldsymbol{K}$ 因此可写为

$$\boldsymbol{K}=\mathrm{i}[k_{mn}]\tag{10.3.1-2}$$

进一步，我们将 $\boldsymbol{K}$ 矩阵划分为 4 个 2×2 的子矩阵，由于两根光纤是全同的，所以矩阵 $\boldsymbol{K}$ 主对角线上的两个子矩阵相同，从而得到

$$\boldsymbol{K}=\mathrm{i}\begin{bmatrix}\boldsymbol{B}&\boldsymbol{C}\\\boldsymbol{C}&\boldsymbol{B}\end{bmatrix}\tag{10.3.1-3}$$

式中，$\boldsymbol{B}=\begin{bmatrix}\beta_x&k_{xy}\\k_{xy}&\beta_y\end{bmatrix}$是单根光纤自身的模耦合矩阵。矩阵 $\boldsymbol{K}$ 的副对角线上的矩

阵$\boldsymbol{C}$表示两根光纤间的模式耦合，为

$$\boldsymbol{C}=\begin{bmatrix} c_{xx} & c_{xy} \\ c_{xy} & c_{yy} \end{bmatrix} \tag{10.3.1-4}$$

式中，c_{xx}是两光纤x偏振方向的模式耦合系数，c_{yy}是两光纤y偏振方向的模式耦合系数，c_{xy}是一根光纤x偏振方向与另一根光纤y偏振方向的模式耦合系数。由于两根光纤关于x轴或y轴呈对称分布，所以矩阵$\boldsymbol{C}$的副对角线的两个元素相等，而且也导致矩阵$\boldsymbol{K}$副对角线的两个子矩阵相等。

光纤耦合器的传输特性可表示为

$$\begin{bmatrix} \boldsymbol{E}'_3 \\ \boldsymbol{E}'_4 \end{bmatrix}=\boldsymbol{T}\begin{bmatrix} \boldsymbol{E}_1 \\ \boldsymbol{E}_2 \end{bmatrix} \tag{10.3.1-5}$$

式中，$\boldsymbol{E}_1$、$\boldsymbol{E}_2$是耦合器输入端的光场，$\boldsymbol{E}'_3$、$\boldsymbol{E}'_4$是耦合器输出端的光场(以下我们以不带撇的矢量符号表示注入耦合器的光场，以带撇的矢量符号表示从耦合器输出的光场)。解方程(10.3.1-1)可得

$$\begin{bmatrix} \boldsymbol{E}'_3 \\ \boldsymbol{E}'_4 \end{bmatrix}=\exp(\mathrm{i}\boldsymbol{K}L)\begin{bmatrix} \boldsymbol{E}_1 \\ \boldsymbol{E}_2 \end{bmatrix} \tag{10.3.1-6}$$

式中，L为耦合区的长度。比较式(10.3.1-5)和式(10.3.1-6)，可得

$$\boldsymbol{T}=\exp(\mathrm{i}\boldsymbol{K}L) \tag{10.3.1-7}$$

如果利用式(10.3.1-7)求出矩阵$\boldsymbol{T}$的每个元素，那将是一项非常繁杂的工作，而且也没必要。这里，我们只需考虑矩阵$\boldsymbol{T}$的某些对称性。将式(10.3.1-7)改写为级数形式

$$\boldsymbol{T}=\sum_{n=0}^{\infty}\frac{(\mathrm{i}\boldsymbol{K}L)^n}{n!} \tag{10.3.1-8}$$

考虑到矩阵$\boldsymbol{K}$的对称性，可知矩阵$\boldsymbol{T}$具有同样的对称性

$$\boldsymbol{T}=\begin{bmatrix} \boldsymbol{U} & \boldsymbol{V} \\ \boldsymbol{V} & \boldsymbol{U} \end{bmatrix} \tag{10.3.1-9}$$

于是有

$$\begin{bmatrix} \boldsymbol{E}'_3 \\ \boldsymbol{E}'_4 \end{bmatrix}=\begin{bmatrix} \boldsymbol{U} & \boldsymbol{V} \\ \boldsymbol{V} & \boldsymbol{U} \end{bmatrix}\begin{bmatrix} \boldsymbol{E}_1 \\ \boldsymbol{E}_2 \end{bmatrix} \tag{10.3.1-10}$$

下面给出分光比的概念。当只有光纤1有光注入时，其分光比按如下定义：

$$\begin{cases} |\boldsymbol{E}'_3|^2=\alpha\,|\boldsymbol{E}_1|^2 \\ |\boldsymbol{E}'_4|^2=(1-\alpha)\,|\boldsymbol{E}_1|^2 \end{cases} \tag{10.3.1-11}$$

通常认为，光纤耦合器的分光比α与输入偏振态无关(这相当于假定$c_{xx}=c_{yy}$，但实际上二者并不相等，因此以下的推论有一定的误差)。利用与7.3.2节相

似的做法，可得到 $\boldsymbol{U}$ 矩阵和 $\boldsymbol{V}$ 矩阵的元素均应满足相应的幅度守恒和相位匹配条件，由此可得

$$\boldsymbol{U}=\sqrt{\alpha}\,\mathrm{e}^{\mathrm{i}\varphi_u}\begin{bmatrix}\cos\theta_u\,\mathrm{e}^{\mathrm{i}\delta_{u1}} & \sin\theta_u\,\mathrm{e}^{\mathrm{i}\delta_{u2}}\\ -\sin\theta_u\,\mathrm{e}^{-\mathrm{i}\delta_{u2}} & \cos\theta_u\,\mathrm{e}^{-\mathrm{i}\delta_{u1}}\end{bmatrix} \tag{10.3.1-12}$$

和

$$\boldsymbol{V}=\sqrt{1-\alpha}\,\mathrm{e}^{\mathrm{i}\varphi_v}\begin{bmatrix}\mathrm{con}\theta_v\,\mathrm{e}^{\mathrm{i}\delta_{v1}} & \sin\theta_v\,\mathrm{e}^{\mathrm{i}\delta_{v2}}\\ -\sin\theta_v\,\mathrm{e}^{-\mathrm{i}\delta_{v2}} & \mathrm{con}\theta_v\,\mathrm{e}^{-\mathrm{i}\delta_{v1}}\end{bmatrix} \tag{10.3.1-13}$$

更进一步，当两光纤均有光输入时，应有

$$|\boldsymbol{E}'_3|^2+|\boldsymbol{E}'_4|^2=|\boldsymbol{E}_1|^2+|\boldsymbol{E}_2|^2 \tag{10.3.1-14}$$

即

$$|\boldsymbol{UE}_1+\boldsymbol{VE}_2|^2+|\boldsymbol{VE}_1+\boldsymbol{UE}_2|^2=|\boldsymbol{E}_1|^2+|\boldsymbol{E}_2|^2 \tag{10.3.1-15}$$

将上式中每个矩阵都用它的元素代入，使两边的对应项系数相等，可得 $\varphi_u=\varphi_v\overset{\mathrm{def}}{=}\varphi$ 和 $u_1v_1^*+u_1^*v_1=0$ 以及 $u_2v_2^*+u_2^*v_2=0$，并由此导出 $\delta_{v1}=\delta_{u1}+\pi/2$ 和 $\delta_{v2}=\delta_{u2}+\pi/2$。这样可得

$$\boldsymbol{U}=\sqrt{\alpha}\,\mathrm{e}^{\mathrm{i}\varphi}\begin{bmatrix}\cos\theta_u\,\mathrm{e}^{\mathrm{i}\delta_1} & \sin\theta_u\,\mathrm{e}^{\mathrm{i}\delta_2}\\ -\sin\theta_u\,\mathrm{e}^{-\mathrm{i}\delta_2} & \cos\theta_u\,\mathrm{e}^{-\mathrm{i}\delta_1}\end{bmatrix} \tag{10.3.1-16}$$

$$\boldsymbol{V}=\mathrm{i}\sqrt{1-\alpha}\,\mathrm{e}^{\mathrm{i}\varphi}\begin{bmatrix}\cos\theta_v\,\mathrm{e}^{\mathrm{i}\delta_1} & \sin\theta_v\,\mathrm{e}^{\mathrm{i}\delta_2}\\ \sin\theta_v\,\mathrm{e}^{-\mathrm{i}\delta_2} & -\cos\theta_v\,\mathrm{e}^{-\mathrm{i}\delta_1}\end{bmatrix} \tag{10.3.1-17}$$

最终得到

$$\boldsymbol{T}=\mathrm{e}^{\mathrm{i}\varphi}\begin{bmatrix}\sqrt{\alpha}\begin{bmatrix}\cos\theta_u\,\mathrm{e}^{\mathrm{i}\delta_1} & \sin\theta_u\,\mathrm{e}^{\mathrm{i}\delta_2}\\ -\sin\theta_u\,\mathrm{e}^{-\mathrm{i}\delta_2} & \cos\theta_u\,\mathrm{e}^{-\mathrm{i}\delta_1}\end{bmatrix} & \mathrm{i}\sqrt{1-\alpha}\begin{bmatrix}\cos\theta_v\,\mathrm{e}^{\mathrm{i}\delta_1} & \sin\theta_v\,\mathrm{e}^{\mathrm{i}\delta_2}\\ \sin\theta_v\,\mathrm{e}^{-\mathrm{i}\delta_2} & -\cos\theta_v\,\mathrm{e}^{-\mathrm{i}\delta_1}\end{bmatrix}\\ \mathrm{i}\sqrt{1-\alpha}\begin{bmatrix}\cos\theta_v\,\mathrm{e}^{\mathrm{i}\delta_1} & \sin\theta_v\,\mathrm{e}^{\mathrm{i}\delta_2}\\ \sin\theta_v\,\mathrm{e}^{-\mathrm{i}\delta_2} & -\cos\theta_v\,\mathrm{e}^{-\mathrm{i}\delta_1}\end{bmatrix} & \sqrt{\alpha}\begin{bmatrix}\cos\theta_u\,\mathrm{e}^{\mathrm{i}\delta_1} & \sin\theta_u\,\mathrm{e}^{\mathrm{i}\delta_2}\\ -\sin\theta_u\,\mathrm{e}^{-\mathrm{i}\delta_2} & \cos\theta_u\,\mathrm{e}^{-\mathrm{i}\delta_1}\end{bmatrix}\end{bmatrix} \tag{10.3.1-18}$$

该矩阵只有 6 个独立的参数，一般认为相移 φ 对传输特性的影响不大，因而常常被忽略。

耦合器出现以后，人们常常想将两根输入光纤的光功率耦合到一根光纤中去，以为用这种方法可以获得功率的叠加，突破单个激光器功率不足的限制。但是，对

于同一个波长的两个光源，利用这种耦合器来达到功率叠加的目的是实现不了的。从式(10.3.1-18)可以看出，无论分光比 α 如何取值，也无论如何改变输入光的偏振方向(如使两根输入光纤的偏振光互相垂直)，都无法实现功率的叠加。要想达到这一目的，需要使用其他原理的耦合器(如偏振合束器)。

当忽略不同偏振方向的模式耦合时，有 $\theta_u=\theta_v=0$，从而

$$\boldsymbol{T}=\mathrm{e}^{\mathrm{i}\varphi}\begin{bmatrix}\sqrt{\alpha}\begin{bmatrix}\mathrm{e}^{\mathrm{i}\delta} & 0\\ 0 & \mathrm{e}^{-\mathrm{i}\delta}\end{bmatrix} & \mathrm{i}\sqrt{1-\alpha}\begin{bmatrix}\mathrm{e}^{\mathrm{i}\delta} & 0\\ 0 & \mathrm{e}^{-\mathrm{i}\delta}\end{bmatrix}\\ \mathrm{i}\sqrt{1-\alpha}\begin{bmatrix}\mathrm{e}^{\mathrm{i}\delta} & 0\\ 0 & \mathrm{e}^{-\mathrm{i}\delta}\end{bmatrix} & \sqrt{\alpha}\begin{bmatrix}\mathrm{e}^{\mathrm{i}\delta} & 0\\ 0 & \mathrm{e}^{-\mathrm{i}\delta}\end{bmatrix}\end{bmatrix} \tag{10.3.1-19}$$

2. 光纤耦合器的性能参数

表征光纤耦合器性能的主要参数有插入损耗、附加损耗、分光比、隔离度或串音等。

(1) 插入损耗 L_{i}

插入损耗是指穿过耦合器的某一光通道所引入的功率损耗，通常以某一特定端口的输出功率 P_{o}，与某一输入端口的输入功率 P_{i} 之比的对数来表示，即

$$L_{\mathrm{i}}=10\lg\frac{P_{\mathrm{o}}}{P_{\mathrm{i}}} \tag{10.3.1-20}$$

(2) 附加损耗 L_{e}

附加损耗是指某一端口的输入功率 P_{i} 与各输出端口功率和比值的对数，即

$$L_{\mathrm{e}}=10\lg\frac{P_{\mathrm{i}}}{\sum P_{\mathrm{o}}} \tag{10.3.1-21}$$

(3) 分光比 S_R

分光比是指在某一端口总输入功率时，各个输出端口光功率 P_{o} 之比，

$$S_{\mathrm{i}}=\frac{P_{\mathrm{i}}}{P_1+P_2}\times 100\%,\quad i=1,2 \tag{10.3.1-22}$$

(4) 串音 L_{C}

串音是指由端口 1 输入功率 P_1 泄漏到端口 2 的功率 P_2 比值的对数，表示为

$$L_{\mathrm{C}}=10\lg\frac{P_2}{P_1} \tag{10.3.1-23}$$

耦合器除了在不同的端口上分配不同的功率外，偏振态的演化也是值得注意的一件事。光纤耦合器的耦合长度很短，大约只有若干毫米，在这一小段耦合区内，偏振态的演化很慢，可以忽略。但是，耦合器的光纤引线很长，偏振态将发生变化。除非是用保偏光纤制作的耦合器，可以保证对准偏振主轴的偏振态不变化。

10.3.2　3×3 光纤耦合器

使三根相同的光纤互相平行靠近，它们之间的模式场就会发生耦合，这样就构成了有 3 个输入端口和 3 个输出端口的光纤耦合器，在不会引起混淆时，可简称为 3×3 耦合器。

三根光纤平行靠近，可能有多种方式，它们纤芯的横截面构成了一个三角形，如图 10.3.2-1 所示。这个三角形可能排列成任意形状的三角形，因此，3×3 耦合器的问题就变得复杂了。在实际应用中，只有两种排列方式受到重视：①纤芯按照等边三角形排列；②纤芯在同一条直线上对称排列。这两种特殊排列的耦合器分别称为对称排列 3×3 耦合器和平行排列 3×3 耦合器。一般商用的产品，如果不加特别说明，都是指对称排列的 3×3 耦合器。

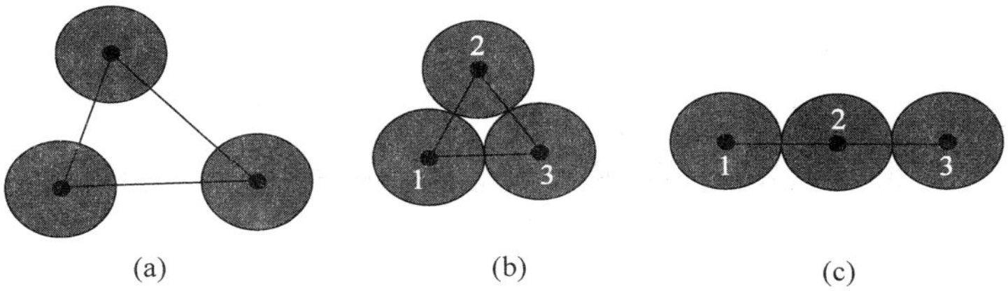

图 10.3.2-1　3×3 耦合器的排列方式

(a) 任意三角形；(b) 等边三角形(对称排列)；(c) 平行排列

1. 一般原理

为了分析这种耦合器的原理，我们还是仿照 10.3.1 节的工作，先从模耦合方程开始。忽略掉相反方向的模式耦合，可得到模式耦合方程为

$$\frac{\mathrm{d}}{\mathrm{d}z}\begin{bmatrix}\boldsymbol{E}_1(z)\\\boldsymbol{E}_2(z)\\\boldsymbol{E}_3(z)\end{bmatrix}=\boldsymbol{K}\begin{bmatrix}\boldsymbol{E}_1(z)\\\boldsymbol{E}_2(z)\\\boldsymbol{E}_3(z)\end{bmatrix}\tag{10.3.2-1}$$

式中，$\boldsymbol{E}_1(z)$、$\boldsymbol{E}_2(z)$和$\boldsymbol{E}_3(z)$分别是 3 根光纤中的光场，每个光场均有 x 和 y 两个偏振方向，于是，矩阵 $\boldsymbol{K}$ 是一个 6×6 的矩阵。通常，矩阵中的元素(模耦合系数)是随长度变化的，但由于光纤耦合器的耦合长度很短，我们将把所有的耦合系数视为常数，这样矩阵 $\boldsymbol{K}$ 就是一个常数矩阵。同时，我们假定构成光纤耦合器的 3 根光纤是全同的，这样矩阵 $\boldsymbol{K}$ 的元素 k_{mn} 就具有对称性($k_{mn}=k_{nm}$)。另外，由能量守恒定律，仿造 7.3.2 节的推导，可得到 $k_{mn}=-k_{mn}^*$，于是可知 k_{mn} 都是纯虚数，矩阵 $\boldsymbol{K}$ 因此可写为

$$\boldsymbol{K}=\mathrm{i}[k_{mn}]\tag{10.3.2-2}$$

进一步，我们将 $\boldsymbol{K}$ 矩阵划分为 9 个 2×2 的子矩阵，尽管参与耦合的两根光纤是全同的，但是，由于在一个统一坐标系下，而每根光纤相较于这个统一坐标系的模场表达式有所区别，所以应该加以区分，从而得到

$$\boldsymbol{K}=\mathrm{i}\begin{bmatrix}\boldsymbol{B}_1 & \boldsymbol{C}_{12} & \boldsymbol{C}_{13}\\ \boldsymbol{C}_{21} & \boldsymbol{B}_2 & \boldsymbol{C}_{23}\\ \boldsymbol{C}_{31} & \boldsymbol{C}_{32} & \boldsymbol{B}_3\end{bmatrix} \tag{10.3.2-3}$$

式中，$\boldsymbol{B}_i=\begin{bmatrix}\beta_x & k_{xy}\\ k_{xy} & \beta_y\end{bmatrix}_i$ $(i=1,2,3)$是单根光纤自身的模耦合矩阵，注意，它们在不同坐标系中的表现形式是不同的。矩阵 $\boldsymbol{K}$ 的副对角线上的矩阵 $\boldsymbol{C}_{ij}$ 表示第 j 根光纤向第 i 根光纤的模式耦合系数矩阵，为

$$\boldsymbol{C}_{ij}=\begin{bmatrix}c_{xx}^{(ij)} & c_{xy}^{(ij)}\\ c_{xy}^{(ij)} & c_{yy}^{ij}\end{bmatrix},\quad i,j=1,2,3,i\neq j \tag{10.3.2-4}$$

式中，$c_{xx}^{(ij)}$ 是两光纤 x 偏振方向的模式耦合系数，$c_{yy}^{(ij)}$ 是两光纤 y 偏振方向的模式耦合系数，$c_{xy}^{ij}=c_{yx}^{ij}$ 是一根光纤的 x 偏振方向与另一根光纤的 y 偏振方向的模式耦合系数。由于两根光纤关于 x 轴或 y 轴呈对称分布，所以矩阵 $\boldsymbol{C}$ 的副对角线的两个元素相等。

由于互相耦合的光纤是相同的，谁向谁耦合没有关系，是可逆的。于是有

$$\boldsymbol{C}_{ij}=\boldsymbol{C}_{ji},\quad i,j=1,2,3,i\neq j \tag{10.3.2-5}$$

一般来说，相较于所有的(i,j)，$\boldsymbol{C}_{ij}$ 并不都相等。

在 10.1.4 节曾经指出，当两根圆形光纤各自的坐标系与统一坐标系的选取不一致时，其模耦合系数要发生变化。所以不能认为上述矩阵中的模耦合系数都相同。但如果利用式(10.1.4-22)进行计算，不仅计算非常麻烦，而且也看不清概念上的区别，为此，我们采用坐标变换的方法来处理。

对于如图 10.3.2-1(b)所示的 3×3 耦合器，我们的坐标系如此选取：以光纤 1 和光纤 3 的圆心连线为 x 轴，以它们连线的中点为原点，以垂直于连线的直线为 y 轴。这样对于 $\boldsymbol{K}_{13}$ 是完全符合式(10.1.4-22)的，这时，两根光纤的传输常数矩阵也是相同的；假定此时根据式(10.1.4-22)已经将模耦合系数计算出来，故 $\boldsymbol{C}_{13}=\boldsymbol{C}_{31}$ 可认为已知，定义它为 $\boldsymbol{C}_0$。

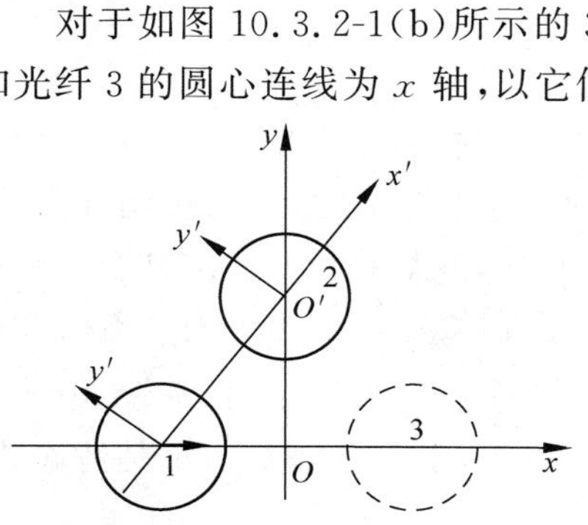

图 10.3.2-2 “斜坐标系”的坐标变换

现在光纤 1 与光纤 2 之间的模耦合系数，也就是要计算“斜坐标系”下的模耦合系数 $\boldsymbol{C}_{12}$ 和 $\boldsymbol{C}_{23}$。如图 10.3.2-2 所示，图中，xOy

坐标系是由光纤 1 和光纤 3 确定的坐标系；坐标系 $x'O'y'$ 是由光纤 1 和光纤 2 确定的斜坐标系；两个坐标系之间旋转了 α。

对于 $x'O'y'$ 坐标系下光纤 1 和光纤 2 的模耦合系数，应该与 xOy 坐标系确定的模耦合系数相同，也就是

$$\boldsymbol{K}'_{12}=\mathrm{i}\begin{bmatrix}\boldsymbol{B} & \boldsymbol{C}_0\\ \boldsymbol{C}_0 & \boldsymbol{B}\end{bmatrix} \tag{10.3.2-6}$$

式中，$\boldsymbol{B}$ 为以两根光纤的连线和中心垂线为坐标系时的自身的传输矩阵和耦合矩阵，由于

$$\begin{bmatrix}e'_x\\ e'_y\end{bmatrix}=\begin{bmatrix}\cos\alpha & \sin\alpha\\ -\sin\alpha & \cos\alpha\end{bmatrix}\begin{bmatrix}e_x\\ e_y\end{bmatrix} \tag{10.3.2-7}$$

若记

$$\boldsymbol{D}=\begin{bmatrix}\cos\alpha & \sin\alpha\\ -\sin\alpha & \cos\alpha\end{bmatrix} \tag{10.3.2-8}$$

则

$$\begin{bmatrix}e_x\\ e_y\end{bmatrix}=\boldsymbol{D}^{-1}\begin{bmatrix}e'_x\\ e'_y\end{bmatrix}=\begin{bmatrix}\cos\alpha & -\sin\alpha\\ \sin\alpha & \cos\alpha\end{bmatrix}\begin{bmatrix}e'_x\\ e'_y\end{bmatrix} \tag{10.3.2-9}$$

将两根光纤的坐标变换联立写成

$$\begin{bmatrix}e'_{1x}\\ e'_{1y}\\ e'_{2x}\\ e'_{2y}\end{bmatrix}=\begin{bmatrix}\boldsymbol{D} & \\ & \boldsymbol{D}\end{bmatrix}\begin{bmatrix}e_{1x}\\ e_{1y}\\ e_{2x}\\ e_{2y}\end{bmatrix} \tag{10.3.2-10}$$

于是

$$\boldsymbol{K}_{12}=\begin{bmatrix}\boldsymbol{D}^{-1} & \\ & \boldsymbol{D}^{-1}\end{bmatrix}\boldsymbol{K}'_{12}\begin{bmatrix}\boldsymbol{D} & \\ & \boldsymbol{D}\end{bmatrix} \tag{10.3.2-11}$$

这样，我们就得到了在统一坐标系下，光纤 1 与光纤 2 之间的耦合矩阵。

同理，可以求出光纤 2 与光纤 3 之间的耦合矩阵。

2. 轴对称排列的 3×3 耦合器的原理

由于等边三角形对称分布的耦合器或者平行排列的耦合器，其 3 根光纤构成的三角形都是一个等腰三角形，也就是关于 Oy 轴呈对称分布，所以以下我们仅考虑轴对称分布的 3×3 耦合器。

我们注意到，如前所述光纤自身的模耦合矩阵由于使用的是普通单模光纤，其相互间的耦合非常小，而且也不存在双折射，于是

$$\boldsymbol{B}=\begin{bmatrix}\beta & 0\\ 0 & \beta\end{bmatrix}=\beta\boldsymbol{I} \tag{10.3.2-12}$$

同样，两根光纤中两个正交模式之间的模耦合也很小，可以忽略，即 $c_{xy}=c_{yx}=0$。且相同方向模场之间的耦合，无论是两个 x 方向的耦合，还是 y 方向的耦合，大小都相同，于是

$$\boldsymbol{C}_{ij}=\begin{bmatrix}k & 0\\ 0 & k\end{bmatrix} \tag{10.3.2-13}$$

这样式(10.3.2-3)中电场强度矢量的两个偏振方向去耦，只需要考虑单一偏振方向的问题。这样，式(10.3.2-3)可化简为

$$\frac{\mathrm{d}}{\mathrm{d}z}\begin{bmatrix}E_1(z)\\ E_2(z)\\ E_3(z)\end{bmatrix}_{x,y}=\mathrm{i}\begin{bmatrix}\beta & k & k_1\\ k & \beta & k\\ k_1 & k & \beta\end{bmatrix}\begin{bmatrix}E_1(z)\\ E_2(z)\\ E_3(z)\end{bmatrix}_{x,y} \tag{10.3.2-14}$$

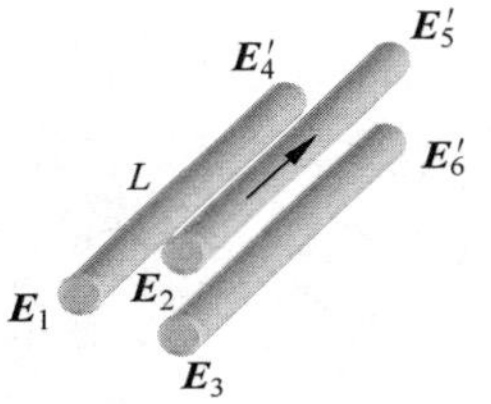

图 10.3.2-3 轴对称 3×3 耦合器的标号

式中，k 是光纤 1、2 之间以及光纤 2、3 之间的模耦合系数，k_1 是光纤 1、3 之间的模耦合系数。为了便于描述，我们采用如图 10.3.2-3 所示的标号，我们以注入耦合器的光的电场强度不加撇，从耦合器输出的光加撇。

于是方程(10.3.2-14)是常系数的微分方程，解为

$$\begin{bmatrix}\boldsymbol{E}_4'\\ \boldsymbol{E}_5'\\ \boldsymbol{E}_6'\end{bmatrix}=\exp(\mathrm{i}\boldsymbol{K}L)\begin{bmatrix}\boldsymbol{E}_1\\ \boldsymbol{E}_2\\ \boldsymbol{E}_3\end{bmatrix} \tag{10.3.2-15}$$

或者写为

$$\begin{bmatrix}E_4'\\ E_5'\\ E_6'\end{bmatrix}_{x,y}=\boldsymbol{T}\begin{bmatrix}E_1\\ E_2\\ E_3\end{bmatrix}_{x,y} \tag{10.3.2-16}$$

经过复杂的运算，解出

$$\boldsymbol{T}=\mathrm{e}^{\mathrm{i}\beta L}\begin{bmatrix}c+h & b & c-h\\ b & a & b\\ c-h & b & c+h\end{bmatrix} \tag{10.3.2-17}$$

式中，L 为模耦合的长度，其余各个变量为

$$a=\frac{s_1\mathrm{e}^{\mathrm{i}s_2kL}-s_2\mathrm{e}^{\mathrm{i}s_1kL}}{s_1-s_2},\quad b=\frac{\mathrm{e}^{\mathrm{i}s_1kL}-\mathrm{e}^{\mathrm{i}s_2kL}}{s_1-s_2},$$

$$c=\frac{s_1\mathrm{e}^{\mathrm{i}s_1kL}-s_2\mathrm{e}^{\mathrm{i}s_2kL}}{2(s_1-s_2)},\quad h=\frac{1}{2}\mathrm{e}^{-\mathrm{i}kL} \tag{10.3.2-18}$$

式中，记

$$s_1=-\frac{1}{2}m+\frac{1}{2}(m^2+8)^{1/2},\quad s_2=-\frac{1}{2}m-\frac{1}{2}(m^2+8)^{1/2}$$

(10.3.2-19)

式中，$m=k_1/k$，表示三角形的对称程度。当 $m=1$ 时表示该耦合器为正三角形排列，也就是对称排列的耦合器；当 $m=0$ 时表示平行排列的耦合器。

3. 对称排列 3×3 耦合器

此时，夹角 $\alpha=\pi/3,\gamma=2\pi/3$，从而

$$\boldsymbol{D}=\frac{1}{2}\begin{bmatrix}1 & \sqrt{3}\\ -\sqrt{3} & 1\end{bmatrix}\tag{10.3.2-20}$$

在 3 根光纤中电场强度矢量的两个偏振方向去耦的前提下，只需要考虑单一偏振方向的问题。这样，式(10.3.2-14)可化简为

$$\frac{\mathrm{d}}{\mathrm{d}z}\begin{bmatrix}E_1(z)\\ E_2(z)\\ E_3(z)\end{bmatrix}_{x,y}=\mathrm{i}\begin{bmatrix}\beta & k & k\\ k & \beta & k\\ k & k & \beta\end{bmatrix}\begin{bmatrix}E_1(z)\\ E_2(z)\\ E_3(z)\end{bmatrix}_{x,y}\tag{10.3.2-21}$$

这个结果是可以直接想象的。那为什么还要绕这么大个圈子，才得到这个结果？目的是要使读者了解，式(10.3.2-21)有一系列的前提条件，实际的耦合器是很难满足的。当要结合实际时，必须考虑 $c_{xy}=c_{yx}\neq 0$，且 $c_{xx}\neq c_{yy}$ 的情况。

由于此时 $m=k_1/k=1$，可以计算出式(10.3.2-17)矩阵中各个变量的值为

$$a=-(\mathrm{e}^{-\mathrm{i}2\theta}+2\mathrm{e}^{\mathrm{i}\theta})/3,\quad b=-(\mathrm{e}^{\mathrm{i}\theta}-\mathrm{e}^{-\mathrm{i}2\theta})/3,$$

$$c=-(\mathrm{e}^{\mathrm{i}\theta}+2\mathrm{e}^{-\mathrm{i}2\theta})/6,\quad h=\mathrm{e}^{-\mathrm{i}\theta}/2\tag{10.3.2-22}$$

式中，$\theta=kL$，称为耦合强度(注意，这里的耦合强度是针对对称 3×3 光纤耦合器而言，它不适合于平行排列的耦合器，对于平行排列耦合器，$\theta=\sqrt{2}kL$)。把式(10.3.2-22)代入式(10.3.2-21)，得到传输矩阵 $\boldsymbol{T}$ 的各个元素为

$$t_{11}=t_{33}=c+h=-(\mathrm{e}^{\mathrm{i}\theta}+2\mathrm{e}^{-\mathrm{i}2\theta}-3\mathrm{e}^{-\mathrm{i}\theta})/6\tag{10.3.2-23}$$

$$t_{12}=t_{21}=t_{23}=t_{32}=b=-(\mathrm{e}^{\mathrm{i}\theta}-\mathrm{e}^{-\mathrm{i}2\theta})/3\tag{10.3.2-24}$$

$$t_{13}=t_{31}=c-h=-(\mathrm{e}^{\mathrm{i}\theta}+2\mathrm{e}^{-\mathrm{i}2\theta}+3\mathrm{e}^{-\mathrm{i}\theta})/6\tag{10.3.2-25}$$

$$t_{22}=a=-(\mathrm{e}^{-\mathrm{i}2\theta}+2\mathrm{e}^{\mathrm{i}\theta})/3\tag{10.3.2-26}$$

由此我们看出，这个传输矩阵对于 3 根光纤是不完全对称的，也就是说，从不同的光纤输入，得到的输出是不同的。这似乎难以理解，因为 3 根光纤是全同的，怎么组合在一起就有差异了？这是因为坐标系的选择，无法使 3 根光纤的 x 和 y 分量完全一致。一般，3×3 耦合器常常用来作为光分路器和光合路器使用。所以，我们只能指定一根光纤作为输入，而另 3 根光纤作为输出。最简单的情况是以

光纤 2 输入，然后从光纤 1、2、3 的对应端口输出，这时

$$\begin{bmatrix} E'_4 \\ E'_5 \\ E'_6 \end{bmatrix}_{x,y} = \boldsymbol{T} \begin{bmatrix} 0 \\ E_2 \\ 0 \end{bmatrix}_{x,y} \tag{10.3.2-27}$$

代入式(10.3.2-23)～式(10.3.2-26)，得到

$$\begin{bmatrix} E'_4 \\ E'_5 \\ E'_6 \end{bmatrix}_{x,y} = \begin{bmatrix} b \\ a \\ b \end{bmatrix} E_{2x,y} \tag{10.3.2-28}$$

要想使 3 根光纤的输出相等，必须 $a=b$，代入式(10.3.2-25)和式(10.3.2-26)的值，我们发现该方程无解。因此，无法做到 3 根光纤的输出电场强度矢量完全相等。但是，我们可以使 3 根光纤的输出功率相等，也就是使 $|a|^2=|b|^2$，代入它们相应的值，可以得到

$$|a|^2=(3+2\cos 3\theta)/9, \quad |b|^2=(2-2\cos 3\theta)/9 \tag{10.3.2-29}$$

解出 $\theta \approx 34.83°$，它不是一个整数。由此可知，需要很好地控制模耦合系数与模耦合长度，才能得到输出功率均分的效果。

反过来，如果已经按照 $\theta \approx 34.83°$ 制作出一只 3×3 耦合器，当 3 路同时有输入时，是否能得到 3 路功率的合路效果？正如 2×2 耦合器一样，这是不可能的。所以，3×3 耦合器可以作为分路器用，但不能作为合路器使用。

最后一个问题是，如果从其他端口输入，是否也可以获得等分的功率，如从光纤 1 注入光，是否可以从 1、2、3 等 3 根光纤获得相等的功率。这相当于要求 θ 同时使传输矩阵 $\boldsymbol{T}$ 的第一列元素相等，或者使它们的模方相等，这就要求一个未知数满足两个方程，这是不可能的，无解。所以，只能从光纤 2 注入光。

4. 平行排列的 3×3 耦合器

如前所述，对称排列的 3×3 耦合器得不到对称的输出，是由于坐标系相较于每根光纤是不对称的。耦合器的重要用途之一就是构成各种各样的干涉仪，10.3.4 节我们将介绍如何用 2×2 耦合器构成各种干涉仪，如马赫-曾德尔干涉仪、迈克耳孙干涉仪、萨尼亚克干涉仪等。但是，前面的研究告诉我们，用对称结构的耦合器构成干涉仪是很不方便的，所以需要寻找更为简洁的 3×3 耦合器。

针对对称排列的 3×3 耦合器的各个偏振分量不一致的问题，解决的办法就是使它们一致，于是出现了平行排列的 3×3 耦合器，参见图 10.3.2-1(c)。我们看到，在这种耦合器中，如果统一用 3 根光纤纤芯的连线作 x 轴，用中间一根光纤的纤芯为原点，以垂直于 x 轴的直线作 y 轴，那么 3 根光纤的偏振分量方向都是一致的。

在这个前提下，加上参与耦合的 3 根光纤结构都是相同的，而且既不考虑双折射，又不考虑光纤自身的模耦合；我们还进一步假定耦合只发生在相邻两根光纤之间，也就是只有 1、2 和 2、3 光纤的模耦合，1、3 光纤之间没有模耦合，于是可以得到

$$\frac{\mathrm{d}}{\mathrm{d}z}\begin{bmatrix}E_1(z)\\E_2(z)\\E_3(z)\end{bmatrix}_{x,y}=\mathrm{i}\begin{bmatrix}\beta & k & 0\\ k & \beta & k\\ 0 & k & \beta\end{bmatrix}\begin{bmatrix}E_1(z)\\E_2(z)\\E_3(z)\end{bmatrix}_{x,y} \tag{10.3.2-30}$$

这个方程的解为

$$\boldsymbol{T}=\mathrm{e}^{\mathrm{i}\beta L}\begin{bmatrix}\frac{1}{2}(1+\cos\sqrt{2}\theta) & \mathrm{i}\frac{\sqrt{2}}{2}\sin\sqrt{2}\theta & \frac{1}{2}(\cos\sqrt{2}\theta-1)\\ \mathrm{i}\frac{\sqrt{2}}{2}\sin\sqrt{2}\theta & \cos\sqrt{2}\theta & \mathrm{i}\frac{\sqrt{2}}{2}\sin\sqrt{2}\theta\\ \frac{1}{2}(\cos\sqrt{2}\theta-1) & \mathrm{i}\frac{\sqrt{2}}{2}\sin\sqrt{2}\theta & \frac{1}{2}(1+\cos\sqrt{2}\theta)\end{bmatrix} \tag{10.3.2-31}$$

式中 $\theta=kL$，L 是耦合长度。于是，可以计算出，当只有光纤 2 有输入光时，得到

$$P_{4'}=P_{6'}=(\sin^2\sqrt{2}\theta)/2,\quad P_{5'}=\cos^2\sqrt{2}\theta \tag{10.3.2-32}$$

当在边上一根光纤（光纤 1 或光纤 3）有输入光时

$$P_{4'}=\cos^4(\sqrt{2}\theta/2),\quad P_{5'}=(\sin^2\sqrt{2}\theta)/2,\quad P_{6'}=\sin^4(\sqrt{2}\theta/2) \tag{10.3.2-33}$$

在上两式中，定义 $\sqrt{2}\theta$ 为耦合强度，可以绘出由中间一根光纤和边上第一根（或第三根）光纤输入光时，3 根光纤的归一化输出功率随耦合强度变化的曲线，参见图 10.3.2-4。

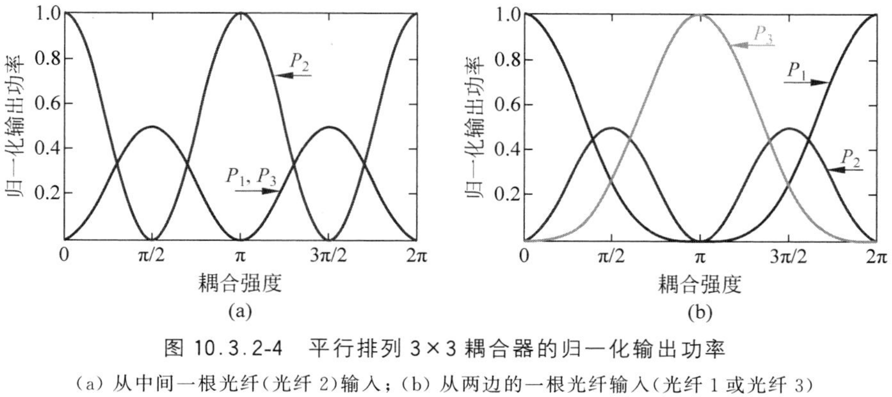

图 10.3.2-4　平行排列 3×3 耦合器的归一化输出功率

(a) 从中间一根光纤（光纤 2）输入；(b) 从两边的一根光纤输入（光纤 1 或光纤 3）

考虑一种特例，当 $\cos\sqrt{2}\theta=0$，$\sin\sqrt{2}\theta=1$，或者 $\sqrt{2}\theta=\pi/2$，式(10.3.2-41)化简为

$$\boldsymbol{T}=\frac{1}{2}\mathrm{e}^{\mathrm{i}\beta L}\begin{bmatrix}1 & \mathrm{i}\sqrt{2} & -1\\ \mathrm{i}\sqrt{2} & 0 & \mathrm{i}\sqrt{2}\\ -1 & \mathrm{i}\sqrt{2} & 1\end{bmatrix}\tag{10.3.2-34}$$

如果我们还是沿用图 10.3.2-3 中的标号，那么有

$$\begin{bmatrix}E'_4\\ E'_5\\ E'_6\end{bmatrix}_{x,y}=\frac{1}{2}\mathrm{e}^{\mathrm{i}\beta L}\begin{bmatrix}1 & \mathrm{i}\sqrt{2} & -1\\ \mathrm{i}\sqrt{2} & 0 & \mathrm{i}\sqrt{2}\\ -1 & \mathrm{i}\sqrt{2} & 1\end{bmatrix}\begin{bmatrix}E_1\\ E_2\\ E_3\end{bmatrix}_{x,y}\tag{10.3.2-35}$$

这个结果是很有趣的。当我们从光纤 2 输入光时，得到

$$\begin{bmatrix}E'_4\\ E'_5\\ E'_6\end{bmatrix}_{x,y}=\frac{1}{2}\mathrm{e}^{\mathrm{i}\beta L}\begin{bmatrix}\mathrm{i}\sqrt{2}\\ 0\\ \mathrm{i}\sqrt{2}\end{bmatrix}E_{2x,y}\tag{10.3.2-36}$$

这表明，光不会从光纤 2 输出，而是分为同相位、同大小两路光，从光纤 1 和光纤 3 输出。反过来，如果从光纤 1 和光纤 3 注入相同大小的光，设为 E_0，这时有

$$\begin{bmatrix}E'_4\\ E'_5\\ E'_6\end{bmatrix}_{x,y}=\mathrm{i}\mathrm{e}^{\mathrm{i}\beta L}\begin{bmatrix}0\\ \sqrt{2}\\ 0\end{bmatrix}E_{0x,y}\tag{10.3.2-37}$$

这表明，两路相等功率、同相位的光可以完全合路到光纤 2 输出。

再一种情况，如果光纤 1 和光纤 3 注入的光功率相同，但相位差 π，即 $E_1=E_0$，$E_3=-E_0$，$E_2=0$，于是得到

$$\begin{bmatrix}E'_4\\ E'_5\\ E'_6\end{bmatrix}_{x,y}=\frac{1}{2}\mathrm{e}^{\mathrm{i}\beta L}\begin{bmatrix}1 & \mathrm{i}\sqrt{2} & -1\\ \mathrm{i}\sqrt{2} & 0 & \mathrm{i}\sqrt{2}\\ -1 & \mathrm{i}\sqrt{2} & 1\end{bmatrix}\begin{bmatrix}E_0\\ 0\\ -E_0\end{bmatrix}_{x,y}=\mathrm{e}^{\mathrm{i}\beta L}\begin{bmatrix}1\\ 0\\ -1\end{bmatrix}E_{0x,y}\tag{10.3.2-38}$$

这表明，两路相位差为 π 的光，分别从两边的光纤注入，在输出端光仍然从两根边光纤输出，而且输出光仍然是相位相反、大小相等的一对信号。

最后，如果从光纤 1 和光纤 3 注入光的功率不相同，会得到

$$\begin{bmatrix}E'_4\\ E'_5\\ E'_6\end{bmatrix}_{x,y}=\frac{1}{2}\mathrm{e}^{\mathrm{i}\beta L}\begin{bmatrix}E_1-E_3\\ \mathrm{i}\sqrt{2}(E_1+E_3)/2\\ E_3-E_1\end{bmatrix}E_{0x,y}\tag{10.3.2-39}$$

这时，在边上的光纤得到它们的电场强度差，而中间的光纤得到它们的平均值。

注意以上分析都是单一偏振且偏振态相同的前提下进行的。

10.4　光纤干涉仪

将一个或者多个光纤耦合器的不同端口用光纤连接起来，可以形成不同分路和合路的光路结构。当光信号经过这些光路时，如果处在相干长度内，就会相干，从而构成多种的光纤干涉仪。与由透镜组构成的干涉仪相比，光纤干涉仪具有连接方便、组成灵活多样，体积小、重量轻等很多优点，因此获得了广泛的应用。几乎所有的用透镜组组成的干涉仪，都可以用光纤干涉仪代替，从而开辟了光学测量、光纤传感、光纤激光器以及光纤通信新器件等新领域，成为一种基本的光学结构。

但是由于光纤自身存在着相位不稳定以及偏振不稳定等种种问题，光纤干涉仪的稳定性要比透镜组干涉仪（在非振动环境下）差得多，需要采取一定的补偿措施。而且，在光纤中传输的是变化着的偏振态，而非线偏振光，因此理论上比较复杂。

采用不同的耦合器以及不同的光纤连接方式，所能构成的干涉仪多种多样，本节介绍以 2×2 耦合器为基础构成的干涉仪，10.5 节介绍以 3×3 耦合器为基础构成的干涉仪。

10.4.1　光纤马赫-曾德尔干涉仪

全光纤的马赫-曾德尔干涉仪，简称 M-Z 干涉仪，是一种重要的干涉器件，可以用来测定光源的干涉长度，作为光时分复用器，或者用作光纤传感器等。它由两个 3dB 的光纤耦合器串接而成，如图 10.4.1-1 所示。

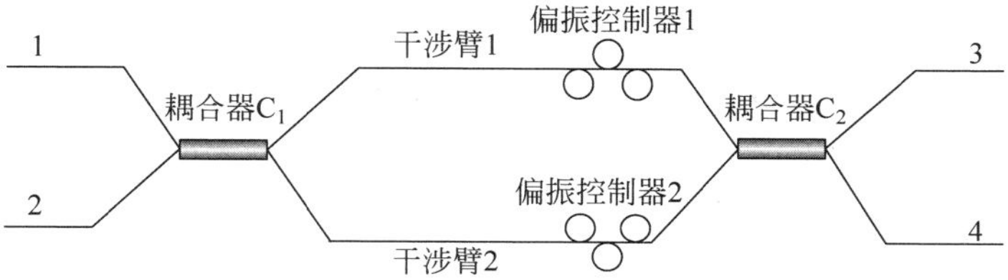

图 10.4.1-1　光纤 M-Z 干涉仪

耦合器 C_1 和 C_2 起光分路与光合路的作用，在忽略所有损耗的条件下，这样一个结构的传输矩阵为

$$\begin{bmatrix} E_3 \\ E_4 \end{bmatrix} = \boldsymbol{T}_2 \boldsymbol{B} \boldsymbol{T}_1 \begin{bmatrix} E_1 \\ E_2 \end{bmatrix} \tag{10.4.1-1}$$

式中，$\boldsymbol{T}_1$ 和 $\boldsymbol{T}_2$ 分别为两光纤耦合器 C_1 和 C_2 的传输矩阵，$\boldsymbol{B}$ 为中间两根光纤传输特性联合在一起的传输矩阵。这里我们只考虑了某个偏振方向的耦合，在忽略各

自的双折射和偏振态演化的前提下，有

$$\boldsymbol{T}_1=\begin{bmatrix}\sqrt{1-\alpha_1} & \mathrm{i}\sqrt{\alpha_1}\\ \mathrm{i}\sqrt{\alpha_1} & \sqrt{1-\alpha_1}\end{bmatrix} \tag{10.4.1-2}$$

$$\boldsymbol{T}_2=\begin{bmatrix}\sqrt{1-\alpha_2} & \mathrm{i}\sqrt{\alpha_2}\\ \mathrm{i}\sqrt{\alpha_2} & \sqrt{1-\alpha_2}\end{bmatrix} \tag{10.4.1-3}$$

$$\boldsymbol{B}=\begin{bmatrix}\exp(\mathrm{i}\beta_1 L_1) & 0\\ 0 & \exp(\mathrm{i}\beta_2 L_2)\end{bmatrix} \tag{10.4.1-4}$$

式中，α_1 和 α_2 分别为两光纤耦合器的分光比，β_1 和 β_2 为两干涉臂的传输常数，L_1 和 L_2 为两干涉臂的长度。于是得到

$$\begin{bmatrix}E_3\\ E_4\end{bmatrix}=\begin{bmatrix}\sqrt{1-\alpha_2} & \mathrm{i}\sqrt{\alpha_2}\\ \mathrm{i}\sqrt{\alpha_2} & \sqrt{1-\alpha_2}\end{bmatrix}\begin{bmatrix}\mathrm{e}^{\mathrm{i}\beta_1 L_1} & 0\\ 0 & \mathrm{e}^{\mathrm{i}\beta_2 L_2}\end{bmatrix}\begin{bmatrix}\sqrt{1-\alpha_1} & \mathrm{i}\sqrt{\alpha_1}\\ \mathrm{i}\sqrt{\alpha_1} & \sqrt{1-\alpha_1}\end{bmatrix}\begin{bmatrix}E_1\\ E_2\end{bmatrix} \tag{10.4.1-5}$$

可以看出，在所考虑的波长上，输出的光功率主要由相位差 $2\Delta\varphi=\beta_1 L_1-\beta_2 L_2$ 和分光比 α 决定（注意，此处的 $\Delta\varphi$ 与一般文献上定义的 $\beta_1 L_1-\beta_2 L_2$ 相差一个 2 倍的关系）。在实际的系统中，两耦合器的分光比均相同，为 1/2，两根光纤的传输常数也相同，$\beta\approx k_0 n_{\mathrm{eff}}$，于是

$$2\Delta\varphi=\beta(L_1-L_2)=\beta\Delta L \tag{10.4.1-6}$$

从而

$$\begin{bmatrix}E_3\\ E_4\end{bmatrix}=\mathrm{i}\mathrm{e}^{\mathrm{i}\bar{\varphi}}\begin{bmatrix}E_1\sin\Delta\varphi+E_2\cos\Delta\varphi\\ E_1\cos\Delta\varphi-E_2\sin\Delta\varphi\end{bmatrix} \tag{10.4.1-7}$$

式中，$\bar{\varphi}=\beta(L_1+L_2)/2$，为两个光纤臂的平均相移，不影响干涉的效果。如果只有光纤耦合器 C_1 有光输入，$E_2=0$，则从式(10.4.1-7)可以看出光功率将在两个输出端不断随 $\Delta\varphi$ 变化而变化

$$\begin{bmatrix}P_3\\ P_4\end{bmatrix}=\begin{bmatrix}P_1\sin^2\Delta\varphi\\ P_1\cos^2\Delta\varphi\end{bmatrix} \tag{10.4.1-8}$$

利用式(10.4.1-8)可以做很多事情。如果干涉仪的两个臂一个作为参考臂，另一个作为干涉臂，人为地引入一个附加相位，那么调整这个干涉臂的相位，就可以使功率从一个端口转向另一个端口。这样就可以制成一个光开关。由于调相的速度非常快，如利用第 9 章介绍的 LN 晶体，调相的速度可以达到数十吉比特每秒，因此，可以用来制作高速的强度调制器。此外，利用这种干涉仪的高灵敏性，光纤的长度又可以敷设得很长，可以用作光纤围栏等。

上述公式没有考虑光源的相干性，或者说认为光源是理想的单色光源，也没有涉及光的偏振特性，实际的光纤 M-Z 干涉仪的问题要比理想情况复杂得多。对于实际的光源，由于相干长度十分有限，如某些 DFB 激光器，它的相干长度只有几十厘米，超过这个长度就不会相干。因此，两个干涉臂的长度差不能太大。光纤 M-Z 干涉仪的另一个重要问题是它与自由空间的 M-Z 干涉仪相比特别不稳定。因为光纤的相移常数大约在 $10^6/\mathrm{m}$ 的量级，而石英的温度系数在 10^{-5}℃ 的量级，这意味着温度的微小变化将导致 $\Delta\varphi$ 的很大变化。同时，由于外界的振动，甚至空气的对流都可能影响到光纤干涉臂的偏振态，如果两个干涉臂的光程差相差很远或者光纤长度达到千米量级，都将导致干涉不稳定。

为了克服光纤 M-Z 干涉仪的不稳定问题，人们提出了很多解决方案。其中之一是利用保偏光纤制作。这时，不仅光纤耦合器要用保偏光纤制作，而且干涉臂和参考臂也都必须是保偏光纤。这样可以解决偏振不稳的问题。但是相位不稳的问题还需要进一步解决。

另一种解决干涉不稳的方法，是利用集成光学的方法，把光耦合器、干涉臂都集成在一个波导上。比如，LN 强度调制器就是一种利用 M-Z 干涉仪原理的光学器件，它是光通信系统中的关键器件之一。

上述分析都是指稳定光源长期工作的情形。当输入到干涉仪的是光脉冲时，干涉情况还要受到群速度差（称为走离）和色散的影响，尤其是高速系统（皮秒级）和光纤干涉臂较长时。设有一个理想的单频光源 $\exp(\mathrm{i}\omega_0 t)$，如果不对它调制，它的相干长度为无穷大。现在对它进行调制，设调制信号为 $f(t)$，调制后的光信号为 $f(t)\exp(\mathrm{i}\omega_0 t)$。在光纤 M-Z 干涉仪中，它被第一个耦合器 C_1 分成两部分 $f_1(t)\exp[\mathrm{i}(\omega_0 t+\varphi_1)]$ 和 $f_2(t)\exp[\mathrm{i}(\omega_0 t+\varphi_2)]$，其中 φ_1 和 φ_2 分别为在分路时的相移（如半波相移）。二者经历两个不同路径的干涉臂，假设不考虑偏振态的演化以及色散引起的调制信号的失真，达到干涉点（耦合器 C_2）时二者分别为

$$f_1(t-\beta_0' L_1)\exp[\mathrm{i}(\omega_0 t+\varphi_1-\beta_0' L_1)] \tag{10.4.1-9}$$

和

$$f_1(t-\beta_0' L_2)\exp[\mathrm{i}(\omega_0 t+\varphi_1-\beta_0' L_2)] \tag{10.4.1-10}$$

两路光信号干涉叠加的结果（功率）为

$$\begin{aligned} &f_1^2(t-\beta_0' L_1)+f_2^2(t-\beta_0' L_2)+ \\ &2f_1(t-\beta_0' L_1)f_2(t-\beta_0' L_2)\cos[\beta_0'(L_1-L_2)+(\varphi_1-\varphi_2)] \end{aligned} \tag{10.4.1-11}$$

这时是否相干，主要看合成的光信号是按功率相加还是按幅度相加。如果相干（按幅度相加），必须满足两个条件：第一个条件是两个信号必须相遇，也就是

$$2f_1(t-\beta_0' L_1)f_2(t-\beta_0' L_2)\neq 0 \tag{10.4.1-12}$$

第二个条件是干涉的相位 $\beta_0'(L_1-L_2)+(\varphi_1-\varphi_2)$ 是一个确定的值。前一项表示

走离，后一项表示传输过程引入的非相干性。有时，走离的要求更苛刻一些。

10.4.2 光纤迈克耳孙干涉仪和斐索干涉仪

10.4.1 节介绍的 M-Z 干涉仪必须使用两个光纤耦合器，光路极不稳定，很多情况不得不把它们集成在一个基片上。本节介绍的两款光纤干涉仪，连同 10.4.3 节介绍的光纤干涉仪都只使用一个光纤耦合器，它们是光纤迈克耳孙干涉仪、斐索干涉仪以及萨尼亚克干涉仪。迈克耳孙干涉仪是大家熟知的干涉仪，用途十分广泛。相对而言，斐索干涉仪要比迈克耳孙干涉仪更稳定一些，因此也是广泛应用的一种干涉仪。

1. 光纤迈克耳孙干涉仪

光纤迈克耳孙干涉仪的基本结构如图 10.4.2-1 所示。它包括一个光纤耦合器，在图左侧有一个端口作为输入端，经过光纤耦合器分成两路，后面各接一段光纤，一路作为参考臂，一路作为测量臂。为了控制偏振态，每个臂上都加了偏振控制器(图中没画出)。参考臂的末端加一个法拉第旋转镜(FRM)，作用是使返回的光到达光耦合器时，偏振态不受光路偏振特性的影响(参见 10.4.5 节)。测量臂的末端，可以是法拉第旋转镜，也可以是来自于其他被测物的反射光。两路反射光重新回到光纤耦合器，在耦合器内实现干涉。

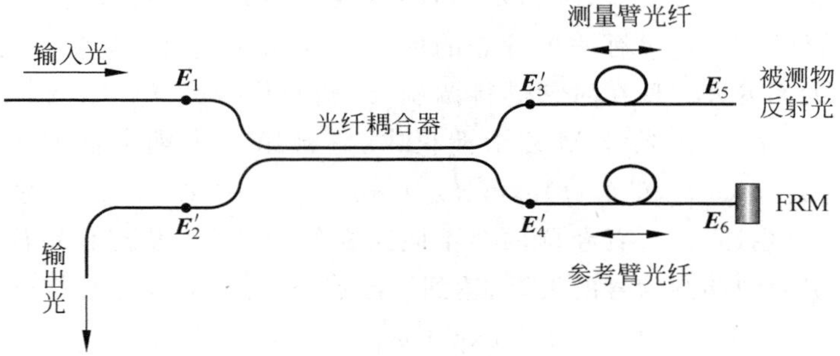

图 10.4.2-1 光纤迈克耳孙干涉仪

迈克耳孙干涉仪的一个典型用途是光断层扫描仪(OCT)，是一种测量眼睛的医学仪表。另一个是用于测量光纤陀螺敏感环模耦合的“白光干涉仪”(宽谱光源干涉仪)。这两种仪表的特点都是基于宽谱光源，当移动参考臂的法拉第旋转镜 FRM 时，在很精细的尺度上观察到干涉条纹，从而实现精确测量。

遵循 10.3.1 节关于耦合器标号的规定，即以不带撇的矢量符号表示注入耦合器的光场，以带撇的矢量符号表示从耦合器输出的或者向远离耦合器方向的光场。这样，假定输入到光纤干涉仪一个端口的光场为 $\boldsymbol{E}_1$，干涉后返回从另一个端口输出的光场为 $\boldsymbol{E}_2'$；在光纤耦合器的另一侧，输出的光场分别为 $\boldsymbol{E}_3'$ 和 $\boldsymbol{E}_4'$，经过参考臂光纤和测量臂光纤(含偏振控制器)到达其末端,分别为 $\boldsymbol{E}_5'$ 和 $\boldsymbol{E}_6'$,末端反射回的光分别为 $\boldsymbol{E}_5$ 和 $\boldsymbol{E}_6$,然后它们经过两个干涉臂再回到光纤耦合器,光场分别为 $\boldsymbol{E}_3$ 和 $\boldsymbol{E}_4$。

10.3.1 节我们得出光纤耦合器的输出光场与输入光场的关系为

$$\begin{bmatrix}\boldsymbol{E}_3' \\ \boldsymbol{E}_4'\end{bmatrix} = \begin{bmatrix}\boldsymbol{U} & \boldsymbol{V} \\ \boldsymbol{V} & \boldsymbol{U}\end{bmatrix}\begin{bmatrix}\boldsymbol{E}_1 \\ \boldsymbol{E}_2\end{bmatrix} \tag{10.3.1-10}$$

式中,两个矩阵 $\boldsymbol{U}$ 和 $\boldsymbol{V}$ 分别为

$$\boldsymbol{U} = \sqrt{\alpha}\,\mathrm{e}^{\mathrm{i}\varphi}\begin{bmatrix}\cos\theta_u\,\mathrm{e}^{\mathrm{i}\delta_1} & \sin\theta_u\,\mathrm{e}^{\mathrm{i}\delta_2} \\ -\sin\theta_u\,\mathrm{e}^{-\mathrm{i}\delta_2} & \cos\theta_u\,\mathrm{e}^{-\mathrm{i}\delta_1}\end{bmatrix} \tag{10.3.1-16}$$

$$\boldsymbol{V} = \mathrm{i}\sqrt{1-\alpha}\,\mathrm{e}^{\mathrm{i}\varphi}\begin{bmatrix}\cos\theta_v\,\mathrm{e}^{\mathrm{i}\delta_1} & \sin\theta_v\,\mathrm{e}^{\mathrm{i}\delta_2} \\ \sin\theta_v\,\mathrm{e}^{-\mathrm{i}\delta_2} & -\cos\theta_v\,\mathrm{e}^{-\mathrm{i}\delta_1}\end{bmatrix} \tag{10.3.1-17}$$

$\boldsymbol{E}_3'$ 和 $\boldsymbol{E}_4'$ 在光纤中传输,到终端时,有

$$\boldsymbol{E}_5' = \boldsymbol{F}_{\mathrm{prob}}\boldsymbol{E}_3', \quad \boldsymbol{E}_6' = \boldsymbol{F}_{\mathrm{ref}}\boldsymbol{E}_4' \tag{10.4.2-1}$$

式中,$\boldsymbol{F}_{\mathrm{prob}}$ 和 $\boldsymbol{F}_{\mathrm{ref}}$ 是两根光纤的前向传输矩阵(包括偏振控制器的矩阵)。在测量臂的末端,光场被反射,它应该乘以一个反射系数 $\boldsymbol{R}_{\mathrm{prob}}$;同样,在参考臂的末端,也需要增加一个法拉第旋镜的反射系数 $\boldsymbol{R}_{\mathrm{FRM}}$,于是

$$\boldsymbol{E}_5 = \boldsymbol{R}_{\mathrm{prob}}\boldsymbol{E}_5', \quad \boldsymbol{E}_6 = \boldsymbol{R}_{\mathrm{FRM}}\boldsymbol{E}_6' \tag{10.4.2-2}$$

这两路光在光纤中反向传输,注意这时的反向传输矩阵并不是正向传输矩阵的逆,而是它们的反演矩阵,分别记为 $\widetilde{\boldsymbol{F}}_{\mathrm{prob}}$ 和 $\widetilde{\boldsymbol{F}}_{\mathrm{ref}}$。这个反演矩阵是由坐标系变换形成的。关于反演矩阵的推导,请见 10.4.5 节。于是,它们到达耦合器的反向输入端时,有

$$\boldsymbol{E}_3 = \widetilde{\boldsymbol{F}}_{\mathrm{prob}}\boldsymbol{R}_{\mathrm{prob}}\boldsymbol{E}_5' = \widetilde{\boldsymbol{F}}_{\mathrm{prob}}\boldsymbol{R}_{\mathrm{prob}}\boldsymbol{F}_{\mathrm{prob}}\boldsymbol{E}_3' \tag{10.4.2-3}$$

$$\boldsymbol{E}_4 = \widetilde{\boldsymbol{F}}_{\mathrm{ref}}\boldsymbol{R}_{\mathrm{FRM}}\boldsymbol{F}_{\mathrm{ref}}\boldsymbol{E}_4' \tag{10.4.2-4}$$

当耦合器反向使用时,所有的矩阵也要反演,也就是

$$\begin{bmatrix}\boldsymbol{E}_1' \\ \boldsymbol{E}_2'\end{bmatrix} = \begin{bmatrix}\widetilde{\boldsymbol{U}} & \widetilde{\boldsymbol{V}} \\ \widetilde{\boldsymbol{V}} & \widetilde{\boldsymbol{U}}\end{bmatrix}\begin{bmatrix}\boldsymbol{E}_3 \\ \boldsymbol{E}_4\end{bmatrix} \tag{10.4.2-5}$$

于是

$$\boldsymbol{E}_2' = \widetilde{\boldsymbol{V}}\boldsymbol{E}_3 + \widetilde{\boldsymbol{U}}\boldsymbol{E}_4 \tag{10.4.2-6}$$

考虑到在耦合器的输入端,$\boldsymbol{E}_2=0$,分别联立以上各式,得到

$$\boldsymbol{E}_2' = \widetilde{\boldsymbol{V}}\widetilde{\boldsymbol{F}}_{\mathrm{prob}}\boldsymbol{R}_{\mathrm{prob}}\boldsymbol{F}_{\mathrm{prob}}\boldsymbol{U}\boldsymbol{E}_1 + \widetilde{\boldsymbol{U}}\widetilde{\boldsymbol{F}}_{\mathrm{ref}}\boldsymbol{R}_{\mathrm{FRM}}\boldsymbol{F}_{\mathrm{ref}}\boldsymbol{V}\boldsymbol{E}_1 \tag{10.4.2-7}$$

最终得到

$$\boldsymbol{E}'_2=(\widetilde{\boldsymbol{V}}\widetilde{\boldsymbol{F}}_{\text{prob}}\boldsymbol{R}_{\text{prob}}\boldsymbol{F}_{\text{prob}}\boldsymbol{U}+\widetilde{\boldsymbol{U}}\widetilde{\boldsymbol{F}}_{\text{ref}}\boldsymbol{R}_{\text{FRM}}\boldsymbol{F}_{\text{ref}}\boldsymbol{V})\boldsymbol{E}_1 \tag{10.4.2-8}$$

如果定义干涉仪的传输矩阵 $\boldsymbol{T}$,它为

$$\boldsymbol{T}=\widetilde{\boldsymbol{V}}\widetilde{\boldsymbol{F}}_{\text{prob}}\boldsymbol{R}_{\text{prob}}\boldsymbol{F}_{\text{prob}}\boldsymbol{U}+\widetilde{\boldsymbol{U}}\widetilde{\boldsymbol{F}}_{\text{ref}}\boldsymbol{R}_{\text{FRM}}\boldsymbol{F}_{\text{ref}}\boldsymbol{V} \tag{10.4.2-9}$$

因此,我们改变干涉仪 $\boldsymbol{U}$、$\boldsymbol{V}$、$\boldsymbol{F}_{\text{prob}}$、$\boldsymbol{F}_{\text{ref}}$、$\boldsymbol{R}_{\text{prob}}$、$\boldsymbol{R}_{\text{FRM}}$ 六个矩阵中任何一个参数,都可以改变干涉仪的输出状态。

下面根据具体情况来看一下干涉的效果。

【特例】 假定所有的器件都是反演对称的,也就是所有的两个偏振方向的耦合都可以忽略,即式(10.3.1-16)和式(10.3.1-17)中的 $\theta_u=0$ 和 $\theta_v=0$,于是

$$\widetilde{\boldsymbol{V}}=\boldsymbol{V},\quad \widetilde{\boldsymbol{F}}_{\text{prob}}=\boldsymbol{F}_{\text{prob}},\quad \boldsymbol{U}=\widetilde{\boldsymbol{U}},\quad \widetilde{\boldsymbol{F}}_{\text{ref}}=\boldsymbol{F}_{\text{ref}} \tag{10.4.2-10}$$

由于光纤很短,双折射效应也不考虑,于是

$$\boldsymbol{F}_{\text{ref}}=\mathrm{e}^{\mathrm{i}\beta L_{\text{ref}}}\begin{bmatrix}1&\\&1\end{bmatrix},\quad \boldsymbol{F}_{\text{prob}}=\mathrm{e}^{\mathrm{i}\beta L_{\text{prob}}}\begin{bmatrix}1&\\&1\end{bmatrix} \tag{10.4.2-11}$$

式中,L_{ref} 和 L_{prob} 分别是参考臂的光纤长度和测量臂的光纤长度。而且,耦合器的双折射也不考虑,于是

$$\boldsymbol{U}=\sqrt{\alpha}\,\mathrm{e}^{\mathrm{i}\varphi}\begin{bmatrix}1&\\&1\end{bmatrix},\quad \boldsymbol{V}=\mathrm{i}\sqrt{1-\alpha}\,\mathrm{e}^{\mathrm{i}\varphi}\begin{bmatrix}1&\\&-1\end{bmatrix} \tag{10.4.2-12}$$

这样,

$$\boldsymbol{T}=\boldsymbol{V}\boldsymbol{F}_{\text{prob}}\boldsymbol{R}_{\text{prob}}\boldsymbol{F}_{\text{prob}}\boldsymbol{U}+\boldsymbol{U}\boldsymbol{F}_{\text{ref}}\boldsymbol{R}_{\text{FRM}}\boldsymbol{F}_{\text{ref}}\boldsymbol{V} \tag{10.4.2-13}$$

如果在测量臂的末端也加上法拉第旋镜,可以进一步简化为

$$\boldsymbol{T}=\mathrm{e}^{\mathrm{i}\beta L_{\text{prob}}}\boldsymbol{V}\begin{bmatrix}&1\\1&\end{bmatrix}\boldsymbol{U}+\mathrm{e}^{\mathrm{i}2\beta L_{\text{ref}}}\boldsymbol{U}\begin{bmatrix}&1\\1&\end{bmatrix}\boldsymbol{V} \tag{10.4.2-14}$$

最终得到传输矩阵为

$$\boldsymbol{T}=\mathrm{i}\sqrt{\alpha(1-\alpha)}\left\{\mathrm{e}^{\mathrm{i}(2\beta L_{\text{prob}}+2\varphi)}\begin{bmatrix}&1\\-1&\end{bmatrix}+\mathrm{e}^{\mathrm{i}(2\beta L_{\text{ref}}+2\varphi)}\begin{bmatrix}&-1\\1&\end{bmatrix}\right\} \tag{10.4.2-15}$$

将它代入式(10.4.2-8),得到

$$\boldsymbol{E}'_2=\mathrm{i}\sqrt{\alpha(1-\alpha)}\left\{\mathrm{e}^{\mathrm{i}(2\beta L_{\text{prob}}+2\varphi)}\begin{bmatrix}&1\\-1&\end{bmatrix}+\mathrm{e}^{\mathrm{i}(2\beta L_{\text{ref}}+2\varphi)}\begin{bmatrix}&-1\\1&\end{bmatrix}\right\}\boldsymbol{E}_1 \tag{10.4.2-16}$$

对于输入光的 x 分量,其输出为 y 分量,有

$$E'_{2y}=\mathrm{i}\sqrt{\alpha(1-\alpha)}\left[-\mathrm{e}^{\mathrm{i}(2\beta L_{\text{prob}}+2\varphi)}+\mathrm{e}^{\mathrm{i}(2\beta L_{\text{ref}}+2\varphi)}\right]E_{1x} \tag{10.4.2-17}$$

光纤长度用长度差和平均长度来表示,即

$$\bar{L}=(L_{\text{prob}}+L_{\text{ref}})/2,\quad \Delta L=(L_{\text{prob}}-L_{\text{ref}})/2 \tag{10.4.2-18}$$

这样

$$E'_{2y}=\mathrm{i}\sqrt{\alpha(1-\alpha)}\,\mathrm{e}^{\mathrm{i}(2\varphi+2\bar{L})}[-\mathrm{e}^{\mathrm{i}(2\beta\Delta L)}+\mathrm{e}^{-\mathrm{i}(2\beta\Delta L)}]E_{1x} \tag{10.4.2-19}$$

式中，$\mathrm{ie}^{\mathrm{i}(2\varphi+2\bar{L})}$ 对于干涉结果没有影响，可以忽略，得到

$$E'_{2y}=2\sqrt{\alpha(1-\alpha)}\sin(2\beta\Delta L)E_{1x} \tag{10.4.2-20}$$

若分光比 $\alpha=1/2$，则

$$E'_{2y}=\sin(2\beta\Delta L)E_{1x} \tag{10.4.2-21}$$

$$P_{2y}=[1-\cos(2\beta\Delta L')]P_{1x} \tag{10.4.2-22}$$

式中，$\Delta L'=(L_{\text{prob}}-L_{\text{ref}})$。同理，对于输入光的 y 分量，其输出为 x 分量，可得

$$P_{2x}=[1-\cos(2\beta\Delta L')]P_{1y} \tag{10.4.2-23}$$

当法拉第旋镜以某个速度运动时（忽略空气中的相移），那么

$$P_{2x}=[1-\cos(2\beta vt)]P_{1y} \tag{10.4.2-24}$$

这样就得到了时域的干涉条纹。计算这个干涉条纹，就可以得到需要的测量结果。

2. 斐索干涉仪

迈克耳孙干涉仪虽然结构简单，易于理解，但是存在一个先天不足，因为参考光和测量臂的光分别走了两条不同的光路，而影响光路光程差的因素很多且非常复杂，从而导致这种干涉极不稳定。解决这个问题的方法是尽量使测量臂和参考臂走同一个光路，减少干扰因素的影响。从这个思路出发，先后提出了两种干涉结构，一种是 10.4.3 节的萨尼亚克干涉仪，一种就是本段提出的斐索干涉仪。

斐索干涉仪的基本结构参见图 10.4.2-2。图中，在干涉仪的左侧，输入到光纤干涉仪一个端口的光场为 $\boldsymbol{E}_1$，干涉后返回从另一个端口输出的光场为 $\boldsymbol{E}'_2$。在光纤耦合器的另一侧，输出的光场分别为 $\boldsymbol{E}'_3$ 和 $\boldsymbol{E}'_4$，为了避免参考光和被测光经由不同的光路，$\boldsymbol{E}'_4$ 端口的输出将舍去不用。这时，参考臂光纤和测量臂光纤（含偏振控制器）共用一条光路，输出光到达安装在其末端的一个自聚焦透镜（collimator，参见 5.4.1 节），为 $\boldsymbol{E}'_5$。自聚焦透镜的端面镀有部分反射部分透射的镀膜，从这个膜反射回来的光为 $\boldsymbol{E}_5$，称其为一次反射光；透射光达到被测物，其光场为 $\boldsymbol{E}'_6$，经被测物反射后为 $\boldsymbol{E}_6$，这个反射光称为二次反射光。然后它们经过干涉臂重新回到光纤耦合器，经过干涉叠加后成为光场 $\boldsymbol{E}'_2$ 输出。

由图 10.4.2-2 可见，参考光和测量光走的是同一条光路，因此光路的各种不稳定性均不会影响干涉的结果。它们之间的光程差仅仅是从自聚焦透镜端面到被测物反射面的一小段空气光路，主要取决于被测物与自聚焦透镜端面的一段空气。如果这段光路比较短，比如在厘米量级，空气的传输特性几乎不受环境影响，所以光程差只取决于被测物的位置。当被测物运动时，二次反射光就会产生多普勒频

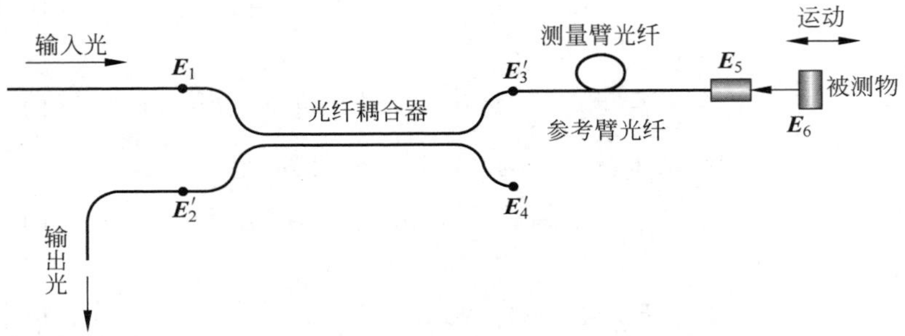

图 10.4.2-2　斐索干涉仪

移。经过干涉后就会得到含有多普勒频移的时域干涉条纹，计算这个干涉条纹，就可以获得被测物运动的速度、加速度以及位移等信息。因此，它也被称为光子多普勒速度计(photonic Doppler velocitimeter，PDV)。

下面定量地分析它们的数量关系。根据前面的分析有

$$\boldsymbol{E}_5'=\boldsymbol{F}\boldsymbol{E}_3',\quad \boldsymbol{E}_5=\boldsymbol{R}_1\boldsymbol{E}_5' \tag{10.4.2-25}$$

式中，$\boldsymbol{F}$ 为从光纤耦合器输出到自聚焦透镜镀膜端面的一段光路的总的传输矩阵，$\boldsymbol{R}_1$ 为镀膜端面的反射矩阵。

$$\boldsymbol{E}_6'=\boldsymbol{T}_{\text{air}}\boldsymbol{E}_5',\quad \boldsymbol{E}_6=\boldsymbol{R}_{\text{tag}}\boldsymbol{E}_6' \tag{10.4.2-26}$$

式中，$\boldsymbol{T}_{\text{air}}$ 为从镀膜端面到被测物表面的一段空气的传输矩阵，$\boldsymbol{R}_{\text{tag}}$ 为被测物表面的反射矩阵。当这两束光反向传输时，有

$$\boldsymbol{E}_3=\widetilde{\boldsymbol{F}}\boldsymbol{R}_1\boldsymbol{E}_5'+\widetilde{\boldsymbol{F}}\widetilde{\boldsymbol{T}}_{\text{air}}\boldsymbol{R}_{\text{tag}}\boldsymbol{T}_{\text{air}}\boldsymbol{E}_5'=\widetilde{\boldsymbol{F}}(\boldsymbol{R}_1+\widetilde{\boldsymbol{T}}_{\text{air}}\boldsymbol{R}_{\text{tag}}\boldsymbol{T}_{\text{air}})\boldsymbol{E}_5' \tag{10.4.2-27}$$

再代入 $\boldsymbol{E}_5'=\boldsymbol{F}\boldsymbol{E}_3'=\boldsymbol{F}\boldsymbol{U}\boldsymbol{E}_1$，$\boldsymbol{E}_2'=\widetilde{\boldsymbol{V}}\boldsymbol{E}_3$，得到

$$\boldsymbol{E}_2'=\widetilde{\boldsymbol{V}}\widetilde{\boldsymbol{F}}(\boldsymbol{R}_1+\widetilde{\boldsymbol{T}}_{\text{air}}\boldsymbol{R}_{\text{tag}}\boldsymbol{T}_{\text{air}})\boldsymbol{F}\boldsymbol{U}\boldsymbol{E}_1 \tag{10.4.2-28}$$

这样，我们的就得到了干涉仪的总传输矩阵

$$\boldsymbol{T}=\widetilde{\boldsymbol{V}}\widetilde{\boldsymbol{F}}(\boldsymbol{R}_1+\widetilde{\boldsymbol{T}}_{\text{air}}\boldsymbol{R}_{\text{tag}}\boldsymbol{T}_{\text{air}})\boldsymbol{F}\boldsymbol{U} \tag{10.4.2-29}$$

下面根据具体情况看一下干涉的效果。

在实际应用中，所有不同偏振方向的耦合都被忽略，即

$$\widetilde{\boldsymbol{V}}=\boldsymbol{V},\quad \widetilde{\boldsymbol{F}}=\boldsymbol{F},\quad \boldsymbol{U}=\widetilde{\boldsymbol{U}},\quad \widetilde{\boldsymbol{T}}_{\text{air}}=\boldsymbol{T}_{\text{air}} \tag{10.4.2-30}$$

于是，

$$\boldsymbol{T}=\boldsymbol{V}\boldsymbol{F}(\boldsymbol{R}_1+\boldsymbol{T}_{\text{air}}\boldsymbol{R}_{\text{tag}}\boldsymbol{T}_{\text{air}})\boldsymbol{F}\boldsymbol{U} \tag{10.4.2-31}$$

而且，两个反射矩阵假定是没有旋光性的，于是 $\boldsymbol{R}_1=r_1\begin{bmatrix}1 & \\ & 1\end{bmatrix}$，$\boldsymbol{R}_{\text{tag}}=r_{\text{tag}}\begin{bmatrix}1 & \\ & 1\end{bmatrix}$，最后，矩阵 $\boldsymbol{T}_{\text{air}}=\mathrm{e}^{\mathrm{i}\varphi_2}\begin{bmatrix}1 & \\ & 1\end{bmatrix}$，这样

$$\boldsymbol{T}=\sqrt{\alpha}\sqrt{1-\alpha}\,\mathrm{e}^{2\mathrm{i}\varphi_f}(r_1+r_{\mathrm{tag}}\mathrm{e}^{\mathrm{i}2\varphi_2})\begin{bmatrix}1 & \\ & 1\end{bmatrix} \tag{10.4.2-32}$$

式中，φ_f 是参考光的相移，φ_2 是光在空气中的相移。因此，在这些前提条件下，偏振的问题可以不考虑。假定输入光只有 x 偏振方向，并考虑 $\alpha=1/2$，那么输出光为

$$E'_{2x}=[\mathrm{e}^{2\mathrm{i}\varphi_f}(r_1+r_{\mathrm{tag}}\mathrm{e}^{\mathrm{i}2\varphi_2})E_{1x}]/2 \tag{10.4.2-33}$$

现在，将式(10.4.2-33)改写为光强的形式，称一次反射光的光强为 I_1，它对应上式中 $r_1E_{1x}/2$ 的模方项；二次反射光的光强为 I_2，它对应上式中的 $r_{\mathrm{tag}}\mathrm{e}^{\mathrm{i}2\varphi_2}E_{1x}/2$ 的模方项。设在 $t=0$ 时刻，被测物不动，$\varphi_2(0)=\varphi_{20}$。在 t 时刻，物体的瞬时速度为 $u(t)$，由于多普勒效应，二次反射光的相位为 $\varphi_2(t)=\varphi_{20}+(4\pi/\lambda)\int_0^t u(t)\mathrm{d}t$，并记一次反射光的初相位为 φ_{10}，且 $\Delta\varphi_0=\varphi_{20}-\varphi_{10}$，于是干涉后叠加的光强为

$$I=I_1+I_2+2\sqrt{I_1I_2}\cos\left[\frac{4\pi}{\lambda}\int_0^t u(t)\mathrm{d}t+\Delta\varphi_0\right] \tag{10.4.2-34}$$

在实际测量过程中，I_1 可认为基本不变，I_2 会随运动而改变，从而上式改写为

$$I=I_1+I_2(t)+2\sqrt{I_1I_2(t)}\cos\left[\frac{4\pi}{\lambda}\int_0^t u(t)\mathrm{d}t+\Delta\varphi_0\right] \tag{10.4.2-35}$$

在式(10.4.2-35)中，由被测物运动引起的相位变化 $\frac{4\pi}{\lambda}\int_0^t u(t)\mathrm{d}t$ 除以 2π 并取其整数部分得到

$$N=\mathrm{Int}\left[\frac{2}{\lambda}\int_0^t u(t)\mathrm{d}t\right] \tag{10.4.2-36}$$

式(10.4.2-36)中的 Int 表示取整数，则 N 就是观察到的周期数(条纹数)，条纹数随时间的变化率即物体的运动速度

$$u(t)=\frac{\lambda}{2}\frac{\mathrm{d}N}{\mathrm{d}t}=\frac{\lambda}{2\tau(t)} \tag{10.4.2-37}$$

式中，$\tau(t)$是示波器显示的信号周期。不难看出，用这种方法不必准确地测量光强(I_1 和 I_2)，所以具有较强的抗干扰能力。

在实际应用中，另一个问题是 2×2 耦合器往往引起较大的插损，故用环行器代替，参见图 10.4.2-3(图中的标号做了更改)。图 10.4.2-4 是实测的爆炸过程的干涉曲线，从该曲线看，爆炸过程中二次反射光的光强是极不稳定的，该图的下部是细节图，可以清楚地看出，它是由一系列的干涉条纹组成的。通过测定干涉条纹的周期，可以得到超过 km/s 的速度曲线。图 10.4.2-5 是测定的某个过程的速度曲线，速度达到 1km/s 以上，这是用其他方法难以达到的。

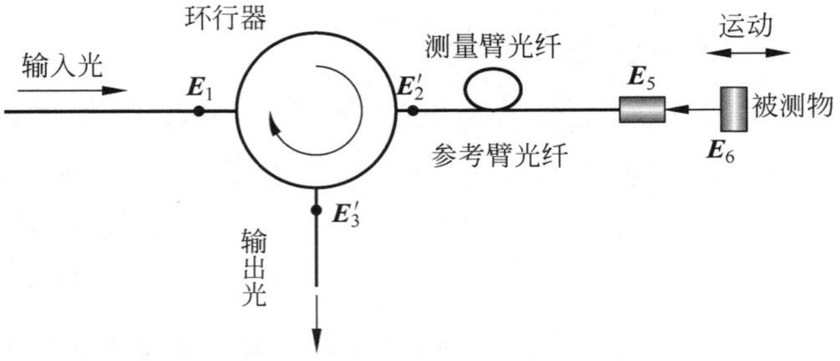

图 10.4.2-3 利用环行器制作的光子多普勒速度计(PDV)

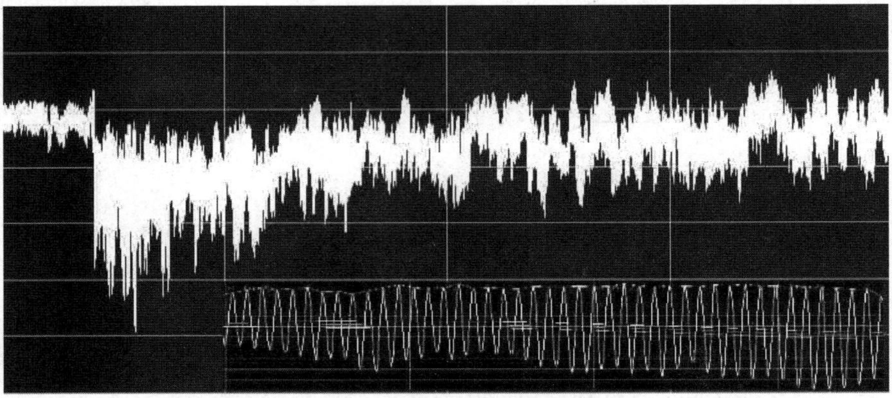

图 10.4.2-4 一次爆炸弹片飞行过程用 PDV 记录的实验结果(下部为展开的细节)
(请扫Ⅱ页二维码看彩图)

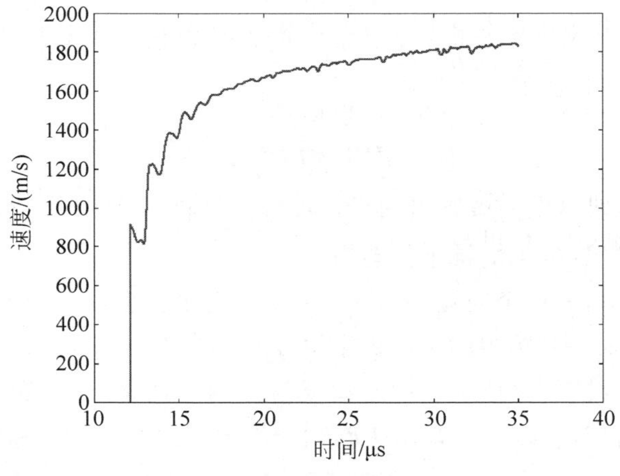

图 10.4.2-5 测定的爆炸过程的速度曲线
(请扫Ⅱ页二维码看彩图)

10.4.3　无源光纤环

将如图 10.3.0-1 所示光纤耦合器的两个输出端或者将一个输入端与一个输出端连接起来，就构成了一个无源光纤环。前一种连接方法具有和萨亚尼克(Sagnac)干涉仪相类似的工作原理，如图 10.4.3-1(a)所示，称为萨亚尼克光纤环；后一种连接方法实现了光反馈，具有谐振特性，称为光纤环形谐振腔(简称环形腔)，如图 10.4.3-1(b)所示。萨亚尼克纤环可用于光纤陀螺、非线性光学环路镜、光孤子逻辑门等；光纤环形腔可用于光时分复用器、光纤延迟线，也可用于光纤陀螺。因此，无源光纤环是一种重要的光纤基础器件。

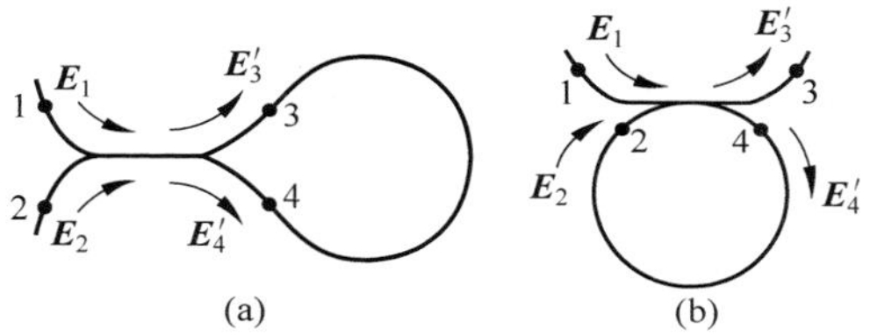

图 10.4.3-1　无源光纤环

(a) 萨亚尼克光纤环；(b) 光纤环形谐振腔

1. 萨亚尼克光纤环

10.3.1 节已经得到光纤耦合器的传输特性满足的式(10.3.1-10)，为

$$\begin{bmatrix} \boldsymbol{E}'_3 \\ \boldsymbol{E}'_4 \end{bmatrix} = \begin{bmatrix} \boldsymbol{U} & \boldsymbol{V} \\ \boldsymbol{V} & \boldsymbol{U} \end{bmatrix} \begin{bmatrix} \boldsymbol{E}_1 \\ \boldsymbol{E}_2 \end{bmatrix} \tag{10.3.1-10}$$

当把它的两个输出端连接起来时，需要考虑正反两个方向光同时在同一根光纤中传输的问题。一段光纤的传输特性在 7.3.2 节中已经有过详细的论述，参见图 10.4.5-1，当光沿光纤正向传输时，根据式(7.3.2-1)可表示为

$$\boldsymbol{E}'_2 = \boldsymbol{F}\boldsymbol{E}_1 \tag{10.4.3-1}$$

式中，$\boldsymbol{E}_1$ 和 $\boldsymbol{E}'_2$ 分别为正向传输的 1 端口(输入端)和 2 端口(输出端)的光场，根据式(10.3.2-4)传输矩阵 $\boldsymbol{F}$ 可写为

$$\boldsymbol{F} = \mathrm{e}^{\mathrm{i}\varphi} \begin{bmatrix} u_1 & u_2 \\ -u_2^* & u_1^* \end{bmatrix} \tag{10.4.3-2}$$

当光沿光纤反向传输时，应改写为

$$\boldsymbol{E}'_1 = \widetilde{\boldsymbol{F}}\boldsymbol{E}_2 \tag{10.4.5-3}$$

$$\widetilde{\boldsymbol{F}} = \mathrm{e}^{\mathrm{i}\varphi} \begin{bmatrix} u_1 & u_2^* \\ -u_2 & u_1^* \end{bmatrix} \tag{10.4.5-6}$$

式中，$\boldsymbol{E}'_1$ 和 $\boldsymbol{E}_2$ 分别为反向传输的1端口(输出端)和2端口(输入端)的光场。

现在我们回到如图10.4.3-1(a)所示的萨亚尼克光纤环，并假定只有1端口有光输入，可得

$$\boldsymbol{E}'_3=\boldsymbol{U}\boldsymbol{E}_1,\quad \boldsymbol{E}'_4=\boldsymbol{V}\boldsymbol{E}_1,\quad \boldsymbol{E}_4=\boldsymbol{F}\boldsymbol{E}'_3,\quad \boldsymbol{E}_3=\widetilde{\boldsymbol{F}}\boldsymbol{E}'_4 \tag{10.4.3-3}$$

和

$$\begin{bmatrix}\boldsymbol{E}'_1\\ \boldsymbol{E}'_2\end{bmatrix}=\begin{bmatrix}\widetilde{\boldsymbol{U}} & \widetilde{\boldsymbol{V}}\\ \widetilde{\boldsymbol{V}} & \widetilde{\boldsymbol{U}}\end{bmatrix}\begin{bmatrix}\boldsymbol{E}_3\\ \boldsymbol{E}_4\end{bmatrix} \tag{10.4.3-4}$$

从而可得

$$\boldsymbol{E}'_2=(\widetilde{\boldsymbol{V}}\widetilde{\boldsymbol{F}}\boldsymbol{V}+\widetilde{\boldsymbol{U}}\boldsymbol{F}\boldsymbol{U})\boldsymbol{E}_1\overset{\text{def}}{=}\boldsymbol{T}_{21}\boldsymbol{E}_1 \tag{10.4.3-5}$$

(1) 忽略光纤模耦合的情形

考虑一种特殊情况，就是当所有光纤自身的模式耦合可忽略的情形，这时

$$\boldsymbol{U}=\sqrt{\alpha}\begin{bmatrix}\exp(\mathrm{i}\delta)0 & \\ 0 & \exp(-\mathrm{i}\delta)\end{bmatrix} \tag{10.4.3-6}$$

$$\boldsymbol{V}=\mathrm{i}\sqrt{1-\alpha}\begin{bmatrix}\exp(\mathrm{i}\delta) & 0\\ 0 & -\exp(-\mathrm{i}\delta)\end{bmatrix} \tag{10.4.3-7}$$

$$\boldsymbol{F}=\exp(\mathrm{i}\varphi)\begin{bmatrix}\exp(\mathrm{i}\theta) & 0\\ 0 & \exp(-\mathrm{i}\theta)\end{bmatrix} \tag{10.4.3-8}$$

将式(10.4.3-6)、式(10.4.3-7)和式(10.4.3-8)代入式(10.4.3-5)，得

$$\boldsymbol{T}_{21}=(2\alpha-1)\begin{pmatrix}\exp[\mathrm{i}(2\delta+\theta)] & 0\\ 0 & \exp[-\mathrm{i}(2\delta+\theta)]\end{pmatrix}\exp(\mathrm{i}\varphi) \tag{10.4.3-9}$$

当 $\alpha=1/2$ 时，$\boldsymbol{E}'_2\equiv 0$，在输出端2完全没有光输出，这时的光纤环就如同一个全反射镜，因此如图10.4.3-2所示的结构又称为光环路镜。

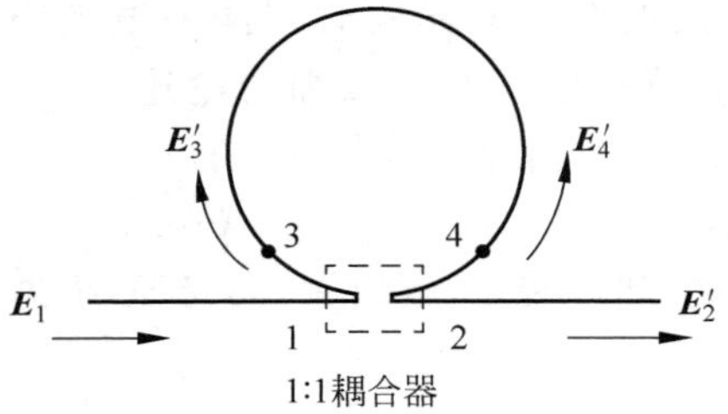

图 10.4.3-2 光环路镜

当某种原因使光环路镜中 $\widetilde{\boldsymbol{F}}$ 与 $\boldsymbol{F}$ 的相移不相等时，光环路镜将产生光输出。例如，以角速度 Ω 顺时针转动光纤环，顺时针 $\boldsymbol{F}$ 的相移 φ_+ 将减小，逆时针 $\widetilde{\boldsymbol{F}}$ 的相移 φ_- 将增加，其相移差为

$$\Delta\varphi=\frac{4\pi R^2}{c^2}\Omega \tag{10.4.3-10}$$

式中，R 为光纤环的半径，c 为光速。这时光纤环的传输矩阵为

$$\boldsymbol{T}_{21}=\mathrm{i}\exp(\mathrm{i}\bar{\varphi})\sin\left(\frac{\Delta\varphi}{2}\right)\begin{pmatrix}\exp[\mathrm{i}(2\delta+\theta)] & 0\\ 0 & \exp[-\mathrm{i}(2\delta+\theta)]\end{pmatrix}\tag{10.4.3-11}$$

式中，$\bar{\varphi}=(\varphi_{+}+\varphi_{-})/2$，是平均相移。这时光纤环的输出功率（假定输入为 1）为

$$P_2=1-\cos\Delta\varphi=1-\cos\left(\frac{4\pi R^2}{c^2}\Omega\right)\tag{10.4.3-12}$$

这样，只要测出输出光功率的大小，就可以测出转动的角速度，这就是光纤陀螺的基本原理。

（2）考虑光纤模耦合的情形

在光环路镜实际应用时，由于光纤的偏振态不稳定，所以要在光纤环中加上偏振控制器，然而仍然很难调到一致。为此，需要使用保偏光纤来解决这个问题。然而，实际的保偏光纤并非都是理想的保偏光纤，总是存在两个偏振态的模耦合，因此分析模耦合对于这种干涉仪的影响是一个重要问题。在式（10.4.3-5）中，当光纤存在模耦合时，其传输矩阵为 $\boldsymbol{F}=\mathrm{e}^{\mathrm{i}\varphi}\begin{bmatrix}u_1 & u_2\\ -u_2^{*} & u_1^{*}\end{bmatrix}$，因为两个元素 u_1 和 u_2 都是复数，不妨设

$$u_1=a+\mathrm{i}b,\quad u_2=c+\mathrm{i}d\tag{10.4.3-13}$$

对这个矩阵展开成一系列泡利矩阵之和，然后改写为四元数，得到

$$\mathscr{F}=\mathrm{e}^{\mathrm{i}\varphi_{\mathrm{cw}}}(a-\hat{\boldsymbol{i}}b-\hat{\boldsymbol{j}}d-\hat{\boldsymbol{k}}c)\tag{10.4.3-14}$$

式中，φ_{cw} 是顺时针传输的光纤相移。不难计算出，$a_0=a$，$a_1=\mathrm{i}b$，$a_2=\mathrm{i}d$，$a_3=\mathrm{i}c$。这表明，光纤中至少存在 3 种双折射。

① 以保偏光纤的偏振主轴（快轴或者慢轴）为双折射矢量方向的双折射：这种双折射来自为了制作保偏光纤而采取的技术措施，如几何双折射、应力双折射，这两种双折射都是固有双折射。同时，当横向应力对准保偏光纤的偏振主轴时，将引起双折射大小的增加或者减小。

② 以庞加莱球 s_2 轴为双折射矢量方向的双折射：这种双折射主要来自模耦合和横向应力，当横向应力不对准保偏光纤主轴时由于弹光效应将产生双折射（对准时除外），以及因光纤扭转引起的模耦合等。由于保偏光纤在拉制过程中会自然扭转，大约每 10m 就会扭转一次，因此，这种双折射是天然存在的。目前，白光干涉仪能够测定的主要是横向点应力引起的模耦合。

③ 旋光性：石英是天然具有旋光性的材料，在 30～40mm 的长度上偏振方向就可能旋转 90°。石英光纤的旋光性，目前还没有很好的研究过。此外，光纤的自然扭转也会导致绝对坐标系下偏振方向的改变，相当于引入一个旋光性。

我们在理论上已经证明，$|u_1|^2+|u_2|^2=1$，所以 $a^2+b^2+c^2+d^2=1$，而且双折射矢量满足矢量叠加原理，于是，可做如下假定：

$$\hat{\boldsymbol{n}}\sin\theta=\hat{\boldsymbol{i}}b+\hat{\boldsymbol{j}}d+\hat{\boldsymbol{k}}c,\quad \sin\theta=\sqrt{b^2+d^2+c^2} \tag{10.4.3-15}$$

式中，单位矢量 $\hat{\boldsymbol{n}}=\hat{\boldsymbol{i}}\cos\alpha+\hat{\boldsymbol{j}}\cos\beta+\hat{\boldsymbol{k}}\cos\gamma$，它的三个方向角分别为

$$\cos\alpha=\frac{b}{\sqrt{b^2+c^2+d^2}},\quad \cos\beta=\frac{d}{\sqrt{b^2+c^2+d^2}},\quad \cos\gamma=\frac{c}{\sqrt{b^2+c^2+d^2}} \tag{10.4.3-16}$$

且 $a=\cos\theta$，最终得到

$$\mathscr{F}=\mathrm{e}^{\mathrm{i}\varphi+\hat{\boldsymbol{n}}\theta} \tag{10.4.3-17}$$

矢量 $\boldsymbol{N}=\hat{\boldsymbol{n}}\theta$ 就是光纤总的双折射矢量。

同理，可以求出反演矩阵对应的四元数（反向传输四元数）

$$\widetilde{\mathscr{F}}=\mathrm{e}^{\mathrm{i}\varphi_{\mathrm{ccw}}}(a-\hat{\boldsymbol{i}}b+\hat{\boldsymbol{j}}d-\hat{\boldsymbol{k}}c) \tag{10.4.3-18}$$

式中，φ_{ccw} 是逆时针传输的光纤相移。由此可见反演四元数与正向四元数的差别只是模耦合引起的双折射做了反演（反号），其他 3 项都不变。

假定 $\tilde{\boldsymbol{n}}\sin\theta=\hat{\boldsymbol{i}}b-\hat{\boldsymbol{j}}d+\hat{\boldsymbol{k}}c$，$\sin\theta=\sqrt{b^2+d^2+c^2}$，其中单位矢量

$$\tilde{\boldsymbol{n}}=\hat{\boldsymbol{i}}\cos\alpha+\hat{\boldsymbol{j}}\cos\beta+\hat{\boldsymbol{k}}\cos\gamma \tag{10.4.3-19}$$

它的三个方向角分别为

$$\cos\alpha=\frac{b}{\sqrt{b^2+c^2+d^2}},\quad \cos\tilde{\beta}=\frac{-d}{\sqrt{b^2+c^2+d^2}},\quad \cos\gamma=\frac{c}{\sqrt{b^2+c^2+d^2}} \tag{10.4.3-20}$$

又由于 $a^2+b^2+d^2+c^2=1$，可令 $a=\cos\theta$，最终得到

$$\widetilde{\mathscr{F}}=\mathrm{e}^{\mathrm{i}\varphi_{\mathrm{ccw}}+\tilde{\boldsymbol{n}}\theta} \tag{10.4.3-21}$$

镜像矢量和前向矢量关系如图 10.4.3-3 所示。

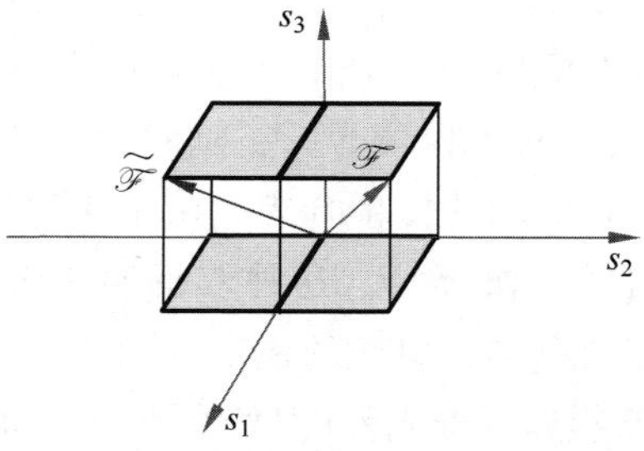

图 10.4.3-3　光纤正向传输时的双折射矢量和反向传输时的双折射矢量

（请扫Ⅱ页二维码看彩图）

由图 10.4.3-3 可以看出，由于模耦合的存在，前向双折射矢量和镜像双折射矢量二者的方向是不同的，因此输出光的斯托克斯矢量经过两次不同轴的旋转得到，也就是输出光的偏振态与输入光完全不同。

我们首先考虑在这种情况下，输出光是否还是输入光的全反射，也就是此时的光纤环还能不能作为一个全反射镜？

我们先计算端口 1 的反射光，假定耦合器是反演对称的，即 $\widetilde{\boldsymbol{U}}=\boldsymbol{U}$，$\boldsymbol{V}=\widetilde{\boldsymbol{V}}$，于是

$$\boldsymbol{E}_1'=(\boldsymbol{U}\widetilde{\boldsymbol{F}}\boldsymbol{V}+\boldsymbol{V}\boldsymbol{F}\boldsymbol{U})\boldsymbol{E}_1 \tag{10.4.3-22}$$

尽管耦合器是反演对称的，但并不表明它不存在双折射，尤其是用保偏光纤或者在波导上制作的耦合器，是存在双折射的，于是

$$\boldsymbol{U}=\sqrt{\alpha}\begin{bmatrix}e^{i\delta} & \\ & e^{-i\delta}\end{bmatrix} \tag{10.4.3-23}$$

$$\boldsymbol{V}=i\sqrt{1-\alpha}\begin{bmatrix}e^{i\delta} & \\ & -e^{-i\delta}\end{bmatrix} \tag{10.4.3-24}$$

上两式中 δ 为双折射的相位差（之半）。将相关的量代入式(10.4.3-24)，不难算出

$$\boldsymbol{U}\widetilde{\boldsymbol{F}}\boldsymbol{V}+\boldsymbol{V}\boldsymbol{F}\boldsymbol{U}=-2\sqrt{\alpha(1-\alpha)}\,e^{i\bar{\varphi}}\cdot\begin{bmatrix}(a\sin 2\delta+b\cos 2\delta)\cos\Delta\varphi- \\ i(a\cos 2\delta-b\sin 2\delta)\cos\Delta\varphi & c\sin\Delta\varphi+d\cos\Delta\varphi \\ c\sin\Delta\varphi-d\cos\Delta\varphi & (a\sin 2\delta+b\cos 2\delta)\cos\Delta\varphi+ \\ & i(a\cos 2\delta-b\sin 2\delta)\cos\Delta\varphi\end{bmatrix} \tag{10.4.3-25}$$

式中，$\bar{\varphi}=(\varphi_{cw}+\varphi_{ccw})/2$，$\Delta\varphi=(\varphi_{cw}-\varphi_{ccw})/2$。当 $\alpha=1/2$ 时，有

$$\boldsymbol{U}\widetilde{\boldsymbol{F}}\boldsymbol{V}+\boldsymbol{V}\boldsymbol{F}\boldsymbol{U}=-e^{i\bar{\varphi}}\begin{bmatrix}(a\sin 2\delta+b\cos 2\delta)\cos\Delta\varphi- \\ i(a\cos 2\delta-b\sin 2\delta)\cos\Delta\varphi & c\sin\Delta\varphi+d\cos\Delta\varphi \\ c\sin\Delta\varphi-d\cos\Delta\varphi & (a\sin 2\delta+b\cos 2\delta)\cos\Delta\varphi+ \\ & i(a\cos 2\delta-b\sin 2\delta)\cos\Delta\varphi\end{bmatrix} \tag{10.4.3-26}$$

即使耦合器不存在双折射，$\delta=0$，而且光纤环也处于静止状态，$\Delta\varphi=0$，这时，

$$\boldsymbol{U}\widetilde{\boldsymbol{F}}\boldsymbol{V}+\boldsymbol{V}\boldsymbol{F}\boldsymbol{U}=-e^{i\bar{\varphi}}\begin{bmatrix}b-ia & d \\ -d & b+ia\end{bmatrix} \tag{10.4.3-27}$$

由此计算出 $|\boldsymbol{T}_{11}|\neq 1$，由此可知，当光纤存在模耦合时 $d\neq 0$，不能实现全反射。

再看看端口 2 的输出是否为 0？同样假定耦合器是反演对称的，由式(10.4.3-5)有

$$\boldsymbol{E}_2'=(\boldsymbol{V}\widetilde{\boldsymbol{F}}\boldsymbol{V}+\boldsymbol{U}\boldsymbol{F}\boldsymbol{U})\boldsymbol{E}_1=\boldsymbol{T}_{21}\boldsymbol{E}_1 \tag{10.4.3-28}$$

不难算出，在同样前提下($\alpha=1/2$)，得到

$$\boldsymbol{E}'_2=\frac{1}{2}\begin{bmatrix} u_1\mathrm{e}^{\mathrm{i}2\delta}2\mathrm{i}\sin\Delta\varphi & u_2^*\mathrm{e}^{-\mathrm{i}\Delta\varphi}+u_2\mathrm{e}^{\mathrm{i}\Delta\varphi} \\ -u_2\mathrm{e}^{-\mathrm{i}\Delta\varphi}-u_2^*\mathrm{e}^{\mathrm{i}\Delta\varphi} & u_1^*\mathrm{e}^{-\mathrm{i}2\delta}2\mathrm{i}\sin\Delta\varphi \end{bmatrix}\mathrm{e}^{\mathrm{i}\bar{\varphi}}\boldsymbol{E}_1 \quad (10.4.3\text{-}29)$$

即使在 $\delta=0$ 和 $\Delta\varphi=0$ 的情况下，也只能有

$$\boldsymbol{E}'_2=\frac{1}{2}\begin{bmatrix} 0 & u_2^*+u_2 \\ -u_2-u_2^* & 0 \end{bmatrix}\mathrm{e}^{\mathrm{i}\bar{\varphi}}\boldsymbol{E}_1=\frac{1}{2}\begin{bmatrix} 0 & c \\ -c & 0 \end{bmatrix}\mathrm{e}^{\mathrm{i}\bar{\varphi}}\boldsymbol{E}_1 \quad (10.4.3\text{-}30)$$

这说明，由于光纤旋光性的存在，导致在第二输出端口有一定的零点漂移。形成这种旋光性的原因除了石英的旋光性外，还有法拉第磁光效应，光纤环处于地球磁场之中，这种效应不可避免。

2. 光纤环形腔

现在研究如图 10.4.3-1(b)所示的光纤环形腔，它有很多用途，可以作为激光器的谐振腔、传感器的衰荡腔，还可以用于光脉冲复制的光路。我们对此一一进行分析。

(1) 谐振腔——频域特性

当光纤环作为一个谐振腔使用时，我们首先看一下光纤环形腔内的功率。这时有

$$\begin{bmatrix} \boldsymbol{E}'_3 \\ \boldsymbol{E}'_4 \end{bmatrix}=\begin{bmatrix} \boldsymbol{U} & \boldsymbol{V} \\ \boldsymbol{V} & \boldsymbol{U} \end{bmatrix}\begin{bmatrix} \boldsymbol{E}_1 \\ \boldsymbol{E}_2 \end{bmatrix} \quad (10.4.3\text{-}31)$$

和

$$\boldsymbol{E}_2=\boldsymbol{F}\boldsymbol{E}'_4 \quad (10.4.3\text{-}32)$$

从式(10.4.3-31)可解出

$$\boldsymbol{E}'_4=\boldsymbol{V}\boldsymbol{E}_1+\boldsymbol{U}\boldsymbol{E}_2 \quad (10.4.3\text{-}33)$$

将式(10.4.3-32)代入式(10.4.3-33)得

$$\boldsymbol{E}'_4=(\boldsymbol{I}-\boldsymbol{U}\boldsymbol{F})^{-1}\boldsymbol{V}\boldsymbol{E}_1 \quad (10.4.3\text{-}34)$$

从式(10.4.3-34)可以看出，虽然环形腔内的光场正比于输入的光场，但环形腔内的功率 $|\boldsymbol{E}'_4|^2$ 却与输入功率 $|\boldsymbol{E}_1|^2$ 不成正比，它还受输入光偏振态的影响。同时我们看到，在某些条件下，环形腔内功率可能出现最大值或最小值，这就是谐振现象。下面来求谐振条件。

为了简化分析，我们考虑一种理想情况：假定光纤耦合器和连接光纤均没有损耗，而且它们自身的模式耦合也可忽略，这时有

$$\boldsymbol{U}=\sqrt{\alpha}\exp(\mathrm{i}\varphi_{\mathrm{u}})\begin{bmatrix} \exp(\mathrm{i}\delta) & 0 \\ 0 & \exp(-\mathrm{i}\delta) \end{bmatrix} \quad (10.4.3\text{-}35)$$

$$\boldsymbol{F}=\exp(\mathrm{i}\varphi_{\mathrm{f}})\begin{bmatrix}\exp(\mathrm{i}\theta) & 0\\ 0 & \exp(-\mathrm{i}\theta)\end{bmatrix} \tag{10.4.3-36}$$

$$\boldsymbol{V}=\mathrm{i}\sqrt{1-\alpha}\exp(\mathrm{i}\varphi_{\mathrm{u}})\begin{bmatrix}\exp(\mathrm{i}\delta) & 0\\ 0 & -\exp(-\mathrm{i}\delta)\end{bmatrix} \tag{10.4.3-37}$$

从而可得

$$\boldsymbol{I}-\boldsymbol{UF}=\begin{pmatrix}1-\sqrt{\alpha}\exp[\mathrm{i}(\varphi_{\mathrm{u}}+\varphi_{\mathrm{f}}+\delta+\theta)] & 0\\ 0 & 1-\sqrt{\alpha}\exp[\mathrm{i}(\varphi_{\mathrm{u}}+\varphi_{\mathrm{f}}-\delta-\theta)]\end{pmatrix} \tag{10.4.3-38}$$

经过运算，可得

$$\boldsymbol{E}'_4=\mathrm{i}\frac{\sqrt{1-\alpha}}{\Delta}\mathrm{e}^{\mathrm{i}\varphi_{\mathrm{u}}}\begin{bmatrix}\mathrm{e}^{\mathrm{i}\delta}-\sqrt{\alpha}\,\mathrm{e}^{\mathrm{i}(\varphi_{\mathrm{u}}+\varphi_{\mathrm{f}}-\theta)} & 0\\ 0 & -\mathrm{e}^{-\mathrm{i}\delta}+\sqrt{\alpha}\,\mathrm{e}^{\mathrm{i}(\varphi_{\mathrm{u}}+\varphi_{\mathrm{f}}+\theta)}\end{bmatrix}\boldsymbol{E}_1 \tag{10.4.3-39}$$

式中，

$$\Delta=|\boldsymbol{I}-\boldsymbol{UF}|=1+\alpha\mathrm{e}^{2\mathrm{i}(\varphi_{\mathrm{u}}+\varphi_{\mathrm{f}})}-2\sqrt{\alpha}\,\mathrm{e}^{\mathrm{i}(\varphi_{\mathrm{u}}+\varphi_{\mathrm{f}})}\cos(\delta+\theta) \tag{10.4.3-40}$$

经过一些复杂的运算，并令 $\varphi_{\mathrm{u}}+\varphi_{\mathrm{f}}=x$ 和 $\delta+\theta=y$ 可得

$$|\boldsymbol{E}'_4|^2=\frac{1-\alpha}{|\Delta|^2}[(1+\alpha-2\sqrt{\alpha}\cos x)|\boldsymbol{E}_1|^2+2\sqrt{\alpha}\sin x\sin y(|E_{1y}|^2-|E_{1x}|^2)] \tag{10.4.3-41}$$

式中，E_{1x} 和 E_{1y} 分别是输入光场的两个分量，且

$$|\Delta|^2=1+\alpha^2+4\alpha\cos^2 y+2\alpha\cos 2x-4\sqrt{\alpha}\cos x\cos y-4\alpha\sqrt{\alpha}\cos 3x\cos y \tag{10.4.3-42}$$

由式(10.4.3-42)可以看出，如果连接光纤或光纤耦合器存在双折射，并且处于失谐状态时，光纤环形腔内的光场功率 $|\boldsymbol{E}'_4|^2$ 不仅与输入光功率 $|\boldsymbol{E}_1|^2$ 有关，而且与输入偏振态有关。如果记 $s_{0\mathrm{in}}=|\boldsymbol{E}_1|^2$，$s_{1\mathrm{in}}=|E_{1y}|^2-|E_{1x}|^2$，那么式(10.4.3-41)可改写为

$$|\boldsymbol{E}'_4|^2=\frac{1-\alpha}{|\Delta|^2}[(1+\alpha-2\sqrt{\alpha}\cos x)s_{0\mathrm{in}}+(2\sqrt{\alpha}\sin x\sin y)s_{1\mathrm{in}}] \tag{10.4.3-43}$$

式(10.4.3-43)清楚表明，环内功率与输入光的两个斯托克斯参数有关。因此，如果要求进入光纤环形腔的功率与输入功率保持线性关系，应首先克服光纤和耦合器的双折射。若 $y=0$，则

$$|\boldsymbol{E}'_4|^2=\frac{(1-\alpha)(1+\alpha-2\sqrt{\alpha}\cos x)}{1-4\sqrt{\alpha}\cos x+2\alpha(2+\cos 2x)-4\alpha\sqrt{\alpha}\cos 3x+\alpha^2}|\boldsymbol{E}_1|^2 \tag{10.4.3-44}$$

在这个条件下,我们看一下总相移 $x=\varphi_u+\varphi_f$ 对进入光纤环形腔的功率的影响,由于

$$x=\varphi_u+\varphi_f=\frac{2\pi}{\lambda}n(L'+L_f) \tag{10.4.3-45}$$

式中,λ、n、L_f、L'分别是光的波长、石英光纤的折射率、光纤长度以及耦合器换算成光纤的等效长度。所以研究相移 x 对环内功率的影响,也就是研究波长、长度变化对谐振的影响。

① 当 $x=2k\pi, k=0,\pm1,\pm2,\cdots$时,有

$$|\boldsymbol{E}_4'|^2=\frac{1+\sqrt{\alpha}}{1-\sqrt{\alpha}}|\boldsymbol{E}_1|^2 \tag{10.4.3-46}$$

由于 $\alpha<1$,所以$|\boldsymbol{E}_4'|^2>|\boldsymbol{E}_1|^2$,这表明,环形腔内的功率大于注入功率,达到最大值,好像并联谐振一样。分光比 α 越接近于 1,环内功率越大。

② 当 $x=(2k+1)\pi, k=0,\pm1,\pm2,\cdots$时,有

$$|\boldsymbol{E}_4'|^2=\frac{1-\sqrt{\alpha}}{1+\sqrt{\alpha}}|\boldsymbol{E}_1|^2 \tag{10.4.3-47}$$

这时环形腔内的功率远小于注入功率,达到最小值,好像串联谐振一样。

③ 当 $x=2k\pi\pm\pi/2, k=0,\pm1,\pm2,\cdots$时,有

$$|\boldsymbol{E}_4'|^2=\frac{1-\alpha}{1+\alpha}|\boldsymbol{E}_1|^2 \tag{10.4.3-48}$$

这时得到的是中间值。这样,可以绘出无损光纤环形腔的谐振曲线,如图 10.4.3-4 所示。在这种情况下,由于始终有$|\boldsymbol{E}_3'|^2\equiv|\boldsymbol{E}_1|^2$,所以输入光的作用只是在光纤环形腔中建立起谐振光场,而没有任何功率的补充,因此有可能建立起比注入光还强的光场。

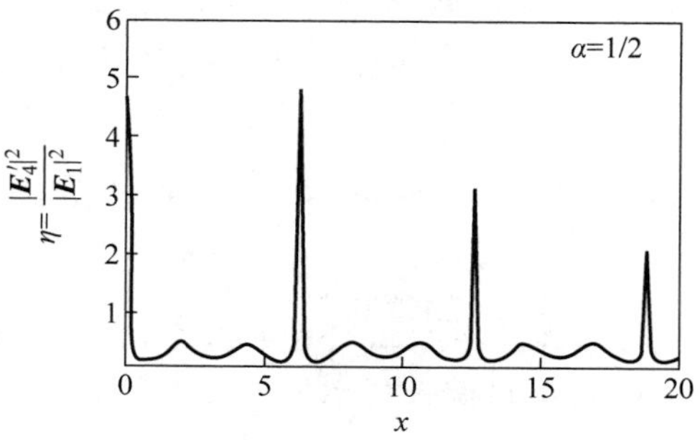

图 10.4.3-4　无损光纤环形腔的谐振曲线

光纤事实上是有损耗的,因此必须考虑损耗对谐振特性的影响。为了简化问题,假定自身两个偏振方向的模式耦合和双折射均可忽略,于是有

$$\boldsymbol{U}=\sqrt{\alpha}\exp(\mathrm{i}\varphi_{\mathrm{u}})\begin{bmatrix}1 & 0\\0 & 1\end{bmatrix} \tag{10.4.3-49}$$

$$\boldsymbol{F}=\gamma_0\exp(\mathrm{i}\varphi_{\mathrm{f}})\begin{bmatrix}1 & 0\\0 & 1\end{bmatrix} \tag{10.4.3-50}$$

$$\boldsymbol{V}=\mathrm{i}\sqrt{1-\alpha}\exp(\mathrm{i}\varphi_{\mathrm{u}})\begin{bmatrix}1 & 0\\0 & -1\end{bmatrix} \tag{10.4.3-51}$$

式(10.4.3-50)中的 γ_0 是这段光纤的衰减系数,可能由光纤本身的损耗引起,也可能由于在光纤环形腔中插入了其他光学元件,比如为了将光纤环形腔内的光引出来插入另一个光纤耦合器,或者为了克服双折射插入偏振控制器等而引入其他损耗。注意 $\gamma_0<1$。由此可导出

$$|\boldsymbol{E}_4'|^2=\frac{1-\alpha}{1+\alpha\gamma_0^2-2\sqrt{\alpha}\gamma_0\cos x}|\boldsymbol{E}_1|^2 \tag{10.4.3-52}$$

$$|\boldsymbol{E}_2'|^2=\frac{\gamma_0^2(1-\alpha)}{1+\alpha\gamma_0^2-2\sqrt{\alpha}\gamma_0\cos x}|\boldsymbol{E}_1|^2 \tag{10.4.3-53}$$

$$|\boldsymbol{E}_3'|^2=\frac{\alpha-2\sqrt{\alpha}\gamma_0\cos x+\gamma_0^2}{1+\alpha\gamma_0^2-2\sqrt{\alpha}\gamma_0\cos x}|\boldsymbol{E}_1|^2 \tag{10.4.3-54}$$

同样,当 $x=2k\pi,k=0,\pm1,\pm2,\cdots$时,环形腔内的功率达到最大值,如并联谐振一样,有

$$|\boldsymbol{E}_4'|^2=\frac{1-\alpha}{(1-\gamma_0\sqrt{\alpha})^2}|\boldsymbol{E}_1|^2 \tag{10.4.3-55}$$

$$|\boldsymbol{E}_2|^2=\frac{\gamma_0^2(1-\alpha)}{(1-\gamma_0\sqrt{\alpha})^2}|\boldsymbol{E}_1|^2 \tag{10.4.3-56}$$

$$|\boldsymbol{E}_3'|^2=\frac{(\sqrt{\alpha}-\gamma_0)^2}{(1-\gamma_0\sqrt{\alpha})^2}|\boldsymbol{E}_1|^2 \tag{10.4.3-57}$$

如果选择$\sqrt{\alpha}=\gamma_0$,则有$|\boldsymbol{E}_4'|^2=\dfrac{1}{1-\gamma_0^2}|\boldsymbol{E}_1|^2$,$|\boldsymbol{E}_3'|^2=0$ 以及$|\boldsymbol{E}_2|^2=\dfrac{\gamma_0^2}{1-\gamma_0^2}|\boldsymbol{E}_1|^2$。这时有$|\boldsymbol{E}_1|^2=|\boldsymbol{E}_4'|^2-|\boldsymbol{E}_2|^2$,表明输入的光功率全部用于补偿光纤环形腔的功率损失,达到了最佳匹配。所以$\sqrt{\alpha}=\gamma_0$ 称为最佳匹配条件。

当 $x=(2k+1)\pi,k=0,\pm1,\pm2,\cdots$时,这时环形腔内的功率远小于注入功率,达到最小值谐振,有

$$|\boldsymbol{E}_4'|^2=\frac{1-\alpha}{(1+\gamma_0\sqrt{\alpha})^2}|\boldsymbol{E}_1|^2 \tag{10.4.3-58}$$

$$|\boldsymbol{E}_2|^2=\frac{\gamma_0^2(1-\alpha)}{(1+\gamma_0\sqrt{\alpha})^2}|\boldsymbol{E}_1|^2 \tag{10.4.3-59}$$

$$|\boldsymbol{E}_3'|^2=\frac{(\sqrt{\alpha}+\gamma_0)^2}{(1+\gamma_0\sqrt{\alpha})^2}|\boldsymbol{E}_1|^2 \tag{10.4.3-60}$$

如果仍然满足$\sqrt{\alpha}=\gamma_0$ 最佳匹配条件,那么

$$|\boldsymbol{E}_4'|^2=\frac{1-\alpha}{(1+\alpha)^2}|\boldsymbol{E}_1|^2 \tag{10.4.3-61}$$

$$|\boldsymbol{E}_2|^2=\frac{\alpha(1-\alpha)}{(1+\alpha)^2}|\boldsymbol{E}_1|^2 \tag{10.4.3-62}$$

$$|\boldsymbol{E}_3'|^2=\frac{4\alpha}{(1+\alpha)^2}|\boldsymbol{E}_1|^2 \tag{10.4.3-63}$$

图 10.4.3-5 示出了满足$\sqrt{\alpha}=\gamma_0$ 最佳匹配条件时的谐振曲线。

(2) 衰荡腔——时域特性

(1)的讨论其实隐含假定了一个条件,就是谐振腔是工作在连续光或准连续光条件下的,也就是光的波前在光纤中绕行一周回到起点时,相位和幅度都是相同的,也就是图 10.4.3-1(b)中各点的参数都不是时间的函数。因此,它的谐振特性就是一种频域的谐振特性。

当注入耦合器的光是一个光脉冲时,它在光纤环中绕行一周后,回到起点,其幅度和相位都发生了变化。这意味着,当脉冲足够窄时,达不到频域的稳定状态,这时环形腔不再是一个谐振腔,而变成了衰荡腔。衰荡腔的特点是光脉冲一边在环内循环一边衰减,好似衰减的振荡一般。

假设在 $t=0$ 时刻,在光纤耦合器的端口 1 输入一个光脉冲,最简单的情况它是一个矩形脉冲,如图 10.4.3-6 所示。图中,T_1 是脉冲的全宽度,P_0 是脉冲的峰值功率。

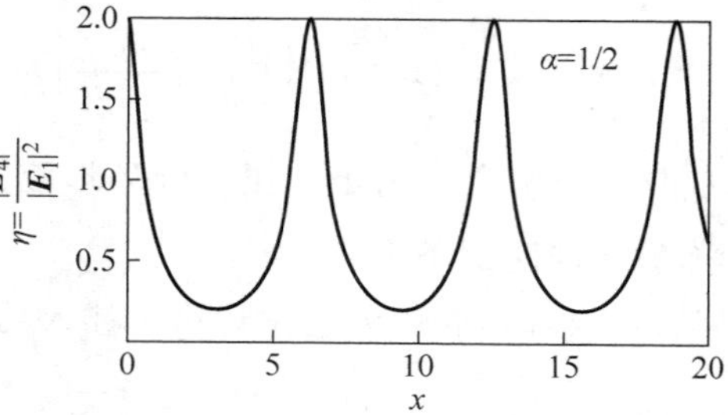

图 10.4.3-5 最佳匹配条件时的谐振曲线

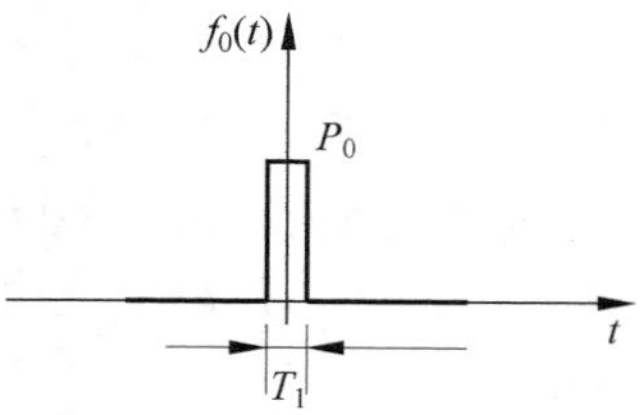

图 10.4.3-6 注入耦合器的光脉冲

这里，我们用复振幅来描述，$\boldsymbol{E}_1=f_0(t)\hat{\boldsymbol{e}}_1$，其中 $\hat{\boldsymbol{e}}_1$ 是描述输入光偏振态（x 或者 y 偏振）的单位矢量，并且假定输入光的初相位为零。而这时，在耦合器的端口 2 没有输入，即 $\boldsymbol{E}_2(t=0)=0$。这个光脉冲通过耦合器后，得到两个输出

$$\begin{bmatrix}\boldsymbol{E}'_3\\ \boldsymbol{E}'_4\end{bmatrix}=\begin{bmatrix}\boldsymbol{U} & \boldsymbol{V}\\ \boldsymbol{V} & \boldsymbol{U}\end{bmatrix}\begin{bmatrix}\boldsymbol{E}_1(t)\\ 0\end{bmatrix}=f_0(t)\begin{bmatrix}\boldsymbol{U}\\ \boldsymbol{V}\end{bmatrix}\hat{\boldsymbol{e}}_1 \tag{10.4.3-64}$$

从而

$$\boldsymbol{E}'_3=\mathrm{i}\alpha f_0(t)\boldsymbol{U}\hat{\boldsymbol{e}}_1,\quad \boldsymbol{E}'_4=\mathrm{i}\sqrt{1-\alpha}\,f_0(t)\boldsymbol{V}\hat{\boldsymbol{e}}_1 \tag{10.4.3-65}$$

式中，α 是耦合器的分光比。这个脉冲经过光纤环后，到达 2 端口，假定光脉冲的宽度远小于光纤的延迟时间，这时由耦合器端口 1 输入的脉冲已经消失，不用考虑经过光纤返回的脉冲与输入脉冲的叠加效应。如果不考虑光纤环的偏振特性，也就是既不考虑双折射，又不考虑模耦合以及旋光性，可得它的光场分量为

$$f_1(t)\boldsymbol{e}_2=\mathrm{i}\sqrt{1-\alpha}\,\gamma_0 f_0(t-\beta'_0L)\hat{\boldsymbol{e}}_2 \tag{10.4.3-66}$$

式中，$f_1(t)$是到达 2 端口的时域波形，它到达 2 端口的时刻为 $t_1=\beta'_0L\overset{\mathrm{dif}}{=}\tau$，其中 β'_0 是单位长度上的群时延，L 是光纤长度，$\hat{\boldsymbol{e}}_2$ 是到达 2 端口光脉冲的偏振态，它保持不变，$\hat{\boldsymbol{e}}_2=\hat{\boldsymbol{e}}_1$，$\gamma_0$ 是这段光纤的损耗。当这个光脉冲再次通过耦合器，注意到前一个脉冲已经过去，于是

$$\boldsymbol{E}'_3(t_1)=-\sqrt{1-\alpha}\sqrt{1-\alpha}\,\gamma_0 f_0(t-\tau)\hat{\boldsymbol{e}}_1,\quad \boldsymbol{E}'_4(t_1)=-\sqrt{\alpha}\sqrt{1-\alpha}\,\gamma_0 f_0(t-\tau)\hat{\boldsymbol{e}}_1 \tag{10.4.3-67}$$

因此，每绕光纤环一圈，时间上延迟 τ，幅度下降 γ_0，于是

$$\boldsymbol{E}'_3(t=n\tau)=\mathrm{i}^{n+1}(\sqrt{1-\alpha})^{n+1}\gamma_0^n f_0(t-n\tau)\boldsymbol{e}_1 \tag{10.4.3-68}$$

$$\boldsymbol{E}'_4(t_1)=\mathrm{i}^{n+1}(\sqrt{\alpha})^n\sqrt{1-\alpha}\,\gamma_0^n f_0(t-n\tau)\boldsymbol{e}_1 \tag{10.4.3-69}$$

对应的光脉冲的功率为

$$P'_3(t=n\tau)=(1-\alpha)^{n+1}\gamma_0^{2n}f_0^2(t-n\tau) \tag{10.4.3-70}$$

$$P'_4(t=n\tau)=\alpha^n\sqrt{1-\alpha}\,\gamma_0^{2n}f_0^2(t-n\tau) \tag{10.4.3-71}$$

通常 $\alpha=1/2$，且 $\gamma_0<1$，于是光脉冲没有在光纤环中绕行几圈，就再没有输出了。解决的办法是令 $\gamma_0>1$，也就是要在光纤环内加上光放大器。目前光放大器技术已经很成熟，可以完全做到 $\gamma_0>1$。但是 $\gamma_0\sqrt{\alpha}$ 仍然必须小于 1。因为，由于噪声的存在，如果 $\gamma_0\sqrt{\alpha}\geqslant 1$，那么就可能在环形腔内形成自激振荡。根据噪声情况，可以将 $\gamma_0\sqrt{\alpha}$ 控制在 0.9～0.99。图 10.4.3-7 是一个光纤环中加入放大器后衰荡腔的输出，可以看出，这些脉冲的包络组成一条指数衰减的曲线。因此，可以根据这条衰减曲线测出整个光纤中的 γ_0。如果放大器的放大倍数也是已知的，就可以计算出系统内的整个纯衰减，利用这种方法可以做成气体传感器，从而测定微量气体的含量。

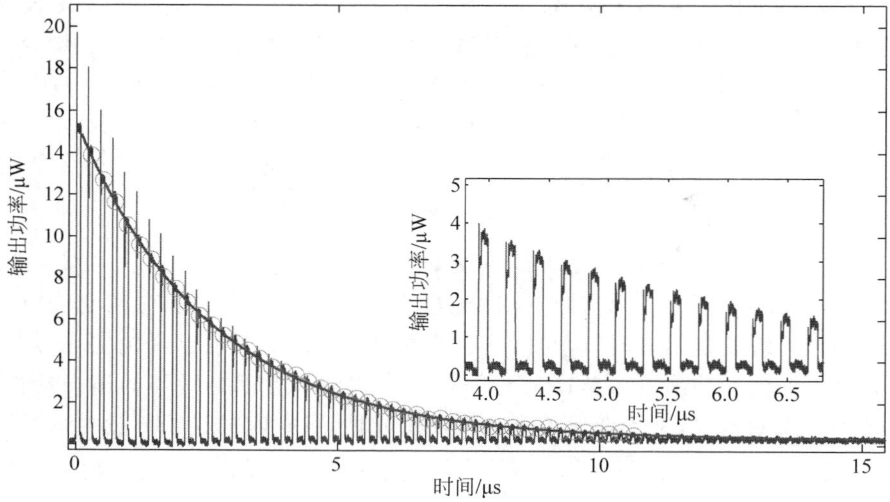

图 10.4.3-7 衰荡腔的输出

图中：○为用于拟合的数据

（请扫Ⅱ页二维码看彩图）

10.4.4 太赫兹光学非对称解复用器

10.4.3 节介绍了萨尼亚克光纤环（光环路镜）考虑和不考虑模耦合等两种应用的情况，它们的共性是都假定进入光纤环的光是连续光，或者准连续光。因此，这时主要考虑频域特性。当进入光纤环的光是脉冲光，或者是一串光脉冲（也就是一个数据包）时，需要考虑其时域特性。利用光环路镜的时域特性，可以制作太赫兹光学非对称解复用器（terahertz optical asymmetric demultiplexer，TOAD）。

TOAD 最初是作为一种解复用器提出来的，由于它采用了非对称结构，速率可达到 Tb/s，故称为太赫兹光学非对称解复用器。这个名称本身不尽合理，它并不是对太赫兹波进行解复用，而是在 Tb/s 的数据流中分离出 1 个或者数个比特来。它有点像光分插解复用器，就是在一个数据流中将某些比特分离的技术，相当于一种定时开关。然而，随着通信技术的发展，当速率达到 Tb/s 时，通信的数据格式已经不再用“有光”“无光”来描述数据“0”与“1”，而是用相位调制格式，即用“0”与“π”相位作为数据的“0”与“1”，所以这种解复用器件已经没有实际用武之地，这也从另一个侧面反映了技术必须协调发展，否则花了很大气力研究最终却用不上。因此在实际中，它更多地被当作一种光开关使用。

TOAD 本质上是将光环路镜应用于时域信号处理的一种技术，也就是应用于脉冲信号或脉冲串组成的数据，其基本结构如图 10.4.4-1 所示。图中包括一个环行器、一个 2×2 耦合器构成的光环路镜，并在光环路镜中插入了一个随时间变化的相移器。

9.4.3 节已经介绍过环行器的原理，它是一个单向循环光学元件，当光从它的端口 1 输入时，只能从端口 2 输出；当光从端口 2 输入时，只能从端口 3 输出。

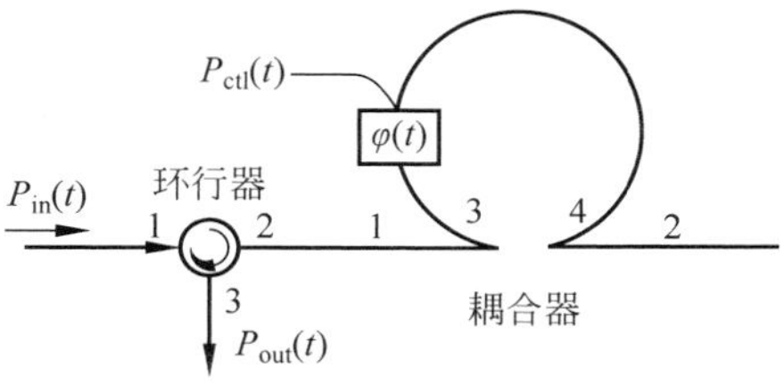

图 10.4.4-1　TOAD 的基本结构

从环行器端口 1 输入的光脉冲 $P_{in}(t)$，经过环行器后，从它的端口 2 输出，然后到达耦合器的端口 1，设其复振幅为 $\dot{E}_1(t)$，这里我们按照在第 1 章中的规定，字母上加一个小点表示一个复数量(复振幅)，它有大小和相位，它的相位是光载频的相位。然后，$\dot{E}_1(t)$被耦合器分为两路 $\dot{E}'_3(t)$和 $\dot{E}'_4(t)$，注意这里使用了标量，也就是假定耦合器是与偏振无关的，而且其分光比为 $\alpha=1/2$，于是耦合器的传输矩阵式(10.3.1-19)可以简化为

$$\boldsymbol{T}=\frac{\gamma_c e^{i\varphi_c}\sqrt{2}}{2}\begin{bmatrix}1 & i\\ i & 1\end{bmatrix} \tag{10.4.4-1}$$

式中，γ_c 和 φ_c 分别是耦合器的插入损耗和相移。于是

$$\begin{bmatrix}\dot{E}'_3(t)\\ \dot{E}'_4(t)\end{bmatrix}=\frac{\gamma_c e^{i\varphi_c}\sqrt{2}}{2}\begin{bmatrix}1\\ i\end{bmatrix}\dot{E}_1(t) \tag{10.4.4-2}$$

这两路光一路沿顺时针传输，另一路沿逆时针传输。相移器非对称地安置在环路中，而且是在控制光 $P_{ctl}(t)$的控制下，在一定时间内变化。这两路光信号返回到耦合器时，从频域上看，有

$$E_4=\gamma_1 e^{i(\beta L_f+\Delta\varphi)}E'_3 \tag{10.4.4-3}$$

$$E_3=\gamma_1 e^{i(\beta L_f+\Delta\varphi)}E'_4 \tag{10.4.4-4}$$

式中，γ_1 为光纤环的总损耗，$\Delta\varphi$ 为相移器的相移。上两式对应于时域，根据第 4 章的理论，一段光纤频域的相移对应于时域的延迟；而且由于相移器是非对称布置的，两路光经过相移器的时间并不一致，于是从时域上看，有

$$\dot{E}_4(t)=\gamma_1 e^{i\Delta\varphi_{cw}(t)}\dot{E}'_3(t-t_f) \tag{10.4.4-5}$$

$$\dot{E}_3(t)=\gamma_1 e^{i\Delta\varphi_{ccw}(t)}\dot{E}'_4(t-t_f) \tag{10.4.4-6}$$

式中，$\Delta\varphi_{cw}(t)$和 $\Delta\varphi_{ccw}(t)$分别是相移器对顺时针光和逆时针光产生的相移，t_f 是这段光纤的群时延。这两路光信号在耦合器中干涉输出为

$$\begin{bmatrix}\dot{E}'_1(t)\\ \dot{E}'_2(t)\end{bmatrix}=\frac{\gamma_c e^{i\varphi_c}\sqrt{2}}{2}\begin{bmatrix}1 & i\\ i & 1\end{bmatrix}\begin{bmatrix}\dot{E}_3(t)\\ \dot{E}_4(t)\end{bmatrix}=\frac{\gamma_c e^{i\varphi_c}\sqrt{2}}{2}\begin{bmatrix}1 & i\\ i & 1\end{bmatrix}\begin{bmatrix}\gamma_1 e^{i\Delta\varphi_{ccw}(t)}\dot{E}'_4(t-t_f)\\ \gamma_1 e^{i\Delta\varphi_{cw}(t)}\dot{E}'_3(t-t_f)\end{bmatrix}$$
(10.4.4-7)

将式(10.4.4-2)代入上式,得

$$\begin{bmatrix}\dot{E}'_1(t)\\ \dot{E}'_2(t)\end{bmatrix}=\frac{1}{2}\gamma_c^2\gamma_1 e^{i2\varphi_c}\begin{bmatrix}i(e^{i\Delta\varphi_{ccw}(t)}+e^{i\Delta\varphi_{cw}(t)})\\ -e^{i\Delta\varphi_{ccw}(t)}+e^{i\Delta\varphi_{cv}(t)}\end{bmatrix}\dot{E}_1(t-t_f) \qquad (10.4.4\text{-}8)$$

假定在开始时,相移器对两路光的相移是一致的,即 $\Delta\varphi_{cw}(t)=\Delta\varphi_{ccw}(t)=\Delta\varphi_0$,于是,由式(10.4.4-8)可得

$$\dot{E}'_1(t)=\gamma_c^2\gamma_1 e^{i(2\varphi_c+\Delta\varphi)}\dot{E}_1(t-t_f),\quad \dot{E}'_2(t)=0 \qquad (10.4.4\text{-}9)$$

换算成功率,有 $P_{out}(t)=(\gamma_c^2\gamma_1)^2P_{in}(t-t_f)$和 $P'_2(t)=0$,此时光开关相当于处在导通状态,从环行器端口 3 的输出完全是端口 1 输入光信号的延时复制,耦合器的端口 2 没有输出。

假定在某一段时间,顺时针沿光纤传输的光信号 $\dot{E}'_3(t)$被相移器调制,产生了一个附加相移,使得 $\Delta\varphi_{cw}(t)=\Delta\varphi_0+\pi$,而逆时针传输的光信号 $\dot{E}'_4(t)$到达相移器时,相位调制过程已经结束,从而 $\Delta\varphi_{ccw}(t)=\Delta\varphi_0$。于是,式(10.4.4-5)和式(10.4.4-6)变为

$$\dot{E}_4(t)=-\gamma_1 e^{i\Delta\varphi_0}\dot{E}'_3(t-t_f) \qquad (10.4.4\text{-}10)$$

$$\dot{E}_3(t)=\gamma_1 e^{i\Delta\varphi_0}\dot{E}'_4(t-t_f) \qquad (10.4.4\text{-}11)$$

将它们代入式(10.4.4-7),得到

$$\begin{bmatrix}\dot{E}'_1(t)\\ \dot{E}'_2(t)\end{bmatrix}=\gamma_c^2\gamma_1 e^{i(2\varphi_c+\Delta\varphi_0)}\begin{bmatrix}0\\ -1\end{bmatrix}\dot{E}_1(t-t_f) \qquad (10.4.4\text{-}12)$$

于是,我们看到

$$\dot{E}'_1(t)=0,\quad \dot{E}'_2(t)=-\gamma_c^2\gamma_1 e^{i(2\varphi_c+\Delta\varphi_0)}\dot{E}_1(t-t_f) \qquad (10.4.4\text{-}13)$$

换算成功率,有 $P_{out}(t)=0$ 和 $P'_2(t)=(\gamma_c^2\gamma_1)^2P_{in}(t-t_f)$,此时光开关相当于处在断开状态,从环行器端口 3 的输出为 0,而从耦合器端口 2 输出的信号是输入光信号的延时复制。

关于 TOAD 中的相移器采用什么原理,有很多选择,如在 9.3 节介绍的铌酸锂电光调制器、半导体光放大器(semiconductor optical amplifier,SOA)等。铌酸锂电光调制器用电压信号去调制相位,而 SOA 是用光功率去调制相位。在 SOA

中，一束光对另一束光进行相位调制的现象，称为交叉相位调制，是一种非线性光学现象。

10.4.5　附录：反演矩阵与法拉第旋镜

一段光纤的传输特性(图 10.4.5-1)，在 7.3.2 节已经有过详细的论述，当光沿光纤正向传输时，式(7.3.2-1)可表示为

$$\boldsymbol{E}'_2=\boldsymbol{F}\boldsymbol{E}_1 \tag{7.4.3-1}$$

式中，$\boldsymbol{E}_1$ 和 $\boldsymbol{E}'_2$ 分别为正向传输的 1 端口(输入端)和 2 端口(输出端)的光场，传输矩阵 $\boldsymbol{F}$ 可写为

$$\boldsymbol{F}=\mathrm{e}^{\mathrm{i}\varphi}\begin{bmatrix} u_1 & u_2 \\ -u_2^* & u_1^* \end{bmatrix} \tag{7.4.3-2}$$

对式(7.3.2-4)取逆运算，可得

$$\boldsymbol{E}_1=\boldsymbol{F}^{-1}\boldsymbol{E}'_2 \tag{10.4.5-1}$$

将式(10.4.5-1)改写为分量形式

$$\begin{bmatrix} E_{1x} \\ E_{1y} \end{bmatrix}=\mathrm{e}^{-\mathrm{i}\varphi}\begin{bmatrix} u_1^* & -u_2 \\ u_2^* & u_1 \end{bmatrix}\begin{bmatrix} E'_{2x} \\ E'_{2y} \end{bmatrix} \tag{10.4.5-2}$$

式(10.4.5-2)描述的仅仅是正向传输时，输入光对输出光的依赖关系，而不是反向传输的关系。

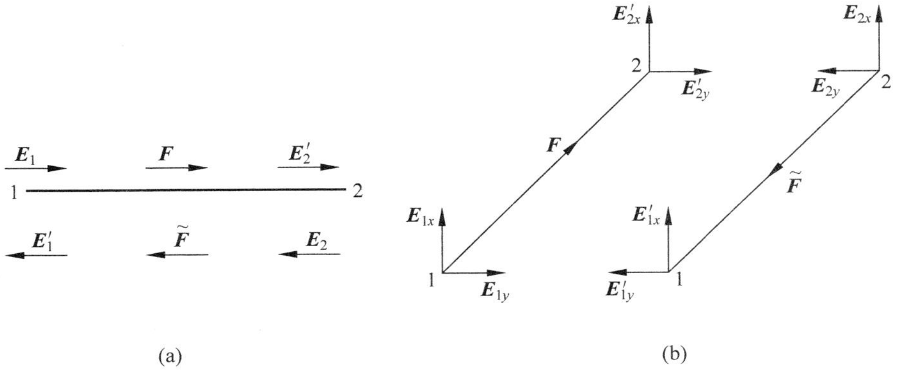

图 10.4.5-1　一段光纤的传输特性

当光沿光纤反向传输时，要考虑两个因素：①坐标系镜像：x 坐标不变，y 坐标取反；②时间取反，先有 2，后有 1，意味着频率取反(正频换负频)，即相位共轭。于是式(10.4.5-1)应改写为

$$\boldsymbol{E}'_1=\widetilde{\boldsymbol{F}}\boldsymbol{E}_2 \tag{10.4.5-3}$$

式中，$\boldsymbol{E}_1'$ 和 $\boldsymbol{E}_2$ 分别为反向传输的端口 1(输出端)和端口 2(输入端)的光场。由于反向传输的坐标系与正向传输的坐标系有镜像关系，从图 10.4.5-1 可以看出，$E'_{1x}=E_{1x}, E'_{2x}=E_{2x}, E'_{1y}=-E_{1y}, E'_{2y}=-E_{2y}$；而且时间的顺序也要变化，端口 2 的光场先于端口 1 的光场，即时间取反，意味着相位共轭，所以传输矩阵 $\widetilde{\boldsymbol{F}}$ 并不是 $\boldsymbol{F}$ 的逆矩阵。于是，由式(10.4.5-2)可得

$$\begin{bmatrix} E'_{1x} \\ -E'_{1y} \end{bmatrix} = (\mathrm{e}^{-\mathrm{i}\varphi})^* \begin{bmatrix} u_1 & -u_2^* \\ u_2 & u_1^* \end{bmatrix}^* \begin{bmatrix} E_{2x} \\ -E_{2y} \end{bmatrix} \tag{10.4.5-4}$$

或者

$$\begin{bmatrix} E'_{1x} \\ E'_{1y} \end{bmatrix} = \mathrm{e}^{\mathrm{i}\varphi} \begin{bmatrix} 1 & \\ & -1 \end{bmatrix}^{-1} \begin{bmatrix} u_1 & -u_2^* \\ u_2 & u_1^* \end{bmatrix} \begin{bmatrix} 1 & \\ & -1 \end{bmatrix} \begin{bmatrix} E_{2x} \\ E_{2y} \end{bmatrix} \tag{10.4.5-5}$$

经过简单的计算，并对比式(10.4.5-3)，可得

$$\widetilde{\boldsymbol{F}} = \mathrm{e}^{\mathrm{i}\varphi} \begin{bmatrix} u_1 & u_2^* \\ -u_2 & u_1^* \end{bmatrix} \tag{10.4.5-6}$$

由此可知，反向传输时的矩阵并不是正向传输的逆，它的相移是继续进行的(累加的)。当一束光在光波导内正向传输然后又反向传输时，总的传输矩阵是二者的级联(不考虑反射端的反射系数)，则得到

$$\boldsymbol{F}_{\text{total}} = \widetilde{\boldsymbol{F}}\boldsymbol{F} = \mathrm{e}^{\mathrm{i}2\varphi} \begin{bmatrix} u_1^2 - u_2^{2*} & u_1u_2 + (u_1u_2)^* \\ -[u_1u_2 + (u_1u_2)^*] & u_1^{2*} - u_2^2 \end{bmatrix} \tag{10.4.5-7}$$

这个结果表明，总的相移是单向传输相移的 2 倍；总的 $\boldsymbol{U}$ 矩阵不是单位矩阵，这表明反向传输后偏振态回不到原先的偏振态，但 $\boldsymbol{U}$ 矩阵仍然满足主对角线共轭、副对角线反共轭的特点。

为了解决反射后回不到原有偏振态的问题，人们设计了一种法拉第旋转镜，简称法拉第旋镜，它是一个基于法拉第旋转的使 x 分量和 y 分量反转的器件，也就是在同一坐标系下，有

$$\begin{bmatrix} E_{x\text{out}} \\ E_{y\text{out}} \end{bmatrix} = \begin{bmatrix} & 1 \\ -1 & \end{bmatrix} \begin{bmatrix} E_{x\text{in}} \\ E_{y\text{in}} \end{bmatrix} \tag{10.4.5-8}$$

在此，即

$$\begin{bmatrix} E_{x\text{out}} \\ E_{y\text{out}} \end{bmatrix} = \begin{bmatrix} & 1 \\ -1 & \end{bmatrix} \begin{bmatrix} E'_{1x} \\ E'_{1y} \end{bmatrix} \tag{10.4.5-9}$$

法拉第旋镜从入射的右手系转换成左手系(从前向看)，也就是

$$\begin{bmatrix} E_{2x} \\ E_{2y} \end{bmatrix} = \begin{bmatrix} E_{x\text{out}} \\ -E_{y\text{out}} \end{bmatrix} = \begin{bmatrix} 1 & \\ & -1 \end{bmatrix} \begin{bmatrix} & 1 \\ -1 & \end{bmatrix} \begin{bmatrix} E'_{2x} \\ E'_{2y} \end{bmatrix} = \begin{bmatrix} & 1 \\ 1 & \end{bmatrix} \begin{bmatrix} E'_{2x} \\ E'_{2y} \end{bmatrix} \tag{10.4.5-10}$$

分别代入式(7.3.2-1)和式(10.4.5-3)，得到

$$\boldsymbol{E}'_1=\widetilde{\boldsymbol{F}}\boldsymbol{E}_2=\widetilde{\boldsymbol{F}}\begin{bmatrix} & 1\\ 1 & \end{bmatrix}\boldsymbol{E}'_2=\widetilde{\boldsymbol{F}}\begin{bmatrix} & 1\\ 1 & \end{bmatrix}\boldsymbol{F}\boldsymbol{E}_1 \tag{10.4.5-11}$$

代入式(7.3.2-4)和式(10.4.5-6)，可得其增加法拉第旋镜后的传输矩阵为

$$\begin{aligned}\boldsymbol{T}&=\widetilde{\boldsymbol{F}}\begin{bmatrix} & 1\\ 1 & \end{bmatrix}\boldsymbol{F}=\mathrm{e}^{\mathrm{i}2\varphi}\begin{bmatrix} u_1 & u_2^*\\ -u_2 & u_1^* \end{bmatrix}\begin{bmatrix} & 1\\ 1 & \end{bmatrix}\begin{bmatrix} u_1 & u_2\\ -u_2^* & u_1^* \end{bmatrix}\\ &=\mathrm{e}^{\mathrm{i}2\varphi}\begin{bmatrix} u_1 & u_2^*\\ -u_2 & u_1^* \end{bmatrix}\begin{bmatrix} -u_2^* & u_1^*\\ u_1 & u_2 \end{bmatrix}\\ &=\mathrm{e}^{\mathrm{i}2\varphi}\begin{bmatrix} -u_1u_2^*+u_1u_2^* & |u_1|^2+|u_2|^2\\ |u_1|^2+|u_2|^2 & -u_1^*u_2+u_1^*u_2 \end{bmatrix}\end{aligned} \tag{10.4.5-12}$$

利用光纤的传输矩阵中能量守恒和相位匹配关系式(7.3.2-3)，得到

$$\boldsymbol{T}=\mathrm{e}^{\mathrm{i}2\varphi}\begin{bmatrix} 0 & 1\\ 1 & 0 \end{bmatrix} \tag{10.4.5-13}$$

这表明，光纤的双折射特性不再影响反射回到起点的光，对于各种干涉仪是很有利的。但是，两个分量也发生了对调。

10.5　基于 3×3 耦合器的干涉仪

10.3.2 节研究了 3×3 光纤耦合器的结构和原理，重点研究了对称排列的 3×3 耦合器和平行排列的 3×3 耦合器，并指出，对称排列的 3×3 耦合器，有很好的分光作用，但是由于每个端口的相位和偏振过于复杂，因此用它来构成光纤干涉仪很不方便。作为干涉仪应用的，主要是利用平行排列的 3×3 耦合器。

10.5.1　光纤环形谐振腔——频域

由于平行排列的 3×3 耦合器有多达 6 个端口，因此可以构成灵活多样的干涉仪。而这种干涉仪与由 2×2 耦合器构成的干涉仪最大的不同在于，它不能简单地与空间光干涉仪(如马赫-曾德尔干涉仪、迈克耳孙干涉仪等)相类比，它可以构成新结构的干涉仪。

按照反馈光纤的多少，可以将这些谐振腔分为两类：单环谐振，用一根反馈光纤，只构成一个环形腔；双环谐振，用两根光纤构成两个谐振腔。以下分别论述。

1. 单环结构谐振腔

采用一根光纤反馈，可以构成单环光纤谐振腔。鉴于平行排列 3×3 耦合器的

对称性和中间一根光纤的特殊地位，可以构成几种不同的反馈形式：①两侧光纤的自反馈，参见图 10.5.1-1；②两侧光纤的交叉反馈；③中间光纤的自反馈；④中间光纤与两侧光纤的交叉反馈；⑤两侧光纤用一段光纤连接成萨尼亚克光纤环；⑥两侧光纤与中间光纤相连接，构成萨尼亚克光纤环，等等。每一种反馈形式都能够形成一种谐振腔。对于同一种反馈谐振腔，不同的输入、输出方式，特性也有差异。在这众多的谐振腔中，我们着重研究中间反馈的单环谐振腔，将平行排列 3×3 耦合器的端口 2 和端口 5 连接起来，从端口 1 或端口 3 输入，参见图 10.5.1-2。

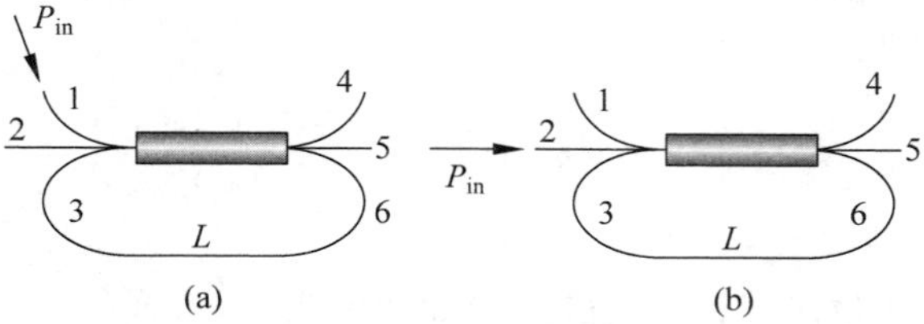

图 10.5.1-1 侧边反馈的单环谐振腔

(a) 从侧边光纤输入光；(b) 从中间光纤输入光

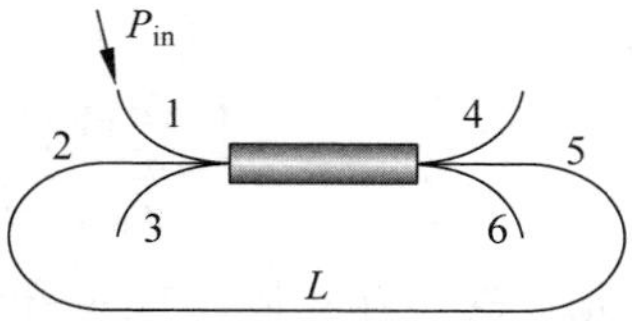

图 10.5.1-2 中间反馈的单环谐振腔

根据 10.3.2 节的结果，假设构成耦合器的三根光纤是完全相同的，在对称情况下，相邻光纤 1、2 以及光纤 2、3 之间的耦合系数 k 相同，而边上两根光纤 1、3 之间的耦合可以忽略；在光纤环谐振腔的工作频率范围内耦合系数为常数，不考虑光纤自身的双折射及光纤自身的模耦合对耦合器偏振态的影响，输入光的偏振态为线偏振，在上述条件下，耦合器三个输入端口与输出端口之间的关系可以通过一个传输矩阵 $\boldsymbol{T}$ 来表示，

$$\begin{bmatrix} E'_4 \\ E'_5 \\ E'_6 \end{bmatrix}_{x,y} = \boldsymbol{T} \begin{bmatrix} E_1 \\ E_2 \\ E_3 \end{bmatrix}_{x,y} \tag{10.3.2-16}$$

并进一步得出，当耦合强度 $\sqrt{2}\theta=\pi/2$ 时，有

$$\begin{bmatrix} E'_4 \\ E'_5 \\ E'_6 \end{bmatrix}_{x,y} = \frac{1}{2}\gamma_c e^{i\beta L_c} \begin{bmatrix} 1 & i\sqrt{2} & -1 \\ i\sqrt{2} & 0 & i\sqrt{2} \\ -1 & i\sqrt{2} & 1 \end{bmatrix} \begin{bmatrix} E_1 \\ E_2 \\ E_3 \end{bmatrix}_{x,y} \tag{10.5.1-1}$$

式中，为了区别耦合器的耦合长度与反馈光纤的长度，用 L_c 来表示耦合长度，并且考虑到耦合器的插入损耗，引入了一个小于 1 的系数 γ_c。

中间反馈的单环谐振腔的反馈光纤接在耦合器中间光纤的两端，用 L 表示反馈光纤的长度。

输入光从两个侧边中的任意一个输入，如取 $E_1 \neq 0, E_3=0$；它从端口 5 输出

并反馈到端口 2，于是得到端口 2 的输入光为

$$E_2 = \gamma_0 e^{i\beta L} E'_5 \tag{10.5.1-2}$$

同样，式中 γ_0 为包括光纤损耗、连接损耗以及其他损耗在内的衰减系数，β 为光纤传输常数（相移常数），L 为光纤长度。利用式（10.5.1-1），可得

$$E'_5 = \frac{1}{2}\gamma_c e^{i\beta L_c}(i\sqrt{2}E_1) \tag{10.5.1-3}$$

式（10.5.1-2）与式（10.5.1-3）联立，可以解出

$$E_2 = A i\sqrt{2} E_1 \tag{10.5.1-4}$$

式中，$A = \gamma_0 \gamma_c e^{i\beta(L+L_c)}/2$，描述了平行排列 3×3 耦合器环形腔整体的相移和衰耗。将这一结果代入式（10.3.2-26），可得

$$\begin{bmatrix} E'_4 \\ E'_5 \\ E'_6 \end{bmatrix} = \frac{1}{2}\gamma_c e^{i\beta L_c} \begin{bmatrix} 1-2A \\ -2A \\ -1-2A \end{bmatrix} E_1 \tag{10.5.1-5}$$

相应端口的输出功率为

$$P'_4 = \frac{\gamma_c^2}{4}(1+\gamma_0^2\gamma_c^2 - 2\gamma_0\gamma_c\cos\theta)P_0 \tag{10.5.1-6}$$

$$P'_5 = \frac{1}{4}\gamma_0^2\gamma_c^4 P_0 \tag{10.5.1-7}$$

$$P'_6 = \frac{\gamma_c^2}{4}(1+\gamma_0^2\gamma_c^2 + 2\gamma_0\gamma_c\cos\theta)P_0 \tag{10.5.1-8}$$

其谐振曲线如图 10.5.1-3 所示，图中 $\gamma_c = 0.99$ 和 $\gamma_0 = 0.9$。式（10.5.1-6）～式（10.5.1-8）的结果是非常有意思的。首先，从一个侧边端口输入的功率，随着相移角的变化，输入功率交替在两个边端口输出，而且是比较好的余弦函数。这种近乎理想的谐振曲线，可以获得更好的效果。其次，在中间的光纤环内，存在一个不变的功率，不随波长和光纤长度的变化而变化。最后，如果在理想情况下，耦合器的损耗和光纤损耗都不计的话，$\gamma_c = 1$，$\gamma_0 = 1$，这时有 $P'_4 = P_0/2$，$P'_6 = P_0/2$ 以及 $P'_5 = P_0/4$，三者之和大于输入功率。这似乎不满足能量守恒定律。对这个问题的解释是，在稳态条件下（连续光的情形），注入光只是在两个边端口上分配，并不改变环内功率。环内的功率是在起始时间建立起来的，当环内没有损耗时，这个由初始阶段建立的光场，将维持不变。

由于 $\theta = \beta(L+L_c)$，因此，可以通过调节反馈光纤的相移（通常调节反馈光纤的长度），可以两路调节输出光（P'_4 和 P'_6）的分光比，从而构成可调分光比的器件。2×2 耦合器一旦制造出来，其分光比是固定的、不可调节。而利用平行排列的 3×3 耦合器加上反馈，可以构成可调分光比的 2×2 器件。

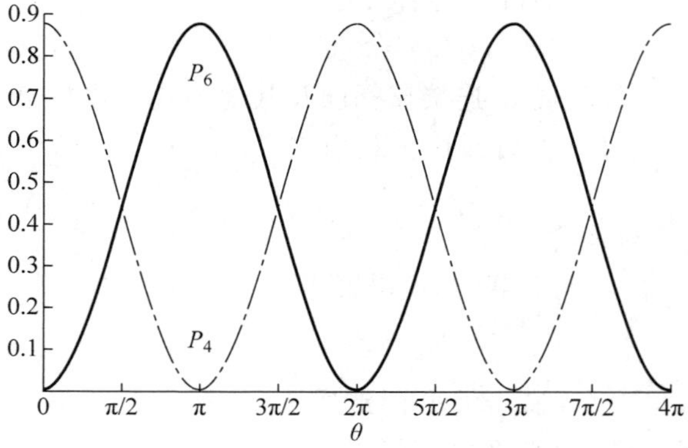

图 10.5.1-3　中间反馈的单环谐振腔的谐振特性

2. 双环干涉仪

采用两根光纤，将平行排列的 3×3 耦合器 6 个端口其中的 4 个端口相互连接，就可以构成双环的干涉仪。这种双环干涉仪是一体化的，结构紧凑，可以取代由多个 2×2 耦合器单环干涉仪构成的复杂系统。此外，这种干涉仪还有一些新的特点。

由于可以采用的连接方式很多，我们重点研究以下 3 类不同的连接方式：第Ⅰ类为中间光纤自反馈＋两侧光纤的输出端反馈，参见图 10.5.1-4；第Ⅱ类为两个侧边光纤自反馈，参见图 10.5.1-5，因为它看起来像一个直立的 8 字，因此也称为立 8 谐振腔；鉴于这种谐振腔很不稳定，本节不打算仔细研究；第Ⅲ类是两个侧边光纤输出端和输入端分别连接起来，参见图 10.5.1-6，因为它很像一个横过来的 8 字，所以也称为横 8 谐振腔。为了突出重点，我们只讨论横 8 谐振腔。

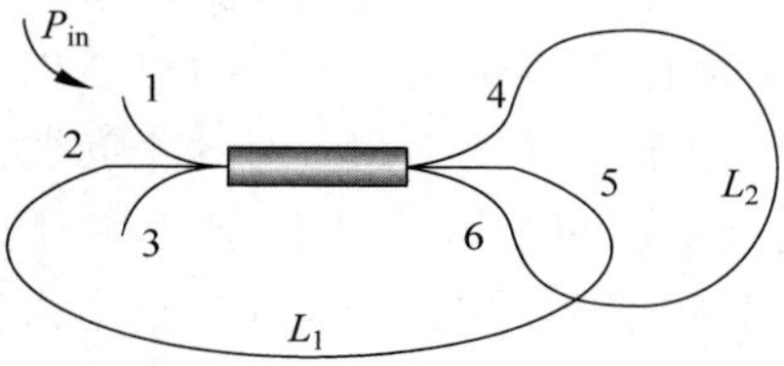

图 10.5.1-4　第Ⅰ类双环谐振腔

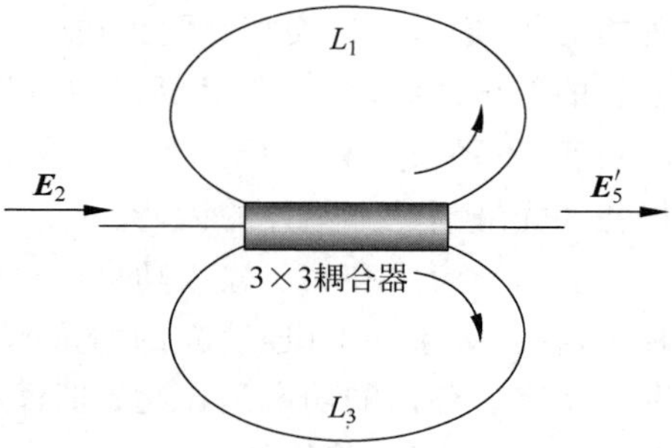

图 10.5.1-5　立 8 谐振腔

由于第Ⅱ类立 8 谐振腔很不稳定，所以人们提出了第Ⅲ类横 8 结构的双谐振腔，它相当于两个萨尼亚克环，因为两路干涉光经历的是同一光路，只不过传输方向不同，因此它是一种稳定的干涉仪，如图 10.5.1-6 所示。

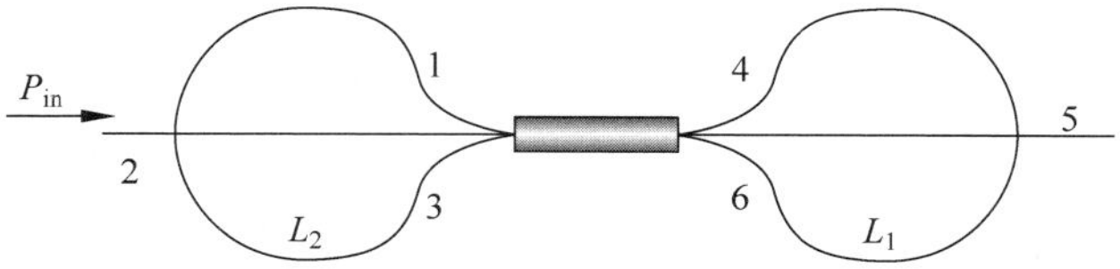

图 10.5.1-6　横 8 谐振腔

图 10.5.1-6 中，输入光从端口 2 输入，L_1 是连接两个端口 4 和 6 的光纤，L_2 是连接两个端口 1 和 3 的光纤。这时，相当于有 4 个反馈，光纤 L_1 将端口 4 输出的光 E'_4 反馈到端口 6 为 E_6，同时将端口 6 输出的光 E'_6 反馈到端口 4 为 E_4，可写为

$$E_6=\gamma_1 e^{i\beta L_1}E'_4,\quad E_3=\gamma_1 e^{i\beta L_1}E'_6 \tag{10.5.1-9}$$

将它们代入式(10.5.1-1)，得到

$$\begin{bmatrix}\gamma_1^{-1}e^{-i\beta L_1}E_6\\ E'_5\\ \gamma_1^{-1}e^{-i\beta L_1}E_4\end{bmatrix}=\frac{1}{2}\gamma_c e^{i\beta L_c}\begin{bmatrix}1 & i\sqrt{2} & -1\\ i\sqrt{2} & 0 & i\sqrt{2}\\ -1 & i\sqrt{2} & 1\end{bmatrix}\begin{bmatrix}E_1\\ E_2\\ E_3\end{bmatrix} \tag{10.5.1-10}$$

改写成两个方程

$$\begin{bmatrix}E_6\\ E_4\end{bmatrix}=\frac{1}{2}\gamma_1\gamma_c e^{i\beta(L_c+L_1)}\begin{bmatrix}1 & -1\\ -1 & 1\end{bmatrix}\begin{bmatrix}E_1\\ E_3\end{bmatrix}+i\sqrt{2}\begin{bmatrix}1\\ 1\end{bmatrix}E_2 \tag{10.5.1-11}$$

$$E'_5=\frac{1}{2}\gamma_c e^{i\beta L_c}i\sqrt{2}(E_1+E_3) \tag{10.5.1-12}$$

同理，光纤 L_2 将端口 3 输出的光 E'_3 反馈到端口 1 为 E_1，同时将端口 1 输出的光 E'_1 反馈到端口 3 为 E_3，可写为

$$E_1=\gamma_2 e^{i\beta L_2}E'_3,\quad E_3=\gamma_2 e^{i\beta L_2}E'_1 \tag{10.5.1-13}$$

将它们代入式(10.5.1-1)(反向应用)，并注意到 $E_5=0$，得到

$$\begin{bmatrix}(\gamma_2 e^{i\beta L_2})^{-1}E_3\\ E'_2\\ (\gamma_2 e^{i\beta L_2})^{-1}E_1\end{bmatrix}=\frac{1}{2}\gamma_c e^{i\beta L_c}\begin{bmatrix}1 & i\sqrt{2} & -1\\ i\sqrt{2} & 0 & i\sqrt{2}\\ -1 & i\sqrt{2} & 1\end{bmatrix}\begin{bmatrix}E_4\\ 0\\ E_6\end{bmatrix} \tag{10.5.1-14}$$

同样改写成两个独立方程，有

$$\begin{bmatrix}E_3\\ E_1\end{bmatrix}=\frac{1}{2}\gamma_2\gamma_c e^{i\beta(L_2+L_c)}\begin{bmatrix}1 & -1\\ -1 & 1\end{bmatrix}\begin{bmatrix}E_4\\ E_6\end{bmatrix} \tag{10.5.1-15}$$

$$E'_2=\frac{1}{2}\gamma_c e^{i\beta L_c}i\sqrt{2}(E_4+E_6) \tag{10.5.1-16}$$

联立方程(10.5.1-11)和方程(10.5.1-15)，并注意

$$\begin{bmatrix} E_3 \\ E_1 \end{bmatrix} = \begin{bmatrix} 0 & 1 \\ 1 & 0 \end{bmatrix} \begin{bmatrix} E_1 \\ E_3 \end{bmatrix}, \quad \begin{bmatrix} E_4 \\ E_6 \end{bmatrix} = \begin{bmatrix} 0 & 1 \\ 1 & 0 \end{bmatrix} \begin{bmatrix} E_6 \\ E_4 \end{bmatrix} \tag{10.5.1-17}$$

可以消去变量 E_4、E_6，得到只含有 E_1、E_3 的方程。在推导的过程中，式(10.5.1-11)中的系数 E_2 因为乘了一个形如式(10.5.1-18)的矩阵，从而

$$\begin{bmatrix} -1 & 1 \\ 1 & -1 \end{bmatrix} \mathrm{i}\sqrt{2} \begin{bmatrix} 1 \\ 1 \end{bmatrix} E_2 = 0 \tag{10.5.1-18}$$

联立后的方程化为齐次方程

$$\begin{bmatrix} E_3 \\ E_1 \end{bmatrix} - \frac{1}{4}\gamma_2\gamma_c\gamma_1\gamma_c \mathrm{e}^{\mathrm{i}\beta(L_1+L_2+2L_c)} \begin{bmatrix} -2 & 2 \\ 2 & -2 \end{bmatrix} \begin{bmatrix} E_1 \\ E_3 \end{bmatrix} = 0 \tag{10.5.1-19}$$

遵照前面的定义 $A_1=\gamma_1\gamma_c\mathrm{e}^{\mathrm{i}\beta(L_1+L_c)}/2$，$A_2=\gamma_1\gamma_c\mathrm{e}^{\mathrm{i}\beta(L_2+L_c)}/2$，上述方程改写为

$$\begin{bmatrix} 1-2A_1A_2 & 2A_1A_2 \\ 2A_1A_2 & 1-2A_1A_2 \end{bmatrix} \begin{bmatrix} E_3 \\ E_1 \end{bmatrix} = \begin{bmatrix} 0 \\ 0 \end{bmatrix} \tag{10.5.1-20}$$

上述方程要有非零解，必须

$$\begin{vmatrix} 1-2A_1A_2 & 2A_1A_2 \\ 2A_1A_2 & 1-2A_1A_2 \end{vmatrix} = 0 \tag{10.5.1-21}$$

这要求 $\gamma_2\gamma_1\gamma_c^2=1/4$，$\beta(L_1+L_2+2L_c)=2k\pi$。这个要求是比较严格的，一般情况下很难达到，所以 $E_1=E_3=0$。于是 $E_5'=0$，以及

$$E_2' = -\gamma_c \mathrm{e}^{\mathrm{i}\beta L_c} E_2 \tag{10.5.1-22}$$

换算成功率，始终有

$$P_2' = \gamma_c^2 P_2 \tag{10.5.1-23}$$

这表明这种谐振腔也如同一种全反射镜。

另外，即使满足 $\gamma_2\gamma_1\gamma_c^2=1/4$，$\beta(L_1+L_2+2L_c)=2k\pi$ 谐振条件，不难验证，前面关于反射镜的结论式(10.5.1-22)和式(10.5.1-23)也是正确的。

最后，需要说明的是，虽然这里只研究了两种比较有特色的结构，其他结构的研究思路都是一样的，利用 3×3 耦合器的传输矩阵以及光纤反馈的传输矩阵，可以推导出输入量与输出量之间的定量关系。结果可以分为两类：一类是利用中间光纤的自反馈调节两根边光纤的分光比或者损耗；另一类是全反射镜。

10.5.2 3×3 耦合器干涉仪的时域应用

10.5.1 节讨论了由平行排列的 3×3 耦合器构成的各种形式的干涉仪，以及它们的频域特性，如谐振特性、滤波特性等。从这些谐振特性看，与 2×2 耦合器构成的干涉仪没有太多不同。本节探讨这些干涉仪在时域应用中的问题，可以看出与 2×2 耦合器有较大的不同。最典型的应用就是构成全光缓存器。

对于电子存储器，如U盘，读者一定非常熟悉。计算机使用了大量的存储器，它们是计算机核心器件之一，但它们都只能存储电信号。对于光信号，目前还没有很好的存储技术。就拿光盘来说，虽然存储的是光信号，但是只是存储了光信号的强度，不能存储其相位信息，更重要的是，它不能随机地快速写入和读出。全息术可以存储光信号的强度和相位，但是记录过程和再现过程都很复杂，不适用于高速的光信号处理。适用于高速的、随机读写的光存储技术，目前还没有找到有效的方法。这便没有办法直接对光信号进行处理，是光信息技术的一个短板，是全世界都期望解决的难题。

缓存器是存储器的一种，它也具有存储信息的功能，但是只能完成一次性的读写。也就是说，它存储的信息只能读出一次，读出后就丢失了。这样，缓存器就相当于一个延时器。但是，它与延时器不同，它的写入、读出或者延迟时间都是随机的，不可预先设定，或者说缓存器就是一个写入、读出时间可随机控制的延时器。

光纤是一种良好的延时器，光信号通过光纤的延迟时间严格遵守公式 $\tau=L/v_g$，式中，L 为光传输路径长度，v_g 是群速度，所以"光缓存"可以从减慢光的传播速度和延长介质长度两方面考虑。这样，光纤型全光缓存器又可分为两大类：一类是慢光型的光纤全光缓存器；另一类是增加延迟线长度型的光纤全光缓存器。后者也常常被直接称为延迟线型缓存器，只要严格控制光纤的长度以及波长，延迟时间就可以很准确。光纤的长度可以控制在毫米量级，因此它的延迟时间精度可以控制在皮秒量级。而长度为1km的光纤延迟时间可达5μs，100km的光纤可达0.5ms。因此利用光纤可以实现从皮秒到毫秒量级的光信号延迟，动态范围很大。但是，关键是如何控制光信号的读写。

虽然理论上慢光可以用来制作缓存器，但是由于它的带宽延时乘积受限，不会大于材料的折射率。比如对于石英光纤，二者的乘积不会大于1.5。对于高速通信来说，其延迟量甚至低于1比特，用它来制作光缓存器，没有实际意义。慢光可以用来做时钟调整、比特同步等其他用途，但作为缓存器是不适宜的。目前，光纤延迟线型全光缓存器仍然是主流。

光纤延迟线型缓存器从结构上可以分为前向型和反馈环路型。

(1) 前向型光纤缓存器

它是以光信号经历不同长度的光纤来调节延迟时间的，不具备读写功能，因此不是真正意义上的缓存器。光纤的调节依靠切换光开关进行。这种前向型光纤延迟线，都采用大量分立的开关。开关速度要求在纳秒级，因此其最小的延迟时间单元不可能小于1ns。因为这种结构的光延迟线缓存容量非常有限，所以基本上不被采用。

前向型光纤延迟线的优点是延迟时间可以设置为很大，但是缺点也很明显，主要有：①由于没有读写机制，所以不能采用中断方式来控制缓存时间，必须事先设置好开关的动作顺序，交换的灵活性很差。我们知道，作为一个缓存器，不可能预先知道一个数据包需要缓存的时间。比如，当两个数据包竞争同一个端口时，存放于缓存器内的数据包 A，必须等待正在传输的数据包 B 发送完毕后才可能被发送。而正在传输的那个数据包 B 的长度是随机的，所以等待时间（缓存时间）并不能确定。②缓存容量很小、缓存深度也不高、光纤利用率低。比如，如果要缓存 1 个 10Gb/s 的 64KB 的 IP 包（数据包的传输时间 $T=6.4\mu s$），动态范围从 1 个周期变化到 8000 个周期，则光纤的总长将达到 1.2 万 km，这是非常不实际的！③很难适应可变包长的要求。

（2）反馈型光缓存器

它由光开关和光纤环路构成，光开关首先将数据流引入环路，然后紧接着关闭光开关并允许数据在环路中环行。需要读出时，将开关切换到输出端，完成数据读出。通过控制光开关的切换时间便可调节数据包在光纤环内的环行时间，从而大大提高光纤的利用率。一种基本的、基于反射光纤（FP 腔）＋光开关的方案，如图 10.5.2-1 所示。基本思想是在一根光纤延迟线（fiber delay line，FDL）的两端，分别加一个透过率（反射率）可调的镜片。当需要光信号引入时，可将 M_1 调整到透光状态，待信号进入光纤后，M_1 立刻转换为全反射状态，M_2 此时也是全反射状态，于是光信号（光脉冲）就在由两个全反射镜组成的 FP 腔中来回运动，被存储于光纤中。当需要读出时，只需将 M_2 改成透光状态即可。

然而要实现快速切换光开关是比较困难的，尤其要求达到纳秒级的翻转速度，通常采用如图 10.4.4-1 所示的 TAOD 光开关的结构，也就是通过某种方法使光脉冲顺时针相移与逆时针相移产生一个相位差。若相位差为 0，它是一个全反射镜，光从端口 1 原路返回；当相位差为 π，它就成为全透射的元件，光从端口 2 输出。从而实现了图 10.5.2-1 的 M_1 与 M_2 透镜的翻转。这种结构的光缓存器如图 10.5.2-2 所示。

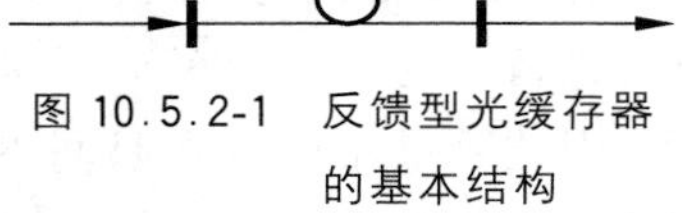

图 10.5.2-1　反馈型光缓存器的基本结构

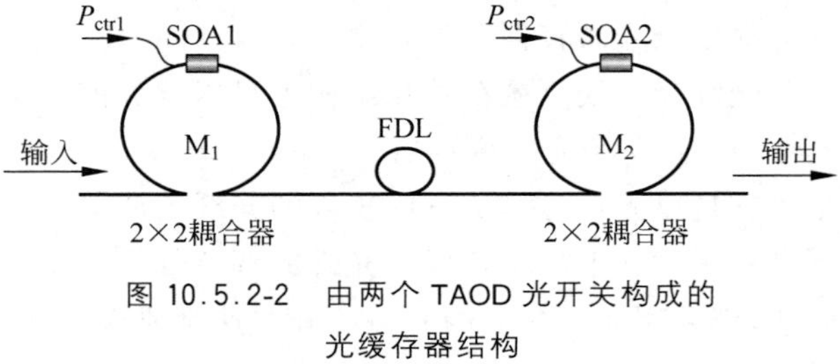

图 10.5.2-2　由两个 TAOD 光开关构成的光缓存器结构

在这个缓存器中，必须使用两个 2×2 耦合器，整个系统联调比较困难。为了控制读写，必须使用两路控制信号，如图中的 P_{ctrl} 和 P_{ctr2}，还要使用两个控制相位差的元件，如图中的 SOA1 和 SOA2。半导体光放大器是一种价格昂贵的器件，会使成本增加不少。而且由于光环路镜本身就包含有一定长度的光纤，两只光环路镜 M_1 与 M_2 的光纤长度已经足够，连接两个透镜的光纤延迟线是多余的。为了解决结构不紧凑的问题，可以采用平行排列的 3×3 耦合器取代两个 2×2 耦合器，如图 10.5.2-3 所示。图中，只使用了一个 3×3 耦合器，一路控制信号，一个产生相位差的 SOA，显然比图 10.5.2-2 的结构简单得多。

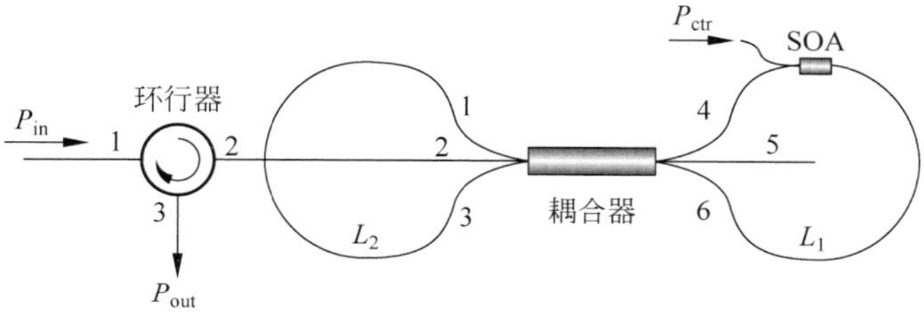

图 10.5.2-3　双环耦合全光缓存器

下面分析这种全光缓存器的工作原理。来自其他光器件的需要缓存的光脉冲 $P_{in}(t)$，从光环行器的端口 1 输入，通过光环行器的端口 2 进入平行排列 3×3 光纤耦合器的端口 2，设其注入耦合器的端口 2 时的光场强度的复振幅为 $\dot{E}_2(t)$。它通常是一串光脉冲。根据 10.3.2 节给出的平行排列 3×3 耦合器的传输矩阵 $\boldsymbol{T}$，信号光将在耦合器的端口 4 和端口 6 被分成幅度相等的两个信号输出，然后分别沿光纤 L_1 顺时针方向和逆时针方向行进。即经过 3×3 耦合器的输出为

$$\begin{bmatrix} E'_4 \\ E'_5 \\ E'_6 \end{bmatrix} = \boldsymbol{T} \begin{bmatrix} E_1 \\ E_2 \\ E_3 \end{bmatrix} = \frac{1}{2}\gamma_c e^{i\beta L_c} \begin{bmatrix} i\sqrt{2}\dot{E}_2(t) \\ 0 \\ i\sqrt{2}\dot{E}_2(t) \end{bmatrix} \tag{10.5.2-1}$$

上式考虑了耦合器的附加损耗 γ_c。4、6 两个端口的输出信号幅度相等且沿相反方向传输，分别回到端口 6 和端口 4。顺时针和逆时针方向行进的信号将被 SOA 放大，得到的复增益分别为

$$\dot{g}_{cw}(t) = g_{cw}(t)e^{-i\varphi_{cw}(t)} \tag{10.5.2-2}$$

$$\dot{g}_{ccw}(t) = g_{ccw}(t)e^{-i\varphi_{ccw}(t)} \tag{10.5.2-3}$$

上面两式中 $\dot{g}_{cw}(t)$ 和 $\dot{g}_{ccw}(t)$ 分别为 SOA 的对顺时针和逆时针方向光信号的复增益，$\varphi_{cw}(t)$ 与 $\varphi_{ccw}(t)$ 分别为 SOA 对顺时针和逆时针方向光载频产生的相移。光信号经过光纤后在时域就变成了光脉冲的群时延，记为 t_1。两个信号重新环回到平行排列 3×3 耦合器的端口 6、4 中，其复振幅分别为

$$\dot{E}_6(t)=\dot{g}_{\mathrm{cw}}(t)E'_4(t-t_1)=\mathrm{i}\frac{\sqrt{2}}{2}\gamma_{\mathrm{c}}\gamma_1\dot{g}_{\mathrm{cw}}(t)\dot{E}_2(t-t_1)$$

$$\dot{E}_4(t)=\dot{g}_{\mathrm{ccw}}(t)E'_6(t-t_1)=\mathrm{i}\frac{\sqrt{2}}{2}\gamma_{\mathrm{c}}\gamma_1\dot{g}_{\mathrm{ccw}}(t)\dot{E}(t-t_1) \tag{10.5.2-4}$$

式中，γ_1 为环 1 中光纤和其他器件的平均损耗因子。这两个信号将在耦合器中发生干涉。这时，假定没有控制光，两个方向信号光相移相同，没有相位差，即

$$\varphi_{\mathrm{cw}}(t)=\varphi_{\mathrm{ccw}}(t)=\varphi(t) \tag{10.5.2-5}$$

在假定这两路信号光偏振态相同的前提下，干涉的结果为

$$\begin{bmatrix}\dot{E}'_1\\ \dot{E}'_2\\ \dot{E}'_3\end{bmatrix}=\boldsymbol{T}\begin{bmatrix}E_4\\ E_5\\ E_6\end{bmatrix}=\frac{1}{4}\gamma_{\mathrm{c}}^2\gamma_1\mathrm{e}^{\mathrm{i}2\beta L_{\mathrm{c}}}\begin{bmatrix}\mathrm{i}\sqrt{2}\dot{E}_2(t-t_1)\mathrm{e}^{-\mathrm{i}\varphi}[g_{\mathrm{cw}}(t-t_1)-g_{\mathrm{ccw}}(t-t_1)]\\ -2\dot{E}_2(t-t_1)\mathrm{e}^{-\mathrm{i}\varphi}[g_{\mathrm{cw}}(t-t_1)+g_{\mathrm{ccw}}(t-t_1)]\\ -\mathrm{i}\sqrt{2}\dot{E}_2(t-t_1)\mathrm{e}^{-\mathrm{i}\varphi}[g_{\mathrm{cw}}(t-t_1)-g_{\mathrm{ccw}}(t-t_1)]\end{bmatrix} \tag{10.5.2-6}$$

式中，$\dot{E}'_1$、$\dot{E}'_2$ 和 $\dot{E}'_3$ 分别为端口 1、2、3 的输出电场，$\dot{E}_4$、$\dot{E}_5$ 和 $\dot{E}_6$ 分别为端口 4、5、6 的输入电场。在没有控制光时，SOA 对两个方向行进的信号增益相同，即 $g_{\mathrm{cw}}(t)=g_{\mathrm{ccw}}(t)=g$，所以式(10.5.2-6)中，$g_{\mathrm{cw}}(t-t_1)=g_{\mathrm{ccw}}(t-t_1)$，从而 $\dot{E}'_1=\dot{E}'_3=0$，而

$$P'_2=\gamma_{\mathrm{c}}^2\gamma_1 gP_2(t-t_1) \tag{10.5.2-7}$$

若调节放大器的增益，使 $\gamma_{\mathrm{c}}^2\gamma_1 g=1$，可以看出此时信号在光纤环 L_1 中放大后反射回耦合器端口 2，进入光环行器的端口 2 后再由其端口 2 输出。这时相当于信号没有进入缓存器中缓存而直接输出，只是经历了一段时间的延迟，延迟的时间为信号在光纤环 L_1 中环行的时间。对于进入缓存器的信号，无论在缓存器中是否缓存，都需要经历这一段的延时。

当在光纤环 L_1 中加入控制光时，两个方向行进的信号光之间将产生相移差 $\Delta\varphi=\varphi_{\mathrm{cw}}-\varphi_{\mathrm{ccw}}$，若 $\Delta\varphi=\pi$，使经过光纤环 L_1 返回到耦合器的光反相位，这时干涉的结果为

$$\begin{bmatrix}\dot{E}'_1\\ \dot{E}'_2\\ \dot{E}'_3\end{bmatrix}=\boldsymbol{T}\begin{bmatrix}E_4\\ E_5\\ E_6\end{bmatrix}=\frac{1}{4}\gamma_{\mathrm{c}}^2\gamma_1\mathrm{e}^{\mathrm{i}2\beta L_{\mathrm{c}}}\begin{bmatrix}\mathrm{i}2\sqrt{2}\dot{E}_2(t-t_1)\mathrm{e}^{-\mathrm{i}\varphi_{\mathrm{cw}}}\dot{E}_2(t-t_1)\\ 0\\ -\mathrm{i}2\sqrt{2}\dot{E}_2(t-t_1)\mathrm{e}^{-\mathrm{i}\varphi_{\mathrm{cw}}}\dot{E}_2(t-t_1)\end{bmatrix} \tag{10.5.2-8}$$

或者

$$\begin{bmatrix} \dot{E}'_1 \\ \dot{E}'_2 \\ \dot{E}'_3 \end{bmatrix} = \boldsymbol{T} \begin{bmatrix} E_4 \\ E_5 \\ E_6 \end{bmatrix} = \gamma_c^2 \gamma_1 e^{i2\beta L_c} \begin{bmatrix} 1 \\ 0 \\ -1 \end{bmatrix} i\sqrt{2}\dot{E}_2(t-t_1)e^{-i\varphi_{cw}} \qquad (10.5.2\text{-}9)$$

从端口 1、3 输出的光，经过光纤环 2，重新返回到 3×3 光耦合器的端口 3、1。由于光纤环 L_2 对两路光的相移是相同的，所以返回的仍然是反相位的，这对反相位的光再次经过耦合器时，输出仍然是反相位的，重新回到了光纤环 L_1。这时，光纤环 L_1 的控制光已经结束(也就是写信号脉冲已经结束)，没有增加附加相移，所以经过光纤环 L_1 后返回到耦合器的光仍然是反相位的。如此，光信号脉冲周而复始地在两个光纤环中绕来绕去。如果每次经过光纤环的放大器时，损失的功率得到相应的补偿，光脉冲信号就可以反复地在光纤环中循环很多次。直到读信号脉冲再次到达光放大器 SOA 时，再次增加一个附加的 π 相移，两路脉冲变为同相位，就从耦合器的端口 2 输出。

从上面的理论分析可以看出，用平行排列的 3×3 耦合器加上两个光纤环的光缓存器，并以 SOA 作为相移元件来实现读写操作(产生 π 相移)，是一种非常适合光信号脉冲缓存的结构。在这种缓存器中，“写入”和“读出”操作使用了同一个控制器件，是一种非常紧凑的缓存器结构。而且在光纤环中，两路相反方向传输的光信号，经历的是同一条光路，所以干涉的稳定性很好。实验表明，调节好后，光信号可在光纤环中存在 60 圈以上。这种缓存器的缓存的动态范围达到 1～60 倍的光数据包周期。限制缓存时间的主要原因是 SOA 的噪声，它使放大倍数不能完全补偿每一圈的光功率损耗，总是要小一点，以免光纤环自激。如果要继续增大缓存时间，可以采用多个这样的缓存器组合，而每个缓存器光纤的长度按照十倍率增加，这样可以实现至少 1～9999 倍光数据包长的缓存时间。

第 10 章小结

前面各章研究的都是单一光波导的问题，无论是正规的还是非正规的、也无论是各向同性的还是各向异性的，各种单一光波导的问题基本研究得比较透彻了，当然还有许多遗留问题，如非线性光波导问题、有源光波导问题等。本章突破了单一光波导的局限，研究了两个或者两个以上光波导之间的问题。

当两个光波导互相靠近时会引起能量交换，即耦合问题。能量耦合来源于单一光波导的场沿横截面延伸到无穷远的基本假设，当光波导的场沿横向达到无限远的边界条件被破坏时，就会导致它内部的场也会发生变化，所以两个光波导之间产生能量耦合是一个非常正常的现象。当然，当两个光波导距离较远时，这种耦合很小，可以忽略不计；当它们靠得比较近时，这种现象就会比较显著，但不存在阈值。

这种耦合现象可以分为两类，一类是单个光波导都是正规的，而且两个光波导之间也是沿纵向平行的，那么这两个光波导都有模式的概念，而且如果把这两个光波导看成一个整体，它也是一个正规光波导，因此，这类横向耦合就是模式耦合；另一类是单个光波导不是正规的，或者单个光波导虽然是正规的但是它们之间不是平行的，这时合成的光波导就不是正规光波导，不再有模式的概念，这时称为耦合波(之间的耦合)。

值得注意的是，无论是两个正规光波导之间的模式耦合，还是非正规的耦合波，每个光波导都处于空间过渡态。模式耦合最终要过渡到稳态，所以经过若干次耦合后，模式耦合就不存在了。耦合波因为不存在模式稳态，所以这种耦合会一直进行下去。

描述模耦合大小的量是耦合系数，对于模式耦合，需要指明是哪个模式与哪个模式之间的模耦合系数，是一个不随纵向长度变化的量。对于耦合波，虽然也使用耦合系数描述耦合的强度，但它会随着纵向长度的变化而变化。

处理模耦合问题的方法，首先计算模耦合系数，然后建立模耦合方程。模耦合方程是联系模式复振幅的变化率与复振幅当前值之间关系的方程，一般简化为一阶的线性方程组。绝大多数情况，并不需要一一计算每个模的耦合系数，而只要考虑它的对称性。

解模耦合方程就可以得到输入端光场与输出端光场之间的关系。联系输出光场与输入光场关系的量称为传输矩阵，包括大小、相位以及偏振变化。

利用光波导之间的耦合现象，构成了一种新的光学器件——光耦合器，如果用光纤制作，就构成了光纤耦合器。最常见的光纤耦合器有由两根光纤组成的 2×2 耦合器和由三根光纤组成的 3×3 耦合器。请记住，其他输入端口数与输出端口数不相等的耦合器如 1×3 耦合器，只不过把其中不用的尾纤剪掉而已。

由于光纤耦合器能够将一根光纤的光耦合到另一根光纤中，所以是构成光网络最基础的器件，有广泛的应用。利用一根或多根反馈光纤对耦合器不同端口之间的光进行反馈，可以构成多种干涉仪。最常用的包括马赫-曾德尔干涉仪、迈克耳孙干涉仪、萨尼亚克干涉仪以及光纤环形腔等。这些干涉仪在不同领域有着重要的应用。同时应注意，一种干涉仪可以有频域应用和时域应用两个方面。频域应用主要是用于滤波器、谐振腔等；时域应用可以作为光开关、光延迟线以及光缓存器等。

平行排列的 3×3 光纤耦合器，由于增加了一根有控制功能的光纤，所以可以更加灵活地组成新的光纤器件，不过并没有受到广泛重视，其应用有待开发。

总体来看，对于光波导耦合现象的研究也比较初步，还有许多种耦合现象没有深入研究，如异形光波导的耦合、周期结构光波导的耦合、各向异性光波导的耦合、有源光波导的耦合、非线性光波导的耦合以及量子光学中的耦合现象等。这些问题理论上很复杂，需要更好的描述方法、分析方法以及相应的数学求解手段，只靠计算机仿真是不够的。此外，工艺上如何实现也是一大难题。如果只有理论结果，而在工艺上无法实现，那么理论的发展也将受到限制。

第 10 章思考题

10.1　两个光波导的横向耦合与一个双芯结构的波导，有何异同？比如一根双芯光纤和一个 2×2 耦合器在原理上有何异同？

10.2　有一种观点认为，光波导的横向耦合是一个光波导发射光被另一个光波导接收的现象，你如何看待这种观点？

10.3　有一种观点认为，光波导的横向耦合是由于量子的隧穿效应引起的，你如何看待这种物理解释？

10.4　两个正规光波导横向模耦合方程是描述光波导模耦合现象的基本方程，你认为这个方程是否满足麦克斯韦方程？给出详细推导过程。

10.5　在计算正规光波导横向模耦合系数时，往往忽略了对参与模耦合模式传输系数的改变，你认为这样做合理吗？

10.6　缓变光波导的横向耦合与正规光波导的横向模耦合有什么异同？研究缓变光波导的横向耦合的目的是什么？

10.7　查找有关光耦合器制造的论文，简述一下制造过程。

10.8　有人设想，利用光耦合器将两束激光合成一束光，从而得到比其中一束输入光大的输出光，这个设想能实现吗？请解释。

10.9　2×2 光耦合器的两路输出光，光功率可否做到一致？相位是否可能相同？请用公式分析。

10.10　3×3 光耦合器的三路输出光，光功率可否做到一致？相位是否可能相同？请用公式分析。

10.11　请查找一些在光路中应用光耦合器的实例，并说明这时耦合器起什么作用？

10.12　分别说明由 2×2 光耦合器构成的 M-Z 干涉仪和迈克耳孙干涉仪的原理。请查找一些关于这种应用的例子，如 OCT。

10.13　说明光纤萨尼亚克光纤干涉仪的原理，为什么它比 M-Z 干涉仪更稳定？

10.14　说明无源光纤环的应用原理，举出它的应用实例。

10.15　画出光纤斐索干涉仪的原理图，说明它是如何应用于速度测量的。

10.16　举出 3×3 光耦合器的应用实例，说明其原理。

10.17　查找双环耦合的全光缓存器的应用实例，说明其原理。

第 11 章

光波导的损耗与增益

在第 4 章谈到，光波导的用途是传输光信号或光能，或者对光信号进行变换与处理，因此传输特性尤为重要。前面的 10 章，都假定光波导是无损的。在这个假定的基础上，得出描述光波导传输特性的主要参数是传输常数以及由此派生出的群时延、色散、偏振模色散、双折射、模耦合等一系列重要概念。这些概念使光信号(主要是光脉冲)产生时间延迟、脉冲展宽、偏振态演化、模式场演变等现象。以上种种现象的共性是：由于光波导是无损的，所以输出光的功率与输入光功率始终是相等的。由于是线性的，所以无论波形如何变化，总的频带宽度是不变的。除了前面 10 章讲述的这些重要现象外，还有两个重要的传输特性没有研究，一个是光波导的损耗(或增益)，使输出信号的总功率不再等于输入的光功率；另一个是非线性，使输出信号的总频带发生变化。本章主要研究输出信号光功率小于输入信号总功率的现象——损耗。

从能量的角度来看，输出光信号总功率小于输入信号总功率的现象，是光波导的损耗；输出光信号总功率大于输入总功率的现象，是光波导的增益。如果定义功率放大倍数

$$G=P_{\mathrm{out}}/P_{\mathrm{in}}$$

式中，P_{out} 和 P_{in} 分别表示光波导输出端和输入端的信号光总功率，包括光载波的功率和调制于其上的信号功率。表面上看，损耗和增益差别只在于 G 的大小不同，若 $G<1$，则表现为损耗；若 $G>1$，则表现为增益。但实质上，二者有很大的差异。损耗是任何透光物质的普遍现象，是材料对光波的吸收或者其他原因引起的，所以存在“无限大均匀介质”的概念。因此可以采用平面波方法分析，这是光波导理论赖以依存的基本方法之一。增益则是有源波导或者增益介质中特有的现象，为了满足能量守恒定律，必须有其他形式的能源(泵浦源)向其提供能量。尽管介

质本身可能是均匀的，但是它的泵浦源不是均匀分布的，这导致放大性能不能视为无限大均匀的，从而不存在“增益介质中的平面波”的概念。增益介质中的光放大只能使用光子理论，光子理论是不承认光的相位的（只承认与波矢相关联的动量），所以建立在相位关联性基础上的波动说被动摇。尽管如此，从传输特性上看，二者必须统一，如何克服这个矛盾，是解决有源光波导的核心问题之一。关于有源光波导的问题，限于篇幅，本书不打算研究。

11.1 节讲述无限大均匀介质的损耗问题；鉴于光纤对于损耗的要求特别严苛，所以 11.2 节专门讲述光纤的损耗问题；11.3 节介绍测量光波导损耗的技术——OTDR，同时介绍相关应用。

11.1　光波导损耗的一般概念

本节讲述的光波导损耗的一般概念，包括材料损耗和波导损耗两个方面。所谓材料损耗，是指无限大均匀介质中的损耗，因此存在平面波的概念。与之相关的概念有复数波矢、复介电常数、复数折射率、复传输常数等。这些内容将在 11.1.1 节讲授。所谓波导损耗，是指由于波导结构导致的输入功率不能全部到达终端而引起的损耗，是光波导的独特性质，包括入射、出射以及传输阶段的损耗等，将在 11.1.2 节讲授。这些概念对于任何光波导都是正确的，包括有源光波导，因此该损耗也被称为本征损耗。

11.1.1　无限大均匀介质的损耗

1.1.2 节曾经指出，光波导的性质是由介质的性质决定的。在描述光场的 4 个量中，电场强度矢量 $\boldsymbol{E}$、磁场强度矢量 $\boldsymbol{H}$、电位移矢量 $\boldsymbol{D}$，以及磁感应强度 $\boldsymbol{B}$ 之间，最重要的关系就是介质（或者材料）电位移矢量 $\boldsymbol{D}$ 与电场强度矢量 $\boldsymbol{E}$ 之间的关系。在频域（不是在时域），它们可用一个介电常数联系起来，即

$$\dot{\boldsymbol{D}}(\omega)=\dot{\boldsymbol{\varepsilon}}(\omega)\dot{\boldsymbol{E}}(\omega) \tag{1.1.2-13}$$

当考虑各向异性时，

$$\dot{\boldsymbol{D}}(\omega)=\dot{\boldsymbol{\varepsilon}}(\omega)\dot{\boldsymbol{E}}(\omega) \tag{1.1.2-18}$$

式中，$\dot{\boldsymbol{\varepsilon}}(\omega)$是一个复数的 3×3 矩阵。无论在式(1.1.2-13)中，还是在式(1.1.2-18)中，因为电位移矢量 $\boldsymbol{D}$ 和电场强度矢量 $\boldsymbol{E}$ 都是复矢量，所以不难想象，介电常数 $\dot{\varepsilon}(\omega)$或者介电常数矩阵$\dot{\boldsymbol{\varepsilon}}(\omega)$都必须是复数的。以介电常数 $\dot{\varepsilon}(\omega)$为例，既然它是一个复数，就必然包括实部与虚部两部分，即

$$\dot{\varepsilon}(\omega)=\varepsilon_0(\varepsilon_r+\mathrm{i}\varepsilon_i) \tag{11.1.1-1}$$

式中：$\varepsilon_r=\varepsilon_r(\omega)$和 $\varepsilon_i=\varepsilon_i(\omega)$，分别是复介电常数的实部与虚部系数，注意它们都

是与频率有关的；ε_0 是真空中的介电常数。

注意，上面的描述还包括了以下假定：①材料是均匀的，也就介电常数不是空间位置的函数；②材料是稳定的，介电常数不随时间变化；③材料是无限大的，不存在任何的边界条件，没有任何波导效应。在实际应用中，这个无边界的条件无法满足，但只要材料的尺寸足够大，光在其中传输的时候不受任何边界条件的影响就可以了。但在有些情况，这个无边界效应的条件从原理上就无法满足，因为某些材料当它的尺寸一旦变大，材料性质就会变化，比如石墨烯，它是一个单层分子的二维结构，所以边界条件的限制一直存在，这时的介电常数如何定义需要重新考虑。

在满足上述三个条件的前提下，尽管在这种介质中仍然可能存在很多种波，如平面波、球面波以及高斯光束等，但是衡量介质的介电常数都以平面波为准。由于损耗的存在，理想的幅度不变的平面波不可能存在于这种材料中，它演变为一种幅度衰减或者增长的波，下面先对这种波有一个认识。

1. 幅度衰减平面波

1.1.1 节已经证明，频域的光场可以用它的大小（幅度）、相位以及偏振态（复矢量）来描述，

$$\dot{\boldsymbol{E}}(\boldsymbol{r},\omega)=E(\boldsymbol{r},\omega)\mathrm{e}^{\mathrm{i}\varphi(\boldsymbol{r},\omega)}\hat{\boldsymbol{e}}(\boldsymbol{r},\omega) \tag{1.1.1-6}$$

对于一个偏振态不随位置变化的光场，不仅它的相位是一个标量，而且它的幅度也是一个标量，幅度的分布构成一个标量场。对于这样一个幅度标量场，我们可以定义一个梯度来描述。因为大多数情况我们都以幅度衰减的方向为正方向，于是定义相对的振幅波矢 $\boldsymbol{k}_{\mathrm{amp}}$ 为

$$\boldsymbol{k}_{\mathrm{amp}}(\boldsymbol{r},\omega)=-\frac{\nabla E(\boldsymbol{r},\omega)}{E(r,\omega)} \tag{11.1.1-2}$$

如果 $\boldsymbol{k}_{\mathrm{amp}}(\boldsymbol{r},\omega)$是一个不随位置变化的量，那么可以解出

$$E(\boldsymbol{r},\omega)=E(0,\omega)\mathrm{e}^{-\boldsymbol{k}_{\mathrm{amp}}\cdot\boldsymbol{r}} \tag{11.1.1-3}$$

由此可见，式(11.1.1-3)描述的是一个衰减的光场。

另外，振幅波矢可用其大小和方向描述，即

$$\boldsymbol{k}_{\mathrm{amp}}(\boldsymbol{r},\omega)=k_{\mathrm{amp}}\hat{\boldsymbol{e}}_{\mathrm{amp}} \tag{11.1.1-4}$$

为了描述衰减的光波，必须把相位项加上，因为只有与相位的波动项联系到一起，才是光波。这样

$$\dot{\boldsymbol{E}}(\boldsymbol{r},\omega)=E(0,\omega)\mathrm{e}^{-\boldsymbol{k}_{\mathrm{amp}}\cdot\boldsymbol{r}}\mathrm{e}^{\mathrm{i}\varphi(\boldsymbol{r},\omega)}\hat{\boldsymbol{e}}(\boldsymbol{r},\omega) \tag{11.1.1-5}$$

鉴于所考虑的相位波也是平面波，该平面波的波动项为 $\mathrm{e}^{\mathrm{i}(\boldsymbol{k}_0\cdot\boldsymbol{r}-\varphi_0)}$，于是

$$\dot{\boldsymbol{E}}(\boldsymbol{r},\omega)=E(0,\omega)\mathrm{e}^{-\boldsymbol{k}_{\mathrm{amp}}\cdot\boldsymbol{r}}\mathrm{e}^{\mathrm{i}(\boldsymbol{k}_0\cdot\boldsymbol{r}-\varphi_0)}\hat{\boldsymbol{e}}(\boldsymbol{r},\omega) \tag{11.1.1-6}$$

将两个指数项合并，得到

$$\dot{\boldsymbol{E}}(\boldsymbol{r},\omega)=E(0,\omega)\mathrm{e}^{\mathrm{i}(\boldsymbol{k}_0\cdot\boldsymbol{r}-\varphi_0)-\boldsymbol{k}_{\mathrm{amp}}\cdot\boldsymbol{r}}\hat{\boldsymbol{e}}(\boldsymbol{r},\omega) \tag{11.1.1-7}$$

将指数项中的 $-\varphi_0$ 合并到 $E(0,\omega)$ 中去，令 $E(0,\omega)\mathrm{e}^{-\mathrm{i}\varphi_0}=\dot{E}_0$；并将 $\mathrm{i}(\boldsymbol{k}_0\cdot\boldsymbol{r})-\boldsymbol{k}_{\mathrm{amp}}\cdot\boldsymbol{r}$ 统一为

$$\mathrm{i}(\boldsymbol{k}_0\cdot\boldsymbol{r})-\boldsymbol{k}_{\mathrm{amp}}\cdot\boldsymbol{r}=\mathrm{i}(\boldsymbol{k}_0+\mathrm{i}\boldsymbol{k}_{\mathrm{amp}})\cdot\boldsymbol{r} \tag{11.1.1-8}$$

定义复数波矢

$$\dot{\boldsymbol{k}}=\boldsymbol{k}_0+\mathrm{i}\boldsymbol{k}_{\mathrm{amp}}=\boldsymbol{k}_{\mathrm{r}}+\mathrm{i}\boldsymbol{k}_{\mathrm{i}} \tag{11.1.1-9}$$

最终得到振幅衰减平面波的表达式(此时，偏振态不变)为

$$\dot{\boldsymbol{E}}(\boldsymbol{r},\omega)=\dot{E}_0\mathrm{e}^{\mathrm{i}\dot{\boldsymbol{k}}\cdot\boldsymbol{r}}\hat{\boldsymbol{e}}(\omega) \tag{11.1.1-10}$$

或者将幅度和偏振态两项合并为 $\dot{\boldsymbol{E}}_0=\dot{E}_0\hat{\boldsymbol{e}}(\omega)$，得到

$$\dot{\boldsymbol{E}}(\boldsymbol{r},\omega)=\dot{\boldsymbol{E}}_0\mathrm{e}^{\mathrm{i}\dot{\boldsymbol{k}}\cdot\boldsymbol{r}} \tag{11.1.1-11}$$

式(11.1.1-10)或者式(11.1.1-11)告诉我们，一个振幅衰减的平面波由三部分组成：$\boldsymbol{r}=0$ 处的初始复振幅 $\dot{E}_0$，复数波矢 $\dot{\boldsymbol{k}}=\boldsymbol{k}_{\mathrm{r}}+\mathrm{i}\boldsymbol{k}_{\mathrm{i}}$，以及固定的偏振态 $\hat{\boldsymbol{e}}(\omega)$。

需要说明的是，相位波矢(复数波矢的实部)$\boldsymbol{k}_{\mathrm{r}}=k_{\mathrm{r}}\hat{\boldsymbol{e}}_{\mathrm{r}}$ 的方向与振幅波矢(复数波矢的虚部系数)$\boldsymbol{k}_{\mathrm{i}}=k_{\mathrm{i}}\hat{\boldsymbol{e}}_{\mathrm{i}}$ 的方向之间，有可能一致($\hat{\boldsymbol{e}}_{\mathrm{r}}=\hat{\boldsymbol{e}}_{\mathrm{i}}$)，也有可能不一致($\hat{\boldsymbol{e}}_{\mathrm{r}}\neq\hat{\boldsymbol{e}}_{\mathrm{i}}$)。把这种方向一致的振幅衰减平面波称为“纯的”衰减平面波；而将不一致的那种称为“混合的”衰减平面波。在分析振幅衰减波时，常常不区分它是否是“纯的”，因此请读者在思考问题时注意区分它是“纯的”还是“混合的”。

另一个问题请读者注意：由于振幅波矢定义衰减方向为正方向，所以当 $k_{\mathrm{i}}>0$ 时，表示衰减；当 $k_{\mathrm{i}}<0$ 时，表示增大。

2. 复数波矢与复介电常数之间的关系

本部分导出在幅度衰减平面波的前提下，复数波矢与复介电常数的关系，以便理解损耗的概念。

让我们从麦克斯韦方程开始。由于金属导电性是损耗的一个重要因素，所以使用 1.1.2 节的无源麦克斯韦方程组是不够的。尽管对于光波导介质而言，金属离子(或者少量自由电子)的作用随着频率的增高变得越来越小，但是某些光波导会很长，比如光纤会很长，可达上百千米，所以即使痕量的金属离子都可以引入导电性。因此，将金属导电性引入后，考虑到 $\boldsymbol{J}=\sigma\boldsymbol{E}$，式中 σ 为材料的电导率，麦克斯韦方程组变为式(11.1.1-12)，再把它转换到频域，变换的时候使用负频，且 $\rho=0$，得到

$$\begin{cases}\nabla\times\dot{\boldsymbol{E}}=\mathrm{i}\omega\dot{\boldsymbol{B}}\\\nabla\times\dot{\boldsymbol{H}}=-\mathrm{i}\omega\dot{\boldsymbol{D}}+\sigma\dot{\boldsymbol{E}}\\\nabla\cdot\dot{\boldsymbol{D}}=0\\\nabla\cdot\dot{\boldsymbol{B}}=0\end{cases} \tag{11.1.1-12}$$

考虑振幅衰减平面波，方程中 4 个矢量的波动项均为 $\exp(\mathrm{i}\dot{\boldsymbol{k}}\cdot\boldsymbol{r})$，式中 $\dot{\boldsymbol{k}}$ 为平面波的复数波矢，它不随时间和空间变化，$\dot{\boldsymbol{k}}=k_{\mathrm{r}}\hat{\boldsymbol{e}}_{\mathrm{r}}+\mathrm{i}k_{\mathrm{i}}\hat{\boldsymbol{e}}_{\mathrm{i}}$。那么电场强度矢量 $\boldsymbol{E}$、磁场强度矢量 $\boldsymbol{H}$、电位移矢量 $\boldsymbol{D}$ 以及磁感应强度 $\boldsymbol{B}$ 共 4 个量，都可以写成类似于式(11.1.1-11)的振幅衰减平面波的形式，如下：

$$\begin{cases}\dot{\boldsymbol{E}}=\dot{\boldsymbol{E}}_0\mathrm{e}^{\mathrm{i}\dot{\boldsymbol{k}}\cdot\boldsymbol{r}}\\ \dot{\boldsymbol{H}}=\dot{\boldsymbol{H}}_0\mathrm{e}^{\mathrm{i}\dot{\boldsymbol{k}}\cdot\boldsymbol{r}}\\ \dot{\boldsymbol{D}}=\dot{\boldsymbol{D}}_0\mathrm{e}^{\mathrm{i}\dot{\boldsymbol{k}}\cdot\boldsymbol{r}}\\ \dot{\boldsymbol{B}}=\dot{\boldsymbol{B}}_0\mathrm{e}^{\mathrm{i}\dot{\boldsymbol{k}}\cdot\boldsymbol{r}}\end{cases}\tag{11.1.1-13}$$

将它们代入式(11.1.1-12)，经过一系列的运算化简，得到

$$\begin{cases}\dot{\boldsymbol{E}}_0\times\dot{\boldsymbol{k}}=\omega\dot{\boldsymbol{B}}_0\\ \dot{\boldsymbol{H}}_0\times\mathrm{i}\dot{\boldsymbol{k}}=-\mathrm{i}\omega\dot{\boldsymbol{D}}_0+\sigma\dot{\boldsymbol{E}}_0\\ \dot{\boldsymbol{D}}_0\cdot\dot{\boldsymbol{k}}=0\\ \dot{\boldsymbol{B}}_0\cdot\dot{\boldsymbol{k}}=0\end{cases}\tag{11.1.1-14}$$

将上述方程组中的第一式的右边叉乘复数波矢，然后代入第二个方程，得到

$$\dot{\boldsymbol{E}}_0\times\dot{\boldsymbol{k}}\times\mathrm{i}\dot{\boldsymbol{k}}=\omega\mu_0\dot{\boldsymbol{H}}_0\times\mathrm{i}\dot{\boldsymbol{k}}=\omega\mu_0(-\mathrm{i}\omega\dot{\boldsymbol{\varepsilon}}\dot{\boldsymbol{E}}_0+\sigma\dot{\boldsymbol{E}}_0)\tag{11.1.1-15}$$

将两次叉乘展开，得到

$$-\mathrm{i}\dot{\boldsymbol{E}}_0(\dot{\boldsymbol{k}}\cdot\dot{\boldsymbol{k}})=\omega\mu_0(-\mathrm{i}\omega\dot{\boldsymbol{\varepsilon}}\dot{\boldsymbol{E}}_0+\sigma\dot{\boldsymbol{E}}_0)\tag{11.1.1-16}$$

要使 $\dot{\boldsymbol{E}}_0$ 存在非零解，必须

$$(\dot{\boldsymbol{k}}\cdot\dot{\boldsymbol{k}})=\omega\mu_0(\omega\dot{\boldsymbol{\varepsilon}}+\mathrm{i}\sigma)\tag{11.1.1-17}$$

将式(11.1.1-9)代入式(11.1.1-17)，得到

$$k_{\mathrm{r}}^2-k_{\mathrm{i}}^2+2\mathrm{i}(k_{\mathrm{r}}k_{\mathrm{i}})(\hat{\boldsymbol{e}}_{\mathrm{r}}\cdot\hat{\boldsymbol{e}}_{\mathrm{i}})=\omega^2\mu_0\varepsilon_0\left[\varepsilon_{\mathrm{r}}+\mathrm{i}\left(\varepsilon_{\mathrm{i}}+\frac{\sigma}{\omega\varepsilon_0}\right)\right]\tag{11.1.1-18}$$

假定所考虑的振幅衰减平面波是“纯的”，等相位面同时也是等幅面，即 $(\hat{\boldsymbol{e}}_{\mathrm{r}}\cdot\hat{\boldsymbol{e}}_{\mathrm{i}})=1$，于是

$$k_{\mathrm{r}}^2-k_{\mathrm{i}}^2+2\mathrm{i}(k_{\mathrm{r}}k_{\mathrm{i}})=\omega^2\mu_0\varepsilon_0\left[\varepsilon_{\mathrm{r}}+\mathrm{i}\left(\varepsilon_{\mathrm{i}}+\frac{\sigma}{\omega\varepsilon_0}\right)\right]\tag{11.1.1-19}$$

实部虚部各自相等，得到两个方程

$$k_{\mathrm{r}}^2-k_{\mathrm{i}}^2=\frac{\omega^2}{c^2}\varepsilon_{\mathrm{r}}\tag{11.1.1-20}$$

$$2k_{\mathrm{r}}k_{\mathrm{i}}=\frac{\omega^2}{c^2}\left(\varepsilon_{\mathrm{i}}+\frac{\sigma}{\omega\varepsilon_0}\right) \tag{11.1.1-21}$$

解这两个方程，得到

$$k_{\mathrm{r}}^2=\frac{k_0^2}{2}\left[\varepsilon_{\mathrm{r}}+\sqrt{\varepsilon_{\mathrm{r}}^2+\varepsilon_{\mathrm{i}}^2+\left(\frac{\sigma}{\omega\varepsilon_0}\right)^2+2\varepsilon_{\mathrm{i}}\frac{\sigma}{\omega\varepsilon_0}}\right] \tag{11.1.1-22}$$

$$k_{\mathrm{i}}^2=k_0^2\left(\varepsilon_{\mathrm{i}}+\frac{\sigma}{\omega\varepsilon_0}\right)^2\left\{2\left[\varepsilon_{\mathrm{r}}+\sqrt{\varepsilon_{\mathrm{r}}^2+\varepsilon_{\mathrm{i}}^2+\left(\frac{\sigma}{\omega\varepsilon_0}\right)^2+2\varepsilon_{\mathrm{i}}\frac{\sigma}{\omega\varepsilon_0}}\right]\right\}^{-1} \tag{11.1.1-23}$$

以上两式中，$k_0=\dfrac{2\pi}{\lambda}=\dfrac{\omega}{c}$。我们看到，复介电常数的实部和虚部与复数波矢的实部和虚部并不是一一对应的，而是互相关联的。

3. 复折射率

折射率的概念，最初来源于折射反射定律，它是用来描述入射角和折射角关系的一个量。后来，进一步利用波动理论研究发现，折射率是描述光在该介质中的相移常数（波数）相对于真空中相移常数（波数）加大的一个量，也就是

$$n=k_{\mathrm{n}}/k_0 \tag{11.1.1-24}$$

式中，k_{n} 是该介质中的相移常数，k_0 是真空中的相移常数，n 是这种材料（介质）的折射率。式(11.1.1-24)也可以写为，$k_{\mathrm{n}}=nk_0$。由于 $k_0=2\pi/\lambda=\omega/c$，式中 λ 为真空中的波长，c 为真空中的光速。于是可以得出介质中的相速度与真空中的相速度存在如下关系：

$$n=c/v_{\varphi} \tag{11.1.1-25}$$

所以，一种观点认为折射率是介质中相对于真空的速度减慢。由于速度是一个导出量，所以前一种观点更接近反映了概念的本质。

为什么光在介质中相位传播的速度会下降？这里涉及光与物质的相互作用问题，我们可以用光的量子说解释。当一群光子到达介质时，光子将首先经历一个受激吸收过程，粒子吸收光子从低能级跃迁到高能级，处于高能级的粒子在高能级要停留一段时间，然后再自发辐射回到低能级，发出一个光子，这就导致了传输延时。因为光子是全同的，无法加以区分，所以在外界看来是光子在传播。受激吸收和自发辐射的过程都是随机发生的，处于高能级的粒子向低能级的跃迁也是随机而非同时发生的，所以色散是一个很自然的过程。同时，自发辐射跃迁过程，总是伴随非辐射跃迁，这将引起同态光子数量的减少，这就是损耗现象；或者高能级粒子在自发辐射时，没有回到原有的基态，这样发射的光子与入射的光子不是同态光子，也造成损耗。如果有其他途径增加高能级的粒子数，当光子到来时，高能级粒子跃迁（此时被爱因斯坦称为受激辐射）辐射出的光子数多于入射光子数，这就是放大。

由此可以看出，所谓损耗其实是非辐射跃迁造成的。

现在回到折射率的问题，既然折射率看作介质中的波数与真空中波数之比，所以复数波矢对应的复数波数与真空中波数之比，就合乎逻辑地定义为复折射率 $\dot{n}$，即

$$\dot{n}=\dot{k}/k_0=k_r/k_0+\mathrm{i}k_i/k_0 \tag{11.1.1-26}$$

或者

$$\dot{n}=n_r+\mathrm{i}n_i=k_r/k_0+\mathrm{i}k_i/k_0 \tag{11.1.1-27}$$

根据式(11.1.1-22)和式(11.1.1-23)不难得出

$$n_r^2=\frac{1}{2}\left[\varepsilon_r+\sqrt{\varepsilon_r^2+\varepsilon_i^2+\left(\frac{\sigma}{\omega\varepsilon_0}\right)^2+2\varepsilon_i\frac{\sigma}{\omega\varepsilon_0}}\right] \tag{11.1.1-28}$$

$$n_i^2=\left(\varepsilon_i+\frac{\sigma}{\omega\varepsilon_0}\right)^2\left\{2\left[\varepsilon_r+\sqrt{\varepsilon_r^2+\varepsilon_i^2+\left(\frac{\sigma}{\omega\varepsilon_0}\right)^2+2\varepsilon_i\frac{\sigma}{\omega\varepsilon_0}}\right]\right\}^{-1} \tag{11.1.1-29}$$

从式(11.1.1-28)和式(11.1.1-29)可以看出，一般来说，得不到 $n_r=\sqrt{\varepsilon_r}$ 和 $n_i=\sqrt{\varepsilon_i}$ 这样的结论。

为了更直观地看出复介电常数与复折射率之间的关系，我们做一些简化。

首先，我们假定介质中的金属离子非常少，以至于 $\sigma\approx 0$，于是得到

$$n_r^2=\frac{1}{2}(\varepsilon_r+\sqrt{\varepsilon_r^2+\varepsilon_i^2}) \tag{11.1.1-30}$$

$$n_i^2=\varepsilon_i^2[2(\varepsilon_r+\sqrt{\varepsilon_r^2+\varepsilon_i^2})]^{-1} \tag{11.1.1-31}$$

其次，我们假定在不存在受激辐射的前提下，非辐射跃迁远小于辐射跃迁，从而 $\varepsilon_r\gg|\varepsilon_i|$，于是，可作如下近似：

$$\varepsilon_r+\sqrt{\varepsilon_r^2+\varepsilon_i^2}\approx 2\varepsilon_r+\frac{1}{2}\frac{\varepsilon_i^2}{\varepsilon_r} \tag{11.1.1-32}$$

于是得到

$$n_r^2=\varepsilon_r+\frac{1}{4}\frac{\varepsilon_i^2}{\varepsilon_r} \tag{11.1.1-33}$$

$$n_i^2=\varepsilon_i^2\left(4\varepsilon_r+\frac{\varepsilon_i^2}{\varepsilon_r}\right)^{-1}\approx\frac{\varepsilon_i^2}{4\varepsilon_r}-\frac{\varepsilon_i^3}{16\varepsilon_r^2} \tag{11.1.1-34}$$

上述两个公式还可以更进一步近似，也就是略去高阶项，于是

$$n_r^2=\varepsilon_r \tag{11.1.1-35}$$

$$n_i^2=\frac{\varepsilon_i^2}{4\varepsilon_r} \tag{11.1.1-36}$$

可得

$$n_r = \sqrt{\varepsilon_r} \tag{11.1.1-37}$$

$$n_i = \frac{\varepsilon_i}{2n_r} \tag{11.1.1-38}$$

式(11.1.1-37)是大家普遍认可的，但是式(11.1.1-38)却带来了疑问。因为式(11.1.1-38)表明，介质的损耗与介质的相移直接成反比。根据式(4.5.0-16)，折射率随波长的变化是比较大的，但我们在实际中并没有发现损耗随波长剧烈变化的情况。这是一个值得探讨的问题。但在太赫兹波段的光波导中，由于损耗很大，这种关联性是很明显的。将式(11.1.1-37)和式(11.1.1-38)结合到一起，我们最后得到复折射率与介质的复介电常数之间的关系为

$$\dot{n} = \sqrt{\varepsilon_r} + \frac{i\varepsilon_i}{2\sqrt{\varepsilon_r}} \tag{11.1.1-39}$$

最后一个问题是关于 ε_i 的符号问题，理论上它可以取正负值，当 $\varepsilon_i>0$，则 $n_i>0$ 表现为损耗；当 $\varepsilon_i<0$，则 $n_i<0$ 表现为增益。

4. 复传输常数

引入复折射率后，可以定义复传输常数 $\dot{\beta}$ 为

$$\dot{\beta} = \beta_r + i\beta_i \tag{11.1.1-40}$$

根据传输常数与折射率的关系，可以得到

$$\dot{\beta} = k_0\dot{n} = k_0 n_r + ik_0 n_i \tag{11.1.1-41}$$

对于一个光波导，由于结构不同，将导致 n_r 变化，因此可用 n_{eff} 代替，它是光频率的函数。通常认为 n_i 不是光频的函数(从式(11.1.1-39)看，这是不严谨的)，于是式(11.1.1-40)改写为

$$\dot{\beta} = k_0\dot{n} = k_0 n_{eff}(\omega) + ik_0 n_i \tag{11.1.1-42}$$

式中，$n_{eff}(\omega)$通过求解光波导的模式得到，n_i 通过实验得到。

11.1.2　光波导的波导损耗

11.1.1 节研究了无限大均匀介质中的损耗，这种损耗也就是材料的损耗。本节研究光波导的损耗，也就是具有一定波导结构的光波导的整体损耗。

在绪论中曾经指出，光波导与一般无限大均匀介质的不同在于，它存在一个特定的取向作为光的传输方向，所以，光波导的传输损耗指的是一切不能使入射光达到输出端的功率损耗；或者说一切接收不到的光功率损失。这种接收不到的光功率，无论是否变成其他形式的能，都应计入损耗。也就是说，即使它维持原有的波长，但它如果不能正确地到达终端，那部分功率都应该计入到损耗内。如果变换成

其他波长,或者变换成其他形式的能量,比如热能、声能以及其他形式的辐射能,都形成损耗。

从光在光波导中传输的角度看,包括光入射到波导、在波导中传输以及光从波导中出射三个阶段的损耗。

1. 入射阶段损耗

入射阶段和出射阶段的损耗是不一样的。当光从外界(如空气中)注入光波导时,首先要经历菲涅尔反射,然后,由于光在波导中以模式的形式传输,所以入射光先要分解成一个个的模式,这些模式包括导模和全部辐射模,其中导模可以传送到终端,而辐射模的能量将有很大的散失,所以损耗由 3 部分组成：菲涅尔反射、数值孔径以及模耦合损耗。

(1) 菲涅尔反射

当入射光不是正入射到光波导表面时,有一部分被反射,只有一部分透射进光波导,这部分反射光形成损耗,这就是菲涅尔反射损耗。即使是正入射,由于折射率不匹配,也会形成损耗。折射率不匹配引起透射率 T 小于 1,可写为

$$T=\frac{4n_1n_2}{(n_1+n_2)^2} \tag{11.1.2-1}$$

因此它的损耗为

$$R=\left(\frac{n_1-n_2}{n_1+n_2}\right)^2 \tag{11.1.2-2}$$

以光从空气中进入玻璃为例,石英玻璃的折射率大约为 1.5,因此可以估算出损耗约为入射光的 4%。不要小看这 4%,当入射光功率很大的时候,这个反射损耗功率是相当大的。

为了解决这个问题,通常要加增透膜,增透膜是一种多层膜,每一层薄膜的折射率都在前后相邻两层之间,因此引起的反射损耗相当小。从而完成了从空气到玻璃的折射率过渡,减少了反射损耗。

(2) 数值孔径

并不是所有投射到光波导端面的光,都能够在其内部形成导模而向前传输。比如单模光纤,投射到端面的光只有一部分折射光形成基模,其余的光变成高阶模或者辐射模散失掉。这就是所谓“数值孔径问题”。“数值孔径”是由射线法得出的一个结论,不是很严密,尤其是对于折射率沿着横截面有一定分布的光波导,很难用一个参数来描述。但是,人们已经习惯用这个量描述,这里也只是介绍一下。数值孔径定义为满足光波导全反射条件的入射角的正弦,并以这个量作为波导接收入射光能力的度量。对于阶跃型的二层光波导,或者阶跃光纤,数值孔径 $N.A$ 通常用下式计算

$$N.A=\sin\theta_{in}=\sqrt{n_1^2-n_2^2}\approx n_1\sqrt{2\Delta} \tag{11.1.2-3}$$

式中，θ_{in} 是能够进入光波导的最大入射角，n_1 是二层光波导的芯层折射率，或者是光纤的芯层折射率 n_{core}，n_2 是二层光波导的包层折射率，或者是光纤的包层折射率 n_{clad}。Δ 是芯层与包层的相对折射率差

$$\Delta=(n_1-n_2)/n_1 \tag{11.1.2-4}$$

对于复杂结构的光波导而言，式(11.1.2-3)一般不适用，但是人们已经习惯用这个公式来描述。这其实是不准确的，会因入射光波的性质变化而变化，比如平面波和高斯光束，它们在光波导中激励出来的功率是不一样的。另外，大于该数值孔径角的光，可能处在空间过渡态，实际上仍然可以传播一段距离。

(3) 模耦合损耗

第三个损耗是模耦合损耗，也就是模斑失配、模耦合不对准等因素引起的损耗。一般来说，在空气中光的模斑与光波导中的模斑是不相同的。即使模斑相同，但是模斑的中心也可能不对准，也会引入损耗。我们知道，光波导中的模斑是中心对称的，中心是很明确的；而入射光的光斑，通常也是中心对称的，如果中心不能对准，也会引起损耗。6.6 节专门研究过光纤之间的连接损耗，在那一节中介绍的基本概念，对于所有的光波导都是适用的。

2. 出射阶段损耗

在光波导的出射端，与入射端不同的是不存在数值孔径角的问题以及模耦合损耗问题，主要是菲涅尔反射损耗。经过正规光波导传输一段之后，所有的模式均已稳定，由于模式的相位项可写为 $e^{i\beta z}$ 的形式，说明所有的简并模式的波矢都是指向 z 方向的，如果波导的端面是垂直于传播方向的，那么从出射光的端面看，它们都是正入射的，因此只有正入射的菲涅尔损耗，即式(11.1.2-2)。通常，通过在端面镀上增透膜，可以使这个损耗降至最低。

3. 光波导内传输阶段

光进入光波导后，主要有两种损耗：材料损耗和波导损耗。

(1) 材料损耗

材料损耗是由构成光波导介质的各种效应引起的，从光子学的角度来看，就是介质的粒子吸收了光子跃迁到高能级但不能通过自发辐射回到原有基态，导致一部分光子流失的现象。另外一种可能性是高能级粒子的非辐射跃迁，导致光子损失。因此，无论材料多么纯，这种光子流失的现象是不可避免的，所以任何材料都有损耗，至今还没有发现类似于超导现象的“超透明”现象。

在光波导内传输阶段的材料损耗，包括材料对于光的吸收以及各种散射。

11.1.1 节建立了幅度衰减平面波的概念，并导出了光的复折射率，利用

式(11.1.1-11)可得，这种衰减平面波导的功率为

$$P \propto \dot{\boldsymbol{E}} \cdot \dot{\boldsymbol{E}}^* = \dot{\boldsymbol{E}}_0 \cdot \dot{\boldsymbol{E}}_0^* \mathrm{e}^{\mathrm{i}\dot{\boldsymbol{k}} \cdot \boldsymbol{r}} \mathrm{e}^{-\mathrm{i}\dot{\boldsymbol{k}}^* \cdot \boldsymbol{r}} \tag{11.1.2-5}$$

$$P = P_0 \mathrm{e}^{-2\boldsymbol{k}_\mathrm{i} \cdot \boldsymbol{r}} \tag{11.1.2-6}$$

式中，P_0 是 $\boldsymbol{r}=0$ 处的功率。结合光波导，令 L 为光在波导内传输的距离，以及式(11.1.1-34)，可以得到

$$P = P_0 \mathrm{e}^{-k_0(\varepsilon_\mathrm{i}/\sqrt{\varepsilon_\mathrm{r}})L} \tag{11.1.2-7}$$

通常定义吸收系数 $\alpha = k_0(\varepsilon_\mathrm{i}/\sqrt{\varepsilon_\mathrm{r}})$，于是得到

$$P = P_0 \mathrm{e}^{-\alpha L} \tag{11.1.2-8}$$

式(11.1.2-8)常称为光吸收的朗伯定律。

光的散射是另一种使入射光不能到达光波导终端的因素。其中瑞利散射是最重要的因素。我们通过折射反射定律知道，光在任何两种不同物质界面上都会发生反射和折射，从而使一部分光能损失掉。这里的两种物质包括成分相同但密度不同的介质，也就是化学成分相同但折射率不同的介质。所以在同一种介质中，如果密度分布不均匀，就会发生反射和折射，从而形成损耗。而密度不均匀的界面是随机的，所以反射光的方向也在随机变化，从宏观上看就是散射。散射光可以看作一簇方向和大小都随机变化的光，但它们都不能到达终端。所以，散射光的波长并没有变化，仅仅是因为光的传播途径发生了变化而造成的损耗。

由于光波导材料在制造过程中，有各种热过程、加工过程形成一定的热应力或者冷加工应力，使光波导的各个局部的折射率不一致，这就是瑞利散射。

瑞利散射随波长的四次方下降

$$\alpha = A\lambda^{-4} \tag{11.1.2-9}$$

除了瑞利散射外，光波导材料还存在拉曼散射、布里渊散射等现象，它们都是由于材料的高阶非线性引起的。因为本书不涉及非线性光波导的问题，所以读者可参阅有关文献。

(2) 波导损耗

波导损耗是光波导特有的损耗，是由波导结构引起的，包括包层损耗、模耦合损耗、微弯损耗等。

为了保证光在光波导的芯层有效传输，光波导必须形成一定的限制光在芯层传输的波导结构，比如芯层折射率要高于包层折射率等。另外，过大的折射率差，将导致高阶模产生，所以既要有一定的折射率差，又不能使折射率差过大。于是，这种限制作用是不完全的，总有一部分光进入包层传输。通常芯层的材料透光性要好一些，而包层则差一些，所以会增加损耗，这就是包层损耗。

第6章曾经介绍，光波导的任何纵向不均匀性都将导致功率从低阶模向高阶

模转化,甚至转化为辐射模,而高阶模和辐射模有更多的模场分布于包层,所以损耗会大一些。

第 6 章还研究了芯层和包层的分界面不是理想的光滑界面问题。这种非理想界面,不仅破坏了芯包界面的全反射条件,而且也会导致模耦合,表现为另一种损耗。

除了以上三种损耗外,还有一种由于光波导处于空间过渡态引起的损耗。它本质上也属于一种端面上的模耦合损耗。

通常光波导的长度比较小时,波导损耗也就很小,材料损耗占据主要地位;而光纤是一种非常长的光波导,所以它的波导损耗是不可忽略的。

(3) 光波导损耗的度量

光波导的损耗用通过这段光波导的光功率损失来度量,通常定义为

$$\alpha = 10\lg\frac{P_{\text{in}}}{P_{\text{out}}}\quad(\text{dB})\tag{11.1.2-10}$$

式中,P_{in} 为入射光的光功率,P_{out} 为经过光波导传输后的输出光功率。在这个定义下的损耗与光波导的长度、入射光的情况等因素有关。为了更准确地描述光波导的损耗特性,通常使用"在稳态条件下,单位长度的损耗"的概念,即

$$\alpha = \frac{10}{L}\lg\frac{P_{\text{in}}}{P_{\text{out}}}\quad(\text{dB/m})\tag{11.1.2-11}$$

注意,所谓稳态条件是指要避开空间过渡态、在光波导中既无包层模又无辐射模,而只传输导模的情形。

在计算光波导损耗的时候,经常用到一个称为绝对光平的单位,记为 dBm,它的定义为:以 1mW 的功率作为 0dBm,并以

$$P(\text{dB}) = 10\lg\frac{P(\text{mW})}{1\text{mW}}\quad(\text{dBm})\tag{11.1.2-12}$$

来表示一个实际的功率。在这个定义下,0dBm 相当于 1mW,3dBm 相当于 2mW,10dBm 相当于 10mW,−10dBm 相当于 0.1mW,−30dBm 相当于 1μW 等。这样,以光纤为例,当它的损耗是 6dB 时,而输入功率是 0dBm,则输出功率可以由 dB 数简单相减得到,为−6dBm,相当于 250μW。

现在,我们将损耗系数与传输常数的虚部联系起来,定义

$$\beta_{\text{i}} = \alpha/2\quad(\text{dB})\tag{11.1.2-13}$$

这样,可以通过实验测定光波导复传输常数的虚部系数。

4. 考虑损耗的光波导基本传输方程

在 4.4 节,曾经给出一个基本传输方程

$$\frac{\partial\phi}{\partial z} + \beta_0'\frac{\partial\phi}{\partial t} + \frac{\text{j}}{2}\beta_0''\frac{\partial^2\phi}{\partial t^2} - \frac{1}{6}\beta_0'''\frac{\partial^3\phi}{\partial t^3} + \frac{\alpha}{2}\phi = 0\tag{4.4.0-14}$$

在这个方程中，光波导的损耗是以一个独立的项 $\alpha\phi/2$ 出现的，但是没有给出证明。这里仿照 4.4 节给出式(4.4.0-14)的证明。

根据式(4.1.0-10)，在光波导的输出端，有

$$y(t)=\frac{1}{2\pi}\int_{-\infty}^{+\infty}F(\omega-\omega_0)\mathrm{e}^{\mathrm{i}(\beta z-\omega t)}\mathrm{d}\omega \tag{4.1.0-10}$$

这时，将式中的传输常数 β 用复传输常数 $\dot{\beta}$ 代替，得到

$$y(t)=\frac{1}{2\pi}\int_{-\infty}^{+\infty}F(\omega-\omega_0)\mathrm{e}^{\mathrm{i}[(\beta_{\mathrm{r}}+\mathrm{i}\beta_{\mathrm{i}})z-\omega t]}\mathrm{d}\omega \tag{11.1.2-14}$$

即

$$y(t)=\frac{1}{2\pi}\int_{-\infty}^{+\infty}F(\omega-\omega_0)\mathrm{e}^{\mathrm{i}(\beta_{\mathrm{r}}z-\omega t)-\beta_{\mathrm{i}}z}\mathrm{d}\omega \tag{11.1.2-15}$$

相应地，式(4.4.0-1)改写为

$$\phi(t)=\frac{1}{2\pi}\int_{-\infty}^{+\infty}F(\omega)\exp\left[\mathrm{i}\left(\frac{1}{2}\beta''_0\omega^2 z+\frac{1}{6}\beta'''_0\omega^3 z-\omega t\right)-\beta_{\mathrm{i}}z\right]\mathrm{d}\omega \tag{11.1.2-16}$$

于是，式(4.4.0-12)改写为

$$\begin{aligned}\frac{\partial\phi}{\partial z}=&\frac{1}{2\pi}\int_{-\infty}^{+\infty}F(\omega)\left[\mathrm{i}\left(\beta'_0\omega+\frac{1}{2}\beta''_0\omega^2+\frac{1}{6}\beta'''_0\omega^3\right)-\beta_{\mathrm{i}}\right]\cdot\\&\exp\left[\mathrm{i}\left(\frac{1}{2}\beta''_0\omega^2 z+\frac{1}{6}\beta'''_0\omega^3 z-\omega t\right)-\beta_{\mathrm{i}}z\right]\mathrm{d}\omega\end{aligned} \tag{11.1.2-17}$$

进行反变换后得到

$$\frac{\partial\phi}{\partial z}=-\beta'_0\frac{\partial\phi}{\partial t}-\frac{\mathrm{i}}{2}\beta''_0\frac{\partial^2\phi}{\partial t^2}+\frac{1}{6}\beta'''_0\frac{\partial^3\phi}{\partial t^3}-\beta_{\mathrm{i}}\phi \tag{11.1.2-18}$$

代入 $\beta_{\mathrm{i}}=\alpha/2$ 后，立得式(4.4.0-14)，由此得证。

11.2 光纤的传输损耗

光纤是一种用于远距离通信的介质，最长可达近百千米，所以对它的损耗十分关注。光纤通信能够得到普及并成为通信的主流，首先是源于低损耗光纤的出现。1970 年，诺贝尔奖得主高锟，首先指出低损耗的光纤可以用于长距离的通信，随后美国康宁公司拉制出第一根低损耗光纤，当时的损耗系数是 20dB/km，现在看来是一根质量非常差的光纤，但却引起了全世界的轰动。之后，随着光纤制造技术的成熟，光纤的损耗已经降到 0.2dB/km 以下。但是，长距离高速率的通信，仍然是追求的目标，目前标准的无中继跨距，也就是不经过放大直接传输的距离是 80km，光纤损耗的

微小降低,都会引起系统的变化。所以,光纤损耗对于通信来说是第一被关注的指标,其次才是色散、带宽等特性。所以,本书多花费一点笔墨来介绍光纤的损耗问题。

光纤损耗和光波导的损耗一样,主要分为材料损耗和波导损耗两种,以下分别介绍。

11.2.1　石英光纤的材料损耗

材料损耗是指相对于波长而言可看作无限大的宏观均匀透光材料的损耗。如果是各向同性的线性材料,$\dot{\boldsymbol{D}}=\dot{\varepsilon}\dot{\boldsymbol{E}}$,其中 $\dot{\varepsilon}=\varepsilon_r+i\varepsilon_i$,它的虚部 ε_i 就对应于材料损耗。可以将某种材料制成很多的试样进行测定。

材料损耗包括纯石英的本征吸收、有用掺杂的本征吸收、瑞利散射、有害杂质的吸收,以及强光作用时的受激拉曼散射和布里渊散射等。纯石英的本征吸收与掺杂的本征吸收又称为光纤的本征吸收。在上述各种损耗因素中,除了瑞利散射外,都发生了光能形态的改变。

1. 本征吸收

(1) 纯 SiO_2 的本征吸收

构成物质的分子、原子或电子受到某种特殊波长光作用时,会产生共振,光能转换为粒子的能量;换言之,光子使介质的粒子从低能级受激跃迁到高能级,高能级的粒子如果不能通过自发辐射回到原来的基态重新释放出同态光子,就会导致本征吸收。本征吸收是物质的基本属性。纯 SiO_2 的吸收发生在红外与紫外两个波段,而在可见光波段,它是透明的。

紫外吸收。SiO_2 在紫外区的吸收是由于电子在紫外区的跃迁所产生,中心波长在 0.16μm 附近。在光纤通信的波段(0.8～1.6μm),紫外吸收的影响可"拖尾"到波长 1μm 附近,造成的影响在 0.3dB/km 以下。通常,随波长的增加吸收损耗指数下降,可表示为 $\alpha=\alpha_0\exp\left(-\frac{k}{\lambda}\right)$,其典型值为:在 0.62μm 时为 1dB/km,在 1.24μm 时为 0.02dB/km。

红外吸收。SiO_2 在红外区的吸收是由 SiO_2 分子四面体的 Si—O 键的振动吸收。它有 3 个吸收峰,分别为 9.1μm、12.5μm 和 21μm,强度差不多达到 10^{10} dB/km。这些吸收峰的谐波和组合带的指数拖尾,将扩展到 1.3～1.7μm 波长范围内。因此,实际的光纤通信系统,使用波长不会超过 1.7μm。其典型值为:0.6～1.7μm,$\alpha<1$dB/km,0.9～1.6μm,$\alpha<0.1$dB/km。

(2) 掺杂光纤的本征吸收

光纤要获得良好的传输特性(色散特性),必须要有一定的折射率分布,即具有一定的波导结构。掺杂是改变波导结构的主要方法(其他方法有改变应力、增加空气孔-微结构光纤等)。各种不同掺杂对折射率的影响如图 11.2.1-1 所示。

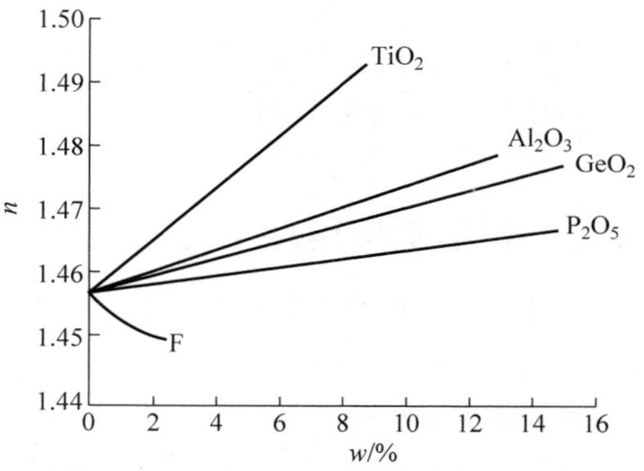

图 11.2.1-1　不同掺杂对折射率的影响

掺 Ge_2O_3 与 P_2O_5 使折射率增加，而掺 F 和 B_2O_3 使折射率下降。掺杂的作用除了改变折射率分布外，还与改善工艺条件有关，例如掺 P_2O_5 可降低熔融温度。

掺杂的方式有两种：一种是芯层掺杂；另一种是包层掺杂。早期光纤的制造使用管内法（MCVD 法），包层是纯 SiO_2，因此采用芯层掺杂。现在已大量使用外部沉积法（OVD 法和 VAD 法），由于掺杂总是带来杂质吸收损耗，而光功率又集中于芯层，所以改芯层为纯 SiO_2，包层为掺杂的材料。

掺杂以后光纤的本征吸收，亦分为紫外吸收与红外吸收两种。无论是紫外吸收还是红外吸收，都随掺杂浓度的增加而增加，通常可表示

$$\alpha = \alpha_0 w \exp\left(\frac{K_2}{\lambda}\right) \tag{11.2.1-1}$$

式中，w 为掺杂浓度，K_2 为常数。例如，对于 MCVD 法制作的 Ge_2O_3-SiO_2 芯的单模光纤，其紫外吸收可近似地表示为

$$\alpha \approx 8.5 \times 10^{-4} w \exp\left(\frac{4.626}{\lambda}\right) \tag{11.2.1-2}$$

这是针对 $\Delta < 0.4\%$ 时的情况。而对于摩尔浓度为 7% 的 P_2O_5，在 3.8μm 处有 10^6 dB/km 的强吸收峰。摩尔浓度为 5% 的 B_2O_5 在 3.2μm、3.7μm 处有强度为 10^5 和 4×10^6 dB/km 的强吸收峰。因此，要获得 $\lambda > 1.3\mu m$ 为超低损耗光纤，要求在径向距离小于直径 1/5 以内不出现 B_2O_3，P_2O_5 必须保持在纤芯之外。

2. 瑞利散射

如 11.1.2 节所述，瑞利散射是材料在光纤制造的各种热过程（沉积、熔融、拉丝等）中，由于热骚动，出现微观的折射率不均匀性引起的。瑞利散射随波长的四次方下降

$$\alpha = A\lambda^{-4} \tag{11.2.1-3}$$

A 与许多因素有关，如组分、相对折射率差等。

对于单组分的纯 SiO_2 试块，已经测得

$$\alpha \approx k\frac{n^2-1}{\lambda^4} \tag{11.2.1-4}$$

其典型值(实验值)见表 11.2.1-1。

表 11.2.1-1 纯 SiO_2 的瑞利散射

$\lambda/\mu m$	0.63	1	1.3
$\alpha/dB\cdot km^{-1}$	4.8	0.6～0.8	0.3

掺杂加剧了微观不均匀性，从而使瑞利散射损耗增加。例如对于纤芯掺 Ge 的光纤，实测结果可近似表示为

$$\alpha \approx (0.75+66\Delta n_{Ge})\lambda^{-4} \tag{11.2.1-5}$$

式中，Δn_{Ge} 表示由 GeO_2 引起的折射率差。可见光纤的相对折射率差 Δn 越高，越容易形成微观不均匀性，从而增加瑞利散射损耗。利用瑞利散射，可以测量光纤损耗、光纤长度等重要参数，还可以利用其偏振特性来测量偏振态的分布，从而构成分布式传感器。

关于瑞利散射，理论上和实验结果比较丰富，可参阅其他文献。

3. 有害杂质吸收

有害杂质主要有过渡族金属离子(如铜、铁、镍、钒、铬、锰离子)和 OH^-。这些杂质在生产过程中，如果仍然残留于光纤中，就会造成很大的吸收损耗。

过渡族金属都是以离子态残留于光纤中，各有各的吸收带。如果它们的吸收峰落入使用波段，即使浓度很小，也会造成很大损耗。表 11.2.1-2 给出了损耗降低到 1dB/km 以下时，在吸收峰附近的离子浓度的限制。

表 11.2.1-2 过渡族金属离子的吸收峰

离子名称	Cu^{2+}	Fe^{2+}	Ni^{2+}	V^{3+}	Cr^{3+}	Mn^{3+}
吸收峰 $\lambda/\mu m$	0.8	1.1	0.65	0.475	0.675	0.5
离子质量分数/10^{-9}	0.45	0.4	0.2	0.9	0.4	0.9

OH^- 是光纤损耗增大的重要来源。历史上为了降低光纤损耗主要是和 OH^- “作斗争”。利用管内(MCVD)法制造光纤预制棒时，要尽量与空气中的水分隔离。利用管外(OVD 和 VAD)法制造光纤预制棒时，在制造过程中都要通 Cl_2 进行脱水处理。OH^- 的吸收峰的基频对应于红外区的波长为 2.73μm，它的二次、三次及组合谐波分别为 1.39μm、0.95μm 和 1.24μm，它们均落入光纤通信的使用波段(实际上 3 个吸收峰受其他因素影响稍有偏离)。因此，常用 $\lambda=1.39\mu m$ 处的 α 值

来反映脱水效果的优劣。比较好的脱水效果，可做到 $\alpha_{1.39}\leqslant 2\text{dB/km}$ 以下。损耗与 OH^- 质量分数的关系一般可近似认为

$$\alpha_{1.39}=k_\alpha w_{OH^-} \tag{11.2.1-6}$$

式中，w_{OH^-} 为 OH^- 质量分数，$k_\alpha=(50\sim55)10^{-5}\text{dB/km}$。当今的光纤，已经可使 OH^- 的质量分数在 10^{-9} 以下，其 $\alpha_{1.39}<0.05\text{dB/km}$。这时 1.3μm 和 1.55μm 两个窗口互相连通，形成了 1.2～1.6μm 的很宽的低损耗带。

光纤损耗随着使用光波长的不同而不同，称为损耗谱，早期的(20 世纪 70 年代)损耗谱如图 11.2.1-2(a)所示。

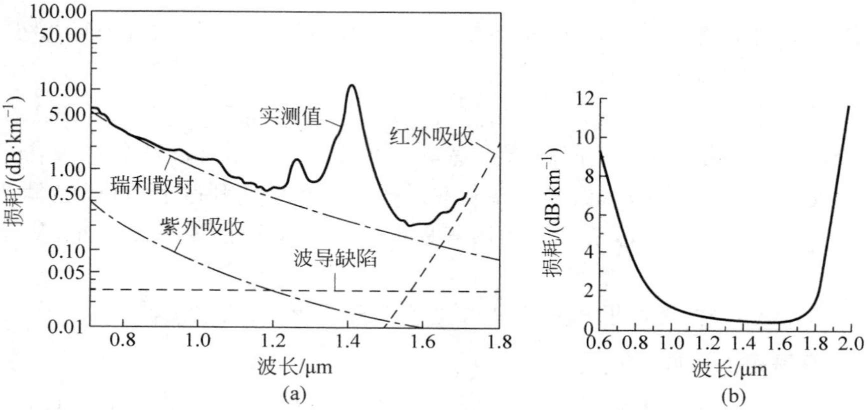

图 11.2.1-2 光纤的损耗谱

(a) 早期光纤的损耗谱；(b) 最新光纤的损耗谱

光纤在 0.85μm、1.3μm、1.55μm 三个波长附近有 3 个损耗的最低点，分别称为 3 个“窗口”。0.85μm 称为短波长，1.3μm 和 1.55μm 称为长波长，在 0.9μm 和 1.39μm 有两个很强的吸收峰。在 0.85μm 波长附近的光纤损耗约为 2.5dB/km，在 1.3μm 波长附近的光纤损耗约为 0.35dB/km，在 1.55μm 波长附近的光纤损耗约为 0.2dB/km。随着工艺的不断完善，两个强吸收峰消除，当前最新光纤的损耗谱如图 11.2-2(b)所示。从图可见，在 1.2μm 到 1.6μm 波段内都有极低的损耗，可容纳 20 亿个话路，是一个极丰富的频谱资源。

由于很好地控制了以上 3 种损耗，目前世界上最好的日本 Z 光纤，在 $\lambda=1.55\mu m$ 处损耗已达 0.154dB/km。

11.2.2 光纤的波导损耗

折射率分布的不均匀(无论纵向与横向)引起光的折射与反射，产生波导损耗。波导损耗本质上属于辐射损耗。

1. 模式损耗

对于给定的模式，其场分布于芯层和包层，但芯层和包层的材料不同，故损耗不同，通常为

$$\alpha=\alpha_0\frac{P_0}{\sum P}+\alpha_a\frac{P_a}{\sum P}\tag{11.2.2-1}$$

式中，P_0、P_a、$\sum P$ 分别为芯层、包层和总的功率，α_0 为芯层的吸收损耗，α_a 为包层的吸收损耗。所以一个模式的总损耗为芯层材料与包层材料按场分布（功率分布）的加权和。

对于圆对称光纤，其场具有圆对称性，功率分布在环状域变化，虽然在芯层的场比较强，包层的场比较弱；但包层的环状域面积比较大，故包层的功率占的份额也是不可忽略的。一般芯层的损耗系数 α_0 小，包层的损耗系数 α_a 大。故应设法使光功率集中于芯层，也就是要尽可能远离截止频率。值得一提的是，折射率中心下降将引起场分布向包层扩散，从而模式损耗增加，因此应尽力避免。有的文献上将此称为“功率漏泄”，并解释为“隧道效应”，其实任何模式均存在这种现象，只不过程度不同而已。

显然，由于高阶模、辐射模的场分布更趋向包层，因此它们的模式损耗要大得多。

2. 模耦合损耗

当光波导出现纵向非均匀性时，将出现模式耦合现象。理论上，对于一个无损耗的光波导，模式耦合是可逆的，既可以从低阶模向高阶模或辐射模耦合，也可以从高阶模向低阶模耦合，三者可达平衡。但光波导不可能是无损的，低阶模与高阶模的模损耗也是不一样的，导致模式总体上是从低阶模向高阶模转换，进而再转换成辐射模，于是整个光波导的损耗增加。这个附加的损耗称为模耦合损耗。

如前所述，引起模耦合的原因很多，因此模耦合损耗也有多种表现。

(1) 弯曲损耗

光纤弯曲引起的模耦合损耗，强烈地依赖于弯曲半径、折射率差和使用的 V。一般弯曲半径越小，弯曲损耗越大。而 V 越大（注意不要超过单模条件），损耗受弯曲的影响越大。所以有一个临界的弯曲半径，当小于这一半径时，损耗就急剧增加。

弯曲光纤可看作折射率有畸变的直光纤，根据这个观点可得到弯曲损耗的定量解释。弯曲损耗又可细分为过渡弯曲损耗和固定弯曲损耗，过渡弯曲损耗是光纤从直光纤转变成某个曲率半径的光纤，这时发生了曲率半径的突变，导致 LP_{01} 模的功率转换成高阶模或辐射模。这时弯曲损耗的平均值为

$$\bar{\alpha}=-10\lg\left(1-k^4n_1^4\frac{s_0^6}{8R^2}\right)\approx-10\lg\left(1-890\frac{s_0^6}{\lambda^4R^2}\right)\tag{11.2.2-2}$$

式中，s_0 为光纤的模斑半径，n_1 为芯层折射率，R 为曲率半径。真实的光纤损耗是随光纤长度变化的，并在这个平均值附近摆动，但长光纤的弯曲损耗趋于这个极限。在极端情况下(折射率差小的光纤，并使用在超过截止频率时)，过渡弯曲损耗很强，可达几分贝，但在大多数情况，过渡弯曲损耗均在 0.5dB 以下。

当光纤绕成一个有固定曲率半径的光纤圈时，会产生固定弯曲损耗，与固定的曲率半径 R 有关。每单位长度 LP_{01} 模式的损耗为

$$\alpha_R = A_c R^{-1/2}\exp(-XR) \tag{11.2.2-3}$$

式中，

$$A_c = \frac{1}{2}\left(\frac{\pi}{aV^3}\right)^{1/2}\left[\frac{U}{V\mathrm{K}_1(V)}\right]^2 \tag{11.2.2-4}$$

和

$$X = \frac{4\Delta n V^3}{3aU^2 n_2} \tag{11.2.2-5}$$

式中，V 和 U 分别是归一化频率和芯层的模式参量，a 是光纤的芯半径，$\mathrm{K}_1(V)$是虚变量的贝塞尔函数，n_2 和 Δn 分别是包层折射率和相对折射率差。将式(3.6.3-20)代入式(11.2.2-5)，可得

$$A_c \approx 30\sqrt{\lambda\Delta n}\left(\frac{\lambda_c}{\lambda}\right)^{2/3} \quad (\mathrm{dB/m^{1/2}}) \tag{11.2.2-6}$$

当 $1\leqslant\lambda/\lambda_c\leqslant 2$ 时，准确度优于 10%，因 A_c 在指数项外面，所以结果是很好的。

(2) 微弯损耗

光纤的微弯可看作光纤周界在其理想的直的位置附近的微小振荡偏移，是随机发生的，而且光纤微弯的半径都很小，振荡周期也很小。这种局部的急剧微弯曲，导致严重的模式耦合，引起微弯损耗。比如在早期，在低温条件下，因光纤的塑料套层与光纤的温度系数不一致，形变有差异，使光纤的微弯变得很剧烈，微弯损耗明显增加。当时微弯损耗曾是光纤的一种重要损耗。

为了计算微弯损耗，需要(或至少按统计观点)对实际光纤的微弯畸变进行描述，这通常是十分困难的。由于微弯是因护套和成缆引起的，一个实际的方法是，假定一个数值孔径为 NA 和芯半径为 a_m 的多模阶跃光纤，它与被测的单模光纤有相同的外径，并处于相同的机械环境，如果它的微弯损耗为 α_m，那么对应的单模光纤的微弯损耗为

$$\alpha_s = 0.05\alpha_m \frac{k^4 s_0^6 (NA)^4}{a_m^2} \tag{11.2.2-7}$$

式中，k 为真空中的波数，s_0 为单模光纤的模斑半径，不过这里的模斑半径和 5.5.1 节高斯近似法定义的模斑半径略有不同，为

$$s_0^2 = 2\frac{\int_0^{\infty} r^3 e_t^2(r)\mathrm{d}r}{\int_0^{\infty} r e_t^2(r)\mathrm{d}r} \tag{11.2.2-8}$$

式中，e_t 为模式场的横向场表达式。由式(11.2.2-7)可以看出，微弯损耗并不与折射率分布直接有关，但考虑到数值孔径 NA 与折射率差 Δn、波长 λ 以及截止波长 λ_c 都有关，所以式(11.2.2-7)又可改写为

$$\alpha_s = 2.53\times 10^4 \alpha_m \left(\frac{s_0}{a_m}\right)^6 \left(\frac{\lambda_c}{\lambda}\right)^4 \frac{\lambda_c^2}{(\Delta n)^3} \tag{11.2.2-9}$$

(3) 其他模耦合损耗

除了以上两种重要的模耦合损耗外，还有芯包界面不规则和应力等因素。由于制造过程中引起的芯包界面的随机起伏，也使模式耦合加剧，故使耦合损耗增加。光纤在使用过程中受拉、受压，都将因光弹效应产生折射率的纵向不均匀性产生模耦合损耗。

关于各类模耦合损耗的更详细的理论计算，可参阅有关文献，通常首先解模式耦合方程，然后将模式耦合方程转化为功率流方程，过程比较繁琐。

3. 工艺缺陷

工艺缺陷也是一种波导结构的不规则性，应该算作波导损耗。但它不同于模损耗与模耦合损耗，主要包括以下几种。

(1) 微裂纹

石英玻璃的理论抗拉强度很高，约为 20GPa，但它的实际断裂强度要比理论强度低两个数量级。这说明有大量的微裂纹。微裂纹主要是由于光纤在拉丝过程中，不可避免有十分微小的损伤，而且温度的变化，水汽的侵蚀都将增加裂痕。每个微裂可以想象成一个圆的局部损伤，如图 11.2.2-1 所示。在裂纹处，光有反射与折射，出现新的辐射，引起损耗。有些光纤早期拉丝时测量损耗还很小，放置一段时间后损耗加大，估计与微裂的自然增长有关。微裂纹的生长是影响光纤强度和寿命的关键因素之一。由于微裂对温度、湿度以及外界应力都十分敏感，所以要加强对光缆线路的充气维护。

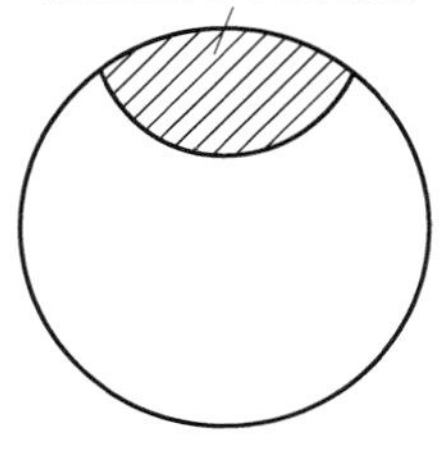

图 11.2.2-1　微裂纹局部损伤

(2) 气泡

气泡是由于光纤在玻璃化过程中排气不完全而残留的，直径一般很小。在光纤的制造过程中，首先使 $SiCl_4$ 与 O_2 化学反应生成 SiO_2 粉末，直径为 0.05～0.2μm。然后这些粉末聚集在一起，经历开放多孔态→密封多孔态→球孔态→无

孔态等一系列的熔融过程，形成光纤预制棒。在这个熔融过程中，应将球孔态内的气体排出，排不净就会残留气泡，发生损伤，增加损耗。

表 11.2.2-1　某公司的光纤参数

	单模凹陷包层光纤	单模匹配包层光纤	单模真波光纤
包层直径/μm	125.0±1.0		
包层不圆度	<1.0%		
着色光纤直径/μm	250±15		
芯/包同心度差/μm	<0.8		
模场直径/μm(在 1310nm 处)	8.8±0.5	8.3±0.5	8.4±0.5
筛选张力/GPa	0.7		
零色散波长/nm	1310±10	1310+12/−10	1530～1620
零色散斜率/ps/(nm^2·km)	<0.092	<0.092	<0.045
截止波长/nm	1130～1300	1150～1350	<1450
翘曲度/m	>4		

4. 11.2 节小结

综合 11.2.1 节和 11.2.2 节的内容，归纳起来，光纤的损耗可如图 11.2.2-2 所示。

- 固有损耗
  - 材料损耗
    - 本征吸收：纯 SiO_2 吸收
      - 红外吸收
      - 紫外吸收
    - 杂质吸收
      - 有用掺杂吸收
      - 有害杂质吸收
    - 瑞利散射(微观不均匀性)
    - 其他
  - 波导损耗
    - 模式损耗：场分布不集中于芯层
    - 耦合损耗：模式耦合成辐射模或高次模
      - 应力
      - 微弯
      - 芯包界面不规则
      - 折射率纵向不均匀
  - 工艺缺陷
    - 微裂纹
      - 纵向
      - 横向
    - 气泡
- 使用损耗
  - 成缆阶段(光缆附加损耗)
    - 微裂纹
    - 微弯
    - 应力
    - (以上为)附加损耗
  - 使用阶段(使用附加损耗)
    - 外力
      - 拉
      - 压
    - 弯曲
    - 温度变化
    - 水侵蚀

图 11.2.2-2　光纤各类损耗汇总

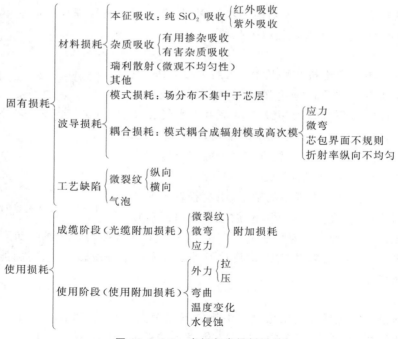

11.3　光纤损耗的测量与光时域反射技术

既然光波导的损耗是光波导特性的第一重要问题，所以如何测量光波导的损耗也是一个重要问题，其中光纤损耗的测量尤为重要。但从 11.2 节我们知道，由于损耗的机理很复杂，准确地测量需要首先把测量条件确定下来。所以，测量的光纤损耗是指在稳态条件下某个波长的损耗，因为在这个条件下，光功率在光纤中的传输才呈现指数型衰减，才有确定的值。

测量光纤损耗的方法很多，最基础的是剪断法。但是剪断法是一种破坏性的测量方法，基本已经不使用了，另一种常用的方法是光时域反射技术（optical time-domain reflectometer，OTDR）。

1. 光纤损耗测量的理论基础

设注入光功率为 P_0，则沿光纤传输到 z 处的光功率为

$$P(z)=P_0 e^{-\alpha z} \qquad (11.3.0\text{-}1)$$

式中，α 是光纤中单位长度上的平均损耗系数，单位为 Np/km，实际工作中损耗系数通常用 dB/km 表示，二者关系为

$$1\text{dB/km}=4.35\text{Np/km} \qquad (11.3.0\text{-}2)$$

式(11.3.0-1)是有条件的：

(1) 这个损耗是针对某个模式而言的。对于单模光纤就是对于基模而言的，严格地说是对于某个偏振模而言的，因为两个偏振模的损耗是不一样的，一般光纤都存在偏振模损耗。对于多模光纤，因为多模光纤中各个模式的损耗不一样，还存在模耦合，所以精确地测定多模光纤的损耗没有太大意义，只能测量出一个平均值。

(2) 既然损耗是与模式和模耦合有关，所以在测量时，应确保模式是稳定的。也就是说，首先要回避光纤的过渡态，被测光纤不能太短。有些特殊光纤，比如微结构光纤比较难以制作，而且价格昂贵，所以测量时往往只选择一小段。这就是为什么我们常常看到某些文献报道他们对 1m 微结构光纤的测量结果。但是，这个结果与光纤的真实损耗有较大的偏差，因为光纤的空间过渡态尚未结束，把高阶模的能量也计算进去了，测量的损耗偏小。

(3) 在测量时应尽量避免产生新的模耦合，比如将光纤弯曲，或者对于光纤施加过大的压力（有时为了装夹光纤，会不经意地这样做），或者对光纤进行扭绞等。只有注意了这些细微环节，光纤损耗的测量才有可能准确。

2. 剪断法

正是出于上述考虑，所以国际标准规定的光纤损耗测量方法是剪断法，参见

图 11.3.0-1。图中,光源是单一波长的窄带宽光源,避免因光源的波长带来的其他问题,然后要连接一长段的光纤,在其末端先测量一次光功率;测量完后,剪去一定长度的光纤,剪断的过程应确保剪断前后光纤的传输过程不变;然后再进行一次光功率的测量,于是光纤的损耗系数为

$$\alpha = 10\,\frac{\lg(P_2/P_1)}{L}\quad(\mathrm{dB}) \tag{11.3.0-3}$$

式中,P_1 和 P_2 分别为剪断前后两次测量的光功率,L 为光纤剪断部分的长度。

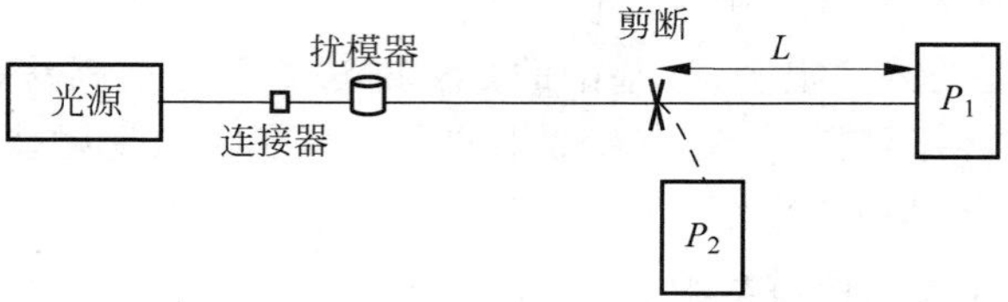

图 11.3.0-1 剪断法

图 11.3.0-1 中,扰模器是将光纤缠绕在铅笔粗细的柱状体或者其他器件上,其作用是将光源输出的高阶模和由于连接器引起的高阶模滤除,确保后面的一段光纤是单模传输的。P_1 和 P_2 表示同一个光功率计的两次测量结果,以便消除因功率计不同而引起的误差。

3. 光时域反射计技术

剪断法虽然准确,但它是一种破坏性的方法,在实际环境中很难应用。人们提出通过测量光纤中的背向瑞利散射信号进行光纤损耗的测量,称为光时域反射技术。目前 OTDR 技术已经实用化,可以用来测量光纤沿线上的损耗分布,并提供与长度有关的衰减细节,具体表现为探测、定位和测量光纤链路任何位置上与损耗相关的事件(如光纤链路中熔接、连接器、弯曲等形成的损耗)。由于 OTDR 测试的非破坏性、只需一端接入及直观快速的优点使其成为光纤光缆生产、光纤通信工程的施工、维护中不可缺少的仪器,在整个光通信产业中占有重要地位。

(1) 原理

材料在光纤制造的各种热过程(沉淀、熔融、拉丝等)中,由于热骚动,出现微观的折射率不均匀,在光的作用下一些分子团作热运动,向前后左右散射,称为瑞利散射。瑞利散射光的特点是它的偏振方向与入射光在散射点的偏振方向相同。瑞利散射光的一部分(大约占入射光的 0.001%)沿脉冲传输相反的方向被散射回来,因而称为瑞利背向散射。只要测量这个微弱的背向散射信号的大小与传输时间,就可以得到沿光纤分布的衰减曲线。图 11.3.0-2 是 OTDR 技术的原理图。

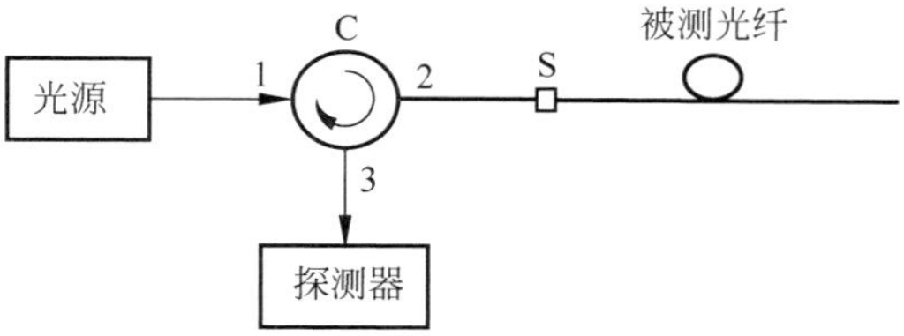

图 11.3.0-2　OTDR 技术原理图

在图 11.3.0-2 中，为了避免从光纤不同点反射回来的光互相干涉而形成干涉噪声，光源通常采用宽带光源。由光源发出的脉冲光经过光纤连接到环行器 C 的端口 1，并从环行器 C 的端口 2 输出到达连接器 S，然后连接上被测光纤；由被测光纤返回的背向散射光脉冲，反射回到环行器 C 的端口 2，然后经由端口 3 输出，被光电探测器所接收，转换成电信号并用示波器显示。

根据式(11.3.0-1)，到达光纤某一点 z 的光功率 $P(z)$ 的一部分直接反射回输入端，为背向散射光，它的幅度与背向散射系数 r 成比例。

$$\mathrm{d}P(z)=rP(z)\mathrm{d}z \tag{11.3.0-4}$$

与前向传输的光一样，背向散射光功率在返回光纤输入端的路径上也会有损耗，因此在输入端经过时间 t 接收到的光功率 $P(t)$ 可写为如下形式：

$$P(t)=r\int_0^L P_0\cdot \mathrm{e}^{-2\alpha z}\mathrm{d}z \tag{11.3.0-5}$$

式中，$L=v_g t/2$，v_g 为光在光纤中的传输速度(群速度)。散射系数 r 可由下式得到

$$r=\frac{3}{2}(NA)^2\Big/\left[\left(\frac{s_0}{a}\right)^2V^2n_1^2\right] \tag{11.3.0-6}$$

式中，$NA=n_1\sqrt{2\Delta}$ 为数值孔径，s_0 为基模的模斑半径，a 为芯层半径，V 为归一化频率 $V=(2\pi a/\lambda)\sqrt{2\Delta}$。考虑到高斯近似，$s_0=\dfrac{a}{\sqrt{2\ln V}}$，代入得到

$$r=\frac{3\ln V}{(k_0a)^2} \tag{11.3.0-7}$$

现在，我们研究光源的相干性(光源的谱宽)、脉冲宽度以及偏振对于 OTDR 的影响。如前所述，由于 $\mathrm{d}P(z)=rP(z)\mathrm{d}z$，且 $P=|E|^2$，则有 $\mathrm{d}|E|=\dfrac{r}{2}|E|\mathrm{d}z$，也就是说，对于一小段光纤元，瑞利散射的光场系数是功率系数的一半。可以计算出在 1.55μm 波段，$r\approx 0.1\sim 0.16\mathrm{dB/km}$。这样在 z 点的瑞利散射光场强度 $\mathrm{d}\dot{\boldsymbol{E}}(z)$ 为

$$\mathrm{d}\dot{\boldsymbol{E}}(z)=F(\Omega)\exp\left[\left(\mathrm{i}\beta-\frac{\alpha}{2}\right)z\right]\hat{\boldsymbol{e}}_z(\omega_0)\frac{r}{2}\mathrm{d}z \tag{11.3.0-8}$$

式中，$F(\Omega)$ 是输入光脉冲的频谱函数，ω_0 是光源的中心频率，α 与 β 是这个中心波

长下，该模式的传输损耗与相移常数，$\hat{\boldsymbol{e}}_z(\omega_0)$是这个模式沿着 z 方向的偏振态。

这个瑞利散射光沿光纤反向传输，到达始端为

$$\mathrm{d}\dot{\boldsymbol{E}}_B = F(\Omega)\exp[(\mathrm{i}2\beta - \alpha)z]\hat{\boldsymbol{e}}_z(\omega_0)(r/2)\mathrm{d}z \tag{11.3.0-9}$$

因此，它对应的时域脉冲形状为上式的傅里叶反变换

$$\mathrm{d}g(t) = \pm\frac{r}{4\pi}\left\{\int_{-\infty}^{+\infty} F(\Omega)\exp[(\mathrm{i}2\beta - \alpha)z]\hat{\boldsymbol{e}}_z(\omega_0)\mathrm{e}^{-\mathrm{i}\Omega t}\mathrm{d}\Omega\right\}\mathrm{d}z \tag{11.3.0-10}$$

由于公式中含有 $\hat{\boldsymbol{e}}_z(\omega_0)$偏振态一项，所以积分比较难以进行，需要做一定的近似。下面分两种情况考虑：

① 如果光源的相干长度很短，比如我们常用的普通 DFB 激光器，线宽在 200MHz 以上，相干长度在几十厘米的范围内，相对于被测光纤的拍长（约一二十米）而言要短得多，基本上可以看作不相干的，所以从不同反射点回来的光是以功率相加的，这样

$$\mathrm{d}p(t) = \mathrm{d}\mid g(t)\mid^2 = r\mathrm{e}^{-2\alpha z} f^2(t - 2\beta_0' z)\mathrm{d}z \tag{11.3.0-11}$$

则在始端得到的功率随时间的变化曲线为

$$P_{\mathrm{out}}(t) = r\int_0^L P_{\mathrm{in}}(t - 2\beta_0' z)\mathrm{e}^{-2\alpha z}\mathrm{d}z \tag{11.3.0-12}$$

考虑输入光信号 $P_{\mathrm{in}}(t)$是一个宽度为 T_0、幅度为 P_0 的窄脉冲，这时，对式(11.3.0-12)的积分作变换，$t_1 = t - 2\beta_0' z$，$z = \dfrac{t - t_1}{2\beta_0'}$，$\mathrm{d}z = \dfrac{-\mathrm{d}t_1}{2\beta_0'}$，得到

$$P_{\mathrm{out}}(t) = \frac{rP_0}{2\beta_0'}\int_{t-2\beta_0' L}^{t-2\beta_0' L+T_0} \mathrm{e}^{-2\alpha z}\mathrm{d}t_1 \tag{11.3.0-13}$$

在积分的上下限所确定的区域内，由于 T_0 非常小，可认为被积函数为一个常数，并代之以 $t_1 = t - 2\beta_0' z = 0$，从而

$$P_{\mathrm{out}}(t) = \frac{rP_0 T_0}{2\beta_0'}\exp\left(-\alpha\,\frac{t}{\beta_0'}\right) \tag{11.3.0-14}$$

由此可知，采用宽谱的非相干光源，测量的时间特性曲线可以完全真实地反映光纤的损耗。为此，如果 OTDR 只用作测量光纤的损耗，光源最好用发光二极管等宽带光源。

② 当光源的相干长度很长，以至于在整个光纤长度内，从不同的反射点 z 反射回来的光在始端都按复振幅叠加，如式(11.3.0-10)所示，一般求不出一个显式的表达式，但当脉冲足够窄的时候，返回到始端的光脉冲形状可写为

$$P_{\mathrm{out}}(t) = \mid g(t)\mid^2 \approx \frac{r^2}{4}\left(\frac{P_0 T_0^2}{4\beta_0'^2}\right)\exp\left(\frac{-\alpha}{\beta_0'}t\right) \tag{11.3.0-15}$$

由此可知，当脉冲宽度足够窄时，检测的结果基本与光源的相干性无关，但脉

冲不是足够窄时，相干性差的光源反而可以获得比较好的接收灵敏度。相干性好的光源会引起偏振噪声、相位噪声等，不利于 OTDR 的使用。

（2）OTDR 的技术指标

式(11.3.0-14)和式(11.3.0-15)是 OTDR 计算光纤中衰减沿长度分布的基本理论公式。采用 OTDR 技术，一根光纤中的连接点、耦合点以及断点的位置很容易被测量到。在折射率不同的两传输介质边界（如连接器、机械接续、断裂或光纤终结处）会发生菲涅耳反射，此现象被 OTDR 用于准确判断沿光纤长度上不连续点的位置。反射的大小依赖于边界表面的平整度及折射率差，利用折射率匹配液可减小菲涅耳反射。

对 OTDR 性能参数的了解有助于 P-OTDR 系统的研制及随后对光纤偏振参数进行正确的测量，这些性能参数包括：盲区、动态范围、分辨率、精度等。由于这些参数与 OTDR 的工作波长紧密相关，下面讨论中若不加说明都指 OTDR 工作在 1550nm 波段。

① 盲区(deadzone)

“盲区”又称“死区”，是指受菲涅耳反射的影响，光纤背向瑞利散射信号曲线的始端被掩盖，因而光纤在始端的接头损耗以及最初一段光纤的损耗无法观测，信号曲线被掩盖的这一段距离。此现象的出现主要是由于光纤链路上菲涅耳反射强信号使得光电探测器饱和，从而需要一定的恢复时间。在这段时间内，也即对应的这段距离(数米、数十米甚至数百米)内，曲线将无意义。

② 动态范围(dynamical range)

所谓动态范围 D 是指可检测到的最大与最小背向散射光(dB)之差。最大与最小背向散射光分别对应于光接收装置的上限值与下限值，即对应曲线近端的起算点与远端终点，D 的大小直接影响 OTDR 的最大可测距离 L(km)，常用 $L(\text{km})=D(\text{dB})/\alpha$（$\alpha$ 为光纤损耗，$\alpha=0.2\text{dB/km}$）计算。即动态范围越大，曲线线性越好，可测光纤长度也越长。

③ 分辨率(resolution)

分辨率可以有两种方式定义：单点分辨率和两点分辨率。单点分辨率是指光纤上的故障能被检测到的能力，通常与采样率、光源线宽、检测器带宽有关。两点分辨率($2PR$)也称空间分辨率，是指区分相邻两点、区分相邻事件的能力，可由下式计算：

$$2PR=c\times[T_0+(1/BW)]/2n_1 \tag{11.3.0-16}$$

式中，T_0 为注入到光纤中的光脉冲宽度，BW 为接收机的带宽，c 为真空中的光速，n_1 为光纤纤芯折射率。

④ 精度(accuracy)

精度是 OTDR 的测量值与参考值的接近程度，包括衰减精度和距离精度。衰减精度主要由接收装置中光电二极管的线性度决定，目前大多数 OTDR 的线性度可达±0.02dB。距离精度依赖于群折射率误差、时基误差以及取样分辨率。实践中发现由于折射率设置不合理造成的测量误差约占总误差的 3.23%，定时误差约占总误差的 3.23%，OTDR 距离分辨率引起的误差约占总误差的 8.62%。从上面的结果可以看出准确设置折射率参数对提高测试精度非常重要。

(3) OTDR 技术的传感应用

由于 OTDR 技术可以测定光纤中的损耗或者其他反射点(习惯上称为事件)的状况，它可以同时测量事件的大小和位置，所以广泛应用于分布式传感，在此基础上演绎出三种重要的分布式传感器。

① 基于偏振的分布式传感器(P-OTDR)

当采用相干光源时，瑞利背向散射光包含了反射点的偏振信息，虽然在光纤损耗的测量过程中，偏振引起的是噪声，但是当我们把相关的偏振信息接收下来，就可以得到光纤在那个反射点的偏振状况，并由此知道光纤受到外部横向压力以及弯曲等状况。

② 基于受激布里渊散射的分布式传感器(B-OTDR)

当光纤受到纵向应力时会产生布里渊散射，从而产生频移，测量这个频移可以得到光纤所受的纵向应力，根据纵向应力也可以判断横向应力，但不如 P-OTDR 来的直接。

③ 基于受激拉曼散射的分布式传感器(R-OTDR)或者(C-OTDR)

当较强的光注入到光纤中时，会激发出可以测量的拉曼散射，这部分散射光的频移与温度成正比，所以检测拉曼散射频移就可以测定温度沿光纤的分布。

④ 其他变种

以上几种都属于注入光纤的是脉冲光，通过改变测量方式，形成了一系列的变种。改变注入光为连续光，比如 OFDR，注入光是频率变化的(啁啾光)，频率的变化是有规律的，所以用频率的变化作为反射点的定位，将反射光与注入光相干涉，可以测量出反射点折射率的变化。另外一种类似的技术称为 ϕ-OTDR，其实二者没有本质的不同，都是以啁啾光注入，检测干涉结果相当于检测相位。

总之，背向散射技术是分布式传感器的基础，目前还没有发现新的分布式传感机理，因此背向散射技术有广泛的应用。

第 11 章小结

本章研究了光波导作为传输介质的一个重要性质——能量的损失问题。尽管本书的大部分篇幅都是研究传输的模式、传输常数等电磁波的性质，但相比能量的传输，它们都是次要的问题，能量传输问题才是首要的。因为，如果能量损失过大，通俗地说就是光信号没了，既然光信号都没了，研究模式、传输常数等还有什么意义呢？

前面各章的研究都是假定光波导是一种透光性很好的介质，当介质的透光性下降时，前述的光波导理论需要做很大修正，从而限制了光波导理论的应用范围。比如由液体组成的光波导、人体组织的光传播现象、大气中有尘埃和雨雪时的光的传输问题等，这些都需要新的光波导理论。

光波导的能量传输，包括损耗和增益两个方面。本章只研究了有损耗的光波导，对于有增益的光波导（有源光波导）没有研究。这是因为光波导的增益来自光与物质的相互作用，这就需要使用光子理论，以电磁波理论作为基础的光波导理论就显得无能为力。但是，以电磁波理论为基础的光波导理论和以光子理论为基础的能量传播理论二者必须统一，可惜目前还没有一个可以统一二者的理论，这需要后来者继续努力。

光波导的损耗又可以分为材料损耗和波导损耗两方面。材料损耗是构成光波导的介质为均匀无限大介质时的损耗，也就是不考虑任何波导效应的损耗。材料损耗包括材料的吸收和散射，由于组成波导的材料可能是多组分的，所以材料损耗是多组分损耗的总和。波导损耗是指任何不能达到光波导终端能量的一切损失的总和，包括进入波导、波导内传输以及从波导输出时的所有损耗之和。

光纤是一种专门用于远距离传输光信号的介质（信道），所以，损耗是光纤至关重要的参数。光纤的损耗包括材料损耗和波导损耗两类。材料损耗包括石英材料的吸收损耗、瑞利散射损耗等。杂质损耗是石英光纤损耗的主要因素之一，包括有用掺杂和有害杂质的损耗，光纤中的 OH^- 是造成光纤损耗的重要成因，所以光纤的脱水或者避免水的侵蚀都是降低光纤损耗的重要措施。这和人们最初的预想相去甚远，当初以为石英光纤是不怕水的，但实际情况并非如此。因此在光纤制成光缆时，需要充气或者填充油膏以避免水的侵蚀，在工程施工中也要加强防水。

光纤的波导损耗包括模式损耗、模耦合损耗和光纤缺陷，主要是前两种。这一点常常不被人重视。由于高阶模的模场更多的分布在包层和包层以外，所以它的损耗较大。这是多模光纤或者少模光纤的共性问题。另外一个是模耦合损耗，由于模耦合，使单模光纤中的基模能量不断向高阶模转移，这样就会导致新的损耗。所以，即使是单模光纤，由于弯曲、微弯以及挤压扭绞等原因，都会导致基模能量向高阶模转移，从而导致损耗增加。

11.3 节介绍了光纤损耗系数的测量方法，包括剪断法和 OTDR 测量方法。值得注意的是，损耗是针对某个模式而言的，而且一定是稳态的。由于多模光纤中各个模式的能量分配是与激励条件有关的，所以，简单地说多模光纤的损耗系数是多少没有意义，只能说在某个特定的激励条件下稳态的损耗系数。

OTDR 虽然是为了测定光纤损耗而提出的一种技术，但它已经广泛应用于分布式光纤传感，并演变出一系列的新技术，比如 P-OTDR、B-OTDR、C-OTDR、OFDR 等，但原理都是一样的。学好这部分内容对于分布式传感的研究很有帮助。

第 11 章思考题

11.1　光波导的材料损耗与光波导的结构有关吗？请进一步解释。

11.2　在光波导损耗的测量结果中，我们如何能区分出材料损耗和波导损耗？

11.3　复介电常数中的虚部是与损耗相关联的，它是不是仅仅由材料的导电性引起？如果材料中没有了金属离子，还有材料损耗吗？

11.4　材料的吸收损耗和散射损耗与复介电常数的虚部有什么关系？请查阅相关文献。

11.5　材料复折射率的虚部是否只取决于材料复介电常数的虚部？请解释。

11.6　光纤的损耗是否与色散有关，为什么？

11.7　造成光纤吸收损耗的因素有哪些？请详细叙述这些因素对于光纤损耗的影响。

11.8　造成光纤辐射损耗的因素有哪些？请详细叙述这些因素对于光纤损耗的影响。

11.9　光纤弯曲引起的损耗属于哪一类损耗？如果我们要分析弯曲半径对损耗的影响，你有什么基本思路？

11.10　一根光纤发现低温损耗明显加大，你认为造成这个损耗增大的机理是什么？

11.11　在制造光纤的时候，为了降低光纤损耗，应该注意什么？

11.12　在光纤制造的时候，光纤一拉制出来就要涂上塑料涂层，对于塑料涂层的作用应如何理解？将光纤裸露于空气中有什么问题？

11.13　为了保证光纤能够承受一定的拉力，在成缆之前要进行应力筛选。你认为这样筛选出的次品主要存在什么问题？

11.14　在测定光纤损耗时，要在被测光纤的前端加装一个“扰模器”，扰模器是两排交错排列的圆柱，光纤在这两排圆柱中绕行。这样做的目的是什么？

11.15　用剪断法测量光纤损耗的原理是：先将被测的一段光纤熔接在光源的输出尾纤上，测量从光纤输出端的光功率，然后将光纤从熔接点的后部剪断，测量注入光纤的功率。已知输入功率为 1mW，输出端的输出功率为 170μW，光纤长度为 10km，求这段光纤单位长度上的损耗。

11.16　光时域反射计是一种工程上常用的测量光纤损耗的仪器。其原理是将一个光脉冲注入光纤，光纤各点由于瑞利散射而有一部分反射回来。如果入射脉冲的峰值为 1mW，从最近点反射回来的脉冲幅度为 10nW，而最远点反射回来的脉冲幅度为 0.3nW，两个反射点的时间间隔为 0.2ms，求这段光纤单位长度的损耗。

11.17　为了提高光时域反射计的分辨率，往往要使用很窄的脉冲。假定要测定一段光纤在 1550nm 处的损耗，使用 10nm 的方波脉冲和使用 1nm 的方波脉冲，测量结果会有什么变化？

11.18　为了熔接光纤必须将光纤的塑料涂层剥去。由于塑料涂层都是易燃有机物，过去人们为了方便，就用火烧涂层。这样做有什么害处？

第 12 章

相关数学公式

鉴于本书使用了大量的数学公式和较深的数学概念，尤其是复矢量、四元数等概念可能是读者所不熟悉的，所以有必要在本章对书中有关的数学问题做一个梳理。本章的所有公式一般只给出结论，不涉及数学推导和证明。

12.1 复矢量

1. 矢量的概念

(1) 矢量的定义及表示方法

矢量定义为有大小和方向的量。对于实空间的矢量，可用黑斜字体表示，比如一个命名为 A 的矢量，可写为 $\boldsymbol{A}$。对于虚拟空间的矢量，在不至于引起混淆的前提下，仍然用黑斜字体表示，比如 $\boldsymbol{A}$；当一个矢量和与它同名矩阵都出现在同一公式中时，为了避免混淆，虚拟空间的矢量用字母上面加箭头表示，比如 $\vec{A}$。

左矢与右矢。当矢量用它在直角坐标系的分量表示时，可将矩阵运算引入其中，这时，矢量可以写为一个行向量或者一个列向量。称一个矢量 $\boldsymbol{A}$ 所对应的行向量为左矢，记为 $\langle A|$，反之当一个矢量用一个列向量描述的时候，这个列向量称为右矢，记为 $|A\rangle$。

(2) 矢量与坐标系的无关性

矢量本身与所在空间的坐标系的定义无关。比如在直角坐标系中 $\boldsymbol{A}=A_x\hat{\boldsymbol{x}}+A_y\hat{\boldsymbol{y}}+A_z\hat{\boldsymbol{z}}$，也可写为柱坐标系中的 $\boldsymbol{A}=A_r\hat{\boldsymbol{e}}_r+A_\varphi\hat{\boldsymbol{e}}_\varphi+A_z\hat{\boldsymbol{z}}$，或者球坐标系中的 $\boldsymbol{A}=A_r\hat{\boldsymbol{e}}_r+A_\varphi\hat{\boldsymbol{e}}_\varphi+A_\theta\hat{\boldsymbol{e}}_\theta$。

当平移一个矢量时，这个矢量认为是不变的。

（3）分类

① 现实空间矢量：存在于我们现实空间中的矢量，比如实空间的位置矢量 $\boldsymbol{r}=x\hat{\boldsymbol{i}}+y\hat{\boldsymbol{j}}+z\hat{\boldsymbol{k}}$，电场强度矢量 $\boldsymbol{E}=E_x\hat{\boldsymbol{x}}+E_y\hat{\boldsymbol{y}}+E_z\hat{\boldsymbol{z}}$ 等，又分为实矢量和复矢量两种。

实矢量定义为它的每个分量均为实数，可以简单地写为大小和 3 个方向角的余弦乘积之和，比如位置矢量可写为

$$\boldsymbol{r}=r(\cos\alpha\hat{\boldsymbol{i}}+\cos\beta\hat{\boldsymbol{j}}+\cos\gamma\hat{\boldsymbol{k}}) \tag{12.1.0-1}$$

复矢量定义为它的分量是一个复数，因此不能简单地写为大小和 3 个方向角的余弦乘积之和，而写为

$$\boldsymbol{r}=r(\cos\alpha\mathrm{e}^{\mathrm{i}\varphi_\alpha}\hat{\boldsymbol{i}}+\cos\beta\mathrm{e}^{\mathrm{i}\varphi_\beta}\hat{\boldsymbol{j}}+\cos\gamma\mathrm{e}^{\mathrm{i}\varphi_\gamma}\hat{\boldsymbol{k}}) \tag{12.1.0-2}$$

复矢量描述的是一个振动状态。

② 虚拟空间矢量：矢量所在的空间是一个人为构造的虚拟空间，在现实空间中并不存在，比如斯托克斯矢量和倒格矢。由于在现实空间中并不存在，所以不可能通过直接测量得到，只能通过测量其他量然后经过计算得到。注意，虚拟空间的矢量既可以为实数形式，也可以为复数形式。

（4）矢量的量纲

大多数物理量所对应的矢量都是有量纲的，当一个矢量写成它的大小和方向矢量的乘积时，比如 $\boldsymbol{A}=A\hat{\boldsymbol{e}}_a$，或者 $\boldsymbol{r}=r\hat{\boldsymbol{r}}$，注意它的量纲是体现在它的大小上的，而它的方向是无量纲的。

（5）哈密顿算子矢量

又称为哈密顿算符，矢量微分算子。它是一个在实空间的却是人为构造的算符矢量，定义为

$$\nabla=\frac{\partial}{\partial x}\hat{\boldsymbol{i}}+\frac{\partial}{\partial y}\hat{\boldsymbol{j}}+\frac{\partial}{\partial z}\hat{\boldsymbol{k}} \tag{12.1.0-3}$$

在不同的坐标系下，它有不同的表现形式，比如在柱坐标系下

$$\nabla=\frac{1}{r}\frac{\partial}{\partial r}(r\hat{\boldsymbol{e}}_r)+\frac{1}{r}\frac{\partial}{\partial\varphi}\hat{\boldsymbol{e}}_\varphi+\frac{\partial}{\partial z}\hat{\boldsymbol{z}} \tag{12.1.0-4}$$

在式(12.1.0-4)中，$\frac{\partial}{\partial r}(r\hat{\boldsymbol{e}}_r)$项，表示先将被微分的量乘以自变量 r 后，再进行微分运算。

（6）线元矢量和面元矢量

一条曲线 l(包括空间曲线和平面曲线)上某一点的线元矢量，方向定义为这条曲线在该点的切线方向，大小为无穷小量，写为 $\mathrm{d}\boldsymbol{l}$。同理，一个曲面 S 在某一点的面元矢量，其方向定义为这个曲面在该点切面的法线方向，其大小为无穷小量，写为 $\mathrm{d}\boldsymbol{s}$。

2. 矢量的代数运算

(1) 矢量相等

两个矢量相等的充分必要条件为两个矢量的大小相等且方向相同,无论这个矢量是实矢量、复矢量还是虚拟空间的矢量。因此在同一个坐标系下,两个矢量在该坐标系下的投影(或者分量)必须相等,对于复矢量,这里的相等包括分量的大小和相位都相等。

(2) 矢量的加法

两个矢量的加法运算按照平行四边形法则进行,若 $\boldsymbol{C}=\boldsymbol{A}+\boldsymbol{B}$,则将矢量 $\boldsymbol{A}$ 的始端平移到矢量 $\boldsymbol{B}$ 的终端,然后从矢量 $\boldsymbol{B}$ 的始端到 $\boldsymbol{A}$ 的终端连线所表示的矢量为二者之和。

注意上述原则对于一切矢量都是正确的,即无论所述的矢量是实矢量、复矢量还是虚拟空间中的矢量。

(3) 矢量的减法

定义一个矢量的相反方向量,即 $-\boldsymbol{A}$,它的大小与 $\boldsymbol{A}$ 相同,方向与 $\boldsymbol{A}$ 相反。两个矢量相减就等于加上一个相反方向的矢量,即 $\boldsymbol{B}-\boldsymbol{A}=\boldsymbol{B}+(-\boldsymbol{A})$。

(4) 矢量的乘法

矢量的乘法在常规定义下有两种,分别为标量积(点乘)和矢量积(叉乘)。如果把矢量看作四元数的一部分,就存在四元数域的矢量乘法;同时,在张量领域矢量的乘法还包括矢量的外乘。所以总共有四种乘法。

① 标量积

矢量的标量积定义为一个矢量的大小乘以另一个矢量在这个矢量方向上的投影,或者表示为 $c=\boldsymbol{A}\cdot\boldsymbol{B}=AB\cos\theta$,其中 θ 为两个矢量之间的夹角,它是一个标量。对于实矢量,在直角坐标系中

$$\boldsymbol{A}\cdot\boldsymbol{B}=AB\cos\theta=A_xB_x+A_yB_y+A_zB_z \tag{12.1.0-5}$$

对于复矢量,若 $\boldsymbol{A}=a_x\mathrm{e}^{\mathrm{i}\varphi_{ax}}\hat{\boldsymbol{x}}+a_y\mathrm{e}^{\mathrm{i}\varphi_{ay}}\hat{\boldsymbol{y}}+a_z\mathrm{e}^{\mathrm{i}\varphi_{az}}\hat{\boldsymbol{z}}$,$\boldsymbol{B}=b_x\mathrm{e}^{\mathrm{i}\varphi_{bx}}\hat{\boldsymbol{x}}+b_y\mathrm{e}^{\mathrm{i}\varphi_{by}}\hat{\boldsymbol{y}}+b_z\mathrm{e}^{\mathrm{i}\varphi_{bz}}\hat{\boldsymbol{z}}$,则

$$\boldsymbol{A}\cdot\boldsymbol{B}=a_xb_x\mathrm{e}^{\mathrm{i}(\varphi_{ax}+\varphi_{bx})}+a_yb_y\mathrm{e}^{\mathrm{i}(\varphi_{ay}+\varphi_{by})}+a_zb_z\mathrm{e}^{\mathrm{i}(\varphi_{az}+\varphi_{bz})} \tag{12.1.0-6}$$

由此可知,当两个复矢量点乘的时候,其标量积可能为复数。

矢量的标量积满足交换律。

当两个非零矢量的标量积为零时,称这两个矢量是正交的。当两个实矢量正交时,由于两个矢量的方向夹角 $\theta=90°$,所以二者是垂直的。当两个复矢量正交时,由于存在相位项的影响,会呈现复杂的现象,可能不垂直。

② 矢量积

一个矢量与另一个矢量的矢量积定义为一个矢量,其大小为两个矢量大小的

积再乘以它们夹角的正弦,其方向为两个矢量按照右手螺旋法则指向二者所在平面的法线方向。表示为 $\boldsymbol{C}=\boldsymbol{A}\times\boldsymbol{B}$,则 $|\boldsymbol{C}|=AB\sin\theta$,其中 θ 为两个矢量之间的夹角。

对于实矢量,在直角坐标系中,若 $\boldsymbol{A}=A_x\hat{\boldsymbol{i}}+A_y\hat{\boldsymbol{j}}+A_z\hat{\boldsymbol{k}}$,$\boldsymbol{B}=B_x\hat{\boldsymbol{i}}+B_y\hat{\boldsymbol{j}}+B_z\hat{\boldsymbol{k}}$,则

$$\boldsymbol{C}=\boldsymbol{A}\times\boldsymbol{B}=\begin{vmatrix}\hat{\boldsymbol{i}} & \hat{\boldsymbol{j}} & \hat{\boldsymbol{k}}\\ A_x & A_y & A_z\\ B_x & B_y & B_z\end{vmatrix} \tag{12.1.0-7}$$

矢量的叉乘不满足交换律,当交换先后次序时,结果是相反的矢量:$\boldsymbol{A}\times\boldsymbol{B}=-\boldsymbol{B}\times\boldsymbol{A}$。

复矢量的乘法也按照式(12.1.0-7)进行,这时行列式中的矢量分量都是复数。

当两个非零实矢量的矢量积为零时,则这两个矢量平行。

当两个非零复矢量的矢量积为零时,若 $\boldsymbol{A}=a_x\mathrm{e}^{\mathrm{i}\varphi_{ax}}\hat{\boldsymbol{x}}+a_y\mathrm{e}^{\mathrm{i}\varphi_{ay}}\hat{\boldsymbol{y}}+a_z\mathrm{e}^{\mathrm{i}\varphi_{az}}\hat{\boldsymbol{z}}$,$\boldsymbol{B}=b_x\mathrm{e}^{\mathrm{i}\varphi_{bx}}\hat{\boldsymbol{x}}+b_y\mathrm{e}^{\mathrm{i}\varphi_{by}}\hat{\boldsymbol{y}}+b_z\mathrm{e}^{\mathrm{i}\varphi_{bz}}\hat{\boldsymbol{z}}$,且 $\boldsymbol{A}\times\boldsymbol{B}=\boldsymbol{0}$,它们之间的相位有如下关系:

$$\begin{gathered}(\varphi_{ay}+\varphi_{bz})=(\varphi_{az}+\varphi_{by}),\quad (\varphi_{ax}+\varphi_{bz})=(\varphi_{az}+\varphi_{bx}),\\ (\varphi_{ax}+\varphi_{by})=(\varphi_{ay}+\varphi_{bx})\end{gathered} \tag{12.1.0-8}$$

矢量积与反对称矩阵的等价性。若矢量 $\vec{C}=\vec{A}\times\vec{B}$(注意这里采用带箭头的变量表示矢量,是因为后面有同名矩阵),则它等价于一个反对称矩阵(anti-symmetric matrix)与后面矢量相乘,也就是说,如果 $\vec{C}=\boldsymbol{A}_{\mathrm{ansym}}\vec{B}$,且 $\boldsymbol{A}_{\mathrm{ansym}}$ 是一个反对称矩阵,它只有 3 个独立元素

$$\boldsymbol{A}_{\mathrm{ansym}}=\begin{bmatrix}0 & -A_z & A_y\\ A_z & 0 & -A_x\\ -A_y & A_x & 0\end{bmatrix} \tag{12.1.0-9}$$

不难验证,由矩阵 $\boldsymbol{A}_{\mathrm{ansym}}$ 的 3 个元素组成的矢量 $\vec{A}=[A_x,A_y,A_z]^{\mathrm{T}}$,与矢量 $\vec{B}$ 叉乘的结果与矢量 $\vec{C}$ 是相同的,也就是 $\boldsymbol{A}_{\mathrm{ansym}}\vec{B}=\vec{A}\times\vec{B}$,因为该式对任意的矢量 $\vec{B}$ 都是正确的,于是可写成

$$\vec{A}\times=\boldsymbol{A}_{\mathrm{ansym}} \tag{12.1.0-10}$$

这个公式通常可以用来进行矢量与矩阵之间的互换。有时我们用黑斜体字表示矢量,而同名矩阵用中括号表示,这样可写为 $\boldsymbol{A}\times=[A]_{\mathrm{ansym}}$。这样做的目的同样是避免同名矢量与矩阵混淆。

③ 其他相关公式

在定义了常规的矢量乘法运算(点乘和叉乘)后,有如下常用公式。

若 $\boldsymbol{A}$、$\boldsymbol{B}$、$\boldsymbol{C}$ 为 3 个矢量(包括实矢量和复矢量),则有

$$(\boldsymbol{A}\times\boldsymbol{B})\cdot\boldsymbol{C}=\boldsymbol{A}\cdot(\boldsymbol{B}\times\boldsymbol{C}) \tag{12.1.0-11}$$

这样的乘积称为混合积,它表示以 3 个矢量作为邻边的平行六面体的体积。因此,当 $(\boldsymbol{A}\times\boldsymbol{B})\cdot\boldsymbol{C}=0$ 时,表示 3 个矢量共面。式(12.1.0-11)在证明厄米算符时曾经用到。

若 $\boldsymbol{A}$、$\boldsymbol{B}$、$\boldsymbol{C}$ 为 3 个矢量(包括实矢量和复矢量),则有

$$(\boldsymbol{A}\times\boldsymbol{B})\times\boldsymbol{C}=\boldsymbol{B}(\boldsymbol{A}\cdot\boldsymbol{C})-\boldsymbol{A}(\boldsymbol{B}\cdot\boldsymbol{C}) \tag{12.1.0-12}$$

$$\boldsymbol{A}\times(\boldsymbol{B}\times\boldsymbol{C})=\boldsymbol{B}(\boldsymbol{A}\cdot\boldsymbol{C})-\boldsymbol{C}(\boldsymbol{B}\cdot\boldsymbol{A}) \tag{12.1.0-13}$$

这相当于一个矢量向括号内的两个矢量投影,中间一个矢量总是在前,另一个矢量在后。上述几个公式对于哈密顿算符矢量也是正确的。

④ 矢量作为四元数的一部分的乘积

矢量 $\boldsymbol{A}$ 可以作为四元数的一部分,若 $\mathscr{A}=a_0+\boldsymbol{A}$,且 $a_0=0$,那么 $\boldsymbol{A}=\mathscr{A}(a_0=0)$,矢量 $\boldsymbol{B}$ 也可以写为 $\boldsymbol{B}=\mathscr{B}(b_0=0)$,于是

$$\boldsymbol{A}\circ\boldsymbol{B}=\mathscr{A}(a_0=0)\circ\mathscr{B}(b_0=0)=(0+\boldsymbol{A})\circ(0+\boldsymbol{B})=-\boldsymbol{A}\cdot\boldsymbol{B}+\boldsymbol{A}\times\boldsymbol{B} \tag{12.1.0-14}$$

由于四元数的乘号(小圆圈)经常省略,于是

$$\boldsymbol{AB}=-\boldsymbol{A}\cdot\boldsymbol{B}+\boldsymbol{A}\times\boldsymbol{B} \tag{12.1.0-15}$$

这个结果概括了点乘和叉乘的全部。值得注意的是,当 $\boldsymbol{A}=\boldsymbol{B}$ 时,

$$\boldsymbol{A}^2=\boldsymbol{AA}=-\boldsymbol{A}\cdot\boldsymbol{A}=-A^2 \tag{12.1.0-16}$$

有的时候,$\boldsymbol{A}^2$ 定义为 $\boldsymbol{A}\cdot\boldsymbol{A}$,于是 $\boldsymbol{A}^2=A^2$。读者务必区分这两种情况的前提。

⑤ 用行列式形式描述的矢量的内乘和外乘

如前所述,矢量可以用它的分量组成的行列式表示,若 $\boldsymbol{A}$ 用列向量右矢 $|A\rangle$ 表示,矢量 $\boldsymbol{B}$ 用行向量左矢 $\langle B|$ 表示,于是可以定义内乘(内积)和外乘(外积)。其内积为

$$\langle B\mid A\rangle=\boldsymbol{A}\cdot\boldsymbol{B} \tag{12.1.0-17}$$

显然有

$$\langle B\mid A\rangle=\langle A\mid B\rangle \tag{12.1.0-18}$$

定义这两个矢量的外积为

$$|A\rangle\langle B|=\begin{bmatrix}A_xB_x & A_xB_y & A_xB_z\\ A_yB_x & A_yB_y & A_yB_z\\ A_zB_x & A_zB_y & A_zB_z\end{bmatrix} \tag{12.1.0-19}$$

式(12.1.0-19)描述的是一个 3×3 的矩阵,它被称为张量。值得注意的是,两个同名的左矢和右矢的外积为

$$|A\rangle\langle A|=\begin{bmatrix} A_x^2 & A_xA_y & A_xA_z \\ A_yA_x & A_y^2 & A_yA_z \\ A_zA_x & A_zA_y & A_z^2 \end{bmatrix} \tag{12.1.0-20}$$

式(12.1.0-20)所述的矩阵，是一个对称矩阵，它只有6个独立分量，因此又常常用列矢量表示，

$$[A_x^2, A_y^2, A_z^2, 2A_yA_z, 2A_xA_z, 2A_xA_y]^{\mathrm{T}} \tag{12.1.0-21}$$

但本书不推荐使用这种方法描述，因为容易引起混乱。另外，对称矩阵都可以对称化。

矢量的外积用⊗表示，也称为直积、克罗内克积，即 $\boldsymbol{A}\otimes\boldsymbol{B}=|A\rangle\langle B|$。由于外积乘号也常常被省略，写为 $\boldsymbol{AB}=|A\rangle\langle B|$，这样可能会与矢量的四元数乘法相混淆，请读者注意。

(5) 矢量的线性变换

若矢量 $\boldsymbol{B}=[M]\boldsymbol{A}$，即另一个矢量由一个矩阵乘以一个矢量得到，如果矩阵 $[M]$ 与矢量 $\boldsymbol{A}$ 无关，则称这个运算为线性变换。线性变换的特点是满足叠加原理。

我们把矩阵 $[M]$ 分解为一个对称矩阵与一个反对称矩阵之和，即

$$[M]=[M']_{\mathrm{sym}}+[M'']_{\mathrm{antisym}} \tag{12.1.0-22}$$

式中，$[M']_{\mathrm{sym}}$ 的元素为 $m'_{ij}=\frac{1}{2}(m_{ij}+m_{ji})$，矩阵 $[M'']_{\mathrm{antisym}}$ 的元素为 $m''_{ij}=\frac{1}{2}(m_{ij}-m_{ji})$。后面一个矩阵可以化为一个矢量的叉乘运算，而前一个矩阵可以对角化，这样可以得到

$$\boldsymbol{B}=\boldsymbol{T}^{-1}[\lambda]\boldsymbol{TA}+\boldsymbol{M}''\times\boldsymbol{A} \tag{12.1.0-23}$$

或者 $\boldsymbol{TB}=[\lambda]\boldsymbol{TA}+\boldsymbol{TM}''\times\boldsymbol{A}$，式中 $[\lambda]$ 是一个对角矩阵，可写为 $[\lambda]=\mathrm{diag}[\lambda_1,\lambda_2,\lambda_3]$，$\boldsymbol{T}$ 是由3个特征值所确定的特征矩阵。这表明一个线性变换可以分解为一个叉乘(旋转)和一个缩放以及一个坐标变换。上述变换更有利于帮助我们理解线性变换的各个细节。

3. 以矢量作为自变量的函数

矢量作为一个数学变量，当然可以作为自变量而引入函数的概念，但是因变量不限于矢量，也可以是数量和其他的变量。当自变量是一个空间位置矢量时，这个函数称为场。其中因变量为数量(标量)时称为数量场或者标量场，当因变量为矢量时，称为矢量场。

(1) 数量场

对于大部分数量场，随着位置的变化，这个因变量都是连续、有界且可以进行

微分的。但也存在某些特殊情况，不满足连续有界可微分的条件，这些点称为奇异点。

对于电磁波，它的相位、幅度随空间位置的分布都可以看作数量场。

数量场最基本的量是等值面，在这个面上所有因变量的值都相等。对于电磁波而言，等相位面就是平常所说的波前（注意不是波的前锋），等幅面则是幅度场的等值面。

数量场最重要的量是它的梯度。若 $u(\boldsymbol{r})$ 表示一个数量场（如相位场），它的梯度矢量定义为三个方向导数之矢量和。即

$$\nabla u(\boldsymbol{r})=\frac{\partial u}{\partial x}\hat{\boldsymbol{i}}+\frac{\partial u}{\partial y}\hat{\boldsymbol{j}}+\frac{\partial u}{\partial z}\hat{\boldsymbol{k}} \tag{12.1.0-24}$$

显然，它在不同的坐标系下有不同的表达式。但在本书中，梯度矢量总是指向下降的方向，比如波矢 $\boldsymbol{k}=-\nabla\varphi(\boldsymbol{r})$。

梯度运算既然是一个矢量，它可以分解为横向分量与纵向分量之和，即

$$\nabla u(\boldsymbol{r})=\nabla_{\mathrm{t}} u+\frac{\partial u}{\partial z}\hat{\boldsymbol{k}} \tag{12.1.0-25}$$

式中，$\nabla_{\mathrm{t}} u=\frac{\partial u}{\partial x}\hat{\boldsymbol{i}}+\frac{\partial u}{\partial y}\hat{\boldsymbol{j}}$。梯度运算具有如下性质：

$$\nabla[u_1(\boldsymbol{r})u_2(\boldsymbol{r})]=[\nabla u_1(\boldsymbol{r})]u_2(\boldsymbol{r})+u_1(\boldsymbol{r})[\nabla u_2(\boldsymbol{r})] \tag{12.1.0-26}$$

$$\nabla_{\mathrm{t}}[u_1(\boldsymbol{r})u_2(\boldsymbol{r})]=[\nabla_{\mathrm{t}} u_1(\boldsymbol{r})]u_2(\boldsymbol{r})+u_1(\boldsymbol{r})[\nabla_{\mathrm{t}} u_2(\boldsymbol{r})] \tag{12.1.0-27}$$

梯度本身是一个矢量，因此一个标量场的梯度场是一个矢量场。

柱坐标系下梯度的形式。设数量场表示为 $u(\boldsymbol{r})=u(r,\varphi,z)$，由于微分算子如式(12.1.0-4)所示，所以在柱坐标系下

$$\nabla u(\boldsymbol{r})=\frac{\partial u}{\partial r}\hat{\boldsymbol{e}}_r+\frac{1}{r}\frac{\partial u}{\partial \varphi}\hat{\boldsymbol{e}}_\varphi+\frac{\partial u}{\partial z}\hat{\boldsymbol{k}} \tag{12.1.0-28}$$

(2) 矢量场

如果一个矢量是实空间位置矢量 $\boldsymbol{r}=x\hat{\boldsymbol{i}}+y\hat{\boldsymbol{j}}+z\hat{\boldsymbol{k}}$ 的函数，则这个函数定义了一个矢量场

$$\boldsymbol{A}(\boldsymbol{r})=A_x(\boldsymbol{r})\hat{\boldsymbol{i}}+A_y(\boldsymbol{r})\hat{\boldsymbol{j}}+A_z(\boldsymbol{r})\hat{\boldsymbol{k}} \tag{12.1.0-29}$$

由于每一个分量都可能存在导数，因此一共需要 9 个导数才能描述矢量场的变化，也就是存在$\frac{\partial A_i}{\partial j}$，$i=x,y,z$；$j=x,y,z$ 一共 9 个偏导数，将它们分为两组，一组称为散度，另一组称为旋度。

① 矢量场的散度

矢量场的散度定义为微分算子与矢量场的数性积，即

$$\nabla\cdot\boldsymbol{A}(\boldsymbol{r})=\left(\frac{\partial}{\partial x}\hat{\boldsymbol{i}}+\frac{\partial}{\partial y}\hat{\boldsymbol{j}}+\frac{\partial}{\partial z}\hat{\boldsymbol{k}}\right)\cdot[A_x(\boldsymbol{r})\hat{\boldsymbol{i}}+A_y(\boldsymbol{r})\hat{\boldsymbol{j}}+A_z(\boldsymbol{r})\hat{\boldsymbol{k}}] \tag{12.1.0-30}$$

或者

$$\nabla\cdot\boldsymbol{A}(\boldsymbol{r})=\frac{\partial}{\partial x}A_x(\boldsymbol{r})+\frac{\partial}{\partial y}A_y(\boldsymbol{r})+\frac{\partial}{\partial z}A_z(\boldsymbol{r}) \tag{12.1.0-31}$$

散度运算具有如下性质：

$$\nabla\cdot[u(\boldsymbol{r})\boldsymbol{A}(\boldsymbol{r})]=[\nabla u(\boldsymbol{r})]\cdot\boldsymbol{A}(\boldsymbol{r})+u(\boldsymbol{r})[\nabla\cdot\boldsymbol{A}(\boldsymbol{r})] \tag{12.1.0-32}$$

$$\nabla_t\cdot[u(\boldsymbol{r})\boldsymbol{A}_t(\boldsymbol{r})]=[\nabla_t u(\boldsymbol{r})]\cdot\boldsymbol{A}_t(\boldsymbol{r})+u(\boldsymbol{r})[\nabla_t\cdot\boldsymbol{A}_t(\boldsymbol{r})] \tag{12.1.0-33}$$

$$\nabla\cdot[\boldsymbol{A}(\boldsymbol{r})\times\boldsymbol{B}(\boldsymbol{r})]=\boldsymbol{B}(\boldsymbol{r})\cdot[\nabla\times\boldsymbol{A}(\boldsymbol{r})]-\boldsymbol{A}(\boldsymbol{r})\cdot[\nabla\times\boldsymbol{B}(\boldsymbol{r})] \tag{12.1.0-34}$$

$$\nabla_t\cdot[\boldsymbol{A}(\boldsymbol{r})\times\boldsymbol{B}(\boldsymbol{r})]=\boldsymbol{B}(\boldsymbol{r})\cdot[\nabla_t\times\boldsymbol{A}(\boldsymbol{r})]-\boldsymbol{A}(\boldsymbol{r})\cdot[\nabla_t\times\boldsymbol{B}(\boldsymbol{r})] \tag{12.1.0-35}$$

柱坐标系下散度的形式。若矢量场 $\boldsymbol{A}(\boldsymbol{r})=A_r(\boldsymbol{r})\hat{\boldsymbol{e}}_r+A_\varphi(\boldsymbol{r})\hat{\boldsymbol{e}}_\varphi+A_z(\boldsymbol{r})\hat{\boldsymbol{k}}$，则其散度为

$$\nabla\cdot\boldsymbol{A}(\boldsymbol{r})=\frac{1}{r}\frac{\partial}{\partial r}[rA_r(\boldsymbol{r})]+\frac{1}{r}\frac{\partial}{\partial\varphi}A_\varphi(\boldsymbol{r})+\frac{\partial}{\partial z}A_z(\boldsymbol{r}) \tag{12.1.0-36}$$

当然它也可以由式(12.1.0-4)的点乘得到。

② 矢量场的旋度

矢量场的旋度定义为微分算子与矢量场的矢量积，即

$$\nabla\times\boldsymbol{A}(\boldsymbol{r})=\left(\frac{\partial}{\partial x}\hat{\boldsymbol{i}}+\frac{\partial}{\partial y}\hat{\boldsymbol{j}}+\frac{\partial}{\partial z}\hat{\boldsymbol{k}}\right)\times[A_x(\boldsymbol{r})\hat{\boldsymbol{i}}+A_y(\boldsymbol{r})\hat{\boldsymbol{j}}+A_z(\boldsymbol{r})\hat{\boldsymbol{k}}] \tag{12.1.0-37}$$

也可以写成行列式形式

$$\nabla\times\boldsymbol{A}(\boldsymbol{r})=\begin{vmatrix}\hat{\boldsymbol{i}} & \hat{\boldsymbol{j}} & \hat{\boldsymbol{k}}\\ \dfrac{\partial}{\partial x} & \dfrac{\partial}{\partial y} & \dfrac{\partial}{\partial z}\\ A_x & A_y & A_z\end{vmatrix} \tag{12.1.0-38}$$

但在柱坐标系中，

$$\nabla\times\boldsymbol{A}(\boldsymbol{r})=\frac{1}{r}\begin{vmatrix}\hat{\boldsymbol{e}}_r & r\hat{\boldsymbol{e}}_\varphi & \hat{\boldsymbol{e}}_z\\ \dfrac{\partial}{\partial r} & \dfrac{\partial}{\partial \varphi} & \dfrac{\partial}{\partial z}\\ A_r & rA_\varphi & A_z\end{vmatrix} \tag{12.1.0-39}$$

注意，柱坐标系的旋度运算，不能通过式(12.1.0-4)对矢量的简单运算得到，因为坐标系的 3 个基矢也要作相应的变换。

旋度运算具有如下性质：

$$\nabla\times[u(\boldsymbol{r})\boldsymbol{A}(\boldsymbol{r})]=[\nabla u(\boldsymbol{r})]\times\boldsymbol{A}(\boldsymbol{r})+u(\boldsymbol{r})[\nabla\times\boldsymbol{A}(\boldsymbol{r})] \quad (12.1.0\text{-}40)$$

$$\nabla_{\mathrm{t}}\times[u(\boldsymbol{r})\boldsymbol{A}_{\mathrm{t}}(\boldsymbol{r})]=[\nabla_{\mathrm{t}}u(\boldsymbol{r})]\times\boldsymbol{A}_{\mathrm{t}}(\boldsymbol{r})+u(\boldsymbol{r})[\nabla_{\mathrm{t}}\times\boldsymbol{A}_{\mathrm{t}}(\boldsymbol{r})] \quad (12.1.0\text{-}41)$$

然而对于$\nabla\times[\boldsymbol{A}(\boldsymbol{r})\times\boldsymbol{B}(\boldsymbol{r})]$却无法化简。

③ 二次微分与二阶微分算子

指两次运用微分算子对场进行的运算。对于数量场，一次运算后得到一个矢量场，所以进行第二次运算时，有点乘和叉乘两种运算。对于矢量场，经过一次运算后，如果是点乘运算可以得到一个数量场，因此它的二次运算只能是一个梯度运算；而如果是叉乘运算，得到的仍然是一个矢量场，所以还可以有点乘和叉乘两种运算。这样算下来，总共有 5 种二次微分运算，即梯度场的散度、梯度场的旋度、散度场的梯度、旋度场的散度以及旋度场的旋度。

在进行这些二次微分运算之前，先定义二阶微分算子

$$\nabla^2=\nabla\cdot\nabla \quad (12.1.0\text{-}42)$$

可以看出，二阶微分算子是一个标量。因此，在直角坐标系下，显然有

$$\nabla^2=\frac{\partial^2}{\partial x^2}+\frac{\partial^2}{\partial y^2}+\frac{\partial^2}{\partial z^2} \quad (12.1.0\text{-}43)$$

在柱坐标系下

$$\nabla^2=\frac{1}{r}\frac{\partial}{\partial r}\left(r\frac{\partial}{\partial r}\right)+\frac{\partial}{\partial\varphi}\left(\frac{1}{r}\frac{\partial}{\partial\varphi}\right)+\frac{\partial}{\partial z}\left(r\frac{\partial}{\partial z}\right) \quad (12.1.0\text{-}44)$$

这个二阶微分算子，既可以对标量进行运算，也可以对矢量进行运算。

于是，在直角坐标系下，一个二阶微分算子乘以一个标量得到

$$\nabla^2 u=\frac{\partial^2 u}{\partial x^2}+\frac{\partial^2 u}{\partial y^2}+\frac{\partial^2 u}{\partial z^2} \quad (12.1.0\text{-}45)$$

一个二阶微分算子乘以一个矢量得到

$$\nabla^2\boldsymbol{A}=\frac{\partial^2\boldsymbol{A}}{\partial x^2}+\frac{\partial^2\boldsymbol{A}}{\partial y^2}+\frac{\partial^2\boldsymbol{A}}{\partial z^2} \quad (12.1.0\text{-}46)$$

将矢量 $\boldsymbol{A}$ 按照 3 个分量展开，可得

$$\nabla^2\boldsymbol{A}=(\nabla^2A_x)\hat{\boldsymbol{i}}+(\nabla^2A_y)\hat{\boldsymbol{j}}+(\nabla^2A_z)\hat{\boldsymbol{k}} \quad (12.1.0\text{-}47)$$

此外，二阶微分算子具有性质

$$\nabla^2\{u\boldsymbol{A}\}=(\nabla^2u)\boldsymbol{A}+2\nabla u\cdot\nabla\boldsymbol{A}+u\nabla^2\boldsymbol{A} \quad (12.1.0\text{-}48)$$

此外，我们还可以定义二阶微分算子

$$\nabla\otimes\nabla=\begin{bmatrix}\dfrac{\partial^2}{\partial x^2} & \dfrac{\partial^2}{\partial x\partial y} & \dfrac{\partial^2}{\partial x\partial z}\\ \dfrac{\partial^2}{\partial x\partial y} & \dfrac{\partial^2}{\partial y^2} & \dfrac{\partial^2}{\partial y\partial z}\\ \dfrac{\partial^2}{\partial x\partial z} & \dfrac{\partial^2}{\partial y\partial z} & \dfrac{\partial^2}{\partial z^2}\end{bmatrix} \quad (12.1.0\text{-}49)$$

现在回到前面讲的 5 种二次微分运算，可以得到

$$\nabla\cdot(\nabla u)=\nabla^2 u \tag{12.1.0-50}$$

$$\nabla\times(\nabla u)=\mathbf{0} \tag{12.1.0-51}$$

$$\nabla(\nabla\cdot\boldsymbol{A})=(\nabla\otimes\nabla)\boldsymbol{A} \tag{12.1.0-52}$$

$$\nabla\cdot(\nabla\times\boldsymbol{A})=0 \tag{12.1.0-53}$$

$$\nabla\times(\nabla\times\boldsymbol{E})=\nabla(\nabla\cdot\boldsymbol{E})-\nabla^2\boldsymbol{E} \tag{12.1.0-54}$$

在这 5 个公式中，只有式(12.1.0-54)可以引出新规律。

4. 积分定理

设有一个曲面 S，其周界为曲线 l，它们的面元矢量为 $\mathrm{d}\boldsymbol{s}$，线元矢量为 $\mathrm{d}\boldsymbol{l}$。如果曲面是一个封闭曲面，它所包围空间为 V，体积元为 $\mathrm{d}v$，有如下的公式成立：

$$\iiint_V(\nabla\cdot\boldsymbol{A})\mathrm{d}v=\oiint_S\boldsymbol{A}\cdot\mathrm{d}\boldsymbol{s} \tag{12.1.0-55}$$

$$\iint_s(\nabla\cdot\boldsymbol{A})\mathrm{d}s=\frac{\partial}{\partial z}\iint_s\boldsymbol{A}\cdot\mathrm{d}\boldsymbol{s}+\oint_l\boldsymbol{A}\cdot\mathrm{d}\boldsymbol{l} \tag{12.1.0-56}$$

$$\iint_s[\boldsymbol{A}_{\mathrm{t}}\cdot(\nabla_{\mathrm{t}}^2\boldsymbol{B}_{\mathrm{t}})-\boldsymbol{B}_{\mathrm{t}}\cdot(\nabla_{\mathrm{t}}^2\boldsymbol{A}_{\mathrm{t}})]\mathrm{d}s=\oint_l[\boldsymbol{A}_{\mathrm{t}}(\nabla_{\mathrm{t}}\cdot\boldsymbol{B}_{\mathrm{t}})-\boldsymbol{B}_{\mathrm{t}}(\nabla_{\mathrm{t}}\cdot\boldsymbol{A}_{\mathrm{t}})]\cdot\mathrm{d}\boldsymbol{l} \tag{12.1.0-57}$$

$$\iint_s[\Psi(\nabla_{\mathrm{t}}^2\Phi)-\Phi(\nabla_{\mathrm{t}}^2\Psi)]\mathrm{d}s=\oint_l[\Psi(\nabla_{\mathrm{t}}\Phi)-\Phi(\nabla_{\mathrm{t}}\Psi)]\cdot\mathrm{d}\boldsymbol{l} \tag{12.1.0-58}$$

12.2　四元数代数

四元数(quaternions)是爱尔兰著名的数学家威廉・卢云・哈密顿(William Rowan Hamilton)于 1843 提出的数学概念，四元数的发现是 19 世纪代数学最重大的事件之一。目的是解决矢量乘法运算不封闭的问题。

我们知道，两个矢量相乘，会得到一个非矢量(标量积)和一个矢量(矢量积)，这说明矢量的集合是不完备的。而且矢量也不能进行除法运算，说明矢量运算存在很大缺陷。同样，矢量也不能进行幂运算，因此也不能构造超越函数，比如指数函数等。哈密顿天才般地提出了四元数的概念，成功地解决了这个问题。

两个四元数的乘积仍然是一个四元数，既可以保持其封闭性，又可以保持其完备性。四元数的乘法概括了数与数的乘法、数与矢量的乘法、矢量间的点乘和叉乘所有的乘法。四元数还可以定义逆、幂运算等其他代数运算，并由此引出四元数超越函数，构成了四元数代数的完整体系。

1. 四元数的定义

一个三维空间的复矢量(系数为复数)

$$\boldsymbol{A}=a_1\hat{\boldsymbol{i}}+a_2\hat{\boldsymbol{j}}+a_3\hat{\boldsymbol{k}} \tag{12.2.0-1}$$

与一个复数 a_0 组合的数称为四元数。

这里,我们用花体来表示四元数。四元数(花体)定义为一个数量(斜体)与一个矢量(黑体斜体)之和

$$\mathscr{A}=a_0+\boldsymbol{A} \tag{12.2.0-2}$$

式中,复数 a_0 称为四元数的标部,复矢量 $\boldsymbol{A}$ 称为四元数的矢部。在四元数的矢部中,三个矢量 $\hat{\boldsymbol{i}}$、$\hat{\boldsymbol{j}}$、$\hat{\boldsymbol{k}}$ 分别是三维空间中三个相互垂直且方向固定的单位矢量。

2. 四元数的代数运算

(1) 相等

两个四元数 $\mathscr{A}=a_0+\boldsymbol{A}$ 与 $\mathscr{B}=b_0+\boldsymbol{B}$ 相等(记为 $\mathscr{A}=\mathscr{B}$),则应有 $a_0=b_0$,且 $\boldsymbol{A}=\boldsymbol{B}$。

(2) 加法

若 $\mathscr{A}=a_0+\boldsymbol{A}$,$\mathscr{B}=b_0+\boldsymbol{B}$,则

$$\mathscr{A}+\mathscr{B}=(a_0+b_0)+(\boldsymbol{A}+\boldsymbol{B}) \tag{12.2.0-3}$$

(3) 减法

为了定义减法,则首先定义一个数乘以四元数 $k\mathscr{A}=ka_0+k\boldsymbol{A}$,特例:$-1\mathscr{A}=-a_0-k\boldsymbol{A}$,于是

$$\mathscr{A}-\mathscr{B}=\mathscr{A}+(-1\mathscr{B})=(a_0-b_0)+(\boldsymbol{A}-\boldsymbol{B}) \tag{12.2.0-4}$$

(4) 乘法

两个四元数相乘(乘号用小圈表示,或者不加任何符号)满足如下规则:

$$\mathscr{A}\circ\mathscr{B}=(a_0+\boldsymbol{A})\circ(b_0+\boldsymbol{B})=(a_0b_0-\boldsymbol{A}\cdot\boldsymbol{B})+(a_0\boldsymbol{B}+b_0\boldsymbol{A}+\boldsymbol{A}\times\boldsymbol{B}) \tag{12.2.0-5}$$

从式(12.2.0-5)可以看出,两个四元数相乘,其乘积仍然是一个四元数。它的标部为两个四元数标部之积减去矢部的标量积;它的矢部由三部分组成,其中两部分分别平行于原有的矢部,而第三部分则是两个矢部的叉乘(垂直于两个乘数所在平面)。因此,四元数的乘法概括了数量乘法、数量与矢量的乘法、矢量的标量积和矢量的矢量积等各种运算。乘号(小圈)在不会混淆的情况下,也可以省去不写。

当两个四元数只有矢部的时候,就退化为两个矢量作为四元数的乘法,即

$$\boldsymbol{A}\circ\boldsymbol{B}=(-\boldsymbol{A}\cdot\boldsymbol{B})+(\boldsymbol{A}\times\boldsymbol{B}) \tag{12.2.0-6}$$

也就是说,当把矢量作为四元数对待的时候,它的乘积可以得到标量积和矢量积,也就形成了完备集合。

值得注意的是,在这个时候,四元数乘法符号(小圈∘)不可省略,因为我们常用 $\boldsymbol{AB}$ 表示两个矢量的外积。

不难验证,按照上述运算规则定义的四元数,满足加法的交换律、结合律,也满

足乘法的结合律和乘法对加法的分配律，但由于叉乘运算不满足交换律，所以四元数的乘法一般也不满足交换律。

(5) 共轭

定义四元数的厄米共轭值为 $\bar{\mathscr{A}}=a_0^*-\mathbf{A}$，注意它不是 $\mathscr{A}^*=a_0^*+\mathbf{A}^*$。

(6) 四元数模的模方

$$|\mathscr{A}|^2=\mathscr{A}\circ\bar{\mathscr{A}}=(a_0+\mathbf{A})\circ(a_0^*-\mathbf{A})=|a_0|^2+|\mathbf{A}|^2 \tag{12.2.0-7}$$

这样可以确保四元数的模是一个非负的实数。

模等于 1 的四元数称为单位四元数。注意模相等的四元数有许多个，所以单位四元数也有许多个。

(7) 四元数的逆

$$\mathscr{A}^{-1}=\bar{\mathscr{A}}/|\mathscr{A}|^2=(a_0^*-\mathbf{A})/(|a_0|^2+|\mathbf{A}|^2) \tag{12.2.0-8}$$

因此，模为 0 的四元数没有逆。

3. 四元数的初等函数

(1) 幂函数

根据四元数的乘法，定义出四元数的任意整数次幂 $\mathscr{A}^n$，$n=0,\pm1,\pm2,\cdots$，若 $\mathscr{A}=a_0+\mathbf{A}$，

$$\mathscr{A}^2=a_0^2-\mathbf{A}^2+2a_0\mathbf{A} \tag{12.2.0-9}$$

式中，$\mathbf{A}^2=\mathbf{A}\cdot\mathbf{A}$，

$$\mathscr{A}^3=a_0^3-3a_0\mathbf{A}^2+3a_0^2\mathbf{A}-\mathbf{A}^3 \tag{12.2.0-10}$$

式中，$\mathbf{A}^3=(\mathbf{A}\cdot\mathbf{A})\mathbf{A}$，

$$\mathscr{A}^4=a_0^4-6a_0^2\mathbf{A}^2+\mathbf{A}^4+4a_0^3\mathbf{A}-4a_0\mathbf{A}^3 \tag{12.2.0-11}$$

式中，$\mathbf{A}^4=(\mathbf{A}\cdot\mathbf{A})^2$。定义

$$\mathscr{A}^0=1 \tag{12.2.0-12}$$

综上可见，一个四元数的幂函数仍然是一个四元数，其矢部的方向始终不变。因此显然有

$$\mathscr{A}^n\circ\mathscr{A}^m=\mathscr{A}^m\circ\mathscr{A}^n=\mathscr{A}^{m+n} \tag{12.2.0-13}$$

$$(\mathscr{A}^n)^m=\mathscr{A}^{mn} \tag{12.2.0-14}$$

$$\mathscr{A}^{-n}=(\mathscr{A}^{-1})^n \tag{12.2.0-15}$$

特例，当该四元数只有矢部的时候，即 $a_0=0$，$\mathscr{A}=\mathbf{A}$，可得

$$\mathbf{A}^2=\mathbf{A}\cdot\mathbf{A} \tag{12.2.0-16}$$

$$\mathbf{A}^3=(\mathbf{A}\cdot\mathbf{A})\mathbf{A} \tag{12.2.0-17}$$

$$\mathbf{A}^4=(\mathbf{A}\cdot\mathbf{A})^2 \tag{12.2.0-18}$$

$$\boldsymbol{A}^{-1}=-\boldsymbol{A}/|\boldsymbol{A}|^{2} \tag{12.2.0-19}$$

由此可见一个矢量的偶次幂是一个标量，奇次幂是一个同方向矢量。最有意思的是，矢量的逆是一个方向相反的矢量。

(2) 指数函数

有了幂函数，就可以用来构造四元数的超越函数，其中最重要的是指数函数。我们仿照 $\mathrm{e}^{\mathscr{A}}=\sum\limits_{0}^{\infty}\dfrac{1}{n!}\mathscr{A}^{n}$ 来构造指数函数，于是可得

$$\mathscr{Y}=\mathrm{e}^{\mathscr{A}}=\mathrm{e}^{a_0+\hat{\boldsymbol{n}}\theta}=\mathrm{e}^{a_0}(\cos\theta+\hat{\boldsymbol{n}}\sin\theta) \tag{12.2.0-20}$$

注意，式中 $\hat{\boldsymbol{n}}$ 必须是一个单位矢量。特例，当四元数 $\mathscr{A}$ 只有矢部时，式(12.2.0-20)变为

$$\mathscr{Y}=\mathrm{e}^{\hat{\boldsymbol{n}}\theta}=\cos\theta+\hat{\boldsymbol{n}}\sin\theta \tag{12.2.0-21}$$

将式(12.2.0-21)与棣莫弗公式 $z=\mathrm{e}^{\mathrm{i}\theta}=\cos\theta+\mathrm{i}\sin\theta$ 相比，可认为四元数的矢量空间是将复数的虚数部分拓展到三维空间的一种数。

(3) 三角函数

利用指数函数，很容易构造三角函数，分别为

$$\sin\mathscr{A}=\sin(a_0+\hat{\boldsymbol{n}}\theta)=\sin a_0\cos\mathrm{h}\theta+\hat{\boldsymbol{n}}\cos a_0\sin\mathrm{h}\theta \tag{12.2.0-22}$$

$$\cos\mathscr{A}=\cos(a_0+\hat{\boldsymbol{n}}\theta)=\cos a_0\cos\mathrm{h}\theta-\hat{\boldsymbol{n}}\sin a_0\sin\mathrm{h}\theta \tag{12.2.0-23}$$

(4) 对数函数

$$\ln\mathscr{A}=\ln(a_0+\hat{\boldsymbol{n}}\theta)=\frac{1}{2}\ln(a_0^2+\theta^2)+\hat{\boldsymbol{n}}\arctan\frac{\theta}{a_0} \tag{12.2.0-24}$$

由于反三角函数是一个多值函数，所以四元数的对数函数是一个多值函数。

4. 同底数幂相乘与幂指数相加问题

我们知道复数运算中一个重要的运算法则是，同底数的幂相乘，积等于底数不变，它们的幂指数相加，即若 $z_1=\mathrm{e}^{a_1}$，$z_2=\mathrm{e}^{a_2}$，则 $z_1z_2=\mathrm{e}^{a_1}\mathrm{e}^{a_2}=\mathrm{e}^{a_1+a_2}$。那么这个法则对于四元数是否成立呢？即是否有：若 $\mathscr{U}_1=\mathrm{e}^{\mathscr{A}_1}$，$\mathscr{U}_2=\mathrm{e}^{\mathscr{A}_2}$，则 $\mathscr{U}_1\circ\mathscr{U}_2=\mathrm{e}^{\mathscr{A}_1}\circ\mathrm{e}^{\mathscr{A}_2}=\mathrm{e}^{\mathscr{A}_1+\mathscr{A}_2}$？为此，首先将指数形式的四元数 $\mathscr{U}_i=\mathrm{e}^{n_i\theta_i}$，$i=1,2$ 改写成三角函数的形式

$$\mathscr{U}_i=\cos\theta_i+\boldsymbol{n}_i\sin\theta_i,\quad i=1,2 \tag{12.2.0-25}$$

两个四元数相乘得到

$$\begin{aligned}\mathscr{U}_1\circ\mathscr{U}_2=&\cos\theta_1\cos\theta_2-\sin\theta_1\sin\theta_2(\boldsymbol{n}_1\cdot\boldsymbol{n}_2)+\boldsymbol{n}_2\cos\theta_1\sin\theta_2+\\&\boldsymbol{n}_1\sin\theta_1\cos\theta_2+\sin\theta_1\sin\theta_2(\boldsymbol{n}_1\times\boldsymbol{n}_2)\end{aligned} \tag{12.2.0-26}$$

下面分不同情况讨论。

（1）当 $\boldsymbol{n}_1 /\!/ \boldsymbol{n}_2$ 时，不难验证

$$\mathscr{U}_1 \circ \mathscr{U}_2 = \cos\theta_1\cos\theta_2 - \sin\theta_1\sin\theta_2 + \boldsymbol{n}_1(\cos\theta_1\sin\theta_2 + \sin\theta_1\cos\theta_2) \tag{12.2.0-27}$$

$$\mathscr{U}_1 \circ \mathscr{U}_2 = \cos(\theta_1 + \theta_2) + \boldsymbol{n}_1\sin(\theta_1 + \theta_2) = \mathrm{e}^{\boldsymbol{n}_1(\theta_1+\theta_2)} \tag{12.2.0-28}$$

即当幂指数四元数的矢部为同一方向时，可以按照指数相加。

（2）当 $\boldsymbol{n}_1 \perp \boldsymbol{n}_2$ 时，不难验证

$$\mathscr{U}_1 \circ \mathscr{U}_2 = \cos\theta_1\cos\theta_2 + \boldsymbol{n}_2\cos\theta_1\sin\theta_2 + \boldsymbol{n}_1\sin\theta_1\cos\theta_2 + \sin\theta_1\sin\theta_2(\boldsymbol{n}_1 \times \boldsymbol{n}_2) \tag{12.2.0-29}$$

不妨设 $\boldsymbol{n}_1 = \hat{\boldsymbol{x}}, \boldsymbol{n}_2 = \hat{\boldsymbol{y}}, \boldsymbol{n}_1 \times \boldsymbol{n}_2 = \hat{\boldsymbol{z}}$，则

$$\mathscr{U}_1 \circ \mathscr{U}_2 = \cos\theta_1\cos\theta_2 + \hat{\boldsymbol{x}}\sin\theta_1\cos\theta_2 + \hat{\boldsymbol{y}}\cos\theta_1\sin\theta_2 + \hat{\boldsymbol{z}}\sin\theta_1\sin\theta_2 \tag{12.2.0-30}$$

另外，令 $\boldsymbol{x}\theta_1 + \boldsymbol{y}\theta_2 = \sqrt{\theta_1^2 + \theta_2^2}\,\hat{\boldsymbol{r}}$，则

$$\exp(\boldsymbol{x}\theta_1 + \boldsymbol{y}\theta_2) = \exp(\sqrt{\theta_1^2 + \theta_2^2}\,\hat{\boldsymbol{r}}) = \cos\sqrt{\theta_1^2 + \theta_2^2} + \hat{\boldsymbol{r}}\sin\sqrt{\theta_1^2 + \theta_2^2} \tag{12.2.0-31}$$

显然式(12.2.0-30)与式(12.2.0-31)是不相等的。所以，这时不满足幂指数相加的运算法则。导致这种现象的原因，是由于四元数乘法不能交换次序。故两个同底数幂的四元数相乘，不能将它们的指数相加，只有当方向相同时才可以相加。

（3）更一般的讨论

为了进一步解决同底的四元数幂指数相乘问题，引入以下的概念。

① 对易

定义 $[\mathscr{A},\mathscr{B}] = \mathscr{A}\mathscr{B} - \mathscr{B}\mathscr{A}$ 为两个四元数的对易运算，若 $[\mathscr{A},\mathscr{B}] = \mathscr{A}\mathscr{B} - \mathscr{B}\mathscr{A} = 0$，则称这两个四元数是对易的。

由于

$$\begin{aligned}[\mathscr{A},\mathscr{B}] &= (a_0 + \mathbf{A})(b_0 + \mathbf{B}) - (b_0 + \mathbf{B})(a_0 + \mathbf{A}) \\ &= (a_0b_0 - \mathbf{A}\cdot\mathbf{B} + a_0\mathbf{B} + b_0\mathbf{A} + \mathbf{A}\times\mathbf{B}) - \\ &\quad (a_0b_0 - \mathbf{A}\cdot\mathbf{B} + a_0\mathbf{B} + b_0\mathbf{A} + \mathbf{B}\times\mathbf{A})\end{aligned} \tag{12.2.0-32}$$

于是

$$[\mathscr{A},\mathscr{B}] = 2\mathbf{A}\times\mathbf{B} \tag{12.2.0-33}$$

所以若 $[\mathscr{A},\mathscr{B}] = 2\mathbf{A}\times\mathbf{B} = 0$，则意味着两个四元数的矢量部分方向相同，或者有一个为零。

② 矢量的对易

若 $\mathscr{A},\mathscr{B}$ 只有矢部，即 $\mathscr{A} = \mathbf{A}, \mathscr{B} = \mathbf{B}$，则 $[\mathbf{A},\mathbf{B}] = 2\mathbf{A}\times\mathbf{B}$，或者

$$\mathbf{A}\times\mathbf{B} = [\mathbf{A},\mathbf{B}]/2 \tag{12.2.0-34}$$

③ 幂指数对易

同底幂四元数函数的乘法，只有当两个幂指数是对易的，才可以指数相加。

④ 幂指数非对易

$$\exp(\mathscr{A})\exp(\mathscr{B})=\exp\left(\mathscr{A}+\mathscr{B}-\frac{[\mathscr{B},\mathscr{A}]}{2!}+\cdots+\frac{(-1)^n[\mathscr{B},[\cdots,[\mathscr{B},\mathscr{A}]\cdots]]}{(n+1)!}+\cdots\right) \tag{12.2.0-35}$$

特例，当两个四元数只有矢量部分且不对易时

$$\exp(\boldsymbol{A})\circ\exp(\boldsymbol{B})=\exp\left(\boldsymbol{A}+\boldsymbol{B}-\boldsymbol{B}\times\boldsymbol{A}+\cdots+\frac{(-1)^n[2\boldsymbol{B},[\cdots,[2\boldsymbol{B}\times\boldsymbol{A}]\cdots]]}{(n+1)!}+\cdots\right) \tag{12.2.0-36}$$

或者

$$\exp(\boldsymbol{A})\circ\exp(\boldsymbol{B})=\exp\left(\boldsymbol{A}+\boldsymbol{B}-\boldsymbol{B}\times\boldsymbol{A}+\cdots+\frac{(-2)^n[\boldsymbol{B}\times\cdots[\boldsymbol{B}\times[\boldsymbol{B}\times\boldsymbol{A}]]\cdots]}{(n+1)!}+\cdots\right) \tag{12.2.0-37}$$

或者

$$\exp(\boldsymbol{A})\exp(\boldsymbol{B})=\exp\left(\boldsymbol{A}+\boldsymbol{B}+\boldsymbol{A}\times\boldsymbol{B}+\cdots+\frac{2^n[[[\boldsymbol{A}\times\boldsymbol{B}]\times\boldsymbol{B}]\cdots\times\boldsymbol{B}]}{(n+1)!}+\cdots\right) \tag{12.2.0-38}$$

⑤ 近似公式

当 $\boldsymbol{A}\times\boldsymbol{B}=[\boldsymbol{A},\boldsymbol{B}]/2$ 是一个小量的时候，也就是意味着两个矢量近似平行时（也就是所谓的旁轴近似），忽略高阶项，近似有

一阶近似 $n=1$：

$$\exp(\boldsymbol{A})\exp(\boldsymbol{B})\approx\exp(\boldsymbol{A}+\boldsymbol{B}+\boldsymbol{A}\times\boldsymbol{B}) \tag{12.2.0-39}$$

二阶近似 $n=2$：

$$\exp(\boldsymbol{A})\exp(\boldsymbol{B})\approx\exp\left(\boldsymbol{A}+\boldsymbol{B}+\boldsymbol{A}\times\boldsymbol{B}+\frac{2}{3}[\boldsymbol{A}\times\boldsymbol{B}]\times\boldsymbol{B}\right) \tag{12.2.0-40}$$

三阶近似 $n=3$：

$$\exp(\boldsymbol{A})\exp(\boldsymbol{B})\approx\exp\left(\boldsymbol{A}+\boldsymbol{B}+\boldsymbol{A}\times\boldsymbol{B}+\frac{2}{3}[\boldsymbol{A}\times\boldsymbol{B}]\times\boldsymbol{B}+\frac{1}{3}[[\boldsymbol{A}\times\boldsymbol{B}]\times\boldsymbol{B}]\times\boldsymbol{B}\right) \tag{12.2.0-41}$$

第 13 章

总结与汇总表

13.1 总结

从绪论到第 11 章，本书洋洋洒洒地写了近百万字，试图飨以读者一个完整的、能够概括光波导方方面面知识的论著，然而光波导的理论研究如此之快，以至于从第一版 2005 年到第三版成书的 15 年中，作者无法全面概括光波导在 15 年间的新知识。这是作者始料未及的。尽管如此，本书还是基本上概括了无源光波导的大部分理论。

总体上看，光波导理论是一种关于光在各类不同光波导中传输（及应用）的理论。

首先是对光的认识，我们已经区分了光场与光波的概念。光场是某个特定点的电磁场性质，而光波是某个区域一段时间内具有一定关联性的场，光波以光场为基础，但二者并不等同。光场可以用频域或者时域复矢量描述，其中频域描述没有前提条件，而时域描述必须是缓变场才可以。复矢量包括大小、相位和单位复矢量，而单位复矢量对应于偏振态。光波最重要的概念是波矢，是相位场的负梯度，方向为光波（相位波）的传播方向，大小为相位传播的快慢。波矢构成的场线就是光线*。这样实现了光波与光线的统一。

其次是关于光波导的传输特性，即光信号通过光波导后光信号的变化，我们已经明确地知道，单根光波导的传输特性包括传播方向的变化、相位延迟、群时延、色

* 关于光线，另一种说法是能流密度矢量的场线，二者有一定的差别。

散、群相移、脉冲展宽、波形畸变等一系列特性，不同类别的光波导具有不同的特性。两根以上的光波导之间存在模耦合，可以使光信号从一根光波导耦合到另一根中去，实现了光波传播路径的改变，并以此构成了各类干涉仪。

除了上述两点，本书的主要篇幅都关注于各种不同类别的光波导结构，重点研究了它们不同的分析方法，由此引出新概念以及不同的技术特征。

总体上看，本书将光波导分为单根(单个)光波导和多根(多个)光波导两大类。

单根光波导通常认为是孤立存在的，周边其他介质的存在并不影响这根光波导的性质。

根据麦克斯韦方程组，决定光波导性质的仅有唯一的一个参数——介电常数或者由它引出的折射率(不考虑其非线性)，因此，光波导分类的依据是介电常数的分布和它的性质。

根据这个观点，介电常数的纵向均匀性是单根光波导进行分类的依据(而不以单模或者多模作为分类依据)。根据其纵向均匀性，将光波导分为正规的和非正规的两类，前者介电常数分布沿纵向分布是均匀不变的，也就是可以写成 $\varepsilon(x,y,z)=\varepsilon(x,y)$ 的形式，这里的 $\varepsilon(x,y)$ 可以是数量或者张量；后者则至少沿着纵向的某处发生折射率的变化。

正规光波导中最重要的特征是存在模式，也就是它的光场可以分解为模式场与沿纵向传输项两项的乘积，表示为

$$\dot{\boldsymbol{E}}(x,y,z)=\exp\left[\mathrm{i}(\bar{\beta}+\Delta\beta\boldsymbol{V})z\right]\dot{\boldsymbol{E}}_0(x,y) \qquad (13.1.0\text{-}1)$$

这里，$\dot{\boldsymbol{E}}_0(x,y)$ 是 $z=0$ 处光场的复矢量，包含大小、相位及偏振态，它只取决于横向的坐标，而 e 指数项只与纵向坐标 z 有关。其中 $\boldsymbol{V}$ 是主轴矩阵，取决于所选定的横向坐标系，$\Delta\beta$ 是双折射，该式对于任意的横截面坐标系都是正确的。一般来说，在主轴不确定时，我们无法将模式的光场简单地分解为 $\dot{\boldsymbol{E}}(\boldsymbol{r})=E(x,y)\hat{\boldsymbol{e}}(x,y)\mathrm{e}^{\mathrm{i}\beta z}$ 的形式，只有当所选取的横截面的坐标系与主轴坐标系对准时，才有这个结果。

根据正规光波导中介质的性质，又可将其分解为各向同性与各向异性两类。本书的第 2、3、5、6、8 各章研究的都是各向同性的光波导，因此也是本书的重点。各向同性光波导的共同特点是电场强度矢量与电位移矢量方向相同，大小成比例。因此，可以利用麦克斯韦方程组的第 3 方程 $\nabla\cdot\dot{\boldsymbol{D}}=0$，将其改写为 $\nabla\cdot\dot{\boldsymbol{E}}=-(\nabla\ln\varepsilon)\cdot\dot{\boldsymbol{E}}$，从而导出只包含一个未知场(电场强度或者磁场强度)的亥姆霍兹方程，使问题大大简化。而各向异性的正规光波导，因为得不到电场强度散度 $\nabla\cdot\dot{\boldsymbol{E}}$ 的单一表达式，因此无法导出其“亥姆霍兹方程”，使分析变得困难。

进一步，对各向同性正规光波导进行了更细致的分类，主要根据光波导介电常

数沿横截面的分布进行。一类是分区均匀的，在这种光波导中，除了界面上折射率有突变（$\nabla\varepsilon$ 不为零），其他任何一个区域折射率都是常数，即 $\nabla\varepsilon\equiv0$，从而亥姆霍兹方程变成常系数齐次方程，

$$(\nabla^2+k_0^2n^2)\dot{\boldsymbol{E}}=0 \tag{13.1.0-2}$$

常系数齐次微分方程可使用分离变量法求解，它的解可以分离为三个坐标变量单一函数的乘积。

另一类是至少有一个区域的 $\nabla\varepsilon\neq0$，称这种光波导为非均匀的正规光波导，从而亥姆霍兹方程变为非齐次方程，非齐次方程的特点是无法使用分离变量法。然而，大部分非均匀光波导的 $\nabla\ln\varepsilon\ll1$，所以非齐次项被忽略，只保留方程的齐次部分。这时，与均匀正规光波导的区别是，方程(13.1.0-2)的系数项 $k_0^2n^2$ 由常数变成了一个变量 $k_0^2n^2(x,y)$，方程变成了变系数的微分方程。一般来说，不能直接分离为三个坐标变量单一函数的乘积。但由于 $k_0^2n^2(x,y)$ 与 z 无关，所以可以得到式(13.1.0-1)。

在各向同性正规光波导中众多可能存在的模式中，有一些不会截止的模式，也就是无论什么波长，它都能存在，这种模式称为基模，基模可以不止一类；另一类是随着波长变长，也就是随着光频率的降低，会出现截止的现象，这些模式称为高阶模。基模和高阶模统称为传导模。还有一类不满足全反射条件的模式，它不能传很远，只能存在一段光波导中，这种模式称为辐射模。

联系某个模式的传输常数与光频率的方程称为特征方程，也称为色散方程。高阶模的截止频率很容易通过特征方程得到。对于具有一个芯层和一个包层的单模圆波导(单模光纤)，截止频率可由 $V=2.4048$ 计算。这个简单公式对于指导单模光纤研制有重要的意义。

在某个特定的光频下，基模一直存在，而一些高阶模可能处于截止频率附近，而另一些则可能处于远离截止频率的状态。因此，在研究方法上，对于不同运用状态的模式，分析方法有所不同。

对于截止频率附近的模式，一般要采用独特的特殊函数单独计算。比如对于圆光波导，需要用贝塞尔函数，对于椭圆光波导需要用马丢函数等。但对于远离截止频率的运用状态，可以用统一的方法分析。例如对于以圆光波导为基础的各类多层或者是渐变的光波导，都可以用拉盖尔-高斯函数表示，而在拉盖尔-高斯函数中，仅有唯一的参数——模斑半径。因此，若两个结构不同的圆光波导的模斑半径相同，它们的传输特性是相同的。

具体每一类细分的光波导结构，可参阅后附的汇总表。其中的微结构光波导，仍然属于各向同性正规光波导的一种，上述的各种方法和结论仍然适用，其性质不

可能偏离正规光波导的一般性质。

关于各向异性的正规光波导，本书只涉及了无限大均匀结构的波导，并研究了导致各向异性的三种效应——弹光效应、电光效应和磁光效应。目前，对于具有边界约束条件的各向异性光波导的研究，还很少见到。因此这部分研究是很初步的。

对于非正规光波导，最重要的概念是纵向的模式耦合(以区别多个光波导之间的横向模式耦合)。注意非正规光波导本身不存在模式的概念，它是借助于某个正规光波导(称为参考光波导)的模式，而把非正规光波导的光场表示为这个参考的正规光波导模式的加权和，加权的权值随着纵向变化，它们满足纵向的模耦合方程。描述纵向模耦合程度的是模耦合系数，模耦合系数与非正规光波导偏离正规光波导的程度 $n^2(x,y,z)-n_0^2(x,y)$ 有关，其中 $n^2(x,y,z)$ 是非正规光波导的折射率分布，它与纵坐标 z 有关，$n_0^2(x,y)$ 是作为参考的正规光波导的折射率分布，与纵坐标无关；模耦合系数还与作为参考的正规光波导对应的模式场有关。经过一定的处理，纵向模耦合方程最终化为一阶的微分方程组，在特定情况下可以直接求解。

除了纵向模耦合与横向模耦合，还有一种模耦合——偏振模耦合，即同一序号的模式中两个偏振态之间的耦合，这里所述的偏振态不局限于线偏振态，也可以是其他正交偏振态。这种现象既可能发生于各向同性正规光波导中，也可能发生于各向异性正规光波导中，还可以发生于非正规光波导这种。这导致偏振态的演化非常复杂，包括：随着长度变化而变化的偏振态演化称为双折射；随着波长变化而变化的偏振态演化称为偏振模色散；随着外界因素变化而导致的偏振态演化称为诱导双折射，又可细分为弹光效应双折射、电光效应双折射、磁光效应双折射以及任何可能导致折射率变化的双折射。通常这些因素会同时作用于光纤，从而这些偏振现象都存在。为了分析这些复杂的偏振现象，引入了琼斯四元数、斯托克斯四元数以及琼斯-缪勒四元数等概念，并利用四元数方法，可以很好地解决这些问题。

非正规光波导又可分为缓变的、迅变的和突变的三种类型。缓变光波导是折射率的纵向变化的尺度远大于波长的情形，使用局部模式的概念进行分析方法，结论与正规光波导的类似。迅变光波导是指折射率的变化尺度在波长的量级上，最典型的是光栅，其折射率在纵向上作周期性的变化，形成独特反射谱和透射谱，甚至于会出现全反射，这种全反射区别于光从光密介质到光疏介质的全反射现象，利用这种现象，可以制成所谓的带隙光纤。目前的研究，并没有区分波导光栅和光纤光栅，它们除了制作工艺不同，特性并没有显著不同。突变光波导可以用来分析光纤对接、光纤的出射光场、光纤与透镜的耦合等。

以上是关于单根光波导的理论。

关于多根光波导，主要是其横向耦合的问题，包括正规光波导之间的模式耦合和非正规光波导的耦合波。正规光波导的横向模耦合不一定在同名模式之间发生，也可以在不同名模式之间发生，比如一个光波导的 LP01 模与另一个波导的 LP11 模之间发生。本书仅研究了弱耦合，也就是另一个光波导的存在不会改变该光波导的模式场分布，仅仅改变模式场的大小。描述横向模耦合程度的量是横向模耦合系数，在弱耦合条件下，它与两个光波导的模式场以及相对位置有关。引入模耦合系数之后，模耦合方程化简为一个一阶线性微分方程组。

在多根光波导中，本书重点研究了两根和三根光纤组成的模耦合器，它们均属于正规光波导的模式耦合。对于 2×2 光纤耦合器，输入光场与输出光场之间的关系，需要用 4×4 矩阵来描述，或者说用 4 个 2×2 矩阵来描述，只有当光纤的自身耦合可以忽略时，才可以化简为一个 2×2 矩阵。所谓 Y 型耦合器，只不过是剪断了一根光纤而已，内部机理是相同的。

三根光纤组成的 3×3 耦合器，情况较为复杂。本书研究了三根光纤对称排列和平行排列两种情况。其中平行排列的 3×3 耦合器，相当于在 2×2 光纤耦合器基础上增加一根控制用光纤，可以引出新的性能。

由 2×2 光纤耦合器和 3×3 耦合器再加上一些光纤，连接在一起可以构成多种干涉仪，注意干涉仪的应用包括频域和时域两个方面，频域特性最基本的是谐振特性，而时域特性可以用来制作衰荡腔等。

综上可以看出，光波导理论本身有它成熟和经典的一面，同时仍然存在许多不足。成熟的理论包括多层平面光波导、矩形光波导、单模光纤、多模光纤、折射率渐变光纤、基本传输理论、双折射、偏振模色散等。这些理论在激光技术、光纤技术发展的不同阶段起了至关重要的指导作用。它的不足首先是理论过于复杂，不如光线理论简洁且形象，不便于对现象的理解；其次是还有很多空白有待于深入研究。总之，光波导理论还有继续发展的空间。

最后，关于光波与光子的统一，目前还没有令人满意的理论。表面上看，光子和光波两个理论之间存在一定的差异，但是在光波导中传输的光，即光波也是光子，二者必须统一。相信经过后来者的努力，最终实现光线、光波、光子统一的“光导理论”。

13.2 各类光波导汇总表

波导个数	纵向均匀性	材料性质	波导结构：横向均匀性	波导结构：横向界面形状	波导结构：一次细分	波导结构：二次细分	分析方法	技术特征	所在章节
单个	均匀正规 模式的概念	各向同性 电场与电位移方向相同	分区均匀	平面	单芯层(阶跃)		矢量法分析模式	芯层模场为正弦或余弦函数,包层为指数衰减 不存在混合模式 特征方程 $U\tan U=W$ 模式截止频率：$U=V=j\pi/2$	3.2
					多层		转移矩阵法	功率限制因子	3.3
					矩形		马卡梯里近似解法 有效折射率法 微扰法	可分为 E_{mn}^x 模与 E_{mn}^y 模 传输常数有近似代数表达式	3.4
				圆波导	单芯	单模光纤	矢量法：从 z 分量的亥姆霍兹方程方程出发 标量法：弱导光纤,从横向分量的亥姆霍兹方程方程出发	存在矢量模和线偏振模 芯层：第一类贝塞尔函数 J(x),包层：虚变量贝塞尔函数 K(x)；单模条件：$V=2.4048$ 特征方程：$\|\boldsymbol{A}(U),\boldsymbol{K}(W)\|=0$ 不存在 TEM 模 矢量模的基模为 HE_{11} 模 标量模的基模为 LP_{01} 模	3.6
						少模光纤	LG 函数法	低阶模式有具体的表达式 传输常数有具体表达式	5.5.4
					多层	一般	转移矩阵法 LG 函数法	中间层：J、N、I、K 函数,芯层：J 函数,包层：K 函数 特征方程：$\|\boldsymbol{Q},\boldsymbol{K}\|=0$ 远离截频时,用 LG 函数描述	3.7
						三层	转移矩阵法	包层模式(高阶模)	3.7.3

续表

波导个数	纵向均匀性	材料性质	波导结构 横向均匀性	横向界面形状	一次细分	二次细分	分析方法	技术特征	所在章节
单个	均匀正规 模式的概念	各向同性 电场与电位移方向相同	分区均匀	非圆均匀	一般	纵向均匀	微扰法	双折射现象 偏振模色散	7.1
						纵向非均匀	偏振模耦合理论 四元数方法	偏振模耦合 偏振态演化	7.3～7.5
					二层	一般	等容原理	求出平均传输常数	7.2.2
						椭圆	借助于高阶模求双折射	求出双折射	7.2.3
			非均匀	平面	平方律		射线法 模式分析	蛇形光线 模场为厄米-高斯函数	5.2
					一般		多层分割 变分法 WKB 法	特征方程 $k_0\int_{x_1}^{x_2}[n^2(x)-n_{\text{eff}}^2]^{1/2}\mathrm{d}x=\left(m+\frac{1}{2}\right)\pi$	5.3
				圆波导	平方律	多模光纤	射线法 模式分析： ① 直角坐标系法 ② 柱坐标系法	旁轴近似下的 ABCD 矩阵 线偏振模：直角坐标系——厄米-高斯分布，传输常数有代数表达式 柱坐标系——库末＋高斯函数分布	5.4
						自聚焦透镜	射线法	ABCD 矩阵 $\begin{bmatrix}\cos\sqrt{A}z & \sqrt{A}^{-1}\sin\sqrt{A}z\\ -\sqrt{A}\sin\sqrt{A}z & \cos\sqrt{A}z\end{bmatrix}$， $\sqrt{A}$ 为透镜常数	5.4.1
					一般		高斯近似法 多层分割 级数解法 变分法	远离截频时，用 LG 函数描述 统一模斑半径 光场的多模分解 传输常数的近似表达式	5.5

续表

波导个数	纵向均匀性	材料性质	波导结构：横向均匀性	波导结构：横向界面形状	波导结构：一次细分	波导结构：二次细分	分析方法	技术特征	所在章节
单个	均匀正规 模式的概念	各向同性 电场与电位移方向相同	微结构	圆波导	内全反射		圆对称化	可采用非均匀圆光波导的任何方法，现象与非均匀光波导相同	8.2
					带隙	一般	倒格矢方法	空间有向周期性，空间周期性的频域展开，空间频率 本征值方程	8.3
						二值	空间谱分析具体应用	直流分量，基波，二维基波	8.3.3
		各向异性 电场与电位移有离散角	无限大均匀	内部			特征方程分析法 $\lvert \boldsymbol{kk}-k^2+k_0^2\boldsymbol{\varepsilon}_r \rvert=0$ 波矢椭球	主轴矩阵 波矢大小与波矢方向有关 波矢方向与偏振有关	9.1.2
				界面			边界连续条件	折射线的方向与入射线的偏振方向有关 双折射现象	9.1.3
			光波导或光纤	应力双折射	内应力（保偏光纤）	线双折射	等效阶跃光纤法	高双折射光纤（保偏光纤） 保偏原理 串音与消光比	7.7
						保椭圆	旋转线双折射光纤	双折射矢量接近指向南北极	7.7
					外应力		等效阶跃光纤法 四元数方法	弹光矩阵 双折射矢量叠加原理	9.2
				电光双折射	一般		二阶非线性极化理论	电光效应的本质是二阶非线性极化 电光系数与非线性极化系数的关系	9.3.1
					各向同性介质(BGO)		坐标变换 四元数方法	电光系数 二阶非线性介电张量 半波电压	9.3.2
					各向异性介质(LN)		坐标变换 四元数方法	不同通光方向、不同加电压方向、不同输入偏振态的效果	9.3.3

续表

波导个数	纵向均匀性	材料性质	波导结构：横向均匀性	波导结构：横向界面形状	波导结构：一次细分	波导结构：二次细分	分析方法	技术特征	所在章节
单个	均匀正规模式的概念	各向异性电场与电位移有离散角	光波导或光纤	圆双折射	天然旋光性		旋光介电张量 四元数方法	旋光介质方程 $\lvert \boldsymbol{kk}-k^2+k_0^2[\varepsilon]_{3\times3}\rvert=0$ 圆双折射(旋光性)，旋光色散	9.4.1
					磁光效应		解旋光介质方程	磁光效应引起的双折射与磁场方向、通光方向的关系	9.4.2
	非正规光波导模耦合概念	各向同性	缓变				分段分析法	局部模式，局部传输常数	6.3.1
			迅变	一般			模耦合理论	纵向模耦合方程 纵向模耦合系数	6.3.2
				圆光波导	光栅	波导光栅	相反方向传输模式的互相耦合理论	频域带通特性 光栅周期与布拉格波长	6.4.1
						光纤光栅		强光栅与弱光栅	6.4.2
			突变	光纤对接			纵向模耦合理论	对接损耗	6.5.1
				出射光场			高斯光束理论	输出高斯光束近场与远场的性质	6.5.2
				与透镜耦合			平方律光波导	光腰大小与位置的判断	6.5.3
多个	正规横向耦合	各向同性	一般				横向模耦合理论	横向模耦合方程 横向模耦合系数	10.1
			2×2 光纤耦合器				横向模耦合理论	分光比 传输矩阵	10.3.1
			3×3 光纤耦合器	对称型			横向模耦合理论	等分光比	10.3.2
				平行排列			横向模耦合理论	传输矩阵 光纤反馈的作用	
	非正规横向耦合	各向同性	一般				变系数模耦合方程		10.2
			锥形耦合器				线性化 β 的变化	抛物柱函数	

续表

波导个数	纵向均匀性	材料性质	波导结构				分析方法	技术特征	所在章节
			横向均匀性	横向界面形状	一次细分	二次细分			
光纤干涉仪耦合器+反馈	2×2耦合器	各向同性	M-Z 干涉仪				两个耦合器矩阵与光纤矩阵级联	输出分光比取决于两臂相位差 两个耦合器，不共光路，不稳定	10.4.1
			迈克耳孙干涉仪				耦合器矩阵与光纤反演矩阵级联	单个耦合器，不稳定	10.4.2
			斐索干涉仪				两次反射光干涉	环行器，基本共光路，稳定	
			光纤环形腔				耦合器矩阵与光纤矩阵级联	单个耦合器，频域谐振特性，时域衰荡腔	10.4.3
			萨亚尼克光纤环				耦合器矩阵与反向矩阵级联 四元数方法	单个耦合器，共光路，稳定 考虑光纤模耦合时的特性	
			TOAD、NORM 开关				时域复矢量方法	时域开关特性	10.4.4
	3×3耦合器		频域				耦合器矩阵与反馈光纤矩阵结合	各类不同的谐振腔，可调分光比	10.5.1
			时域				时域复矢量方法	光纤缓存器	10.5.2

参考文献

[1] CADANMA A,KORNHAUSER. Model analysis of coupling problem in optical fibers[J]. IEEE,Trans. Microwave Theory Tech. ,1969,23：162-170.

[2] MARCUSE D. Excitation of the dominate mode of a round fiber by a Gaussian beam[J]. Bell Sest. Tech. J. ,1970,49：1695-1703.

[3] 大越孝敬,冈本胜就,保立和夫.光ファィバの基礎[M].东京：オームー社,1977.

[4] SADHA M S,GHATAK A K. Inhomogeneous optical waveguide[M]. New York：Plenum Press,1977.

[5] UNGER H-G. Planar optical waveguid and fibers[M]. London：Oxford University Press,1977.

[6] MARCUSE D. Theory of dielectric optical waveguide[M]. New York：Academic Press,1977.

[7] 曹昌祺.电动力学[M].北京：人民教育出版社,1978.

[8] MILLER S E,CHYNOWATH A G. Optical fiber telecommunications[M]. New York：Academic Press,1979.

[9] 简水生,吴重庆,杨永川.折射率量化渐变型光纤的理论分析[J].通信学报,1980,1(1)：40.

[10] 叶培大,吴彝尊.光波导技术理论基础[M].北京：人民邮电出版社,1981.

[11] 吴重庆.光纤分析的多层分割理论及应用[D].北京：北方交通大学,1981.

[12] 吴重庆,杨永川.折射率分层均匀光纤的理论及应用[J].通信学报,1982,3(3)：41.

[13] SNYDER A W,LOVE J D. Optical waveguide theory[M]. New York：Chapman and Hall,1983.

[14] 叶培大.光纤理论[M].上海：知识出版社,1985.

[15] JEUNLOMME L B.单模光纤光学原理与应用[M].周洋溢,译.桂林：广西师范大学出版社,1988.

[16] AGRAWAL G P. Nonlinear fiber optics[M]. Boston：Academic Press,1989.

[17] POOL C D,WANGER R E. Phenomenological approach to polarization mode dispersion in long single-mode fibers[J]. Electron Lett. ,1986,24(19)：1029-1030.

[18] 王竹溪,郭敦仁.特殊函数论[M].北京：科学出版社,1991.

[19] 秦秉坤,孙雨南.介质光波导及应用[M].北京：北京理工大学出版社,1991.

[20] 福富秀雄.光缆[M].李光源,易武秀,杨同友,译.北京：人民邮电出版社,1992.

[21] 范崇澄,彭吉虎.导波光学[M].北京：北京理工大学出版社,1993.

[22] 郭硕鸿.电动力学[M].2版.北京：高等教育出版社,1995.

[23] 金石琦.晶体光学[M].北京：科学出版社,1995.

[24] 刘德明,尚清,黄德修.光纤光学[M].北京：国防工业出版社,1995.

[25] 郭尚平,王伟,王智,等.光纤分析的有力工具：改进的 Galerkin 方法[J].北方交通大学学报,1996,20(2)：178.

[26] 张克潜,李德杰.微波与光电子学中的电磁理论[M].北京：电子工业出版社,1996.

[27] WU C Q,WANG Z,JIAN S S. Investigation of the polarization mode coupling coefficient [C]. Wu Han：OFSET'97,1997：292.

[28] 吴重庆，王智，赵永鹏，等．偏振主轴色散——一种度量偏振模色散的新方法[J]．铁道学报，1998，20(6)：52.
[29] 廖延彪．光纤光学[M]．北京：清华大学出版社，2000.
[30] 曹庄琪．导波光学中的转移矩阵方法[M]．上海：上海交通大学出版社，2000.
[31] 廖延彪．偏振光学[M]．北京：科学出版社，2003.
[32] 曹庄琪．导波光学[M]．北京：科学出版社，2007.
[33] 吴重庆．光通信导论[M]．北京：清华大学出版社，2008.
[34] 玻恩，沃尔夫．光学原理[M]．7版．杨霞荪，译．北京：电子工业出版社，2009.
[35] 曹庄琪．一维波动力学新论[M]．上海：上海交通大学出版社，2012.
[36] 许方官．四元数物理学[M]．北京：北京大学出版社，2012.